U0263270

# 园林植物病虫图谱

丁世民　吴祥春　等 编著

科学出版社

北京

# 内 容 简 介

本书由园林植物病虫概述、园林植物害虫、园林植物病害、园林农药应用技术四部分构成，重点对园林植物常见病虫害的发生类型、为害特点、发生发展规律与综合治理措施进行系统阐述。全书以图文并茂的形式收录了为害园林植物的病虫害943种，每种病虫都附有实物拍摄的数码图片，并辅以相应的文字描述，内容丰富翔实、形象直观，易读、易懂、易用。书中插图为编者多年积累的资料，文字内容亦为多年教学、科研、一线实战经验和成果的总结，具有很强的科学性、创新性、针对性、实用性。

本书可作为园林花卉行业一线技术人员的实用工具书，也可作为相关院校师生、科技工作者和农民朋友的参考用书。

**图书在版编目（CIP）数据**

园林植物病虫图谱 / 丁世民等编著. —北京：科学出版社，2022.11
ISBN 978-7-03-073558-4

Ⅰ．①园… Ⅱ．①丁… Ⅲ．①园林植物—病虫害防治—图谱
Ⅳ．①S436.8-64

中国版本图书馆 CIP 数据核字（2022）第 193975 号

责任编辑：张静秋 / 责任校对：严 娜
责任印制：师艳茹 / 封面设计：蓝正设计

科 学 出 版 社 出版
北京东黄城根北街16号
邮政编码：100717
http://www.sciencep.com

**北京九天鸿程印刷有限责任公司** 印刷
科学出版社发行 各地新华书店经销

*

2022年11月第 一 版 开本：890×1240 A4
2022年11月第一次印刷 印张：50 1/2
字数：1 710 000

**定价：698.00元**
（如有印装质量问题，我社负责调换）

# 编 委 会

主　　编　丁世民　吴祥春

副 主 编　李瑞昌　李寿冰　孙曰波　张国祥　席敦芹　杨兴芳　肖秀丽　王移山　任有华　王学强
　　　　　丁雪珍　赵从凯　陈大雷　韩瑞东　赵庆柱　孔雪华　桂炳中　初桂红　黄燕辉　徐德坤
　　　　　朱九军　郭光智　崔兴华　李晓娟　潘广昌　于真真　高学清　袁　辉　李重阳　李　超
　　　　　郝炎辉　庄德祥　宋健云　宋　艳　王　健　陈日亮　赵长民　张明星　赵　滨　单云华

参　　编　（按姓氏笔画排序）
　　　　　丁子洋　丁长年　刁志娥　于　颖　于囡囡　于克勇　马　郡　马明胜　马洪光　马雪莉
　　　　　马媛媛　王　礼　王　勇　王　乾　王　萍　王　琳　王　超　王　婷　王　群　王万磊
　　　　　王天升　王为营　王艾莲　王圣仟　王江涛　王兴学　王利红　王金禄　王京美　王绍文
　　　　　王思萍　王修见　王洪波　王素珍　王峰巍　王培伦　王焕之　王新国　云晓鹏　尹　航
　　　　　尹书珍　孔胜利　左晓东　石玉斌　石祥凤　申燕祥　田　东　田友明　田春玲　史学远
　　　　　付　娟　冯宝春　玄雪峰　巩素霞　朱明辉　任大川　任术琦　任培华　刘　伟　刘　洋
　　　　　刘　涛　刘　萍　刘以龙　刘光东　刘宏玲　刘金瑞　刘彦涛　刘洪刚　刘海涛　刘新庆
　　　　　齐尧尧　米　强　许　君　孙文娟　孙旭财　孙忠波　孙峰梅　阴文华　纪晓玲　杜振锋
　　　　　李　芸　李　良　李　明　李　梅　李　婷　李　静　李书凯　李加宝　李华龙　李安科
　　　　　李茂菊　李英强　李林涛　李振龙　李桂玉　李晓晓　李雪莲　李清森　李瑞国　李瑞萍
　　　　　杨大伟　杨玉涛　杨志莹　杨宝兴　杨建勋　杨海曼　杨雪雁　肖凤梅　吴广玲　吴晓萌
　　　　　邱玉宾　何吉光　佟永波　邹秀梅　冷子友　张　云　张　英　张　岩　张　振　张　浩
　　　　　张玉文　张玉垚　张记习　张永波　张全坊　张克鑫　张妍妍　张启途　张林宗　张明波
　　　　　张贵英　张效贞　张效颜　张海良　陆　康　陈　刚　陈　豹　陈　新　陈永杰　陈学云
　　　　　陈艳玲　陈晓霞　陈继业　陈梦茹　范莉萍　金　鑫　周大洪　庞淑英　郑小换　封培波
　　　　　赵文亮　赵成章　赵建一　赵选红　赵洪岭　赵恩来　赵祥树　赵德海　胡爱华　胡海涛
　　　　　胡敬敬　战　良　侯庆元　逄淑军　姜　斌　宫　君　秦宝林　秦承慧　秦翠荣　袁水霞
　　　　　袁方清　袁兴禄　贾恒菊　夏　伟　柴永豪　徐国良　徐金玉　徐茜茜　徐香梅　郭长波
　　　　　郭杰琼　郭继民　黄少彬　黄世如　黄春燕　黄祖金　黄博伟　曹玢儒　曹英丽　崔云东
　　　　　崔乐刚　鹿　磊　梁　杰　屠永清　隋　艺　隋芊蕙　董俊波　董培玲　董德杰　韩　静
　　　　　韩　燕　韩淑玲　韩世德　韩国升　韩春妹　程有普　程桂林　鲁世亲　曾祥哲　谢世健
　　　　　路　桧　窦京海　臧　华　管清玉　谭淑静　翟俊菊　潘凤龙　潘玉凤　潘瑞媛　魏春光

主　　审　蒋三登　赵金锁　郑方强　刘振宇　邱元英

# 主编简介

丁世民，男，汉族，山东安丘人，1964年10月出生，潍坊职业学院农林科技学院党总支书记、二级教授。工作30余年来，一直从事农林相关领域的教学、科研、社会服务等方面工作，各方面均取得了令人瞩目的成绩。2016年入选国家"万人计划"领军人才，荣获"中国林草产业创新英才""全国职业教育先进个人""山东省高等学校教学名师""山东省林业科技创新团队岗位专家""潍坊市农业科普大使"等荣誉称号。作为负责人所带领的团队被评为山东省高校黄大年式教师团队，领衔主持的滨海耐盐碱植物引种繁育工程技术研发中心被确定为国家级校企协同创新中心和山东省"十三五"高等学校工程技术研发中心。

主持完成"园林植物保护"国家精品课程与国家级精品资源共享课建设等项目。主持完成的"'互联网＋'背景下双线融合的《园林植物保护》课程改革与实践"课题，荣获国家级教学成果奖二等奖、山东省职业教育教学成果奖特等奖。主/参编教材20部，其中，主编的《园林植物病虫害防治（第二版）》获首届全国教材建设奖二等奖。出版著作12部，发表论文60余篇、科普文章200余篇。承担国家级、省/市级科研课题26项，获得省/市级科技奖励19项，授权国家发明专利、植物新品种、良种等21项。

兼任中国风景园林学会植物保护专业委员会委员、中国园林植物保护高端论坛专家委员会委员、中国林学会盐碱地分会委员。多家媒体深入报道过其突出业绩，得到社会各界的广泛赞誉。

吴祥春，男，汉族，山东寿光人，1969年9月出生，北京林业大学园林专业硕士，潍坊市园林环卫服务中心研究员，风景园林专业硕士研究生导师，山东园艺学会理事，山东省农林职业教育专业建设指导委员会核心成员。

主持完成国家/省级星火计划、山东省重点研发计划、山东省农业重大应用技术创新项目、潍坊市科技发展计划项目等课题20项，并获省/市级科技奖励。出版《中国北方常见园林植物》《潍坊园林植物》《潍坊古树名木》《潍坊园林植物病虫图鉴》等园林科技专著13部，发表学术论文20余篇。授权发明专利/实用新型专利16个、园林植物新品种2个。主持编制"潍坊市生物多样性保护规划"等园林专项规划3个。

"园林植物保护"国家精品课程与国家级精品资源共享课建设团队、园林技术专业国家级教学团队、中央财政支持的职业教育实训基地建设团队核心成员。山东省高校黄大年式教师团队、山东省职业教育名师工作室、国家级校企协同创新中心、山东省"十三五"高等学校工程技术研发中心骨干成员。作为技术骨干完成的"'互联网＋'背景下双线融合的《园林植物保护》课程改革与实践"课题，荣获国家级教学成果奖二等奖、山东省职业教育教学成果奖特等奖；参加编写的《园林植物病虫害防治（第二版）》获首届全国教材建设奖二等奖。

这是一部名为《园林植物病虫图谱》（下文简称《图谱》）的科技工具书，由丁世民、吴祥春两位先生领衔团队积30余年教学、科研、管理、实践之经验，潜心编著而成。该书的问世，既是编者长期潜心科研的结晶，更是他们一以贯之执着科技的敬业硕果，值得庆贺。

"谱"，是"按照对象的类别或系统编成的一种图案，表册或书本，作示范或供查阅的样本图形"（《新华词典》，商务印书馆，1980年第一版），即"按照对象的类别或系统，采取表格或其他比较整齐的形式，编辑起来供参考的书"（《现代汉语词典》，商务印书馆，2018年第七版）。例如，年谱、画谱、棋谱、乐谱、食谱、家谱、图谱等。

品读《图谱》，通览全书，至少有以下亮点值得肯定。

## 一、功能与价值

当今，绿色发展是新发展理念的重要组成部分，正在为新时代生态文明建设注入强劲动力。绿色发展已越来越深入人心并惠及各行各业。园林绿化作为绿色发展人居环境最具象的"三境"（生境、画境、意境）内容，百姓福祉最直观的"三感"（获得感、幸福感、安全感）体验，越来越为人民群众所关注，而关注的热点、焦点即是以下"三问"。

1. 各种园林植物营造的绿化景观是否优雅美丽、舒适安全？
2. 作为园林绿化根基的各种园林植物是否生机健康？
3. 为害园林植物的包括病虫害在内的各种有害生物是否得到有效防控？

这是园林绿化领域百姓关注的"热点"，也是群众直击的"堵点"，已成为植物保护行业和专业必须直面的"焦点"。这既是一个层层深化的生态逻辑链，更是一个有效防控以病虫害为主体的有害生物的不容回避的切入点和着力点。应对的前提就是准确无误地认识和辨别这些以病虫害为主体的有害生物。

《图谱》为此提供了一把解疑释惑、明辨真容的金钥匙。这正是该书最大的功能和价值。

## 二、内涵与特点

1. 该书收录了940余种为害园林植物的病虫害。编者历30余年，在不断积累原始素材的同时，去粗取精、去伪存真、分门别类、勘误校正。虽仍然不能视为已统揽该领域病虫全貌，但已囊括了目前园林植物病虫害的基本种类和绝大部分寄主植物，体现了本行业科技工具书必须彰显的"五性"特质——普发性、典型性、严重性、潜在性、侵入性。

2. 既然冠名为"病虫图谱"，自然要以图为引领，辅以行文，展示解图要义，两者相辅相成，凸显图文并茂。统观全书编纂之路径，确信编者以实践为素材之源，以亲历为著书之本，以实物为摄图之据，以实用为谋策之源。全书内容翔实丰富，描述简洁准确，图像直观鲜明，方法便捷实用，具有较强的针对性和指导性。

3. 尊重传统，重视创新。全书既遵循科技工具书的编写规范，也准确把握植保专业学术著作的体例。对病虫害天敌及寄主植物等相关要素的介绍铺陈有序，对防控新技术、新材料、新方法的推介重点突出。尤其注意突出"预防为主、综合防治"的植保方针，注重抓源头和倡导无公害防治的全程保护，具有较强的实用性和创新性。

## 三、寄语

我一直坚信：一项利国利民事业的发展进步，不论是"国之重器"抑或是日常科技，从来都需要"众人拾柴火焰高"的协同合力来推动，更需要推动者始终秉持"功成不必在我，功成必定有我"的忘我奉献精神。我十分欣赏此理念和精神，更赞同"专业人干专业事，有专业经验的人著有价值的书"的价值取向。审读此书，一直被该书渗透着的"团结、合作、奉献"精神和创新理念所感动。

受编者所托，我分别于2013年和2022年两次审读此书，受益匪浅，付梓之时，谨以此拙文为序。

蒋三登 研究员

中国风景园林学会植物保护专业委员会资深委员
中国园林植物保护高端论坛专家委员会资深顾问
首届"园林植物保护终身成就奖"和"园林植物保护终身贡献奖"获得者
2022年6月

# 前 言

随着人们生活水平的不断提高，以及绿色环保意识的逐渐增强，建设高档次的城乡园林绿化景观，美化、净化环境并保持环境的可持续发展已成为共识。然而在园林植物养护管理过程中，园林植物常会受到各类病虫的侵袭，造成植物叶黄枝枯、发育不良，大大降低了园林绿化景观质量及观赏效果。所以，加强对园林植物病虫害的识别与无公害防控力度，全方位提高养护管理水平，已迫在眉睫。同时，随着"美丽中国"的加快建设和"乡村振兴"的全面推进，花卉与林木种苗产业得以迅猛发展，花木生产的标准化建设，对园林从业人员的专业理论与实践技能提出了新要求，相关人员亟须掌握与之相配套的园林植保新技术。面向广大园林苗木生产者、园林养护一线工作人员推出图文并茂、形象直观、易懂易用、查询方便的《园林植物病虫图谱》，恰逢其时、意义深远。

《园林植物病虫图谱》一书由"园林植物病虫概述""园林植物害虫""园林植物病害""园林农药应用技术"四部分构成，重点对园林植物常见病虫害的发生类型、为害特点、发生发展规律及综合治理措施等进行系统阐述。对园林植物病虫防治秉持综合治理的理念，在保证生态环境安全和人类健康的前提下，将植物检疫、农业防治、物理防治、生物防治、化学防治等措施有机结合起来，从而安全有效地控制园林植物病虫害，保障园林花卉行业的高质量发展。

本书立足北方地区，面向全国各地，涉及的园林植物病虫害种类皆为我国南北方园林绿地与花木生产过程中常见的类型。我们除了对各类病虫害的为害特点、发生发展规律与综合治理措施进行了全面系统的介绍外，还对书中所阐述的观点、名称、术语，以及各种病虫的寄主范围、分布区域等内容进行了仔细推敲、核准。为使读者更全面地掌握园林植物病虫防治新技术，本书还特地增加了"园林植物病虫概述"与"园林农药应用技术"两部分内容，在各类综合治理措施中重点突出了"有效新方法、实用新技术"。

本书以图文并茂的形式收录了为害园林植物的病虫害943种，易读、易懂、易用，每种病虫都附有实物拍摄的彩色图片，并辅以相应的文字描述，内容丰富翔实，科学性、针对性强。

本书主编丁世民教授和吴祥春研究员，均具有30余年的园林植物保护工作经验，长期深入生产、管理一线实施病虫防控。书中插图为多年拍摄积累的数码照片，文字内容为编者精品资源共享课建设、教/科研课题研发、各类教材编撰及大量一线实战经验的总结，具有很强的创新性与实用性。

本书编著过程中引用了一些同行专家的科研成果、科技论著和少许图片，同时承蒙西南大学白耀宇教授，山东农业大学郑方强教授、刘振宇教授、周成刚教授，北京市农林科学院虞国跃研究员，包头市园林绿化事业发展中心赵金锁高级工程师鉴定部分病虫图片，先正达（中国）投资有限公司、郑州郑氏化工产品有限公司、郑州市坪安园林植保技术研究所、潍坊瑞秋园林科技有限公司、潍坊普创职业技能培训中心、山东青大种苗有限公司、山东博悦物业管理有限公司提供部分相关资料，李重阳、陈大雷、李超、袁辉、孙漪笑、韩圣洁、牛少君、王长梅、史玲、张倩文帮助整理资料，在此一并表示衷心感谢！

由于我们的水平和所掌握的资料有限，加之时间仓促，不足之处在所难免，敬请同行专家及广大读者批评指正。

丁世民 吴祥春

2022 年 6 月

# 目 录

# 第一章

# 园林植物病虫概述

## 第一节　园林植物害虫概述

园林植物害虫种类较多，从大类上可分为昆虫（刺蛾、蚜虫、天牛、蛴螬等）、螨类（叶螨、瘿螨）、软体动物（蜗牛、蛞蝓）、其他节肢动物（鼠妇、马陆）等，它们都以各自的方式为害园林植物，造成枝残叶枯，影响观赏价值。害虫的类别不同，其为害特点、形态特征、生理特性、生物学特点及相应的防治措施也有所差异。由于园林植物害虫中昆虫占绝对优势，下面就以昆虫为例介绍害虫的基础知识。

### 一、昆虫的生物学知识

#### （一）昆虫的概念

昆虫属节肢动物门、昆虫纲。主要特征是体躯分为头、胸、腹3个体段，头部有触角、复眼、单眼和口器，胸部有3对足、2对翅，腹部具外生殖器及气门。常见的有蛾类、天牛类、金龟甲类、蚜虫类、介壳虫类等。昆虫种类多、分布广、适应性强、繁殖力惊人，是动物界中最大的一个类群，已知的昆虫有100多万种。

昆虫种类繁多，分类方式多种多样，除"界、门、纲、目、科、属、种"等传统的分类方式外，在防治害虫的过程中，还常采用以下几种方式对害虫进行分类。

**1. 根据害虫的取食方式不同分类**　　害虫三种常见的口器类型如图1-1所示。

**图1-1　三种常见的口器类型**

a. 刺吸式口器；b. 咀嚼式口器；c. 虹吸式口器

（1）咀嚼式口器害虫　　包括直翅目昆虫、鞘翅目昆虫、鳞翅目幼虫等（图1-2）。

图1-2　咀嚼式口器害虫

a. 鞘翅目成虫；b. 鳞翅目幼虫

（2）刺吸式口器害虫　　包括蚜虫类、蚧类、蝽类、木虱类等半翅目昆虫（图1-3）。

图1-3　刺吸式口器害虫

a. 蚧类；b. 木虱类

（3）虹吸式口器害虫　　包括蛾类成虫等（图1-4）。
（4）锉吸式口器害虫　　包括蓟马等（图1-5）。

图1-4　虹吸式口器害虫　　　　　　　　　　　图1-5　锉吸式口器害虫

**2. 根据为害园林植物的部位不同分类**

（1）食叶害虫　　包括刺蛾、袋蛾、灯蛾、毒蛾等（图1-6）。

（2）吸汁害虫　　包括蚜虫、蚧类等（图1-7）。

图1-6　食叶害虫　　　　　　　　　　图1-7　吸汁害虫

（3）蛀干害虫　　包括天牛、木蠹蛾、蠹虫等（图1-8）。

（4）地下害虫　　包括蛴螬、金针虫、蝼蛄等（图1-9）。

图1-8　蛀干害虫　　　　　　　　　　图1-9　地下害虫

## （二）变态

昆虫在生长发育过程中从外部形态到内部构造都出现一系列变化，称为变态。在形态上常有几个不同的发育阶段。这种变化大致可分为2个类型：完全变态（图1-10）与不完全变态（图1-11）。前者一生要经过卵、幼虫、蛹、成虫4个发育阶段，幼虫与成虫不仅外部形态不同，生活习性也不一样，且在幼虫期和成虫期之间有1个不食不动的蛹期，如杨雪毒蛾、蝇类等；后者则只有卵、若虫、成虫3个发育阶段，若虫和成虫的外部形态和生活习性基本相同，在若虫期和成虫期之间没有蛹期，如麻皮蝽、东方蝼蛄等。

## （三）生长发育

**1. 孵化与孵化期**　　昆虫胚胎发育完成后，从卵壳内破壳而出，这个过程称为孵化（图1-12）。从母体产出卵到卵孵化为幼虫（或若虫、稚虫）为止，这段时间称为卵期。在同一个世代中成虫所产的卵，从第1粒卵孵化开始到全部的卵都孵化完为止，所经过的时间称为孵化期。

**图1-10 完全变态**

a～d. 分别为美国白蛾的卵、幼虫、蛹、成虫

**图1-11 不完全变态**

a～c. 分别为斑衣蜡蝉的卵、若虫、成虫

图1-12 孵化

2. **龄期** 龄期是指幼虫相邻2次蜕皮所经历的时间。刚孵化的幼虫到第1次蜕皮，称1龄幼虫；而后每蜕1次皮，增加1龄，即2龄、3龄、4龄等，依此类推。

3. **化蛹与羽化** 幼虫老熟后，经最后1次蜕皮，幼虫变成不食不动状态，称为化蛹（图1-13）。幼虫从卵孵化至化蛹的这段时间，称为幼虫期。蛹从化蛹到经过一系列生理变化后羽化为成虫，所经历的时间称为蛹期。老熟若虫蜕去最后一层皮或成虫破壳而出称为羽化（图1-14）。成虫从羽化开始至死亡为止，这段时间称为成虫期。

图1-13 茧内准备化蛹的黄刺蛾老熟幼虫

图1-14 蚱蝉羽化

### （四）世代和年生活史

1. **世代** 昆虫从卵开始到变为成虫为止的历程称为1个世代，简称1代。昆虫可以1年发生1代或几代甚至十几代，如草履蚧1年发生1代（图1-15）、小地老虎在华北1年发生4代；昆虫也可几年发生1代，如单刺蝼蛄在华北需3年才能完成1代（图1-16）、北美十七年蝉需17年才能发生1代（图1-17）。昆虫世代历期的长短主要取决于昆虫自身的内在特性及所在地区的有效积温。

图1-15 草履蚧

图1-16 单刺蝼蛄

图1-17 北美十七年蝉

**2. 年生活史** 1种昆虫在1年中的发育史，或者说从当年的越冬虫态开始活动起，到第2年越冬结束止的发育过程称年生活史。昆虫遇到高温或低温而停止生长发育称为滞育，如在冬天发生称越冬，在夏季发生则称越夏。

### （五）繁殖方式

昆虫是卵生动物，多数要经过两性交配后产卵繁殖，如臭椿沟眶象（图1-18a）、中华萝藦肖叶甲（图1-18b）、斑衣蜡蝉（图1-19、图1-20）等；有一些种类未经雌雄交配，卵不经过受精也发育成为新个体，称为孤雌生殖，如部分蓟马、孤雌生殖的蚜虫（图1-21）；有些虫卵在母体内就能发育为幼体，然后再产出来，称为卵胎生，如卵胎生的蚜虫（图1-22）。

图1-18 两性交配

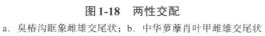

a. 臭椿沟眶象雌雄交尾状；b. 中华萝藦肖叶甲雌雄交尾状

图1-19 斑衣蜡蝉产卵状

图1-20　斑衣蜡蝉卵块

图1-21　蚜虫的孤雌生殖

图1-22　蚜虫的卵胎生

## （六）生活习性

昆虫的生活习性是指昆虫的活动和行为，是种群的生物学特性。

**1. 趋性**　趋性是昆虫受外界某种物质连续刺激后产生的一种强迫性定向运动。趋向刺激源称正趋性，避开刺激源称负趋性。按刺激源的性质不同可分为趋光性、趋化性、趋色性等。趋性对昆虫的觅食、求偶、产卵及躲避不良环境等有利。人们可以利用这些习性来防治害虫，如黏虫、小地老虎的成虫具趋光性，可利用频振灯进行诱杀（图1-23）；利用性诱剂，可以诱杀甜菜夜蛾、斜纹夜蛾等农林害虫；白粉虱、潜叶蝇具有趋黄色的习性，可用黄板进行诱杀（图1-24）；蓟马具有趋蓝色的习性，可用蓝板进行诱杀。

图1-23　频振灯诱杀

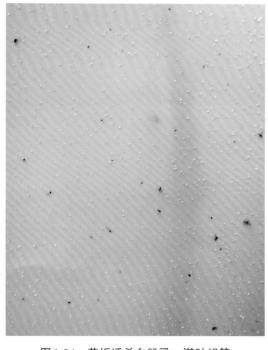

图1-24　黄板诱杀白粉虱、潜叶蝇等

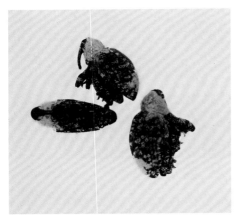

图1-25 臭椿沟眶象假死性

**2. 迁移性** 昆虫在个体发育过程中，为了满足对食物和环境的需求，都有向周围扩散、蔓延的习性，如蚜虫；有的还能成群结队远距离地迁飞转移，如蝗虫、黏虫等。了解害虫迁移的规律，有助于人们掌握害虫消长动态，以便在其扩散前及时防治。

**3. 假死性** 有些昆虫遇到惊扰后，会立即收缩附肢，蜷缩一团坠地装死，称假死性，如金龟子、象甲类成虫等（图1-25）。这是昆虫逃避敌害的一种自卫反应，人们常利用这种习性来震落、捕杀昆虫。

### （七）为害方式

**1. 咀嚼式口器害虫为害状** 咀嚼式口器害虫为害状如图1-26所示。

图1-26 咀嚼式口器害虫为害状

a、b. 缺刻、孔洞、"开天窗"；c. 钻蛀性；d. 潜叶性

（1）食叶性 食叶害虫取食园林植物的叶片，可造成"开天窗"、缺刻、孔洞等（图1-27~图1-29），如美国白蛾、大袋蛾等。

（2）潜叶性 有些种类的害虫个体较小，其幼虫潜入叶片内部为害，造成"枯心"或"鬼画符"叶（图1-30），严重时园林植物枯黄一片，如潜叶蛾、潜叶蝇等。

（3）卷叶性 有些种类的害虫将叶片（1或数片）卷曲，躲在内部为害，影响园林植物的观赏价值，如棉大卷叶螟等（图1-31）。

（4）蛀干性 有些种类的害虫钻蛀树木枝干，造成植株枝枯或整株死亡，如天牛、木蠹蛾等（图1-32）。

（5）食根性 有些种类的害虫主要生活在地下，为害根部或茎基部，造成园林植物枯黄，如蝼蛄、蛴螬、象甲等（图1-33）。

图1-27 食叶害虫为害造成的"开天窗"

图1-28 食叶害虫为害造成的缺刻

图1-29 食叶害虫为害造成的缺刻和孔洞

图1-30 潜叶害虫为害造成的"鬼画符"叶

图1-31 卷叶害虫的为害状

图1-32 蛀干害虫的为害状

图1-33 食根害虫的为害状

**2. 吸汁类害虫为害状** 吸汁类害虫为害状如图1-34所示。

**图1-34　吸汁类害虫为害状**

a. 褪绿斑点；b. 虫瘿；c. 叶片卷曲；d. 叶片皱缩畸形

（1）刺吸性　有些种类的害虫口器为刺吸式，刺破园林植物的叶片或枝干表皮，吸食内部的汁液，使得茎叶产生褪绿的斑点、条斑、扭曲、虫瘿，甚至因传播病毒病而使得寄主植物畸形、矮化，有时还会出现煤污病，如蚜虫、介壳虫、叶蝉、木虱、粉虱、蜡蝉、螨类等（图1-35）。

**图1-35　刺吸性害虫为害状**

a. 秋四脉绵蚜为害造成的虫瘿；b. 紫薇绒蚧为害引起的煤污病

（2）锉吸性　　有些种类的害虫口器为锉吸式，锉破叶片吸食内部的汁液，为害状与刺吸性害虫相似，如蓟马。

## 二、环境因素对昆虫的影响

### （一）气候因素

**1. 温度**　　昆虫是变温动物，体温随环境温度的变化而变化。昆虫新陈代谢的速率在很大程度上受环境温度支配。温度对昆虫的生长发育、存活、繁殖、分布、活动及寿命等许多方面都有重要影响。一种昆虫完成一定的发育阶段（1个虫期或1个世代）所需的总热量是一个常数，所以在一定温度范围内，温度越高，昆虫发育的速率越快。反之，不适宜的温度则使昆虫生长变慢甚至死亡。

**2. 湿度**　　湿度可加速或延缓昆虫生长发育，影响其繁殖与活动。

**3. 光照**　　光主要影响昆虫的行为。昼夜节律的变化会影响昆虫的活动、年生活史及迁移等。

**4. 风**　　风影响昆虫的迁移、扩散活动，如草地螟等具有迁飞特性的昆虫往往会受风的影响。

### （二）生物因素

**1. 食物**　　昆虫对寄主植物有选择性，不同种类的昆虫取食范围不同，可以是几种、十几种甚至上百种，但最喜食的植物种类却不多。取食最喜爱的植物时，昆虫发育速度快、死亡率低、繁殖力强。但植物也不是被动的，在长期演化过程中许多植物产生了多方面的抗虫特性，如生化、形态和物候抗虫特性等。

**2. 天敌**　　天敌包括病原微生物、食虫昆虫，以及食虫的鸟类、蛙类、蜘蛛类等。病原微生物包括病毒、细菌、真菌、线虫、原生动物等。目前已有许多微生物制剂被广泛应用于害虫防治中，如苏云金芽孢杆菌、白僵菌等。食虫昆虫的种类也很多，如管氏肿腿蜂、周氏啮小蜂、丽蚜小蜂等已规模生产，用以防治天牛、美国白蛾、温室白粉虱、叶螨等害虫。

### （三）土壤环境

土壤是昆虫重要的生活环境，许多昆虫终生生活在其中，一些地上生活的昆虫也有个别虫期生存在土壤中，如黏虫、斜纹夜蛾等昆虫的蛹期。土壤对昆虫的影响主要在物理和化学特性两个方面：土壤温湿度、通风状况、水分及有机质含量等的变化，对昆虫的适生性影响各异，如蛴螬喜欢黏重、有机质多的土壤，蝼蛄则喜欢砂质、疏松的土壤；一些昆虫对土壤的酸碱度及含盐量有一定的选择性。

# 第二节　园林植物病害概述

## 一、园林植物病害的概念

园林植物病害是指园林植物受到病原的侵染或不良环境的影响时，发生一系列生理生化、组织结构和外部形态的变化，其正常的生理功能偏离到不能或难以调节复原的程度，生长发育受阻甚至死亡，最终降低观赏价值并造成经济损失的现象。

病害不同于一般的机械物理伤害，它有一个病理变化的过程。园林植物病害根据性质不同可分为两大类：侵染性病害和非侵染性病害。前者是由真菌、卵菌、细菌、病毒、线虫、植原体（又称植物菌原体）等病原生物因子所造成的病害，具有传染性，其中真菌、卵菌病害种类最多（占80%以上），危害最重；后者则是由不良的环境条件引起，主要包括营养缺乏或过剩、水分过多或过少、温度过高或过低、光照不足或过强、缺氧、空气污染、土壤酸碱不当或盐渍化、药害、肥害等，无传染性。侵染性病害和非侵染病害是园林绿地或花木基地上的常见病害，常常相互促进，加重病害的发生程度。

## 二、园林植物病害的症状

园林植物感病后，在外部形态上所表现出来的不正常变化称为症状。症状可分为病状和病征：病状是指发病植物本身所表现出来的不正常状态；病征是病原在发病植物上所表现出来的特征。例如，大叶黄杨褐斑病在叶上形成的近圆形、灰褐色的病斑是病状，后期在病斑上由病菌长出的小黑点是病征。所有的园林植物病害都有病状，而病征只在由真菌、卵菌、细菌、寄生性种子植物和藻类所引起的病害上表现较明显；病毒和植原体等引起的病害无病征；线虫多数在植物体内寄生，一般体外也无病征；非侵染性病害也无病征。植物病害一般先表现病状，病状易被发现，而病征常要在病害发展过程中的某一阶段才能显现。

### （一）病状类型

**1. 黄化** 叶绿素含量减少，整株或局部叶片均匀褪绿，进一步发展导致黄化（白化），一般由病毒、植原体或生理原因引起，如贴梗海棠和棣棠的缺铁性黄化（图1-36）、山茶病毒病（图1-37）等。

图1-36 缺铁性黄化
a. 贴梗海棠缺铁性黄化；b. 棣棠缺铁性黄化

图1-37 病毒引起的山茶黄化

**2. 花叶** 整株或局部叶片颜色深浅不匀，浓绿和黄绿互相间杂，有时出现红、紫斑块。一般由病毒引起，如鸢尾花叶病、月季花叶病等（图1-38）。

**3. 碎锦** 不均匀变色现象发生在花器官或果实上，称碎锦或碎色，如郁金香碎色病。

**4. 斑点** 多发生在叶片和果实上，形状和颜色不一。病斑后期有的出现霉点或小黑点。一般由真菌、细菌等引起，如月季黑斑病、百日菊叶斑病、山茶灰斑病等（图1-39）。

**5. 溃疡** 枝干皮层、果实等部位局部组织坏死，形成凹陷病斑，病斑周围常被木栓化愈伤组织包围，后期病部常开裂，并在坏死的皮层上出现黑色的小颗粒或小型的盘状物。一般由真菌、细菌或日灼等引起，如杨树溃疡病、红瑞木溃疡病、柳树溃疡病、槐树溃疡病等（图1-40）。

图1-38 花叶
a. 鸢尾花叶病；b. 月季花叶病

图1-39 斑点
a. 月季黑斑病；b. 百日菊叶斑病

图1-40 溃疡
a. 杨树溃疡病；b. 红瑞木溃疡病

**6. 腐烂**　　病部组织腐烂。多汁幼嫩的组织常为湿腐，如羽衣甘蓝软腐病、佛手灰霉病（图1-41）。含水较少、较硬的组织常发生干腐，如量天尺腐烂病（图1-42）。腐烂一般由真菌、卵菌、细菌引起。

图1-41　佛手灰霉病

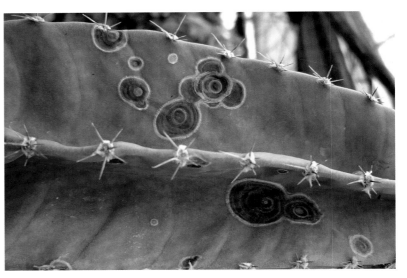

图1-42　量天尺腐烂病

**7. 枯梢**　　枝条从顶端向下枯死，甚至扩展到主干上。一般由真菌、细菌或生理原因引起，如马尾松枯梢病、柳黑枯病、文竹干梢、雪松干梢等（图1-43）。

图1-43　枯梢
a. 文竹干梢；b. 雪松干梢

图1-44　菊花枯萎病

**8. 枯萎**　　由于干旱、根系腐烂或输导组织受阻，部分枝条或整个树冠的叶片凋萎、脱落或整株枯死。一般由真菌、细菌或生理原因引起，如榆枯萎病、唐菖蒲枯萎病、大丽花青枯病、菊花枯萎病（图1-44）等。

**9. 畸形**　　通常包括叶片变小、皱缩、肿胀或形成毛毡，枝条带化，果实变形等。一般由真菌、卵菌、螨类或其他原因引起，如大丽花病毒病、红瑞木病毒病、桃缩叶病、月季带化病、李囊果病和阔叶树毛毡病等（图1-45）。

图1-45 畸形

a. 大丽花病毒病；b. 红瑞木病毒病；c. 桃缩叶病

**10. 疮痂** 发生在叶片、果实和枝条上。斑点表面粗糙，有的因局部细胞增生而稍微突起，形成木栓化的组织。多由真菌引起，如柑橘疮痂病、大叶黄杨疮痂病（图1-46）等。

**11. 肿瘤** 枝干和根部的局部细胞增生，形成不同形状和大小的瘤状物。一般由真菌、细菌、线虫、寄生性种子植物或生理原因引起，如樱花根癌病（图1-47）、瓜子黄杨根结线虫病等。

**12. 丛枝** 顶芽生长受到抑制，侧芽、腋芽迅速生长，或不定芽大量发生，发育成小枝，小枝上的顶芽又受抑制，其侧芽又发育成小枝，这样多次重复发展，叶片变小、节间变短、枝叶密集丛生。由真菌、植原体或生理原因引起，如竹丛枝病、枣疯病、泡桐丛枝病等（图1-48）。

**13. 流脂或流胶** 病部有树脂或胶质自树皮渗出，常称为流脂病或流胶病（一般针叶树称流脂，阔叶树称流胶）。流脂和流胶的原因比较复杂，一般由真菌、细菌或生理原因引起，也可能是它们综合作用的结果，如桃树流胶病、美人梅流胶病（图1-49）等。

## （二）病征类型

**1. 粉状物** 植物发病部位出现各种颜色的粉状物，如白粉〔凤仙花、月季、黄栌、海棠类白粉病（图1-50）等〕、黑粉（草坪草黑粉病）等。

图1-46　大叶黄杨疮痂病

图1-47　樱花根癌病

图1-48　丛枝

a. 竹丛枝病；b. 枣疯病

图1-49　美人梅流胶病

图1-50　海棠类白粉病

**2. 霉状物** 植物发病部位出现各种颜色的霉状物,如霜霉〔葡萄霜霉病(图1-51)、月季霜霉病等〕、灰霉〔月季、仙客来、榕树灰霉病(图1-52)等〕、烟霉〔柑橘煤污病(图1-53)等〕等。

图1-51 葡萄霜霉病

图1-52 榕树灰霉病

**3. 锈状物** 发生在枝、干、叶、花、果等部位。病部产生锈黄色粉状物,或内含黄粉的疱状物或毛状物,由锈菌引起,如玫瑰锈病、海棠类锈病、草坪禾草锈病(图1-54)等。

**4. 粒点状物** 常在叶片、枝干、果实上出现,褐色或黑色,不同病害粒点状物的形状、大小、凸出表面的程度、密度与数量往往不同,如大叶黄杨叶斑病(图1-55)等。

**5. 菌脓** 细菌性病害常从病部溢出灰白色、蜜黄色的液滴,干后结成菌膜或小块状物,如天竺葵叶斑病、栀子花叶斑病等。

图1-53 柑橘煤污病

图1-54 草坪禾草锈病

图1-55 大叶黄杨叶斑病

## 三、园林植物病害的类型与特点

### （一）非侵染性病害的类型及特点

**1. 类型** 园林植物在生长发育过程中要求适宜的环境条件。当环境条件不适宜，并且超出植物的适应范围时，植物的生理活动就会失调，表现失绿、矮化，甚至死亡，导致非侵染性病害的发生。引起园林植物非侵染性病害（也称生理性病害）的原因多种多样，常见的有以下几种。

（1）营养失调 植物的生长发育需要多种营养物质。土壤中缺乏某些营养物质会影响植物正常的生理机能，引起植物缺素症。

1）缺氮：主要表现为植株矮小、发育不良，分枝少，失绿、变色，花小和组织坏死。在强酸性、缺乏有机质的土壤中易发生缺氮症。

2）缺磷：植物生长受抑制，植株矮化，叶片变成深绿色，灰暗无光泽，最后枯死脱落。病状一般先从老叶上出现。生荒土或黏重板结土壤易发生缺磷症。

3）缺钾：植物叶片常出现棕色斑点，不正常皱缩，叶缘卷曲，最后焦枯。红壤一般含钾量低，易发生缺钾症。

4）缺铁：主要引起失绿、白化和黄叶等。首先表现为枝条上部的嫩叶黄化，下部老叶仍保持绿色，逐渐向下扩展到基部叶片，如栀子黄化病、西府海棠黄化病（图1-56）等。碱性土壤常会发生缺铁症。

**图1-56 缺铁造成黄化**

a. 缺铁造成栀子黄化病；b. 缺铁造成西府海棠黄化病

**图1-57 缺锌造成紫薇小叶病**

5）缺镁：症状同缺铁症相似。区别在于缺镁时常从植株下部叶片开始褪绿，出现黄化，渐向上部叶片蔓延，如金鱼草缺镁症。镁与钙有拮抗作用，当钙过多时，可适当加入镁起缓冲作用。

6）缺硼：引起植株矮化、芽畸形、丛生、缩果和落果。

7）缺锌：引起新枝节间缩短，叶片小而黄，有时顶部叶片成簇生状，如紫薇小叶病（图1-57）。

8）缺钙：植株根系生长受抑，嫩芽枯死，嫩叶扭曲，叶缘叶尖白化，提早落叶。

9）缺锰：叶片的叶绿素减少，叶脉间失绿，但有些叶脉附近还会保持一定的绿色，也就是失绿不是很明显，需仔细观察。严重缺锰时叶片出现灰白色或褐色斑点，叶片卷曲、凋零，最终枯死。例如，缺锰时菊花叶脉间变枯黄，叶缘及叶尖向下卷曲，花呈紫色，症状由上向下扩展。一般发生在碱性土壤中。

10）缺硫：植物叶脉发黄，叶肉组织仍保持绿色，从叶片基部开始出现红色枯斑。幼叶表现更明显。

发生缺素症时，常通过改良土壤和补充所缺乏营养元素进行治疗。有些元素如硼、铜、钙、银、汞含量过多时，对植物也会产生毒害作用，影响植物的生长发育。

（2）土壤水分失调　植物正常的生理活动需要在体内水分饱和的状态下进行。水是原生质的组成成分，是植物生长发育不可缺少的条件。土壤干旱缺水时，植物常发生萎蔫现象，生长发育受到抑制，甚至死亡。例如，杜鹃和贴梗海棠对干旱敏感，干旱缺水会使得老叶发黄或变褐坏死（图1-58）。

**图1-58　干旱导致老叶发黄变褐**
a. 杜鹃受害状；b. 贴梗海棠受害状

土壤水分过多，往往发生水涝现象，常使根部窒息，引起根部腐烂（图1-59）。根系受到损害后，便引起地上部分叶片发黄，花色变浅，花的香味减退及落叶、落花，茎秆生长受阻，严重时植株死亡。例如，女贞淹水后，蒸腾作用立即下降，12天后植株便死亡。一般草本花卉易受涝害，植物在幼苗期对水涝较敏感。雪松、悬铃木、合欢、女贞、青桐等树木易受涝害，而枫杨、杨树、柳树、乌桕等对水涝有很强的耐性。

出现水分失调现象时，要根据实际情况，适时适量灌水或及时排水。浇灌时尽量采用滴灌或沟灌，避免喷淋和大水漫灌。

（3）温度不适　高温常使花木茎秆、叶、果受到灼伤。花/灌木及树木的日灼常发生在树干的南面或西南面，如柑橘日烧病。夏季苗圃中土表温度过高，常使幼苗根茎部发生日灼伤，如银杏苗木茎基部受到灼伤后病菌可趁机而入诱发银杏茎腐病。预防苗木的灼伤，可采取适当的遮阴与灌溉以降低土壤温度。

**图1-59　水涝导致根部腐烂**

低温也会使植物受害。冻害是常见的低温危害。晚秋的早霜常使花木未木质化的枝梢等受到冻害，春季晚霜易使幼芽、新叶和新梢冻死，花脱落（图1-60）。冬季的反常低温会对一些常绿观赏植物及落叶花/灌木等未充分木质化的组织造成冻害（图1-61）。露地栽培的花木受霜冻后，常自叶尖或叶缘产生水渍状斑，严重时全叶坏死，解冻后叶片变软下垂。低温还能引起苗木冻拔。保护地内喜高温的花卉植物，常因温度过低而出现冷害（图1-62）。

冬春之交，高低温交替，昼夜温差过大，也可使树干阳面发生灼伤和冻裂，如毛白杨破腹病。树干涂白是保护树木免受日灼伤和冻害的有效措施。

**图1-60　春季晚霜引起的冻害**

a. 桂花受害状；b. 北海道黄杨受害状

**图1-61　冬季低温导致大叶女贞受害状**

（4）光照不适　　不同的园林植物对光照时间长短和强度大小的反应不同，应根据植物的习性加以养护。例如，月季、梅、菊花、金橘等为喜光植物，宜种植在向阳避风处；龟背竹、白鹤芋、杜鹃、茶花等为耐阴植物，忌阳光直射，光照过强时会造成黄叶现象（图1-63），应给予良好的遮阴条件。中国兰、广东万年青、海芋等为喜阴植物，喜阴湿环境，除冬季和早春外，均应置于荫棚下养护。

植物正在旺盛生长时，光照强度的突然改变和养分供应不足会引起落叶。室内植物要有尽可能多的光照。此外，植株种植过密、光照不足、通风不良等也会引致叶部、茎秆部病害的发生。

**图1-62　低温导致植物受害**

a. 斑马万年青受害状；b. 红掌受害状

（5）通风不良　　无论是露地栽培还是温室栽培，植株栽植密度或花盆摆放密度都应合理，适宜的株行距有利于通风、透气、透光，改善环境条件，提高植物生长势，并形成不利于病菌生长的条件，减少病害的发生。如果过密，不仅通风不良，湿度较高，叶缘易积水，还会使植株叶片相互摩擦出现伤口，尤其

**图1-63　日灼现象**

a. 龟背竹受害状；b. 白鹤芋受害状

在昼夜温差大时，易在花瓣上凝结露水，诱发霜霉病和灰霉病的发生。例如，蝴蝶兰喜通风干燥条件，通风不良的园圃易造成高温、高湿、闷热的环境，易诱发根系腐烂。

（6）土壤酸碱度不适宜　许多园林植物对土壤酸碱度要求严格，若酸碱度不适宜易表现各种缺素症，并诱发一些侵染性病害的发生。例如，我国南方多为酸性土壤，易缺磷、缺锌；北方多为石灰性土壤，易发生缺铁性黄化病。且微碱性环境利于细菌的生长发育，在偏碱的砂壤土，樱花、月季、菊花根癌病易发生；中性或碱性土壤，一品红根茎腐烂病、香豌豆根腐病发病率较高。土壤酸碱度较低时，利于香石竹镰刀菌枯萎病的发生。

为使土壤保持适宜的酸碱度，确保植物健壮生长，灌溉用水也应加以注意。例如，杜鹃、山月桂等喜酸花卉以雨水为好，或用草酸、柠檬酸调制的酸性水，不宜用碱性水；盆栽花卉如用自来水浇灌，最好将自来水在容器中存放几天后再用。

（7）有毒物质的影响　空气、土壤中的有毒物质可使花木受害。在工矿区，由于空气中含有过量的二氧化硫、二氧化氮、三氧化硫、氯化氢和氟化物等有害气体，以及各种烟尘，常使花木遭受烟害。引起叶缘、叶尖枯死，叶脉间组织变褐，严重时叶片脱落，甚至使植物死亡。

例如，唐菖蒲对氟化物最敏感，受污染后先是叶尖产生灼伤现象，然后渐向下延伸，黄花品种更为敏感；杜鹃对氟化物很敏感，轻微受污染即在叶缘和叶脉间出现坏死，叶片皱缩，叶面布满斑纹；金鱼草、蔷薇、翠菊、三角梅、木槿等观赏花木对氟化物都很敏感；百日菊等植物对二氧化硫很敏感，而美人蕉、香石竹、丁香、山茶、桂花、广玉兰、桧柏、仙人掌类等对二氧化硫有较强抗性；美洲五针松对臭氧很敏感，而百日菊、一品红、草莓、黑胡桃等对臭氧有抗性；水杉、枫杨、木棉、樟子松、紫椴等对氯化物敏感，而银杏、紫藤、丁香、无花果、蒲葵等对氯化物抗性强。一般未充分伸展的幼叶不易受氯化物为害，而刚成熟已充分伸展的叶片最易受害，老叶次之。因此，植物受到氯化物为害后，枝条先端的幼叶仍然继续生长，这与氟化物为害正相反。

此外，农药、化肥、植物生长调节剂等使用不当，浓度过大或条件不适宜，也可使花木发生不同程度的药害或灼伤，叶片常产生斑点或枯焦脱落（图1-64），特别是花卉柔嫩多汁部位最易受害。

**图1-64　有毒气体泄漏导致雪松受害状**

为防止有毒物质对花木的毒害，应合理使用农药和化肥，在城镇工矿区应注意选择抗烟性较强的花卉和树木进行绿化。

**2. 特点**

1）病株在现场的分布具有规律性，一般比较均匀且大面积成片发生。没有先出现中心病株并由点到面扩展的过程。

2）症状具有特异性。

3）除高温灼伤和药害等少数情况能引起局部病变外，病株常表现为全株性发病，如缺素症、涝害等。

4）病害在植株间不能互相传染。

5）病株只表现病状，而无病征。病状类型有变色、枯死、畸形和生长不良等。

6）病害发生与环境条件、栽培管理措施密切相关。

**（二）侵染性病害的类型及特点**

**1. 类型**

（1）菌物病害　　植物菌物病害的病原大都为菌丝状，且大都采用孢子繁殖，由卵菌、接合菌、子囊菌、担子菌、无性态真菌5大类群构成，是构成园林植物病害的主体。菌物的菌丝与孢子等均可通过普通的光学显微镜进行观察，因而显微镜检是诊断菌物病害的一种常用手段。菌物病害不仅种类多，而且危害重。重要的菌物病害有葡萄霜霉病、贴梗海棠-桧柏锈病、月季白粉病、杨树溃疡病、大叶黄杨褐斑病等。常见的杀菌剂如代森锰锌、甲基硫菌灵、腈菌唑、醚菌酯等是防治菌物病害的药剂。

（2）细菌病害　　引起园林植物的细菌性病害，其病原为单细胞的杆菌，多为革兰氏染色阴性，采用链霉素类药剂防治。常见病害有樱花根癌病、蝴蝶兰细菌性软腐病等。该类病害症状较特殊，较容易识别。

（3）植原体病害　　该类病害种类较少，常见的症状为黄化、丛枝，如翠菊黄化病、枣疯病、泡桐丛枝病等，多用四环素类药剂防治。该类病害也容易诊断。

（4）病毒病害　　该类病害的病原为没有细胞结构的分子生物，且为细胞内的专性寄生物，症状多为花叶、斑驳、皱缩、畸形，如牡丹病毒病、月季花叶病等。目前尚无控制病毒病的特效药，但盐酸吗啉胍、盐酸吗啉胍·铜、病毒克星、菇类蛋白多糖等药剂对防控病毒病有一定的效果，控制该类病害多从选择抗病（无毒）品种、切断传播途径等角度考虑。

（5）线虫病害　　该类病害的病原为线虫，属于较为低等的线形动物。常见的病害有仙客来根结线虫病、水仙茎线虫病、松材线虫病等。该类病害的防治不能用杀菌剂，而是采用杀虫剂或专门的杀线虫剂，如威百亩等。

**2. 特点**

1）侵染性病害在现场可看到由点到面逐步扩大蔓延的趋势，一般呈分散状分布。有的病害的扩展与某些昆虫有关；有的新病害的发生与换种、引种等栽培措施的改变有关。

2）有些病害的严重发生往往与当年的气候条件、园林植物品种的抗性丧失和布局有关。

3）侵染性病害中，除了病毒、类病毒、植原体等引起的病害没有病征外，真菌、卵菌、细菌等引起的病害往往既有病状又有病征。无论哪一类病原所引起的病害，都具有传染性。

# 第三节　园林植物病虫害防治的原理与方法

## 一、园林植物病虫害防治的基本原理

### （一）园林病虫害防治的原则、策略及定位

**1. 原则**　　园林植物病虫害防治是一个系统工程，即从生态学观点出发，在整个园林植物生产、栽植、养护管理及规划设计等过程中，都要采用科学的栽植养护技术，调节生态环境，预防病虫害的发生，

关键时刻采取少量人为的直接措施，使自然调控和人为防治手段有机结合，有意识地加强自然防治能力。

**2. 策略**　随着人们认识水平和科技水平的提高，从"预防为主、综合防治""有害生物综合治理（IPM）"，强化生态意识、无公害控制，到目前要求共同遵循"可持续发展"为准则，这是在认识上逐步提高的过程。要求我们在理念上调整为：从保护园林植物的个体、局部，转移到保护园林生态系统及整个地区的生态环境上来。

**3. 定位**　既要满足当时当地某一植物群落和人们的需要，还要满足今后人与自然的和谐、生物多样性及保持生态平衡和可持续发展的需要。要求做到：有虫（病）无害，自然调控；生物多样性，相互制约；人为介入，以生物因素为主，无碍生态环境，免受病虫害为害。

### （二）园林病虫害防治的基本途径

园林病虫害防治是通过各种有效措施把病虫害对园林植物的生长发育和观赏价值的影响降到最低限度，获得最大的经济、生态和社会效益。病虫害对园林植物生长发育和观赏价值的影响程度与多种因素有关。首先是园林生态系统中病虫害是否存在，其次是病虫害种群数量多少，最后是病虫害的食物种类和发育状况。通常，病虫害防治可以通过以下3条基本途径来达到目的。

**1. 协调园林生态系统中生物群落的物种组成**　即尽可能减少园林生态系统中病虫害的种类，增加有益生物的种类。在大范围内，由于地理阻隔和病虫害扩散能力的限制，许多危险性病虫害不能自然侵入新的地区，只要防止人为的传播便可免受其害。在小范围内，利用防虫网或利用驱避剂及喷洒高分子膜等手段阻止病虫害侵入，也能避免园林植物受害。同时，利用引进和释放天敌的方法，也可以增加园林系统有益生物的种类和数量。

**2. 控制病虫害种群数量**　只有足够数量的病虫害才能造成显著的危害。病虫害种群数量的增长，需要适宜的环境条件。因此，对已有的病虫害，采取恶化其生存繁殖条件或直接消灭病虫害等手段，都能有效地控制病虫害的种群数量。目前防治病虫害的大部分方法，都是用以控制病虫害种群数量的。

**3. 恶化病虫害的食物条件**　由于同种病虫害对不同园林植物的种类或品种造成的危害程度是不同的，即使是同一植物品种，由于生育期不同，病虫害为害的方式不同，同样数量的病虫害造成的危害程度也不相同。因此，可以在某种病虫害大发生的区域种植不适于其取食的植物种类或品种，调整播种或移栽期，达到避害减害的目的。例如，栽种抗白锈病的菊花品种，可以杜绝该锈病为害；栽植转基因抗虫杨可以减少害虫为害等。

## 二、园林植物病虫害防治的基本方法

园林植物病虫害防治的基本方法归纳起来有：植物检疫、农业防治、物理防治、生物防治、化学防治与外科治疗。

### （一）植物检疫

植物检疫也称为法规防治，是控制病虫害的基本措施之一，也是实施"有害生物综合治理"措施的基本保证。

**1. 植物检疫的必要性**　植物检疫是指一个国家或地方政府颁布法令，设立专门机构，禁止或限制危险性病虫等人为地传入或传出，或者传入后为限制其继续扩展所采取的一系列措施。

在自然情况下，病虫害的分布具有区域性，在原产地常因有大量的天敌和长期发展起来的植物对其产生的抗性、栽培管理措施等控制，往往不足以引起人们的注意。一旦传入新地区，环境条件如果适宜，又失去原有的控制因素，就会迅速发生蔓延，造成严重危害。历史上这样的经验教训很多，例如，葡萄根瘤蚜在1860年由美国传入法国后，经过25年，就有10万 $hm^2$ 以上的葡萄园归于毁灭；榆枯萎病最初仅在欧洲个别地区流行，之后扩散到意大利、荷兰、加拿大等国，造成榆树大量死亡；我国的菊花白锈病、樱花细菌性根癌病均由日本传入，使许多园林风景区蒙难。最近几年传入我国的美洲斑潜蝇、蔗扁蛾、椰心叶甲等也带来了严重灾难。为了防止危险性病虫害的传播，各国政府都制定了检疫法令，设立了检疫机构，进行植物病虫害的检疫。

**2. 植物检疫的主要内容**

（1）植物检疫的任务 植物检疫的任务主要有以下3个方面：①禁止危险性病虫害随着植物及其产品由国外输入或国内输出。②将国内局部地区已发生的危险性病虫害封锁在一定的范围内，防止其扩散蔓延，并积极采取有效措施，逐步予以清除。③当危险性病虫害传入新地区时，应采取紧急措施，及时就地消灭。

随着我国对外贸易的发展，园林植物产品的交流也日益频繁，危险性病虫害的传播机会越来越多，检疫工作的任务愈加繁重。因此必须严格执行检疫法规，切实做到"既不引祸入境，也不染灾于人"，以促进对外贸易，维护国际信誉。

（2）植物检疫措施 我国对植物检疫采取了以下措施。

1）对外检疫和对内检疫。①对外检疫（国际检疫）是国家在对外港口、国际机场及国际交通要道设立检疫机构，对进出口的植物及其产品进行检疫处理。防止国外新的或在国内还是局部发生的危险性病虫害的输入；同时也防止国内某些危险性病虫害输出。②对内检疫（国内检疫）是国内各级检疫机构会同交通运输、邮电、商贸及其他有关部门，根据检疫条例对所调运的植物及其产品进行检验和处理，以防止仅在国内局部地区发生的危险性病虫害的传播蔓延。我国对内检疫以产地检疫为主、道路检疫为辅。

对内检疫是对外检疫的基础，对外检疫是对内检疫的保障，二者紧密配合、互相促进，共同保护园林植物生产与养护的安全。

2）确定检疫对象。病虫害的种类很多，不可能对所有的病虫害进行检疫，而是应该根据调查研究的结果，确定检疫对象名单。确定检疫对象的依据及原则：①本国或本地区未发生的，或分布不广，或局部发生正在消灭的病虫害；②繁殖力强、危害严重、防治困难的病虫害；③可借助人为活动传播，适应性强的病虫害；④因履行国际检疫对象义务而必须加以防范的病虫害。

同时，必须根据寄主范围和传播方式确定应该接受检疫的种苗、接穗及其他植物产品的种类和部位。检疫对象名单也不是固定不变的，应根据实际情况的变化及时修订或补充。

3）划定疫区和保护区。有检疫对象发生的地区划为疫区，对疫区要严加控制，禁止检疫对象传出，并采取措施逐步消灭检疫对象。未发生检疫对象但检疫对象有可能传入的地区划定为保护区，对保护区要严防检疫对象传入，充分做好预防工作。

4）其他措施。包括建立和健全植物检疫机构、建立无检疫对象的种苗繁育基地、加强植物检疫科研工作等。

（3）植物检疫对象 主要植物检疫性病虫害：松突圆蚧、梨圆蚧、日本松干蚧、湿地松粉蚧、扶桑绵粉蚧、枣大球蚧、无花果蜡蚧、苹果绵蚜、悬铃木方翅网蝽、蔗扁蛾（图1-65）、杨干透翅蛾、柳蝙蛾、美国白蛾、苹果蠹蛾、椰子木蛾、泰加大树蜂、松树蜂、落叶松种子小蜂、刺桐姬小蜂、大痣小蜂、桉树枝瘿姬小蜂、杏仁蜂、红火蚁、黑森瘿蚊、三叶草斑潜蝇、美洲斑潜蝇、枣实蝇、椰心叶甲（图1-66）、

图1-65 蔗扁蛾为害巴西木状

图1-66 椰心叶甲为害椰子状

松褐天牛、黄斑星天牛、锈色粒肩天牛、双条杉天牛、青杨脊虎天牛、双钩异翅长蠹、欧洲榆小蠹、谷斑皮蠹、红脂大小蠹、强大小蠹、杨干象、红棕象甲、白缘象、日本金龟子；非洲大蜗牛、福寿螺；松疱锈病、松针红斑病、松针褐斑病、落叶松枯梢病、杉木缩顶病、松材线虫病、杨树花叶病毒病、桉树焦枯病、毛竹枯梢病、猕猴桃细菌性溃疡病、肉桂枝枯病、板栗疫病、榆枯萎病、柑橘溃疡病、菊花叶枯线虫病、香石竹枯萎病、香石竹斑驳病毒病、菊花白锈病、禾草腥黑穗病、剪股颖粒线虫病、小麦矮腥黑穗病、小麦印度腥黑穗病等。

（4）植物检疫的步骤

1）对内检疫。①报检：调运和邮寄种苗及其他应受检的植物产品时，应向调出地有关检疫机构报验。②检验：检疫机构人员对所报验的植物及其产品要进行严格检验。到达现场后凭肉眼和放大镜等对产品进行外部检查，并抽取一定数量的产品进行详细检查，必要时可进行显微镜检及诱发试验等。③检疫处理：经检验如发现检疫对象，应按规定在检疫机构监督下进行处理。一般方法有禁止调运、就地销毁、消毒处理、限制使用地点和用途等。④签发证书：经检验后，如不带有检疫对象，则检疫机构发给国内植物检疫证书放行；如发现检疫对象，经处理合格后，仍发证放行。

2）对外检疫。我国进出境检疫包括以下几个方面：进境检疫，出境检疫，过境检疫，携带、邮寄物检疫，运输工具检疫。实施对外检疫时应严格执行《中华人民共和国进出境动植物检疫法》及其实施条例的有关规定。

（5）植物检疫的方法　植物检疫的方法分为现场检验、实验室检验和隔离检验三种。具体方法多种多样，植物检疫工作一般由检疫机构进行，在此不再详述。

### （二）农业防治

农业防治是指通过合理的园林设计、施工与栽培管理措施，减少病虫害种群数量和侵染的可能性，培育健壮植物，增强植物抗害、耐害和自身补偿能力，或避免病虫害为害的一种植物保护措施。该法的优点是可结合园林设计、施工与栽培管理一同进行，不需要额外的投资，而且有长期预防作用，可以在大范围内减轻病虫害发生的程度，甚至可以持续控制某些病虫害的大发生，是最基本的防治方法。但也有一定的局限性，如作用效果缓慢，且多为预防措施。在病虫害大发生时，对暴发性病虫害的控制效果不大，易受自然条件限制等。近年来，随着生态园林建设与绿色植保技术推广力度的不断加大，该类技术措施的研究应用前景越来越广阔，内涵越来越丰富。农业防治可分为以下几个环节。

**1. 进行合理的园林设计及栽植搭配**　科学合理的园林设计及栽植搭配，能够使各类植物种群之间相互协调，达到植物造景和科学种植的目的；否则会造成植物生态系统失衡、病虫害滋生、养护管理困难等后果，从而影响景观效果及产量品质。

（1）选择乡土植物、适地适树适种源

1）选择乡土植物。乡土植物是指原产于当地或虽从外地引进，但已经过长期驯化且非常适合当地环境条件的植物。由于该类植物具有适应性强，抗旱、抗寒、抗热、耐瘠薄、抗病虫害、抗污染等特点，长势旺盛，养护成本低，因而在园林规划设计中需要优先考虑。如果不经科学设计，随意种植不适宜当地气候环境的非乡土植物，常导致严重后果。例如，近几年温带地区盲目露地栽植原产于亚热带的桂花、石楠（图1-67）及棕榈类（图1-68）植物，亚热带地区引种热带的南洋杉（图1-69）、小叶榕等大都出现了生长不良、死亡等现象；同样，我国北方水边栽植的柳树，性喜冷凉，如果在南方栽植，则生长缓慢且易受病虫为害；再如从国外引进的"洋树、洋花、洋草坪"，也常出现问题。

图1-67　温带地区露地栽培石楠受冻害状

图1-68 温带地区露地栽培棕榈受冻害状

图1-69 亚热带地区露地栽培南洋杉受冻害状

图1-70 草坪区域浇水过多造成桃树生长不良状

2）适地适树适种源。园林植物的种植规划，首先要做到适地适树适种源，就是说使园林植物的特性与栽植点的环境条件相适应，从而使园林植物健康生长，增强抗病虫害的能力。具体地说就是要根据受光度的强弱选栽阳性或阴性树种；根据地势和地下水位的高低，选栽抗旱或抗涝树种；根据土壤酸碱度和污染源的不同选栽不同的抗性树种；根据周围建筑群的高度和朝向，选栽不同功能和要求的树种；根据土层的厚薄选栽乔、灌、花、草等植物，根据风力的大小选栽深根或浅根性树种等。如果违背了植物的生理生态特性，轻者栽植的植物生长发育不良，容易发生病虫害，重者大量死亡，需要重栽。

例如，我国北方部分城市为了追求冬季能有大量的绿色，常在车流量大或老城区狭窄的街道盲目栽植常绿树。该类区域粉尘与汽车尾气污染重，土质坚实，春天风大干旱，夏天炎热缺水，冬天树下还有堆雪。这些地方本该种植抗寒、抗旱、抗污染的乔木、绿篱或地被类植物，却大量设计栽植云杉、樟子松、黑松等树种，结果没过几年这些常绿树便生长衰弱，落针病和松梢螟大量发生，致使枝叶枯黄甚或死亡。再如桃树、玉兰、牡丹等怕涝的树种，种植于浇水频繁的草坪区域或地下水位较高及地势低洼积水的地方，则会使得植株生长不良（图1-70），容易感染病虫害，甚至造成根系腐烂（图1-71）；白皮松、黑松、油松、枣树等阳性树种栽种在光照不足的地方，树木常未老先衰（图1-72、图1-73），最终导致枯梢病等病害的发生；樱花褐斑病在风大、多雨的地区发病严重，应根据适地适树原则，不在风口区栽植樱花，必要时设风障保护；花木藻斑病在潮湿、贫瘠的立地条件下易发生流行（图1-74），而培育在地势开阔、排水良好、土壤肥沃地块上的花木，植株生长健壮，抗病力强，不易发生此病。总之，在园林设计时要根据立地条件选择适宜的植物种类与品种。

（2）选用无病虫或抗病虫的植物种类、品种

1）采用健壮、无病虫害的种苗。许多病虫害依靠种子、苗木及其他无性繁殖材料传播，因而采用无

图1-71 低洼积水处的牡丹易出现根系腐烂

图1-72 黑松因光照不足而生长不良状

图1-73 枣树因光照不足而
生长不良状

病虫的健壮种苗可以有效地控制该类病虫害的发生。购置苗木（花卉）前，应到苗圃（花圃）实地考察，仔细调查、观察苗木（包括种子及其他无性繁殖材料、切花、盆花等）是否带有介壳虫、天牛、根癌病、溃疡病等难以控制的病虫害。尽量选择长势旺盛、无病虫害的嫁接苗（由实生苗嫁接而来）、脱毒组培苗（如无花叶病毒的唐菖蒲组培苗等）（图1-75），以及从无病虫圃地采集的种子（如无病毒病的仙客来种子等）与无性繁殖材料（如不带锈菌的切花菊种苗等）等。

　　2）选用抗病虫种类与品种。不同的园林植物种类，往往在抗病虫方面具有一定的差异。针对当地发生的主要病虫害类型，选用抗病虫的园林植物种类与品种是防治病虫害最经济有效的一种方法。针对城镇行道树种类单一、容易被害虫为害的特点，选用抗虫树种如银杏、香樟、大叶女贞、广玉兰、白玉兰、紫

图1-74 潮湿、贫瘠的立地条件下
易发生藻斑病

图1-75 采用脱毒组培苗预防病害

玉兰等，可减少害虫防治及农药的使用，对保护城镇生态环境十分有益。例如，家榆不抗榆紫叶甲，而新疆大叶榆与东北黑榆则抗虫效果十分明显；细叶结缕草（天鹅绒草）容易感染锈病，而其姊妹草种——沟叶结缕草（马尼拉草）则对锈病免疫，选用马尼拉草的意义已不言而喻。

不同花木品种对于病虫害的耐受程度也不一致。例如，在抗病品种应用方面，可选用抗锈病的菊花、香石竹、金鱼草新品种，抗紫菀萎蔫病的翠菊新品种，抗菊花叶枯线虫病的菊花新品种，抗黑斑病及天牛为害的杨树新品种，抗花叶病毒病的红花美人蕉品种等。

近年来，随着月季在园林绿地中应用越来越广泛，月季白粉病（图1-76）与月季黑斑病（图1-77）已成为影响月季生长与观赏的主要病害。白粉病可从春季一直为害至晚秋；黑斑病则往往在高温多雨季节过后，导致感病月季品种大量落叶，甚至落光成为光秆（图1-78），使得绿化观赏效果大打折扣。编者在养护实践中发现，栽植抗病月季品种如'北京红'（图1-79）、'红色绝代佳人'（图1-80a）、'樱桃伯尼卡'（图1-80b）是防治上述2种病害简单而又有效的方法，值得大力推广。

（3）避免混栽病虫转主寄主植物及有共同病虫害的植物

1）避免混栽病虫转主寄主植物。设计建园时，为了保证景观的美化效果，常采取多种植物搭配种植。

图1-76 月季白粉病

图1-77 月季黑斑病

图1-78 黑斑病导致月季植株几乎成光秆状

图1-79 四五月份'北京红'月季抗白粉病状态

图1-80　高温多雨季节后'红色绝代佳人'（a）和'樱桃伯尼卡'（b）月季抗黑斑病状态

往往会忽视有些病虫害种类会因具有转主寄生的条件而相互传染，人为地造成某些病虫害的发生流行。例如，海棠与柏属树种、牡丹（芍药）与松属树种近距离栽植易造成海棠-桧柏锈病（图1-81）及牡丹（芍药）锈病的大发生；垂柳与紫堇混栽，松与栎、栗混栽，云杉与杜鹃、喇叭茶混栽，云杉与稠李混栽，能分别诱发垂柳锈病、油松栎柱锈病、云杉叶锈病、云杉稠李球果锈病的发生流行；苜蓿与槐树为邻将为槐蚜提供转主寄主，导致槐树严重受害。所以在园林布景时，植物的配置不仅要考虑美化效果，还应考虑病虫为害的问题。

2）避免混栽有共同病虫害的植物。每种病虫对树木、花草都有一定的选择性和转移性，因而在进行花坛（或苗圃）苗木定植时，要考虑到寄主植物与害虫的食性及病菌的寄主范围，尽量避免相同食料及相同寄主范围的园林植物混栽或间作。例如，在杨树栽植区不能栽种桑、构、栎及小叶朴，因为为害毛白杨的桑天牛成虫只有在取食桑、构、栎、小叶朴后才能产卵；再如柑橘类与榆树混栽，会导致星天牛、橘褐天牛泛滥成灾；黑松、油松、马尾松等混栽将导致日本松干蚧严重发生；云杉与红松、冷杉混栽，会分别诱发红松球蚜与冷杉异球蚜；桃、梅等与梨相距太近，会有利于梨小食心虫的大量发生（图1-82）；烟草花叶病毒能侵染多种花卉，如果混栽则加重病毒病的发生等。这些都应当注意。

图1-81　北美海棠锈病

图1-82　桃、梅等与梨相距太近会有利于梨小食心虫的发生

（4）考虑植物的相生相克作用、搭配种植诱饵植物

1）考虑植物的相生相克作用。植物间的化感作用普遍存在，所谓化感作用是指一种植物通过向环境释放化学物质而对另一种植物（包括微生物）所产生的直接或间接的益、害作用。由于化感中的相克作用，一些相邻植物间出现了"你死我活、水火不容"的相克局面，对自然、人工的生态系统产生较大的影响。这种现象对抑制某些恶性杂草是有利的，但对一些园林植物有害。化感作用也有有利的一面，即有些植物的叶片和根系分泌物可以互为利用，达到合作共存与互惠互利的状态。在园林设计时要充分利用这种关系，趋利避害，这是控制病虫害发生的经济、有效方法之一。

　　在园林植物间相生的实例：旱金莲与柏树在一起，旱金莲花期会由1天变为3天；黄栌与油松等混植时会减轻黄栌白粉病的发病程度；皂荚与百里香、黄栌、鞑旦槭一起栽植，植株能增高；油松与柞树、锦鸡儿与杨树、侧柏与油松等种植组合，也可相互助长等。相克的实例：丁香、薄荷、刺槐、月桂等能分泌大量的芳香物质，影响相邻植物的伸长生长；榆树的分泌物能使栎树发育不良；凡榆树根系到达的地方，葡萄的生长发育会严重受抑，甚至死亡；松树不能和接骨木共处，接骨木会强烈抑制松树生长，而临近接骨木下的松子则不能发芽等。

　　2）搭配种植诱饵植物。利用害虫嗜食某些植物的习性，人为种植该类诱饵植物，可减轻害虫对主栽花木的危害，但必须及时清除诱饵植物上的害虫。例如，种植一串红、灯笼花等叶背多毛植物可诱杀温室白粉虱；种植矢车菊、孔雀草可诱杀地下线虫；种植羽叶槭、糖槭可诱杀光肩星天牛（图1-83）；种植桑树可诱杀桑天牛；种植核桃、白蜡及蔷薇科树种能诱杀多斑白条天牛（图1-84）；种植七叶树、天竺葵可诱杀日本弧丽金龟；在苗圃周围种植蓖麻（图1-85）可使大黑鳃金龟、黑皱金龟误食后麻醉，从而集中捕杀。

图1-83　光肩星天牛成虫　　　　　图1-84　多斑白条天牛成虫　　　　　图1-85　种植蓖麻可诱杀金龟子

　　（5）注意生物多样性、模式多样化、结构复层化与密度合理化

　　1）注意生物多样性与模式多样化。在营造城市园林绿地系统时，需注意加强园林植被的多样性建设（图1-86），促进城市绿地生态系统的稳定性，提高对病虫害的自我调控能力。城市绿地建设一定要避免单一化的模式，不仅整个城市的植物种类要多样化，在同一块绿地上亦应考虑多样化。并且，在城市绿地之间构筑相互联系的绿色通道，借助行道树、街心隔离带的绿地使整个城市的绿色系统联系起来，可促使整个城市绿色系统多样性的形成。对已栽植的绿地，也应注意及时补植各类灌木、花草植物，扩大蜜源植物，为天敌生物创造良好的生活环境。总之，通过科学搭配与布局，建立合理的植物群落结构，充分发挥自然控制因素的作用，是控制园林植物病虫害的经济、有效措施。

　　2）乔、灌、藤、花、草结合，复层种植。植物群落是园林绿化的主体，设计时要遵循生物竞争、共生、循环、生态位等生态学原理，进行乔、灌、藤、花、草多种植物的合理混配、复层种植（图1-87），让喜阳、喜阴、喜湿、耐旱、常绿、落叶、赏花、观叶、匍匐、直立等生物学特性各不相同的植物有机结合，总体上形成种类丰富、高低错落有致、结构上协调有序的复层植物群落。如此，不仅能够充分利用光能及土地资源，增加园林植物的品种、数量，形成丰富多彩的立面结构层次，符合园林美学的要求，而且有利于维持生态系统内的平衡关系，便于病虫害的生物控制，减少大发生的可能。例如，上层为乔木时，其下可栽植耐阴或中性的花草、灌木及藤本植物，最下层则栽植耐阴的草坪草，不仅能够增加园林绿化观赏效果，而且可减轻土传病害的发生。

　　3）种类（品种）混播、抑制病害。在草坪播种建植时，采用草坪草种（品种）混播，可以有效地抑制病害。混播是根据草坪的使用目的、环境条件及养护水平选择2种或2种以上的草种（或同一草种中的不同品种）混合播种，组建一个多元群体的草坪植物群落。其优势在于混合群体比单播群体具有更广泛的遗传背景，因而具有更强的适应性。由于混合群体具有多种抗病性，可以减少病原数量、加大感病个体间

图1-86 加强园林植被的多样性建设

图1-87 乔、灌、藤、花、草合理混配

的距离、降低病害的传播效能；又有可能产生诱导抗性或交叉保护，所以能够有效地抑制病害。例如，美国加利福尼亚州采用多年生黑麦草与肯塔基草地早熟禾混播建立草坪，成功地控制了由大刀镰孢等真菌引致的镰刀菌枯萎病，连续3年测定，其发病率显著低于单播草坪。

　　4）栽植密度合理化。园林植物栽植密度合理也是防控病虫害的关键措施之一。现在有些绿化工程为了见效快而进行超密度栽植，使得有的树木栽植2年后便出现树冠相互遮盖现象。例如，位于树丛中生长低矮的黑松、白皮松等喜光树种，因所处环境长期阴暗郁闭，不能满足其光照需求，致使植株生长衰弱，极易导致冻害、枝枯病等的发生。地被植物、绿篱等栽植过密时，植株的生长空间过于狭小，处于极度的亚健康状态，1~2年后便会出现内膛枝条大量干枯等"烧膛"现象，进而诱发其他非侵染性病害与侵染性病害的出现。近几年龙柏（地被形式栽植为主）叶枯病（图1-88）的猖獗，就是在此背景下出现的。另外，近年来的草坪建植多采用满铺法（图1-89），该法栽种的草坪虽成坪快，但栽植密度极大，植株间盘根错节，透水、透气性能差，长势没有后劲，从而导致了各类病虫的滋生。

图1-88　龙柏叶枯病

图1-89　草坪满铺状

（6）优选圃地、合理轮作

1）优选圃地、注重育苗基质的消毒。园林植物苗木病害如猝倒病、茎腐病、菌核性根腐病等，都与苗圃位置不当、前作感病植物、土壤黏重、排水不良、苗木过密、管理粗放等有密切关系，因此，选择苗圃地时，除注意土壤质地、苗圃位置、排灌条件外，还应考虑土壤中病原的积累问题。例如，菊花、香石竹、灌木玉兰（图1-90）、槭树（图1-91）等进行扦插育苗时，对圃地基质及时进行消毒或更换新鲜基质，可大大提高育苗的成活率。另外，盆播育苗时应注意对盆钵、基质的消毒。

图1-90　灌木玉兰扦插育苗状

图1-91　槭树扦插育苗状

2）合理轮作。连作往往会加重园林植物病害的发生，如温室中香石竹多年连作时，会加重镰刀菌枯萎病的发生，合理轮作可以减轻病害。轮作的年限因具体病害而定，主要取决于病虫在土壤中的存活期长短，如鸡冠花褐斑病实行2年以上轮作即有效，而孢囊线虫病则需更长，一般情况下需实行3~4年以上轮作。轮作是古老而有效的防病措施，轮作植物须为非寄主植物，这样便使土壤中的病原因找不到食物"饥饿"而死，从而降低病原的数量。

（7）适时播种、适时移植

1）适时播种。在进行园林植物播种时，适当调节播期，可以在不影响植物生长的前提下将植物的感病期与病虫的侵染为害盛期错开，可以达到避免或减轻病虫害的目的。播种期适宜可预防苗期病害猝倒病、立枯病的发生。

2）适时移植。园林植物定植时，要选择适宜的季节并及时进行。例如，我国北方地区的大部分花木移植最好在春季土壤解冻后至树木萌芽前进行，此时移植符合植物自身发展规律，移植后易于成活，植物生长健壮，因而最好集中在此季节将所有花木移栽完毕，尽量不要在花木的生长季节（雨季除外）移栽。否则，将会导致"反季节"移植的花木长势衰弱，进而诱致溃疡病、腐烂病及天牛等病虫害的发生（图1-92、图1-93）。

图1-92　移栽过晚导致毛白杨溃疡病发生　　　图1-93　移栽过晚导致梨树溃疡病发生

**2. 施工严谨科学**

（1）严格按图纸施工、全面提高施工质量

1）严格按图纸施工。设计图纸是经过有关人员精心设计而确定的技术方案，各种园林植物的规格、大小及搭配形式都是比较理想的模式，只有按照图纸认真组织施工，才能体现出最佳的园林绿化效果，并且为以后各种园林植物的正常生长发育及病虫害的综合治理奠定良好基础。

2）全面提高施工质量。园林施工质量的好坏，直接关系园林植物的种植成活率、造园的效果、日后的养护及最终的绿地质量，因而有经验的专业施工者往往会与设计者取得良好的沟通，力求使设计者的意图通过园林植物的精心栽植而得到准确表达。除此之外，还应注意严格按照要求施工，如定植的地点与密度、定植穴的规格、换土的措施、基肥的使用、栽植的深浅度、灌水是否足量、设立支柱是否及时等。另外，施工中会经常遇到按图纸放线的位置有地下电缆或各类管道的情况，因而放线时应该适度灵活、随时调整。否则，园林植物可能因根系无法伸展，影响树势，给病虫害以可乘之机。

（2）苗木栽植环节严谨科学

1）及时栽植、科学处理。定植的花木大都由外地引进，往往会因运输距离远、时间长而导致挤压、摩擦、失水，引起烂根、干梢、破坨等现象发生。如果直接定植，不仅会影响花木的成活率，而且为以后的病虫防治埋下隐患。正确的做法是在花木卸车定植前，按照科学合理的步骤进行补水、消毒、修根修干等处理，并且及时栽植，切勿假植时间过长。另外，异地调苗时，应尽量就近解决、合理运输。例如，2006年春季山东省某城区暴发的窄冠毛白杨溃疡病（图1-94）、腐烂病，其根本原因就在于远距离调苗，失水严重，而栽植前又未进行妥善处理。

2）甄别与选用无病虫苗木。因各种原因，由外地引进的苗木可能会带有病虫，由苗木携带的园林植物病虫害通常有杨树溃疡病、杨/柳树烂皮病、国槐腐烂病、榆树烂皮病、樱花根癌病，双条杉天牛、双斑锦天牛、锈色粒肩天牛、星天牛（图1-95）、日本双棘长蠹、柏肤小蠹、小线角木蠹蛾、桑白蚧、卫矛矢尖蚧、日本龟蜡蚧、朝鲜球坚蚧等，应安排专业人员进行认真选择、剔除，并将带病虫的苗木进行妥善处理。

**3. 养护管理得当**

（1）清除病虫残体

1）及时清除周围环境中的残体。许多害虫和病原可能在植株周围的土壤、枯枝落叶、病枝叶、病花、病果及杂草等处越冬，所以要及时清除病虫残体、草坪的枯草层并加以处理，进行深埋或烧毁。生

图1-94 窄冠毛白杨溃疡病　　　　　　　　　　　　图1-95 星天牛为害状

长季节要及时摘除病虫枝叶（图1-96、图1-97），清除因病虫或其他原因致死的植株（图1-98）、病落叶（图1-99）。园林技术操作过程中应避免人为传染，如在切花、摘心、除草时要防止工具和人体对病菌的传带。温室中带有病虫的土壤、盆钵在未处理前不可继续使用。无土栽培时，被污染的营养液要及时清除，不得继续使用。

图1-96 及时清除病死枯枝　　　　　　　　　　　图1-97 及时摘除有虫叶片

图1-98 及时清除因病虫而致死的植株　　　　　　图1-99 及时清除病落叶

2）清理树体。病虫可能会在粗皮、翘皮及裂缝处栖息越冬，冬季或早春刮除枝干粗皮、翘皮、病皮并集中烧毁，可明显降低来年的病虫害发生概率。此法对防治在皮缝中越冬的红蜘蛛、卷叶虫等害虫，以及腐烂病（图1-100）、干腐病、轮纹病（图1-101）等枝干病害具有良好的效果。但注意刮皮时要轻刮、浅刮，以见到嫩皮为宜。对于枝干病害，先用刮皮刀将病部刮去，然后涂上保护剂或防水剂。

图1-100 西府海棠腐烂病树皮带菌

图1-101 西府海棠轮纹病树皮带菌

图1-102 一品红灰霉病

（2）改善周围环境

1）改善栽培环境。主要是指调节栽培场所的温度和湿度，尤其是温室栽培植物，要经常通风换气，降低湿度，以减轻灰霉病（图1-102）、霜霉病等病害的发生。种植密度、盆花摆放密度要适宜，以利通风透光。冬季温室的温度要适宜，不要忽冷忽热。

2）翻土培土。结合深耕施肥，可将表土或落叶层中越冬的病菌、害虫深翻入土。公园、绿地、苗圃等场所在冬季暂无花卉生长时最好深翻1次，这样可将病菌、害虫深埋于地下，翌年不再发生为害，此法对于防治花卉菌核病等效果较好。对于公园树坛翻耕时要特别注意树冠下面和根颈部附近的土层，让覆土达到一定的厚度，使得病菌无法萌动，害虫无法孵化或羽化。

3）中耕除草。中耕除草不仅可以保持地力，减少土壤水分的蒸发，促进花木健壮生长，提高抗逆能力，还可以清除许多病虫的发源地及潜伏场所。例如，马齿苋（图1-103）、繁缕等杂草是唐菖蒲花叶病毒的中间寄主，车前草等是根结线虫病的野生寄主，返顾马先蒿、穗花马先蒿等是松疱锈病的转主寄主，铲除杂草可以起到减轻病害的作用；扁刺蛾、丝棉木金星尺蛾、草履蚧等害虫的幼虫、蛹或卵生活在浅土层中，通过中耕，可使其暴露于土表，便于杀死。

（3）加强肥水管理　合理的肥水管理能使植物健壮生长，增强抗病虫能力，如碧桃（图1-104）等花木树势衰弱时容易招引桃红颈天牛产卵，流胶病也随之严重。不施用未经充分腐熟的饼肥或粪肥，以免种蝇等地下害虫为害。使用无机肥时要注意氮、磷、钾等营养成分的配合，防止施肥过量或出现缺素症。

图1-103 马齿苋

图1-104 碧桃树势衰弱时易导致天牛产卵为害

　　浇水方式、浇水量、浇水时间等都影响病虫害的发生。喷灌和洒水等方式往往容易引起叶部病害的发生，最好采用沟灌、滴灌等方式。浇水量要适宜，浇水过多易烂根，浇水过少则易使花木因缺水而生长不良，出现各种非侵染性病害或加重侵染性病害的发生。多雨季节要及时排水。浇水时间最好选择晴天的上午，以便及时降低叶表湿度。此外，干旱季节对花木及时灌水，可减轻红蜘蛛的危害。

　　刚刚定植的花木一定要浇透水，根系不发达的花木，在干旱季节要仔细检查是否因缺水而萎蔫（图1-105），勿因失水而影响生长，导致叶黄枝枯；初定植及根系不发达的花木，要控制施肥，勿因肥多而烧根。

　　（4）注意合理修剪　　合理修剪、整枝不仅可以增强树势、花叶并茂，还可以减少病虫为害。例如，对天牛、透翅蛾等钻蛀性害虫及袋蛾、刺蛾（图1-106）等食叶害虫，均可采用修剪虫枝等方法进行防治；

图1-105 柿树缺水萎蔫状

图1-106 去除刺蛾虫茧

图1-107 剪除有介壳虫的虫枝

对于介壳虫（图1-107）、粉虱等害虫，则通过修剪、整枝达到通风透光的目的，从而抑制此类害虫为害。秋冬季节结合修枝，剪去有病枝条，可减少来年病害的初侵染源，如月季枝枯病、白粉病及阔叶树腐烂病等。对于园圃修剪下来的枝条，应及时清除。此外，草坪的修剪高度、次数、时间也要合理，否则也会引起草坪病虫害的发生。

修剪不当，不仅会影响园林植物长势，还可能为病原提供侵染途径，加重病害的发生。例如，2009年前后在江苏、安徽、山东等地肆虐的龙柏叶枯病，很大程度上由修剪过勤及修剪时间不合适引起。修剪过勤，会使植株因营养面积减少、光合作用下降而树势衰弱，丧失抗病能力；6～7月修剪，则会因大量伤口的出现，而大大增加病菌感染的概率。许多园林植物病毒病的发生为害也与修剪造成的伤口有关。

（5）加强防护设施 许多园林植物在生长季节或冬季休眠季节，需要一定的防护设施，才能保证其正常生长发育并安全越冬。例如，在北方栽植原产于南方的海桐、桂花、广玉兰、石楠、珊瑚树等花木时，常出现冻害现象，因而冬季必须采用风障（图1-108）、缠草绳（图1-109）或塑料膜覆罩等防寒设施；同样，南方地区露地栽植的茶梅、蒲葵等花木也会因夏季高温、强光而出现日灼现象，应采用遮阳网等设施进行遮阴降温处理；不耐强光照的玉簪、八仙花及新移栽的花木，在炎热夏季也应采取遮阴措施，以保证花木生长旺盛，减轻各种病虫害的发生。

图1-108 风障御寒

图1-109 缠草绳御寒

对于新移栽的大树或"反季节"栽植的花木，除采取遮阴设施外，还应采取顶淋微喷、挂吊袋（补水、施肥或加入活力素等药剂）（图1-110）、根区追肥施药（生根粉、杀菌剂、杀虫剂、活力素等）、喷洒蒸腾抑制剂等措施，使之尽快恢复活力，防止病虫害的侵袭及各种非侵染性病害的发生。

（6）保护伤口与树干涂白 虫伤或机械伤等伤口，不仅容易感染病菌引起腐烂，而且常成为某些害虫的栖息场所，应及时进行保护处理（图1-111）。具体做法是先刮净腐烂朽木，用利刃小刀削平伤口后，涂上5°Bé（波美度）的石硫合剂、波尔多液或其他伤口保护剂，以促进伤口早日愈合。刮下的残留物要及时清扫干净并烧毁。

树干基部涂白（图1-112），不仅可以防止病菌侵入，而且能有效地防止天牛等害虫产卵，还可保护树体免受冻害或防止日灼病的发生。若在涂白剂中加入硫黄、蓝矾或其他药剂，还可消灭树体上潜伏的多种病虫害。

（7）禁用污水、慎用化雪盐 污水包括工业污水与生活污水，二者都对园林植物生长不利。因而应

图1-110 插药瓶（a）和挂吊袋（b）促进花木生长

图1-111 伤口保护处理

将污水处理变成中水后方可浇灌。

大量抛撒工业盐是北方城市冬季融雪的主要措施，被盐融化后的雪水无论是随车轮飞溅、直接流入或通过下水道渗进绿地，或是将撒过盐的积雪堆集在绿地、分车带或行道树池中，对绿化植物都是致命的伤害（图1-113）。近几年北京、河北、河南、山东等地都曾有过行道树、分车带树木大量死于盐雪的教训，侥幸存活的也常呈叶小稀疏、萎蔫衰弱、迟迟不能解毒的病态。因而应慎用化雪盐，或使用环保型的融雪剂，为园林植物创造一个健康的生长环境。

（8）花卉产品的安全收获与管理

1）球茎、鳞茎类器官收获与贮藏。以球茎、鳞茎等器官越冬的花卉，为了保障这些器官的健康贮

图1-112　树干基部涂白　　　　　　　　　　　　　图1-113　使用化雪盐不当对花木造成伤害

藏，在收获前应避免大量浇水，以防含水过多造成贮藏腐烂；要在晴天收获，挖掘过程中要尽量减少伤口；挖出后要仔细检查，剔除有伤口、病虫及腐烂的器官，必要时进行消毒和保鲜处理后入窖。贮窖须预先清扫消毒，通气晾晒。贮藏期间要控制好温湿度，窖温一般在5℃左右，相对湿度宜在70%以下。有条件时，可单个装入尼龙网袋，悬挂于窖顶贮藏。

2）盆花与切花的处理。盆花经长途运输后，往往在叶、花处留有挤碰伤口，加之运输过程中拥挤、闷热、不通风等不利因素使花木生理受到影响，因而极易引发病害。此时应及时采用杀菌药物来保护伤口，同时注意加强栽培管理，尽快使花木恢复长势。值得一提的是杀菌药物应尽量采用烟雾剂、水剂，免得在花、叶表面留有药液斑，影响观赏。

鲜切花在采收时，首先应进行预处理，即采花前要少施氮肥，多施含钙、钾、硼元素的肥料，使枝梗坚硬、疏导组织发达，能抵抗病虫害侵袭。其次，采收时间也要把握好，采收过早或过晚，都会影响切花的观赏寿命。在能保证开花的前提下，应尽量早采收。采收后，为保证鲜切花的品质及存架、瓶插的寿命，还要采取杀菌、防腐、低温、保鲜剂处理等一系列措施。

### （三）物理防治

利用各种简单的器械和各种物理因素来防治病虫害的方法称为物理防治，该法既包括古老、简单的人工捕杀，也包括近代物理新技术的应用。

**1. 捕杀法**　　捕杀法是指根据害虫发生特点和规律所采取的直接杀死害虫或破坏害虫栖息场所的措施。人工捕杀适合于具有假死性、群集性（图1-114）或目标明显、易于捕捉的害虫，包括人工摘除群集为害的虫叶、卵块和虫苞，人工震落后集中捕杀等。例如，多数金龟甲、象甲的成虫具有假死性，可在清晨或傍晚将其震落杀死。榆蓝叶甲的幼虫老熟时群集于树皮缝、树疤或枝杈下方化蛹，此时可人工捕杀。冬季修剪时，剪去黄刺蛾茧、蓑蛾袋囊，用梳茧器梳除松毛虫的茧，刮除舞毒蛾卵块等。在生长季节也可结合园圃日常管理，人工捏杀卷叶蛾虫苞、捕捉天牛成虫（图1-115）、钩杀天牛幼虫等。

图1-114 利用群集性进行人工捕杀

**2. 诱杀法** 利用害虫的趋性，人为设置器械或饵物来诱杀害虫的方法称为诱杀法。利用此法还可以预测害虫的发生动态。

（1）灯光诱杀 灯光诱杀是指利用害虫对灯光的趋性人为设置灯光来诱杀害虫的方法。大多数害虫的视觉神经对波长330～400nm的紫外线特别敏感，具有较强的趋光性。灯光诱杀的诱杀效果很好，可以诱杀多种害虫。据试验，平均每天每盏灯可诱杀害虫几千头，高峰期可达上万头，其中以鳞翅目害虫最多，其次为直翅目、半翅目、鞘翅目等害虫，如金龟子、地老虎、黏虫、棉铃虫、甜菜夜蛾、天牛等。目前生产中应用的杀虫灯种类很多，常用的是频振式杀虫灯与纳米汞灯。特别是频振式杀虫灯应用最多、效果最好，它在灯外配以频振式高压电网触杀，使害虫落入灯下专用的接虫袋内，更符合绿色环保的要求。

（2）色板诱杀 利用一些害虫对某种颜色的特殊嗜好制成色板可以进行诱杀害虫。例如，蚜虫等对波长550～600nm的黄色光波最敏感，大多数蓟马喜欢蓝色光波。可利用蓝色

图1-115 捕捉天牛成虫

黏胶板诱集蓟马（图1-116），利用黄色黏胶板诱集蚜虫、白粉虱、斑潜蝇、黄曲条跳甲等。最新研制的新一代粘虫色板，具有黏性强、保色和诱集性好、高温不流淌、耐老化、使用方便等优点，应用效果很好。相反，蚜虫对银灰色有明显的忌避性，可以用塑料薄膜、铝箔避蚜。

（3）食物诱杀

1）毒饵诱杀。利用害虫的趋化性，在其所喜欢的食物中掺入适量毒剂来诱杀害虫的方法称为毒饵诱杀。例如，蝼蛄、地老虎等地下害虫，可用麦麸、谷糠等作饵料，掺入适量敌百虫、辛硫磷等药剂制成毒饵来诱杀，配方是饵料100份、毒剂1～2份、水适量。诱杀地老虎、梨小食心虫成虫时，常以糖、酒、醋作饵料，以敌百虫作毒剂来诱杀，配方是糖6份、酒1份、醋2～3份、水10份，加适量敌百虫。

2）饵木诱杀。许多蛀干害虫如天牛、小蠹虫等喜欢在新伐倒木上产卵繁殖，因而可在这些害虫的繁殖期人为放置一些木段供其产卵，待卵全部孵化后进行剥皮处理，消灭其中的害虫。例如，在山东泰

图1-116 蓝板诱杀蓟马

山岱庙内，用此法可引诱大量双条杉天牛到人为设置的柏树木段上产卵，据调查，每米木段可诱虫100余头。

3）植物诱杀。利用害虫对某些植物的喜好和嗜食习性，人为适量种植这些植物作为害虫的诱集源来诱集捕杀害虫的方法称为植物诱杀。例如，在苗圃周围种植蓖麻，可使金龟甲误食后麻醉，从而集中捕杀；还可用构树诱杀皱胸粒肩天牛、蔷薇诱杀多斑白条天牛、复叶槭诱杀光肩星天牛等。

（4）潜所诱杀　　利用害虫在某一时期喜欢某一特殊环境的习性，人为设置类似的环境来诱杀害虫的方法称为潜所诱杀。例如，秋天在树干上绑草把或包扎麻布片、报纸等，可引诱潜叶蛾、卷叶蛾、梨小食心虫、苹小卷叶蛾、棉蚜、叶螨、木虱、网蝽等害虫进入其中越冬，翌年开春前集中烧毁；在苗圃内堆集新鲜杂草，能诱集地老虎幼虫潜伏草下，然后集中杀灭。

（5）诱捕器诱杀　　利用昆虫性激素引诱异性的特点，可制成昆虫诱捕器来诱捕昆虫。例如，针对槐小卷蛾、木蠹蛾、舞毒蛾、白杨透翅蛾、美国白蛾、桃小食心虫、梨小食心虫等，已经在生产上广泛使用昆虫诱捕器进行诱捕（图1-117）。

图1-117 性诱剂诱杀

**3. 阻隔法**　　人为设置各种障碍以切断病虫害的侵害途径的方法称为阻隔法或障碍物法。

（1）绑毒绳、涂毒环和胶环　　此法适于防治有上、下树习性的爬行害虫，如鳞翅目幼虫、草履蚧等。秋季给松树绑毒绳（用菊酯类农药处理）可诱集松毛虫初龄越冬幼虫，次年3月解下后集中杀灭，能明显降低虫口基数。树干上涂胶环或毒环对春尺蠖、杨毒蛾、松毛虫和朱砂叶螨等害虫有较好的防治效果。

（2）挖障碍沟　　对不能迁飞只能靠爬行扩散的害虫，为阻止其迁移为害，可在未受害区周围挖沟，害虫坠落沟中后予以消灭。例如，对紫色根腐病等借助菌索蔓延传播的根部病害，在受害植株周围挖沟能阻隔病菌菌索的蔓延（挖沟规格是宽30cm、深40cm，两壁要光滑垂直）。

（3）设障碍物　　有的害虫雌成虫无翅，只能爬到树上产卵。对于这类害虫，可在上树前在树干基部设置障碍物阻止其上树产卵，如在树干上绑塑料布、缠胶带（图1-118）、涂黏胶（图1-119）或在干基周围培土堆，制成光滑的陡面。

图1-118　缠胶带阻隔害虫

（4）土壤覆盖薄膜或盖草　许多叶部病害的病原是随病残体在土壤中越冬，花木栽培地早春覆膜（图1-120）或盖草（稻草、麦秸草等）可大幅度地减少叶部病害的发生。膜或干草对病原的传播起机械阻隔作用，而且覆膜后土壤温度、湿度提高，加速病残体的腐烂，减少侵染来源。土表覆盖银灰色薄膜，可使有翅蚜远远躲避，从而保护园林植物免受蚜虫为害并减少蚜虫传毒的机会。

（5）虫网阻隔　使用防虫网覆盖（图1-121），可以形成一个人工隔离屏障，将害虫拒之网外，切断害虫传播侵入途径，有效控制多种害虫，如叶蝉、粉虱、蓟马、蚜虫、跳甲、美洲斑潜蝇、斜纹夜蛾

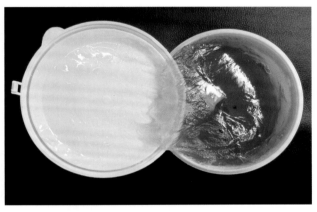

图1-119　涂黏胶阻隔害虫

等的传播，同时还可以预防病毒病的传播。另外，防虫网还具有抵御暴风雨冲刷和冰雹侵袭等自然灾害的作用。以防虫为主时选白色或银灰色的防虫网效果较好（银灰色防治蚜虫防效几乎达到100%），如果兼有遮光效果，则可选用黑色防虫网。

图1-120　覆膜防止病菌传播

图1-121　纱网覆罩阻隔害虫

（6）喷洒高脂膜　　高脂膜是用高级脂肪酸制成的成膜物，喷洒在植物体表面后，可以形成肉眼看不见的一层很薄的脂肪酸膜。虽然高脂膜本身并不具有杀虫、杀菌作用，但膜层能起到驱避害虫、抑制孵化和隔离病原等作用，从而达到防治病虫的目的，并且本身无毒，对人、植物、鱼类等无害。

**4. 汰选法**　　利用健全种子与被害种子外观和比重上的差异进行器械或液相分离，剔除带有病虫的种子。常用的有手选、筛选、盐水选等。

带有病虫的苗木，有的用肉眼便能识别。因而引进购买苗木时，要汰除有病虫害的苗木，尤其是带有检疫对象的材料，一定要彻底检查，将病虫拒之门外。特殊情况时，应该进行彻底消毒，并隔离种植。自己繁育的苗木，出售或栽植前，也应进行检查，剔除病虫植株，并及时进行处理，以防止扩展蔓延。

**5. 高温处理法**　　通过提高温度来杀死病菌或害虫的方法称温度处理法。病原和害虫对高温的忍受力一般较差，超过限度就会死亡。

（1）种苗的热处理　　有病虫的苗木可用热风处理，温度为35～40℃，处理时间为1～4周；也可用40～50℃的温水处理，浸泡时间为10min～3h。例如，唐菖蒲球茎在55℃水中浸泡30min，可以防治镰刀菌干腐病；47～51℃温水浸泡泡桐种根1h，可防治泡桐丛枝病（图1-122）；有根结线虫病（图1-123）的植物在45～65℃的温水中处理0.5～2.0h（先在30～35℃的水中预热30min）可防病，处理后的植株需用凉水淋洗；用80℃热水浸刺槐种子30min后捞出，可杀死种子内的小蜂幼虫，并且不影响种子发芽率。种苗热处理的关键是温度和时间的控制，一般对休眠器官进行处理比较安全。

图1-122　泡桐丛枝病

图1-123　根结线虫病

（2）土壤的热处理　　现代温室土壤热处理是使用热蒸汽（90～100℃），处理时间为30min。蒸汽处理可大幅度降低香石竹镰刀菌枯萎病、菊花枯萎病及地下害虫的发生程度。在发达国家，蒸汽热处理已成为常规管理。利用太阳能热处理土壤也是有效的措施，在7～8月将土壤摊平做垄，垄为南北向，浇水并覆盖塑料薄膜（25μm厚为宜），在覆盖期间要保证有10～15天的晴天，耕作层温度可高达60～70℃，能基本上杀死土壤中的病原。温室大棚中的土壤也可照此法处理，当夏季花木搬出温室后，将门窗全部关闭并在土壤表面覆膜，能较彻底地消灭温室中的病虫害。

**6. 现代物理技术的应用**

（1）辐射处理　　辐射处理是利用射线的电离辐射生物学效应进行处理。低剂量辐射处理只是诱发基因突变，达到降低或丧失生殖能力的目的，对雄虫的照射是在精子成熟时进行，照射后使其与未交配过的雌虫进行交配达到不育；高剂量辐射处理主要是破坏细胞结构，影响新陈代谢，使活性降低甚至直接导致死亡。

例如，直接用32.2万伦琴的 $^{60}$ Co-γ射线照射仓库害虫，可使害虫立即死亡。而使用6.44万伦琴的剂量处理时，部分未被杀死的害虫可正常生活和产卵，但生殖能力受到损害，所产的卵粒不能孵化。

（2）微波处理　　微波是指频率为300MHz～300GHz的一种电磁波。用微波处理植物果实和种子时，可以使体内害虫或病原温度迅速上升，引起病虫体内脂类物质熔化和蛋白质凝固，损害神经系统及细胞原生质，造成新陈代谢紊乱，从而导致病虫死亡。

例如，利用ER-692型、WMO-5型微波炉处理检疫性林木籽实害虫时，每次处理种子1.0～1.5kg，加热至60℃，持续处理1～3min，即可将落叶松种子广肩小蜂、紫穗槐豆象的幼虫，以及刺槐种子小蜂、柳杉大痔小蜂、柠条豆象、皂荚豆象的幼虫和蛹全部杀死。

用微波处理杀虫灭菌的优点是加热升温快，效果好，安全，无残毒，而且操作方便，处理费用低，目前已广泛应用于旅检和邮检工作中。对于家养花卉，可以把培养土装入塑料袋，放在厨房用的微波炉内加热，来达到消灭病菌和害虫的目的。

（3）激光技术的应用　　激光技术防治病虫主要利用的是激光的高能量密度特性及对生物体的热效应和电离辐射效应，从而导致其降低或丧失生殖能力，不能进食，甚至直接导致死亡，达到防治病虫的目的。

国外早有相关报道，例如，可利用波长450～500nm的激光防治螨类和蚊虫。但是由于利用激光防治病虫害成本比较高，所以目前主要在有机农业和示范田中应用。

### （四）生物防治

利用生物及其代谢物质来控制病虫害的方法称为生物防治。生物防治不仅能直接大量地消灭病虫害，还可以改变生物群落组成成分。生物防治的优点是对人、畜及植物安全，不杀伤天敌及其他有益生物，不存在残留和污染，不会引起病虫害的再猖獗及形成抗性，对一些病虫害具有长期的控制作用。但生物防治也有其局限性：通常作用比较缓慢，杀灭病虫害范围较窄，且使用效果易受气候条件等因素的影响。因而，必须与其他防治措施相结合，才能充分发挥其应有的作用。生物防治技术包括天敌昆虫的利用、有益微生物的利用、其他有益生物的利用、生物化学农药的应用、其他生物技术的应用等方面。

**1. 天敌昆虫的利用**　　天敌昆虫依其生活习性不同，可分为捕食性和寄生性两大类。

（1）捕食性天敌昆虫　　这类害虫一般都是先把捕获物立即杀死，然后咬食或吞食害虫个体；有些则用刺吸式口器刺入害虫体内吸食体液使其死亡。被捕食对象往往有害虫也有益虫。螳螂（图1-124）、瓢虫（图1-125）、草蛉（图1-126）、猎蝽、食蚜蝇（图1-127）、虎甲（图1-128）、步行甲（图1-129）、蜻蜓（图1-130）、食虫虻（图1-131）、捕食蜂（图1-132）、日本方头甲（图1-133）等多数情况下是有益的，是园林中最常见的捕食性天敌昆虫。这类天敌一般个体较被捕食者大，在自然界中抑制害虫的作用十分明显。此外，蜘蛛和其他捕食性益螨对某些害虫的控制作用也很明显，目前已受到研究和利用。

（2）寄生性天敌昆虫　　这类天敌一般是把卵产在害虫体内（卵、幼虫、蛹或成虫内），幼虫孵化后在寄主体内取食，在其发育过程中使寄主缓慢死亡。天敌身体一般较寄主小，数量比寄主多，在1个寄主上可育出1个或多个个体。寄生性天敌昆虫的常见类群有姬蜂（图1-134）、小茧蜂、蚜茧蜂（图1-135）、上海青蜂（图1-136）、肿腿蜂、黑卵蜂、小蜂类、寄生蝇类等。天敌间的重寄生现象也是常见的。

（3）天敌昆虫利用的途径和方法

1）当地自然天敌昆虫的保护和利用。自然界中天敌的种类和数量很多，对害虫的种群密度起着重要的控制作用，因此要善于保护和利用。具体措施：①对害虫进行人工防治时，把采集到的卵、幼虫、茧、蛹等放在害虫不易逃走而各种寄生性天敌昆虫能自由飞出的保护器内，待天敌昆虫羽化飞走后，再对未被寄生的害虫进行处理。②化学防治时，应选用对天敌安全的药剂、施药方法和时间，减少施药次数，避免杀伤天敌。③保护天敌过冬。瓢虫、螳螂等越冬时大多在树干基部枯枝落叶层、树洞、石块下等处，在寒冷地区常因低温的影响而大量死亡。可搜集越冬成虫在室内保护，翌春天气回暖时再放回田间，这样可保护天敌安全越冬。④改善天敌的营养条件。一些寄生蜂、寄生蝇成虫羽化后常需补充花蜜。若成虫羽化后缺乏蜜源，会造成死亡，因此，园林植物栽植时要适当考虑蜜源植物的配置。

2）人工大量繁殖释放天敌昆虫。在自然条件下，天敌的发展总是以害虫的发展为前提，在害虫发生初期由于天敌数量少，对害虫的控制力低，再加上化学防治的影响，园林植物上天敌数量减少，因此，

**图1-124 螳螂**

a. 成虫；b. 成虫捕捉毛虫；c. 卵块

**图1-125 瓢虫**

a. 七星瓢虫成虫；b. 七星瓢虫幼虫；c. 龟纹瓢虫成虫；d. 黑缘红瓢虫成虫；e. 黑缘红瓢虫幼虫与蛹；f、g. 异色瓢虫成虫

图1-126 草蛉
a. 卵；b. 幼虫；c. 成虫

图1-127 食蚜蝇
a. 成虫；b. 幼虫

图1-128 虎甲成虫

图1-129 步行甲
a. 幼虫；b、c. 成虫

图 1-130 蜻蜓成虫

图 1-131 大食虫虻捕食美国白蛾状　　图 1-132 捕食蜂捕食棉褐环野螟幼虫状　　图 1-133 日本方头甲

图 1-134 姬蜂

a. 鄂姬蜂；b. 马尾姬蜂成虫向树干内树蜂幼虫体内产卵状

图1-135　蚜茧蜂寄生蚜虫状

图1-136　上海青蜂寄生黄刺蛾茧状

需采用人工大量繁殖一定数量的天敌，在害虫发生初期释放到野外，可取得较显著的防治效果。目前已繁殖利用成功的有赤眼蜂、异色瓢虫、黑缘红瓢虫、草蛉、蠋蝽（图1-137）、平腹小蜂、管氏肿腿蜂（图1-138）、白蛾周氏啮小蜂等。

图1-137　蠋蝽捕食刺蛾幼虫状

图1-138　管氏肿腿蜂野外释放状

　　3）移殖、引进外地天敌。天敌引进是指天敌昆虫从一个国家移入另一个国家，天敌移殖是指天敌昆虫在本国范围内移地繁殖。我国在天敌引进与天敌移殖方面有不少成功的事例：1996年从英国引进小黑瓢虫，用于防治烟粉虱与温室白粉虱，成效显著。1997年从英国引进胡瓜钝绥螨，研究发现其可以捕食柑橘全爪螨、柑橘始叶螨和柑橘锈壁虱，1998～2005年在福建、广东等地柑橘树上防治害螨获得成功。2000年从比利时引进大唼蜡甲，2004年在陕西、山西、河南、河北等地用于控制为害油松、华山松的红脂大小蠹，效果良好。

　　我国引进、移殖天敌失败的次数也很多，主要是因为对天敌及其防治对象的生物学、生态学及它们的原产地了解不足。所以在天敌昆虫的引移过程中，要特别注意引移对象的一般生物学特性，选择好引移对象的虫态及引移的时间与方法，特别要注意两地生态条件的差异。

　　4）购买商品化的天敌昆虫。目前世界上正在开展天敌昆虫人工饲养大量繁殖技术、工厂化商品生产工艺及抗药性天敌昆虫培育的研究。我国自行开发的管氏肿腿蜂、川硬皮肿腿蜂、赤眼蜂、白蛾周氏啮小蜂等均实现了规模化生产。已经商品化的种类有松毛虫赤眼蜂、丽蚜小蜂（图1-139）、微小花蝽、食蚜瘿蚊、中华草蛉、七星瓢虫等。随着研究的深入和不断发展，我国天敌昆虫的商品化大规模应用时代将很快到来。

图1-139 丽蚜小蜂温室释放状

**2. 有益微生物的利用**

（1）以微生物治虫　利用病原微生物来控制害虫的方法称为以微生物治虫。能感染害虫并致死的病原微生物有细菌、真菌、病毒、线虫、原生动物及立克次体等，目前生产上应用较多的是前三类。以微生物治虫在城镇街道、绿地小区、公园、风景区具有较高的推广应用价值。

1）细菌。昆虫病原细菌已经发现的有90余种。病原细菌主要通过消化道侵入虫体内，导致败血症或产生毒素使昆虫死亡。被细菌感染的昆虫，食欲减退，口腔和肛门具黏性排泄物，死后虫体颜色加深，迅速腐败变形、软化、组织溃烂，有恶臭味，通称软化病。

目前我国应用最广的细菌制剂主要有苏云金芽孢杆菌（松毛虫杆菌、青虫菌均为其变种），这类制剂无公害，可与其他农药混用，并且对温度要求不严，在温度较高时发病率高，对鳞翅目幼虫防效好。

2）真菌。昆虫病原真菌的种类较多，约有750种，但研究较多且实用价值较大的主要是接合菌中的虫霉属、无性态真菌中的白僵菌属、绿僵菌属、拟青霉属、轮枝菌属及多毛孢属。真菌以其孢子或菌丝从体壁侵入昆虫体内，以虫体各种组织和体液为营养，随后虫体上长出菌丝，产生孢子，随风和水流进行再侵染。感病昆虫常食欲锐减、虫体萎缩，死后虫体僵硬，体表布满菌丝和孢子。

目前应用较为广泛的真菌制剂有白僵菌（图1-140）、绿僵菌、块状耳霉菌等，可以有效地控制鳞翅目、同翅目、膜翅目、直翅目等害虫。

图1-140 白僵菌寄生状

3）病毒。病毒病在昆虫中很普遍，病毒的主要特点是专化性强，在自然情况下往往只寄生1种害虫，不存在污染与公害问题。昆虫感染病毒后，虫体多卧于或悬挂在叶片及植株表面，后期流出大量液体，但无臭味，体表无丝状物。

在已知的昆虫病毒中，应用较广的有核型多角体病毒（NPV）、颗粒体病毒（GV）和质型多角体病毒（CPV）三类。这些病毒主要感染鳞翅目、双翅目、膜翅目、鞘翅目等的幼虫，如上海使用大蓑蛾核型多角体病毒防治大蓑蛾效果很好。

4）线虫。有些线虫可寄生地下害虫和钻蛀害虫，导致害虫受抑制或死亡。被线虫寄生的昆虫通常表现为褪色或膨胀、生长发育迟缓、繁殖能力降低，有的出现畸形。不同种类的线虫以不同的方式影响被寄生的昆虫，如索线虫以幼虫直接穿透昆虫表皮进入体内寄生一个时期，后期钻出虫体进入土壤，再发育为成虫并交尾产卵。索线虫穿出虫体时所造成的孔洞导致昆虫死亡。

目前，国外利用线虫防治害虫的研究已成为生物防治的热点，我国线虫研究工作起步虽晚，但进度很快。国内已经商品化生产的有斯氏线虫，可有效地防治天牛、木蠹蛾、沟眶象等害虫。另外，有些种类的线虫如矛线虫属（*Dorylaimus*）、单齿线虫属（*Mononchus*）、拟单齿线虫属（*Mononchoides*）、双胃线虫属（*Diplogaster*）、长尾滑韧线虫属（*Seinura*）等都是植物病原线虫的天敌，值得进一步研究开发。

5）微孢子虫。目前在农林生物防治领域研究较为成功的是蝗虫微孢子虫，属单细胞原生动物，其需用400倍的光学显微镜才能观察到，孢子呈椭圆形，只寄生蝗虫等直翅目昆虫，可寄生90种以上的蝗虫，我国蝗虫类的各优势种均可被寄生。草原型微孢子虫灭蝗制剂是中国农业大学害虫生防室在原有的蝗虫微孢子虫东亚飞蝗株系的基础上进一步培育、分离出来的，对于草原蝗虫具有极强的针对性。

（2）以微生物治病　某些微生物在生长发育过程中能分泌一些抗菌物质，抑制其他微生物的生长，这种现象称拮抗作用。利用有拮抗作用的微生物来防治植物病害，有些已获得成功。目前研究较多的是利用具有重寄生（一种病原生物被另一种生物寄生的现象）作用的真菌或病毒防治植物真菌或线虫病害。

1）真菌杀菌剂。其有效成分为具有活性的真菌菌体，对于多种植物病原真菌、卵菌具有较强的拮抗作用，可以防治霜霉病、灰霉病、叶霉病、根腐病、猝倒病、立枯病、白绢病、菌核病、枯萎病、白粉病、疫霉病等。常见的商品型品种有特立克（木霉菌）、重茬敌等。

2）细菌杀菌剂。其有效成分为具有活性的细菌菌体，对于植物病原细菌或真菌病害具有较强的拮抗作用。常见的商品型品种有放射土壤杆菌生物型Ⅱ（*Agrobacterium radiobacter* biotype Ⅱ），该产品系中国农业大学近年来的研究成果，是经发酵生产的生物制剂，对植物根癌病有较好的防效。

3）生物杀病毒剂（弱病毒疫苗）。弱病毒接种到寄主植物体上后，只对寄主造成较轻的危害或没有危害性，但由于它的寄生，使得寄主植物产生了抗体，可以阻止同种致病力强的病毒侵入。其防病机制类似于人的接种免疫。常见的商品型品种有弱毒疫苗 $N_{14}$（主要抗烟草花叶病毒TMV）、卫星核酸生防制剂 $S_{52}$（主要抗黄瓜花叶病毒CMV）等。

4）生物杀线虫剂（真菌杀线虫剂）。其有效成分为具有活性的真菌菌体，对于多种植物线虫病有较好的防治效果。常见的商品型品种为线虫清（淡紫拟青霉），菌丝能侵入线虫体内及卵内进行繁殖，破坏线虫的生理活动而致死亡。该药剂能防治孢囊线虫、根结线虫等多种寄生线虫。

**3. 其他有益生物的利用**

（1）利用蜘蛛和螨类治虫　蜘蛛为肉食性，主要捕食昆虫，食料缺乏时也有相互残杀现象。根据蜘蛛是否结网，通常分为游猎型和结网型两大类：游猎型蜘蛛（图1-141）不结网，在地面、水面及植物体表面行游猎生活；结网型蜘蛛（图1-142）能结各种类型的网，借网捕捉飞翔的昆虫，田间可根据网的类型识别蜘蛛。

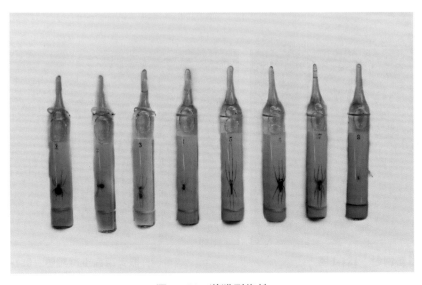

**图1-141　游猎型蜘蛛**

图1-142 结网型蜘蛛

捕食螨是指捕食叶螨和植食性害虫的螨类。重要科有植绥螨科、长须螨科，这2个科中有的种类已能人工饲养繁殖并释放于温室和田间，对防治叶螨有良好效果，如尼氏钝绥螨、拟长毛钝绥螨等。目前该领域研究较为成功的是智利小植绥螨（*Phytoseiulus persimilis*），已经进行了商品化开发生产，其可捕食多种植物叶螨。

（2）利用两栖类治虫 两栖类中的青蛙、蟾蜍等主要以昆虫多数为农林害虫为食。蛙类食量很大，如泽蛙1天可捕食叶蝉260头。为发挥两栖类治虫的作用，除严禁捕杀外，还应加强人工繁殖和放养，保护卵和蝌蚪。

（3）利用鸟类治虫 据调查，我国现有的1100多种鸟中，食虫鸟约占半数，常见的种类有四声杜鹃、大杜鹃、大斑啄木鸟、红尾伯劳、黑枕黄鹂、灰卷尾、黑卷尾、红嘴蓝鹊、灰喜鹊（图1-143）、喜鹊（图1-144）、画眉、白头鹎（图1-145）、长尾翁、大山雀、家燕、燕雀（图1-146）、红胁蓝尾鸲（图1-147）、中华攀雀（图1-148）、戴胜（图1-149）等，很多鸟类一昼夜所取食的食物相当于它们本身的重量。2018～2020年，山东省泰安林科所和平邑县浚河林场协作进行"以鸟治虫"试验，成功地招引了啄木鸟，使其在树林里"安家落户"。从而基本上控制了光肩星天牛等害虫为害。结果表明：在1000多亩①加杨林内，只要居住2对啄木鸟，光肩星天牛就能由原来的每百株树平均80头幼虫下降到0.8头。内蒙古绰源林业局对鸟巢箱招引益鸟效果进行长期跟踪监测，探索积累了"以鸟治虫"生物防治工作经验，截至2020年，已悬挂保存鸟巢箱3590个，招引率达60%、筑巢率达30%，

图1-143 灰喜鹊

图1-144 喜鹊（a）和喜鹊巢（b）

① 1亩≈667m²

图1-145 白头鹎（a）和白头鹎巢（b）

图1-146 燕雀

图1-147 红胁蓝尾鸲

图1-148 中华攀雀及巢

扩大了以鸟治虫面积，维护了生物多样性，有效降低了森林害虫发生率。上海世纪公园从2002年起，从南京及日照引进灰喜鹊进行园林植物害虫防治试验，也取得了较好的效果。目前，城市风景区、森林公园等保护益鸟的主要做法是严禁打鸟、人工悬挂鸟巢（图1-150）招引鸟类定居及人工驯化等。

（4）利用食菌性生物治病　许多存在于土壤中的生物，如原生动物、藻类可以捕食细菌，变形虫、线虫、弹尾目昆虫可以捕食真菌，水熊虫、扁虫、跳虫、螨类等可以捕食线虫，这些都是未来生物防治的发展方向。另外，食菌瓢虫（图1-151）开发利用的前景也十分广阔。

图1-149 戴胜

图1-150 人工悬挂鸟巢

图1-151 十二斑褐菌瓢虫（白瓢虫）

**4. 生物化学农药的应用** 可用于病虫害控制的生物化学农药种类很多，主要包括植物次生化合物和信号化合物、微生物的抗生素和毒素、昆虫的激素与外激素、海洋生物的甲壳提取物等，它们大都可以开发成生物化学农药制剂，大面积应用于病虫害的控制。例如，具有较强杀虫活性的苦皮藤、印楝的天然成分和微生物发酵产物——阿维菌素可被加工成生物化学杀虫剂。许多微生物产生的抗生素被用于生产开发杀菌剂，如国内广泛使用的井冈霉素、内疗素、链霉素、多抗霉素、庆丰霉素和放线酮均属于该类产品。除草剂的开发中，从链霉菌代谢物中分离出了除草剂A和除草剂B。害虫的性外激素经过分离后，被开发用于诱捕害虫或迷向干扰害虫交尾。害虫激素被用于干扰其正常生长发育。近年来，一些植物和微生物的信号化合物被开发用于刺激植物启动免疫防卫系统。

据估计，自然界中生物次生活性物质种类极多，目前已鉴定的仅有百分之几，分子生物学研究又开辟了生物基因物质的利用途径，因而生物化学农药的开发利用将具有非常广阔的前景。

**5. 其他生物技术的应用**

（1）遗传不育治虫 遗传不育治虫是利用辐射源或化学不育剂处理昆虫，破坏昆虫的生殖腺，杀伤生殖细胞，或者用杂交方法改变昆虫遗传的性质而造成不育，大量地释放这种不育性个体，与野外的自然昆虫个体交配从而使后代不育，经过累代的释放，使害虫种群数量一再减少，最后导致种群灭绝。

引起昆虫不育的方法主要有辐射不育、化学不育和遗传不育：①辐射不育是指利用辐射源如α粒子、β粒子、γ射线和中子进行照射造成昆虫不育；②化学不育是指利用化学不育剂处理昆虫使之不育；③遗传不育则用不同的杂交方法改变昆虫的遗传特性而造成不育。20世纪50年代美国利用辐射不育原理成功防治了螺旋蝇，引起了世界各国的广泛注意。之后加拿大、英国、日本等国又在苹果蠹蛾、地中海实蝇和柑橘小实蝇等害虫防治方面获得了显著的效果。

（2）转基因抗虫植物 将外源性的抗虫基因转录到植物细胞中，使其在组织中遗传和表达一定的抗虫性，从而培育出新的抗虫作物，这种技术称为转基因技术。该技术解决了传统育种技术无法克服的远缘杂交问题，可以将各种生物体内的抗虫基因转入目标作物品种体内。近年来，有人将抗虫基因转移到杨树体内，得到了抗虫杨，使食叶害虫对杨树的危害大大减轻；新西兰育成了抗虫的多年生黑麦草新品种，大大降低了草坪主要害虫如黏虫、蛴螬、小地老虎、淡剑袭夜蛾的发生为害。

（3）转基因抗性天敌　　运用基因工程技术增强天敌昆虫对环境适应能力的工作，国内外尚未完全成熟。但是，随着分子生物学的发展，培育抗性天敌昆虫将具有广阔的前景。采用生物工程的方法，选育寄生范围广而生态适应性强的寄生蜂或捕食性天敌，可以克服防治害虫时天敌寄主范围狭窄的致命弱点。研制基因重组微生物制剂，可以提高其杀虫能力。自研究人员利用药用遗传工程定向培育捕食螨的抗药性品系后，美国已培育出西方盲走螨的2个品系：抗谷硫磷-西维因-二氯苯醚菊酯品系和抗谷硫磷-西维因-硫黄品系。这2个品系的捕食螨不仅能顺利越冬，而且能保持较高的抗性水平，现已进入商品化饲养和应用阶段。我国研究人员发现对亚胺硫磷有抗性的竹尼氏钝绥螨是受半显性的单基因控制，而对杀虫双有抗性的尼氏钝绥螨品系是受近乎显性的多基因控制。选取抗性基因转入天敌昆虫中，培育抗逆能力强的天敌将是害虫综合防治的重要研究内容。

## （五）化学防治

化学农药控制技术是利用化学药剂控制园林植物病虫害的一种技术，主要是通过开发适宜的农药品种，并加工成适当的剂型，采用适当的机械和方法使化学农药和病虫害接触，或处理园林植物的植株、种子、土壤等，来抑制、杀死病虫害或阻止其为害。

**1. 优点**

（1）收效快、控制效果显著　　大多数化学农药具有用量少、效果好、见效快等优点，既可在病虫害发生之前作为预防性措施，避免或减轻危害，又可在发生之后作为急救措施，迅速消除危害。

（2）作用范围广、对某些病虫害有特效　　几乎所有的病虫害都可利用化学农药来控制。对某些用其他方法难控制的种类，使用化学农药控制效果显著，如采用毒饵法防治蝼蛄、蟋蟀等地下害虫，用农药腈菌唑控制白粉病等。

（3）生产、运输、使用、贮藏方便　　大部分化学农药可以大规模工业化生产，远距离运输，且能长时间保存。使用时受地区及季节性的限制较小，便于机械化操作，可以大面积使用。

**2. 缺点**

（1）导致病虫害产生抗性　　大量、长期使用化学农药会造成某些病虫害产生不同程度的抗药性，使控制难度增大。

（2）杀伤天敌　　一些选择性不强的化学农药，在消灭病虫害的同时常杀伤天敌，破坏生态系统平衡，造成一些病虫害的再猖獗，或由次要种类上升为主要种类。

（3）污染环境、造成药害　　化学农药使用不当，常会造成人畜中毒事故及植物药害。有些化学农药由于性质稳定、不易分解，能残留污染环境（土壤、水和大气等），甚至能通过食物链和生物浓缩，造成食品残留毒性，对人畜安全造成威胁。

## （六）外科治疗

部分园林植物，尤其是风景名胜区的古树名木，由于历经沧桑，多数树体因病虫为害等原因，已形成大大小小的树洞和疤痕，有的甚至破烂不堪，处于死亡的边缘。而这些古树名木是重要的历史文化遗产和旅游资源，不能像对待其他普通树木一样，采取伐除烧毁减少虫源的措施。因此，对受损伤的树体实施外科手术治疗，使其保持原有的观赏价值并能健康地生长十分必要。外科治疗实际上是农业防治与化学防治相结合的整治技术。

**1. 表皮损伤的治疗与修复**　　表皮损伤修补是指针对树皮损伤面积直径在10cm以上伤口的处理技术。基本程序包括：①伤口清洗，用清水对树体上的伤疤清洗；②伤口消毒，一般采用30倍的硫酸铜溶液间隔30min喷涂2次；③伤口封闭，硫酸铜溶液晾干后，用高分子化合物——聚硫密封剂封闭伤口，密封效果与气温有关，一般在21～25℃的气温下操作为宜；④装饰外表，按伤口大小粘贴原树皮，修复外表，使其外观与原树一致。

**2. 树洞处理**

（1）树洞的清理与消毒

1）树洞的清理。清除树洞内的杂物，包括正在生长的腐朽菌，并刮除洞壁上的腐烂层，必要时用清水清洗1次。

2）洞壁消毒。用化学药剂杀虫灭菌，一般用30倍的硫酸铜溶液间隔30min喷涂树洞2次，若洞壁上有虫孔，可注射50倍的噻虫·高氯氟悬浮剂等药剂。

（2）树洞的填充与装饰

1）假填充法修补。当树洞边材良好时，可采用假填充法修补，即在洞口上固定铁板网，其上铺10～15cm厚的水泥砂浆，砂∶水泥∶107胶∶水按4∶2∶0.5∶1.25的比例配制的水泥砂浆为常用类型，外层用聚硫密封剂密封，再粘贴树皮。

2）实心填充法。当树洞大、边材部分损伤时，则采用此法，即在树洞中央立支撑物（质地较硬的树桩或水泥柱），并在其周围固定填充物，填充物与洞壁之间的距离以5cm左右为宜。在树洞灌入聚氨酯材料，使填充物与洞壁黏结成为一体，再用聚硫密封剂密封，最后再粘贴树皮进行外表修饰。

修饰的基本原则是随坡就势，因树做型，修旧如故，古朴典雅。随着科学技术的不断进步，新材料、新方法将不断出现。

# 第二章

# 园林植物害虫

## 第一节 食叶害虫

园林植物食叶害虫的种类繁多，主要为鳞翅目的刺蛾、袋蛾、毒蛾、舟蛾、尺蛾、夜蛾、灯蛾、斑蛾、螟蛾、天蛾、枯叶蛾及蝶类，鞘翅目的叶甲，膜翅目的叶蜂，直翅目的蝗虫，软体动物的蜗牛、蛞蝓等。它们的发生特点：①为害健康的植株，猖獗时能将叶片吃光，削弱树势，为天牛、小蠹虫等蛀干害虫的侵入提供适宜条件；②大多数食叶害虫营裸露生活，受环境因子影响大，虫口密度变动大；③多数种类繁殖能力强，产卵集中，易暴发成灾，并能主动迁移扩散，扩大为害的范围。

### 一、刺蛾类

刺蛾类属鳞翅目刺蛾科。成虫中至大型，密生厚的鳞毛。幼虫蛞蝓形，无胸足，腹足退化，常具有枝刺和毒毛。蛹为被蛹，蛹外常有光滑坚硬的茧。刺蛾种类很多，发生在园林植物上的主要有黄刺蛾、扁刺蛾、褐边绿刺蛾、中国绿刺蛾、丽绿刺蛾、枣奕刺蛾、桑褐刺蛾、梨娜刺蛾、黑眉刺蛾、纵带球须刺蛾等。

**1. 黄刺蛾** *Monema flavescens* Walker, 1855，又名洋辣子、刷毛架子、瓷罐子、刺蛾、八角虫、八角罐、羊蜡罐、白刺毛，属鳞翅目刺蛾科。

[分布与为害] 分布几乎遍及全国（除宁夏、新疆、贵州、西藏外）。该虫为杂食性食叶害虫，为害重阳木、三角枫、刺槐、梧桐、梅花、玉兰、月季、苹果、梨、李、杏、枣、桑、茶、山楂、海棠类、核桃、紫薇、珍珠梅、榆叶梅、黄栌、美国红栌、天目琼花、杨、柳等120多种植物。初龄幼虫仅啃食叶肉，4龄后蚕食叶片，常将叶片吃光（图2-1a）。

[识别特征] ①成虫：体橙黄色。前翅黄褐色，基半部黄色，端半部褐色，有2条暗褐色斜线，在翅尖上汇合于一点，呈倒"V"形，里面1条伸到中室下角，为黄色与褐色的分界线，后翅灰黄色（图2-1b）。触角丝状。②卵：扁椭圆形，一端略尖，长1.4～1.5mm，淡黄色，卵膜上有龟状刻纹。③幼虫：老熟幼虫体长16～25mm，黄绿色，体背面有1块紫褐色哑铃形大斑（图2-1c～e）。④蛹：被蛹，黄褐色。⑤茧：灰白色，茧壳上有黑褐色纵条纹，形似雀蛋（图2-1f～h）。

[生活习性] 1年发生1～2代，以老熟幼虫在枝杈等处结茧越冬。翌年5～6月化蛹，6月出现成虫，成虫有趋光性。卵散产或数粒相连，多产于叶背。卵期5～6天。初孵幼虫取食卵壳，而后群集在叶背取食叶肉，4龄后分散取食全叶。7月份老熟幼虫吐丝和分泌黏液做茧。茧内老熟幼虫常被上海青蜂（图2-2a～c）、刺蛾广肩小蜂（图2-2d）等寄生。

**2. 扁刺蛾** *Thosea sinensis* (Walker, 1855)，又名黑点刺蛾、八角毛儿，属鳞翅目刺蛾科。

[分布与为害] 分布很广，在东北、华北、华东，以及四川、云南、陕西等地均有发生。食性很杂，以幼虫取食悬铃木、榆、杨、柳、泡桐、油桐、桂花、山茶、栀子、石楠、大叶黄杨、樱花、牡丹、芍药等多种植物的叶片，造成典型的"开天窗"及缺刻、孔洞，严重时食光叶片（图2-3a）。

[识别特征] ①成虫：体、翅灰褐色。前翅灰褐稍带紫色，有1条明显的暗褐色线，从前缘近顶角斜伸至后缘。后翅暗灰褐色。前足具白斑。触角褐色，雌蛾丝状，雄蛾基部数十节呈栉齿状（图2-3b）。②卵：

**图 2-1　黄刺蛾**

a. 为害美国红栌叶片状；b. 成虫；c. 低龄幼虫；d. 中龄幼虫；e. 高龄幼虫；f. 初期茧；g. 后期茧；h. 羽化后的茧

扁平光滑，椭圆形，长约 1.1mm，初为淡黄绿色，孵化前呈灰褐色。③幼虫：老熟幼虫体长 21～26mm，体绿色或黄绿色，椭圆形，身体各节背面横向着生 4 个刺突，两侧的较长，第 4 节背面两侧各有 1 小红点（图 2-3c）。④蛹：长 10～15mm，前端肥钝，后端尖削，近似椭圆形。初为乳白色，近羽化时变为黄褐色。⑤茧：椭圆形，黑褐色，坚硬（图 2-3d）。

[生活习性]　1 年发生 1～3 代，以老熟幼虫在土中结茧越冬。6 月、8 月为全年幼虫为害寄主最严重的时期。成虫傍晚羽化，有趋光性。卵散产于叶面，初孵幼虫剥食叶肉。5 龄以后取食全叶，幼虫昼夜取食。9 月底以后开始下树入土结茧越冬。

**3. 褐边绿刺蛾**　*Parasa consocia* Walker, 1865，又名青刺蛾、褐缘绿刺蛾、四点刺蛾、曲纹绿刺蛾、洋辣子，属鳞翅目刺蛾科。

[分布与为害]　国内分布广泛（除内蒙古、宁夏、甘肃、青海、新疆、西藏外）。为害大叶黄杨、月季、海棠类、桂花、牡丹、芍药、苹果、梨、桃、李、杏、梅、樱桃、枣、柿、核桃、板栗、柑橘、枇杷、桂花、法国冬青、梅、山楂、杨、柳、榆、悬铃木、枫杨等植物。幼虫取食叶片：低龄幼虫取食叶肉，仅留表皮；老龄幼虫将叶片吃成孔洞或缺刻，有时仅留叶柄，严重影响树势（图 2-4a）。

[识别特征]　①成虫：体长 15～16mm，翅展约 36mm。头和胸部绿色，前翅大部分绿色，基部暗褐色，外缘部灰黄色，其上散布暗紫色鳞片，内缘线和翅脉暗紫色，外缘线暗褐色。腹部和后翅灰黄色。触角棕色，雌蛾丝状，雄蛾栉齿状（图 2-4b）。②卵：扁椭圆形，长约 1.5mm，初产时乳白色，渐变为黄绿

**图 2-2 黄刺蛾的天敌**
a. 上海青蜂幼虫；b. 上海青蜂蛹；c. 上海青蜂成虫；d. 刺蛾广肩小蜂

**图 2-3 扁刺蛾**
a. 为害樱花叶片状；b. 成虫；c. 幼虫；d. 茧

色至淡黄色，数粒排列成块状。③幼虫：老熟幼虫体长约25mm，略呈长方形，圆柱状。初孵化时黄色，长大后变为绿色。头黄色，甚小，常缩在前胸内。前胸盾上有2个横列黑斑，腹部背线蓝色。胴部第2节至末节每节有4个毛瘤，其上生1丛刚毛，第4节背面的1对毛瘤上各有3～6根红色刺毛，腹部末端的4个毛瘤上生蓝黑色刚毛丛，呈球状；背线蓝色，两侧有深绿色点（图2-4c）。④蛹：长约13mm，椭圆形，肥大，黄褐色。⑤茧：长约16mm，椭圆形，暗褐色，酷似树皮。

**图2-4　褐边绿刺蛾**
a. 为害石榴叶片状；b. 成虫；c. 老熟幼虫

［生活习性］　东北、华北地区1年发生1代，河南和长江下游地区发生2代，江西发生2～3代，以老熟幼虫在枝干上或树干基部周围的土中结茧越冬。在发生1代的地区，越冬幼虫于5月中下旬开始化蛹，6月上中旬羽化。卵期7天左右。幼虫在6月下旬孵化，8月危害重，8月下旬至9月下旬，幼虫老熟越冬；在发生2代区，越冬幼虫于4月下旬至5月上中旬化蛹，成虫发生期在5月下旬至6月上中旬，第1代幼虫发生期在6月末至7月，成虫发生期在8月中下旬。第2代幼虫发生在8月下旬至10月中旬，10月上旬幼虫陆续老熟，在枝干上或树干基部周围的土中越冬。

**4. 中国绿刺蛾**　*Parasa sinica* Moore, 1877，又名双齿绿刺蛾、棕边青刺蛾、棕边绿刺蛾、大黄青刺蛾、洋辣子、苹绿刺蛾、中华绿刺蛾、绿刺蛾，属鳞翅目刺蛾科。

［分布与为害］　分布于黑龙江、吉林、辽宁、陕西、山西、甘肃、河北、河南、山东、江苏、湖南、四川、福建、台湾等地。为害苹果、海棠类、樱桃、山楂、核桃、板栗、梨、桃、杏、枣、梅、柿、杨、柳、白蜡、紫荆、紫藤、柑橘、栀子等植物。低龄幼虫多群集叶背取食下表皮和叶肉，残留上表皮和叶脉成箩底状半透明斑，数日后干枯、脱落；3龄后陆续分散食叶成缺刻或孔洞，严重时常将叶片吃光（图2-5a、b）。

［识别特征］　①成虫：体长7～12mm，翅展21～28mm。头部、触角、下唇须褐色，头顶和胸背绿色，腹背苍黄色。前翅绿色，基斑和外缘带暗灰褐色。后翅苍黄色。外缘略带灰褐色，臀角暗褐色，缘毛黄色。足密被鳞毛。雌虫触角丝状，雄虫触角栉齿状（图2-5c）。②卵：长0.9～1.0mm，宽0.6～0.7mm，椭圆形，扁平，光滑。初产乳白色，近孵化时淡黄色。③幼虫：体长17mm左右，蛞蝓形，头小，大部缩

在前胸内，前胸盾具1对黑点，胸足退化，腹足小。体黄绿色至粉绿色，背线天蓝色，两侧有蓝色线，亚背线宽、杏黄色，各体节有4个枝刺丛，后胸和第1、7腹节背面的1对较大且端部呈黑色，腹末有4个黑色绒球状毛丛（图2-5d、e）。④蛹：扁椭圆形，长11～13mm，宽6.3～6.7mm，钙质较硬，颜色多与寄主树皮同色，一般为灰褐色至暗褐色。

**图2-5 中国绿刺蛾**
a. 为害紫荆叶片状；b. 为害白蜡叶片状；c. 成虫；d、e. 幼虫

[生活习性] 山西、陕西1年发生2代，以前蛹在树体上茧内越冬。山西太谷地区4月下旬开始化蛹，蛹期25天左右，5月中旬开始羽化，越冬代成虫发生期为5月中旬至6月下旬。成虫昼伏夜出，有趋光性，对糖醋液无明显趋性。卵多产于叶背中部、主脉附近，块生，长圆形，每块有卵数十粒，单雌卵量百余粒。成虫寿命10天左右。卵期7～10天。第1代幼虫发生期为8月上旬至9月上旬，第2代为8月中旬至10月下旬，10月上旬陆续老熟，爬到枝干上结茧越冬，常数头至数十头群集在一起。

**5. 丽绿刺蛾** *Parasa lepida* (Cramer, 1779)，又名绿刺蛾，属鳞翅目刺蛾科。

[分布与为害] 分布北起黑龙江，南至海南、广东、广西、云南，东起我国海岸线，西至陕西、甘肃、四川的广大地区。为害茶、油茶、油桐、咖啡、芒果、苹果、梨、柿、芒果、桑、核桃、刺槐、大叶黄杨等植物。幼虫为害叶片，低龄幼虫取食表皮或叶肉，致叶片呈现半透明枯黄色斑块。大龄幼虫取食的叶常呈较平直缺刻，严重时把叶片全部吃光，影响植株正常生长。

图2-6 丽绿刺蛾幼虫

[识别特征] ①成虫：体长7～10mm，翅展35～40mm。头顶、胸背绿色。胸背中央具1条褐色纵纹，腹部背面黄褐色。前翅绿色，肩角处有1块深褐色尖刀形基斑，外缘具深棕色宽带；后翅浅黄色，外缘带褐色。前足基部生1绿色圆斑。雌蛾触角丝状，雄蛾触角双栉齿状。②卵：扁平光滑，椭圆形，浅黄绿色。③幼虫：老熟幼虫体长约25mm，粉绿色，背面稍白，背中央具紫色或暗绿色带3条，亚背区、亚侧区上各具1列带短刺的瘤，前面和后面的瘤红色（图2-6）。④茧：棕色，较扁平，椭圆形或纺锤形。

[生活习性] 1年发生2代，以老熟幼虫在枝干上结茧越冬。翌年5月上旬化蛹，5月中旬至6月上旬成虫羽化并产卵。成虫有趋光性，昼伏夜出。雌蛾喜欢晚上把卵产在叶背上，十多粒或数十粒排列成鱼鳞状卵块，上覆一层浅黄色胶状物。每雌产卵期2～3天，产卵量100～200粒。低龄幼虫群集性强，3～4龄开始分散，共8～9龄。第1代幼虫为害期为6月中旬至7月下旬，第2代为8月中旬至9月下旬。老熟幼虫在枝条上、树皮缝等处结茧越冬。

**6. 枣奕刺蛾** *Phlossa conjuncta* (Walker, 1855)，又名枣刺蛾，属鳞翅目刺蛾科。

[分布与为害] 分布于东北、华北、华东、华中、华南等地。以幼虫为害枣、酸枣、臭椿、刺槐、悬铃木、樱桃、核桃、柿、桃、杏、苹果、梨、茶、芒果等多种植物。

[识别特征] ①成虫：体长约14mm，翅展约30mm。体深棕褐色。前翅中部黄褐色，近外缘处有两个菱形斑相连，靠前缘有1块褐色斑，后缘有1块红褐色斑。后翅为黄褐色。腹部背面各节有棕红色"人"字形的毛纹，两侧褐色（图2-7a）。②卵：扁平，椭圆形。③幼虫：老熟幼虫体长约22mm，黄绿色。体背有绿色云斑纹，各节有红色枝刺4个，尾部枝刺较大（图2-7b、c）。④蛹：深棕色，被蛹。⑤茧：椭圆形，土灰褐色，质地坚硬。

图2-7 枣奕刺蛾
a. 成虫；b、c. 幼虫

［生活习性］ 河北1年发生1代，以老熟幼虫在干基土中结茧越冬。翌年6月上旬化蛹，蛹期约10天。6月下旬始见成虫，7月为成虫羽化盛期。成虫有趋光性，将卵产在叶片背面，卵呈鱼鳞状，6月下旬田间可见到卵，卵期约8天。初孵幼虫短时间栖息后分散为害，开始食叶肉，随虫龄增大，常把叶片吃光，只留粗叶脉和叶柄。7~8月为幼虫为害期，以8月危害严重。9月初幼虫陆续老熟，随着气温下降下树结茧越冬。

**7. 桑褐刺蛾** *Setora postornata* (Hampson, 1900)，又名褐刺蛾、八角丁、毛辣子、八角虫，属鳞翅目刺蛾科。

［分布与为害］ 分布于陕西、河北、山东、安徽、江苏、浙江、江西、湖南、福建、台湾、广东、广西、四川、云南等地。为害茶、桑、柑橘、桃、梨、柿、板栗、杨、柳、石榴、苦楝、香樟、乌桕、臭椿、蜡梅、梅、樱花、海棠类、木槿等植物。幼虫取食叶肉，仅残留表皮和叶脉。

［识别特征］ ①成虫：体长17.0~19.5mm，翅展30~43mm。体褐色至深褐色，雌虫体色较浅，雄虫较深。前翅前缘离翅基2/3处向臀角和基角各引出1条深色弧线，臀角附近有1近三角形的棕色斑。前足腿节基部具1横列的白色毛丛。雌虫触角丝状，雄虫触角单栉齿状。②卵：长椭圆形，扁平，长1.4~1.8mm，宽0.9~1.1mm。卵壳极薄，初产时黄色，半透明，后渐变深。③幼虫：共8龄，初孵幼虫体长2.0~2.5mm，宽0.8~1.0mm。体色较黄，体背和体侧具淡红色线条。背腹各有1列枝刺，其上着生浅色刺毛。老熟幼虫体长22.3~35.1mm，宽6.5~11.0mm。圆筒形，黄绿色，背线较宽，天蓝色，每节每侧黑点2个，亚背线与枝刺为相应的2类，即黄色型（图2-8a）与红色型（图2-8b），体侧各节有天蓝色斑1个，镶淡色黄边，斑四角各有黑点1个，中、后胸和第4、7腹节背面各有粗大枝刺1对，其余各节枝刺均较短小；后胸至第8腹节每节气门上线着生长短均匀的枝刺1对，各枝刺有端部棕褐色的尖刺毛。体色变化较大，多为每节上有黑点4个，排列近菱形。④蛹：卵圆形，长14.0~15.5mm，宽8~10mm。初为黄色，后变为褐色。⑤茧：广椭圆形，灰白色或灰褐色，表面有点状褐色纹。

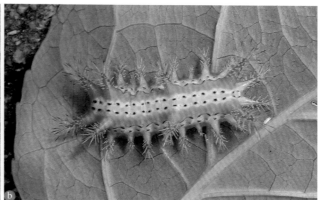

**图2-8 桑褐刺蛾幼虫**
a. 黄色型；b. 红色型

［生活习性］ 长江中下游地区1年发生2代，以老熟幼虫在树木附近土下3~7cm处结茧越冬。越冬幼虫于5月上旬开始化蛹，6月上中旬为成虫羽化和产卵盛期，第1代幼虫于6月中旬出现，至7月下旬幼虫老熟结茧化蛹。8月上旬开始羽化，中旬为羽化产卵盛期，初孵幼虫在下旬出现，至9月下旬或10月上中旬老熟幼虫结茧越冬。成虫白天在树荫、草丛中静止不动，夜间进行飞翔、交尾和产卵等活动。成虫对紫外光和白炽光均具较强的趋光性。幼虫在4龄以前取食叶肉，留下透明的表皮。4龄后便可咬穿叶片，成为孔洞或缺刻，严重时仅留主脉。幼虫老熟后从树上爬下或吐丝坠下，多在疏松的表层土中、草丛间、树叶堆和石砾缝中结茧化蛹或越冬。天敌有上海青蜂、赤眼蜂、广肩小蜂、小茧蜂等。

**8. 梨娜刺蛾** *Narosoideus flavidorsalis* (Staudinger, 1887)，又名梨刺蛾，属鳞翅目刺蛾科。

［分布与为害］ 分布于黑龙江、吉林、陕西、山西、河北、河南、山东、江苏、浙江、江西、湖南、湖北、福建、台湾、广东、广西、四川、贵州、云南等地。以幼虫为害梨、苹果、樱花、核桃、板栗、枫杨、枫香、桃、杏、枣、柿等90多种植物，可将叶片咬成孔洞、缺刻或仅留叶柄、主脉。

［识别特征］ ①成虫：体长14～16mm，翅展29～36mm。体黄褐色。胸部背面有黄褐色鳞毛。前翅黄褐色至暗褐色，外缘为深褐色宽带，前缘有近似三角形的褐斑。后翅褐色至棕褐色，缘毛黄褐色。雌虫触角丝状，雄虫触角羽毛状（图2-9a）。②卵：扁圆形，白色。数十粒至百余粒排列成块状。③幼虫：老熟幼虫体长22～25mm，暗绿色。各体节有4个横列小瘤状突起，其上生刺毛。其中前胸、中胸和第6、7腹节背面的刺毛较大而长，形成枝刺，伸向两侧，黄褐色（图2-9b）。④蛹：黄褐色，体长约12mm。⑤茧：椭圆形，土褐色，长约10mm。

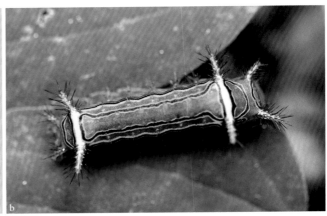

图 2-9 梨娜刺蛾
a. 成虫；b. 幼虫

［生活习性］ 1年发生1代，以老熟幼虫在土中结茧，以前蛹越冬。翌春化蛹，7～8月出现成虫；成虫昼伏夜出，有趋光性，产卵于叶片上。幼虫孵化后取食叶片，发生盛期在8～9月。幼虫老熟后从树上爬下，入土结茧越冬。管理粗放时，发生较重。

**9. 黑眉刺蛾** *Narosa nigrisigna* Wileman, 1911，属鳞翅目刺蛾科。

图 2-10 黑眉刺蛾幼虫

［分布与为害］ 分布于辽宁、甘肃、河北、山东、江西、台湾、湖南、四川、云南等地。为害核桃、紫荆、枫香、油桐等植物，可将叶片咬成孔洞、缺刻或仅留叶柄、主脉。

［识别特征］ ①成虫：体长约7mm。体黄褐色，具银色光泽。前翅淡黄褐色，中室亚缘线内侧至第3臀脉内具褐黄相间的云斑，近外缘处有小黑点1列。后翅淡黄色。②卵：扁椭圆形，鲜黄色。③幼虫：老熟幼虫体长约10mm，龟壳形，扁平，翠绿色至黄绿色；体无明显刺毛，光滑不被枝刺；背部中央有绿色宽纵带1条，纵带内有淡黄色"八"字形斑纹9个，亚背线隆起，浅黄色，其上着生黑色斑点1列（图2-10）。④蛹：体褐色。⑤茧：形似腰鼓，表面光滑，灰褐色。

［生活习性］ 华北地区1年发生2代，以幼虫在枝干上结茧越冬。5月出现成虫，有趋光性。卵散产在叶背面。初孵幼虫啃食叶肉，大龄幼虫蚕食叶片成孔洞。两代幼虫为害期分别在5～7月和8～10月。

**10. 纵带球须刺蛾** *Scopelodes contracta* Walker, 1855，属鳞翅目刺蛾科。

［分布与为害］ 分布于陕西、甘肃、河北、河南、山东、江苏、浙江、江西、台湾、广东、广西、湖北、海南等地。为害柿、樱花、白栎、臭椿、香椿、板栗、核桃、悬铃木、枫香、油桐、橄榄、大叶紫薇、人面子、八宝树等植物，可将叶片咬成孔洞、缺刻或仅留叶柄、主脉。

［识别特征］ ①成虫：头、胸背和前翅暗灰褐色。腹黄褐色，腹背每节有暗灰褐色横带。前翅中室中部到翅尖有黑纵带1条。后翅灰褐色，内缘和基部带黄色。②卵：椭圆形，黄色，鱼鳞状排列成块。③幼虫：老龄体长约25mm，圆筒形，黄褐色，具黑色小斑点，背中线黄色；每节背中央黄色斑大，其上有黑

色斑点2个；亚背线黑褐色，气门上线由暗黑色斑点组成，上具第1腹节气门，亚背线和与气门上线间自中胸至第8腹节的节间内有褐斑9个；被枝刺，枝刺上刚毛黑色、粗硬，亚背线处自中胸至第8腹节各具枝刺1对，气门上线处中后胸和第2～9腹节各具枝刺1对；腹末黑色丛毛4个（图2-11）。④蛹：长椭圆形，黄褐色。⑤茧：卵圆形，灰黄至深褐色。

**图2-11　纵带球须刺蛾幼虫**

　　[生活习性] 北方地区1年发生1代，以老熟幼虫在土中结茧越冬。7月灯下可见成虫，具趋光性；成虫白天以前足悬挂在树叶下，震动落下时会出现假死现象。8月间幼虫取食为害。在广州，1年发生1～3代，其中绝大部分1年3代，极少数为1～2代，因为第1、2代各有极少部分幼虫老熟结茧后滞育，当年不再化蛹羽化。初孵幼虫群集卵块附近，1～3龄幼虫仅取食叶背表皮和叶肉，留下叶脉及叶面表皮，使叶形成白色斑块或全叶枯白。4龄幼虫取食全叶，仅留下叶柄及主脉。

　　[刺蛾类的防治措施]

　　（1）灭除越冬虫茧　　结合修剪，清除树干与枝条上的虫茧；或翻土挖土，消灭土层中的茧。为保护天敌如上海青蜂（图2-12a、b）、刺蛾广肩小蜂、姬蜂、茧蜂（图2-12c）等，可将虫茧堆集于纱网中，让寄生蜂羽化飞出。

**图2-12　上海青蜂和茧蜂**

a. 黄刺蛾茧内天敌（上海青蜂老熟幼虫）；b. 黄刺蛾茧内天敌（上海青蜂成虫）；c. 茧蜂寄生中国绿刺蛾幼虫状

　　（2）人工除治　　初孵幼虫有群集性，摘除带初孵幼虫的叶片，可防止其扩大为害。

　　（3）灯光诱杀　　刺蛾成虫大都有较强的趋光性，因而在成虫羽化期间可安置频振灯进行诱杀。

　　（4）生物防治　　喷施16 000 IU/μL的Bt悬浮剂600～800倍液，潮湿条件下喷雾使用。

　　（5）化学防治　　幼虫为害时，喷施5%甲维盐水分散粒剂3000～5000倍液、24%氰氟虫腙悬浮剂600～800倍液、10%溴氰虫酰胺可分散油悬乳剂1500～2000倍液、10.5%三氟甲吡醚乳油3000～4000倍液、20%甲维·茚虫威悬浮剂2000倍液等。此外选用拟除虫菊酯类杀虫剂也有较好的防治效果。药杀应在幼虫2～3龄阶段实施为好。

## 二、袋蛾类

袋蛾类属鳞翅目袋蛾科，又名蓑蛾、避债蛾、吊死鬼等，是为害园林植物的主要杂食性食叶害虫之一。袋蛾大多雌雄异型，雌蛾无翅、无足，头、胸节退化。雄蛾有翅，小到中型，翅面有稀疏的毛和不完全的鳞片，几乎无斑纹。口器退化。幼虫都吐丝缀叶形成袋囊，雌虫终生不离幼虫所编织的袋囊。其为害多种园林植物。常见的种类有大袋蛾、茶袋蛾、小袋蛾、碧皑袋蛾、白囊袋蛾等。

**11. 大袋蛾** *Eumeta variegata* (Snellen, 1879)，又名大蓑蛾、避债蛾、吊死鬼、布袋虫，属鳞翅目袋蛾科。

[分布与为害] 分布于陕西、山西、河北、河南、山东、江苏、安徽、浙江、江西、福建、台湾、广东、广西、湖南、湖北、四川、贵州、云南等地。该虫食性杂，以幼虫取食悬铃木、刺槐、泡桐、榆、雪松、臭椿、苹果、梨、杏、李、梅、茶、樱花、紫叶李、美国红栌、香樟、枇杷、油桐、重阳木等多种植物的叶片（图2-13a～c），严重时吃光叶片，甚至啃食树皮（图2-13d），易暴发成灾，对城市绿化影响很大。

**图2-13 大袋蛾幼虫为害状**
a. 低龄幼虫袋囊及为害悬铃木叶片状；b. 低龄幼虫袋囊及为害美国红栌叶片状；
c. 高龄幼虫袋囊及为害悬铃木叶片状；d. 高龄幼虫袋囊及为害紫叶李树干状

[识别特征] ①成虫：雌雄异型。雌蛾无翅，体长25～30mm，蛆形、粗壮、肥胖、头小，口器退化，全体光滑柔软，乳白色。雄蛾体长20～23mm，体黑褐色，前翅翅脉黑褐色，翅面前、后缘略带黄褐色至黑褐色，有4～5个透明斑；触角羽毛状。②卵：产于雌蛾袋囊内。③幼虫：老熟幼虫体长

25～40mm，雌幼虫黑色，头部暗褐色；雄幼虫较小，体较淡，呈黄褐色（图2-14a、b）。④袋囊：纺锤形，长达40～60mm，囊外附有较大的碎叶片，有时附有少数枝梗，排列不整齐（图2-14c）。

**图2-14 大袋蛾**
a. 老熟幼虫（左）和低龄幼虫（右）；b. 老熟幼虫；c. 越冬后的袋囊

［生活习性］ 多数1年发生1代，以老熟幼虫在袋囊内越冬。翌年3月下旬开始出蛰，4月下旬开始化蛹，5月下旬至6月羽化，卵产于袋囊蛹壳内，每头雌虫可产卵2000～3000粒。6月中旬开始孵化，初龄幼虫从袋囊内爬出，靠风力吐丝扩散。取食后吐丝并咬啮碎屑、叶片筑成袋囊，袋囊随虫龄增长扩大而更换，幼虫取食时负囊而行，仅头胸外露。初龄幼虫剥食叶肉，将叶片吃成孔洞、网状，3龄以后蚕食叶片。7～9月幼虫老熟，多爬至枝梢上吐丝固定袋囊越冬。

**12. 茶袋蛾** *Eumeta minuscula* Butler, 1881，又名茶避债虫、茶蓑蛾，属鳞翅目袋蛾科。

［分布与为害］ 分布于山东、江苏、安徽、浙江、江西、福建、台湾、广东、广西、湖南、湖北、四川、贵州等地。以幼虫取食悬铃木、杨、柳、榆、女贞、枸橘、紫荆、梨、苹果、桃、李、杏、樱桃、梅、柑橘、石榴、柿、枣、葡萄、板栗、枇杷、花椒、茶、山茶等植物的叶片。

［识别特征］ ①成虫：雌蛾体长15～20mm，米黄色，胸部有显著的黄褐色斑，腹部肥大，第4～7节周围有蛋黄色绒毛。雄蛾体长10～15mm，翅展23～26mm，体、翅暗褐色，前翅翅脉两侧颜色较深，外缘前中部具2个近正方形透明斑，体密被鳞毛，胸部有2条白色纵纹。②卵：椭圆形，米黄色或黄色，长约0.8mm。③幼虫：老熟幼虫体长16～28mm，头黄褐色。散布黑褐色网状纹，胸部各节有4个黑褐色长形斑，排列成纵带，腹部肉红色，各腹节有2对黑点状突起，呈"八"字形排列（图2-15a）。④袋囊：长25～30mm，囊外附有较多的小枝梗，平行排列（图2-15b、c）。

［生活习性］ 长江流域1年发生1代，以老熟幼虫在袋囊内越冬。翌年春天一般不再活动取食，或稍微活动取食。4～6月，越冬老熟幼虫交尾后产卵，雌蛾产卵于袋囊内。每雌产卵量因种类而异，一般100～300粒，个别多达2000粒。卵经15～20天孵化，孵化多在白天。初孵幼虫吃去卵壳，从袋囊排泄口蜂拥而出，吐丝下垂，随风吹到枝叶下，咬取枝叶表皮吐丝缠身做袋囊；有的种类在袋囊上爬行，咬剥旧袋囊做自己的袋囊。初龄幼虫仅食叶片表皮，随着虫龄增加，食叶量加大，取食时间在早晚及阴天。10月中下旬，幼虫逐渐沿枝梢转移，将袋囊用丝牢牢固定在枝上，袋口用丝封闭越冬。

**图2-15 茶袋蛾**

a. 幼虫；b、c. 袋囊

**13. 小袋蛾** *Acanthopsyche subteralbata* Hampson, 1897，又名桉袋蛾、小蓑蛾，属鳞翅目袋蛾科。

［分布与为害］ 分布于山东、江苏、安徽、上海、浙江、江西、福建、广东、广西、湖南、湖北、四川等地。为害悬铃木、重阳木、刺槐、挪威槭、豆梨、海棠类、杨、柳、榆、桉、紫荆、油茶、油桐、红树等植物，幼虫吐丝缀叶营造袋囊，被害叶呈"开天窗"、缺刻或孔洞（图2-16），甚至仅剩叶脉。

**图2-16 小袋蛾为害彩叶豆梨叶片状**

［识别特征］ ①成虫：雌蛾无翅、蛆形，体长6～8mm，头部咖啡色，胸腹部黄白色。雄蛾体长4mm左右，翅展11～13mm，前翅黑色，后翅银灰色，有光泽。②幼虫：老熟幼虫体长约8mm，乳白色。中、后胸背板褐色，分为4块，中间两块大。腹部背面第10节背板深褐色（图2-17a、b）。③袋囊：长7～12mm，囊外附有碎片和小枝皮（图2-17c、d）。

［生活习性］ 1年发生2代，以3～4龄幼虫在袋囊内越冬。翌年3月开始活动、取食。5月中旬开始化蛹，5月下旬至6月中旬越冬代成虫羽化，6月下旬成虫开始产卵。第2代幼虫在8月下旬至10月中旬为害。老熟幼虫化蛹前先吐1根长10mm左右的长丝，一端黏附在枝叶上，使袋囊悬在下面，然后吐丝封闭囊口，幼虫在袋囊内化蛹。初孵幼虫于囊内先取食卵壳，然后从排泄口爬出，迅速爬行分散，有的吐丝下垂借风力分散（图2-18）。

**图 2-17　小袋蛾**

a、b. 幼虫；c、d. 袋囊

**图 2-18　小袋蛾吐丝下垂借风力分散状**

**14. 碧皑袋蛾**　*Acanthoecia bipars* (Walker, 1865)，属鳞翅目袋蛾科。

[分布与为害]　分布于辽宁、北京、河北、河南、山东、浙江、湖南等地。为害爬山虎、紫荆、珍珠梅、黄刺玫、榆叶梅、月季、蔷薇、小叶黄杨、石榴、核桃、云杉、冷杉、桧柏、黑松、杨、榆、梅、国槐、刺槐、侧柏、白蜡等植物。幼虫吐丝缀叶营造袋囊，啃食叶肉，被害叶呈孔洞和缺刻（图 2-19a），严重时叶被吃光。

[识别特征]　①成虫：雌蛾体长约 16mm，无翅，足退化，似蛆状；头褐色，体黄白色，腹部肥大。雄蛾体长约 8mm，翅展约 20mm；体黑褐色，前翅基部约占全翅的 1/3 为黑色，其余为半透明，翅脉和翅缘上有黑毛；后翅与前翅颜色相似，只透明部分较窄小。②卵：椭圆形，乳白色。③幼虫：体长 16mm 左

右，头淡黄色，头顶中央有1个"Y"形褐色纹，前胸、中胸白色，背面有6条不太规则的较宽的黑褐色纵带，后胸淡褐色，背面也有6条黑褐色纵带。腹部淡灰褐色。胸足尖端浅红褐色，基部有黑斑。④袋囊：圆锥形，长17mm左右，土黄色，外表粗糙（图2-19b）。

**图2-19　碧皑袋蛾**
a. 为害爬山虎叶片状；b. 叶片背面的袋囊

　　[生活习性]　北京1年发生1代，以卵在袋囊雌蛹壳上越冬。袋囊多在树木枝干或附近建筑物上。翌年4月下旬至5月上旬孵化为害。初孵幼虫先吐丝缀叶、树皮碎片等营造袋囊。之后啃食叶肉，被害叶片出现小孔洞，6月下旬随着虫体增大，叶片被咬呈大孔洞和少量缺刻，严重时能将叶片吃光。8月中旬后，陆续化蛹，9月出现成虫，雄虫羽化后找雌蛾交配，产卵于袋囊蛹壳上越冬。

　　**15. 白囊袋蛾**　*Chalioides kondonis* Matsumura, 1822，又名棉白袋蛾、棉条蓑蛾、橘白蓑蛾、白囊袋蛾、白蓑蛾、白袋蛾、白避债蛾，属鳞翅目袋蛾科。

　　[分布与为害]　分布于长江沿岸及其以南大多数省份。为害茶、油茶、枇杷、柑橘、板栗、核桃、石榴、苹果、梨、枣、桃、李、杏、杨、柳等多种植物。幼虫吐丝缀叶营造袋囊，啃食叶肉，被害叶呈孔洞和缺刻，严重时叶被吃光。

　　[识别特征]　①成虫：雌蛾体长9～14mm，体黄白色，无翅无足，蛆形；雄蛾体长8～11mm，翅展18～20mm，体淡褐色，密布长毛，翅透明，后翅基部被白毛。②卵：椭圆形，黄白色，长约0.4mm。③幼虫：老熟幼虫体长约30mm，较细长，头褐色，多黑色点纹，胸部背板灰黄色，有暗褐色斑纹，在侧面连成纵行，中、后胸背板各分成两块，各块上都有深色点纹。腹部黄白色，各节背面两侧都有深色点纹。腹部黄白色，各节背面两侧都有深色点纹。④袋囊：长25～50mm，长圆锥形，灰白色，以丝缀成，较紧密，外表光滑，不附有枝叶（图2-20）。

　　[生活习性]　1年发生1代，多以低龄幼虫越冬。翌年3月中旬开始为害，6月化蛹，7月成虫羽化，交尾产卵，7月下旬幼虫开始孵化，11月以后开始越冬。在广西以老熟幼虫越冬，2月下旬开始化蛹，4月上中旬为羽化盛期，4月下旬为产卵盛期，4月下旬至5月上旬为幼虫孵化盛期，6～7月危害最重，取食到10月中下旬即进入越冬状态。

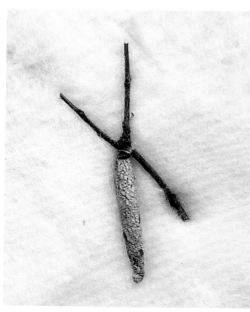

**图2-20　白囊袋蛾袋囊**

　　[袋蛾类的防治措施]
　　（1）人工除治　　冬春人工摘除越冬虫囊，消灭越冬幼虫，平时也可结合日常管理工作，顺手摘除袋囊，特别是植株低矮的花灌木更易操作。注意保护袋囊内寄生蜂、寄生蝇类的幼虫与蛹。
　　（2）诱杀成虫　　采用频振灯诱杀成虫，或利用性诱剂诱杀雄蛾。

（3）生物防治　用16 000 IU/μL的Bt制剂或青虫菌可湿性粉剂600～800倍液喷雾。

（4）化学防治　幼虫为害时，喷洒低毒的胃毒剂90%敌百虫晶体1200倍液、2.5%溴氰菊酯乳油2000倍液、5%甲维盐水分散粒剂3000～5000倍液、24%氰氟虫腙悬浮剂600～800倍液、10%溴氰虫酰胺可分散油悬乳剂1500～2000倍液、10.5%三氟甲吡醚乳油3000～4000倍液、20%甲维·茚虫威悬浮剂2000倍液等，有良好的防效。喷药时应注意喷施均匀，要求喷湿袋囊，以提高防效。

## 三、毒蛾类

毒蛾属鳞翅目毒蛾科。体中型，粗壮多毛，前翅广，足多毛，雌蛾腹端有毛丛。幼虫具有特殊的长毒毛，在化蛹及羽化时毒毛也常附着在蛹及成虫上，可刺入人类皮肤。毒蛾种类很多，在园林植物上常见的主要有盗毒蛾、幻带黄毒蛾、戟盗毒蛾、乌桕黄毒蛾、肾毒蛾、杨雪毒蛾、舞毒蛾、栎毒蛾、侧柏毒蛾、丽毒蛾、线丽毒蛾、松丽毒蛾、角斑台毒蛾、榆黄足毒蛾、榕透翅毒蛾等。

**16. 盗毒蛾**　*Porthesia similis* (Fuessly, 1775)，又名黄尾毒蛾、桑毛虫、金毛虫、黄尾白毒蛾、桑毒蛾、桑毒蛾等，属鳞翅目毒蛾科。

［分布与为害］　分布于东北、华北、华东、华中、西南各地。为害悬铃木、桑、柳、枫、杨、苹果、海棠类、樱花、桃、梨、梅、杏、枣、板栗、紫叶李、紫藤、桂花、蔷薇、月季、石榴、忍冬等植物，以幼虫取食叶片、幼芽，严重时将叶片食光。

［识别特征］　①成虫：体长15mm左右，翅展30mm左右。体白色，复眼黑色。前翅后缘有2个黑褐色斑纹。雌蛾触角栉齿状，腹部粗大，尾端有黄色毛丛；雄蛾触角羽毛状，尾端黄色部分较少（图2-21a）。②卵：扁圆形，灰白色，半透明，卵表有黄毛覆盖。③幼虫：老熟时体长为32mm左右，黄色。背线与气门下线呈红色，背线、气门上线与气门线均为断续不连接的黑色线纹，每节有毛瘤3对（图2-21b）。④蛹：长12～16mm，长圆筒形，黄褐色，体被黄褐色绒毛；腹部背面1～3节各有4个瘤。⑤茧：椭圆形，淡褐色，附少量黑色长毛。

**图2-21　盗毒蛾**

a. 成虫；b. 幼虫

［生活习性］　每年发生的世代数因地而异，江苏、浙江、四川地区1年发生3～4代，华南地区1年可发生6代，均以3龄幼虫在粗皮缝或伤疤处结茧越冬。翌年寄主展叶期开始活动为害，幼龄时先咬叶肉，仅留下表皮，稍大后蚕食造成缺刻和孔洞，仅剩叶脉。幼虫为害期分别发生在4月上旬、6月中旬、8月上旬、9月下旬。幼虫体上着生长毛，对人有毒，一旦接触人体，可引起红肿疼痛、淋巴发炎，称为桑毛虫皮炎症。成虫有趋光性，昼伏夜出，将卵产在叶片背面，卵成块状，卵期6天左右。

**17. 幻带黄毒蛾**　*Euproctis varians* (Walker, 1855)，属鳞翅目毒蛾科。

［分布与为害］　分布于陕西、山西、河北、河南、山东、江苏、安徽、浙江、江西、福建、台湾、广东、广西、湖南、湖北、云南等地。为害柑橘、枇杷、茶、油茶、山茶、桑等植物。

［识别特征］　①成虫：雌蛾翅展约30mm，雄蛾翅展约18mm。前翅黄色，内线和外线黄白色，近平行，外弯，两线间色较浓。后翅浅黄。体橙黄色（图2-22）。②幼虫：头部黄棕色，有褐色点，正中央有1浅黄色纵线，体棕褐色，有浅黄色斑和线。

图2-22 幻带黄毒蛾成虫

［生活习性］ 华北地区1年发生1代，以蛹在土中越冬。7～8月为成虫期。

**18. 戟盗毒蛾** *Euproctis pulverea* (Leech, 1889)，又名碎黄毒蛾、黑衣黄毒蛾，属鳞翅目毒蛾科。

［分布与为害］ 分布于河北、河南、山东、江苏、安徽、浙江、福建、台湾、广东、广西、湖南、湖北、重庆、四川等地。为害刺槐、茶、油茶、柑橘、苹果、海棠类、桃、桑、榆等植物的叶片。

［识别特征］ ①成虫：雌蛾翅展30～33mm，雄蛾翅展20～22mm。前翅赤褐色布黑色鳞，前缘和外缘黄色，黄褐色部分布满黑褐色鳞片或减少，外缘部分鳞片带有银色反光，并在端部和中部（$R_5$脉与$M_1$脉间和$M_3$与$Cu_1$脉间）向外凸出，或达外缘。后翅黄色，基半部棕色。头部橙黄色，胸部灰棕色，触角干橙黄色，栉齿褐色；下唇须橙黄色，体下侧和足黄色；腹部灰棕色带黄色（图2-23a）。②幼虫：参见图2-23b。

［生活习性］ 北京1年发生2代，以幼虫越冬。每年4～6月、8～9月出现成虫，有趋光性。

图2-23 戟盗毒蛾
a. 成虫；b. 幼虫

**19. 乌桕黄毒蛾** *Euproctis bipunctapex* (Hampson, 1891)，又名乌桕毛虫、乌桕毒蛾、枇杷毒蛾、油桐叶毒蛾，属鳞翅目毒蛾科。

［分布与为害］ 分布于河南、江苏、上海、浙江、江西、福建、台湾、广西、湖南、湖北、四川、西藏等地。为害乌桕、油桐、油茶、茶、女贞、香樟、重阳木、杨、桑、柿、刺槐、苹果、桃、李、梅、柑橘、枇杷等植物。

［识别特征］ ①成虫：体长9～11mm，翅展26～28mm。体黄褐色，密生黄色绒毛。前翅顶角有1个

黄色三角区，内有2个明显的黑色圆斑。②卵：椭圆形，淡绿或黄绿色，长约0.8mm，外覆深黄色绒毛。③幼虫：体长24～30mm，头黑褐色，胸腹部黄褐色，被有灰白色长毛。后胸背面有1红色毛瘤。体色毛瘤随虫龄增大而变化（图2-24）。④蛹：长10～15mm，棕褐色，密被短绒毛，臀棘有钩刺1丛。⑤茧：黄褐色，较薄。

［生活习性］ 江浙沪地区1年发生2代，以3、4龄幼虫做薄茧群集在树干向阳面树腋或凹陷处越冬。翌年4月中下旬开始取食，5月中下旬化蛹，6月上中旬成虫羽化、产卵；6月下旬至7月上旬第1代幼虫孵化，8月中下旬化蛹；9月上中旬第1代成虫羽化产卵，9月中下旬第2代幼虫孵化，11月幼虫进入越冬期。成虫白天静伏不动，常在夜间活动，趋光性强。幼虫常群集为害，

图2-24 乌桕黄毒蛾幼虫

3龄前取食叶肉，留下叶脉和表皮，使叶变色、脱落，3龄后食全叶。4龄幼虫常将几枝小叶以丝网缠结一团，隐蔽其中取食为害。

**20. 肾毒蛾** *Cifuna locuples* (Walker, 1855)，又名豆毒蛾、大豆毒蛾、肾纹毒蛾、肾毒蛾，属鳞翅目毒蛾科。

［分布与为害］ 分布于黑龙江、吉林、辽宁、陕西、山西、内蒙古、甘肃、青海、宁夏、河北、河南、山东、江苏、安徽、浙江、江西、福建、广东、广西、湖南、湖北、四川、贵州、云南、西藏等地。为害苹果、樱桃、柿、柳、榆、榉、刺槐、荷花、月季、山茶、茶、杜鹃、紫藤、胡枝子、悬铃木、海棠类、溲疏、小叶榄仁等植物。以幼虫取食叶肉或咬成缺刻，严重时造成植株死亡。

［识别特征］ ①成虫：雌蛾翅展42～50mm，雄蛾翅展30～40mm。体色黄褐至暗褐色，雌蛾体色比雄蛾稍深。后胸和第2、3腹节背面各有1黑色短毛束。前翅有1条深褐色肾形横脉纹，微向外弯曲，内区

图2-25 肾毒蛾幼虫

布满白色鳞片，内线为1条内衬白色细线的褐色宽带。后翅淡黄带褐色。②卵：半球形，直径约0.9mm，淡青绿色。③幼虫：体长35～40mm。共5龄，体色呈黑褐色。头部有光泽，上生褐色次生刚毛。亚背线和气门下线为橙褐色间断的线。前胸背板长有褐色毛，两侧各有1个黑色大瘤，上生向前伸的长毛束，其余各瘤褐色，上生白褐色毛。第1～4腹节背面有暗黄褐色短毛束，第8腹节背面有黑褐色毛束。除前胸及第1～4腹节的瘤外，其余各瘤上有白色羽状毛。胸足每节上方白色，跗节有褐色长毛（图2-25）。④蛹：体长约20mm，红褐色，背面有黄长毛，腹部前4节具灰色瘤状突。

［生活习性］ 长江流域1年发生3代，以幼虫在树中下部叶片背面越冬。翌年4月开始为害。第1代虫于5月中旬至6月下旬发生，第2代虫于8月上旬至9月中旬发生。卵期11天，幼虫期35天左右，蛹期10～13天。卵多产在叶背。初孵幼虫集中在叶背取食叶肉。中高龄幼虫分散为害，食叶成缺刻或孔洞，严重时仅留主脉。老熟幼虫在叶背结丝茧化蛹。成虫有趋光性。

**21. 杨雪毒蛾** *Leucoma candida* (Staudinger, 1892)，又名杨毒蛾、柳毒蛾，属鳞翅目毒蛾科。

［分布与为害］ 分布于黑龙江、吉林、辽宁、内蒙古、陕西、山西、青海、甘肃、河北、山东、河南、江苏、安徽、浙江、江西、福建、湖南、湖北、四川、云南等地。为害杨、柳、槭、桦、榛、白蜡、泡桐等植物，低龄幼虫啃食叶肉，留下表皮，长大后咬食叶片成缺刻或孔洞，或将叶片吃光（图2-26）。

［识别特征］ ①成虫：体长21mm左右，翅展45mm左右。体白色，具绢丝光泽，触角和足上具黑白相间的斑纹（图2-27a）。②卵：呈块状，上面覆盖灰白色泡沫状物（图2-27b、c）。③幼虫：老熟时体长为45mm左右。头棕色，上有黑斑2个。体背深灰色混有黄色，背中线褐色明显，两侧具有黑褐色纵线纹。体各节有瘤状突起，其上生有黄白色长毛（图2-27d、e）。④蛹：纺锤状，黑褐色，体表有毛（图2-27f）。

**图2-26　杨雪毒蛾幼虫为害状**

a. 为害杨树叶片状；b. 严重为害状

**图2-27　杨雪毒蛾**

a. 成虫交尾状；b. 叶片上的卵块；c. 卵孵化状；d. 幼虫；e. 越冬幼虫；f. 蛹

[生活习性] 北京1年发生2代，以2龄幼虫在树皮缝、落叶层下结薄茧越冬。4月中旬杨树、柳树叶萌发时活动为害，开始有上下树习性，白天躲伏在树皮缝间，夜晚上树为害，先取食下部叶片，逐渐向树冠上部为害。5月下旬至6月上中旬老熟幼虫在卷叶、树皮缝、树洞、枯枝落叶层下等处化蛹。蛹期约10天。成虫飞翔力不强，趋光性强，卵多产在树干表皮或树冠上部叶片背面，呈块状，卵块表面覆盖有灰白色泡沫胶状物。卵期约15天。初孵幼虫先群居为害，取食叶肉呈网状，受惊后吐丝下垂，3龄后分散为害，昼夜取食。7月为第1代幼虫为害盛期，9月为第2代幼虫为害盛期，于9月底至10月上旬寻找隐蔽处吐丝结茧越冬。

**22. 舞毒蛾** *Lymantria dispar* (Linnaeus, 1758)，又名秋千毛虫、苹果毒蛾、柿毛虫，属鳞翅目毒蛾科。

[分布与为害] 分布于黑龙江、吉林、辽宁、内蒙古、宁夏、甘肃、青海、新疆、陕西、山西、河北、河南、山东、江苏、浙江、江西、福建、台湾、湖南、湖北、四川、贵州等地。为害栎、柞、杨、柳、桦、槭、榆、椴、鹅耳枥、黄檀、山毛榉、核桃、稠李、苹果、梨、杏、樱桃、山楂、板栗、柿、桑、樟子松、红松、落叶松、马尾松、云南松、云杉等500余种植物。其中以栎、杨、柳、榆、苹果、山楂、桦受害最重。幼虫为害叶片，严重时可将全树叶片吃光。

[识别特征] ①成虫：雌雄异型，雌蛾体长约25mm，前翅灰白色，每两条脉纹间有1个黑褐色斑点。腹末有黄褐色毛丛；雄蛾体长约20mm，前翅茶褐色，有4或5条波状横带，外缘呈深色带状，中室中央有1黑点（图2-28a、b）。②卵：圆形，稍扁，直径约1.3mm，初产为杏黄色，数百粒至上千粒产在一起成卵块，其上覆盖有很厚的黄褐色绒毛。③幼虫：老熟时体长50～70mm，头黄褐色、有"八"字形黑色纹。前胸至腹部第2节的毛瘤为蓝色，腹部第3～9节的7对毛瘤为红色（图2-28c）。④蛹：体长19～34mm，雌蛹大，雄蛹小。体色红褐或黑褐色，被有锈黄色毛丛。

**图2-28 舞毒蛾**

a. 雄成虫；b. 雌成虫；c. 老熟幼虫

[生活习性] 1年发生1代，以卵在石块缝隙或树干背面洼裂处越冬。寄主发芽时开始孵化，初孵幼虫白天多群栖于叶背面，夜间取食叶片成孔洞，受震动后吐丝下垂借风力传播，故又名秋千毛虫。2龄后分散取食，白天栖息树杈、树皮缝或树下的石块下，傍晚上树取食，天亮时又爬到隐蔽场所。均在夜间群集树上蜕皮，5～6月危害最重，6月中下旬陆续老熟，爬到隐蔽处结茧化蛹。成虫7月大量羽化，有趋光性，雄虫活泼，白天飞舞于树冠间。雌蛾很少飞舞，能释放性外激素引诱雄蛾来交配，交尾后产卵，多产在枝干阴面。初孵幼虫有群集为害习性，长大后分散为害，为害至7月上中旬，老熟幼虫在树干洼裂部位、枝杈、枯叶等处结茧化蛹。7月中旬为成虫发生期，雄蛾善飞翔，日间常成群旋转飞舞。卵在树上多产于枝干的阴面，每雌产卵1～2块，每块数百粒，上覆雌蛾腹末的黄褐色鳞毛。

**23. 栎毒蛾** *Lymantria mathura* (Moore, 1865)，又名栗毒蛾、二角毛虫、苹果大毒蛾，属鳞翅目毒蛾科。

[分布与为害] 分布于黑龙江、吉林、辽宁、陕西、山西、河北、河南、山东、江苏、浙江、广东、湖南、湖北、四川、云南等地。为害麻栎、青冈栎、板栗、苹果、梨、槠、野漆、榉等植物，以幼虫取食嫩芽和叶片，影响正常生长与观赏。

[识别特征] ①成虫：雌雄异型，雌蛾翅展约80mm，灰白色，胸部中央有黑点1个、粉红点2个，腹部前半粉红色，后半白色，两侧有黑斑；前翅亚基线黑色，内、中线棕褐色，前缘和外缘边粉红色；后翅浅粉红色。雄蛾翅展约50mm，头部黑褐色，胸部和足浅橙黄色带黑褐色斑，腹部暗橙黄色，两侧微带红色；腹部背面和侧面在节间有黑斑，肛毛簇黄白色；前翅灰白色，斑纹和基线黑褐色，内线在中部外弓，中线为锯齿形宽带，外线、亚端线各有1列新月形斑，中室中央有圆斑1个；后翅暗橙黄色，亚端线为褐色斑带，端线为黑色小点1列（图2-29）。②卵：球形，褐或灰黄色。③幼虫：老熟幼虫体长50～55mm。头部黄褐色带黑褐色圆点，体黑褐色带黄白色斑，背线在前胸白色，在其余各节黑色，气门线黑色，气门下线灰白色。前胸背面两侧各有黑色大瘤1个，上生黑褐色毛束，中、后胸中央有黄褐色纵纹，其余各节瘤黄褐色，上生黑褐、灰褐色毛丛。体腹面黄褐色。④蛹：体灰褐色，长约28mm，头部黑色短毛束1对，腹部背面有短毛束。

**图2-29 栎毒蛾**

a. 雌成虫；b. 雄成虫

[生活习性] 东北1年发生1代，以卵越冬。翌年5月孵化，群集卵壳附近，7月老龄幼虫在草间或枝间结茧化蛹。8月成虫羽化，产卵于树干，每卵块约200粒卵，外覆盖雌蛾灰白色腹毛。

**24. 侧柏毒蛾** *Parocneria furva* (Leech, 1888)，又名圆柏毛虫、柏毒蛾，属鳞翅目毒蛾科。

[分布与为害] 分布于黑龙江、吉林、辽宁、陕西、宁夏、青海、甘肃、河北、河南、山东、江苏、安徽、浙江、广西、湖南、湖北、四川等地。该虫是柏树的一种主要食叶害虫，主要为害侧柏、刺柏、桧柏、龙柏等的嫩芽、嫩枝和老叶。受害树木枝梢枯秃，生长势衰退，似干枯状，2～3年内不长新枝。侧柏轻度受害时梢部枯黄，下部仍保持绿色，严重时整株枝叶枯黄，大部分嫩枝的皮层被啃食，叶发黄变干，个别植株甚至趋于死亡。刺柏受害后顶部叶梢、嫩枝皮层被食，使枯顶、枯枝现象明显。发生严重时能吃

光全株树叶及嫩枝皮层。随着近年来龙柏模纹的大量应用，该虫的发生有逐年加重之势。

[识别特征] ①成虫：体长14～20mm，翅展17～33mm。体褐色。雌虫触角灰白色呈短栉齿状，前翅浅灰色，翅面有不显著的齿状波纹，近中室处有1暗色斑点，外缘较暗，布有若干黑斑，后翅浅黑色，带花纹；雄虫触角灰黑色，呈羽毛状，体色较雌虫深，为深灰褐色，前翅花纹完全消失（图2-30a、b）。②卵：扁圆球形，初产时为青绿色，后渐变为黄褐色（图2-30c）。③幼虫：老熟时体长约23mm，全体近灰褐色，形成较宽的纵带。在纵带两边镶有不规则的灰黑色斑点，相连如带。腹部第6、7节背面中央各有1个淡红色的翻缩线。身体各节具有黄褐色毛瘤，上着生粗细不一的刚毛（图2-30d、e）。④蛹：灰褐色，头顶具毛丛，腹部各节具有灰褐色的斑点，上生白色细毛，腹末具有深褐色的钩状毛（图2-30f）。

**图2-30 侧柏毒蛾**

a、b. 成虫；c. 卵；d. 初孵幼虫；e. 高龄幼虫；f. 蛹

[生活习性] 1年发生2代，以初龄幼虫在树皮缝内越冬。翌年3月幼虫出蛰，为害刚萌发的嫩叶尖端，使叶基部光秃、逐渐枯黄脱落，幼虫夜晚取食活动，白天潜伏于树皮下或枝叶缝隙缝内，老熟后在该处吐丝结薄茧化蛹，6月中旬羽化为成虫。卵产于叶柄、叶片上。第1代幼虫于8月中旬化蛹，8月下旬出现成虫。9月上中旬出现第2代幼虫。即在树干的缝隙间、树皮下或树洞内隐伏，傍晚又爬出向树冠迁移取食为害。为害一段时间后，幼虫即在树皮缝内蛰伏越冬。成虫具趋光性。

**25. 丽毒蛾** *Calliteara pudibunda* (Linnaeus, 1758)，又名茸毒蛾、苹毒蛾、苹红尾毒蛾、苹叶纵纹毒蛾，属鳞翅目毒蛾科。

[分布与为害] 分布于黑龙江、吉林、辽宁、陕西、山西、河北、山东、河南、台湾等地。为害蔷薇、玫瑰、桦、榉、栎、榛、椴、杨、柳、山楂、苹果、梨、樱桃、悬钩子及槭属植物。

[识别特征] ①成虫：体长约20mm。头、胸、腹部褐色，体腹面白黄色。雄虫前翅灰白色，带黑、褐鳞片，内区灰白明显，中区暗，亚基线黑色，微波浪形，内线黑色，横脉黑褐色，外线双线、黑色，外一线色浅，大波浪形，端线为黑点1列（图2-31a）。②卵：淡褐色，扁球形，中央有凹陷1个，正中具1黑点（图2-31b）。③幼虫：老龄幼虫体长35~52mm。绿黄色，头淡黄色，第1~5腹节间黑色，第5~8腹节间微黑色，体腹黑灰色。全体被黄色长毛，前胸背两侧各有1向前伸的黄毛束，第1~4腹节背各有1赭黄色毛束，周围有白毛，第8腹节背面有1向后斜的紫红色毛束（图2-31c、d）。④蛹：体浅褐色，背有长毛束，腹面光滑，臀棘短圆锥形，末端有许多小钩（图2-31e）。⑤茧：外面覆盖一层薄的由幼虫蜕下的黄色长毛缀合的丝茧（图2-31f）。

**图2-31　丽毒蛾**

a. 成虫；b. 卵；c、d. 幼虫；e. 蛹；f. 茧

［生活习性］ 北京1年发生2代，以蛹越冬。翌年4～6月和7～8月出现各代成虫，成虫交尾产卵，卵期约15天。初孵幼虫取食叶肉，咬叶成孔洞，5～7月和7～9月分别为各代幼虫期。第2代幼虫的危害较重，一直至9月末才结茧化蛹越冬。

**26. 线丽毒蛾** *Calliteara grotei* (Moore, 1859)，属鳞翅目毒蛾科。

［分布与为害］ 分布于甘肃、河南、山东、江苏、福建、台湾、广东、湖南、湖北、四川、云南等地。为害泡桐、悬铃木、重阳木、黑荆树、芒果、柳、榉、榆、朴、樱花、月季、刺槐等植物。发生严重时能将叶片食光，严重影响寄主植物的生长与观赏。

［识别特征］ ①成虫：雌蛾展翅70～80mm，雄蛾翅展40～46mm。触角干白色，栉齿棕色。下唇须灰白色，外侧褐色。复眼周围黑毛。头、胸部棕灰色。腹部白棕色。体腹面和足棕灰色，胫节、跗节有褐色斑。前翅棕灰色，散布褐色鳞片；亚基线、内线和外线棕黑色，波浪形；中室末端有1新月形、带棕黑色边的横脉纹；亚端线白色，波浪形，与外线平行；端线为1条棕黑色细线。后翅浅灰棕色，翅后缘带黄色，中室末端有1浅黑棕色弯曲的斑点；端线浅黑棕色；缘毛白色。前、后翅反面浅棕色，前缘棕褐色，横脉纹和外缘线褐黑色（图2-32）。②卵：黄褐色。③幼虫：黄色，腹部第1～4节背面各有1黄色毛束，腹部第8节背面有1黄色毛束。④蛹：棕黄色。

［生活习性］ 南京1年发生3代，以蛹在丝茧内越冬。成虫羽化盛期分别为4月中下旬、6月中下旬、8月中下旬。10月中下旬老熟幼虫在叶上、屋檐下、墙角，以及背风向阳的石缝、树杈等处化蛹越冬。成虫产卵于树干上，卵块呈片状，卵面无覆盖物。成虫有趋光性。1～2龄幼虫群集取食，3龄后分散为害。幼虫行动敏捷，一遇惊扰便吐丝下垂，迅速转移他处。

图2-32 线丽毒蛾成虫交尾状

**27. 松丽毒蛾** *Calliteara axutha* (Collenette, 1934)，属鳞翅目毒蛾科。

［分布与为害］ 分布于东北、华北、华东、华中、华南等地。为害油松等植物。

［识别特征］ ①成虫：前翅白灰带褐棕色，亚基线褐色，锯齿折曲，外线前半直，后半钝齿，亚端线波浪形，内侧呈晕影状带。后翅灰棕色（图2-33）。②卵：灰褐色，半球形，中间凹陷，中央有黑点1个。③幼虫：头红褐色，体黄棕色，有不规则黑斑和纹，前胸两侧和第8腹节背面有棕黑色长毛束，第1～4腹

图2-33 松丽毒蛾

a. 雌成虫；b. 成虫产卵状

节背各有1褐色毛束。胸、腹各节均有毛瘤，瘤上生棕黑色长毛。④蛹：体暗红褐色，体表散生黄毛。⑤茧：椭圆形，灰褐色，茧丝稀薄疏松，附有毒毛。

[生活习性] 北京1年发生1代，以老熟幼虫在土中结茧化蛹越冬。翌年6月成虫羽化，产卵于松针上，幼虫孵化后取食松针，10月是幼虫的危害最严重的时期。

**28. 角斑台毒蛾** *Orgyia recens* (Hübner, 1819)，又名角斑古毒蛾、赤纹毒蛾，属鳞翅目毒蛾科。

[分布与为害] 分布于黑龙江、吉林、辽宁、内蒙古、陕西、甘肃、宁夏、河北、河南、山东、江苏、浙江、湖南、贵州、四川等地。为害紫荆、江南槐、白玉兰、山茶、月季、玫瑰、梅花、梨、杏梅、樱桃、贴梗海棠、木芙蓉、美人蕉等植物，以幼虫取食幼芽、嫩叶和花冠。

[识别特征] ①成虫：雌雄异型。雌蛾体长约为17mm，长椭圆形，只有翅痕，体上有灰和黄白色绒毛；雄蛾体长约15mm，翅展约32mm，体灰褐色，前翅红褐色，翅顶角处有1个黄斑，后缘角处有1个新月形白斑（图2-34a）。②卵：直径0.8～0.9mm，近球形，卵孔处有花状凹陷；初产白色，后变为灰黄色，略有光泽。③幼虫：体长40mm左右。体黑色，侧面有黄褐色线纹。前胸背部和第8腹节背面各有1对黑色长毛丛。第1～4腹节背部各有黄色短毛束（图2-34b）。④蛹：长8～20mm，雌蛹为灰色，雄蛹为黑褐色。背面有黄毛，臀棘较长。⑤茧：略呈纺锤形，丝质疏松，外包有幼虫体毛和其他杂物（图2-34c）。

[生活习性] 华北、西北地区1年发生2代，以幼虫在花木的皮缝、落叶层下、杂草丛中越冬。翌年4月在越冬植株上为害嫩叶幼芽。5月化蛹，蛹期约15天。6月成虫羽化，雌蛾在茧内栖息，雄蛾白天飞翔，与雌蛾交尾（图2-34d）。雌蛾在茧外产卵，每块卵块有卵百余粒，卵期约15天。初孵幼虫先群体取食叶肉，叶片呈网状。以后借风力扩散，幼虫有转移为害习性。幼虫为害期在4～9月。9月幼龄幼虫陆续越冬。

图2-34 角斑台毒蛾
a. 雄成虫；b. 幼虫；c. 幼虫与茧；d. 雌雄交尾状

**29. 榆黄足毒蛾** *Ivela ochropoda* (Eversmann, 1847)，又名榆毒蛾，属鳞翅目毒蛾科。

［分布与为害］ 分布于黑龙江、吉林、辽宁、陕西、山西、内蒙古、宁夏、甘肃、河北、河南、山东、江西、四川、湖北等地。为害榆类植物，初孵幼虫啃食叶肉，受害处呈灰白色透明网状，后造成缺刻、孔洞，严重时将叶片食光。

［识别特征］ ①成虫：雌蛾翅展32～40mm，雄蛾翅展25～30mm。体及翅白色，触角干白色，栉齿黑色。下唇须鲜黄色。前足腿节端半部、胫节和跗节鲜黄色，中后足胫节端半部和跗节鲜黄色。②卵：长约0.8mm，椭圆形，灰黄色，表面覆有灰黑色分泌物，串状排列。③幼虫：末龄幼虫体长25～35mm。体浅黄绿色，头灰褐色。各节背面具白色毛瘤，瘤的基部四周黑色，腹部1、2节上具较大的黑色毛丛（图2-35）。④蛹：长约15mm，浅绿色，头顶具黑褐色毛束。腹面青灰色，复眼红褐色。

图2-35 榆黄足毒蛾幼虫

［生活习性］ 北京、山西1年发生2代，以低龄幼虫在树皮缝或附近建筑物的缝隙处越冬。翌年4月中旬榆钱刚开时开始活动，6月中旬就地吐丝做茧化蛹，蛹期15～20天，7月初成虫羽化。7月中下旬进入1代幼虫孵化盛期，8月下旬化蛹。9月初1代成虫羽化，多把卵产在叶背或枝条上，排列成串。9月中下旬2代幼虫孵化并为害。10月上旬幼虫钻进树皮缝处越冬。成虫具趋光性。

**30. 榕透翅毒蛾** *Perina nuda* (Fabricius, 1787)，又名透翅榕毒蛾、透翅毒蛾，属鳞翅目毒蛾科。

［分布与为害］ 分布于浙江、江西、福建、台湾、广东、香港、广西、湖南、湖北、四川、重庆、西藏等地。为害榕树、细叶榕、黄葛榕、高山榕、金边垂榕、黄榕、菩提榕等榕属植物。幼虫取食叶片，把叶片吃成残缺不全、不规则的缺刻状，是小榕树常见害虫之一。

［识别特征］ ①成虫：雌蛾翅展41～50mm，雄蛾翅展30～38mm。雌蛾触角淡黄色，栉齿灰棕黄色；头部、足和肛毛簇黄色；前、后翅淡黄色，前翅中室后缘散布褐色鳞片。雄蛾触角棕色，栉齿黑褐色；下唇须、头部、前足胫节、胸部下面和肛毛簇橙黄色；胸部和腹部基部灰棕色；前胸灰棕色；腹部黑褐色，节间灰棕色；前翅透明，翅脉黑棕色，翅基部和后缘（不达臀角）黑褐色；后翅黑褐色，顶角透明，后缘色浅，灰棕色。②卵：赤色，产在枝干或叶柄上。③幼虫：体长21～36mm，体暗色，第1、2腹节背面有茶褐色大毛丛，各节皆生有3对赤色肉质隆起，生于侧面的较大，其上皆丛生有长毛；背线很宽，黄色；老熟幼虫青色，背线部为暗黑色（图2-36）。④蛹：体长约21mm，略呈纺锤形，头端粗圆，尾端尖，有红褐色及黑褐色斑。

［生活习性］ 1年发生代数不详。每年5～10月发生，以5～6月最为普遍。幼虫常见于榕叶上活动。幼虫化蛹于叶面，结茧时用几根坚韧的丝粘住附近叶片，然后悬于中间。成虫5～11月出现，卵产在枝干或叶柄上。

图2-36 榕透翅毒蛾幼虫

[毒蛾类的防治措施]

（1）消灭越冬虫体　　清除枯枝落叶和杂草，在树干上绑草把诱集幼虫越冬，翌年早春摘下烧掉，并在树皮缝、石块下等处搜杀越冬幼虫等。

（2）人工除治　　人工摘除卵块及群集的初孵幼虫。结合日常养护寻找树皮缝、落叶下的幼虫。

（3）灯光诱杀　　可采用灯光诱杀成虫。

（4）毒环杀虫　　对于有上、下树习性的幼虫，可用溴氰菊酯毒笔在树干上划1或2个闭合环（环宽1cm），可毒杀幼虫，死亡率达86%～99%，残效8～10天。也可绑毒绳等阻止幼虫上、下树。

（5）化学防治　　幼虫期喷施5%定虫隆乳油1000～2000倍液、2.5%溴氰菊酯乳油4000倍液、25%灭幼脲Ⅲ号悬浮剂1500倍液、5%甲维盐水分散粒剂3000～5000倍液、24%氰氟虫腙悬浮剂600～800倍液、10%溴氰虫酰胺可分散油悬乳剂1500～2000倍液、10.5%三氟甲吡醚乳油3000～4000倍液、20%甲维·茚虫威悬浮剂2000倍液等。也可用5%高效氯氰菊酯4000倍液喷射卵块。

## 四、舟蛾类

舟蛾属鳞翅目舟蛾科。幼虫大多颜色鲜艳，背部常有显著的峰突，因幼虫栖息时只靠腹足固着、首尾上翘、形如龙舟而得名。为害园林植物的主要有槐羽舟蛾、杨二尾舟蛾、白二尾舟蛾、杨扇舟蛾、仁扇舟蛾、杨小舟蛾、核桃美舟蛾、苹掌舟蛾、刺槐掌舟蛾、榆掌舟蛾、栎掌舟蛾、榆白边舟蛾、角翅舟蛾、茅莓蚁舟蛾等。

**31. 槐羽舟蛾**　*Pterostoma sinicum* Moore, 1877，又名槐天社蛾、国槐羽舟蛾，属鳞翅目舟蛾科。

[分布与为害]　分布于辽宁、陕西、山西、甘肃、河北、山东、江苏、安徽、浙江、湖南、广西、云南等地。为害国槐、龙爪槐、江南槐、蝴蝶槐、朝鲜槐、紫薇、紫藤、海棠类、刺槐等植物，易与国槐尺蛾同期发生，严重时常将叶片食光。

[识别特征]　①成虫：体长29mm左右，翅展62mm左右。体暗黄褐色，前翅灰黄色，翅面有双条红褐色齿状波纹（图2-37a、b）。②卵：黄绿色，似馒头状（图2-37c）。③幼虫：老熟时体长为55mm左右，体光滑粗大，腹部绿色，腹背部为粉绿色。气门线为黄褐色，足上有黑斑（图2-37d）。④蛹：黑褐色，被蛹，臀棘4个（图2-37e）。⑤茧：灰色，较粗糙。

**图2-37　槐羽舟蛾**

a、b. 成虫；c. 卵；d. 幼虫；e. 蛹

　　［生活习性］　1年发生2～3代，以茧内蛹在土中、墙根和杂草丛下结茧越冬。翌年4月下旬至5月上旬成虫羽化，有趋光性，卵散产在叶片上，卵期约7天，5月中下旬第1代幼虫开始为害。幼虫较迟钝，分散蚕食叶片，随着虫龄增长，常将叶片食光。1年发生2代地区的幼虫于6～7月和8～9月发生；1年发生3代地区的幼虫于5月中旬、6月下旬、8月下旬发生。9月下旬陆续下地化蛹越冬。

　　**32．杨二尾舟蛾**　*Cerura menciana* Moore, 1877，又名杨双尾天社蛾、杨双尾舟蛾、柳二尾舟蛾，属鳞翅目舟蛾科。

　　［分布与为害］　我国除新疆、贵州、广西外，其他地区均有分布。为害杨、柳，以幼虫取食叶片，造成"开天窗"、缺刻和孔洞。老熟后爬到树干处，分泌黏物与咬碎的树皮黏合成椭圆形硬茧壳，固着在树干上。发生严重时常把树叶吃光，影响树木生长。

　　［识别特征］　①成虫：体长20～30mm，翅展58～81mm。体、翅灰白色，头和胸部背面略带紫色。胸部背面有3对黑点，翅基有2个黑点。前翅有黑色花纹，并有1个新月形环形纹。后翅颜色较淡，灰白略带紫色，翅上有1个黑斑。腹部背面1～6节有两条黑色宽带，第7节以后各节有4～6条黑色细线条，腹部两侧每节各有1个黑点（图2-38）。②卵：半球形，表面光滑，红褐色，中央有1个深褐色圆点，卵的边缘色较淡。③幼虫：初龄幼虫黑色，2龄以后青绿色。老熟幼虫体长48～53mm。头赤褐色，两颊有赤斑。胸部第1节前缘白色，后面有1个紫红色三角形斑，背上一角突起成峰，色深。腹部背面有1个似纺锤形的大斑纹盖住整个背部。第4腹节近后缘处有1个白色直立条纹，纹前有褐边。体末端有2个可以伸缩的褐色尾角。④蛹：赤褐色，椭圆形，两端圆钝。⑤茧：长约37mm，宽约22mm。灰黑色，椭圆形，极坚硬，上端有1个胶体密封羽化孔。

图2-38　杨二尾舟蛾成虫

　　［生活习性］　辽宁、山西1年发生2代，山东、陕西南部1年发生3代，以蛹越冬。2代区，成虫分别在5月和7月出现；3代区，成虫分别在4月中旬至5月、6月中旬至7月上旬、8月中旬至9月上旬出现。成虫产卵在叶片上，一般每叶1或2粒，少数3粒。成虫白天隐蔽，夜间活动，有趋光性。幼虫孵化后3h才开始取食，3龄前食量较小，3龄以后食量增大，一夜便能吃掉几片叶。老熟幼虫在树杈处或树干基部把树皮咬碎并分泌黏液，做成坚硬的茧壳在内化蛹。

图2-39　白二尾舟蛾成虫

　　**33．白二尾舟蛾**　*Cerura tattakana* Matsumura, 1927，又名大新二尾舟蛾，属鳞翅目舟蛾科。

　　［分布与为害］　分布于江苏、浙江、海南、湖南、湖北、四川、云南等地。为害红花天料木、杨、柳等植物。

　　［识别特征］　成虫：雌蛾体长26～36mm，翅展66～87mm；雄蛾体长24～32mm，翅展55～67mm。腹背中央1～6节有1明显的白色纵带。雌蛾腹部7、8两节白色具黑边，第7节中央具黑环，环内有1黑点；前翅黑色内带较宽较不规则弯曲，中线从前缘到中室下角一段较粗，随后向上扭曲与横脉纹相连，4脉至后缘一段与外线平行，横脉纹月牙形，外线双道平行波浪形，外缘脉上无黑线，但有1列脉间具三角形黑点，其中1～4脉间的黑点向内延伸，有时断裂成两个；后翅较暗，蒙有一层烟灰色，横脉纹模糊灰黑色，从前缘中央到臀角有1条不清晰的亮带，亚端线由脉间黑点组成。雄蛾第7节中央具小环形纹，第8节白色，中央具半圆形黑纹，后缘具黑边（图2-39）。

　　［生活习性］　不详。

**34. 杨扇舟蛾** *Clostera anachoreta* (Denis & Schiffermüller, 1775)，又名杨树天社蛾，属鳞翅目舟蛾科。

[分布与为害] 几乎分布于全国各地（除广东、海南、广西、贵州外）。为害各种杨、柳的叶，初龄幼虫有群集性，吐丝连叶，聚集在虫苞（图2-40a）内取食，稍大后分散为害。发生严重时可食尽全叶。

[识别特征] ①成虫：体长13～20mm。体淡灰褐色，头顶有1紫黑色斑。前翅灰白色，顶角处有1块赤褐色扇形大斑，斑下有1黑色圆点。后翅灰褐色（图2-40b）。②卵：扁圆形，直径约1mm，橙红色（图2-40c）。③幼虫：老熟幼虫体长32～38mm，头部黑褐色，背面淡黄绿色，两侧有灰褐色纵带，每节上环状排列橙红色毛瘤8个，其上有长毛，第1、8腹节背中央各有1个大黑红色瘤（图2-40d）。④蛹：体长13～18mm，褐色。

[生活习性] 发生代数因地而异，1年发生2～8代，越往南发生代数越多，均以蛹结薄茧在土中、树皮缝和枯叶卷苞内越冬。成虫夜晚活动，有趋光性。卵产于叶背，单层排列呈块状。初孵幼虫群集啃食叶肉，2龄后群集缀叶结成虫苞（图2-40e），白天隐匿，夜间取食，被害叶枯黄明显；3龄后分散取食全叶。幼虫共5龄，末龄幼虫食量最大，虫口密度大时，可在短期内将全株叶片食尽。老熟后在卷叶内吐丝结薄茧化蛹。

**图2-40 杨扇舟蛾**

a. 为害柳叶呈虫苞状；b. 成虫；c. 卵；d. 幼虫；e. 虫苞内的幼虫

**35. 仁扇舟蛾** *Clostera restitura* (Walker, 1865)，属鳞翅目舟蛾科。

[分布与为害] 分布于江苏、上海、安徽、浙江、江西、福建、台湾、广东、香港、海南、广西、湖南等地。为害杨树叶片，造成缺刻孔洞或将叶片食光。

[识别特征] ①成虫：体灰褐至暗灰褐色；头顶到胸背中央黑棕色。前翅灰褐至暗灰褐色，顶角斑扇形，红褐色；3条灰白色横线具暗边；中室下内外线之间有1斜的三角形影状斑；外线在$M_2$脉前稍弯曲；亚端线由1列脉间黑色点组成，波浪形，在$Cu_1$脉呈直角弯曲，$Cu_1$脉以前内侧衬1波浪形暗褐色带；端线细，不清晰；横脉纹圆形暗褐色，中央有1灰白线把圆斑横割成两半。后翅黑褐色。雄蛾腹部较瘦弱，尾部有长毛1丛。②卵：馒头形，表面具2条灰白色条纹。初产时淡青色，孵化前呈红褐色，直径约0.8mm。③幼虫：老熟幼虫圆筒形，体长28～32mm。头灰色，具黑色斑点。体灰色至淡红褐色，被淡黄色毛，胸部两侧毛较长。中、后胸背部各有2个白色瘤状突起；第1、8腹节背面各有1杏黄色大瘤，瘤上着生2个小的馒头状突起，瘤后生有2个黑色小毛瘤；第1腹节的两侧各着生1个大黑瘤；第2、3腹节背部各有黑色瘤状突起2个，其他腹部各节具白色突起1对（图2-41）。④蛹：黄褐色，具光泽，近圆锥形，长10～15mm；背部无明显的纹络；尾部有臀棘。

图2-41 仁扇舟蛾幼虫及为害状

[生活习性] 1年发生6～7代，主要以卵在枝干上越冬。越冬卵于翌年4月下旬开始孵化，初孵幼虫群集取食，3龄以后分散取食。

**36. 杨小舟蛾** *Micromelalopha sieversi* (Staudinger, 1892)，属鳞翅目舟蛾科。

[分布与为害] 分布于东北、华北、西北、华东、华中等地。为害各种杨、柳的叶，发生严重时可食尽全叶。

[识别特征] ①成虫：翅展24～26mm。体赭黄、黄褐或暗褐色。前翅有精细的灰白色横线3条，每线两侧衬暗边，基线不清晰，内横线在亚中褶下呈亭形分叉，外叉不如内叉明显，外横线波浪形。后翅黄褐色，臀角有赭色或红褐色小斑1个（图2-42）。②卵：半球形，黄绿色。③幼虫：老熟时体长21～23mm，体灰褐、灰绿色，微带紫色光泽，头大，肉色，颅侧区各有由细点组成的黑纹1条，呈"人"字形，体侧各具黄色纵带1条，各节具有不显著的灰色肉瘤，以第1、8腹节背面的最大，上面生有短毛。④蛹：体近纺锤形，褐色。

图2-42 杨小舟蛾成虫

[生活习性] 北京1年发生3代，以蛹越冬。翌年4月下旬开始羽化，5月中旬第1代幼虫开始出现；6月下旬至7月上旬第2代幼虫出现；8月第3代发生，10月底越冬。成虫有趋光性，卵多产于叶片，呈块状。幼虫孵化后群集叶面取食表皮，被害叶呈箩网状。7～8月危害最重。老熟幼虫吐丝缀叶结薄茧化蛹。卵被赤眼蜂寄生较多。

**37. 核桃美舟蛾** *Uropyia meticulodina* (Oberthür, 1884)，又名核桃天社蛾、核桃舟蛾，属鳞翅目舟蛾科。

[分布与为害] 分布于吉林、辽宁、陕西、甘肃、北京、河北、山东、江苏、浙江、江西、福建、广西、湖南、湖北、四川、云南等地。以幼虫为害核桃、核桃楸等植物，取食叶片，造成缺刻，甚至短时间内将叶片食光，严重影响植物生长与观赏。

[识别特征] ①成虫：体长18～23mm。雄蛾翅展44～53mm、雌蛾53～63mm。头部赭色；颈板和腹部灰褐黄色；胸部背面暗棕色。前翅暗棕色，前、后缘各有1块黄褐色大斑：前者几乎占满中室以上的整个前缘区，呈大刀形；后者半椭圆形，每斑内各有4条衬明亮边的暗褐色横线，横脉纹暗褐色。后翅淡黄色，后缘稍较暗，脉端缘毛较暗（图2-43）。②幼虫：头红褐色。胸部浅紫褐色，第3胸节和腹部底色嫩绿。腹部背面的紫褐色花纹沿腹背从第1腹节向后延伸到第3腹节时扩大至气门两侧，呈钝锚形，随后变窄，到第7、8腹节时再度扩大，呈菱形，整个紫褐色花纹衬黄白色边。疣状瘤上具2小黑点，紧贴两侧有2或3个白点。背线黑色。腹面第6～8节紫褐色，中央具亮线。

图2-43 核桃美舟蛾成虫

[生活习性] 北京1年发生2代，入秋后老熟幼虫吐丝缀叶做茧化蛹越冬。翌年5～6月和7～8月分别羽化为第1代和第2代成虫。卵散产，幼虫在6月和8～9月出现，散居，静止时呈龙舟形。

**38. 苹掌舟蛾** *Phalera flavescens* (Bremer & Grey, 1852)，又名舟形毛虫、苹果天社蛾、黑纹天社蛾、举尾毛虫、举肢毛虫、秋黏虫、苹天社蛾、苹黄天社蛾，属鳞翅目舟蛾科。

[分布与为害] 几乎遍布全国。为害苹果、梨、桃、杏、梅、山楂、板栗、海棠类、樱桃、樱花、榆叶梅、紫叶李、梅、柳、榆、火棘、枇杷等植物。初孵幼虫常群集为害，小幼虫啃食叶肉，仅留下表皮和叶脉、呈网状，长大后多分散为害，大龄幼虫吃光叶片和叶脉而仅留下叶柄。严重时，常将整株叶片吃光，致使被害枝在秋季萌发。

[识别特征] ①成虫：体长22～25mm，翅展35～60mm。雌蛾较雄蛾大。前翅近于白色，翅基部有1个由黄褐色斑纹组成的椭圆形斑块，外缘有6个近似椭圆形的斑块，排列整齐，翅中部有3或4条隐约可见的淡黄色波浪纹。后翅外缘处有淡褐色云状斑。腹部淡黄色至土黄色。②卵：圆球形，直径约1mm，初产时黄白色，近孵化时变为灰褐色。③幼虫：初孵幼虫灰褐色，逐渐变为紫红色至紫黑色，亚背线和气门上线灰白色，气门下线紫黑色，体各节生有灰褐色绒毛。老熟幼虫体长约50mm，静止时头、尾翘起，形似小船，故称为舟形毛虫（图2-44a、b）。④蛹：纺锤形，体长约20mm，深褐色，中胸背板后缘有9个刻点，腹部末端有6根臀棘。

[生活习性] 1年发生1代，以蛹在树冠下1～18cm土中越冬。翌年7月上旬至8月上旬羽化，7月中下旬为羽化盛期。成虫昼伏夜出，趋光性较强，常产卵于叶背，单层排列，密集成块。卵期约7天。8月上旬幼虫孵化，初孵幼虫群集叶背，啃食叶肉呈灰白色透明网状，长大后分散为害，白天不活动，早晚取食。幼虫受惊有吐丝下垂的习性（图2-44c）。8月中旬至9月中旬为幼虫期。幼虫5龄，幼虫期平均40天，老熟后陆续入土化蛹越冬。

**39. 刺槐掌舟蛾** *Phalera grotei* Moore, 1859，属鳞翅目舟蛾科。

[分布与为害] 分布于辽宁、山西、河北、山东、江苏、安徽、浙江、江西、福建、湖北、湖南、广东、海南、广西、四川、贵州、云南等地。为害刺槐、胡枝子、刺桐等植物的叶片，发生严重时可食尽全叶。

[识别特征] ①成虫：头顶和触角基部具白色毛簇。胸腹部黑褐色，腹背每节后缘具黄白色横带，末端2节灰色。前翅顶角斑暗棕色，掌形，斑内缘弧形平滑，黑色横线5条，内、外线间有不清晰波状带4条（图2-45a）。②幼虫：头褐带绿色，体背白色至粉绿色，气门线为1赭褐色宽带，气门下线为黄白色宽带，腹线黑色，毛灰白色（图2-45b、c）。

**图2-44 苹掌舟蛾幼虫**
a. 低龄幼虫；b. 老熟幼虫；c. 幼虫吐丝下垂状

**图2-45 刺槐掌舟蛾**
a. 成虫；b、c. 幼虫

[生活习性] 山东荣成1年发生1代，以蛹在土中越冬。翌年6月上中旬出现成虫，6月中下旬始见幼虫，7月上中旬开始化蛹，9月上中旬结束，各虫态发生极不整齐。

**40. 榆掌舟蛾** *Phalera takasagoensis* Matsumura, 1919，又名榆黄斑舟蛾、黄掌舟蛾、榆毛虫，属鳞翅目舟蛾科。

[分布与为害] 分布于东北、西北、华北、华东、华中等地。为害榆、栎等植物的叶片，发生严重时可食尽全叶。

[识别特征] ①成虫：体长约20mm，翅展约60mm。前翅灰褐色，顶端有黄白色掌形大斑1个，外线沿顶角斑一段黑色，后角有黑色斑纹1个。后翅灰褐色。②卵：圆形，红白色，后黑褐色。③幼虫：老熟幼虫体长约60mm，黑褐色，亚背线、气门上线和气门下线白色，头黑色，前胸至第8腹节有淡黄色纵条8条，每体节上有橙红色横纹1条，第3～6腹节的横纹直达腹足外侧，全身被黄褐色长毛，气门下侧毛红色（图2-46）。④蛹：体深褐色，长约35mm。

**图2-46 榆掌舟蛾幼虫**

［生活习性］ 北京1年发生1代，以蛹在树周土中越冬。翌年7月成虫羽化，有趋光性。雌蛾产卵于叶背，块状，排列不整齐，卵约经1周孵化。幼龄幼虫群集为害，把叶片食成白色透明网状，3龄后分散活动，昼伏夜出，严重时把整叶食光，仅留下叶柄。9月中旬幼虫入土化蛹。

**41. 栎掌舟蛾** *Phalera assimilis* (Bremer & Grey, 1852)，又名栎黄斑天社蛾、黄斑天社蛾、榆天社蛾、彩节天社蛾、肖黄掌舟蛾、麻栎毛虫、栎舟蛾，属鳞翅目舟蛾科。

［分布与为害］ 分布于黑龙江、吉林、辽宁、陕西、河北、河南、山东、江苏、安徽、浙江、江西、湖北、四川等地。为害麻栎、栓皮栎、柞栎、白栎、锥栎、板栗、榆、杨等植物。

［识别特征］ ①成虫：雌蛾翅展48～60mm，雄蛾翅展44～45mm。头顶淡黄色，触角丝状。胸背前半部黄褐色，后半部灰白色，有两条暗红褐色横线。前翅灰褐色，银白色光泽不显著，前缘顶角处有1略呈肾形的淡黄色大斑，斑内缘有明显棕色边，基线、内线和外线黑色锯齿状，外线沿顶角黄斑内缘伸向后缘。后翅淡褐色，近外缘有不明显浅色横带（图2-47）。②卵：半球形，淡黄色，数百粒单层排列呈块状。③幼虫：体长约55mm，头黑色，身体暗红色，老熟时黑色。体被较密的灰白至黄褐色长毛。体上有8条橙红色纵线，各体节又有1条橙红色横带。胸足3对，腹足俱全。有的个体头部漆黑色，前胸盾与臀板黑色，体略呈淡黑色，纵线橙褐色。④蛹：长22～25mm，黑褐色。

**图2-47 栎掌舟蛾成虫**

［生活习性］ 1年发生1代，以蛹在树下土中越冬。翌年6月成虫羽化，以7月中下旬发生量较大。成虫羽化后白天潜伏在树冠内的叶片上，夜间活动，趋光性较强。成虫羽化后不久即可交尾产卵，卵多成块产于叶背，常数百粒单层排列在一起。卵期15天左右。幼虫孵化后群聚在叶上取食，常成串排列在枝叶上。中龄以后的幼虫食量大增，分散为害。幼虫受惊动时吐丝下垂。8月下旬至9月上旬老熟幼虫下树入土化蛹，以树下6～10cm深土层中居多。

**42. 榆白边舟蛾** *Nerice davidi* Oberthür, 1881，又名榆天社蛾、榆红肩天社蛾，属鳞翅目舟蛾科。

［分布与为害］ 分布于东北、华北、华东、华中，以及陕西、甘肃等地。以幼虫为害榆树叶片，发生严重时可食尽全叶。

［识别特征］ ①成虫：体灰褐色。头、胸部背面暗褐色。翅基片灰白色。腹部灰褐色。前翅前半部暗灰褐色带棕色，后方边缘黑色，沿中脉下缘纵行在$Cu_2$脉中央稍下方呈1大齿形曲，后半部灰褐色，蒙有1层灰白色，尤以前半部分界处呈1白边。前缘外半部有灰白纺锤形斑1块，内、外横线黑色，内线在中室下方膨大成圆斑1个，外横线锯齿形，后翅灰褐色（图2-48）。②卵：青绿至灰绿色。③幼虫：老熟时全

体粉绿色，头部具"八"字形暗线，第1、2腹背峰突上的刺紫红色，基部柠檬黄色，边缘锯齿黑色，第8腹背峰突紫红色；腹背两侧每节有1条暗绿色的斜线，下面有白色小点排列成的边，气门白色，边黑色，气门下线紫红色，下衬白色，胸足基部和爪紫红色，第3～5腹节气门下线稍向下扩大呈三角形斑，第6腹节从气门下线到足基部后面有1条斜紫红色线，第7腹节至末端亚腹线紫红色。

［生活习性］ 北京1年发生2代，陕西1年发生4代，以蛹在土中越冬。北京翌年4月成虫羽化。卵单产于叶背、叶梢，5～10月均有幼虫为害。

图2-48 榆白边舟蛾成虫

**43.角翅舟蛾** *Gonoclostera timoniorum* (Bremer, 1861)，属鳞翅目舟蛾科。

［分布与为害］ 分布于东北、华北、华中、华东，以及陕西等地，以幼虫为害多种柳树的叶片，发生严重时可食尽全叶。

图2-49 角翅舟蛾成虫

［识别特征］ ①成虫：头、胸背暗褐色，腹部背面灰褐色。前翅褐黄带紫色，顶角下有新月形内切缺刻，内、外横线间有暗褐三角形斑1块，斑尖达后缘，斑内色从内向外渐浅，横脉至前缘脉暗，内、外横线间灰白色，外横线与亚缘线间的前缘有楔形斑1块（图2-49）。②幼虫：体浅玉绿色。气门上线细，浅紫色，气门线浅黄色，两侧至背中部有浅黄色斜纹，气门黑色。

［生活习性］ 北京1年发生2代，6～8月为幼虫期。

**44.茅莓蚁舟蛾** *Stauropus basalis* Moore, 1877，属鳞翅目舟蛾科。

［分布与为害］ 分布于黑龙江、河北、山东、江苏、浙江、江西、福建、台湾、湖北、四川、云南等地。为害茅莓、千金榆等植物。

［识别特征］ ①成虫：雌蛾翅展42～47mm；雄蛾翅展35～43mm。体灰褐色，翅基片较灰色。腹背第1～5节上的毛簇棕黑色。前翅灰褐带棕色，内半部灰白色，基部有1棕黑色点；内横线不清晰；外横线灰黄白色具棕褐色

边，前半段弧形外曲，后半段弱锯齿形从中室下角几乎垂直于后缘，横脉纹暗棕色。后翅灰褐带棕色，前缘较暗并具2灰白斑（图2-50）。②幼虫：极其特化，拟态蚂蚁。

［生活习性］ 北方地区7月灯下可见成虫。

［舟蛾类的防治措施］

（1）灯光诱杀 成虫盛发期，设置频振灯诱杀成虫。

（2）人工除治 结合养护管理，在根际周围掘土灭蛹；大部分舟蛾幼虫初龄阶段有群集性，可将枝叶剪下或震落消灭。

（3）掘土灭蛹 结合养护管理，在根际周围掘土灭蛹。

图2-50 茅莓蚁舟蛾成虫

（4）生物防治　　第1代幼虫发生期喷Bt乳剂500倍液，1、2代卵发生盛期，每1hm²释放30万～60万头赤眼蜂，傍晚或阴天释放白僵菌防治幼虫。

（5）化学防治　　幼虫期喷施5%定虫隆乳油1000～2000倍液、2.5%溴氰菊酯乳油4000倍液、25%灭幼脲Ⅲ号悬浮剂1500倍液、5%甲维盐水分散粒剂3000～5000倍液、24%氰氟虫腙悬浮剂600～800倍液、10%溴氰虫酰胺可分散油悬乳剂1500～2000倍液、10.5%三氟甲吡醚乳油3000～4000倍液、20%甲维·茚虫威悬浮剂2000倍液等。

## 五、尺蛾类

尺蛾类属鳞翅目尺蛾科，因其幼虫的行动姿态而得名，也称为步曲、造桥虫、尺蠖。成虫体细、翅大而薄，飞翔力弱。幼虫拟态性强。尺蛾种类很多，为害园林植物的主要有国槐尺蛾、丝棉木金星尺蛾、桑褶翅尺蠖、春尺蠖、木橑尺蠖、大造桥虫、刺槐外斑尺蠖、桑枝尺蛾、女贞尺蛾、黑条眼尺蛾、小埃尺蛾、雪尾尺蛾、紫条尺蛾、焦边尺蛾、油桐尺蛾、三角璃尺蛾、虎纹拟长翅尺蛾贵州亚种、拟柿星尺蛾、榆津尺蛾、萝藦艳青尺蛾等。

**45. 国槐尺蛾**　*Chiasmia cinerearia* (Bremer & Grey, 1853)，又名国槐尺蠖、吊死鬼、槐尺蛾，属鳞翅目尺蛾科。

［分布与为害］　分布于黑龙江、吉林、辽宁、陕西、宁夏、甘肃、河北、天津、山东、江苏、安徽、浙江、江西、福建、台湾、广西、湖北、四川、西藏等地。主要为害国槐、龙爪槐，食料不足时也为害刺槐。以幼虫取食叶片，严重时可将叶片吃光（图2-51a），导致植株死亡，是庭园绿化及行道树的主要食叶害虫。

［识别特征］　①成虫：体长12～17mm。体黄褐色，有黑褐色斑点。前翅有3条明显的黑色横线，近顶角处有1近长方形褐色斑纹。后翅只有2条横线，中室外缘上有1黑色小点（图2-51b）。②卵：椭圆形，长约0.6mm，绿色。③幼虫：刚孵化时黄褐色，取食后变为绿色，老熟后紫红色，老熟幼虫体长30～40mm（图2-51c）。④蛹：体长13～17mm，紫褐色（图2-51d）。

**图2-51　国槐尺蛾**
a. 为害金枝国槐叶片严重状；b. 成虫；c. 幼虫；d. 蛹

［生活习性］ 1年发生3～4代，以蛹在树下松土中越冬。翌年4月中旬羽化为成虫。成虫具有趋光性。白天在墙壁、树干或灌木丛里停落，夜晚外出活动产卵，卵多产于叶片正面主脉上，每处1粒。每雌虫平均产卵420粒。5月中旬第1代幼虫为害；6月下旬及8月上旬，第2、3代幼虫分别为害。幼虫共6龄，4龄前食量小，5龄后食量剧增。幼虫有吐丝下垂习性。幼虫老熟后吐丝下垂至松土中化蛹。

**46. 丝棉木金星尺蛾** *Abraxas suspecta* Warren, 1894，又名丝棉木金星尺蠖、卫矛尺蠖，属鳞翅目尺蛾科。

［分布与为害］ 分布于华北、华东、华南、西北等地。为害丝棉木、大叶黄杨、扶芳藤、卫矛、女贞、白榆等植物。该虫是大叶黄杨上的主要害虫之一，严重时将叶片食光，影响植物的正常生长（图2-52a）。

［识别特征］ ①成虫：体长约13mm，翅展约38mm。头部黑褐色。腹部黄色。翅银白色，翅面具有浅灰和黄褐色斑纹。前翅中室有近圆圈形斑，翅基部有深黄、褐色、灰色花斑。后翅散有稀疏的灰色斑纹（图2-52b、c）。②卵：长圆形，灰绿色，卵表有网纹（图2-52d）。③幼虫：老熟时体长为33mm左右，体黑色，前胸背板黄色，其上有5个黑斑。腹部有4条青白色纵纹，气门线与腹线为黄色，较宽，臀板黑色（图2-52e）。④蛹：棕褐色，长13～15mm（图2-52f）。

**图2-52　丝棉木金星尺蛾**
a. 为害大叶黄杨叶片状；b、c. 成虫；d. 卵；e. 幼虫；f. 越冬蛹；g. 幼虫吐丝下垂状

［生活习性］　1年发生3～4代，以老熟幼虫在被害寄主下松土层中化蛹越冬。3月底成虫出现，5月上中旬第1代幼虫及7月上中旬第2代幼虫的危害最重，常将大叶黄杨啃成秃枝，甚至整株死亡。成虫有不太强的趋光性，多在叶背成块产卵，排列整齐。初孵幼虫常群集为害，啃食叶肉，3龄后食成缺刻。幼虫具有假死性，受惊后吐丝下垂（图2-52g）。3、4代老熟幼虫分别在10月下旬及11月中旬吐丝下垂，入土化蛹越冬。

近年来，在山东海阳发现一种尺蛾类害虫，为害扶芳藤、大叶黄杨（图2-53），其幼虫形态与丝棉木金星尺蛾相似，每年4、5月发生，很可能是1年发生1代。其分布与为害、识别特征、生活习性等有待进一步观察、研究。

图2-53　为害扶芳藤、大叶黄杨的尺蛾类害虫

**47. 桑褶翅尺蛾**　*Apochima excavata* (Dyar, 1905)，又名桑刺尺蛾、桑褶尺蠖、核桃尺蠖，属鳞翅目尺蛾科。

［分布与为害］　分布于辽宁、陕西、山西、内蒙古、宁夏、河北、山东、河南等地。幼虫为害金叶女贞、小叶女贞、刺槐、国槐、龙爪槐、金银木、元宝枫、核桃、白蜡、丁香、栾树、毛白杨、柽柳、桑、榆、柳、太平花、海棠类、苹果、梨、樱桃等植物，造成缺刻、孔洞，严重时将叶片全部食光（图2-54a），影响树木正常生长和绿化效果。

［识别特征］　①成虫：雌蛾体长14～16mm，翅展46～48mm。体灰褐色。腹部除末节外，各节两侧均有黑白相间的圆斑。头胸部多毛。前翅有红、白色斑纹，内、外线粗黑色，外线两侧各具1条不明显的褐色横线。后翅前缘内曲，中部有1条黑色横纹。腹末有2毛簇。触角丝状。雄蛾略小，色暗，触角羽状，前翅略窄，其余与雌蛾相似。成虫静止时4翅折叠竖起，因此得名（图2-54b、c）。②卵：扁椭圆形，长约1mm，褐色（图2-54d）。③幼虫：体长约40mm，头黄褐色，颊黑褐色，前胸盾绿色，前缘淡黄白色。体绿色，腹部第1节和第8节背部有1对肉质突起，2～4节各有1大而长的肉质突起；突起端部黑褐色，沿突起向两侧各有1条黄色横线，2～5节背面各有2条黄短斜线呈"八"字形，4～8节突起间亚背线处有1条

黄色纵线，从5节起渐宽呈银灰色。1～5节两侧下缘各有1肉质突起，似足状。臀板略呈梯形，两侧白色，端部红褐色。腹线为红褐色纵带（图2-54e）。④蛹：长13～17mm，短粗，红褐色，头顶及尾端稍尖，臀棘2根。⑤茧：半椭圆形，丝质，附有泥土。

［生活习性］ 河北、陕西、内蒙古1年发生1代，以蛹在表土下的干基树皮上的茧内越冬。翌年3月中旬（山桃芽显粉色时）成虫羽化，雄蛾比雌蛾趋光性强，有假死性，飞翔力不强。雌蛾产卵于枝梢上，排列呈长条形，卵期为20天左右。4月上旬幼虫孵化，幼虫共4龄，常在叶柄或小枝上栖息，稍受惊动头即向腹部隐藏，呈弓形（图2-54f）。1～2龄幼虫夜间取食嫩芽幼叶，白天休息。3～4龄幼虫昼夜为害，当食料不足或受惊后即吐丝下垂，借风转移为害。5月中旬老熟幼虫开始入土做茧，严重时1株树干基部可有100多个茧。

**图2-54　桑褶翅尺蛾**
a. 为害金叶女贞叶片严重状；b、c. 成虫；d. 卵；e. 幼虫；f. 幼虫受惊吓呈弓形

**48. 春尺蠖** *Apocheima cinerarius* (Erschoff, 1874)，属鳞翅目尺蛾科。

［分布与为害］分布于黑龙江、内蒙古、新疆、甘肃、宁夏、陕西、河北、河南、山东、青海、四川等地，幼虫为害杨、榆、胡杨、杏、枣、苹果、梨、核桃等植物的幼芽、幼叶、花蕾，严重时将树叶全部吃光。该虫发生期早，幼虫发育快，食量大，常暴食成灾，轻则影响寄主生长，严重时枝梢干枯，树势衰弱，导致蛀干害虫猖獗发生，引起树木大量死亡。

［识别特征］①成虫：雌蛾无翅，体长7～19mm。体灰褐色。触角丝状。腹部背面各节有数目不等的成排黑刺，刺尖端圆钝，臀板上有突起和黑刺列（图2-55a）。雄蛾翅展28～37mm。体灰褐色。前翅淡灰褐至黑褐色，有3条褐色波状横纹，中间1条常不明显。触角羽状。②卵：长圆形，长0.8～1.0mm，灰白或赭色，有珍珠样光泽，卵壳上有整齐刻纹（图2-55b）。③幼虫：老熟幼虫体长22～40mm，灰褐色。腹部第2节两侧各有1瘤状突起，腹线白色，气门线淡黄色（图2-55c）。④蛹：长8～18mm，棕褐色，臀棘刺状，其末端分为2叉。

图2-55 春尺蠖
a. 雌成虫；b. 卵；c. 幼虫

［生活习性］1年发生1代，以蛹在干基周围土壤中越夏、越冬。翌年2月底、3月初或稍晚，地表3～5cm处地温达0℃左右时开始羽化；3月上中旬或稍迟见卵；4月上中旬或4月下旬至5月初开始孵化；5月上中旬或5月下旬、6月上旬幼虫开始老熟，入土化蛹越夏、越冬。成虫多在下午和夜间羽化出土，雄蛾有趋光性，白天多潜伏于树干缝隙及枝杈处，夜间交尾，卵成块产于树皮缝隙、枯枝、枝杈断裂等处，一般产200～300粒。初孵幼虫活动能力弱，取食幼芽和花蕾，较大则食叶；4～5龄虫具相当强的耐饥能力，可吐丝借风飘移传播到附近树木为害，受惊扰后吐丝下坠，旋又收丝攀附上树；老熟后下地，在树冠下土壤中分泌黏液硬化土壤做土室化蛹，入土深度以16～30cm为多（约占65%），最深达60cm，多分布于树干周围，低洼处尤多。

**49. 木橑尺蠖** *Biston panterinaria* (Bremer & Grey, 1853)，又名黄连木尺蛾、木橑尺蛾，属鳞翅目尺蛾科。

［分布与为害］分布于华北、华东、华中、华南、西南，以及吉林、辽宁、陕西、甘肃等地，幼虫为

害黄栌、核桃、石榴、山楂、合欢、刺槐、臭椿、泡桐、榆叶梅等植物，造成缺刻孔洞，严重时将叶片全部蚕食。

[识别特征] ①成虫：体长18～22mm，翅展45～72mm。复眼深褐色，翅白色，散布灰色或棕褐色斑纹，外横线呈一串断续的棕褐色或灰色圆斑。前翅基部有一深褐色大圆斑。雌蛾体末具黄色绒毛。足灰白色，胫节和跗节具有浅灰色的斑纹。雌蛾触角丝状；雄蛾触角羽状（图2-56a、b）。②卵：长约0.9mm，扁圆形，绿色。卵块上覆有一层黄棕色绒毛，孵化前变为黑色。③幼虫：体长70～78mm，通常幼虫的体色与寄主的颜色相近似，体绿色、茶褐色、灰色不一，并散生有灰白色斑点。头顶具黑纹，呈倒"V"形凹陷，头顶及前胸背板两侧有褐色突起，全表多灰色斑点（图2-56c、d）。④蛹：长24～32mm，棕褐或棕黑色，有刻点，臀棘分叉。雌蛹较大。翠绿色至黑褐色，体表光滑，布满小刻点。

图2-56 木橑尺蠖

a、b. 成虫；c. 幼虫；d. 幼虫头部特征

[生活习性] 河南1年发生1代，浙江余杭1年发生2～3代，以蛹在根际松土中越冬。越冬蛹在5月上旬羽化，7月中下旬为羽化盛期，成虫于6月下旬产卵，7月中下旬为盛期。幼虫于7月上旬孵化，盛期为7月下旬至8月上旬。在浙江第1、2代幼虫分别于5月下旬至6月上旬、7月下旬至8月初盛发。老熟幼虫于8月中旬化蛹，9月为盛期。幼虫很活泼，孵化后即迅速分散，爬行快；稍受惊动，即吐丝下垂，可借风力转移为害。老熟幼虫坠地化蛹，通常选择梯田壁内、石堰缝里、乱石堆中，以及树干周围和荒坡杂草等松软、阴暗、潮湿的地方化蛹。成虫趋光性强，白天静伏在树干、树叶等处。卵多产于寄主植物的皮缝里或石块上，块产，排列不规则，并覆盖一层厚厚的棕黄色绒毛。

**50. 大造桥虫** *Ascotis selenaria* (Denis & Schiffermüller, 1775)，又名尺蠖、步曲，属鳞翅目尺蛾科。

[分布与为害] 国内分布广泛。为害苹果、梨、杨、榆、接骨木、连翘、火炬树、紫穗槐、蔷薇、菊

花、唐菖蒲、月季、锦葵、一串红、万寿菊、萱草等植物。主要以幼虫蚕食叶片，造成叶片穿孔和缺刻。发生严重时，叶片被食仅留叶脉。有时花蕾、花冠也受其害，影响植株的正常开花结果。

[识别特征] ①成虫：成虫体长15～20mm，翅展38～45mm。体色变异很大，有黄白、淡黄、淡褐、浅灰褐色，一般为浅灰褐色。翅上的横线和斑纹均为暗褐色，中室端具1斑纹；前翅亚基线和外横线锯齿状，其间为灰黄色，有的个体可见中横线及亚缘线，外缘中部附近具1斑块；后翅外横线锯齿状，其内侧灰黄色，有的个体可见中横线和亚缘线。雌虫触角丝状；雄虫羽状、淡黄色（图2-57a、b）。②卵：长椭圆形，直径约0.7mm，初产时为青绿色，上有许多小颗粒状突起，坚厚强韧。③幼虫：体长38～49mm，黄绿色。头黄褐至褐绿色，头顶两侧各具1黑点。背线宽，淡青至青绿色，亚背线灰绿至黑色，气门上线深绿色，气门线黄色杂有细黑纵线，气门下线至腹部末端，淡黄绿色；第3、4腹节上具黑褐色斑，气门黑色，围气门片淡黄色，胸足褐色，腹足2对生于第6、10腹节，黄绿色，端部黑色（图2-57c）。④蛹：深褐色，长约14mm，尾端尖锐。

**图2-57 大造桥虫**
a、b. 成虫；c. 幼虫

[生活习性] 河北1年发生3代，世代重叠，以蛹在土中越冬。每年4月下旬成虫羽化，成虫有趋光性，昼伏夜出。成虫一般将卵产在叶背、枝条上、土缝间等处，卵期约7天。初孵幼虫借风吐丝扩散，行走时常曲腹如桥形，不活跃，常拟态（如嫩枝条）栖息。幼虫为害期在5～10月，10月老熟幼虫入土化蛹越冬。

**51. 刺槐外斑尺蠖** *Ectropis excellens* (Butler, 1884)，又名刺槐步曲，属鳞翅目尺蛾科。

[分布与为害] 分布于东北、华北，以及河南、山东、广东、台湾、四川等地。为害刺槐、榆、杨、柳、栎、核桃、苹果、梨、桃、山楂等植物。以幼虫取食叶片，该虫具有暴食性，短时间内能将整枝甚至整树叶片食光。在高温干旱年份，1年可将叶片吃光两三次，造成树木上部枯死，从主干中下部萌芽，给树木生长造成严重损害。

[识别特征] ①成虫：体和翅黄褐色，翅面散布许多褐点。前翅内横线褐色，弧形，中、外横线波状，中部有黑褐色圆形大斑1个，外缘黑色条斑1列，前缘各横线端均有褐色大斑。后翅外横线波状。第1～2腹节背各有1对横列毛束。雄蛾体色和斑纹较雌蛾色深明显（图2-58a）。②卵：椭圆形，青绿色，近孵化时褐色、堆积成块，上覆灰白色绒毛。③幼虫：初龄幼虫灰绿色，胸部背面第1、2节之间有明显的2块褐斑、腹部第2～4节背面颜色较深、形成1个长块状的灰褐色斑块，第8节背面有2个肉瘤，气门下线为断续不清的灰褐色纵带。老熟幼虫体长约35mm，体色变化大（图2-58b）。④蛹：暗红褐色，纺锤形。

**图2-58 刺槐外斑尺蠖**

a. 成虫；b. 幼虫

［生活习性］ 河南1年发生4代，以蛹在表土中越冬。翌年4月上旬开始羽化，交尾产卵，卵期15天，幼虫期25天左右，5月上旬开始入土化蛹，5月中旬第1代成虫羽化，成虫寿命5天左右。7月上中旬出现第2代成虫。8月中下旬出现第3代成虫，最后1代幼虫为害至9月中旬，老熟后入土化蛹越冬。卵产于树干基部2m以下粗皮缝内，堆积成块状，覆灰色绒毛。初孵幼虫沿树干、枝条向叶片迁移，啃食叶肉，残留表皮。随龄期增长蚕食量大，被害叶片呈缺刻或孔状，幼虫遇惊则吐丝下垂随风转移，为害时吐丝拉网连缀枝叶呈网幕状。成虫有趋光性。

**52. 桑枝尺蠖** *Phthonandria atrilineata* (Butler, 1881)，又名桑尺蛾、桑树桑尺蠖、桑造桥虫、剥芽虫，属鳞翅目尺蛾科。

［分布与为害］ 分布于吉林、辽宁、河北、山东、江苏、安徽、浙江、广东、广西、湖南、湖北、四川、云南、贵州等地。为害桑树，幼虫于早春取食桑芽，常把内部吃空，仅留苞叶，春季幼虫蛀食新芽，后幼虫咬食叶片成缺刻，严重的仅留叶脉，造成树势衰弱。

［识别特征］ ①成虫：体、翅皆灰褐色。头小，灰白色。复眼圆形，黑色。触角暗褐色。前翅灰色，外缘呈不规则齿状，缘毛灰褐色，翅面散有不规则的深褐色短横纹，中央具2条不规则的波形黑色横纹，两横纹间及其附近色泽较深。后翅近三角形，外缘波状，缘毛灰黑色，有1条黑横纹与外缘平行，线外比线内色深，翅面亦散生黑色短纹。雌蛾触角狭长，羽状（图2-59a）。②卵：长约0.8mm，扁平椭圆形，浅绿色。③幼虫：初孵幼虫淡绿色，逐渐变褐色，与桑枝皮相似，是很好的保护色。各节后缘稍隆起，第1及第5腹节背面近后缘处各有一长形突起，背面散布黑色小点。气门9对，周围黑色，中央赤黄，第6～9腹节各生腹足1对。末龄幼虫体长约52mm，体圆筒形，从头至尾逐渐粗大。头扁平，灰褐色（图2-59b）。④蛹：长约19mm，圆筒形，紫褐色，具光泽。

**图2-59 桑枝尺蠖**

a. 成虫；b. 幼虫

[生活习性] 山东以北1年发生3代，贵州3～4代，安徽、江苏、浙江4代，以3～4龄幼虫在桑树枝干隙缝或枝下越冬。翌春冬芽转青时（3～4月）开始活动，为害桑芽和嫩叶。各代幼虫活动为害期一般在5月下旬至6月上旬、7月中下旬、8月中下旬及9月下旬至10月上旬。第4代幼虫于10月底至11月气温降至16℃以下时，3～4龄幼虫开始越冬。成虫有趋光性，喜欢将卵产在枝条顶端嫩叶背面。初孵幼虫在叶背屈曲行走，静止时直立叶上。幼虫共5龄，老熟后在近主干土表化蛹。该虫发生与气温有关：冬季气温高，则春季发生早；5月以后雨日多，降雨强度不大，气温偏高，亦利于该虫发生。

**53. 女贞尺蛾** *Naxa seriaria* (Motschulsky, 1866)，属鳞翅目尺蛾科。

[分布与为害] 分布于黑龙江、吉林、辽宁、陕西、北京、河北、山东、江苏、浙江、湖南、四川、贵州等地。为害桂花、丁香、大叶女贞、茶、水蜡、水曲柳等植物。幼虫群集吐丝结网取食叶片，常在短期内将叶片吃光。严重时结成大网、网罩全树，使树体死亡。

图2-60　女贞尺蛾成虫

[识别特征] ①成虫：翅展34～46mm。体、翅白色，具丝质光泽。前翅前缘近基部约1/3黑色，前、后翅具黑点，内线3个，中室端1个，亚缘线8个，缘线7个（图2-60）。②卵：卵圆形，长约0.5mm，初产淡黄色，渐变为锈红色，具珍珠光泽。③幼虫：长20mm左右，头黑色，蜕裂线淡黄褐色；体土黄色，具许多不规则黑斑，第1～5腹节斑点较大。④蛹：体长约18mm，浅黄色，具许多黑斑。

[生活习性] 东北地区1年发生1代，以7龄幼虫在地面雪层下越冬。翌年5月中旬开始活动，6月上中旬化蛹，6月下旬至7月上旬羽化并产卵，9月下旬开始越冬。幼虫期长达300天左右，卵期11～12天。在江苏、浙江、贵州、四川等地区1年发生2代，以小幼虫在枝条上越冬。翌年4月上旬幼虫开始活动、结网、取食。5月中旬幼虫老熟在丝网上化蛹。5月下旬至6月上旬成虫羽化、交尾、产卵。7月上旬至8月底第1代幼虫为害。以8月上中旬为盛期，8月中下旬化蛹。9月上旬第2代幼虫孵化，10月逐渐进入越冬状态。成虫昼伏夜出，有趋光性。成虫羽化不久即交尾产卵，卵多产于丝网上，常几十粒至上百粒连接成串。每雌产卵150～400粒。幼虫在树冠上吐丝拉网，当网内叶片被食光后开始转移，转移后先结网后取食。幼虫受惊动即吐丝下垂。幼虫共8龄。后龄幼虫食量很大，常将吃片吃光，老熟后便悬在丝网上化蛹。

**54. 黑条眼尺蛾** *Problepsis diazoma* (Prout, 1938)，属鳞翅目尺蛾科。

[分布与为害] 分布于江苏、上海、安徽、浙江、江西、广东、海南、湖南、湖北等地。为害女贞等植物。以幼虫食叶成缺刻或孔洞，严重时食光叶片。

[识别特征] 成虫：翅展32～41mm。体、翅白色。前翅中室有圆形斑，斑内下部有2个黑色条斑，后翅中室有1个椭圆形斑，翅的外缘有1个由银灰色斑块组成的宽条带（图2-61）。

图2-61　黑条眼尺蛾成虫

［生活习性］　不详。

**55. 小埃尺蛾**　*Ectropis obliqua* Warren, 1894，属鳞翅目尺蛾科。

［分布与为害］　分布于华北地区，为害杨、柳。该虫主要以幼虫蚕食叶片，造成叶片穿孔和缺刻。发生严重时，叶片被食仅留叶脉。

［识别特征］　①成虫：体灰色。前翅有与外缘相平行的波状横脉3条，中室外侧有黑斑1块。后翅横脉2条。②幼虫：老龄体淡褐色，胸小于腹，背中线黑色；腹亚背线双条黑线，第4～6腹节背有纵黑纹，第8腹节亚背线呈倒"八"字形，背中有突瘤1对（图2-62）。

［生活习性］　北京1年发生2代，以蛹在土中或杂草丛中越冬。全年6～7月受害最重。成虫产卵于枝杈及叶背处。

图2-62　小埃尺蛾幼虫

**56. 雪尾尺蛾**　*Ourapteryx nivea* Butler, 1883，属鳞翅目尺蛾科。

图2-63　雪尾尺蛾成虫

［分布与为害］　分布于内蒙古、陕西、青海、甘肃、北京、河北、山东、浙江、湖南、四川、重庆等地。以幼虫为害栓皮栎、冬青、朴树、落新妇等植物的叶片。

［识别特征］　成虫：雌蛾翅展约31mm，雄蛾翅展25～27mm。体白色。额橙褐色。腹部稍黄。翅白色，具丝样光泽，散布黄灰色横短细纹，外缘灰黑色，外缘缘毛橙黄色，内缘缘毛白色。前翅内线和外线均黄灰色、较细，直而向外斜伸，中室端有1黄灰色的短直纹。后翅有1条斜伸的黄灰色直线，不达前缘和外缘。雌、雄触角均为线状（图2-63）。

［生活习性］　河北1年发生1代，以幼虫越冬。翌年4～5月为蛹期，成虫6月出现。

**57. 紫条尺蛾**　*Timandra recompta* (Prout, 1930)，属鳞翅目尺蛾科。

［分布与为害］　分布于黑龙江、北京、河北、河南、山东、湖北、湖南等地。幼虫取食紫菀、萹蓄等植物。

［识别特征］　成虫：翅展20～25mm。浅褐色。前翅和后翅中部的斜线、缘线及缘毛紫红色。雌蛾触角线状，雄蛾触角羽状（图2-64）。

［生活习性］　北方地区7～8月灯下可见成虫。

**58. 焦边尺蛾**　*Bizia aexaria* Walker, 1860，属鳞翅目尺蛾科。

［分布与为害］　分布于全国各地（除新疆、青海外）。幼虫为害桑树叶片。

［识别特征］　成虫：翅展19～34mm。头深褐色，胸、腹和翅黄白色。前翅前缘散布小褐点，前缘具3个较大深褐斑，有时近顶角处的斑较小，外缘具褐色焦边，其内侧具1列小褐点，中室端具1不明显的灰褐斑。后翅外缘顶部具褐色焦边（图2-65）。

图2-64　紫条尺蛾成虫

［生活习性］　成虫具趋光性，北方地区7月灯下可见。

图2-65 焦边尺蛾成虫

规则的黄褐色波状横纹，翅外缘波浪状，具黄褐色缘毛。足黄白色。腹部末端具黄色绒毛。雄蛾体长19～23mm，翅展50～61mm。触角羽毛状，黄褐色，雌蛾（图2-66）。②卵：长0.7～0.8mm，椭圆形，蓝绿色，孵化前变黑色。常数百至千余粒聚集成堆，上覆黄色绒毛。③幼虫：末龄幼虫体长56～65mm。初孵幼虫长约2mm，灰褐色，背线、气门线白色。体色随环境变化，有深褐、灰绿、青绿色。头密布棕色颗粒状小点，头顶中央凹陷，两侧具角状突起。前胸背面生突起2个，腹面灰绿色。腹部第8节背面微突，胸腹部各节均具颗粒状小点，气门紫红色。④蛹：长19～27mm，圆锥形。头顶有1对黑褐色小突起，翅芽达第四腹节后缘。臀棘明显，基部膨大，凹凸不平，端部针状。

### 59. 油桐尺蛾 *Buzura suppressaria* Guenée, 1858，又名大尺蠖、桉尺蠖、量步虫，属鳞翅目尺蛾科。

[分布与为害] 分布于江苏、安徽、浙江、江西、福建、广东、广西、湖南、湖北、四川、贵州等地。为害桉树、相思树、油桐、油茶、紫荆、乌桕、扁柏、松、杉木、柿、板栗等植物。以幼虫食叶成缺刻或孔洞，严重时把叶片吃光，致上部枝梢枯死。

[识别特征] ①成虫：雌蛾体长24～25mm，翅展67～76mm。触角丝状。体翅灰白色，密布灰黑色小点。翅基线、中横线和亚外缘线系不

图2-66 油桐尺蛾成虫

规则的黄褐色波状横纹，翅外缘波浪状，具黄褐色缘毛。足黄白色。腹部末端具黄色绒毛。雄蛾体长19～23mm，翅展50～61mm。触角羽毛状，黄褐色，翅基线、亚外缘线灰黑色，腹末尖细，其他特征同雌蛾

[生活习性] 河南、安徽、湖南1年发生2代，广东3～4代，以蛹在土中越冬。翌年4月初开始羽化。第1代幼虫在5～6月发生，6月下旬化蛹，7月羽化；第2代幼虫于7月中旬至9月上旬发生，8月下旬至9月上旬化蛹越冬。成虫趋光性弱。卵产于树皮缝里或叶片背部，用尾端黄毛将卵覆盖，每雌蛾产卵800～1500粒，最多可产2000粒。有时发现卵产于黄刺蛾的空茧内。幼虫孵出后到处乱爬，吐丝下垂，随风转移。初龄幼虫啃食叶肉，虫体渐大后，食量随之增加，叶片被食仅留叶脉，虫口密度大时能将整片林带的叶片食光。

### 60. 三角璃尺蛾 *Krananda latimarginaria* (Leech, 1891)，又名樟三角尺蛾，属鳞翅目尺蛾科。

[分布与为害] 分布于上海、江苏、浙江、江西、湖北、四川、云南等地。为害香樟。

[识别特征] ①成虫：翅展19～22mm。体色灰黄。前、后翅各有1条斜纹，由翅后缘向外伸出，形成三角形的一边。前翅顶角有1个卵形浅斑，中室下方从内横线至斜线间有1个粉色三角斑。后翅斜线内侧粉褐色，外侧褐黄，顶角凹缺（图2-67）。②卵：圆形且光滑。初产时乳白色，近孵化时为褐色。③幼虫：老熟时体长65～73mm。黄褐色，体上布有小黑点。第1腹节两侧各有1个三角形黑褐色纹。栖息时，斜立如枝杈状。④蛹：体长25～28mm，灰褐色。臀棘叉状，短而粗。

[生活习性] 上海1年发生4～5代，有世代重叠现象，以蛹在表土层中越冬。翌年3月下旬开始陆续羽化，白天静伏于树荫处，夜间活动，全夜扑灯。4月中旬产卵，卵散产于香樟叶背或嫩茎上。初孵幼虫

图2-67 三角璃尺蛾成虫

取食叶肉，3龄后食全叶，老熟幼虫具有明显的假死性，老熟后吐丝坠落地面，钻入土中化蛹。通常情况下，早春温度较高有利于发生和为害。越冬代成虫3月下旬羽化，第1代成虫5月上旬羽化，第2代成虫6月下旬羽化，第3代成虫8月羽化，第4代成虫9月上旬羽化，10月上中旬越冬。

**61. 虎纹拟长翅尺蛾贵州亚种** *Epobeidia tigrata leopardaria* (Oberthür, 1881)，又名择长翅尺蛾，属鳞翅目尺蛾科。

［分布与为害］ 分布于辽宁、内蒙古、宁夏、甘肃、河北、湖南、湖北、四川、贵州等地。以幼虫为害马醉木及卫矛科植物的叶片。

［识别特征］ 成虫：翅展56～63mm。体黄色，具黑褐色斑。前翅黄色，具黑褐色斑，内、外线各为1列大斑，翅基和外线外侧散布小斑，缘线为1列黑斑。后翅基半部白色，前缘和外缘黄色，斑点同前翅，无内线。翅狭长，外缘直（图2-68）。

［生活习性］ 1年发生2代，以蛹越冬。成虫7～8月出现，喜访花，吸食花蜜，具趋光性。

图2-68 虎纹拟长翅尺蛾贵州亚种成虫

**62. 拟柿星尺蛾** *Antipercnia albinigrata* (Warren, 1896)，属鳞翅目尺蛾科。

图2-69 拟柿星尺蛾成虫

［分布与为害］ 分布于山西、甘肃、河南、江苏、安徽、江西、福建、台湾、广西、湖南、湖北、四川、贵州等地。为害柿、核桃等植物。

［识别特征］ 成虫：雄蛾翅展24～27mm，雌蛾翅展25～29mm。翅面白色，前翅前缘浅灰色，斑纹黑色。前翅基部具2个斑点；内线和中线弧形，由4个斑点组成；中点大于其他斑点，圆形；外线近"S"形，由1列斑点组成；亚缘线和缘线的2列斑点整齐，二者距离较远，亚缘线与外线的距离近。后翅中点较前翅小；中线仅可见2个斑点；其余斑纹与前翅相似（图2-69）。

［生活习性］ 安徽1年发生2代，以蛹越冬。

**63. 榆津尺蛾** *Astegania honesta* (Prout, 1908)，属鳞翅目尺蛾科。

［分布与为害］ 分布于宁夏、内蒙古、河北、北京、天津、山东等地。为害榆树叶片，造成缺刻、孔洞或将叶片食光。

［识别特征］ 成虫：翅展24～29mm。体背及翅黄褐色、淡褐色或橙灰色。前翅前缘具2个明显黑斑；中线和外线浅黄褐色，外线先斜伸向外，后折向内侧。后翅仅具1条不明显的中横线。雌性触角线状，雄性触角双栉状（图2-70）。

［生活习性］ 北京4～8月灯下可见成虫。

**64. 萝藦艳青尺蛾** *Agathia carissima* Butler, 1878，属鳞翅目尺蛾科。

［分布与为害］ 分布于黑龙江、吉林、辽宁、内蒙古、甘肃、陕西、山西、河北、山东、江苏、浙江、四川等地，以幼虫为害萝藦、隔山消等植物叶片。

［识别特征］ 成虫：翅展27～34mm。体黄褐色具翠绿色斑纹。翅翠绿色，前翅基部褐色，前缘灰白

图2-70 榆津尺蛾成虫

色，中线灰褐色，外缘约1/4紫褐色，顶角处具翠绿色斑。后翅外缘亦为紫褐色宽带，散有小绿斑，中部具小尾突（图2-71）。

[生活习性] 北方地区5～8月可见成虫，有趋光性。

类似的青尺蛾还有暗无缰青尺蛾 *Hemistola fuscimargo* Prout, 1916（图2-72），其分布于我国西南地区，翅蓝绿色，内线白色波状，前翅外缘略有凸出，后翅外缘和顶角凸出。

图2-71 萝藦艳青尺蛾成虫

图2-72 暗无缰青尺蛾成虫

发生在园林植物上的尺蛾类害虫还有小丸尺蛾 *Plutodes philornis* Prout, 1926，属鳞翅目尺蛾科。分布于江西、广东、广西、四川、贵州、云南等地。成虫雌蛾翅展14～16mm，雄蛾翅展13～15mm。头顶、颈片及胸部前端淡黄色。胸部与腹部背面灰褐色，腹面淡黄色。翅黄色。前翅基部后缘具1个半圆形、黄褐色的斑点，斑点弧形、边界具较宽的黑线，且黑线上附有银色鳞片；前翅端部具1个中等大小、灰褐色的近圆形斑点，斑点的外缘由2条黑线包围，且2条黑线中间为银色鳞片；斑点的内部具1条弧形深褐色竖线，且弧形竖线在中间向外凸出；缘线与缘毛均为黄色。后翅基部具1较小的灰褐色三角形斑纹，斑纹沿着后翅后缘呈带状延伸，斑纹外边缘具1条黑线，且黑线内侧具银色鳞片；后翅端部具与前翅相同但斑点较小，且斑点内部弧线的突起不如前翅明显；缘线、缘毛与前翅相同（图2-73）。

图2-73 小丸尺蛾成虫

[尺蛾类的防治措施]

（1）人工除治 结合肥水管理，人工挖除虫蛹。

（2）物理防治 利用频振灯诱杀成虫。

（3）生物防治 保护和利用天敌，例如，凹眼姬蜂、细黄胡蜂、赤眼蜂、泛光红蝽（图2-74）、两点广腹螳螂等。成片国槐林或公园内可释放赤眼蜂，其寄生率为40%～77%。

（4）化学防治 幼虫期喷施5%定虫隆乳油1000～2000倍液、2.5%溴氰菊酯乳油4000倍液、25%灭幼脲Ⅲ号悬浮剂1500倍液、5%甲维盐水分散粒剂3000～5000倍液、24%氰氟虫腙悬浮剂600～800倍液、10%溴氰虫酰胺可分散油悬乳剂1500～2000倍液、10.5%三氟甲吡醚乳油3000～4000倍液、20%甲维·茚虫威悬浮剂2000倍液等。

图2-74 泛光红蝽成虫

### 六、夜蛾、瘤蛾类

夜蛾类属鳞翅目夜蛾科，种类较多。体三角形，粗壮，一般暗灰褐色，密生鳞毛。傍晚及夜间飞行。有趋光性。在园林植物上普遍发生，食叶种类主要有斜纹夜蛾、甜菜夜蛾、淡剑袭夜蛾、草地贪夜蛾、瓦矛夜蛾、东方黏虫、劳氏黏虫、银纹夜蛾、白条银纹夜蛾、银锭夜蛾、臭椿皮蛾、变色夜蛾、甘蓝夜蛾、梨剑纹夜蛾、桃剑纹夜蛾、榆剑纹夜蛾、果剑纹夜蛾、桑剑纹夜蛾、超桥夜蛾、枯叶夜蛾、庸肖毛翅夜蛾、鸟嘴壶夜蛾、旋目夜蛾、陌夜蛾、蚀夜蛾、谐夜蛾、人心果阿夜蛾、客来夜蛾、兀鲁夜蛾、褐纹鲁夜蛾、大三角鲁夜蛾、旋幽夜蛾、齿美冬夜蛾、秘夜蛾、宽胫夜蛾、云纹夜蛾、齿斑畸夜蛾、三斑蕊夜蛾、三角夜蛾、目夜蛾、石榴巾夜蛾、玫瑰巾夜蛾、霉巾夜蛾、乏夜蛾、胡桃豹夜蛾、亚皮夜蛾等。因棉铃虫、烟实夜蛾以钻蛀为主，较少为害叶片，故将其归在本章第三节"十、其他蛀花、蛀果类害虫"。

瘤蛾类属鳞翅目瘤蛾科，小型，颜色暗。无单眼。前翅中室基部及端部有竖鳞，翅缰钩棒状。幼虫4对足。茧呈船形。在园林植物上常见的有胡桃豹夜蛾、亚皮夜蛾等。

**65. 斜纹夜蛾** *Spodoptera litura* (Fabricius, 1775)，又名斜纹贪夜蛾、莲纹夜蛾、斜纹夜盗蛾、乌头虫、花头虫、黑头虫，属鳞翅目夜蛾科。

［分布与为害］ 分布于东北、华北、华中、华西、西南等地，尤以长江流域和黄河流域各省受害严重，有的地区呈间歇性大发生。该虫食性杂，可为害菊花、康乃馨、绣球、牡丹、月季、木芙蓉、扶桑、莲、睡莲（图2-75a）、狐尾藻（图2-75b）等290余种植物，以幼虫取食叶片、花蕾及花瓣。近年来为害三叶草（图2-75c～e）特别严重。

**图2-75 斜纹夜蛾为害状**

a. 为害睡莲状；b. 为害狐尾藻状；c～e. 为害三叶草状

[识别特征] ①成虫：体长14～20mm。胸腹部深褐色，胸部背面有白色毛丛。前翅黄褐色，多斑纹，内、外横线间从前缘伸向后缘有3条白色斜线，故名斜纹夜蛾（图2-76a、b）。后翅白色。②卵：半球形，卵壳上有网状花纹，卵为块状（图2-76c）。③幼虫：一般为6龄，发生密度小时颜色浅（图2-76d），反之则颜色深（图2-76e）。老熟幼虫体长38～51mm，头部淡褐色至黑褐色，胸腹部颜色多变。一般为黑褐色至暗绿色，背线及亚背线灰黄色，在亚背线上，每节有1对黑褐色半月形的斑纹。

[生活习性] 华中、华东一带1年发生5～7代，以蛹在土中越冬。翌年3月羽化，成虫对糖、酒、醋等发酵物有很强的趋性。卵产于叶背。初孵幼虫有群集习性（图2-76f），2～3龄时分散为害，4龄后进入暴食期。幼虫有假死性，3龄以后表现更为显著。幼虫白天栖居阴暗处，傍晚出来取食，老熟后即入土化蛹。世代重叠明显，每年7～10月为盛发期。间歇性大发生，发育适温28～30℃，不耐低温，长时间在0℃以下基本不能存活。当食料不足或不当时，幼虫可成群迁移至附近地块为害，故又有"行军虫"的俗称。

图2-76 斜纹夜蛾

a、b. 成虫；c. 卵块；d. 幼虫（密度小时）；e. 幼虫（密度大时）；f. 初孵幼虫群集

**66. 甜菜夜蛾** *Spodoptera exigua* (Hübner, 1808)，又名贪夜蛾、白菜褐夜蛾、玉米叶夜蛾，属鳞翅目夜蛾科。

[分布与为害] 分布于全国各地。为害十字花科、茄科、豆科、菊科、伞形花科、百合科、蔷薇科植物。初孵幼虫常群集在原卵块附近，吐丝拉网，在其内取食叶肉，仅留上表皮，3龄后食成孔洞或缺刻，严重时仅留叶脉和叶柄，对幼苗则可整株咬食。

[识别特征] ①成虫：体长8～14mm，翅展19～30mm。体灰褐色。前翅灰褐色，肾形纹和环形纹灰黄色，中央褐色，边缘黑色，内、外横线黑白两色双线波浪形，外缘有1列小黑点。后翅银白色半透明，外缘呈灰褐色。②卵：馒头形，初产时白色，渐变黄绿色，孵化前褐色。③幼虫：老熟时体长22～30mm。体色多变，有绿色、黄绿色、黄褐色、褐色和黑色等。气门下线为明显的黄白色纵带，有时带粉红色。纵带末端直达腹末，不弯到臀足上。每体节的气门后上方有1明显的白点（图2-77）。④蛹：长10mm左右，黄褐色。中胸气门深褐色，显著外突。腹部3～7节背面和5～7节腹面有粗刻点。

图 2-77 甜菜夜蛾幼虫

［生活习性］ 华北 1 年发生 4～5 代，以蛹在土中越冬；在广东冬天继续繁殖为害，无明显的越冬现象。成虫白天躲于土块、土缝、杂草丛中及枯枝落叶下，夜间活动，气温 20～23℃、相对湿度 50%～75%、4 级风以下、无月光时最适宜活动。趋光性强，对糖醋液有趋性。成虫产卵于寄主叶背，为单层或双层卵块，上覆绒毛。幼虫 1～3 龄多群集叶背，吐丝结网，在内取食，危害不大；4 龄后白天潜伏在植物基部或表土层内，下午 6 时开始向植株上部迁移，清晨 4 时向下迁移，食量大、危害重。密度大而缺乏食料时，可成群迁移和互相残杀。有假死性。幼虫老熟后在 0.2～2.0cm 深的土层中化蛹。该虫各虫态抗高温的能力较强。

**67. 淡剑袭夜蛾** *Spodoptera depravata* (Butler, 1879)，又名淡剑贪夜蛾、淡剑夜蛾、小灰夜蛾，属鳞翅目夜蛾科。

［分布与为害］ 分布于吉林、辽宁、陕西、河北、山东、江苏、安徽、上海、浙江、江西、湖北、广西等地。主要为害草地早熟禾、高羊茅、黑麦草等禾本科冷季型草坪，是草坪的主要害虫之一。

［识别特征］ ①成虫：体长 11～14mm，翅展 24～28mm。体淡灰色。前翅灰褐色，翅面具 1 块近梯形的暗褐色区域。后翅淡灰褐色（图 2-78a）。②卵：半球形，长 0.3～0.5mm，初产时淡绿色，后逐渐变为灰褐色。③幼虫：老熟幼虫体圆筒形，体长约 15mm，绿色。头部椭圆形，浅褐色，沿蜕裂线具黑色"八"字纹（图 2-78b、c）。④蛹：长约 13mm，初为绿色，后变为红褐色（图 2-78d）。

图 2-78 淡剑袭夜蛾
a. 成虫；b、c. 幼虫；d. 蛹

［生活习性］ 1 年发生 4 代左右，世代重叠，以老熟幼虫或蛹在浅土层中越冬。翌年 4 月成虫羽化，卵产于寄主叶片背面，卵块条形，覆盖有灰黄色绒毛。初孵幼虫群集为害，2 龄后分散为害。幼虫白天潜伏，晚上取食叶片和根茎，造成斑秃，严重时造成整片草坪枯死。7～9 月是为害高峰期，10 月下旬后陆续越冬。

**68.** **草地贪夜蛾** *Spodoptera frugiperda* Smith & Abbot, 1797，又名草地夜蛾、秋行军虫、秋黏虫、伪黏虫，属鳞翅目夜蛾科。

[分布与为害] 该虫属外来有害生物，2019年入侵我国，目前已在广东、海南、福建、湖南、贵州、四川、浙江、江西、安徽、江苏等多地发现，且正由南向北逐渐蔓延。其分为玉米品系和水稻品系两种生物型，目前入侵亚洲（包括我国）的草地贪夜蛾为玉米品系。以为害玉米、高粱、甘蔗、谷子等作物为主，也为害山核桃、桃、柠檬、橙、芭蕉、葡萄、香石竹、鸡蛋花、大丽花、金莲花、三叶草、早熟禾、剪股颖等园林植物。

[识别特征] ①成虫：雌蛾前翅环形纹及肾形纹灰褐色，轮廓线为黄褐色，各横线明显，后翅白色，

图2-79 草地贪夜蛾幼虫

外缘有灰色条带；雄蛾前翅环形纹黄褐色，顶角白色块斑，翅基有1黑色斑纹，后翅白色，后缘有1灰色条带。②卵：呈圆顶状半球形，直径约0.4mm，高约0.3mm，初产时为浅绿或白色，孵化前渐变为棕色。③幼虫：共有6个龄期。体色和体长随龄期而变化，低龄幼虫体色呈绿色或黄色，体长6～9mm，头呈黑或橙色。高龄幼虫多呈棕色，也有呈黑色或绿色的个体存在，体长30～36mm，头部呈黑、棕或橙色，具白色或黄色倒"Y"形斑。幼虫体表有许多纵行条纹，背中线黄色，背中线两侧各有1条黄色纵条纹，条纹外侧依次是黑色、黄色纵条纹。其最明显的特征为腹部末节有呈正方形排列的4个黑斑（图2-79）。④蛹：长14～18mm，宽约4.5mm，红棕色，有光泽。

[生活习性] 每年发生世代数随地区而异。成虫可进行长距离飞行，在零度以下的地区不能越冬。成虫为夜行性，在温暖、潮湿的夜晚较为活跃。卵块多产在叶片正面，卵块上多覆盖有黄色鳞毛，每雌可产约10个卵块，每个卵块100～200粒卵，最高可产2000粒。

**69.** **瓦矛夜蛾** *Spaelotis valida* (Walker, 1865)，属鳞翅目夜蛾科。

[分布与为害] 该虫是近年来新发现的一种害虫，最早发现于山东、河北等省的部分地区，有在黄淮海地区发展蔓延的趋势。在园林植物中主要为害三叶草。

[识别特征] ①成虫：翅展33～46mm。头部棕褐色。胸部黑褐色，领片棕褐色，肩片黑褐色。腹部暗褐色。前翅灰褐色至黑褐色，翅基片黄褐色；基线双线黑色波浪形，伸至中室下缘；中室下缘自基线至内横线间具1黑色纵纹；内横线与外横线均为双线黑色波浪形；中室内环形纹与中室末端肾形纹均为灰色具黑边，环形纹略扁圆，前端开放；亚外缘线土黄色，波浪形。后翅黄白色，外缘暗褐色。足胫节与跗节均具小刺，胫节外侧具2列，跗节具3列。②幼虫：体长30～50mm，体为棕黄色，背部每体节有1个黑色的倒"八"字纹（图2-80）。该虫有假死性现象，受惊扰呈"C"形。③蛹：被蛹，纺锤形，体长20mm左

图2-80 瓦矛夜蛾幼虫

右，蛹期 23～26 天。化蛹初为白色，逐渐加深至黄褐色、红褐色，羽化前变黑。身体末端生殖孔、排泄孔清晰可见，有两根尾棘。雄蛹的生殖孔在第 9 腹节形成瘤状突起，排泄孔位于第 10 腹节；雌蛹的生殖孔位于第 8 腹节，不明显，且周围平滑，排泄孔位于第 10 腹节，第 10 腹节与第 9 腹节边缘向前延伸在第 8 腹节形成一个倒 "Y" 形结构。

［生活习性］　幼虫昼伏夜出，白天躲藏在土下 0.5～3.0cm 处，夜间出土觅食。如遇浇水则爬到植株上部。

**70. 东方黏虫**　*Mythimna separata* (Walker, 1865)，又名黏虫、剃枝虫、行军虫、五彩虫，属鳞翅目夜蛾科。

［分布与为害］　在我国分布极广（除新疆、西藏外）。暴食性害虫，大量发生时常把叶片吃光。近年来对草坪禾草的危害日趋严重。

［识别特征］　①成虫：体长 15～17mm。体灰褐色至暗褐色。前翅灰褐色或黄褐色，环形纹与肾形纹均为黄色，在肾形纹下方有 1 个小白点，其两侧各有 1 个小黑点；后翅基部淡褐色并向端部逐渐加深（图 2-81a、b）。②卵：馒头形，长约 0.5mm。③幼虫：老熟幼虫体长约 38mm，圆筒形，体色多变，黄褐色至黑褐色，头部淡黄褐色，有 "八" 字形黑褐色纹，胸腹部背面有 5 条白、灰、红、褐色的纵纹（图 2-81c、d）。④蛹：红褐色，长 19～23mm。

**图 2-81　东方黏虫**
a、b. 成虫；c. 幼虫（浅色型）；d. 幼虫（深色型）

［生活习性］　1 年发生多代，从东北的 2～3 代至华南的 7～8 代，并有随季风进行长距离南北迁飞的习性。成虫昼伏夜出，有较强的趋化性和趋光性。幼虫共 6 龄，1～2 龄幼虫白天潜藏在植物心叶及叶鞘中，高龄幼虫白天潜伏于表土层或植物茎基处，夜间出来取食植物叶片。幼虫有假死性，1～2 龄幼虫受惊后吐丝下垂，悬于半空，随风飘散，3～4 龄幼虫受惊后立即落地，身体蜷曲不动，安静后再爬上作物或就近转入土中。虫口密度大时可群集迁移为害。喜欢较凉爽、潮湿、郁闭的环境，高温干旱对其不利。1～2 龄幼虫只啃食叶肉，呈现半透明的小斑点，3～4 龄时把叶片咬成缺刻，5～6 龄的暴食期可把叶片吃光，虫口密度大时能把整块草坪吃光。

**71. 劳氏黏虫**　*Mythimna loreyi* (Duponchel, 1827)，又名好蚼、天马、剃枝虫，属鳞翅目夜蛾科。

［分布与为害］　分布于山东、河南、江苏、浙江、江西、福建、广东、湖南、湖北、四川等地。以幼虫为害禾本科草坪草的叶片，1～2 龄幼虫仅食叶肉，形成小圆孔，3 龄后形成缺刻，5～6 龄达暴食期，严重时将叶片吃光。

［识别特征］　①成虫：体长 14～17mm，翅展 30～36mm，灰褐色，前翅从基部中央到翅长约 2/3 处有

一暗黑色带状纹，中室下角有一明显的小白斑。肾形纹及环形纹均不明显。腹部腹面两侧各有1条纵行黑褐色带状纹（图2-82a）。②卵：馒头形，直径0.6mm左右，淡黄白色，表面具不规则的网状纹。③幼虫：幼虫一般6龄，体长17～27mm，体色变化较大，一般为绿至黄褐色，体具黑白褐等色的纵线5条。头部黄褐至棕褐色，气门筛淡黄褐色，周围黑色（图2-82b、c）。④蛹：尾端有1对向外弯曲叉开的毛刺，其两侧各有一细小弯曲的小刺，小刺基部不明显膨大。

图2-82 劳氏黏虫

a. 成虫；b. 高龄幼虫；c. 老熟幼虫

［生活习性］ 广东1年发生6～7代，福建、江西等地1年发生4～5代。成虫对酸甜物质的趋性很强，羽化后的成虫必须在补充营养和适宜的温湿度条件下才能正常交配、产卵。喜在叶鞘内面、叶面上产卵，并分泌黏液，将叶片与卵粒黏卷。雌蛾产卵量受环境条件影响很大，一般可产几十粒至几百粒，多者可产千粒左右。幼虫共6龄，有假死性。白天潜伏在草丛中，晚上活动为害，老熟幼虫常在草丛中、土块下等处化蛹。

**72. 银纹夜蛾** *Ctenoplusia agnata* (Staudinger, 1892)，又名黑点银纹夜蛾、豆银纹夜蛾、菜步曲、豆尺蠖，属鳞翅目夜蛾科。

［分布与为害］ 分布于全国各地。为害菊花、大丽花、一串红、香石竹等植物。

［识别特征］ ①成虫：体长15～17mm。体灰褐色，胸部有2束毛耸立。前翅深褐色，其上有2条银色波状横线。后翅暗褐色，有金属光泽（图2-83a、b）。②卵：半球形，长约0.5mm，白色至淡黄绿色，表面具网纹。③幼虫：老熟幼虫体长25～32mm，青绿色。腹部第5、6及10节上各有1对腹足，爬行时体背拱曲。背面有6条白色的细小纵线（图2-83c）。④蛹：长18～20mm，体较瘦，前期腹面绿色，后期全体黑褐色，腹部第1、2节气门孔明显凸出，尾棘1对，具薄茧。

［生活习性］ 1年发生2～8代，发生代数因地而异。东北及河北、山东1年发生2～5代，上海、杭州、合肥4代，以老熟幼虫或蛹越冬。北京1年发生3代，5～6月出现成虫，成虫昼伏夜出，有趋光性，

图2-83 银纹夜蛾

a、b. 成虫；c. 老熟幼虫

产卵于叶背。初孵幼虫群集叶背取食叶肉，能吐丝下垂，3龄后分散为害，幼虫有假死性。10月初幼虫入土化蛹越冬。

**73. 白条银纹夜蛾** *Ctenoplusia albostriata* (Bremer & Grey, 1853)，又名白条夜蛾，属鳞翅目夜蛾科。

［分布与为害］ 分布于黑龙江、陕西、河北、山东、江苏、安徽、福建、台湾、广东、湖北、湖南等地。幼虫取食菊科植物。

［识别特征］ 成虫：翅展33～36mm。胸腹部具高耸的毛丛，尤以胸部显著，背面呈"V"形；前翅中部具1黄白色斜条（图2-84），偶颜色较深而不明显，肾形纹黑边，细，亚端线黑色，锯齿形。

［生活习性］ 成虫昼伏夜出，有趋光性，在叶片背面产卵，卵散产。初龄幼虫可以通过爬行向上转移，需要向下部转移时，则吐丝悬挂迁移至新鲜的叶片上。大龄幼虫活动能力较初龄幼虫强，仅通过爬行转移，这可能与其体重增加、丝无法负重有关。初龄幼虫在叶背取食寄主嫩叶叶肉，残留叶片上表皮，2龄后为害中部及以下叶片成大面积孔洞，甚至只留下主脉基部和茎秆。大龄幼虫则取食任意部位的叶片，偶见取食顶部鲜嫩茎秆，白天藏匿于叶背面。幼虫老熟后喜在下部老叶背吐丝结茧。

**图2-84 白条银纹夜蛾成虫**

**74. 银锭夜蛾** *Macdunnoughia crassisigna* (Warren, 1913)，属鳞翅目夜蛾科。

［分布与为害］ 分布于东北、华北、华东、西北，以及西藏等地。以幼虫为害菊科叶片，咬成缺刻或孔洞。

**图2-85 银锭夜蛾成虫**

［识别特征］ ①成虫：体长15～16mm，翅展约35mm。头部及胸部灰黄褐色，腹部黄褐色。前翅灰褐色，锭形银斑较肥，肾形纹外侧有1银色纵线，亚端线细锯齿形。后翅褐色（图2-85）。②幼虫：末龄幼虫体长30～34mm，头较小，黄绿色，两侧具灰褐色斑；背线、亚背线、气门线、腹线黄白色，气门线尤为明显。各节间黄白色，毛片白色，气门筛乳白色，围气门片灰色，腹部第8节背面隆起，第9、10节缩小，胸足黄褐色。

［生活习性］ 内蒙古、黑龙江、河北1年发生2代，以蛹越冬。幼虫于6～9月出现，在吉林6月下旬幼虫为害，7月中旬老熟幼虫在叶间吐丝缀叶，结成浅黄色薄茧化蛹，8月上旬羽化为成虫。

**75. 臭椿皮蛾** *Eligma narcissus* (Cramer, 1775)，又名旋皮夜蛾、椿皮灯蛾，属鳞翅目夜蛾科。

［分布与为害］ 分布于陕西、山西、甘肃、河北、河南、山东、江苏、浙江、福建、湖南、湖北、四川、贵州、云南等地。主要以幼虫为害臭椿及臭椿的变种——红叶椿、千头椿等植物的叶片，造成缺刻、孔洞或将叶片吃光。

［识别特征］ ①成虫：体长28mm左右，翅展76mm左右。头部和胸部灰褐色，腹部橘黄色，各节背部中央有1块黑斑。前翅狭长，前缘区黑色，其后缘呈弧形，并附以白色，翅其余部分为赭灰色，翅面上有黑点。后翅大部分为橘黄色，外缘有条蓝黑色宽带。足黄色（图2-86a）。②卵：近圆形，乳白色。③幼虫：老熟时体长约48mm。头深褐至黑色，前胸背板与臀板褐色，体橙黄色，体背各节有1个褐色大斑，各毛瘤上长有白色长毛（图2-86b～d）。④蛹：扁平椭圆形，红褐色（图2-86e）。⑤茧：长扁圆形，土黄色，似树皮，质地薄（图2-86f）。

［生活习性］ 北京、上海、西安1年发生2代，以茧内蛹在枝干上、皮缝、伤疤等处越冬（图2-84g）。翌年4月中旬（臭椿树刚发芽）成虫开始羽化，成虫有趋光性，将卵散产在叶片背面，卵期约9天。两代

**图2-86 臭椿皮蛾**

a. 成虫；b. 高龄幼虫；c. 老熟幼虫；d. 化蛹前幼虫；e. 蛹；f. 茧；g. 茧内蛹

幼虫为害期分别发生在5～6月、8～9月，全年以第1代幼虫的危害最严重。幼虫喜食幼芽、嫩叶，受惊后身体扭曲或弹跳蹦起。老熟幼虫爬到枝干上咬树皮，用丝相连做薄茧化蛹，茧紧贴于表皮，很像树皮的隆起。第1代蛹期约12天。

**76. 变色夜蛾** *Hypopyra vespertilio* (Fabricius, 1787)，属鳞翅目夜蛾科。

[分布与为害] 分布于山东、江苏、浙江、江西、福建、云南、广东等地。以幼虫为害合欢、紫藤、紫薇、楹树、桃、梨等植物的叶片，严重时仅残留主脉和叶柄；以成虫吸食柑橘等的果汁，引起落果。

[识别特征] ①成虫：体长为28mm左右，翅展为80mm左右。头部暗褐色，腹部杏黄色，前几节背

面略带灰色。前翅浅褐色，略有差异，翅面密布黑棕色细点，内线褐色外弯，肾形纹窄，黑棕色，后端外侧有3个卵形黑褐色斑。后翅灰褐色，端区带青色，后缘杏黄色。除此，前、后翅面上有棕黑色和黑色波浪线纹（图2-87a、b）。②幼虫：老熟幼虫浅灰褐色，与合欢树皮颜色近似，着生腹足的腹部背面有1哑铃状的斑纹（图2-87c）。

**图2-87 变色夜蛾**
a、b. 成虫；c. 幼虫

[生活习性] 江西1年发生2～4代，以蛹在寄主根际附近土中越冬。翌年4月上旬至5月中旬羽化，4月下旬至5月下旬产卵。卵多产在寄主干基部、枝杈及叶背面，卵呈块状或条状。幼虫多在清晨或傍晚孵化，白天藏伏在干基、树皮裂缝及枝杈处，晚上取食为害，次日清晨下树，阴天可全天取食为害。全年以7～9月危害最严重。

**77. 甘蓝夜蛾** *Mamestra brassicae* (Linnaeus, 1758)，又名地蚕、甘蓝夜盗虫、夜盗虫、菜夜蛾，属鳞翅目夜蛾科。

[分布与为害] 分布于全国各地。食性杂，可为害丝棉木、紫荆、葡萄、鸢尾、羽衣甘蓝、观赏烟草等多种植物。初孵幼虫群集在叶背啃食叶片，残留表皮呈"开天窗"状。稍大后渐分散，被食叶片呈小孔、缺刻状。4龄以后蚕食叶片，仅留叶脉。

[识别特征] ①成虫：体长约20mm，翅展约45mm。体棕褐色。前翅具明显的肾形纹和环形纹。后翅外缘有1小黑点。②卵：淡黄色。③幼虫：老熟时体长约50mm，头部褐色，腹部淡绿色，背面颜色多变，从浅蓝绿色、黄绿色、黄褐色至黑褐色，体色深的个体，各节中央两侧具"八"字形的黑斑（图2-88）。④蛹：长约20mm，棕红色。

[生活习性] 华北地区1年发生3代，以蛹在土中越冬。越冬代成虫在气温15～16℃时羽化出土，6～7月幼虫的危害严重。成虫对糖蜜有很强的趋性。平均气温18～25℃、相对湿度在70%～80%时对该虫生长发育最有利。

图 2-88　甘蓝夜蛾幼虫

**78. 梨剑纹夜蛾**　*Acronicta rumicis* (Linnaeus, 1758)，属鳞翅目夜蛾科。

[分布与为害]　分布于东北、西北、华北、华东、华中、西南等地。以幼虫为害杨、柳、梨、桃、桑、山楂、月季、玫瑰、榆叶梅、悬钩子、木槿、丁香、鸢尾、唐菖蒲等植物，初孵幼虫啮食叶片叶肉，残留表皮，稍大时将叶片吃成孔洞或缺刻，甚至将叶脉吃掉，仅留叶柄。

[识别特征]　①成虫：翅展 35～45mm。体灰棕色或暗棕色。前翅有白色斑纹，基线、内线和外线为双曲黑线，外线、亚端线为曲折白线（图 2-89a）。②卵：半球形，乳白色，后为红褐色。③幼虫：老熟时体长约 30mm，褐色，具大理石纹，背具黑斑 1 列，其中央斑点橘红色，各节具毛瘤和簇生褐长毛（图 2-89b、c）。④蛹：体长约 15mm，黑褐色。⑤茧：椭圆形，长约 20mm，土色。

图 2-89　梨剑纹夜蛾

a. 成虫；b、c. 幼虫

［生活习性］ 1年发生3代，以蛹在土中越冬。越冬代成虫于翌年5月羽化，成虫有趋光性和趋化性，产卵于叶背或芽上。卵排列成块状，卵期9～10天。6～7月为幼虫发生期，初孵幼虫先吃掉卵壳，再取食嫩叶。幼虫早期群集取食，后期分散为害。6月中旬即有幼虫老熟，老熟幼虫在叶片上吐丝结黄色薄茧化蛹。蛹期10天左右。第1代成虫在6月下旬发生，仍产卵于叶片上。卵期约7天，幼虫孵化后为害叶片。8月上旬出现第2代成虫，9月中旬幼虫老熟后入土结茧化蛹。

**79. 桃剑纹夜蛾** *Acronicta intermedia* (Warren, 1909)，属鳞翅目夜蛾科。

［分布与为害］ 分布于东北、华北、华东，以及河南、四川、云南、广西等地。为害桃、梨、樱桃、梅、李、杏、苹果、柳、榆等植物，初孵幼虫啃食叶肉，残留表皮，形成"开天窗"，稍大时将叶片吃成孔洞或缺刻，甚至将叶肉吃掉，仅留叶柄。

［识别特征］ ①成虫：头顶灰棕色。颈板有黑纹。腹部褐色。前翅灰色，基线前缘区黑线2条，基剑纹黑色、树枝形；内横线双线，暗褐色，波浪形外斜；外横线双线，外一线锯齿形。后翅白色，外横线微黑（图2-90）。②卵：表面有纵纹，黄白色。③幼虫：老龄幼虫体长约43mm，头部棕黑色，背线黄色，亚背线由中央为白点的黑斑组成，气门上线棕红色，气门线灰色，气门下线粉红色至橙黄色，腹线灰白色；第1、8腹节背面有黑色锥形突起，上有黑色短毛，各节毛片上着生黄色至棕色长毛。④蛹：体长19～20mm，棕褐色，有光泽，第1～7腹节前半部有刻点，腹末有8个钩棘。

**图2-90　桃剑纹夜蛾成虫**

［生活习性］ 东北、华北1年发生2代，以茧内蛹于土中和皮缝中越冬。5～6月羽化，发生期不整齐。成虫昼伏夜出，有趋光性。羽化后不久即可交配、产卵，卵产于叶面。5月上旬始见第1代卵，卵期6～8天。成虫寿命10～15天。幼虫5月中下旬开始发生，为害至6月下旬。老熟吐丝缀叶于内结白色薄茧化蛹。7月中旬至8月中旬均可见第1代成虫。7月下旬开始出现第2代幼虫，9月开始陆续老熟寻找适当场所结茧化蛹。

**80. 榆剑纹夜蛾** *Acronicta hercules* (Felder & Rogenhofer, 1874)，属鳞翅目夜蛾科。

**图2-91　榆剑纹夜蛾幼虫**

［分布与为害］ 分布于东北、华北、华东等地。为害榆树，幼虫取食叶片，形成孔洞。

［识别特征］ ①成虫：头、胸部灰色。腹部黄褐色。前翅灰褐色，基线、内线双线及环形纹黑褐色，肾形纹中央黑色，肾形纹和环形纹间有1黑条，外线、亚外线锯齿形。②幼虫：老龄体长约45mm。扁圆，黄褐色，有蓝色闪光。前胸较细。腹节刚毛棕褐色，端部膨大。背线黑褐色，气门下方及腹面有成丛毛瘤，各具刚毛5或6根。第8腹节背面隆起（图2-91）。

［生活习性］ 1年发生1代，以老熟幼虫在树皮裂缝、树洞等处吐丝做茧化蛹越冬。翌年6～7月羽化出成虫，8月至9月上旬为幼虫取食叶片为害期。成虫趋光性强，卵分散单产于叶面。

**81. 果剑纹夜蛾** *Acronicta strigosa* (Denis & Schiffermüller, 1775)，属鳞翅目夜蛾科。

［分布与为害］ 分布于黑龙江、辽宁、山西、河北、山东、福建、广西、四川、贵州、云南等地。为害苹果、山楂、槟沙果、梨、桃、杏、李、樱花等植物。初龄幼虫取食叶片表皮与叶肉，仅留下表皮，似纱网状，3龄后将叶片咬成缺刻、孔洞，还可啃食幼果果皮。

［识别特征］ ①成虫：体长11.5～22.0mm，翅展37.0～40.5mm。头顶两侧、触角基部灰白色。头部和胸部暗灰色。腹部背面灰褐色。前翅灰黑色，后缘区暗黑，黑色基剑纹、中剑纹、端剑纹明显，基线、内线为黑色双线波浪形外斜；环形纹灰色具黑边；肾形纹灰白色内侧发黑；前缘脉中部至肾形纹具1黑色斜线；端剑纹端部具2白点，端线列由黑点组成。后翅淡褐色。足黄灰黑色，跗节具黑斑

（图2-92a）。②卵：白色透明似馒头，直径0.8～1.2mm。③幼虫：体长25～30mm。绿色或红褐色。头部褐色具深斑纹，额黑色，傍额片白色，触角和唇基大部分白色，上唇和上颚黑褐色。前胸盾呈倒梯形、深褐色；背线红褐色，亚背线赤褐色，气门上线黄色，中胸、后胸和腹部2、3、9节背部各具黑色毛瘤1对，腹部1、4～8节各具黑色毛瘤2对，生有黑长毛。气门筛白色。胸足黄褐色，腹足绿色，端部具橙红色带（图2-92b）。④蛹：长11.5～15.5mm，纺锤形，深红褐色，具光泽。⑤茧：长16～19mm，纺锤形，丝质薄，茧外多黏附碎叶或土粒。

图2-92　果剑纹夜蛾
a. 成虫；b. 幼虫

[生活习性]　山西1年发生3代，东北、华北地区1年发生2代，以茧内蛹在地上、土中或树缝中越冬。一般越冬蛹于4月下旬气温17.5℃时开始羽化，5月中旬进入盛期，第1代成虫于6月下旬至7月下旬出现，7月中旬进入盛期，第2代于8月上旬至9月上旬羽化，8月上中旬为盛期。成虫昼伏夜出，具趋光性和趋化性，羽化后经补充营养后交配产卵。老熟幼虫爬到地面结茧或不结茧化蛹。

**82. 桑剑纹夜蛾**　*Acronicta major* (Bremer, 1861)，又名大剑纹夜蛾、桑夜蛾、香椿灰斑夜蛾，属鳞翅目夜蛾科。

[分布与为害]　分布于东北、华北、华东，以及湖北、四川等地。为害香椿、桃、梨、梅、李、榆、桑、黄花柳、柑橘等植物，幼虫取食叶片，形成孔洞。

[识别特征]　①成虫：头、胸和前翅灰白带褐色。前翅基剑纹黑色，端分枝，内线双黑，环形纹和肾形纹灰色白边，外线双锯齿形，端剑纹黑色，在5、6脉间有1黑纵线与外线交叉。后翅淡褐色（图2-93a、b）。②卵：扁圆球形，初乳白色，后色渐变深，卵壳上具横纹。③幼虫：老龄体长约52mm，灰白色。头部黑色，光滑，带有蓝色光泽。体散布大小不同的淡褐色圆斑，每体节背各具褐斑1个，以第3～6和8腹节最大。全身密布小刺，刚毛较长，灰白至黄色（图2-93c）。④蛹：长椭圆形，长24～28mm，宽6～8mm，褐色至黑褐色，末端生钩棘4丛，计20余根。⑤茧：长椭圆形，丝质厚而致密，灰白色至土色。

[生活习性]　1年发生1代，以茧内蛹于树下土中和梯田缝隙中滞育越冬。翌年7月上旬羽化，7月下旬进入盛期，羽化后经5～6天取食补充营养后即交配产卵，卵于7月中下旬始见，8月初为产卵盛期，卵期7天，7月下旬幼虫始见，8月上中旬进入孵化盛期。幼虫期30～38天，老熟幼虫于9月上旬下树结茧化蛹。成虫多在下午羽化出土，白天隐蔽，夜间活动，具趋光性、趋化性。卵多产在枝条下近端部嫩叶叶面上，数十至数百粒一块，每雌可产卵500～600粒。

图2-93 桑剑纹夜蛾

a、b. 成虫；c. 幼虫

**83. 超桥夜蛾** *Anomis fulvida* (Guenée, 1852)，属鳞翅目夜蛾科。

[分布与为害] 分布于华北、华东、华中、华南、西南，以及辽宁等地。为害木槿、大叶黄杨、木芙蓉、柑橘、芒果、一串红等植物，幼虫取食叶片，造成叶片缺刻或孔洞，严重时吃光叶片。

[识别特征] ①成虫：体长13～19mm，翅展40～44mm。头部及胸部棕色杂黄色。腹部灰褐色。前翅橙黄色，密布赤锈色细点，各线紫红棕色，基线只达1脉，后有灰褐色，内线波纹形外斜，中线微波纹形，外线深波纹形，环形纹为1白点，有红棕色边，肾形纹后为黑棕圈，亚端线不规则波纹形，缘毛端部白色。后翅褐色（图2-94a）。②卵：长椭圆形，长约0.70mm、宽约0.55mm，青绿色。③幼虫：老熟时体长约40mm；头部较长，灰褐色，腹面绿色，亚背区有1列黄色短纹，或身体绿色带灰，背面及侧面有黄色或白色条；胴部灰褐色或带绿褐色、暗黄褐色；腹部各节上有稀疏刺毛，第1、2、7、8腹节上的腹足退化，尾足向后凸出（图2-94b、c）。④蛹：长卵圆形，长约20mm、宽约6mm，深褐色。

图2-94 超桥夜蛾

a. 成虫；b、c. 幼虫

[生活习性] 浙江宁波1年发生5～6代，世代重叠，以蛹越冬。翌年3月下旬越冬蛹羽化，始见成虫并产卵，4月上旬见初孵幼虫。该虫一直为害至12月。

**84. 枯叶夜蛾** *Eudocima tyrannus* (Guenée, 1852)，又名枯艳叶夜蛾、橘毛虫、枯叶裳蛾、通草木夜蛾，属鳞翅目夜蛾科。

[分布与为害] 分布于辽宁、内蒙古、河北、河南、山东、安徽、江西、湖北、云南、贵州等地。成虫以锐利的虹吸式口器穿刺近成熟的苹果、梨、柑橘、桃、葡萄、杏、柿、枇杷、无花果等的果皮，吸取汁液。果面留有针头大的小孔，果肉失水呈海绵状，以手指按压有松软感觉，被害部变色凹陷、随后腐烂脱落。幼虫为害通草、伏牛花、十大功劳等植物。

[识别特征] ①成虫：体长35～38mm，翅展96～106mm。头胸部棕色，腹部杏黄色。前翅枯叶色、深棕微绿，从顶角至后缘凹陷处有1条黑褐色斜线；内线黑褐色；翅脉上有许多黑褐色小点；翅基部和中央有暗绿色圆纹。后翅杏黄色，中部有1肾形黑斑，其前端至 $M_2$ 脉；亚端区有1牛角形黑纹。触角丝状。前翅顶尖很尖，外缘弧形内斜，后缘中部内凹（图2-95a～c）。②卵：扁球形，顶部与底部均较平，乳白色。③幼虫：体长57～71mm，前端较尖，第1、2腹节常弯曲，第8腹节有隆起、把第7～10腹节连成1个峰状。头红褐色无花纹。体黄褐或灰褐色，背线、亚背线、气门线、亚腹线及腹线均暗褐色；第2、3腹节亚背面各有1个眼形斑，中间黑色并具有月牙形白纹，其外围黄白色绕有黑色圈，各体节布有许多不规则的白纹，第6腹节亚背线与亚腹线间有1块不规则的方形白斑、上有许多黄褐色圆圈和斑点。气门长卵形黑色，第8腹节气门比第7节稍大（图2-95d）。④蛹：长31～32mm，红褐色至黑褐色。头顶中央略呈1尖突，头胸部背腹面有许多较粗而规则的褶皱；腹部背面较光滑，刻点浅而稀。

[生活习性] 1年发生2～3代，多以成虫越冬，温暖地区以卵和中龄幼虫越冬。发生期不整齐，从5月末到10月均可见成虫，以7～8月发生较多。成虫昼伏夜出、有趋光性。喜欢为害香甜味浓的果实，7月以前为害杏等早熟果品，后转害桃、葡萄、苹果、梨等植物。成虫寿命较长，产卵于幼虫寄主的茎和叶

**图2-95 枯叶夜蛾**
a. 成虫（侧面观）；b、c. 成虫（背面观）；d. 幼虫

背。幼虫吐丝缀叶潜匿其中为害，6～7月发生较多，老熟后缀叶结薄茧化蛹。秋末多以成虫越冬。

**85. 庸肖毛翅夜蛾** *Thyas juno* (Dalman, 1823)，又名肖毛翅夜蛾、毛翅夜蛾，属鳞翅目夜蛾科。

［分布与为害］ 分布于黑龙江、辽宁、河北、山东、浙江、江西、湖南、湖北、云南等地。幼虫为害桦、木槿、枫杨等植物的叶片；成虫吸食柑橘、龙眼、荔枝、枇杷、苹果、梨、桃等的果汁，刺孔处流出汁液，伤口软腐呈水渍状，内部果肉腐烂，果实最后脱落，即便未落质量也大受影响，严重影响产量与景观。

［识别特征］ ①成虫：体长30～33mm，翅展81～85mm。头部赭褐色。下唇须第1、2节及下胸红色。胸背褐色。腹部红色，背面大部灰棕色。前翅赭褐或灰褐色，布有黑点，前、后缘红棕色；基线与内线红棕色，环形纹为1黑点，肾形纹暗褐边，后部有1黑点，或前半1黑点、后半1黑斑，外线红棕毛；直线内斜，1内曲弧线自顶角至臀角，黑色或赭黄色，亚端区1暗褐纹。后翅黑色，端区红色，中部1粉蓝钩形纹，外缘中段有密集黑点（图2-96）。②幼虫：幼龄体灰蓝色，头部有黑褐斑，第1腹节亚背面有黑斑，第8、9腹节背面有黑毛，第5腹节背面有黑色圆斑1个，老龄体长56～70mm，深黄色或黄褐色。头部黄褐色，有黄色条斑。胸棕褐色，有纵线纹。背线淡黑色，双条，其两侧有向方倾斜的"八"字形褐纹，背、侧面布满不规则褐斑，第5腹节背中有黑眼斑，第1、2腹节弯曲成桥形，胸足第1、2对退化，第3、4正常，腹足外侧有黑斑，臀足长。

图2-96 庸肖毛翅夜蛾成虫

［生活习性］ 北京1年发生2代，以蛹在卷叶内越冬。幼龄幼虫多栖于植物上部，性敏感，一触即吐丝下垂。老龄幼虫多栖于枝干食叶，成虫趋光性强，吸取果实汁液。幼虫老熟后在土表枯叶中结茧化蛹。6月和8月分别是各代幼虫期。成虫羽化后，需吸食水分和糖蜜，才能进行正常的交配与产卵。因而成虫在果实成熟期发生量大。夜晚具趋光性，白天躲在隐蔽处栖息，晚上进行吸食、交尾、产卵等活动，产卵于叶片背面。晴天、闷热、无风、无月光的夜晚成虫出现数量大，危害也重。

**86. 鸟嘴壶夜蛾** *Oraesia excavata* (Butler, 1878)，又名葡萄紫褐夜蛾、葡萄夜蛾，属鳞翅目夜蛾科。

［分布与为害］ 分布于陕西、内蒙古、河北、山东、安徽、江苏、湖北、上海、浙江、江西、福建、台湾、广东、广西、四川、云南等地。幼虫为害木防己、葡萄、木通、通草、十大功劳等植物的叶片，造成缺刻与孔洞；成虫以其构造独特的虹吸式口器插入柑橘、荔枝、龙眼、黄皮、枇杷、葡萄、桃、李、柿等植物成熟果实内吸取汁液，造成大量落果、烂果。

［识别特征］ ①成虫：体长23～26mm，翅展49～51mm。体褐色。头和前胸赤橙色，中、后胸赭色。前翅紫褐色，具线纹，翅尖钩形，外缘中部圆突，后缘中部呈圆弧形内凹，自翅尖斜向中部有两根并行的深褐色线，肾形纹明显。后翅淡褐色，缘毛淡褐色（图2-97）。②卵：球形，直径约0.8mm，初淡黄色、渐变淡褐色，上有红褐色斑纹。③幼虫：体长44～45mm，前端较尖，头部灰褐色、布满黄褐色斑点、头顶橘黄色，体灰黑色，初孵幼虫头褐色、体细长、淡黄绿色，具黑色长刚毛。低龄幼虫全褐色。④蛹：长约23mm，暗褐色。

［生活习性］ 浙江黄岩1年发生4代，以成虫、幼虫或蛹越冬。越冬代在6月中旬结束，第1代发生于6月上旬至7月中旬，第2代发生于7月上旬至9月下旬，第3代发生于8月中旬至12月上旬。成虫夜间活

**图2-97　鸟嘴壶夜蛾成虫**

a. 背面观；b. 侧面观

动，吸食多种水果的汁液，有趋光性，略有假死性。成虫羽化后需要吸食糖类物质作为补充营养，才能正常交尾、产卵。幼虫以产卵植物的叶片为食料，老熟幼虫常在寄主基部或附近的杂草丛中，以丝将叶片、碎枝条、苔藓黏作薄茧并化蛹其中。

**87. 旋目夜蛾**　*Speiredonia retorta* (Clerck, 1764)，又名环夜蛾，属鳞翅目夜蛾科。

[分布与为害]　分布于辽宁、河北、北京、山东、江苏、浙江、江西、福建、广东、湖北、湖南、四川、云南等地。幼虫为害合欢、黑荆树、泡桐等植物的叶片；成虫为害苹果、葡萄、梨、桃、杏、李、芒果、木瓜、柑橘、枇杷、番石榴、红毛榴莲等的果实，成虫喙端膜质状，缺乏刺穿健康果皮的能力，常从果皮伤口或腐坏处吸食果汁，果实被害后加速腐烂、脱落。

[识别特征]　①成虫：体长约20mm。雌雄体色显著不同。雌蛾褐色至灰褐色，颈板黑色，第1～6腹节背面各有1黑色横斑，向后渐小，其余部分为红色；前翅蝌蚪形黑斑尾部与外线近平行，外线黑色波状，其外侧至外缘还有4条波状黑色横线，其中1条由中部至后缘；后翅有白色至淡黄白色中带，内侧有3条黑色横带，中带外侧至外缘有5条波状黑色横线，各带、线间色较淡。雄蛾紫棕色至黑色；前翅有蝌蚪形黑斑，斑的尾部上旋与外线相连；外线至外缘尚有4条波状暗色横线，上端不达前缘（图2-98）。

**图2-98　旋目夜蛾成虫**

a、b. 背面观；c. 腹面观

②卵：灰白色，直径0.86～1.02mm，卵孔圆形稍内陷；由卵顶到底部有长纵棱6或7根，中间有短肩棱6根。③幼虫：头部褐色，颅侧区有黑色宽纵带，体灰褐色至暗褐色，有大量黑色不规则斑点，构成许多纵向条纹；末龄幼虫体长约60mm。④蛹：体长22～26mm，红褐色。

[生活习性] 福建南平1年发生3代，以蛹在树皮裂缝或树基周围的松土中越冬。越冬蛹翌年4月下旬开始羽化。各代幼虫为害的严重期如下：第1代为5月下旬至6月上旬，第2代为7月下旬至8月上旬，第3代为9月下旬至10月中旬。成虫白天静伏，夜间活动频繁，有较强的趋光性与补充营养的习性。卵多产于小枝或枝端的叶片上，呈块状，无覆盖物。初孵幼虫将卵壳的顶端咬1个小圆孔，从孔洞中爬出，出壳后四处爬行，分散活动，不取食卵壳，寻找到嫩叶后便停息于叶片，直至傍晚才开始取食。幼虫共6龄，1～2龄幼虫食叶成孔洞，3龄后从叶缘开始取食，食叶成缺刻状，5龄后食量显著增加，不仅能食尽全叶，有的还啃食嫩枝表皮和嫩梢。幼虫老熟后多沿树干爬下，大多在松土中结土茧化蛹，少数在树干分叉处或裂缝中吐丝缀织枝叶结茧化蛹。

**88. 陌夜蛾** *Trachea atriplicis* (Linnaeus, 1758)，又名白戟铜翅夜蛾，属鳞翅目夜蛾科。

[分布与为害] 分布于黑龙江、吉林、辽宁、内蒙古、河北、河南、山东、江苏、安徽、浙江、江西、福建、湖南等地。以幼虫为害地锦、月季、二月兰等植物的叶片，造成"开天窗"及缺刻、孔洞。

[识别特征] ①成虫：头、胸黑褐色。腹部暗灰色。前翅棕褐色带铜绿色，基线黑色，中室后双线，线间白色，内线和环形纹中央黑色，环形纹有绿环及黑边，后方有一戟形白纹，沿2脉外斜，后内角有三角形黑斑，外线黑色，后半微白，在3～4脉和7脉间大折角，在亚中褶成内突角。后翅白色（图2-99）。②幼虫：头灰赭色，体青色或红褐色，背线、亚背线暗褐色，中间有白点，气门线粉红色。

[生活习性] 北京1年发生1代。6～8月为成虫期，成虫趋光性强。

**图2-99 陌夜蛾成虫**

**89. 蚀夜蛾** *Oxytripia orbiculosa* (Esper, 1779)，又名环斑蚀夜蛾，属鳞翅目夜蛾科。

[分布与为害] 分布于吉林、辽宁、内蒙古、青海、甘肃、新疆、河北、山东、江苏、浙江等地。以幼虫在蔷薇、玫瑰、鸢尾等寄主植物的根部和茎基部啃食，造成植物生长不良，严重时整株枯死。

[识别特征] ①成虫：体长15～18mm，翅展37～44mm。头部及颈板黑褐色，颈板上有宽白条。下唇须下缘白色。胸部背面灰褐色。腹部黑色，各节端部白色。前翅红棕色或黑棕色，翅上有5条黑色横线，近基部的两条还伴以白线，端线为1列黑点；缘毛端部白色，近翅基有灰黑色环形纹，外围白色圈，白圈外又有黑边；翅中部有白色菱形纹，近外缘有黑边的剑纹。后翅白色，端区有1黑褐色宽带，2脉及后缘区较黑褐（图2-100）。②幼虫：圆筒形，长45～60mm，黑褐色。

[生活习性] 1年发生1代，6～8月在土中为害植物根部，9～10月出现成虫。未腐熟的有机肥常诱使成虫产卵。

**图2-100 蚀夜蛾成虫**

**90. 谐夜蛾** *Acontia trabealis* (Scopoli, 1763)，属鳞翅目夜蛾科。

[分布与为害] 分布于黑龙江、新疆、青海、陕西、内蒙古、河北、山东、江苏、广东等地。为害观

**图 2-101 谐夜蛾成虫**

赏甘薯等旋花科植物叶片，低龄幼虫啃食叶肉，形成小孔洞，3龄后沿叶缘食成缺刻。

[识别特征] 成虫：体长8～10mm，翅展19～22mm。头部与胸部暗赭色。下唇须黄色。额黄白色，颈板基部黄白色。翅基片及胸部背面有淡黄纹。腹部黄白色，背面微带褐色。前翅黄色，中室后及A脉处各有一黑纵条伸至外横线，环形纹与肾形纹各为1个黑点，外横线黑灰色，较粗，自$M_1$至后缘，前缘区有4个小黑斑，顶角有一黑斜条为亚缘线前段，其后间断，在$M_2$处有1个小黑点，在臀角处有1条曲纹，缘毛白色，有1列小黑斑。后翅烟褐色（图2-101）。

[生活习性] 华北地区1年发生2代，以蛹在土室内越冬。翌年7月中旬羽化为成虫，产卵于寄主幼嫩叶的背面，单产。初孵幼虫黑色，3龄后花纹逐渐明显。幼虫十分活跃。

**91. 人心果阿夜蛾** *Achaea serva* (Fabricius, 1775)，属鳞翅目夜蛾科。

[分布与为害] 分布于湖南、福建、台湾、云南、广东、广西等地。为害荔枝、龙眼、芒果、人心果等植物。幼虫食叶成缺刻或孔洞，啃食嫩芽、幼果及嫩茎表皮，严重时吃光。成虫吸食果实汁液。

[识别特征] 成虫：翅展62～80mm。头、胸及前翅棕褐色。腹部暗灰色。前翅内线黑棕色波浪形外斜；环形纹为1黑点，肾形纹仅前、后端可见1黑点；中线黑棕色波浪形，外线黑棕色，后半波浪形内斜；亚端线隐约可见，端区色较浓。后翅棕黑色，中部1白条纹；顶角、外缘中部及近臀角处各1白斑（图2-102）。

**图 2-102 人心果阿夜蛾成虫**

[生活习性] 吸果夜蛾类，在果实成熟期发生量大。每天天黑以后开始陆续为害，21～23时数量最多，24时以后逐渐减少；静风晴天的闷热夜晚发生量大，刮风下雨或气温下降的夜晚比较少。

**92. 客来夜蛾** *Chrysorithrum amata* (Bremer & Grey, 1853)，属鳞翅目夜蛾科。

[分布与为害] 分布于黑龙江、吉林、辽宁、内蒙古、甘肃、陕西、山西、河北、河南、山东、安徽、江苏、浙江、福建、湖南、云南等地。幼虫为害胡枝子。

[识别特征] 成虫：头、胸深褐色。腹灰褐色。前翅灰褐色，密布细点，基线、内线白色，外弯，线间深褐色成宽带，中线细、弯曲，外线前半部外弯，后回升至顶角，外线与亚端线间呈"Y"形（图2-103）。

**图 2-103 客来夜蛾成虫**

[生活习性]　华北地区1年发生1代。6～7月为成虫期。成虫趋光性强。

**93. 兀鲁夜蛾**　*Xestia ditrapezium* (Denis & Schiffermüller, 1775)，属鳞翅目夜蛾科。

[分布与为害]　分布于黑龙江、吉林、内蒙古、新疆、河北、山东、四川等地。幼虫取食柳、杨、桦、悬钩子等植物。

[识别特征]　成虫：翅展35～42mm。胸浅紫棕色。前翅浅紫褐色，基线内侧具3个黑斑，外侧具1大1小2个黑斑；内线双线，黑褐色，肾形纹暗褐色，大；中室内具1黑色"兀"形纹，有时并不相连，即环形纹后端亦开放；外线双线黑色，细锯齿形；亚端线灰色，前缘为1黑斑；端线由1列三角形黑点组成（图2-104）。

[生活习性]　北京5～8月灯下可见成虫。

图2-104　兀鲁夜蛾成虫

**94. 褐纹鲁夜蛾**　*Xestia fuscostigma* (Bremer, 1864)，属鳞翅目夜蛾科。

[分布与为害]　分布于黑龙江、陕西、甘肃、河南、山东、湖南、四川、云南等地。幼虫为害月见草、白三叶草等植物。

[识别特征]　成虫：翅展约35mm。头、胸及前翅紫褐色。腹部浅褐黄色。前翅翅脉纹微黑，基横线、内横线及外横线均双线、黑棕色，中横线仅前端现1黑斑纹；亚端线浅褐色，内侧前缘脉上有2黑齿纹，中段有几个黑棕点；环形纹、肾形纹紫灰褐色；中室大部黑棕色，并向后扩展。后翅浅褐黄色，后翅端区色暗（图2-105）。

[生活习性]　北京8月灯下可见成虫。

**95. 大三角鲁夜蛾**　*Xestia kollari* (Lederer, 1853)，属鳞翅目夜蛾科。

[分布与为害]　分布于黑龙江、内蒙古、新疆、河北、山东、湖南、江西、云南等地。为害苜蓿、红豆草、披碱草、柳等植物。

图2-105　褐纹鲁夜蛾成虫

[识别特征]　成虫：翅展47～52mm。头部灰色带褐。胸部红棕色杂灰色。腹部褐灰色。前翅紫灰色，除前缘区、亚端区外均带褐色；翅脉黑褐，但中脉主干较白；基横线、内横线及外横线均双线、黑色，剑纹短，环形纹白色；肾形纹红褐色，后半黑灰；中室大部黑色，中横线模糊，亚端线不明显。后翅污褐色（图2-106）。

[生活习性]　北京7月灯下可见成虫。

**96. 旋幽夜蛾**　*Hadula trifolii* (Hufnagel, 1766)，又名旋岐夜蛾，属鳞翅目夜蛾科。

[分布与为害]　分布于辽宁、内蒙古、陕西、甘肃、宁夏、青海、新疆、河北、山东、西藏等地。为害红叶甜菜、苹果等多种植物。

图2-106　大三角鲁夜蛾成虫

[识别特征]　①成虫：翅展15～17mm。体和前翅黄褐色或暗灰色。前翅缘线具7个近三角形黑斑，亚缘线黄白色，锯齿状，中部后具2个大锯齿，几达边缘；肾形纹较大，深灰色；环形纹黄白色，较小；楔状纹较宽大，外侧弧形。后翅淡灰色，外缘暗褐色（图2-107）。②卵：半球形，直径0.56～0.70mm。卵

图2-107　旋幽夜蛾成虫

面具有放射状纵脊15条，两长脊间有1条短脊，脊间有横隔。初产时为乳白色，后渐变深，临孵化前为灰黑色。③幼虫：幼龄幼虫体长20～30mm，老熟幼虫31～35mm，头褐色或褐绿色，体色变异大，有黄绿、褐绿等色。背线不明显，亚背线及气门线呈断续黑褐色长形斑点，气门下缘镶有浅黄绿色宽边。有些个体亚背线、气门下线不明显，背上每节有倒"八"字深色纹。④蛹：体长13～14mm，赤褐色，腹末有臀棘2根，相距较远，呈小括号形，短棘6根。

[生活习性]　甘肃1年发生3代，以蛹在土壤中做土室越冬。卵多散产，初产时乳白色，后变为黄白色。3龄前幼虫腹足发育不全，行走呈尺蠖状，有假死和吐丝下垂习性，受惊吓后呈"C"形完全卷缩，3龄后食量增大，并转移为害。

**97. 齿美冬夜蛾**　*Cirrhia tunicata* (Graeser, 1889)，属鳞翅目夜蛾科。

[分布与为害]　分布于黑龙江、内蒙古、宁夏、甘肃、青海、河北、山东等地。幼虫取食柳树叶片。

[识别特征]　成虫：翅展40～42mm。体背及前翅金黄色至淡黄色。胸部具竖立毛簇，常具深色带。基线、内线和外线双线，波浪状，黄褐色，中线单线，黄褐色，较粗；环形纹和肾形纹大，黄褐边，其中肾形纹的上方具白心黑褐边纹；基线和内线之间的前缘具黑褐斑；中线和亚端线之间常具大片黑褐色（图2-108）。

[生活习性]　北方地区8～10月灯下可见成虫。

图2-108　齿美冬夜蛾成虫

**98. 秘夜蛾**　*Mythimna turca* (Linnaeus, 1761)，又名光腹夜蛾、光腹黏虫，属鳞翅目夜蛾科。

[分布与为害]　分布于黑龙江、河北、山东、江西、湖北、四川等地。幼虫为害禾本科的荻、芦苇等。

[识别特征]　成虫：翅展40～43mm。头部红褐色。胸部红褐带浅紫色。腹部黄褐色。前翅红褐色，密布暗褐细纹，内、外横线黑色波曲，剑纹、环形纹不显；肾形纹为斜窄黑条，后端1白点。后翅红褐色，端区带灰黑色。雄蛾前翅反面的中室区饰银色毛（图2-109）。

[生活习性]　北方地区7月灯下可见成虫。

图2-109　秘夜蛾成虫

**99. 宽胫夜蛾**　*Schinia scutosa* (Goeze, 1781)，属鳞翅目夜蛾科。

[分布与为害]　分布于辽宁、陕西、内蒙古、甘肃、青海、河北、山东、江苏、湖南等地。为害观赏向日葵等植物的叶片。

[识别特征]　①成虫：体长11～15mm，翅展31～35mm。头部及胸部灰棕色。下胸白色。腹部灰褐色。前翅灰白色，大部分有褐点；基线黑色，直达亚中褶；内线黑色波浪形，后半外斜，后端内斜，剑纹大，褐色黑边，中央1淡褐纵线，环形纹褐色黑边，肾形纹褐色，中央1淡褐曲纹，黑边；外线黑褐色，外斜至4脉前折角内斜，亚端线黑色，不规则锯齿形；外线与亚端线间褐色，成1曲折宽带，中脉及2脉黑褐色，端线为1列黑点。后翅黄白色，翅脉及横脉纹黑褐色，外线黑褐色，端区有1黑褐色

宽带，2～4脉端部有2黄白斑，缘毛端部白色（图2-110）。②幼虫：头部及身体青色，背线及气门线黄色黑边，亚背线有黑斑点。

［生活习性］ 北方地区5～8月为成虫期，以蛹越冬。成虫趋光性强。雌蛾产卵数百粒。

**100. 云纹夜蛾** *Mocis undata* (Fabricius, 1775)，又名鱼藤毛胫夜蛾、毛胫夜蛾，属鳞翅目夜蛾科。

［分布与为害］ 分布于河北、山东、河南、江苏、安徽、浙江、江西、福建、广东、云南等地。成虫吸食苹果、梨、柿等多种果实的汁液，幼虫取食鱼藤及山蚂蟥属等植物的叶片。

［识别特征］ ①成虫：体长18～22mm，翅展46～50mm。头胸、前翅暗褐色。前翅内线较粗，褐色外斜，末端的外侧具1黑斑点；中线褐色波浪状；外线黑色，环形纹系棕色小圆点，肾形纹大，灰褐色；亚端线浅褐色，波浪形，在翅脉

图2-110 宽胫夜蛾成虫

间具黑点；端线黑色。后翅暗褐黄色，外线黑褐色，翅外缘中部具1褐斑（图2-111）。②卵：半圆形，直径约1mm，乳白色至灰绿色。③幼虫：细长，老熟幼虫体长50～57mm，体色多变。头黄褐色，具刻点构成纵条纹，腹部土黄色，亚背线、气门线为紫褐色细点线，在第1腹节亚背面具1黄白色眼形斑。具3对胸足，2对腹足，1对尾足。④蛹：长20～24mm，宽5～6mm，黄褐色至红褐色，体表具白粉。

［生活习性］ 山东1年发生3代，第1代发生在7月，第2代于8月中旬至9月上旬发生，第3代于9月中旬至10月上旬发生，以第2代的危害最重，河南郑州7月中旬的危害重。幼虫行动迟缓，有吃卵壳的习性。幼虫老熟后，在土中化蛹。

图2-111 云纹夜蛾成虫

**101. 齿斑畸夜蛾** *Bocula quadrilineata* (Walker, 1858)，属鳞翅目夜蛾科。

［分布与为害］ 分布于陕西、甘肃、浙江、江西、福建、广西、四川、重庆等地。以幼虫为害多种杂灌木叶片。

［识别特征］ 成虫：体长约12mm，翅展约28mm。头部、胸部背面、腹部与前翅灰褐色。前翅基线直，黑褐色，自前缘脉至亚中褶；内线直线内斜，黑褐色；中线双线内弯，黑褐色；外线微内弯，黑褐色；端区有1个大黑斑，约呈三角形，内缘在顶角处窄缩成1短钩形。后翅深褐色（图2-112）。

［生活习性］ 1年发生数代，以幼虫在寄主处化蛹越冬。6月下旬始见成虫。

图2-112 齿斑畸夜蛾成虫

**102. 三斑蕊夜蛾** *Cymatophoropsis trimaculata* (Bremer, 1861)，属鳞翅目夜蛾科。

［分布与为害］ 分布于黑龙江、吉林、辽宁、山西、内蒙古、宁夏、甘肃、北京、河北、河南、山东、江苏、浙江、安徽、江西、福建、湖北、湖南、广西、四川、云南等地。以幼虫为害栎、鼠李等植物。

［识别特征］ 成虫：体长15mm左右，翅展35mm左右。头部黑褐色。胸部白色。翅基片端半部与后

图 2-113 三斑蕊夜蛾成虫

腐呈水渍状，果实最终脱落。

[识别特征] 成虫：体长13～15mm，翅展31～33mm。头部及胸部褐色，腹部灰褐色。前翅前缘区及端区灰褐色，其余主要呈黑褐色，由1条细白的外线分界形成三角形；亚前缘近基部至臀角内方有1外斜的白带；顶角有1内斜黑纹；亚端线浅褐灰色，端线黑色波浪形，各翅脉间有黑点。后翅褐色（图2-114）。

[生活习性] 不详。

**104. 目夜蛾** *Erebus crepuscularis* (Linnaeus, 1767)，又名魔目夜蛾，属鳞翅目夜蛾科。

[分布与为害] 分布于浙江、江西、广东、广西、湖南、湖北、四川、云南等地。以幼虫取食柑橘、梨、松等植物的叶片。

[识别特征] 成虫：体长26～28mm，翅展86～90mm。

图 2-115 目夜蛾成虫

**105. 石榴巾夜蛾** *Dysgonia stuposa* (Fabricius, 1794)，属鳞翅目夜蛾科。

胸褐色。腹部灰褐色，基部背面及腹端均带白色。前翅黑褐色，翅基部、顶角及臀角各有1个大斑，底白色，中部带有暗褐色，基部的斑最大，外缘波曲外弯。翅外缘3脉后有1个白点，缘毛黑褐色，顶角处外缘毛端部白色。后翅褐色，横脉纹及外线暗褐色（图2-113）。

[生活习性] 北京1年发生1代，以老熟幼虫入土筑室化蛹越冬。翌年5月成虫羽化，成虫趋光性强。卵单产于叶梢上。幼虫白天栖息于枝条，夜间取食。

**103. 三角夜蛾** *Chalciope mygdon* (Cramer,1777)，又名斜带三角夜蛾，属鳞翅目夜蛾科。

[分布与为害] 分布于江西、台湾、广东、湖南、云南等地。为害荔枝、龙眼、枇杷、桃、李、芒果等植物，成虫以口器刺破果面，插入果肉内吸食汁液，刺孔处流出汁液，伤口软

图 2-114 三角夜蛾成虫

头部与胸部褐色，后胸有白毛，腹部灰褐色。前翅褐色，内线黑色外弯，内侧微白；肾形纹赭色黑边，后端2齿形外伸；中线黑色，外侧衬白，半圆形绕过肾形纹，在2脉基部附近成1内突齿，然后极度内斜；外线黑色，外侧衬白，中部锯齿状或外突；亚端线白色，外侧有1列黑纹，前端有1白斑。后翅褐色，内线黑色，外侧衬白；中线白色，细波浪形；亚端线黑色，波浪形，内侧间断衬以白色（图2-115）。

[生活习性] 1年发生数代，以幼虫越冬。5月下旬至9月中旬可见成虫。

[分布与为害] 分布于华南、西南、华东、华中、华北，以及陕西等地。以幼虫为害石榴、月季、蔷薇等植物的嫩芽、幼叶和成叶，发生较轻时咬成许多孔洞和缺刻，发生严重时能将叶片吃光，最后只剩主脉和叶柄。

[识别特征] ①成虫：体长20mm左右，翅展46～48mm。体褐色，前翅中部有1灰白色带，中带的内外均为黑棕色，顶角有2个黑斑。后翅中部有1白色带，顶角处缘毛白色（图2-116）。②卵：灰色，形似馒头。③幼虫：老熟幼虫体长43～50mm，头部灰褐色。第1、2腹节常弯曲成桥形。体背茶褐色，布满

黑褐色不规则斑纹。④蛹：体黑褐色，覆以白粉，体长约24mm。⑤茧：粗糙，灰褐色。

[生活习性] 1年发生2～4代，世代不整齐，以蛹在土壤中越冬。翌年4月石榴展叶时，成虫羽化。白天潜伏在背阴处，晚间活动，有趋光性。卵散产在叶片上或粗皮裂缝处，卵期约5天。幼虫取食叶片和花，白天静伏于枝条上，不易发现。幼虫行走时似尺蠖，遇险吐丝下垂。夏季老熟幼虫常在叶片和土中吐丝结茧化蛹，蛹期约10天，秋季在土中做茧化蛹。5～10月为华北地区幼虫为害期，10月下旬陆续下树入土。

图2-116 石榴巾夜蛾成虫

**106. 玫瑰巾夜蛾** *Dysgonia arctotaenia* (Guenée, 1852)，又名月季造桥虫、蓖麻褐夜蛾，属鳞翅目夜蛾科。

[分布与为害] 分布于陕西、山西、河北、山东、江苏、上海、安徽、浙江、江西、四川、贵州等地。为害月季、玫瑰、蔷薇、十姊妹、国槐、石榴、柑橘、蓖麻、大丽花、大叶黄杨等植物。幼虫食叶成缺刻或孔洞，也为害花蕾及花瓣。

[识别特征] ①成虫：体长18～20mm，翅展43～46mm。体褐色。前翅赭褐色，翅中间具白色中带，中带两端具赭褐色点；顶角处有从前缘向外斜伸的白线1条，外斜至第1中脉。后翅褐色，有白色中带（图2-117）。②卵：球形，直径约0.7mm，黄白色。③幼虫：体长40～49mm，青褐色，有赭褐色不规则斑纹，腹部1节背有黄白色小眼斑1对，第8节背有黑色小斑1对，第1对腹足小，臀足发达。④蛹：长约20mm，红褐色，被有紫灰色蜡粉。尾节有多数隆起线。

图2-117 玫瑰巾夜蛾成虫

[生活习性] 华东地区1年发生3代，以蛹在土内越冬。翌年4月下旬至5月上旬羽化，多在夜间交配，把卵产在叶背，1叶1粒，一般1株月季有幼虫1条，幼虫期1个月，蛹期10天左右。6月上旬第1代成虫羽化，幼虫多在枝条上或叶背面，拟态似小枝。老熟幼虫入土结茧化蛹。

**107. 霉巾夜蛾** *Dysgonia maturata* (Walker, 1858)，属鳞翅目夜蛾科。

[分布与为害] 分布于河北、河南、山东、江苏、浙江、江西、福建、台湾、广东、海南、湖北、四川、重庆、贵州、云南等地。以幼虫为害栎类、柑橘、重阳木等植物。

[识别特征] 成虫：体长18～20mm、翅展52～58mm。头部及颈板紫棕色，胸部背面暗棕色，腹部暗灰褐色。翅基片中部1条紫色斜纹，后半带紫灰色。前翅紫灰色，内线以内带暗褐色；内线较直，稍外斜；中线直，内、中线间大部紫灰色；外线黑棕色，在6脉处成外突尖齿，然后内斜，至1脉后稍外斜；亚端线灰白色，锯齿形，在翅脉上成白点；顶角至外线尖突处有1条棕黑斜纹。后翅暗褐色，端区带有紫灰色（图2-118）。

图2-118 霉巾夜蛾成虫

[生活习性] 不详。

**108. 乏夜蛾** *Niphonyx segregata* (Butler, 1878)，又名葎草流夜蛾，属鳞翅目夜蛾科。

[分布与为害] 分布于黑龙江、陕西、山西、内蒙古、北京、河北、河南、山东、江苏、浙江、福建、云南等地。以幼虫为害啤酒花等植物的叶片：初龄食叶肉，后咬成小孔状；大龄蚕食，造成缺刻、孔洞，严重时仅留叶脉。

[识别特征] 成虫：翅展26～30mm。前翅褐色，中部具暗褐色宽带，具灰白边；近顶角处具1暗褐斑，斑内近下方具1或2黑斑，斑的内侧后方具1或2黑斑，有时斑纹会减少（图2-119）。

图2-119 乏夜蛾成虫

[生活习性] 1年发生2代，4～9月灯下可见成虫。

**109. 胡桃豹夜蛾** *Sinna extrema* (Walker, 1854)，属鳞翅目瘤蛾科。

[分布与为害] 分布于黑龙江、吉林、辽宁、陕西、河北、河南、山东、江苏、浙江、江西、福建、湖南、湖北、四川等地。以幼虫为害核桃、山核桃、水胡桃、青钱柳等植物。

[识别特征] ①成虫：体长约15mm，翅展32～40mm。头部及胸部白色，颈板、翅基片及前后胸有橘黄斑。前翅橘黄色，有许多白色多边形斑，外线为完整的白色曲折带，顶角1大白斑，其中有4个小黑斑，外缘后部有3个黑点。后翅白色微褐；腹部黄白色，背面微褐（图2-120）。②卵：球形，直径1mm左右，初产时青绿色，近孵化时变灰褐色。③幼虫：青绿色，长20mm左右，头部有12个小黑点；体背无紫红色背中线，体两侧上方各有紫黄色线1条；尾足较长、向后方伸出。④蛹：长15～17mm，初期青绿色，后变紫褐色，外有1淡黄色菱形茧。⑤茧：壳上有似菱形花纹，茧壳一端有一明显的尖突。

图2-120 胡桃豹夜蛾成虫

[生活习性] 浙江1年发生4代，以蛹在枯枝落叶上结茧越冬。翌年5月中旬羽化，成虫具有较强的趋光性。卵平排成块地产在叶背上。初孵幼虫群集在卵块周围，有吐丝习性。幼虫取食叶片，发生严重时仅留下叶脉。茧多结在叶上，有时也结于树干及周边石块下，越冬茧则主要在枯枝落叶中。

**110. 亚皮夜蛾** *Nycteola asiatica* (Krulikovsky, 1904)，属鳞翅目瘤蛾科。

[分布与为害] 分布于北京、河北、天津、山东、江苏、湖南等地。以幼虫为害柳树的嫩梢，缀叶为害（图2-121a），影响生长与观赏。

[识别特征] ①成虫：翅展25～27mm。头胸部暗灰色，腹部银白色，胸背常具2个黑环，后缘中央具1团鳞毛。腹部银白色。前翅暗灰色，具银色光泽，内线双线，黑色，波状，近中室处具1个黄棕色圆点，外线波状，在中部外凸。②卵：半球形，直径0.45～0.55mm；卵面具放射状排列的小瘤突，顶部的瘤突成1圈环状。初为乳白色，后呈黄白色，隐隐显蓝紫色光泽。③幼虫：体长17～20mm，黄绿色，头小体胖。身具次生刚毛、白色。趾钩单序双纵带（图2-121b）。④蛹：长约10mm，苍白至灰绿色，背中带棕红色。翅芽达第4腹节末，触角、后足与翅芽等长，其他附肢均短于翅芽。⑤茧：白色，长约10mm，一端粗一端细，粗端端部较平截，向上翘起。

[生活习性] 鲁南、苏北地区1年发生6代，以成虫在背风向阳的墙缝、乱草堆及翘裂树皮下越冬。翌年3月底至4月中旬出来活动并产卵。4月10日前后第1代幼虫开始孵化，中旬为孵化盛期，5月初老熟幼虫开始结茧，5月底进入成虫羽化盛期。第2代成虫羽化期在6月下旬至7月上旬，以后各代成虫羽化期分别为7月中下旬、8月上旬至下旬、9月初至月底、10月上旬至11月上旬。成虫活动力较差，具趋光性，

白天静伏、夜间活动，常吸取叶面上的露滴补充营养。幼虫活动迟缓，受惊时缓慢爬行，避敌能力较差。

　　类似的夜蛾种类还有窄肾长须夜蛾 *Herminia stramentacealis* Bremer, 1864。其分布于辽宁、山东、江西等地。成虫翅展20～23mm；头、胸及前翅灰褐色；下唇须上伸，举过头顶；前翅密布褐色细点，亚端区及端区色暗，中部常具暗色宽横带，内线黑棕色，波浪形外弯，肾形纹小，黑棕色，外线暗棕色，自前缘脉外弯，在中褶处内凹，亚端线黑棕色，端线为1列黑点；后翅浅灰褐色，具2条横带（图2-121c）。据记载其取食榉树的枯叶，北京5～9月灯下可见成虫。

图2-121　亚皮夜蛾和窄肾长须夜蛾
a. 亚皮夜蛾为害状；b. 亚皮夜蛾幼虫；c. 窄肾长须夜蛾成虫

　　［夜蛾、瘤蛾类的防治措施］
　　（1）人工除治　　人工摘除卵块、初孵幼虫或蛹；清除园内杂草或于清晨在草丛中捕杀幼虫。
　　（2）诱杀成虫　　灯光诱杀成虫，或利用糖醋液诱杀，其配方为糖∶酒∶水∶醋为2∶1∶2∶2，再加少量敌百虫。
　　（3）生物防治　　幼虫3龄前施用细菌杀虫剂——*Bt*可湿性粉剂，一般每克含100亿孢子，兑水500～1000倍喷雾，选温度20℃以上晴天喷洒效果较好；卵期人工释放赤眼蜂，每667m²设6～8个点，每次每点放2000～3000头，每隔5天1次，连续2或3次。
　　（4）化学防治　　幼虫期喷洒5%定虫隆乳油1000～2000倍液、20%灭幼脲Ⅲ号悬浮剂1000倍液、24%氰氟虫腙悬浮剂600～800倍液、10%溴氰虫酰胺可分散油悬乳剂1500～2000倍液、10.5%三氟甲吡醚乳油3000～4000倍液、20%甲维·茚虫威悬浮剂2000倍液等。

## 七、灯蛾类

　　灯蛾类属鳞翅目灯蛾科。因成虫趋光性强、夜间扑灯而得名。幼虫体毛甚多。在园林植物上常见的有美国白蛾、人纹污灯蛾、八点灰灯蛾、红缘灯蛾、白雪灯蛾、红星雪灯蛾、黄臀灯蛾、褐点粉灯蛾、大丽灯蛾、美苔蛾、路雪苔蛾、明痣苔蛾、头橙荷苔蛾、广鹿蛾、黑鹿蛾等。

　　**111. 美国白蛾**　　*Hyphantria cunea* (Drury, 1773)，又名美国白灯蛾、秋幕毛虫，属鳞翅目灯蛾科。
　　［分布与为害］　该虫是一种世界性的检疫对象，国内分布于吉林、辽宁、内蒙古、陕西、山西、北京、河北、天津、山东、河南、江苏、安徽、浙江、江西、湖北等地。其食性极杂，可为害桑、榆、杨、柳、白蜡、樱花、五角枫、悬铃木、花曲柳、水曲柳、泡桐、糖槭、臭椿、核桃、枫杨、山檀、连翘、丁香、爬山虎、美国地锦、桃、苹果、梨等200多种植物。幼虫为害叶片，常造成"开天窗"（图2-122a）、缺刻、孔洞，或仅剩叶脉（图2-122b），严重时将叶片吃光，并形成大量网幕。

**图2-122 美国白蛾为害状**

a. 为害紫荆造成的"开天窗"状；b. 为害樱花叶片仅剩叶脉状

[识别特征] ①成虫：体长9~12mm。体纯白色。多数雄蛾前翅散生数个黑色或褐色斑点，雌蛾无斑点。雌蛾触角锯齿状，雄蛾触角双栉齿状（图2-123a）。②卵：圆球形，黄绿色，表面有刻纹（图2-123b、c）。③幼虫：分为黑头型和红头型。我国目前发现的多为黑头型。老熟幼虫体长28~35mm。头黑色具光泽，腹部背面具1条灰褐色的宽纵带。背部毛瘤黑色，体侧毛瘤多为橙黄色，毛瘤上生白色长毛丛（图2-123d~f）。④蛹：深褐色至黑褐色（图2-123g）。

[生活习性] 1年发生2~3代，以茧内蛹在杂草丛、落叶层、砖缝及表土中越冬。每年4月下旬至5月下旬是越冬代成虫羽化期（图2-123h）。成虫有趋光性，卵产在树冠外围叶片上，呈块状，每块有卵数百粒不等，覆有白色鳞毛，卵期为11天左右。幼虫共7龄，5龄后进入暴食期。初孵幼虫群集为害，并吐丝结网缀叶1~3片成网幕（图2-123i）状，随着虫龄增长，食量加大，更多新叶被包进网幕中，使网幕增大。大龄幼虫可耐饥饿15天，有利于随运输工具传播扩散。3代区幼虫发生在5~11月，以8月危害最严重。

**图2-123 美国白蛾**

a. 成虫交尾状；b. 卵；c. 成虫产卵状；d. 初孵幼虫；e. 低龄幼虫；f. 高龄幼虫；g. 蛹；h. 越冬代雄成虫；i. 幼虫吐丝形成的网幕

**112. 人纹污灯蛾** *Spilarctia subcarnea* (Walker, 1855)，又名红腹白灯蛾、人字纹灯蛾，属鳞翅目灯蛾科。

[分布与为害] 分布广，北起黑龙江、内蒙古，南至台湾、海南、广东、广西、云南等地。为害蔷薇、月季、木槿、碧桃、蜡梅、杨、榆、槐、桑、非洲菊、金盏菊、日本石竹等植物。幼虫为害叶片，常造成"开天窗"（图2-124a）、缺刻或孔洞，为害花器时，造成残缺（图2-124b）。

**图2-124 人纹污灯蛾为害状**

a. 低龄幼虫啃食叶片下表皮及叶肉造成的"开天窗"状；b. 中高龄幼虫取食花蕾造成残缺状

[识别特征] ①成虫：体长约20mm，翅展45～55mm。体、翅白色。腹部背面除基节与端节外皆红色，背面、侧面具黑点列。前翅外缘至后缘有1斜列黑点，两翅合拢时呈"人"字形。后翅略染红色（图2-125a、b）。②卵：扁球形，淡绿色，直径约0.6mm。③幼虫：头较小，黑色，体黄褐色，密被棕黄色长毛；中胸及腹部第1节背面各有横列的黑点4个；腹部第7～9节背线两侧各有1对黑色毛瘤，腹面黑褐色，气门、胸足、腹足黑色（图2-125c～e）。④蛹：体长约18mm，深褐色，末端具12根短刚毛。

**图 2-125　人纹污灯蛾**

a、b. 成虫；c. 低龄幼虫；d. 低龄幼虫（上）与高龄幼虫（下）；e. 老熟幼虫

[生活习性]　我国东部地区 1 年发生 2 代，以老熟幼虫在地表落叶或浅土中吐丝黏合体毛做茧，以蛹越冬。翌春 5 月开始羽化，第 1 代幼虫出现在 6 月下旬至 7 月下旬，发生量不大，成虫于 7～8 月羽化；第 2 代幼虫期为 8～9 月，发生量较大，危害严重。成虫有趋光性，卵成块产于叶背，单层排列成行，每块数十粒至一二百粒。初孵幼虫群集叶背啃食下表皮及叶肉，造成"开天窗"状，3 龄后分散为害，受惊后落地假死，蜷缩成环。幼虫爬行速度快，自 9 月即开始寻找适宜场所结茧化蛹越冬。

**113.　八点灰灯蛾**　*Creatonotos transiens* (Walker, 1855)，又名八点污灯蛾，属鳞翅目灯蛾科。

[分布与为害]　分布于陕西、山西、河北、内蒙古、山东、江苏、安徽、浙江、江西、福建、台湾、广东、广西、海南、湖南、湖北、四川、云南、西藏等地。为害柑橘、桑、茶、柳、菊芋等植物。

[识别特征]　①成虫：体长约 20mm，翅展 38～54mm。头胸白色，稍带褐色。额侧缘和触角黑色。腹部背面橙色，腹末及腹面白色，腹部各节背面、侧面和亚侧面具黑点。雌蛾前翅灰白色，略带粉红色，除前缘区外，脉间带褐色，中室上角和下角各具 2 个黑点，其中 1 黑点不明显。后翅亦灰白色，有时具黑色亚端点数个。雄蛾前翅浅灰褐色，前缘灰黄色，中室亦有黑点 4 个，后翅颜色较深。胸足具黑带，腿节上方橙色。下唇须 3 节（图 2-126）。②卵：黄色，球形，底稍平。③幼虫：体长 35～43mm，头褐黑色具白斑，体黑色，毛簇红褐色，背面具白色宽带，侧毛突黄褐色，丛生黑色长毛。④蛹：长约 22mm，土黄色至枣红色，腹背上有刻点。⑤茧：薄，灰白色。

**图 2-126　八点灰灯蛾成虫**

[生活习性]　1 年发生 2～3 代，以幼虫越冬。翌年 3 月开始活动，5 月中旬成虫羽化，每代历期 70 天左右，卵期 8～13 天，幼虫期 16～25 天，蛹期 7～16 天。广东 5 月幼虫开始为害，10～11 月进入高峰期，成虫夜间活动，把卵产在叶背或叶脉附近，卵数粒或数十粒在一起，每雌可产卵 140 粒，幼虫孵化后在叶背取食，末龄幼虫多在地面爬行并吐丝黏叶结薄茧化蛹，也有的不吐丝在枯枝落叶下化蛹。

**114. 红缘灯蛾** *Aloa lactinea* (Cramer, 1777)，又名红袖灯蛾、红边灯蛾，属鳞翅目灯蛾科。

［分布与为害］ 分布于陕西、河北、河南、山东、江苏、安徽、浙江、江西、福建、台湾、广东、广西、海南、湖南、湖北、四川、贵州、云南、西藏等地。为害月季、木槿、芍药、萱草、鸢尾、菊花等植物，以幼虫取食叶肉，3龄后取食叶片，影响寄主的发育和观赏。

［识别特征］ ①成虫：体长18～20mm。体及翅白色。前翅前缘鲜红色。后翅横脉有1黑斑，近外缘处有1～3个黑斑。前足胫节末端具1弯形的爪，后足胫节有内距和端距各1对（图2-127）。②卵：半球形，卵壳表面有多边形刻纹。③幼虫：老熟幼虫体长36～60mm，头部茶褐色，体茶黑色。有不规则的赤褐色至黑色毛，胸足黑色，腹足及臀足红色。④蛹：长22～26mm，黑褐色。

图2-127 红缘灯蛾成虫

［生活习性］ 河北1年发生1代，华中、华东1年发生3代，以蛹在枯枝落叶下越冬。翌年5～6月羽化为成虫。成虫有趋光性。卵产于叶背，块状。初孵幼虫群集为害叶肉，3龄以后分散为害，取食叶片，残留叶脉和叶柄。

**115. 白雪灯蛾** *Chionarctia niveus* (Ménétriés, 1859)，属鳞翅目灯蛾科。

［分布与为害］ 分布于黑龙江、吉林、辽宁、内蒙古、陕西、河北、河南、山东、浙江、福建、江西、广西、湖北、湖南、四川、云南等地。为害苹果、梨、海棠类、桑等植物，以幼虫取食叶肉，造成"开天窗"，3龄后取食叶片，形成缺刻与孔洞，影响生长与观赏。

［识别特征］ ①成虫：雌蛾翅展70～80mm，雄蛾翅展55～70mm。体白色。下唇须基部红色，第3节黑色，触角栉齿黑色。腹部白色，侧面除基部及端节外具红斑，背面、侧面各具一列黑点。翅白色无斑纹。前足基节红色有黑斑，前、中、后足腿节上方红色，前足腿节具黑纹（图2-128）。②卵：淡绿

图2-128 白雪灯蛾成虫

色。③幼虫：体红褐色，节间处色较暗，密被灰黄色长毛，气门白色，胸足、腹足赭色，头赭黄黑色，有"V"形斑。④蛹：纺锤形，暗褐色。⑤茧：丝质，椭圆形，黑褐色。

［生活习性］ 华北、华东地区1年发生2～3代，以蛹在土中越冬。翌春3～4月羽化，第2代幼虫在8～9月的危害较重。成虫有趋光性，羽化后3～4天开始产卵，成块产于叶背，每块数十粒至百余粒，每雌可产400余粒，经5～6天孵化。初龄幼虫群集为害，3龄后开始分散，受惊有假死习性。幼虫共7龄，发育历期40～50天，老熟后在地表结茧化蛹。第2代老熟幼虫从9月开始，向沟坡、道旁等处转移化蛹越冬。

**116. 红星雪灯蛾** *Spilosoma punctarium* (Stoll, 1782)，属鳞翅目灯蛾科。

［分布与为害］ 分布于黑龙江、吉林、辽宁、陕西、北京、山东、江苏、安徽、浙江、江西、湖北、湖南、四川、贵州、云南等地。幼虫食性广，取食桑、山茱萸、甜菜等植物。

图2-129 红星雪灯蛾成虫

［生活习性］ 北方地区4～7月灯下可见成虫。

［识别特征］ 成虫：翅展31～44mm。体白色。下唇须、触角暗褐色。腹部背面除基节和端节外红色，背面、侧面和亚侧面各有1列黑点。前翅黑斑的数目有变化，甚至只剩几点；前缘下方具有基点及亚基点；内横线点和中横线点在中脉处折角；中室上角1黑点，其上方1黑点位于前缘处；外横线点在中室外向外弯，从翅顶至$M_2$脉有1斜列点。后翅白色，具黑点，通常有横脉纹黑点，有时具亚端点，位于翅顶下方、$M_2$脉上方及$Cu_2$脉下方。足具黑纹，腿节上方红色（图2-129）。

**117. 黄臀灯蛾** *Epatolmis caesarea* (Goeze, 1781)，又名黄臀黑污灯蛾，属鳞翅目灯蛾科。

［分布与为害］ 分布于黑龙江、吉林、辽宁、内蒙古、陕西、山西、河北、河南、山东、江苏、江西、湖南、四川、云南等地。以幼虫为害柳、珍珠菜等植物叶片，常造成"开天窗"、缺刻或孔洞。

［识别特征］ ①成虫：头、胸、第1腹节及其腹面黑褐色，腹部其余各节橙黄色，背侧有黑点列。翅黑褐色，后翅臀角有橙黄色斑（图2-130）。②幼虫：体黑色，具暗褐色毛，背线橙红色。

［生活习性］ 北京1年发生1代，6～7月为成虫发生期，成虫有趋光性。

图2-130 黄臀灯蛾成虫

**118. 褐点粉灯蛾** *Lemyra phasma* (Leech, 1899)，又名粉白灯蛾、褐点望灯蛾，属鳞翅目灯蛾科。

［分布与为害］ 分布于湖南、湖北、四川、贵州、云南、西藏等地。为害苹果、桃、梨、桑、梓、滇楸、女贞、夹竹桃、刺槐、梧桐、云南松等植物。

［识别特征］ ①成虫：雌蛾体长约20mm，翅展约56mm；雄蛾体长约16mm，翅展约30mm。体白色。头部腹面橘黄色。触角黑色。腹部各节背面中央及两侧各有1列连续黑点。前翅内线、中线、外线及亚外缘线为一系列灰褐色斑点。后翅亚外缘线为一系列褐点。雌蛾触角丝状；雄蛾触角栉齿状。②卵：初产深黄色，后变为赤褐色。③幼虫：幼虫头部浅玫瑰红色，体深灰色，稍带金属光泽，并具樱草黄斑及同色的背线，毛疣浅茶色，其上密生黑色与白色长毛（图2-131）。④蛹：红褐色，头与胸背面色较深，臀棘着生红褐色长短不等的细刺。⑤茧：长椭圆形，白色、浅黄或浅红色。

［生活习性］ 昆明1年发生1代，以蛹越冬。翌年5月上中旬开始羽化产卵，产卵成块，6月上中旬孵化，初龄幼虫结网聚处，在网下取食，3龄后取食量特大，扩散力加强，到处分散迁移，危害严重，幼虫共有7龄，至10月中下旬吐丝结茧。

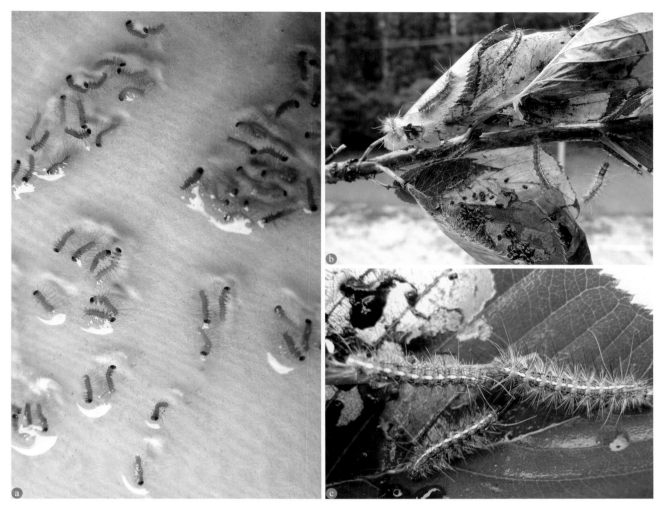

**图2-131 褐点粉灯蛾幼虫**
a. 低龄幼虫；b、c. 高龄幼虫

**119. 大丽灯蛾** *Aglaomorpha histrio* (Walker, 1855)，属鳞翅目灯蛾科。

［分布与为害］ 分布于江苏、安徽、浙江、江西、福建、台湾、广东、广西、湖南、湖北、四川、贵州、云南等地。为害油茶、杉木等植物。

［识别特征］ 成虫：翅展66~100mm。头、胸、腹橙色。头顶中央有1个小黑斑。额、下唇须及触角黑色。颈板橙色，中间有1个闪光大黑斑。翅基片闪光黑色。胸部有闪光黑色纵斑。腹部背面具黑色横带，第1节的黑斑成三角形，末2节的成方形，侧面及腹面各具1列黑斑。前翅闪光黑色，前缘区从基部至外线处有4个黄白斑，1脉上方有6个大小不等的黄白斑，中室末有1个橙色斑点，中室外至2脉末端上方有3个斜置的黄白色大斑。后翅橙色，中室中部下方至后缘有1条黑带，横脉纹为大黑斑，其下方有2个黑斑位于2脉及1脉上，外缘翅顶至2脉处黑色，其内缘成齿状，在亚中褶外缘处有1个黑斑（图2-132）。

［生活习性］ 1年发生2代，以老熟幼虫越冬。5月上旬至8月下旬可见成虫。成虫白天喜访花，夜晚亦具趋光性。

**图2-132 大丽灯蛾成虫**

图2-133 美苔蛾成虫

**120. 美苔蛾** *Miltochrista miniata* (Forster, 1771)，属鳞翅目灯蛾科。

[分布与为害] 分布于黑龙江、吉林、辽宁、内蒙古、山西、北京、河北、山东等地。幼虫取食地衣。

[识别特征] 成虫：翅展24～32mm。体背及翅黄褐色至淡红褐色，雄蛾腹端染黑色。前翅前缘及外缘常染红色，前翅前缘基部具黑边，黑色内线仅在翅前缘明显，后大部常消失；中线亦仅前部明显；外线黑色，强锯齿形，其外具1列黑点；中室端具黑点。后翅淡黄色，外缘区染红色（图2-133）。

[生活习性] 华北地区7～8月可见成虫。具趋光性。

**121. 路雪苔蛾** *Cyana adita* (Moore, 1859)，属鳞翅目灯蛾科。

[分布与为害] 分布于福建、湖北、四川、云南、西藏等地。为害植物不详。

[识别特征] 成虫：雌蛾翅展37～44mm，雄蛾翅展33～40mm。雌蛾前翅腹面无红边，中室末端上面的黑点向外移，3个黑点呈倒"品"字形，红色外线向前缘下方外曲。雄蛾纯白色，下唇须上方和触角黑色，颈板具红边，翅基片前端红色；前翅前缘近基部具红点，前缘基部至内线具红边，红色内线斜曲，中室端半部具黑点，横脉纹上2黑点分开，红色外线从前缘斜向3脉，其外方前缘下1黑点；翅腹面叶突淡红色三裂，最里面1个大部分黑色，基部红边明显；前、中足具黑带（图2-134）。

[生活习性] 不详。

**122. 明痣苔蛾** *Stigmatophora micans* (Bremer & Grey, 1852)，属鳞翅目灯蛾科。

[分布与为害] 分布于黑龙江、吉林、辽宁、内蒙古、陕西、山西、甘肃、河北、北京、河南、山东、江苏、湖北、四川等地。幼虫取食禾本科草坪草等植物。

图2-134 路雪苔蛾成虫

[识别特征] 成虫：翅展32～42mm。体白色。头、颈板、腹部染橙黄色。前翅前缘和端线区橙黄，前缘基部黑边，亚基点黑色，内横线斜置3个黑点，外横线1列黑点，亚端线1列黑点；前翅反面中央散布黑色斑点。后翅端线区橙黄色，翅顶下方有2黑色亚端点，有时 $Cu_2$ 脉下方具有2黑点（图2-135）。

[生活习性] 北京7～8月可见成虫。具趋光性。

**123. 头橙荷苔蛾** *Ghoria gigantea* (Oberthür, 1879)，属鳞翅目灯蛾科。

[分布与为害] 分布于黑龙江、吉林、辽宁、陕西、山西、甘肃、北京、河北、河南、山东、浙江等地。幼虫取食地衣。

[识别特征] 成虫：翅展32～43mm。头、颈板橙黄色。胸、腹灰褐色。腹部腹面及肛毛簇黄色；翅灰褐色；前翅前缘带黄色、较宽，至翅顶渐尖削，前缘基部黑边（图2-136a）。

图2-135 明痣苔蛾成虫

[生活习性] 北京6～7月可见成虫。具趋光性。

类似的苔蛾还有乌闪网苔蛾 *Macrobrochis staudingeri* (Alpheraky, 1897)。其分布于吉林、陕西、甘肃、河南、江西、福建、台湾、湖南、湖北、四川、云南等地。成虫翅展16～26mm。身体和前翅暗灰褐色稍带蓝色光，颈片、下唇须除顶端外，足腿节及腹部腹面金黄色至橙红色。后翅色淡，无蓝光（图2-136b）。

图2-136 头橙荷苔蛾成虫（a）和乌闪网苔蛾成虫（b）

**124. 广鹿蛾** *Amata emma* (Butler, 1876)，属鳞翅目灯蛾科。

［分布与为害］ 分布于陕西、北京、河北、山东、江苏、浙江、江西、福建、台湾、广东、广西、湖北、湖南、四川、云南、贵州等地。以幼虫为害野皂角、荆条等植物。

［识别特征］ 成虫：翅展24～36mm。头、胸黑褐色，颈板黄色。触角端部白色，其余部分黑褐色。腹部黑褐色，各节背面和侧面具黄带。前翅有6个透明斑，基部1个近方形或稍长，中部2个，前斑梯形，后斑圆形或菱形，端部3个斑狭长形；后翅后缘基部黄色，前缘区下方具1较大透明斑，翅顶黑色较宽（图2-137）。

图2-137 广鹿蛾成虫

［生活习性］ 华北地区7～10月见成虫。

**125. 黑鹿蛾** *Amata ganssuensis* (Grum-Grshimailo, 1891)，属鳞翅目灯蛾科。

［分布与为害］ 分布于黑龙江、陕西、山西、内蒙古、甘肃、青海、河北、山东、福建等地。以幼虫为害桑、胃菊等植物。

［识别特征］ 成虫：翅展26～36mm。体黑色，带有蓝绿或紫色光泽。触角全部黑色。下胸具2黄色侧斑。腹部第1、5节上有橙黄带。翅黑色，带蓝紫色或红色光泽，前翅具6个白斑，后翅具2个白斑，翅斑大小变异较大（图2-138）。

［生活习性］ 华北地区9月见成虫。

［灯蛾类的防治措施］

（1）加强检疫 疫区苗木未经过处理严禁外运，疫区内要积极防治，并加强对外检疫。

（2）人工除治 摘除卵块和群集为害的有虫叶片。冬季换茬耕翻土壤，消灭越冬蛹，或在

图2-138 黑鹿蛾成虫

图2-139 释放周氏啮小蜂防治美国白蛾

老熟幼虫转移时，在树干周围束草，诱集化蛹，然后解下诱草烧毁。

（3）灯光诱杀　成虫羽化盛期利用频振灯诱杀成虫。

（4）生物防治　保护和利用寄生性、捕食性天敌，如通过释放周氏啮小蜂防治美国白蛾（图2-139），或者用苏云金芽孢杆菌和核型多角体病毒制剂喷雾防治。

（5）化学防治　幼虫期可喷施50%辛硫磷乳油1000倍液、25%灭幼脲Ⅲ号悬浮剂1000～1500倍液、20%除虫脲悬浮剂3000～4000倍液、1.5%甲维盐乳油3000倍液等药剂进行防治。

## 八、斑蛾类

斑蛾类属鳞翅目斑蛾科。成虫颜色常鲜艳夺目，白天飞翔在花丛间。口器发达。翅多数有金属光泽，少数暗淡，身体狭长，有些种在后翅上具有燕尾形突起，形如蝴蝶。在园林植物上常见的有大叶黄杨斑蛾、竹斑蛾、梨星毛虫、朱红毛斑蛾、重阳木锦斑蛾、茶斑蛾等。

**126. 大叶黄杨斑蛾**　*Pryeria sinica* Moore, 1877，又名大叶黄杨长毛斑蛾、冬青卫矛斑蛾，属鳞翅目斑蛾科。

［**分布与为害**］　分布于陕西、山西、内蒙古、河北、北京、山东、江苏、浙江、福建等地。为害大叶黄杨、银边黄杨、金心黄杨、大花卫矛、扶芳藤、丝棉木等植物。以幼虫取食寄主叶片，初期啃食表皮与叶肉，形成"开天窗"（图2-140a），后造成缺刻、孔洞（图2-140b），严重时将叶片食光（图2-140c），影响植物正常生长。

图2-140 大叶黄杨斑蛾幼虫为害状
a. 为害造成"开天窗"状；b. 为害造成缺刻、孔洞状；c. 为害食光叶片状

［**识别特征**］　①成虫：体长7～12mm。触角、头胸和腹端黑色。中胸与腹部大部分污橘黄色。前翅浅灰黑色，略透明，基部1/3浅黄色。后翅大小为前翅的一半，色稍淡（图2-141a）。②卵：椭圆形，扁平，初产时黄白色，后渐为淡褐色，多排成长条状卵块，上覆有部分成虫体毛（图2-141b）。③幼虫：老熟时体长为15mm左右，腹部黄绿色，前胸背板有"A"形黑斑纹。体背共有7条纵带，体表有毛

瘤和短毛（图2-141c～e）。④蛹：黄褐色，表面有不明显的7条纵纹。⑤茧：椭圆形，扁平，淡褐色（图2-141f）。

**图2-141 大叶黄杨斑蛾**
a. 雌成虫及产卵状；b. 雌成虫及卵；c. 低龄幼虫；d. 中龄幼虫；e. 高龄幼虫；f. 茧

［生活习性］ 1年发生1代，以卵在枝梢上越冬。翌年3月底至4月初卵孵化，低龄幼虫群集枝梢取食新叶，之后随虫龄增长分散为害，食量剧增，并可吐丝缠绕叶片。幼虫稍受震动即吐丝下垂。4月底至5月初幼虫老熟，在浅土中结茧化蛹，以蛹越夏。11月上旬成虫羽化，交配后产卵于枝梢，以卵越冬。成虫喜欢将卵产在一至二年生枝条上，产卵时将腹末毛脱掉黏夹在外卵粒之间。卵块一般不易发现。进入产卵期后的雌虫受惊动也不飞翔，直到将卵粒产完，体能耗尽而死在卵块上。成虫有数头群集在一根枝条上的习性。

**127. 竹斑蛾** *Artona funeralis* (Butler, 1879)，又名竹小斑蛾、竹毛虫，属鳞翅目斑蛾科。

［分布与为害］ 分布于山东、江苏、安徽、浙江、江西、台湾、广东、广西、湖北、湖南、云南、贵州等地，主要为害毛竹、刚竹、淡竹、青皮竹、茶竿竹等，以幼虫取食竹笋及竹叶。轻则影响竹林长势，严重时使来年发笋率降低，如果连年严重受害则可致竹子死亡。近年来，随着北方地区园林绿地竹类栽植的日趋增多，该虫在山东、河北等地有逐年加重之势。

［识别特征］ ①成虫：体长9～11mm。体黑色，有光泽。翅黑褐色，后翅中部和基半部半透明。雌蛾触角丝状；雄蛾触角羽毛状。②卵：椭圆形，长约0.7mm，乳白色，有光泽。③幼虫：老熟幼虫体长14～20mm，砖红色。各体节横列4个毛瘤，瘤上长有成束的黑短毛和白色长毛（图2-142a、b）。④蛹：10～12mm，黄褐色至灰黑色。⑤茧：长12～15mm，瓜子形，黄褐色，茧上有白粉（图2-142c）。

［生活习性］ 浙江、湖南1年发生3代，以老熟幼虫在竹箨内壁、石块下和枯竹筒内处结茧越冬。翌年4月下旬至5月上旬化蛹，5月中下旬羽化为成虫。成虫白天活动，多在竹林上空、林缘及道路边飞翔，并取食金缨子、野茉莉等的花蜜补充营养。交尾、产卵也在白天，尤以下午3～6时最盛，夜间及阴雨天潜伏枝叶间不动。每雌产卵200～450粒，卵单层块产于高度1m以下的小竹嫩叶或大竹下部叶背面。各代幼虫为害期分别在6月上旬至7月中旬、8月上旬至9月中旬、9月底至11月初。幼龄幼虫群集为害，常在叶背头向一方整齐并排，啃食叶肉，形成不规则白膜或全叶呈白膜状（图2-143a），严重时致全叶枯白。3龄后幼虫能吐丝下垂，分散活动，造成缺刻或食光叶片（图2-143b），日夜均取食，老熟后下竹落地结茧化蛹。该虫多发生在温度较高、湿度较低、光线充足的竹林地，当年新竹和幼壮竹受害更为严重。

**图2-142 竹斑蛾**
a. 低龄幼虫；b. 高龄幼虫；c. 越冬茧及越冬幼虫

**图2-143 竹斑蛾为害状**
a. 为害造成"白叶"状；b. 后期为害造成缺刻状

**128. 梨星毛虫** *Illiberis pruni* Dyar, 1905，又名梨斑蛾、梨叶斑蛾、梨狗子、饺子虫，属鳞翅目斑蛾科。

[分布与为害] 分布于东北、华北、华东、西北、西南等地。为害山楂、梨、苹果、杏、樱桃、海棠类等植物。早春幼虫钻食花芽，将其食空，使其不能开放，变黑枯死，并有黄褐色树液从被害芽里流出。展叶后小幼虫啃食叶肉成筛网状，幼虫稍大后吐丝连缀叶缘，将叶片向正面纵折包成饺子形虫苞，在其中取食叶肉，仅残留下表皮呈透明状，被害叶枯焦（图2-144a），严重时全树叶片干枯，引起第2次发芽开花，往往造成连年不结果，损失严重。

[识别特征] ①成虫：体长9~12mm。灰黑色。翅灰黑色，半透明，翅缘颜色较深（图2-144b）。②卵：扁椭圆形，长约0.7mm，初产乳白色，近孵化时黄褐色。③幼虫：老熟幼虫体长约20mm，白色，纺锤形，从中胸到腹部第8节背面两侧各有1圆形黑斑，每节背侧还有星状毛瘤6个（图2-144c）。④蛹：体长约12mm，纺锤形，初淡黄色，后期黑褐色。

[生活习性] 北方地区大多1年发生1代，河南、陕西有的地区1年发生2代，均以幼虫在粗皮缝内越冬。大多在树干、根茎部结茧越冬，梨花芽膨大期开始活动，开绽期钻入花芽内蛀食花蕾或芽基。吐蕾期

**图 2-144　梨星毛虫**

a. 为害山楂叶片状；b. 雌成虫（左）和雄成虫（右）；c. 老熟幼虫

蛀食花蕾，展叶期则卷叶为害，叶向正面卷成饺子状。幼虫啃食正面叶肉，仅留叶脉和下表皮，每吃光1叶就转移到另1新叶，仍吐丝将叶纵卷为害，1头幼虫可为害5～8片叶，严重时将全树叶片吃光。幼果期幼虫在最后1片包叶内结茧化蛹。蛹期约10天，6月中旬出现成虫，傍晚活动，交尾产卵，卵期7～8天，6月出现当年第1代幼虫，群居叶背，啃食叶肉，仅留上表皮呈透明乳状，但不卷叶，叶呈筛网状。幼虫取食10～15天，即转移至树皮缝，结长椭圆形、似革质的厚茧越夏、越冬，在我国中南部地区有发生2代的记载。第2代幼虫8～9月出现，仍以小幼虫在树皮缝内结茧越冬。

**129. 朱红毛斑蛾**　　*Phauda flammans* Walker, 1854，又名榕树斑蛾、火红斑蛾，属鳞翅目斑蛾科。

[分布与为害]　分布于福建、广东、云南等地。为害榕树、高山榕、聚果榕、花叶橡胶榕、印度橡胶榕、青果榕、美丽枕果榕、菩提榕等榕属植物。初孵幼虫啃食叶片表皮，随虫龄增大，将叶片吃成孔洞或缺刻；发生严重时植株叶片全被吃光，仅剩枝干。

[识别特征]　①成虫：体长13.0～13.5mm。头、胸红色，腹部黑色，两侧有红色的长毛。翅红色，臀区有1片大的深蓝色斑（图2-145a）。②卵：扁椭圆形，长1.4～1.6mm，浅黄色。③幼虫：老熟幼虫体长17～19mm，头小，常隐藏在前胸下。体背面赤褐色，两侧浅黄色，气门上线和基线白色；每体节有4个白色毛突，每个毛突着生1根棕色毛。幼虫体上能分泌出一种黏液而使其体表黏稠（图2-145b）。④蛹：

**图 2-145　朱红毛斑蛾**

a. 成虫；b. 幼虫

纺锤形，长11～12mm，腹部背面黑褐色，其余均为淡黄色。⑤茧：扁椭圆形，长16～18mm。

［生活习性］ 1年发生2代，以老熟幼虫结茧越冬。翌年3月化蛹，4月羽化成虫。第1代幼虫出现在4月下旬至6月下旬，成虫于6月下旬至7月中旬羽化；第2代幼虫出现在7月中旬至10月中旬，9月下旬开始结茧越冬。成虫多在上午8～12时羽化，羽化后3～4天进行交配，翌日产卵。卵多产于树冠顶部的叶片上，平铺块状，每卵块7～42粒，卵期13～14天。初孵幼虫咬食叶表皮，随虫龄增大，将叶片食成孔洞或缺刻，猖獗时把植株叶片吃光，仅剩光秃枝干。老熟幼虫在树干基部附近杂草、石缝和树根间隙结茧化蛹。

**130. 重阳木锦斑蛾** *Histia rhodope* Cramer, 1775，又名重阳木斑蛾、重阳木萤斑蛾、重阳木帆锦斑蛾，属鳞翅目斑蛾科。

［分布与为害］ 分布于河南、江苏、浙江、福建、广东、广西、湖北、湖南、云南等地。为害重阳木、秋枫等植物，以幼虫取食叶片，严重时将叶片吃光，仅残留叶脉。

［识别特征］ ①成虫：雌蛾翅展61～64mm；雄蛾翅展47～54mm。头小，红色，有黑斑。触角黑色，齿状前胸背板褐色，前、后端中央红色。中胸背面黑褐色，前端红色，近后端有2个红色斑纹，或连成"U"形。前翅黑色，反面基部有蓝光；后翅由基部至翅室近端部蓝绿色。腹部红色，有5列黑斑（图2-146a）。②卵：圆形，略扁，表面光滑。黄色至浅灰色。③幼虫：体长22～24mm，肉黄色，背线浅黄色。从头至腹末节在背线上每节有椭圆形一大一小的黑斑；亚背线上每节各有椭圆形黑斑1枚，在背线、亚背线上黑斑两端具有肉黄色小瘤，在气门下线每节生有较长的肉瘤（图2-146b）。④蛹：头部暗红色，复眼、触角、胸部及足、翅黑色。腹部桃红色。⑤茧：丝质，白色或略带淡褐色。

**图2-146 重阳木锦斑蛾**
a. 成虫；b. 幼虫

［生活习性］ 大部分地区1年发生4代，主要以幼虫或幼虫结茧化蛹在树皮、墙缝、石块、杂草等处越冬。越冬后于4月下旬至5月下旬初孵，6月上中旬为第1代幼虫为害高峰。第2代幼虫于7月中旬盛孵，8月上旬时能在三四天内把全树叶片吃光。第3代幼虫于9月上中旬盛孵，9月下旬危害尤甚，常食尽全树绿叶，仅剩叶脉。第4代幼虫于1月上中旬发生，发生时数量相对较少。11月下旬至12月一般无虫害。各虫态不整齐且世代重叠较明显，该虫越冬适应性较强。成虫白天在重阳木树冠或其他植物丛上飞舞，吸食花蜜补充营养。卵产于叶背。低龄幼虫群集叶背，并吐丝下垂，借风力扩散为害，长大后分散取食枝叶。老熟幼虫部分在叶面结茧化蛹，部分吐丝垂地，在枯枝落叶间结茧。

**131. 茶斑蛾** *Eterusia aedea* (Linnaeus, 1763)，又名茶叶斑蛾，属鳞翅目斑蛾科。

［分布与为害］ 分布于江苏、安徽、浙江、江西、福建、台湾、广东、海南、湖南、四川、贵州、云南等地。以幼虫为害茶、油茶等植物的叶片，低龄幼虫取食下表皮与叶肉，形成半透明状枯黄薄膜；高龄时造成缺刻、孔洞，严重时仅留主脉、叶柄。

［识别特征］ ①成虫：体长17～20mm，翅展56～66mm。头、胸、腹基部和翅均黑色，略带蓝色，

具缎样光泽。头至第2腹节青黑色有光泽。前翅基部有数枚黄白色斑块，中部内侧黄白色斑块连成一横带，中部外侧散生11个斑块。后翅中部黄白色横带甚宽，近外缘处亦散生若干黄白色斑块。雌蛾触角基部丝状，上部栉齿状，端部膨大，粗似棒状；雄蛾触角双栉齿状。②卵：椭圆形，鲜黄色，近孵化时转灰褐色。③幼虫：体长20～30mm，圆形似菠萝状。体黄褐色，肥厚，多瘤状突起，中、后胸背面各具瘤突5对，腹部1～8节各有瘤突3对，第9节生瘤突2对，瘤突上均簇生短毛（图2-147）。④蛹：长20mm左右，黄褐色。⑤茧：褐色，长椭圆形。

图2-147 茶斑蛾幼虫

［生活习性］ 安徽、江西、贵州1年2代，以老熟幼虫于11月后在茶丛基部分叉处或枯叶下、土隙内越冬。翌年3月中下旬气温上升后上树取食。4月中下旬开始结茧化蛹，5月中旬至6月中旬成虫羽化产卵。第1代幼虫发生期在6月上旬至8月上旬，第2代幼虫10月上旬开始发生。成虫活泼，善飞翔，有趋光性。成虫具异臭味，受惊后，触角摆动，口吐泡沫。昼夜均活动，多在傍晚于茶园周围行道树上交尾。卵成堆产在茶树或附近其他树木枝干上，初孵幼虫多群集于茶树中下部或叶背面取食，2龄后逐渐分散，在茶丛中下部取食叶片，沿叶缘咬食致叶片成缺刻。幼虫行动迟缓，受惊后体背瘤状突起处能分泌透明黏液，但无毒。老熟后在老叶正面吐丝，结茧化蛹。

［斑蛾类的防治措施］

（1）农业防治 结合冬春修剪，剪除虫卵。生长期人工捏杀虫苞、摘除虫叶，集中销毁，捕捉成虫；以幼虫越冬的，可在幼虫越冬前在树干基部束草把诱杀。

（2）化学防治 幼虫期喷洒100亿活孢子/g的青虫菌可湿性粉剂500～600倍液、1%阿维菌素乳油2000～3000倍液、2.5%的溴氰菊酯乳油3000倍液、24%氰氟虫腙悬浮剂600～800倍液、10%溴氰虫酰胺可分散油悬乳剂1500～2000倍液、10.5%三氟甲吡醚乳油3000～4000倍液、20%甲维·茚虫威悬浮剂2000倍液等。

## 九、草螟、螟蛾类

草螟类和螟蛾类分别属于鳞翅目草螟科和螟蛾科，外形差别很大，有的种类色彩艳丽，有的则颜色暗淡。主要以卷叶、缀叶为害。常见的草螟科的种类有黄杨绢野螟、黄翅缀叶野螟、四斑绢野螟、白蜡卷须野螟、黄环绢须野螟、旱柳原野螟、棉褐环野螟、甜菜白带野螟、赭翅叉环野螟、白纹翅野螟、稻筒水螟、棉水螟等，螟蛾科的种类有缀叶丛螟、大豆网丛螟、樟巢螟、艳双点螟、黑脉厚须螟、枇杷卷叶野螟等。

**132. 黄杨绢野螟** *Cydalima perspectalis* (Walker, 1859)，又名黄杨黑缘螟蛾，属鳞翅目草螟科。

［分布与为害］ 分布于陕西、北京、河北、河南、山东、江苏、安徽、江西、浙江、福建、广东、湖北、湖南、四川、西藏等地。为害瓜子黄杨、雀舌黄杨、锦熟黄杨、朝鲜黄杨、冬青、卫矛等植物。以幼虫食害嫩芽和叶片，常吐丝缀合叶片，于其内取食，受害叶片枯焦，危害严重的区域被害株率在50%以上，甚至可达90%，暴发时可将叶片吃光，造成黄杨成株枯死，影响美观，污染环境（图2-148）。

［识别特征］ ①成虫：体长约23mm。除前翅前缘、外缘、后缘及后翅外缘为黑褐色宽带外，全体大部分被有白色鳞片，有紫红色闪光。在前翅前缘宽带中，有1个新月形白斑（图2-149a）。②卵：长圆形，扁平，排列整齐，不易发现。③幼虫：老熟时体长约40mm，头部黑色，胸、腹黄绿色。背中线深绿色，两侧有黄绿及青灰色横带，各节有明显的黑色瘤状突起，瘤突上着生刚毛（图2-149b、c）。④蛹：纺锤形，臀棘8根，排成1列，尖端卷曲成钩状（图2-149d）。

［生活习性］ 1年发生3代，以幼虫在缀叶中越冬。翌年3月中旬至4月上旬越冬幼虫活动为害，5月上旬为盛期，5月中旬在缀叶中化蛹，蛹期9天左右。成虫有弱趋光性，昼伏夜出，雌蛾将卵产在叶背面，卵期约7天。幼虫共6龄。第1代在5月上旬至6月上旬、第2代在7月上旬至8月上旬、第3代在7月下旬至9月下旬发生，以第2代幼虫发生普遍，危害严重。若防治不及时，叶片被蚕食光，植株变黄枯萎。9月

图2-148 黄杨绢野螟为害瓜子黄杨叶片状

图2-149 黄杨绢野螟
a. 成虫；b. 低龄幼虫；c. 高龄幼虫；d. 蛹

下旬幼虫结网缀叶做虫苞，在虫苞内结薄茧越冬。

**133. 黄翅缀叶野螟** *Botyodes diniasalis* (Walker, 1859)，又名杨黄卷叶螟，属鳞翅目草螟科。

［分布与为害］ 分布于黑龙江、吉林、辽宁、陕西、山西、宁夏、内蒙古、北京、河北、河南、山东、江苏、浙江、福建、台湾、湖北、四川、云南等地。为害杨、柳，常造成严重损失。幼虫喜在嫩叶上吐丝缀叶为害（图2-150），受害叶呈饺子状或筒状；发生严重时，叶片被食光，枝梢变成"秃梢"。

［识别特征］ ①成虫：体长约12mm，翅展约30mm。体黄色。头部褐色，两侧有白条。触角淡褐色。胸、腹部背面淡黄褐色。雄蛾腹末有1束黑毛。翅黄色，前翅亚基线不明显，内横线穿过中室，中室中央

图2-150 黄翅缀叶野螟为害杨树叶片状

有1个小斑点，斑点下侧有1条斜线伸向翅内缘，中室端脉有1块暗褐色肾形纹及1条白色新月形纹，外横线暗褐色波状，亚缘线波状。后翅有1块暗色中室端斑，有外横线和亚缘线。前、后翅缘毛基部有暗褐色线（图2-151a）。②卵：扁圆形，乳白色，近孵化时黄白色。成块排列，呈鱼鳞状。③幼虫：老熟时体长20mm左右，黄绿色，头部两侧近后缘有1个黑褐色斑点，胸部两侧各有1条黑褐色纵纹。体沿气门两侧各有1条浅黄色纵带（图2-151b）。④蛹：长约15mm，宽约4mm，淡黄色，外被一层白色丝织薄茧（图2-151c）。

图2-151 黄翅缀叶野螟
a. 成虫；b. 幼虫；c. 蛹

[生活习性] 1年发生4代，少数5代，以幼虫在树皮缝、枯落物下及土缝中结茧越冬。翌年4月萌芽后开始取食为害，5月底老熟幼虫化蛹，6月上中旬越冬代成虫出现；7月中旬是成虫为害盛期，成虫有趋光性，将卵产于新梢叶背。初孵幼虫有群集性，喜群居啃食叶肉，3龄后分散缀叶呈饺子状虫苞或叶筒栖息取食。幼虫活泼，遇惊扰即弹跳逃跑或吐丝下垂，老熟后在叶卷内结薄茧化蛹。在雨季该虫发生普遍，10月底老熟幼虫进入越冬期。

**134. 四斑绢野螟** *Glyphodes quadrimaculalis* (Bremer & Grey, 1853)，又名四斑绢螟，属鳞翅目草螟科。

[分布与为害] 分布于黑龙江、吉林、辽宁、陕西、宁夏、河北、天津、河南、山东、浙江、福建、

图2-152 四斑绢野螟成虫

广东、四川、贵州、云南等地，以幼虫为害萝藦、隔山消的叶片，卷成筒状。另有资料介绍其可为害黄杨、柳，需进一步观察核实。

[识别特征] 成虫：翅展33～37mm。头部淡黑褐色，两侧有细白条。触角黑褐色。下唇须向上伸，下侧白色，其余部分黑褐色。胸部及腹部黑色，两侧白色，前翅黑色、有4个白斑，最外侧1个延伸成4个小白点。后翅底色白有闪光，沿外缘有1黑色宽缘（图2-152）。

[生活习性] 北京地区1年发生1代，6～8月为幼虫期，成虫于7～8月出现，有趋光性。

**135. 白蜡卷须野螟** *Palpita nigropunctalis* (Bremer, 1864)，属鳞翅目草螟科。

[分布与为害] 分布于黑龙江、吉林、辽宁、陕西、河北、山东、河南、江苏、浙江、福建、台湾、广东、湖北、四川、贵州、云南等地。以幼虫取食白蜡、梧桐、女贞、丁香、橄榄等植物，卷叶为害。

[识别特征] 成虫：翅展28～36mm；体、翅白色。触角内侧白色，背侧黄褐色。前翅前缘棕黄色，其内侧具3个小黑点，中室下角具1小黑点，缘线具黑点列。后翅白色，中室具黑点，缘线同前翅（图2-153）。

[生活习性] 北京地区1年发生1代，6～8月是幼虫为害盛期，5、8、9月灯下可见成虫。

图2-153 白蜡卷须野螟成虫

**136. 黄环绢须野螟** *Palpita annulata* (Fabricius, 1794)，又名黄环绢野螟，属鳞翅目草螟科。

[分布与为害] 分布于江苏、浙江、湖南、福建、台湾、广东、湖北、四川、云南等地。以幼虫为害小叶女贞、金叶女贞叶片，严重时受害植株焦黄，枝条干枯，叶片发黑，严重影响生长和绿化效果。

[识别特征] ①成虫：翅展24～30mm。头白色。触角基部黄白色，其余白色。下唇须基节白色，第2、3节深棕色。腹部乳白色略带淡黄。双翅白色半透明。前翅前缘淡黄褐色，有3个黄色斑纹，边缘有棕黄色环，翅中部靠近后缘有1个黄色环形斑纹，翅基部有1个小黑点，外横线黄褐色波纹状弯曲。后翅中室内有1个棕褐色长形环形纹，斑纹下部有1个黑点，外横线黄褐色波纹状弯曲，后角处有1个小黑点。双翅缘毛白色。②卵：扁椭圆形，初产时嫩黄绿色，近孵化时变为黑褐色。③幼虫：老熟幼虫体黄绿色，头黄褐色，口器褐色，胸部各节背板两侧及第8腹节气门上方各具1黑色小斑。小斑为菱形或蝌蚪形（图2-154）。④蛹：初期为绿色，半天后变成绿褐色，近羽化时变为黄褐色，复眼黑褐色，翅上斑纹清晰可见。腹末有臀棘8根，臀棘先端略卷曲，呈弧形排列。

图2-154 黄环绢须野螟幼虫

[生活习性] 湖南衡阳1年发生3代，以蛹在寄主附近的土壤中越冬。越冬蛹4月下旬开始羽化、产卵，4月底第1代幼虫开始孵化；第2代幼虫于6月初开始孵化；第3代（越冬代）幼虫7月上旬出现，7月中旬开始入土化蛹。

**137. 旱柳原野螟** *Euclasta stoetzneri* (Caradja, 1927)，又名杠柳螟，属鳞翅目草螟科。

[分布与为害] 分布于黑龙江、吉林、内蒙古、宁夏、甘肃、陕西、山西、河南、北京、河北、天津、山东、福建、湖北、四川、西藏等地。主要寄主植物为杠柳、旱柳，幼虫卷叶为害，取食叶片，有时将叶片吃光。

[识别特征] ①成虫：雌蛾体长15～18mm，翅展31～34mm；雄蛾体长12～15mm，翅展27～32mm。头部褐色，额区两复眼间有3条白线纹，两侧的两条白线纹直通向触角背面。触角背面白色，腹面褐色，但有时雄蛾触角背面白色不明显。下唇须基部白色，其余部分褐色。胸部背面褐色或灰白色，肩片褐色。

腹部背面灰褐色或灰白色，腹面灰褐色。前翅灰褐色，中室下部白色，形成宽白色纵带，纵带前方近前缘处色较深暗，纵带后方向后缘处色淡，近后缘灰白色；沿翅脉褐色，两侧灰白色，形成多条纵纹；缘毛中间黄褐色，两端白色。后翅灰白色，向外缘渐成褐色，在外缘形成1条较宽的横带（图2-155a）。②卵：扁椭圆形，长径约1mm，扁平，表面有细网状纹。初产时乳白色，后在卵表面出现不规则的粉红色斑点，呈淡红色。③幼虫：老熟时体长20～24mm。体灰黄色，背线双条，淡紫褐色，气门线鲜黄色。气门褐色，围气门片黑色。头较小，黑褐色，头部中央有一淡灰色"八"字形纹。体表密被黑色毛片，腹部各节背面中央有1横皱纹，皱纹前方有4个排列的毛片，两侧两个毛片大而凸出，中央两个毛片较小，皱纹后方两个毛片各位于前两个毛片之间，前后6个毛片排列成梯形（图2-155b）。④蛹：体长12～18mm，淡黄褐色，复眼褐色。足、翅、触角褐色，足和触角末端黑褐色，并与蛹体分离。腹部3～7节背侧面后缘有8块断续的褐色斑。气门周围有明显的轮纹状。

**图2-155 旱柳原野螟**
a. 成虫；b. 幼虫

［生活习性］ 河北南部1年发生3～4代，以蛹于薄茧中在杠柳附近的石块下或其他缝隙中越冬。翌年3月下旬至4月上旬越冬蛹开始羽化，4月中旬为羽化高峰。成虫夜间羽化，白天躲在杂草中不甚活动，有趋光性，对频振灯趋性强。成虫产卵场所与其他螟蛾不同——不产在寄主叶片或其他部位，而将卵产在干枯的杂草茎上或细而光滑的干树枝上。以数粒卵顺枯草茎或细树枝直行排列成条状卵块。初孵化幼虫不取食卵壳，孵化后即开始分散，活泼，爬行迅速，寻找寄主，沿寄主茎基部向上爬行，在爬行中可吐丝下垂，借风力扩散。喜欢中温中湿的气候条件，高温干旱对其发生不利。

**138. 棉褐环野螟** *Haritalodes derogata* (Fabricius, 1775)，又名棉大卷叶螟、棉卷叶野螟、棉大卷叶野螟、棉卷叶螟、卷叶虫、打苞虫，属鳞翅目草螟科。

［分布与为害］ 分布于全国各地。为害木槿、木芙蓉、木棉、大红花、扶郎花、栀子花、苹果、梨、海棠类、冬青、蜀葵、大花秋葵、天蓝绣球、黄秋葵、锦葵、马络葵等植物。幼虫吐丝将叶片卷成筒状（图2-156），在卷叶内取食，严重时将叶片吃光。

［识别特征］ ①成虫：体长10～15mm。体淡黄色。头部浅黄色。胸部背面有12个黑褐色小点排成4行。前、后翅内横线及外横线为波状栗色。前翅前缘近中央处有"OR"形的褐色斑纹，缘毛淡黄色。后翅中室端部有细长棕色环形纹，外横线和亚外缘线波状，缘毛淡黄色（图2-157a）。②卵：扁椭圆形，长约0.12mm，宽约0.09mm，初产乳白色，后变浅绿色。③幼虫：老熟幼虫体长25～26mm，体绿色，头部棕黑色，胸足黑色，体上有稀疏的长刚毛（图2-157b）。④蛹：纺锤形，红褐色。

［生活习性］ 北京1年发生3～4代，华南5代，以老熟幼虫在茎秆、落叶、杂草或树皮缝中越冬。翌年5月羽化成虫，成虫有趋光性，卵散产于叶背，以植株上部最多。幼虫6月中旬至7月孵化，初孵幼虫多聚集于叶背啃食叶肉，3龄后分散为害，将叶片卷成筒状，幼虫潜藏其中为害，并有转叶为害习性，严重时将叶片吃光，7月下旬出现第2代成虫，8月底至9月上旬出现第3代成虫，11月以幼虫越冬。

**图2-156　棉褐环野螟为害状**
a. 为害木槿叶片状；b. 为害蜀葵叶片状；c. 为害大花秋葵叶片状

**图2-157　棉褐环野螟**
a. 成虫；b. 幼虫

**139. 甜菜白带野螟**　*Spoladea recurvalis* (Fabricius, 1775)，又名甜菜青野螟、甜菜叶螟、白带螟蛾、青布袋、甜菜螟，属鳞翅目草螟科。

［分布与为害］　分布于黑龙江、吉林、辽宁、内蒙古、宁夏、青海、陕西、山西、北京、河北、山东、安徽、江苏、上海、浙江、江西、福建、台湾、广东、广西、湖南、湖北、贵州、重庆、四川、云南、西藏等地，为害苋科植物如鸡冠花、千日红等，有时也为害草坪草。幼虫吐丝卷叶，在其内取食叶肉，留下叶脉。

［识别特征］　①成虫：翅展24～26mm。体棕褐色。头部白色，额有黑斑。触角黑褐色。下唇须黑褐色向上弯曲。胸部背面黑褐色。腹部环节白色。翅暗棕褐色，前翅中室有一条斜波纹状的黑缘宽白带，外缘有一排细白斑点。后翅也有一条黑缘白带，缘毛黑褐色与白色相间；双翅展开时，白带相接呈倒"八"字形（图2-158）。②卵：扁椭圆形，长0.6～0.8mm，淡黄色，透明，表面有不规则网纹。③幼虫：老熟幼虫体长约17mm，宽约2mm。淡绿色，光亮透明。两头细中间粗，近似纺锤形。趾钩双序缺环。④蛹：长9～11mm，宽2.5～3.0mm，黄褐色，臀棘上有钩刺6～8根。

［生活习性］　山东1年发生3代，以老熟幼虫吐丝做土茧化蛹，在田间杂草、残叶或表土层越冬。成

图 2-158 甜菜白带野螟成虫

虫飞翔力弱，卵散产于叶脉处，常 2～5 粒聚在一起。每雌平均产卵 88 粒。卵历期 3～10 天。幼虫孵化后昼夜取食。幼龄幼虫在叶背啃食叶肉，留下上表皮成"开天窗"状，蜕皮时拉一薄网。3 龄后将叶片食成网状缺刻。幼虫共 5 龄，发育历期 11～26 天。幼虫老熟后变为桃红色，开始拉网，24h 后又变成黄绿色，多在表土层做茧化蛹，也有的在枯枝落叶下或叶柄基部间隙中化蛹。9 月底或 10 月上旬开始越冬。

**140. 赭翅叉环野螟** *Eumorphobotys obscuralis* (Caradja, 1925)，又名赭翅双叉端环野螟，属鳞翅目草螟科。

［分布与为害］ 分布于江苏、浙江、安徽、福建、江西、四川等地。幼虫为害竹类植物，蛀食秆部。

［识别特征］ 成虫：翅展约 32mm。触角、下唇须黄色。胸部、腹部深烟赭色。前翅及后翅均为暗烟赭色，缘毛淡黄，前翅中室有不明显的中室端脉斑（图 2-159）。

［生活习性］ 不详。

图 2-159 赭翅叉环野螟成虫
a. 背面观；b. 腹面观

**141. 白纹翅野螟** *Diasemia reticularis* (Linnaecus, 1761)，属鳞翅目草螟科。

［分布与为害］ 分布于黑龙江、吉林、辽宁、陕西、内蒙古、河北、北京、山东、江苏、浙江、台湾、广东、湖北、四川、贵州、云南等地。为害菊科毛连菜属等植物。

［识别特征］ 成虫：翅展 16.0～20.5mm。前翅中室内具 1 近三角形白斑，中室具白色端斑；外线白色，在中部弯曲成角。雄蛾触角具纤毛，约与触角直径等长，雌蛾纤毛不明显（图 2-160）。

［生活习性］ 北京 5 月灯下可见成虫。

图 2-160 白纹翅野螟成虫

图2-161 稻筒水螟成虫

**142. 稻筒水螟** *Parapoynx vittalis* (Bremer, 1864)，属鳞翅目草螟科。

［分布与为害］ 分布于黑龙江、吉林、辽宁、陕西、宁夏、内蒙古、河北、北京、天津、山东、江苏、上海、浙江、江西、福建、台湾、湖南、湖北、四川、云南等地。为害睡莲、眼子菜等植物。

［识别特征］ 成虫：翅展14～22mm。体白色。胸腹背面（除第1腹节和腹末）具黑色横带。前翅大部、后翅外缘黄色，具白色横纹或斜纹，白纹两侧围以黑色或黑褐色鳞片。前翅中室内具2个黑斑；前翅缘毛白色，基部具黑色小点列。后翅外缘个黑点列，缘毛基部具黑带列（图2-161）。

［生活习性］ 北京7月可见成虫。

**143. 棉水螟** *Nymphula interruptalis* (Pryer, 1877)，又名睡莲水螟，属鳞翅目草螟科。

［分布与为害］ 分布于黑龙江、吉林、辽宁、河北、安徽、江苏、浙江、福建、湖南、广东、云南、四川等地。为害睡莲等植物，多以幼虫在叶背取食叶肉，只留网状叶脉，造成叶片枯黄（图2-162）。

［识别特征］ 成虫：体长15mm左右，翅展28～34mm。头及触角上部白色。触角丝状，暗黄色。胸部黄褐色，胸背面有黑褐色、黄褐色与白色混合的鳞片；胸部腹面白色。腹部背面黄褐色，腹面黑白相间。前翅橙黄色，基部有2条较宽的白色波纹，中部有1褐边的圆纹。前缘有1褐边三角形纹，其下侧有1白色圆纹，向下有1长形白斑，缘毛灰褐色。

图2-162 棉水螟为害状及幼虫

后翅橙黄色，基部白色，中央有1宽阔白带，其上方有2条褐色波状横线，缘毛白色。触角丝状。

［生活习性］ 1年发生2代，以幼虫在杂草丛中越冬。翌年5～6月化蛹，7月上旬羽化交尾产卵，7月中旬幼虫孵化。幼虫将大小相仿的2片叶吐丝缀在一起，在内中取食叶肉。8月幼虫老熟，吐丝结茧化蛹。蛹期1周，8月下旬至9月上旬羽化。

**144. 缀叶丛螟** *Locastra muscosalis* (Walker, 1865)，又名核桃缀叶螟、木橑黏虫，属鳞翅目螟蛾科。

［分布与为害］ 分布于辽宁、陕西、北京、河北、天津、河南、山东、江苏、安徽、浙江、江西、福建、台湾、广东、广西、湖南、湖北、四川、贵州、云南等地。为害核桃、板栗、臭椿、女贞、盐肤木、黄连木、木橑、火炬树、黄栌、酸枣等植物。初龄幼虫群居在叶面吐丝结网，稍长大，由1窝分为几群，把叶片缀在一起，使叶片呈筒形，幼虫在其中食害，并把粪便排在里面，卷食复叶，严重时复叶大量卷曲成团状。发生严重时甚至食光叶片（图2-163）。

图2-163 缀叶丛螟为害状
a. 为害黄栌状；b. 为害火炬树状

［识别特征］ ①成虫：体长14～20mm，翅展35～50mm。体黄褐色。前翅色深，稍带淡红褐色，有明显的黑褐色内横线及曲折的外横线，横线两侧靠近前缘处各有黑褐色斑点1个，外缘翅脉间各有黑褐色小斑点1个。前翅前缘中部有1黄褐色斑点。后翅灰褐色，越接近外缘颜色越深。②卵：球形，密集排列成鱼鳞状卵块，每块有卵约200粒。③幼虫：初龄幼虫色浅，后渐变深。老熟时头黑色，有光泽，前胸背板黑色，前缘有黄白斑点6个。背中线杏黄色，较宽，亚背线、气门上线黑色。体侧各节生黄白色，腹部腹面黄色，全体疏生短毛（图2-164）。④蛹：长16mm左右，深褐色至黑色。⑤茧：深褐色，扁椭圆形，形似牛皮纸。

图2-164 缀叶丛螟幼虫

a. 低龄幼虫；b. 高龄幼虫

［生活习性］ 1年发生1代，以老熟幼虫在根茎部及距树干1m范围内的土中结茧越冬，入土深度10cm左右。翌年6月中旬越冬幼虫开始化蛹，化蛹盛期在6月底至7月中旬，末期在8月上旬，蛹期10～20天，平均17天。6月下旬开始羽化，7月中旬为羽化盛期，末期在8月上旬。成虫产卵于叶面。7月上旬孵化幼虫，7月末至8月初为盛期。幼虫在夜间取食、活动、转移，白天静伏在被害卷叶内呈隐蔽状态，很少为害。8～9月入土越冬。

**145. 大豆网丛螟** *Teliphasa elegans* (Butler, 1881)，属鳞翅目螟蛾科。

［分布与为害］ 分布于陕西、山西、北京、河北、山东、福建、广西、湖南、湖北、四川等地。为害苹果、桃、柿、核桃、紫叶李、桂花等植物的叶片，在叶片正面吐丝，稍把叶收拢成巢，外出取食叶片。

［识别特征］ ①成虫：翅展24～35mm。前翅暗褐色、褐色或褐色带绿色，但内外横线间常灰白色至灰褐色，有时色暗；中室内可见2个黑斑；外线黑色，斜伸向外再弯回，后直伸至后缘。②幼虫：参见图2-165。

图2-165 大豆网丛螟幼虫

［生活习性］ 北京6～8月灯下可见成虫，7～9月见到幼虫。

**146. 樟巢螟** *Orthaga achatina* (Butler, 1878)，又名樟丛螟、樟叶瘤丛螟、栗叶瘤丛螟，属鳞翅目螟蛾科。

［分布与为害］ 分布于华东、华中各地。为害樟、山苍子、栗、山胡椒等植物，以幼虫取食樟树叶片。1～2龄幼虫取食叶片，3～5龄幼虫吐丝缀合小枝与叶片，形成鸟巢样的虫巢。严重时整株叶片几乎吃光，严重影响樟树生长；有时虽对生长影响不大，但树上虫巢多，影响绿化效果（图2-166a、b）。

［识别特征］ ①成虫：体长8～13mm，翅展22～30mm。头部淡黄褐色。触角黑褐色。前翅基部暗黑褐色，内横线黑褐色，前翅前缘中部有1黑点，外横线曲折波浪形，沿中脉向外凸出，尖形向后收缩，翅前缘2/3处有1乳头状肿瘤，外缘黑褐色，缘毛褐色，基部有一排黑点。后翅除外缘形成褐色带外，其余灰黄色。下唇须向上举、弯曲超过头顶，末端尖锐。②卵：扁平圆形，直径0.6～0.8mm，中央有不规则的红斑，卵壳有点状纹。卵粒不规则堆叠一起成卵块。③幼虫：初孵幼虫灰黑色，2龄后渐变棕色。老熟幼虫体长22～30mm，褐色，头部及前胸背板红褐色，体背有1条褐色宽带，其两侧各有2条黄褐色线，每节背面有细毛6根（图2-166c）。④蛹：体长9～12mm，红褐色或深棕色，腹节有刻点，腹末有钩刺6根。⑤茧：长12～14mm，黄褐色，椭圆形。

图2-166 樟巢螟

a、b. 为害状；c. 幼虫

［生活习性］ 湖北孝感1年发生2代，以老熟幼虫入土结茧越冬。翌年4月中下旬化蛹，5月中下旬羽化。第1代取食期为5月下旬到7月下旬，7月上中旬是为害盛期，第2代幼虫取食期从8月上旬到10月上旬（少数发育迟的到10月底）。幼虫老熟入土越冬。成虫夜间羽化，无趋光性，卵产于两叶相叠的叶片之间。幼虫5龄，初孵幼虫群集为害，取食叶片，仅剩表皮，肉眼极易识别。随虫体长大而分巢为害，每巢有虫5～20头，5龄期巢内有长条状茧袋，每袋1条幼虫，昼伏夜出，行动敏捷，受害严重的树木满是虫巢。

**147. 艳双点螟** *Orybina regalis* (Leech, 1889)，属鳞翅目螟蛾科。

［分布与为害］ 分布于山西、北京、河北、河南、山东、江苏、浙江、江西、湖南、海南、湖北、四川、贵州、云南等地。为害园林植物种类不详。

［识别特征］ 成虫：翅展约14mm。头、体背火红色，体腹白色。雄蛾唇须粗大，暗红色；雌蛾唇须

细小，火红色。前翅灰红色，沿前缘及外缘部分偏朱红色，中室端外有1枚柠檬黄色、外侧具双峰并衬有黑色边的大斑，内、外横线暗红色。后翅前缘部分淡黄色，外横线仅在中部以后明显，前、后翅缘毛灰暗红色。雄性抱器瓣长圆，抱器腹有不明显的颈部，抱器端宽圆，爪形突宽圆，阳茎基粗端细。雌性产卵瓣细长，肾形，交配孔周围几丁质厚，导管长，囊大无突（图2-167）。

［生活习性］ 山西7～8月可见成虫。

图2-167 艳双点螟成虫

**148. 黑脉厚须螟** *Propachys nigrivena* Walker, 1863, 属鳞翅目螟蛾科。

［分布与为害］ 分布于浙江、江西、福建、台湾、广东、湖南、四川、西藏等地。以幼虫为害香樟叶片，尤其是嫩梢。

［识别特征］ ①成虫：翅展38～48mm。头金黄色。下唇须、胸、腹部及足黑色。双翅深红色，前翅翅脉黑色。额圆。下唇须前伸，末端向下弯曲，雄性第2、3节具长毛缨。下颚须丝状。胸部翅基片下有1束长毛簇。足胫节及第1跗节有毛簇。雄性外生殖器爪形突锥状；颚形突粗壮顶端尖细弯曲；抱器瓣舌状端部略宽；阳端基环圆形端部中央有切口；阳茎粗壮筒形，端部具侧尖突（图2-168）。②卵：初产卵乳白色，卵壳较薄，可见无色透明的卵液，三四天后，卵壳内卵液变成乳黄色，近孵化时，渐渐显出幼虫的形态。③幼虫：各龄体色变化较大，胸足为褐紫色，爪为浅绿色，腹足为褐黑色，且特别短小，趾钩为双序全环，臀足褐色，大小正常，胸背各节各有4个小黑点，排成一横列，腹部各节背、侧各有8个小黑点排成两横列，前列6个较后列2个小，腹面各节有2个小黑疣。④蛹：纺锤形，20mm×12mm，褐红色。⑤茧：偏长圆形，50mm×30mm，褐红色。

［生活习性］ 福建1年发生3代，以老熟幼虫入土结茧化蛹越冬。翌年4月中下旬成虫羽化，4月下旬到5月上旬第1代幼虫孵出，6月中下旬老熟幼虫陆续入土化蛹，6月下旬至7月上旬第2代成虫羽化并产卵，7月中旬第2代幼虫孵出，8月中旬开始入土化蛹，8月下旬成虫羽化，9月中旬第3代幼虫孵出，10月下旬老熟幼虫入土化蛹越冬。成虫产卵于寄主叶背主脉边或其他部位，卵数粒或数十粒聚集成不规则的鱼鳞状。初孵幼虫群集性不强，先食卵壳再离开产卵地寻找取食场所。刚孵化的幼虫就能吐丝借此迁移，2龄后吐出大量的褐色丝，在两片樟树叶间结网。幼虫在悬空的网上栖息，只有在取食时才沿着网爬向树叶。昼夜均可取食，每天以清晨和傍晚为取食高峰。随着龄期的递增有从高处嫩叶转向底部老叶为害的习性。

图2-168 黑脉厚须螟成虫

**149. 枇杷卷叶野螟** *Pleuroptya balteata* (Fabricius, 1798)，又名枇杷卷叶螟，属鳞翅目螟蛾科。

［分布与为害］ 分布于浙江、江西、福建、台湾、湖北、四川、云南、西藏等地。为害枇杷、板栗、柞树、黄连木、盐肤木（图2-169a）、乳香等植物。

［识别特征］ ①成虫：翅展25～34mm。头、胸部黄褐色，腹部黄色，各节后缘白色，翅黄色。前翅内横线及外横线暗褐色，弯曲不清晰；中室内有暗褐色小点，中室端脉斑暗褐色，条纹状；外缘暗褐色。后翅中室内有暗褐色点，外横线及外缘暗褐色。双翅缘毛黄褐色，末端白色。②幼虫：参见图2-169b。

［生活习性］ 湖北恩施1年发生3代，以蛹在落叶内越冬。翌年5月发现成虫。6月上旬可见幼虫，6月下旬在卷叶内化蛹。7月上旬第1代成虫出现，7月下旬幼虫化蛹。8月上旬第2代成虫羽化，到9月中旬幼虫陆续化蛹越冬。卵单粒产在成熟叶片上，幼虫吐丝将叶卷成筒形藏于其中为害。发生严重时，满树叶

图2-169　枇杷卷叶野螟

a. 为害盐肤木叶片状；b. 幼虫

苞随处可见。

[草螟、螟蛾类的防治措施]

（1）人工除治　　秋季清理枯枝落叶及杂草，集中烧毁；在幼虫为害期人工摘虫苞；对于棉水螟，可利用其幼虫在水面上漂浮的习性，用小网捕捞消灭。

（2）灯光诱杀　　夜间点灯诱捕成虫。

（3）生物防治　　例如，卵期释放赤眼蜂，幼虫期施用白僵菌等，或在池内养鱼捕食棉水螟幼虫。

（4）化学防治　　发生面积大时，于初龄幼虫期喷10%氯氰菊酯乳油2000～3000倍液、24%氰氟虫腙悬浮剂600～800倍液、10%溴氰虫酰胺可分散油悬乳剂1500～2000倍液、10.5%三氟甲吡醚乳油3000～4000倍液、20%甲维·茚虫威悬浮剂2000倍液等。防治水生植物虫害时，应注意选择合适的药剂，防止产生药害。

## 十、天蛾类

天蛾类属鳞翅目天蛾科，是一类大型的蛾子。前翅狭长，后翅短三角形。身体粗壮，呈流线型，飞翔迅速。成虫身体花纹怪异，触角尖端有1小钩，易与其他蛾类区别。幼虫粗大，身体上有许多颗粒，体侧大多有1列斜纹，尾部背面有尾角，俗称豆虫。园林植物上常见的种类有丁香天蛾、蓝目天蛾、葡萄天蛾、雀纹天蛾、芋双线天蛾、甘薯天蛾、豆天蛾、枣桃六点天蛾、栗六点天蛾、榆绿天蛾、红天蛾、构月天蛾、绒星天蛾、鹰翅天蛾、葡萄缺角天蛾、紫光盾天蛾、双斑白肩天蛾、八字白眉天蛾、鬼脸天蛾、小豆长喙天蛾、黑边天蛾、黑长喙天蛾、咖啡透翅天蛾等。

**150. 丁香天蛾**　*Psilogramma increta* (Walker, 1864)，又名霜天蛾、泡桐灰天蛾，属鳞翅目天蛾科。

[分布与为害]　分布于辽宁、陕西、山西、北京、河北、河南、山东、江苏、上海、浙江、江西、福建、广东、海南、湖北、湖南、四川、云南、贵州等地。为害丁香、梧桐、女贞、白蜡、苦楝、樟、楸等植物。

[识别特征]　①成虫：体长45～50mm。体、翅灰白色至暗灰色。胸部背面有由灰黑色鳞片组成的圆圈。前翅上有黑灰色斑纹，顶角有1个半圆形黑色斑纹，中室下方有两条黑色纵纹，后翅灰白色（图2-170a、b）。②卵：球形，淡黄色。③幼虫：老熟幼虫体长75～96mm，有2种体色：1种是绿色，腹部1～8节两侧有1条白斜纹，斜纹上缘紫色，尾角绿色；另1种也是绿色，但上有褐色斑块，尾角褐色，上生短刺（图2-170c～e）。④蛹：体长50～60mm，红褐色（图2-170f）。

[生活习性]　华北地区1年发生1代，以蛹越冬。翌年6～7月成虫出现，白天隐藏，夜间活动，有趋光性，卵多散产于叶背。幼虫孵化后先啃食叶表皮，随后蚕食叶片，咬成大的缺刻和空洞，甚至将全叶吃光，树下有大量的碎叶和深绿色大粒虫粪。10月底幼虫老熟入土化蛹越冬。

**图2-170 丁香天蛾**

a、b. 成虫；c、d. 幼虫；e. 化蛹前的幼虫；f. 蛹

**151. 蓝目天蛾** *Smerinthus planus* Walker, 1856，又名柳天蛾、蓝目灰天蛾，属鳞翅目天蛾科。

[分布与为害] 分布于黑龙江、吉林、辽宁、内蒙古、陕西、宁夏、甘肃、河北、河南、山东、江苏、上海、浙江、安徽、江西等地。为害杨、柳、梅、桃、樱花、苹果、海棠类等植物，低龄幼虫食叶成缺刻或孔洞，稍大常将叶片吃光，残留叶柄。

[识别特征] ①成虫：体长25～37mm，翅展66～106mm。体灰黄色，触角黄褐色，复眼黑褐色。胸背中央具褐色纵宽带，腹背中央有不明显的褐色中带。前翅外缘波状，翅基1/3色浅、穿过褐色内线向臀角突伸1长角，末端有黑纹相接，中室端具新月形带褐边的白斑，外缘顶角至中后部有近三角形大褐斑1个。后翅浅黄褐色，中部具灰蓝或蓝色眼状大斑1个，周围青白色，外围黑色，其上缘粉红色至红色。触角栉齿状，复眼球形（图2-171a）。②卵：椭圆形，长约1.7mm，绿色有光泽。③幼虫：体长60～90mm，黄绿色或绿色，密布黄白色小颗粒，头顶尖，三角形，口器褐色。胸部两侧各具由黄白色颗粒构成的纵线1条；1～7腹节两侧具斜线；第8腹节背面中部具1密布黑色小颗粒的尾角，胸足红褐色（图2-171b）。④蛹：长35mm左右，黑褐色，臀棘锥状（图2-171c）。

[生活习性] 1年发生的代数因地而异：东北地区1代，华北地区2代，长江流域一带4代，以蛹在根际土壤中越冬。翌年5～6月羽化为成虫，有明显的趋光性，成虫晚间活动，觅偶交尾，交尾后第2天晚上即行产卵。卵多散产在叶背枝条上，每雌可产卵200～400粒，卵经7～14天孵化为幼虫。初孵幼虫先吃去大半卵壳，后爬向较嫩的叶片，将叶吃成缺刻，到5龄后食量大而危害严重。常将叶片吃尽，仅留光枝。老熟幼虫在化蛹前两三天，体背呈暗红色，从树上爬下，钻入土中5.5～11.5cm处，做成土室（图2-171d～f）后即蜕皮化蛹越冬。

图2-171　蓝目天蛾

a. 成虫；b. 幼虫；c. 蛹；d. 土室（外观）；e. 土室（老熟幼虫）；f. 土室（越冬蛹）

**152. 葡萄天蛾**　*Ampelophaga rubiginosa* Bremer & Grey, 1853，又名葡萄轮纹天蛾、车天蛾，属鳞翅目天蛾科。

[分布与为害]　分布于黑龙江、吉林、辽宁、宁夏、陕西、山西、河北、北京、河南、山东、江苏、安徽、浙江、江西、台湾、广东、广西、湖北、湖南、四川等地。为害葡萄、野葡萄、爬山虎、黄荆、猕猴桃等植物。幼龄幼虫取食叶片，造成缺刻和孔洞，3龄后食量增大，蚕食一光，只留下叶柄和粗叶脉。

[识别特征]　①成虫：体长46mm左右，翅展90mm左右。体粗壮，茶褐色，背中线为灰白色。前翅顶角凸出，有深茶褐色三角斑1个。翅面有数条暗褐色波浪纹，两翅展平后这些线纹各在同一环圈上，形似车轮，故又名车天蛾。后翅黑褐色（图2-172a、b）。②卵：球形，直径1.5mm左右，表面光滑。淡绿色，孵化前淡黄绿色。③幼虫：老熟时体长80mm左右，体圆筒形，粗壮，青绿色或灰褐色。体表有多条横线纹和黄色粒点，体背各节有"八"字形纹，体两侧有7条黄白色斜线。尾角锥形，绿或褐色，向下方呈弧形（图2-172c）。④蛹：体长49～55mm，长纺锤形。初为绿色，逐渐背面呈棕褐色，腹面暗绿色。足和翅脉上出现黑点，断续成线。头顶有1卵圆形黑斑。气门处为1黑褐色斑点。翅芽与后足等长，伸达第4腹节下缘。触角稍短于前足端部。第8腹节背面中央有1圆痕。臀棘黑褐色较尖。气门椭圆形、黑色，可见7对，位于2～8腹节两侧（图2-172d）。

[生活习性]　华北地区1年发生1～2代，以蛹在表土下3～7cm处越冬。翌年6～7月成虫出现，白天潜伏，夜间活动，进行交尾、产卵。有趋光性，黄昏常在林中飞舞。卵散产于叶背面和嫩梢上，每雌产卵400～500粒。成虫寿命7～10天。卵期约7天。幼虫白天静伏，静伏时头胸收缩稍扬起，受触动时头左右摆动口吐绿水示威，晚上活动取食，蚕食叶片呈不规则状，严重时仅残留叶柄。幼虫活动迟缓，常吃光1片叶后，再转移其他枝叶取食。幼虫期40～50天。7月下旬陆续老熟入土化蛹，蛹期一般约10天。8月上旬开始羽化，8月中旬发生第2代幼虫，9月下旬老熟幼虫入土化蛹越冬。

图 2-172 葡萄天蛾

a、b. 成虫；c. 幼虫；d. 蛹

**153. 雀纹天蛾** *Theretra japonica* (Orza, 1869)，又名葡萄斜纹天蛾、爬山虎天蛾、葡萄叶绿褐天蛾，属鳞翅目天蛾科。

[分布与为害] 分布于黑龙江、吉林、辽宁、内蒙古、宁夏、甘肃、陕西、山西、北京、河北、山东、安徽、江苏、上海、浙江、江西、福建、湖南、湖北、重庆、四川、云南等地。为害葡萄、野葡萄、爬山虎、常春藤、白粉藤、虎耳草、绣球花、麻叶绣球、刺槐、榆等植物。幼虫食叶成缺刻与孔洞，高龄幼虫食叶后仅残留叶柄。

[识别特征] ①成虫：体长27～38mm，翅展59～80mm。体绿褐色。头、胸两侧及背部中央具灰白色绒毛，背线两侧有橙黄色纵线。腹部侧面橙黄色，背中线及两侧具数条不明显暗褐平行纵纹。前翅黄褐色，后缘中部白色，翅顶至后缘具6或7条暗褐色斜线，上面1条明显，第2、4条之间色浅；外缘有微紫色带。后翅黑褐色，外缘有不明显的黑色横线（图2-173a）。②卵：近圆形，长径约1.1mm，淡绿色。③幼虫：体长约75mm，有褐色和绿色两型。褐色型：全体褐色，背线淡褐色，亚背线色深，第1、2腹节亚背线上各有1较大的眼状纹，第3节亚背线上有1较大的黄色斑，1～7腹节两侧各具1条暗色斜带，尾角细长弯曲。绿色型：全体绿色，背线明显，亚背线白色，其他斑纹同褐色型（图2-173b）。④蛹：长36～38mm，茶褐色，第1、2腹节背面及第4腹节以下节间黑色，臀棘较尖，黑褐色。

[生活习性] 发生世代各地不一，北京1年发生1代，南昌4代，各地均以蛹越冬。北京越冬蛹6～7月羽化，南昌第1代成虫4月下旬至5月中旬出现，第2代6月中旬至7月上旬，第3代7月下旬至8月中旬，第4代9月上旬至9月下旬。成虫昼伏夜出，有趋光性，喜食花蜜，卵散产在叶背，幼虫喜在叶背取食，老熟后在寄主附近土下6～10cm深处做土室化蛹。

**图 2-173 雀纹天蛾**
a. 成虫；b. 幼虫

**154. 芋双线天蛾** *Theretra oldenlandiae* (Fabricius, 1775)，又名凤仙花天蛾、芋叶灰褐天蛾，属鳞翅目天蛾科。

［**分布与为害**］ 分布于华南、华中、西南、西北、华北、东北等地。以幼虫取食葡萄、水芋、凤仙花、爬山虎、猕猴桃、山核桃、牡丹、长春花、鸡冠花、三色堇、大丽花等植物的叶片，发生量大时可将叶片吃光，仅剩主脉和枝条，甚至可使枝条枯死。

［**识别特征**］ ①成虫：体长 28mm 左右，翅展 65～75mm。体灰褐色。头及胸部两侧有灰白色缘毛。腹部有两条银白色背线，两侧有深棕色及淡黄色纵条。前翅由顶角到后缘有 1 条白色斜带，此外还有 5 条灰色细线。后翅黑褐色，有灰黄色斜带 1 条，缘毛白色。前、后翅反面为黄褐色，有 3 条暗褐色横带。②卵：球形，浅绿色。③幼虫：体长 70mm 左右，体暗褐色，胸背部有两行黄白色斑，每行 8 或 9 个，腹侧面有 1 列黄色圆斑，圆斑内有黄、黑两色，也有红、黑两色。体末端有尾角，尾角黑色，仅末端白色（图 2-174）。④蛹：棕黄色，筒形，长 41～44mm。

**图 2-174 芋双线天蛾幼虫**

［**生活习性**］ 1 年发生 2 代，以蛹在土中越冬。翌年 7 月上中旬羽化为成虫，8 月上旬幼虫开始为害。幼虫多在清晨取食，白天躲伏在花的枝杈处。幼虫食量很大，常将花、叶吃成很多孔洞，严重时可将花、叶蚕食一光，使植株变成光杆，常见几条虫集中在 1 株上为害或在附近几株上同时为害。8 月底幼虫老熟化蛹，9 月初就出现第 2 代成虫，第 2 代幼虫多在 9 月中旬进行为害，10 月初幼虫入土化蛹越冬。

**155. 甘薯天蛾** *Agrius convolvuli* (Linnaeus, 1758)，又名旋花天蛾、白薯天蛾，属鳞翅目天蛾科。

[分布与为害] 分布广泛，全国各地均有发生。主要为害观赏甘薯、牵牛花等旋花科植物。幼虫食害嫩茎与叶片，严重时能把叶吃光，降低观赏价值。

[识别特征] ①成虫：体长43～52mm，翅展100～120mm。体灰褐色。前翅褐色，上有许多锯齿状纹和云状斑纹。后翅淡灰色，有4条黑褐色斜带。雌蛾触角棍棒状，末端膨大；雄蛾触角栉齿状（图2-175a、b）。②卵：球形，淡黄绿色，直径约2mm。③幼虫：初孵幼虫淡黄白色，头乳白色，1～3龄体黄绿至绿色；4～5龄体色多变，主要有3种色型：a. 体绿、头黄绿色，两侧各具2条棕色斜纹，气门杏黄色，中央及外围棕色（图2-175c）；b. 似前型，但腹部两侧斜纹为黄白色（图2-175d）；c. 体暗褐色，密布黑点，头黄褐色，两侧各有2条黑纹，腹部斜纹黑褐色，气门黄色，尾角杏黄色，末端黑色。末龄幼虫体长83～100mm，中、后胸及1～8腹节背面有许多横皱，形成若干小环。④蛹：体长约56mm，褐色，口器伸出很长并弯曲呈象鼻状（图2-175e）。

**图2-175 甘薯天蛾**
a、b. 成虫；c、d. 幼虫；e. 蛹

[生活习性] 北京1年发生1～2代，华南3代，以老熟幼虫在土中5～10cm深处做土室化蛹越冬。在北京，成虫于5月至10月上旬出现，有趋光性，卵散产于叶背。在华南，于5月底见幼虫为害，以9～10月发生数量较多，幼虫取食寄主叶片和嫩茎，高龄幼虫食量大，严重时可把叶食光，仅留老茎。卵期5～6天，幼虫期7～11天，蛹期14天。

**156. 豆天蛾** *Clanis bilineata tsingtauica* Mell, 1922，又名大豆天蛾、鸾色雀蛾、豆虫、豆丹、豆蝉，属鳞翅目天蛾科。

[分布与为害] 分布在除西藏外的其他地区。为害刺槐、忍冬等植物。幼虫食叶，严重时将全株叶片吃光。

[识别特征] ①成虫：体长40～45mm，翅展100～120mm。体、翅黄褐色。头及胸部有较细的暗褐色背线。腹部背面各节后缘有棕黑色横纹。前翅狭长，前缘近中央有较大的半圆形褐绿色斑，中室横脉处

有1个淡白色小点，内横线及中横线不明显，外横线呈褐绿色波纹，近外缘呈扇形，顶角有1条暗褐色斜纹，将顶角二等分。后翅暗褐色，基部上方有赭色斑，后角附近枯黄色（图2-176a）。②卵：椭圆形，长2～3mm，初产黄白色，后转褐色（图2-176b）。③幼虫：老熟幼虫体长约90mm，黄绿色，体表密生黄色小突起。胸足橙褐色。腹部两侧各有7条向背后倾斜的黄白色条纹，臀背具尾角1个（图2-176c）。④蛹：长约50mm，宽约18mm，红褐色。头部口器明显凸出，略呈钩状，喙与蛹体紧贴，末端露出。5～7腹节的气孔前方各有1气孔沟，当腹节活动时可因摩擦而微微发出声响；臀棘三角形，具许多粒状突起。

图2-176 豆天蛾
a. 成虫；b. 卵；c. 幼虫

［生活习性］ 河南、河北、山东、安徽、江苏等地1年发生1代，湖北1年发生2代，均以老熟幼虫在9～12cm深土层中越冬。翌春移动至表土层化蛹。1代发生区，一般在6月中旬化蛹，7月上旬为羽化盛期，7月中下旬至8月上旬为成虫产卵盛期，7月下旬至8月下旬为幼虫发生盛期，9月上旬幼虫老熟入土越冬。2代发生区，5月上中旬化蛹和羽化，第1代幼虫发生于5月下旬至7月上旬，第2代幼虫发生于7月下旬至9月上旬；全年以8月中下旬危害最重。9月中旬后老熟幼虫入土越冬。成虫飞翔力很强，但趋光性不强。卵期6～8天。幼虫共5龄。越冬后的老熟幼虫在表土温度达24℃左右时化蛹，蛹期10～15天。幼虫4龄前白天多藏于叶背，夜间取食（阴天则全天取食），并常转株为害。

**157. 枣桃六点天蛾** *Marumba gaschkewitschi* (Bremer & Grey, 1853)，又名桃六点天蛾、酸枣天蛾，属鳞翅目天蛾科。

［分布与为害］ 分布于陕西、山西、内蒙古、北京、河北、山东、河南、江苏、湖北等地。为害枣、酸枣、桃、梨、樱桃、苹果、李、杏、葡萄、枇杷等植物。

［识别特征］ ①成虫：体长25～38mm，翅展80～110mm。体、翅黄褐色至灰紫褐色。触角淡灰黄色。胸部背板棕黄色，背线棕色。前翅各线之间色稍深，近外缘部分黑褐色，边缘波状，后缘部分色略深；近后角处有黑色斑，其前方有1黑点。前翅反面基部至中室呈粉红色，外横线与亚端线黄褐色。后翅枯黄至粉红色，翅脉褐色，近后角部位有黑斑2个。后翅反面灰褐色，各线棕褐色，后角色较深（图2-177）。②卵：扁圆形，绿色，透明。③幼虫：老熟幼虫体长约80mm，黄绿色，头部呈三角形，体上附生黄白色颗粒，第4节后每节气门上方有黄色斜条纹，有1个尾角。④蛹：长约45mm，纺锤形，黑褐色，尾端有短刺。

［生活习性］ 1年发生2代，以蛹在土中30cm深处越冬。成虫5月、6月、8月出现，白天静伏于寄主叶背，夜间活动，有较强趋光性。卵多产于树干上及老树干的缝隙内，有些地区则多产于叶片上，每雌可产卵150～450粒。

图2-177 枣桃六点天蛾成虫

**158. 栗六点天蛾** *Marumba sperchius* (Ménéntriés, 1857)，又名栗天蛾，属鳞翅目天蛾科。

［分布与为害］ 分布于黑龙江、吉林、辽宁、北京、河北、山东、江苏、浙江、江西、福建、台湾、广东、广西、湖北、湖南、云南、西藏等地。为害核桃、板栗、刺槐、枣树、楮树、槲栎、蒙古栎等植物。

［识别特征］ ①成虫：体长40～46mm，翅展90～125mm。体、翅淡褐色。从头顶至尾端有1条暗褐色背线。前翅基部色稍深，呈棕褐色。翅中部有1条淡色宽带，宽带两侧各有4条褐色至暗褐色横线。近中室有1不明显的新月形暗色纹；后缘近臀角处色较浓，其前方有1块褐色圆斑。后翅暗褐色，臀角处有两个褐色圆斑（图2-178）。②卵：椭圆形，略扁，长约3mm，淡黄色。③幼虫：体长80～90mm。头部顶端尖，呈三角形，青绿色，上布白色小点，两侧各有1条白色纵纹。口器淡紫色。胴部黄绿色，密布白色小点。腹面紫红色，腹线黄色，第1～7腹节两侧各有1条从前下侧向后上方斜伸的黄色斜线，各线多跨2个腹节。第7条止于尾角。第8腹节背面中央有1尾角，尾角上有白色粒状小点。④蛹：长50mm左右，浓褐色，臀棘锥状。

图2-178 栗六点天蛾成虫

［生活习性］ 1年发生2代，以蛹在浅土层由丝和土粒混合结成的茧中越冬。成虫发生期为6～8月。成虫昼伏夜出，夜间在花丛间飞舞并吸食花蜜，有趋光性。

**159. 榆绿天蛾** *Callambulyx tatarinovi* (Bremer & Grey, 1853)，又名云纹天蛾，属鳞翅目天蛾科。

［分布与为害］ 分布于黑龙江、吉林、辽宁、内蒙古、甘肃、宁夏、新疆、陕西、山西、河北、河南、山东、江苏、上海、浙江、福建、湖北、湖南、四川、西藏等地。以幼虫为害榆、柳、杨、槐、构、榉、桑等植物的叶片。

［识别特征］ ①成虫：体长30～33mm，翅展75～79mm。触角上面白色，下面褐色。胸背墨绿色。腹部背面粉绿色，每腹节有条黄白色线纹。翅面粉绿色，有云纹斑。前翅前缘顶角有1块较大的三角形深绿色斑，后缘中部有块褐色斑；内横线外侧连成1块深绿色斑，外横线呈2条弯曲的波状纹；翅的反面近基部后缘淡红色。后翅红色，后缘角有墨绿色斑，外缘淡绿；翅反面黄绿色。各足腿节淡绿色，内侧有绿色密毛，跗节赤褐色（图2-179）。②卵：淡绿色，椭圆形。③幼虫：长约80mm，鲜绿色，头部有散生小白点，各节横皱，有白点并

图2-179 榆绿天蛾成虫

列。腹部两侧第1节起有7个白斜纹，斜纹两侧有赤褐色线缘。背线赤褐色，两侧有白线。尾角赤褐色，有白色颗粒。④蛹：长约35mm，浓褐色。

［生活习性］ 华北地区1年发生1～2代，以蛹在土壤中越冬。翌年5月出现成虫，6～7月为羽化高峰。成虫昼伏夜出，趋光性较强，卵散产在叶片背面。6月上中旬见卵及幼虫，6～9月为幼虫为害期。

**160. 红天蛾** *Deilephila elpenor* (Linnaeus, 1758)，又名红夕天蛾、暗红天蛾、葡萄小天蛾、累氏红天蛾，属鳞翅目天蛾科。

［分布与为害］ 分布于吉林、新疆、北京、河北、山东、江苏、上海、浙江、台湾、湖北、贵州、四川、云南等地。以幼虫为害茜草科、柳叶菜科、忍冬、葡萄、凤仙花等植物，啃食叶片，严重时叶片被吃光。

［识别特征］ ①成虫：体长33～40mm，翅展55～70mm。体、翅以红色为主，有红绿色闪光。头部两侧及背部有2条纵行的红色带。腹部背线红色，两侧黄绿色，外侧红色；腹部第1节两侧有黑斑。前翅基部黑色，前缘及外横线、亚外缘线、外缘及缘毛都为暗红色，外横线近顶角处较细，愈向后缘愈粗；中室有1白色小点。后翅红色，靠近基半部黑色；翅反面色较鲜艳，前缘黄色（图2-180a、b）。②卵：圆形、粉红色。③幼虫：老熟时体长75～80mm，头和前胸小，后胸膨大，体上密布网纹；胸部淡褐色，鳞片状，胸足黄褐色。第1、2腹节背面有1对深褐色眼状纹，纹中间有月牙形的淡褐色斑，斑周围白色；各腹节背面有浅色横线，体侧有浅色斜线；尾角黑褐色，腹部腹面黑褐色（图2-180c）。④蛹：长42～45mm，纺锤形，灰褐色，有暗褐色斑。

**图2-180 红天蛾**
a、b. 成虫；c. 幼虫

［生活习性］ 1年发生2代，以蛹在浅土层中越冬。成虫有趋光性，白天躲在树冠阴处和建筑物等处，傍晚出来活动，交尾、产卵。卵产在寄主植物的嫩梢及叶片端部。卵期约8天。幼虫昼伏夜出，清晨危害严重。6～9月均有幼虫为害。10月老熟幼虫入土，用丝与土粒粘成粗茧，在其内化蛹越冬。

**161. 构月天蛾** *Parum colligata* (Walker, 1856)，属鳞翅目天蛾科。

［分布与为害］ 分布于东北、华北、华东，以及河南、湖北、重庆、四川、贵州等地，以幼虫为害构树叶片，发生严重年份常将叶柄及嫩茎啃食残缺，致使树势受到严重影响，甚至不能再萌芽而枯死。

［识别特征］ ①成虫：翅展40mm左右。体、翅灰褐色，胸、腹背面色较深。前翅内线较细、不明显，棕色，中线与外线间有1大块褐绿色斑，中室端有1小白星；顶角呈截断状，内侧有赭黑斑及月牙形白纹，后角内上侧有赭黑斑1个。后翅灰褐色，后角有1赭黑斑；翅的反面比正面色淡，自顶角顺外线下伸至后缘呈烟斗形纹（图2-181a）。②卵：椭圆形，长1.3～1.4mm，宽1.8～1.9mm。③幼虫：1龄头黄褐色，身体粉绿色，体表比较光滑，有微细黄色绒毛；尾角黑褐色，上面布满较尖的黑刺。4龄头粉绿色，体黄绿色，身上刺突更长，体侧出现乳黄色斜纹，尾角褐绿色，上面刺突尖端黑色。5龄头部冠缝两侧的

条纹更明显，单眼呈黄褐色，体侧斜纹更为显著。初蜕5次皮的6龄幼虫体色无显著变化，只是黄色加重些，各体节上的分环更明显（图2-181b～d）。

**图2-181 构月天蛾**
a. 成虫；b. 低龄幼虫；c. d. 高龄幼虫

[生活习性] 北京1年发生2代，以蛹越冬。翌年6月中下旬，越冬蛹陆续羽化为蛾。第1代幼虫于7月间发生为害，7月下旬老熟入土化蛹，蛹期10天左右；第2代成虫8月中旬出现，羽化后的第2天即交配产卵。卵期6～9天。第2代幼虫于8月下旬开始为害，幼虫期35天左右，9月下旬老熟入土做室化蛹越冬。生活在低、中海拔山区。夜晚具趋光性。

**162. 绒星天蛾** *Dolbina tancrei* Staudinger, 1887，又名星绒天蛾，属鳞翅目天蛾科。

[分布与为害] 分布于黑龙江、陕西、河北、河南、山东、四川、西藏等地。以幼虫为害白蜡、女贞、榛等植物，可食尽全叶，吃完1片叶后再转食其他叶片，不取食时多隐伏于叶背面。

[识别特征] ①成虫：体长26～34mm，翅展50～82mm。体背灰白色，有黄白色斑纹。腹部背中线黑色，两侧有褐色短斜纹。前翅灰褐色，中室端部有1个白色斑点，斑外有黑色晕环，内、外横线各由3条锯齿状褐色横纹组成，翅基也有褐色带组，亚外缘浅白色，外缘有褐斑列，顶角处褐斑最大。后翅棕褐色（图2-182）。②卵：卵圆形，长径约2.3mm，短径约1.9mm。初产时翠绿色，后变为淡绿色。③幼虫：老熟时体长64～70mm。头翠绿色近三角形，两侧有白边。胸部深绿色，

**图2-182 绒星天蛾成虫**

各节背面有两横排白色微刺，胸足赭色，外侧有小红斑，腹部各节有斜向尾角的白色条纹。④蛹：长41～44mm，宽10～13mm，黑褐色。

［生活习性］四川1年发生4代，以蛹在土中越冬。翌年4月上中旬羽化为成虫。第1、2、3代成虫分别出现于6月上中旬、7月下旬至8月上旬、9月上中旬，有世代重叠现象。各世代及各虫期发育所需天数不尽一致。卵多分散产于叶背面。幼虫有孵化后吃卵壳、蜕皮后吃蜕的习性。初龄幼虫沿叶缘吃成缺刻。3龄后食量增大，可食尽全叶。吃完1片叶后再转食其他叶片。不取食时多隐伏于叶背面。

**163. 鹰翅天蛾** *Oxyambulyx ochracea* (Butler, 1885)，又名裂斑鹰翅天蛾，属鳞翅目天蛾科。

［分布与为害］分布于辽宁、陕西、山西、河北、河南、山东、江苏、浙江、福建、台湾、广东、海南、广西、湖南、湖北等地。幼虫为害核桃、槭属植物。

图2-183 鹰翅天蛾成虫

［识别特征］成虫：体长38～48mm，翅展85～110mm。体、翅橙褐色。胸部背面黄褐色，两侧浓绿至褐绿色；第6腹节后的各节两侧有褐黑色斑；胸及腹部的腹面为橙黄色。腹部末段有3个黑点。前翅暗黄色，内线不明显，中线及外线绿褐色并呈波状纹，顶角尖向外下方弯曲而形似鹰翅，前缘及后缘处有褐绿色圆斑2个，后角内上方有褐绿色及黑色斑。后翅黄色，有较明显的棕褐色中带及外缘带，后角上方有褐绿色斑。前、后翅反面橙黄色（图2-183）。

［生活习性］河北6～8月为成虫盛发期。以蛹在土中的茧内越冬。成虫趋光性强。

**164. 葡萄缺角天蛾** *Acosmeryx naga* (Moore, 1858)，属鳞翅目天蛾科。

［分布与为害］分布于北京、河北、浙江、海南、台湾、湖北、湖南、广西、四川、云南等地。为害葡萄、蛇葡萄、猕猴桃、爬山虎、葛藤等植物。

［识别特征］成虫：翅展105～110mm。体紫褐色，有金属闪光。触角背面污白色，腹面棕赤色。腹部背面棕黑色，各节间生棕色横带。前翅各横线棕褐色，亚外缘线伸达后角，但顶角处缺；翅中室端具1小黄白斑。亚缘线浅色，从顶角下方呈棕色弓形。外侧有新月形深色斑，顶角有小三角形深色纹。后翅褐色，有棕色横带，翅反面锈红色（图2-184）。

［生活习性］北京1年发生1代，以蛹在土中越冬。成虫4～7月出现，趋光性强。

图2-184 葡萄缺角天蛾成虫

**165. 紫光盾天蛾** *Phyllosphingia dissimilis* Bremer, 1861，属鳞翅目，天蛾科。

［分布与为害］分布于黑龙江、北京、河北、山东、广东、广西、海南等地。主要为害核桃、山核桃等植物。

［识别特征］成虫：翅展105～115mm。体、翅灰褐色，全身有紫红色光泽，颜色越浅的部位光泽越明显。胸部背线棕黑色，腹部背线紫黑色。前翅基部色稍暗，内、外两横线色稍深，前缘略中央有较大的紫色盾形斑1块，周围色显著加深，外缘色较深呈显著的锯齿状。后翅有3条波浪状横带，外缘紫灰色，齿较深（图2-185）。

［生活习性］1年发生1代，以蛹越冬。成虫

图2-185 紫光盾天蛾成虫

6～7月出现。

**166. 双斑白肩天蛾** *Rhagastis binoculata* Matsumura, 1909，又名云带天蛾，属鳞翅目天蛾科。

[分布与为害] 分布于江苏、湖南、台湾等地。为害八仙花等植物。

[识别特征] ①成虫：中小型，体背褐色。胸部背板侧边有棕红色的绒毛斑。前翅基部白色，前翅内、外线具黑褐色的横带，中室内有1个黑色的斑点，近臀角及外缘处颜色较浅。②幼虫：体背绿色肥大，胸背上有2个拟眼状纹，体背中线及尾突墨绿色（图2-186）。

[生活习性] 分布于低海拔山区。成虫具趋光性。

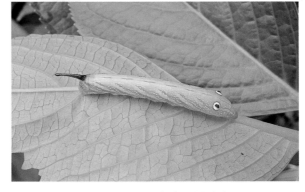

图2-186 双斑白肩天蛾幼虫

**167. 八字白眉天蛾** *Celerio lineata livornica* (Esper, 1779)，又名白条赛天蛾，属鳞翅目天蛾科。

[分布与为害] 分布于黑龙江、宁夏、新疆、甘肃、北京、河北、山东、浙江、江西、台湾、湖南等地。为害沙枣、沙棘、葡萄属、锦葵科等植物。

[识别特征] ①成虫：翅展约65mm。头、胸背面黄褐色。颜面、翅基片及胸部两侧白边，相连成"八"字形；触角正面白色，反面黄褐色。腹背淡黄褐色，各节后缘毛黑色；腹前部两侧各有2块黑斑，前斑大，后斑小。前翅褐绿色，翅基及后缘白色，近翅基处后缘有1黑斑，自顶角至后缘中部有黄白色较宽斜线，斜线下方有较宽的褐绿色带，外缘灰褐色，各翅脉黄白色。后翅基部黑色，外伸渐窄，止于顶角内，中央有暗红色宽带，亚外缘线黑色，外缘线粉白色。缘毛白色，后角内侧有白色斑（图2-187）。②卵：短椭圆形，绿色，直径1.2～1.4mm，孵化时为灰绿色。③幼虫：体长60～70mm，背面绿色，密布白点。胸腹两侧各有1条白纹，腹面为淡绿色，尾角较细，背面为黑色，上有小刺。刚孵化的幼虫体色为灰白色，取食后体色变为浅绿色，与叶片颜色相一致，成熟幼虫为淡紫红色。④蛹：长约43mm，淡褐色，头胸部微绿，腹部后端色渐深，末端尖锐。

[生活习性] 新疆库尔勒1年发生2代，以蛹在土壤内越冬。于翌年5月中旬羽化成虫，5月下旬产卵，每雌产卵约500粒，卵期3～4天，幼虫共有5龄，幼虫期20～30天。6月上旬为幼虫盛发期，6月下旬

图2-187 八字白眉天蛾成虫

幼虫入土化蛹。第2代幼虫7月中下旬盛发，8月入土化蛹越冬。越冬代蛹期长达250天。成虫有趋光性。

**168. 鬼脸天蛾** *Acherontia lachesis* (Fabricius, 1798)，又名人面天蛾、骷髅天蛾，属鳞翅目天蛾科。

[分布与为害] 分布于陕西、甘肃、江西、福建、台湾、广东、海南、广西、湖南、四川、云南等地。以幼虫取食茄科、马鞭草科、木犀科、紫葳科、唇形科等植物的新梢叶片及嫩茎。

[识别特征] ①成虫：体长50～60mm，翅展80～100mm（最大纪录为翅展132mm）。体大致呈黑色或褐色。胸部背面有类似人面（鬼面或骷髅头）形状的斑纹（斑纹中间有1条直线，形似人的鼻子）。腹部黄色，各环节间有黑色横带，拥有1条较宽的青蓝色背线，在第5环节后覆盖整个腹部的背面。前翅黑色，密布许多波纹状纹路，间杂微小的白色点及黄褐色鳞片；内横线及外横线各由数条深浅不同色调的波状纹组成；中室有1灰白色小点。后翅杏黄色，在中部、基部及外缘处有3条较宽的黑色横带；后角附近有1块灰蓝色斑；后翅底色黄色区域较少，黑色横带较宽且粗犷（图2-188）。②卵：初产时乳白色，

图2-188 鬼脸天蛾成虫

后变为淡黄色。③幼虫：体长90～120mm。体型肥大，体色有黄、绿、褐、灰等多种，体侧有斜向的斑纹（会因个体差异而有所不同）。

［生活习性］ 1年发生1代，以蛹在土中越冬。成虫在7月出现，飞翔能力较弱，常隐居于寄主叶背，散产卵于寄主叶背及主脉附近。成虫有趋光性，白天停栖于与翅色近似的树干上；受到干扰，会在地面飞跳并发出吱吱的叫声。成虫以花蜜及蜂蜜等为食，常取食蜂房里的蜂蜜，是我国南方地区常见的侵袭蜂群的主要害虫之一。

**169. 小豆长喙天蛾** *Macroglossum stellatarum* (Linnaeus, 1758)，又名小豆日天蛾、茜草天蛾、尾天蛾、蓬雀天蛾，属鳞翅目天蛾科。

［分布与为害］ 分布于吉林、辽宁、内蒙古、陕西、山西、甘肃、青海、新疆、北京、河北、河南、山东、浙江、广东、海南、湖南、湖北、四川等地。为害茜草科、锦鸡儿、土三七等植物。

［识别特征］ ①成虫：体长25～30mm，翅展48～50mm。腹部暗灰色，两侧有白色及黑色斑，末端毛丛黑色如雀尾。前翅灰褐色，有黑色纵纹，内线及中线弯曲棕黑色，外线不甚明显，中室上有1黑色小点，外缘色较深，缘毛棕黄色。后翅橙黄色，外缘和基部暗褐色；翅的反面前大半暗褐色，后小半橙色。触角棒状，末节细长（图2-189）。②卵：球形，光滑，浅绿色，直径约1mm。③幼虫：初孵化时为透明黄色，2龄后变为绿色。两侧有2条灰白色条纹。

［生活习性］ 辽宁1年发生1代，以蛹在枯枝、表土下结茧越冬。发生世代整齐，10月见成虫。

图2-189 小豆长喙天蛾成虫
a. 取食状；b. 腹面观；c. 背面观

**170. 黑边天蛾** *Hemaris affinis* (Bremer, 1861)，属鳞翅目天蛾科。

［分布与为害］ 分布于黑龙江、辽宁、甘肃、青海、北京、天津、山东、江苏、安徽、浙江、福建、台湾、香港、湖北、四川、重庆、西藏等地。主要为害忍冬科忍冬属金银木、白雪果、红雪果、金银花等植物。

［识别特征］ ①成虫：体长23～27mm，翅展41～54mm。头部黄绿色，触角蓝黑色，有金属光泽。前、中、后胸背板至腹部1～3节被黄绿色鳞毛，腹面胸部被淡黄色鳞毛，第4、5节和第6、7节中间被棕色鳞毛，呈三角形，两侧为黄色鳞毛，尾毛中心黄色，两边黑色。腹面黑色，有棕色鳞毛，侧板有1圈鳞毛，鳞毛除4、5节处为棕黑色外其余为淡黄色；腹面尾毛棕色。前翅及后翅透明，翅框内缘有锯齿纹。

基褶处及前翅前缘处被黄绿色鳞毛，外缘、顶角向内有弧形不透明的褐色宽边，各翅脉褐色。触角棒状，较光滑（图2-190a）。②卵：近球形，直径1.0～1.5mm，初产翠绿色，有光泽，后为淡黄色（图2-190b）。③幼虫：老熟幼虫体长35～50mm，体色淡绿色。头半球形，全身密布白色细颗粒，背线绿色，体侧各有1条白色亚背线，直至尾角。气门长椭圆形，橙黄色，气门上下各有1白点。尾角长6.0～6.5mm，紫色，布满黑色毛突和乳白色颗粒，尾角斜向后方，末端为橙黄色。胸足橙色，腹足淡紫色。腹面第1～8节有1条茶褐色纵带。背部各节有细横皱（图2-190c）。④蛹：长28～33mm。腹部第4节宽约3mm，棕色。腹面胸部灰褐色，头顶扁平；复眼面较光滑；下颚与身体紧贴，不为足及翅所掩盖。头顶稍隆起，胸部各节背板有密集小刻点（图2-190d）。

**图2-190 黑边天蛾**

a. 成虫；b. 卵；c. 幼虫；d. 蛹

[生活习性] 华北地区1年发生2代，以蛹在土中越冬。翌年4月上中旬开始羽化，卵散产于寄主叶背。4月下旬始见幼虫，初孵幼虫有先食卵壳然后再取食周围叶片的习性，1～2龄为害叶片呈孔洞状，3龄后食量暴增，蚕食整个叶片仅剩叶柄，幼虫期30天左右。5月中下旬开始在寄主根基处周围的土表结土茧化蛹，直至7月下旬。第2代成虫8月上旬开始羽化，10月上中旬老熟幼虫陆续化蛹在土壤中越冬。

**171. 黑长喙天蛾** *Macroglossa pyrrhosticta* Butler, 1875，属鳞翅目天蛾科。

[分布与为害] 分布于吉林、辽宁、山西、北京、河北、山东、江苏、上海、浙江、江西、福建、台湾、广东、广西、海南、湖南、湖北、四川、贵州、云南、西藏等地。为害大花栀子、黄栀子、鸡矢藤等植物。

[识别特征] ①成虫：翅展42～56mm；体、翅黑褐色，头、胸部具近黑色背线。腹部第2、3节两侧具橙黄斑，第4、5节具黑斑，第5节两侧后缘具白色纵毛；第6节基部有时具白色毛斑。前翅各横线呈黑色宽带，近后缘向基部弯曲，外横线呈双线波状，亚外缘线细、不明显，外缘线细、黑色，翅顶角至6、7脉间有1黑色纹；后翅中央有较宽的黄色横带，基部与外缘黑褐色，后缘黄色；翅背面暗褐色，后部黄色，外缘暗褐色，各横线灰黑色（图2-191）。②卵：长椭圆形，黄白色。③幼虫：随虫体长大而变色。初龄体绿色光滑，后随虫龄长大，体色变为深绿。④蛹：椭圆形，末端臀棘尖削，第1腹节背面有2块凸斑。

**图2-191 黑长喙天蛾成虫**
a. 背面观；b. 腹面观

［生活习性］ 1年发生1代，以蛹越冬。成虫产卵在叶片上。幼虫孵化后取食叶片，有分散、转移为害习性，3龄后体粗壮，食量加大。

**172. 咖啡透翅天蛾** *Cephonodes hylas* (Linnaeus, 1771)，又名黄栀子大透翅天蛾、大透翅天蛾、黄枝花天蛾，属鳞翅目天蛾科。

［分布与为害］ 分布于安徽、江西、福建、台湾、湖南、湖北、四川、广西、云南等地。为害栀子、咖啡、匙叶黄杨、白蝉等植物。幼虫取食寄主叶片，受害重的只残留主脉和叶柄，有时花蕾、嫩枝全被食光，造成光秆或枯死。

［识别特征］ ①成虫：翅展20～34mm。触角黑色。胸部背面黄绿色，腹面白色。腹部前端草青色，中部紫红色，后部杏黄色，尾部毛丛黑色；腹部腹面黑色，第5、6节两侧有白斑。翅透明，脉棕黑色，基部草绿色，顶角黑色。后翅内缘至后角有浓绿色鳞毛。触角前半部粗大，端部尖而曲。②卵：长1.0～1.3mm，球形，鲜绿色至黄绿色。③幼虫：末龄幼虫体长52～65mm，浅绿色。头部椭圆形。前胸背板具颗粒状突起，各节具沟纹8条。亚气门线白色，其上生黑纹；气门上线、气门下线黑色，围住气门；气门线浅绿色。第8腹节具1尾角（图2-192）。

**图2-192 咖啡透翅天蛾幼虫**

［生活习性］ 1年发生2～5代，以蛹在土中越冬。江西1年发生5代，每年5月上旬至5月中旬越冬蛹羽化为成虫后交配、产卵。1代发生在5月中旬至6月下旬，2代6月中旬至7月下旬，3代7月上旬至8月下旬，4代8月上旬至9月下旬，5代9月中下旬，老熟幼虫在10月下旬后化蛹。该虫多把卵产在寄主嫩叶两面或嫩茎上，每雌产卵200粒左右。幼虫多在夜间孵化，昼夜取食，老熟后体变成暗红色，从植株上爬下，入土化蛹羽化或越冬。

小豆长喙天蛾、黑边天蛾、黑长喙天蛾、咖啡透翅天蛾等都属小型天蛾，白天活动，且喜欢快速振动翅膀在都市公园、绿地及庭院的花间穿行，吸花蜜时靠翅膀悬停空中，尾部鳞毛展开，如同鸟的尾羽，加上颇似鸟类的形体，常被误认为蜂鸟。

**图2-193 茧蜂寄生天蛾幼虫状**

［天蛾类的防治措施］

（1）人工除治 结合耕翻土壤，人工挖蛹。根据树下虫粪寻找幼虫进行捕杀。

（2）诱杀成虫 利用新型高压灯或频振灯诱杀成虫。

（3）生物防治 保护、利用天敌，如利用茧蜂控制天蛾幼虫（图2-193）等。

（4）化学防治　　虫口密度大、危害严重时，喷洒Bt乳剂500倍液、2.5%溴氰菊酯乳油2000～3000倍液、24%氰氟虫腙悬浮剂600～800倍液、10%溴氰虫酰胺可分散油悬乳剂1500～2000倍液、10.5%三氟甲吡醚乳油3000～4000倍液、20%甲维·茚虫威悬浮剂2000倍液等。

## 十一、枯叶蛾类

枯叶蛾类属鳞翅目枯叶蛾科，是中大型的蛾类。体躯粗壮，被厚毛，静止时形似枯叶而得名。幼虫大型多毛，有毒，常统称毛虫。常见为害园林植物的有天幕毛虫、杨树枯叶蛾、李枯叶蛾、苹果枯叶蛾、赤松毛虫、油松毛虫等。

**173. 天幕毛虫**　　*Malacosoma neustria* (Linnaeus, 1758)，又名黄褐天幕毛虫、顶针虫，属鳞翅目枯叶蛾科。

［分布与为害］　　分布于黑龙江、吉林、辽宁、内蒙古、陕西、山西、甘肃、河北、河南、山东、江苏、安徽、江西、湖南、湖北、四川等地。为害杨、梅、桃、李、杨、柳、榆、栎、苹果、山楂、梨、樱桃、沙果、月季、紫叶李、海棠类等植物。该虫食性杂，以幼虫食叶，严重时能将叶片全部吃光。

［识别特征］　　①成虫：雌蛾翅展31～46mm；雄蛾翅展15～33mm。雌蛾体、翅褐色；前翅中部两横带的内外侧衬淡黄褐色；后翅的斑纹不明显。雄蛾体、翅黄褐色；前翅中央具2条平行的褐色横线，横线间颜色较深；缘毛白色，部分褐色；后翅中内具1条不完整的褐带，缘毛大部分褐色（图2-194a）。②卵：椭圆形，灰白色，卵块顶针状（图2-194b）。③幼虫：老熟幼虫体长约55mm，头部蓝灰色，胸部背面橙黄色、黄色，中央有1白色纵线，体侧有鲜艳的蓝灰色、黄色或黑色带（图2-194c、d）。

**图2-194　天幕毛虫**
a. 成虫；b. 卵（左）与茧（右）；c、d. 幼虫

［生活习性］ 1年发生1代，以卵在小枝条上越冬。翌春孵化，初孵幼虫吐丝做巢，群居生活。稍大以后，于枝杈间结成大的丝网群居。白天潜伏，晚上外出取食。老龄幼虫分散取食。6月末7月初幼虫老熟并在叶间做茧化蛹。7月中下旬羽化成虫。卵产于细枝上，呈顶针状。成虫有趋光性。

**174. 杨树枯叶蛾** *Gastropacha populifolia* Esper, 1784，又名白杨毛虫、杨枯叶蛾、杨柳枯叶蛾、柳星枯叶蛾，属鳞翅目枯叶蛾科。

［分布与为害］ 分布于华北、东北、西南等地。为害杨、柳、苹果、梨、杏、桃、李、梅、榆、栎等植物。以幼虫食害叶片，将树叶咬成缺刻与孔洞，严重时将叶片吃光，仅剩叶柄与主脉。大发生年份，常将整个树枝的叶片吃光，导致树势衰弱，甚至枯死。

［识别特征］ ①成虫：雌蛾翅展56～76mm；雄蛾翅展40～60mm。体、翅黄褐色。前翅狭长，缘呈波状弧形，有5条黑色断续波状纹。后翅有3条明显波状纹。前、后翅散布稀疏黑色鳞片（图2-195a）。②卵：椭圆形，长径约2mm，灰白色，有黑色花纹，卵块上覆盖灰黄色绒毛（图2-195b）。③幼虫：体长80～85mm，头棕褐色，体灰褐色，中、后胸背面有蓝色斑各1块，斑后有灰黄色横带。腹部第8节有1瘤突，体侧各节有大小不同的褐色毛瘤1对。幼虫具伪装色，不易被发现。

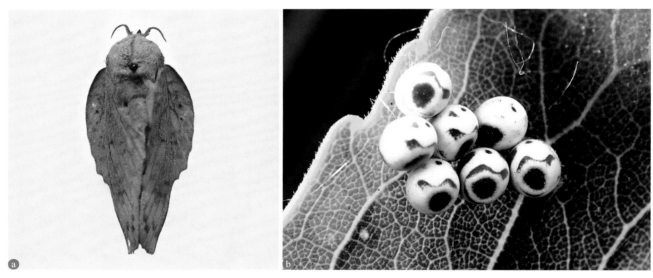

**图2-195 杨树枯叶蛾**
a. 成虫；b. 卵

［生活习性］ 1年发生2代，以幼虫紧贴在树皮凹陷处越冬。当日平均气温高于5℃时，开始取食。4月中下旬化蛹，5月下旬至6月上中旬第1代幼虫为害，初孵幼虫群集取食，3龄后分散，数量多时可将叶片食光。幼虫老熟以后，吐丝缀叶或在树干上结茧化蛹。

**175. 李枯叶蛾** *Gastropacha quercifolia* Linnaeus, 1758，又名枯叶蛾、苹叶大枯叶蛾，属鳞翅目枯叶蛾科。

［分布与为害］ 几乎分布于全国各地。以幼虫为害李、梨、苹果、沙果、梅、桃、樱桃、杏、核桃、杨、柳等植物。为害叶片，造成缺刻与孔洞，严重时将叶片吃光，仅剩叶柄与主脉。大发生年份常将整个树枝的叶片吃光，导致树势衰弱，甚至枯死。

［识别特征］ ①成虫：体长40～45mm，翅展60～90mm，雄蛾较雌蛾略小。全体赤褐色至茶褐色。头部色略淡，中央有1条黑色纵纹。复眼黑褐色。触角带有蓝褐色。下唇须蓝黑色。前翅前缘色较深，翅上有3条波状黑褐色带蓝色荧光的横线，相当于内线、外线、亚端线；近中室端有1黑褐色斑点；缘毛蓝褐色。后翅前缘部分橙黄色；翅上有2条蓝褐色波状横线，翅展时略与前翅外线、亚端线相接；缘毛蓝褐色。复眼球形。触角双栉状，雄蛾栉齿较长。下唇须发达前伸。雄蛾腹部较细瘦。前翅外缘和后缘略呈锯齿状。后翅短宽、外缘呈锯齿状（图2-196a）。②卵：近圆形，直径约1.5mm，绿色至绿褐色，带白色轮纹。③幼虫：体长90～105mm，稍扁平，暗褐色到暗灰色，疏生长、短毛。头黑，生有黄白色短毛。中、后胸背面各有1明显的黑蓝色横毛丛；各体节背面有2个红褐色斑纹；第8腹节背面有1角状小突起，上

生刚毛；各体节生有毛瘤，以体两侧的毛瘤较大，上丛生黄色和黑色的长、短毛（图2-196b、c）。④蛹：长35～45mm，初黄褐色后变暗褐色至黑褐色。⑤茧：长椭圆形，长50～60mm，丝质、暗褐色至暗灰色，茧上附有幼虫体毛。

图2-196　李枯叶蛾

a. 成虫；b、c. 幼虫

　　[生活习性]　东北、华北地区1年发生1代，河南2代，均以低龄幼虫伏在枝上和皮缝中越冬。翌春寄主发芽后出蛰食害嫩芽和叶片，常将叶片吃光仅残留叶柄；白天静伏枝上，夜晚活动为害；8月中旬至9月发生。成虫昼伏夜出，有趋光性，羽化后不久即可交配、产卵。卵多产于枝条上，常数粒不规则地产在一起，亦有散产者，偶有产在叶上者。幼虫孵化后食叶，发生1代者幼虫达2～3龄便伏于枝上或皮缝中越冬；发生2代者幼虫为害至老熟结茧化蛹，羽化，第2代幼虫达2～3龄便进入越冬状态。幼虫体扁、体色与树皮色相似，故不易发现。

　　**176. 苹果枯叶蛾**　*Odonestis pruni* (Linnaeus, 1758)，又名杏枯叶蛾、苹毛虫，属鳞翅目枯叶蛾科。

　　[分布与为害]　分布于黑龙江、吉林、辽宁、山西、内蒙古、北京、河北、河南、山东、江苏、安徽、江西、浙江、福建、台湾、湖南、湖北、四川等地。为害苹果、梨、樱桃、桃、李、梅、杏、榆、柳、桦、蔷薇等植物。幼虫为害叶片，造成缺刻与孔洞，严重时将叶片吃光，仅剩叶柄与主脉。

　　[识别特征]　①成虫：体长22～30mm，翅展37～64mm。体、翅黄褐色至红褐色。前翅内、外线褐色或黑褐色，两线内具近圆形白斑；亚端线淡褐色，波状。翅缘褐色，钝锯齿形（图2-197）。②卵：近圆形，初产绿色，后变为白色，表面有云状花纹。③幼虫：老熟时体长约60mm，体青灰色，腹部第1节两

图2-197　苹果枯叶蛾成虫

侧有1束黑色长毛。第2节背面中央生有黑蓝色短毛丛，第8节背面有1个瘤状突起。④蛹：紫褐色，体长约30mm，外被灰黄色纺锤形丝茧。

[生活习性] 东北1年发生1代，河南、陕西关中1年发生2代，以幼龄幼虫贴在枝条上越冬。在两代发生区，翌年4月，越冬幼虫开始取食芽、叶，5月中下旬老熟幼虫吐丝缀叶于内化蛹。越冬代成虫出现在6月中下旬，第1代成虫发生在8月。成虫产卵在枝干上，幼虫孵化后白天静伏在枝条上，夜间取食叶片。第2代幼虫于10月中下旬开始越冬。

## 177. 赤松毛虫 *Dendrolimus spectabilis* (Bulter, 1877)，属鳞翅目枯叶蛾科。

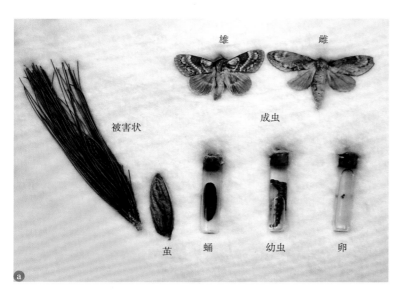

**图2-198 赤松毛虫**
a. 成虫、卵、幼虫、蛹、茧及松针被害状；b. 雄成虫

[分布与为害] 分布于北京、辽宁、河北、山东、江苏等地。幼虫取食赤松、油松、日本黑松等植物，大发生年份可将大片松针吃光，如同火烧一般，造成树势生长衰弱甚至枯死。

[识别特征] ①成虫：体长22.5～34.9mm，翅展45.5～75.3mm。体色多变，灰色至黑褐色。前翅中、外横线白色，雌蛾亚外缘斑列内侧具白斑，而雄蛾亚外缘斑列外侧具白斑（图2-198）。②卵：长约1.8mm，椭圆形，初为翠绿色、渐变粉红色，近孵化时紫红色。③幼虫：初孵幼虫体长4mm左右，体背黄色，头黑色，2龄幼虫体背出现花纹，3龄体背具黄褐色、黑褐色、黑色花纹，体侧有长毛，无显著花纹。老熟幼虫体长80～90mm，深黑褐色，额区中央有狭长深褐色斑。体背2、3节丛生黑色毒毛，毛束片明显，体侧有长毛，中、后胸毒毛带明显，体侧贯穿1条纵带，每节前方由纵带向下有斜纹伸向腹面。④蛹：体长30～45mm，纺锤形，暗红褐色。⑤茧：灰白色，其上有毒毛。

[生活习性] 1年发生1代，以3～5龄幼虫在翘皮下、落叶丛中或石块下越冬。翌年3月中下旬，日平均气温10℃时上树为害，取食二年生针叶。7月上中旬幼虫老熟化蛹，7月中下旬成虫开始羽化产卵。8月上中旬幼虫陆续孵化，1～2龄幼虫群集为害，啃食叶缘，为害至10月中下旬，3～5龄时即下树越冬。

## 178. 油松毛虫 *Dendrolimus tabulaeformis* Tsai & Liu, 1962，属鳞翅目枯叶蛾科。

[分布与为害] 分布于辽宁、陕西、山西、宁夏、内蒙古、甘肃、北京、河北、天津、河南、山东、湖北、四川、重庆、贵州等地。以幼虫取食油松、赤松、马尾松针叶，严重时叶丛被吃光。

[识别特征] ①成虫：雌蛾翅展57～75mm；雄蛾45～61mm。体色多变，基色有棕、褐、灰褐、灰白等色。前翅花纹较清楚，内线和中线靠近，外线由2条组成，亚端线由9个黑褐斑组成（内侧衬淡棕色斑），其中后3斑斜列。②卵：椭圆形，长约1.7mm，宽约1.2mm。初产时色泽较浅，精孔端淡绿色，另一端为粉红色，孵化前呈紫红色。③幼虫：初孵幼虫头部棕黄色，体背黄绿色。老熟幼虫体长54～72mm，灰黑色，体侧有长毛。额区中央有1块状深褐斑，各体节纵带上白斑不明显，每节前方由纵带向下有1斜斑伸向腹面。腹面棕黄色，每节上生有黑褐斑纹，两侧密被灰白色绒毛（图2-199）。④蛹：栗褐色或暗红

图2-199 油松毛虫幼虫

褐色。臀棘短，末端稍弯曲，或卷曲，呈近圆形。雌蛹长23～32mm；雄蛹长20～26mm。⑤茧：灰白色或淡褐色，附有黑色毒毛。

[生活习性] 河南1年发生1代，多以4龄幼虫在树根周围的枯枝落叶层、能活动的石块下、草根盘结及上面有覆盖物的树下凹坑中越冬。多卷曲成团。越冬幼虫于4月中上旬开始上树为害，6月中旬结茧化蛹，蛹期28～34天，7月上旬开始羽化为成虫并产卵，7月中下旬出现幼虫，10月中下旬下树越冬。卵成堆产于树冠上部当年生的松针上。成虫有趋光性和向周围环境迁飞产卵的习性。幼虫孵化时有取食卵壳的习性。1～2龄幼虫群居并能吐丝下垂。

[枯叶蛾类的防治措施]

（1）人工除治 人工摘除卵块或孵化后尚群集的初龄幼虫。

（2）农业防治 结合清除枯枝落叶、修剪等园林管理措施消灭越冬虫源；于幼虫越冬前在树干基部绑草把诱杀。

（3）物理防治 灯光诱杀成虫。

（4）生物防治 利用松毛虫卵寄生蜂进行防治；用白僵菌、青虫菌、松毛虫杆菌等微生物制剂使幼虫致病死亡。

（5）化学防治 发生严重时，可喷洒2.5%溴氰菊酯乳油3000～5000倍液、25%灭幼脲Ⅲ号悬浮剂1000倍液、24%氰氟虫腙悬浮剂600～800倍液、10%溴氰虫酰胺可分散油悬乳剂1500～2000倍液、10.5%三氟甲吡醚乳油3000～4000倍液、20%甲维·茚虫威悬浮剂2000倍液喷雾防治。

## 十二、大蚕蛾类

大蚕蛾类属鳞翅目大蚕蛾科，是昆虫中个体最大的种类之一，色彩鲜艳，被誉为凤凰蛾。翅面上有透明的眼斑，喙不发达。幼虫能吐丝做茧，体型较大，体表有枝刺，无毒。园林植物上常见的有樗蚕、燕尾水青蛾、乌桕大蚕蛾、华尾大蚕蛾、黄豹大蚕蛾、红大豹大蚕蛾等。

**179. 樗蚕** *Samia cynthia* (Drurvy, 1773)，又名臭椿蚕、柏蚕、小乌桕蚕、乌桕樗蚕蛾，属鳞翅目大蚕蛾科。

[分布与为害] 分布于黑龙江、吉林、辽宁、北京、河北、山东、安徽、江苏、上海、浙江、江西、福建、台湾、广东、海南、广西、湖南、湖北、四川、贵州、云南等地。为害臭椿、木槿、樱桃、含笑、白玉

兰、紫玉兰、白兰花、卫矛、银杏、泡桐、悬铃木、乌桕、香樟、冬青、喜树、梧桐、桤木、樟、梨、桃、槐、柳、石榴、马褂木、蓖麻等植物。幼虫食叶和嫩芽，轻者食叶成缺刻或孔洞，严重时把叶片吃光。

[识别特征] ①成虫：大型蛾，体长30mm左右，翅展127～130mm。体青褐色，腹部背线、侧线和腹部末端均为灰白色。翅黄褐色，上有粉红色斑纹，翅顶宽圆凸出，有1黑色圆斑，上方呈白色弧状（图2-200a）。②卵：扁椭圆形，长1.5mm左右，灰白色（图2-200b）。③幼虫：初孵幼虫淡黄色，有黑色斑点（图2-200c）；中龄后全体被白粉，青绿色（图2-200d）；老熟幼虫体长75mm左右，头部黄色，体黄绿色，并附有白粉，各节均具有6个对称的刺状突起，突起之间有黑褐色斑点（图2-200e）。④蛹：长约30mm，深褐色（图2-200f）。⑤茧：呈口袋状或橄榄形，长约50mm，上端开口，两头小中间粗，用丝缀叶而成，土黄色或灰白色，茧柄长40～130mm，常以1片寄主的叶包着半边茧（图2-200g）。

图2-200 樗蚕
a. 成虫；b. 卵；c. 卵与初孵幼虫；d. 中龄幼虫；e. 高龄幼虫；f. 蛹；g. 茧

［生活习性］ 北方1年发生1～2代，南方1年发生2～3代，以蛹越冬。在四川，越冬蛹于4月下旬开始羽化为成虫，成虫有趋光性，并有远距离飞行能力，飞行高度可达3000m以上。羽化的成虫当即进行交配。成虫寿命5～10天。卵产在寄主的叶背和叶面上，聚集成堆或成块状，每雌产卵300粒左右，卵期10～15天。初孵幼虫有群集习性，3～4龄后逐渐分散为害。在枝叶上由下而上昼夜取食，并可迁移。第1代幼虫在5月为害，幼虫期30天左右。幼虫蜕皮后常将所蜕之皮食尽或仅留少许。幼虫老熟后即在树上缀叶结茧，树上无叶时则下树在地被物上结褐色粗茧化蛹。第2代茧期约50天，7月底8月初是第1代成虫羽化产卵时期。9～11月为第2代幼虫为害期，以后陆续做茧化蛹越冬，第2代越冬茧历期长达5～6个月，蛹藏于厚茧中。

**180. 燕尾水青蛾** *Actias selene ningpoana* Felder, 1862，又名水青蛾、大水青蛾、燕尾蛾、绿尾大蚕蛾、长尾蛾、长尾月蛾、长尾目蚕、绿翅天蚕蛾、柳蚕，属鳞翅目大蚕蛾科。

［分布与为害］ 分布于河北、山东、河南、江苏、安徽、江西、浙江、福建、台湾、广西、湖南、湖北、四川等地。为害山茱萸、杜仲、苹果、梨、沙果、杏、桃、樱桃、葡萄、月季等植物。幼虫食叶，低龄时将叶片咬成缺刻或孔洞，稍大时能将全叶吃光，仅残留叶柄或粗叶脉。

［识别特征］ ①成虫：体长35～40mm，翅展120mm。体豆绿色，密布白色鳞毛。翅粉绿色，前翅前缘紫褐色，前、后翅中央各有1个椭圆形的眼斑，外侧有1条黄褐色波纹。后翅尾状，特长，40mm左右（图2-201a）。②卵：近球形，稍扁，直径约2mm，初产绿色，后变褐色。③幼虫：体长80～100mm，体黄绿色，粗壮。体节近六角形，着生肉突状毛瘤，前胸5个，中、后胸各8个，腹部每节6个，毛瘤上具白色刚毛和褐色短刺；中、后胸及第8腹节背上毛瘤大，顶黄基黑，他处毛瘤端蓝色基部棕黑色。第1～8腹节气门线上边赤褐色，下边黄色。体腹面黑色，臀板中央及臀足后缘具紫褐色斑。胸足褐色，腹足棕褐色，上部具黑横带（图2-201b～d）。④蛹：长约40mm，紫褐色，外包有黄褐色茧（图2-201e、f）。

**图 2-201  燕尾水青蛾**

a. 成虫；b. 低龄幼虫；c. 中龄幼虫；d. 老熟幼虫；e. 幼虫与蛹；f. 茧

[生活习性]  1年发生2代，少数地区3代，以蛹越冬。翌年4月下旬至5月上旬成虫羽化，有趋光性。卵散产于叶片上。第1代幼虫5月中旬至7月为害，6月底至7月老熟幼虫结茧化蛹并羽化第1代成虫。7～9月为第2代幼虫为害期，9月底幼虫开始老熟，并爬至树枝或枯草层内结茧化蛹越冬。初龄幼虫群集为害，3龄后分散取食，幼虫蚕食叶片，仅剩叶柄。

**181．乌桕大蚕蛾**  *Attacus atlas* (Linnaeus, 1758)，又名桕蚕、大乌桕蚕、皇蛾、阿特拉斯蛾、蛇头蛾、蛇头蝶、霸王蝶、霸王蛾等，属鳞翅目大蚕蛾科。

[分布与为害]  分布于浙江、江西、福建、台湾、广东、海南、广西、湖南、云南等地。为害乌桕、樟、柳、大叶合欢、小檗、苹果、冬青、桦木、观赏甘薯等植物。

[识别特征]  成虫：翅展可达180～210mm。体、翅赤褐色。前、后翅的内线和外线白色，内线的内侧和外线的外侧有紫红色镶边，中间杂有粉红及白色鳞毛，中室端部有较大的三角形透明斑，透明斑前方有1个长圆形小透明斑；外缘黄褐色并有较细黑色波状线；顶角粉红色，内侧近前缘有半月形黑斑1块，下方土黄色并间有紫红色纵条，黑斑与紫条间有锯齿状白色纹相连。后翅内侧棕黑色，外缘黄褐色并有黑色波纹端线，内侧有黄褐色斑，中间有赤褐色点。前翅顶角显著凸出（图2-202）。

**图 2-202  乌桕大蚕蛾成虫**

[生活习性]  江西、福建1年发生2代，以蛹在附着于寄主上的茧中越冬。成虫在4～5月及7～8月出现，产卵于主干、枝条或叶片上，有时成堆，排列规则。

**182．华尾大蚕蛾**  *Actias sinensis* (Walker, 1855)，又名华尾天蚕蛾，属鳞翅目大蚕蛾科。

[分布与为害]  分布于江西、广东、海南、广西、湖南、湖北、四川、重庆、云南、西藏等地。为害樟、枫杨、柳、槭、栎、核桃、悬铃木、山茱萸等植物。

[识别特征]  成虫：翅展80～100mm。雌雄色彩差异明显：雌蛾体青白色，翅以粉绿色为主；雄蛾体黄色，翅以黄色为主。前、后翅均带有眼状斑，并都带有波纹状的线条，后翅均有1对长3.0～3.5mm的尾带（图2-203）。

［生活习性］ 以蛹在茧中越冬，成虫于4月出现。

**183. 黄豹大蚕蛾** *Loepa katinka* (Westwood, 1848)，属鳞翅目大蚕蛾科。

［分布与为害］ 分布于广东、云南、西藏等地。以幼虫为害白粉藤等植物。

［识别特征］ 成虫：翅展70～90mm。体黄色，肩板及胸部前缘灰褐色。前翅前缘灰褐色，翅基橘黄色，中央具有波浪形黑褐色细线，外线及亚端线褐色锯齿状。顶角粉红色，外侧有白色闪电纹。各翅表面中央附近具有1枚明显眼纹，眼纹中央有明显黑色弧线和白色斑纹。雌蛾触角双栉齿状；雄蛾触角羽毛状（图2-204）。

［生活习性］ 成虫出现于春至秋季，广泛生活在低、中海拔山区，夜晚具有趋光性。成虫不取食。

图2-203 华尾大蚕蛾成虫

**184. 红大豹大蚕蛾** *Loepa oberthuri* (Leech, 1890)，又名豹大蚕蛾，属鳞翅目大蚕蛾科。

［分布与为害］ 分布于陕西、河南、江西、福建、广东、海南、广西、湖南、湖北、四川、云南、贵州等地。以幼虫为害水曲柳、青龙藤、柑橘及其他芸香科植物。

［识别特征］ 成虫：翅展100～140mm。体黄色，胸部前缘灰褐色，腹部两侧有黑色斑点；前翅前缘灰褐色，内线及外线呈棕黑色波状纹，亚端线蓝色波状，靠近前缘不明显，越向后色越深，顶角橙黄色，向内有白色波纹，白纹下方有黑色横斑直达中脉，后缘前方有橙红色区1块；前翅及后翅中

图2-204 黄豹大蚕蛾成虫

室端有橙黄色圆斑1块，中间有弧形的并行黑白线各1条（图2-205）。

［生活习性］ 不详。

［大蚕蛾类的防治措施］

（1）人工除治 人工捕杀幼虫或摘除虫茧。

（2）物理防治 灯光诱杀成虫。

（3）生物防治 保护、利用天敌，如姬蜂、茧蜂等。

（4）化学防治 发生严重时，喷洒*Bt*乳剂500倍液、2.5%溴氰菊酯乳油2000～3000倍液、25%灭幼脲Ⅲ号悬浮剂1000倍液、24%氰氟虫腙悬浮剂600～800倍液、10%溴氰虫酰胺可分散油悬乳剂1500～2000倍液、10.5%三氟甲吡醚乳油3000～4000倍液、20%甲维·茚虫威悬浮剂2000倍液等。

图2-205 红大豹大蚕蛾成虫

## 十三、卷蛾类

卷蛾类是指鳞翅目卷蛾科、麦蛾科、雕蛾科等部分蛾类害虫，幼虫常将叶片黏缀在一起为害，影响园林植物生长，降低观赏价值。常见的种类有卷蛾科的杨柳小卷蛾、黄斑长翅卷叶蛾、松针小卷蛾、棉双斜卷蛾、苹大卷叶蛾、苹小卷叶蛾、枣镰翅小卷蛾、杨梅小卷叶蛾、茶长卷叶蛾，麦蛾科的甘薯麦蛾、黑星麦蛾，雕蛾科的含羞草雕蛾等。

**185. 杨柳小卷蛾** *Gypsonoma minutana* (Hübner, 1799)，属鳞翅目卷蛾科。

［分布与为害］ 分布于黑龙江、陕西、山西、甘肃、宁夏、青海、北京、河北、河南、山东等地。为害杨、柳。以幼虫食害叶片，常吐丝将树叶黏缀卷曲在一起（图2-206a），幼虫活泼。

［识别特征］ ①成虫：体长约5mm，翅展约13mm。前翅狭长，斑纹淡褐色或深褐色，基斑中夹杂有少许白色条纹，基斑与中带间有1条白色条纹，前缘有明显的钩状纹。后翅灰褐色。②卵：圆球形。③幼虫：末龄体长约6mm，体较粗壮，灰白色，头淡褐色，前胸背板褐色，两侧下缘各有2个黑点，体节毛片淡褐色，上生白色细毛（图2-206b）。④蛹：长约6mm，褐色。

图2-206 杨柳小卷蛾
a. 为害状；b. 幼虫

［生活习性］ 1年发生3～4代，以低龄幼虫越冬。翌年4月寄主发芽后幼虫开始继续为害，4月下旬老熟化蛹、羽化，5月中旬为羽化盛期，5月底为末期。第2次成虫盛发期在6月上旬，该代成虫发生数量多，幼虫危害最重。之后世代重叠，各虫期参差不齐，直到9月仍有成虫出现；幼虫为害至10月底，在树皮缝隙处结灰白色薄茧越冬。成虫产卵于叶面。幼虫孵化后吐丝将1～2片叶黏结在一起，啃食表皮，呈网状；大龄幼虫吐丝将几片叶黏缀一起，并卷曲形成一小撮叶。老熟幼虫在叶片黏结处吐丝结白色丝茧化蛹。

**186. 黄斑长翅卷蛾** *Acleris fimbriana* (Thunberg, 1791)，又名黄斑卷蛾，属鳞翅目卷蛾科。

［分布与为害］ 全国各地均有发生。为害苹果、桃、杏、紫叶李、海棠类等植物。低龄幼虫取食花芽和叶片，被害花芽出现缺刻或孔洞。大龄幼虫卷叶为害，将整个叶簇卷成团或将叶片沿叶脉纵卷，被害叶出现缺刻或仅剩主脉。

图2-207 黄斑长翅卷蛾幼虫

［识别特征］ ①成虫：体长7～9mm，翅展17～20mm。成虫有冬型和夏型之分：冬型成虫灰褐色，复眼黑色，雌蛾比雄蛾颜色稍深；夏型成虫复眼红色，前翅金黄色，其上散生银白色鳞片，后翅灰白色。冬型和夏型成虫的触角均为丝状，与体同色。②卵：椭圆形，扁平。初产时淡黄色，半透明，逐渐变成暗红色。③幼虫：低龄幼虫的头和前胸背板漆黑色，体黄绿色。老熟幼虫头和前胸背板黄褐色，体黄绿色（图2-207）。体长约22mm。臀栉5～7根。

［生活习性］ 辽宁、河北、山东、陕西等地1年

发生3～4代，以冬型成虫在树下的落叶、杂草、阳坡的砖石缝隙中越冬。越冬代成虫抗寒力较强。翌春花木萌芽期，成虫开始出蛰活动并产卵。成虫多在白天活动，晴朗温暖的天气尤为活跃。越冬代成虫产卵于枝条上，少数产卵于芽的两侧或芽基部。山西晋中一带，第1代幼虫发生在4月中旬，幼虫先为害花芽，再为害叶簇和叶片。6月上旬出现成虫。成虫产卵于叶片上，老叶着卵量比新叶多，以叶背较多，散产。第2代幼虫发生在6月中下旬，8月上旬出现成虫。第3代幼虫期在8月中旬，9月上旬是成虫发生期。第4代幼虫期在9月中旬，10月中旬出现越冬型成虫。除第1代卵期约20天外，其他各代卵期均为4～5天。幼虫不活泼，行动较迟缓，主要为害叶片，并有转叶为害的习性。老熟幼虫大部分转移到新叶内卷叶做茧化蛹。

**187. 松针小卷蛾** *Epinotia rubiginosana* (Herrich-Schäffer, 1851)，属鳞翅目卷蛾科。

［分布与为害］ 分布于黑龙江、内蒙古、宁夏、甘肃、河南等地。为害油松。

［识别特征］ ①成虫：体长5～6mm，翅展15～20mm。全体灰褐色。前翅灰褐色，有深褐色基斑、中横带和端纹，但界线不太清楚，臀角处有6条黑色短纹，前缘白色钩状纹清楚。后翅淡褐色。雄蛾前翅无前缘褶（图2-208）。②卵：初产白色，近孵化灰白色。长椭圆形，长约1mm，宽0.4mm左右。有光泽，半透明，表面有刻纹。③幼虫：老熟时体长8～10mm。头部淡褐色。前胸背板暗褐色，近后缘中间色泽较浅，臀板黄褐色。④蛹：体长5～6mm。全体浅褐色，羽化前为深褐色。第2～7腹节前后缘各有小刺1列，腹部末端有数根细毛。⑤茧：长7～8mm，土灰色，长椭圆形，由幼虫缀土粒、杂草和枯叶而成。

图2-208 松针小卷蛾成虫

［生活习性］ 1年发生1代，以老熟幼虫在地面茧内越冬。翌年3月底4月初化蛹。成虫3月下旬开始羽化，傍晚前后活动最盛，此时成虫常成群围绕树冠飞翔，夜晚多集中在松蚜所排出的蜜露上取食，补充营养。成虫趋光性不强。

**188. 棉双斜卷蛾** *Clepsis pallidana* (Fabricius, 1776)，属鳞翅目卷蛾科。

图2-209 棉双斜卷蛾成虫

［分布与为害］ 分布于黑龙江、吉林、陕西、甘肃、宁夏、青海、新疆、内蒙古、河北、北京、天津、山东、四川等地。为害绣线菊、苜蓿等植物。

［识别特征］ ①成虫：翅展15～20mm。体淡黄色至金黄色。前翅具红褐色斜斑，其中中带从前缘的中部伸向近臀角处。下唇须前伸，末节下垂（图2-209）。②卵：半球形，直径约0.6mm。③幼虫：体长15～19mm，浅绿色，头黄褐色，背线浅绿色，每节具2个不十分明显的小点。④蛹：长约8mm，纺锤形，黄褐色。

［生活习性］ 江苏1年发生4代，可能以幼虫和蛹越冬。翌年3月下旬成虫出现，4月中旬幼虫盛发，5月中旬至6月中旬2代幼虫盛发，以后各代重叠。在吉林蛟河一带，幼虫于6月上旬至7月上旬为害，6月中旬是为害盛期，6月中下旬幼虫进入末龄并开始化蛹，6月底至8月初成虫羽化，幼虫有转株为害特点。

**189. 苹大卷叶蛾** *Choristoneura longicellana* (Walsinghan, 1900)，又名黄色卷蛾、苹果黄卷蛾、苹果卷叶蛾、南色卷蛾、南川卷蛾，属鳞翅目卷蛾科。

［分布与为害］ 分布于黑龙江、吉林、辽宁、陕西、甘肃、内蒙古、北京、河北、天津、山东、江苏、安徽、江西、湖北、湖南、四川、云南等地。以幼虫取食苹果、梨、山楂、沙果、海棠类、樱桃、杏、柿、鼠李、柳、栎、槐等植物的叶片、花和果实。

［识别特征］ ①成虫：雌蛾翅展26～32mm；雄蛾翅展18～24mm。头、胸黄褐色，雄蛾胸端部具1

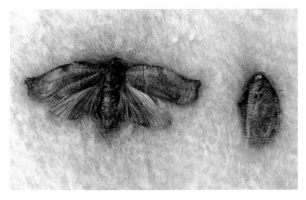

图2-210 苹大卷叶蛾成虫

黑斑。雌蛾前翅在顶角之前凹陷,顶角凸出;雄蛾前翅近四方形,前缘褶很长,伸达中横带外侧,在近基部后缘具1黑色斑点,中带由翅前缘中部向臀角延伸,先窄后宽(图2-210)。②卵:淡黄绿色,略呈扁椭圆形,近孵化时稍显红色。③幼虫:体长25mm左右,体淡黄绿色,头、前胸背板和胸足黄褐色,前胸背板后缘黑褐色,后缘两侧各有1黑斑。刚毛细长,臀栉5齿。④蛹:10～13mm,红褐色,胸部背面黑褐色,腹部略带浅绿,背线深绿,尾端具8根钩刺。

[生活习性] 北方地区1年2～3代,以幼龄幼虫在粗翘皮下、锯口皮下和贴枝枯叶下结白茧越冬。翌年寄主萌芽时出蛰为害,吐丝黏缀新芽、嫩叶、花蕾等,老熟后在卷叶内化蛹。越冬代成虫6月始发,卵多产在叶上。初龄幼虫咬食叶背叶肉,受惊扰吐丝下垂转移。2龄幼虫卷叶为害。

**190. 苹小卷叶蛾** *Adoxophyes orana* Fischer von Röslerstamm, 1834,又名棉褐带卷蛾、苹褐带卷蛾、小黄卷叶蛾、溜皮虫,属鳞翅目卷蛾科。

[分布与为害] 分布于东北、华北、西北、华东、华中等地。以幼虫为害苹果、梨、山楂、桃、杏、李、樱桃等植物的叶片和果实。为害叶片时,吐丝将2～3张叶片黏缀在一起,在其中取食,将叶片吃成网状或缺刻;为害果实时,只啃食果皮,果面出现大小不规则的坑洼,果、叶贴在一起时更容易受害。

[识别特征] ①成虫:体长6～8mm,翅展13～23mm。淡棕色或黄褐色。体黄褐色,前翅长方形,基斑、中带和端纹明显,中带由中部向后缘分叉,呈"h"形。前翅具两种类型:一种正常型,各种斑纹可见但不十分明显;另一种翅面鳞片呈鱼鳞网状丝纹,各种斑纹十分明显。雄虫具前缘折(前翅肩区向上折叠)(图2-211)。②卵:扁圆形,乳黄色,多粒卵,常30～70粒呈鱼鳞状排列。③幼虫:体长13～15mm。体翠绿色或黄绿色,整个虫体两头尖。头明显窄于前胸。大龄幼虫头黄褐色或黑褐色,在侧单眼区上方偏后具1黑斑。幼虫性情活泼,一遇震动常吐丝下垂。第1对胸足黑褐色,具6根以上臀棘。雄虫在胴部第7、8节背面具1对黄色肾形的性腺。④蛹:黄褐色,长约10mm。体弯曲呈"S"形,腹部第3～7节背面具两排刺,前排大而稀,后排小而密。腹末具8根短而粗的臀棘。

图2-211 苹小卷叶蛾成虫

[生活习性] 1年发生4代,以幼龄幼虫在枝干翘皮、裂缝、爆皮、剪锯口内和落叶中做白色小茧越冬。3月下旬苹果花芽开绽时,越冬幼虫开始出蛰活动,沿枝干爬行到嫩芽、花丛和嫩梢嫩叶上为害。4月上中旬花蕾分离期至初花期为幼虫出蛰盛期,4月下旬是出蛰幼虫为害盛期。幼虫有转移为害习性。十分活泼,受震动后便吐丝下垂,触及其身体即迅速前进或后退。5月中旬老熟幼虫在卷叶内化蛹。5月下旬至6月初为第1代成虫羽化盛期。成虫产卵在叶片或果面上。第1代幼虫发生盛期在6月上旬至中旬。这一代发生整齐,是防治的关键时期。第2～4代幼虫发生盛期分别在6月底至7月上旬、8月上中旬和9月上中旬。成虫白天潜伏于叶丛,晚上活动,对糖醋液有趋性,对灯光的趋性较强。多雨年份发生严重,干旱对成虫寿命、产卵量、卵孵化率都有影响。

**191. 枣镰翅小卷蛾** *Ancylis sativa* Liu, 1979,又名枣黏虫、枣小蛾、枣实蛾、枣卷叶虫、贴叶虫、包叶虫,属鳞翅目卷蛾科。

[分布与为害] 该虫广泛分布于我国除西部外的大部分地区,尤其是北方。为害枣树,以幼虫为害幼芽、花、叶,并蛀食果实,还吐丝黏合叶、果,啃食果皮,蛀入果内绕核取食。

[识别特征] ①成虫:体长6～7mm,翅展13～15mm。体和前翅黄褐色,略具光泽。前翅长方形,顶角凸出并向下呈镰刀状弯曲;前缘有黑褐色短斜纹10余条,翅中部有黑褐色纵纹2条。后翅深灰色。

前、后翅缘毛均较长。②卵：扁平椭圆形，鳞片状，极薄，长0.6~0.7mm，表面有网状纹，初为无色透明，后变红黄色，最后变为橘红色。③幼虫：初孵幼虫体长1mm左右，头部黑褐色，胴部淡黄色，背面略带红色，以后随所取食料不同而呈黄色、黄绿色或绿色。成长幼虫体长12~15mm，头部、前胸背板、臀板和前胸足红褐色，胴部黄白色；前胸背板分为2片，其两侧和前足之间各有2个红褐色斑纹，臀板呈"山"字形（图2-212）。④蛹：体长6~7mm，细长，初为绿色，渐呈黄褐色，最后变为红褐色。腹部各节背面前后缘各有1列齿状突起，腹末有8根弯曲呈钩状的臀棘。⑤茧：白色。

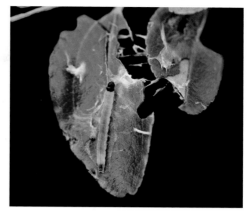

图2-212　枣镰翅小卷蛾幼虫

［生活习性］　山东、河南、山西、河北、陕西等北方地区1年发生3代，江苏4代左右，浙江5代，以蛹在枣树主干、主枝粗皮裂缝中越冬，以主干上虫量最大。3代区，翌年3月下旬越冬蛹开始羽化，4月上中旬达盛期，5月上旬为羽化末期。第1代成虫发生的初、盛、末期分别在6月上旬、6月中下旬和7月下旬至8月中下旬。第1代幼虫发生于枣树发芽展叶阶段，取食新芽、嫩叶；第2代幼虫发生于花期前后，为害叶、花蕾、花和幼果；第3代幼虫发生于果实着色期，幼虫还有吐丝下垂转移为害的习性。第1、2代幼虫老熟后在被害叶中结茧化蛹，第3代幼虫于9月上旬至10月中旬老熟，陆续爬到树皮裂缝中做茧化蛹越冬。

**192. 杨梅小卷叶蛾**　*Eudemis gyrotis* Meyrick, 1909，又名杨梅小卷蛾、杨梅圆点小卷蛾、杨梅裹叶虫，属鳞翅目卷蛾科。

［分布与为害］　分布于福建、台湾、广东、广西、海南、湖南、贵州等地。为害杨梅，以幼虫吐丝裹叶为害，结成虫苞，虫苞叶常呈缺刻状，严重时影响树势与观赏（图2-213a）。

［识别特征］　①成虫：体长6.5~7.0mm，翅展15~16mm。体背色深，腹面色浅。触角背面褐色，叠列一块块黑斑。复眼显著圆突，褐色。头顶自触角基窝至复眼后缘，两侧各有1个扇形深褐色毛簇至中部斜靠。胸部背面深褐色，后缘横列1排厚密上翘的毛丛。前翅黑褐色，侧缘具长缘毛，在翅顶角处自前缘中部至侧缘基部有1个浅灰色隐斑，翅后缘有1个明显斜长的"N"形灰斑，斑周被白色鳞毛所嵌饰。后翅灰褐色，后缘具长缘毛。②卵：椭圆形，较光滑，初为乳白色，近孵化时污黑色。③幼虫：老熟幼虫体长14~15mm，体色变化较大，低龄和成长幼虫黄绿色，成熟幼虫深绿色或浅墨绿色，被天敌寄生的幼虫黑绿色。头扁平，半圆形。上颚黑褐色，从唇基至颅顶到两复眼内缘顶角处，呈一明显的"V"形凹区（图2-213b）。④蛹：初为浅褐色，渐变为褐色，近羽化时黑褐色，圆筒形，头部钝圆，尾部狭尖。

图2-213　杨梅小卷叶蛾
a. 为害状；b. 幼虫

[生活习性] 贵州1年发生4代，以幼虫在卷叶内越冬。第1代幼虫为害春梢嫩叶，第2代幼虫为害夏梢，第3代幼虫为害晚夏梢和早秋梢，第4代幼虫为害晚秋梢并越冬。成虫夜间羽化，白天躲在叶背或树丛蔽光处，傍晚交尾产卵。卵产在嫩梢叶尖处，散产，偶见双粒。幼虫孵化后，在叶面叶尖处就地取食表皮，并将其向内卷裹，2龄幼虫将2～3片叶用丝缠成虫苞，3～4龄幼虫食量加大，卷叶数可达4～6片，5龄幼虫食量减少，常被卷叶蛾日本肿腿小蜂、广大腿小蜂、卷叶蛾姬小蜂和卷叶蛾绒茧蜂等寄生。

**193. 茶长卷叶蛾** *Homona magnanima* Diakonoff, 1948，又名茶长卷蛾、卷叶虫、黏叶虫，属鳞翅目卷蛾科。

[分布与为害] 我国长江以南各地均有分布。为害国槐、桂花、枫杨、合欢、罗汉松、悬铃木、垂丝海棠、香樟、银杏、火棘、桃、樱花、海棠类、牡丹、山茶、蔷薇、石榴、紫薇等植物。

[识别特征] ①成虫：体长10～12mm，翅展22～32mm。前翅黄色有褐斑，雌蛾前翅的基斑、中带和端纹不清晰，后翅浅杏黄色。雄蛾前缘宽大，基斑退化，中带和端纹清晰，中带在前缘附近色泽变黑，然后断开，形成1个黑斑（图2-214a）。②卵：扁椭圆形，黄绿色。③幼虫：老熟幼虫体长约20mm，暗绿色，头部黄褐色（图2-214b、c）。④蛹：纺锤状，黄褐色（图2-214d）。

**图2-214 茶长卷叶蛾**
a. 成虫（雄）；b. 幼虫（雌）；c. 幼虫（雄）；d. 蛹

[生活习性] 上海1年发生3～4代，以幼虫在卷叶或枯枝落叶中越冬。4月上旬幼虫开始为害，4月下旬至5月上旬出现成虫。5月下旬至6月上旬为第1代幼虫为害期，6月中旬为第1代成虫发生高峰，7月上中旬为第2代幼虫为害高峰。8月中旬为成虫发生高峰，8月下旬至9月上旬为第3代幼虫为害高峰。世代间有明显的重叠现象。成虫在夜间活动，交尾产卵，卵块产于叶片表面。幼虫习性活泼，受惊后离开卷叶，幼虫因善弹跳而不易捕捉，7～8月为幼虫为害高峰期。卵期7～10天，幼虫期在夏秋季大约为30天。

**194. 甘薯麦蛾** *Helcystogramma triannulella* (Herrich-Schäffer, 1854)，又名甘薯卷叶虫、甘薯卷叶蛾，属鳞翅目麦蛾科。

[分布与为害] 分布于华北、华东、华中、华南、西南等地。为害观赏甘薯、圆叶牵牛等旋花科植

物，以幼虫吐丝卷叶为害，幼虫啃食叶片、幼芽、嫩茎、嫩梢，或把叶卷起咬成孔洞（图2-215），发生严重时仅残留叶脉。

图2-215 甘薯麦蛾为害金叶薯叶片状

[识别特征]　①成虫：翅展约18mm。体黑褐色。前翅褐色至黑褐色，中部具3个斑纹，其中2个斑芯为黄白色，另1个为黑色，有时这些斑点不甚明显。翅外缘具黑色点列。下唇须向上弯曲，伸过头顶。触角丝状，约为前翅长的2/3。②卵：椭圆形，初产时乳白色，后变淡黄褐色。③幼虫：老熟幼虫细长纺锤形，长约15mm，头稍扁，黑褐色；前胸背板褐色，两侧黑褐色呈倒"八"字形纹；中胸到第2腹节背面黑色，第3腹节以后各节底色为乳白色，亚背线黑色（图2-216）。④蛹：纺锤形，黄褐色。

图2-216 甘薯麦蛾幼虫
a. 高龄幼虫；b. 老熟幼虫

[生活习性]　1年发生3～4代，以蛹在田间残株和落叶中越冬。越冬蛹在6月上旬开始羽化，6月下旬即见幼虫卷叶为害，8月中旬以后虫口密度增大，危害加重，10月末老熟幼虫化蛹越冬。成虫趋光性强，行动活泼，白天潜伏，夜间在嫩叶背面产卵。幼虫行动活泼，受干扰后尤为活跃。有转移为害的习性，在卷叶或土缝中化蛹。7～9月温度偏高，湿度偏低年份常引起大发生。

**195. 黑星麦蛾**　*Filatima autocrossa* (Meyrick, 1936)，又名奥菲麦蛾，属鳞翅目麦蛾科。

[分布与为害]　分布于吉林、辽宁、陕西、山西、河北、河南、山东、江苏等地。为害苹果、沙果、

海棠类、山定子、梨、桃、李、杏、樱桃等植物。初孵幼虫潜入未伸展嫩叶中为害，稍大开始卷叶为害，常数头幼虫将枝顶数片叶卷成团居内为害叶肉（图2-217），残留表皮，日久干枯。

图2-217 黑星麦蛾为害叶片状

[识别特征] ①成虫：翅展12～19mm。头顶灰白色，鳞片平伏。下唇须基部腹面黑褐色。前翅深灰褐色至黑褐色，翅中部有时具数个黑点，翅顶角处具几条斜的灰白色纹；缘毛灰褐色，具深色横纹。下唇须上举过头顶。②幼虫：体长10～15mm，背线两侧各有3条淡紫红色纵纹，貌似黄白和紫红相间的纵条纹（图2-218a）。头部、臀板和臀足褐色，前胸盾黑褐色。③蛹：参见图2-218b、c。

图2-218 黑星麦蛾

a. 幼虫；b. 幼虫与蛹；c. 蛹

[生活习性] 北方地区1年发生4代，以蛹在杂草等处越冬。幼虫体色有变化。幼虫一开始在嫩叶上取食，稍长大后便卷叶。发生量较大时，数条幼虫在同一枝梢上，叶片均黏缀在一起，明显易见。成虫趋光性不强。

**196. 含羞草雕蛾** *Homadaula anisocentra* Meyrick, 1922，又名合欢巢蛾，属鳞翅目雕蛾科。

［分布与为害］ 分布于华北、华东、以及辽宁等地，为害合欢、皂荚，幼虫孵化后先啃食叶片造成灰白色网斑，稍大后吐丝，将小枝与叶片黏缀在一起做巢，严重时大量叶片连接、黄枯（图2-219a、b），并提早脱落。

［识别特征］ ①成虫：体长约6mm，翅展约15mm。前翅外缘毛细长，后翅赤灰色，外线及后缘毛更长，前翅灰色并密布黑色斑点。触角丝状，单眼大而明显，下唇须向上弯曲，常超过头顶。②卵：椭圆形，长径约0.5mm，短径约0.2mm。③幼虫：老熟时体长约13mm。初孵时为乳白色，老熟时变黑褐色，体侧有2条白色横带、从胸部第1节延伸至臀部（图2-219c）。④蛹：赤褐色，体长约8mm，头及腹部末端均较圆钝而光滑，腹部胴节上有毛数根（图2-219d）。

图2-219 含羞草雕蛾
a、b. 为害状；c. 幼虫；d. 幼虫与蛹

［生活习性］ 北京1年发生2代，以蛹在树皮缝、树洞、附近建筑物上，特别是墙檐下越冬。翌年6月中下旬（中龄合欢盛花期）成虫羽化，交尾后产卵在叶片上，每片叶卵数为20～30粒。7月中旬幼虫孵化，先啃食叶片，叶片上出现灰白色网状斑，稍长大后吐丝把小枝条和叶黏缀在一起，群体藏在巢内咬食叶片为害。7月下旬开始在巢内化蛹。8月上旬第1代成虫羽化。8月中旬第2代幼虫孵化为害，此时容易出现灾害，树冠出现枯干现象。9月底幼虫开始结茧化蛹越冬。

［卷蛾类的防治措施］

（1）人工除治 结合树木冬剪，同时清除杂草、枯枝、落叶等隐蔽物，消灭在此越冬的成虫。在苗圃，实行人工捕杀幼虫。

（2）灯光诱杀 成虫发生期，采用频振灯诱杀成虫。

（3）生物防治 利用白僵菌、青虫菌、松毛虫杆菌等微生物制剂使幼虫致病死亡。

（4）化学防治 发生严重时，喷洒2.5%溴氰菊酯乳油2000～3000倍液、24%氰氟虫腙悬浮剂600～

800倍液、10%溴氰虫酰胺可分散油悬乳剂1500～2000倍液、10.5%三氟甲吡醚乳油3000～4000倍液、20%甲维·茚虫威悬浮剂2000倍液、25%灭幼脲Ⅲ号悬浮剂1000倍液等。

## 十四、潜叶蛾类

潜叶蛾类是潜叶为害的蛾类害虫，有的种类在叶面上形成弯曲的潜道，有"鬼画符""绘图虫"等俗称。影响花木生长，降低观赏价值。园林植物上常见的种类有潜蛾科的桃潜叶蛾、榆潜叶蛾、柑橘潜叶蛾、杨银叶潜蛾、旋纹潜叶蛾，细蛾科的金纹细蛾、柳潜细蛾、刺槐突瓣细蛾、元宝枫细蛾等。

**197. 桃潜叶蛾** *Lyonetia clerkella* (Linnaeus, 1758)，又名桃潜蛾、桃线潜叶蛾、桃叶线潜叶蛾、桃叶潜蛾，属鳞翅目潜蛾科。

[分布与为害] 除广东、广西、海南外，在我国广泛分布。为害桃、山桃、榆叶梅、杏、李、樱桃、苹果、梨等植物。以幼虫潜入叶内蛀食叶肉，串成线状弯曲潜道（图2-220），造成叶片脱落，影响树体正常生长与观赏。

[识别特征] ①成虫：体长3～4mm，翅展约8mm。体及前翅银白色。前翅狭长，先端尖，附生3条黄白色斜纹，翅先端有黑色斑纹。前、后翅均具灰色长缘毛（图2-221a）。②卵：圆形，乳白色。③幼虫：体长约6mm，淡翠绿色，胸足黑褐色（图2-221b、c）。④蛹：半裸式，触角、胸足游离，外被白色丝茧。⑤茧：两端有黏于叶片的细长丝2根（图2-221d）。

[生活习性] 1年发生约7代，以蛹在被害叶片上结茧越冬。翌年4月桃树展叶后，越冬代成虫羽化。成虫夜间活动，卵多产

图2-220 桃潜叶蛾为害状

图2-221 桃潜叶蛾

a. 成虫；b、c. 幼虫；d. 蛹茧

于叶片背面。幼虫孵化后即潜入叶内蛀食为害，潜食蛀道呈线状并弯曲，幼龄幼虫蛀道较细，后随幼虫长大蛀道加宽。山东等地5月为第1代幼虫为害期，幼虫老熟后，多自蛀道端部的叶背咬孔爬出，于叶背吐丝结1白色薄茧化蛹。第1代成虫一般发生于6月中旬前后，7月上中旬出现第2代成虫，以后每20～25天发生1代，世代重叠现象严重。最后1代成虫发生于10月下旬至11月上旬。

**198. 榆潜叶蛾**　*Bucculatrix thoracella* (Thunberg, 1794)，又名榆潜蛾，属鳞翅目潜蛾科。

［分布与为害］　分布于新疆、山西、河北、山东等地。为害白榆、龙爪榆、钻天榆等植物。以幼虫潜食叶片，严重时叶片上出现很多薄膜状的小白斑（图2-222），造成叶片早落，甚至出现枯梢枯枝，树势衰弱，进而引起多毛小蠹虫等蛀干性害虫的发生。

图2-222　榆潜叶蛾为害状

［识别特征］　①成虫：体长（连翅）2.7～3.1mm。头顶部具有杂色长毛簇。触角有黑褐色和白色相间的环形纹；复眼黑褐色。前翅灰白色，混杂有棕黑色鳞片，前缘有5或6个棕黑色斑块，其中3块大而明显，后缘有3或4个棕黑色斑块，其中2块较明显，顶角处有1不规则的黑色鳞斑，缘毛灰褐色。后翅披针形，灰褐色，缘毛长。触角丝状。复眼大而明显，半球形。②卵：扁圆形或椭圆形，具有网状纹，白黄色，近孵化时能透过卵壳看到弯曲的幼虫。③幼虫：体长4～5mm，体为褐绿色，分节明显，背部生有稀疏长毛。胸足细长，第4、5节颜色较深，臀足发达。④蛹：体长3.9mm左右，全体棕黑色，头顶尖突，腹末较齐，两侧生有小角突，整个蛹体藏于茧内。⑤茧：长4mm左右，灰褐色，梭形，茧壳有6或7条纵沟并有灰黑色斑块。

［生活习性］　新疆沙湾1年发生3代，以蛹在树皮裂缝处越冬。4月下旬当榆叶展开时成虫开始羽化，并交尾产卵，5月中旬出现幼虫，5月下旬至6月初化蛹，6月中旬开始羽化为成虫。7月中下旬和9月上中旬分别为2、3代幼虫的为害盛期，9月中下旬老熟幼虫开始结茧化蛹越冬。成虫羽化集中在白天，但交尾和产卵集中在夜间进行。白天成虫多集中在叶背面和树皮裂缝处潜伏，若遇惊扰，立即飞逃，成虫飞翔力强，而趋光性弱。成虫产卵时选择较老叶片背面的叶缘和叶脉两侧将卵以3～5粒排列产下，成虫多次产卵。

**199. 柑橘潜叶蛾**　*Phyllocnistis citrella* Stainton, 1856，又名橘网潜蛾、画图虫、鬼画符、潜叶虫，属鳞翅目潜蛾科。

［分布与为害］　分布于江苏、上海、安徽、浙江、江西、福建、台湾、广东、海南、广西、湖南、湖北、贵州、四川、重庆等地，为害柑橘、金橘、柠檬、二月兰、枸橘、四季橘等植物，以幼虫潜蛀入植株的新梢、嫩叶内，在上下表皮间形成迂回曲折的虫道（图2-223a），使整个新梢、叶片不能舒展（图2-223b、c），并易脱落，严重时可使秋梢全部枯黄。

［识别特征］　①成虫：体长约2mm，翅展约5.3mm。体、翅全部白色。前翅尖叶形，有较长的缘毛，基部有黑色纵纹2条，中部有"Y"形黑纹，近端部有1个明显黑点；后翅针叶形，缘毛极长。足银白色。触角丝状。各足胫节末端有1个大型距；足跗节5节，第1节最长。②卵：扁圆形，长0.3～0.4mm，白色，透明。③幼虫：体扁平，纺锤形，黄绿色；头部尖；足退化；腹部末端尖细，具有1对细长的尾状物。④蛹：扁平，纺锤形，长3mm左右，初为淡黄色，后变深褐色。腹部第1节前缘的两侧及第2～6节两侧中央各有1瘤状突起，上生1长刚毛；末节后缘两侧各有1明显肉刺。⑤茧：金黄色，较薄。

图2-223　柑橘潜叶蛾为害状

a. 幼虫为害造成的弯曲虫道；b. 幼虫为害造成的新梢叶片卷曲；c. 幼虫为害造成的叶片卷曲

　　[生活习性]　1年发生10代左右，以蛹和幼虫在被害叶上越冬。每年4月下旬至5月上旬幼虫开始为害，7～9月是发生盛期。10月以后发生量减少。完成1代需20天左右。成虫大多在清晨羽化，白天栖息在叶背及杂草中，夜晚活动，趋光性强。卵多产在嫩叶背面中脉附近，每叶可产数粒。幼虫孵化后，即由卵底面潜入叶表皮下，在内取食叶肉，边食边前进，逐渐形成弯曲虫道。成熟时，大多蛀至叶缘处，虫体在其中吐丝结薄茧化蛹，常造成叶片边缘卷起。苗木和幼龄树由于抽梢多而不整齐，适合成虫产卵和幼虫为害，常比成年树受害严重。

　　**200. 杨银叶潜蛾**　*Phyllocnistis saligna* (Zeller, 1839)，属鳞翅目潜蛾科。

图2-224　杨银叶潜蛾为害状

　　[分布与为害]　分布于黑龙江、吉林、辽宁、陕西、山西、甘肃、宁夏、新疆、内蒙古、河北、北京、河南、山东等地，主要为害杨树苗木及幼树。初孵幼虫潜入叶片食害叶肉，被害叶片正面留有银白色弯曲的虫道（图2-224）。影响叶片的光合作用，发生严重时整个叶片仅留叶皮及叶脉。

　　[识别特征]　①成虫：体纤细，体长约3.5mm，翅展6～8mm。全体银白色，头顶平滑。复眼黑色，椭圆形。前翅中央有2条褐色纵纹，其间呈金黄色。上面纵纹的外方有1条源出于前缘的短纹；下方纵纹的末端有1条向前弯曲的褐色弧形纹。前线角的内方有2条斜纹，在外侧缘斜纹的下方有1个三角形的黑色斑纹，斑纹的下侧尚有1条向后缘弯曲的斜纹，其内方呈现金黄色，并由此向外发出放射状的缘毛。②卵：灰白色，扁椭圆形，长约0.3mm，宽约0.2mm。③幼虫：浅黄色，体表光滑，足退化，头及胸部扁平，体节明显，以中胸及腹部第3节最大，向后渐次缩小。头部窄小，口器向前方凸出，褐色。④蛹：细小，长3.5mm左右，淡褐色。头顶有1个向后方弯曲的褐色钩，其侧方各有1个

突起。腹部末端两侧有1对突起，各腹节侧方有长毛1根。

[生活习性] 辽宁1年发生4代，以成虫在地表缝隙及枯枝落叶层中越冬，或以蛹在被害叶上越冬。越冬成虫在春季天气稍微转暖时便开始活动，白天栖息于距地面20cm高处的叶片背面或枯枝落叶层中，傍晚进行交尾、产卵。卵散产，每个叶片上产卵1～3粒，多为1粒。幼虫孵出后突破卵壳，潜入表皮下取食，幼虫靠体节的伸缩而移动，蛀食后留有弯曲的虫道，老熟幼虫在虫道末端吐丝将叶向内折1mm左右，做成近椭圆形的蛹室，在其中化蛹。

**201. 旋纹潜叶蛾** *Leucoptera malifoliella* (Costa, 1836)，又名旋纹潜蛾、苹果潜蛾，属鳞翅目潜蛾科。

[分布与为害] 分布于吉林、辽宁、陕西、山西、宁夏、新疆、北京、河北、河南、山东、四川、贵州等地。为害海棠类、山楂、苹果、沙果、梨等植物。幼虫潜叶为害，呈螺旋状串食叶肉，粪便排于隧道中显出螺纹形黑纹，严重时1片叶上有数个虫斑（图2-225），造成落叶，影响生长与观赏。

[识别特征] ①成虫：翅展6～8mm。体、足银白色。头、前翅基半部白色。前翅近端部具橘黄色不规则斑，斑的边缘多有褐色围边，臀区具黑色斑，内侧具银白色和紫黑色鳞片；缘毛白色，具几条黑褐色横带。②卵：

图2-225 旋纹潜叶蛾为害状

椭圆形，略扁平，上具网状脊纹，长约0.27mm，浅绿色至灰白色，半透明有光泽。③幼虫：体长4.7～5.5mm，黄白色微绿，略扁平。头褐色、较大，胴部节间细，貌似念珠状。前胸盾具黑色长斜斑2块，后胸及第1、2腹节两侧各具棒状小突起1个，上生刚毛1根。气门圆形、腹足趾钩单序环。④蛹：长3～4mm，扁纺锤形，初浅黄色，后变浅褐色至黑褐色。⑤茧：长5～6mm，梭形，位于白色"工"字形丝幕中央。

[生活习性] 辽宁、河北、山西晋中1年发生3代，山西南部、山东、河南、陕西1年发生4代，以蛹茧在枝干缝隙处越冬。翌年4月中旬至5月中旬成虫羽化，成虫白天活动，第1代卵多散产在树冠内膛中下部光滑的老叶背面，以后各代分散于树冠各部位。初孵幼虫从卵壳下蛀入叶肉，取食叶片的栅状组织，少数从叶面蛀入为害叶片海绵组织，均不伤及表皮。老熟幼虫从虫斑一角咬孔脱出，脱出时吐丝下垂到下部叶片或枝条上，结茧化蛹。非越冬代老熟幼虫多在叶上化蛹，越冬代多在枝干粗皮裂缝中化蛹。成虫无趋光性。冬季干旱可降低越冬代成虫的产卵量。

**202. 金纹细蛾** *Phyllonorycter ringoniella* (Matsumura, 1931)，属鳞翅目细蛾科。

[分布与为害] 分布于辽宁、陕西、山西、甘肃、北京、河北、河南、山东、安徽、江苏、贵州、四川等地。为害海棠类、山荆子、沙果、苹果、山楂、梨、桃、李、樱桃等植物，以幼虫潜叶取食叶肉，叶片正面呈现豆瓣大小的网纹虫斑（图2-226），下表皮纵皱。一片叶有数个虫斑时叶片即扭曲，严重时每叶有虫斑4块以上，7月下旬叶片即大量脱落。

[识别特征] ①成虫：翅展6～7mm。体、翅棕色，具金色闪光。前翅柳叶形，基部的前缘、中部和后缘具3条银白色纵带，端半部前缘具3条银灰色斜纹，其内侧灰褐色，后缘从中部起具较大银白色纹3个，外端1个、较小。②卵：扁椭圆形，长约0.3mm，乳白色。③幼虫：老熟幼虫体长约6mm，扁纺锤形，黄色，腹足3对。④蛹：体长约4mm，黄褐色。翅、触角、第3对足先端裸露。

[生活习性] 1年发生4～5代，以蛹在被害的落叶内越冬。翌年3～4月寄主发芽开绽期为越冬代成虫羽化期。成虫喜欢在早晨或傍晚围绕树干附近飞舞，进行交配、产卵。多产卵于发芽早的苹果品种上。卵多产在幼嫩叶片背面茸毛下，卵单粒散产。幼虫孵化后从卵底直接钻入叶片中，潜食叶肉，致使叶背被害部位仅剩下表皮，叶背面表皮鼓起皱缩，外观呈泡囊状，泡囊约有黄豆粒大小，幼虫潜伏其中，被害部内有黑色粪便。老熟后，就在虫斑内化蛹。成虫羽化时，蛹壳一半露在表皮之外，极易识别。8月是全年危害最严重的时期。

图 2-226 金纹细蛾为害北美海棠状

**203. 柳潜细蛾**　　*Phyllonorycter pastorella* Zeller, 1846，又名柳细蛾，属鳞翅目细蛾科。

[分布与为害]　分布于辽宁、内蒙古、宁夏、河北、河南、山东等地。为害柳树。以幼虫潜入寄主叶片取食为害，被害处呈现近圆形稍突起的褪绿色网状斑，严重时仅留上下表皮及叶脉，肉眼可见网状虫斑内的幼虫、蛹及虫粪（图 2-227）。

图 2-227 柳潜细蛾为害状
a. 正面观；b. 背面观

[识别特征]　①成虫：分夏型和越冬型，且斑纹有变化，后者体色深。翅展 7～8mm。体白色或灰褐色。头顶具褐色至白色直立毛丛。前翅前缘及后缘的近 2/5 处有斜生的黑纹，翅端具黑色鳞片，或这些斑纹不明显。秋季羽化的成虫体色比较深。②卵：扁圆形，乳白色，有网状花纹，卵四周有扁边，如帽缘状。③幼虫：老熟幼虫体长约 4mm。淡黄色。腹部各节背后有 1 个近三角形黑斑。初龄幼虫白色，无足。胸部特别发达，长度几乎占全体之半。头扁，三角形，褐色。上颚向前凸出，如 2 个圆盘锯。在各龄幼虫蜕皮初期，虫体色淡，之后颜色逐渐加深。幼虫体上有稀疏细长毛。④蛹：长约 4mm，黄褐色，前端尖。

[生活习性]　1 年发生 3 代，以成虫在老树皮下、建筑物缝隙、土缝中越冬。翌年 4 月柳树展叶初期成虫开始产卵。产卵于叶背，4 月下旬幼虫孵化，从卵壳底部潜入叶内，被害处呈近圆形稍突起的褪绿色网状斑，能够见到叶内的黑色虫粪，约经 1 个月在潜斑内化蛹，6 月上旬出现成虫，6 月中下旬至 7 月末为第 2 代幼虫为害期，8 月至 9 月中旬为第 3 代幼虫为害期，10 月开始越冬。

**204. 刺槐突瓣细蛾**　*Chrysaster ostensackenella* (Fitch, 1859)，属鳞翅目细蛾科。

　　[分布与为害]　分布于山东、辽宁等地，为害刺槐。以幼虫潜叶为害，在叶面上形成半透明潜斑（图2-228）。刺槐小叶被害率在80%以上，成片树木叶片枯焦，引起树叶早落，严重影响树木光合作用，导致树木营养不良，生长受到很大影响。

图2-228　刺槐突瓣细蛾为害状

　　[识别特征]　成虫：翅展2～3mm。头银白色至银灰色，具强烈金属光泽。下唇须灰色。触角背面黑褐色，腹面褐色。胸部和翅基片金褐色。腹部背面黑灰色，腹面银白色。前翅金褐色，斑纹银灰色，前缘处白色，内缘镶黑色；基部后缘处有时具1枚银灰色斑点；基部1/5处和近中部各具1条横带，后者后半部稍内斜；前缘2/3和5/6处各具1枚楔形斑，伸入缘毛，前者稍外斜，达中室末端；后缘2/3处具1条短纹，外斜至中室末端，有时与前缘2/3处楔形斑相接，形成1个外突的钝角；外缘5/6处具1枚白色或银白色小斑；缘毛基部1/4至1/3黑褐色，其余灰色。后翅及缘毛灰褐色。

　　[生活习性]　山东烟台1年发生4代，在枯枝落叶层、树皮缝等处做白色小茧越冬。翌年5月上旬越冬蛹开始羽化。成虫羽化后即交尾、产卵。第1代成虫一般每片小叶产1粒卵，以后各代每片小叶产1至数粒不等，一般2或3粒。第1代卵期10天左右，以后各代1周左右。幼虫期20天左右。9月上旬第4代幼虫陆续化蛹越冬。各虫态发生期因每年的气候条件（主要是气温）不同而略有差异，第1、2代与第3、4代发育历期不整齐，第3、4代发生历期较长。世代重叠现象明显。

**205. 元宝枫细蛾**　*Caloptilia dentata* Liu & Yuan, 1990，又名元宝枫花细蛾，属鳞翅目细蛾科。

　　[分布与为害]　分布于辽宁、内蒙古、宁夏、河北等地。为害元宝枫、五角枫等植物。初期幼虫潜叶，后期钻出叶片卷叶为害（图2-229）。

　　[识别特征]　①成虫：分夏型与越冬型。夏型长约4.3mm，胸部黑褐色，腹背灰褐色，腹面白色；前翅狭长，翅缘有黄褐色长缘毛，由黑、褐、黄、白色鳞片组成，翅中有金黄色三角形大斑1个；后翅灰色，缘毛较长。越冬型体型稍大，体色较深，触角长过于体。②卵：扁椭圆形。③幼虫：幼龄潜叶期体扁平，乳白色，半透明，大龄幼虫卷叶期体圆筒形，乳黄色，胸足发达，腹足3对，老熟时体长约7mm。④蛹：体背部黄褐色，有许多黑褐色粒点，腹面浅黄绿色；触角超过体长，复眼红色。

图2-229　元宝枫细蛾为害状

　　[生活习性]　北京1年发生3～4代，以成虫在草丛根际越冬。翌年4月上旬元宝枫展叶时成虫出现，喜食花蜜补充营养，白天潜伏在草丛中或寄主叶背，栖息时倾斜似坐状。成虫产卵于叶主脉附近，每叶片产卵1～3粒，卵期约10天。4月下旬为幼虫潜叶盛期，其后从叶尖钻出潜道，进行卷叶为害，5月上旬是

幼虫卷叶为害盛期。5月、7月中旬、9月、10月为各代成虫发生期。

另外，海桐（图2-230a）、八角金盘（图2-230b）等园林植物也常受到潜叶蛾为害。

图2-230　潜叶蛾为害海桐（a）和八角金盘（b）

［潜叶蛾类的防治措施］

（1）农业防治　　人工摘除卵块或孵化后尚群集的初龄幼虫。结合清除枯枝落叶、修剪等园林管理措施消灭越冬虫源。结合栽培管理，及时抹芽控梢。

（2）物理防治　　灯光诱杀成虫。

（3）生物防治　　利用白僵菌、青虫菌、松毛虫杆菌等微生物制剂使幼虫染病死亡；开发、利用天敌小蜂，如潜叶蛾姬小蜂等。

（4）化学防治　　发生严重时，喷洒2.5%溴氰菊酯乳油2000～3000倍液、25%灭幼脲Ⅲ号悬浮剂1000倍液、24%氰氟虫腙悬浮剂600～800倍液、10%溴氰虫酰胺可分散油悬乳剂1500～2000倍液、10.5%三氟甲吡醚乳油3000～4000倍液、20%甲维·茚虫威悬浮剂2000倍液等。

## 十五、其他蛾类

**206. 中华金带蛾**　*Eupterote chinensis* Leech, 1898，又名黑毛虫，属鳞翅目带蛾科。

［分布与为害］　分布于山东、河南、安徽、湖北、湖南、广西、四川、贵州、云南等地。为害石榴、桃、苹果、泡桐等植物。以幼虫食害寄主的叶片，轻者将叶片咬成缺刻、孔洞，严重时吃光叶片或啃咬嫩枝树皮，影响生长发育和开花结果。

［识别特征］　①成虫：雌蛾体长22～28mm，翅展68～88mm；雄蛾体长20～24mm，翅展64～72mm。全体金黄色。雌蛾触角深黄色，丝状；雄蛾触角黄褐色，羽毛状。胸部、翅基部均生长密鳞毛。翅宽阔，前翅顶角具不规则的赤色长斑，长斑表面被灰白色鳞粉。长斑下具2枚圆斑，后角1枚圆斑较小，翅面具5或6条断续的赤色波状纹，前缘区斑纹粗而明显；后翅中间呈5或6枚斑点，整齐排列，斑列外侧有3枚大的斑，顶角区大、小各1枚，相距较近，后缘区呈4条波状纹，粗而明显（图2-231）。②卵：圆球形，直径为1.2～1.3mm。淡黄色，具光泽，接近孵化时卵顶具1黑点。③幼虫：老熟幼虫体长35～71mm，体圆筒状，腹面略扁平。全体暗褐色，每1腹节背面中央具"凸"字形黑斑，腹部背面具8枚黑斑。头壳黑褐色。体背与两侧具许多次生性小刺及长短不一的束状长毛，胸部与尾节上的毛略长，分别向前、后伸出。束状长毛呈棕色、褐色或灰白色，常混生。④蛹：黑褐色，纺锤形，头端圆钝，

图2-231　中华金带蛾成虫

尾端尖削，尾端具细小臀棘。具光泽，体长21～28mm。⑤茧：棕灰色或棕褐色，质地软，纱网状，长约33mm。

[生活习性]　湖南1年发生1代，9月中旬以后以蛹在枯枝落叶、树皮缝隙及树下疏松表土中越冬。翌年6月上旬开始羽化，月中为羽化盛期，个别延至月底才羽化。羽化多在晚上，羽化后即交尾产卵。卵产在叶片背面近边缘处，常几百粒1块。成虫白天活动，无趋光性。卵初产时淡黄色。幼虫群聚性强，1至2龄时昼夜都聚集于叶背，3龄后白天群聚在树干中部或大枝上，晚上爬至叶片上取食。随着虫龄增长，白天栖息的高度下降。幼虫历时约70天进入预蛹期，7天后成蛹越冬。

**207. 冬青卫矛巢蛾**　*Yponomeuta griseatus* Moriuti, 1977，属鳞翅目巢蛾科。

[分布与为害]　分布于辽宁、陕西、北京、河北、河南、山东、江苏、安徽、上海、浙江、广西等地。为害扶芳藤、大叶黄杨（包括金心黄杨、金边黄杨、银边黄杨等变种）。初孵幼虫蛀入叶肉为害，可见弯曲的白色虫道，后钻出叶面，在枝叶上吐丝结网，群集为害，幼虫蚕食叶片，可将叶片吃光，嫩茎亦被啃食，植株表面覆盖大量白色丝网，上挂虫粪与虫皮（图2-232）。严重时植株枯萎，降低绿化观赏效果。

图2-232　冬青卫矛巢蛾为害状

[识别特征]　①成虫：体长约9mm，翅展约20mm。全体灰白色，复眼黑色。触角丝状。胸部背面有5个小黑点，4个在中间排成方形，另1点在其后端。前翅有黑点30多个，纵向排列成数行，外缘呈深褐色边缘，有较长缘毛。后翅也具缘毛（图2-233a）。②卵：椭圆形，扁平，淡黄色，卵壳表面有皱纹。③幼虫：老熟幼虫体长15～20mm，胴部末端两侧呈黄色，其余部分均为青黑色，前胸背面黑色，中线米黄色，胴部每节两侧各有1块黑斑，有的还附有2或3个黑点。胸足黑褐色，腹足乳白色，臀足黑色（图2-233b、c）。④蛹：长约9mm，纺锤形，淡黄褐色，外包白色扁椭圆形丝质的茧（图2-233d）。

图 2-233  冬青卫矛巢蛾
a. 成虫；b、c. 幼虫；d. 新结的茧

[生活习性]  1年发生3~4代，以蛹越冬。翌年4月上中旬羽化为成虫并产卵。幼虫为害期分别是：第1代，5月初至6月中旬；第2代，6月下旬至7月中下旬；第3代，8月上旬至9月中旬；第4代，9月下旬至11月中下旬。第4代老熟幼虫在寄主上丝网内的枝丛、卷叶、折叶上结茧化蛹越冬。成虫产卵于叶背主脉附近，呈块状排列，不整齐。幼虫孵化后直接潜入叶内剥食叶肉，2龄后开始钻出叶面，在枝叶上吐丝结网，虫体活泼，群集为害，3龄后食量大增，4龄进入暴食期，可将叶片吃光，全株枯萎。第4代4龄幼虫因气温逐渐下降，结茧前食量减少，虫体缩短，4龄后期在避风处结茧化蛹。

**208. 枸杞褐绢蛾**  *Scythris buszkoi* Baran, 2004，属鳞翅目绢蛾科。

[分布与为害]  分布于北京、河北、山东等地。幼虫在枸杞叶片上筑丝巢，外出潜叶取食叶肉，6月可把枝条上叶肉食光，仅剩叶表皮（图2-234）。

图 2-234  枸杞褐绢蛾为害状

[识别特征]  成虫：翅展11.4~13.4mm。体、翅黄褐色，略带橄榄绿色。头顶鳞毛平覆紧密而光滑。腹面杂有黑鳞。前翅具黑褐色斑，位置及大小不规则。下唇须上举，不达头顶。

[生活习性]  1年发生3~4代，以蛹在枯叶的丝巢中越冬。野外3月下旬可见成虫。

**209. 榆凤蛾**  *Epicopeia mencia* Moore, 1874，又名燕凤蛾、榆长尾蛾、榆燕尾蛾、燕尾蛾，属鳞翅目凤蛾科。

[分布与为害]  分布于黑龙江、吉林、辽宁、北京、河北、河南、山东、江苏、浙江、江西、台湾、

湖北、贵州等地。为害榆树，蚕食叶片（图2-235）。

[识别特征] ①成虫：体长为20mm左右，翅展为80mm左右。形态似凤蝶，体、翅灰黑色或黑褐色。触角腹部各节后缘为红色。前翅外缘为黑色宽带。后翅有1个尾状突起，有两列不规则的斑，斑为红色或灰白色。触角栉齿状（图2-236a）。②卵：黄色。③幼虫：老熟时体长为55mm左右，体为浅绿色。背中浅黄色，各节有黑褐色斑点。全身被盖一层厚厚的白色蜡粉，蜡粉不平整，形成凹凸状，有时辨认不出虫体本身（图2-236b～d）。④蛹：黑褐色。

[生活习性] 河北、山东1年发生1代，河南、湖北1年发生2代，均以蛹在土壤中越冬。翌年5～7月成虫羽化，成虫白天飞翔与交配，晚上休息，无趋光性。卵散产在叶片上，卵期约8天。初孵幼虫只食叶肉，大龄幼虫蚕食叶片。幼虫喜欢在枝梢上为害，严重时常数十头堆积在一起。幼虫白天静伏在枝上，夜间大量取食。山东、河北以7～8月危害最严重，9月开始老熟，入土结茧化蛹。我国南方2代区，有世代重叠现象。

图2-235 榆凤蛾幼虫为害状

图2-236 榆凤蛾
a. 成虫；b～d. 幼虫

**210. 桑蟥** *Rondotia menciana* (Moore, 1885)，又名桑蚕、白蚕、白蟥、松花蚕，属鳞翅目蚕蛾科。

[分布与为害] 分布于黑龙江、吉林、辽宁、陕西、山西、甘肃、河北、河南、山东、江苏、安徽、浙江、江西、广东、湖南、湖北、四川等地。幼虫取食桑、构、楮等植物的叶片。

［识别特征］ ①成虫：体长9～10mm。体、翅皆豆黄色。前翅自前缘至后缘有2条波浪形黑色横纹，中间有1黑色短横纹，翅尖尚有黑色纹。后翅也有2条黑色横纹。雌蛾腹部肥大向下垂，产越冬卵者腹面有深茶褐色鳞毛；雄蛾腹部细瘦而向上举，末端黑色（图2-237a、b）。②卵：扁平椭圆形，中央略凹，长径约0.7mm。③幼虫：幼龄幼虫体上有一层白粉，3次蜕皮后变为菜花黄色（图2-237c）。④蛹：圆筒形，长8～15mm，乳白色，羽化前2天转黄色，翅芽出现黑纹，产越冬卵的雌蛹，腹部各节背面有茶褐色纹（图2-237d）。⑤茧：长椭圆形，质疏松，菜花黄色。

图2-237　桑螟
a. 雌成虫；b. 雄成虫；c. 幼虫；d. 蛹

［生活习性］ 北京1年发生1或2代，以卵在枝条上越冬。卵表面覆盖鳞毛。幼虫取食桑叶。在北京，7～8月可见成虫，具趋光性。

**211. 金盏拱肩网蛾** *Camptochilus sinuosus* Warren, 1896，属鳞翅目网蛾科。

图2-238　金盏拱肩网蛾成虫

［分布与为害］ 分布于浙江、江西、福建、海南、广西、湖北、四川、重庆等地。为害核桃、榛、栎、柿、石楠、玉兰等植物。幼虫卷叶切割食叶。

［识别特征］ 成虫：翅展27～28mm。头、胸及腹部均为黄褐色，并有金属光泽。前翅前缘中部外侧有1个三角形褐斑，翅基本褐色，并有4条弧形横线，中室下方至后缘呈褐色晕斑，向外方逐渐变淡，其上有若干不规则的网状纹。后翅基半褐色，有金黄色花蕊形斑纹，外半金黄色，缘毛褐色。前、后翅反面颜色及斑纹与正面相同。前翅前缘拱起，致使呈弯曲形（图2-238）。

［生活习性］ 1年发生4代，以蛹在土中茧内越冬。4月下旬可见成虫。

**212.黄褐箩纹蛾** *Brahmaea certhia* (Fabricius, 1793)，又名水蜡蛾，属鳞翅目箩纹蛾科。

［分布与为害］　分布于黑龙江、山西、内蒙古、北京、河北、山东、江苏、浙江、江西、湖南、湖北等地。幼虫取食丁香、女贞、桂花、水蜡等植物的叶片，常造成叶片缺刻或孔洞，甚至食光叶片。

［识别特征］　①成虫：体长约44mm，翅展124～137mm。体黑褐色至黑色，前胸前缘及肩片两侧具黄褐色边；前翅外缘具1列半圆形斑带，顶角具黑斑，斑带内侧具箩纹斑，共由9条组成，仅翅的后半部明显；中斑由横向的椭圆形黑斑组成，前半呈灰褐色，后缘的第3、4斑内侧呈尖形（图2-239a）。②幼虫：老熟时体长90mm左右，体粗壮，棕黄色，体背有黄褐色斑纹和小点。气门椭圆形，黑色（图2-239b）。

图2-239　黄褐箩纹蛾

a. 成虫；b. 初龄幼虫

［生活习性］　华北1年发生1代，以蛹在土中越冬。翌年6月成虫羽化，有趋光性，卵产在叶片上。初孵幼虫黄褐色，有黑斑，胸背部有突起，随虫龄增大，刺突在蜕皮时脱落。6～8月为幼虫为害期。

**213.洋麻钩蛾** *Cyclidia substigmaria* (Hübner, 1831)，又名洋麻圆钩蛾，属鳞翅目钩蛾科。

［分布与为害］　分布于安徽、福建、台湾、广东、湖南、湖北、四川、云南、西藏等地。为害八角枫、麻、洋麻等植物。

［识别特征］　①成虫：体长15～22mm，翅展46～70mm。头及触角黑色，腹部白色。翅白色，有浅灰色斑纹，顶角至后缘中部呈一斜线，斜线外侧色浅，内侧与前缘外侧有深色三角形斑，斑内有白纹（图2-240）。②卵：椭圆形，长约0.55mm，宽约0.45mm，初产时乳白色。③幼虫：老熟幼虫长27～35mm，背线、亚背线及气门上线墨绿色，亚腹线至腹线间呈灰白色宽带，各腹节有黄色稍带蓝灰色闪光的长方形斑4对。④蛹：长约17mm，暗褐色。

［生活习性］　1年发生3代，以蛹在落叶中越冬。翌年4月下旬开始羽化，5月上旬至9月上旬为幼虫为害期。幼虫老熟后，3～5头一起在叶片间结薄茧化蛹。成虫夜晚具趋光性。生活在低、中海拔山区。

图2-240　洋麻钩蛾成虫

**214.黄带山钩蛾** *Oreta pulchripes* Butler, 1877，又名荚蒾钩蛾、珊瑚钩蛾、珊瑚树钩蛾，属鳞翅目钩蛾科。

［分布与为害］　分布于河北、江苏、上海、浙江、广东、湖南、四川、云南、西藏等地。以幼虫为害珊瑚树（图2-241a）、荚蒾、天目琼花等植物，取食叶片，造成缺刻，甚至短时间内将叶片食光，严重影响植物生长与观赏。

［识别特征］　①成虫：翅展34～42mm。头橘红色，触角橘黄色。前翅赤褐色，散布棕褐色斑点；后翅基部及前缘淡黄色，中室内方有赤褐色宽横带，顶角有1赤褐斑（图2-241b、c）。②卵：长圆形，长0.7～0.9mm，初产时淡黄色，近孵化时变为黑色。③幼虫：棕色，头顶部有1对角状突起，腹部两侧各有1大型扁三角形褐色斑，尾部有1长肉刺（图2-241d～f）。④蛹：体纺锤形，初为黄色，后变红棕色，近

羽化时变为棕褐色（图2-241g）。

[生活习性] 江苏苏州1年发生约7代，一般以3～4龄幼虫在枝条上越冬。翌年3月中旬出蛰。成虫多于夜晚羽化、交尾，白天很少活动。卵多产在叶片背面。成虫具趋光性。幼虫主要蚕食新叶，将叶片卷曲成筒状，在内化蛹（图2-241h、i）。

图2-241 黄带山钩蛾

a. 为害珊瑚树状；b、c. 成虫；d～f. 幼虫；g. 蛹；h、i. 化蛹前卷叶状

图2-242 纱钩蛾成虫

**215. 纱钩蛾** *Deroca hidda ampla* (Inoue, 1988)，又名透明钩蛾，属鳞翅目钩蛾科。

[分布与为害] 分布于东北、华北，以及湖南、湖北、重庆、四川、台湾等地。为害园林植物种类不详。

[识别特征] 成虫：翅展28～30mm。前、后翅均膜质透明。雄蛾中室端至外缘有3条不明显的淡灰黑色波状纹。雌虫横向的波状纹不明显，但翅脉更为宽大清晰。胸部、腹部背板有灰白色鳞毛。腹部末端白色。雌雄触角皆为栉齿状，雄虫栉齿较长呈羽毛状。翅如薄纱，斜侧观察有绿色等金属反光，外观淡雅别致（图2-242）。

[生活习性] 有趋光性。灯诱时在白布上几乎隐形。

**216. 选彩虎蛾** *Episteme lectrix* (Linnaeus, 1764)，属鳞翅目虎蛾科。

[分布与为害] 分布于浙江、江西、台湾、湖北、四川、贵州、云南等地。以幼虫取食蔷薇、葡萄、野葡萄、爬山虎等植物的叶片。

[识别特征] 成虫：体长26mm左右，翅展79mm左右。头部、触角及胸部黑色。下唇须第1、2节及额两侧各1白斑。触角基部1白点。复眼后方白色。翅基片基部1淡黄斑。腹部黄色，有黑横条。前翅黑色，基部有2列粉蓝小斑，中室基部1淡黄色三角形斑，中室中部1淡黄色方斑，其后1淡黄色斜方斑；外区前半有两组长方形淡黄斑，亚端区1列小白斑。后翅黄色，基部黑色，翅脉微黑；中室端部1黑斑，中室下角至后缘1黑宽带，在亚中褶处外伸1黑条；端区1黑带，前宽后窄，内缘波曲，前段1蓝白色圆斑，中段1蓝白点。前足基节内侧黄色（图2-243）。

[生活习性] 1年发生2~3代，以蛹入土越冬。5月上旬初见成虫。成虫喜访花。

图2-243 选彩虎蛾成虫

**217. 斜线燕蛾** *Acropteris iphiata* (Guenée, 1857)，又名银燕蛾、微点燕蛾，属鳞翅目燕蛾科。

[分布与为害] 分布于黑龙江、吉林、辽宁、陕西、内蒙古、北京、河北、山东、江苏、安徽、浙江、江西、福建、广东、广西、湖南、湖北、四川、贵州、云南、西藏等地。为害香茅、萝藦、七层楼等植物。

图2-244 斜线燕蛾成虫

[识别特征] 成虫：翅展17~18mm。体、翅银白色。前翅前缘散布小黑点，顶角下方具1个黄褐色斑，由该斑发出2组共7条铅灰色线，分别伸达翅基部和后缘端半部；缘线深黄褐色，粗壮。后翅基部排列铅灰色细纹；中带由多条密集细纹组成；外线和亚缘线各为铅灰色双线；缘线深黄褐色，细弱（图2-244）。

[生活习性] 1年发生数代。沈阳6~7月可见成虫，常停在草层中或低飞，有趋光性。

[其他蛾类的防治措施]

（1）农业防治 人工摘除卵块或孵化后尚群集的初龄幼虫。结合清除枯枝落叶、修剪等措施消灭越冬虫源。于幼虫越冬前在干基绑草绳诱杀。

（2）物理防治 灯光诱杀成虫。

（3）生物防治 利用白僵菌、青虫菌、松毛虫杆菌等微生物制剂使幼虫致病死亡。

（4）化学防治 发生严重时，喷洒2.5%溴氰菊酯乳油2000~3000倍液、25%灭幼脲Ⅲ号悬浮剂1000倍液、24%氰氟虫腙悬浮剂600~800倍液、10%溴氰虫酰胺可分散油悬乳剂1500~2000倍液、10.5%三氟甲吡醚乳油3000~4000倍液、20%甲维·茚虫威悬浮剂2000倍液等。

## 十六、蝶类

蝶类属鳞翅目锤角亚目。园林植物上常见的有凤蝶科的柑橘凤蝶、碧凤蝶、绿带翠凤蝶、克里翠凤蝶、蓝凤蝶、金凤蝶、玉带凤蝶、灰绒麝凤蝶、中华麝凤蝶、丝带凤蝶、红珠凤蝶、木兰青凤蝶、绿凤蝶、燕凤蝶，粉蝶科的菜粉蝶、云粉蝶、斑缘豆粉蝶、山楂粉蝶、突角小粉蝶，蛱蝶科的柳紫闪蛱蝶、黄钩蛱蝶、斑网蛱蝶、小红蛱蝶、大红蛱蝶、大紫蛱蝶、斐豹蛱蝶、灿福蛱蝶、蟾福蛱蝶、黑脉蛱蝶、琉璃蛱蝶、针尾蛱蝶、窄斑凤尾蛱蝶、枯叶蛱蝶、红锯蛱蝶、曲纹蜘蛱蝶、黄帅蛱蝶，环蝶科的箭环蝶，喙蝶科的朴喙蝶，斑蝶科的青斑蝶、虎斑蝶、金斑蝶、绢斑蝶、黑绢斑蝶、异型紫斑蝶，灰蝶科的红灰蝶、点玄灰蝶、蓝灰蝶、中华爱灰蝶、茄纹红珠灰蝶、东亚燕灰蝶、酢浆灰蝶、曲纹紫灰蝶、绿灰蝶、莎菲彩灰蝶、亮灰蝶、眼蝶科的蛇眼蝶、斗毛眼蝶、蒙链荫眼蝶，弄蝶科的直纹稻弄蝶、隐纹谷弄蝶、花弄蝶、黑弄蝶、钩形黄斑弄蝶、黄斑银弄蝶等。

　　蝶类成虫大都具有较高的观赏价值。近年来，有些种类已演变为饲养对象，可以加工成为价值不菲的艺术品。最新的园林理念则把危害不重的蝴蝶喻为会飞的花，"花招蝶、蝶恋花"，花、蝶常常融为一体，成为一种奇妙的园林景观。

　　**218. 柑橘凤蝶**　　*Papilio xuthus* Linnaeus, 1767，又名花椒凤蝶、黄凤蝶、橘黑黄凤蝶、橘凤蝶、黄菠萝凤蝶等，属鳞翅目凤蝶科。

　　［分布与为害］　分布几乎遍及全国。为害柑橘、金橘、柠檬、香橼、佛手、枸橘、花椒、黄菠萝等芸香科植物，以幼虫取食幼芽及叶片。该虫是园林植物中最常见的蝶类之一。

　　［识别特征］　①成虫：体长22～32mm，体黄色，背面中央有黑色纵带。翅面上有黄黑相间的斑纹，亚外缘有8个黄色新月形斑。后翅外缘波状，后角有1尾状突起（图2-245a～c）。②卵：圆球形，长约1mm，初产黄白色，近孵化时黑灰色（图2-245d）。③幼虫：幼龄时颜色较深，老熟幼虫体长40～51mm，绿色，后胸有眼状纹及弯曲成马蹄形的细线纹。腹部第1节后缘有1条大型黑带，第4～6腹节两侧具黑色斜带，头部臭腺为黄色（图2-245e、f）。④蛹：长29～32mm，纺锤形，头部分二叉，胸部稍突起（图2-245g）。

　　［生活习性］　各地发生代数不一，东北1年发生2代，长江流域及以南地区1年3～4代，台湾1年5代，均以蛹悬于枝条上越冬。以3代区为例，翌年4月出现成虫，5月上中旬出现第1代幼虫，7月中旬至8月中旬第2代幼虫，9月上旬至10月第3代幼虫。有世代重叠现象。成虫白天活动，卵单个产于嫩叶及枝梢上。初孵幼虫茶褐色，似鸟粪。幼虫老熟后变为绿色，吐丝缠绕于枝条上化蛹。成虫春、夏2型颜色有差异。

图 2-245 柑橘凤蝶

a～c. 成虫；d. 卵；e. 低龄幼虫；f. 老熟幼虫；g. 蛹

**219. 碧凤蝶** *Papilio bianor* Cramer, 1777，又名乌鸦凤蝶、翠凤蝶、碧翠凤蝶，属鳞翅目凤蝶科。

［分布与为害］ 分布于除新疆外的全国各地。以幼虫为害楝叶吴茱萸、臭檀、花椒、竹叶椒、柑橘、黄檗等植物。

［识别特征］ ①成虫：体、翅黑色，翅呈三角形，后翅外缘波状。前翅端半部色淡，翅脉间多散布金黄色、金蓝色或金绿色鳞，后翅亚外缘有6个粉红色或蓝色飞鸟形斑，臀角有1个半圆形粉红色斑，翅中域特别是近前缘形成大片蓝色区。尾突亦布有蓝色及绿色亮鳞，边缘仅有黑色鳞。雄蝶前翅亚外缘区、外中区、中区下部有4或5个梭形香鳞区，雌蝶后翅外缘的橙红色新月纹较雄蝶稍微发达一些（图2-246a、b）。②卵：淡黄色，球形，表面光滑；散产于寄主植物叶背或叶面，直径约为1mm。③幼虫：幼虫分5龄。1龄幼虫，体长1～2mm，灰黄色，几小时后变为灰黑色，头端具2条棘，尾端具2长2短4条棘，体背有4列短棘。2龄幼虫，体长3.0～3.5mm，背面灰黄色、腹面灰色，头端2条棘，尾端4条棘，虫体中部有1白色条纹。3龄幼虫，体长5～10mm，青黄色，前端膨大，具2短棘，尾端有4条棘，体表具疣，表面光亮，中部有1白色条纹。4龄幼虫，体长18～27mm，灰绿色到绿色，体表具疣，虫体中部具白色条纹。5龄幼虫，体长30～52mm，初为黄绿色，后转为暗绿色，腹面白色。体侧具4条黑色斜纹，前端具黑色曲线状条纹，体表光滑，前后端具2短棘（图2-246c）。④蛹：长32mm，宽13mm。有绿色及

图 2-246 碧凤蝶

a、b. 成虫；c. 老熟幼虫

褐色2型：绿色型身体背面中央有浅黄色背线，并在缠绕丝线处中央有黄色斑；褐色型体色为浅褐色，无特殊斑纹。

［生活习性］　1年发生1～2代，以蛹越冬。成虫喜欢访花，雄蝶爱吸水，飞行迅速，路线不规则，常活动于林缘开阔地。

**220. 绿带翠凤蝶**　*Papilio maackii* Ménétriés, 1859，又名深山乌鸦凤蝶、琉璃翠凤蝶，属鳞翅目凤蝶科。

［分布与为害］　分布于黑龙江、吉林、辽宁、北京、河北、山东、浙江、江西、湖北、四川、贵州、云南等地。以幼虫为害芸香科的柑橘属、黄檗、樗叶花椒、光叶花椒、贼仔树等植物的叶片。

［识别特征］　①成虫：翅展90～125mm，春型较小。体、翅黑色，满布翠绿色鳞片。前翅前缘区有1条不太清晰的翠绿色带，被黑色脉纹及脉间纹分割形成断续的横带，雄蝶被棕色绒毛（雄性性标）侵占或割断。后翅基半部的上半部满布翠蓝色鳞片；从上角到臀角有1条翠蓝或翠绿色横带；外缘区有6个翠蓝色弯月形斑纹；臀角有1个环形或半环形斑纹，并镶有蓝边；外缘波状，波凹处镶白边；尾突具蓝色带。翅腹面前翅浅黑色，无翠绿色鳞片，亚外缘区有灰白色横带。后翅中后区有1条斜横带，在灰黄色斜带以内布满灰黄色鳞片；外缘区有1列红色弯月形斑，臀角有1个半圆形红斑纹（图2-247a）。②卵：球形，稍扁，底面浅凹。表面光滑有弱光泽。乳白色偏黄绿色。③幼虫：低龄幼虫鸟粪状。5龄幼虫头部淡绿色无光泽，上半部偏橙色，生无色毛。臭腺黄橙色。前胸背板绿色，边缘黄色，中央有1条白色纵带。背板两侧钝角状凸出，末端黄橙色有黑色短毛。有1对黄色带从前胸气门上线经后胸的眼状纹下方到第1腹节后缘合二为一。第4～8腹节侧面每节各有2条黑色斜线。中、后胸及第1腹节的亚背线、气门上线上各有1对淡蓝色的斑纹及黑色细线。第9腹节亚背线上有1对强突起，黄色。两突起间有黑色细线相连。肛上板淡灰绿色，有无色短毛。从第2腹节到腹末的基线上有明显的粗白纵线。胸足淡绿色，腹足淡绿色、有1条黑色的细横线。④蛹：头部的1对突起短而尖，末端分开。中胸背面丘状隆起，无突起。胸部、腹部凹凸不平。第9腹节亚背线上有1对小突起。体色有绿色与褐色2型，还有许多中间型。

［生活习性］　黑龙江1年发生2代，以蛹越冬。成虫常沿山路飞行，雄性多群栖于溪边或山路湿地处饮水（图2-247b），而雌性喜吸食多种花蜜。每年4月，春型的绿带翠凤蝶由越冬的蛹中羽化，婚飞交尾，并在黄檗（或其他芸香科植物）这种寄主植物上产卵，孵化出黑色幼虫。随着龄期的增长，幼虫从黑色的毛虫变成酷似鸟粪的杂色，进入4龄后变为翠绿色，直至化蛹。

**图2-247　绿带翠凤蝶**
a. 成虫；b. 成虫吸水状

**221. 克里翠凤蝶**　*Papilio krishna* (Moore, 1857)，又名克里希纳孔雀凤蝶，属鳞翅目凤蝶科。

［分布与为害］　分布于四川、云南、西藏等地。幼虫喜食柑橘、山花椒等芸香科的植物。

［识别特征］　成虫：翅展100～120mm，雌蝶略大于雄蝶，无明显区别。触角、头部和胸部为黑色，腹部也呈黑色。雌蝶前翅呈黑褐色，各翅脉两侧有白色条纹。尾翼蓝色，逐渐变成绿色，最后变成金色，并布有4个环链珠形粉色斑点；雄蝶前翅黑色略透，各翅脉两侧有白色条纹。尾翼亮蓝色，逐渐变成金

色，且有4个紫色斑点（图2-248）。

［生活习性］　高海拔地区1年发生1代，低海拔地区1年发生2代。成虫喜滑翔飞行，多于晨间或黄昏飞至野花吸蜜。成虫在一年中的大部分时间可见，但主要发生在4～5月和9～10月，飞行较慢。

**222. 蓝凤蝶**　*Papilio protenor* Cramer, 1775，又名乌凤蝶、黑凤蝶、无尾黑凤蝶、无尾蓝凤蝶，属鳞翅目凤蝶科。

［分布与为害］　分布于长江以南及陕西、河南、山东、西藏等地。主要为害柑橘、两面针、枸橘、花椒等植物，以幼虫啃食嫩梢及叶片，严重时食光叶片，多数不留叶脉，致使枝梢光秃。

［识别特征］　①成虫：雌雄异型。雌蝶翅展110mm，后翅背面臀角外围有带红环的黑斑1个及

图2-248　克里翠凤蝶成虫

弧形红斑1个，臀角弧形红斑比雄蝶发达。雄蝶翅展约99mm，体、翅黑色，有深蓝色天鹅绒光泽，前翅无斑纹；后翅前缘有1条黄白色纵带，臀角有3块红斑（图2-249a、b）。②卵：初产为乳白色，后转淡黄色，孵化前灰黑色。③幼虫：1龄头黑色，体黑褐色，各体节有1对枝刺和3对毛瘤。2龄头黄褐色，胴部黑褐色，枝刺和毛瘤似1龄。3龄头橙黄色，胴部黑褐色，枝刺及毛瘤变短，第1～7腹节背中央有"X"形白斑。4龄头橙黄色，头部额区有小三角形灰白斑，触角淡黄色，胴部黑褐色，胸足橙黄色，爪黑色，腹部2～4节两侧白斜纹伸到第4节背面相接，第7～9节两侧白斜纹在第8、9节背面相接，腹足灰白色。5龄头青褐色，触角黄色，胴部鲜绿色，后胸背有齿形纹及环形纹，眼斑黑色，前胸背黄白色线延伸到第1腹节背面，腹部第4、5节两侧有茶褐色斜带纹延伸到第5节背面相接，第6节两侧茶褐色斜带纹延伸到背中线相接形成笔架状斑纹，第8、9节有茶褐色斜带，腹足青灰色，前胸前缘臭腺橙红色（图2-249c）。

图2-249　蓝凤蝶
a. 雌成虫（背面观）；b. 雌成虫（腹面观）；c. 幼虫

［生活习性］　福建1年发生3代以上，以蛹越冬。翌年早夏即见成虫活动，卵散产于嫩芽的叶片上。

**223. 金凤蝶**　*Papilio machaon* Linnaeus, 1758，又名黄凤蝶、茴香凤蝶、胡萝卜凤蝶等，属鳞翅目凤蝶科。

［分布与为害］　分布于黑龙江、吉林、辽宁、陕西、山西、甘肃、新疆、河北、北京、天津、河南、

山东、江苏、浙江、江西、福建、台湾、广东、广西、湖南、湖北、四川、重庆、贵州、云南、西藏等地。幼虫为害伞形科植物，以叶片及嫩梢为食。

[识别特征] ①成虫：翅展74～95mm。翅黄色，前翅外缘有黑色宽带，宽带内嵌有8个黄色椭圆斑，中室端部有2个黑斑，翅基部1/3为黑色，宽带及基部黑色区上散生黄色鳞粉；后翅外缘黑色宽带嵌有6个黄色新月斑，其内方另有略呈新月形的蓝斑，臀角有1个赭黄色斑，大而明显，中间没有黑点。翅腹面斑纹同背面，但色较浅。分春、夏两型：5～6月发生的为春型，个体较小；7～8月发生的为夏型，体型较大（图2-250a）。②卵：圆球形，高约1mm，直径约1.2mm，表面光滑。③幼虫：老熟时体长20～50mm，体表比4龄时更光滑。头小、绿色，正面有"A"形黑纹，两侧各有2黑斑；体绿色，每节有黑色和绿色（或白色）横纹，其中1黑色横纹被黄色斑分割成黑色点状纹；足绿色，有黑色斑（图2-250b～d）。④蛹：体草绿色，粗糙，顶部两尖突，胸部突起钝角；胸背有1大突起，从此向后有3纵黄色条纹（两侧明显，中间不明显）；腹面似有白粉层；气门淡土黄色，捆绑线细白色或褐色。

[生活习性] 1年发生2代，以蛹越冬。成虫白天活动，吸食花蜜，飞翔能力强。成虫产卵于叶面，为散产。幼虫孵化后，白天藏于叶背，夜间蚕食嫩叶和未老化的成长叶片。幼虫为害期在5～8月。

图2-250 金凤蝶
a. 成虫；b. 低龄幼虫；c. 4龄幼虫；d. 末龄幼虫

**224. 玉带凤蝶** *Papilio polytes* Linnaeus, 1758，又名黑凤蝶、缟凤蝶、白带凤蝶，属鳞翅目凤蝶科。

[分布与为害] 分布于陕西、山西、甘肃、北京、河北、河南、山东、江苏、安徽、浙江、江西、福建、台湾、广东、海南、广西、湖南、湖北、四川、贵州、云南、西藏等地。以幼虫为害柑橘、枸橘、柚、香橼、金橘、花椒、山椒等芸香科植物。

[识别特征] ①成虫：体长25～27mm，翅展95～100mm。黑色。雌雄异型。雌蝶有多个形态，斑纹变化很大，翅黑色，后翅中域多具白斑，近后缘为2个明显红斑。最常见的有二型：cyrus型与雄蝶相似，但后翅近外缘处有半月形的深红色小型斑点数个，或于臀角上有1深红色眼状纹；polytes型后翅外缘内方有横列的深红色半月形斑6个，中部有4个大黄白斑。雄蝶前翅外缘有黄白色斑点9个，后翅中部有黄白色斑7个，横贯前、后翅，形似玉带（图2-251）。

图2-251 玉带凤蝶雌成虫（背面观）

②卵：圆球形，直径约1.2mm，初产时黄白色，后变深黄色。③幼虫：1龄幼虫黄白色，2龄幼虫黄褐色，3龄幼虫黑褐色，4龄幼虫油绿色，5龄幼虫绿色。体长约45mm。头部黄褐色。后胸前缘有1齿状黑线纹，中间有4个紫灰色斑点。第2腹节前缘有1黑带，第4、5腹节两侧有黑褐色斜带，中间有黄、绿、紫、灰的斑点。第6腹节两侧亦有斜行花纹1条。翻缩腺紫红色。④蛹：体长约30mm，体色不一，有灰褐色、灰黄色、灰黑色及绿色等。胸部背面隆起而尖锐，两侧凸出。

[生活习性] 河南1年发生3～4代，浙江、四川、江西4～5代，福建、广东5～6代，以蛹在枝干及柑橘叶背等隐蔽处越冬。雌蝶在柑橘等植物的叶片上产卵，1次1粒，可产多粒。浙江黄岩各代成虫发生期依次为5月上中旬、6月中下旬、7月中下旬、8月中下旬、9月中下旬；广东各代成虫发生期依次为3月上中旬、4月上旬至5月上旬、5月下旬至6月中旬、6月下旬至7月、7月下旬至10月上旬、10月下旬至11月。

**225. 灰绒麝凤蝶** *Byasa mencius* (Felder & Felder, 1862)，属鳞翅目凤蝶科。

[分布与为害] 分布于我国东部、中部和西部。为害马兜铃、管花马兜铃等植物。

[识别特征] ①成虫：翅展100～120mm。头、胸、腹部两侧和腹部腹面红色，混杂有黑色，雌蝶比雄蝶色淡。前翅全为黑色，较后翅淡。后翅黑色，只有红色斑而无白色斑，其中后翅背面只有4个新月形红色斑，后翅腹面有7个新月形红色斑。前、后翅不特别狭长，尾突狭长，末端不加阔。雄蝶后翅边缘波状凹刻显著，内缘褶阔。雄蝶喜扇动双翅并散发特殊气味吸引雌蝶，受到惊吓时亦如此（图2-252）。

图2-252 灰绒麝凤蝶

a、b. 成虫交尾状；c. 成虫

②卵：卵近圆形，大小约1mm×1mm，黄色或橙黄色，孵化前为黄褐色。③幼虫：初孵时橙红色，2～4龄红褐色，4龄灰褐色至黑色。体侧及体背长满肉棘，肉棘尖端为红色，第4、5腹节之间和第8、9腹节之间的肉棘为白色。

[生活习性] 1年发生3～4代，以蛹越冬。卵散产于叶背，每片叶2或3粒卵。卵期通常为5～7天。幼虫乖巧且适应力强，很容易饲养。

**226. 中华麝凤蝶** *Byasa confusus* (Rothschild, 1895)，属鳞翅目凤蝶科。

[分布与为害] 分布于黑龙江、吉林、辽宁、陕西、山西、河北、河南、山东、江苏、江西、福建、台湾、广东、海南、广西、四川、云南等地。为害马兜铃科的异叶马兜铃、大叶马兜铃、港口马兜铃、瓜叶马兜铃、彩花马兜铃、白毛藤，防己科的木防己及萝藦科的中国萝藦等植物。

[识别特征] ①成虫：翅展72～81mm。翅黑色、灰黑色或灰褐色，灰黑色及灰褐色的个体脉纹都呈黑色。前翅脉纹两侧灰色或灰褐色，中室内有4条黑褐色纵纹。后翅一般都比前翅色深，脉纹不明显；外缘区及臀角有7个红色或浅红色月牙形斑。翅腹面色淡，但是红色斑纹更明显；有时内缘近臀角处有斑纹，但不规则。后翅外缘波状，有尾突，尾突大，猪耳形，膜质具毛（图2-253）。②卵：球形，红褐色，表面粗糙，附有雌蝶的颗粒状分泌物。直径约1.6mm，高约1.5mm。③幼虫：初龄幼虫体橙红色，头部黑色。幼虫随着不断生长，体色逐渐加深，2龄幼虫黑褐色，上有灰色纹，各节有红色突起。第3～4腹节有白色斑，使第3腹节的侧面突起及3、4腹节的亚背突也呈白色。第7腹节也有白斑使其侧面突起及亚背突呈白色。气门黑色，臭腺橙红色。1～3龄群居，4～5龄分散。④蛹：第1代蛹黄色，越冬蛹橙色，中胸背部的棱突橙色。头部有1对棱突；中胸背部有1对"<"形棱突；第4～9腹节亚背部有板状突起，突起的末端呈方形；第4腹节侧面有弧形棱突。

**图2-253 中华麝凤蝶成虫**
a. 侧面观；b. 腹面观

[生活习性] 1年发生2～3代，以蛹越冬。成虫分别于4～5月、6～7月及8～9月出现。卵产在寄主植物叶的背面。初龄幼虫大多有群集性，栖息在叶的背面。动作迟缓，受刺激后臭腺不伸出。1龄幼虫出壳后即吃掉卵壳，而后爬上枝条，啃食少量寄主植物嫩叶，极少活动。2龄幼虫食量增加，仍以新鲜嫩叶为食，开始进行少许活动，喜欢停留在叶片背面等隐蔽场所。1～2龄幼虫会先选取较嫩的叶片，在叶片边缘啃咬出圆洞，沿着这个圆洞不断扩大啃咬范围。3龄以后，幼虫直接啃咬叶缘，直至叶片食完。1～3龄幼虫大部分时间伏于寄主植物叶背，只有取食时活动增加，野外1～3龄幼虫具明显群集性。成虫可长时间飞行而不停歇，在林中或灌丛中飞舞。

**227. 丝带凤蝶** *Sericinus montela* Gray, 1852，又名白凤蝶、软凤蝶、马兜铃凤蝶、软尾亚凤蝶，属鳞翅目凤蝶科。

[分布与为害] 分布于黑龙江、吉林、辽宁、陕西、山西、甘肃、宁夏、北京、河北、河南、山东、江苏、上海、安徽、浙江、江西、湖南、湖北、四川、重庆等地。幼虫取食马兜铃、蝙蝠葛等植物的茎、叶（图2-254a）与果实（图2-254b）。

[识别特征] ①成虫：翅展42～70mm。触角短，眼侧有红色短毛，腹部有1条红线和黄白色斑纹。

**图 2-254 丝带凤蝶为害状**
a. 幼虫为害马兜铃叶片状；b. 幼虫为害马兜铃果实状

翅薄如纸，雌雄异色：雌蝶翅的颜色以黑色为主，间有黄白色、红色和蓝色的条纹分布，前翅中室分布着"W"形黄白色线纹；雄蝶翅的颜色以黄白色为主，也有黑色、红色和蓝色的条纹。共分为春、夏两型，春型雌、雄蝶均略小于夏型，体色比夏型略深，尾状突明显长于夏型。雌雄在翅面的斑纹上明显不同，雌性在翅面上布满黑褐色的斑纹。后翅尾突的长度在不同的发生期有明显的差异，常以夏季的个体（夏型）较长（图 2-255a、b）。②卵：扁圆形，呈淡黄色，表面光洁（图 2-255c）。③幼虫：体色呈黑色，布满黄色至橙红色肉棘，前胸具 1 对细长的黑色突起，如同触角（图 2-255d）。④蛹：近似截断的树枝状，呈淡褐色至深褐色，具黑色和灰色斑纹（图 2-255e）。

[生活习性] 发生世代数因地而异，东北 1 年发生 2 代，以蛹在土中或石缝中越冬。成虫活动的区域性很强，在有寄主植物的山坡上数量较多（图 2-255f），飞行轻缓、飘逸，易于捕捉。卵呈堆状，聚产于寄主植物的叶面或茎秆上。低龄幼虫集群生活，3 龄后分散。第 1 代的蛹主要分布于榆树等木本植物的根、茎部，呈褐色，不易发现。

**图 2-255 丝带凤蝶**
a. 雄成虫；b. 雌成虫；c. 卵；d. 幼虫；e. 蛹；f. 成虫群体活动状

**228. 红珠凤蝶** *Pachliopta aristolochiae* (Fabricius, 1775)，又名红腹凤蝶、七星凤蝶、红纹曙凤蝶、红纹凤蝶，属鳞翅目凤蝶科。

［分布与为害］ 分布于陕西、河北、河南、安徽、上海、浙江、江西、福建、台湾、香港、广东、海南、广西、湖南、四川、重庆、云南等地。以幼虫取食马兜铃属植物的叶片。

［识别特征］ ①成虫：翅展70～94mm。体背黑色。颜面、胸侧、腹部末端密生红色毛。前、后翅黑色，脉纹两侧灰白色或棕褐色，有的个体前翅中后区和亚外缘区色淡，或呈黑褐或棕褐色。后翅中室外侧的白斑列3～5个，具3个斑的呈"小"字排列；外缘波状，翅缘有6或7个粉红色或黄褐色斑，多为弯月形。翅腹面与背面相似，后翅斑比背面明显，臀缘有1条红斑纹（图2-256）。②卵：球形，暗橙红色，表面覆盖有雌蝶的颗粒状分泌物。直径1.40～1.45mm，高1.20～1.25mm。③幼虫：初龄幼虫橙红色，其后体色逐渐变深而呈暗红色或红黑色。头部圆形，黑色。体上有肉瘤，第3腹节有横走白斑，使该腹节的亚背部及侧面的肉突呈白色。气门黑褐色。臭腺橙黄色。④蛹：头顶部有向两侧伸出的扁平突起。中胸侧面有指向斜前方的耳状突起；背中央则有倒"V"形的棱突。腹部第4～7节亚背部有板状突，其末端钝圆；第4腹节两侧的突起为圆形。

图2-256 红珠凤蝶成虫
a. 背面观；b. 腹面观

［生活习性］ 成虫7～8月出现最多，喜欢在山区和平原地区飞翔，庭园有时亦出现，有群集性。成虫全年可见，春、秋季较多，喜欢在光照充足的寄主植物上产卵，卵多产在叶背、茎或嫩芽上。幼虫不爱活动，多在叶背或茎蔓上栖息，老熟幼虫在寄主植物的茎上、老叶背或附近的植物上化蛹。成虫飞行缓慢，常见于山区路旁或林缘的花丛中飞舞或访花吸蜜。

**229. 木兰青凤蝶** *Graphium doson* (Felder & Felder, 1864)，又名多斑青蝴蝶、小青凤蝶、青斑凤蝶、木兰凤蝶、青蓝青凤蝶、木兰樟凤蝶，属鳞翅目凤蝶科。

［分布与为害］ 分布于陕西、福建、广东、海南、广西、四川、云南等地。寄主为木兰科（白玉兰、含笑、广玉兰等）、番荔枝科（番荔枝、鹰爪花、紫玉盘等）、樟科樟属、夹竹桃科（仔榄树）等植物。幼虫食叶成缺刻或孔洞，严重时把叶片吃光，仅残留主脉，影响生长和观赏。

［识别特征］ ①成虫：翅展65～75mm。体背面黑色，腹面灰白色。翅黑色或浅黑色，斑纹淡绿色；前翅中室有5个粗细长短不一的斑纹；亚外缘区有1列小斑；亚顶角有单独1个小斑；中区有1斑列，此斑列（除第3个）从前缘到后缘大致逐斑面积递增；中室下方还有1个细长的斑，中间被脉纹分割。后翅前缘斑灰白色，基部四分之一断开，紧接其下还有2个长斑，走向臀角；亚外缘区有1列小斑；外缘波状，波谷镶白边。翅腹面黑褐色，部分斑纹银白色，在前翅中室及亚外缘区的斑列银白色。后翅中后区的下半部有3或4个红色斑纹；有的内缘尚有1条红斑纹（图2-257）。②卵：略呈球形，底面稍凹。乳白色，表面光滑有弱光泽。③幼虫：老熟幼虫头部淡绿色、有弱光泽，生无色的毛。臭腺长，黄橙色。前胸背板绿色，前缘有细黑线，左右有1对黑色的短突起，突起具蓝色光泽。中胸亚背线上的突起完全消失。后胸亚背线上的1对突起最大，圆锥形，黑色具蓝色光泽，其基部周围有黄色环形纹，环形纹外侧

还有黑蓝色的细环。体色深黄绿色，稀有黄橙色者。肛上板淡绿色，左右有1对尖的突起。该突起的外侧有泛蓝光的黑色细长斑。④蛹：体长约31mm，体色黄绿色、半透明，散生有绿色的小斑点。

［生活习性］ 1年发生3～4代，以蛹在叶背越冬。成虫在4～10月均有繁殖，卵散产于嫩叶正面的叶缘，一般1叶1卵，偶见2卵。幼虫一生经历5龄，成虫在老叶背面化蛹。

**230. 绿凤蝶** *Pathysa antiphates* (Cramer, 1775)，又名五纹绿凤蝶，属鳞翅目凤蝶科。

［分布与为害］ 分布于福建、台湾、广东、海南、广西、香港等地。幼虫为害番荔枝科的大花紫玉盘、瓜馥木、假鹰爪等植物。

图 2-257　木兰青凤蝶成虫

［识别特征］ ①成虫：翅展70～85mm。前翅有7条黑褐色横带（中室及其端部共有5条，故又名五纹绿凤蝶）：基部1条和外缘1条通到后缘，亚基区1条终止于$Cu_2$室，中前区、中区及中后区3条终止于中室后缘，亚外缘区1条终止于$M_3$室。但从基部数第4条黑带变化很大，端部常变得很窄或只达中室的中部，有时只在前缘处明显，其余部分消失。更有甚者，前翅总共只有4条黑带。后翅颜色及斑纹基本上为腹面透露而来，故似显非显，唯独尾突和外缘各翅室的淡黑色条纹全部是背面的本色。翅腹面前翅与背面相似。后翅基半部淡黄绿色，端半部淡黄白色；在基半部淡黄绿色区内有3条黑褐色带直到臀角及其附近；中区有1列大小不一的斑，靠前缘1个新月形，紧接其下的1个大而略呈圆形；亚外缘有1列断续的条斑；外缘波状，随波有黑色斑，斑外侧镶灰白边；尾突长，黑褐色（图2-258）。②卵：卵圆形，呈淡黄色。③幼虫：老熟幼虫头部淡灰褐色，有黑色毛。前胸背板茶色，左右两侧有1对具光泽的黑色短突起。中、后胸茶色，亚背线上各有1对黑色的小突起，其基部围有淡青色的环形纹。胸部各节的气门线上有1条深褐色的宽纵带，其下方有1条淡黄色的纵带与之平行。腹部稍呈淡褐色，各节周边泛黄色。第1～8腹节散生许多淡黄色的小斑点。第1～9腹节的气门线上有1条深褐色的宽纵带。第10腹节茶褐色，左右有1对突起，突起淡灰色、生短黑毛，平行伸向后方，末端尖。胸足、腹足及臀足淡灰色。④蛹：头部稍扁平，前缘部圆四角形。从侧面观察，头部和中胸的突起的基部在背线上连接成直线。中胸背线上的1根突起短小，黄色，末端圆而前伸。

图 2-258　绿凤蝶成虫

［生活习性］ 2～11月均能见到幼虫为害。

**231. 燕凤蝶** *Lamproptera curia* (Fabricius, 1787)，又名燕尾凤蝶、粉白燕凤蝶、珍蝶、蜻蜓蝶、白带燕尾凤蝶、白带燕凤蝶，属鳞翅目凤蝶科。

［分布与为害］ 分布于广东、广西、海南、云南、香港等地。为害莲叶桐科的大叶青藤、心叶青藤、红花青藤等植物。

［识别特征］ ①成虫：翅展40～45mm。触角黑色。体背黑色，身体腹面苍白色。翅黑色；前翅中内区有1条灰白色带，端半部透明，脉纹十分清晰。后翅从前缘中部斜向尾突有1条灰白色带，但不到尾突时即终止，并与内缘中部发出的1条淡灰白色带汇合；外缘微波状，镶有白边直到尾突末端。雄蝶后翅臀褶内有白色长毛。翅腹面前、后翅基部灰白色，其余与背面相似。头宽，腹短，后翅狭长，尾突特长，在凤蝶中是绝无仅有的（图2-259）。②卵：卵圆形，呈黄绿色，表面光洁。③幼虫：体色呈黄绿色，体表密

图 2-259 燕凤蝶成虫

布黑色小点和细毛，前胸和第3～8腹节侧面呈黄白色，头部呈淡绿色，上缘具4个黑点，复眼所在区域呈黑色。④蛹：呈淡绿色，胸背部的突起较短小，气孔呈深绿色。

［生活习性］ 卵单产在寄主植物嫩叶的背面。幼虫栖息在叶的背面。幼龄幼虫有在叶中侧部开1圆孔取食的习性。老熟幼虫在寄主植物附近其他植物的叶背面化蛹。成虫前翅激烈振动，后翅水平伸向后方，一般沿林中小径和离地面不高的地方飞行，常向前冲或向后退。喜吸水，常从腹末有节奏地射出液体，在水面上飞舞摆动时颇似蜻蜓，所以有人称蜻蜓蝶。两性均爱访花吸蜜，在吸蜜前双翅不停振动，尾部亦摆动不停，停在花上时腹部高高翘起。飞行较快，难以捕捉。

**232. 菜粉蝶** *Pieris rapae* (Linnaeus, 1758)，又名菜白蝶、菜青虫，属鳞翅目粉蝶科。

［分布与为害］ 分布于全国各地。以幼虫为害羽衣甘蓝、桂竹香、醉蝶花、旱金莲、大丽花、二月兰等草本花卉的叶片，造成缺刻、孔洞，严重时仅剩叶脉。

［识别特征］ ①成虫：体灰黑色，翅白色，鳞粉细密。前翅基部灰黑色，顶角黑色；后翅前缘有1个不规则的黑斑，后翅底面淡粉黄色（图2-260a、b）。②卵：瓶状，竖立，初产时乳白色至淡黄色，后变橙黄色，表面有较规则的纵横脊纹。③幼虫：初孵化时灰黄色，后变青绿色，体圆筒形，中段较肥大，体上各节均有4或5条横皱纹，背部有1条不明显的断续黄色纵线，气门线黄色，每节的线上有2个黄斑（图2-260c）。④蛹：纺锤形，两端尖细，背部有3条纵隆线和3个角状突起（图2-260d）。

图 2-260 菜粉蝶
a、b. 成虫；c. 幼虫；d. 蛹

［生活习性］ 发生世代数因地而异，辽宁、北京1年发生4～5代，山东5～6代，上海、南京5～7代，杭州、武汉、长沙8～9代，再往南世代又有所减少，广西只7～8代，各地均以蛹越冬。有滞育性。越冬场所多在寄主植物附近的房屋墙壁、篱笆、风障、树干上。在山东，越冬代成虫3月出现，以5月下旬至6月危害最重，7～8月因高温多雨、天敌增多、寄主缺乏，虫口数量显著减少，到9月虫口数量回升，形成第2次为害高峰。成虫白天活动，以晴天中午活动最盛，寿命2～5周。产卵时对十字花科花卉有很强趋性，尤以厚叶类的羽衣甘蓝着卵量大，夏季多产于叶片背面，冬季多产在叶片正面。卵散产，幼虫行动迟缓，不活泼，老熟后多爬至高燥不易浸水处化蛹，非越冬代则常在植株底部叶片背面或叶柄化蛹，并吐丝将蛹体缠结于附着物上。

**233. 云粉蝶** *Pontia edusa* (Fabricius, 1777)，又名云斑粉蝶、斑粉蝶、花粉蝶、朝鲜粉蝶，属鳞翅目粉蝶科。

［分布与为害］ 几乎遍布全国，仅福建、广东、海南等地未发现。为害特点与菜粉蝶相似。

［识别特征］ ①成虫：体长15～18mm，翅展40～48mm。体灰黑色，翅白色。雄蝶前翅顶角有1群黑斑，中央横脉处有1黑斑，后翅背面黑斑隐约可见。雌蝶前翅黑斑均比雄蝶大，并且在中央黑斑至外缘之间尚有1黑斑，后翅外缘有1列黑斑（图2-261a）。②卵：瓶状，较尖，表面具纵横网格。③幼虫：老熟幼虫体长约30mm，蓝灰色，头部及体表散布紫黑色突起，上有短毛，胴部具相间的黄色纵纹（图2-261b）。④蛹：与菜粉蝶相似，但体表散布有黑斑。

**图2-261 云粉蝶**
a. 成虫；b. 幼虫

［生活习性］ 华北地区1年发生3～4代，以蛹越冬。与菜粉蝶混杂发生，但所占比例在不同年份、不同地区都有差异，一般零星发生。

**234. 斑缘豆粉蝶** *Colias erate* (Esper, 1805)，又名黄粉蝶、黄纹粉蝶、纹黄蝶、迷黄蝶、星黄蝶、豆粉蝶，属鳞翅目粉蝶科。

［分布与为害］ 分布于我国大部分地区。以幼虫为害黄花草木樨、小叶锦鸡儿、野决明、达呼里黄芪、达呼里胡枝子、茳芒香豌豆、野火球、百脉根、狐尾藻棘豆等豆科观赏植物。

［识别特征］ ①成虫：中型黄蝶，体长约20mm，翅展约50mm。雄蝶翅黄色，前翅顶角有1群黑斑，其中杂有黄斑，近前缘中央有黑斑1个；后翅外缘有成列黑斑，中室端有1橙黄色圆斑；前、后翅腹面均橙黄色，后翅圆斑银色，周围褐色（图2-262）。雌蝶有两种类型：一种类型与雄蝶同色；另一种类型底色为白色。②卵：纺锤形，有纵脊28条，横脊约60条，瓣饰5或6个，有副瓣4或5圈。③幼虫：体绿色，多黑色短毛，毛基呈黑色小隆起，气门线黄白色。④蛹：前端突起短，腹面隆起不高。

［生活习性］ 1年发生5～6代，以幼虫越冬。6～7月常见成虫飞翔于苜蓿、紫云英等豆类作物花丛中，在天敌昆虫——绒茧蜂对幼虫和蛹的自然控制作用下，幼虫一般仅零星发生。

图 2-262　斑缘豆粉蝶

a. 雄成虫；b. 雌成虫

**235. 山楂粉蝶**　*Aporia crataegi* (Linnaeus, 1758)，又名山楂绢粉蝶、绢粉蝶、苹果粉蝶、苹果白蝶、梅白粉蝶、树粉蝶，属鳞翅目粉蝶科。

[分布与为害]　分布于黑龙江、吉林、辽宁、陕西、山西、内蒙古、宁夏、甘肃、青海、新疆、河北、山东、河南、湖南、四川等地。为害山楂、苹果、梨、花红、李、杏、樱桃、桃、冷杉、落叶松等植物。幼虫为害芽、叶和花蕾，初孵幼虫群居于树冠上，吐丝结网成巢，日间潜伏于巢内，夜晚为害，5 龄开始分散为害，严重时将树叶吃光。

图 2-263　山楂粉蝶成虫

[识别特征]　①成虫：中等大小的白色粉蝶，体长 20～25mm，翅展 64～76mm。体黑色，被灰白色细毛。触角黑色，端部淡色。前、后翅白色，翅脉黑色。雌蝶前翅外缘除臀脉外，各翅脉末端均有 1 个烟黑色的三角形斑纹（图 2-263）。②卵：金黄色，呈瓶状，表面有刻纹。③幼虫：头部黑色，虫体腹面为蓝灰色。背面黑色，两侧具黄褐色纵带，气门上线为黑色宽带，体被软毛，老熟幼虫体长 40～45mm。④蛹：白色，有时带黄色或淡绿色，具黑斑。

[生活习性]　1 年发生 1 代，以 2～3 龄幼虫群集在树梢上或枯叶的冬巢中越冬。3 月下旬开始，幼虫陆续出巢，历期 20 天左右，其出蛰盛期与槟沙果花芽绽开至落花期一致。幼虫有吐丝下垂习性。4 龄后不吐丝，但有假死性，以 4 月上旬至 5 月上旬、6 月上旬至 7 月上旬危害最重。老熟幼虫以丝固着在枝条上化蛹。成虫在叶背面产卵，每块卵数十粒至百余粒。7 月上中旬幼虫孵化，群居，3 龄后缀叶成冬巢在枝干上，冬季不脱落。

**236. 突角小粉蝶**　*Leptidea amurensis* Ménétriés, 1859，属鳞翅目粉蝶科。

[分布与为害]　分布于黑龙江、辽宁、陕西、山西、甘肃、宁夏、新疆、北京、河北、河南、山东等地。幼虫为害羽扇豆属、山野豌豆等植物。

[识别特征]　成虫：体长 14～17mm，翅展 39～49mm。体纤细，体背黑色，腹部覆盖白色鳞毛。触角背面黑色，腹面白色，节间具白色环形纹，端部圆钝，红褐色。翅面白色；前翅外缘极倾斜，顶角明显凸出，中室及前缘具黑鳞粉，顶角黑斑大而明显；后翅无斑纹（图 2-264）。

[生活习性]　华北地区 4 月上旬至 8 月下旬可见成虫。

图 2-264　突角小粉蝶成虫

**237. 柳紫闪蛱蝶** *Apatura ilia* (Denis & Schiffermüller, 1775)，又名幻紫蛱蝶、柳闪蛱蝶、淡紫蛱蝶、紫蛱蝶，属鳞翅目蛱蝶科。

［分布与为害］ 分布于东北、西北、华北、华东、华中等地。以幼虫为害柳、杨的叶片，咬成缺刻、孔洞。

［识别特征］ ①成虫：翅展59～64mm。翅黑褐色，在阳光下能闪烁出强烈的紫光。前翅约有10个白斑，中室内有4个黑点；腹面有1个黑色蓝瞳眼斑，围有棕色眶。后翅中央有1条白色横带，并有1个与前翅相似的小眼斑；腹面白色带上端很宽，下端尖削成楔形带，中室端部尖出显著（图2-265a）。②卵：半圆球形，直径约1mm，初为淡绿色，后为褐色。③幼虫：绿色，头部有1对白色角状突起，端部分叉（图2-265b、c）。④蛹：长约30mm，腹背棱线凸出。

**图2-265 柳紫闪蛱蝶**

a. 成虫；b、c. 幼虫

［生活习性］ 1年发生1～2代，个别3代，以3龄幼虫吐丝潜伏越冬。1代区7～8月出现成虫，8月中旬产卵，卵单产于叶片背部。刚孵化的幼虫啃食自己的卵壳，幼虫期较长，以高龄幼虫危害最重，严重时将叶片吃光，仅残有叶柄。2代区各代成虫期分别为5～6月和7～8月。成虫喜欢吸食树汁或畜粪，飞行迅速。

**238. 黄钩蛱蝶** *Polygonia c-aureum* (Linnaeus, 1758)，又名金钩角蛱蝶、狸黄蛱蝶、黄蛱蝶、黄弧纹蛱蝶、多角蛱蝶，属鳞翅目蛱蝶科。

［分布与为害］ 全国广泛分布。以桑科的葎草为食，也有记载取食榆、梨、柑橘等植物。

［识别特征］ ①成虫：翅缘凹凸分明，外缘具黑色带，翅面上黑斑散生，翅黄褐色，翅基部具黑斑，前翅中室内有3个黑斑，前翅两脉和后翅4脉末端凸出部分尖锐（图2-266a～c）。②卵：近圆形，绿色，直径约0.75mm。上有浅绿色脊9～11条，纵脊高度较均匀。③幼虫：头上有突起，呈角状，体节上有棘刺，腹足趾钩中列式（图2-266d）。④蛹：体背有突起，上唇3瓣，喙不达翅芽的末端。

［生活习性］ 1年发生2代，以成虫在树缝、墙缝、草丛等处越冬。成虫5月出蛰活动，交尾、产卵。幼虫孵出后即开始为害，可吐丝做巢。10月成虫潜伏于隐蔽处越冬。

**图 2-266　黄钩蛱蝶**

a～c. 成虫；d. 幼虫

**239. 斑网蛱蝶**　*Melitaea didymoides* Eversmann, 1847，属鳞翅目蛱蝶科。

[分布与为害]　分布于黑龙江、吉林、辽宁、北京、河北、山东、河南、青海、甘肃等地。以幼虫取食地黄、毛地黄叶片。

[识别特征]　①成虫：翅展45～51mm。翅面橙黄色，斑纹黑色，翅基部黑色区小。前翅中室和端横脉处有"80"斑纹；中室有1个"U"形纹和1个弧形纹（图2-267a）。②卵：近圆形，呈黄色。③幼虫：低龄幼虫呈黄褐色，头部呈黑色；末龄幼虫体色呈灰白色，背部具橙黄色粗短棘刺，其末端呈白色。④蛹：长椭圆形，呈白色，具黑色和橙色斑纹和斑点（图2-267b），气孔呈黑色。

**图 2-267　斑网蛱蝶**

a. 成虫；b. 成虫与蛹壳

［生活习性］ 有时发现幼虫卷成一团，可爬至其他植物上化蛹。幼虫和蛹颜色有变化。成虫访花。卵聚产于寄主植物叶背面。

**240. 小红蛱蝶** *Vanessa cardui* (Linnaeus, 1758)，又名赤蛱蝶、花蛱蝶、斑赤蛱蝶、姬赤蛱蝶、麻赤蛱蝶，属鳞翅目蛱蝶科。

［分布与为害］ 分布于全国各地。为害堇菜科、忍冬科、杨柳科、桑科、榆科、大戟科、茜草科观赏植物。幼虫将叶片卷起取食，造成缺刻和孔洞，严重时将叶片吃成网状。

［识别特征］ ①成虫：体长约16mm，翅展约54mm。前翅黑褐色，顶角附近有几个小白斑，翅中央有红黄色不规则的横带，基部与后缘密生暗黄色鳞片。后翅基部与前缘暗褐色，密生暗黄色鳞片，其余部分红黄色，沿外缘有3列黑斑，内侧1列最大，中室端部有1褐色横带。前翅腹面和背面相似，但顶角为青褐色，中部的横带为鲜红色。后翅腹面多灰白色线纹，围有深浅不同、不规则密布的褐色纹，外缘有1淡紫色带，其内侧有4或5个中心青色的眼状纹（图2-268）。②卵：椭圆形，绿色，表面有16条纵脊。③幼虫：体暗褐色，背线黑色，亚背线黄色、褐色、黑色相杂；气门下线较粗，黄色，有瘤状突起，气门后方有1个横纹；腹面淡赤色；体上有7列黑色短枝刺，有时为黄绿色。头略带方形，毛瘤小。④蛹：圆锥形，背面高低不平，腹部背面有7列突起，以亚背线突起最大。

图2-268 小红蛱蝶成虫

［生活习性］ 成虫于9～10月大量出现，喜吸食柳大瘤蚜分泌的蜜露及榆树汁液。

**241. 大红蛱蝶** *Vanessa indica* (Herbst, 1794)，属鳞翅目蛱蝶科。

［分布与为害］ 分布于东北、西北、华北、华东、华中、华南等地。为害榆、榉、麻类、异叶蝎子草等植物，以幼虫取食叶片，造成缺刻、孔洞，甚至使枝叶光秃。

［识别特征］ ①成虫：体长19～25mm，翅展50～70mm。体黑色。翅红黄褐色，外缘锯齿状，有黄斑和黑斑。前翅外半部有小白斑数个，中部有不规则的宽广云斑横纹。后翅背面前缘中部黑斑外侧具白斑，亚外缘黑带窄，上无青蓝色鳞片，外缘赤橙色，其中列生黑斑4个，内侧与橙色交界处有黑斑数个。后翅腹面中室"L"形白斑明显，有网状纹4或5个。②卵：圆柱形，顶部凹陷，淡绿色，近孵化时紫灰色。③幼虫：老熟时体长30～40mm，头部黑色，密布细绒毛，背中线黑色，两侧有淡黄色条纹，各体节上有黑褐色棘状枝刺数根，中、后胸各4枚，前8腹节各7枚，最后腹节各2枚，腹部黄褐色（图2-269a）。④蛹：体长20～26mm，深褐色或绿褐色，上覆灰白细粉，腹背有刺状突7列（图2-269b）。

［生活习性］ 北京1年发生2代，以成虫在树洞、石缝、杂草叶中越冬和越夏。翌年4月成虫开始活动和交尾，5月初产卵于叶上，幼虫孵化后取食叶片，严重时能将全株叶片食光。幼虫5龄，1～2龄群居结网，3龄后分散为害。6月下旬在枝干上倒挂化蛹，蛹期约10天。9月为第2代老龄幼虫期。

图 2-269　大红蛱蝶

a. 幼虫；b. 蛹

**242. 大紫蛱蝶**　*Sasakia charonda* (Hewitson, 1862)，属鳞翅目蛱蝶科。

［分布与为害］　分布于陕西、河南、安徽、浙江、湖北等地。为害朴树等植物。

［识别特征］　①成虫：翅展80～110mm。体型巨大，翅表具深蓝色金属光泽。雄蝶前、后翅表底色为灰黑色，翅基部位约占整个翅面1/2、带有金属光泽的蓝紫色，各翅室有1～3个白色斑纹。前翅第1b室翅基部位有一细长白斑，后翅臀角部位有1小型橙色斑。翅下大部为淡绿色，前翅深褐色区具白色斑点。

图 2-270　大紫蛱蝶成虫

雌蝶翅表色泽花纹与雄蝶相似，但翅表不具蓝色金属光泽。雄蝶前翅外观大致呈三角形，外形稍微横长。后翅卵圆形，外观接近三角形，外缘呈轻微锯齿状。雌蝶翅形较为宽圆（图2-270）。②卵：为底部稍微扁平的圆球形，表面有明显纵脊，呈淡绿色。③幼虫：体长58～65mm，呈长筒状，头顶部位有1对"Y"形分叉角状突起，突起末端为绿色或黄褐色。体呈绿色，表面密生黄色细小疣点，各体侧气门线附近有1不明显黄色斜纹，躯体背部有3对黄色三角形鳞片状突起，气门为淡绿色。④蛹：体长38～43mm，外观侧扁，接近叶片状。头部前端有1对短角状突起，中胸背部隆起不明显，腹部末端稍微弯曲。

［生活习性］　1年发生1代，以幼虫在寄主植物根部附近落叶中越冬。生长期间，幼虫多栖息在寄主植物的叶片上。幼虫期长达半年以上，老熟幼虫化蛹于隐蔽的植物丛间，外观拟态植物叶片，以躲避天敌。成虫寿命为2～3个月，多在山地、林区活动，在夏季活动最为活跃。

**243. 斐豹蛱蝶**　*Argyreus hyperbius* (Linnaeus, 1763)，属鳞翅目蛱蝶科。

［分布与为害］　分布于东北、华北、华中、西南、华南等地。为害三色堇、白花堇菜、七星莲、紫花地丁、犁头草等植物。

［识别特征］　①成虫：中型蛱蝶，雌雄异型，雌蝶前翅近顶角处呈蓝灰色并具1条白色斜带，雄蝶背面呈橙黄色（图2-271）。②卵：呈淡黄色，为顶端平截的圆锥形，

图 2-271　斐豹蛱蝶成虫

表面具纵向整齐排列的刻纹。③幼虫：初龄幼虫体色呈褐色，背部具2列小白点；末龄幼虫体色呈黑色，背线呈红色，体表具6列红色棘刺，棘刺的末端呈黑色。④蛹：褐色，密布深褐色细纹，背部具2列黑色尖突，胸节及第1和第2腹节背面各具1对闪金属光泽的小斑。

［生活习性］ 1年发生多代，以幼虫越冬。成虫主要发生期是在春末至秋季，成虫动作敏捷，常在花丛中吸蜜，偶尔可见雄蝶吸水。产卵于寄主的叶、叶柄或附近的植物上，单产。

**244. 灿福蛱蝶** *Fabriciana adippe* Denis & Schiffermüller, 1775，又名紫罗兰螺钿蛱蝶、凸纹豹蛱蝶、银底豹蝶、灿豹蛱蝶、捷福蛱蝶，属鳞翅目蛱蝶科。

［分布与为害］ 分布于黑龙江、吉林、陕西、青海、宁夏、河南、山东、江苏、江西、湖北、四川、贵州、云南、西藏等地。为害堇菜科植物。

［识别特征］ 成虫：翅展65～70mm。翅面橙黄色，有黑色斑纹。雌蝶翅面色淡，前翅顶角处有银斑。雄蝶前翅中室有4条弯曲的条纹，亚缘区有1列黑色圆斑，共6个；后翅中室有2条黑色斑纹，亚缘区有黑色圆斑5个（图2-272）。

［生活习性］ 北方地区1年发生1代，以蛹越冬。成虫发生期5～8月，高温时有休眠现象，喜访花吸蜜。雌蝶常产卵于寄主植物附近的植物或石块等表面，单产。喜欢较干旱的环境，如沙质或岩质的小山及河堤。

图2-272 灿福蛱蝶成虫

**245. 蟾福蛱蝶** *Fabriciana neripppe* (C. & R. Felder, 1862)，又名蟾豹蛱蝶，属鳞翅目蛱蝶科。

［分布与为害］ 分布于黑龙江、吉林、辽宁、陕西、宁夏、甘肃、河北、河南、山东、江苏、浙江、江西、湖北等地。为害早开堇菜、紫花地丁等堇菜科植物。

［识别特征］ ①成虫：翅橙黄色，雌蝶翅色较暗。前、后翅黑色圆斑大而稀疏，后翅外缘的黑色纹呈"M"形。雌蝶翅顶角黑褐色，中有2个橙黄色斑，内外侧有几个小白斑。雄蝶在$Cu_2$脉上有性标1条。翅腹面，雌蝶前翅顶角深绿色，白斑显著比背面大，外缘有1条白色宽带，带中间有断裂的绿色细线，后翅淡绿色，外缘有2列银白色斑，内侧为深绿色带，中部$M_2$、$M_1$室各有2个白斑（各室1个），大且明显；雄蝶前翅淡黄橙色，顶角淡绿色，后翅黄绿色，外缘有1列新月形斑纹（图2-273）。②卵：呈淡褐色，表面具纵脊和凹刻。③幼虫：体色呈褐色，背部中央具1条黄白色纵线，两侧具黑色斑；体表棘刺呈黄白色或淡褐色，密布褐色细毛。④蛹：呈淡褐色，翅区具黑色斑纹，胸背部和腹背部具金属光泽的小斑。

［生活习性］ 华北地区5～7月见成虫。

图2-273 蟾福蛱蝶成虫

**246. 黑脉蛱蝶** *Hestina assimilis* (Linnaeus, 1758)，属鳞翅目蛱蝶科。

［分布与为害］ 分布于黑龙江、辽宁、陕西、山西、甘肃、河北、河南、山东、江苏、浙江、江西、广东、广西、湖北、湖南、四川、云南、西藏等地。为害朴树、柳等植物，以幼虫取食叶片。

［识别特征］ ①成虫：体、翅黑褐色，翅表布满青白色斑纹。前翅中室斑点前端有缺刻，其他各斑纹都断裂贯穿全室。后翅外缘有斑纹1列，亚外缘有红色斑纹4个（图2-274a）。②卵：卵圆形，呈绿色，表面具许多纵脊。③幼虫：初龄幼虫体呈黄绿色，头部圆形并呈棕褐色；末龄幼虫体呈绿色，中胸、第2腹节和第7腹节背部各具1对肉脊状小突起，第4腹节背部具1对较大突起，头部具1对末端分叉的角状突起（图2-274b）。④蛹：如叶片状，呈淡绿色，体表覆有白色蜡纸，腹背部外缘具1列小尖突。

［生活习性］ 北京1年发生2代，以幼虫在寄主基部枯枝落叶下或主干内越冬。幼虫取食量不大。成

图 2-274　黑脉蛱蝶

a. 成虫；b. 幼虫

虫在 5～11 月出现。卵散产于寄主植物叶面或枝条上。成虫敏捷，飞行迅速，喜欢取食树液和果实汁液。当其进食时，才可近距离观察。雄蝶有领域性。

**247. 琉璃蛱蝶**　*Kaniska canace* (Linnaeus, 1763)，属鳞翅目蛱蝶科。

［分布与为害］　国内分布广泛。幼虫为害菝葜科的各种菝葜，以及百合科的卷丹、毛油点草等植物。

［识别特征］　①成虫：翅展 55～70mm。翅表面深蓝黑色，亚顶端有一个白斑；具 1 条淡水蓝色带状斑纹，贯穿前、后翅，在前翅呈"Y"形；翅腹面斑纹杂乱，以黑褐色为主，后翅中央有 1 枚小白点。雌雄差异不明显（图 2-275）。②卵：长圆形，呈绿色，表面具白色纵脊。③幼虫：初龄幼虫体呈暗黄色，体表具白色小点，头部呈黑色，末龄幼虫体呈黄褐色，具黑色和黄色斑纹，棘刺呈黄白色。④蛹：狭长，呈棕褐色，具深褐色斑带；头部顶端具 1 对向内弯曲的细突起。

图 2-275　琉璃蛱蝶成虫

［生活习性］　除冬季外，成虫生活在低、中海拔山区。雄蝶具领域性，嗜食树液、腐败的水果、动物粪便及花蜜。

**248. 针尾蛱蝶**　*Polyura dolon* (Westwood, 1848)，属鳞翅目蛱蝶科。

［分布与为害］　分布于广东、海南等地。以幼虫为害榆科（山黄麻、朴树）、蔷薇科（腺叶野樱）、豆科（亮叶围涎树、山槐、黄檀）等植物。

［识别特征］　成虫：翅展 50～75mm。体粗壮有力。翅淡绿色，前缘黑色；外缘有 1 条黑色宽带，内有 5～7 个淡绿色斑；中室端部有一黑褐色长条形斑。后翅外缘为 1 条黑色宽带，内有数个蓝色斑，外缘绿色。$CuA_2$ 脉和 $M_3$ 脉端各延伸出 1 个浅蓝色尾突，中央黑色。翅腹面绿白色，顶角银色；外缘及亚外缘有镶有黑边的赭红色带；前翅中室 1 褐色斑向下延伸到臀角（图 2-276）。

[生活习性] 1年发生2～4代，以蛹越冬。成虫出现在5～8月，卵散产于寄主叶面。成虫多活动于林间的开阔地及山谷间，雄蝶特别喜欢吸食动物的粪便来补充体内流失的盐分。常在溪边吸水，也喜食腐烂水果，在粪堆附近、山溪间和果园里中常见。

**249. 窄斑凤尾蛱蝶** *Polyura athamas* (Drury, 1773)，又名凤蛱蝶，属鳞翅目蛱蝶科。

[分布与为害] 分布于华南、西南。以幼虫为害银合欢等植物。

[识别特征] 成虫：中型蝶类，雌蝶翅展70～75mm，雄蝶翅展65～70mm，雌雄同型，翅中部浅绿色，外侧有褐色宽边，后翅外缘有小尾突（图2-277）。

[生活习性] 广东1年发生多代。成虫少访花，喜欢

图2-276　针尾蛱蝶成虫

吸食树汁、烂果汁、动物粪便等，飞行速度快，路线不规则，常活动于林下、林缘开阔地。

**250. 枯叶蛱蝶** *Kallima inachus* (Boisduval, 1836)，又名枯叶蝶、中华枯叶蛱蝶，属鳞翅目蛱蝶科。

[分布与为害] 分布于陕西、江西、湖南、浙江、福建、广东、台湾、海南、广西、四川、云南、西藏等地。为害爵床科的马蓝属植物及蓼科植物。

[识别特征] 成虫：翅背面黑褐色，具深蓝色光泽。前翅顶角尖出，顶区有1枚小白点，中部有1条倾斜的橙色斑带，从前缘延伸至$Cu_2$室外缘，$Cu_1$室中部有1枚黑色圆斑，其内部有1枚小白斑。后翅臀角突起呈叶柄状。前、后翅亚外缘有波状黑线。腹面翅色多变，模仿枯叶形态，从前翅顶角至后翅臀角有1条黑色中线，两侧有叶脉状斑

图2-277　窄斑凤尾蛱蝶成虫

纹及深色斑点，前翅$Cu_2$室中部有1枚小白斑（图2-278）。

[生活习性] 喜生活于山崖峭壁及葱郁的杂木林间，栖息于溪流两侧的阔叶片上，当太阳逐渐升起、叶面露珠消失后，迁飞至低矮树干的伤口处，觅食渗出的汁液，一旦受惊，立即以敏捷的动作迅速飞离，逃到高大树梢或隐居于林木深处的藤蔓枝干上，借助模仿枯叶的本能隐匿起来，难以发现。午间过后，炎热稍退，是雄蝶追逐雌蝶寻求交配的佳期。枯叶蛱蝶的拟态现象，具有重要的科研价值。

**251. 红锯蛱蝶** *Cethosia biblis* (Drury, 1773)，又名锯缘蛱蝶，属鳞翅目蛱蝶科。

[分布与为害] 分布于江西、福建、湖南、广东、海南、广西、四川、贵州、云南、西藏等地。以幼虫为害红锯藤、蛇王藤等植物。

图2-278　枯叶蛱蝶成虫

[识别特征] 成虫：雌蝶翅色淡，有的呈灰色或淡绿色；雄蝶翅背面橘红色，两翅具黑色锯状外缘。前翅中室内有几条黑色横线，中室端有2个小白斑，中域有1列"V"形白色斑（4或5个），其外有1列白斑，黑色外缘带上具白色"("形斑列。翅腹面黄褐色或橙黄色，斑纹特殊，两翅有淡色中横带及后中横带，其间有橄榄形黑色环列，每个环外侧有2个小黑点；前翅中室内有褐色和白色横带，其间有黑色细条纹（图2-279）。

[生活习性] 广东1年发生2～3代。成虫发生于4月中旬至5月中旬、6月下旬至8月初、9月中旬至

图2-279 红锯蛱蝶成虫

10月下旬。卵聚集产于寄主植物的叶面,一个卵块多达几十粒以上。初龄幼虫有群集性,数量较多。悬蛹,悬挂在植物的枝、叶上。卵期7天左右,蛹期10～20天;从卵发育成蝶大约需1个月的时间。成虫访花。飞行较迅速,路线不规则,常活动于林缘开阔地。

**252. 曲纹蜘蛱蝶** *Araschnia doris* Leech, 1892,又名海牛蒙蛱蝶,属鳞翅目蛱蝶科。

[分布与为害] 分布于陕西、河南、浙江、福建、湖北、重庆、四川、贵州等地。以幼虫取食苎麻叶片。

[识别特征] ①成虫:小型蛱蝶,翅背面呈橙黄色,具黑色斑纹,翅中域具1条黄白色斑带;低温型个体前翅中域的黄带消失,翅腹面呈棕红色(图2-280)。②卵:近

圆形,但两端较平,呈深绿色,表面具纵脊。③幼虫:末龄幼虫体色呈褐色,腹背面及体表的棘刺呈黄白色或灰白色;头部顶端具1对棘刺状突起。④蛹:体色多变,呈黄褐色、绿褐色或闪金色光泽;胸背部突起明显,腹部前端两侧具1对突起。头部顶端具1对尖突。

[生活习性] 以蛹越冬。卵常叠产于寄主植物叶面。幼虫常栖息于寄主植物叶背面。

**253. 黄帅蛱蝶** *Sephisa princeps* (Fixsen, 1887),属鳞翅目蛱蝶科。

[分布与为害] 分布于黑龙江、吉林、辽宁、陕西、甘肃、河北、河南、浙江、福建、湖北、四川等地。以幼虫取食朴树及栎属植物的叶片。

图2-280 曲纹蜘蛱蝶成虫

[识别特征] 成虫:翅黑褐色,前翅顶角及$Cu_2$脉凸出,中室基部有1枚三角形橙色斑,外侧有1枚稍大的不规则橙色斑,中带橙黄色,在$Cu_1$室极宽阔,其上有1枚黑色圆斑,在$M_3$室以上分为两支,外侧一支由2枚小圆斑构成,亚外缘有1列橙色斑;后翅基半部橙色,$Sc+R_1$室橙色斑上有1枚黑褐色斑,翅脉黑色,外缘区黑褐色,其内有1列橙色斑,向臀角逐渐变窄,其中$Cu_3$室斑内侧有1枚橙色椭圆形斑。反面与正面相似,但前翅顶区斑、亚顶区2枚圆斑均为白色,后翅除$Cu_1$室、$M_3$室及$Sc+R_1$室中部斑为橙色,中室斑上缘、外中斑列内缘略带橙色外,其余浅色斑均为白色,中室内及中室端有3枚小黑点。雌蝶橙色型与雄蝶近似,但翅型较圆;白色型个体正面除前翅中室斑及后翅$Sc+R_1$室中部的斑为橙色外,其余斑均为白色,前翅$Cu_2$室基部有蓝绿色鳞片(图2-281)。

[生活习性] 1年发生1代,以幼虫越冬。成虫在7～8月出现。成虫不访花,多在湿地上吸水或吸食腐熟的果实等。飞行较迅速,路线较规则,常活动于林缘、公路等开阔地。

图2-281 黄帅蛱蝶成虫

**254. 箭环蝶** *Stichophthalma howqua* (Westwood, 1851),又名路易箭环蝶,属鳞翅目环蝶科。

[分布与为害] 分布于陕西、安徽、浙江、福建、江西、台湾、广东、广西、贵州、云南等地。以幼虫取食菝葜、芭蕉、棕榈、毛竹、淡竹、雷竹、青皮竹、红壳竹、华东箬竹、油芒等植物的叶片。

[识别特征] 成虫:体大型,翅正面黄色或土黄色。前、后翅的外缘都有1列黑色箭纹斑。翅反面色较正面稍淡,前、后翅外缘横线和亚外缘横线为蓝褐色波状,中横线和内横线深褐色,亚外缘横线和

中横线之间有5个环形圆斑，前翅中室端纹呈"S"形，后翅臀角有大块蓝紫褐色斑；雌蝶在中横线外有1条白色带（图2-282）。

[生活习性] 安徽南部1年发生2代，以幼虫越冬。成虫出现在6月下旬和8月下旬。多发生于丘陵地带，在树荫、竹丛中穿梭飞行，常于黎明或傍晚在幽深竹林小道上出现，飞行缓慢但飘忽不定，喜吸食树汁和腐烂水果。大发生时能将整条沟谷的竹叶吃光。蛹悬挂在竹叶背面。

**255.朴喙蝶** *Libythea lepita* Moore, 1858，又名长须蝶、天狗蝶，属鳞翅目喙蝶科。

[分布与为害] 分布于吉林、辽宁、陕西、山西、甘肃、北京、河北、河南、山东、江苏、浙江、江西、福建、台湾、广东、广西、湖南、湖北、四川等地。以幼虫取食朴、紫弹朴等植物的顶芽、叶片。

图2-282 箭环蝶成虫

[识别特征] ①成虫：小型蝴蝶，翅展42~49mm。前翅背面呈深褐色，翅中域具橙黄色斑纹，近顶角有3个小白斑。后翅中部有1橙褐色斑。下唇须长，呈喙状。前翅顶角凸出呈钩状。后翅外缘锯齿状。雌雄成虫外形、颜色相似，其区分标志是雌蝶前足无毛，雄蝶前足密布长毛（图2-283）。②卵：长椭圆形，呈淡黄色，表面具纵脊并密布细小凹刻。③幼虫：蹋型，体表覆有细毛；虫体呈淡绿色或黄绿色，体表密布淡黄绿色小点，背部中央具1条淡黄色纵线；气孔呈黑色，其上方具1条黄绿色纵线。④蛹：呈绿色，具白色或黄色颗粒状小点；胸部侧面具1条淡黄色斜线，并与腹背部中央的黄线相交；腹部两侧具淡黄色纵线。

图2-283 朴喙蝶成虫

a. 背面观；b. 腹面观

[生活习性] 1年发生2代，以成虫越冬。成虫寿命很长，终年可见，常群集在溪边湿地吸水。卵通常多个聚产于寄主植物的新芽处。

**256.青斑蝶** *Tirumala limniace* (Cramer, 1775)，又名粗纹斑蝶、淡色小纹青斑蝶、淡纹青斑蝶，属鳞翅目斑蝶科。

[分布与为害] 分布于广东、海南、广西、湖北、湖南、云南、西藏等地。以幼虫为害球兰、南山藤、马利筋、吊裙草等植物。

[识别特征] 成虫：翅展80~100mm。翅面黑褐色，斑纹浅青色半透明。前翅外缘、亚外缘各具1列

图 2-284　青斑蝶成虫

斑纹，其中亚外缘斑列不整齐；中室内有 1 棒状纹，中室端外有 5 条棒状纹，中室端下方具 3 个白斑；中室下具 2 条斑纹。后翅外缘和亚外缘各具 1 列不整齐的斑纹，中室内有 2 个基部相连的斑纹，其下方 1 条端部内侧有 1 个小斑，中室端外有 4 个大斑和 2 个基部相连合的小斑，中室下由翅基发出的 5 条斑纹，其中近中室的 4 条两两基部连合。雄蝶中室中部有 1 个耳形的香鳞袋。上翅两面皆为黑褐色，下翅褐色，具大块青色条状斑纹。雌雄差异不太明显，但雄蝶下翅肛角附近有较深的斑纹（图 2-284）。

[生活习性]　栖息于中、低海拔山区。每年 9 月左右产卵，翌年 4 月左右羽化，飞行能力强。从幼虫起即开始以富含生物碱基的植物为食，所以体内积聚有大量毒素。鲜艳的颜色也是警告鸟类的警戒色。

**257. 虎斑蝶**　*Danaus genutia* (Cramer, 1779)，又名虎纹青斑蝶、拟阿檀蝶、黑条桦斑蝶，属鳞翅目斑蝶科。

[分布与为害]　分布于广东、广西、海南、四川、云南等地。为害马利筋、尖槐藤等萝摩科植物。

[识别特征]　①成虫：翅展 70～80mm。头胸部黑色，上有白点。翅橙红色，翅脉及两侧黑色。前翅前缘、外缘及后缘黑色，翅端为黑色区，其内有 5 枚白斑组成的斜带，外缘有 2 列小白点。后翅外缘区黑色，其上有 2 列小白点，雄蝶在 Cu$_2$ 脉内侧有黑色性标。腹面与背面相似，但外缘白点较显著，后翅翅色更浅（图 2-285）。②卵：近橄榄球形，底端平，表面有纵向脊，较细、较浅。初产时白色，直径 0.86～0.96mm，高 1.14～1.28mm。③幼虫：5 龄，初龄头壳黑色，体表光滑，白色、半透明状。2～5 龄体表棕黑色，散布白色斑点。在中胸、第 2 腹节和第 8 腹节背面分别着生 1 对黑色长肉刺，刺基部暗红色。④蛹：悬蛹，圆柱形，极似金斑蝶。也有绿色和红色 2 型。

图 2-285　虎斑蝶成虫

[生活习性]　南方地区常见的斑蝶，喜访花。由于幼虫以有毒的天星藤等为食物，毒素积聚在蝴蝶体内。成虫鲜艳的颜色及明显的黑、白色条纹，实际为警戒色。

**258. 金斑蝶**　*Danaus chrysippus* (Linnaeus, 1758)，属鳞翅目斑蝶科。

图 2-286　金斑蝶成虫

[分布与为害]　分布于福建、台湾、广东、海南、广西、云南等地。为害马利筋、尖槐藤等萝摩科植物。

[识别特征]　①成虫：头胸部黑色，上有白点。翅橙红色。前翅前缘及外缘黑色，翅端为黑色区，其内有 4 枚白斑组成的斜带，斜带下方 M$_3$ 室另有 1 枚白点，外缘有 2 列小白点。后翅外缘区黑色，其上有 1 列小白点，中室端有 3 枚黑点。腹面与背面相似，但外缘白点较显著，后翅翅色更浅，中室端黑点周围具白晕（图 2-286）。雄蝶比雌蝶细小，但色彩较为鲜艳。前翅背景色及白色的范围会因分布地而有所不同。②卵：椭圆形，顶部略尖，呈黄白色，表面具不显著的纵脊和凹刻。③幼虫：末龄幼虫体色呈白色，

具黑色环形纹和黄斑；中胸、第2腹节和第8腹节背部各具1对肉棘状突起；头部呈白色，具黑色环形纹。④蛹：长椭圆形，呈淡绿色，头胸部区域具数个金色小斑，腹部背面中央具1条黑色横带。

［生活习性］ 飞行慢，成虫常访花。具有迁飞的习性。

**259. 绢斑蝶** *Parantica aglea* (Cramer, 1781)，又名姬小纹青斑蝶，属鳞翅目斑蝶科。

［分布与为害］ 分布于福建、台湾、广东、海南、广西、四川、云南等地。幼虫取食卵叶娃儿藤等萝藦科植物。

［识别特征］ 成虫：翅展60～80mm。翅黑褐色，表面具淡青色长条斑；翅腹面的长条斑在近似种中颜色最淡，呈白色。雌雄差异在于雄蝶后翅靠近肛角附近有黑色斑，雌蝶则无。翅青白色，半透明，翅脉黑色，前翅端部2/5及后翅边缘及亚缘部分黑色；前、后翅黑斑内有亚缘列小白点7个（图2-287）。

［生活习性］ 成虫除冬季外，生活在平地至低海拔山区，东部、南部则全年可见。喜访花。

图2-287　绢斑蝶成虫

图2-288　黑绢斑蝶成虫

**260. 黑绢斑蝶** *Parantica melanea* (Cramer, 1775)，又名透翅斑蝶，属鳞翅目斑蝶科。

［分布与为害］ 分布于广东、广西、海南、四川、云南、西藏等地。幼虫取食小叶娃儿藤等萝藦科植物。

［识别特征］ 成虫：雌蝶后翅第3室斑长度略为第3室斑长度的1.5倍，不会达到2倍。雄蝶后翅第2室内基部斑块外侧的白点明显，很少消失，第2脉上的性标明显较小（图2-288）。

［生活习性］ 广东1年发生多代。成虫喜访花，飞行较缓慢，路线不规则。

**261. 异型紫斑蝶** *Euploea mulciber* (Cramer, 1777)，又名紫端斑蝶，属鳞翅目斑蝶科。

［分布与为害］ 分布于广东、台湾、西藏等地。为害萝藦科的白叶藤、弓果藤等植物。

［识别特征］ 成虫：雌雄异型。雌蝶前翅后缘直，前翅斑纹与雄蝶相似，但较大，后翅各翅室有白色放射状条纹；雄蝶翅黑褐色，前翅有深蓝色光泽，外中域散布淡蓝色斑点，外缘有1列白点，后缘弧形凸出。后翅前半部浅褐色，前缘灰白色，后半部深褐色，中室内上缘有1枚苍白色斑，腹面外缘及亚外缘有2列白点，中室外有白色点列（图2-289）。

［生活习性］ 广东1年发生多代。成虫喜访花，飞行较缓慢，路线不规则。

图2-289　异型紫斑蝶成虫

**262. 红灰蝶** *Lycaena phlaeas* (Linnaeus, 1761)，又名铜灰蝶、黑斑红小灰蝶，属鳞翅目灰蝶科。

［分布与为害］ 分布于黑龙江、吉林、辽宁、陕西、青海、河北、河南、山东、浙江、江西、福建、贵州、西藏等地。以幼虫为害六月雪、何首乌、羊蹄草、酸模等植物的叶片，造成缺刻、孔洞。

［识别特征］ ①成虫：体长13～16mm，翅展约42mm。体背黑色，被黄褐色绒毛。前翅朱红色，斑

图 2-290　红灰蝶成虫

纹黑色，翅周缘黑色，外缘较宽；中室中部和端横脉处各具1个斑，亚端区1列斑圆形，前3个外斜，后4个内倾与外缘平行，有时圆斑相连；外缘内1列斑与端带内侧相嵌合。后翅黑色，但中室端内外朱红色；外缘为1列相连续的斑，其内侧有1条橙红色带。翅腹面，前翅黄色微红，后翅灰褐色（图2-290）。②卵：扁圆形，呈灰白色，表面具圆形凹刻；散产于寄主植物叶面或茎秆上。③幼虫：末龄幼虫蛞蝓形，体表密布细毛，体色呈淡绿色，有些个体或具淡红色斑纹，背部中央具1条深绿色纵线。④蛹：近椭圆形，体表被有细毛；体色呈淡褐色，两侧具深褐色斑纹。

［生活习性］　幼虫对气温敏感，温度一旦合适，便立即攀上绿叶取食。气温下降时则爬至地面避寒。

**263. 点玄灰蝶**　*Tongeia filicaudis* (Pryer, 1877)，又名密点玄灰蝶、雾社黑燕小灰蝶，属鳞翅目灰蝶科。

［分布与为害］　分布于东北、华北、华东、华中、华南、西南等地。以幼虫为害八宝景天、长寿花、垂盆草、瓦松等景天科多肉植物，常在叶背啃食叶肉，残留上表皮形成玻璃窗样的半透明斑，并留有粪便。

［识别特征］　①成虫：翅展12～17mm。翅背面黑褐色，隐约可见后翅亚外缘有蓝斑1列，另有1条短细尾突。翅腹面呈灰白色，缘毛白色。前翅腹面外缘线黑色，内有2列黑斑，中室内外有3个黑斑；后翅腹面外缘线褐色，内有围绕橙红色的2列黑斑，排成弧形，中室内外也有3个黑斑，与其他近缘种有着根本区别（图2-291a、b）。②卵：较小，直径约0.4mm，扁圆形，呈白色，表面密布网状纹。③幼虫：孵化后钻入寄主植物叶片内蛀食，体色呈黄绿色（图2-291c）。④蛹：椭圆形，体色呈淡绿色，腹部呈黄白色，体表具有稀疏的白色细毛。

图 2-291　点玄灰蝶
a. 成虫；b. 成虫交尾状；c. 幼虫

［生活习性］　幼虫从孵化之时起就潜伏在叶肉之中取食，有"蝴蝶中的潜水者"之称。

**264. 蓝灰蝶**　*Everes argiades* (Pallas, 1771)，又名蓝蝶、燕蓝灰蝶、雾社燕小灰蝶，属鳞翅目灰蝶科。

［分布与为害］　分布于黑龙江、吉林、陕西、宁夏、河北、河南、山东、浙江、江西、福建、台湾、海南、四川、贵州、云南、西藏等地。为害香豌豆、紫云英、白车轴草等豆科植物。

［识别特征］ ①成虫：体长12mm左右，翅展30～33mm，雌雄异形。雌蝶夏型翅黑褐色，前翅无斑纹，后翅近臀角有2～4个橙黄色斑及黑色圆点；雌蝶春型前翅基后部及后翅外部多青蓝色鳞片。雄蝶翅蓝紫色，外缘黑色，缘毛白色。前翅中室端部有微小暗色纹；后翅沿外缘有1列黑色小点，除M₃与Cu₁室的2个明显外，其余愈合成带状。尾状突起很细，黑色，末端白色。雌雄蝶翅腹面灰白色，前翅中室端部有暗色纹，外缘附近有3列小黑点，最里面的1列特别清楚；后翅除有3列黑点外，还有三四个橙黄色小斑，第3列黑点很不整齐，中室内和前缘也有1黑点（图2-292）。②卵：圆形，扁平，青绿色到灰白色，精孔周围有6瓣饰，雕纹网状。③幼虫：头黑褐色，胴部淡绿色，背线色浓，两侧列生褐色长毛，各节侧缘和背面凸出不显著。④蛹：长椭圆形，淡绿色到淡褐色，背面多长毛，上有2列黑斑，第1腹节上的黑斑最大。

图2-292 蓝灰蝶成虫

［生活习性］ 陕西1年发生4代以上，以幼虫越冬。成虫常于草地、树林边及路旁低飞，也常出现在各种草本植物旁。成虫喜访花，易捕捉。

**265. 中华爱灰蝶** *Aricia chinensis* (Murray, 1874)，属鳞翅目灰蝶科。

［分布与为害］ 分布于东北、华北、华中等地。以幼虫为害犄牛儿苗等植物。

［识别特征］ 成虫：翅展28～32mm。体、翅黑褐色，前翅中室端有1个黑斑，前、后翅近外缘有1列橙色斑。翅腹面灰褐色，除近外缘的1列红色斑纹外，还有许多黑色斑点。前、后翅亚缘区有橙色斑带1列。缘毛白色，间有黑点（图2-293）。

图2-293 中华爱灰蝶成虫

［生活习性］ 华北地区1年发生2代。成虫发生期为4～7月。成虫喜访花，多接近地面飞行。

**266. 茄纹红珠灰蝶** *Lycaeides cleobis* Bremer, 1861，属鳞翅目灰蝶科。

［分布与为害］ 分布于陕西、甘肃、河北、山东等地。为害苜蓿。

［识别特征］ 成虫：翅展30～35mm。雌雄颜色有异：雌翅褐色，后翅外缘隐约可见1列黑点；雄翅褐色有蓝色鳞片。翅腹面，雌性颜色较深，两性黑色斑点基部排列相同，前、后翅腹面亚端线均为橘黄色宽带（图2-294）。

［生活习性］ 北方地区6月可见成虫。

图2-294 茄纹红珠灰蝶成虫

**267. 东亚燕灰蝶** *Rapala micans* (Bremer & Grey, 1853)，属鳞翅目灰蝶科。

[分布与为害] 分布于北京、河北、河南、山东、江苏、浙江、江西、福建、广东、广西、湖北、湖南、重庆、云南等地。越冬型成虫把卵产在植物的花上，幼虫取食柿、枣的花及嫩果，而第2代幼虫取食多种蔷薇、豆类等植物的叶片。

图2-295 东亚燕灰蝶成虫

[识别特征] ①成虫：翅展28～36mm。翅黑褐色，前翅基半部及后翅大部具紫蓝色闪光，有时在中室外有红色斑纹。雄蝶后翅前缘近基部具1块长椭圆形毛丛（性标），雌蝶无此毛丛。翅腹面具1个"W"形细纹，黑褐色或黑色，外侧具白色细纹；后翅臀角呈叶状，镶有橙色的黑斑，其下方有1个布满白色鳞片的斑纹。春型翅腹面灰褐色，夏型黄褐色（图2-295）。②卵：扁圆形，呈蓝绿色，表面具白色细网纹。③幼虫：末龄幼虫蛞蝓形，气孔上侧和下侧各具1列朝向外侧的齿状突起，其末端各具2根黑色刚毛；体色以淡红色、黄绿色为主，并具白色、黑色和棕红色斑纹。④蛹：近椭圆形，体表被有细毛；体色呈棕褐色，具黑色斑纹。

[生活习性] 山东1年发生3代，以蛹越冬。北方地区4～8月可见成虫。

**268. 酢浆灰蝶** *Pseudazizeeria maha* (Kollar, 1844)，属鳞翅目灰蝶科。

[分布与为害] 分布于全国各地。以幼虫为害酢浆草科、爵床科植物。

[识别特征] ①成虫：翅展22～30mm。复眼上有毛，呈褐色。触角每节上有白环。雌蝶暗褐色，在翅基有青色鳞片；雄蝶翅面淡青色，外缘黑色区较宽。翅腹面灰褐色，有黑褐色具白边的斑点，无尾突（图2-296）。成虫地理变异较多，季节变异也较大，个体较小，腹面底色多为灰白色、棕灰色或棕黄色，后翅中域斑列呈均匀的弧形弯曲。②卵：扁圆形，呈白色至淡绿色，表面密布网状纹。③幼虫：末龄幼虫体色呈黄绿色至绿色，背部具白色细纹，体表密布细毛。④蛹：长椭圆形，呈淡绿色，具黑色斑纹，气孔呈白色。

[生活习性] 南京1年发生5代，世代交替发生，10月末以蛹在枯枝落叶或土壤表层浅洞中越冬。越冬代成虫翌年5月始见、中旬为高峰期，5月中旬始见第1代卵及幼虫，6～10月各月各虫态均同时发生，其间每月中下旬为成虫活动高峰期。幼虫共4龄，野外2～4龄幼虫具迁移习性。幼虫觅食后，可在土壤缝隙或石块下发现。幼虫亦在石块下或土壤缝隙化蛹，为缢蛹。

图2-296 酢浆灰蝶成虫

**269. 曲纹紫灰蝶** *Chilades pandava* (Horsfield, 1829)，又名苏铁小灰蝶，属鳞翅目灰蝶科。

[分布与为害] 分布于陕西、上海、浙江、江西、福建、广东、香港、广西、海南、四川、贵州、云南等地。主要以幼虫群集于新叶上为害，以致羽叶刚抽出即已被食害，最后只剩残缺不全的叶轴与叶柄生长，或叶柄中空干枯，严重影响苏铁的生长和观赏价值（图2-297a）。

[识别特征] ①成虫：雌蝶体长约10mm，翅展约25mm，雄蝶略小。雌蝶翅面黑褐色，具有青蓝色金属光泽。后翅亚外缘带由1列围有白边的黑斑组成，外横斑列由较模糊的白色三角形斑构成。雄蝶翅面蓝紫色，具金属光泽，亚外缘带由1列黑褐色斑点构成。翅反面均呈灰褐色，斑纹黑褐色，且具白边。后翅亚外缘有1列斑点及1条长波状线，外横斑列连成1条长波状曲线（图2-297b、c）。②卵：直径0.5～0.7mm，草绿色，扁圆形，中间稍凹陷，表面粗糙有小刻点及网纹，散生于叶上，孵化时卵颜色变深。③幼虫：老熟幼虫扁椭圆形，长8～10mm。虫体具有小瘤突，各体节具不平的皱褶，第7腹节背面中央有1个蜜腺，第8腹节背面气门后方有1对白色圆形的翻缩腺（图2-297d）。④蛹：短椭圆形，长约8mm，宽约3mm。背面呈褐色，被棕黑色短毛。胸腹部分界较明显，腹面淡黄色，翅芽淡绿色。

**图 2-297 曲纹紫灰蝶**

a. 为害苏铁叶片状；b、c. 成虫；d. 幼虫

[生活习性] 1年发生数代，以蛹在苏铁的鳞片或叶片上越冬。翌年春季随苏铁抽芽长叶，成虫羽化、交尾，产卵于叶片背面。幼虫孵化后即食叶为害，老熟后于叶背、鳞片等处化蛹。

**270. 绿灰蝶** *Artipe eryx* (Linnaeus, 1771)，又名绿底小灰蝶，属鳞翅目灰蝶科。

[分布与为害] 分布于浙江、江西、福建、广东、香港、海南、广西、湖南、四川、云南、贵州、西藏等地。为害栀子、百果香楠等植物。该虫为一种钻蛀性害虫，以幼虫蛀入果实，把果实内部组织吃空，仅剩外壳（图 2-298a、b）。

[识别特征] ①成虫：中型灰蝶。翅背面呈黑褐色，雄蝶翅背面闪蓝色金属光泽，雌蝶则无蓝色光泽。翅腹面呈粉绿色。后翅具1对尾突。②卵：扁圆形，呈灰白色，表面具密集但排列整齐的细小凹刻。③幼虫：末龄幼虫体色呈褐色，前胸和中胸呈浅黄色，第3、4腹节呈白色，体表具黑色刚毛（图 2-298c）。④蛹：近椭圆形，体表被有细毛，体色呈棕褐色，腹背部呈淡褐色。

**图 2-298 绿灰蝶**

a、b. 幼虫为害栀子花蕾状；c. 幼虫

[生活习性] 江西樟树市1年发生5代，以老熟幼虫在栀子果实中越冬。翌年3月中旬越冬代幼虫开始活动，并很快化蛹，3月底可见越冬代成虫。全年以第2代、第3代、第5代幼虫危害重，发生盛期分别为6月中下旬、9月下旬至10月上旬、10月下旬，11月15日前后仍见幼虫为害，11月底陆续进入越冬期。

**271. 莎菲彩灰蝶** *Heliophorus saphir* (Blanchard, 1871)，又名翠蓝黄灰蝶，属鳞翅目灰蝶科。

[分布与为害] 分布于安徽、浙江、江西、福建、台湾、湖南、湖北、四川、贵州、云南等地。为害火炭母、野荞麦等蓼科植物。

[识别特征] ①成虫：翅展30～35mm。雌蝶翅背面黑褐色，前翅中室端有1橘红色大斑，后翅有1齿状橘红色亚缘带；雄蝶翅背面金蓝色，端缘黑色，后翅外缘有橘红色条斑。翅腹面深金黄色。后翅具尾突（图2-299）。②卵：扁圆形，白色，直径约为0.7mm，表面具许多大小不等的圆形凹刻。③幼虫：幼虫3龄。刚孵化的1龄幼虫呈白色，有较长的原生刚毛，体长为2.3～6.0mm；2龄幼虫基本呈绿色，体扁平；末龄幼虫体色呈绿色，无明显斑纹，体表密布细毛。④蛹：近椭圆形，腹部较宽，体色呈黄绿色。体侧具褐色小斑。

图2-299 莎菲彩灰蝶成虫

[生活习性] 雌蝶将卵单产在寄主植物的叶片背面，多数产下的卵靠近叶片边缘，一般1片叶上只有1枚卵，少数有2或3枚卵。

图2-300 亮灰蝶成虫

**272. 亮灰蝶** *Lampides boeticus* (Linnaeus, 1767)，又名曲纹灰蝶、曲斑灰蝶、长尾里波灰蝶、波纹小灰蝶，属鳞翅目灰蝶科。

[分布与为害] 分布于陕西、浙江、江西、福建、云南、四川等地。以幼虫为害竹类及龙爪槐等豆科植物。

[识别特征] ①成虫：翅展22～36mm。雌蝶前翅背面基后半部与后翅基部青蓝色，其余暗红色；后翅臀角处2个黑斑清晰，外缘淡褐色斑隐约可见。雄蝶翅背面紫褐色，前翅外缘褐色；后翅前缘与顶角暗灰色，臀角处有2个黑斑。翅腹面灰白色，由许多白色细线与褐色带组成波纹状，在中部有2条波纹；后翅近外缘1条宽白带醒目；臀角处有2个浓黑色斑，黑斑内下面具绿色鳞片，上内方橙黄色（图2-300）。②卵：扁圆形，呈淡绿色，表面密布细小

突起和网状纹。③幼虫：末龄幼虫蛞蝓形，体表密布黑色细毛；体色呈黄绿色，背部两侧具不很清晰的淡黄色条状斑；气孔呈黑色，下侧具1条不明显的黄色细线。④蛹：椭圆形，较狭长，呈淡褐色，具许多黑斑。

[生活习性] 卵散产于寄主植物花苞或豆荚上。幼虫通常以豆科植物的果荚和花序为食，当果实或花序凋谢坠落时，其蛹往往也在地缝里形成。成虫飞行能力强，喜欢阳光充足和开阔的地方，在较疏的林地常见。

**273. 蛇眼蝶** *Minois dryas* (Scopoli, 1763)，属鳞翅目眼蝶科。

[分布与为害] 分布于黑龙江、吉林、辽宁、陕西、山西、新疆、河北、河南、山东、浙江、江西、福建等地。为害竹及早熟禾属、臭草属、披碱草属、大油芒属等禾本科植物。

[识别特征] ①成虫：翅展55～65mm。体、翅黑褐色。前翅基部1条脉明显膨大，中室外端有2个黑眼纹，瞳点青蓝色。后翅$Cu_1$室内有1极小黑色眼状纹，外缘波状。翅腹面色略淡，前翅2枚眼纹明显较背面大，具棕黄圈；后翅由前缘中部至臀角处有1条不太清晰的弧形白带，有的翅基亦有1条，有些无白带纹。前、后翅亚缘区有1条不规则黑条纹，缘线黑色，缘毛黑褐色。雌性个体眼纹明显较雄性大，色略淡。翅腹面，前翅顶角、外缘具白色鳞片（图2-301）。②卵：近圆形，呈淡棕褐色，表面较光洁。③幼虫：体色呈淡褐色，具深褐色纵纹，腹部末端具1对小尖突；头部呈圆形，具6条平行的深褐色纵纹。④蛹：近椭圆形，呈棕褐色。

图2-301 蛇眼蝶成虫

[生活习性] 以初孵幼虫附着在草叶上越冬。成虫多活动于草灌木丛，因个体较大，飞行时容易与眼蝶科其他种区分。喜访花，发生期7～8月。

**274. 斗毛眼蝶** *Lasiommata deidamia* (Eversmann, 1851)，又名斗眼蝶、暗翅链眼蝶，属鳞翅目眼蝶科。

[分布与为害] 分布于黑龙江、吉林、辽宁、陕西、山西、甘肃、青海、宁夏、河北、河南、北京、山东、福建、湖北、四川等地。为害禾本科早熟禾属、隐子草属、鹅观草属植物。

[识别特征] ①成虫：翅展52～55mm。体、翅黑褐色。前翅基部1条脉明显膨大，顶角内方有1黑眼纹，瞳点白色，眼纹具黄褐圈，斑心有白点，眼斑后方有2条稍相错开的短带纹。后翅具和前翅同样但较小的眼斑。翅腹面较背面色较淡，前翅斑纹同背面，后翅亚端区6个眼斑，第3个最小，第6个斑心有2个白点，眼斑内侧有1条黄白色弧形带纹，宽窄变化较大。雌蝶翅面色略淡，黄白带纹明显清晰，前翅外缘近圆；雄蝶则明显向内斜截（图2-302）。②卵：长圆形，呈乳白色，表面较光洁。③幼虫：体色呈淡绿

图2-302 斗毛眼蝶成虫

色，体表具白色细毛，腹部末端具1对小尖突；头部圆形，呈绿色。④蛹：长椭圆形，呈绿色，气孔呈淡黄色。

［生活习性］　华北地区1年发生多代。5～7月为成虫期。成虫少见访花，喜欢在岩壁上停息，停息时会不时扇动翅膀。

**275. 蒙链荫眼蝶**　*Neope muirheadi* (C. & R. Felder, 1862)，鳞翅目眼蝶科。

［分布与为害］　分布于河南、江苏、浙江、江西、福建、台湾、广东、海南、湖北、四川、云南等地。为害竹类植物。

［识别特征］　①成虫：中大型眼蝶，翅呈土褐色。翅腹面基部具环形纹，翅中域常具1条黄白色斑带，亚外缘具1列眼斑（图2-303）。②卵：圆形，呈白色半透明状，表面较光洁；聚产于寄主植物叶背面。③幼虫：低龄幼虫体色呈淡褐色，体侧具黑色纵纹；末龄幼虫体色呈黄褐色，具绿褐色纵纹，体表密布细毛，腹部末端具1对小突起，头部圆形，呈棕褐色。④蛹：椭圆形，呈褐色，具黑褐色斑纹。

**图 2-303　蒙链荫眼蝶成虫**
a. 背面观；b. 腹面观；c. 翅竖叠状

［生活习性］　南京1年发生2代，以老熟幼虫在竹下枯枝落叶下和表土层化蛹越冬。成虫白天活动，有补充营养习性，以花蜜、果实、腐败的水果等为食物源。卵产于竹叶背面，幼虫取食竹叶、结苞为害。幼虫有5龄，3龄前群集叶背为害。低龄幼虫群聚，常栖息于叶巢内。

**276. 直纹稻弄蝶**　*Parnara guttata* (Bremer & Grey, 1852)，属鳞翅目弄蝶科。

［分布与为害］　分布于黑龙江、吉林、辽宁、陕西、宁夏、甘肃、河北、河南、山东、江苏、安徽、浙江、江西、福建、广东、广西、湖南、湖北、四川、贵州、云南等地。以幼虫为害竹类、芦苇及多种禾本科观赏草。

［识别特征］　①成虫：体长15～19mm，翅展3～47mm。体、翅黑褐色。前翅中部靠前有7或8个排列成半环形状的白色小斑，近中室端1个最大，且在环形纹最下边。后翅外线处有4个小白斑排成整齐一斜列，最外1斑最小。翅腹面色略淡，斑纹同背面（图2-304）。②卵：褐色，半球形，直径约0.9mm，初灰绿色，后具玫瑰红斑，顶花冠具8～12瓣。③幼虫：末龄幼虫体长27～28mm，头浅棕黄色，头部正面中央有"山"形褐纹，体黄绿色，背线深绿色，臀板褐色。④蛹：淡黄色，长22～25mm，近圆筒形，头平尾尖。

［生活习性］　1年发生3～8代，华北地区2～3代，岭南地区6～8代，以幼虫在田边、沟边及湖边芦

图2-304 直纹稻弄蝶成虫

苇、游草、茭白遗株上越冬。翌年4月羽化。幼虫共5龄，老熟后，有的在叶上化蛹，有的下移至植株基部化蛹。蛹苞缀叶3～13片不等，苞略呈纺锤形。老熟幼虫可分泌白色绵状蜡质物，遍布苞内壁和身体表面。化蛹时，一般先吐丝结薄茧，将腹两侧的白色蜡质物堵塞于茧的两端，再蜕皮化蛹。

**277. 隐纹谷弄蝶** *Pelopidas mathias* (Fabricius, 1798)，属鳞翅目弄蝶科。

[分布与为害] 分布于陕西、山西、甘肃、北京、河南、山东、上海、浙江、江西、福建、广西、湖南、湖北、四川、贵州、云南等地。幼虫取食芒草等禾本科观赏植物。

[识别特征] ①成虫：翅展30～36mm。翅面黑褐色。前翅具8个半透明白斑，呈不整齐的环形，通常雌蝶斑点较大，雄蝶近后缘中部具灰黑色斜走线形纹。后翅具1或2个很不明显的斑，通常无斑纹，故称隐纹。后翅腹面具2～8斑，斑纹多时呈圆弧形排列，包括中室基1个明显或不明显的斑（图2-305）。②卵：半圆球形，白色略有绿色光泽，表面具线状刻纹，直径约1mm，高约0.6mm。③幼虫：淡绿色，单眼位于颜面红"八"字形纹的内方。④蛹：浅绿色，头顶尖锥长于2mm，喙的游离段长6mm以内。

图2-305 隐纹谷弄蝶成虫

[生活习性] 浙江1年发生3代，以幼虫于杂草中越冬。翌年6月幼虫化蛹羽化，各代发生期分别为7月上旬、8月上旬、9月下旬；江西6月上旬始见第1代幼虫，6月中旬化蛹，6月下旬羽化，把卵散产在叶面上，卵期4～5天，幼虫3龄前在叶尖将叶缘向内纵卷，吐丝缀苞，4、5龄后离苞栖息、在叶面上取食，幼虫期21～28天，老熟后，吐一白细丝系绕胸部，蜕皮化蛹，白细丝继续系在胸腹交界处，尾部粘在叶面或叶鞘上，蛹期10～15天。

**278. 花弄蝶** *Pyrgus maculatus* (Bremer & Grey, 1853)，又名山茶斑弄蝶，属鳞翅目弄蝶科。

[分布与为害] 分布于黑龙江、吉林、辽宁、陕西、山西、内蒙古、青海、河北、河南、山东、江

西、福建、四川、云南、西藏等地。以幼虫为害绣线菊、醋栗、黑莓等植物，咬食叶片，造成缺刻或孔洞，严重时仅残留叶柄，影响开花结实及苗木繁育。

　　［识别特征］　①成虫：体长14～16mm，翅展28～32mm。体黑褐色，翅面有白斑。复眼黑褐色、光滑。触角腹面黄色至黄褐色，背面黑褐色，具黄色环；端部膨大处腹面黄色至浅橘红色，背面棕色。胸、腹部背面黑色，颈片黄色，腹末端黄白色。胸部腹面、腹部侧面及腹面基部棕褐色，腹面后半部灰黄色。前翅黑褐色，基部2/5内杂灰黄色鳞，中区至外区约具16个白色至灰白色斑纹，缘线白色，缘毛灰黄色，翅脉端棕黑色。后翅、前翅同色，约有8个白斑，中部2个较大，外缘6个较小；缘线与缘毛同前翅。翅腹面色彩较鲜艳，前翅顶角具1锈红色大斑。前足稍小，各足棕色。触角棒状（图2-306）。②卵：淡绿色半球形，卵面有18条纵纹。③幼虫：黄绿色至绿色，头褐色或棕褐色，毛绒状，胸部明显细缢似颈，前胸最细，褐色至黑褐色，角质化，有丝光。腹部宽大，至尾部逐渐扁狭，末端圆。胸足黑色，腹足5对。气门细小、暗红色。中胸至腹部各节体表密布淡黄白色小毛片及细毛。④蛹：较粗壮。初淡绿色半透明，渐变淡褐色至褐色，翌日体表出现蜡质白粉，并渐加厚。腹末有臀棘4根，末端钩状。

图2-306　花弄蝶成虫

　　［生活习性］　江苏1年发生3代，以蛹越冬。各代幼虫分别在4月至6月上旬，7～8月和9～10月，9月下旬至11月下旬化蛹。卵散产于寄主植物顶梢、嫩叶及嫩叶柄上。初龄幼虫卷嫩叶边做成小虫苞，或在老叶叶面吐白色粗丝做成半球形网罩躲在其间取食叶肉。成长幼虫以白色粗丝缀合多个叶片组成疏松不规则大虫苞，将头伸出取食。3龄幼虫每天可取食1片单叶，一生转苞多次。幼虫行动迟缓，除取食和转苞外很少活动。

　　**279. 黑弄蝶**　*Daimio tethys* (Ménétriés, 1857)，属鳞翅目弄蝶科。

　　［分布与为害］　分布于黑龙江、吉林、辽宁、陕西、山西、甘肃、河北、河南、山东、浙江、江西、福建、海南、湖南、四川、云南等地。以幼虫取食蒙古栎、芋、薯蓣等植物。

　　［识别特征］　①成虫：体长约15mm，翅展约38mm。体背及翅面黑色，斑纹和缘毛白色。前翅中部由大小不等、形状各异的5个斑组成弧形横带，最前1个斑圆形、最小，第2个位于中室端、最大，第3个较小、明显外离，第4、5两个向内斜列，顶端内侧有5个小白斑，第3个向外斜列、较大，后两个向内斜列、明显小。后翅中部具1条边缘不整齐的宽横带，带后部外侧缘有1个近方形的黑斑。翅腹面，前翅同背面；后翅基半部蓝灰色，近中部前缘有3个圆形黑斑（图2-307）。②卵：扁圆形，呈淡褐色，表面覆有雌蝶腹部末端的淡褐色鳞毛。③幼虫：低龄幼虫头部呈黑色。末龄幼虫体色呈淡黄绿色，布满白色小点；头部呈棕红色，顶端中央略呈凹入状。④蛹：纺锤形，头部中央具1个小突起；体色呈淡褐色，翅区及腹部侧面具白色斑纹。

图2-307　黑弄蝶成虫

　　［生活习性］　华北地区5月下旬至8月上旬可见成虫。成虫喜访花，飞行迅速，静止时翅水平展开。

　　**280. 钩形黄斑弄蝶**　*Ampittia virgata* (Leech, 1890)，属鳞翅目弄蝶科。

　　［分布与为害］　分布于河南、浙江、江西、福建、广东、广西、湖北、湖南、四川等地。为害禾本科的芒等植物。

　　［识别特征］　①成虫：翅黑色。前翅$M_1$室与$M_2$室无黄色斑，后翅背面橙黄色接近翅外缘，中室黄色斑不到达中室末端，因而接近翅端部，远离外缘。雄蝶前翅背面前缘及中室全部橙黄色，$Cu_2$室基半部有

1 黄色带。雄蝶前翅前缘区黑色，中室有1个钩状黄斑（图2-308）。②卵：半圆形，呈黄白色，表面具纵脊。③幼虫：末龄幼虫体色呈黄绿色，气孔呈黑色；头部圆形，呈黄褐色，具1对黑色小圆斑。④蛹：纺锤形，头部顶端具耳状突起；体色呈黄白色。

［生活习性］ 成虫于5～6月出现。

**281. 黄斑银弄蝶** *Carterocephalus alcinoides* Lee, 1962，属鳞翅目弄蝶科。

［分布与为害］ 分布于陕西、河北、河南、天津、山东、贵州、云南等地。为害园林植物不详。

［识别特征］ 成虫：翅展25～35mm。翅面黑色，上有显著的橙黄色斑纹。前翅背面有5个大斑点，前缘至中室端有1橙黄色的钩状斑，与中室中部1小斑相连。后翅近基部有2个离散的小斑，中域有1大斑横连着2或3个小斑。翅腹面黑褐色，橙黄色斑纹扩散；前翅腹面$M_3$、$Cu_1$两室橙色斑连接呈正方形，其后缘略成一直线；后翅腹面翅脉清晰，有很多大小不

图2-308 钩形黄斑弄蝶成虫

等的斑纹（图2-309）。

［生活习性］ 成虫5～8月出现，喜访花。

［蝶类的防治措施］

（1）人工除治 人工摘除越冬蛹，并注意保护天敌；结合花木修剪管理，人工采卵、杀死幼虫或蛹体。

（2）化学防治 严重发生时喷洒*Bt*乳剂500倍液、25%灭幼脲Ⅲ号悬浮剂1000倍液、24%氰氟虫腙悬浮剂600～800倍液、10%溴氰虫酰胺可分散油悬乳剂1500～2000倍液、10.5%三氟甲吡醚乳油3000～4000倍液、20%甲维·茚虫威悬浮剂2000倍液等。

图2-309 黄斑银弄蝶成虫

# 十七、叶甲、瓢虫、芫菁、象甲类

叶甲类属鞘翅目、叶甲科，又名金花虫，小至中型，体卵形或圆形，有金属光泽。幼虫肥壮，3对胸足发达，体背常具枝刺、瘤突等，成虫和幼虫都咬食叶片。成虫有假死性，多以成虫越冬。为害园林植物的种类很多，常见的有榆蓝叶甲、榆黄叶甲、榆紫叶甲、白杨叶甲、柳圆叶甲、核桃扁叶甲、枸杞负泥虫、酸枣光叶甲、梨光叶甲、黑额光叶甲、中华萝藦叶甲、佛角胫叶甲、宽缘瓢萤叶甲、绿缘扁角叶甲、蓼蓝齿胫叶甲、褐足角胸叶甲、金绿里叶甲、女贞瓢跳甲、大麻蚤跳甲、黄栌直缘跳甲、黄色凹缘跳甲、枸橘潜跳甲、红胸律点跳甲、柳沟胸跳甲、棕翅粗角跳甲、甘薯台龟甲、泡桐龟甲等。因马铃薯瓢虫、黑胸伪叶甲、绿芫菁、红头芫菁、中华豆芫菁、大灰象甲、茶纹丽象甲、胖遮眼象、长毛小眼象、女贞粗腿象甲、紫薇梨象、榛卷叶象、榆锐卷象、圆斑卷叶象、南岭黄檀卷叶象等的形态特征、为害特点、生活习性及防治措施与叶甲类似，因而也归在此类。

**282. 榆蓝叶甲** *Xanthogaleruca aenescens* (Fairmaire, 1878)，又名榆蓝金花虫、榆毛胸萤叶甲、榆绿毛萤叶甲、榆绿叶甲，属鞘翅目叶甲科。

［分布与为害］ 分布于吉林、辽宁、陕西、山西、内蒙古、甘肃、河北、河南、山东、江苏、台湾等地。以成虫、幼虫取食榆叶，常将叶片吃光。

［识别特征］ ①成虫：体长7.0～8.5mm。体近长椭圆形，黄褐色。鞘翅蓝绿色，有金属光泽。头部具1黑斑。前胸背板中央有1个黑斑（图2-310a）。②卵：黄色，长椭圆形，长径约1.1mm（图2-310b）。③幼虫：初孵幼虫色深（图2-310c），老熟幼虫体长约11mm，长形微扁平，深黄色。体背中央有1条黑色纵纹。头、胸足及腹部所有毛瘤均漆黑色。前胸背板后缘近中部有1对四方形黑斑（图2-310d、e）。④蛹：污黄色，椭圆形，长约7.5mm（图2-310f）。

［生活习性］ 北京、辽宁1年发生2代，均以成虫越冬。翌年4～5月成虫开始活动，为害叶片，并产

卵于叶背，成2行。初孵幼虫剥食叶肉，被害部呈网眼状，2龄以后将叶食成孔洞。老熟幼虫于6月中下旬开始爬至树洞、树杈、树皮缝等处群集化蛹（图2-310g）。成虫羽化后取食榆叶补充营养。成虫有假死性。

**图2-310　榆蓝叶甲**
a. 成虫；b. 初产卵块；c. 初孵幼虫；d. 高龄幼虫；e. 老熟幼虫；f. 蛹；g. 集中化蛹、羽化

**283. 榆黄叶甲**　*Pyrrhalta maculicollis* (Motschulsky, 1853)，又名榆黄毛萤叶甲，属鞘翅目叶甲科。

[分布与为害]　分布于东北、华北、华东、华中、西北等地。为害榆、椰榆、白榆、垂榆等，成虫啃食榆树芽叶，幼虫把叶片啃成灰白色至灰褐色半透明网状点。在华北常与榆蓝叶甲混合发生和为害。

[识别特征]　①成虫：体长6.5～7.5mm，宽3～4mm。体近长方形，棕黄色至深棕色。头顶中央具1桃形黑色斑纹。触角大部、头顶斑点、前胸背板3条纵斑纹、中间的条纹、小盾片、肩部、后胸腹板及腹节两侧均呈黑褐色或黑色。触角短，不及体长之半。鞘翅上具密刻点（图2-311）。②卵：长约1mm，长圆锥形，顶端钝圆。③幼虫：末龄幼虫体长约9mm，黄色，周身具黑色毛瘤。足黑色。④蛹：长约7mm，乳黄色，椭圆形，背面生黑刺毛。

[生活习性]　河南1年发生2代，吉林1年发生1代，以成虫在墙缝内、石块下或表土中越冬。翌年4

图 2-311　榆黄叶甲成虫

月成虫出现。产卵于叶背，每卵块有卵十几粒，卵期约 10 天。初孵幼虫啃食叶肉，使叶片呈箩网状，大龄幼虫食叶片呈穿孔状，老熟幼虫常集聚在树干、伤疤处化蛹。于 10 月上旬成虫寻找越冬场所越冬。

**284. 榆紫叶甲**　*Ambrostoma quadriimpressum* (Motschulsky, 1845)，又名榆紫金花虫，属鞘翅目叶甲科。

［分布与为害］　分布于黑龙江、吉林、辽宁、内蒙古、北京、河北、山东、江苏、浙江、贵州等地。以成虫及幼虫取食家榆、黄榆、春榆、垂榆、金叶榆等榆类植物的嫩芽、芽苞、枝梢皮层及叶片，造成树势衰弱、枝条枯死甚至植株死亡。

［识别特征］　①成虫：体长 10.5～11.0mm。近椭圆形，鞘翅中央后方较宽，背面呈弧形隆起。前胸背板及鞘翅上有紫红色与金绿色相间的光泽。腹面紫色，有金绿色光泽。头部及 3 对足深紫色，有蓝绿色光泽。复眼及上颚黑色。触角细长，11 节，棕褐色。前胸背板矩形，宽度约为长度的两倍。两侧扁凹，具粗而深的刻点。鞘翅上密被刻点，小盾片平滑。腹部的腹面可见 5 节。雄虫第 5 腹板末端呈 2 弧形凹入，形成一向内凹入的新月形横缝，雌虫第 5 腹节末端钝圆（图 2-312a）。②卵：长径 1.7～2.2mm，短径 0.8～1.1mm。长椭圆形。咖啡色或茶褐色。初产卵壳表面油润有光泽，孵化前颜色变暗。③幼虫：老熟幼虫，头宽平均 2.3mm，体长平均 10.7mm。全体近乳黄色。头部呈淡茶褐色，单眼斑黑色，头顶有 4 个黑色斑点，前胸硬皮板有两个黑色斑点，背中线灰色，下方有 1 条淡金黄色纵带，腿节外侧基部及胫节外侧末端黑色。④蛹：体长约 9.5mm。乳黄色，体略扁，近椭圆形。羽化前体色逐渐变深，背面微现灰黑色。

［生活习性］　北方地区 1 年发生 1 代，以成虫在土中越冬。4 月初成虫上树取食、交尾（图 2-312b）、产卵。成虫上树后开始取食嫩芽和幼叶，4 月下旬至 5 月初开始产卵，每雌每年产卵 800 余粒，一般产卵于枝梢和叶背。幼虫孵化后即取食，共 4 龄，老熟幼虫在树下土中化蛹，蛹期 10 天。新羽化成虫上树后大量取食，夏季高温时群集于树干阴凉处夏眠。虫口密度大时，将叶片吃光后也群集在一起呈休眠状态，天气转凉时出蛰活动，并开始交尾，但当年不产卵。9 月以后相继下树入土越冬。成虫不能飞翔，具假死性，尤其新羽化成虫及刚越冬后的成虫假死性强。但在产卵盛期或休眠期，即使摇震枝干也不易掉落。

图 2-312　榆紫叶甲
a. 成虫；b. 成虫交尾状

**285. 白杨叶甲** *Chrysomela populi* Linnaeus, 1758，又名白杨金花虫、杨叶甲，属鞘翅目叶甲科。

［**分布与为害**］ 分布于黑龙江、吉林、辽宁、陕西、山西、内蒙古、宁夏、甘肃、新疆、北京、河北、河南、山东、江苏、安徽、浙江、江西、湖北等地。以幼虫及成虫为害多种杨、柳的叶片。

图2-313 白杨叶甲成虫

［**识别特征**］ ①成虫：体长10～15mm。体近椭圆形，前胸背板蓝黑色。鞘翅橙红色，近翅基1/4处略收缩，末端圆钝（图2-313）。②卵：长椭圆形，长约2mm，初时淡黄色，后变橙红色。③幼虫：老熟幼虫体长约17mm，橘黄色，头部黑色。前胸背板有黑色"W"形纹，其他各节背面有2列黑点，第2、3节两侧各有1个黑色刺状突起。④蛹：长10～14mm，初为白色，近羽化时橙红色。

［**生活习性**］ 1年发生1～2代，以成虫在落叶杂草或浅土层中越冬。翌年4月寄主发芽后开始上树取食，并交尾产卵。卵产于叶背或嫩枝叶柄处，块状。初龄幼虫有群集习性，2龄后开始分散取食，取食叶缘呈缺刻状。幼虫于6月上旬开始老熟，附着于叶背悬垂化蛹。6月中旬羽化为成虫。6月下旬至8月上中旬成虫开始越夏越冬。

**286. 柳圆叶甲** *Plagiodera versicolora* (Laicharting, 1781)，又名柳蓝叶甲、柳树金花虫、橙胸斜缘叶甲，属鞘翅目叶甲科。

［**分布与为害**］ 分布于黑龙江、吉林、辽宁、陕西、山西、内蒙古、宁夏、甘肃、河北、河南、山东、江苏、安徽、浙江、湖北、贵州、四川、云南等地。为害垂柳、旱柳、杞柳、夹竹桃、泡桐、葡萄、杨、榛、乌桕等植物，以成虫、幼虫取食叶片，造成缺刻、孔洞（图2-314）。

图2-314 柳圆叶甲为害柳叶状

［**识别特征**］ ①成虫：体长4mm左右。体近圆形，深蓝色，具金属光泽；体腹面、足色较深，具光泽。触角褐色至深褐色。头部横阔，触角6节，基部细小，余各节粗大，上生细毛。前胸背板横阔光滑。鞘翅上密生略成行列的细刻点（图2-315a）。②卵：橙黄色，椭圆形，成堆直立在叶面上（图2-315b）。

③幼虫：体长约6mm，灰褐色，全身有黑褐色突起状物，胸部宽，体背每节具4个黑斑，两侧具乳突（图2-315c、d）。④蛹：长约4mm，椭圆形，黄褐色，腹部背面有4列黑斑。

**图2-315 柳圆叶甲**
a. 成虫；b. 卵；c. 卵与幼虫；d. 幼虫

[生活习性] 河南1年发生4～5代，北京1年发生5～6代，吉林、内蒙古1年发生3代，宁夏、陕西1年发生3～4代，山东、河北1年发生6代左右，均以成虫在土缝内和落叶层下越冬。翌年4月上旬越冬成虫开始上树取食叶片，并在叶片上产卵，卵期5天左右。幼虫有群集性，使叶片呈网状。自第2代起世代重叠，在同一叶片上常见到各种虫态。以7～9月危害最严重，10月下旬成虫陆续下树越冬。成虫有假死性。

**287. 核桃扁叶甲** *Gastrolina depressa* Baly, 1859，又名核桃叶甲，属鞘翅目叶甲科。

[分布与为害] 分布于陕西、山西、甘肃、北京、河北、河南、山东、江苏、安徽、浙江、福建、广东、广西、湖南、湖北、四川、贵州等地。为害核桃、楸树、核桃楸，以成虫和幼虫群集叶片为害，取食叶肉，叶片呈网状缺刻，严重时仅留叶脉，全叶被食光（图2-316a）。

[识别特征] ①成虫：体长6.5～8.3mm。体蓝黑色、紫色、蓝紫色或古铜色。前胸背板棕黄色至棕红色，中部黑色。触角黑色，第2节球形，约为第3节长之半，第4节明显短于第3节而稍长于第5节。前胸背板宽约为中长的2.5倍。鞘翅具3条纵肋，不甚明显（图2-316b）。②卵：长1.5～2.0mm，长椭圆形，橙黄色，顶端稍尖（图2-316c）。③幼虫：老熟幼虫体长8～10mm，污白色，头和足黑色，胴部具暗斑和瘤起。④蛹：体长6.0～7.6mm，浅黑色，体有瘤起。

[生活习性] 河北1年发生1代，以成虫在地被覆物中越冬。越冬成虫在核桃展叶后开始取食为害，群集于嫩叶上，将嫩叶食成网状或破碎状。雌虫产卵前腹部膨大（图2-316d），将卵产在叶背面，聚集成块。幼虫孵化后群集于树叶背面，咬食叶肉，导致叶片枯黄。4～6月为幼虫为害盛期。6月中下旬是成虫为害盛期。6月下旬老熟幼虫成串垂吊倒挂在叶面上化蛹，蛹期4～5天，成虫羽化后进行短期取食，之后进入越冬期。

**图2-316　核桃扁叶甲**

a. 为害核桃叶片状；b. 成虫；c. 卵；d. 成虫产卵前腹部膨大状

**288. 枸杞负泥虫**　*Lema decempunctata* (Gelber, 1830)，又名十点叶甲、稀屎蜜，属鞘翅目叶甲科。

[分布与为害]　分布于陕西、山西、内蒙古、宁夏、甘肃、青海、新疆、北京、河北、山东、江苏、浙江、江西、福建、湖南、四川、西藏等地。为害枸杞，成虫、幼虫食害叶片呈不规则的缺刻或孔洞，后残留叶脉（图2-317a）。植株受害后，叶片被排泄物污染，影响生长和结果。

[识别特征]　①成虫：体长4.5～5.8mm，宽2.2～2.8mm。头、触角、前胸背板、体腹面、小盾片蓝黑色。鞘翅黄褐色至红褐色，每个鞘翅上有近圆形的黑斑5个，肩胛1个，中部前后各2个，斑点常有变异，有的全部消失。足黄褐色至红褐色或黑色。头胸狭长，鞘翅宽大。头部有粗密刻点，头顶平坦，中央具纵沟1条。触角粗壮。复眼硕大、凸出于两侧。前胸背板近方形，两侧中部稍收缩，表面较平，无横沟。小盾片舌形，刻点行有4～6个刻点（图2-317b、c）。②卵：长圆形，橙黄色。③幼虫体长约7mm，灰黄色，头黑色，具反光，前胸背板黑色，胴部各节背面具细毛2横列，3对胸足，腹部各节的腹面具1对吸盘，使之与叶面紧贴（图2-317d、e）。④蛹：长约5mm，浅黄色，腹端具2根棘毛。

[生活习性]　1年发生5代，以成虫及幼虫在枸杞根际附近的土下越冬，成虫为主。翌年4月上旬开始活动，4～9月可见各虫态。成虫喜栖息在枝叶上，把卵产在叶面或叶背面，排成"人"字形（图2-317f）。成虫和幼虫都为害叶片，幼虫背负自己的排泄物，故称负泥虫。幼虫老熟后入土吐白丝黏土粒结成土茧，化蛹于其中。

**图2-317 枸杞负泥虫**

a. 为害枸杞叶片状；b、c. 成虫；d、e. 幼虫；f. 产于叶背排成"人"字形的卵

**289. 酸枣光叶甲** *Smaragdina mandzhura* (Jacobson, 1925)，属鞘翅目叶甲科。

[分布与为害] 分布于东北、华北、华东，以及陕西等地。为害榆、酸枣、榛等植物的叶片。

[识别特征] 成虫：体长约3mm。体狭长圆筒形，金绿色或深蓝色，具金属光泽。头部刻点粗密，无毛，头顶隆凸。触角短，不及前胸背板后缘。前胸背板宽而隆凸，侧缘弧形，刻点粗密，在大刻点间密布微刻点，尤以两侧明显。鞘翅表面隆突，刻点粗密，靠近中缝和端部纵排（图2-318）。

[生活习性] 北京1年发生1代，6~8月为成虫发生期。

**图2-318 酸枣光叶甲成虫**

图2-319 梨光叶甲成虫

**290．梨光叶甲** *Smaragdina semiaurantiaca* (Fairmaire, 1888)，属鞘翅目叶甲科。

［分布与为害］ 分布于黑龙江、吉林、陕西、北京、河北、山东、江苏、湖北等地。为害梨、杏、苹果、榆等植物的叶片。

［识别特征］ 成虫：体长5.2～6.0mm。体蓝绿色，具金属光泽。口器、触角前胸背板和足淡黄色至黄褐色。触角短，第5节起锯齿形（色略深）。小盾片长三角形，顶端尖（图2-319）。

［生活习性］ 北京4～6月可见成虫。

**291．黑额光叶甲** *Physosmaragdina nigrifrons* (Hope, 1842)，又名双宽黑带叶甲，属鞘翅目叶甲科。

［分布与为害］ 分布于黑龙江、吉林、辽宁、陕西、山西、宁夏、河北、北京、河南、山东、江苏、安徽、浙江、江西、福建、台湾、广东、广西、湖南、湖北、四川、贵州等地。为害柳、榛、板栗、紫薇、地锦等植物。以成虫、幼虫取食叶片，造成孔洞或缺刻。

［识别特征］ 成虫：体长6.5～7.0mm，宽约3mm。头漆黑。上唇端部红褐色。触角除基部4节黄褐色外，余黑色至暗褐色。前胸红褐色或黄褐色，光亮，有的生黑斑。小盾片、鞘翅黄褐色至红褐色。背面黑斑、腹部颜色变异大。腹面颜色雌雄差异较大，雌虫除前胸腹板、中足基节间黄褐色外，大部分黑色至暗褐色，雄虫则多为红褐色。鞘翅上具黑色宽横带2条：一条在基部；另一条在中部以后。足基节、转节黄褐色，余为黑色。体长方形至长卵形。头部在两复眼间横向下凹。复眼内沿具稀疏短坚毛。唇基稍隆起，有深刻点。头顶高凸，前缘有斜皱。触角细短。前胸背板隆凸。小盾片三角形。鞘翅刻点稀疏呈不规则排列（图2-320）。

图2-320 黑额光叶甲成虫

［生活习性］ 北京7～9月可在多种植物上见到成虫，成虫具假死性，喜在阴天或早晚取食，晴日中午及雨天很少发现其为害，此时大都躲于叶片背面。

**292．中华萝藦叶甲** *Chrysochus chinensis* Baly, 1859，又名中华甘薯叶甲、中华萝藦肖叶甲，属鞘翅目叶甲科。

［分布与为害］ 分布于黑龙江、吉林、辽宁、陕西、山西、内蒙古、甘肃、青海、河北、河南、山东、江苏、浙江、江西、湖北等地，为害观赏甘薯、罗布麻、曼陀萝、黄芪、鹅绒藤等植物。成虫食叶，幼虫食根，危害较重。分布面广，数量大，种内变异较大，是一个多型物种。

［识别特征］ ①成虫：体长7.2～13.5mm，宽4.2～7.0mm。体长卵形，金属蓝色或蓝绿色、蓝紫色。触角黑色，末端5节乌暗无光泽，第1～4节常为深褐色，第1节背面具金属光泽（图2-321）。②卵：初产时黄色，以后变为土黄色。③幼虫：初孵幼虫黄色；1、2龄幼虫较活泼；3龄后变为淡米黄色，筑1土室，不取食时伏在室中体呈"C"形，头、前胸背板、腹面和肛门瓣颜色略深。胸足3对发达。腹部有10节，第10节很小，1～8腹节每节背面有2或3个褶皱，腹面中部隆起成唇形突，气门9对，位于中胸和1～8腹节两侧。

［生活习性］ 北京1年发生1代，以老熟幼虫在土中做土室越冬，翌年春天化蛹。成虫5月中下旬开始出现，5月底6月初产卵，6月上旬至7月上旬为成虫盛期。成虫喜干燥、阳光，在潮湿、阴暗的山谷地带较少。成虫寿命一般2个月左右，最长可达3个月。白天活动取食，食量大，蚕食叶片只剩主脉。假死性强，如突然受到触动，鞘翅上每1刻点均分泌出滴状液体，但顷刻自行吸收、消失。初孵幼虫怕光，会很快钻入土中找食物；1、2龄幼虫较活泼，多集中在植物根部附近，有的钻入表皮下。

图2-321 中华萝藦叶甲成虫

**293. 佛角胫叶甲** *Gonioctena fortunei* (Baly, 1864)，又名沙朴瓢叶甲、密点角胫叶甲，属鞘目叶甲科。

[分布与为害] 分布于江苏、浙江、江西、四川、贵州等地。为害沙朴。

[识别特征] ①成虫：体长5～6mm。体椭圆形，黄褐色至红棕色。复眼黑色，触角淡黄褐色，端末4节宽扁。前胸背板中线两侧各具1个黑斑，每鞘翅具6个黑斑。小盾片及中、后胸腹板黑色。胫节外侧前端呈角状凸出（图2-322）。②卵：长椭圆形，长约1mm。③幼虫：老熟幼虫体长约7mm，圆筒形，扁平，黄色。头及前胸背板黑色，各体节具黑色瘤突，上生灰白色刚毛。

[生活习性] 1年发生2代，以成虫在浅土层或落叶杂草丛中越冬。翌年3～4月寄主发芽时越冬成虫开始活动取食，造成新叶缺刻或孔洞。幼虫有群集性，低龄幼虫啮食叶肉，高龄幼虫取食全叶。第1代成虫5月中下旬开始羽化。5～6月为全年发生高峰期。

图2-322 佛角胫叶甲成虫

**294. 宽缘瓢萤叶甲** *Oides maculatus* (Olivier, 1807)，属鞘翅目叶甲科。

[分布与为害] 分布于陕西、甘肃、江苏、安徽、浙江、湖北、江西、湖南、福建、台湾、广东、广西、四川、贵州、云南等地。为害葡萄、野葡萄、榛子等。

[识别特征] 成虫：体长9～13mm。体卵形，黄褐色。触角末端4节呈黑褐色。前胸背板具不规则的褐色斑纹，有时消失。后胸腹板和腹部黑褐色。每个鞘翅具1条较宽的黑色纵带，其宽度略窄于翅面最宽处的1/2，有时鞘翅完全淡色。上唇横宽，宽约为长的2倍，前缘中部凹缺深。额唇基隆凸较高，额瘤明显，长圆形。头顶微凸，具极细刻点。触角较细。前胸背板宽略为长的2.5倍，前角深凸，不很尖锐；表面刻点细密，但近侧缘及后角的较粗。小盾片三角形，光亮无刻点。鞘翅两侧缘在基部之后、中部之前非常膨阔，此处缘折最宽，至少为翅宽的1/3，翅面刻点细。雄虫腹部末节呈三叶状，中叶略呈近方形，端缘平直。本种有极宽的鞘翅缘折和较宽的黑色纵带，很易与属内其他种类区分；鞘翅完全呈淡色时与黑跗瓢萤叶甲近似，但本种体更圆，鞘翅缘折宽，翅面刻点细，很易区别（图2-323）。

[生活习性] 1年发生2代，少数3代。以成虫在枯枝落叶、根际附近土内越冬。翌年4月中下旬越冬成虫开始出蛰活动，并交配、产卵，雌虫将卵产在茎蔓上。5月上旬出

图2-323 宽缘瓢萤叶甲成虫

现第1代幼虫，幼虫在叶背取食，5月下旬幼虫老熟化蛹。6月中下旬第1代成虫羽化，成虫羽化后即为害叶片，8～10天后交配产卵，7月上中旬第2代幼虫出现，8月中旬开始化蛹，9月上旬第2代成虫出现，10月后陆续越冬。

**295. 绿缘扁角叶甲** *Platycorynus parryi* Baly, 1864，又名丽扁角肖叶甲，属鞘翅目叶甲科。

［分布与为害］ 分布于江苏、浙江、江西、福建、广东、广西、湖南、湖北、贵州等地。为害核桃、女贞、杉木属、锡叶藤属、络石属植物。

图2-324 绿缘扁角叶甲成虫

［识别特征］ 成虫：体长7.5～9.5mm，宽4.0～5.1mm。体具鲜艳美丽的绿、蓝、紫强金属光泽。通常前胸背板侧缘和鞘翅侧缘及中缝显绿色或蓝绿色，其余紫金色；有时体背大部呈现绿色或蓝绿色，腹面及足蓝黑色，具金属绿色或蓝绿色光泽，有时也显紫色光泽。触角基部4节或5节棕黄或棕红色，其余黑色，第1节背面蓝黑色具金属光泽。头顶和额中央有深纵沟。复眼之间有1条横凹沟，复眼内侧和上方亦有向后扩展的深纵沟。触角端部5节宽扁。前胸背板横宽，略窄于鞘翅基部，中部隆凸如球形，具较头部细密的刻点。小盾片舌形，具细小刻点。鞘翅肩胛和翅基部明显圆隆，刻点细小，排列呈不规则的纵行。雄虫前、中足第1跗节较雌虫宽阔，爪具跗齿（图2-324）。

［生活习性］ 江西南昌1年发生1代，以老熟幼虫在土中越冬。越冬幼虫于翌年4月中旬开始陆续化蛹，4月下旬成虫开始羽化。成虫可进行多次交配，成虫日龄对其交配行为有显著影响，温度对该虫的繁殖力无显著影响。

**296. 蓼蓝齿胫叶甲** *Gastrophysa atrocyanea* Motschulsky, 1860，又名酸模角胫蓝叶甲，属鞘翅目叶甲科。

［分布与为害］ 分布于黑龙江、吉林、辽宁、陕西、山西、甘肃、青海、内蒙古、北京、河北、河南、山东、江苏、上海、安徽、浙江、江西、福建、湖南、四川、云南等地。为害酸模（图2-325a、b）、大黄、水蓼、萹蓄等植物。以成虫、幼虫取食叶片，严重时仅剩叶脉，枯黄一片。

［识别特征］ ①成虫：体长5.4～5.7mm，宽2.9～3.1mm。体长椭圆形。体深蓝色，略带紫色光泽；腹面蓝黑色、腹部末节端缘棕黄色。头部刻点相当粗密、深刻，唇基呈皱状。触角向后超过鞘翅肩胛，第3节长约为第2节的1.5倍，较第4节长，端部6节显著较粗。前胸背板横阔侧缘在中部之前拱弧，盘区刻点粗深，中部略疏。小盾片舌形，基部具刻点。鞘翅基部较前胸略宽，表面刻点更粗密。各足胫节端部外侧呈角状膨出。前胸腹板突窄，具粗大的刻点；中胸腹板、后胸腹板及腹部腹面具粗大的刻点。腿节粗大，胫节细长（图2-325c）。②卵：长约1.0mm，宽约0.3mm。长椭圆形。初产时乳白色，半透明，渐变为米黄色，近孵化时为淡灰色。③幼虫：体黑色，体被毛瘤，共3龄（图2-325d）。④蛹：长约5.0mm，宽

图 2-325 蓼蓝齿胫叶甲
a、b. 为害酸模状；c. 成虫；d. 幼虫

约 2.0mm。腹部枯黄色，半透明，背面米黄色，背部有 2 列刺毛。

［生活习性］ 湖北宜昌 1 年发生 1 代，以未交尾成虫在土壤中越冬。翌年 2 月底至 3 月初成虫出蛰取食、交配、产卵，3 月中旬始见幼虫，4 月上旬至 6 月上旬老熟幼虫入土化蛹。卵期 7～8 天，幼虫期 16～17 天，蛹期 7～8 天，成虫期长达 1 年之久。成虫具假死习性，多于晚上产卵于叶基部近叶柄处。每雌产卵 250～420 粒。雌虫产卵前腹部很大，俗称膨腹。由于该虫主要取食蓼科杂草，且成效显著，因此可考虑用于生物除草。

**297. 褐足角胸叶甲** *Basilepta fulvipes* (Motschulsky, 1860)，又名褐足角胸肖叶甲，属鞘翅目叶甲科。

［分布与为害］ 分布于黑龙江、吉林、辽宁、陕西、山西、宁夏、北京、河北、山东、江苏、浙江、江西、福建、台湾、广西、湖南、湖北、四川、贵州、云南等地。成虫取食樱桃、榆叶梅、梅、李、梨、苹果、香蕉、枫杨、榆、红花檵木、菊花、艾蒿等植物的叶片，幼虫在地下取食根。

［识别特征］ ①成虫：体长 3.0～5.5mm，卵形或近方形。体色变异大，有铜绿型、蓝绿型（图 2-326）、红棕型等。触角棕红色，端部 6～7 节黑色或黑褐色。触角丝状，雌虫触角长达体长之半，雄虫达体长的 2/3，第 3、4 节最细，两者长度相近或第 3 节稍短于第 4 节。前胸背板宽不及长的 2 倍，近六角形，两侧在基部之前凸出成较锐或较钝的尖角。②卵：黄色，长椭圆形，长 0.55～0.60mm，初产时略透明，光滑。③幼虫：老熟幼虫体长 5～6mm，乳白色。④蛹：长约 5mm，宽约 3mm，乳白色。

图 2-326 褐足角胸叶甲成虫

［生活习性］ 北京 1 年发生 1 代。5～8 月可见成虫。成虫有假死性，多将卵产在腐烂湿润的假茎、枯叶组织内。卵聚产。

**298. 金绿里叶甲** *Linaeidea aeneipennis* (Baly, 1859)，属鞘翅目叶甲科。

［分布与为害］ 分布于江西、浙江、福建、湖南、广东、四川、重庆、云南、贵州等地。为害桤木、冬青、红果冬青等植物。

［识别特征］ ①成虫：体长 7～10mm。头、胸、体腹面及足均为红棕色。触角基部 5 节黄褐色，其余 6 节黑褐色。鞘翅金绿色，具强烈的金属光泽。体宽椭圆形。头部中央凹陷，刻点粗深。触角粗壮，11 节。前胸背板宽大，宽约为长的 2 倍。小盾片三角形，表面光洁。鞘翅表面散布刻点，肩胛隆起，肩后凹陷（图 2-327a）。②卵：长椭圆形，长约 1.8mm。初产时黄色，后变为黄褐色（图 2-327b）。③幼虫：共 3 龄。老熟幼虫体长 10～12mm，略扁，体黄色至黄褐色。头黑色，前胸背板横置，黑色，两侧凹陷。各体节毛瘤及足黑色（图 2-327c）。④蛹：椭圆形，长约 7.5mm，黄色，羽化前颜色加深（图 2-327d）。

图2-327　金绿里叶甲
a. 成虫；b. 卵；c. 幼虫；d. 蛹

[生活习性]　1年发生1代，以成虫在土石缝或落叶杂草丛中越冬。翌年3月中下旬越冬成虫上树取食嫩叶，造成新叶缺刻和穿孔。成虫补充营养后于4月中旬开始交尾、产卵。雌虫将卵成块产于叶片背面。4月下旬至5月中下旬是幼虫为害期，初孵幼虫于叶片背面啮食叶肉，留下上表皮。随着龄期的增长，幼虫取食全叶，造成缺刻，特别是3龄幼虫，食量极大，可在数日内将整株叶片食光，仅留主脉。5月中旬老熟幼虫开始在叶背面化蛹。成虫羽化后继续取食叶片补充营养，约10天后陆续下树越夏、越冬。

**299. 女贞瓢跳甲**　*Argopistes tsekooni* Chen, 1934，又名女贞潜叶跳甲、赤星跳甲，属鞘翅目叶甲科。

[分布与为害]　分布于辽宁、河北、河南、山东、江苏、上海、浙江、江西、福建、湖南、湖北、四川等地。为害金叶女贞、卵叶女贞、女贞、小叶女贞、日本女贞、小蜡、大叶女贞、白蜡、紫丁香、桂花等植物。成虫取食叶片，导致叶片出现圆形或不规则形小斑点，幼虫潜入皮下，在表皮下钻出弯曲虫道（图2-328），破坏叶绿体结构，削弱光合作用，使大量叶片枯焦。

[识别特征]　①成虫：体长2.0～2.5mm，宽1.5mm。体圆形或椭圆形，黑色。触角基部4节棕黄色，端部棕黑色。每鞘翅中部有1个尖端向上的杏仁状红斑。各足跗节和膝关节棕黄色，后足腿节黑色。体背面十分拱凸，似瓢虫。头小，缩入胸腔，从背部几乎看不到头部。触角11节，第3节小，明显短于第2节和第4节。鞘翅缘折明显。后足腿节十分膨阔，呈阔三角形，里面有1个骨化的跳器，可跳跃。后足胫节顶端尖锐、呈刺状。雄虫体略小，体长1.5～2.0mm。初羽化的成虫体、翅棕红色，复眼、后足腿节黑色。②卵：长椭圆形，淡黄白色，长0.5mm左右。③幼虫：初孵幼虫体长0.32mm左右，淡黄白色，略透明，头前口式，浅褐色，触角3节，单眼2个、透明，前胸背板有2块方形黑斑。老熟幼虫体长4.5～6.3mm，鲜黄色。头浅褐色，背面两侧向后突伸，上颚发达、掌状，褐色。前胸背板骨化，浅褐色，分为2块。腹部各节背面有横皱，两侧各有一发达的瘤突。胸足浅褐色，不发达。④蛹：体长约2.2mm，卵圆形，鲜黄色。复眼浅褐色；胸、腹部背面有长毛。⑤茧：土质，椭圆形，内壁光滑，外壁粗糙，茧长4.2mm左右，易碎。

图2-328 女贞瓢跳甲为害状

［生活习性］ 山东1年发生3代，以成虫在树冠下5～6cm深处的疏松土、沙石缝和枯枝落叶下越冬。翌年4月中下旬成虫陆续出蛰，取食10～15天后，开始交尾产卵，5月上旬第1代幼虫孵化，5月中旬幼虫老熟入土化蛹，6月上旬第1代成虫羽化。取食2～6天后，开始产卵，6月中旬第2代幼虫孵化，6月下旬幼虫老熟化蛹，7月中旬第2代成虫羽化，7月下旬第3代幼虫孵化，8月上旬幼虫老熟。3代幼虫为害盛期分别为5月中旬至6月中旬、6月下旬至7月下旬、8月上旬至9月上旬，世代重叠现象严重。8月下旬至9月中旬第3代成虫开始陆续羽化，上树取食叶片，不再交尾，9月下旬入土越冬，部分直接在土中越冬。

**300. 大麻蚤跳甲** *Psylliodes attenuata* (Koch, 1803)，属鞘翅目叶甲科。

［分布与为害］ 分布于黑龙江、吉林、辽宁、山西、内蒙古、新疆、北京、河北、山东、江苏、贵州等地。成虫多取食葎草叶，幼虫取食地下的根茎。

［识别特征］ 成虫：体长1.7～2.5mm。体背铜绿色，鞘翅略带褐色，具金属光泽。触角及足棕黄色。后足腿节黑褐色。触角10节，第1、4节和端节稍长。后足腿节膨大，第1跗节长，稍长于胫节长之半（图2-329）。

［生活习性］ 北京4～5月可见成虫，6月下旬后可见新一代成虫。多见于葎草、葡萄叶片上，有时数量较多。

**301. 黄栌直缘跳甲** *Ophrida xanthospilota* (Baly, 1881)，又名黄斑直缘跳甲、黄栌胫跳甲、黄点直缘跳甲，属鞘翅目叶甲科。

图2-329 大麻蚤跳甲成虫

［分布与为害］ 分布于北京、河北、山东、湖北、四川等地。以成虫、幼虫取食黄栌叶片，幼虫负有虫粪。

［识别特征］ 成虫：体长6.7～7.0mm。体宽卵形，黄棕色至红棕色。触角黄棕色，端部1～3节黑色，有时第8节端部亦黑褐色。鞘翅具众多小白斑，位于刻点行之间。触角细长，几达鞘翅中部，第1节粗长，为第2、3节之和（图2-330）。

［生活习性］ 1年发生1代，以卵块在二年生枝杈上越冬。6～10月可见成虫，有时灯下可见。

**302. 黄色凹缘跳甲** *Podontia lutea* (Olivier, 1790)，又名黄色漆树跳甲、漆树叶甲、大黄金花虫，属鞘翅目叶甲科。

［分布与为害］ 分布于陕西、河南、江苏、安徽、浙江、江西、福建、台湾、广东、广西、湖北、重庆、四川、贵州、云南等地。为害盐肤木、黑漆树（野漆树）等植物。为害漆树，为常

图2-330 黄栌直缘跳甲成虫

发性的主要害虫。成虫、幼虫均取食叶片，轻者使漆树叶破碎，重者整株叶片全食光，仅剩叶脉。

［识别特征］ ①成虫：体长13.0～15.5mm，宽7.5～9.0mm。体硕大，近长方形，背腹面黄色至棕黄色。触角（基部2～4节棕黄色）、足胫节、足跗节黑色。眼小，眼间距宽阔。头顶不明显隆起，头部刻点稀少，仅在额唇基两侧及额瘤与眼间有少量刻点。触角较短，不及体长的一半，第1节最长，端部膨大且弯，第2节最短，第3节以后近等长，第5节以后各节被毛较密。前胸背板宽不及长的两倍，前角凸出，后角近直角。小盾片舌形，长略过宽。鞘翅基部1/5以后隆起，后端缘处两翅合成圆形；表面刻点细，排列规则。足跗节第3节侧叶近圆形，后腿节端有齿（图2-331a）。②卵：参见图2-331b。③幼虫：老熟幼虫体长约15mm，黄色，背面隆起。头、前胸背板及足均为黑色。体节两侧各有3个黑点。尾部末端下面有1个肉质吸盘，肛门向上开口，故粪便堆满体背，外形似黑形鸟粪。

**图2-331　黄色凹缘跳甲**
a. 成虫；b. 卵

［生活习性］ 1年发生1代，以成虫在土内、落叶下、石缝间等处越冬。翌年4月中下旬羽化出土，成虫飞出，为害新芽嫩叶，有假死性，上树取食后开始产卵，卵产于叶尖背面，竖立3行，形成卵块，每块20余粒。5月下旬至6月上旬为孵化盛期，幼虫孵化后啃叶表皮，呈箩网状，严重时把叶吃光，使叶片呈不规孔洞。6月下旬至7月上旬幼虫入土化蛹；7月下旬至9月为羽化盛期，秋后飞到潜伏场所越冬。

**303. 枸橘潜跳甲**　*Podagricomela weisei* Heikertinger, 1924，又名枸橘潜叶跳甲、潜叶绿跳甲、枸橘潜斧、枳壳潜叶甲，属鞘翅目叶甲科。

［分布与为害］ 分布于陕西、山东、江苏、浙江、江西、福建、广东、湖南、湖北、四川、甘肃等地。为害柑橘、香橼等芸香科植物。

［识别特征］ ①成虫：体长约3mm。体宽椭圆形。头黄褐色。前胸及鞘翅蓝绿色，具金属光泽。复眼黑色。触角基部4节黄褐色，其余黑褐色。胸部腹面黑色。腹部腹面橘黄色。足黄褐色。触角丝状，11节。前胸背板密布极细的刻点，每个鞘翅上有纵行刻点11行（图2-332a）。②卵：椭圆形，长约0.8mm。初产时黄色，孵化时灰白色。③幼虫：共3龄。老熟幼虫体长约6mm，扁平。体黄色，头部颜色较深。胸部前狭后宽，呈梯形。背板硬化（图2-332b）。④蛹：长约3.5mm，深黄色。

［生活习性］ 1年发生1代，以成虫在树皮缝、树干附近的土石缝中越冬。翌年3月中下旬寄主植物叶片萌发时，越冬成虫上树取食嫩叶补充营养，造成新叶缺刻和穿孔。交尾后雌虫将卵散产于新叶叶尖及叶缘处，卵期7～10天。4月上旬至5月中旬是幼虫为害期，其中又以4月中下旬发生最重。幼虫孵化后从叶片背面钻入叶肉组织，在上下表皮间取食叶肉，形成蜿蜒曲折的蛀道。蛀道黄褐色半透明，其中可见幼虫虫体及1条由排泄物形成的黑线。5月上中旬老熟幼虫入土化蛹，蛹期约11天。成虫羽化后取食当年生叶片补充营养，往往只啃食叶背表皮和叶肉，残留上表皮。成虫取食10～15天后陆续寻找合适的地方越夏、越冬。

图2-332　枸橘潜跳甲

a. 成虫及为害状；b. 幼虫

**304. 红胸律点跳甲**　*Bikasha collaris* (Baly, 1877)，又名木槿跳甲，属鞘翅目叶甲科。

［分布与为害］　分布于江苏、江西、福建、台湾、广东、湖南、湖北、四川等地。为害乌桕、木芙蓉、木槿等植物。

［识别特征］　成虫：体长约2mm。体长卵形。头、胸部深红色。鞘翅黑色。触角基部5节黄色，端部6节黑色。腹面沥青色。前足、中足棕黄色。头顶光滑，无刻点，额瘤不明显隆起，两瘤分开较远，后缘与头顶界限不清。触角细长，约为体长之半，第2、3节较短，彼此长度约等，第4～6节较长，余节较短。前胸背板盘区相当隆凸，刻点很微细，仅在高倍镜和适当光线下可见，以基部较清楚。小盾片半圆形，无刻点。鞘翅基部较前胸背板宽，刻点粗深，行列规则，行距平。后足跗节第1节长，约为余节长度之和（图2-333）。

［生活习性］　不详。

图2-333　红胸律点跳甲成虫

**305. 柳沟胸跳甲**　*Crepidodera pluta* (Latreille, 1804)，属鞘翅目叶甲科。

［分布与为害］　分布于黑龙江、吉林、辽宁、陕西、山西、甘肃、新疆、北京、河北、山东、湖北、云南、西藏等地。以成虫取食柳、杨叶片。

［识别特征］　成虫：体长2.8～3.0mm。体背蓝色或绿色。前胸背板常带金红色金属光泽。触角基部4节淡棕黄色，其余黑色，触角可伸达鞘翅基部1/3处，第1节粗大。足棕黄色，后足腿节大部分深蓝色，粗大。鞘翅具10列刻点（图2-334）。

图2-334　柳沟胸跳甲成虫交尾状

［生活习性］　1年发生1代，以成虫在枯枝落叶和土中越冬。北京4～6月、8～9月可见成虫，具趋光性。幼虫习性不清楚，可能在枯枝落叶层中取食枯叶。

**306. 棕翅粗角跳甲**　*Phygasia fulvipennis* (Baly, 1874)，属鞘翅目叶甲科。

［分布与为害］　分布于黑龙江、吉林、辽宁、北京、河北、山东、江苏、浙江、江西、湖南、四川、云南等地。以成虫和幼虫为害萝藦、鸡矢藤、桑等植物，取食萝藦时会先咬断叶片的主脉，待流出防御性的乳汁后，再取食断点前的叶片部分。

［识别特征］　成虫：体长5.0～5.5mm，长形，头、胸、足、触角黑色，鞘翅和腹部棕黄色至红棕色；触角可伸达鞘翅基部1/3处，第1节粗大，棒形，基部细而端部粗，第2节圆球形（图2-335）。

［生活习性］　北京5～7月可见成虫，有趋光性。

图2-335　棕翅粗角跳甲成虫

**307. 甘薯台龟甲** *Taiwania circumdata* (Herbst, 1799)，又名甘薯小龟甲、甘薯青绿龟甲、龟形金花虫，属鞘翅目叶甲科。

[分布与为害] 分布于江苏、浙江、江西、福建、台湾、广东、广西、湖南、湖北、四川、云南等地。为害观赏甘薯、旋花等旋花科植物。

图2-336 甘薯台龟甲成虫

[识别特征] ①成虫：体长5mm左右。体绿色带有金属光泽。鞘翅具黑斑，变异较大，也有无斑者；两翅盘区一般具有一共同的"U"形黑斑，中缝上常有1条相当宽的黑带。前胸前缘弧度较浅平，明显不及后缘深（图2-336）。②卵：长椭圆形，长约1mm，深绿色，卵外有淡黄色胶质卵膜，膜表面有许多横纹，中央有2条褐色纵向隆起线。③幼虫：老熟幼虫体长约5mm，体长椭圆形，淡绿色，体背中央有隆起线。

[生活习性] 浙江1年发生4代，四川5代，广东5～6代，以成虫在田边杂草、枯枝落叶、石缝、土缝中越冬。于5月中下旬集中在观赏甘薯上为害，并交配、产卵，直至10～11月可完成4～5个世代。全年以6月中下旬至8月中下旬危害最重。刚羽化的成虫不善动，经1～2天后方可活动取食。白天活动，但在中午烈日下，多隐蔽在植株基部，有假死性。成虫羽化1周后交配、产卵，卵多产在叶脉附近，多为2粒并排。幼虫蜕的皮壳都粘在尾须端部排成串，并能举动。老熟幼虫多栖息在薯叶隐蔽处不吃不动。1～2龄幼虫食量极小，仅啃食一面表皮及叶肉，残留另一面表皮，形成透明斑，3龄以后及成虫食量加大，造成孔洞和缺刻，严重时将叶片吃光，造成缺苗。

**308. 泡桐龟甲** *Basiprionota bisignata* (Boheman, 1862)，又名二斑波缘龟甲、北锯龟甲、泡桐金花虫，属鞘翅目叶甲科。

[分布与为害] 分布于河南、山东、浙江、四川等地，为害泡桐、梓树、楸树等植物。成虫、幼虫均取食叶片，将叶片咬食成网状，严重时整个树冠呈灰黄色，导致泡桐提早落叶，影响树势。

[识别特征] ①成虫：体长约12mm。体椭圆形，橙黄色。触角淡黄色，基部5节，端部各节黑色。鞘翅近末端1/3处各有1个大的椭圆形黑斑。前胸背板向外延伸。鞘翅背面凸出，中间有2条隆起线；鞘翅两侧向外扩展，形成边缘（图2-337a）。②卵：橙黄色，椭圆形，竖立成堆，外附1层胶质物。③幼虫：体长约10mm，淡黄色，两侧灰褐色，纺锤形，体节两侧各有1浅黄色肉刺突，向上翘起，上附蜕皮（图2-337b）。④蛹：体长约9mm，淡黄色，体侧各有2个三角形刺片（图2-337c）。

图2-337 泡桐龟甲
a. 成虫；b. 幼虫；c. 蛹

[生活习性] 1年发生2代，以成虫越冬。翌年4月中下旬出蛰，飞到新萌发的叶片上取食、交配、产卵。幼虫孵化后啃食表皮，5月下旬幼虫老熟，6月上旬成虫出现。第2代成虫于8月中旬至9月上旬羽化。10月底至11月上中旬潜伏于石块下、树皮缝内、地被物下或表土中越冬。成虫白天活动，产卵于叶背面，数十粒聚集一起，竖立成块。幼虫孵化后，群集叶面，啃食上表皮，危害严重，常将表皮啃光。

**309. 马铃薯瓢虫** *Henosepilachna vigintioctomaculata* (Motschulsky, 1857)，又名酸浆瓢虫、土媳妇、茄瓢虫、二十八星瓢虫，属鞘翅目瓢虫科。

[分布与为害] 分布于黑龙江、吉林、辽宁、陕西、内蒙古、甘肃、河北、河南、山东、江苏、浙江、福建、台湾、广东、广西、海南、四川、云南、西藏等地。为害金银花、枸杞、五爪金龙、冬珊瑚、三色堇等植物。以成虫和幼虫取食叶肉，严重时全叶食尽（图2-338）。

图2-338　马铃薯瓢虫为害枸杞叶片状

[识别特征] ①成虫：体半球形，黄褐色。头部黑色，体表密生黄色细毛。前胸背板上有6个黑点，2个鞘翅上共有28个黑斑（图2-339a、b）。②卵：长约0.7mm，长纺锤形，淡黄色至褐色（图2-339c）。③幼虫：体长约8mm，淡黄色，中部膨大，两端较细，体背各节有6个枝刺（图2-339d）。④蛹：长约6mm，椭圆形，淡黄色，背面有稀疏细毛及黑色斑纹，尾端包着末龄幼虫的蜕皮（图2-339e）。

图2-339　马铃薯瓢虫

a、b. 成虫；c. 卵和幼虫；d. 幼虫；e. 蛹

［生活习性］ 1年发生多代，以成虫在土块下、树皮缝中、杂草丛中越冬。每年以5月发生数量最多、危害最重。成虫白天活动，有假死性和自残性。初孵幼虫群集为害。取食下表皮和叶肉，只剩上表皮。2龄后分散为害，造成许多缺刻或仅留叶脉。幼虫4龄后老熟，并在叶背或茎上化蛹。

图2-340 黑胸伪叶甲成虫

**310. 黑胸伪叶甲** *Lagria nigricollis* Hope, 1843，属鞘翅目拟步甲科。

［分布与为害］ 分布于黑龙江、吉林、辽宁、陕西、山西、宁夏、青海、新疆、北京、河北、河南、山东、江苏、安徽、浙江、江西、福建、湖北、湖南、四川、重庆、贵州等地。为害榆、月季、油茶、桑、柳等植物。

［识别特征］ 成虫：体长6.0～8.8mm。体黑色或黑褐色，鞘翅褐色，具较强光泽。雌虫复眼小，眼间距为复眼横径的3倍；触角末节等于或稍短于前3节长度之和。雄虫复眼较小，眼间距为复眼横径的1.5倍；触角端节略弯曲，约等于或稍短于前5节长之和（图2-340）。

［生活习性］ 华北地区6～7月可见成虫。

**311. 绿芫菁** *Lytta caraganae* (Pallas, 1781)，属鞘翅目芫菁科。

［分布与为害］ 分布于黑龙江、吉林、辽宁、陕西、山西、宁夏、青海、甘肃、新疆、内蒙古、北京、河北、河南、山东、江苏、安徽、湖南、湖北等地。为害国槐、刺槐、紫穗槐、锦鸡儿、荆条、梨、文冠果等植物。主要以成虫为害叶片。

［识别特征］ 成虫：体长11～21mm，宽3～6mm。全身绿色，有紫色金属光泽，有些个体鞘翅有金绿色光泽。额前部中央有1橘红色小斑纹。触角念珠状。鞘翅具皱状刻点，凸凹不平（图2-341）。

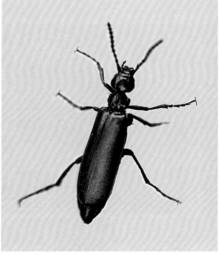

图2-341 绿芫菁成虫

［生活习性］ 1年发生1代，以假蛹在土中越冬。翌年蜕皮化蛹，成虫早晨群集在枝梢上食叶为害，有假死性。受惊时足部分泌黄色液体，该液体对人体有毒。河北地区5～9月为成虫为害期，严重时把叶片吃光。

**312. 红头芫菁** *Epicauta ruficeps* (Waterhouse, 1871)，又名毛胫豆芫菁、红头贼、红头兵，属鞘翅目芫菁科。

［分布与为害］ 分布于全国各地。以成虫为害茶、扶桑、文竹、凤仙花、大花萱草、唐菖蒲等植物的花、叶及嫩芽。

［识别特征］ 成虫：体长15～22mm。体黑褐色至黑色。头部红色。雄成虫体长比雌成虫短。触角基

节3节，有长毛。鞘翅和末端有或无条纹。前足胫节外侧有黑色长毛，端刺1个，细而尖（图2-342）。

[生活习性] 南方1年发生1代。于4月出现成虫，5～6月盛发，群集危害最重。成虫有假死性，受惊时足基部分泌黄色有毒液体，人体皮肤接触后会起疱。卵产于土中。幼虫猎取直翅目、膜翅目针尾类昆虫的卵为食。

**313. 中华豆芫菁** *Epicauta chinensis* (Laporte, 1840)，属鞘翅目芫菁科。

[分布与为害] 分布于黑龙江、吉林、辽宁、陕西、内蒙古、宁夏、甘肃、北京、河北、山东、江苏、安徽、台湾等地。以成虫为害国槐、刺槐、紫穗槐、锦鸡儿、胡枝子、柠条、苜蓿等植物。

图 2-342　红头芫菁成虫

[识别特征] ①成虫：体长15～35mm。体黑色。头后部两侧为红色，额中央两复眼间有1个长形红斑。触角基部内侧有1个黑色光亮的瘤状突起。雌虫触角丝状；雄虫触角栉齿状。前胸背板中央有1条由白短毛组成的纵纹。鞘翅的周缘均镶有白毛（图2-343）。②卵：长椭圆形，长约3mm，孵化前为黄褐色。③幼虫：各龄幼虫形态不一，1龄幼虫为衣鱼形，6龄幼虫形似蛴螬。体乳白色，头部褐色。④蛹：裸蛹，灰黄色。

[生活习性] 华北地区1年发生1代，以5龄幼虫在土中越冬。翌年春季发育为6龄幼虫，老熟后化蛹。成虫5～8月陆续羽化，以6～7月发生数量最多，取食危害最盛。有群集取食习性及假死性，受惊时坠落地面或迅速散开。蝗虫虫口密度大、产卵多的地块，为幼虫提供了丰富的食料，有利于其发生。

图 2-343　中华豆芫菁成虫

**314. 大灰象甲** *Sympiezomias velatus* Chevrolat, 1845，又名大灰象，属鞘翅目象甲科。

[分布与为害] 分布于辽宁、陕西、山西、内蒙古、北京、河北、河南、山东、安徽、湖北等地。食性广，成虫可为害刺槐、紫穗槐、核桃、枣、桑等植物的幼苗，幼虫在地下为害根系。

[识别特征] ①成虫：体长7.3～12.1mm。体宽卵形，黑色，密覆灰白色具金黄色光泽的鳞片和褐色鳞片。前胸中间和两侧形成3条褐色纵纹，常在鞘翅基部中间形成长方形斑纹。喙短，长略大于宽。触角柄节短，仅达眼的前缘。无小盾片。鞘翅刻点行间隆起明显，翅端凸出（图2-344）。②卵：长约1.2mm，长椭圆形，初产时为乳白色，后渐变为黄褐色。③幼虫：体长约17mm，乳白色，肥胖，弯曲，各节背面有许多横皱。④蛹：长约10mm，初为乳白色，后变为灰黄色至暗灰色。

[生活习性] 2年发生1代，第1年以幼虫越冬，第2年以成虫越冬。成虫不能飞，主要靠爬行转移，动作迟缓，有假死性。翌年3月开始出土活动，先取食杂草，待寄主发芽后，陆续转移到苗木上取食新芽、嫩叶。白天多

图 2-344　大灰象甲成虫

栖息于土缝或叶背，清晨、傍晚和夜间活跃。4月中下旬从土内钻出，群集于幼苗取食。5月下旬开始产卵，成块产于叶片，6月下旬陆续孵化。幼虫期生活于土内，取食腐殖质和须根，对幼苗危害不大。随温度下降，幼虫下移，9月下旬达60～100cm土深处，筑土室越冬。翌春越冬幼虫上升至表土层继续取食，6月下旬开始化蛹，7月中旬羽化为成虫，在原地越冬。

**315. 茶纹丽象甲** *Myllocerinus aurolineatus* Voss, 1937，又名茶叶象甲、茶丽纹象、黑绿象虫、小绿象鼻虫、长角青象虫、花鸡娘，属鞘翅目象甲科。

图2-345 茶纹丽象甲成虫

[分布与为害] 分布于山东、江苏、安徽、浙江、江西、福建、广东、广西、湖南、湖北、四川等地。为害茶、油茶、山茶、柑橘、苹果、梨、桃、板栗、刺槐等植物。

[识别特征] ①成虫：体长6～7mm。灰黑色，体背具有由黄绿色、闪金光的鳞片集成的斑点和条纹，腹面散生黄绿色或绿色鳞片。鞘翅上也具黄绿色纵带，近中央处有较宽的黑色横纹。触角膝状，柄节较直而细长，端部3节膨大。复眼长于头的背面，略凸出（图2-345）。②卵：椭圆形，初为黄白色，后渐变暗灰色。③幼虫：乳白色至黄白色，体多横皱，无足。④蛹：长椭圆形，羽化前灰褐色，头顶及各体节背面有刺突6～8枚，胸部的刺突较为明显。

[生活习性] 1年发生1代，以幼虫在土壤中越冬。翌年天气转暖时陆续化蛹，蛹多于上午羽化。初羽化的成虫乳白色，在土中潜伏2～3天，体色由乳白色变成黄绿色后才出土。以成虫取食嫩叶，被害叶片呈现不规则的缺刻。成虫具假死习性，受惊后即坠落地面。成虫产卵盛期在6月下旬至7月上旬，卵分批散产在寄主根际附近的落叶或表土上。幼虫孵化后在表土层中活动取食根系，幼虫入土深度随虫龄增大而加深，直至化蛹前再逐渐向上转移。

**316. 胖遮眼象** *Pseudocneorhinus sellatus* Marshall, 1934，属鞘翅目象甲科。

[分布与为害] 分布于辽宁、陕西、山西、甘肃、内蒙古、宁夏、河北、山东等地。为害杏、李等植物。

[识别特征] 成虫：体长3.5～7.2mm，宽3.1～4.2mm。体壁黑色。喙较粗短，基部窄，背面中部凹洼，中间有不明显的中隆线。喙和头部密被褐色鳞片，间有半倒伏状毛。触角沟背面可见。触角膝状，柄节长，端部粗。鞘翅卵形，强度隆起，肥胖（图2-346）。

图2-346 胖遮眼象成虫

[生活习性] 北方地区1年发生1代。成虫见于4月下旬至7月中旬。

**317. 长毛小眼象** *Eumyllocerus sectator* (Reitter, 1915)，属鞘翅目象甲科。

[分布与为害] 分布于黑龙江、吉林、辽宁、山西、北京、河北、山东等地。为害柞树、梨、杏、樱桃等植物。

[识别特征] 成虫：体长约5.3mm。体黑色。触角及足跗节红褐色。体背被金绿色鳞片。前胸背板散布淡褐色毛，鞘翅具长毛，约为前者长的2倍。触角细长，但不长于体，第2节短于第3节，第3节明显长于第4节或第5节。足细长，腿节前端具小齿，胫节长于腿节（图2-347）。

图2-347 长毛小眼象成虫

［生活习性］ 东北、华北等地，成虫发生于6～8月。

**318. 女贞粗腿象甲** *Ochyromera ligustri* Warner, 1961，属鞘翅目象甲科。

［分布与为害］ 分布于江苏、上海、浙江、湖南、贵州等地。为害小叶女贞、金叶女贞等植物。以成虫取食叶片，使叶片形成形态各异、大小不一、内缘不齐的穿孔。

［识别特征］ ①成虫：小型，体长约4mm，喙长约1mm，雄成虫比雌成虫略小。体亮褐色并生有金黄色刚毛。鞘翅具模糊或明显的黑斑，鞘翅1/4末端全部黑色，有少数个体的鞘翅全部金黄色，仅中间具几个黑斑。前、中、后足颜色与鞘翅相同，呈金黄色。前胸背板宽大于长，边缘显著钝圆。前足腿节显著膨大并生长有1个较大的三角形齿（图2-348）。②幼虫：乳白色，微弯成"C"形，无足，腹部末节有明显的尾突。

［生活习性］ 贵州1年发生1代，以幼虫在果实或种皮内越冬。越冬幼虫于5月上中旬化蛹，5月下旬成虫羽化。羽化后开始取食叶片，6～7月为为害盛期。8月初成虫开始产卵，卵产于种子或成熟的新鲜果实中，幼虫在其中孵化并蛀食为害，导致果实、种子变质。

图2-348 女贞粗腿象甲成虫

**319. 紫薇梨象** *Pseudorobitis gibbus* Redtenbacher, 1868，属鞘翅目三锥象科。

［分布与为害］ 分布于北京、河北、河南、山东、上海等地。以成虫、幼虫为害紫薇的嫩梢、花及果实。

图2-349 紫薇梨象成虫

［识别特征］ ①成虫：体长1.9～2.9mm。体黑色，被褐色细毛和白色倒伏粗刚毛，后者在前胸背板及鞘翅基部为多。体背纵向呈弧形拱起。触角10节，索节第3节小或与第4节愈合。足腿节粗大，前足腿节端部内侧具4个齿，远端的1个强大，而其余3个大小相近，中后足仅3个齿（图2-349）。②卵：长约0.5mm，棒槌形或椭圆形，乳白色，透明或半透明。③幼虫：初孵幼虫体长0.6～0.8mm，乳白色，"C"形；老熟幼虫体长5mm左右，头部黄色，其余部分乳白色。④蛹：裸蛹，乳白色。

［生活习性］ 1年发生1代，以幼虫和成虫越冬。北京6～8月可见成虫。成虫取食紫薇嫩茎、花蕾等，春季可见被害梢端的枯叶；用喙啃食花蕾，形成小孔，把卵产于其中。幼虫食花，后期进入幼嫩蒴果内取食种子。

**320. 榛卷叶象** *Apoderus coryli* (Linnaeus, 1758)，又名榛卷象、榛卷叶象甲，属鞘翅目卷叶象科。

［分布与为害］ 分布于黑龙江、吉林、辽宁、陕西、山西、内蒙古、宁夏、甘肃、河北、山东、江苏、四川等地。为害榛、柞、榆、胡颓子、毛赤杨等植物。

［识别特征］ ①成虫：体长7.8～8.0mm，宽3.7～4.1mm。头、胸、腹、足、触角黑色，鞘翅红褐色，但颜色有变异，前胸、足常呈红褐色或部分红褐色。头长圆形，头管向基部收缩，而末端扩宽。眼凸出，眼中间的额有窝。前胸背板基部宽大，向端部渐窄，基部及末端具缢缩。小盾片半圆形，在基部具2个凹陷。鞘翅肩后侧面稍缩，而后外扩；刻点沟列大深，行间被横皱。雌虫眼后短，额颊沟两侧明显圆，前胸背板明显圆隆；雄虫眼后渐窄而长，前胸呈匀称的圆弧形（图2-350）。②卵：椭圆形，1.5mm×1.0mm左右。初产时杏黄色，近孵化时为棕褐色，透过卵壳可见卵的边缘原生质。③幼虫：体长10～13mm，黄色，颚发达，胴部节间明显有峰状突起，胸足

图2-350 榛卷叶象成虫

步泡突较明显。

[生活习性] 辽宁1年发生2代，以成虫在枯枝落叶层下、石块下、土缝内越冬。翌年5月中旬越冬成虫出蛰取食，补充营养后交尾、产卵，5月下旬第1代幼虫开始孵化，6月下旬第1代成虫开始羽化，新羽化的成虫经20天补充营养后进行交配、产卵。第2代成虫8月上旬开始羽化，取食补充营养，然后于9月上旬开始越冬。雌成虫将卵产于卷褶的叶苞内，产卵前先咬伤叶柄及主脉，待叶萎蔫时开始卷叶，一般1片叶内产1或2粒卵，个别情况下1个叶苞内有3～5粒卵。卵期3～5天。幼虫孵化后即在叶苞内取食，1头幼虫一生仅为害1片叶，为害历期10～16天。幼虫老熟后即在叶苞内化蛹，蛹期4～6天。成虫白天活动取食，夜晚静伏，不具趋光性，有很强的假死性。

**321. 榆锐卷象**　　*Tomapoderus ruficollis* (J. C. Fabricius, 1781)，又名榆锐卷叶象虫，属鞘翅目卷叶象科。

[分布与为害]　分布于黑龙江、吉林、辽宁、陕西、山西、内蒙古、河北、北京、山东、江苏、安徽等地。为害榆、榉类植物。

[识别特征]　①成虫：体长5.6～7.6mm。体黄色至橘黄色，鞘翅青蓝色，具金属光泽。触角除基节外褐色。头顶及复眼后有时具黑斑。前胸背板长大于宽，钟罩形，中沟两侧具半月形深刻痕（图2-351a）。②卵：长约1mm，黄白色，卵形。③幼虫：初孵幼虫乳白色，头壳褐色；老龄体长约20mm，橙黄色，头壳深褐色（图2-351b）。④蛹：橘黄色，长6.1～7.0mm，离蛹。

[生活习性]　北京1年发生2代，以成虫在枯枝落叶或表土中越冬。成虫取食叶片，产卵前把1片叶卷成筒状（图2-351c、d），产卵于其中，幼虫在其中取食和生活。北京5月及7～10月可见成虫。成虫有假死性，善飞翔。成虫食量较大，除产卵时将叶片卷成筒状外，一生可为害20～30片叶。取食时多在叶脉间咬成不规则的圆形小孔，或将叶片咬成不规则的缺刻。

**图2-351　榆锐卷象**

a. 成虫；b. 幼虫；c、d. 卷叶为害状

**322. 圆斑卷叶象** *Paroplapoderus semiamulatus* Jekel, 1860，又名圆斑卷叶象虫、枫杨卷象，属鞘翅目卷叶象科。

[分布与为害] 分布于华北、华东、华南、西南等地。为害连翘、枫杨（图2-352a）、栎、朴等植物。成虫取食叶片，幼虫躲于叶苞内为害。

[识别特征] ①成虫：体长6.8～8.7mm，宽4～5mm，体红褐色到黄褐色，散布圆形黑斑。头短，圆形，基部细缩，无颈区，宽略大于长或长宽相等。触角柄节较长，长于索节第1、2节之和，棒3节紧密，呈纺锤形。前胸横宽，基部最宽，前端缩得很窄，近端部缢缩，后缘有窄的隆线，近基部有横沟，中沟明显，背面两侧各有1个圆形黑斑，黑斑有时延长略呈哑铃状，甚至分隔成2个圆形黑斑，背面皱纹呈不规则状，小盾片扁而宽，端部缩窄，有1个大黑斑，鞘翅肩胝明显，两侧略平行，端部略放宽，行间1、3、5、7、9、10隆起形成圆脊，其余行间近端部，第9行间中间之前，肩角及鞘翅端部各有1个圆形黑斑，斑点有时较大，占据几个行间，在肩角和背面中央的4个黑斑有时形成圆锥形或圆瘤状突起，胸部腹面黑色，腹板两侧有斑点，臀板黑色或为2个黑斑，中、后足腿节近端部有1个环形黑斑，或缩成1个圆斑，爪合生。雄虫前足胫节较细长，外端角有1个向内指的钩，雌虫胫节较短，端部外角和近内角各有1个钩，内端角突起，布有小齿。②幼虫：参见图2-352b。

**图2-352 圆斑卷叶象**
a. 为害枫杨叶片形成的叶苞；b. 幼虫

[生活习性] 北京1年发生1～2代，以成虫越冬。常常躲藏于残旧的叶苞内或多种植物的叶背集体越冬，数量多达上百头。6～8月为成虫期。成虫卷叶成规则的圆柱形筒，产卵于筒中。幼虫孵化后在筒内取食，老熟后破筒而出，落地化蛹。雌虫取食新叶卷叶筑巢，卵苞状如摇篮，雌虫筑巢时雄虫常会爬到雌虫背上。

**323. 南岭黄檀卷叶象** *Byctiscus* sp.，属鞘翅目卷叶象科。

[分布与为害] 分布于福建、广东、海南、湖南等地。以成虫对南岭黄檀进行食叶及卷叶产卵为害（图2-353a）。

[识别特征] ①成虫：体长4.3～5.6mm，体宽1.8～2.4mm。体墨黑色，有光泽。触角黑色。头近三角形、较光滑。复眼圆形，凸出。触角11节，棍棒状，端部3节密生绒毛。前胸近三角形具数条弧形刻纹，中央具1条细纵沟。鞘翅近长方形，密被刻点，每鞘翅有纵纹9条，肩角凸出，周缘略隆起。小盾片梯形，具刻点。胸、腹部腹面布满粗刻点。可见腹节5节，尾板具刻点。足胫节有1列刺，跗节密生绒毛（图2-353b）。②卵：近椭圆形，一端略尖，长径0.8～0.9mm，短径0.5～0.6mm。初产卵淡黄色，半透明，表面光滑，有光泽，孵化前变成乳白色。③幼虫：初孵幼虫淡黄色，略透明。老熟幼虫体长3.5～4.4mm，体黄色，头部淡黄色，身体肥胖，呈"C"形弯曲，体表有稀疏刚毛。④蛹：略呈椭圆形，长3.7～4.6mm，宽1.72～2.30mm，黄白色，背面略拱起，腹末有1对刺突。近羽化时，触角、复眼、翅及足的基部和端部变为棕黑色。

[生活习性] 福建1年发生1代，以成虫越冬。翌年3月中旬，南岭黄檀展叶后，越冬成虫开始上树

图2-353　南岭黄檀卷叶象

a. 为害南岭黄檀叶片状；b. 成虫

活动，啃食嫩叶，四月初成虫开始产卵。卵期5～7天，幼虫共2龄，幼虫期9～12天，化蛹前成熟幼虫分泌黏液在卷苞内做成内壁光滑的蛹室，蛹期3～5天。成虫羽化后在卷苞中停留2～3天，然后将卷苞咬1圆形孔洞爬出为害。5月中旬为成虫羽化盛期。

　　编者在调研中发现，近几年有一种叶甲对大叶黄杨（图2-354a、b）、北海道黄杨（图2-354c）、扶芳藤（图2-354d～g）造成严重危害，其大小、体型、体色、斑纹（图2-354h、i）与双斑长跗萤叶甲［*Monolepta signata* (Olivier, 1808)］十分相似。在山东潍坊，7～8月出现成虫，主要在寄主植物的叶片边缘为害，造成典型的"开天窗"、缺刻及孔洞。成虫具假死性，一触即落，清晨、傍晚及阴天时相对活跃。耐饥能力强，置于密闭小金属茶罐内10余天仍能存活。

**图2-354 一种未知叶甲**

a、b. 为害大叶黄杨叶片状；c. 为害北海道黄杨叶片状；d~g. 为害扶芳藤叶片状；h、i. 成虫

在浙江宁波发现一种为害络石的叶甲，其成虫体长约10mm，椭圆形。前胸背板紫铜色，鞘翅深蓝绿色至蓝黑色，具强烈的金属光泽。复眼及触角黑褐色至黑色，触角长超过鞘翅肩部。前胸背板横宽，中部隆凸呈球形，侧边弧形。小盾片舌形，鞘翅基部宽于前胸，肩部明显圆隆，刻点细小。足黑色，具蓝黑色光泽（图2-355）。主要以成虫啮食络石叶片上表皮及部分叶肉，发生严重时整片络石呈焦枯状。该虫具很强的假死性，稍有动静便从络石上跌落。5~6月为成虫为害高峰期。

在湖南常德发现一种负泥虫为害金叶女贞和小蜡（图2-356），其分布与为害、识别特征、生活习性等有待于进一步观察、研究。

[叶甲、瓢虫、芫菁、象甲类的防治措施]

（1）人工除治 清除墙缝、石砖、落叶、杂草下等处越冬的成虫，减少越冬基数；利用假死性人工震落捕杀成虫；人工摘除卵块。

**图2-355 为害络石叶片的叶甲**

（2）生物防治 保护、利用寄生蜂、猎蝽（图2-357）、瓢虫、鸟类等天敌来减少虫害；利用白僵菌寄生叶甲类害虫（图2-358）。

（3）化学防治 各代成虫、幼虫发生期喷洒2.5%溴氰菊酯乳油2000~3000倍液、24%氰氟虫腙悬浮剂600~800倍液、10%溴氰虫酰胺可分散油悬乳剂1500~2000倍液、20%甲维·茚虫威悬浮剂2000倍液等。

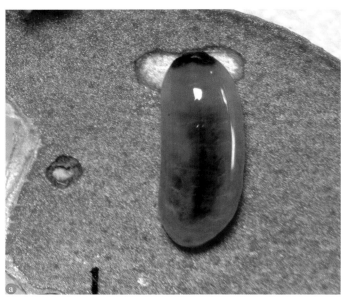

图 2-356　为害金叶女贞叶片（a）和小蜡（b）的负泥虫

图 2-357　猎蝽捕食甲虫状

图 2-358　白僵菌寄生叶甲成虫状

## 十八、叶蜂、瘿蜂、切叶蜂类

　　叶蜂、瘿蜂、切叶蜂类害虫包括膜翅目三节叶蜂科的蔷薇三节叶蜂、玫瑰三节叶蜂、榆红胸三节叶蜂、杜鹃三节叶蜂，叶蜂科的中华厚爪叶蜂、北京杨锉叶蜂、中华锉叶蜂、樟叶蜂、缨鞘钩瓣叶蜂、桂花叶蜂、柳虫瘿叶蜂、柳蜷叶蜂、河曲丝叶蜂、黑唇平背叶蜂、桃黏叶蜂、榆黏叶蜂，瘿蜂科的栗瘿蜂及切叶蜂科的拟蔷薇切叶蜂等。三节叶蜂科、叶蜂科的幼虫与鳞翅目幼虫相似，但前两者有6～8对腹足，腹足上无趾钩，且仅有1对单眼，这是与鳞翅目幼虫的不同点。

　　**324. 蔷薇三节叶蜂**　*Arge geei* Rohwer, 1912，又名月季叶蜂、月季锯蜂、无斑黄腹三节叶蜂，属膜翅目三节叶蜂科。

　　［分布与为害］　分布于辽宁、陕西、山西、内蒙古、宁夏、青海、北京、河北、河南、山东、安徽、江苏、上海、浙江、福建、台湾、广东、湖南、贵州、四川、云南等地。为害月季、玫瑰、蔷薇、黄刺玫、榔榆、刺梨、多花蔷薇、野蔷薇等植物。以幼虫取食叶片，常蚕食殆尽，仅残留主脉或叶柄。且成虫产卵于嫩枝形成菱形伤口而不能愈合，极易被风折枯死，严重影响植株生长、开花，降低观赏价值及商品价值。

　　［识别特征］　①成虫：雌蜂体长约8.4mm，翅展约17.3mm；雄蜂体长约6.9mm，翅展约13.2mm。雌蜂体较大，橘黄色；头黑色、具光泽；复眼黑褐色；单眼红褐色；触角黑褐色至黑色；胸背橘黄色至橘

红色；中胸翅基片黑褐色、小盾片两侧凹窝内黑褐色；翅浅黄色半透明；足黑色有光泽；头横长方形，后缘中部微凹，被毛黑褐色短密；额宽，中部纵隆，两侧凹陷；触角第1、2节短，第3节长，触角基突上具"Y"形凸纹；前胸背板深圆凹。雄蜂头、胸部黑色，略具蓝色金属光泽；腹部淡黄褐色，仅第1背板淡暗褐色；足黑色，略具蓝色金属光泽；前翅烟色，后翅透明，翅脉暗褐色。②卵：乳白色至浅黄白色，肾形，表面光滑。③幼虫：末龄幼虫体长约20mm，头部亮褐色，体、足浅绿色，化蛹前浅黄色（图2-359a～c）。④蛹：颜色变化大，浅黄色或暗绿色。

[生活习性] 1年发生3～4代，以老熟幼虫于土中结茧越冬。翌年4月下旬开始化蛹，5月上旬开始有成虫羽化，产卵；5月中旬卵开始孵化；从5月中旬至10月中旬末均有幼虫为害。各代幼虫的为害盛期分别为：第1代，5月下旬至6月上旬；第2代，7月上旬至7月中旬；第3代，8月中旬至8月下旬；第4代，9月下旬至10月上旬。雌虫产卵前先在嫩枝上来回爬动，并用产卵器做试探性产卵，选择半木质化的阴面，产卵时，头多向下（图2-359d），将锯齿状产卵齿刺入枝条达髓部，将卵以"人"形两列纵向排列依次产出（图2-359e）。1～2龄幼虫有群集性，3龄后分散为小群体。幼虫昼夜取食，强光、高温和雨天不取食。3龄以后食量很大。老熟幼虫停食后，爬至地面，于寄主根迹周围的松土内结茧。

图2-359 蔷薇三节叶蜂
a. 低龄幼虫；b. 中龄幼虫；c. 高龄幼虫；d. 成虫产卵状；e. 卵及初孵幼虫

**325. 玫瑰三节叶蜂** *Arge pagana* (Panzer, 1798)，属膜翅目三节叶蜂科。

[分布与为害] 分布于华北、华东、华中、华南、西南等地。为害玫瑰、蔷薇、黄刺玫、月季、月月红、十姊妹等植物。主要是以幼虫取食叶片为害，致使寄主植物生长不良，降低观赏价值，严重时甚至死亡。

[识别特征] ①成虫：体长8～9mm，翅展约17mm。头、胸、翅和足均为蓝黑色，带有金属蓝光泽。腹部暗橙黄色。触角长3.5～4.5mm。中胸背面尖"X"形凹陷。雌蜂产卵器发达，呈并合的双镰刀状（图2-360a）。②卵：长约0.5mm，淡黄色，椭圆形。末端稍大。③幼虫：老熟幼虫体长20～23mm，黄绿色，头部黄色，臀板红褐色，胸部第2节至腹部第8节，每体节上均有3横列瘤状突起，呈黑褐色（图2-360b）。④蛹：长约9.5mm，头部、胸部褐色，腹部棕黄色。在淡黄色的薄茧中。

图 2-360　玫瑰三节叶蜂
a. 成虫（左）与幼虫（右）；b. 幼虫

[生活习性]　广东1年发生8代，山东1年发生2～3代，世代重叠，以蛹在土中结茧越冬。4～5月羽化成虫，成虫白天羽化，次日交配。雌蜂交尾后将卵产在寄主枝条皮层内，通常产卵可深至木质部，卵期7～19天。近孵化时，产卵处的裂缝开裂，孵出的幼虫自裂缝爬出，并向嫩梢爬行。在北京，6月发生第1代幼虫，8月发生第2代幼虫。幼虫共6龄，喜群集，昼夜均取食，有互相残杀和假死性。幼虫在9月底至11月陆续入土做茧越冬。

**326.　榆红胸三节叶蜂**　*Arge captiva* (Smith, 1874)，又名榆三节叶蜂，属膜翅目三节叶蜂科。

[分布与为害]　分布于吉林、辽宁、宁夏、河北、河南、山东、上海、江苏、浙江、江西等地。近几年发生比较严重的食叶害虫，主要为害园林绿化植物榆科树种，包括金叶榆、黄榆、家榆及榆树造型树等。

[识别特征]　①成虫：雌蜂体长8.5～11.5mm，翅展16.5～24.5mm；雄蜂体较小。体具金属光泽。头部蓝黑色。触角黑色。胸部橘红色，小盾片有时蓝黑色。翅浓烟褐色。足全部蓝黑色。唇基上区具明显的中脊。触角圆筒形，其长度大约等于头部和胸部之和（图2-361a）。②卵：椭圆形，长1.5～2.0mm，初产时淡绿色，近孵化时黑色。③幼虫：老熟时体长21～26mm，淡黄绿色，头部黑褐色；虫体各节具有横列的褐色肉瘤3排，体两侧近基部各具褐色大肉瘤1个，臀板黑色（图2-361b、c）。④蛹：雌蛹长8.5～12.0mm，雄蛹较小，淡黄绿色。

图 2-361　榆红胸三节叶蜂
a. 成虫；b. 低龄幼虫；c. 高龄幼虫

［生活习性］ 辽宁1年发生2代，以老熟幼虫在土中结丝质茧越冬。翌年5月下旬开始化蛹，6月上旬开始羽化、产卵，6月下旬幼虫孵化，为害至7月上旬陆续老熟，榆树绿篱受害最重，几天内叶片常被食光。8月出现第2代幼虫，8月下旬入土结茧越冬。

**327. 杜鹃三节叶蜂** *Arge similis* (Snellen van Vollenhoven, 1860)，又名杜鹃黑毛三节叶蜂、桦三节叶蜂、光唇黑毛三节叶蜂，属膜翅目三节叶蜂科。

［分布与为害］ 分布于山东、上海、浙江、湖北、福建、广东、广西等地。为害杜鹃花科植物。

［识别特征］ ①成虫：体长8～10mm。体蓝黑色，具金属光泽。触角黑色。翅暗淡黑色，具光泽，翅脉黑褐色。足蓝黑色。触角3节，第3节末端膨大。②卵：椭圆形，长约2mm。初产时白色半透明，后加深为黄绿色至黄褐色。③幼虫：共5龄。老熟幼虫体长约20mm，黄绿色至绿色。头部黄色，复眼黑色，身体各节具3列横排的黑色毛瘤（图2-362）。④蛹：长11～12mm，淡黄绿色。⑤茧：长12～13mm，丝质，淡褐色。

图2-362 杜鹃三节叶蜂幼虫

［生活习性］ 浙江1年发生3代，以老熟幼虫在浅土层或落叶中结茧越冬。翌年4月越冬幼虫开始化蛹、羽化。4月下旬为产卵盛期，卵多产于嫩叶的叶背边缘表皮下，单产、数粒至十余粒整齐排列。幼虫为害期为5～10月。幼虫食量较大，发生严重时整片杜鹃的大部分叶片可在短时间内被食尽，严重影响植株的正常生长。10月下旬后老熟幼虫陆续开始结茧越冬。

**328. 中华厚爪叶蜂** *Stauronematus sinicus* Liu, Li & Wei, 2018，属膜翅目叶蜂科。

［分布与为害］ 分布于黑龙江、吉林、辽宁、陕西、陕西、内蒙古、宁夏、新疆、河北、山东、安徽等地，主要为害杨树的黑杨派品系，如'中林46''中林107''中林108''中林2025'等。幼虫取食叶片，1～2龄幼虫群集取食，被害部呈针尖状小圆孔；3龄以后分散为害，食量大，常将大片叶肉吃光，仅残留叶脉，呈不规则的孔洞。幼虫取食时分泌白色泡沫状液体，凝固成蜡丝（图2-363a）。蜡丝长约3mm，留于食痕周围。

［识别特征］ ①成虫：雌蜂体连翅长约6.7mm，体长约6.05mm。体黑色，有光泽，被稀疏白色短绒毛。触角黑褐色。前胸背板、翅基片和足黄褐色。翅透明，翅痣黑色，翅脉淡褐色。后足胫节末端及跗节端部暗褐色至黑褐色。触角侧扁，雄蜂尤甚；共9节，第1～2节总长约为第3节的1/4，第3～8节各节端部横向加宽，呈角状（图2-363b）。②卵：长椭圆形，长约1.3mm，宽约0.6mm，初产卵包略突起于叶脉表面，随着卵的发育，逐渐膨胀、明显凸出。③幼虫：雌幼虫5龄，雄幼虫4龄。初孵幼虫通体白色，近透明，口器淡褐色，单眼黑色，胸足端部淡褐色。随着取食，体渐变为绿色或鲜绿色，头部褐色，单眼黑色，各胸足基半部及外侧淡褐色；胸、腹部的背面和侧面着生大小不等的圆形或长形褐色斑点。老熟时，体色变为黄绿色、青绿色或嫩绿色（图2-363c）。④蛹：离蛹，长约4.97mm；初为绿色，仅复眼和触角基部淡褐色；羽化前渐变为褐色至黑色（图2-363d）。⑤茧：椭圆形，初为黄褐色或绿褐色，后为深褐色或茶褐色（图2-363e）。

**图2-363 中华厚爪叶蜂**

a. 为害杨树叶片状；b. 成虫；c. 低龄幼虫；d. 蛹；e. 茧

［生活习性］ 山东商河1年发生7～8代，以老熟幼虫在树冠投影面积内深约5cm的土壤表层做茧越冬。翌年3月下旬、4月上旬开始化蛹，4月中下旬开始羽化，当天即可交尾，第二天即产卵。4月下旬开始出现幼虫。由于各虫态发育期短，从第1代后期开始，林间各世代重叠。幼虫9月下旬开始老熟越冬，10月中下旬全部老熟越冬。

**329. 北京杨锉叶蜂** *Pristiphora beijingensis* Zhou & Zhang, 1993，又名北京槌缘叶蜂，属膜翅目叶蜂科。

［分布与为害］ 分布于辽宁、内蒙古、宁夏、北京、天津、河北、山东等地。为害杨树，造成缺刻、孔洞或食光叶片（图2-364a）。

［识别特征］ ①成虫：雌蜂体长5.8～7.6mm；雄蜂体长4.7～5.9mm。体背面黑色，腹面淡褐色。头部黑色。翅透明，翅膜上密生淡褐色细毛，体背淡色绒毛。②卵：白色，透明，卵圆形，长约1mm。卵粒在叶缘依次按锯齿间隔排列于叶肉组织中。③幼虫：初孵幼虫体色透明，头部呈灰色。3对胸足亦呈灰色，尖端为深褐色，眼点红色，上颚红色，体长约5mm，2龄以后头及胸足为黑色，体色黄绿色，且随着虫龄增加绿色加深。3龄以后沿背线、亚背线、气门线、气门下线及基线各节分布2～3个黑色毛斑。老熟幼虫体长11～13mm，头宽1.3～1.5mm（图2-364b）。④蛹：淡绿色，足、触角、翅芽白色。⑤茧：长7～10mm，宽3～4mm，黄褐色，长椭圆形，丝质。

**图2-364 北京杨锉叶蜂**

a. 为害杨树叶片状与低龄幼虫；b. 高龄幼虫

［生活习性］ 1年发生约8代，以老龄幼虫结茧在土内越冬。个体群集分布。孤雌生殖后代为雌性，两性生殖后代为雌性或雄性。雄性4龄、雌性5龄。温度是种群变化的决定因素。初孵幼虫即取食叶缘，使杨叶边缘呈网洞状并逐渐枯黄，随着虫龄增加移向中心，3龄后遍及整叶，4龄幼虫转移取食，食尽整株叶片。7～8月虫口密度较高，危害严重。

**330.** **中华锉叶蜂** *Pristiphora sinensis* Wong, 1977，又名中华槌缘叶蜂，属膜翅目叶蜂科。

［分布与为害］ 分布于华北地区，为害桃类植物的叶片（图2-365a）。

［识别特征］ ①成虫：雌蜂体长7mm左右，翅展17mm左右；雄蜂体长6mm左右，翅展15mm左右。体较短粗。触角线状，9节。前胸背板后缘深深凹入，两端接触肩板。前翅有短粗的翅痣，前足胫节有2端距。产卵器扁，锯状。②卵：椭圆形，长约0.6mm，初产时乳白色，半透明，表面光滑，近孵化时变为淡黄色。③幼虫：伪蠋式，体光滑，多皱纹。单眼每侧1个，明显。胸足3对，腹足6对。初孵幼虫体长1.5～2.0mm，宽0.5～0.8mm，体淡黄色或黄白色，取食后很快变为浅绿色。老熟幼虫体长18.3～21.6mm，宽3.3～3.9mm，暗绿色，头部橘黄色，尾部淡黄色（图2-365b）。④蛹：裸蛹，长约6mm。初化蛹时浅黄色，随后体色慢慢加深。蛹形成于茧内。⑤茧：椭圆形，长6～8mm，宽约4mm，暗红色。

图2-365 中华锉叶蜂
a. 为害桃树叶片状；b. 幼虫

［生活习性］ 1年发生2～3代，以老熟幼虫在土中结茧滞育越冬。越冬幼虫翌年6月下旬以后化蛹、羽化出土。第1代幼虫主要发生于7月中旬至8月上旬；第2代幼虫主要发生于8月中旬至9月上旬，是1年当中危害最严重的时期；第2代发生早的幼虫入土后化蛹、羽化，并继续发生，发生晚的则以幼虫结茧进入滞育越冬状态。第3代幼虫发生于9月下旬至10月下旬。

**331.** **樟叶蜂** *Moricella rufonota* (Rohwer, 1916)，属膜翅目叶蜂科。

［分布与为害］ 分布于上海、浙江、江西、福建、广东、广西、湖北、湖南、四川等地。为害香樟叶片，造成缺刻、孔洞甚至食光叶片（图2-366a）。

［识别特征］ ①成虫：体长6～9mm，翅展15～20mm。头、触角黑褐色。单眼黄褐色。前、中胸背板橘黄色。腹部蓝黑色，略具光泽。翅淡黑褐色。足浅黄色，腿节大部分黑褐色。②卵：椭圆形，长约1mm，乳白色。③幼虫：共4龄。老熟幼虫体长15～18mm，淡绿色。头黑色，各节多褶皱，胸部及第1～4腹节密布黑点（图2-366b、c）。④蛹：长7～10mm，淡黄色。⑤茧：长椭圆形，长10～14mm，丝质，黑褐色。

［生活习性］ 1年发生2～3代，世代重叠，以老熟幼虫在浅土层中结茧越冬。翌年4月开始羽化，交尾后于嫩叶组织中产卵。幼虫取食嫩叶，初孵时仅取食叶背表皮及叶肉。2龄后取食全叶，造成穿孔、缺刻，发生严重时仅留主脉。3代幼虫为害期主要为4月中下旬至5月上中旬、6月及7月。该虫有滞育现象，与取食叶片老嫩程度相关，一般7月后香樟无新叶时便无幼虫为害，若由于各种因素导致香樟不断萌发新叶，该虫可延续发生至11月。

图 2-366 樟叶蜂

a. 幼虫为害香樟叶片状；b. 低龄幼虫；c. 高龄幼虫

**332. 缨鞘钩瓣叶蜂** *Maerophya pilotheca* Wei et Ma, 1997，又名缨鞘宽腹叶蜂，属膜翅目叶蜂科。

[分布与为害] 分布于浙江、江西等地。为害大叶女贞、小叶女贞、小蜡、金叶女贞等植物。

[识别特征] ①成虫：雌虫体长8.5～10.0mm；雄虫体长6.5～8.2mm。雌虫体黑色；唇基、上唇、上额基半，口须大部、单眼后区两侧和后缘、前胸背板后缘、中胸盾片内侧的窄三角形斑块、中胸小盾片

图 2-367 缨鞘钩瓣叶蜂幼虫

大部、胸腹节后缘、第2～7腹节背板侧面后缘、第10节背板浅黄色，第2、7节背板斑块很小；翅透明，翅痣和翅脉黑色；足黄色，前足基节大部、中足基节端部，后足基节端部和外侧大斑块，各足腹节基部1/6～1/5，前足膝部和胫节外侧、中足胫节端部外侧斑块、后足胫节外侧大型斑块白色，前、中足跗节背侧黄色；体毛银色；锯鞘具黑毛。雄虫体色和构造近似雌虫，但中胸背板不具黄色斑块，腹端黑色，前、中足前侧完全浅黄色，后腿节基部1/4白色，前翅臀室中柄短，下生殖板端部钝圆。②卵：乳白色，长约1.6mm，宽约1.2mm，呈椭圆形。③幼虫：初孵幼虫头部褐色，体乳白色，头部有光泽，胸足黑色，腹面和腹足浅黄色，腹足8对。除3龄蜕皮后体为淡绿色外，其余各龄体白色（图2-367），且全身附有白色蜡粉。老熟幼虫体长缩小到10～12mm，体形不卷曲。④蛹：长8.5～13.0mm。初黄白色，后变褐色，土室光亮，由褐色体液涂室内壁，以利保湿、保温。

[生活习性] 江西南昌1年发生1代，以老熟幼虫在4～7cm深的土壤中做土室越冬。翌年3月上旬末、中旬初开始化蛹，3月下旬为化蛹盛期，4月上旬开始羽化，4月中旬为羽化盛期。4月中旬开始产卵，4月中旬末、下旬初为产卵盛期，卵经10天开始孵化。4月下旬末至5月上旬初为孵化盛期。幼虫为6龄，4龄以后为暴食阶段，5月下旬老熟，幼虫入土做土室进入前蛹期。成虫需要补充营养，以树上部的嫩叶为食，卵散产于叶背面主脉和侧脉附近的表皮下，成虫无趋光性。

**333. 桂花叶蜂** *Tomostethus* sp.，属膜翅目叶蜂科。

[分布与为害] 分布于长江中下游地区。为害桂花，幼虫食叶，大发生时能在短时间内将整株叶片及嫩梢食光。

[识别特征] ①成虫：体长6～8mm，翅展14～16mm。全体黑色，有金属光泽。触角丝状、9节。复眼黑色、大。胸背具瘤状突起。后胸具1三角形浅凹陷区。翅透明，膜质。翅上密生黑褐色细短毛及很多匀称的褐色小斑点，翅脉黑色。足除腿节外黑色。②卵：长1.5～2.0mm，椭圆形，黄绿色，半透明。③幼虫：末龄幼虫体长18～20mm，黄绿色，头部与胸足均转为黄绿色，光滑无瘤，体节多皱纹，3对胸足，7对腹足（图2-368）。④蛹：长7～9mm，黑褐色。⑤茧：长约10mm，长椭圆形，土质，灰褐色。

[生活习性] 安徽1年发生1代，以幼虫在土茧内越冬。翌年3月下旬化蛹，3月底至4月初成虫羽化。成虫白天活动，夜晚静伏于叶背。每天上午8时后成虫活动，交尾后把卵产在嫩叶边缘的表皮下，排列成

单行，造成嫩叶扭曲。产卵多次，每次产5～10粒，每雌产50～70粒。卵期约7天。进入4月中下旬幼虫大量孵化，群集在一起为害叶片。进入4龄后食量剧增，很快把叶片食光，仅剩叶脉或叶柄。经20多天，幼虫开始老熟，于4月下旬至5月上旬钻入10cm深处土中结茧潜伏，直至越冬。

**334. 柳虫瘿叶蜂** *Pontania pustulator* Forsius,1923，又名柳瘿叶蜂、垂柳瘿叶蜂，属膜翅目叶蜂科。

[分布与为害] 分布于吉林、辽宁、陕西、内蒙古、北京、河北、天津、山东、四川等地。主要为害垂柳、绦柳及旱柳，受害柳树叶片形成瘤状虫瘿（图2-369a），发生严重时，造成叶片枯黄、早期脱落，树势衰弱。

[识别特征] ①成虫：体长5mm左右。体土黄色。头部橙黄色，头顶正中具黑色宽带。前胸背板土黄色，中胸背板中叶有1椭圆形黑斑，侧叶沿中线两侧各有2个近菱形黑斑。腹部橙黄色，各节背面具黑色斑纹。②卵：椭圆形，灰白色。

图2-368 桂花叶蜂幼虫

③幼虫：体长6.0～13.5mm，圆柱形，黄白色，稍弯曲（图2-369b）。④蛹：黄白色，外被土黄色丝质茧。

图2-369 柳虫瘿叶蜂
a. 为害形成的瘤状虫瘿；b. 虫瘿内的幼虫

[生活习性] 黄河以北1年发生1代，以老熟幼虫在土中茧内越冬。翌年4月上中旬出现成虫，产卵于叶缘组织内；卵单粒散产。幼虫孵化后啃食叶肉，致使叶片上、下表皮逐渐肿起。4月中下旬叶缘即出现红褐色小虫瘿；以后虫瘿限制在叶片中脉和叶缘间，并逐渐增大加厚，上、下突起呈椭圆形或肾形，最后虫瘿可达长12mm、宽6mm左右，后期呈紫红色。1片叶上可多至数个虫瘿。由于虫瘿较重，致使叶片下垂；1个枝条上叶面虫瘿多时，可导致枝条下垂。幼虫在虫瘿内为害到10月底至11月初，随落叶掉落地面，幼虫从虫瘿内钻出，入土做茧越冬。

**335. 柳蜷叶蜂** *Amauronematus saliciphagus* Wu, 2009，属膜翅目叶蜂科。

[分布与为害] 分布于甘肃、北京、天津、河北、山东等地。为害旱柳、垂柳、金丝垂柳、馒头柳、漳河柳、曲柳等柳属植物。以幼虫取食柳芽及芽尖内层组织，致后期叶片不能展开，叶芽纵向扭曲、皱缩形成虫苞（图2-370a），当虫口数量大时，整个树冠虫苞累累，后期叶苞枯萎脱落，枝条光秃。

[识别特征] ①成虫：雌虫体长4.5～5.5mm，宽约1.5mm，翅展约12mm；雄虫体长4.0～4.5mm。雌虫额板、上唇、上颚基部、后颊区的大部分淡褐色；胸腹部黑色；前胸背板后缘黄白色，第9背板的后部、第7腹片中部凸出的裂片和尾须都呈淡褐色；翅透明，翅脉多为褐色，C脉和翅痣为淡褐色；足黑色，前转节和中转节淡褐色，后转节、前腿节端部的2/3、中腿节端部的1/3及所有的胫节、胫节距淡褐色；跗

节深咖色到黑棕色；体毛灰色，很短；头上部刻点细微，不清晰，前盾片和盾片上的刻点均匀清晰，无光泽。中胸小盾片具闪亮光泽，几乎无刻点；中胸侧板、后胸侧板具光泽，无刻点，也没有明显的小雕纹；中胸小盾片平坦宽阔，后背片约为中胸小盾片的1/3；锯鞘从后面看呈三角形，顶部尖锐；尾须细长，超出锯鞘顶点；产卵器比后胫节短。雄虫下生殖板长大于宽，顶部边缘在中部延长；阳茎瓣背瓣狭长，先端窄圆形，不尖；腹瓣近截形，不凸出。基2齿没有边缘齿。②幼虫：老熟幼虫体长8～10mm，体绿色，头褐色（图2-370b、c）。③蛹：预蛹绿色。④茧：椭圆形，长6～8mm，宽4～5mm，土褐色。

图 2-370 柳蜷叶蜂
a. 为害柳树叶片状；b、c. 幼虫

[生活习性] 北京1年发生1代，以老熟幼虫在1～5cm深的表土内结茧越夏越冬。早春柳树发芽前成虫羽化。出蛰后，具有沿树干向上爬行和绕树飞舞的习性。成虫期从3月中旬至4月下旬。成虫将卵产于未展开的柳树芽尖叶片间，柳芽上常有略凹陷的小黑点，为产卵时造成的伤口，即卵孔。产卵导致柳芽不能展开。幼虫在虫巢内为害，幼虫期为3月下旬至5月上旬。

**336. 河曲丝叶蜂** *Nematus hequensis* Xiao, 1990，属膜翅目叶蜂科。

[分布与为害] 分布于陕西、山西、内蒙古、甘肃、北京、山东等地，为害柳、杨等植物。

[识别特征] ①成虫：雌虫体长10.0～12.0mm；雄虫体长6.5～8.0mm。雌虫单眼黑褐色；触角暗红色至黑色；头部和胸部橙红色，但中胸小盾片后部、中胸前侧片、后胸背面黑色；腹部黑色，可见白色的节间膜，有时腹面红褐色；翅透明，翅痣黑褐色，翅脉黑褐色或褐色，翅面具淡褐色区域；前、中足胫节和跗节灰白色，腿节除末端外黑色；后足腿节基部和胫节基1/3节灰白色，余黑色。雄虫体细小；触角褐色，第1、2节背面黑色，或触角全为黑褐色；头褐色，触角基部至头顶具大黑斑；胸部黑色，中胸背板两侧暗红色，前胸背板后侧及翅基片棕色；腹部背面黑色，其两侧边缘、腹部腹面及外生殖器、生殖下板均为红褐色；足淡红黄色，后足胫节端及跗节黑色。②卵：椭圆形，一侧覆有被产卵器切开的叶片表皮。初产时紫红色，有光泽；随着卵的发育，颜色变浅，具紫红色纵条斑。③幼虫：老熟幼虫体长20.0～26.5mm，头黑色，胸部3节和腹部第8节及以后淡黄色，背面有黑色斑点；腹部背面前7节淡浅蓝色，具7条黑色纵纹，背中线有时可伸达中胸和腹第9节，臀板黑色（图2-371）。④蛹：离蛹，刚羽化的蛹淡黄白色，腹部第1～7节淡绿色，后期显现成虫的颜色。⑤茧：黑褐色，由丝质组成，明显可分成两层，茧外黏缀沙土；土壤

图 2-371 河曲丝叶蜂幼虫

的颜色较浅，而茧的颜色较深，于土中容易辨认和寻找。雌茧大，雄茧小。

[生活习性] 1年发生1代，以老熟幼虫在土中结茧越冬。在北京，多集中在9月中下旬爬行下树。茧多分布在距树基部半径40cm范围内，越靠近树基部茧越集中。成虫羽化后，先在树下的杂草上活动，后在树冠间活动。雌虫产卵于柳叶背面，位于主脉的两侧或1侧，呈块状。1～2龄幼虫群集取食，3龄后开始分散取食。幼虫喜欢在郁闭度大的树冠中下部取食。4～5龄幼虫多分散在不同叶片上，从叶缘处取食；如遭惊扰，幼虫的腹部翘起并左右甩动腹部。4、5龄幼虫有上下树习性。

**337. 黑唇平背叶蜂** *Allantus luctifer* (Smith, 1874)，属膜翅目叶蜂科。

[分布与为害] 分布于黑龙江、吉林、辽宁、甘肃、宁夏、内蒙古、北京、河北、天津、河南、山东、江苏、上海、安徽、浙江、江西、福建、台湾、湖南、四川、重庆、贵州等地。以幼虫为害多种酸模。

[识别特征] ①成虫：体长7.0～9.5mm。体黑色。腹部第4、5节侧缘及背板、腹板后缘白色，有时腹部背板第1节或第3节也具白斑。翅烟褐色，端部稍浓，翅痣黑褐色，基部白色。②幼虫：参见图2-372。

[生活习性] 1年发生多代，以幼虫越冬。成虫6～9月可见，可孤雌生殖。

图2-372 黑唇平背叶蜂幼虫

**338. 桃黏叶蜂** *Caliroa matsumotonis* (Harukawa, 1919)，又名梨叶蜂、樱桃黏叶蜂，属膜翅目叶蜂科。

[分布与为害] 分布于陕西、山西、甘肃、宁夏、内蒙古、河北、河南、山东、江苏、四川、云南等地。为害桃、李、杏、樱桃、梨、柿、山楂等植物。以幼虫为害叶片，啃食叶肉，造成"开天窗"、缺刻与孔洞，严重时仅残留叶脉。

[识别特征] ①成虫：体长10～13mm，宽约5mm，体粗短。体黑色，有光泽。复眼暗红色至黑色。雌虫胸部两侧和肩板黄褐色，雄虫胸部全黑色。翅宽大、透明，微带暗色，翅脉和翅痣黑色。足淡黑褐色。头部较大。触角丝状，9节，上生细毛。复眼较大，单眼3个，在头顶呈三角形排列。前胸背板后缘向前凹入较深。跗节5节，前足胫节具2个端距。雌虫腹部略呈竖扁，产卵器锯状；雄虫腹部筒形。②卵：绿色，略呈肾形，长约1mm，两端尖细。③幼虫：体长约10mm，黄褐色至绿色。头近半球形，每侧单眼1个，其上部有褐色圆斑。体光滑，胸部膨大，胸足发达，腹足6对，着生在第2～6腹节和第10腹节上。臀足较退化。初孵幼虫头部褐色，体淡黄绿色。单眼周围和口器黑色（图2-373）。

图2-373 桃黏叶蜂为害状与幼虫

[生活习性] 1年发生世代数不详，以老熟幼虫在地表下3cm左右深的土中结茧越冬。河南、南京等地成虫于6月羽化出土，飞到树上交配、产卵，未经交配的雌虫亦能产卵，并能孵化出幼虫。雌虫产卵时先用锯状产卵器刺破叶片表皮，卵多散产于嫩叶表皮下组织内。卵期10余天。幼虫孵化后突破表皮钻出，由叶缘向内取食。幼虫取食时，多以胸足和腹足抱持叶片，尾端翘起。低龄幼虫取食叶肉，残留表皮，幼虫稍大后取食整个叶片，被害叶片仅残留叶脉。

**339. 榆黏叶蜂** *Caliroa* sp.，属膜翅目叶蜂科。

[分布与为害] 分布于北京、河北等地。取食榆树叶背的叶肉，仅留上表皮。

[识别特征] ①成虫：体长约5mm。体黑色。前翅基部2/3黑色，端部透明。足（尤其胫节和跗节）稍带褐色。唇基前缘弧形内凹。触角9节，第3节长，稍短于第4节与第5节之和。②幼虫：蛞蝓形（图2-374）。

图2-374 榆黏叶蜂为害状与幼虫

［生活习性］ 幼虫入土化蛹。

**340. 栗瘿蜂** *Dryocosmus kuriphilus* Yasumatsu, 1951，又名栗瘤蜂，属膜翅目瘿蜂科。

［分布与为害］ 分布于辽宁、陕西、河北、天津、山东、河南、江苏、浙江、江西、福建、湖北、湖南、广东、广西等地。为害板栗、锥栗、茅栗等植物，以幼虫为害芽和叶片，形成各种各样的虫瘿（图2-375a）。被害芽不能长出枝条，直接膨大形成的虫瘿称为枝瘿。虫瘿呈球形或不规则形，在虫瘿上有时长出畸形小叶。在叶片主脉上形成的虫瘿称为叶瘿，瘿形较扁平。虫瘿呈绿色或紫红色，到秋季变成枯黄色，每个虫瘿上留下1个或数个圆形出蜂孔。自然干枯的虫瘿在一两年内不脱落。

［识别特征］ ①成虫：体长2～3mm，翅展4.5～5.0mm。体黑褐色，有金属光泽。触角基部2节黄褐色，其余为褐色。2对翅白色透明，翅面有细毛。前翅翅脉褐色，无翅痣。足黄褐色，跗节端部黑色。产卵管褐色。头短而宽。触角丝状。胸部膨大，背面光滑，前胸背板有4条纵线。足具腿节距（图2-375b）。②卵：椭圆形，乳白色，长0.1～0.2mm。一端有细长柄，呈丝状，长约0.6mm。③幼虫：体长2.5～3.0mm，乳白色。老熟幼虫黄白色。体肥胖，略弯曲。头部稍尖，口器淡褐色；末端较圆钝。胴部可见12节，无足（图2-375c）。④蛹：离蛹，体长2～3mm，初期为乳白色，渐变为黄褐色。复眼红色，羽化前变为黑色（图2-375d）。

［生活习性］ 1年发生1代，以初孵幼虫在被害芽内越冬。翌年栗芽萌动时开始取食为害，被害芽不能长出枝条而逐渐膨大形成坚硬的木质化虫瘿。幼虫在虫瘿内做虫室，继续取食为害，老熟后即在虫室内化蛹。每个虫瘿内有1～5个虫室。成虫出瘿后即可产卵，营孤雌生殖。成虫产卵在栗芽上，喜欢在枝条

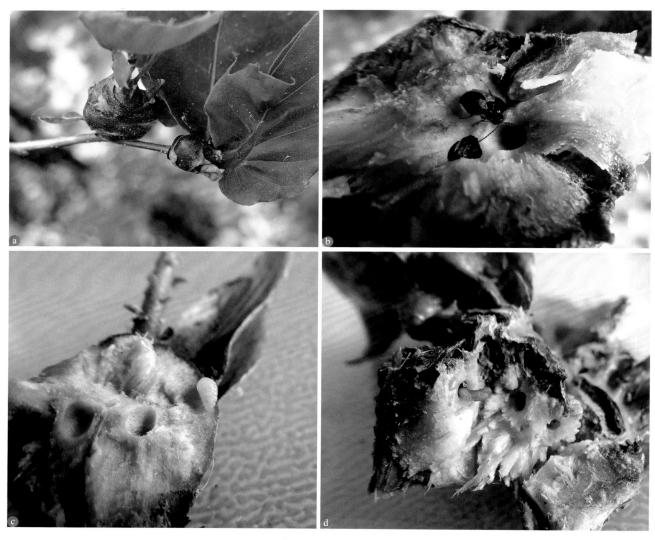

**图 2-375 栗瘿蜂**
a. 虫瘿；b. 成虫；c. 幼虫；d. 蛹

顶端的饱满芽上产卵，一般从顶芽开始，向下可连续产卵于5或6个芽。每个芽内产卵1～10粒，一般为2或3粒。卵期15天左右。幼虫孵化后即在芽内为害，于9月中旬开始进入越冬状态。

**341. 拟蔷薇切叶蜂**　*Megachile subtranquilla* Yasumatsu, 1938，属膜翅目切叶蜂科。

[分布与为害]　分布于黑龙江、吉林、辽宁、北京、河北、河南、山东、江苏、安徽、台湾等地。为害蔷薇、月季、玫瑰、紫荆、国槐、白蜡、核桃、柿、核桃、枣、栀子等植物。雌虫切取植物叶片，使叶片形成很规则的半圆形缺刻（图2-376），影响植物生长和观赏价值。切取的叶片用来筑巢，把卵产在巢中，使其孵化发育为成虫。

**图2-376　拟蔷薇切叶蜂为害状**
a. 为害蔷薇叶片状；b. 为害栀子叶片状；c. 为害紫荆叶片状

[识别特征]　①成虫：成虫似蜜蜂，2对翅膜质。雌虫体长13～14mm，宽5～6mm；雄虫体长11～12mm，宽5.0～5.5mm。雌虫体黑色，被黄色毛；头宽于长，颚4齿，第3齿宽大呈刀片状；翅透明；腹部有黄毛色带，腹毛束为褐黄、黑褐色，第2、3腹节具横沟，沟前刻点密，后部平滑。雄虫头、胸及第1腹节背板具浅黄色宽毛带，第4～6腹节背板具黑稀短毛（图2-377a）。②卵：长卵形，乳白色。③幼虫：体呈"C"形，淡褐黄色，体多皱纹。④蛹：体褐色。⑤茧：近圆筒形。

[生活习性]　1年发生1代，以茧内老熟幼虫在潮湿的洞穴、墙缝内越冬。翌年6月上中旬化蛹，6月末至8月中旬为羽化期，7月为羽化高峰。独居，但具群栖习性。在寄主附近的地下枯井、菜窖、潮湿的墙缝隙内以切来的叶片筑巢，巢穴首尾相接可数个相连（图2-377b），每巢内备有蜂粮（花粉、蜂蜜混合物），内产卵1粒，最后以叶片将巢封闭。幼虫孵化后以蜂粮为食，约经1个月，2～4龄幼虫吐丝做茧，将虫体包在茧内并越冬。

园林植物上常见的蜂类害虫还有蔷薇瘿蜂（图2-378）等。

[叶蜂、瘿蜂、切叶蜂类的防治措施]

（1）人工除治　人工摘除带虫瘿的叶片；人工捣毁为害现场附近的切叶蜂蜂穴；寻找叶蜂产卵枝梢、叶片，人工摘除卵梢、卵叶及孵化后尚群集的幼虫；冬、春季结合土壤翻耕消灭叶蜂类越冬茧，或秋后清除烧毁随落叶掉落在地面上的虫瘿。

（2）生物防治　保护、利用天敌，例如，螳螂、蜘蛛、蚂蚁能以叶蜂类害虫为食，壁虎、步甲是拟蔷薇切叶蜂的天敌，另在拟蔷薇切叶蜂羽化时，随时有尖腹蜂将卵产在蜂巢内，利用其幼虫发育快的习

图2-377　拟蔷薇切叶蜂
a. 成虫；b. 巢穴

图2-378　蔷薇瘿蜂
a、b. 虫瘿；c. 虫瘿内的幼虫

性，可将蜂粮吃光，使切叶蜂幼虫饿死。

（3）化学防治　①防治叶蜂类幼虫可喷洒Bt乳剂500倍液、2.5%溴氰菊酯乳油3000倍液、25%灭幼脲Ⅲ号悬浮剂1500倍液、24%氰氟虫腙悬浮剂600～800倍液、10%溴氰虫酰胺可分散油悬乳剂1500～2000倍液、10.5%三氟甲吡醚乳油3000～4000倍液、20%甲维·茚虫威悬浮剂2000倍液等。②用磷化铝熏杀枯井、菜窖、墙缝内的切叶蜂蜂巢，蜂巢多在寄主植物附近200m之内。

### 十九、蝗虫、螽斯类

　　为害园林植物的蝗虫、螽斯分别属直翅目蝗总科与螽斯总科，均为植食性。常见的种类有短额负蝗、中华剑角蝗、黄胫小车蝗、棉蝗、短角异斑腿蝗、笨蝗、日本条螽、日本绿树螽、长瓣草螽等。近年来，有些种类如东亚飞蝗、棉蝗、稻蝗、中华剑角蝗等已进行大棚养殖开发，用作食品、药用及饲料，取得了较好的经济、生态与社会效益。螽斯，又称蝈蝈，其中的优雅蝈螽等是著名的文化鸣虫。

**342. 短额负蝗**　*Atractomorpha sinensis* Bolívar, 1905，又名中华负蝗、尖头蚱蜢、小尖头蚱蜢、小尖头蚂蚱，属直翅目锥头蝗科。

[分布与为害]　全国均有分布。为害一串红、凤仙花、鸡冠花、三色堇、千日红、长春花、金鱼草、菊花、大丽花、冬珊瑚、月季、茉莉、扶桑、栀子等植物。

[识别特征]　①成虫：雌虫体长35～45mm，雄虫体小，体长20～30mm，头至翅端长30～48mm。绿色（春夏型）或褐色（秋冬型）。春夏型自复眼起向斜下有1条粉红纹，与前、中胸背板两侧下缘的粉红纹衔接。体表有浅黄色瘤状突起。后翅基部红色，端部淡绿色。头尖削。前翅长度超过后足腿节端部约1/3（图2-379）。②卵：长2.9～3.8mm，长椭圆形，中间稍凹陷，一端较粗钝，黄褐色至深黄色，卵壳表面呈鱼鳞状花纹。卵粒在卵块内倾斜排列成3～5行，并有胶丝裹成卵囊。③若虫：共5龄。与成虫近似，

图 2-379 短额负蝗
a. 春夏型成虫；b. 秋冬型成虫；c. 雌雄交尾状

体较小，翅呈翅芽状态。

[生活习性] 华北地区1年发生1代，江西1年发生2代，以卵越冬。5月下旬至6月中旬为孵化盛期，7～8月羽化为成虫。喜栖于地被多、湿度大、双子叶植物茂密的环境。成虫、若虫大量发生时，常将叶片食光，仅留秃枝。初孵若虫有群集为害习性，2龄后分散为害。

**343. 中华剑角蝗** *Acrida cinerea* (Thunberg, 1815)，又名中华蚱蜢、尖头蚱蜢、括搭板、双木夹，属直翅目剑角蝗科。

[分布与为害] 全国各地均有分布。为害草坪草及各种一年生或二年生草本花卉，常将叶片咬成缺刻或孔洞，严重时将叶片吃光。

[识别特征] ①成虫：体长80～100mm，雌虫体大，雄虫体小。常为绿色（春夏型）或黄褐色（秋冬型），背面有淡红色纵条纹。前胸背板的中隆线、侧隆线及腹缘呈淡红色。前翅绿色或枯草色，沿肘脉域有淡红色条纹，或中脉有暗褐色纵条纹，后翅淡绿色（图2-380a、b）。②卵：块状。③若虫：与成虫近似，个体小，翅呈翅芽状态（图2-380c）。

图 2-380 中华剑角蝗
a、b. 成虫；c. 若虫

［生活习性］ 1年发生1代，以卵在土层中越冬。成虫产卵于土层内，呈块状，外被胶囊。若虫（蝗蝻）为5龄。成虫善飞，若虫以跳跃扩散为主。

**344. 黄胫小车蝗** *Oedaleus infernalis* Saussure, 1884，又名黄胫车蝗，属直翅目斑翅蝗科。

［分布与为害］ 分布于黑龙江、吉林、辽宁、陕西、山西、宁夏、甘肃、青海、内蒙古、河北、河南、山东、江苏、安徽、福建、台湾等地。以成虫与若虫为害禾本科的观赏草、草坪草等植物。

［识别特征］ 成虫：雌虫体长30～39mm，翅展27～34mm；雄虫体长23～28mm，翅展22～26mm。体黄褐色，少数草绿色。后翅基部淡黄色，中部具有到达后缘的暗色窄带纹；雄性后翅顶端呈褐色。雌性后足腿节的底侧及胫节黄褐色，而雄性的腿节底侧为红色，胫节基部常沾有红色。头短，颜面垂直或微向后倾斜。复眼卵圆形。触角丝状，到达或超过前胸背板后缘。前胸背板中部略窄，具不规则的"X"纹，后1对"八"字纹明显宽于前1对。中胸腹板侧叶间的中隔较宽。前、后翅发达，常超过后足腿节（图2-381）。下产卵瓣腹面观外侧缘中部明显钝角形凹陷。

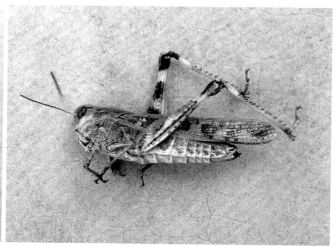

图2-381 黄胫小车蝗成虫

［生活习性］ 鲁北1年发生2代，以卵在土中越冬。蝗蝻5龄。一般年份第1代蝗卵5月中旬开始孵化，5月下旬进入孵化盛期；6月中旬蝗蝻开始羽化，6月下旬至7月上旬为羽化盛期；7月中下旬成虫开始产卵。第2代蝗卵8月中旬开始孵化，9月上旬蝗蝻开始羽化，9月中旬为羽化盛期；9月下旬成虫开始产卵，第2代成虫期较短。 第1、2代成虫于10月下旬相继死亡，个别可延续到11月上旬死亡。成虫具有扩散迁移习性。龄期越大，迁移、扩散能力越强。

**345. 棉蝗** *Chondracris rosea rosea* (de Geer, 1773)，又名大青蝗、蹬倒山、中华巨蝗，属直翅目斑腿蝗科。

［分布与为害］ 分布于陕西、内蒙古、河北、山东、江苏、安徽、浙江、江西、福建、广东、海南、广西、湖南、湖北、云南等地。为害木麻黄、刺槐、黄檀、相思树、竹类、柑橘、棕榈、美人蕉等植物。

［识别特征］ ①成虫：雌虫体长60～85mm；雄虫体长45～50mm。体绿色。触角淡褐色。前翅绿色，后翅玫瑰红色。各足胫节外侧红褐色。头、胸部宽大，具凹凸不平的瘤突。颜面部具4条纵向隆脊。触角丝状。前翅长达后足胫节中部，后翅与前翅近等长（图2-382）。②若虫：共6龄，极个别雌虫7龄，均为绿色，特征似成虫。6龄若虫体长40～50mm，翅芽盖及听器，翅脉已形成。

［生活习性］ 1年发生1代，以卵在土层中越冬。翌年5月平均气温达到20℃时，越冬卵开始孵化。1～2龄若虫喜群集为害，3～4龄逐渐开始分散。7月中旬、8月下旬若虫羽化，羽化后10～15天成虫交配、产卵，卵多产于5～10cm深的沙层中。10月下旬成虫基本绝迹。

图 2-382　棉蝗成虫

**346. 短角异斑腿蝗**　　*Xenocatantops brachycerus*
(Willemse, 1932)，又名短角异腿蝗、短角外斑腿蝗，属直
翅目斑腿蝗科。

［分布与为害］　分布于陕西、山西、河北、山东、
江苏、浙江、江西、福建、台湾、广东、广西、湖南、
湖北、四川、贵州等地。为害多种灌木及草本植物。

［识别特征］　①成虫：体长 17～28mm，雄虫体型较
小。体黄褐色至灰褐色。复眼灰褐色。前胸背板后缘侧面
具1条灰白色斜纹。前、中足灰褐色。后足腿节、胫节内
侧红褐色，腿节外侧具2个黄白色大斑。触角粗短，丝状。
前胸背板具细刻点（图 2-383）。②若虫：末龄若虫体长约
20mm，褐色，密被黑色小点。前胸背板后缘侧面具灰白
色斜纹，后足腿节具黑色斑纹。翅脉明显。

［生活习性］　1年发生1代，以卵在土层中越冬。翌
年5月越冬卵开始孵化，7～8月开始羽化，7～9月是为
害高峰期，11月成虫死亡。

图 2-383　短角异斑腿蝗成虫

**347. 笨蝗**　　*Haplotropis brunneriana* Saussure, 1888，属直翅目癞蝗科。

［分布与为害］　分布于黑龙江、吉林、辽宁、陕西、
宁夏、内蒙古、甘肃、北京、河北、河南、山东、江苏、
安徽等地。该虫为大型短翅蝗虫，通常土色，前翅短小而
易于识别。食性杂，能为害多种植物幼苗。

［识别特征］　成虫：体型粗壮。头较短小，其长明显
短于前胸背板。前胸背板中隆线呈片状隆起，全长完整或
仅被后横沟微微割断，前、后缘呈锐角或直角状。腹部第2
节背板侧面具摩擦板。前翅短小，其顶端最多略超过腹部
第1节背板的后缘；后翅甚小。后足腿节外侧具不规则短隆
线，基部外侧的上基片短于下基片（图 2-384）。

［生活习性］　山东济南1年发生1代。3月中旬至4月
上旬越冬卵孵化，3月下旬为孵化盛期。4月下旬至5月上

图 2-384　笨蝗成虫交尾状

旬为3龄蝗蛹盛期。5月下旬至6月初为羽化盛期。6月中旬产卵。7月中旬至7月下旬成虫死亡。有多次交尾习性，一生可交尾5～8次，最多达10次以上。喜在高燥、向阳、植物覆盖少的地方产卵。1头雌虫可产卵2或3块，每卵块有卵10粒左右。多发生在干旱高燥的向阳坡地及丘陵山地。该蝗虫不能飞翔，不能跳跃，行动迟缓。

**348.日本条螽** *Ducetia japonica* (Thunberg, 1815)，又名露螽、梅雨虫、点绿螽，属直翅目螽斯科。

［分布与为害］ 分布于辽宁以南地区，尤以华东、华南地区常见。成虫、若虫为害桃、刺槐及多种花卉植物。

［识别特征］ ①成虫：雌虫体长19～23mm；雄虫体长16～21mm。体绿色。前翅后缘带褐色。复眼卵圆形，凸出。前胸背板缺侧隆线，侧片长大于高，肩凹不明显。前翅狭长，向端部趋狭；R脉具4～6个近乎平行的后分支，Rs脉不分叉。后翅长于前翅。前足基节具短刺，前足胫节背面具沟和距，内、外听器均为开放型。各足腿节腹面均具刺，后足腿节背面端部有时具1小刺，膝叶具2个刺。雌虫尾须较短，圆锥形；下生殖板三角形，端部钝圆；产卵瓣侧扁，强向上弯曲，背缘和腹缘具钝的细齿。雄虫第10腹节背板后缘截形，肛上板三角形；尾须微内弯，端部1/3呈斧形，腹缘具隆脊；下生殖板狭长，端部深裂呈两叶，裂叶毗连，从侧面观端半部向上弯曲（图2-385）。②若虫：与成虫相似，个体小，翅呈翅芽状。

图2-385 日本条螽成虫

［生活习性］ 华北地区，成虫见于8～10月。该虫白天一般隐藏于植物叶片背面或草丛中，傍晚时爬到枝叶取食为害。善爬行或短距离飞行，不善跳跃，有趋光性。雄虫前翅基部有音锉和刮器，会摩擦翅膀发出声音。

**349.日本绿露螽** *Holochlora japonica* Brunner von Wattenwyl, 1878，又名日本螽斯、日本绿螽，属直翅目螽斯科。

［分布与为害］ 分布于山东、江苏、上海、安徽、浙江、江西、福建、台湾、广东、广西、海南、湖南、湖北、四川、贵州、云南等地。为害苹果、梨、柑橘、龙眼、葡萄、杏、桃、李、梅、樱桃、柿、核桃、板栗、无花果、枇杷、荔枝、芒果、木菠萝、罗汉果等植物。以若虫、成虫将叶片吃成洞孔与缺刻，偶亦咬茎。一般危害不重。

［识别特征］ ①成虫：雌虫体长28～36mm，雄虫25～32mm。雌虫翅展48～52mm，雄虫38～44mm。体绿色。触角窝间的距离明显地窄于触角第2节，前胸背板侧片高稍大于长。雌虫产卵器宽扁，明显向上弯曲，端部平截。雄虫腹部末节特化成柱状，中部被狭而深的切口分成2个宽钝片，尾须几乎完全藏在腹部末节背板之下，呈长锥形，端部稍向上弯曲，顶端尖锐。雄虫下生殖板狭长，尾管椭圆形。前翅发达，其顶端明显超过后足股节端部，基部较窄，中部较宽，向顶端又渐次趋窄；C脉直而明显，呈深棕色。前足胫节听器外侧开放式，内侧鼓膜状。②若虫：参见图2-386。

图2-386 日本绿露螽若虫

［生活习性］ 大多生活在气候比较温暖的地区，在我国长江以南各地分布较多。一般在每年9～10月发生，秋季在树上鸣叫。鸣叫一般以白天为主，其鸣叫声为"咕咕咕"，不断重复。喜欢栖息在树枝上，有时也会栖息在草丛中。成虫将卵产在植物的嫩梢上。

**350.长瓣草螽** *Conocephalus exemptus* (Walker, 1869)，属直翅目螽斯科。

［分布与为害］ 分布于华东、华中、华南、西南等地。喜栖息在草丛、灌木丛和绿篱之中，以植物的嫩茎、叶、花、果实为食。

［识别特征］ ①成虫：体长16.0～22.5mm。体黄绿色。头顶背面具较宽褐色纵带，向后延伸到前胸

背板后缘，渐扩宽，两侧具黄白色边。产卵瓣长而直，长于后足腿节长，端部渐尖。雄虫尾须端尖，中部具1内齿，齿端延长并侧扁（图2-387）。②卵：微小，褐色，呈米粒状。③若虫：与成虫相似，个体小，翅呈翅芽状态。

［生活习性］成虫出现在初夏，可一直延续到9～10月，寿命2～3个月。雄性鸣叫时摩擦翅膀，发出微弱的"嘶嘶"的声音以吸引雌性；雌性不会鸣叫。交配后3～10天雌性产卵，产卵时把产卵器插入土中约2cm深处，排出卵粒。1头雌虫1次最多可产上百粒卵。

［蝗虫、螽斯类的防治措施］

（1）人工捕捉 在初孵若虫群集为害及成虫交配期进行网捕。

（2）生物防治 保护、利用麻雀、青蛙、大寄生蝇及微孢子虫等天敌进行生物防治。

（3）化学防治 若虫或成虫盛发时，可喷洒2.5%高效氯氟氰菊酯乳油1000～2000倍液、1%甲维盐乳油2000～3000倍液、20%甲维·茚虫威悬浮剂2000倍液等，均有良好的效果。

图2-387 长瓣草螽成虫

## 二十、潜叶蝇类

潜叶蝇类害虫，又名"绘图虫""鬼画符""斑潜蝇"等，属双翅目潜蝇科。以幼虫为害为主，在叶片内钻蛀潜食，在叶片表面形成不规则的蛇形白色潜道，严重时叶片干枯脱落。常见的种类有美洲斑潜蝇、豌豆潜叶蝇等。

**351. 美洲斑潜蝇** *Liriomyza sativae* Blanchard，1938，属双翅目潜蝇科。

［分布与为害］国内除青海、西藏和黑龙江以外均有发生，能为害多种花卉植物。成虫、幼虫均可为害，以幼虫为主。雌成虫刺伤叶片，产卵和取食。幼虫潜入叶片、叶柄蛀食，形成不规则的蛇形白色潜道（图2-388），终端明显变宽。严重受害叶片失去光合作用能力，干枯脱落，影响植物生长发育，降低观赏价值。

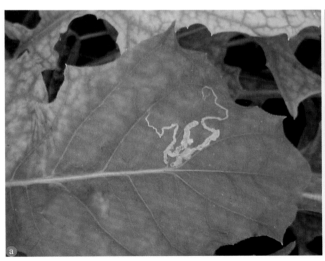

图2-388 美洲斑潜蝇

a. 为害非洲菊叶片状；b. 为害蜀葵叶片状

［识别特征］①成虫：小型，雌虫体较雄虫大，雌成虫体长1.50～2.13mm，翅展1.18～1.68mm；雄成虫体长1.38～1.88mm，翅展1.00～1.35mm。头部黄色。复眼酱红色。胸、腹背面大体黑色，中胸背板黑色发亮，后缘小盾片鲜黄色。体腹面黄色。外顶鬃着生在暗色区域，内顶鬃常着生在黄暗交界

处。前翅M$_{3+4}$脉末端为前1段的3～4倍，后翅退化为平衡棒。②卵：椭圆形，米白色，半透明，长径0.24～0.36mm，短径0.12～0.24mm。③幼虫：蛆形，共3龄。初孵幼虫米色半透明，体长0.32～0.60mm，老熟幼虫橙黄色，体长1.68～3.00mm，腹部末端有1对圆锥形后气门，在气门突末端分叉，其中2个分叉较长，各具1气孔开口。④蛹：椭圆形，腹面稍扁平，多为橙黄色，有时呈暗色至金黄色，长1.48～1.96mm，后气门3孔。

[生活习性] 该虫世代历期短，各虫态发育不整齐，世代严重重叠。在海南1年发生21～24代，广东14～17代，在海南、广东可周年发生，无越冬现象。华北地区则能在保护地内常年为害，北京地区周年发生10～11代，其中露地可发生6～7代，保护地4代左右，完成1代需15～30天，其繁殖速率随温度和作物不同而异。

成虫有飞翔能力，但较弱，对黄色趋性强。雌成虫以伪产卵器刺破叶片上表皮取食和产卵，喜在中、上部叶片而不在顶端嫩叶上产卵，下部叶片上落卵也少。幼虫孵出后潜入叶内为害，潜道随虫龄增加而加宽。第1、2、3龄幼虫潜道宽度分别约为0.11mm、0.56mm、1.83mm。老熟幼虫由潜道顶端或近顶端1mm处，咬破上表皮，爬出潜道外，在叶片正面或滚落地表或土缝中化蛹。卵和幼虫可随寄主植株、带叶的瓜果豆菜、切花、盆栽、土壤或交通工具等进行远距离传播。在北方自然条件下不能越冬，但可以以各种虫态在温室内繁殖越冬。因此，北方温室成为翌年露地唯一的虫源。传播途径是通过温室育苗移栽露地，将虫源传到露地蔓延为害；秋季露地育苗移栽保护地，再把露地虫源带入保护地，或成虫直接由露地转入邻近的保护地为害。

**352. 豌豆潜叶蝇** *Phytomyza horticola* Goureau, 1851，又名豌豆彩潜蝇、菊潜叶蝇、油菜潜叶蝇、拱叶虫、夹叶虫、叶蛆，属双翅目潜蝇科。

[分布与为害] 分布于全国各地。该虫为多食性害虫，为害翠菊、雏菊、虞美人、二月兰等多种草本花卉，幼虫潜食叶片，在叶面上形成不规则的蛇形白色潜道（图2-389a～c），严重时叶片干枯脱落。

[识别特征] ①成虫：体小，似果蝇，雌虫体长2.3～2.7mm，翅展6.3～7.0mm；雄虫体长1.8～2.1mm，翅展5.2～5.6mm。全体暗灰色而有稀疏的刚毛。复眼椭圆形，红褐色至黑褐色。眼眶间区及颅部的腹区为黄色。触角黑色，分3节，第3节近方形，触角芒细长，分成2节，其长度略大于第3节的2倍。②卵：长卵圆形，长0.30～0.33mm，宽0.14～0.15mm。③幼虫：虫体呈圆筒形，外形为蛆形（图2-389d）。④蛹：为围蛹，长卵形，略扁，长2.1～2.6mm，宽0.9～1.2mm。

[生活习性] 1年发生4～18代，世代重叠。淮河以北地区以蛹在被害叶片内越冬，淮河秦岭以南至长江流域以蛹越冬为主，少数幼虫和成虫也可越冬。华南地区可在冬季连续发生，各地均从早春起，虫口数量逐渐上升，春末夏初危害严重。该虫不耐高温，35℃以上时自然死亡率高，活动减弱，甚至以蛹越夏，秋天再开始为害。成虫白天活动，吸食花蜜、善飞、会爬行、趋化性强。卵散产在叶背叶缘组织内，尤以叶尖处为多。幼虫孵化后即潜食叶肉，出现曲折的隧道。幼虫共3龄，老熟幼虫在隧道末端化蛹。

图 2-389　豌豆潜叶蝇

a. 为害虞美人叶片状；b、c. 为害二月兰叶片状；d. 幼虫与蛹

［潜叶蝇类的防治措施］

（1）严格检疫　严格检疫可有效防止该虫扩大蔓延。

（2）消灭虫源　花卉种植前，彻底清除杂草、残株、败叶，并集中烧毁，减少虫源；种植前深翻，活埋地面上的蛹，且最好撒施 3% 氯唑磷（米尔乐）颗粒剂，用量为 1.5～2.0kg/667m²；发生盛期，中耕松土灭蝇。

（3）物理防治　采用防虫网阻隔或黄板诱杀成虫。

（4）生物防治　保护、利用天敌，如姬小蜂、金小蜂、瓢虫、椿象、蚂蚁、草蛉、蜘蛛等。

（5）化学防治　幼虫发生期，可选用 50% 环丙氨嗪（蝇蛆净）水溶粉剂 2000 倍液、50% 吡蚜酮可湿性粉剂 2500～5000 倍液、10% 氟啶虫酰胺水分散粒剂 2000 倍液、22% 氟啶虫胺腈悬浮剂 5000～6000 倍液、5% 双丙环虫酯可分散液剂 5000 倍液、22.4% 螺虫乙酯悬浮剂 3000 倍液喷洒防治。成虫发生期，用 80% 敌敌畏乳油（200～300mL/667m²）拌锯末点燃，熏杀成虫；或采用 22% 敌敌畏烟剂，用量为 400～450g/667m²，翌日 10 时左右及时放烟，以免造成药害。

## 二十一、瘿蚊、摇蚊类

瘿蚊、摇蚊类害虫属双翅目瘿蚊科与摇蚊科，前者幼虫为害时，常刺激叶片形成卷叶状的虫瘿，瘿内具灰白色的"蛆虫"；后者为水生昆虫，有的种类为害水生花卉。常见的种类有枣瘿蚊、刺槐叶瘿蚊、桑叶瘿蚊、莲窄摇蚊等。

**353. 枣瘿蚊**　*Dasineura jujubifolia* Jiao & Bu, 2017，属双翅目瘿蚊科。

［分布与为害］　分布于陕西、山西、北京、河北、河南、山东等地。为害枣树、酸枣树。以幼虫吸食枣、酸枣嫩芽与嫩叶的汁液，并刺激叶肉组织，使受害叶向叶面纵卷呈筒状，被害部位由绿色变为紫红色，质硬发脆，不久变黑枯萎，1 个卷叶内常有多头幼虫为害（图 2-390）。

［识别特征］　①成虫：雌虫体长 1.4～2.0mm；雄虫略小，体长 1.1～1.3mm。虫体似蚊，橙红色或灰褐色。雌虫复眼黑色；触角灰黑色；头、胸灰黄色；胸背黑褐色；胸背隆起；腹部大，共 8 节。雄虫灰黄色；触角发达，长过体半；腹部细长。②卵：近圆锥形，长约 0.3mm，半透明，初产卵白色，后呈红色，具光泽。③幼虫：蛆状，长 1.5～2.9mm，乳白色，无足。④蛹：为裸蛹，纺锤形，长 1.5～2.0mm，黄褐色，头部有角刺 1 对。⑤茧：长椭圆形，长径约 2mm，丝质，灰白色，外黏土粒。

［生活习性］　河北、河南、山东 1 年发生 5～6 代，以幼虫于树冠下土壤内做茧越冬。翌年枣树芽动后开始上升于近地面的表土中另做茧化蛹。山东烟台 5 月中下旬羽化为成虫，然后交尾产卵。第 1～4 代幼虫盛发期分别在 6 月上旬、6 月下旬、7 月中下旬、8 月上中旬，8 月中旬出现第 5 代幼虫，9 月上旬枣树新梢停止生长时，幼虫开始入土做茧越冬。成虫羽化后不久即飞翔（多于离地面 20cm 以内）。成虫喜阴暗，惧

图 2-390 枣瘿蚊为害枣树叶片状

光，产卵多于夜间进行，卵产于枝端尚未开展的嫩叶上。幼虫为害至老熟时，脱叶或随受害叶落地入土做茧化蛹。全年有5次以上明显的为害高峰。枣瘿蚊喜欢在树冠低矮、枝叶茂密的枣枝或丛生的酸枣上为害，树冠高大、零星种植或通风透光良好的枣树受害轻。

**354. 刺槐叶瘿蚊** *Obolodiplosis robiniae* (Haldeman, 1847)，又名刺槐瘿蚊，属双翅目瘿蚊科。

[分布与为害] 该虫原产于北美洲东部，近年来传入我国，是重要的检疫对象。在我国河北省秦皇岛市、辽宁省一些地区刺槐树的受害率近100%，严重影响刺槐的健康生长，其他省份如河北、山东等地，也已发现其发生为害。其为害特征十分明显：一般是3～8头幼虫群集为害，在刺槐叶片背面沿叶缘形成纵向卷曲的虫瘿（图2-391a），隐藏其中取食。

[识别特征] ①成虫：体微小，纤细、外形似蚊。复眼发达，通常左右愈合成1个。触角念珠状，10～36节，每节有环生放射状细毛。喙或长或短，有下颚须1～4节。腹部8节，伪产卵器极长或短，能伸缩。翅较宽，有毛或鳞毛，翅脉极少，纵脉仅3～5条，无明显的横脉，有的种类仅在前翅基部有1个基室。足细长，基节短，胫节无距，爪简单或有齿，具中垫和爪垫。②卵：长卵圆形，淡褐红色，半透明，长约0.27mm，宽约0.07mm。产于叶片背面，散产。③幼虫：体纺锤形，白色、黄色、橘红色或红色。头部退

图 2-391 刺槐叶瘿蚊

a. 为害刺槐叶片形成的虫瘿；b、c. 幼虫

化。中胸腹板上通常有1凸出的剑骨片，有齿或分成2瓣，为弹跳器官，是鉴别种的特征之一（图2-391b、c）。④蛹：体长2.6~2.8mm，淡橘黄色，翅、足等附肢粘连，位于蛹体腹面，但与蛹体分离，下伸达蛹体长的3/4处；腹部2~8节背面每节基部生有1横排褐色刺突；头顶两侧各生有1个深褐色的长刺，直立而伸出于头顶。

［生活习性］ 1年发生多代，以老熟幼虫落地入土越冬。9月下旬至10月上旬，末代幼虫逐渐老熟，开始自卷叶边缘爬出，坠地入土在浅土层中越冬，至10月下旬，幼虫已大多入土越冬；11月上旬，全部越冬。

**355. 桑叶瘿蚊** *Diplosis morivorella* Naito, 1919，又名桑黑瘿蚊，属双翅目瘿蚊科。

［分布与为害］ 分布于辽宁、河北、山东、江苏、安徽、浙江等地。以幼虫在桑叶的叶脉处取食，被害桑叶不久变厚形成长形、浅绿色的虫瘿（图2-392a），虫瘿包裹着幼虫。

［识别特征］ ①成虫：体长2.0~2.5mm，雄虫略小。雌成虫红色，雄成虫深红黑色。复眼黑色。触角灰褐色。前翅无色透明。足灰褐色。头小，略呈梨形。复眼肾形，占头部一多半。触角呈链珠状，各节触角密生短小黑刚毛。前翅翅面上遍生弯曲的毛。足极长，跗节被密毛和鳞片，爪一长一短。②卵：长约0.4mm，细长椭圆形，橘红色，表面光亮。③幼虫：末龄幼虫椭圆形，略扁，体长约4mm，无足。寄生在叶背虫瘿内的幼虫橘红色，后色变浅，2龄时浅黄色，3龄时橘红色（图2-392b）。④蛹：长约2.5mm，初为橙红色，后变深至黑红色。⑤茧：近长椭圆形，白色。

**图2-392 桑叶瘿蚊**
a. 为害桑叶形成的虫瘿；b. 虫瘿内的幼虫

［生活习性］ 1年发生代数不详，世代重叠。6~8月发生2~3代，10月底仍可见到虫瘿。成虫寿命1天，卵期2~3天，幼虫期12天，蛹期12天左右，完成1个世代约需27天。

［瘿蚊类的防治措施］

（1）减少越冬虫源 清理树上、树下虫枝、叶、果，并集中烧毁，减少越冬虫源。

（2）诱杀成虫 成虫期采用灯光（频振灯及诱蛾灯）诱杀成虫，防止扩散蔓延。

（3）化学防治 4月中下旬寄主萌芽展叶时，喷施下列药剂：25%灭幼脲Ⅲ号悬浮剂1000倍液、10%氯氰菊酯乳油2000倍液、2.5%溴氰菊酯乳油2000倍液、25%噻嗪酮可湿性粉剂1500倍液。

**356. 莲窄摇蚊** *Stenochironomus nelumbus* (Tokunaga & Kuroda, 1935)，又名莲潜叶摇蚊、水蛆，属双翅目摇蚊科。

［分布与为害］ 分布于江苏、浙江、广东、广西、湖南、湖北、四川、云南等地。为害荷花、花莲、藕莲、碗莲、子莲等植物。幼虫为害荷花根茎、浮叶和实生苗叶，爬至荷叶上，从叶背啄孔钻入，在叶内掘穴匍匐前进。每一幼虫为一单独坑道；在为害盛期，数十或数以百计的幼虫纵横交错地蚕食，使各坑道相连，致使整个荷叶坏死（图2-393）。

［识别特征］ ①成虫：体长3.0~4.5mm。体翠绿色。复眼中部褐色，周围黑色。中胸背板后部两侧各有1个梭形黑褐色条斑。前翅淡黄色，最宽处有较宽的黑斑，外缘也有不规则的黑斑。头小。中胸特别发达，背板前部隆起，呈驼背状。足细长，前足是体长的两倍多。雌雄虫较易区别。雌虫触角丝状，褐

图2-393　莲窄摇蚊为害荷花叶片状

色，6节；腿节中央和基部有1小段黑色；腹部翠绿色。雄虫触角羽毛状，14节，基部褐色，先端黑褐色；前足胫节黑色，腿节先端有1小段黑色。②卵：长椭圆形，嫩黄色，头部隐约可见眼点，长约0.2mm，宽约0.08mm。包含在暗白色胶质物中。③幼虫：体柔软纤细，长10～11mm，黄色或淡黄绿色。头部褐色；触角5节，口器黑色，大颚扁，呈锯齿状，下唇齿板发达，下唇齿粗壮。头部有一部分缩嵌在前胸内；中、后胸宽大。腹部圆筒形，分节明显，腹末有两对短小的刚毛，肛门鳃指状，较长。④蛹：体长4～6mm，翠绿色；复眼红褐色；前足明显游离于蛹体，卷曲于胸、腹前。蛹体前端和尾部生有短细的白色绒毛。

[生活习性]　1年发生6～7代，有世代重叠现象。每年10月下旬，当莲叶枯萎时有些幼虫羽化为成虫，大部分以幼虫随叶片枯萎而沉入水底越冬。翌年3月化蛹，到水面羽化为成虫。1年中成虫有4～5月、9～10月2个盛发期。幼虫为害期较长，从4月一直持续至10月，一般4～5月起危害逐渐加重，全年在7～8月危害最严重，至10月中下旬后停止。

[摇蚊类的防治措施]

（1）及时摘除有虫浮叶　　摘除有虫叶片，深埋或烧毁，以灭杀幼虫。

（2）水旱轮作和清理田间　　对上年发生严重的田块，要考虑进行水旱轮作种植。对发生较轻的田块，一定要清除残叶，消灭越冬虫源，或通过排水晒田，控制其为害。也可在莲叶萌发前结合春耕，排除田间积水，每667m²用50%辛硫磷颗粒剂2.5～3.0kg撒施，并适当翻耕，杀灭越冬幼虫。

（3）严禁从发生区引种　　摇蚊类能随种苗、带土种茎等进行远距离传播。必须要从危害较重的地区引种时，应彻底洗净种苗上的污泥和其他杂物。必要时可以对引入的种苗喷洒80%敌敌畏乳油2000倍液，喷完后再盖上塑料薄膜，闷2～3h后再播种。

（4）化学防治　　当发现浮叶上有虫道时，可选择1.8%阿维菌素乳油2500倍液或50%灭蝇胺可湿性粉剂4000倍液。每隔7天喷1次，连喷2或3次。为了提高药液在叶片上的黏着性，配制药液时可适量加入洗衣粉或其他黏着剂。需要注意，在水田中要慎用拟除虫菊酯类农药。

## 二十二、软体动物类

软体动物类害虫属软体动物门，其在外部形态、内部生理及生活习性等方面与昆虫类害虫有着明显的不同。本书介绍两类：蜗牛与蛞蝓，前者具壳，后者无壳。

**357. 条华蜗牛**　*Cathaica fasciola* (Draparnaud, 1801)，又名同型巴蜗牛、水牛，属软体动物门腹足纲柄眼目巴蜗牛科。

[分布与为害]　分布于我国黄河流域、长江流域及华南各地。为害紫薇、芍药、海棠类、玫瑰、月季、蔷薇、白蜡及多种草本花卉。初孵幼螺只取食叶肉，留下表皮，稍大个体则用齿舌舔食嫩叶、嫩茎及果实。轻者叶被食成缺刻或孔洞，严重的嫩芽被咬食，影响生长及开花。

[识别特征]　①成体（图2-394）：贝壳中等大小，壳质厚，坚实，呈扁球形。壳高约12mm、宽约

图 2-394 条华蜗牛成体

16mm，有 5 或 6 个螺层，顶部几个螺层增长缓慢，略膨胀，螺旋部低矮，体螺层增长迅速、膨大。壳顶钝，缝合线深。壳面呈黄褐色或红褐色，有稠密而细致的生长线。体螺层周缘或缝合线处常有 1 条暗褐色带（有些个体无）。壳口呈马蹄形，口缘锋利，轴缘外折，遮盖部分脐孔。脐孔小而深，呈洞穴状。个体之间形态变异较大。②卵：圆球形，直径约 2mm，乳白色有光泽，渐变淡黄色，近孵化时为土黄色。

［生活习性］ 1 年发生 1 代，以成贝在冬作物土中或作物秸秆堆下，或以幼贝在冬作物根部土中越冬。翌年 4～5 月产卵，卵多产在根际湿润疏松的土中、缝隙中、枯叶下、石块下，每个成贝可产卵 30～235 粒，孵化后生活在潮湿草丛中、田埂上、灌木丛中、乱石堆下、植物根际土块及土缝中，也可生活在温室、塑料棚、菜窖及阴暗潮湿的条件下，适应性强。

**358. 灰巴蜗牛** *Bradybaena ravida* (Benson, 1842)，又名蜓蚰螺、水牛儿，属软体动物门腹足纲柄眼目巴蜗牛科。

［分布与为害］ 分布于全国各地。除为害月季、蜡梅、杜鹃、佛手、兰花等多种花卉外，还为害草坪草，尤其喜食白三叶草、红三叶草、红花酢浆草等，发生严重时，每平方米可多达 80 多头。爬行过后，常常会留下白色的黏液痕迹（图 2-395a）。

［识别特征］ ①成体（图 2-395b）：贝壳中等大小，壳质稍厚，坚固，呈圆球形。壳高约 19mm、宽约 21mm，有 5 或 6 个螺层，顶部几个螺层增长缓慢、略膨胀，体螺层急骤增长、膨大。壳面黄褐色或琥珀色，并具有细致而稠密的生长线和螺纹。壳顶尖。缝合线深。壳口呈椭圆形，口缘完整，略外折，锋利，易碎。轴缘在脐孔处外折，略遮盖脐孔。脐孔狭小，呈缝隙状。个体大小、颜色变异较大。②卵：圆球形，白色。

［生活习性］ 华北地区 1 年发生 1 代，以成贝和幼贝在落叶下或浅土层中越冬。翌年 3 月上中旬开始活动，白天潜伏，傍晚或清晨取食，遇有阴雨天多整天栖息在植株上。4 月下旬到 5 月上中旬成贝开始交配，后不久把卵成堆产在植株根茎部的湿土中，初产的卵表面具黏液，干燥后把卵粒粘在一起呈块状，初孵幼贝多群集在一起取食，长大后分散为害，喜栖息在植株茂密、低洼潮湿处。温暖多雨天气及田间潮湿地块受害重；遇有高温干燥条件，蜗牛常把壳口封住，潜伏在潮湿的土缝中或茎叶下，待条件适宜时，如下雨或灌溉后，于傍晚或早晨外出取食。11 月中下旬又开始越冬。

**图 2-395　灰巴蜗牛**
a. 爬行留下的白色痕迹；b. 成体

**359. 双线嗜黏液蛞蝓**　*Meghimatium bilineatum* (Benson, 1842)，又名鼻涕虫，属软体动物门腹足纲柄眼目蛞蝓科。

[分布与为害]　该虫分布广泛，是杂食性害虫，为害唐菖蒲、鸢尾、菊花、一串红、水芋、三叶草、兰花等多种花卉。近年来，其为害三叶草草坪越来越重。食害嫩叶与嫩根，被害叶片呈孔状、缺刻。受害茎、叶和花常留下1条银白色发亮的痕迹。

[识别特征]　①成体：体型大，体长50～70mm，宽约12mm，伸展时长可达120mm。触角2对，体裸露，无外套膜，体色灰黑色至深灰色，腹足底部为灰白色，体两侧各有1条黑褐色的纵线，全身满布腺体，分泌大量黏液（图2-396a）。②卵：呈圆球形，宽2～3mm，初产为乳白色，后变灰褐色，孵化前变黑色。产于土下、土面、菜叶基部及沟渠上，呈卵堆。少的8或9粒，多的20多粒，卵粒互相黏附成块。③幼体：初孵幼体白色或白灰色，半透明，长2.5～3.5mm，宽约1mm。

[生活习性]　浙江宁波1年发生1代，以成体在树基、土下、草丛、沟渠、菜株基部等处越冬。2月开始活动取食，3月中旬开始交配产卵，4月中旬开始孵化为幼体，5～6月为幼体发生高峰期，也是全年虫口数量最多、危害最严重的时期。7～8月伏旱高温，潜入地下蛰伏，8月下旬开始出现成体，9～11月为成体高峰期，由于总体数量有所下降，故危害比春季轻，至12月开始入土越冬，但在最冷的1月仍有成体活动。该虫在北方温室内常年发生，白天多躲藏于花盆底部、漏水孔或疏松的基质（如树皮块等）内，夜间出来取食为害，造成缺刻、孔洞，同时留下白色爬行痕迹与虫粪，严重污染叶面，降低观赏价值。有时钻入花梗内部取食（图2-396b、c）。

**图 2-396　双线嗜黏液蛞蝓**
a. 成体；b、c. 为害朱顶红状

**360. 野蛞蝓** *Agriolimax agrestis* (Linnaeus, 1758)，又名无蜓蚰螺、鼻涕虫、黏腥虫、旱螺、软体蜗牛，属软体动物门腹足纲柄眼目蛞蝓科。

[分布与为害] 性喜阴暗潮湿，广泛分布在我国热带、亚热带、温带地区。食性杂，可为害多种园林植物的幼苗与幼嫩茎叶，将其食成孔洞或缺刻，同时排泄粪便、分泌黏液污染植物。

[识别特征] ①成体：体长20～25mm，爬行时体可伸长达30～36mm。体光滑柔软，无外壳。体色为黑褐色或灰褐色。头部与身体无明显分节，头前端着生唇须（前触角）、眼须（后触角）各1对，暗黑色。唇须长约1mm，起感觉作用。眼须长约4mm，其端部着生有眼点，色较深。口器位于头部腹面两唇须的凹陷处，内生有1条角质齿舌，用以嚼食植物叶片。体背中央隆起，前方有半圆形硬壳外套膜，约为体长的1/3。其边缘卷起，内有1个退化的贝壳，头部收缩时即藏于膜下。呼吸孔在外套膜的后半部右侧2/3处，生殖孔位于右眼须的后侧方。雌雄同体（图2-397a）。肌肉组织的腺体能分泌黏液，覆布体表，凡爬行过的地方均留有白色痕迹（图2-397b）。②卵：椭圆形，直径2.0～2.5mm。白色透明可见卵核，且韧而富有弹性，近孵化时色变深。卵粒黏集成堆，每堆8或9粒，多的20粒以上。③幼体：形似成体，全身淡褐色，外套膜下后方的贝壳隐约可见。初孵幼体长2.0～2.5mm，宽约1mm，1周后体长增至3mm，2周后长至4mm，1个月后长至8mm，3个月后约长达10mm、宽2mm，5～6个月发育为成体（图2-397c）。

**图2-397 野蛞蝓**
a. 成体；b. 爬行留下的白色痕迹；c. 幼体

[生活习性] 以成体或幼体在植物根部湿土下越冬。5～7月在田间大量活动为害，入夏气温升高，活动减弱，秋季气候凉爽后，又活动为害。在南方每年4～6月和9～11月有两个活动高峰期，在北方7～9月危害较重，保护地内可常年发生。喜欢在潮湿、低洼处为害。当成体性成熟后即可交配，交配后2～3天即可产卵，卵成堆产于潮湿土块下、土壤缝隙内或作物根际上，干燥的土壤不利于胚胎发育及卵的孵化。野蛞蝓成体、幼体均畏光怕热，喜阴暗、潮湿、多腐殖质的环境。成体、幼体白天隐藏在土块、背阴田埂杂草内或靠近地面的叶片下，夜晚至清晨及阴雨天外出取食活动。

[软体动物类的防治措施]

（1）人工除治 发生量较小时，人工捡拾，集中杀灭。

（2）化学防治 傍晚在栖息处撒新鲜的石灰粉，用量为75.0～112.5kg/hm²，可杀成体、幼体。也可用稀释70～100倍的氨水于夜间喷洒，或在其活动场所或受害植物的周围，撒施2%四聚乙醛（梅塔、灭旱螺）颗粒剂，10kg/hm²，或用蜗牛敌＋豆饼＋饴糖（1：10：3）制成的毒饵撒于草坪，可诱杀蜗牛、蛞蝓。

## 二十三、鼠妇、马陆类

鼠妇属甲壳纲，是甲壳纲类小动物中唯一的陆生类型；马陆属节肢动物门多足纲。两者共同的为害特点是性喜阴暗潮湿的环境。

**361. 卷球鼠妇** *Armadillidium vulgare* (Latreille, 1804)，又名潮湿虫、西瓜虫、鞋底虫、地虱婆，属节肢动物门甲壳纲等足目鼠妇科。

[分布与为害] 分布于上海、江苏、福建、广东等地及北方各温室，为温室中的一种主要有害动物。为害紫罗兰、仙客来、铁线蕨、瓜叶菊、仙人掌、金钟、仙人球、绒毛掌、松鼠尾、凤尾蕨、渐尖毛蕨、蜈蚣草、苏铁、水仙、含笑、松叶菊、天竺葵、一串红等花卉植物。成体、幼体取食寄主植物的幼嫩新根，咬断须根或咬坏球根，同时啃食地上部的嫩叶、嫩茎和嫩芽，造成局部溃烂。

[识别特征] ①成体：体长8～11mm。体长椭圆形，宽而扁，具光泽。体灰褐色或灰紫蓝色，胸部腹面略呈灰色，腹部腹面较淡白。体分13节，第1胸节与颈愈合，第8、9体节明显缢缩，末节呈三角形，各节背板坚硬。头宽2.5～3.0mm，头顶两侧有复眼1对，眼圆形稍突，黑色。触角土褐色，长短各1对，着生于头顶前端，其中长触角6节，短触角不显。口器小，褐色。腹足7对。雌体胸肢基部内侧有薄膜板，左右会合形成育室（图2-398a）。②幼体：初孵幼体白色，足6对，经过1次蜕皮后有足7对，蜕皮壳白色。

[生活习性] 北方2年发生1代，南方1年1代，以成体或幼体在土层下、墙裂缝中或枯落叶下越冬。雌体产卵于胸部腹面的育室内，每雌产卵30余粒，卵经2个多月后在育室内孵化为幼鼠妇，随后幼体陆续爬出育室离开母体。1～2天后蜕第1次皮，再经6～7天后进行2次蜕皮。幼体对蜕下的体皮自行取食或相互取食，幼体经多次蜕皮后便成熟。翌年3月大量出现并为害植物。性喜湿，不耐干旱，怕光，白天隐蔽，晚间活动。行动快、假死性强，受惊动时身体立刻卷缩，头尾几乎相接呈球形。成体、幼体多潜伏在花盆排水孔或盆沿内外（图2-398b），夜间出来取食。

**图2-398 卷球鼠妇**
a. 成体；b. 在花盆底部潜伏状

**362. 北京小直形马陆** *Orthomorphella pekuensis* (Karsch, 1881)，又名马陆、北京山蛩虫、多足虫、草鞋爬子、百脚虫等。属节肢动物门多足纲奇马陆科。

[分布与为害] 分布于全国各地。为害草坪禾草、仙客来、瓜叶菊、洋兰、铁线蕨、吊钟海棠、文竹等植物。以成体、幼体取食根、嫩茎和叶，造成损伤和污染。

[识别特征] ①成体：体长25～30mm。外形似蜈蚣，体圆形稍扁，赤褐色或暗褐色，全体有光泽。头部着生触角1对，眼为单眼，口器在头的腹面，咀嚼式。躯干共20节，每1体节有浅白色环带，背面两侧和步肢黄色，其最为明显的特征是每1体节有2对行动足（图2-399a、b）。②卵：白色、圆球形。③幼

体：初孵化的幼体白色、细长，经几次蜕皮后，体色逐渐加深。幼体和成体都能蜷缩成圆环状。

［生活习性］ 华北地区1年发生1代，性喜阴湿。一般生活在草坪土表、土块下面或土缝内，白天潜伏，晚间活动为害。有时白天在地面爬行，常为单体活动，夏季雨后天晴出来爬行最多。受到触碰时，会将身体蜷曲成圆环形，呈假死状态（图2-399c），间隔一段时间后，复原活动。一般为害植物的幼根及幼嫩的小苗和嫩茎、嫩叶。卵产于草坪土表，卵成堆产，卵外有1层透明黏性物质，每头可产卵300粒左右。在适宜温度下，卵经过20天左右孵化为幼体，数月后成熟。寿命可达1年以上。

图2-399 北京小直形马陆
a、b. 成体；c. 成体的假死状态

［鼠妇、马陆类的防治措施］

（1）农业防治 保持草坪、花卉栽培场所的卫生，及时清除砖块、石块、花盆等杂物，扫除并烧毁枯枝落叶，以及减少其隐蔽场所。

（2）毒饵诱杀 将麸皮或豆饼炒黄拌入500倍的虫螨净，撒在墙角等较暗的地方进行诱杀。

（3）化学防治 危害严重时，用2.5%溴氰菊酯乳油2500倍液、50%辛硫磷乳油1000倍液喷洒防治。

# 第二节 吸 汁 害 虫

园林植物吸汁害虫种类很多，包括半翅目的蚜虫、介壳虫、叶蝉、沫蝉、蜡类、木虱、粉虱、蜡蝉、蝉类，缨翅目的蓟马，蜱螨目的螨类等。其发生特点：①以刺吸式口器吸取幼嫩组织的养分，导致枝叶枯萎；②发生代数多，高峰期明显；③个体小，繁殖力强，发生初期为害状不明显，易被人忽视；④扩散蔓延迅速，借风力、苗木传播远方；⑤多数种类为媒介昆虫，可传播病毒病和植原体病害。

## 一、蚜虫类

蚜虫类属半翅目蚜总科，为害园林植物的蚜虫种类很多。蚜虫的直接为害是刺吸汁液，使叶片褪色、卷曲、皱缩，甚至发黄脱落，形成虫瘿等，同时排泄蜜露、诱发煤污病。其间接为害是传播多种病毒，引起病毒病。在园林植物上常见的种类有蚜科的桃蚜、桃粉蚜、桃瘤蚜、棉蚜、绣线菊蚜、豆蚜、槐蚜、柳蚜、芒果蚜、东亚接骨木蚜、夹竹桃蚜、苹果瘤蚜、梨二叉蚜、梨中华圆尾蚜、菊姬长管蚜、红花指管蚜、莴苣指管蚜、印度修尾蚜、樟修尾蚜、日本忍冬圆尾蚜、忍冬新缢管蚜、胡萝卜微管蚜、紫藤否蚜、禾谷缢管蚜、月季长管蚜、蔷薇长管蚜、柳二尾蚜、樱桃卷叶蚜、樱桃瘿瘤头蚜、李短尾蚜、莱蒾蚜、伪蒿小长管蚜、柳黑毛蚜、白杨毛蚜、栾多态毛蚜、京枫多态毛蚜、紫薇长斑蚜、榆长斑蚜、榆华毛斑蚜、朴绵斑蚜、朝鲜椴斑蚜、竹纵斑蚜、竹梢凸唇斑蚜、枫杨刻蚜、蚊母新胸蚜、异毛真胸蚜、杨枝瘿绵蚜、杨柄叶瘿绵蚜、秋四脉绵蚜、榆绵蚜、日本绵蚜、女贞卷叶绵蚜、苹果绵蚜、山楂卷叶绵蚜、北扣绵蚜、柳瘤大蚜、雪松长足大蚜、白皮松长足大蚜、马尾松大蚜、华山松大蚜、柏长足大蚜，根瘤蚜科的柳倭蚜，球蚜科的落叶松球蚜、油松球蚜等。

**363. 桃蚜**　　*Myzus persicae* (Sulzer, 1776)，又名桃赤蚜、烟蚜、菜蚜、腻虫，属半翅目蚜科。

[分布与为害]　分布于全国各地。为害桃、樱桃、樱花、杏、山楂、海棠类、梅花、夹竹桃、柑橘、郁金香、羽衣甘蓝、二月兰、百日菊、金鱼草、金盏菊、蜀葵、香石竹、大丽花、菊花、仙客来、一品红、瓜叶菊等300余种植物。以成蚜、若蚜群集为害新梢、嫩芽和新叶，受害叶片向背面不规则卷曲（图2-400a）。

[识别特征]　①无翅孤雌蚜：体长约2mm，黄绿色或赤褐色，卵圆形。复眼红色。额瘤显著，腹管较长，圆柱形（图2-400b）。②有翅孤雌蚜：复眼为红色，头及中胸黑色，腹部深褐色、绿色、黄绿色或赤褐色，腹背有黑斑。额瘤显著（图2-400c）。③卵：长圆形，初为绿色，后变黑色。④若蚜：与成蚜相似，身体较小，淡红色或黄绿色。

**图2-400　桃蚜**

a. 为害桃树嫩梢状；b. 无翅孤雌蚜与若蚜；c. 有翅孤雌蚜

[生活习性]　1年发生10～30代，以卵在桃、樱花等冬寄主的枝梢、腋芽、裂缝和小枝等处越冬。温室中也可以雌蚜越冬，营孤雌生殖。生活史较复杂。翌年3月开始孵化为害，随气温增高桃蚜繁殖加快，

4～6月虫口密度急剧增大，并逐渐产生有翅蚜迁飞至蜀葵及十字花科植物上为害。至10～11月又产生有翅蚜迁返桃、樱花等冬寄主上。不久产生雌、雄性蚜，交配产卵越冬。

**364. 桃粉蚜** *Hyalopterus amygdali* (Blanchard, 1840)，又名桃大尾蚜、桃粉绿蚜、桃粉大尾蚜，属半翅目蚜科。

［分布与为害］ 分布于全国各地。为害桃、李、杏、梅、美人梅、樱桃、山楂、梨、芦苇等植物（图2-401a～d）。以成蚜、若蚜群集于新梢和叶背刺吸汁液，被害叶片失绿并向叶背对合纵卷，卷叶内积有白色蜡粉，严重时叶片早落，嫩梢干枯。排泄蜜露常致煤污病发生。

［识别特征］ ①无翅孤雌蚜：体长约2.3mm，宽约1.1mm，长椭圆形，绿色，被覆白粉。腹管细圆筒形，尾片长圆锥形，上有长曲毛5或6根（图2-401e）。②有翅孤雌蚜：体长约2.2mm，宽约0.89mm，体长卵形。触角、头、胸部黑色，腹部橙绿色至黄褐色，被覆白粉。触角第3节上有圆形次生感觉圈数十个，腹管短筒形。③卵：椭圆形，长0.5～0.7mm，初产时黄绿色，后变黑绿色，有光泽。④若虫：形似成蚜，但体小，淡绿色，体上有少量白粉。

**图 2-401 桃粉蚜**

a. 为害紫叶桃叶片状；b. 为害杏树叶片状；c. 为害美人梅果柄状；d. 为害芦苇叶片状；e. 若蚜与无翅孤雌蚜

［生活习性］ 1年发生10～20代，以卵在桃、美人梅等冬寄主的腋芽、裂缝及短枝杈处越冬。冬寄主萌芽时孵化，群集于嫩梢、叶背为害繁殖。5～6月繁殖最盛、危害严重，大量产生有翅孤雌蚜，迁飞到夏寄主（芦苇）上为害繁殖。10～11月产生有翅蚜，返回冬寄主上为害繁殖，产生性蚜交尾产卵越冬。

**365. 桃瘤蚜** *Tuberocephalus momonis* (Matsumura, 1917)，又名桃瘤头蚜、桃纵卷瘤蚜，属半翅目蚜科。

［分布与为害］ 在我国分布较广，南北方均有发生。为害桃、山桃、碧桃、樱桃、梅、梨、艾蒿等植物。该虫自桃树发芽即可为害，成蚜、若蚜群集叶背刺吸汁液，被害叶片从边缘向背面纵卷，被害处组织增厚，凹凸不平，初淡绿色，后呈桃红色，严重时全叶卷曲似绳状，逐渐干枯（图2-402a、b）。

［识别特征］ ①无翅孤雌蚜：体长约2mm，长椭圆形，肥大，深绿色、黄绿色、黄褐色至暗黄褐色不等。复眼赤褐色，腹部背面有黑色斑纹。额瘤明显。触角共6节，第3节后半部及第6节呈覆瓦状。中胸两侧具小瘤状突起。腹管圆柱形。尾片短小，较腹管短（图2-402c）。②有翅孤雌蚜：体长约1.8mm，翅展约5mm，体有深绿色、黄绿色、黄褐色等色。翅透明，脉黄色。腹部背面有黑色斑纹。③卵：椭圆形，黑色。④若蚜：与成蚜相似，体较小，淡黄色或浅绿色，头部和腹管深绿色。复眼朱红色。有翅若蚜胸部发达。

**图 2-402 桃瘤蚜**

a. 为害桃树叶片状；b. 为害紫叶桃叶片状；c. 无翅孤雌蚜与若蚜

［生活习性］ 1年发生10余代，有世代重叠现象，以卵在桃、樱桃等树木的枝条、腋芽处越冬。翌年寄主发芽后孵化为干母。群集在叶背面取食为害，形成上述为害状。大量成虫和若虫藏在组织增厚的卷叶里为害，增加了防治难度。5～7月是桃瘤蚜的繁殖、为害盛期。此时产生有翅孤雌蚜迁飞到艾草等菊科植物上，晚秋（10月）又迁回到桃、樱桃等树木上，产生性蚜交尾、产卵、越冬。

**366. 棉蚜** *Aphis gossypii* Glover, 1877，又名瓜蚜、腻虫，属半翅目蚜科。

［分布与为害］ 分布于全国各地。为害木槿、扶桑、石榴、紫荆、紫叶李、大叶黄杨、月季、玫瑰、牡丹、一串红、茶花、菊花、常春藤、兰花、大丽花、仙客来等植物。以成蚜和若蚜群集在寄主的嫩梢、花蕾、花朵、叶背刺吸汁液，使叶片皱缩，影响开花。同时分泌蜜露，诱发煤污病（图 2-403）。

**图 2-403 棉蚜为害状**

a. 为害石榴花萼状；b. 为害大叶黄杨叶片状；c. 为害扶桑花蕾状；d. 为害菊花叶片状；e. 为害勋章菊花瓣状；f. 为害四季海棠叶片且分泌蜜露状

［识别特征］　①无翅孤雌蚜：体长1.5～1.8mm，春季墨绿色，夏季棕黄色至黑色。腹管圆筒形，尾片圆锥形（图2-404a）。②有翅孤雌蚜：体长1.2～1.9mm，黄色或浅绿色，前胸背板黑色，腹部两侧有3或4对黑斑纹。腹管黑色，圆管形，尾片同无翅型（图2-404b）。③卵：初产时橙黄色，6天后变为漆黑色，有光泽，卵产在越冬寄主的腋芽附近。④无翅若蚜：与无翅孤雌蚜相似，但体较小，腹部较瘦。⑤有翅若蚜：形状同无翅若蚜，2龄出现翅芽，向两侧后方伸展，端半部灰黄色。

**图2-404　棉蚜**
a. 无翅孤雌蚜与若蚜；b. 无翅孤雌蚜、若蚜与有翅孤雌蚜

［生活习性］　1年发生20代左右，以卵在木槿、石榴等冬寄主枝条的腋芽处越冬。翌年春3～4月孵化为干母，在越冬寄主上进行孤雌胎生，繁殖3～4代。4～5月产生有翅孤雌蚜，飞到菊花、扶桑、茉莉、瓜叶菊等夏寄主上为害，并继续孤雌生殖。晚秋（10月）产生有翅迁移蚜从夏寄主迁到冬寄主上，与雄蚜交配后产卵，以卵越冬。棉蚜是世界性害虫，已知寄主有300多种，可传播多种花卉病毒，如郁金香裂纹病毒、百合丛簇病毒、美人蕉花叶病毒、锦葵黄化病毒、报春花花叶病毒、曼陀罗蚀纹病毒等。

**367. 绣线菊蚜**　*Aphis spiraecola* Patch, 1914，又名苹果黄蚜、苹果蚜，属半翅目蚜科。

［分布与为害］　分布于华北、华中、华东，以及辽宁、陕西、河南、四川等地。主要为害苹果、海棠类、梨、山楂、绣线菊、樱花、榆叶梅、木瓜等植物。以成蚜、若蚜群集为害新梢、嫩芽和新叶，受害叶片向背面横卷（图2-405a、b）。

［识别特征］　①无翅孤雌蚜：体长1.6～1.7mm，宽0.95mm左右。体近纺锤形，黄色、黄绿色或绿色。头部、复眼、口器、腹管和尾片均为黑色，触角基部浅黑色。口器伸达中足基节窝。触角显著比体短，无次生感觉圈。腹管圆柱形向末端渐细，尾片圆锥形，生有10根左右弯曲的毛，体两侧有明显的乳头状突起，尾板末端圆，有毛12或13根（图2-405c）。②有翅孤雌蚜：体长1.5～1.7mm，翅展约4.5mm。体近纺锤形，头、胸、口器、腹管、尾片均为黑色，体两侧有黑斑。复眼暗红色。腹部绿色、浅绿色、黄绿色。口器黑色，伸达后足基节窝。触角丝状6节，较体短，第3节有圆形次生感觉圈6～10个，第4节有2～4个。体两侧具明显的乳头状突起。尾片圆锥形，末端稍圆，有9～13根毛（图2-405d）。③卵：椭圆形，长径约0.5mm，初产浅黄色，渐变为黄褐色、暗绿色，孵化前漆黑色，有光泽。④若蚜：鲜黄色，无翅若蚜腹部较肥大，腹管短；有翅若蚜胸部发达，具翅芽，腹部正常。

［生活习性］　1年发生10代左右，以卵在寄主植物的树皮缝、腋芽等处越冬。翌年3月花木萌芽时，越冬卵孵化，4月下旬至6月中旬为发生盛期，5月中旬至6月上旬为高峰。群集刺吸幼芽、嫩梢和幼叶汁液，造成叶片卷曲、枯黄，提早落叶。6月中旬后蚜量减少，9月中旬又有所增长，11月下旬产卵越冬。

**图2-405 绣线菊蚜**

a. 为害木瓜海棠嫩梢状；b. 为害北美海棠嫩梢状；c. 无翅孤雌蚜；d. 无翅孤雌蚜、有翅若蚜及有翅孤雌蚜

**368. 豆蚜** *Aphis craccivora* Koch, 1854，又名花生蚜，属半翅目蚜科。

[分布与为害] 在我国分布广泛。为害紫苜蓿、草木樨、刺槐、香花槐、紫藤、锦鸡儿等多种豆科植物，在嫩枝、花茎、嫩叶背面群集生活（图2-406），可传播多种病毒病，如花生斑驳病毒病等。

**图2-406 豆蚜为害状**

a. 为害刺槐嫩梢状；b. 为害香花槐嫩梢状；c. 为害香花槐花序状

［识别特征］ ①无翅孤雌蚜：体长1.8～2.4mm。体肥胖，黑色或浓紫色，具光泽，体披蜡粉。触角第1、2、5节末端及第6节黑色，第3、4节黄白色。腹部第1～6节背面有1大型灰色隆起斑。腹管和尾片黑色。触角6节，比体短。腹管长圆形，有瓦纹。尾片圆锥形，具微刺组成的瓦纹。两侧各具长毛3根（图2-407a）。②有翅孤雌蚜：体长1.5～1.8mm，黑绿色或黑褐色，具光泽。触角第3～6节黄白色，节间褐色。触角6节，第3节有感觉圈4～7个，排列成行。③若蚜：共4龄，灰紫色至黑褐色（图2-407b）。

图2-407 豆蚜
a. 无翅孤雌蚜；b. 若蚜与无翅孤雌蚜

［生活习性］ 发生代数因地而异，山东、河北1年发生20多代，广东、福建30多代。主要以无翅孤雌若蚜于避风向阳处的荠菜、苜蓿、紫花地丁等寄主上越冬，也有少量以卵在枯死寄主的残株上越冬。春季产生有翅孤雌蚜飞往刺槐、紫藤、锦鸡儿等，并大量繁殖，可产生有翅蚜，迁飞他处。在华南能在豆科植物上继续繁殖，无越冬现象。

**369. 槐蚜** *Aphis cytisorum* Hartig, 1841，又名金雀花蚜，属半翅目蚜科。

［分布与为害］ 分布于西北、华北，以及山东、四川等地。为害国槐、龙爪槐、江南槐、紫穗槐、刺槐、蝴蝶槐、河南槐、紫藤、白玉兰等植物的嫩梢（图2-408a）、嫩叶、花序（图2-408b），严重时造成煤污病（图2-408c）。

［识别特征］ ①无翅孤雌蚜：体长约2mm，较肥胖，黑色，体背被有蜡粉（图2-408d）。②有翅孤雌蚜：体长约1.6mm，黑色有光泽。触角与体等长，腹部有硬化斑，腹管细长。③卵：黑色。④若蚜：黑褐色，被有白色蜡粉。

**图2-408 槐蚜**

a. 为害国槐嫩梢状；b. 为害国槐花序状；c. 为害国槐花序造成的煤污病状；d. 无翅孤雌蚜与若蚜

[生活习性] 华北地区1年发生20余代，以卵或若蚜在杂草中越冬。翌年3月卵孵化为害。4～5月出现有翅蚜，迁移到槐树上为害。6月增殖迅速，危害最重。夏季多雨，虫口密度大幅度下降。10月有翅蚜迁飞到冬寄主上为害并越冬。

**370. 柳蚜** *Aphis farinosa* Gmelin, 1790，属半翅目蚜科。

[分布与为害] 分布于黑龙江、辽宁、河北、山东、河南、江西、台湾等地。为害柳树。

[识别特征] ①无翅孤雌蚜：体长1.6～2.5mm，体蓝绿色、橙褐色，被薄蜡粉，有时腹部中部两侧明显可见蜡粉。触角及足色淡。腹管很长，可达体长的1/3，约为尾片长的2.7倍（图2-409a）。②有翅孤雌蚜：参见图2-409b。③若蚜：参见图2-409c。

**图2-409 柳蚜**

a. 无翅孤雌蚜与若蚜；b、c. 无翅孤雌蚜、有翅孤雌蚜与若蚜；d. 为害柳树嫩梢状

［生活习性］ 1年发生多代，以卵越冬。生活在多种柳树嫩梢（图2-409d）及嫩叶背面，5～8月可见有翅孤雌蚜。捕食性天敌有异色瓢虫、龟纹瓢虫等。

**371. 芒果蚜** *Aphis odinae* (van der Goot, 1917)，属半翅目蚜科。

［分布与为害］ 分布于华北、华东、华南，以及辽宁、陕西、甘肃、云南等地，为害盐肤木、芒果、乌桕、重阳木、梧桐、樱花、栎、槭、栾树、海桐、板栗等植物，以成蚜、若蚜聚集于叶背、叶柄刺吸汁液，分泌蜜露（图2-410a），诱致煤污病。

［识别特征］ ①无翅孤雌蚜：体长约2.5mm，宽圆卵形，褐色、红褐色、黑褐色、灰绿色或黑绿色，有薄粉。中额瘤略显，额瘤明显。触角为体长一半。后足胫节内侧有长毛。体表有清楚网纹，毛长。腹背有五边形网纹，腹缘有微刺，腹面有长菱形斑纹（图2-410b）。②有翅孤雌蚜：体长约2.1mm，长卵形，头胸黑色，腹部黑色至黑绿色，有黑斑，第6、7腹节有横带，第8腹节横带贯穿全节。触角为体长2/3。腹管圆筒形，长为基宽的1/2，前斑小、后斑大。尾片长圆锥形，有毛9～18根（图2-410c）。

**图2-410 芒果蚜**
a. 为害盐肤木叶片和叶柄状（分泌蜜露）；b. 无翅孤雌蚜；c. 有翅孤雌蚜

［生活习性］ 华北地区1年发生数代，以卵越冬。在嫩叶、叶柄及幼枝上为害，严重时诱发煤污病。

**372. 东亚接骨木蚜** *Aphis horii* Takahashi, 1923，属半翅目蚜科。

［分布与为害］ 分布于华北，以及辽宁、山东等地。为害接骨木，以成蚜、若蚜分布于幼嫩枝条与叶背为害（图2-411a），分泌蜜露（图2-411b），诱致煤污病。

［识别特征］ ①无翅孤雌蚜：体长约2.3mm，卵圆形，黑蓝色，具光泽，足黑色。触角第6节基部短于鞭部的1/2，长于第4节。前胸和各腹节分别有缘瘤1对。体毛尖锐。腹管长筒形，长为尾片的2.5倍。尾片舌状，毛14～16根，尾板半圆形（图2-411c）。②有翅孤雌蚜：体长约2.4mm，长卵形，黑色有光泽，足黑色。触角第6节鞭部长于第4节。腹部有缘瘤，腹管长于触角第3节。③若蚜：个体小，颜色较浅。

［生活习性］ 山东1年发生多代，以卵在接骨木上越冬。翌年4月孵化，群集于寄主嫩梢与嫩叶背面为害，5～6月危害重。

**图2-411 东亚接骨木蚜**

a. 为害接骨木叶片状；b. 为害接骨木叶片分泌蜜露状；c. 无翅孤雌蚜与若蚜

**373. 夹竹桃蚜** *Aphis nerii* Boyer de Fonscolombe, 1841，属半翅目蚜科。

[分布与为害] 分布于吉林、山西、新疆、河北、河南、山东、江苏、浙江、福建、台湾、广东、广西、云南等地。为害夹竹桃、黄花夹竹桃、萝藦、地梢瓜、白薇、牛皮消等植物，以成蚜、若蚜群集于嫩叶嫩梢上吸食汁液，常覆盖10～15cm长嫩梢，致使叶片卷缩、僵化及茎、叶枯死，花型变小或开花不正常。分泌的蜜露常黏盖叶面，尤以幼叶受害为重（图2-412a、b）。同时诱发煤污病的发生。

**图2-412 夹竹桃蚜**

a. 为害夹竹桃嫩梢状；b. 为害萝藦嫩梢状；c. 无翅孤雌蚜与若蚜；d. 有翅孤雌蚜

[识别特征] ①无翅孤雌蚜：体长1.9～2.1mm，柠檬黄色至金黄色。触角黑色，第3～5节基部黄色（浅色区会缩小）。足黄色，腿节端部、胫节端部及跗节黑色。腹管、尾片黑色。触角长于体长之半，腹部筒形，尾片舌状，不足腹管长之半（图2-412c）。②有翅孤雌蚜：体长约2.1mm，宽约1.0mm，长卵形。头、胸黑色。触角为体长的3/4。腹部第2～4节有小缘瘤，腹管长圆筒形（图2-412d）。③若蚜：无翅，体似成蚜。

[生活习性] 1年发生20余代，常以成蚜、若蚜在顶梢、嫩叶及腋芽缝隙处越冬。翌年4月上中旬开始缓慢活动，并在原处繁殖扩大为害。全年均可见到此虫为害，但尤以5～6月发生数量最多，为繁殖盛期。当气温高时，蚜虫多密集生活在庇荫处。在11月中下旬可见到越冬的无翅成蚜、若蚜。该蚜在1年内有2次为害高峰期，即5～6月和9～10月。7～8月因温度过高和各种天敌的制约，虫口密度低，危害也减轻。

**374. 苹果瘤蚜** *Ovatus malisuctus* (Matsumura, 1918)，又名苹果卷叶蚜、腻虫、油汗，属半翅目蚜科。

[分布与为害] 分布于国内大部分地区。为害苹果、沙果、海棠类等植物。成蚜、若蚜群集叶片、嫩芽吸食汁液，受害叶边缘向背面纵卷成条筒状。通常仅为害局部新梢，被害叶由两侧向背面纵卷，有时卷成绳状，叶片皱缩，瘤蚜在卷叶内为害，叶外表看不到瘤蚜，被害叶逐渐干枯（图2-413）。

[识别特征] ①无翅孤雌蚜：体长1.4～1.6mm，近纺锤形。体暗绿色或褐色，头漆黑色，复眼暗红色，具有明显的额瘤。②有翅孤雌蚜：体长1.5mm左右，卵圆形。头、胸部暗褐色，具明显的额瘤，且生有2或3根黑毛。③卵：长椭圆形，黑绿色而有光泽，长径约0.5mm。④若蚜：体小，似无翅蚜，体淡绿色。其中有的个体胸背上具有1对暗色的翅芽，此型称翅基蚜，日后则发育成有翅蚜。

图2-413 苹果瘤蚜为害山荆子叶片状

[生活习性] 1年发生10多代，以卵在枝条的芽两侧缝隙处或锯口处越冬。越冬卵在寄主发芽时开始孵化，自春至秋季均为孤雌生殖。群集刺吸为害，5月至6月中旬危害最重。进入11月以后产生性蚜交尾、产卵，以卵越冬。

**375. 梨二叉蚜** *Schizaphis piricola* (Matsumura, 1917)，属半翅目蚜科。

[分布与为害] 分布于吉林、辽宁、河北、河南、山东、江苏等地。为害梨、白梨、棠梨、北美豆梨等植物，以成蚜、若蚜群集于芽、叶、嫩梢及幼茎吸食汁液，受害严重时叶由两侧向正面纵卷成筒状（图2-414a、b），早期脱落。

[识别特征] ①无翅孤雌蚜：体长1.9～2.1mm，宽约1.1mm，体绿色、暗绿色、黄褐色，被有白色蜡粉。口器黑色，基半部色略淡。复眼红褐色。触角端部、各足腿节和胫节的端部、跗节、腹管黑色。体背骨化，无斑纹，有菱形网纹，背毛尖锐，长短不齐。头部额瘤不明显。口器端部伸达中足基节。触角丝状6节。腹管长大，圆柱状，末端收缩。尾片圆锥形，侧毛3对（图2-414c）。②有翅孤雌蚜：体长1.4～1.6mm，翅展5mm左右，头、口器、胸部黑色，腹部淡色。触角淡黑色。复眼暗红色。额瘤略凸出。口器端部伸达后足基节。触角丝状6节。前翅中脉分2叉。足、腹管和尾片同无翅孤雌蚜。③卵：椭圆形，长径约0.7mm，初产暗绿色，后变黑色，有光泽。④若虫：似无翅孤雌蚜，体小，绿色，有翅若蚜胸部发达，有翅芽，腹部正常。

[生活习性] 1年发生20代左右，以卵在梨（白梨、棠梨、北美豆梨等）芽附近和果台、枝杈的缝隙内越冬。梨芽萌动时开始孵化，若蚜群集于露绿的梨芽上为害，待芽开绽时钻入芽内，展叶期又集中到嫩梢叶面为害，致使叶片向上纵卷成筒状。落花后大量出现卷叶，半月左右开始出现有翅蚜，5～6月大量迁飞到越夏寄主狗尾草和茅草上。6月中下旬在梨树上基本绝迹。秋季（9～10月）在越夏寄主上产生大量有翅蚜迁回梨树上繁殖为害，并产生性蚜。雌蚜交尾后产卵，以卵越冬。

**图2-414　梨二叉蚜**

a. 为害北美豆梨叶片状；b. 为害梨树叶片状；c. 无翅孤雌蚜

**376. 梨中华圆尾蚜**　*Sappaphis sinipiricova* Zhang, 1980，属半翅目蚜科。

　　[分布与为害]　分布于辽宁、河北、山东、河南、湖南、甘肃等地。为害梨、北美豆梨等植物，在嫩叶背面叶缘部分为害，沿叶缘向背面卷缩肿胀，致叶脉变红变粗（图2-415）。

**图2-415　梨中华圆尾蚜为害北美豆梨叶片状**

［识别特征］ ①无翅孤雌蚜：体长1.6～2.3mm，体淡黄绿色，体表具很多细毛，体背中线两侧具淡绿色斑或横带。触角浅色，第6节黑褐色。足仅跗节黑褐色。触角为体长的41/100，端节鞭部约为基部的1.4倍。腹管长约等于基宽（图2-416a）。②干母：红褐色，参见图2-416b。③有翅孤雌蚜：参见图2-416c。

**图2-416 梨中华圆尾蚜**
a. 无翅孤雌蚜与若蚜；b. 干母；c. 有翅孤雌蚜

［生活习性］ 5月可见寄生于叶片背面，常聚集在中脉附近。叶片受害后一侧可收缩、卷曲，常把蚜群包裹在内。5月可见有翅蚜发生，迁飞至艾蒿等植物根部寄生。

**377. 菊姬长管蚜** *Macrosiphoniella sanborni* (Gillette, 1908)，又名菊小长管蚜。属半翅目蚜科。

［分布与为害］ 分布于全国各地。为害菊花、野菊、翠菊、天人菊、万寿菊、波斯菊、非洲菊等菊科植物。以成蚜和若蚜群集在嫩梢和叶柄上为害，有的在叶背为害，使叶片卷缩，影响新叶和嫩梢生长（图2-417a）。开花前，还可群集为害花梗，影响开花。该虫分泌物还易诱发煤污病的发生（图2-417b），严重时植株矮化或死亡。

［识别特征］ ①无翅孤雌蚜：体深红褐色，长2.0～2.5mm。触角、腹管和尾片暗褐色。腹管圆筒形，末端渐细，表面呈网眼状。尾片圆锥形，表面有齿状颗粒，并长有11～15根毛（图2-417c）。②有翅孤雌蚜：体暗红褐色，具翅1对。腹部斑纹较无翅型显著。腹管、尾片形状同无翅型，尾片毛9～12根（图2-417d）。③若蚜：体赤褐色，体态似无翅成蚜。

［生活习性］ 发生世代数因地而异，华北地区1年发生10多代，在留种菊花叶腋和芽上越冬。翌年3～4月活动为害与繁殖，每年以4～6月、9～10月危害严重。夏季多雨虫口密度下降，10月随寄主进入温室或暖棚中越冬。上海、杭州3月上旬开始为害繁殖，12月开始越冬。有报道在广东、广西两地1年发生20多代，没有明显的越冬期。夏季7天左右就可完成1世代，以秋菊受害严重。

**图2-417　菊姬长管蚜**

a. 为害菊花嫩茎和叶片状；b. 为害菊花叶片造成煤污病状；c. 无翅孤雌蚜；d. 有翅孤雌蚜、无翅孤雌蚜与若蚜

**378. 红花指管蚜**　　*Uroleucon gobonis* (Matsumura, 1917)，属半翅目蚜科。

［分布与为害］　分布于黑龙江、吉林、辽宁、陕西、甘肃、宁夏、新疆、北京、天津、河南、山东、江苏、浙江、福建、台湾等地。为害红花、菊花、苍术、牛蒡等植物，以成蚜、若蚜集中在嫩叶、嫩茎上吸食汁液。生长中后期则转移至中下部叶片背面为害，受害枝叶呈现黄褐色微小斑点，茎叶短小，分枝和孕蕾数减少。

［识别特征］　①无翅孤雌蚜：体长2.5～3.6mm，体暗褐色至漆黑色。足腿节基部浅黄色，胫节中部或大部色浅。触角长于体长，触角第3节稍短于第4、5节之和。腹管细长，可达体长的1/3，约为尾片长的1.8倍（图2-418a）。②有翅孤雌蚜：体长约3.1mm，头、胸黑色，腹部色淡，有黑色斑纹。腹管圆筒形，长于尾片（图2-418b）。

**图2-418　红花指管蚜**

a. 无翅孤雌蚜与若蚜；b. 有翅孤雌蚜、无翅孤雌蚜与若蚜

[生活习性] 东北1年发生10～15代，以卵或若虫在野生菊或牛蒡根际处越冬。浙江1年发生20～25代，以无翅孤雌蚜于红花幼苗或野生菊科植物上越冬。在东北，越冬卵于翌春孵化为干母后进行孤雌胎生繁殖，每头雌蚜生若蚜55～70头，后产生有翅迁移蚜，当气温在18～20℃时，从野生寄主迁移到红花上为害。气温高于26℃或低于20℃对其繁殖不利。14～16℃时飞至越冬场所。遇有大暴雨或连续降雨，数量明显减少。

**379. 莴苣指管蚜** *Uroleucon formosanum* (Takahashi, 1921)，属半翅目蚜科。

[分布与为害] 分布于吉林、辽宁、北京、河北、天津、山东、江苏、安徽、浙江、江西、福建、台湾、广东、广西、湖南、湖北、四川等地。为害山莴苣、泥胡菜、滇苦菜、苦荬菜、莴苣、生菜等植物。以成蚜、若蚜群集嫩梢、花序及叶背吸食汁液。

[识别特征] 无翅孤雌蚜：体长约3.3mm；体红色，或土黄色、红黄褐色至紫红色，体中部或有黑色横带；腹管黑色而尾片淡色，腹管长为尾片的1.3倍，稍长于体长的1/5（图2-419）。

**图2-419 莴苣指管蚜无翅孤雌蚜与若蚜**

[生活习性] 1年发生10～20代，以卵越冬。翌春干母孵化，20～25℃时4～6天可完成1代，每头孤雌蚜可胎生若蚜60～80头。大量繁殖的最适温度为22～26℃，相对湿度为60%～80%。北方6～7月大量发生、为害。10月下旬发生有翅雄性蚜和无翅雌性蚜。喜群集于嫩梢、花序及叶背，遇震动时易落地。

**380. 印度修尾蚜** *Indomegoura indica* (van der Goot, 1916)，属半翅目蚜科。

[分布与为害] 分布于吉林、山东、福建、台湾、重庆、贵州等地。为害萱草，成蚜、若蚜聚集于幼嫩的心叶、嫩叶基部及花梗、花蕾刺吸汁液（图2-420），严重时造成花蕾与叶片枯萎。

[识别特征] ①无翅孤雌蚜：体长3.1～4.2mm。体橘黄色，被白色蜡粉。触角、足及腹管黑褐色至黑色。腹管约是尾片长的1.4倍（图2-421a）。②有翅孤雌蚜：参见图2-421b、c。③若蚜：参见图2-421a、b。

[生活习性] 夏季及初秋可在萱草的叶、茎和花上发现，有时发生量很大，植株上布满虫体。

**图2-420 印度修尾蚜为害状**

a. 为害萱草花梗、果实状；b. 为害萱草花梗、花蕾状

**图2-421 印度修尾蚜**

a. 无翅孤雌蚜与若蚜；b. 有翅孤雌蚜与有翅若蚜；c. 有翅孤雌蚜

**图2-422 樟修尾蚜无翅孤雌蚜与若蚜**

### 381. 樟修尾蚜　*Sinomegoura citricola* (van der Goot, 1917)，属半翅目蚜科。

[分布与为害] 分布于江苏、上海、浙江、福建、台湾、广东、四川、贵州、云南等地。为害香樟、桂花、芭蕉、月桂、棕竹、栀子等植物，以若蚜、成蚜刺吸嫩梢、叶片汁液，并诱发煤污病，造成植株生长不良。

[识别特征] ①无翅孤雌蚜：体卵圆形，长约2.9mm，黑褐色，有光泽。触角褐色。气门片黑色。头部有横皱纹，额呈"W"形，仅额瘤腹面有微刺。触角细长，基节1/3处有短毛30根，其他各节有瓦状纹。喙细长，达后足基部。胸有明显网纹。足粗大，后足股节长约1.8mm。腹部微呈网纹。气门长卵形，开放（图2-422）。②有翅孤雌蚜：体

椭圆形，长约2.4mm，头、胸褐色。腹部色淡，有褐色斑纹。触角骨化，第3节有小圆形感觉圈17～21个，分布于全节外缘。体背光滑。翅脉正常。尾片长圆锥形，有毛15～18根。③若蚜：参见图2-422。

［生活习性］ 1年发生多代。4月中旬若蚜、成蚜群集嫩枝、嫩叶为害。

**382. 日本忍冬圆尾蚜** *Amphicercidus japonicus* (Hori, 1927)，属半翅目蚜科。

［分布与为害］ 分布于辽宁、陕西、河北、河南、山东等地。以成蚜、若蚜刺吸金银木叶片及新梢汁液，使得叶片失绿，同时产生蜜露，引发煤污病，严重时造成新梢坏死（图2-423a～c）。

［识别特征］ 无翅孤雌蚜：体长2.5～3.4mm，体污绿色至污黄色，被厚蜡粉。触角端节、腿节端部、胫节端部及跗节褐色或黑褐色。触角短于体长，约为体长的4/5。腹管长筒形，为尾片长的5倍（图2-423d）。

**图2-423 日本忍冬圆尾蚜**

a. 为害金银木造成叶片卷曲状；b. 为害金银木在叶面产生蜜露状；c. 为害金银木造成枝条枯萎状；d. 无翅孤雌蚜

［生活习性］ 1年发生数代。有时发生数量很大。

**383. 忍冬新缢管蚜** *Neorhopalomyzus lonicericola* (Takahashi, 1921)，属半翅目蚜科。

［分布与为害］ 分布于辽宁、河北、山东、江苏、云南等地。为害金银木等植物，以成蚜、若蚜刺吸叶片及新梢汁液，使得叶片失绿，同时产生蜜露，引发煤污病。有时叶背边缘可向内皱褶（图2-424）。

图2-424　忍冬新缢管蚜为害金银木叶片状

[识别特征]　无翅干母：体长约2.7mm，淡黄绿色或淡绿色。触角第3节以上节间及端节黑褐色，有时节间的黑褐色区域扩大。腹管端黑褐色。触角短于体长（图2-425a）。

[生活习性]　1年发生多代，以卵越冬。早春干母寄生于金银木叶背，产下大量若蚜，长大后均为有翅蚜（图2-425b），飞往夏寄主。秋季迁回到金银木，11月可见交配的性蚜，产卵越冬。

图2-425　忍冬新缢管蚜
a. 干母、有翅孤雌蚜与有翅若蚜；b. 有翅孤雌蚜与有翅若蚜

**384. 胡萝卜微管蚜**　*Semiaphis heraclei* (Takahashi, 1921)，又名芹菜蚜，属半翅目蚜科。

[分布与为害]　分布于吉林、辽宁、甘肃、青海、新疆、河北、河南、山东、浙江、福建、台湾、云南等地。冬寄主为金银花、黄花忍冬等，主要在嫩梢、嫩叶等部位为害，受害叶片常卷曲（图2-426a）。夏寄主为芹菜、茴香、香菜、胡萝卜、白芷、当归、香根芹、水芹等多种伞形科植物。

[识别特征]　无翅孤雌蚜：体长1.6～1.9mm，体黄绿色至土黄色，被白色薄粉。头灰黑色，触角基部及端部黑褐色。腹管短于尾片，约为后者长的一半（图2-426b）。

[生活习性]　1年发生10～20代，以卵在金银花等忍冬属植物枝条上越冬。翌年3月中旬至4月上旬越冬卵孵化，4～5月为害芹菜和忍冬属植物，5～7月迁移至伞形花科植物上为害。10月产生有翅性蚜和雄蚜由伞形花科植物向忍冬属植物上迁飞。10～11月雌、雄蚜交配，产卵越冬。

**图2-426 胡萝卜微管蚜**

a. 为害金银花嫩梢状；b. 无翅孤雌蚜

**385. 紫藤否蚜** *Aulacophoroides hoffmanni* (Takahashi, 1937)，属半翅目蚜科。

[分布与为害] 分布于山东、河南、浙江、湖南、湖北、四川等地。为害紫藤，以成蚜、若蚜群集于紫藤嫩梢、幼叶背面为害，常布满整个嫩梢，被害叶卷缩，嫩梢扭曲（图2-427a、b），严重时可造成枝梢枯死，影响生长、开花和观赏。

[识别特征] ①无翅孤雌蚜：体卵圆形，长约3.3mm，棕褐色。复眼红褐色。触角及腹管紫褐色，腹管长。身体背面有不明显红褐色斑纹。足腿节、跗节紫褐色（图2-427c、d）。②有翅孤雌蚜：体卵圆形，长约3.3mm，头、胸黑色，腹部褐色，有黑斑。③若蚜：椭圆形，浅棕褐色，复眼红色。随虫龄增大，腹部逐渐膨大成卵圆形。

**图2-427 紫藤否蚜**

a、b. 为害紫藤嫩梢状；c、d. 无翅孤雌蚜

［生活习性］ 北京1年发生7～8代，以卵在紫藤上越冬。4月开始发生，为害紫藤嫩梢和嫩叶，以无翅胎生雌虫进行卵胎生大量繁殖，5～6月危害较重。之后随气温上升虫口密度一度下降，秋凉后虫口复增。春、秋季盛发时，产生有翅胎生雌虫迁飞到其他植株上，继续胎生繁殖。一般在种植于庇荫处的紫藤上，该虫容易盛发。

**386. 禾谷缢管蚜** *Rhopalosiphum padi* (Linnaeus, 1758)，又名禾缢管蚜、黍蚜，属半翅目蚜科。

［分布与为害］ 分布于黑龙江、吉林、辽宁、内蒙古、新疆、山东、江苏、浙江、福建、四川、重庆、贵州、云南等地。为害榆叶梅、梅、毛樱桃、西府海棠、稠李、桃、碧桃、樱花、绣线菊、美人蕉、月季、细叶结缕草、高羊茅、野牛草等植物，以成蚜、若蚜为害桃、杏、梅、榆叶梅等花木的新叶，在叶背刺吸汁液，受害叶片向叶背纵卷（图2-428a、b），进而枯黄脱落，严重时卷曲率可达90%以上。

［识别特征］ ①无翅孤雌蚜：体长1.9～2.5mm，宽卵形，体橄榄绿色至黑褐色，嵌有黄绿色纹，体被灰白色蜡粉。触角、复眼和腹管黑色。腹部暗红色。触角6节，长超过体长之半。中额瘤隆起。喙粗壮，比中足基节长，长是宽的2倍。腹管圆筒形，短，端部缢缩为瓶颈状。尾片长圆锥形，具4根毛（图2-428c、d）。②有翅孤雌蚜：体长约2.1mm，长卵形，头、胸部和腹管黑色。腹部深绿色，具黑色斑纹。额瘤不明显。触角比体长短，第3节具圆形次生感觉圈19～30个，第4节2～10个。前翅中脉3条，前两条分叉，甚小。第7、8节腹背具中横带。腹管近圆形，短，端部缢缩为瓶颈状。③卵：初产时黄绿色，较光亮，稍后转为墨绿色。

**图2-428 禾谷缢管蚜**

a. 为害榆叶梅叶片状；b. 为害梅叶片状；c. 无翅孤雌蚜、若蚜；d. 为害草坪禾草状及无翅孤雌蚜、若蚜

［生活习性］ 华北地区1年发生10～20代，以卵在桃、杏、梅、榆叶梅等花木上越冬。翌年春季越冬卵孵化后，先在木本植物上繁殖几代，再迁飞到高羊茅等禾本科植物上繁殖为害。秋后产生雌雄性蚜，交配后在木本植物上产卵越冬。

**387. 月季长管蚜** *Sitobion rosirvorum* (Zhang, 1980)，属半翅目蚜科。

[分布与为害] 分布于华北、华东、华中，以及吉林、辽宁、陕西等地。为害月季、蔷薇、十姊妹等蔷薇属植物。以成蚜、若蚜群集于新梢、嫩叶和花蕾上为害（图2-429a、b）。植株受害后，枝梢生长缓慢，花蕾和幼叶不易伸展，花型变小。

[识别特征] ①无翅孤雌蚜：体型较大，长约4.2mm。体长卵形，淡绿色。头部黄色至浅绿色，胸、腹部草绿色，有时橙红色。腹管黑色，尾片淡色。背面及腹部腹面有明显瓦纹，头部额瘤隆起，并明显地向外凸出呈"W"形。缘瘤圆形，位于前胸及第2～5腹节。腹管长圆筒形，端部有网纹，其余为瓦纹，约为尾片的2.5倍。尾片圆锥形，表面有小圆突起构成的横纹（图2-429c）。②有翅孤雌蚜：体长约3.5mm，草绿色，中胸土黄色，腹部各节有中斑、侧斑、缘斑，第8节有大而宽的横带斑（图2-429c）。③若蚜：较成蚜小，初孵若蚜体长约1mm，色淡，初为白绿色，渐变为淡黄绿色，复眼红色（图2-429d）。

**图2-429 月季长管蚜**
a、b. 为害蔷薇嫩梢状；c. 无翅孤雌蚜与有翅孤雌蚜；d. 无翅孤雌蚜与有翅若蚜

[生活习性] 1年发生10余代，以卵在寄主腋芽、枝条上越冬。翌年春季随寄主芽的萌发而孵化并开始为害，4～6月危害较重，7～8月高温天气对其有抑制，9～10月发生量又增多。平均气温在20℃，气候又比较干燥时，利于其生长和繁殖。

图 2-430 蔷薇长管蚜无翅孤雌蚜

**388. 蔷薇长管蚜** *Macrosiphum rosae* (Linnaeus, 1758)，属半翅目蚜科。

［分布与为害］ 分布于辽宁、北京、河北、天津、浙江、甘肃、新疆等地。为害月季、蔷薇，寄生在叶片背面、嫩梢、花蕾上。其转主寄主为川续断科、败酱科等植物。

［识别特征］ 无翅孤雌蚜：体长 1.7～4.2mm；体绿色或红色。触角及足具相间的黑色，腹管黑色，尾片浅色。有时头部黑色。腹管细长，稍向外弯，为尾片长的 1.9～2.4 倍（图 2-430）。

［生活习性］ 在北京，有时发生量较大。其捕食性天敌有异色瓢虫。

**389. 柳二尾蚜** *Cavariella salicicola* (Matsumura, 1917)，属半翅目蚜科。

［分布与为害］ 分布于辽宁、陕西、甘肃、青海、宁夏、内蒙古、北京、河北、天津、河南、山东、江苏、浙江、江西、福建、台湾、广东、云南、西藏等地。为害柳、垂柳等柳属植物（图 2-431a），以及芹菜、水芹菜等农作物。

［识别特征］ ①无翅孤雌蚜：体长约 2mm，粉绿色或赤褐色。复眼、触角端部两节黑色。触角淡绿色。体无斑纹，有小环及曲环形构造，腹面光滑。中额瘤平，额瘤微隆。触角 6 节，各节有瓦纹。腹管圆筒形，中部微膨大，顶端收缩并向外微弯，有瓦纹，有缘突，切迹不显。尾片圆锥形（图 2-431b）。②有翅孤雌蚜：体长 1.8～2.2mm，黄绿色或赤褐色。头、胸、触角、各足胫节端部及跗节黑色。腹管和尾片黑褐色。足（除胫节端部及跗节）黄色。触角长达胸部后缘。腹管略弯向外方，有覆瓦状花纹。尾片长圆形（图 2-431c）。③卵：长椭圆形，深褐色。④若蚜：参见图 2-431c。

图 2-431 柳二尾蚜

a. 为害柳树嫩梢状；b. 无翅孤雌蚜；c. 有翅孤雌蚜、无翅孤雌蚜与若蚜

［生活习性］ 陕西关中 1 年发生 10～15 代，以单个卵或成堆卵在旱柳、垂柳的腋芽或枝条的裂缝处越冬。翌年 3 月上旬孵化为干母，变干雌后在柳树上进行几代孤雌胎生，4 月上中旬开始产生有翅蚜迁飞到芹菜上，因此这时芹菜上主要是有翅蚜，以后又在芹菜上进行孤雌胎生繁殖。11 月中旬产生雌雄性蚜，迁飞到柳树上交尾、产卵、越冬。部分蚜虫一直在柳树上繁殖为害。

**390. 樱桃卷叶蚜** *Tuberocephalus liaoningensis* Chang & Zhong, 1976，属半翅目蚜科。

［分布与为害］ 分布于吉林、辽宁、甘肃、河北、山东、四川等地。为害毛樱桃、樱桃，被害叶常位于梢端，早春寄生在嫩叶背面，从叶尖处卷褶，形成伪虫瘿（图 2-432），常部分呈红色，后期被寄生的叶片可纵卷。

图 2-432 樱桃卷叶蚜为害毛樱桃叶片状

［识别特征］ ①无翅孤雌蚜：体长 1.6～1.8mm，茶褐色。触角第 1、2、5、6 节及腹管稍灰褐色。头部的毛较粗，长度与触角第 3 节直径相近，触角长约为体长之半。腹管圆筒形，约为体长的 1/7，具 6～8 根毛。尾片三角形，长等于基宽，不及腹管长的一半。②若蚜：姜黄色。

［生活习性］ 早春寄生于梢端的嫩叶，后期寄生的叶片可纵卷。有时在被害部位可见到黑色的僵蚜，为桃瘤蚜茧蜂寄生所致。

**391. 樱桃瘿瘤头蚜** *Tuberocephalus higansakurae* (Monzen, 1927)，属半翅目蚜科。

［分布与为害］ 分布于吉林、辽宁、陕西、青海、河北、河南、山东、浙江、四川、贵州等地。为害樱桃叶片，被害叶片背面凹陷，向正面肿胀凸出，多在端部或侧缘形成花生壳状的伪虫瘿（图 2-433a～c），蚜虫在其中为害、繁殖，伪虫瘿长 2～4cm，宽 0.5～0.7cm，初期呈黄绿色或粉红色，后期变枯黄，发黑、干枯。

图 2-433 樱桃瘿瘤头蚜

a～c. 为害樱桃叶片造成伪虫瘿状；d. 伪虫瘿内的若蚜

[识别特征] ①无翅孤雌蚜：体深绿色、黄绿色或黄褐色。头部呈黑色，胸、腹背面为深色，各节间色淡，节间处有时呈淡色。体表粗糙，有颗粒物构成的网纹。腹管呈圆筒形。尾片短圆锥形，有曲毛3～5根。②无翅孤雌若蚜：与无翅孤雌蚜相似，体较小，淡黄色或浅绿色，头部和腹部深绿色（图2-433d）。③有翅孤雌蚜：体浅黄褐色，体长约1.7mm。头胸部黑褐色，腹部第3～6节具连续或断续的黑褐色带，缘斑明显。④干母蚜：体长1.5～1.6mm，体黄绿色具暗绿色斑纹，或全为暗绿色。触角及足浅褐色，但触角端部2节、足腿节端部、胫节基部及端部、跗节黑褐色。腹管、尾片黑褐色至黑色。

[生活习性] 1年发生多代，以卵在幼嫩枝上越冬。春季萌芽时越冬卵孵化成干母，于3月底在樱桃叶端部侧缘形成花生壳状伪虫瘿，并在瘿内发育、繁殖，虫瘿内4月底出现有翅孤雌蚜并向外迁飞。10月中下旬产生性蚜并在樱桃幼枝上产卵越冬。

近年来，在辽宁丹东、山东海阳等地陆续发现一种未知蚜虫为害樱桃，造成叶片卷曲（图2-434），其分布与为害、识别特征、生活习性等有待于进一步观察、研究。

图2-434 一种为害樱桃造成卷叶的蚜虫

**392. 李短尾蚜** *Brachycaudus helichrysi* (Kaltendach, 1843)，又名李圆尾蚜，属半翅目蚜科。

[分布与为害] 分布于黑龙江、吉林、辽宁、陕西、甘肃、新疆、河北、河南、山东、江苏、浙江、台湾、四川等地。为害杏（图2-435a）、李、桃、杏梅、榆叶梅、瓜叶菊、金盏菊、西番莲、松果菊、天人菊等植物。

[识别特征] ①无翅孤雌蚜：体长约1.6mm，宽约0.8mm，淡黄色至黄绿色，无明显斑纹。腹管灰褐色，短，尾片灰黑色（图2-435b）。②有翅孤雌蚜：体绿色，长约1.7mm，宽约0.8mm。腹部色淡，有黑色斑纹。

图2-435 李短尾蚜
a. 为害杏树叶片状；b. 无翅孤雌蚜

［生活习性］　江苏、浙江1年发生10多代，以卵在梅、李等木本植物上越冬。翌年春越冬卵孵化，在越冬寄主的新叶、新芽上吸食。5～6月产生有翅孤雌蚜，迁往金盏菊上为害。以孤雌胎生方式繁殖，直到10月中旬再回到越冬寄主上，产生性蚜，交尾、产卵、越冬。

**393. 荚蒾蚜**　*Viburnaphis viburnicola* (Sorin, 1983)，属半翅目蚜科。

［分布与为害］　分布于北京、山东等地，为中国新记录种（虞国跃和王合，2019）。春季（3～4月）在天目琼花、欧洲荚蒾等植物的叶背为害，被害叶片常扭曲呈球形（图2-436a、b）。

［识别特征］　①有翅孤雌蚜：体长2.2～2.5mm。体黑色，触角端节鞭部稍浅。喙浅色，第4、5节黑褐色。腹背第1、2节浅绿色（基部仍为黑色），腹管、尾片黑色。腹面浅绿色，生殖板黑色，腹端3节中央两侧各具1个黑色大斑。足污黄色，腿节端大部、胫节两端及跗节黑褐色至黑色。触角短于体长，约为体长的3/4。喙长，略过中胸后缘。腹管长柱形，具1根毛，表面细横纹很密，为尾片长的2.6倍；尾片近半圆形，但长不及基部宽（长宽比为3∶4），具8根长毛。后足胫节近端部具伪感觉圈8～15个，有时相互接近。②无翅孤雌蚜：体卵圆形，黄绿色（图2-436c）。③无翅胎生若蚜：参见图2-436d。

**图2-436　荚蒾蚜**
a、b. 为害天目琼花新叶状；c. 无翅孤雌蚜；d. 无翅孤雌蚜与若蚜

［生活习性］　编者于2021年4月5日在潍坊市植物园天目琼花叶片上发现其为害，造成叶片畸形。在北京，4月底、5月初可见有翅蚜迁离天目琼花与欧洲荚蒾。其捕食性天敌有异色瓢虫、黑带食蚜蝇、垂边食蚜蝇，寄生性天敌为麦蚜茧蜂（僵蚜为黑色）。

**394. 伪蒿小长管蚜**　*Macrosiphoniella pseudoartemisiae* Shinji, 1933，属半翅目蚜科。

［分布与为害］　分布于吉林、辽宁、甘肃、青海、新疆、北京、河北、山东、福建、四川、云南、西藏等地。为害多种蒿属植物，寄生在嫩茎上（图2-437a）。

［识别特征］　①无翅孤雌蚜：体长2.0mm。体浅黄褐色（具绿色纹）、绿色，体被白蜡粉。头前部黑褐色。复眼红色。触角黑色，但第3节基大部（或第3节及第4节基半部）浅色。腹管及尾片黑色。足黑褐色至黑色，腿节基部、胫节中央大部浅色。触角长于体长，各节比例为15∶12∶100∶87∶75∶（32+108），触角第3节具0～2个次生感觉圈，其上的毛端钝，与其直径长度相当。腹管与尾片长度

相近，基半部稍膨大，网状纹约占腹管长的2/3，尾片共有9根毛（图2-437b）。②有翅孤雌蚜：参见图2-437b。

**图2-437　伪蒿小长管蚜**
a. 为害野艾蒿状；b. 无翅孤雌蚜与有翅孤雌蚜

[生活习性]　不详。

**395. 柳黑毛蚜**　*Chaitophorus saliniger* Shinji, 1924，属半翅目蚜科。

[分布与为害]　分布于黑龙江、吉林、辽宁、陕西、山西、河北、河南、山东、江苏、江西、四川、福建、台湾、广西、湖南、湖北、四川、贵州、云南等地。为害柳、垂柳、杞柳、龙爪柳等柳属植物。该虫间歇性暴发为害，大发生时常盖满叶背，有时在枝干、地面可到处爬行，同时在叶面上排泄大量蜜露引起煤污病。严重时造成大量落叶，甚至可使10年以上的大柳树死亡。

[识别特征]　①无翅孤雌蚜：体卵圆形，长约1.4mm，全体黑色。体表粗糙，胸背有圆形粗刻点，构成瓦纹。腹管截断形，有很短瓦纹。尾片瘤状（图2-438a）。②有翅孤雌蚜：体长卵形，长约1.5mm，体黑色，腹部有大斑。触角长约0.81mm，超过体长一半。腹管短筒形，仅长约0.06mm（图2-438b）。

**图2-438　柳黑毛蚜**
a. 无翅孤雌蚜与若蚜；b. 有翅孤雌蚜与若蚜；c. 为害柳树叶片状

[生活习性] 山东1年发生20余代，以卵在柳树枝条上越冬。翌年3月柳树发芽时越冬卵孵化，在柳叶正反面沿中脉为害（图2-438c）。5～6月大发生，严重时虫体常盖满叶片，且常在枝条、地面爬行，并造成大量落叶。5月下旬至6月上旬产生有翅蚜，扩散为害。多数世代为无翅孤雌胎生雌蚜。雨季种群数量下降。10月下旬产生性蚜后交尾、产卵、越冬。全年在柳树上生活。

**396. 白杨毛蚜** *Chaitophorus populeti* (Panzer, 1801)，属半翅目蚜科。

[分布与为害] 分布于东北、华北、西北等地。为害毛白杨、小叶杨、河北杨、北京杨、大官杨、箭杆杨、银白杨、苦杨、山白杨、新疆杨等植物，其中以毛白杨受害严重。以成蚜、若蚜群集在叶片、幼枝和嫩芽刺吸为害（图2-439a～c），导致叶片干硬，植株生长不良，易引起早落叶，大量蜜露常引起煤污病的发生（图2-439d）。大量发生时所分泌的蜜露如微雨飘落一地，使地面覆盖一层褐色黏液。

**图2-439 白杨毛蚜为害毛白杨状**
a. 为害叶片正面状；b. 为害叶片背面状；c. 为害嫩梢状；d. 为害引发的煤污病状

[识别特征] ①无翅孤雌蚜：体长1.5～2.9mm；体色多变，多水绿色，具黑绿色斑，头及前胸带桃红色，中、后胸中部具暗色纵带。触角稍长于体长之半，触角末节鞭部短于基部的2倍（图2-440a）。②有翅孤雌蚜：体长约1.9mm，浅绿色头部黑色，复眼赤褐色，翅痣黑褐色，中后胸黑色，腹部深绿色或绿色，背面有黑横斑（图2-440b）。③若蚜：初期白色，后变绿色，复眼赤褐色。④干母：体长约2.0mm，淡绿色或黄绿色。⑤卵：长圆形，灰黑色。

[生活习性] 1年发生10多代，以卵在腋芽等处越冬。翌年春季杨树叶芽萌发时，越冬卵孵化。干母多在嫩叶和叶柄上为害，5～6月产生有翅孤雌蚜扩散为害，尤其喜欢为害毛白杨的幼林、幼苗，在瘿螨为害形成的虫瘿内也有大量个体。整个生长期若蚜多群集在嫩枝上为害，叶背发生量少些。秋季比春季发生严重。常引起嫩枝变形，并诱发煤污病。10月下旬开始产卵，卵产在当年生的新条腋芽处，随着气温下降，11月下旬越冬。

**图2-440　白杨毛蚜**

a. 无翅孤雌蚜；b. 无翅孤雌蚜与有翅孤雌蚜

**397. 栾多态毛蚜**　*Periphyllus koelreuteriae* (Takahashi, 1919)，属半翅目蚜科。

[分布与为害]　分布于华北、华东、华中，以及辽宁、陕西、山西等地。为害栾、黄山栾、日本七叶树等植物，刺吸茎、叶及幼嫩部位汁液，使得叶片卷缩、变形、干枯，严重时嫩枝布满虫体，影响枝条生长，造成树势衰弱，甚至死亡（图2-441a）。同时，大量蜜露布满枝条（图2-441b）或从空中飘落，感觉树在"下雨"，走路时脚下发黏，地面污浊不堪（图2-441c）。

**图2-441　栾多态毛蚜为害状**

a. 为害栾树嫩梢造成卷曲状；b. 为害栾树分泌蜜露污染枝条状；c. 分泌蜜露污染地面状

[识别特征]　①无翅孤雌蚜：体长为3mm左右，宽约1.6mm，长卵圆形。黄褐色、黄绿色或墨绿色，胸背有深褐色瘤3个，呈三角形排列，两侧有月牙形褐色斑。触角、足、腹管和尾片黑色。触角第3节有毛23根和感觉圈33～46个。尾毛27～32根（图2-442a～c）。②有翅孤雌蚜：体长约3.3mm，宽约1.3mm，

翅展为6mm左右，头和胸部黑色。腹部黄色，1～6腹节中、侧斑融合成各节黑带。体背有明显的黑色横带（图2-442d）。③越冬卵：椭圆形，深墨绿色。④若蚜：浅绿色，与成蚜相似。

**图2-442 栾多态毛蚜**

a～c. 无翅孤雌蚜；d. 无翅孤雌蚜、有翅孤雌蚜与若蚜

［生活习性］ 安徽1年发生多代，以卵在芽苞附近、树皮伤疤、裂缝处越冬。早春芽苞开裂时，越冬卵孵化为干母，干母在树枝上移动，每遇腋芽处便产生胎生雌蚜。干母与胎生雌蚜为害幼枝与叶片，造成卷叶，此为全年的主要为害期。4月下旬至6月上旬有翅蚜大量发生，5月中旬大量发生滞育型若蚜，分散在叶背的叶缘为害。9～10月滞育型若蚜开始发育，10月雌雄交尾后交卵。

**398. 京枫多态毛蚜** *Periphyllus diacerivorus* Zhang, 1982，属半翅目蚜科。

［分布与为害］ 分布于华北，以及辽宁、山东等地。主要为害五角枫嫩梢、叶片（图2-443a、b），使得树势衰弱，同时分泌蜜露（图2-443c），诱发煤污病。

**图 2-443　京枫多态毛蚜**

a、b. 为害五角枫状；c. 为害五角枫并分泌蜜露状；d. 无翅孤雌蚜与有翅孤雌蚜

［识别特征］　①无翅孤雌蚜：体长约1.7mm，卵圆形，绿褐色，有黑斑。前胸黑色。触角6节。前胸背中央有纵裂，后胸及腹部各背片均有大块状毛基斑。腹背片毛基斑联合为中、侧、缘斑，有时第4～8腹节中、侧斑联合为横带。腹管短筒形，端有网纹，缘突明显，毛4或5根。尾片半圆形，有粗刻点。尾板末端平，元宝状，毛13～16根（图2-443d）。　②有翅孤雌蚜：参见图2-443d。

［生活习性］　1年发生多代，以卵在枝上越冬。翌春寄主芽萌发时卵孵化为干母，4月孤雌胎生干雌，5月产生有翅孤雌蚜，后发生滞育型1龄若蚜，9月滞育解除，恢复正常生长。10月产生性蚜交配、产卵、越冬。

**399. 紫薇长斑蚜**　*Sarucallis kahawaluokalani* (Kirkaldy, 1907)，又名紫薇棘尾蚜，属半翅目蚜科。

［分布与为害］　分布于西北、华北、华东、华中、华南、西南等地。为害紫薇，以成蚜、若蚜密集于嫩梢、嫩叶背面刺吸汁液，使新梢扭曲，嫩叶卷缩，凹凸不平，影响花芽形成，并使花序缩短，甚至无花，同时还会诱发煤污病（图2-444a），传播病毒病。

［识别特征］　①无翅孤雌蚜：长椭圆形，体长1.6mm左右，黄色、黄绿色或黄褐色。触角黄绿色。头、胸部黑斑较多，腹背部有灰绿色和黑色斑。触角6节，细长。腹管短筒形。②有翅孤雌蚜：体长约2mm，长卵形，黄色或黄绿色，具黑色斑纹。触角6节。腹管截短筒状。前足基节膨大（图2-444b）。③若蚜：参见图2-444c。

**图 2-444　紫薇长斑蚜**

a. 为害紫薇造成的煤污病状；b. 无翅孤雌蚜、有翅孤雌蚜与若蚜；c. 若蚜

［生活习性］　1年发生10余代，以卵在腋芽、芽缝、枝杈等处越冬。翌春当紫薇萌发新梢抽长时，越冬卵开始孵化为干母，干母成熟后，营孤雌生殖。6月以后虫口不断上升，并随着气温的增高而不断产生有翅蚜，有翅蚜再迁飞扩散。8月危害最重，炎热夏季或阴雨连绵时虫口密度下降。秋季产生性蚜，雌雄交尾后产卵越冬。

**400. 榆长斑蚜**　*Tinocallis saltans* (Nevsky, 1929)，属半翅目蚜科。

［分布与为害］　分布于东北、西北、华北、华东等地。为害榆树、紫穗槐。成蚜、若蚜聚集于叶背刺吸汁液。

［识别特征］　有翅孤雌蚜：体长约2mm，金黄色，有明显黑斑。体背有明显黑色或淡色。头部无背瘤，前胸背板有淡色中瘤2对，中胸和第1~8腹节各有中瘤1对，中胸中瘤大于触角第2节，第1~5腹节有缘瘤，每瘤生刚毛1根。触角6节，约为体长的2/3，第3节有毛和长卵形次生感觉孔9~15个。腹管短筒形，无缘突，有切迹。尾片瘤状，毛9~13根。翅脉正常，有深色（图2-445）。未见无翅型。

图2-445　榆长斑蚜有翅孤雌蚜

［生活习性］　成虫活跃，在叶背分散为害，6月大发生时布满叶背，以背风向阳处的幼树发生量大。

**401. 榆华毛斑蚜**　*Sinochaitophorus maoi* Takahashi, 1936，又名榆华毛蚜，属半翅目蚜科。

［分布与为害］　分布于东北、华北，以及山东等地。为害榆树，以成蚜、若蚜聚集于叶背刺吸汁液。

［识别特征］　①无翅孤雌蚜：体长约1.5mm，卵圆形，黑色，背中带白绿色，附肢淡色，头、胸和第1~6腹节愈合一体呈大斑。体背长毛分叉。触角6节。前胸、第1~7节有馒头形缘瘤。腹管短筒形，微显瓦纹，无缘突和切迹。尾片瘤状，端圆，毛8~10根。尾板分两片呈瘤状（图2-446）。②有翅孤雌蚜：体长约1.6mm，长卵形，体背黑色，体毛尖长。第1~6腹节各有缘斑1个，第7~8节各有横带1个，第1~6腹节各有中、侧黑斑愈合横带。翅脉灰色，各有黑色宽镶边，前翅仅基部及脉间有透明部分。尾片瘤状，毛5~7根。

［生活习性］　山东1年发生多代，以卵在榆树芽苞附近越冬。翌年早春孵化，5~10月均有为害，有翅蚜极少。在幼叶背面及幼茎为害。

图2-446　榆华毛斑蚜无翅孤雌蚜

**402. 朴绵斑蚜**　*Shivaphis celti* Das, 1918，又名朴绵叶蚜，属半翅目蚜科。

［分布与为害］　分布于华北、华东，以及辽宁、河南、广东等地，为害朴属植物，多在叶背叶脉附近为害，有时也为害叶片正面及幼枝（图2-447a、b）。严重发生时，分泌大量蜜露，造成叶片发黄，并诱致煤污病的发生（图2-447c）。

［识别特征］　①无翅孤雌蚜：体长约2.3mm，长卵形，灰绿色，秋季带粉红色，体表有蜡粉和蜡丝（图2-448a、b）。体背毛短尖。具眼瘤。触角6节。腹管极短，环状隆起。尾片瘤状。②有翅孤雌蚜：体长约2.2mm，长卵形，黄色至淡绿色。头胸褐色，腹部有斑纹，全体被白色蜡丝。触角6节。腹管环状，稍隆。尾片长瘤状。翅脉正常，褐色，有宽晕（图2-448c）。

［生活习性］　华北地区1年发生多代，以卵在朴属植物的茸毛或粗糙处越冬。翌年3月卵孵化为干母，之后孤雌胎生多代。蚜体覆盖蜡丝很像小棉球，遇震动易落地或飞翔，速度缓慢。5~6月严重发生，10月出现有翅雄性蚜及无翅雌蚜，交尾、产卵、越冬。

**图2-447 朴绵斑蚜为害状**

a. 为害朴树叶片背面状；b. 为害朴树叶片正面状；c. 为害朴树叶片造成的煤污病状

**图2-448 朴绵斑蚜**

a、b. 无翅孤雌蚜；c. 有翅孤雌蚜与无翅孤雌蚜

**403. 朝鲜椴斑蚜** *Tiliaphis coreana* Quednau, 1979，属半翅目蚜科。

［分布与为害］ 分布于辽宁、北京、河北等地。为害多种椴树，多集中于叶脉处刺吸汁液，排出蜜露，并诱发煤污病。

［识别特征］ ①有翅孤雌蚜：体长2.6~3.0mm；体浅黄褐色。触角第1~3节黑色（第3节近端部浅色），第4、5节端部约2/5黑色，端节近中部黑色。从头部至中胸两侧具黑褐色纵条，中胸近侧缘尚有1褐色纵条。腹部浅色，无斑纹。前翅透明，前缘黑色，后缘具"Z"形黑纹。触角短于体长，第3节具感觉圈19~33个。②若蚜：体黄色或黄绿色，体背具成行的黑斑（图2-449）。

图2-449 朝鲜椴斑蚜若蚜

［生活习性］ 北京1年发生数代，以卵越冬。翌年4月卵孵化，4月下旬开始出现大量有翅蚜，栖息于叶背。早春发生量较大，天气炎热时（如7月）在椴树上消失。

**404. 竹纵斑蚜** *Takecallis arundinariae* (Essig, 1917)，属半翅目蚜科。

［分布与为害］ 分布于河北、山东、江苏、安徽、浙江、江西、福建等地。为害淡竹、斑竹、金明竹、乌哺鸡竹、红竹、早竹等竹类。被害嫩竹叶出现萎缩、枯白，蚜虫分泌物黏落处易滋生煤污病，污染竹叶，影响光合作用和观赏价值（图2-450a）。

［识别特征］ ①无翅孤雌蚜：体长2.2~2.3mm，长卵圆形，淡黄色、淡绿色，背被薄白粉（图2-450b）。复眼红色。触角和足灰白色。头光滑，具较长的头状背刚毛8根，唇基有囊状隆起，喙短；复眼大，具复眼瘤。单眼3枚。触角6节，约为体长的1.1倍，触角瘤不明显，中部瘤发达。足细长。②有翅孤雌蚜：体长2.3~2.6mm，长卵圆形，淡黄色至黄色。触角和足灰白色。第1~7腹部背面各有纵斑1对，每对呈倒"八"字形排列，黑褐色。头光滑，具背刚毛8根，中额隆起，额瘤外倾。喙短粗、光滑。复眼大，有复眼瘤。单眼3枚。触角细长，6节，约为体长的1.6倍。前翅长3.4~3.7mm，中脉2分叉。足细长。

图2-450 竹纵斑蚜
a. 为害竹叶造成的煤污病状；b. 无翅孤雌蚜与若蚜

［生活习性］ 华北地区1年发生数代，以卵越冬。在叶背取食，尤以叶基部为多。5~6月种群密度大、危害重。

**405. 竹梢凸唇斑蚜** *Takecallis taiwanus* (Takahashi, 1926)，属半翅目蚜科。

［分布与为害］ 分布于陕西、山西、河北、山东、江苏、安徽、浙江、江西、福建、台湾、四川、云南等地。为害竹类植物。

［识别特征］ ①有翅孤雌蚜：体长约2.3mm，长卵形，淡绿色或绿褐色，以绿色为多，无斑纹。头部毛瘤4对。触角6节，短于体长。前胸和第1~5腹节各有中毛瘤1对，第6~8腹节中毛瘤较小，第1~7腹节各具缘瘤1对，每瘤生毛1根，腹部无斑纹。腹管短筒形，基部无毛，中毛每节2根，无缘突，有切迹。

尾片瘤状，中部收缩，毛10～17根。尾板分2片。翅脉正常（图2-451）。②若蚜：有绿色与褐色两种颜色，体较小，背毛粗长，顶端扇形。

图2-451　竹梢凸唇斑蚜有翅孤雌蚜与若蚜

［生活习性］　华北地区1年发生数代，以卵越冬。在未伸展的幼叶上为害，发生量大，威胁幼竹生长，是常见害虫。

**406．枫杨刻蚜**　*Kurisakia onigurumii* (Shinji, 1923)，属半翅目蚜科。

［分布与为害］　分布于北京、河北、山东、江苏、浙江、台湾、湖北等地。为害枫杨，在嫩梢、叶背上群集寄生。

图2-452　枫杨刻蚜有翅孤雌蚜与无翅孤雌蚜

［识别特征］　①无翅孤雌蚜：体长约2.1mm，长卵形，浅绿色，密被长毛。胸部具2条淡色纵带。腹管截断形。尾片宽圆形，具毛10或11根。②有翅孤雌蚜：体长约2.3mm，长椭圆形。头、触角、胸部和腹管黑色。腹部绿色，具多个黑斑。腹管截断形。尾片宽圆形，具毛11～15根（图2-452）。③越夏型若虫：体长约0.6mm，被蜡壳，身体周缘均匀分布有栉状体。

［生活习性］　1年发生多代，以卵在枫杨的腋芽、枝干和树皮缝中越冬。翌年3月下旬越冬卵孵化，4月开始大量发生，严重时新叶及嫩梢布满蚜虫，影响枫杨的正常生长。6月初虫口数量迅速下降，同时产生越夏型若虫。越夏蚜为抵御夏季高温的滞育状态，对寄主不会造成严重危害。越夏蚜被蜡壳，多固定于叶背靠近叶脉和叶边缘处，直到9月气温下降后才继续生长，并于10月产生性蚜，交配后产卵越冬。

**407．蚊母新胸蚜**　*Neothoracaphis yanonis* (Matsumura, 1917)，又名蚊母瘿蚜、蚊母瘿瘤蚜，属半翅目蚜科。

［分布与为害］　分布于江苏、上海、安徽、浙江、江西、湖南、四川、贵州等地。为害蚊母，刺吸为害新叶，叶片被害后在虫体四周隆起，逐渐将虫体包埋形成虫瘿，虫瘿继续生长，可至黄豆大小，最大的接近蚕豆大小（图2-453a、b）。5～6月，虫瘿变红、破裂，有翅迁飞蚜迁往夏寄主为害。

［识别特征］　①有翅孤雌蚜：体长卵形，长约1.6mm，体黑灰色，头、胸黑色。触角粗短，5节。尾片末端圆形，有横行微刺，短毛6～9根。前翅中脉较淡，分有3岔，后翅肘脉2根。②干母：嫩黄色，初孵若虫体扁平，近透明，仅足基部、腿节和胫节连接处稍深色。复眼红色。腹部比较小，体侧有6对以上较长毛。干母经两次蜕皮后体型变为半球形，饱满，腹末两侧出现白色蜡丝；触角粗短，长约0.16mm，第

3节端部明显变细，鞭节端部有毛2或3根，触角第1～4节长度比为15∶10∶36∶27；第3、4节各有原生感觉圈1个，缺次生感觉圈，复眼由3个小眼组成。尾片末端圆形，有毛8根，左右对称（图2-453c）。③卵：椭圆形，浅灰色。

**图2-453 蚊母新胸蚜**

a、b. 为害蚊母叶片造成的虫瘿；c. 干母

［生活习性］ 在上海，每年11月侨蚜迁回蚊母上产生孤雌胎生性蚜，性蚜觅偶交配产卵在叶芽内越冬。蚊母芽萌动时，卵孵化，干母刺吸叶片，使叶片产生凹陷，将干母包埋，形成瘿瘤。4月下旬至5月上旬，干母胎生有翅迁飞蚜，每干母可孤雌胎生50多头。6月上旬，瘿瘤破裂，有翅迁飞蚜飞出，迁往越夏寄主。目前尚不清楚越夏寄主种类。

**408. 异毛真胸蚜** *Euthoracaphis heterotricha* Ghosh & Raychaudhuri, 1973，属半翅目蚜科。

［分布与为害］ 分布于云南。寄主植物为天竺桂，主要在叶脉处集中为害。

［识别特征］ ①无翅孤雌蚜：参见图2-454。②有翅孤雌蚜：参见图2-454。③若蚜：1龄若蚜体小，但后足特长，行动迅速（图2-454）。

［生活习性］ 该虫只有孤雌生殖，无两性生殖。以孤雌蚜在天竺桂的树皮内越冬。翌年2月开始活动，4月上中旬无翅孤雌蚜开始迁移、扩散，爬到嫩芽、枝上为害；到5月上中旬蚜量达顶峰；5月下旬至7月上旬蚜量下降，7月中旬天竺桂开始萌发秋梢、秋叶，又在秋叶上为害，蚜量大增，达全年第2次高峰。

**图2-454 异毛真胸蚜无翅孤雌蚜、有翅孤雌蚜及若蚜**

**409. 杨枝瘿绵蚜** *Pemphigus immunis* Buckton, 1896，属半翅目蚜科。

［分布与为害］ 分布于东北、华北，以及山东、河南、宁夏等地。为害杨树。

［识别特征］ 有翅孤雌蚜：体长约2.3mm，长卵形，灰绿色，被白粉。触角6节，第5节感觉圈大长方形，有若干卵形体构造。第1～5腹节各有1对背中蜡线，第8腹节中蜡片1对，且融合为横带状。蜡孔

卵圆形。腹管环状。尾片盔形。腹板末端圆形。前翅4斜脉，中脉不分叉。后翅斜脉2条。

[生活习性] 春季在幼枝基部形成梨形虫瘿（图2-455），有原生开口。

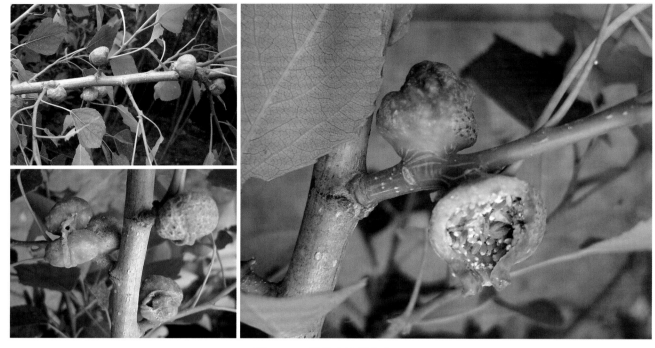

**图2-455 杨枝瘿绵蚜虫瘿**

**410. 杨柄叶瘿绵蚜** *Pemphigus matsumurai* Monzen, 1929，属半翅目蚜科。

[分布与为害] 分布于东北、华北，以及河南、山东、贵州、云南、西藏等地。为害青杨、小叶杨、云南白杨、黑杨、辽杨等。

[识别特征] 有翅孤雌蚜：体椭圆形，头、胸黑色，腹部淡色。体表光滑，蜡片淡色，头顶弧形。触角粗短。腹管无。尾片半圆形。翅脉镶淡褐色边，前翅4斜脉不分岔，2肘脉基部愈合，后翅2肘脉基部分离。

[生活习性] 在叶片正面的叶柄基部形成长球形虫瘿（图2-456a），直径15～20mm，瘿表粗糙不光滑，与叶片同色或稍带红色，每叶以1瘿为多，部分2瘿。4月瘿内多为干母，5月中旬发育为若蚜和有翅蚜，每瘿内有有翅蚜近百头（图2-456b、c），6月虫瘿成熟后裂开，顶部表皮具次生开口，有翅蚜飞出。

**图2-456 杨柄叶瘿绵蚜**

a. 虫瘿；b、c. 虫瘿内的蚜虫

**411. 秋四脉绵蚜** *Tetraneura nigriabdominalis* (Sasaki, 1899)，又名榆瘿蚜、谷榆蚜、榆四条绵蚜，属半翅目蚜科。

[分布与为害] 分布于黑龙江、辽宁、内蒙古、宁夏、甘肃、新疆、陕西、山西、河南、山东、江苏、浙江、福建、台湾、湖北、湖南、广西等地，为害榆、白榆、垂榆、钻天榆、榔榆等及禾本科植物。被害榆树叶面形成凸出的囊状虫瘿，内有大量虫体。虫瘿绿色或红色（图2-457a～d），使叶面呈畸形，不仅影响生长，也有碍观赏。后期虫瘿产生裂口并呈黑褐色干枯状。

[识别特征] ①无翅孤雌蚜：体长2.0～2.5mm，椭圆形，体杏黄色、灰绿色或紫色，体被呈放射状的蜡质绵毛。触角4节，短。喙短且粗，呈矛状，超过前足基节。腹管退化；尾片半圆形，有5～7根毛（图2-457e）。②有翅孤雌蚜：体长2.5～3.0mm。头、胸部黑色。腹部灰绿色至灰褐色。触角4节。无腹管。前翅中脉不分叉，共4条，后翅中脉1条。③性蚜：体较大，黑绿色。④卵：长椭圆形，长约1mm，初黄色后变黑色，有光泽，一端具1微小突起。⑤干母：体长约0.7mm，黑色（图2-457f），在虫瘿中蜕皮变绿色。

**图2-457 秋四脉绵蚜**

a、b. 为害榆叶造成的早期虫瘿；c、d. 为害榆叶造成的后期虫瘿；e. 无翅孤雌蚜；f. 干母若蚜；g. 晚秋季节产生的有翅蚜（性母蚜）

[生活习性] 1年发生多代，以卵在榆树枝干裂缝等处越冬。翌年4月下旬越冬卵孵化为干母（有翅蚜）并为害榆树幼叶。被害部分初期为小红点，后逐渐组织增生，叶正面形成虫瘿，初期绿色逐渐变为红色。一般1个虫瘿有1头干母，个别的也有2头以上干母。在瘿囊内产生干雌蚜，繁殖几代后，产生有翅蚜（迁移蚜）。迁移蚜于5月下旬至6月上旬从虫瘿裂口外出，迁飞到禾本科植物和杂草根部为害，并进行孤雌胎生雌蚜（侨蚜），为害期为6～9月。9～10月产生有翅蚜（性母蚜）飞回榆树上（图2-457g），在皮缝处胎生性蚜（雌蚜和雄蚜）。性蚜无翅，口器退化，不取食，交配产卵后死亡，以卵越冬。该蚜1年完成1次循环，有2种寄主：冬寄主为榆树，夏寄主为禾本科植物。

**412. 榆绵蚜** *Eriosoma lanuginosum dilanuginosum* (Zhang, 1980)，属半翅目蚜科。

[分布与为害] 分布于华北，以及辽宁、山东等地，为害榆树，使得榆树叶片呈螺旋状卷曲（图2-458a、b）。

[识别特征] ①无翅孤雌蚜：体长1.8～2.2mm，赤褐色。体无斑纹，体背蜡片花瓣状，由5～15个蜡孔组成，被白蜡毛。腹管半环状。尾片短毛2根（图2-458c）。②有翅孤雌蚜：体长1.7～2.0mm，暗褐色。头、胸黑色，体被白色蜡毛。触角6节。腹管环形，有短毛11～15根。③若蚜：共4龄，体长椭圆形，赤褐色，被白色蜡毛，触角5节。

**图2-458 榆绵蚜**
a、b. 为害榆叶状；c. 无翅孤雌蚜与有翅孤雌蚜

[生活习性] 华北地区1年发生10余代，以无翅低龄若蚜在根部及枝干皮缝内越冬。翌年4月开始活动，5月孤雌胎生后代，若蚜在叶腋、嫩芽、嫩梢等处为害，6～7月为发生盛期，9～10月蚜量再度上升。

**413. 日本绵蚜** *Eriosoma japonicum* Matsumura, 1917，属半翅目蚜科。

[分布与为害] 分布于黑龙江、宁夏、北京、河北、湖南等地。几乎为害所有的榆科植物，在叶背寄生，被寄生叶片向背面卷缩，整个叶片扭曲，并肿胀成伪虫瘿（图2-459）。夏季迁飞至龙牙草、日本路边青等植物的根部为害。

[识别特征] 有翅干雌蚜：体长1.7～2.0mm。头、胸黑褐色。触角褐色。腹部第1～7节背片前缘具横带，其中前6节横带的后方即中央具断续的斑点。触角6节，第5、6节长度相近，稍长于第4节，第3节与后3节长度之和相近。腹管扁，端口粗大。尾片具2根毛。

[生活习性] 春季在榆科植物上为害，以后有翅蚜迁飞，夏季仅可见枯死的伪虫瘿。四斑裸瓢虫幼虫捕食该种蚜虫。

图2-459　日本绵蚜为害榔榆叶片状

**414. 女贞卷叶绵蚜**　*Prociphilus ligustrifoliae* (Tseng & Tao, 1938)，属半翅目蚜科。

[分布与为害]　国内分布并不广泛，辽宁、陕西、山东、四川、贵州、云南等地有所报道。可为害白蜡、女贞，严重时叶片呈螺旋状反向卷曲（图2-460a），蚜虫被白色绵毛包裹，群居在卷曲的叶片内（图2-460b），白色绵毛或蚜虫随风到处乱飞或掉落树下。吸取树液，消耗树体营养，树木受害后树势衰弱，寿命缩短，降低观赏价值。

[识别特征]　①无翅孤雌蚜：体色淡黄色，腹末被有少量白色蜡粉（图2-460c）。②有翅孤雌蚜：体长约3.4mm，椭圆形，头、胸黑色至黑褐色，腹部蓝灰黑色（图2-460d）。③若蚜：参见图2-460c、d。

图2-460　女贞卷叶绵蚜
a. 为害白蜡造成卷叶状；b. 在白蜡卷叶内群居状；c. 无翅孤雌蚜与若蚜；d. 有翅孤雌蚜与若蚜

［生活习性］ 1年发生2代，以若蚜在树干伤疤、裂缝和近地表根部处越冬。5月上旬越冬若蚜成长为成蚜，开始胎生第1代幼蚜。5月下旬至6月是全年繁殖盛期，特别是阴雨连绵天气，令若蚜四处扩散，远看像雪后景象。7～8月受高温和寄生蜂影响，数量大减，9月中旬虫口密度增长，11月中旬若蚜进入越冬状态。

**415. 苹果绵蚜** *Eriosoma lanigerum* (Hausmann, 1802)，又名苹果绵虫、白毛虫、白絮虫、棉花虫、血色蚜，属半翅目蚜科。

［分布与为害］ 分布于辽宁、陕西、山西、河北、河南、山东、江苏、云南、西藏的局部地区等地。为害苹果、海棠类、花红、沙果、山荆子等植物。以成蚜、若蚜密集于寄主背阴枝干、剪锯口（图2-461）、新梢、叶腋、地表根际及根蘖基部寄生为害，吸取树液、消耗树体营养。苹果树的被害部位形成肿瘤后表面会分泌白色絮状蜡质物。

图2-461 苹果绵蚜为害北美海棠剪锯口状

［识别特征］ ①无翅孤雌蚜：体卵圆形，长1.7～2.2mm。复眼暗红色，眼瘤亦红黑色。口喙末端黑色，其余赤褐色，生有若干短毛。腹部黄褐色至赤褐色。尾片黑色。头部无额瘤。口喙长度达后胸足基节窝。触角6节，第3节最长，为第2节的3倍，稍短或等于末3节之和，第6节基部有1小圆初生感觉孔。腹部膨大，体侧有侧瘤，着生短毛。腹背有4条纵列的泌蜡孔，分泌白色的蜡质和丝质物，群体为害苹果树时树体如挂棉绒。腹管环状，退化，仅留痕迹，呈半圆形裂口。尾片呈圆锥形。②有翅孤雌蚜：体椭圆形，体长1.7～2.0mm，翅展6.0～6.5mm，暗褐色，腹部淡色。触角6节，第3～6节依次有环状感觉器17～20个、3～5个、3～4个、2个。前翅中脉分2叉，翅脉与翅痣均为棕色。③性蚜：雌体长约1.0mm，雄体长约0.7mm。体淡黄色或黄绿色。触角5节，口器退化。④若蚜：共4龄，末龄体长0.65～1.45mm，黄褐色至赤褐色，体被有白色棉状物。体略呈圆筒形，喙细长向后延伸。⑤卵：长约0.5mm、宽约0.2mm，椭圆形。初产橙黄色、后变褐色，表面光滑外被白粉。

［生活习性］ 该虫以胎生方式产生若蚜，新生若蚜即向当年生枝条扩散转移，爬至嫩梢基部、叶腋或嫩芽处吸食汁液。气温为22～25℃时为繁殖最盛期。气温26℃以上时虫量显著下降。到8月下旬气温下降后虫量又开始上升，9月若蚜又向枝梢扩散为害形成全年第2次为害高峰，到10月下旬以后若虫爬至越冬部位开始越冬，翌年4月底至5月初越冬若蚜变为无翅孤雌蚜。

**416. 山楂卷叶绵蚜** *Prociphilus crataegicola* Shinji, 1922，又名苹果根绵蚜、苹果卷叶绵蚜、苹果卷叶绵虫，属半翅目蚜科。

［分布与为害］ 分布于东北、华北、西北，以及河南、山东、湖北等地。为害苹果、山楂、梨、海棠类、沙果、山荆子等植物。以成蚜和若蚜刺吸叶与根的汁液，为害叶部时多在叶背的边缘，使叶片向背部卷合（图2-462a、b），严重时引起煤污病（图2-462c）；为害根部时，多在毛根上，受害的毛根周围常有许多白色蜡质絮状物，在根部的为害症状与苹果绵蚜相似，区别是根绵蚜为害后的毛根不形成瘤状物。被害植株树势衰弱。

［识别特征］ ①无翅孤雌蚜：体长1.4～1.6mm，近卵圆形，全体污白色，被白色绵毛状蜡丝。复眼黑褐色。头较小。触角丝状，6节，较短。喙4节。腹部较肥大，无腹管（图2-462d）。②有翅孤雌蚜：体

**图 2-462 山楂卷叶绵蚜**

a、b. 为害山楂造成卷叶状；c. 为害山楂造成卷叶及煤污病状；d. 无翅孤雌蚜

长 1.3～1.5mm，长椭圆形。头部灰黑色。复眼和胸部黑褐色。腹部灰黄绿色，后变灰褐色，被有白色蜡粉。翅白色，半透明，翅脉淡褐色。触角 6 节，较长，感觉孔狭长，上有纤毛。喙 4 节。胸部发达。前翅中脉不分支，可与苹果绵蚜区别。腹管较小。③雌性蚜：体长 0.6～0.7mm，长椭圆形，淡黄褐色，疏被白色蜡粉，无翅，喙退化、不能取食。腹内只有 1 个长形卵，隐约可见。④若虫：长圆形，绿苔色，体后部有白色绵毛状蜡丝。⑤卵：长卵圆形，淡黄褐色，有光泽，表面附有白色绵毛。⑥干母：体略呈纺锤形，体长 1.4～1.6mm，全体深灰绿色，复眼黑色，体被白色绵毛状蜡丝。头部狭小。触角较短。喙 4 节。胸部稍宽，无翅。腹部肥大，无腹管。

[生活习性] 山东烟台 1 年发生 9 代，以卵在苹果、山楂枝干的皮缝、伤疤、剪锯口等缝隙处越冬。翌年 4 月上旬开始孵化，并在孵化处刺吸树液，5 月上旬转移到叶部为害，5 月下旬产生有翅蚜，有翅蚜迁飞到植物根部后，产生大量无翅胎生蚜，开始为害，在地下生活 5 代后，于 10 月中旬产生有翅性蚜，再转移到地上交尾、产卵、越冬。

**417. 北扣绵蚜** *Colophina arctica* (Zhang & Qiao, 1997)，属半翅目蚜科。

[分布与为害] 分布于北京。为害短尾铁线莲嫩茎，虫体密集，常环绕嫩茎，腹端常挂有白色的蜜露点，头朝向茎的下方（图 2-463）。也可为害花序。

[识别特征] 无翅孤雌蚜：体长 1.5～2.3mm。体黄褐色至黑褐色，触角及足黄褐色。体被蜡粉，稀疏或较浓密，腹

**图 2-463 北扣绵蚜为害短尾铁线莲嫩茎状**

末2、3节被长蜡丝，呈绒球状。触角很短，不及体长的1/4，共6节。

［生活习性］ 北京4～5月、7～8月及10月可见该虫。

**418. 柳瘤大蚜** *Tuberolachnus salignus* (J. F. Gmelin, 1790)，属半翅目蚜科。

［分布与为害］ 分布于辽宁、陕西、山西、内蒙古、甘肃、宁夏、青海、新疆、河北、河南、山东、江苏、浙江、安徽、江西、福建、湖北、湖南、广东、广西、四川、重庆、贵州、云南等地。为害柳树。成蚜、若蚜常密集在幼树枝干表皮上吸食为害，严重时枝叶枯黄。

［识别特征］ ①无翅孤雌蚜：体长3.5～4.5mm，灰黑色，全体密被细毛。复眼黑褐色。触角黑色。足暗红褐色。触角6节，上着生毛。口器针状，长达腹部。腹管扁平，圆锥形。尾片半月形。足密生细毛，后足特长（图2-464a）。②有翅孤雌蚜：体长约4mm，头、胸部色深，腹部色浅。翅透明，翅痣细长。第3腹节有大而圆的亚生感觉孔10个，第4节有3个（图2-464b）。③若蚜：参见图2-464a、b。

**图 2-464　柳瘤大蚜**
a. 无翅孤雌蚜与若蚜；b. 有翅孤雌蚜、无翅孤雌蚜与若蚜

［生活习性］ 河北1年发生10多代，以成蚜在主干下部的树皮缝隙内越冬。翌年3月开始活动，4～5月大量繁衍盛发，形成灾害，7～8月数量明显减少，9～10月再度猖獗为害，11月中旬以后开始潜藏越冬。主要在枝丫分叉处群集为害。大量发生时所分泌的蜜露纷纷飘落如微雨，地面似喷洒了一层褐色胶汁。常诱发煤污病。

**419. 雪松长足大蚜** *Cinara cedri* Mimeur, 1936，属半翅目蚜科。

［分布与为害］ 分布于北京、河北、河南、山东等地。以成蚜、若蚜刺吸雪松枝条汁液，产生蜜露，引发煤污病，严重时造成顶梢坏死，降低树势（图2-465a～c）。

［识别特征］ ①无翅孤雌蚜：体长2.9～3.7mm。体暗铜褐色。触角第1、5节端半部和第6节黑色。腹部具漆黑色小斑点。足淡黄褐色，基节、转节、腿节端部、胫节端半部及跗节黑色，有时转节色浅、稍带暗色，有时腿节、胫节上的黑色区域变大，后足的黑色区常比前足、中足的大（图2-465d、e）。②卵：参见图2-465f。③若蚜：参见图2-465e。

**图2-465 雪松长足大蚜**

a. 为害雪松枝条状；b. 为害雪松枝条造成煤污病状；c. 排出蜜露污染地面状；d. 无翅孤雌蚜；e. 无翅孤雌蚜与若蚜；f. 越冬卵

[生活习性] 1年发生多代，以卵在梢端的针叶上越冬。多寄生在直径2.5～40.0mm的雪松枝条上，天冷时发生量大（多发生在10～12月），蜜露量很大。

**420. 白皮松长足大蚜** *Cinara bungeanae* Zhang & Zhang, 1993，属半翅目蚜科。

[分布与为害] 分布于华北，以及辽宁、山东等地。以成蚜、若蚜刺吸白皮松枝条汁液，产生蜜露，引发煤污病（图2-466a）。

[识别特征] ①无翅孤雌蚜：体褐色，薄被白蜡粉，腹部散生黑色颗粒状物，背片前几节背毛有毛基斑。中胸腹瘤存在，腹管短小（图2-466b）。②有翅孤雌蚜：体黑褐色，刚毛黑色，腹末稍尖。翅透明，前缘黑褐色。③卵：黑色，长椭圆形。④若蚜：体淡棕褐色。

**图2-466 白皮松长足大蚜**

a. 排出蜜露污染白皮松枝条状；b. 无翅孤雌蚜

［生活习性］ 华北地区1年发生数代，以卵在松针上越冬。翌年4月卵开始孵化，4月下旬出现干母，6月初出现有翅侨蚜，进行扩散，5～10月世代重叠，10月末出现性蚜，交尾后产卵越冬。若虫共4龄，每代约20天。

**421. 马尾松大蚜**　　*Cinara formosana* (Takahashi, 1924)，又名松大蚜，属半翅目蚜科。

［分布与为害］ 分布于辽宁、陕西、宁夏、甘肃、青海、新疆、内蒙古、北京、河北、山东、江苏、安徽、浙江、福建、台湾、广东、广西、湖南、四川、贵州、云南等地。以成蚜、若蚜为害油松、马尾松、樟子松、黑松、赤松等的枝条，产生蜜露，引发煤污病。

［识别特征］ ①无翅孤雌蚜：体长3.1～4.8mm。体褐色至墨绿色，中、后胸色稍浅，被很薄的白色蜡粉。触角、腿节端半部、胫节端半部褐色（不同个体间有差异）。腹部背片中央具2对黑斑，第7节黑斑不规则，第8节呈黑色横带，有时中央断开。触角短，约为体长的0.35倍。腹管位于黑色多毛的圆锥体上（图2-467a）。②有翅孤雌蚜：体长4.7mm。体被薄蜡粉。头、胸部褐色至黑褐色。触角黑色，第3节基部淡色。腹部浅墨绿色，腹部第8节、腹管、尾片黑褐色。足黑色，腿节基部及胫节中基部色稍浅（图2-467b）。③卵：黑色，长椭圆形（图2-467c）。④若蚜：体淡棕褐色。

［生活习性］ 1年发生多代，10月后可产生无翅雌性蚜和有翅雄性蚜，交配后产卵（图2-467d），以卵在松针上越冬。产卵时，用后足把腹末的白色蜡粉涂抹在卵体表面。越冬卵4月开始孵化，在一年生及新梢上取食并繁殖，也可寄生于二年生及以上老枝（背阳面）。有时发生量很大，并分泌大量蜜露。

**图 2-467　马尾松大蚜**
a. 无翅孤雌蚜；b. 有翅孤雌蚜；c. 卵；d. 无翅雌性蚜产卵状

**422. 华山松大蚜**　　*Cinara piniarmandicola* Zhang & Zhang, 1993，属半翅目蚜科。

［分布与为害］ 分布于北京、河北。寄生于华山松的小枝上，有时发生量很大，松针明显枯黄。

［识别特征］ ①无翅孤雌蚜：体长3.1～3.5mm，体暗铜褐色，被白粉。体背具大小不等漆黑色斑。触角淡黄色，但基节、第3～5节端部和6节黑色。腹部第8节具1对长形背斑，第7节1对斑形状不规则。

有时腹部具大斑，包围2腹管。足腿节端半部、胫节端部1/2～2/3黑色，胫节基部漆黑色。触角短，约为体长的1/3，触角第5节长于第4节或第6节（图2-468a）。②有翅孤雌蚜：体黑褐色，刚毛黑色，腹末稍尖，翅透明，前缘黑褐色。③卵：黑色，长椭圆形（图2-468b）。④若蚜：体淡棕褐色。

**图2-468 华山松大蚜**

a. 无翅孤雌蚜；b. 卵

［生活习性］ 北京1年发生数代，以卵在松针上越冬。翌年4月上旬开始孵化，出现干母，6月初出现有翅蚜进行扩散，5～10月世代重叠。10月末出现性蚜，交尾后产卵越冬。

**423. 柏长足大蚜** *Cinara tujafilina* (del Guercio, 1909)，又名侧柏大蚜、柏大蚜，属半翅目蚜科。

［分布与为害］ 分布于华北、华东，以及辽宁、陕西、云南等地。为害侧柏、垂柏、千柏、龙柏、铅笔柏、撒金柏、金钟柏等，是柏类植物上的重要害虫之一，尤其对龙柏模纹、侧柏绿篱及侧柏幼苗危害性极大。嫩枝上虫体密布成层，大量排泄蜜露，引发煤污病（图2-469a），轻者影响树木生长，重者幼树干枯死亡（图2-469b）。

**图2-469 柏长足大蚜为害状**

a. 为害龙柏枝条造成煤污病状；b. 为害龙柏模纹造成顶梢枯死状

［识别特征］ ①无翅孤雌蚜：体长约3mm，咖啡色略带薄粉（图2-470）。额瘤不显，触角细短。②有翅孤雌蚜：体长约3mm，腹部咖啡色，胸、足和腹管墨绿色。③卵：椭圆形，初产黄绿色，孵前黑色。④若蚜：与无翅孤雌蚜相似，暗绿色。

［生活习性］ 1年发生10代左右，以卵在柏枝叶上越冬。翌年3月底至4月上旬越冬卵孵化，并进行孤雌繁殖。5月中旬出现有翅蚜，进行迁飞扩散，喜群栖在二年生枝条上为害，11月为产卵盛期，每处产卵4或5粒，卵多产于小枝鳞片上，以卵越冬。侧柏幼苗、幼树和绿篱受害后，在冬季和早春经大风吹袭后极易失水干枯死亡。

图2-470　柏长足大蚜无翅孤雌蚜

**424. 柳倭蚜**　*Phylloxerina salicis* (Lichtenstein, 1884)，属半翅目根瘤蚜科。

［分布与为害］　分布于辽宁、宁夏、山西、山东等地，为害旱柳、垂柳、馒头柳等，密布在整个树干缝隙内（图2-471），以口针刺入韧皮部吸取养分，固定为害。被害树皮组织变褐、下陷，最后坏死，形成块状干疤，引起树势衰弱，树冠枯黄，并进一步导致溃疡、天牛等病虫害滋生，严重影响城市绿化和园林观瞻。

图2-471　柳倭蚜为害柳树树干状

［识别特征］　①无翅孤雌蚜：卵圆形，长0.6～0.7mm，体黄色，被厚絮状蜡丝。体表光滑，但体背皱褶明显。②无翅胎生若蚜：卵圆形，黄色，长0.5mm左右，背面饱满隆起，腹面稍平，形状与成蚜相似。③卵：长椭圆形，表面光滑，初为淡黄色，后为橘黄色。

［生活习性］　1年发生10代以上，均为无翅孤雌型，以卵在树皮缝隙内越冬。翌年3～4月越冬卵孵化，初孵若蚜为无性孤雌蚜，称干母。4月下旬第1代孤雌蚜进入产卵盛期；5月上旬第2代孤雌蚜大量出现，下旬为第3代孤雌蚜孵化盛期，其后继续繁殖，且世代严重重叠，到9月中旬产生性母，10月上中旬性母成熟，产卵越冬。

**425. 落叶松球蚜** *Adelges laricis* Vallot, 1876, 属半翅目球蚜科。

[分布与为害] 分布于东北、西北、华北, 以及山东、四川、云南等地, 主要为害云杉和落叶松, 以成蚜和若蚜在枝干吸食为害, 并在枝芽处形成虫瘿(图2-472), 致使被害部以上枝梢枯死, 严重影响树木生长。

[识别特征] ①干母: 为白色絮状分泌物所包围。越冬若蚜长椭圆形, 长约0.5mm, 棕黑色, 体表被有由腺孔分泌的呈小玻璃棒状、短而坚硬的6列整齐的分泌物。体表分布骨片和腺孔, 触角3节, 第3节特别长, 在秋末以初孵若蚜在云杉冬芽或其附近树木上越冬, 翌年早春长成无翅型蚜, 即干母营孤雌生殖。成蚜淡黄绿色, 蜜被1层很厚的白色絮状分泌物。②瘿蚜: 由干母

图2-472 落叶松球蚜为害云杉造成虫瘿状

所产的无性卵发育而成, 卵橘黄色或黄绿色, 孵化前呈暗褐色。早春云杉芽受到干母及瘿芽初孵若蚜的刺激形成虫瘿, 若蚜即生活于其中, 若蚜1龄时淡黄色, 体表无分泌物; 由2龄起, 体表出现有色粉状蜡质分泌物, 色泽亦逐渐加深。③伪干母: 越冬若蚜黑褐色, 体表裸露, 完全没有分泌物, 骨化程度特别强, 腺孔(除中足和后足基节上的以外)完全消失, 触角3节, 第3节最长, 越冬若蚜翌年早春长成无翅蚜。成蚜棕黑色, 长1~2mm, 半球形, 体表(除最末端2节外)没有分泌物。背面6纵裂瘤粒明显而有光泽, 营孤雌生殖, 其后代可成为性母。④性母: 初孵若蚜至2龄体表不出现分泌物, 3龄后至深褐色, 有光泽, 胸部两侧微微隆起, 4龄体表更淡, 胸部两侧具明显的翅芽, 背面6纵列瘤粒清晰可见。成蚜黄褐色, 腹部背面腺板行列整齐, 有翅。

[生活习性] 黑龙江每2年完成1个生活周期, 以从受精卵孵化出来的第1龄干母若蚜在红皮云杉中下层小枝芽上越冬。5月上旬若蚜开始取食, 5月底云杉芽萌动, 干母成熟, 大量孤雌产卵。受害红皮云杉的新芽基部、针叶和主轴渐渐变形, 卵孵化时即形成虫瘿。虫瘿表面常有1龄若蚜, 到6月中旬已渐增大。瘿端有嫩枝, 瘿体一侧有闭合缝, 外长针叶。7月末虫瘿开裂, 老熟若蚜爬出, 在附近针叶上羽化, 向兴安落叶松迁飞。孤雌产卵, 8月中下旬孵化为第1龄伪干母, 9月中旬开始越冬。翌年4月下旬若蚜开始取食, 蜕皮3次, 5月初成熟为伪干母, 开始孤雌产卵。5月下旬部分卵孵化发育为有翅性母, 向红皮云杉迁飞。6月初孤雌产卵, 上旬孵化为雌、雄性蚜, 7月初雌性蚜产受精卵, 8月初受精卵孵化为第1龄干母, 9月初开始在红皮云杉芽上越冬, 完成为时2年的生活周期。

**426. 油松球蚜** *Pineus pini* (Goeze, 1778), 属半翅目球蚜科。

[分布与为害] 分布于东北、西北、华北等地, 为害油松、华山松、黑松、赤松等松属植物, 以成蚜、若蚜为害嫩梢及松针基部, 刺吸汁液, 形成大量白絮(图2-473a)。

[识别特征] ①无翅孤雌蚜: 体长约1.5mm, 头与前胸愈合, 头胸色深, 各胸节有斑3对。触角3节, 喙5节, 超过中足基节腹部, 色淡。体背蜡片发达, 由葡萄状蜡孔组成, 常有白色蜡丝覆于体表上。尾片半月形, 毛4根, 无腹管(图2-473b)。②有翅孤雌蚜: 参见图2-473c。③卵: 参见图2-473d。

**图2-473 油松球蚜**

a. 为害华山松顶梢状；b. 无翅孤雌蚜；c. 有翅孤雌蚜；d. 卵

[生活习性] 华北地区1年发生1代，以无翅蚜在寄主植物枝干裂缝中越冬。翌年春季继续为害，5月产卵，若蚜孵化后固着在枝干的幼嫩部位及新抽发的嫩梢、针叶基部，刺吸汁液，被害部位呈白絮状。

**图2-474 早春季节黄胶带诱集栾多态毛蚜状**

[蚜虫类的防治措施]

（1）注意检查虫情、抓紧早期防治　盆栽花卉上零星发生时，可用毛笔蘸水刷掉，刷时要小心轻刷、刷净，避免损伤嫩梢、嫩叶，刷下的蚜虫要及时处理干净，以防蔓延。

（2）烟草汁液治蚜　烟草末40g加水1kg，浸泡48h后过滤制得原液，使用时加水1kg稀释，另加洗衣粉2～3g或肥皂液少许，搅匀后喷洒植株，有很好的效果。

（3）物理防治　利用黄板诱杀有翅蚜，或在早春季节利用黄胶带诱集无翅蚜（图2-474），然后集中杀灭，或利用银白色锡纸的反光作用拒栖迁飞的蚜虫。

（4）生物防治　保护、利用瓢虫（图2-475）、草蛉、蚜茧蜂、食蚜蝇等天敌昆虫来防治蚜虫，或大量人工饲养后适时释放。另外蚜霉菌等亦能人工培养后稀释喷施。

**图2-475 异色瓢虫**

a. 取食雪松长足大蚜状；b. 成虫及卵

（5）化学防治　发生严重地区，木本花卉发芽前，喷施5°Bé石硫合剂，以消灭越冬卵和初孵若蚜。虫口密度大时，可喷洒50%吡蚜酮可湿性粉剂2500～5000倍液、10%氟啶虫酰胺水分散粒剂2000倍液、22%氟啶虫胺腈悬浮剂5000～6000倍液、5%双丙环虫酯可分散液剂5000倍液、22.4%螺虫乙酯悬浮剂3000倍液等；也可根施2%吡虫啉颗粒剂1～2g/m²，或2%噻虫嗪颗粒剂0.5～1.0g/m²，同时兼治地下害虫。

## 二、介壳虫类

介壳虫属半翅目蚧总科，大多数种类虫体上被有蜡质分泌物，形如介壳，故而得名。园林植物上的介壳虫种类很多，据估计有700多种。在园林植物上常见的有蚧科的日本龟蜡蚧、角蜡蚧、伪角蜡蚧、红蜡蚧、昆明龟蜡蚧、滇双角蜡蚧、无花果蜡蚧、褐软蚧、水木坚蚧、枣大球蚧、榆球坚蚧、樱桃球坚蚧、朝鲜毛球蚧、沙里院球蚧、白蜡蚧、咖啡黑盔蚧、日本纽绵蚧、橘绿绵蚧、桦树绵蚧，粉蚧科的康氏粉蚧、长尾粉蚧、山西品粉蚧、扶桑绵粉蚧、柑橘粉蚧、竹白尾安粉蚧、竹巢粉蚧、白蜡绵粉蚧、柿长绵粉蚧，毡蚧科的柿树白毡蚧、紫薇绒蚧，绵蚧科的草履蚧、吹绵蚧、埃及吹绵蚧、银毛吹绵蚧，旌蚧科的昆明旌蚧，珠蚧科的日本松干蚧，盾蚧科的黄杨芝糠蚧、常春藤圆盾蚧、桑白蚧、考氏白盾蚧、蔷薇白轮盾蚧、雅樟白轮盾蚧、细胸轮盾蚧、苏铁白轮盾蚧、卫矛矢尖蚧、日本单蜕盾蚧、黑褐圆盾蚧、拟褐圆盾蚧、杨笠圆盾蚧、黄肾圆盾蚧、红肾圆盾蚧、仙人掌白盾蚧、分瓣臀凹盾蚧、中棘白盾蚧、杜鹃白盾蚧、菝葜黑盾蚧、针型眼蛎盾蚧、紫牡蛎盾蚧、松牡蛎盾蚧，链蚧科的广布竹链蚧等。

**427. 日本龟蜡蚧** *Ceroplastes japonicus* Green, 1921，又名日本蜡蚧、枣龟蜡蚧、龟蜡蚧，属半翅目蚧科。

［分布与为害］ 分布于陕西、山西、甘肃、宁夏、北京、河北、河南、山东、江苏、上海、安徽、浙江、江西、福建、广东、广西、湖南、湖北、四川、贵州、云南等地。食性杂，为害悬铃木、大叶黄杨、山茶、夹竹桃、金银木、接骨木、金银花、锦带花、丝棉木、枫香、罗汉松、重阳木、乌桕、石楠、广玉兰、柳杉、七叶树、杜英、香樟、胡颓子、盐肤木、蜡梅、肉桂、含笑、米兰、海桐、蚊母、栀子、桂花、石榴、月季、蔷薇、海棠类、苹果、梨、桃、樱桃、枣、柿、榆、朴树、板栗、紫荆、凌霄、紫藤、鸡爪槭、三角枫、元宝枫、紫叶李、合欢、樱花、连翘、迎春、牡丹、火棘等植物。以若虫、雌成虫在枝梢（图2-476a）和叶脉处吸食汁液为害，排泄蜜露，诱发煤污病（图2-476b、c），严重时枝叶干枯，花木生长衰弱甚至枯死。

**图2-476 日本龟蜡蚧为害状**
a. 为害臭椿枝梢状；b. 为害银边黄杨并诱发煤污病状；c. 为害枣树并诱发煤污病状

［识别特征］ ①雌成虫：体长约3mm。暗紫褐色，蜡壳灰白色。椭圆形，背部隆起，表面具龟甲状凹线，蜡壳顶偏在一边，周边有8个圆突（图2-477a、b）。②雄成虫：体长约1.3mm。体棕褐色。长椭圆形。翅透明，具2条翅脉。③卵：椭圆形，长0.2~0.3mm，初淡橙黄色后紫红色（图2-477c）。④若虫：初孵体长约0.4mm，椭圆形，扁平，淡红褐色，触角和足发达，灰白色，腹末有1对长毛（图2-477d）。固定1天后开始分泌蜡丝，7~10天形成蜡壳，周边有12~15个蜡角。老龄雄若虫蜡壳椭圆形，雪白色，周围有放射状蜡丝13根（图2-477e）。老龄雌若虫的蜡壳与雌成虫相似。

**图2-477　日本龟蜡蚧**

a. 雌成虫蜡壳；b. 雌成虫及若虫蜡壳；c. 卵；d. 初孵若虫；e. 老龄雄若虫介壳

[生活习性]　1年发生1代，以受精雌成虫在枝条上越冬。翌年5月雌成虫开始产卵，5月中下旬至6月为产卵盛期。6～7月若虫大量孵化。初孵若虫爬行很快，找到合适寄主即固定于叶片上为害，以正面靠近叶脉处为多。雌若虫8月陆续由叶片转至枝干，雄若虫仍留叶片上，至9月上旬变拟蛹，9月下旬大量羽化。雄成虫羽化当天即行交尾。受精雌成虫即于枝干上越冬。该虫繁殖快、产卵量大、产卵期较长，若虫发生期很不一致。

**428. 角蜡蚧**　*Ceroplastes ceriferus* (Fabricius, 1798)，又名大白蜡蚧、角蜡虫，属半翅目蚧科。

[分布与为害]　分布广泛，在长江以南及北方温室均有发生。为害雪松、茶花、梅花、栀子、大叶黄

杨、含笑、杜英、玉兰、柑橘、枇杷、无花果、海棠类、月季、火棘（图2-478a）、红瑞木等植物。以成虫、若虫为害枝干。被害植株叶片变黄，树干表面凹凸不平，树皮纵裂，致使树势逐渐衰弱，排泄的蜜露常诱致煤污病发生（图2-478b），严重者枝干枯死。

**图2-478 角蜡蚧为害状**
a. 为害火棘枝条状；b. 为害火棘枝条及诱发煤污病状

[识别特征] ①雌成虫：体长6.0～9.5mm，宽约8.7mm，高约5.5mm。体紫红色，蜡壳灰白色。短椭圆形。蜡壳周缘具角状蜡块：前端3块，两侧各2块，后端1块圆锥形较大如尾，背中部隆起呈半球形（图2-479）。触角6节，第3节最长。足短粗。②雄成虫：体长约1.3mm。赤褐色。前翅发达，短宽微黄，后翅特化为平衡棒。③卵：椭圆形，长约0.3mm，紫红色。④若虫：初龄扁椭圆形，长约0.5mm，红褐色；2龄出现蜡壳，雌蜡壳长椭圆形，乳白微红，前端具蜡突，两侧每边4块，后端2块，背面呈圆锥形稍向前弯曲；雄蜡壳椭圆形，长2.0～2.5mm，背面隆起较低，周围有13个蜡突。

**图2-479 角蜡蚧雌成虫蜡壳**

[生活习性] 1年发生1代，以受精雌虫于枝条上越冬。翌春继续为害，6月产卵于体下，卵期约1周。若虫期80～90天，雌虫蜕3次皮羽化为成虫，雄虫蜕2次皮为前蛹，进而化蛹，羽化期与雌虫相同，交配后雄虫死亡，雌虫继续为害至越冬。初孵雌若虫多于枝上固着为害，雄若虫多到叶上主脉两侧群集为害。卵在4月上旬至5月下旬陆续孵化，刚孵化的若虫在母体下停留片刻后，从母体下爬出分散在嫩叶、嫩枝上吸食为害，5～8天后蜕皮为2龄若虫，同时分泌白色蜡丝，在枝上固定。在成虫产卵和若虫刚孵化阶段，降水量对种群数量影响很大，干旱对其影响不大。

**429. 伪角蜡蚧** *Ceroplastes pseudoceriferus* Green, 1935，又名伪角龟蜡蚧、伪白蜡蚧，属半翅目蚧科。

[分布与为害] 分布于江苏、浙江、江西、福建、台湾、广东、广西、湖南、湖北、四川、贵州、云南等地。为害荔枝、柑橘、柠檬、金橘、枇杷、木瓜、石榴、柿、茶、桑、月桂、山茶、苏铁、冬青、木兰、罗汉松、楠木、栾树等植物。以雌成虫、若虫寄生在枝条上刺吸汁液，诱发煤污病，造成花

图2-480 伪角蜡蚧

木生长不良。

[识别特征] ①雌介壳：蜡壳白色，与角蜡蚧蜡壳的形状基本相似，但尾端的蜡角较长，角顶端细（图2-480）。②雌成虫：卵圆形，头端稍狭窄，尾端钝圆。触角6节。气门刺密集成群，每门多为110～140根，中间沿体缘成7或8列，两端为单列。肛突长锥形，向体后斜伸。肛板近似三角形。③卵：椭圆形，红褐色。④若虫：初孵若虫扁椭圆形，黄褐色；2龄若虫出现蜡壳，前端具3个蜡突，两侧各4个，后端2个，3龄若虫红褐色。

[生活习性] 昆明1年发生1代，以2～3龄若虫在寄主枝条上越冬。越冬前虫体很小，越冬期生长缓慢，开春后迅速增大，越冬若虫于5月进入成虫期，7月开始孕卵，8月产卵，9月为若虫孵化及涌散期，若虫从母体内爬出，固定在枝干上，1周左右有蜡质生成；9月中下旬蜡质分泌加快，蜡壳增厚，进入2龄若虫期；10～11月虫体生长缓慢，部分进入3龄，12月到翌年2月为越冬期。成虫生命力极强。7月初剪除有虫枝条置于室内，9月枝条已经完全干枯，但虫体由于厚蜡壳的保护依然存活，其产卵及若虫孵化行为均能正常进行。

**430. 红蜡蚧** *Ceroplastes rubens* Maskell, 1893，又名红龟蜡蚧、大红蜡蚧、红玉蜡蚧、红蜡虫、红粉蚧、红虱子，属半翅目蚧科。

[分布与为害] 分布于长江以南各地及北方温室。为害香樟、月桂、栀子、桂花、蜡梅、蔷薇、茶梅、山茶、月季、玫瑰、构骨、木棉、海桐、厚皮香、十大功劳、重阳木、八角金盘、大叶黄杨、南天竹、石榴、柑橘、佛手、荔枝、龙眼、芒果、人心果、枇杷、无花果、柳、榆、朴、白蜡、碧桃、樱花、麻栎等植物，以雌成虫、若虫密集寄生在植物枝条与叶片上，刺吸汁液为害。雌虫多在植物枝条与叶柄上为害，雄虫多在叶柄与叶片上为害，并能诱发煤污病，致使植株长势衰退，树冠萎缩，全株发黑，严重时会造成植株枯死（图2-481a）。

[识别特征] ①雌成虫：虫体紫红色，背面有较厚暗红色至紫红色的蜡壳覆盖。蜡壳顶端凹陷呈脐状，有4条白色蜡带从腹面卷向背面（图2-481b、c）。椭圆形。触角6节，第3节最长。②雄成虫：体暗红

图2-481 红蜡蚧
a. 为害无刺构骨及诱发煤污病状；b、c. 雌成虫蜡壳

色。前翅1对，白色半透明。③卵：椭圆形，两端稍细，淡红色至淡红色褐色，有光泽。④若虫：初孵时椭圆形，扁平，淡褐色或暗红色，腹端有两长毛；2龄若虫体稍突起，暗红色，体表被白色蜡质；3龄若虫蜡质增厚，触角6节，触角和足颜色较淡。

[生活习性] 1年发生1代，以受精雌成虫在植物枝条上越冬。卵孵化盛期在6月中旬，初孵若虫多在晴天中午爬离母体，如遇阴雨天会在母体介壳爬行半小时左右，后陆续固着在枝叶上为害。

**431. 昆明龟蜡蚧** *Ceroplastes kunmingensis* (Tang & Xie, 1991)，属半翅目蚧科。

[分布与为害] 分布于云南。为害光叶海桐、玉兰、悬铃木、蜡梅、天竺桂、茶、柳、黄杨等植物。

[识别特征] ①雌介壳：1、2龄雌若虫蜡壳白色，长椭圆形，星芒状。雌成虫蜡壳橙红色，背面近圆形，下部缘卷明显，侧面观背面隆起，呈半球形。蜡壳全长2.0～3.0mm，宽1.5～2.5mm（图2-482a）。②雌成虫：椭圆形，肛板背毛5根（图2-482b）。③雄成虫：体长1.8～2.3mm。浅棕色或深褐色，头和胸部背板颜色较深。翅较透明，具翅脉2条。④卵：椭圆形，初产时浅橙黄色，约7天后由橙黄色逐渐加深为浅红色。长0.34～0.62mm。⑤若虫：卵圆形，体长约0.9mm。初孵橙黄色以后逐渐转变成淡黄色、黄白色、灰白色。

**图2-482 昆明龟蜡蚧**
a. 雌成虫蜡壳；b. 雌成虫玻片标本

[生活习性] 昆明1年发生1代，以雌成虫在寄主枝条上越冬。翌年4月中旬越冬成虫开始产卵，卵期为4月中旬至7月上旬，高峰期是4月下旬至5月上旬，历时2个多月。若虫3龄，5月中旬若虫开始孵化，孵化高峰为5月下旬至6月上旬，7月上旬进入末期。7月上旬始见2龄若虫，出现高峰是7月下旬至8月上旬。8月上旬始见3龄若虫。成虫于8月中旬出现。营两性生殖或孤雌生殖。发生为害与温湿度密切相关，一般气温在15～25℃、空气相对湿度在40%～60%的情况下均生长发育良好。其中以18～20℃、相对湿度为50%时最为适宜。湿度过大、气温过低均不利其生长发育。通风透光处发生较少，反之则发生严重。

**432. 滇双角蜡蚧** *Dicyphococcus bigibbus* Borchsenius, 1959，又名肉桂双蜡蚧、玉桂双蜡蚧、云南双蜡蚧，属半翅目蚧科。

[分布与为害] 分布于云南。为害肉桂、藤黄檀、银桦、水锦树、香樟、悬铃木、野牡丹等植物。以若虫、雌成虫寄生在细枝和树梢刺吸汁液。

[识别特征] ①雌介壳：一般呈灰棕褐色。体为宽卵圆形，外被很厚的蜡质层，蜡质层背方有1双略有变曲的角状突（图2-483）。②雌成虫：触角6或7节，除基节最宽而扁外，其他各节长度相似，但常见触角的顶端节小而多为半球形，第3节最长。胸气门发达。肛板呈上宽、下狭窄的条状。胸足具正常节数，

图2-483 滇双角蜡蚧

胫节和跗节之长度几乎相同。跗冠毛细，其顶端膨大。爪小，爪冠毛也较短，其顶端明显膨大。体毛分布在虫体腹面，特别是腹部的体毛比较发达。

[生活习性] 1年发生1代，以受精雌成虫在嫩枝及树梢越冬。翌年4月中旬始孕卵，5月下旬始产卵，6月上中旬若虫始孵化。8月下旬雄成虫羽化。以受精雌成虫越冬。营两性生殖。卵孵化率为92.3%。在平均气温15～30℃、相对湿度40%～60%时，能正常生长发育，以20～24℃、相对湿度45%最适宜。

**433. 无花果蜡蚧** *Ceroplastes rusci* (Linnaeus, 1758)，又名榕龟蜡蚧、拟叶红蜡蚧、锈红蜡蚧、蔷薇蜡蚧，属半翅目蚧科。

[分布与为害] 分布于华南、西南、华中、华东及北方温室。为害无花果、大叶紫薇、芒果、毛叶番荔枝、刺果番荔枝、夹竹桃、欧洲冬青、棕榈、椰子、刺葵、凤仙花、毛叶破布木、合欢、月桂、印度榕、榕树、香蕉、大蕉、鹤望兰、番石榴、茶、山茶、油茶、咖啡、乳香树、桃金娘、厚皮香等植物。以若虫、雌成虫密集寄生于枝干、叶片吸食汁液，导致植株长势衰弱，同时分泌大量蜜露，诱发煤污病（图2-484a）。

[识别特征] ①雌成虫：紫红色。蜡壳白色到淡粉色。虫体椭圆形。蜡壳稍硬化，周缘蜡层较厚。蜡壳分为9块，背顶1块，其中央有1红褐色小凹，1～2龄干蜡帽位于凹内，侧缘的蜡壳分为8块，近方形，每1侧有3块，前后各有1块；初期每小块蜡壳之间由红色的凹痕分隔开来，每小块中央有内凹的蜡眼，内含白蜡堆积物。后期蜡壳颜色变暗，呈褐色，背顶的蜡壳明显凸出，侧缘小蜡壳变小，分隔小蜡壳的凹痕变得模糊。整壳长1.5～5.0mm，宽1.5～4.0mm，高1.5～3.5mm。触角6节，第3节最长（图2-484b、c）。②雄成虫：体暗红色。前翅1对，白色半透明。③卵：椭圆形，两端稍细，淡红色至淡红褐色，有光泽。④若虫：初孵时扁平椭圆形，淡褐色或暗红色，腹端有2长毛；2龄若虫体稍突起。暗红色，体表被白色蜡质；3龄若虫蜡质增厚，触角6节，触角和足颜色较淡。

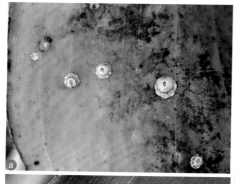

图2-484 无花果蜡蚧
a. 为害鹤望兰叶片及诱发煤污病状；b、c. 雌成虫蜡壳

[生活习性] 1年发生1～4代，发生代数因地区而异。以受精雌成虫在植物枝干上越冬。在1年发生2代的地区，越冬雌成虫于4月中旬至5月中旬产卵，5～6月为孵化高峰期，1龄若虫沿着叶正面中脉固定

吸食，6月下旬，部分若虫转移至叶梗或当年生枝条上直至发育成熟。新的雌成虫和雄成虫主要出现在7月，8月第2代1龄若虫开始发育。初孵若虫多在晴天中午爬离母体，如遇阴雨天会在母体介壳爬行半小时左右，后陆续固着在枝叶上为害。

**434. 褐软蚧**　*Coccus hesperidum* Linnaeus, 1758，又名广食褐软蚧、龙眼黄介壳虫、褐软蜡蚧、软蚧，属半翅目蚧科。

[分布与为害]　分布于辽宁、河北、河南、山东、江苏、浙江、江西、福建、台湾、广东、广西、湖北、湖南、四川、贵州、云南及北方温室。为害桂花、月季、菊花、月桂、棕榈、夹竹桃、柑橘、苏铁、香樟、山茶等60多种植物。若虫、雌成虫群集嫩枝或叶上吸食汁液（图2-485），排泄蜜露诱致煤污病发生，影响光合作用，削弱树势。

**图2-485　褐软蚧为害状**

a. 为害红掌叶片状；b. 为害夹竹桃叶片状；c. 为害龟背竹叶柄状；d. 为害常春藤茎秆状

[识别特征]　①雌成虫：体长3～4mm。体背面颜色变化很大，通常有浅黄褐色、绿色、黄色、棕色、红褐色等。体中央有1条纵脊隆起，绿褐色，在隆起周围深褐色，边缘较浅、较薄，绿褐色，体背面具有2条褐色网状横带，并具有各种图案。虫体扁平或背面稍有隆起，卵圆形，前端狭窄，后端较宽，体两侧不对称，向一边略弯曲。触角7或8节。气门凹陷处附有白蜡粉。足较细弱。体缘毛通常尖锐，或顶端具有齿状分裂（图2-486a）。②卵：长椭圆形，扁平，淡黄色。③若虫：初孵若虫长椭圆形，扁平，淡黄褐色，长约1mm。背面中央有纵脊纹，愈长大愈明显，但至成虫期纵脊纹反而不明显或不完整。体缘有缘毛，尾端有1对较长的尾毛，外形与成虫近似（图2-486b）。

[生活习性]　该虫世代数因地而异，一般1年发生2～5代，以受精雌成虫或若虫在茎叶上越冬。第1代若虫在5月中下旬孵化，第2代若虫在7月中下旬发生，第3代若虫在10月上旬出现。北方温室中1年发生4～5代，发生期不整齐，世代重叠，各代若虫发生期在2月下旬、5月下旬、7月下旬和9月下旬。多孤雌生殖，卵胎生，6月繁殖最盛。初龄若虫多分散转移于嫩枝和叶片上群集为害，一旦固定便不再移动。其捕食性天敌有双斑红瓢虫等，寄生性天敌主要有软蚧扁角跳小蜂、黑色软蚧蚜小蜂、闽粤软蚧蚜小蜂和蜡蚧斑翅蚜小蜂等。

**图 2-486　褐软蚧**
a. 雌成虫；b. 雌成虫与若虫

**435. 水木坚蚧**　*Parthenolecanium corni* (Bouché, 1844)，又名褐盔蜡蚧、东方盔蚧、东方坚蚧、东方胎球蚧、扁平球坚蚧、刺槐蚧、糖槭蜡蚧、水木胎球蚧，属半翅目蚧科。

　　[分布与为害]　分布于黑龙江、吉林、辽宁、内蒙古、宁夏、甘肃、新疆、青海、陕西、山西、河北、河南、山东、江苏、安徽、浙江、湖南、湖北、四川等地。为害刺槐、白蜡、榆、桑、糖槭、卫矛、江南槐、紫叶李、泡桐、悬铃木、核桃、梅、桃、杏、山楂、苹果、文冠果等植物。以若虫、雌成虫刺吸枝干、叶片汁液（图2-487），排泄分泌物常诱致煤污病发生，影响光合作用，削弱树势，重者枯死。

**图 2-487　水木坚蚧为害状**
a. 为害白蜡枝条状；b. 为害卫矛枝条状

　　[识别特征]　①雌成虫：体长6.0～6.3mm。黄褐色。椭圆形或圆形，背面略突起。椭圆形个体从前向后斜，圆形者急斜；死体暗褐色。背面有光亮皱脊，中部有纵隆脊，其两侧有成列大凹点，外侧又有多数凹点，并越向边缘越小，构成放射状隆线，腹部末端有臀裂缝（图2-488a～c）。②雄成虫：体长1.2～1.5mm。红褐色。翅黄色呈网状透明。腹末具2根长蜡丝。③卵：椭圆形，长0.20～0.25mm，初期白色，半透明，后

期淡黄色，孵化前粉红色，微覆白蜡粉（图2-488d）。④若虫：1龄扁椭圆形，长约0.3mm，淡黄色，体背中央具1条灰白纵线，腹末生1对白长尾毛，为体长的1/3～1/2。眼黑色，触角、足发达。2龄扁椭圆形，长约2mm，外有极薄蜡壳，越冬期体缘的锥形刺毛增至108条，触角和足均存在。3龄雌若虫渐形成柔软光面灰黄的介壳，沿体纵轴隆起较高，黄褐色，侧缘淡灰黑色，最后体缘出现皱褶、与雌成虫相似。

**图2-488 水木坚蚧**
a、b. 雌成虫；c. 雌成虫玻片标本；d. 卵

[生活习性] 1年发生1～2代：在刺槐、糖槭上2代，其他寄主多为1代，以2龄若虫在主干粗枝的皮缝内越冬。翌年3月下旬开始活动。虫口密度大时，树干裂缝周围一片红色，不久爬到嫩枝梢上固定取食，下午气温较高时比较活跃。4月底若虫逐渐长大，5月中旬出现成虫，5月下旬第1代雌成虫开始产卵。若虫孵化后先爬往叶片，在叶背面主脉与侧脉间静伏，3～5天后转向嫩梢，半月左右全部集中到枝干。1年1代者直到10月由叶上迁回枝上越冬；2代者在6月中下旬迁回枝上固定为害，7月上旬开始羽化，7月中下旬开始产卵，8月孵化，分散到枝叶上为害，到10月迁回枝上寻找适当场所固定越冬。主要为孤雌生殖，雄虫较少见。天敌有瓢虫和寄生蜂等。

**436. 枣大球蚧** *Eulecanium gigantea* (Shinji, 1935)，又名瘤坚大球蚧、瘤大球坚蚧、大球蚧、梨大球蚧、大玉坚蚧、枣球蜡蚧、瘤坚准球蚧，属半翅目蚧科。

[分布与为害] 分布于陕西、山西、甘肃、宁夏、河北、河南、山东、江苏、安徽等地。为害杨、柳、榆、槐、槭、核桃、苹果、梨、桃、枣、柿、酸枣、山荆子、栾树等植物。以雌成虫、若虫于枝干上刺吸汁液为害，使得树木生长衰弱，枝条干枯，甚至整株死亡。

［识别特征］ ①雌成虫：体长和宽均8～19mm，高约14mm。半球形，状似钢盔。成熟时体背红褐色，有整齐的黑灰色斑纹（图2-489）。②雄成虫：体长2.0～2.5mm。橙黄褐色。前翅发达、白色透明，后翅退化为平衡棒。交尾器针状、较长。③卵：长椭圆形，长约0.33mm，初淡黄色，渐变淡粉红色，孵化前紫红色。附有白色蜡粉。④若虫：初龄淡黄白色，扁长椭圆形，前端宽钝，向尾端渐狭；眼黑色；足发达；腹端中部凹陷，中央及两侧各有1刺突，2龄于扁平白色绵状茧内越冬。⑤蛹：长约2.2mm，淡青黄色。⑥茧：白色绵毛状，长椭圆形。

**图2-489 枣大球蚧**
a、b. 雌成虫（死体）；c. 孕卵雌成虫（覆盖蜡质）；d. 雌成虫玻片标本

［生活习性］ 1年发生1代，多以2龄若虫于枝干皮缝、叶痕处群集越冬，以一至二年生枝上较多。4月中下旬迅速膨大，5月成熟并产卵，6月大量孵化，分散转移到叶片或果实上固着为害，8月陆续越冬，至10月上旬全部转到枝上越冬。

**437. 榆球坚蚧** *Eulecanium kostylevi* Borchsenius, 1955，又名榆球蜡蚧、榆大球蚧、榆皱球坚蚧，属半翅目蚧科。

［分布与为害］ 分布于东北、西北、华北等地。为害榆、杨、柳、槐、桃、苹果、玫瑰、梅、榆叶梅、槭类等植物。

［识别特征］ ①雌成虫：体长5～6mm，宽约5mm。近半球形。年轻体亮黄色或橙红色，背中有褐色连续纵带，两侧各有点状细褐带，体缘更显；产卵后死体褐色而有光泽，体型不规则，背面光滑多皱，全体变成皱缩的木质化球体，侧部有小凹点侧下部强凹入，大小和形状变异较多；触角6或7节（后者第3节分为2节）；气门刺3根，与缘刺无区别；前、后气门洼间有缘刺15根；肛板周体壁有狭硬化带，无皱褶和网纹。②雌介壳：参见图2-490。

**图2-490 榆球坚蚧雌介壳**

［生活习性］　北京1年发生1代，以2龄若虫在枝上越冬。翌年4月越冬若虫开始活动，多转移到二至三年生枝条上为害。4月羽化，4月下旬雌成虫开始产卵，5月中下旬若虫孵化。初孵若虫喜集中固定在叶背主脉两侧母壳附近为害，分泌蜡被，发育缓慢，9月进入2龄，10月中下旬寄主落叶前陆续转移到枝条上越冬。两性卵生。

**438. 樱桃球坚蚧**　*Eulecanium cerasorum* (Cockerell, 1900)，又名樱桃球坚蜡蚧，属半翅目蚧科。

［分布与为害］　分布于山西、河北、山东、江苏、上海、安徽、浙江、江西、福建等地。为害蚊母、枫香、紫藤、紫荆、石榴、石楠、合欢、栾树、无患子、香樟、桃、梅、槭、榉、樱花、垂丝海棠、紫叶李等植物。

［识别特征］　①成虫：雌介壳体近球形，初期介壳质软，黄褐色，后期呈现黑褐色或紫褐色，有光泽，表面有小刻点（图2-491a、b）；雄介壳椭圆形，半透明，背有龟甲状隆起线。②卵：椭圆形，赤褐色，附有白色蜡粉（图2-491c）。③若虫：椭圆形，初孵为杏黄色，后变为淡褐色，体被白色蜡粉。④蛹：赤褐色，椭圆形，长约1.8mm。⑤茧：黄白色，长椭圆形。

**图2-491　樱桃球坚蚧**
a. 雌介壳；b. 雌成虫玻片标本；c. 卵

［生活习性］　上海1年发生1代，以2龄若虫在枝条上越冬。翌年4月上旬始见雄成虫，4月下旬为雄成虫羽化高峰期。3月上旬始见分化的雌虫，3月下旬至5月下旬，雌成虫出现，其体背交配孔处分泌黏液，与雄成虫交配后迅速膨大，形成半球形或近球形介壳。4月中旬开始产卵。5月中旬卵开始孵化，5月下旬为孵化盛期；初孵若虫从雌介壳中爬出后分散至嫩枝、叶背、皮裂处及新梢基部群集为害。6月中旬，若虫进入2龄期后开始雌雄分化，此过程虫体发育缓慢，在寄主落叶前转移至枝条上，10月上旬进入越冬状态。

**439. 朝鲜毛球蚧**　*Didesmococcus koreanus* Borchsenius, 1955，又名朝鲜球坚蚧、朝鲜球蜡蚧、杏毛球坚蚧，属半翅目蚧科。

［分布与为害］　分布于黑龙江、吉林、辽宁、内蒙古、宁夏、甘肃、青海、北京、河北、河南、山东、江苏、安徽、上海、浙江、湖北、四川、云南等地。为害杏、桃、梅、紫叶李、樱花、海棠类等植物。以若虫和雌成虫刺吸枝叶汁液，排泄大量蜜露（图2-492a），常诱致煤污病发生，影响光合作用，造成花木树势衰退，严重时枝条干枯，提早落叶，不能开花结果，甚至枯死。

[识别特征]　①雌成虫：体长约4.5mm。体近球形，前、侧面上都凹入，后面近垂直。初期介壳软，黄褐色；后期硬化，红褐色至黑褐色，表面有极薄的蜡粉，背中线两侧各具1纵列小凹点，壳边平削，与枝接触处有白蜡粉（图2-492b～d）。②雄成虫：体长1.5～2.0mm。头、胸赤褐色，腹部淡黄褐色。触角丝状10节，生黄白短毛。腹末交尾器两侧各有白色长蜡毛1根。前翅发达，白色半透明。后翅特化为平衡棒。③卵：圆形，直径约0.3mm。初橙黄色后渐红褐色，覆有白蜡粉。④若虫：初孵若虫椭圆形，扁平，褐色，体覆白色蜡粉。腹末具尾毛1对（图2-492e）。

图2-492　朝鲜毛球蚧

a. 为害湖北海棠枝条并排出蜜露状；b. 卵孵化后留下的雌介壳；c. 雌蚧；d. 雌成虫玻片标本；e. 初孵若虫

图2-493　黑缘红瓢虫幼虫与蛹

[生活习性]　1年发生1代，以2、3龄若虫在枝上毡状蜡被下越冬。翌年3月中下旬越冬若虫从蜡被里脱出开始活动，群集在枝条上为害，4月上旬为成虫羽化始期，4月下旬至5月上旬成虫交尾，后雌成虫体迅速膨大，逐渐硬化。5月中下旬为产卵盛期，产卵于母体下面。6月初若虫孵化爬出母壳后在枝条缝隙处固定，固定后进入生长缓慢期，直至翌年春季，10月后开始越冬。若虫越冬死亡率在北方较高。全年4月下旬至5月上中旬的危害最盛。天敌为黑缘红瓢虫（图2-493）和寄生蜂。

**440. 沙里院球蚧**　*Rhodococcus sariuoni* Borchsenius, 1955，又名朝鲜褐球蚧、苹果球蚧、西府球蜡蚧、沙里院褐球蚧，属半翅目蚧科。

[分布与为害]　分布于陕西、山西、甘肃、宁夏、北京、河北、河南、山东、江苏、安徽等地。为害桃、山桃、苹果、西府海棠等植物的枝条。雌成虫膨大后期可分泌大量的蜜露于体背及（图2-494a），并滴落于下部枝叶，诱致煤污病。

[识别特征]　①雌成虫：体长4.2～5.6mm。产卵后近于球形，体褐色，光亮；此前体肛门向体背及

体侧具4纵列向里凹点；背中线两侧具不规则黑斑组成的9条横带，前面较疏且宽（图2-494b）。②雄成虫：淡棕红色。眼黑褐色。中胸盾片黑色。触角丝状10节。腹末性刺针状，基部两侧各具1条白色细长蜡丝。前翅发达，乳白色半透明，翅脉1条分2叉。后翅特化为平衡棒。③卵：圆形，淡橘红色，被白蜡粉（图2-494c、d）。④若虫：初孵时扁平椭圆形，橘红色或淡血红色，体背中央有1条暗灰色纵线；触角与足发达；腹末两侧微突，上各生1根长毛，腹末中央有2根短毛。固着后初橘红色后变淡黄白色，分泌出淡黄色半透明的蜡壳，长椭圆形扁平，壳面有9条横隆线，周缘有白毛。雄体长椭圆形暗褐色，体背略隆起，表面有灰白色蜡粉。

**图2-494 沙里院球蚧**
a. 为害西府海棠并排出蜜露状；b. 雌介壳；c、d. 卵

[生活习性] 1年发生1代，以2龄若虫多在一至二年生枝条及芽旁、皱缝固着越冬。翌春寄主萌芽期开始为害，4月下旬至5月上中旬为羽化期，5月中旬前后开始产卵于体下。5月下旬开始孵化，初孵若虫从母壳下的缝隙爬出分散到嫩枝或叶背固着为害，发育极缓慢，直到10月落叶前蜕皮为2龄转移到枝上固着越冬。行孤雌生殖和两性生殖，一般发生年份很少有雄虫。本种虫体比朝鲜毛球蚧大，且多分散寄生。

**441. 白蜡蚧** *Ericerus pela* (Chavannes, 1848)，又名白蜡虫、中国白蜡虫、华蚧，属半翅目蚧科。

[分布与为害] 分布于东北、西北、华北、华东、华中、西南等地。为害大叶女贞（图2-495a）、小叶女贞、金叶女贞（图2-495b、c）、白蜡、水蜡等植物，在寄主植物的枝条上固定生活。雌虫常单个分散固着，雄若虫则密集成群，固着在寄主枝条上生活，其所分泌的白色蜡质覆盖物极为丰富，大量围绕树枝，似裹白絮（图2-495d、e），造成树势衰弱，生长缓慢，甚至枝条枯死。

**图 2-495　白蜡蚧为害状**

a. 为害大叶女贞枝条状；b、c. 为害金叶女贞枝条状；d、e. 若虫分泌物

[识别特征] ①雌成虫：受精前背部隆起，蚌壳状；受精后扩大成半球状，长约10mm，高7mm左右，黄褐色、浅红色至红褐色，散生浅黑色斑点，腹部黄绿色（图2-496a）。②雄成虫：体长为2mm左右。黄褐色。翅透明，有虹彩光泽。尾部有2根白色蜡丝。③卵：雌卵红褐色，雄卵浅黄色。④若虫：黄褐色，卵圆形（图2-496b～d）。

[生活习性] 1年发生1代，以受精雌成虫在枝条上越冬。翌年3月雌成虫虫体孕卵膨大，4月上旬开始产卵，卵期7天左右。初孵若虫在母体附近叶片上寄生，2龄后转移至枝条上为害，雄若虫固定后分泌

**图 2-496　白蜡蚧**
a. 雌成虫（圆球形介壳）；b. 初孵若虫；c、d. 低龄若虫

大量白色蜡质物，覆盖虫体和枝条，严重时，整个枝条呈白色棒状。10月上旬雄成虫羽化，交配后死亡。受精雌成虫体逐渐长大，随着气温下降，陆续越冬。

近年来，金叶女贞作为地被、绿篱在北方地区得到大量的应用，因其郁闭、潮湿、阴暗，通风透光差，因而白蜡蚧发生相对较重。

**442. 咖啡黑盔蚧**　*Saissetia coffeae* (Walker, 1852)，又名黑盔蚧、球盔蚧、半球盔蚧、网珠蜡蚧，属半翅目蚧科。

［**分布与为害**］　分布于华东、华中、华南、西南等地及北方温室。为害苏铁、栀子、柑橘、橙、柚、山茶、一品红、象牙红、米兰、九里香、鸭跖草、变叶木、龟背竹、吊兰、万年青、蝴蝶兰、棕榈等植物。以若虫、雌成虫在叶片、枝条上吸食汁液，轻者叶片发黄，重者叶片干枯脱落，分泌蜜露，诱发煤污病，影响生长与观赏。

［**识别特征**］　①雌成虫：体长2.0～3.7mm。体黄棕色至红棕色，扁平；孕卵期棕色，后期变为黑褐色，体背明显隆起，近半球形，形如钢盔，体背高度硬化，体表光滑，无"H"形脊纹（图2-497a、b）。②卵：椭圆形，长约0.2mm，浅粉红色。③若虫：初孵若虫椭圆形，长约0.2mm，浅粉红色或淡黄色；低龄若虫浅黄色，背面脊状，半透明；随虫龄增大，背面逐渐增高，出现红褐色小点，随后逐渐增多，体色变为浅红褐色（图2-497c）。

［**生活习性**］　1年发生3代。第1代初孵若虫5月下旬发生，第2代初孵若虫8月下旬发生，第3代11月上旬发生。雌成虫将卵产在盔形介壳下，每雌产卵300粒左右，常孤雌生殖，雌成虫产卵后即死亡。

**图2-497 咖啡黑盔蚧**
a. 雌成虫为主；b. 雌成虫玻片标本；c. 若虫为主

**443. 日本纽绵蚧** *Takahashia japonica* (Cockerell, 1896)，属半翅目蚧科。

［分布与为害］ 分布于华北、华中、华东、西南、华南等地。以若虫、雌成虫刺吸合欢、蜡梅、三角枫、重阳木、枫香、刺槐、山核桃、槐、榆、朴、桑、地锦、天竺葵等的枝条汁液，嫩枝受害尤其严重，使得寄主长势下降，直至枝梢枯死。

**图2-498 日本纽绵蚧雌成虫及卵囊**

［识别特征］ ①雌成虫：体长约8mm，宽约5mm。体背有红褐色纵条，体黄白色，带有暗褐色斑点。卵圆形或圆形，背部隆起，呈半个豌豆形，背腹体壁柔软，膜质。老熟产卵时体背分泌蜜露，腹部慢慢产生白色卵囊，向后延伸，随着卵量增加卵囊向上弓起，逐渐形成扭曲的"U"形。卵囊长45～50mm，宽3mm左右（图2-498）。②卵：椭圆形，长约0.4mm，橙黄色，表面有蜡粉。③若虫：长椭圆形，长约0.6mm，肉红色。

［生活习性］ 1年发生1代，以受精雌成虫在枝条上越冬。越冬期虫体较小且生长缓慢。3月初开始活动，生长迅速，3月下旬虫体膨大，4月上旬隆起的雌成体开始产卵，出现白色卵囊，平均每头雌成虫可产卵1000粒，多的可达1600多粒。5月上旬若虫开始孵化，5月中旬进入孵化盛期。卵期为36天左右。孵化的小若虫在植物上四处爬行，数小时后寻觅适合的叶片或枝条固定取食。5月下旬为孵化末期。若虫主要寄生在二至三年生枝条和叶脉上。叶脉上的2龄若虫很快便转移到枝条上寄生。1龄若虫自然死亡率很高，孵化期遇大雨可冲刷掉80%以上若虫。11月下旬、12月上旬进入越冬期。

**444. 橘绿绵蚧** *Chloropulvinaria aurantii* Cockerell, 1896，又名柑橘绿绵蚧、橘绵蚧、橘绿绵蜡蚧、黄绿絮介壳虫，属半翅目蚧科。

［分布与为害］ 分布于陕西、山东、江苏、上海、浙江、江西、福建、台湾、广东、广西、湖南、湖北、四川、贵州、云南及北方温室。为害海桐、柑橘、香蕉、枇杷、柿、茶、无花果、荔枝、龙眼、橄榄、

柚、橙、柠檬、佛手、夹竹桃、安祖花、栀子、海棠类等植物。以成虫、若虫在枝梢及叶背刺吸为害。被害株叶片呈黄绿色斑点。严重时枝、叶上布满虫体，致使枝、叶枯黄，早期脱落。并导致煤污病发生。

［识别特征］ ①雌成虫：体长4～5mm。初为淡黄绿色，后渐变成棕褐色。体边缘色较暗，有绿色或褐色的斑环，在背中线有纵行褐色带纹，带纹两侧略扁平。椭圆形，扁平，背部龟壳状。触角8节，第3节最长，第2节和第8节次之，第6节和第7节最短。气门部分凹陷甚深，气门刺3根。肛板似等腰三角形。足细长，腿节和胫节几乎等长，但腿节较粗。体缘有排列紧密的体缘毛，部分缘毛顶端膨大而分枝。背中线纵行纵带渐消失，体末开始分成白色蜡质卵囊。卵囊椭圆形，长5～6mm，体周缘及背面亦常附有稀疏的白色蜡质绵状物（图2-499）。②雄成虫：体淡黄褐色。触角10节，串珠状。腹部末端有4个管状突起及2根白色长毛。翅1对。③卵：椭圆形，淡黄色，长约0.5mm。④若虫：椭圆形，扁平，淡黄绿色，复眼黑色，体中轴可见到暗色内脏，外侧左右有黄白色带，近成熟时暗褐色，眼与中轴则呈浓褐色。

图2-499 橘绿绵蚧成虫及卵囊

［生活习性］ 1年发生2代，以第2代若虫在寄主嫩梢或叶片及枝干上越冬。翌春5月上旬第1代成虫羽化，5～6月产卵，6～7月第1代若虫大量孵化，6月中旬盛孵；9～10月出现第2代若虫，9月中旬盛孵，少数可延期到11月。夏秋季节可见各种虫态。以2、3龄若虫群集在枝条上越冬，后转移至春梢新叶或果实上。

**445. 桦树绵蚧** *Pulvinaria betulae* (Danzig, 1980)，又名桦树棉蚧，异名葡萄棉蚧 *Pulvinaria vitis*（Linnaeus, 1758）与杨绵蚧 *Pulvinaria populi* Signoret, 1873，属半翅目蚧科。

［分布与为害］ 分布于华北、东北、西北等地。为害杨、柳、桦、榛、槭、榆、白蜡、花楸、绣线菊、葡萄、山楂、蔷薇、欧洲鹅耳枥等植物（图2-500）。

图2-500 桦树绵蚧为害状
a. 为害毛白杨树干状；b. 为害美国红枫枝条状

[识别特征] ①雌成虫：体长5～7mm。黄褐色至灰褐色，具不规则黑褐斑。体卵形，前端稍窄于后端，体背中央具4条横脊，后2条相距较近。触角7～9节，第3节最长，第2节和第4节长度相近，约为前者的2/3。气门刺3根，中刺约为侧刺长的2倍。体缘毛尖细，2列（图2-501a）。②卵囊：椭圆形，长约8mm，宽约6mm，白色，棉絮状，高突，背中有1纵沟，两侧有许多细直沟纹（图2-501b）。③卵：橘红色，椭圆形。④若虫：初孵若虫参见图2-501c。

**图2-501 桦树绵蚧**
a. 产卵雌成虫及卵囊；b. 卵囊及初孵若虫；c. 初孵若虫

[生活习性] 华北地区1年发生1代，以受精雌成虫在枝干上越冬。翌年5月雌成虫开始分泌白色蜡丝，边分泌体后部边抬起，以藏卵粒，产卵后的尸体与枝干的夹角为45°～90°。6月是产卵盛期。若虫孵化后寻找嫩枝或叶片固定为害，发育很缓慢，9月上旬虫体爬回枝条，发育为成虫，交配后雄虫死去。

**446. 康氏粉蚧** *Pseudococcus comstocki* (Kuwana, 1902)，又名康粉蚧、桑粉蚧、梨粉蚧、李粉蚧，属半翅目粉蚧科。

[分布与为害] 分布于黑龙江、吉林、辽宁、内蒙古、宁夏、甘肃、青海、新疆、陕西、山西、北京、河北、河南、山东、江苏、安徽、浙江、江西、福建、台湾、广东、广西、湖南、湖北、四川、云南等地。为害苹果、梨、桃、李、杏、山楂、枣、柿、石榴、葡萄、板栗、核桃、桑、杨、柳、榆、樟、刺槐、金橘、菜豆树、君子兰、麒麟掌、竹节万年青、菊花等植物。以若虫、雌成虫刺吸嫩芽、叶片、果实、枝条及根部的汁液，嫩枝和根部受害常肿胀且易纵裂而枯死，幼果受害多成畸形果，排泄蜜露常引起煤污病发生，影响光合作用与观赏价值（图2-502a）。

[识别特征] ①雌成虫：体长4.2～5.0mm。淡粉红色。椭圆形，全体覆盖一层较薄的白色蜡粉。触角念珠状，8节。体缘周围有白色蜡丝17对，蜡丝细直，基部粗大，末端略尖，最后1对蜡丝最长（图2-502b）。②雄成虫：体长约1mm，翅展约2mm。紫褐色。具尾须1对。③卵：浅橙黄色，椭圆形，包于白色絮状卵囊中（图2-502c、d）。④若虫：椭圆形，扁平，浅黄色。眼紫褐色，足粗大，2龄后体表出现白色蜡粉（图2-502d、e）。⑤雄蛹：浅紫色，长约1.2mm。⑥茧：白色，棉絮状。

[生活习性] 北京、河北、山东、河南1年发生3～4代，世代重叠，以卵囊在枝干皮缝或石缝土块等隐蔽场所越冬。翌年春寄主发芽时为越冬卵孵化盛期，各世代若虫发生盛期分别为5月中下旬、7月中下旬、8月中下旬。

**图 2-502 康氏粉蚧**
a. 为害菜豆树状；b. 雌成虫；c. 卵囊；d、e. 雌成虫、若虫及卵

**447. 长尾粉蚧** *Pseudococcus longispinus* (Targioni Tozzetti, 1867)，又名长刺粉蚧，属半翅目粉蚧科。

[分布与为害] 分布于华东、华中、华南、西南及北方温室。为害槭树科、百合科、芸香科、兰科、蔷薇科、木犀科、夹竹桃科、棕榈科及天南星科植物。以若虫、雌成虫群栖于叶片、叶腋、树皮缝刺吸汁液，造成叶黄枝枯，诱发煤污病。

[识别特征] 雌成虫：体长 2.0～3.6mm。椭圆形，体薄被白色蜡粉。体缘周有白色长蜡丝17对，末端1对等于或超过体长，末前对约为末对的1/2，其余各对近相等、均为末前对的1/2。卵囊不定型（图 2-503）。

**图 2-503 长尾粉蚧雌成虫**

［生活习性］ 温室内可常年发生，热带和亚热带的发生代数因地区而异。

**448.山西品粉蚧** *Peliococcus shanxiensis* Wu, 1999，属半翅目粉蚧科。

［分布与为害］ 分布于华北、华中、华东、西南，以及辽宁等地。为害金叶女贞、紫叶小檗、水蜡、黄杨、丁香、柑橘、茶、桑、梧桐、菊花、文殊兰及多肉植物（图2-504a）。

［识别特征］ ①雌成虫：体长2～3mm。粉红色或绿色。椭圆形，少数宽卵形，体外覆盖白色蜡粉，常显露体节。触角9节，第2节最长，第3、9节次之，第8节最短。腹面无硬化板，臀瓣凸出。胸足爪下有小齿1个。体缘周有白色细棒状短蜡丝18对，呈辐射状伸出，长度从头端向后端渐长，腹末最后1对蜡丝短，仅稍长于其他蜡丝。背裂2对，有大型腹裂1个。体背为大管腺1种，多孔腺成群分布于背、腹面，产卵时分泌棉絮状卵囊（图2-504b）。②雄成虫：体长约1.2mm。体细长。触角10节。胸足3对，翅1对，发达。③卵：椭圆形，淡黄至黄色。④若虫：体椭圆形，蜡质覆盖物较少；初孵体淡黄色，后黄褐色。

**图2-504　山西品粉蚧**

a. 为害多肉植物状；b. 雌成虫

［生活习性］ 北京1年发生3代，以卵及未成熟成虫在枝干及卷叶内越冬。产卵于缀叶的叶片正面或枝杈处。卵期约2周，5月若虫孵化，初孵若虫在卵囊内活动，2、3龄后转移至叶柄、叶梗基部、小枝断处、裂缝和地下根为害，后在叶上为害，大多为孤雌生殖，9～10月雄成虫出现。为害绿篱较重。

**449.扶桑绵粉蚧** *Phenacoccus solenopsis* Tinsley, 1898，又名棉花粉蚧，属半翅目粉蚧科。

［分布与为害］ 分布于上海、浙江、江西、福建、广东、广西、海南、湖南、四川、云南等地。为害菊科、葫芦科、茄科、锦葵科、马齿苋科、胡麻科、马鞭草科、报春花科、石蒜科等多种植物，可造成植株叶片变小、不开花，严重时植株成片枯死。

［识别特征］ ①雌成虫：体长3～4mm。胸、腹背面具黑色圆点斑，其中胸部可见1对，腹部可见3对。长椭圆形，被有白色蜡粉。体缘蜡突明显，其中腹部末端2或3对较长（图2-505）。②雄成虫：虫体较小，长约1.2mm。体和复眼红褐色。复眼凸出。口器退化。触角细长，丝状，10节。③卵：长椭圆形，橙黄色，略透明，集生于雌成虫生殖孔处产生的棉絮状的卵囊中。④若虫：体长0.8～1.3mm，2龄若虫初

**图2-505　扶桑绵粉蚧雌成虫**

蜕皮时黄绿色，椭圆形，体缘出现明显齿状突起，尾瓣凸出，在体背亚中区隐约可见圆点状斑纹。⑤蛹：包裹于松软的白色丝茧中，浅棕褐色。

[生活习性] 长江三角洲地区1年发生10～15代，世代重叠严重，以低龄若虫或卵在土中、作物根、茎秆、树皮缝隙、杂草上越冬。以营孤雌生殖为主，1年间仅在10月初可见雄虫，其他时期均以雌性成虫和若虫为害寄主植物。1龄若虫行动活泼，从卵囊爬出后短时间内即可取食为害；2龄若虫大多聚集在寄主植物的茎、花蕾和叶腋处取食；3龄若虫虫体明显被白色绵状物；成虫整个虫体披覆白色蜡粉，似白色棉籽状群居于植物茎部，有时发现群居于寄主叶背。

**450. 柑橘粉蚧** *Planococcus citri* (Risso, 1813)，又名柑橘刺粉蚧、橘臀纹粉蚧、柑橘臀纹粉蚧、橘粉蚧、紫苏粉蚧，属半翅目粉蚧科。

[分布与为害] 分布于江苏、浙江、江西、福建、台湾、广东、广西、湖南、湖北、四川、云南及北方温室。以若虫、雌成虫群集于柑橘、柠檬、柚、橙、龙眼、芒果、槟榔、椰子、棕榈、苹果、梨、柿、无花果、香蕉、葡萄、桑、牡丹、米兰、山茶、扶桑、杜鹃、海桐、广玉兰、梧桐、榕、女贞、常春藤、龟背竹、凤仙花、一品红、紫苏等植物的叶背（图2-506）及果蒂部为害，引起落叶、落花和落果，诱发煤污病。

图2-506 柑橘粉蚧为害柑橘叶片背面状

[识别特征] ①雌成虫：体长约2.5mm。体粉红色或青灰色。椭圆形，背脊隆起，具黑色短毛。体背覆盖白色蜡粉，体缘有18对粗而短的白色蜡质刺，末端有1对发达的足。产卵时在腹部末端形成白色絮状卵囊。②雄成虫：体长约1.6mm。体褐色。腹部末端有2根较长的尾丝。有翅1对。③卵：椭圆形，呈淡黄色，长约0.3mm。④若虫：椭圆形，扁平，淡黄色。体表覆白色蜡粉。

[生活习性] 四川、湖南1年发生3～4代，多以雌成虫在枝条缝隙处，或以若虫群栖于叶柄、果柄基部、小枝切断处越冬。翌年4月下旬至5月中旬越冬雌成虫产卵，5月中下旬孵化出第1代若虫，在叶柄与果柄基部、小枝切断处、枝干伤裂处及根部刺吸汁液为害。第2、3代若虫主要寄生于叶片背面主脉处为害。在温室内可周年繁殖为害。

**451. 竹白尾安粉蚧** *Antonina crawii* Cockerell, 1900，又名白尾安粉蚧、竹白尾粉蚧，属半翅目粉蚧科。

[分布与为害] 分布于山西、内蒙古、甘肃、北京、河北、河南、山东、江苏、上海、安徽、浙江、福建、台湾、广东、广西、湖南、湖北、四川、云南等地。主要为害刚竹、紫竹、毛竹、水竹、方竹、筹竹、凤尾竹等竹类植物。以若虫、雌成虫寄生在竹分枝腋芽内，影响生长并诱发煤污病（图2-507a）。

[识别特征] ①雌成虫：体长2.0～3.5mm。暗紫色。体椭圆形，包被于1白色卵球形蜡囊内，并有1或2条细长的白色蜡丝向上伸出（图2-507b），此端即是肛门所在的尾端。老熟时整体膜质，但腹末数节很硬化。②卵：椭圆形，紫色，两端较平。③若虫：长椭圆形，紫色，两端较平。

图2-507 竹白尾安粉蚧
a. 后期为害并诱发煤污病状；b. 雌成虫

［生活习性］ 上海1年发生3代，以受精雌成虫在一年生枝条、嫩枝节周围及叶鞘、隐芽中越冬。翌年3月开始孕卵，3月下旬至4月上旬为孕卵高峰期。5月上旬第1代若虫开始出现，盛孵期是5月中下旬。第2、3代若虫分别于6月、7月出现，第2代即出现世代重叠。第3代若虫持续到11月。若虫早期群集于竹节叶鞘处，虫体紫褐色。

**452. 竹巢粉蚧** *Nesticoccus sinensis* Tang, 1977，又名巢粉蚧、中国巢粉蚧、竹灰球粉蚧、灰球粉蚧、巢粉蚧，属半翅目粉蚧科。

［分布与为害］ 分布于陕西、甘肃、山东、江苏、上海、安徽、浙江、福建等地。为害青篱竹、紫竹、淡竹、刚竹、金镶玉竹、碧玉间黄金竹、红壳竹、毛竹、佛肚竹、凤尾竹等竹类植物。以若虫、雌成虫寄生在小枝腋间、叶鞘内吸汁为害，后期形成灰褐色球状蜡壳，致使枝叶枯萎，生长缓慢，竹丛衰败。

图2-508 竹巢粉蚧雌成虫

［识别特征］ ①雌成虫：体长3～4mm。棕色。口针淡黄色。体略呈卵圆形，前尖后圆。口针长约为体长的1.5倍。腹部分节明显。雌虫体外包有石灰质混有杂屑的蜡壳，形如鸟巢（图2-508）。②卵：长0.37mm左右。黄白色，椭圆形。③若虫：体长0.4mm左右。初孵若虫为棕红色，后转为黄棕色，近长方形。单眼红色，触角灰白色6节，节上生有短毛，末节端部生有2根长毛。胸足灰白色，具有短毛。腹末较宽，腹节分节明显，末端截状，生有短毛，臀瓣稍有突起，其上各生1根尾毛，末端向内弯曲。

［生活习性］ 1年发生1代，以受精雌成虫在当年新梢的叶鞘内越冬。翌年春继续取食，孕卵，虫体膨大呈球形；4月下旬产卵于体下，5～6月孵化为初孵若虫，很快爬行至新梢叶鞘内固着吸汁为害，同时体上分泌白色蜡粉。5月下旬雄若虫从叶鞘基部爬至端部结茧化蛹，6月羽化为雄成虫，其间雌成虫也羽化；雌雄交尾后，雄成虫很快死亡，雌成虫为害至10月陆续越冬。

**453. 白蜡绵粉蚧** *Phenacoccus fraxinus* Tang, 1977，属半翅目粉蚧科。

［分布与为害］ 分布于辽宁、山西、内蒙古、甘肃、北京、河北、天津、河南、山东、江苏、上海、安徽、浙江、四川、西藏等地。为害白蜡、悬铃木、榆、山黄檗、栾树等植物。以若虫、雌成虫聚集在嫩枝、幼叶吸食汁液为害，影响植物生长与观赏。

［识别特征］ ①雌成虫：体长4.5～6.0mm。紫褐色。体椭圆形，腹面平，背面略隆起，全体覆被白色蜡粉，分节明显，分节处蜡粉薄。体缘有白色蜡丝18对，向体后蜡丝趋长。腹脐5个。体背前、后背裂发达（图2-509a）。②雄成虫：体长约2mm。初黄白色，后黑色。腹末有白色长、短蜡丝各1对。翅1对。③卵：长0.2～0.3mm，椭圆形，橘黄色（图2-509b）。④卵囊：灰白色，丝质。有长、短两型：前者长7～55mm，表面有3条波浪形纵棱（图2-509c、d）；后者长4～7mm，长椭圆形，表面无棱纹。⑤若虫：初孵时椭圆形，长约0.4mm，足发达，尾端有白色长、短蜡丝各1对；夏型黄色，冬型灰色。⑥蛹：体长椭圆形，长约1.8mm，黄褐色，包被于灰白色蜡囊内。

［生活习性］ 郑州1年发生1代，以若虫在树皮缝、翘皮下、芽鳞间、旧蛹茧及卵囊内越冬。翌年3月上中旬若虫开始活动取食，3月中下旬雌雄分化，雄若虫分泌蜡丝结茧化蛹，4月上旬为盛期。4月初雌虫开始产卵，4月下旬为盛期，4月底至5月初产卵结束。4月下旬至5月底是若虫孵化期，5月中旬为盛期，若虫为害至9月以后开始越冬。越冬若虫于春季树液流动时开始吸食为害。雌虫取食期，从腺孔分泌黏液，布满叶面和枝条，如油渍状，招致煤污病发生。雌虫交尾后在枝干或叶片上分泌白色蜡丝形成卵囊，发生多时树皮上似披上一层白色棉絮。雌虫产卵量大，常数百粒产在卵囊内。

图 2-509　白蜡绵粉蚧

a. 雌成虫；b. 卵；c、d. 卵囊

**454. 柿长绵粉蚧**　　*Phenacoccus pergandei* Cockerell, 1896，又名柿树绵粉蚧、柿绵粉蚧、柿粉蚧、柿虱子，属半翅目粉蚧科。

[分布与为害]　分布于辽宁、陕西、山西、河北、河南、山东、江苏、安徽、四川等地。为害柿、苹果、梨、李、枇杷、无花果、核桃、桑、泡桐、莱莲、忍冬、玉兰等植物。以若虫、雌成虫聚集在嫩枝、幼叶和果实上吸食汁液为害，枝叶被害后，失绿而枯焦变褐；果实受害部位初呈黄色，逐渐凹陷变成黑色，受害重的果实最后脱落。受害树轻则树体衰弱、落叶落果，重则枝梢枯死，甚至整株死亡。

[识别特征]　①雌成虫：体长约4mm。紫褐色。体椭圆形，触角丝状，9 节。足 3 对，无翅。体表被覆白色蜡粉，体缘具圆锥形蜡突10 对，有的多达18 对（图2-510a）。②雄成虫：体长约2mm，翅展3.5mm左右。体色灰黄。触角似念珠状，上生绒毛。腹部末端两侧各具白色细长蜡丝1 对。③卵：圆形，橙黄色（图2-510b）。④若虫：与雌成虫相似，体型小、触角、足均发达，1 龄时为淡黄色，后变为淡褐色。⑤蛹：为裸蛹，长约2mm，形似大米粒。

[生活习性]　河北1 年发生1 代，以3 龄若虫在枝条上结大米粒状的白茧越冬。翌年春天树体萌芽时开始出蛰活动，转移到一年生枝条芽基处固定，吸食汁液为害，4 月上中旬雌雄若虫分化。雌若虫4 月中下旬羽化为成虫。雄若虫蜕皮成前蛹，再蜕1 次皮变为蛹，4 月中下旬羽化为成虫。雄成虫羽化后寻找雌成虫交配，交配后死亡。雌成虫爬至嫩梢和叶片上继续为害，逐渐长出卵囊（图2-510c、d），卵产于其中，

图2-510　柿长绵粉蚧

a. 雌成虫；b. 雌成虫及卵；c、d. 卵囊

5月下旬至6月上旬为卵孵化盛期。初孵若虫为黄色，成群爬至嫩叶上，在叶背面叶脉两侧固着并吸食汁液。7～8月高温季节，若虫进入滞育期越夏。9月温度降低解除滞育，若虫蜕第1次皮，10月蜕第2次皮发育为3龄若虫，后陆续转移到枝干的阴面群集结茧越冬。

**455. 柿树白毡蚧**　*Asiacornococcus kaki* (Kuwana, 1931)，又名柿绒粉蚧、柿刺粉蚧、柿绒蚧、柿毡蚧，属半翅目毡蚧科。

[分布与为害]　分布于东北、华北、西北、华东、华南、华中、西南等地。为害柿、桑、梧桐等植物，以若虫、雌成虫寄生在叶、枝和果上（图2-511），使得叶片出现多角形黑斑，叶柄变黑，畸形生长和早期脱落，严重时落果。

[识别特征]　①雌成虫：体长1.5～2.5mm。暗紫色或红色。体扁椭圆形，体节较明显，背面分布圆锥形刺，刺短小、粗壮、顶端稍钝，侧面观略呈等边三角形。腹面平滑，具长短不等体毛。触角短，3或4节，其上生有粗细长短不等的刺毛约10根。腹缘有白色细蜡丝（图2-512a）。②雄成虫：体长1.0～1.2mm。紫红色。翅暗白色。触角9节，各节有刺毛2或3根。腹末有与体等长的白色蜡丝1对。性刺短。

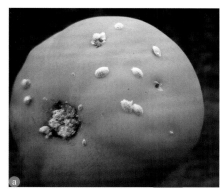

图2-511 柿树白毡蚧为害柿树状

a、b. 为害果实状；c. 为害树干状

③卵囊：为纯白色或暗白色毡状物，草履状，正面隆起，头端椭圆形，腹末内陷形成钳状，表面存在穿出卵囊的较为粗长的蜡毛。④卵：椭圆形，长0.3～0.4mm，紫红色，被白色蜡粉与蜡丝（图2-512b）。⑤若虫：体椭圆形或卵圆形，紫红色，体缘有长短不一的刺状突起（图2-512c）。⑥蛹：体长约1mm，胭脂红色，壳长约1mm，宽约0.51mm，椭圆形，上下扁平，末端周缘有1横裂缝，将壳分成上下两层，全壳由暗白色絮状蜡质构成。

图2-512 柿树白毡蚧

a. 雌成虫；b. 卵；c. 初孵若虫

　　[生活习性] 1年发生的世代数随地区而有差异，北京、山东、河南为4代，江苏、浙江为4～5代，广东、广西为5～6代，均以若虫在树皮裂缝、芽鳞等处隐蔽越冬。雄成虫羽化时，雌成虫体表开始产生白色蜡丝，交配后卵囊逐渐形成，并开始产卵。卵囊后缘稍微翘张为产卵盛期；后缘大张并微露红色则为孵化盛期；卵囊出现红色小点，外翻呈脱落状，边缘牵连丝状物及果实上有小红点则为孵化末期和若虫固定期。在果实上产卵最多，平均340粒，叶上次之，枝干上最少，越冬若虫主要寄生在主干及枝丫的朝上部位，卵期约半个月。

　　**456. 紫薇绒蚧** *Eriococcus lagerstroemiae* Kuwana, 1907，又名石榴毡蚧、石榴囊毡蚧、石榴绒蚧、紫薇毡蚧、紫薇绒粉蚧，属半翅目毡蚧科。

［分布与为害］ 分布于辽宁、陕西、山西、内蒙古、宁夏、青海、甘肃、新疆、北京、河北、天津、河南、山东、江苏、上海、安徽、浙江、江西、福建、广东、广西、湖南、湖北、四川、贵州等地。为害紫薇、石榴（图2-513a）、含笑、三角枫、女贞、扁担杆子、叶底珠等植物。以若虫、雌成虫聚集于枝叶部位刺吸汁液，常造成树势衰弱，生长不良，而且其分泌的大量蜜露会诱发严重的煤污病（图2-513b），导致叶片、枝条呈黑色，失去观赏价值。虫口密度过大时，叶片早落，开花不正常，甚至全株枯死。

**图2-513 紫薇绒蚧为害状**
a. 为害石榴枝条状；b. 为害紫薇枝条并诱发煤污病状

［识别特征］ ①雌成虫：体长2.1~2.4mm。暗紫红色。扁平，椭圆形，被少量白色蜡粉。背面具刺毛。老熟时将身体包在白色毡状蜡囊中，外观似大米粒（图2-514a）。②雄成虫：体长约1mm。紫褐色。腹末有1对灰色长毛。前翅半透明。③卵：卵圆形，浅紫红色，长约0.25mm。④若虫：椭圆形，紫红色（图2-514b、c），虫体周围有刺突。⑤雄蛹：紫褐色，长卵圆形，外包以袋状绒质白色茧。

**图2-514 紫薇绒蚧**
a. 雌成虫；b. 雌成虫与初孵若虫；c. 若虫

［生活习性］ 该虫发生代数因地而异，北京1年发生2代，山东、上海1年发生3～4代。以受精雌成虫和若虫在树皮缝内越冬，世代重叠。翌年3月中下旬为第1代若虫孵化盛期，为防治该虫的关键时期。第2、3代若虫孵化盛期分别在6月和8月。

**457. 草履蚧** *Drosicha corpulenta* (Kuwana, 1902)，又名草鞋蚧、草鞋虫、树虱子、日本草履蚧、日本硕蚧、桑虱，属半翅目绵蚧科。

［分布与为害］ 分布于辽宁、陕西、山西、内蒙古、甘肃、河北、河南、山东、江苏、安徽、浙江、福建、广东、广西、湖南、湖北、四川、贵州、云南、西藏等地。为害悬铃木、白蜡、海桐、罗汉松、碧桃、海棠类、紫叶李、大叶黄杨、丝棉木、龙爪槐、樱桃、紫薇、十大功劳、垂柳、柑橘、广玉兰、珊瑚树、月季等植物。以若虫、雌成虫聚集在树干基部或嫩枝、幼芽等处吸汁为害，排泄蜜露（图2-515），诱发煤污病发生，造成植株生长不良，早期落叶。

**图2-515 草履蚧排出的蜜露**
a. 在紫叶李叶面上排出大量蜜露状；b. 排出掉落在地面上的蜜露

［识别特征］ ①雌成虫：体长7～10mm。背面淡灰紫色，腹面黄褐色，周缘淡黄色。体扁平，长椭圆形，被一层霜状蜡粉。腹部有横列皱纹和纵向凹沟，形似草鞋（图2-516a、b）。②雄成虫：体长5～6mm。体紫红色。翅1对，淡黑色（图2-516b～d）。③卵：初产时橘红色，有白色絮状蜡丝黏裹。④若虫：与雌成虫相似，但体小，色深（图2-516e～g）。

［生活习性］ 1年发生1代，以卵囊在树根附近的土中越冬。长江流域，越冬卵在当年12月和翌年1月孵化，3月上中旬若虫上树较多，多集中在一至二年生枝上吸食为害，以4月危害最重，若虫生长发育过程中不断蜕皮并分泌蜡丝（图2-516h～j）。4月中下旬雄若虫潜伏于树皮缝等隐蔽处，分泌大量蜡丝缠绕虫体，变拟蛹。交尾后的雌成虫于5月下旬开始寻找附近疏松的土表或树皮缝隙等处形成卵囊产卵。

**图 2-516　草履蚧**

a. 雌成虫；b、c. 雌成虫与雄成虫；d. 雄成虫；e. 低龄若虫爬树状；f. 若虫蜕皮状；g. 雌成虫、若虫及蜕的皮；h、i. 蜕的皮及分泌的蜡丝；j. 雌成虫、若虫及分泌的蜡丝

**458. 吹绵蚧**　*Icerya purchasi* Maskell, 1879，又名澳洲吹绵蚧、黑毛吹绵蚧、绵团蚧、白条介壳虫、棉絮介壳虫、棉花蚰、橘蚰、白蚰，属半翅目绵蚧科。

[分布与为害]　分布于江苏、上海、安徽、江西、福建、台湾、湖北、湖南、广东、海南、广西、贵州、重庆、四川、云南及北方温室。为害月季、海桐、牡丹、玫瑰、蔷薇、桂花、含笑、米兰、扶桑、石榴、山茶、玉兰、广玉兰、常春藤、棕榈、海棠类、柑橘类等植物。以若虫、雌成虫群集在枝叶上，刺吸汁液为害。严重时，叶片发黄，枝梢枯萎，引起落叶，影响植株生长，甚至全株枯死，并诱发煤污病。

[识别特征]　①雌成虫：体长5～7mm。暗红色或橘红色。椭圆形，背面生黑短毛，被白蜡粉，向上隆起。发育到产卵期，腹末分泌出白色卵囊。卵囊上具14～16条纵脊，卵囊长4～8mm（图2-517a）。②雄成虫：体长约3mm。橘红色，胸背具黑斑。触角黑色。前翅紫黑色。触角10节，似念珠状。腹端两突起上各生4根长毛。后翅退化。③卵：长椭圆形，长约0.7mm，橙红色。④若虫：体椭圆形，眼、触角和足均黑色，体背覆有浅黄色蜡粉（图2-517b）。⑤雄蛹：椭圆形，长2.5～4.5mm，橘红色。⑥茧：长椭圆形，覆有白蜡粉。

[生活习性]　1年发生代数因地而异，广东1年3～4代、浙江2～3代，以雌成虫或若虫在枝干上越冬。初孵若虫多寄生在叶背主脉两侧，2龄后逐渐迁移至枝干阴面群集为害。世代重叠明显。重要天敌有澳洲瓢虫、大红瓢虫、红缘瓢虫等。

图2-517 吹绵蚧
a. 雌成虫及卵囊；b. 雌成虫、卵囊及若虫

**459. 埃及吹绵蚧** *Icerya aegyptiaca* (Douglas, 1890)，又名菠萝蜜绵介壳虫，属半翅目绵蚧科。

[分布与为害] 分布于浙江、福建、台湾、广东、香港、云南等地。为害白兰、广玉兰、柑橘、柚木、合欢、番石榴、无花果、巴豆、土蜜树、红背山麻杆、朴树、榆、柽柳、悬铃木、胡颓子等植物。以若虫、雌成虫群集叶背为害，造成叶片枯黄、脱落，植株生长势衰弱，并诱发煤污病。

[识别特征] ①雌成虫：体长5～7mm，宽3～4mm。体椭圆形，背面厚被白蜡，体缘有楔状长蜡突，尤以腹末的蜡突为长，盖于卵囊之上。全体外形如水生动物海星（图2-518），极易被发现。②卵：长0.76～0.83mm，淡黄色，椭圆形。③若虫：初孵若虫淡黄色。

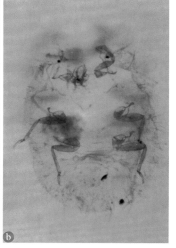

图2-518 埃及吹绵蚧
a. 雌成虫；b. 雌成虫玻片标本

[生活习性] 广州1年发生3～4代，以各种虫态越冬，4月下旬至11月中旬发生数量最多。初孵若虫即能爬行，1龄若虫聚集在一起为害，2龄开始迁移到其他叶片为害，2龄后虫体四周开始有触须状蜡质分泌物，并可在大枝及主干上自由爬行。若虫聚集在新梢及叶背的叶脉两边吸取汁液。成虫也喜聚集在叶背主脉两侧，吸取树液并营囊产卵，一般不移动。该虫既可雌雄异体受精，也可孤雌生殖。雄成虫较难发现。雌成虫为雌雄同体，每雌卵囊内有卵200粒以上，最多达400粒，雌虫产卵期长，其寿命约60天，温暖湿润的气候有利于其发生。主要天敌有澳洲瓢虫。

**460. 银毛吹绵蚧** *Icerya seychellarum* (Westwood, 1855)，又名黄毛吹绵蚧、冈田吹绵蚧、黄吹绵蚧，属半翅目绵蚧科。

[分布与为害] 分布于长江以南地区。为害广玉兰、罗汉松、天竺桂、白兰、木防己、黄杨、海桐、刺桐、棕榈、木麻黄、含笑、蒲葵、拟单性木兰、蔷薇、柑橘、石榴、番石榴、柚、紫薇、芒果、椰子、香蕉、枇杷、龙眼、槟榔、菠萝蜜、车轮梅、山茶等植物。以若虫、雌成虫聚集叶背刺吸汁液为害，造成

叶片枯黄，诱发煤污病。

［识别特征］ ①雌成虫：体长5.0～7.4mm，宽3～5mm。活体背面略具黄色、棕黄色或橘红色。卵圆形或椭圆形，背面稍向上隆起，体外覆盖白色块状蜡质物。体背有1条中纵列蜡簇，在腹部呈双纵列。体缘蜡质物突起较大而完整，长条状，淡黄色。卵囊自腹部后端伸出，分裂成瓣状。整个体背具有数量很多的放射状排列的银白色蜡丝。腹疤3个，中间1个较大。体表多格孔中心环一侧有角状突1个（图2-519）。②雄成虫：红紫色。触角10节。尾瘤1对。③卵：椭圆形，长约1mm，暗红色。④若虫：初龄若虫卵形，淡黄色，尾毛3对；2龄若虫卵形，长约3.3mm，背毛稀疏，缘毛长，尾毛3对；3龄若虫长约5mm，触角9节。

**图2-519　银毛吹绵蚧**
a. 雌成虫与若虫；b. 雌成虫玻片标本

［生活习性］ 广东、云南1年发生3代，以雌成虫在叶背越冬。未发现雄虫，营孤雌卵生。翌年3月下旬越冬雌成虫始孕卵，4月上旬始产卵，4月中旬为产卵高峰期。4月中下旬若虫盛孵；6月中旬第1代雌成虫始孕卵，7月上中旬第2代若虫盛孵；8月中旬第2代雌成虫始孕卵，9月中下旬第3代若虫盛孵，11月上旬进入雌成虫期，以雌成虫越冬。世代重叠现象严重，全年除12月、1月、2月外，均可见各虫态。

**461. 昆明筒蚧**　*Orthezia quadrua* Ferris, 1950，属半翅目筒蚧科。

［分布与为害］ 分布于辽宁、陕西、内蒙古、宁夏、河北、云南等地。为害菊花、紫薇、马兰、锦葵、蔷薇、月季、柑橘、龙眼、艾蒿等植物。

［识别特征］ 雌成虫：体椭圆形，背稍隆起。虫体边缘围绕长棒状白色蜡丝，背中有大小不等的蜡块排成2纵条。眼发达。触角8节，每节生短刺毛。4孔腺分布在腹面。10对刺孔群分布在背面，腹面刺孔群位于中央。卵囊长形，具明显的肋收脊纹，牢固附贴在虫体腹部（图2-520）。

**图2-520　昆明筒蚧**
a. 雌成虫及卵囊；b. 雌成虫玻片标本

［生活习性］ 北京1年发生1代，8月以后危害严重。

**462. 日本松干蚧** *Matsucoccus matsumurae* (Kuwana, 1905)，属半翅目珠蚧科。

［分布与为害］ 分布于吉林、辽宁、陕西、山东等地。为害赤松、油松、马尾松、黄山松、美人松、黑松等植物。

［识别特征］ ①雌成虫：体长约3mm。棕红色或橙红色。卵圆形，头部较窄。触角9节，第6～9节上各有粗感觉刺1对。腹部肥大，腹末有"∧"形凹陷，体膜质柔软，体节不明显。胸足3对，转节有长毛1根。背疤280～320个，第3腹节存在背疤。多孔腺9～14格，每43～47个在第9节腹面成一群（图2-521a、b）。②雄成虫：体长1.3～1.5mm，翅展3.5～3.9mm。腹末有白色长蜡丝10～16条，翅面有明显羽状纹。足跗节1节，端部有爪和冠状毛（图2-521c）。③卵：椭圆形，暗黄色，长约0.25mm（图2-521d），卵囊白色。④若虫：1龄爬行若虫体椭圆形，橙黄色，长约0.3mm，腹末有长短尾毛各1对。1龄寄生若虫梨形或心形，橙黄色，长约0.4mm，体背两侧有成对白色蜡条，腹面有触角和足等附肢。2龄无肢若虫触角和足全部消失，体周有白色长蜡丝。雌雄分化显著：雌性较大，圆形或扁圆形，橙褐色；雄性较小，椭圆形，褐或黑褐色，末端有1龄寄生若虫蜕。3龄雄若虫体外形与雌成虫相似，但腹部狭窄，腹末无"∧"形臀纹，长约1.5mm，橙褐色，口器退化，触角和胸足发达（图2-521e）。⑤预蛹：与雄若虫相似，唯胸背隆起，形成翅芽。⑥蛹：裸蛹，长约1.5mm，头胸部淡褐色，眼紫褐色，附肢和翅灰白色，腹部9节，末端生殖器圆锥状。⑦茧：椭圆形，疏松，长约1.8mm，白色。

**图2-521 日本松干蚧**
a、b. 雌成虫；c. 雄成虫；d. 卵；e. 无肢若虫与初孵若虫

［生活习性］ 山东1年发生2代，以1龄若虫隐藏在松树翘皮下或者树下杂草中越冬（或越夏）。若虫一般在3月上旬开始活动，到3月中旬陆续蜕皮，成为2龄若虫，此时雌雄分化，体积变大，显露在松树翘皮外，此期造成的危害最重。3龄后沿树下行，到达树皮裂缝、球果鳞片、树干根部、地面杂草、石缝后开始化蛹。成虫在二至四年生的枝条、树干翘皮上产卵。海拔高的山脊处产卵较少，危害轻。北方地区春天干燥多风，4月前后日本松干蚧逐渐进入羽化期，会随风飘到不同地方，为害新的寄主。

**463. 黄杨芝糠蚧** *Parlagena buxi* (Takahashi, 1936)，又名黄杨粕片盾蚧、黄杨片盾蚧、枣粕盾蚧，属半翅目盾蚧科。

［分布与为害］ 分布于辽宁、山西、河北、北京、内蒙古、江苏、上海、浙江、江西、四川等地。为害瓜子黄杨、雀舌黄杨、锦熟黄杨、朝鲜黄杨、卫矛、枣、瓜子金等植物。以若虫、雌成虫在寄主枝条及叶上为害，轻者植株生长衰弱，叶片发黄；重者叶片脱落，小枝干枯甚至整株死亡，尤其在绿篱上造成"开天窗"或成片死亡。

［识别特征］ ①雌介壳：长0.9～1.1mm。卵形，灰白色，壳点黑色，位于头端，占介壳的主要部分，呈长椭圆形，第1壳点椭圆形，在头端边缘（图2-522a）。②雌成虫：体长0.3～0.5mm。体膜质，灰白色至浅紫色（图2-522b）。③雄介壳：长0.5～0.6mm。长棒形，壳点在头端呈黑色，介壳大部分为灰白色。④雄成虫：体长0.3～0.4mm。触角环毛状，长约与体长相等。中胸发达。腹末交配器占虫体长的2/5。⑤卵：长约0.15mm，椭圆形，淡黄色。⑥若虫：1龄若虫体长约0.2mm，椭圆形，灰白色，触角5节，端节粗长，有螺旋状斑纹，足发达。2龄若虫体长约0.25mm，触角、眼、足均退化，此龄雌雄开始分化，可从背介壳区别。

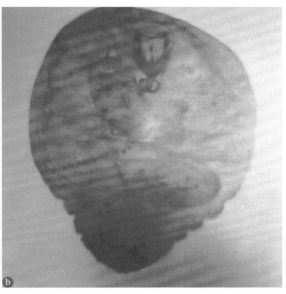

**图2-522 黄杨芝糠蚧**

a. 雌介壳；b. 雌成虫玻片标本

［生活习性］ 北方地区1年发生3代，以受精雌成虫在小枝或叶上越冬。3代区，1代初龄若虫出现在5月上旬至6月中旬，6月上旬为高峰期；6月中旬雄虫进入化蛹期，6月下旬第1代雄成虫大量羽化。2代初龄若虫的高峰期在7月中旬，老熟雌虫在8月上旬至9月中旬，此时世代重叠现象较为严重，各虫态均有。3代初龄若虫出现在8月下旬至10月中旬，此阶段雌虫产卵较为均匀，没有明显的高峰出现。初孵若虫喜在当年生小枝的新叶上固着为害，一旦固定，立即分泌白色蜡质保护层，随后分泌背介壳。该虫有较强的群集性，分布明显不均，密度大时常许多介壳交错叠加在一起。越冬代雌成虫多集中在二年生或三年生枝条的缝隙中，叶片上较少。

**464. 常春藤圆盾蚧** *Aspidiotus nerii* Bouché,1833，又名常春藤圆蚧、春藤盾蚧、藤圆盾蚧、藤圆蚧，属半翅目盾蚧科。

［分布与为害］ 分布于江苏、上海、安徽、浙江、广东、广西、四川、云南及北方温室。为害常春藤（图2-523a）、苏铁、夹竹桃、文竹、吊兰、万年青、棕榈、广玉兰、桂花、一叶兰、仙人掌、杜鹃等多种植物。以若虫、雌成虫群集于枝、蔓、叶、叶柄及果实上刺吸植物的汁液，造成叶黄、枝枯，严重时整株死亡。

［识别特征］ ①雌介壳：黄色或淡黄色。卵圆形，边缘较薄，可见到虫体。壳点较小，近中央、淡黄色，直径2mm左右。②雌成虫：橙黄色。体长椭圆形。触角小，呈小突起，上有刚毛1根。腹部较大，臀板向后稍凸出。虫体较厚，长1mm左右，宽0.7mm左右（图2-523b）。③雄介壳：白色，较小，长圆形，

较薄。壳点也在中央,直径约1.3mm,淡黄色。④雄成虫:体长0.8mm左右。体黄褐色,上有红褐色斑点。翅透明,翅长于体长的一倍半。⑤卵:长卵形,中部稍弯,淡黄色,长约0.24mm,宽约0.16mm,有光泽。⑥若虫:初孵若虫体卵圆形,较扁平,浅黄色,体长0.22mm左右,复眼不明显,有2根很细的尾须;2龄以后,雄虫开始变长;雌若虫形状与雌成虫相似,雄若虫后期体呈橘红色,雌若虫后期体呈黄色。⑦雄蛹:为裸蛹,黄色,上有许多红褐色斑点,长1mm左右,腹末常有白色絮状物,锥形交尾器凸出。

图 2-523　常春藤圆盾蚧
a. 为害状及雌介壳;b. 雌成虫

[生活习性]　北方温室1年发生3代,4月初若虫出现,爬行一段时间后选择枝、叶等处开始固着为害,常分泌蜡质物,逐渐形成介壳,在壳下仍继续刺吸植物汁液,严重时受害处密集成层。7月第2代若虫出现,9~10月出现第3代若虫。在南方露地或北方温室,只要条件适宜即可继续繁殖为害。天敌有寄生蜂、红点唇瓢虫等。

**465. 桑白蚧**　*Pseudaulacaspis pentagona* (Targioni-Tozzetti, 1886),又名桑白盾蚧、桃白蚧、桑盾蚧,属半翅目盾蚧科。

[分布与为害]　分布于黑龙江、吉林、辽宁、陕西、山西、内蒙古、新疆、河北、河南、山东、江苏、上海、安徽、浙江、江西、福建、台湾、广东、广西、湖南、湖北、四川、云南等地。为害樱花、樱桃、桃、杏、梅花、丁香、棕榈、芙蓉、苏铁、桂花、榆叶梅、木槿、玫瑰、夹竹桃、蒲桃、山茶、紫穗槐、紫叶李等植物。以若虫、雌成虫群集固着在枝干上刺吸汁液,严重时介壳密集重叠(图2-524)。受害后,花木生长不良,树势衰弱,甚至枝条或全株死亡。

图 2-524　桑白蚧雌雄介壳重叠状

［识别特征］　①雌介壳：直径2.0～2.5mm。灰白色至灰褐色。圆形，略隆起，有螺旋纹。壳点黄褐色，在介壳中央偏旁（图2-525a）。②雌成虫：体长约1mm。橙黄色或橙红色。体扁平，卵圆形。腹部分节明显（图2-525b～d）。③雄介壳：长约1mm。白色。细长，背面有3条纵脊。壳点橙黄色，位于介壳的前端（图2-525e、f）。④雄成虫：体长0.6～0.7mm。橙黄色至橙红色。仅有1对翅。⑤卵：椭圆形，长0.25～0.30mm。初产时淡粉红色，渐变淡黄褐色，孵化前橙红色。⑥若虫：初孵时淡黄褐色，扁椭圆形，体长0.3mm左右，可见触角、复眼和足，能爬行，腹末端具尾毛2根，体表有绵毛状物遮盖（图2-525g、h）。蜕皮之后复眼、触角、足、尾毛均退化或消失，开始分泌蜡质介壳。

［生活习性］　世代数因地而异，1年可发生2～5代，以受精雌成虫固着在枝条上越冬。各代若虫孵化期分别在5月上中旬、7月中下旬及9月上中旬。早春树液流动后开始吸食汁液，虫体迅速膨大，体内卵粒逐渐形成。雌成虫产卵量随季节而不同，高温时产得多，低温时产得少，一般在40～200粒。雌成虫产完卵便干缩死亡。初孵化的若虫将口针插入枝干皮层内固定吸食。有的若虫孵化后即在母体介壳周围寄生，故介壳边缘常有相互交错重叠的介壳。雌若虫在第一次蜕皮后即分泌蜡质物，形成圆形介壳；雄若虫在第一次蜕皮后，进入2龄后期才开始分泌白色絮状蜡质物形成长筒形介壳。雌虫蜕3次皮后变为无翅雌成虫；雄虫蜕2次皮后便在介壳内变拟蛹。7天后羽化为有翅成虫。雄虫寿命极短，仅1天左右。该虫多分布于枝条分叉处和枝干阴面。

图 2-525　桑白蚧
a. 雌介壳；b、c. 雌成虫；d. 雌成虫玻片标本；e、f. 雄介壳；g、h. 初孵若虫

**466. 考氏白盾蚧**　*Pseudaulacaspis cockerelli* (Cooley, 1897)，又名广菲盾蚧、广白盾蚧、臀凹盾蚧、贝形白盾蚧，属半翅目盾蚧科。

［分布与为害］　分布于华东、华中、华南、西南及北方温室。为害散尾葵（图 2-526）、广玉兰、含笑、棕榈、丁香、山茶、构骨、洋紫荆、桂花、苏铁、夹竹桃、白鹃梅等 100 多种植物。以若虫、雌成虫固定在叶片与小枝上刺吸汁液，致使叶片褪绿，出现橙黄色斑点，严重时引起大量落叶，并导致煤污病发生。

［识别特征］　①雌介壳：长 2.0～4.0mm，宽 2.5～3.0mm。雪白色。梨形或卵圆形，表面光滑，微隆。2 个壳点凸出于头端，黄褐色（图 2-527a、b）。②雌成虫：体长 1.1～1.4mm。橄榄黄色或橙黄色。纺锤形，前胸及中胸常膨大，后部多狭。触角间距很近，触角瘤状，上生 1 根长毛。中胸至腹部第 8 腹节每节各有 1 腺刺，前气门腺 10～16 个。臀叶 2 对、发达，中臀叶大，中部陷入或半凸出（图 2-527c）。③雄介壳：长 1.2～1.5mm，宽 0.6～0.8mm。白色。长形、表面粗糙，背面具 1 浅中脊。只有 1 个黄褐色壳点。④雄成虫：体长 0.8～1.1mm，翅展 1.5～1.6mm。腹末具长的交配器。⑤卵：长约 0.24mm，长椭圆形，初产时淡黄色，后变橘黄色。⑥若虫：初孵淡黄色，扁椭圆形，长约 0.3mm，复眼、触角、足均存在，两眼间具腺孔，分泌蜡丝覆盖身体，腹末有 2 根长尾毛。2 龄长 0.5～0.8mm，椭圆形，复眼、触角、足及尾毛均退化，橙黄色（图 2-527d）。

图 2-526 考氏白盾蚧为害散尾葵叶柄及枝干状

图 2-527 考氏白盾蚧

a、b. 雌介壳；c. 雌成虫玻片标本；d. 若虫

［生活习性］ 生活史极不整齐，世代重叠严重，同一时间可见到多种虫态并存。华东地区1年发生2～3代，以若虫或受精雌成虫在枝叶上越冬，在北方温室内可继续为害。河北每年4～5月、8～9月、12月至翌年1月（温室内）为若虫孵化期。天敌有丽蚜小蜂、长棒跳小蜂、花翅蚜小蜂、小毛瓢虫和日本方头甲等。

**467. 蔷薇白轮盾蚧** *Aulacaspis rosae* (Bouché, 1833)，又名蔷薇白轮蚧、玫瑰白轮蚧，属半翅目盾蚧科。

［分布与为害］ 分布于陕西、山西、内蒙古、河北、山东、江苏、上海、浙江、福建、台湾、广东、四川、云南、西藏等地。为害芒果、杨梅、番石榴、玫瑰、蔷薇、月季、黄刺玫、刺梨、覆盆子、悬钩子、九里香、苏铁、榆、龙牙草、雁来红等植物。雌成虫、若虫多寄生在枝干上刺吸汁液为害。

［识别特征］ ①雌介壳：直径2～3mm。白色。近圆形，微微隆起。壳点2个，位于边缘，第1壳点淡黄色，第2壳点橙黄或黄褐色，被有白色分泌物。腹壳白色，常残留在植物上（图2-528a）。②雌成虫：体长约1.4mm。胭脂红色。体长形而宽，头胸部膨大。头缘突有时显，前气门腺多而成团。臀叶3对，叶粗，基部轭连，深陷入板内，内缘基半部直而相平行，端半部外斜而具细齿，第2、3叶发达，双分，同形同大。背腺4列，分布于第3～6腹节，除第6腹节仅亚中群2～3腺外，其余各节均成亚中、亚缘两群，各群腺数从前向后数第1～3列每群依次为10、7和5腺，无分裂或前移现象，但第1列中群有1～2腺例外。③雄介壳：长约1mm。白色。介壳扁条形，熔蜡状，背面3条纵脊明显。壳点1个，黄色，位于前端（图2-528b）。④卵：紫红色，长椭圆形。⑤若虫：初龄若虫体橙红色，椭圆形。触角5节，末节最长。腹末有1对长毛。

**图2-528 蔷薇白轮盾蚧**

a. 雌介壳；b. 雄介壳（上方较小者）

［生活习性］ 1年发生代数因地而异：沈阳1代，包头2代，成都2～3代。以受精雌成虫在枝干上越冬。沈阳翌年7月上旬和10月上旬出现雌成虫。

**468. 雅樟白轮盾蚧** *Aulacaspis yabunikkei* Kuwana, 1926，又名樟白轮盾蚧、日本白伦蚧、樟树轮盾蚧，属半翅目盾蚧科。

［分布与为害］ 分布于华南、西南、华中、华东及北方温室。主要为害香樟（图2-529a）、钓樟、肉桂、天竺桂、黄肉楠、山鸡椒、胡颓子等植物。

［识别特征］ ①雌介壳：直径1.5～2.0mm。白色。圆形或近圆形，不透明，薄，扁平或稍隆起。壳点2个，位于边缘内或边缘上，其边缘透明，灰黄色，中脊黑色（图2-529b）。②雌成虫：体长约1.2mm。

淡黄色。虫体长形，前体部略宽于后胸，后体部粗壮宽大，第2腹节特别向侧面凸出。头侧瘤明显或缺，后面成直角。臀叶3对，中叶深陷板内，其内缘基部平行，叶基桥联呈小菱形，后半叉开具细齿，第2、3叶大小和形状相似，双分。背腺分布：第3～6腹节亚中区每侧每节依次是4～11腺、2～7腺和2～8腺，第2～3腹节每节每侧叶各有大管腺5～10个，第1、3腹节每侧每节各有亚缘背疤1个。③雄介壳：长约1mm。白色。介壳长条形，熔蜡状，背中有纵脊3条。壳点淡黄色，位于前端（图2-529c）。④卵：椭圆形，橘橙色。⑤若虫：初孵时椭圆形，淡橙色。⑥雄蛹：椭圆形，橙黄色。

**图2-529 雅樟白轮盾蚧**
a. 为害香樟叶片状；b. 雌介壳；c. 雌介壳与雄介壳

　　[生活习性] 广西1年发生5代，以各种虫态在树干上越冬，世代重叠。雌虫散布在叶正面，雄虫常密布在叶背面。3～4月出现1代若虫，4月下旬至5月上旬是第1代若虫活动盛期，5～6月出现第2代若虫，第2代发展速度快，数量多，危害最重。7～8月出现第3代若虫，9～10月出现第4代若虫，11月下旬出现第5代若虫。

　　**469. 细胸轮盾蚧** *Aulacaspis thoracica* (Robinson, 1917)，又名乌桕白轮盾蚧、宽胸白轮蚧，属半翅目盾蚧科。

　　[分布与为害] 分布于宁夏、北京、江苏、安徽、上海、浙江、福建、广东、香港、广西、四川、贵州、云南等地。为害香樟、乌桕、肉桂、楠木、梓树、苏铁、鸡血藤等植物。

　　[识别特征] ①雌介壳：直径2.1～2.6mm。白色。宽椭圆形至圆形，扁平。壳点2个，暗褐色，多数靠近边缘，少数伸出边缘或近中心，第1壳点一部分伸出第2壳点外，第2壳点背脊黑褐色或黑色，尾端带黄色，侧灰褐色（图2-530a、b）。②雌成虫：体长形，前体段特别膨大，侧瘤明显。臀板三角形，末端有1小的缺刻。中臀叶小，细长，基部轭连，内缘基半部平行，端半部向外倾斜而有锯齿，端部狭圆。第2、3臀叶各分为2瓣，均端圆，外瓣比内瓣稍小（图2-530c）。③雄介壳：长约1.3mm。白色。长条形，熔蜡状，质地松脆，背面具纵脊3条，中央1条突起较高。壳点1个，灰褐色，位于前端。④雄成虫：体长0.52mm，翅展约1.6mm。淡红褐色，复眼黑色。⑤卵：椭圆形，长约0.2mm，初产时淡黄色，渐变紫红色。⑥若虫：初孵时椭圆形，橙红色，复眼红色，触角与足健全，具1对尾毛。

　　[生活习性] 成都1年发生3～4代，以若虫、雄蛹、少量雌成虫及卵在枝干及叶面越冬。发生不整齐，世代重叠。翌年3月下旬越冬蛹羽化为成虫。交尾后越冬代雌成虫3月下旬至5月上旬产卵，4月上旬至5月中旬第1代若虫孵化，5月上旬为盛孵期。第2代和第3代若虫盛孵期分别为7月上中旬和10月上中旬。10月下旬至12月下旬部分受精雌成虫产卵，11月中旬开始孵出第4代若虫。性喜阴湿，多在树冠中下层枝条及叶片为害。

**图2-530 细胸轮盾蚧**

a、b. 雌介壳；c. 雌成虫玻片标本

**470. 苏铁白轮盾蚧** *Aulacaspis yasumatsui* Takagi, 1977，又名泰国轮盾蚧，属半翅目盾蚧科。

[分布与为害] 分布于云南。为害苏铁叶片，严重时虫体密密麻麻，叶片枯黄（图2-531a）。

[识别特征] ①雌介壳：白色呈薄蜡状，有光泽。近圆形，一端尖，另一端钝圆，略隆起。蜕在近边缘处，为淡黄褐色（图2-531b、c）。②雌成虫：体粗大，前体部近半圆，后体部如锥，以后胸最宽向下渐狭，腹节侧突较显。臀叶3对，中臀叶基部桥联宽大，内缘叉开呈"八"字形，具细齿。腺刺在臀板上4对，单一排列（图2-531d）。③雄介壳：白色。长条形，熔蜡状，质地松脆。背面具纵脊3条，中央1条突起较高。壳点1个，淡黄褐色，位于前端（图2-531e）。④雄成虫：体较细小，体长0.5～0.6mm。具1对翅。

**图2-531 苏铁白轮盾蚧**

a. 为害苏铁叶片状；b、c. 雌介壳；d. 雌成虫玻片标本；e. 雄介壳（个体小、细长者）

［生活习性］ 在24.5℃环境下，卵经8～12天可孵化成移动型若虫，开始迁移至苏铁的其他部位，第16天左右变成2龄若虫，此时期无足，变成固着型不再移动，约至第28天即进入成虫期，雌成虫期约为30天，整个虫期约可至75天。繁殖力强，雌虫一生可产卵超过100粒，仅具3个龄期。雄虫共有4个龄期，2龄若虫后进入前蛹期及蛹期，再羽化为雄成虫，羽化后无口器、不再取食，与雌成虫交尾后不久即死亡。

**471. 卫矛矢尖蚧** *Unaspis euonymi* (Comstock, 1881)，又名卫矛尖盾蚧，属半翅目盾蚧科。

［分布与为害］ 分布于陕西、内蒙古、宁夏、北京、河北、山东、江苏、广东、广西、四川等地。为害卫矛、大叶黄杨、红叶石楠、瓜子黄杨、茶梅、构骨、木槿、水蜡、桂花等植物。以若虫、雌成虫固定于寄主植物的枝干和叶片上群集吸汁为害（图2-532a），诱发煤污病。轻者引起植物落叶，严重时造成植物枝条枯死。

［识别特征］ ①雌介壳：2.8～3.5mm。紫褐色或棕褐色，略有光泽。扁阔，前端狭而后端宽，呈箭头形，稍弯曲。背面中央有1条纵脊，呈屋脊状，其两侧有向前斜伸的横纹。壳点2个，位于介壳前端，淡黄色至黄褐色（图2-532b）。②雌成虫：体长约2.5mm。体扁，橙黄色。③雄介壳：长约1mm。白色。蜡质，较狭长。两侧平行，背面有3条脊线。壳点位于前端（图2-532c、d）。④雄成虫：体长约0.5mm。橙黄色。腹末有1针状交尾器。⑤卵：椭圆形，橙黄色，长约0.2mm。⑥若虫：体椭圆形。橙黄色或淡黄色；第1龄时，触角及足均发达，尾端有1对尾毛；第2龄时，触角及足均消失。

**图2-532 卫矛矢尖蚧**
a. 为害大叶黄杨叶片状；b. 雌介壳（紫黑色较大者）；c、d. 雄介壳（灰白色较小者）

［生活习性］ 杭州1年发生3代，以受精雌成虫于寄主枝叶上越冬。第1代雌成虫产卵盛期为5月中下旬，第2代雌成虫产卵盛期在7月中旬，第3代雌成虫产卵盛期在9月上中旬；成虫产卵期长，可达40余天；产卵量大，单雌产卵量可达300粒，卵产于雌成虫体下，卵产后短时间内即孵化。初孵若虫爬出母体分散转移到枝、叶上固着寄生，吸汁为害。第2、3代有明显世代重叠现象。通常植物的内层枝条上发生为害较多。

**472. 日本单蜕盾蚧** *Fiorinia japonica* Kuwana, 1903，又名松针蚧，属半翅目盾蚧科。

[分布与为害] 分布于东北、华北、华东、华中等地。为害罗汉松、马尾松、油松、黑松、红松、雪松、日本五针松、白皮松、华山松、桧柏、云杉、冷杉等多种松柏植物（图2-533a），受害寄主针叶枯黄易脱落，生长势衰弱，易招致小蠹虫等弱寄生性害虫侵入。发生严重时，致使幼树变为小老树，甚至死亡。

[识别特征] ①雌介壳：长1.5mm左右。黄褐色。长椭圆形，前细后粗，介壳表面被有很薄蜡质。壳点2个，黄色（图2-533b）。②雌成虫：浅橘黄色。虫体长卵形，前圆后尖，两侧较平行。③雄介壳：白色。长条形，熔蜡状，背部纵脊不明显。壳点1个，黄色，位于前端。④雄成虫：橘红色。翅透明。⑤卵：椭圆形，深黄色。⑥若虫：体黄色，触角白色。

**图2-533 日本单蜕盾蚧**

a. 为害黑松针叶状；b. 雌介壳（红褐色且体中间呈黑褐色者）和雄介壳（灰白色且端有黄褐色壳点者）

[生活习性] 华北地区1年发生2～3代，世代重叠，以受精雌成虫或若虫在针叶基部越冬。华北北部地区的越冬若虫，冬季死亡率较高。翌年4月越冬虫体活动为害，4月下旬至5月上旬越冬雌成虫产卵，卵期约20天。2代发生地区（如北京），其若虫孵化盛期分别发生在6月、8月，孵化期极不整齐，重叠严重。10月越冬。

**473. 黑褐圆盾蚧** *Chrysomphalus aonidum* (Linnaeus, 1758)，又名褐圆蚧、褐叶圆蚧、褐圆盾蚧、茶褐圆蚧、鸢紫褐圆蚧，属半翅目盾蚧科。

[分布与为害] 分布于江苏、上海、江西、福建、台湾、广东、广西、四川、重庆、云南等地及北方地区温室。为害一叶兰、苏铁、山茶花、兰花、假槟榔、仙人掌、阴香、九里香、柑橘、无花果、芒果、棕榈、桂花、黑松、罗汉松、杨梅、海南蒲桃、水蒲桃、细叶榕、夹竹桃、悬铃木、大叶黄杨、散尾葵、栗、葡萄、银杏、玫瑰、冬青、樟、柠檬、椰子、香蕉等多种植物。以若虫、雌成虫在植物的叶片上刺吸为害，受害叶片呈黄褐色斑点，严重时介壳布满叶片，叶片卷缩，整个植株发黄，长势极弱甚至枯死。

[识别特征] ①雌介壳：直径约2mm。暗紫褐色，边缘灰白色至灰褐色。圆形，中央隆起较高、略呈圆锥形。第1壳点位于介壳中央顶端，圆形，红褐色。第2壳点圆形，黄褐色。常因寄主不同介壳颜色有变化，多为黑褐色无光泽（图2-534a、b）。②雌成虫：体长约1.1mm。淡黄褐色，倒卵形（图2-534c）。③雄介壳：与雌介壳相似，较小，边缘一侧扩展略呈卵形或椭圆形。壳点位于中央，暗黄色。④雄成虫：体长约0.75mm。淡橙黄色。前翅发达透明，后翅特化为平衡棒。⑤卵：长卵形，长约0.2mm，淡橙黄色。⑥若虫：1龄卵形，长约0.25mm，淡橙黄色，足和触角发达，尾毛1对。2龄触角、足和尾毛均消失，出现黑色眼斑。

[生活习性] 福建1年发生4代，多数以2龄若虫越冬。雌若虫蜕皮2次，共3龄；卵产在雌成虫的介壳下；成虫产卵期长，可达2～8周，每头雌虫可产卵80～150粒。若虫孵化后分散活动，在找到合适场地后即固定取食为害。在没有食料且较高温度下，可存活3～17天。在福州第1～4代若虫的盛发期分别为5月上中旬、7月中旬、8月中旬至9月中旬、10月上旬至11月上中旬。雌若虫多寄生在叶背；雄若虫多寄生于叶面。华北地区在温室内常年发生，无明显越冬现象，室外不能越冬。1年发生数代，世代重叠明显。

**图2-534 黑褐圆盾蚧**

a、b. 雌介壳；c. 雌成虫玻片标本

**474. 拟褐圆盾蚧** *Chrysomphalus bifasciculatus* Ferris, 1938，又名拟褐金顶盾蚧、拟褐叶圆蚧、橙褐圆盾蚧、酱紫圆盾蚧，属半翅目盾蚧科。

[分布与为害] 分布于江苏、上海、浙江、江西、福建、台湾、广东、广西、湖北、四川、云南等地。为害柑橘、枸橘、木瓜、荔枝、海枣、椰子、棕榈、杏、李、无花果、油橄榄、月桂、桂花、月季、槭、茶、山茶、夹竹桃、象牙红、苏铁、女贞、桃叶珊瑚、香樟、广玉兰、松、栎、法国冬青、大叶黄杨、海桐、卫矛、胡颓子、常春藤、南蛇藤、香蕉、一叶兰、沿阶草、兰花、鹤望兰、八角金盘、万年青等植物。以雌成虫、若虫寄生于叶片刺吸汁液为害，受害叶片产生黄色斑点，严重时枯黄早落。

[识别特征] ①雌介壳：直径1.7～2.2mm。深黄褐色。圆形，相当扁。壳点2个，淡黄色，重叠于介壳中央或亚中心部（图2-535a）。②雌成虫：体长约0.8mm。橙黄色。虫体倒梨形，膜质。臀前腹节侧缘呈瓣状凸出，胸侧瘤粗锥状，硬化。臀叶3对发达，大小相差不大。臀栉在第3叶以内细长刷状，

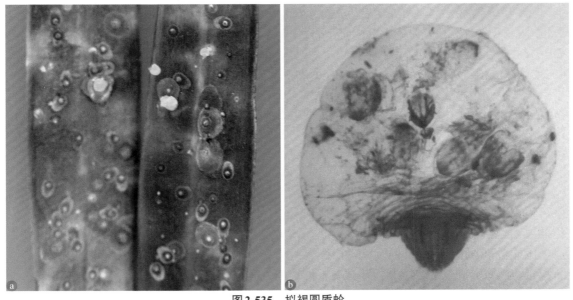

**图2-535 拟褐圆盾蚧**

a. 雌介壳及雌成虫；b. 雌成虫玻片标本

第3～4叶间双叉形，强烈分枝。围阴腺4群（图2-535b）。③雄介壳：长约1.1mm，宽约0.5mm。介壳椭圆形，质地和色泽同雌介壳。壳点1个，位于一端近中心。④雄成虫：体长约0.7mm，翅展约1.8mm。体橙黄色。眼黑色。腹末针状交尾器长约0.25mm。⑤卵：长椭圆形，长约0.2mm，鲜黄色。⑥若虫：初孵时椭圆形，长约0.25mm，体鲜黄色，眼红色，触角、足健全。⑦蛹：长约0.75mm，宽约0.36mm，橙黄色。

［生活习性］ 成都1年发生3代，以受精雌成虫在叶片上越冬。翌年4月中旬开始产卵。1～3代若虫孵化高峰期分别为5月下旬、7月中旬、8月下旬。10月上旬至10月下旬雄若虫化蛹羽化为成虫。交配后以受精雌成虫越冬。雌成虫和若虫主要寄生在叶面及叶鞘背面。

**475. 杨笠圆盾蚧** *Diaspidiotus gigas* (Thiem & Gerneck, 1934)，又名杨夸圆蚧、杨盾蚧、杨圆蚧、杨灰齿盾蚧，属半翅目盾蚧科。

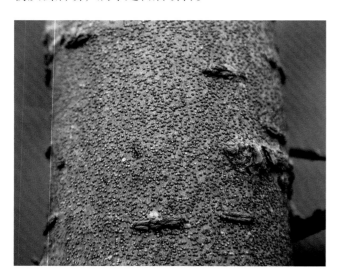

图2-536 杨笠圆盾蚧为害杨树树干状

［分布与为害］ 分布于黑龙江、吉林、辽宁、山西、宁夏、内蒙古、甘肃、青海、新疆、河北、河南、山东、江苏等地。为害箭杆杨、小叶杨、青杨、钻天杨、银白杨、中东杨、黑杨、小黑杨、旱柳等植物（图2-536）。以雌成虫、若虫寄生在主干和枝条上刺吸汁液为害，被害植株的叶片变黄，树皮开裂，树干凹凸不平，枝梢枯萎。严重时介壳重叠密布，枝干呈灰黑色，甚至整株死亡。

［识别特征］ ①雌介壳：直径约2mm。圆形或近圆形，扁平，中心略高，有明显轮纹3圈，中心淡褐色，内圈深褐色或黑灰色，外圈灰白色。壳点2个，褐色，位于中心或略偏。②雌成虫：体长约1.5mm。浅黄色。虫体倒梨形，老熟时很硬化。臀叶3对，外侧凹切各1个，中叶发达短宽，两叶微微会合而不连接，侧叶较小，第3叶尖而小，各叶间有成对硬化槌。背腺大小相似，均粗短，在臀板每侧排成4列，每侧总腺数超过50，每列为不规则双行，第4列17～19腺，位于第4腹节上。头胸与后胸间不分节。围阴腺5群。③雄介壳：长1.0～1.5mm。椭圆形，亦有轮纹。壳点1个，褐色，凸出在一端，其周围淡褐色，外圈黑褐色，介壳另一端灰白色。④雄成虫：体长约1mm。体橙黄色。腹末交尾器针状，具翅1对。⑤卵：长椭圆形，长约0.16mm，淡黄色。⑥若虫：初孵时近圆形，淡橙黄色，触角、足健全。

［生活习性］ 内蒙古、黑龙江1年发生1代，以2龄若虫在枝干上越冬。翌年5月上旬末至5月中旬雄成虫始羽化。6月上旬至9月下旬雌成虫产卵，6月中旬至7月下旬为产卵盛期。6月中旬至8月上旬为卵孵化期。初孵若虫在母壳附近固定寄生，8月蜕皮后进入2龄，以2龄若虫越冬。

**476. 黄肾圆盾蚧** *Aonidiella citrina* (Coquillett, 1891)，又名黄圆蹄盾蚧、黄圆蚧、橘黄点介壳虫，属半翅目盾蚧科。

［分布与为害］ 分布于华东、华中、华南、西南及北方温室。为害柑橘、柚、枇杷、香橼、芒果、桂花、兰花、构骨、罗汉松、象牙红、含笑、胡颓子、小叶黄杨、法国冬青、兰屿肉桂、苏铁、马褂木、白兰、龟背竹、万年青、仙客来等植物的枝叶（图2-537a）、果实，影响长势，降低观赏价值。

［识别特征］ ①雌介壳：长1.5～2.0mm。黄灰色。圆形，扁平，极薄而透明，可透视壳内虫体。壳点2个，略偏心（图2-537b、c）。②雌成虫：体长约1.1mm。黄色。肾形，头胸部很宽，侧面向后凸出，包围臀板两侧。皮肤强骨化，无胸瘤。臀叶3对发达，中叶长略过于宽，端圆，两侧明显凹缺，第2、3叶与中叶相似，稍小，第4～6叶为1硬化点，呈三角形齿。臀栉在6个臀叶间各2个，第3叶以外臀栉分支多而长。无围阴腺和阴前骨，阴前斑"∧"形，每侧1个（图2-537d）。③雄介壳：长约1.2mm。长椭圆形，色泽和质地同雌介壳。壳点1个，近前端。④雄成虫：体长约0.6mm。体棕黄色。复眼黑色。腹末交尾器针状。具翅1对。⑤若虫：初孵体长约0.2mm，长椭圆形，淡黄色，触角、足健全；2龄雌体似雌成虫，橙黄色，腹末橘黄色，较尖；2龄雄体较长，黄色。

**图 2-537 黄肾圆盾蚧**

a. 为害兰屿肉桂叶片状；b、c. 雌介壳与若虫介壳；d. 雌成虫玻片标本

[生活习性] 1年发生2～3代，多数以2龄若虫或受精雌成虫在叶片、枝条上越冬。两性卵胎生，每头雌成虫产80～150头若虫。成都4月上中旬越冬雄若虫羽化为成虫，1～3代若虫发生期分别是5月上旬至6月下旬、5月下旬至6月上旬和7月上旬至8月中旬，8月上旬为盛发期。湖南1～3代若虫发生期分别是5月上中旬、7月中下旬和10月上中旬。

**477. 红肾圆盾蚧** *Aonidiella aurantii* (Maskell, 1879)，又名红圆蚧、红肾圆盾蚧、红圆蹄盾蚧、红奥盾蚧，属半翅目盾蚧科。

[分布与为害] 分布于华东、华中、华南、西南及北方温室。为害月季、玫瑰、柑橘、山茶、香橼、榕树、君子兰、棕榈、女贞、桂花、香蕉、鹤望兰、含笑、南天竹、夹竹桃、苏铁、蒲葵、樱花、杜鹃、木兰、无花果、珊瑚树、龙舌兰、沿阶草、鹅掌柴、鸢尾、芍药、丝兰等近300种植物。以若虫、雌成虫刺吸枝干、叶片及果实的汁液，严重时叶片干枯卷缩，新梢停滞生长，甚至树势削弱，表面布满介壳，整株干枯（图2-538a）。

[识别特征] ①雌介壳：直径1.6～2.0mm。黄灰色或淡棕色。正圆形，扁，中央略隆起。半透明，质地很薄，可透视介壳下虫体。壳点2个，位于中心，橙黄色或红色（图2-538b、c）。②雌成虫：体长0.8～1.5mm。红色或红褐色。肾形，头胸部很宽，侧面向后凸出围在臀板两侧，边缘略呈波状。体强骨化，无胸瘤。臀叶3对发达，中叶大，长宽相等，端圆，两侧凹切明显而对称，臀叶渐次变小，第4叶稍显。臀栉在第4叶以上无。背腺长，中叶间1个，中叶至第3叶每叶外侧1纵列，每列依次2～4、5～12、3～8腺。无围阴腺，阴门前近基部处每侧有横向阴前骨2个，阴前骨后有呈"Q"形阴前斑1个，其着生处表皮略呈网状（图2-538d）。③雄介壳：体长1.1～1.3mm。淡灰色。介壳椭圆形，边缘较薄。壳点1个，位于中心。④卵：很小，椭圆形，浅黄色至橙黄色，产在母体腹内，孵化后才产出若虫。⑤若虫：1龄若虫体长0.6mm左右，长椭圆形，橙黄色；2龄时触角和足消失，体近圆形至杏仁形，橘黄色至橙红色。

**图2-538 红肾圆盾蚧**

a. 为害鹅掌柴叶片状；b、c. 雌介壳与若虫介壳；d. 雌成虫玻片标本

[生活习性] 1年发生2～4代，浙江2代，南昌3代，华南4代，以2龄幼虫或受精雌虫在枝叶上越冬。翌春继续为害，生殖方式为卵胎生。浙江6月上中旬开始产卵，若虫分散转移，喜于茂密背阴处的枝梢、叶片和果实上群集固着为害，8月发生第1代成虫，10月中旬发生第2代成虫，交配后雄虫死亡，雌成虫越冬。每头雌成虫能胎生60～160头若虫，经1～2天从介壳边缘爬出来，活动1～2天后即固着取食。固定后仅1～2h即分泌蜡质，形成针尖大小灰白色介壳。多在近地面叶片（雌虫多在叶背面、雄虫多在叶正面）上或枝干上群集为害。雌成虫胎生若虫时间为数周至1～2个月；其寿命与受精与否有关，若与雄虫交配受精能存活6个月。北方地区温室内1年发生2～5代，世代重叠，室外不能越冬，温室内常年为害，无明显越冬现象。

**478. 仙人掌白盾蚧** *Diaspis echinocacti* (Bouché, 1833)，又名仙人掌白背盾蚧、仙人掌蚧、仙人掌白蚧，属半翅目盾蚧科。

[分布与为害] 分布于江苏、上海、安徽、浙江、福建、台湾、广东、重庆、湖北等地及北方温室。为害仙人掌、仙人棒、仙人球、仙人鞭、蟹爪仙人掌、昙花、量天尺、令箭荷花等仙人掌类植物。以若虫、雌成虫聚集于肉质茎上刺吸汁液为害，虫口密度高时，介壳重叠成堆，茎叶呈泛白色，影响生长，并促使茎片脱落，严重时肉质茎大量腐烂（图2-539a）。

[识别特征] ①雌介壳：直径1.8～2.5mm。灰白色。体近圆形，不透明，中央稍隆起。壳点2个，偏离中心，暗褐色（图2-539b、c）。②雌成虫：体长1.2mm左右。初为淡黄白色，后为淡褐黄色。体呈阔卵形，前缘扁平。前端宽阔，后端略尖，形如瓜子仁（图2-539d）。③雄介壳：长约1mm。灰褐色。体狭长，背面有3条纵脊线，中脊线特别明显，前端隆起，后端较扁平。蜕皮位于前端，黄色。④卵：圆形，长0.3mm左右，初产时乳白色，后渐变深色。⑤若虫：初孵若虫为淡黄色至黄色，触角6节；体长0.3～0.5mm；2龄以后，若虫雌雄区别明显，雌若虫介壳近圆形，虫体淡黄色，状似雌成虫；雄若虫介壳开始增长，虫体也渐变长，淡黄色。⑥蛹：雄蛹黄色，复眼黑色，长0.8mm左右。

**图 2-539 仙人掌白盾蚧**

a. 为害仙人掌类植物状；b、c. 雌介壳；d. 雌成虫玻片标本

[生活习性] 1年发生2～3代，以雌成虫在寄主的肉质茎上越冬。温室内每年2月上旬若虫开始大量出现，多集中在肉质茎的中上部，虫口密度大时介壳边缘相互紧密重叠成堆，紧贴在肉质茎上刺吸为害。世代重叠严重。

**479. 分瓣臀凹盾蚧** *Phenacaspis kentiae* Kuwana, 1931，属半翅目盾蚧科。

[分布与为害] 分布于云南等地。为害茶花、桂花、法国冬青等植物。

[识别特征] ①雌介壳：蜡壳扇形，白色且有银色光泽。壳点在前端，淡黄色（图2-540a）。②雌成虫：体长条形，中臀叶内缘具锯齿状小凹刻。第2臀叶分成大小2片，其顶端钝圆，两侧无凹刻。第3臀叶明显分成2片。臀棘刺状（图2-540b～d）。③雄成虫：蜡壳正长条形，白色，脊纹不明显。④卵：椭圆形，长0.05～0.12mm，宽0.03～0.08mm，淡黄色，从卵壳外可以清楚透视到2个黑色眼点（图2-540e）。⑤若虫：椭圆形，淡黄色至深黄色，长0.08～0.18mm，宽0.06～0.10mm，足细长，体扁平，可爬行。

[生活习性] 云南1年发生2代，以雌成虫在寄主叶片上越冬。第1代3月上旬开始产卵孵化，3月中旬至4月中旬为1龄若虫期，4月下旬至5月下旬为2龄若虫期，6月上旬至6月下旬为雌成虫期，4月下旬

**图 2-540 分瓣臀凹盾蚧**

a. 雌介壳；b、c. 雌成虫；d. 雌成虫玻片标本；e. 雌成虫与卵

至 5 月中旬为雄蛹期，5 月上旬至 5 月下旬为雄成虫羽化期。第 2 代 7 月上旬开始产卵并孵化，7 月中旬至 8 月中旬为 1 龄若虫期，8 月下旬至 9 月下旬为 2 龄若虫期，10 月上旬至翌年 3 月上旬为雌成虫期，8 月下旬至 9 月中旬为雄蛹期，9 月上旬至 9 月下旬为雄成虫羽化期。

**480. 中棘白盾蚧** *Pseudaulacaspis centreesa* (Ferris, 1953)，又名卫矛菲盾蚧、棘胸袋盾蚧、沙针雪盾蚧，属半翅目盾蚧科。

[分布与为害] 分布于云南、四川。为害桂花、女贞、玉兰、石榴、夹竹桃、香樟、沙针、卫矛、紫金牛、冬青、海桐及山毛榉科等多种植物。雌虫寄生在叶片正反两面及枝条上，尤喜欢沿叶脉寄生；雄虫则群集于叶背刺吸汁液为害，受害叶片产生黄色斑块，严重时枯黄脱落，引起植株叶片稀疏，长势衰弱。

[识别特征] ①雌介壳：长 2.1～3.0mm。白色，有光泽。长梨形或细长形。壳点 2 个，第 1 壳点淡黄色，第 2 壳点棕黄色，重叠，凸出在前端，第 1 壳点有一半伸出在第 2 壳点外（图 2-541a、b）。②雌成虫：体长 1.2～2.8mm。黄色。体纺锤形，头胸部长度占体长一半以上，臀前腹节侧缘瓣状凸出。中臀叶很小，拱桥形，端钝，基轭连，侧叶发达，明显双分，第 3 叶双分呈低齿突。腹面自中胸至第 2 腹节两侧散布小管腺。臀板上缘腺刺单一排列。背腺分布于第 3～6 腹节，成亚中、亚缘群，在第 2 腹节以前不存在。口后至第 1 腹节中部有粗皮粒 2 排。前气门腺 7～9 个，后气门腺 1～3 个，围阴腺 5 群（图 2-541c）。③雄介壳：体长约 1.1mm。白色。长形，两侧平行，熔蜡状，背面有中脊 1 条。壳点 1 个，淡黄色，位于前端。④雄成虫：体长约 0.9mm，翅展约 1.6mm。橙黄色。眼褐色。虫体细长，腹末针状交尾器长约 0.2mm。⑤卵：椭圆形，长约 0.2mm，初产淡黄色。⑥若虫：初孵时椭圆形，体淡黄色，复眼红色。触角、足健全，腹末有 1 对尾毛。⑦雄蛹：长椭圆形，长约 0.7mm，橙黄色。

**图 2-541　中棘白盾蚧**

a、b. 雌介壳；c. 雌成虫玻片标本

[生活习性]　成都1年发生3代，昆明2代，以受精雌成虫在叶片及枝条上越冬。成都翌年4月上旬至5月上旬产卵，4月中旬为产卵盛期。1～3代若虫孵化期分别为：4月中旬至5月上旬，4月下旬为盛孵期；7月上中旬，7月上旬为盛孵期；8月下旬至10月上旬，9月中下旬为盛孵期。10月上旬第3代雄若虫开始化蛹，10月中下旬羽化为成虫，交配后以受精雌成虫越冬。昆明第1代和第2代若虫分别于4月下旬、8月中旬开始孵化。

**481. 杜鹃白盾蚧**　*Pseudaulacaspis ericacea* (Ferris, 1953)，又名杜鹃袋盾蚧、月桔盾蚧，属半翅目盾蚧科。

[分布与为害]　分布于云南。为害杜鹃、乌饭树、越橘、木犀等植物。

[识别特征]　①雌介壳：长1.5～1.8mm，宽0.9～1.4mm。白色。盾形至椭圆形，一般端部较狭窄，近尾端处最宽，有的呈不规则囊状。壳点在前端。1龄壳点在最前端，淡黄色。2龄壳点稍后，其前端常有1层薄蜡遮掩，呈灰褐色，尾端黄色（图2-542a）。②雌成虫：橄榄形或纺锤形。中臀叶相当大，鞍形，两叶基基端连接，相隔较远。内缘有明显锯齿，基部有细毛2根。第2臀叶较小，双分。缘腺刺不很发达（图2-542b）。③卵：长卵形，淡黄色至橘红色，长0.12～0.15mm，宽0.07～0.12mm，体光滑圆润。④若

**图 2-542　杜鹃白盾蚧**

a. 雌介壳；b. 雌成虫玻片标本

虫：1龄若虫淡黄色至橘黄色，椭圆形，长0.3～0.5mm，宽0.15～0.34mm，尾部凹陷。触角不很发达，6节。2龄若虫椭圆形。中臀叶已形成，第2臀叶亦可辨。缘管腺5枚，缘腺刺5根。

［生活习性］ 昆明及滇中地区1年发生2代，以雌成虫越冬。第1代4～5月产卵；第2代8～9月产卵。其生殖方式为孤雌生殖。生长发育期很不整齐，世代重叠。卵期11～16天，产卵量17～58粒，平均34粒。

**482. 菝葜黑盾蚧** *Melanaspis smilacis* (Comstock, 1883)，属半翅目盾蚧科。

［分布与为害］ 分布于云南。为害柑橘。

［识别特征］ ①雌介壳：黑色或深褐色。圆形，隆起很高，坚厚而脆。壳点位于介壳顶端，黄褐色（图2-543a）。②雌成虫：臀板小，略呈三角形。中臀叶小，端平圆。第2、3臀叶短阔，高，端部多缺刻。中臀叶内角有1短的厚皮棍，外角有1长的厚皮棍。第2臀叶内角和外角各有1小的厚皮棍，内角的1个有时消失。第2与第3臀叶间有1特别长的厚皮棍和3个小的厚皮棍，第3臀叶内角和外角各有1个小厚皮棍。第3臀叶以外有很多小厚皮棍排成一长列（图2-543b）。

 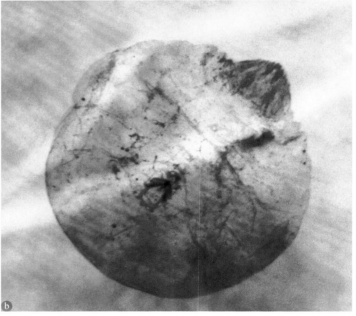

**图2-543　菝葜黑盾蚧**
a. 雌介壳；b. 雌成虫玻片标本

［生活习性］ 不详。

**483. 针型眼蛎盾蚧** *Lepidosaphes pinnaeformis* (Bouché, 1851)，又名角眼牡蛎盾蚧、角眼蛎质盾蚧、兰矩瘤蛎盾蚧、兰瘤蛎质盾蚧，属半翅目盾蚧科。

［分布与为害］ 分布于江苏、上海、浙江、四川、云南、海南、台湾等地及北方温室。为害香樟、枇杷、肉桂、天竺桂、八角、木兰、柑橘、苏铁、含笑、米兰、石斛等多种植物。

［识别特征］ ①雌介壳：长2.2～3.3mm。黄褐色、褐色至深褐色。长梨形，前狭后阔，直或弯曲，隆起或较扁平。质坚实，有明显的弯曲的生长线。壳点位于前端，第1壳点椭圆形，黄色。第2壳点梨形，橙黄色（图2-544a）。②雌成虫：体长1.0～1.5mm。淡紫色或紫灰色。虫体长纺锤形。头的两侧各有小型竖立的角状突起。臀板中等大小，骨化弱，阔，端部阔圆，微微凹入。中臀叶大，内缘向外倾斜，端圆，内侧角有2缺刻，外侧角有一缺刻，基部有1对细的厚皮棍。第2臀叶双分，外瓣较小，基部各有1对细小的厚皮棍。腺刺共7对（图2-544b）。③雄介壳：长约1mm，宽约0.25mm。较雌虫介壳小而狭，质地及颜色同雌介壳，两侧几乎平行。

［生活习性］ 云南玉溪1年发生3代，以受精雌成虫越冬。第1代于2月上旬开始孕卵，2月中旬开始产卵，下旬孵出1龄若虫。3月上旬进入2龄期，下旬进入3龄期。4月中旬发育为成虫，下旬可见明显的雄蛹。5月上旬雄虫羽化。第2代6月中旬孵出1龄若虫，下旬进入2龄期。7月上旬进入3龄期，中旬发育为雌成虫，下旬可见明显雄蛹。8月上旬雄虫羽化。第3代9月中旬孵出1龄若虫，下旬进入2龄期。10月

**图 2-544 针型眼蛎盾蚧**

a. 雌介壳；b. 雌成虫玻片标本

上旬进入3龄期，下旬发育成雌成虫。11月上旬可见明显雄蛹，中旬雄虫羽化。最后以受精雌成虫越冬。世代重叠现象严重，1年除12月和1月外几乎每个月都能看到有虫在孕卵、产卵，有卵孵化和1～3龄若虫在生长。繁殖方式为两性生殖。

**484. 紫牡蛎盾蚧** *Lepidosaphes beckii* (Newman, 1869)，又名紫疤蛎盾蚧、紫突眼蛎盾蚧，属半翅目盾蚧科。

[分布与为害] 分布于华南、西南、华中、华东及北方温室。主要为害柑橘、柠檬、佛手、梨、葡萄、无花果、可可、胡椒、巴豆、变叶木、乌桕、桂花、冬青、沙棘、玫瑰、常春藤、九里香、珊瑚树、棕榈、构树、龙柏、紫杉、月季、冬青、木兰、杨、栎、竹等植物。以成虫、若虫寄生于枝叶及果实，常诱发煤污病。

[识别特征] ①雌介壳：长2～3mm。红褐色或特殊紫色，边缘淡褐色。牡蛎形，前狭，后端相当宽，常弯曲，隆起，具很多横皱轮纹。壳点2个，位于前端，第1壳点黄色，第2壳点红色，被有分泌物。腹壳白色，完整（图2-545a）。②雌成虫：体长1.0～1.5mm。淡黄色。虫体纺锤形，臀前腹节侧突起极显，并向后弯曲。臀叶2对，中叶间略陷入板内，间距为叶宽的1/3，中叶长短于宽，端钝尖，两侧有钝锯齿，

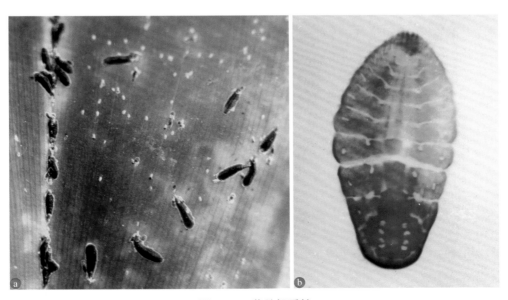

**图 2-545 紫牡蛎盾蚧**

a. 雌介壳；b. 雌成虫玻片标本

基部有微弱硬化棒，第2叶双分，发达，大小与凸出度似中叶。背腺小而丰富，在胸、腹部各节亚缘区成群，第2～5腹节具亚中列，第6腹节自肛门侧至第2叶成1列22～27腺，臀板腺刺9群，缘腺每侧4群6腺，第1、2节和腹节每侧各有亚缘疤1个。肛门小，接近臀板基部（图2-545b）。③雄介壳：长约1.5mm。形状、色泽和质地同雌介壳。壳点1个，位于前端。④雄成虫：虫体橙色，具翅1对。⑤卵：长卵形，长约0.22mm，白色。⑥若虫：孵化时椭圆形，淡黄色，触角、足等均发达。

［生活习性］ 长江以南地区1年发生2～3代，以受精雌成虫和少量2龄若虫在枝叶上越冬。世代重叠，温室内可常年发生。丛密、隐蔽、潮湿处发生重。

**485. 松牡蛎盾蚧** *Lepidosaphes pini* (Maskell, 1897)，属半翅目盾蚧科。

［分布与为害］ 分布于辽宁、陕西、宁夏、北京、河北、山东、江苏、上海、台湾等地。为害松、冷杉和罗汉松，寄生在针叶上。

［识别特征］ ①雌介壳：长1.7～3.1mm。体褐色至深褐色，边缘灰白色。牡蛎状，前端狭，后端加宽，直或弯曲。蜕皮位于前端，第1蜕皮橙黄至黄褐色，第2蜕皮黄褐色（图2-546）。②雌成虫：体长约0.9mm。黄白色。虫体纺锤形，后半扩大，体中部凸出。臀板后端平截，中叶小，与第2叶平齐，端圆，两侧各有明显凹切1个，间距为1叶之宽，第2叶发达，双分，各叶在腹面均有硬化棒。背腺在第2～5腹节各节排列成亚中、亚缘群，亚中群为4～5腺，第6腹节仅有亚中群，中胸至第1腹节具亚缘群。腹腺分布于中胸至臀前腹节缘区，远小于背腺，后胸至第2腹节腹面具腺瘤。臀板缘腺6对，腺刺9群。围阴腺8或9群。③雄介壳：长0.8～0.9mm。两侧略平行。蜕皮位于前端，淡褐色至褐色。

图2-546 松牡蛎盾蚧雌介壳

［生活习性］ 北京1年发生2代，以受精雌成虫在介壳内越冬。翌年4月上旬越冬雌虫开始产卵，5月上旬卵开始孵化，6月下旬孵化基本结束。初孵若虫在针叶上爬行1～2天后在叶基幼嫩、背光部位固定，分泌白色蜡丝覆盖虫体，形成介壳。6月中旬第1代雄虫预蛹，6月下旬羽化，7月上旬雌虫产卵，7月中旬开始孵出第2代若虫，8月上旬第2代雄虫开始化蛹，8月中旬出现成虫，雌雄交尾后雄虫死去，雌虫越冬。

**486. 广布竹链蚧** *Bambusaspis bambusae* (Boisduval, 1869)，又名竹链蚧、竹斑链蚧、竹缨镰蚧，属半翅目链蚧科。

［分布与为害］ 分布于华南、西南、华中、华东及北方温室。为害刺竹属、青篱竹属、苏麻竹属、巨竹属、箭竹属、刚竹属等竹类植物，寄生于茎秆、枝条吸收汁液（图2-547a）。

［识别特征］ ①雌介壳：长2.0～3.5mm。由于外观的颜色由蜡壳下虫体的颜色构成，在虫体发育阶段，颜色由淡黄色逐渐变为赤褐色。壳缘蜡丝橙红色。蜡壳倒卵形，背突，腹面平，薄而透明，具光泽，有时背中线后端有纵脊（图2-547b）。②雌成虫：体长1.5～3.5mm。虫体宽卵形至椭圆形，尾端变狭窄。背中和亚缘区有不成群的大"8"形孔，腹面有多格孔。体缘5格孔排成单列。气门近圆形，尾瓣腹面、体缘和尾瓣间略硬化。虫体与蜡壳紧密粘连，不易分离。③若虫：初产时椭圆形，橙红色，体长约0.3mm，触角、足健全。

图 2-547 广布竹链蚧
a. 为害竹秆状；b. 雌介壳

[生活习性] 成都1年发生2～3代，以雌成虫和若虫在干、枝上越冬。孤雌生殖，卵胎生。各代若虫发生期：第1代为4月上旬至6月中旬，第2代为6月下旬至8月中旬，第3代为8月中旬至11月底。发生不整齐，自4月上旬至11月底均能见到雌成虫产卵。初产若虫多爬到茎秆上固定寄生，少数在枝上，1周后在胸背两侧各分泌出白色蜡线2条，体背覆盖1层透明蜡质，4周后体缘开始形成很短的橙红色蜡丝，40天以后虫体明显增大，蜡壳中脊隆起。

[介壳虫类的防治措施]

（1）加强检疫 禁止有虫苗木输出或输入。

（2）农业防治 通过农业防治来改变和创造不利于蚧虫发生的环境条件。例如，实行轮作，合理施肥，清洁花圃，提高植株自然抗虫力；合理确定植株种植密度，合理疏枝，改善通风、透光条件；冬季或早春结合修剪、施肥等农事操作，挖除卵囊，剪去部分有虫枝，集中烧毁，以减少越冬虫口基数；介壳虫少量发生时，可用软刷、毛笔轻轻清除，或用布团蘸煤油抹杀。

（3）生物防治 介壳虫天敌种类丰富，例如，澳洲瓢虫可捕食吹绵蚧；大红瓢虫和红缘黑瓢虫可捕食草履蚧；黑缘红瓢虫（图 2-548a～d）可捕食朝鲜毛球蚧；红点唇瓢虫可捕食日本龟蜡蚧、桑白蚧、长

图 2-548 黑缘红瓢虫和日本方头甲
a. 黑缘红瓢虫成虫；b. 黑缘红瓢虫幼虫；c. 黑缘红瓢虫幼虫与蛹；d. 黑缘红瓢虫蛹壳；e. 日本方头甲捕食桑白盾蚧状

白蚧等多种蚧虫；异色瓢虫、草蛉等可捕食日本松干蚧；日本方头甲（图2-548e）可捕食桑白盾蚧、矢尖蚧、日本尖角盾蚧。寄生盾蚧的小蜂有蚜小蜂、跳小蜂、缨小蜂等。因此，在园林绿地中种植蜜源植物，可以保护和利用天敌。在天敌较多时，不使用药剂或尽可能不使用广谱性杀虫剂，在天敌较少时进行人工饲养繁殖，以发挥天敌的自然控制作用。

（4）化学防治　　冬季和早春植物发芽前，可喷施1次3～5°Bé石硫合剂、3%～5%柴油乳剂、10～15倍的松脂合剂或40～50倍的机油乳剂，消灭越冬代若虫和雌虫。在初孵若虫期进行喷药防治，常用药剂有22.4%螺虫乙酯悬浮剂3000倍液、22%氟啶虫胺腈悬浮剂5000～6000倍液、5%双丙环虫酯可分散液剂5000倍液、22%噻虫·高氯氟悬浮剂2000倍液。每隔7～10天喷1次，共喷2或3次，喷药时要求均匀周到。也可用10%吡虫啉乳油5～10倍液打孔注药。

## 三、叶蝉、沫蝉类

叶蝉类属半翅目叶蝉科，通称浮尘子，又名叶跳虫，种类很多。身体细长，常能跳跃，能横走，易飞行。在园林植物上常见的种类有大青叶蝉、小绿叶蝉、河北零叶蝉、白边大叶蝉、黑尾大叶蝉、葡萄二星叶蝉、宽槽胫叶蝉、凹缘菱纹叶蝉、苦楝斑叶蝉、黑颜单实叶蝉等。

沫蝉类属半翅目沫蝉科，又名为吹泡虫，其若虫常分泌一种泡沫状物，用来保护自己不至于干燥及免受天敌侵害。园林植物上常见的种类有赤斑禾沫蝉、东方丽沫蝉、松铲头沫蝉、竹尖胸沫蝉等。

**487. 大青叶蝉**　　*Cicadella viridis* (Linnaeus, 1758)，又名青叶跳蝉、青叶蝉、大绿叶蝉、大绿浮尘子，属半翅目叶蝉科。

［分布与为害］　分布于全国各地。为害木芙蓉、杜鹃、梅、李、苹果、柿、樱花、海棠类、梧桐、扁柏、桧柏、沙枣、杨、柳、榆、刺槐、白蜡、核桃、泡桐等植物。以成虫和若虫刺吸植物汁液，受害叶片呈现小白斑，枝条枯死，影响生长发育，且可传播病毒病。

［识别特征］　①成虫：体长7.2～10.0mm。青绿色。触角窝上方、两单眼之间有1对黑斑。复眼绿色。前翅绿色带有青蓝色泽，端部透明。后翅烟黑色，半透明。足橙黄色。复眼三角形（图2-549）。②卵：长约1.6mm，白色微黄，中间微弯曲。③若虫：共5龄，体黄绿色，具翅芽。

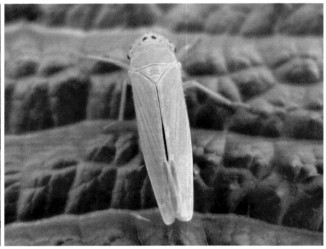

图2-549　大青叶蝉成虫

［生活习性］　1年发生3～5代，以卵在枝条皮层内越冬。翌年4月上中旬孵化。若虫孵化后常喜欢群集为害，若遇惊扰便斜行或横行，或由叶面逃至叶背，或立即跳跃而逃。5月下旬第1代成虫羽化，第2代成虫发生在7～8月，9～11月第3代成虫出现。10月中旬开始在枝条上产卵。产卵时以产卵器刺破枝条表皮呈半月形伤口，将卵产于其中，排列整齐。成虫喜在潮湿背风处栖息，有很强的趋光性。

**488. 小绿叶蝉**　　*Hebata vitis* (Göthe, 1875)，又名小绿浮尘子、叶跳虫、响虫，属半翅目叶蝉科。

［分布与为害］　分布于全国各地。为害桃、梅、李、杏、苹果、樱桃、葡萄、茶、木芙蓉、樱花、紫

叶李、柑橘、柳、杨、桑、泡桐、月季、草坪草等植物。以成虫和若虫栖息于叶背，刺吸汁液为害，初期使叶片正面呈现白色小斑点，严重时全叶苍白，早期脱落（图2-550a、b）。

[识别特征] ①成虫：体长3～4mm。绿色或黄绿色。复眼灰褐色。中胸小盾片具白色斑。雌成虫腹面草绿色，雄成虫腹面黄绿色。前翅绿色，半透明。后翅无色透明。头略呈三角形，无单眼。中胸小盾片中央有1横凹纹（图2-550c）。②卵：长约0.8mm，新月形。初产时乳白色半透明，孵化前淡绿色。③若虫：与成虫相似，黄绿色，具翅芽（图2-550d）。

图2-550 小绿叶蝉
a. 为害桃叶状；b. 为害榆叶状；c. 成虫、若虫与蜕下的皮；d. 若虫

[生活习性] 世代数因地而异：江苏、浙江1年发生9～11代，广东12～13代，海南17代。以成虫在杂草丛中或树皮缝内越冬。在杭州，越冬成虫于3月中旬开始活动，3月下旬至4月上旬为产卵盛期，卵产于叶背主脉内，初孵若虫在叶背为害，3龄长出翅芽后，善爬善跳，喜横走。全年有2次为害高峰：5月下旬至6月中旬、10月中旬至11月中旬。有世代重叠现象。成虫白天活动，无趋光性。

**489. 河北零叶蝉** *Limassolla hebeiensis* Cai & Liang, 1992，又名柿斑叶蝉、柿血斑叶蝉、血斑浮尘子、血斑小叶蝉、柿小浮尘子，属半翅目叶蝉科。

[分布与为害] 分布于北京、河北、山东、江苏、安徽、浙江、四川等地。为害柿树，以若虫和成虫聚集在叶片背面刺吸汁液，叶片出现失绿斑点，严重时叶片苍白，并导致落叶（图2-551a）。

[识别特征] ①成虫：体长3.5～3.6mm。体白色具橙黄色斑。头部中线两侧各具1斑。前胸背板橙黄色，前端具5个白斑（或两侧的2个呈线状），后缘白色。小盾片具3个白斑，端部白色。前翅黄白色，具橙黄色斑纹（图2-551b、c）。②卵：白色，略弯曲。③若虫：共5龄，4～5龄有翅芽，5龄体扁平，体上有白色长刺毛，淡黄色至黄色（图2-551d）。

[生活习性] 1年发生3代以上，以卵在当年生枝条的皮层内越冬。翌年4月柿树展叶时孵化，若虫期约1个月。5月上中旬出现成虫，不久交尾产卵。卵散产在叶背面中脉附近。卵期约半个月，6月上中旬孵化。此后每30～40天发生1代，世代交替，常造成严重危害。初孵若虫先集中于叶片的主脉两侧，吸食汁液，不活跃。随着龄期增长食量增大，逐渐分散为害。

**图2-551 河北零叶蝉**

a. 为害柿叶状；b、c. 成虫；d. 若虫

**图2-552 白边大叶蝉成虫**

**490. 白边大叶蝉** *Kolla atramentaria* (Motschulsky, 1859)，属半翅目叶蝉科。

[分布与为害] 分布于黑龙江、吉林、辽宁、甘肃、北京、河北、山东、江苏、浙江、福建、台湾、广东、四川等地。为害栎、槲、蔷薇、紫藤、桑、葡萄、柑橘、草坪草等植物。

[识别特征] 成虫：体长（达翅端）约6mm。头浓黄色，头冠区具4个大黑斑，顶端中央1个最大。复眼黑色。前胸背板、小盾片、前翅、后翅蓝黑色至黑色，有时前胸背板和小盾片前半深黄色。前翅翅端色浅，前缘区淡黄白色（图2-552）。

[生活习性] 成虫具趋光性。

**491. 黑尾大叶蝉** *Bothrogonia ferruginea* (Fabricius, 1787)，属半翅目叶蝉科。

[分布与为害] 分布于辽宁、陕西、北京、河北、天津、山东、河南、江苏、安徽、浙江、江西、福建、广东、广西、湖南、湖北、四川、贵州、云南等地。为害柑橘、葡萄、桃、梨、枇杷、苹果、樱花、油茶、茶花、柳、桑、泡桐、枫杨、六月雪、月季、黄馨、菊花、一串红、八仙花等植物。以成虫、若虫刺吸植物汁液。

[识别特征] ①成虫：体长4.5～6.0mm。头至翅端长13～15mm。头部有1明显的圆形黑斑；头顶的另1黑斑向颜面部位呈长方形延伸。前、后唇基相交处有1横跨的黑色斑。复眼、单眼均黑色。前胸背板有呈三角形的圆形黑点3个；前翅橙黄色稍带褐色，翅基肩角各有黑斑1块；翅端为黑色。后翅黑色。胸部、腹部腹面均为黑色，有时侧缘及腹节间呈淡黄色。雄成虫前翅端部黑色，当翅覆于体背时黑色部分在

尾端（图2-553）。②卵：长茄形，长1.0～1.2mm。
③若虫：末龄若虫体长3.5～4.0mm，若虫共4龄。

［生活习性］ 江苏、浙江1年发生5～6代，以
3～4龄若虫及少量成虫在田边、塘边、河边的杂草
上越冬。成虫把卵产在叶鞘边缘内侧组织中，每雌
产卵100～300粒。若虫喜栖息在植株下部或叶背取
食，有群集性，3～4龄若虫尤其活跃。越冬若虫多
在4月羽化为成虫，少雨年份易大发生。主要天敌
有褐腰赤眼蜂、捕食性蜘蛛等。

**492.葡萄二星叶蝉** *Arboridia apicalis* (Nawa,
1913)，又名葡萄小叶蝉、葡萄斑叶蝉、葡萄二点叶
蝉、葡萄二点浮尘子，属半翅目叶蝉科。

［分布与为害］ 分布于全国各地。为害地锦、
葡萄、桑、桃、梨、山楂、芍药等植物。以成虫、

图2-553 黑尾大叶蝉成虫

若虫聚集在叶背吸食汁液为害，受害叶片正面产生灰白色斑点，虫口密度大时可使整个叶面变灰白色
（图2-554a、b）。叶色苍白，失去光合能力，引起早期落叶。

［识别特征］ ①成虫：体长2.0～2.5mm，连同前翅3～4mm。淡黄白色。复眼黑色。头顶有2个
黑色圆斑。前胸背板前缘，有3个圆形小黑点。小盾板两侧各有1三角形黑斑。翅上或有淡褐色斑纹
（图2-554c）。②卵：黄白色，长椭圆形，稍弯曲，长约0.2mm。③若虫：初孵化时白色，后变黄白色或红
褐色，体长约0.2mm。

图2-554 葡萄二星叶蝉
a. 为害五叶地锦叶片状；b. 为害葡萄叶片状；c. 成虫及蜕的皮

［生活习性］ 1年发生2～3代，以成虫在寄主附近的杂草丛、落叶下、土缝、石缝等处越冬。翌年3
月随寄主植物展叶而开始为害，喜在叶背面活动，产卵在叶背叶脉两侧表皮下或茸毛中。第1代若虫发生
期在5月下旬至6月上旬，第1代成虫在6月上中旬。以后世代重叠，第2、3代若虫期大体在7月上旬至8
月初、8月下旬至9月中旬。9月下旬出现第3代越冬成虫。喜荫蔽，受惊扰则蹦飞。

**493. 宽槽胫叶蝉** *Drabescus ogumae* Matsumura, 1912, 属半翅目叶蝉科。

[分布与为害] 分布于辽宁、山西、河北、内蒙古、宁夏、山东、广东等地。为害桑、杨、柳、榆、柘树、国槐、南蛇藤等植物。

[识别特征] ①成虫：体黄褐色至暗褐色。头部额唇基及前唇基均黑色。颜面颊区褐色。前胸背板黄褐色，两侧前半部黑褐色。小盾板黄褐色。前翅无深色纵带（图2-555）。②卵：长椭圆形，一端稍尖，白至淡黑色。③若虫：老熟时体黑褐色，头、胸粗大，腹小，第2～7节背有突起3或4对，尾端毛2根。

[生活习性] 北京1年发生1代，以卵越冬。翌年6月卵孵化，7～8月成虫羽化、产卵并越冬。产卵于枯枝中，每间隔一定距离产1粒，连续成排。若虫在新梢和嫩叶上刺吸汁液，蜕皮5次。成虫多发生于不通风的寄主植物上。

图2-555 宽槽胫叶蝉成虫

**494. 凹缘菱纹叶蝉** *Hishimonus sellatus* (Uhler, 1896), 又名菱纹叶蝉、绿头菱纹叶蝉，属半翅目叶蝉科。

[分布与为害] 分布于华东、华中、华南、西南等地。为害枣类、月季、桑、芝麻等植物，以成虫、若虫刺吸汁液，同时还可传播枣疯病等病害。

[识别特征] ①成虫：体长3.9～4.6mm。头部浅黄绿色，有光泽。复眼褐色。前胸背板黄绿色。小盾片二基侧角锈黄色，两角间有1条弯曲横线，外角污白色。前翅污白透明，散生淡褐色小点和短横线，翅脉淡褐色。两翅合拢时中间形成1个锈褐色菱形大斑，斑的中间由前向后由小渐大排列3个桃形污白色小斑。翅端色深，有4个白色透明小斑点，斑点周缘环绕黑边。翅端外缘有近似三角形斑，斑内色浅。后翅污白透明，脉纹暗褐色（图2-556）。②卵：长0.7～0.8mm，横径0.22～0.26mm，呈香蕉形，初产时乳白色，两天后黄白色，有光泽，4天后呈光亮透明淡黄色，一端钝圆显出红色眼点。③若虫：共5龄，体长3.9～4.3mm，头冠黄绿色，疏生褐色小斑点，具淡黄纵线1条。复眼暗绿色，单眼黄色，颜面亦有稀疏小褐斑，胸背面浓褐色，被黄点，翅芽黄褐色，伸达第2腹节，腹部淡黄色。

[生活习性] 1年发生3代，以成虫在枣园附近的松树、柏树上越冬，间或以散产在枣树嫩皮下的卵越冬。成虫由8月下旬开始从枣树上迁移至松树、柏树上越冬。9月中旬为迁移盛期，10月中旬达最高峰。越冬成虫于4月中旬至5月上旬，即枣芽萌发时，开始由松树、柏树上陆续迁回枣树上取食并产卵，产卵盛期在5月中旬至6月中旬，5月中旬孵化若虫（越冬卵4月下旬孵化），1～3代成虫依次为5月末、7月上旬及8月中旬开始羽化。

图2-556 凹缘菱纹叶蝉成虫与若虫

**495. 苦楝斑叶蝉** *Elbelus melianus* Kuoh, 1992, 又名苦楝叶蝉，属半翅目叶蝉科。

[分布与为害] 分布于山东、江苏、上海、安徽、浙江、江西、海南、湖南、湖北、四川、贵州等地。为害苦楝，严重时叶面产生大量黄色斑点（图2-557a）。

[识别特征] ①成虫：体长4～5mm。体黄白色。头、胸部具黑色圆点。头冠淡黄色，在两侧区的中央各有1个很大的黑色圆点。前胸背板前缘淡黄色。小盾片黄白色，在基部中央有1个很大的黑色圆点。胸部、腹部腹面及足黄白色，中胸腹面有黄褐色斑块。前翅淡黄白色，近透明，翅脉和翅面同色。前足胫节及足跗节为淡黄褐色。头部略向前弧圆凸出（图2-557b）。②卵：乳白色，柔软，略透明，长卵圆形。③若虫：共5龄，各龄若虫均为淡黄色，体扁平，中间宽，两端窄，触角几乎跟身体等长，复眼黑色。老熟若虫体长3.5～3.8mm，头宽0.8～1.0mm，触角刚毛状，长3.8～4.8mm，头部前缘中央略向

后凹陷，并着生1排刚毛。翅芽长约1.6mm，腹部两侧各着生1排刚毛，腹部倒数第2～5节边缘略透明（图2-557c～e）。

**图 2-557 苦楝斑叶蝉**
a. 为害苦楝叶片状；b. 成虫；c～e. 若虫

[生活习性] 江西1年发生1代，以卵在寄主植物二年生的枝条皮层内部越冬，少数卵在一年生的枝条基部皮层内越冬。成虫一般在早上和上午羽化，有群集性。白天多在叶背栖息或吸食汁液，晚上静伏叶背。成虫趋光性较强。雌虫产卵有群集性，卵多产于寄主枝干皮层内。若虫具有负趋光性，在白天孵化以后会向上爬行，以寻找栖息地和取食地点，后转移至叶片背面吸食植物汁液，致使叶片丧失营养，由苍白色变为红褐色，直至枯死、脱落。

**496. 黑颜单突叶蝉** *Olidiana brevis* (Walker, 1851)，又名黑颜梯顶叶蝉，属半翅目叶蝉科。

[分布与为害] 分布于浙江、福建、广东、香港、海南、广西、湖南、湖北、四川、贵州、云南等地。以成虫、若虫为害柑橘、橙、樟、白蜡、葡萄、甘蔗等植物。

[识别特征] 成虫：雄虫体连前翅长7.3～7.5mm、雌虫8.0～8.3mm。头冠部橙黄色；单眼红褐色；复眼黑褐色；颜面黑色。前胸背板、中胸小盾片黑褐色，具黑色斑，唯中胸小盾片黄色斑稀少，尖端橙黄色至橙红色；前翅光滑，半透明，黑褐色，基部1/5处有1条橙黄色至橙红色宽横带纹。雌虫除基部横带外，在爪片末端另有1条横带纹，此横带纹近前缘最宽，近后缘窄而不甚明显，一些个体前翅仅具1条橙黄色横带；胸部、腹部腹面黑色，唯腹部后缘有灰褐色狭边（图2-558）。

**图 2-558 黑颜单突叶蝉成虫**

图2-559　赤斑禾沫蝉成虫

［生活习性］　1年发生数代，以成虫越冬。6～7月可见成虫。

**497．赤斑禾沫蝉**　*Callitettix versicolor* (Fabricius, 1794)，又名赤斑沫蝉、稻赤斑黑沫蝉、雷火虫，属半翅目沫蝉科。

［分布与为害］　分布于陕西、河南、浙江、福建、广东、广西、云南、四川、贵州等地。为害油茶及禾本科植物。

［识别特征］　①成虫：体长11.0～13.5mm。黑色，有光泽。复眼黑褐色。单眼黄红色。前翅黑色，近基部具大白斑2个，雌虫近端部具2个一大一小的红斑，雄虫具肾状大红斑1个。体狭长，头冠稍凸，颜面凸出，密被黑色细毛，中脊明显。触角基部2节粗短。小盾片三角形，顶具1大的梭形凹陷。前翅合拢时两侧近平行（图2-559）。②卵：长椭圆形，乳白色。③若虫：共5龄，形状似成虫，初乳白色，后变浅黑色，体表四周具泡沫状液。

［生活习性］　河南、四川、江西、贵州、云南等地1年发生1代，以卵在杂草根际或裂缝的3～10cm处越冬。翌年5月中旬至下旬孵化为若虫，在土中吸食草根汁液，2龄后渐向上移，若虫常从肛门处排出体液，放出或排出空气吹成泡沫，遮住身体进行自我保护，羽化前爬至土表。6月中旬羽化为成虫，7月危害重，8月以后成虫数量减少，11月下旬终见。

**498．东方丽沫蝉**　*Cosmoscarta abdominalis* (Donovan, 1798)，异名 *Cercopis heros* Fabricius, 1803，属半翅目沫蝉科。

［分布与为害］　分布于浙江、广东、广西、云南等南方大部分地区。为害多种花灌木。

［识别特征］　①成虫：体长14～17mm。紫黑色至黑色，具光泽。喙橘黄色或红色，小盾片黄色至橘黄色。前胸背板紫黑色至黑色。腹节橘黄色至橘红色，侧板及腹板中央有时黑色。前翅加厚，黑色，翅基及3/5处各具1条黄色至橘黄色的横带。触角短，刚毛状。前胸背板隆起，被短毛。后足胫节外侧及端部具黑色粗刺（图2-560）。②若虫：末龄若虫体长约12mm，倒卵形，乳白色半透明。复眼深红褐色。

［生活习性］　1年发生1代，以卵在寄主枝条表皮组织中越冬。翌年5月卵开始孵化，初孵若虫喜群集于叶背或嫩茎上吸食汁液。部分汁液由肛门排出，混合腹节分泌的黏液形成泡沫。泡沫通过腹部的蠕动覆盖整个身体。随着龄期的增加，若虫逐渐分散到较粗的枝条上，泡沫量也显著增多，取食、蜕皮、羽化均在泡沫内进行。成虫、若虫均善于跳跃，遇到危险即跳跃躲避。6～7月为若虫发生高峰期，8～9月为成虫发生高峰期。

图2-560　东方丽沫蝉成虫

**499．松铲头沫蝉**　*Clovia conifera* Walker, 1851，又名锥形禾草铲头沫蝉，属半翅目沫蝉科。

［分布与为害］　分布于甘肃、青海、福建、台湾、广东、广西、贵州、云南、西藏等地。为害栀子、核桃、龙眼、木麻黄、桑、朴树（图2-561a）及禾本科植物，成虫、若虫均吸食汁液。

［识别特征］　成虫：体长6～8mm。体褐色。头部背面及前胸背板具4～6条黑褐色的条状斑纹。小盾片有褐色圆斑。前翅侧缘具1条斜向的白色宽带，其端部具白斑。头部呈锥形。腹端尖狭，外观如铲（图2-561b）。

［生活习性］　成虫善于跳跃。若虫通常隐藏在自己分泌的唾液状泡沫巢内。

**图 2-561　松铲头沫蝉**

a. 为害朴树叶片状；b. 成虫

**500. 竹尖胸沫蝉**　*Aphrophora horizontalis* Kato, 1933，又名竹泡沫虫，属半翅目沫蝉科。

[分布与为害]　分布于江苏、安徽、浙江、江西、福建、台湾、湖南等地。为害毛竹、刚竹、淡竹、旱竹、甜竹、红壳竹、五月季竹、角竹、小径杂竹等竹类植物，若虫潜于白色泡沫团中生活、为害，泡沫团日益增大，类似唾液（图2-562a）。被害竹株轻者枯黄萎蔫，重者叶落枝枯。

[识别特征]　①成虫：体长7.5～9.8mm，头宽3.8～4.0mm。初羽化体淡黄色，渐变为黄褐色，有刻点。复眼烟黑色，有黄斑；单眼两枚，鲜红色；单眼、复眼间隐约可见黑斑1个，前胸背板两边有黑斑4个，有的个体缺，颊中有黑点1个，前胸后缘中央有较大黑斑1块。前翅为黄白色，翅基、翅尖烟黑色，或翅基部1/4前缘黑色，翅尖2/3黑色，后缘色浅，前缘有1月牙形白斑，两者间有黄白色横带。后足胫节有刺2根，末端内侧有刺两列，第1～2跗节末端有刺1列，均为漆黑色。②卵：长圆柱形，长径约1.5mm，短径约0.4mm，一端略尖。乳白色。孵化前卵略增粗，上端破裂，露出1棱形黑疤，卵体灰色略显红，复眼深灰黑色。③若虫：若虫5龄。1龄体长1.3～1.8mm，头宽约0.6mm。初孵若虫体淡肉红色，半小时后头、胸部黑色，腹部淡肉红色。头凸出，前端圆球形；触角9节，黑色，第3～9节呈棱形；复眼凸出，黑色。足黑色，后足胫节末端内侧有刺1排。腹部膨大，以2～5节最甚，末节截状，尾部凸出微上翘。2龄体长2.0～2.8mm，头宽约0.8mm。体淡肉红色，复眼、触角、中胸、后胸背面黑色，足淡灰色，余同1龄。3龄体长3.5～4.2mm，头宽约1.1mm。触角灰黑色，鞭状，复眼、中胸、后胸红褐色；前、后翅芽初显，前中足胫节末端刺初显，余同2龄。4龄体长4.5～6.5mm，头宽约1.5mm。复眼红褐色，凸出部色深，四周色淡；触角丝状。前胸背板与中、后胸背板等长；中、后胸黑色，背面色淡；翅芽达第1腹节末。5龄体长6.7～8.2mm，头宽约2.9mm。体淡黄色，复眼、触角黑色，前中胸、前翅芽正中黑色，胸、腹部两侧黑色（图2-562b）。

**图 2-562　竹尖胸沫蝉**

a. 为害竹枝条状；b. 若虫及分泌的泡沫团

［生活习性］　浙江1年发生1代，以卵于枯死嫩枝中越冬。翌年4月中旬卵孵化，若虫期4月中旬到6月中旬，成虫期6月上旬到11月中旬。若虫隐蔽于泡沫团中为害。成虫羽化后迁移到竹梢补充营养，9月中旬迁回到竹下部及小径竹上交尾、产卵。

［叶蝉、沫蝉类的防治措施］

图2-563　蜘蛛捕食赤斑禾沫蝉成虫状

（1）农业防治　加强庭园绿地的管理，清除树木、花卉附近的杂草，结合修剪，剪除有产卵伤疤的枝条。

（2）物理防治　设置频振灯，诱杀成虫。

（3）生物防治　保护利用各类天敌（图2-563）及有益微生物防治害虫。

（4）化学防治　在成虫、若虫为害期，喷施50%吡蚜酮可湿性粉剂2500～5000倍液、10%氟啶虫酰胺水分散粒剂2000倍液、22%氟啶虫胺腈悬浮剂5000～6000倍液、5%双丙环虫酯可分散液剂5000倍液、22.4%螺虫乙酯悬浮剂3000倍液等防治。

## 四、蝽类

蝽类属半翅目，体小至中型，体略扁平，刺吸式口器。前胸背板发达，中胸有发达的小盾片。前翅基部革质端部膜质，称为半鞘翅。很多种类胸部腹面常有臭腺，可散发恶臭。以刺吸式口器为害植物的叶、花、果实等，但不同种类为害状不同。在园林植物上常见的有蝽科的麻皮蝽、茶翅蝽、斑须蝽、珀蝽、绿岱蝽、弯角蝽、硕蝽、小皱蝽、赤条蝽、紫蓝曼蝽、浩蝽、菜蝽、横纹菜蝽、广二星蝽、荔枝蝽、蓝蝽，盲蝽科的三点盲蝽、绿盲蝽、赤须盲蝽、甘薯跃盲蝽、樟颈曼盲蝽，长蝽科的红脊长蝽、角红长蝽，异蝽科的红足壮异蝽，同蝽科的直同蝽、副锥同蝽，缘蝽科的稻棘缘蝽、中稻缘蝽、点蜂缘蝽、广腹同缘蝽、纹须同绿蝽、瘤缘蝽、钝肩普缘蝽、西部喙缘蝽、哈奇缘蝽、拉缘蝽，盾蝽科的金绿宽盾蝽、角盾蝽，龟蝽科的双痣圆龟蝽，红蝽科的地红蝽，跷蝽科的娇驼跷蝽，网蝽科的梨冠网蝽、杜鹃冠网蝽、樟脊网蝽、娇膜肩网蝽、悬铃木方翅网蝽、女贞高颈网蝽等。

**501. 麻皮蝽**　*Erthesina fullo* (Thunberg, 1783)，又名黄斑蝽、麻蝽象、麻皮蝽象、麻纹蝽、臭大姐、臭斑虫、臭虫，属半翅目蝽科。

［分布与为害］　分布于东北、华北、华东、华南、西北等地。为害樱花、碧桃、海棠类、梨、苹果、柑橘、龙眼、石榴、板栗、山楂、杏、梅、枣、杨、柳、榆等植物。以成虫、若虫在枝梢、叶及果实表面刺吸汁液，叶与梢被害后症状不明显，果实受害后被害处木栓化，变硬，发育停止而下陷，果肉变褐成一硬核，受害处果肉微苦，严重时形成畸形果。

［识别特征］　①成虫：体长18～23mm，宽8～11mm。背面灰黑色，腹面灰黄色，具黄斑点。复眼黑色。单眼红色。喙淡黄色，末节黑色。触角黑色，第5节基部黄色。头背、胸背和小盾片中央有1条黄线相连。前胸背板、小盾片黑色，其上散生许多黄白色小斑点。腹部两侧各有4个黑斑。前翅膜质部棕黑色，稍长于腹部。足腿节内侧及胫节基部1/3处黄色。体扁平。喙细长针状，达腹部第3节（图2-564a、b）。②卵：圆筒状，横径1.8mm左右。初产时鲜绿色，有光泽，2天后失去光泽。卵盖底边有1黑线，线上有2对对称小红点。常每12粒排在叶片背面（图2-564c、d）。③若虫：无翅，前胸背板两侧有刺突，胸腹部有许多红色、黄色、黑色相间的横纹。2龄体灰黑色，腹部背面有红黄色斑6个（图2-564e、f）。

［生活习性］　长江以北1年发生1代，长江以南1年发生2～3代，均以成虫在房檐、墙缝、树洞、草丛中越冬。翌年5月越冬成虫开始活动，交尾产卵，6月上旬为产卵盛期。卵多块状产于叶背，每块12～14粒聚生。7月出现若虫，初孵若虫整齐排列，静伏卵壳周围，之后分散为害。成虫具假死性，有臭腺，受惊吓时可排出特殊臭气，中午常栖息于树干上或叶背面，有弱趋光性，越冬成虫稍有群集性。

**图2-564 麻皮蝽**
a、b. 成虫；c. 卵（初产时）；d. 卵（近孵化时）；e. 若虫（初孵时）；f. 若虫（高龄）

**502. 茶翅蝽** *Halyomorpha halys* (Stål, 1885)，又名臭蝽象、臭板虫、臭妮子，属半翅目蝽科。

[分布与为害] 分布于东北、华北、华东、西北等地。为害杜仲、梨、苹果、桃、李、杏、樱桃、山楂、石榴、柿、梅、柑橘、榆、桑等多种植物。以成虫、若虫刺吸枝叶、果实，受害果表面凹凸不平，生长畸形。

[识别特征] ①成虫：体长15mm左右，宽约8mm。体扁平，茶褐色。复眼球形，黑色。前胸背板、小盾片和前翅革质部有黑色刻点。前胸背板前缘横列4个黄褐色小点。小盾片基部横列5个小黄点，两侧斑点明显。腹部两侧各节间均有1个黑斑（图2-565a、b）。②卵：短圆筒状，直径0.7mm左右，周缘环生短小刺毛，初产时乳白色、近孵化时变黑褐色。③若虫：分5龄，初孵若虫近圆形，体为白色，后变为黑褐色，腹部淡橙黄色，各腹节两侧节间有1长方形黑斑，共8对，老熟若虫与成虫相似，无翅（图2-565c、d）。

[生活习性] 1年发生1代，以成虫在空房、屋角、檐下、树洞、土缝、石缝及草堆等处越冬。华北地区一般5月上旬陆续出蛰活动，6月上旬至8月产卵。多产于叶背，块产。每块20～30粒，卵期10～15天。6月中下旬为卵孵化盛期，8月中旬为成虫盛期。9月下旬成虫陆续越冬。成虫和若虫受到惊扰或触动时即分泌臭液并逃逸。

**503. 斑须蝽** *Dolycoris baccarum* (Linnaeus, 1758)，又名细毛蝽、斑角蝽、黄褐蝽、臭大姐，属半翅目蝽科。

[分布与为害] 分布于全国各地。为害泡桐、梨树、桃树、樱花、海棠类、苹果、石榴、山楂、梅花、杨梅等植物。以成虫和若虫刺吸嫩叶、嫩茎汁液。茎叶被害后出现黄褐色斑点，严重时叶片卷曲，嫩茎凋萎，影响生长。

[识别特征] ①成虫：体长8.0～13.5mm，宽约6mm。体黄褐色或紫褐色。触角黑色，各节端部和基部淡黄色，以致黑黄相间。小盾片黄白色。胸腹部的腹面淡褐色，散布零星小黑点。前翅革片红褐色，膜片黄褐色，透明，超过腹部末端。足黄褐色，腿节和胫节密布黑色刻点。体椭圆形，体背有细毛，密布刻点。触角5节。小盾片近三角形，末端钝而光滑（图2-566a、b）。②卵：圆筒形，初产浅黄色，后灰黄色，卵壳有网纹，生白色短绒毛。卵排列整齐，成块。③若虫：形态、色泽与成虫相同，略圆，腹部每节背面中央和两侧都有黑色斑（图2-566c）。

**图 2-565 茶翅蝽**

a、b. 成虫；c. 初孵若虫；d. 高龄若虫

**图 2-566 斑须蝽**

a、b. 成虫；c. 高龄若虫

［生活习性］　1年发生1~3代，以成虫在植物根际、枯枝落叶下、树皮裂缝中或屋檐底下等隐蔽处越冬。在黄淮流域第1代发生于4月中旬至7月中旬，第2代发生于6月下旬至9月中旬，第3代发生于7月中旬至翌年6月上旬。后期世代重叠明显。成虫多将卵产在植物上部叶片正面，呈多行整齐排列。初孵若虫群集为害，2龄后扩散为害。成虫及若虫有恶臭，均喜群集于植株幼嫩部分吸食汁液，自春季至秋季持续为害。

**504. 珀蝽**　*Plautia crossota* (Dallas, 1851)，又名朱绿蝽、克罗蝽，属半翅目蝽科。

［分布与为害］　分布于北京、河北、河南、山东、江苏、安徽、浙江、江西、福建、广东、广西、海南、湖南、湖北、四川、贵州、云南、西藏等地。为害核桃、柑橘、泡桐、马尾松、枫杨、盐肤木、梨、桃、柿、李等植物，以成虫、若虫刺吸植物汁液，造成长势降低。

［识别特征］　①成虫：体长8.0~11.5mm，宽5.0~6.5mm。头鲜绿色。复眼棕黑色，单眼棕红色。触角第2节绿色，第3~5节绿黄色，末端黑色。前胸背板鲜绿色，侧角及后侧缘红褐色。小盾片鲜绿色，末端色淡。腹部侧缘后角黑色，腹面淡绿色。胸部及腹部腹面中央淡黄色。前翅革片暗红色，刻点粗黑，并常组成不规则的斑点。足鲜绿色。体长卵圆形，具光泽，密被黑色或与体同色的细刻点。前胸背板两侧角圆而稍凸出。中胸片上有小脊（图2-567a）。②卵：长径0.94~0.98mm，圆筒形，灰黄色至暗灰黄色（图2-567b）。③若虫：体较小，和成虫相似（图2-567c）。

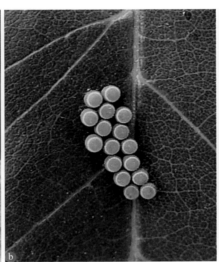

**图2-567　珀蝽**
a. 成虫；b. 卵；c. 高龄若虫

［生活习性］　江西南昌1年发生3代，以成虫在枯草丛中、林木茂盛处越冬。翌年4月上中旬开始活动，4月下旬至6月上旬产卵，5月上旬至6月中旬陆续死亡。第1代在5月上旬至6月中旬孵化。6月中旬开始羽化，7月上旬开始产卵。第2代在7月上旬始孵，8月上旬末始羽，8月下旬至10月中旬产卵。第3代在9月初至10月下旬初孵化，10月上旬开始羽化。10月下旬开始陆续蛰伏越冬。

**505. 绿岱蝽**　*Dalpada smaragdina* (Walker, 1868)，又名绿背蝽，属半翅目蝽科。

［分布与为害］　分布于陕西、甘肃、江苏、安徽、浙江、江西、福建、广东、广西、湖南、湖北、四川、贵州、云南等地。以成虫、若虫刺吸油桐、女贞、马尾松、楸、构、梧桐、泡桐、茶、桑、黄荆、山茶、柑橘、芒果等植物的汁液。

［识别特征］　①成虫：体长14.5~18.0mm，宽7~9mm。体鲜绿色，有金属光泽。体侧缘从头端至腹膜有1条金绿色宽纵带。头侧叶黑色。复眼棕黑色，单眼红色。触角棕黑色至棕黄色，第4、5节基半色淡。前胸背板前缘具黄白色狭边，有微齿和绒毛，侧角油黑色，尖端具小红点。前胸两侧各有1金绿色小点。小盾片末端边缘黄白色，基部有5个横列的小白点。腹下及足黄色。中足基节附近的内外侧各有1黑色小点，有时外侧的1个为金绿色。头长方形，侧叶边缘波浪状，各侧具2齿，前齿小，后齿钝圆，中叶与侧叶等长。前胸背板侧角结节状，上翘，基部有短沟2条（图2-568）。②卵：直径约1.8mm，近圆球形，初产时淡黄绿色，之后颜色逐渐变深。卵壳光滑，假卵盖周缘具1隆脊，脊上有1列小颗粒状精孔突。

图2-568　绿岱蝽成虫

③若虫：1龄若虫体长3mm左右，淡绿色。头基部有1 "W" 形黑纹，中叶端部两侧各有1黑色纵纹，触角第1节黑色，第2、3节淡黑色，第4节淡绿色。复眼棕红色，喙黑褐色。胸部侧缘粗齿状，两侧背面有黑色纵纹及短横纹。各足色更淡，胫节末端黑色，跗节末端黄褐色。腹部背面有规则的黑色斑块，臭腺孔明显。

[生活习性]　甘肃陇南1年发生1代，以成虫越冬。翌年5月下旬开始活动，6月中旬开始交尾产卵，7月上中旬死亡。若虫6月下旬开始孵化，8月上旬羽化，9月下旬至10月上旬开始蛰伏越冬。成虫交尾后3～11天开始产卵。卵多产于叶片背面，聚集成块，每块14～18枚。卵期5～6天，1龄若虫期4～5天。

**506. 弯角蝽**　*Lelia decempunctata* Motschulsky, 1860，属半翅目蝽科。

[分布与为害]　分布于东北、华北、华东等地。为害葡萄、糖槭、核桃楸、醋栗、榆、杨、刺槐等植物。以成虫、若虫刺吸植物汁液，造成长势降低。

[识别特征]　①成虫：体长16～22mm。体黄褐色，密布小黑刻点。前胸背板中区有等距排成1横列的黑点4个。小盾片基中部及中区各有黑点2个，基角上各有下陷黑点1个。共有10个点。体椭圆形。前胸背板侧角大而尖，外突稍向上，侧角后缘有小突起1个，前侧缘稍内凹，有小锯齿（图2-569a）。②卵：圆筒形，似罐头，淡黄色、橘黄色至深暗色。③若虫：老龄时密布黑刻点，形、色似成虫（图2-569b）。

图2-569　弯角蝽

a. 成虫；b. 高龄若虫

[生活习性]　华北地区1年发生1代，以成虫在石块下、土缝、落叶枯草中越冬。产卵成块，卵块六边形，6或7行，每块70～90粒卵不等。

**507. 硕蝽**　*Eurostus validus* Dallas, 1851，属半翅目蝽科。

[分布与为害]　分布于陕西、内蒙古、河北、山东、河南、安徽、浙江、江西、福建、广东、广西、湖南、湖北、四川、贵州、云南等地。为害麻栎、白栎、板栗、苦槠、梨、梧桐、油桐、乌桕等植物。以若虫和成虫刺吸新萌发的嫩芽，造成顶梢枯死，严重影响开花结果。

[识别特征]　成虫：体长25～34mm，宽11.5～17.0mm。酱褐色，具金属光泽。触角基部3节黑色。头和前胸背板前半、小盾片两侧及侧接缘大部均近绿色，侧接缘各节基部淡褐色。腹下近绿色或紫铜色。足同体色。椭圆形，大型。小盾片上有较强的皱纹。第1腹节背面近前缘处有1对发音器，梨形，由硬骨片与相连接的膜组成，通过鼓膜振动能发出"叽叽"的声音，用来驱敌和寻偶（图2-570）。

图2-570 硕蝽成虫

[生活习性] 各地1年均发生1代，以4龄若虫在寄主植物附近的杂草丛蛰伏越冬，翌年5月活动。若虫期蜕皮4次，共5龄。

**508. 小皱蝽** *Cyclopelta parva* Distant, 1900，又名刺槐蝽象、臭板蝽、小九香虫，属半翅目蝽科。

[分布与为害] 分布于山东、江苏、浙江、福建、广东、湖南、湖北、四川、云南等地。为害刺槐、香花槐、紫穗槐、胡枝子、野葛等植物。以成虫、若虫群集于枝干吸食树液，受害后叶片变黄早落，严重时可导致整枝枯死（图2-571）。

图2-571 小皱蝽群集为害刺槐状

[识别特征] ①成虫：体长14mm左右。黑褐色。小盾片前缘中央及末端各有三角形黄斑1个。腹部红褐色。腹背两侧缘各有6个对称的小黄点。体扁平，椭圆形。前胸背板前侧缘平滑，背板后半部和小盾片上具若干横皱（图2-572a、b）。②卵：近似短圆柱形，两端稍倾斜，上有卵盖；初为米黄色，孵化前粉红色或黑褐色（图2-572c~e）。③若虫：1龄若虫体长1.7~2.0mm，头宽0.5~0.8mm。初孵时淡红色，将近蜕皮时头和胸部变为红褐色。触角节间及复眼为暗红色。腹部呈浅红色。老熟若虫体长12~14mm，头宽1.7~2.0mm。前胸背板有2个半圆形的相对称的褐色花纹，小盾片三角形，边缘色深（图2-572f、g）。

[生活习性] 1年发生1代，以成虫在杂草中及石板下越冬。翌年3月中旬出蛰活动，4月下旬刺槐开花时陆续上树，多群集在一至三年生萌芽条上、幼树基部和枝杈处的幼嫩部位取食为害。6月上旬开始产

卵，6月下旬至7月上旬达产卵盛期，卵期15天左右。若虫历期55天左右，蜕皮5次变为成虫。8月下旬出现成虫，9月下旬至11月上旬陆续下树越冬。成虫产卵于枝条上，纵向排列成行绕枝半圈或环包枝条，常数串并列。若虫孵化后不久即与成虫一起群集，常数十头至数百头成虫、若虫拥挤在一起吸食为害。受害树叶片变黄早落，受害部位呈紫红色，轻者可恢复，重者肿胀、破裂、腐烂，枝条枯死。其常见的天敌微生物为白僵菌（图2-572h）等。

图2-572 小皱蝽
a. 成虫；b. 成虫与高龄若虫；c、d. 卵；e. 卵壳；f. 高龄若虫；g. 若虫初蜕皮状；h. 被白僵菌寄生状

**509．赤条蝽** *Graphosoma lineatum* (Linnaeus, 1758)，属半翅目蝽科。

[分布与为害] 分布于东北、华北、西北、华东、华南、西南等地。为害栎、榆、黄檗等植物。以成虫、若虫栖息在寄主植物的叶片、花蕾及嫩荚上吸取汁液，植株生长衰弱。

[识别特征] ①成虫：体长10～12mm，宽约7mm。全体红褐色，其上有黑色条纹，纵贯全长。头部有2条黑纹。触角棕黑色，基部2节红黄色，喙黑色。前胸背板上有6条黑色纵纹，两侧的2条黑纹靠近边缘。小盾片上有4条黑纹，黑纹向后方略变细，两侧的2条位于小盾片边缘。体侧缘每节具黑橙相间斑纹。体腹面黄褐色或橙红色，其上散生许多大黑斑。足黑色，其上有黄褐色斑纹。体长椭圆形，体表粗糙，有密集刻点。触角5节。喙基部隆起。前胸背板较宽大，两侧中间向外突，略似菱形，后缘平直。小盾片宽大，呈盾状，前缘平直（图2-573）。②卵：长约1mm，筒形，初期乳白色，后变浅黄褐色，卵壳上被白色绒毛。③若虫：末龄若虫体长8～10mm，体红褐色，其上有纵条纹，外形似成虫，无翅、仅有翅芽，翅芽达腹部第3节，侧缘黑色，各节有橙红色斑。

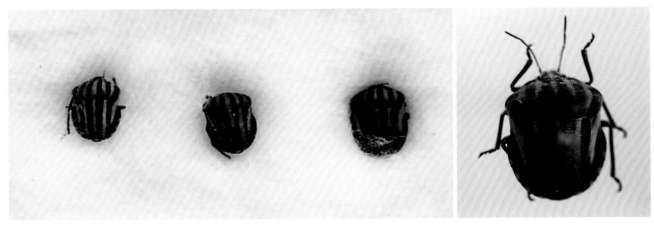

图2-573 赤条蝽成虫

[生活习性] 1年发生1代，以成虫在田间枯枝落叶中、杂草丛中、石块下、土缝里越冬。在江西，4月中下旬越冬成虫开始活动，5月上旬至7月下旬成虫交配并产卵，6月上旬至8月中旬越冬成虫陆续死亡。若虫于5月中旬至8月上旬出现，6月下旬成虫开始羽化，在寄主上为害，8月下旬至10月中旬陆续进入越冬状态。 成虫白天活动，多产卵于叶片上，卵成块，一般排列2行，每块卵约10粒。初孵若虫群集在卵壳附近，2龄以后分散。若虫共5龄。

**510．紫蓝曼蝽** *Menida violacea* Motschulsky, 1861，属半翅目蝽科。

[分布与为害] 分布于辽宁、陕西、山西、内蒙古、河北、山东、江苏、浙江、江西、福建、广东、湖南、湖北、四川、贵州、云南等地。以成虫、若虫为害榆、梨、杜梨等植物。

[识别特征] ①成虫：体长8～10mm，宽4.0～5.5mm。紫蓝色，有金绿闪光，密布黑色刻点。头中叶基部的后面，有2条纵走细白纹，头腹面侧叶边缘黄白色，喙及触角黑色，但两者第1节均为黄色。前胸背板前缘及前侧缘黄白，后区有黄白色宽带。小盾片末端黄白色，其上散生黑色小点。腹部背面黑色，侧接缘有半圆形黄白色斑，节缝两侧金绿紫蓝色。腹部腹面基部中央有1黄色锐刺，伸至中足基节前。腹面黄褐色。体椭圆形。前翅膜片稍过腹末（图2-574）。②卵：高约1mm，直径约0.7mm，筒形，上下端稍小，苹果绿色，具光泽，假卵盖略隆起，周缘具末端略膨大的细丝。③若虫：5龄体长6.5～7.0mm，宽4～5mm，密被黑色刻点。头、前胸背板、翅芽及小盾片金绿色有闪光，复眼、触角及喙黑色。前胸背板侧缘锯齿状，具黄白色至深黄色窄边，中胸背侧缘基端具黄白色短边，翅芽伸达第3腹节。胸部腹面除各足间及足基节为深黄色外，其余均黑色。腹部深黄色至紫红色，腹背两侧刻点更密集，中

图2-574 紫蓝曼蝽成虫

区及侧缘长形斑蓝绿色，上具同色刻点，基部有2条由刻点连成的细横线。腹部腹面中区斑块及侧缘长形斑，黑色，无刻点。

[生活习性] 贵州毕节5月中下旬火棘开花盛期，可发现大量成虫。成虫能多次交尾。卵块产，每块10～20粒。多产在叶背，个别成虫会刺吸卵粒的汁液。1龄若虫群集在卵壳上，2龄始渐分散。

**511. 浩蝽** *Okeanos quelpartensis* Distant, 1911，属半翅目蝽科。

图2-575 浩蝽成虫

[分布与为害] 分布于吉林、陕西、宁夏、甘肃、北京、河北、江西、湖南、四川、云南等地。可见于榛、栎、大叶白蜡、艾蒿等植物上。

[识别特征] 成虫：体长12.0～16.5mm，宽7～9mm。体深紫褐色或酱褐色，具光泽和刻点。头基部有暗金绿色斑纹。触角淡黄褐色，第4节端及第5节深黄褐色。前胸背板基缘、小盾片侧区、前翅革片外域呈暗金绿色。前胸背板前部、小盾片端部及侧接缘淡黄褐色，几无刻点。前翅革片前缘具淡黄白色窄边，膜片淡烟褐色，末端稍伸出腹末，侧接缘淡黄褐色。足及腹部腹面淡黄褐色。生殖节鲜红色。体长椭圆形。头侧叶与中叶等长。前胸背板前角小刺状，略向前斜指，侧角明显伸出体外，末端呈斜平截（图2-575）。

[生活习性] 北京7～8月可见成虫，具趋光性。

**512. 菜蝽** *Eurydema dominulus* Scopoli, 1763，属半翅目蝽科。

[分布与为害] 国内除少数地区（如新疆）外，均有分布。以成虫、若虫刺吸十字花科植物汁液，尤喜刺吸嫩芽、嫩茎、嫩叶、花蕾、幼果。其唾液对植物组织有破坏作用，影响生长，被刺处留下黄白色至微黑色斑点。幼苗子叶期受害则萎蔫甚至枯死。

[识别特征] ①成虫：体长6～9mm，椭圆形。体橙红色或橙黄色，有黑色斑纹。头部黑色，侧缘橙色或橙红色，上卷。前胸背板上有6个大黑斑，略成2排，前排2个，后排4个。小盾片基部有1个三角形大黑斑，近端部两侧各有1个较小黑斑，小盾片橙红色部分呈"Y"形，交会处缢缩。腹部腹面黄白色，具4纵列黑斑。翅革片具橙黄或橙红色曲纹，在翅外缘形成2黑斑。膜片黑色，具白边。足黄黑相间（图2-576）。②卵：鼓形，初为白色，后变灰白色，孵化前灰黑色。③若虫：无翅，外形与成虫相似，虫体与翅芽均有黑色与橙红色斑纹。

图2-576 菜蝽成虫

[生活习性] 华北地区1年发生2代，以成虫在地下、土缝、落叶、枯草中越冬。翌年3月下旬开始活动，4月下旬开始交配产卵。早期产的卵在6月中下旬发育为第1代成虫，7月下旬前后出现第2代成虫，

大部分为越冬个体。5～9月是成虫、若虫的主要为害时期。成虫多于夜间在叶背产卵，单层成块。若虫共5龄，高龄若虫适应性较强。

**513. 横纹菜蝽**　*Eurydema gebleri* Kolenati, 1846，又名乌鲁木齐菜蝽、盖氏菜蝽，属半翅目蝽科。

［分布与为害］　分布于东北、西北、华北、华东、西南等地。为害刺槐、苹果、十字花科花卉等植物。

［识别特征］　①成虫：体长6～9mm，椭圆形。体黄色、红色，具黑斑，密布刻点。头蓝黑色，边缘红黄色。复眼前方有红黄色斑1块。前胸背板红黄色，有大黑斑4个，前2个三角形，后2个横长，中央有隆起的黄色"十"字纹1个。小盾片蓝黑色，上有黄色"Y"形纹，末端两侧各有黑斑1个。胸、腹的腹面有黑斑纵列4条。前翅末端有红黄色横长斑1个（图2-577a）。②卵：筒形，白色、灰白色至粉红色，表面密被细颗粒，两端各具黑带纹1圈。③若虫：初孵时体橘红色，老龄时黑色，胸背橘红色斑3个，腹面两侧各有外红内黄的纵纹1条，腹面有红、黄纵列斑块4排（图2-577b）。

**图2-577　横纹菜蝽**
a. 成虫与若虫；b. 若虫

［生活习性］　北京1年发生1代，以成虫在石块下、土洞中越冬。翌年4月在叶背产卵成双行，卵期约10天，1～3龄若虫有假死性。

**514. 广二星蝽**　*Eysarcoris ventralis* (Westwood, 1837)，又名黑腹蝽、小二星蝽，属半翅目蝽科。

［分布与为害］　分布于北京、河北、山东、陕西、山西、河南、浙江、江西、福建、湖北、湖南、广东、广西、贵州、云南等地。主要为害禾本科、锦葵科、豆科植物，以成虫、若虫在嫩茎、穗部及较老的叶片上吸汁，被害处呈现黄褐色小点，严重时嫩茎枯萎，叶片变黄，穗部形成瘪粒、空粒，或落花，少数植株可致枯死。

［识别特征］　①成虫：体长4.8～6.3mm。头多黑色，复眼基部前方有1小白点。小盾片基角处各有1小黄白点，端部常具3个纵向的小黑斑。前胸背板侧角不伸出体外（图2-578）。②卵：长、宽各0.7mm左右，近圆形，初产时淡黄色，中期黄褐色，近孵转为红褐色；卵壳网状，密被黑褐色刚毛。

［生活习性］　北方地区6月可见于灯下。

**图2-578　广二星蝽成虫**

**515. 荔枝蝽**　*Tessaratoma papillosa* (Drury, 1770)，又名荔枝椿象、荔椿、臭屁虫，属半翅目蝽科。

［分布与为害］　分布于福建、台湾、广东、广西、云南等地。为害荔枝、龙眼、柑橘、黄皮、番石榴、桉树、枇杷等植物。以成虫、若虫刺吸嫩枝、花穗、幼果的汁液，导致落花落果，其分泌的臭液触及花蕊、嫩叶及幼果等可致接触部位枯死。

［识别特征］ ①成虫：雌虫体长24～27mm，雄虫22.5～24.5mm。体似盾形，黄褐色。头小，复眼、单眼各1对，复眼肾形，紫红色或咖啡色。触角丝状，4节。喙坚短，4节。前翅膜质，紫色而有光泽。前胸向前下方倾斜，臭腺孔开口于后胸侧板近前方处。腹部背面红色，腹面被白色蜡粉状物。雌虫腹部第7节腹面中央有1纵缝而分成2片（图2-579a）。②卵：近圆球形，直径2.5～2.7mm，初产淡绿色，少数淡黄色，近孵化时紫红色，常14粒相聚成块（图2-579b）。③若虫：分为5龄。长椭圆形，体色自红至深蓝色，腹部中央及外缘深蓝色，臭腺开口于腹部背面。2～5龄体呈长方形。2龄若虫体长约8mm，橙红色；头部、触角、腹部背面外缘为深蓝色；腹部背面有深蓝纹2条，自末节中央分别向外斜向前方。后胸背板外缘伸长达体侧。3龄若虫体长10～12mm，色泽略同2龄，后胸外缘为中胸及腹部第4节外缘所包围。4龄若虫体长14～16mm，色泽同前，中胸背板两侧翅芽明显，其长度伸达后胸后缘。5龄若虫体长18～20mm，色泽略浅，中胸背面两侧翅芽伸达第3腹节中间。第1腹节甚退化。将羽化时全体被白色蜡粉。

图2-579 荔枝蝽
a. 成虫交尾状；b. 卵

［生活习性］ 1年发生1代，以成虫在树上浓郁的叶丛或老叶背面越冬。翌年3～4月恢复活动，产卵于叶背。5～6月若虫盛发为害。若虫共5龄，历时约2个月，有假死习性，多在7月羽化为成虫，天寒后进入越冬期。如遇惊扰，常射出臭液自卫，沾及嫩梢、幼果的部位会变焦褐色。

图2-580 蓝蝽成虫

**516. 蓝蝽** *Zicrona caerulea* (Linnaeus, 1758)，又名纯蓝蝽、琉璃椿象，属半翅目蝽科。

［分布与为害］ 全国除西藏、青海不详外，其他地区均有分布。为害柳、榆、桦、桃、桑、马尾松等植物。该虫为兼食性昆虫，可取食鳞翅目幼虫及杨蓝叶甲、沙枣跳甲等叶甲类幼虫。

［识别特征］ 成虫：体长6～9mm，宽4～5mm。体椭圆形，蓝色、蓝黑色或紫黑色，有光泽，密布同色刻点。触角和喙蓝黑色。前翅膜片棕色。足与体同色。头略呈梯形，中叶与侧叶等长。触角5节。喙4节，末端伸达中足基节后缘。前胸背板侧角圆，微外突。小盾片三角形，端部圆。腹部侧接缘几不外露。雌虫腹板较粗糙，雄虫则较光滑。前翅膜片长于腹末（图2-580）。

［生活习性］ 江西南昌1年大致发生3～5代，以成虫在田边、沟边杂草和土隙等处越冬。次春3月下旬至4月上旬外出，5月上旬开始产卵，5～9月田间各态均有，世代重叠。在广东中部地区亦以成虫越冬。

**517. 三点盲蝽** *Adelphocoris fasciaticollis* Reuter, 1903，又名三点苜蓿盲蝽，属半翅目盲蝽科。

［分布与为害］ 分布于东北、华北、西北等地，新疆和长江流域发生较少。主要为害草坪草，成虫、若虫在寄主叶片及幼嫩部位刺吸汁液，使植株长势减弱。

［识别特征］ ①成虫：体长7mm左右。黄褐色。前胸背板紫色，后缘具1黑横纹，前缘具黑斑2个。小盾片及2个楔片具3个明显的黄绿色三角形斑。触角与体等长（图2-581）。②卵：长约1.2mm，茄形，浅黄色。③若虫：黄绿色，密被黑色细毛，触角第2～4节基部淡青色，有赭红色斑点。翅芽末端黑色达腹部第4节。

**图2-581 三点盲蝽成虫**

［生活习性］ 1年发生3代，以卵在刺槐、杨、柳等树干上有疤痕的树皮内越冬。越冬卵4月下旬开始孵化，初孵若虫借风力迁入邻近草坪内为害，5月下旬羽化为成虫，第2代若虫6月下旬出现，7月上旬第2代若虫羽化，7月上旬孵出第3代若虫。第3代成虫8月上旬羽化，8月下旬起在寄主上产卵越冬。

**518. 绿盲蝽** *Apolygus lucorum* (Meyer-Dür, 1843)，又名花叶虫、小臭虫、破叶疯、青色盲蝽、棉青盲蝽、棉盲蝽、天狗蝇、盲椿象、番花虫，属半翅目盲蝽科。

［分布与为害］ 分布于全国各地。以成虫、若虫刺吸一串红、菊花、木槿、月季、扶桑、紫薇、丁香（图2-582a）、白蜡（图2-582b）、石榴、海棠类、葡萄（图2-582c）、苹果、梨、杏、李、梅等植物的叶片、幼芽等部位，影响植物长势。

［识别特征］ ①成虫：体长约5mm，宽约2.2mm。体绿色，密被短毛。头部黄绿色。复眼黑色。触角向端部颜色渐深，1节黄绿色，4节黑褐色。前胸背板深绿色，布许多小黑点。小盾片黄绿色。前翅膜片半透明暗灰色，余绿色。足黄绿色，后足腿节末端具褐色环斑。跗节末端黑色。头部三角形。复眼凸出，无单眼。触角4节，丝状，较短，约为体长2/3，第2节长等于第3、4节之和。前胸背板前缘宽。小盾片三角形微突，中央具1浅纵纹。雌虫后足腿节较雄虫短，不超腹部末端。跗节3节。②卵：长约1mm，黄绿色，长口袋形，卵盖奶黄色，中央凹陷，两端突起，边缘无附属物。③若虫：5龄，与成虫相似。初孵时绿色，复眼桃红色。2龄黄褐色，3龄出现翅芽，4龄超过第1腹节，2、3、4龄触角端和足端黑褐色，5龄后全体鲜绿色，密被黑细毛；触角淡黄色，端部色渐深（图2-582d）。

［生活习性］ 1年发生4～5代，以卵在木槿等植物组织内越冬。越冬卵于翌年4月上中旬孵化，5月初开始为害。卵产于小枝梗、叶柄、叶片主脉等处。卵期4～5天。若虫共5龄，若虫期20多天。6～7月雨水多、湿度大、枝叶茂密，该虫的危害十分严重。干旱年份发生较少。若虫与成虫有趋嫩性，都比较隐蔽，爬行迅速，十分活跃。

**图2-582 绿盲蝽**

a. 为害丁香嫩梢状；b. 为害白蜡嫩梢状；c. 为害葡萄叶片状；d. 若虫

**519. 赤须盲蝽** *Trigonotylus coelestialium* (Kirkaldy, 1902)，属半翅目盲蝽科。

**图2-583 赤须盲蝽成虫**

［分布与为害］ 分布于黑龙江、吉林、辽宁、陕西、山西、青海、甘肃、宁夏、新疆、内蒙古、河北、河南、山东、江苏、江西、湖北、四川、云南等地。主要以成虫、若虫刺吸为害禾本科草坪草。

［识别特征］ 成虫：雌虫体长5.5～6.0mm，雄虫体长5.0～5.5mm。全身绿色或黄绿色。复眼黑色。触角红色。头部略呈三角形，顶端向前凸出，头顶中央有1纵沟，前伸不达顶端。复眼半球形，紧接前胸背板前角。触角细长，分4节，等于或略短于体长，第1节短而粗，上有短的黄色细毛，第2、3节细长，第4节最短（图2-583）。

［生活习性］ 河北1年发生3代，以卵在禾草茎、叶上越冬。3月下旬当年的多年生禾草返青以后，越冬卵开始孵化，5月初为孵化盛期。第1代成虫于5月中旬开始羽化，下旬达羽化盛期。5月中下旬成虫开始交配产卵。雌虫在叶鞘上端产卵成排，第1代卵从6月上旬开始孵化。

**520. 甘薯跃盲蝽** *Ectmetopterus micantulus* (Horváth, 1905)，属半翅目盲蝽科。

[分布与为害] 分布于陕西、河北、河南、山东、江苏、安徽、浙江、江西、福建、台湾、广东、广西、四川、云南等地。为害观赏甘薯、草坪禾草、白三叶等植物。以成虫、若虫吸食老叶汁液，被害处呈现灰绿色小点。

[识别特征] ①成虫：体长约2.1mm，宽约1.1mm。体黑色，具褐色短毛。头黑色。喙黄褐色，基部红色，末端黑色。触角黄褐色，第3节端半和第4节褐色。腹部黑褐色，具褐色毛。足黄褐色至黑褐色。后足胫节黄褐色，近基褐色。体椭圆形。头光滑，闪光。眼突与前胸相接。颊高，等于或稍大于眼宽。喙伸达后足基节。触角细长，第1节膨大，第2节长与革片前缘近相等。前胸背板短宽，前缘和侧缘直，后缘后突成弧形。小盾片为等边三角形。后足腿节特别粗，内弯（图2-584）。②卵：香蕉形，初产浅绿色，后变桃红色。③若虫：初孵化桃红色，后变灰褐色，上具紫色斑点；后足腿节紫褐色，深浅不一。

[生活习性] 河北1年发生多代，以卵在寄主组织里越冬。卵多斜向产在叶脉两侧，部分外露，卵盖上常具粪便，世代重叠。翌年5月中旬孵化，其各代发生时间分别为：1代5月下旬至7月下旬、2代6月下旬至8月下旬、3代7月下旬至9月下旬、4代8月中旬至10月下旬、5代5月中旬至12月上旬。

图2-584 甘薯跃盲蝽成虫

**521. 樟颈曼盲蝽** *Mansoniella cinnamomi* (Zheng et Liu, 1992)，属半翅目盲蝽科。

[分布与为害] 分布于陕西、江苏、上海、安徽、浙江、江西、湖南、湖北等地。为害香樟，主要以成虫、若虫在叶背刺吸汁液，被害叶片两面形成褐色斑，少部分叶背有黑色点状分泌物，造成大量落叶，严重时整个枝条光秃。

[识别特征] ①成虫：长椭圆形，有明显光泽。雌、雄非常相似，雄虫略小。头黄褐色，头顶中部有1隐约的浅红色横带，前端中央有1黑色大斑。复眼发达，黑色。颈黑褐色。喙淡黄褐色，末端黑褐色，被淡色毛。触角珊瑚色（图2-585）。②卵：乳白色，光亮，半透明，长茄状，略弯。③若虫：半透明，光亮，浅绿色，长形。

[生活习性] 1年发生6～7代，以卵在叶柄、叶主脉及嫩梢皮层内越冬。越冬卵于3月下旬开始孵化，至5月中下旬孵化结束。为害高峰期为7月下旬至9月下旬。成虫喜在叶背栖息，当叶背受强光直射时，会迅速躲至叶片另一面。受惊时成虫垂直下坠，然后飞去。卵大多产于叶柄背面，叶脉及其他位置极少产卵。成虫产卵的方向一致，卵往

图2-585 樟颈曼盲蝽成虫

叶尖的方向斜插入皮层内。初孵若虫对强光敏感，多躲在叶背取食，单片叶上可发现1～6头若虫同时取食，当叶片变黄出现大量黑斑时，若虫转移到其他健康叶片上取食。若虫为害对寄主存在选择性，叶片厚、长势旺盛的植株受害轻，反之，则受害重。若虫主要集中在香樟树冠的中上层为害，下层受害相对较轻。

**522. 红脊长蝽** *Tropidothorax elegans* (Distant, 1883)，又名黑斑红长蝽，属半翅目长蝽科。

[分布与为害] 分布于北京、河北、天津、河南、山东、江苏、安徽、浙江、江西、广东、广西、台湾、四川、云南等地。为害一串红、翠菊、牵牛、垂柳、黄檀、刺槐、花椒、鼠李、刺槐、花椒、萝藦、牛皮消等植物。常以成虫、若虫群集于嫩茎、嫩梢、嫩叶等部位刺吸汁液，受害处呈褐色斑点，严重时植株枯萎。

［识别特征］ ①成虫：体长8～11mm。体赤黄色。头、触角、小盾片和足黑色。前胸背板纵脊两侧各有1个近方形的大黑斑。前翅爪片除基部和端部赤黄色外基本为黑色，革片和缘片的中域有1黑斑，膜质部黑色，基部近小盾片末端处有1枚白斑，其前缘和外缘白色。体长椭圆形。前胸背板后缘中部稍向前凹入。小盾片三角形（图2-586a、b）。②卵：长约0.9mm，长卵形；初产乳黄色，渐变赭黄色；卵壳上有许多细纵纹。③若虫：共5龄。1龄若虫体长约1mm，被有白色或褐色长绒毛，头、胸和触角紫褐色，足黄褐色，前胸背板中央有1橘红色纵纹；腹部红色，腹背有1深红斑，腹末黑色；2龄若虫体长约2mm，被有黑褐色刚毛，体黑褐色，但中胸背板纵脊、后胸、腹侧缘及第1、2腹节橘红色，腹部腹面橘红色，中央有1大黑斑；3龄若虫体长3.7～3.8mm，触角紫黑色，节间淡红色；前翅芽达第1腹节中央；4龄若虫体长约5mm，前翅芽达第2腹节前缘；5龄若虫体长6.1～8.5mm，前胸背板后部中央有1突起，其两侧为漆黑色，翅芽漆黑，达第4腹节中部，腹部最后5节的腹板呈黄黑相间的横纹（图2-586c、d）。

**图2-586 红脊长蝽**
a、b. 成虫；c、d. 若虫

［生活习性］ 江西南昌1年发生2代，以成虫在石块下、土穴中或树洞里成团越冬。翌春4月中旬开始活动，5月上旬交尾。第1代若虫于5月底至6月中旬孵出，7～8月羽化产卵。第2代若虫于8月上旬至9月中旬孵出，9月中旬至11月中旬羽化，11月上中旬进入越冬。成虫怕强光，以上午10时前和下午5时后取食较盛。卵成堆产于土缝里、石块下或根际附近土表，一般每堆30余粒，最多达300粒。

**523. 角红长蝽**　*Lygaeus hanseni* Jakovlev, 1883，属半翅目长蝽科。

［分布与为害］　分布于黑龙江、吉林、辽宁、宁夏、甘肃、内蒙古、北京、河北、天津等地。为害板栗、酸枣、柳、榆、洋白蜡、落叶松、油松、白云杉、枸杞、月季、菊花等植物。

［识别特征］　成虫：体长8～9mm。前胸背板黑色，仅中线及两侧的端半部红色。前翅膜片黑褐色，基部具不规则的白色横纹，中央有1个圆形白斑，边缘灰白色（图2-587）。

［生活习性］　北京5～10月可见成虫，有时可见于灯下。

图2-587　角红长蝽成虫

**524. 红足壮异蝽**　*Urochela quadrinotata* Reuter, 1881，属半翅目异蝽科。

［分布与为害］　分布于黑龙江、吉林、辽宁、陕西、山西、甘肃、北京、河北、天津等地。为害榆、榛等植物，成虫有时会群集取食，影响寄主生长。

图2-588　红足壮异蝽成虫

［识别特征］　①成虫：体中型，长椭圆形，体背扁平，略带红褐色。雌虫体长15～16mm，雄虫体长11～13mm。头、胸及腹面土黄色。身体背面除头部外均有黑色刻点。触角长，黑色，5节，第1节粗，稍向外侧弯曲，第3节最短，第4、5节基部有一半呈污黄色，头及触角基后方中央有横皱纹。前胸背板有2枚黑色斜行线斑，侧缘中部向内凹陷成波状。侧接缘上有长方形黑色和土黄色相间斑，中胸及后胸腹板黑褐色。小盾片细长，基半部略隆起，其上刻点深而大，基角呈1黑色椭圆形刻痕。翅革质部很发达，上面各有2个黑色斑，膜质部为淡褐色、半透明。足暗红褐色，基节黄色。腹部红褐色，气门黑色（图2-588）。②卵：长椭圆形，长0.8mm左右。一般每20～30粒形成卵块，外包1层乳白色半透明胶状物。③若虫：共5龄。初孵若虫浅黄色，体长约1mm；2龄若虫深黄色，体长3～4mm，前胸背板黑褐色，中间有黄色纵带，腹背可见黑褐色臭腺孔3对；3龄若虫黄褐色，体长4～5mm，微见翅芽；4龄若虫浅红褐色，体长8～10mm，体背翅芽伸长到腹部第3节之后，前胸背板、小盾片、翅芽上有少数褐色斑纹，腹部各节节间线红褐色；5龄若虫体长12～14mm，前胸背板、小盾片及翅芽变得更发达。

［生活习性］　太原1年发生1代，成虫为主要越冬虫态。越冬时一般均离开寄主植物，大批飞到附近向阳背风处土缝、石块及枯枝落叶层下潜伏，部分个体也迁飞到房屋墙角、房檐的缝隙内越冬。每年4月中旬成虫开始活动，榆、梨叶芽萌动时开始为害，吸食新芽汁液。5月中旬到6月初为交尾季节，约10天开始产卵。6月上中旬最早产下的卵即孵化为若虫，此后若虫陆续孵化出来，7月上旬成虫开始出现。10月上旬气温下降后，成虫陆续寻找越冬场所开始越冬。

**525. 直同蝽**　*Elasmostethus interstinctus* (Linnaeus, 1758)，属半翅目同蝽科。

［分布与为害］　分布于黑龙江、吉林、辽宁、陕西、山西、内蒙古、甘肃、新疆、北京、河北、山东、广东、湖北、云南等地。为害梨、榆、油松、白桦等植物。

［识别特征］　成虫：体长9.3～11.8mm。背面黄绿色。前胸背板后缘、小盾片中基部、前翅爪片及革片棕红色（或带黑褐色）。腹背板黑色（周缘浅色）。体长卵圆形。触角第1节超过头的前端，第3节比第2节短。前胸背板侧角钝，略凸出。雄性生殖节后缘中央具2束长毛（长、短各两组毛），其近外侧各具1个黑色齿突（图2-589）。

［生活习性］　北京1年发生1代，以成虫越冬。8月可见若虫。有一定趋光性。

图2-589 直同蝽成虫

**526. 副锥同蝽** *Acanthosoma murreeanum* (Distant, 1900)，属半翅目同蝽科。

[分布与为害] 分布于陕西、山西、北京、四川、云南等地。为害扶桑、锦葵、月季等植物。

[识别特征] 成虫：体长14.8～15.9mm。体褐绿色。头褐黄色。触角1～3节基部黄褐色或绿褐色，其余各节棕褐色。前胸背板中域暗黄绿色，后棕色。小盾片黄绿色或浅褐色，具分布不均匀的黑色刻点，端部光滑，黄白色。气门黑色。侧接缘黄褐色。革片外域及顶角绿色或黄褐色。膜片淡，棕色半透明。躯体呈长椭圆形。头中叶光滑，侧叶具黑色刻点。前胸背板侧角强烈延伸呈较粗的长刺，末端尖锐，伸向侧前方，刺前缘通常橘红色，刺基部中央具黑色粗大刻点。革片刻点较细密、均匀。中胸隆脊高起。腹刺伸达前足基节（图2-590）。

[生活习性] 有护卵习性，若虫刚孵化时有集群现象。

图2-590 副锥同蝽成虫

**527. 稻棘缘蝽** *Cletus punctiger* (Dallas, 1852)，又名稻针缘蝽、黑棘缘蝽，属半翅目缘蝽科。

[分布与为害] 分布于陕西、北京、河北、河南、山东、江苏、上海、安徽、浙江、江西、福建、台湾、广东、海南、广西、湖南、湖北、四川、云南、西藏等地。为害禾本科草坪草的叶、茎秆及穗部，影响生长。

[识别特征] ①成虫：体长9.5～11.0mm，宽2.8～3.5mm。体黄褐色。复眼红褐色，单眼红色。头顶及前胸背板前缘具黑色小粒点。体狭长，刻点密布。头顶中央具短纵沟。触角第1节较粗，长于第3节，第4节纺锤形。前胸背板侧角细长，稍向上翘，末端黑（图2-591a、b）。②卵：长约1.5mm，似杏核，全体具珠泽，表面生有细密的六角形网纹，卵底中央具1圆形浅凹。③若虫：共5龄，3龄前长椭圆形，4龄后长梭形。5龄体长8.0～9.1mm，宽3.1～3.4mm，黄褐色带绿，腹部具红色毛点，前胸背板侧角明显伸出，前翅芽伸达第4腹节前缘（图2-591c）。

[生活习性] 湖北1年发生2代，江西、浙江3代，以成虫在杂草根际处越冬，广东、云南、广西南部无越冬现象。羽化后的成虫7天后在上午10时前交配，交配后4～5天把卵产在寄主的茎、叶或穗上，多散生在叶面上，也有每2～7粒排成1纵列。有禾本科杂草大量发生的区域受害重。

图 2-591　稻棘缘蝽

a、b. 成虫；c. 若虫

**528. 中稻缘蝽**　*Leptocorisa chinensis* Dallas, 1852，又名中华稻缘蝽、华稻缘蝽、中华缘蝽、稻丝缘蝽，属半翅目缘蝽科。

［分布与为害］　分布于天津、安徽、浙江、江西、福建、广东、湖南、湖北、云南等地。为害芒草等多种禾本科植物。

［识别特征］　①成虫：体长 15～18mm。黄绿色。腹背红褐色或暗褐色。足绿色，胫节基部及端部黑色。体细长。触角4节，第1、4节较长，第2节最短。前胸背板长，密布同色刻点（图2-592）。②卵：圆形，直径约1mm，初产时黄绿色，孵前带金黄色。③若虫：共5龄。体细长，黄绿色。末龄若虫体长12～16mm。小盾片长三角形，跗节黑色。

［生活习性］　1年发生2～3代，3代为主，以成虫在落叶、草丛中越冬。翌年4月初越冬代成虫开始活动。5月中上旬开始产卵，卵期6～10天。5月下旬若虫孵出，6月中旬开始羽化。第2、3代若虫分别于7月上旬至8月中旬、8月下旬至9月中下旬孵出，7月下旬至8月下旬、9月下旬至10月下旬羽化。11月后成虫开始陆续越冬。

图 2-592　中稻缘蝽成虫

**529. 点蜂缘蝽**　*Riptortus pedestris* (Fabricius, 1775)，属半翅目缘蝽科。

［分布与为害］　分布于陕西、山西、北京、河北、河南、山东、江苏、安徽、浙江、江西、福建、台湾、湖北、四川、云南、西藏等地。以成虫、若虫刺吸紫穗槐、火炬树、桑、苹果、山楂、葡萄、柑橘、昆明鸡血藤及禾本科草坪草等植物的汁液，常群集为害，发生严重时导致全株枯死。

［识别特征］　①成虫：体长15～17mm，宽3.6～4.5mm。黄褐色至黑褐色，被白色细绒毛。头、胸部两侧的黄色光滑斑纹呈点斑状或消失。前胸背板及胸侧板具许多不规则的黑色颗粒。侧接缘，黄黑相间。腹下散生许多不规则的小黑点。前翅膜片淡棕褐色。足与体同色，后足腿节有黄斑，胫节中段色淡。体狭长。头在复眼前部呈三角形，后部细缩如颈。触角第1节长于第2节，第1～3节端部稍膨大，基半部色淡，第4节基部距1/4处色淡。喙伸达中足基节间。前胸背板前叶向前倾斜，前缘具领片，后缘有2个弯曲，侧角呈刺状。小盾片三角形。腹部侧接缘稍外露。前翅膜片稍长于腹末。后足腿节粗大，腹面具4个较长的刺和几个小齿，基部内侧无突起。后足胫节向背面弯曲（图2-593a、b）。②卵：半卵圆形，长约

1.3mm，宽约1mm，附着面弧状，上面平坦，中间有1条不太明显的横形带脊。③若虫：共分5龄，1～4龄体似蚂蚁，5龄体似成虫，仅翅较短（图2-593c）。

**图2-593　点蜂缘蝽**

a、b. 成虫；c. 若虫

[生活习性]　江西南昌1年发生3代，以成虫在枯枝落叶和杂草丛中越冬。翌年3月下旬开始活动，4月下旬至6月上旬产卵。第1代若虫于5月上旬至6月中旬孵化，6月上旬至7月上旬羽化为成虫，6月中旬至8月中旬产卵。第2代于7月中旬至9月中旬羽化为成虫。第3代9月上旬至11月上旬羽化为成虫，10月下旬以后陆续越冬。卵多散产于叶背、叶柄和嫩茎上。成虫和若虫极活跃，早、晚温度低时稍迟钝。

**530. 广腹同缘蝽**　*Homoeocerus dilatatus* Horváth, 1879，属半翅目缘蝽科。

[分布与为害]　分布于黑龙江、吉林、辽宁、陕西、北京、河北、天津、山东、河南、江苏、浙江、江西、福建、广东、湖北、四川、贵州等地。为害柑橘、紫穗槐、刺槐、胡枝子、榆树、松类植物。

[识别特征]　①成虫：体长13.5～14.5mm，宽约10mm。褐色至黄褐色，体密布黑色小刻点。触角前3节与体同色，第4节色偏黄。革质部中间有1小黑点。触角4节，前3节三棱形，第2、3节显著扁平，第4节纺锤形。前胸背板前角向前凸出，侧角稍大于90度。腹部两侧较扩展、露出翅外。前翅不达腹部末端（图2-594a）。②卵：长约1.7mm，宽约1mm，似菱形。初产时白色，后浅绿色或青绿色，近孵化时黄绿色

**图2-594　广腹同缘蝽**

a. 成虫；b、c. 若虫

至黄色。③若虫：5龄若虫体长约12mm，宽约6mm，长椭圆形，头、胸淡黄褐色，腹部淡黄绿色，腹部背面散布黑褐色小颗粒（图2-594b、c）。

[生活习性] 北京1年发生1代，以成虫在石块下、土缝、落叶枯草中越冬。7～9月为成虫发生盛期。

### 531. 纹须同缘蝽 *Homoeocerus striicornis* Scott, 1874，属半翅目缘蝽科。

[分布与为害] 分布于甘肃、北京、河北、山东、江苏、浙江、江西、福建、台湾、广东、海南、湖南、湖北、四川、云南等地。为害合欢、紫荆、柑橘等植物。

[识别特征] 成虫：体长18～21mm，宽5～6mm。身体草绿色或淡黄褐色。触角红褐色。复眼黑色。单眼红色。前胸背板有浅色斑，侧缘黑色，黑缘内方有淡红色纵纹。小盾片草绿色或棕褐色。前翅革片烟褐色，亚前缘和爪片内缘浅黑色；膜片烟黑色，透明。头顶中央稍前处有1短纵陷纹。触角第1、2节约等长，并长于前胸背板。喙4节，伸长可达中足基节前，第3节明显短于第4节。前胸背板较长，侧角呈锐角，上有黑色颗粒。小盾片上具细皱纹，尤以基部最明显（图2-595）。

图2-595 纹须同缘蝽成虫

[生活习性] 1年发生2代，以成虫越冬。5～10月可见成虫。

### 532. 瘤缘蝽 *Acanthocoris scaber* (Linnaeus, 1763)，属半翅目缘蝽科。

[分布与为害] 分布于山东、江苏、浙江、安徽、江西、湖北、湖南、四川、福建、广东、广西、云南等地。为害蔷薇、商陆及茄科植物。

[识别特征] ①成虫：体长10.5～13.5mm，宽4.0～5.1mm。褐色。侧接缘各节的基部棕黄色。膜片基部黑色。胫节近基端有一浅色环斑。喙达中足基节。触角具粗硬毛。前胸背板具显著的瘤突。后足股节膨大，内缘具小齿或短刺（图2-596a）。②卵：初产时金黄色，后呈红褐色，底部平坦、长椭圆形，背部呈弓形隆起，卵壳表面光亮，细纹极不明显。③若虫：初孵若虫头、胸、足与触角粉红色，后变褐色，腹部青黄色；低龄若虫头、胸、腹及胸足腿节乳白色，复眼红褐色，腹部背面有2个近圆形的褐色斑（图2-596b）；高龄若虫与成虫相似，胸腹部背面呈黑褐色，有白色绒毛，翅芽黑褐色，前胸背板及各足腿节有许多刺突，复眼红褐色，触角4节，第3～4腹节间及第4～5腹节间背面各有1近圆形斑（图2-596c）。

图2-596 瘤缘蝽

a. 成虫；b. 低龄若虫；c. 高龄若虫

［生活习性］ 南方地区1年发生1～2代，以成虫在土缝、砖缝、石块下及枯枝落叶中越冬。越冬成虫于4月上中旬开始活动，全年6～10月危害最重。卵多聚集产于寄主植物叶背，少数产于叶面或叶柄上，卵粒成行，稀疏排列，每块4～50粒，一般15～30粒。成虫、若虫常群集于寄主嫩茎、叶柄、花梗上，整天均可吸食，发生严重时一株寄主植物会有几百头甚至上千头聚集为害。成虫白天活动，晴天中午尤为活跃，夜晚及雨天多栖息于寄主植物叶背或枝条上，受惊后即坠落，有假死习性。

**533. 钝肩普缘蝽** *Plinachtus bicoloripes* Scott, 1874，又名二色普缘蝽，属半翅目缘蝽科。

［分布与为害］ 分布于辽宁、陕西、山西、甘肃、北京、河北、山东、江苏、浙江、江西、湖北、四川、云南等地。为害丝棉木、大叶黄杨等植物，若虫常群集在一起取食。

［识别特征］ ①成虫：体长13.5～16.5mm。棕褐色至黑褐色，腹背黄色具黑斑，体腹面黄色或嫩绿色，具黑点。触角颜色有变化（有时端节与前几节同色）。足腿节基部红色，中部白色，或基部浅色，或腿节两端黑色。触角第2节长于第1节。前胸背板侧角形态有变化，明显刺状，或不明显，或处于中间类型（图2-597a、b）。②卵：参见图2-597c。③若虫：参见图2-597d。

**图2-597 钝肩普缘蝽**
a、b. 成虫；c. 卵；d. 若虫

［生活习性］ 华北地区1年发生2代，7月可见成虫。

**534. 西部喙缘蝽** *Leptoglossus occidentalis* Heidemann, 1910，属半翅目缘蝽科。

［分布与为害］ 该虫在我国属于检疫对象。其起源于墨西哥、美国、加拿大等地，现已分布于欧亚多个国家与地区。2012年12月，南京出入境检验检疫局工作人员最早在检疫过程中发现该虫，之后在我国多个口岸发现。其在我国的潜在分布区主要集中在中部平原、秦岭及西南横断山脉地区。2022年10月中旬，编者在潍坊市滨海区带学生实践教学时拍摄到该虫成虫。在美洲，其除了为害松属植物外，还为害北美黄杉、云杉、落叶松、铁杉，以及刺柏属、雪松属、翠柏属等植物。

［识别特征］ ①成虫：体长15～20mm，宽5～7mm，红棕色；前胸背板棕色，具几个黑色圆斑，不具灰色横条，前胸背板肩角宽圆；前翅中部具横向"之"字形白纹；后足胫节膨大部分相对较小，内外基

本对称，边缘不具齿（图2-598）。②卵：管状，长约2mm，宽约1mm。初期淡红棕色，后变为红棕色。

图2-598 西部喙缘蝽成虫

[生活习性] 国外资料介绍，其在加拿大不列颠哥伦比亚省1年发生1～3代，以成虫在建筑物或居民房中越冬。翌年中晚春成虫开始活动，并取食一年生松果。雌成虫于5月至6月上旬产卵，卵产于松针上，单雌可产卵80粒。卵10～14天后孵化。初孵若虫取食松针及松果的幼嫩组织，若虫5龄，于8月底羽化。羽化后成虫需要取食补充营养，然后进行交尾。该虫在国内的分布与为害、生活习性等有待进一步观察、研究。

**535. 哈奇缘蝽** *Molipteryx hardwickii* (White, 1839)，属半翅目缘蝽科。

[分布与为害] 分布于广东、广西、海南、四川、云南、西藏等地。为害核桃、板栗、水冬瓜、茶树、栎等植物。

[识别特征] 成虫：体长30～33mm。黄褐色，被金黄色短细毛。复眼深褐色。触角第4节淡黄褐色。前翅膜片茶褐色。腹部背面红色，腹面正中有1黑线纵穿腹部。前胸背板侧角极度扩张，呈半月形向前方延伸，超过头的末端甚多，其内缘具大齿数枚，外缘具细齿，在后半部渐次较大。前胸背板表面具显著横皱纹，中纵线略显凹，在后缘之前具显著横脊，后缘波曲，正中向前凹进。小盾片末端具黑色瘤状突起。腹部侧接缘扩展，完全外露，雌虫更甚。前翅膜片伸及腹末端。雄虫后足腿节较粗，背面具1列小齿组成的纵脊，腹面有大刺3个，近端部的1个较粗大，腿节内侧表面有刺突并稍大于外侧的刺突。后足胫节在基半部显著弓弯，内侧在端部之前有1大齿状扩展，其后有1列小齿（图2-599）。

[生活习性] 不详。

图2-599 哈奇缘蝽成虫

**536. 拉缘蝽** *Rhamnomia dubia* (Hsiao, 1963)，属半翅目缘蝽科。

[分布与为害] 分布于广东、广西、湖南、云南、贵州等地。为害卵叶小蜡、女贞、油茶、桂花、鸭脚木、核桃、竹类等植物。

[识别特征] 成虫：体长24～30mm。暗褐色，被浅棕色细毛。触角第4节橙黄色，基部黑色。腹部背面红色，各节两侧均具1个黑色斑点，侧接缘黑色。各足腿节黑色。头方形，眼稍凸出。喙勉强达于中足基节，第1、2、4节约等长，第3节最短。触角基顶端互相接近。触角圆柱状，第1、4节稍弯曲，第2、3节顶端微粗。前胸背板粗糙，无刻点，后部及两侧角处密生不规则的颗粒，中央有1条不明显的纵沟。侧叶向两侧扩展，并向上翘，侧角显著，微向后指。侧缘向内弓陷，约有10个小齿，后方的齿较大。侧角后缘亦呈不规则的锯齿状，齿较小。小盾片具浓密横皱纹，顶端浅色。生殖节后缘简单。前翅超过腹部末端，前缘微向外弓，腹部侧缘露出。腿节腹面近顶端处有1个大齿，大齿以上有1个或数个小齿。中足腿节腹面有1列小瘤状突起。后足腿节粗大，具数列瘤状突起，腹面内侧近顶端1/5处有巨齿。前足及中足胫节简单，顶端稍膨大。后足胫节内侧基部1/3处扩展成1个三角形的巨齿。雌虫身体较宽，颜色较浅。后

图2-600 拉缘蝽成虫

足股节较细，瘤状突起较少，亚顶端无巨齿。后足胫节腹面基半部稍呈弓形扩张（图2-600）。

［生活习性］ 福建南平1年发生2代，世代重叠，以成虫在卵叶小蜡上越冬。4月上旬，越冬成虫开始出蛰活动，4月中下旬，成虫开始产卵。第1代若虫在5月上旬孵化，6月下旬出现第1代成虫；7月上旬出现第2代的卵，7月下旬第2代若虫孵化，9月中旬出现第2代成虫。雌虫交配后2～3天开始产卵，雌虫一生只产卵1次，产卵量4～10粒，卵期为10～17天。在5～6月，随着大量的若虫孵化，害虫的数量增多，危害逐渐严重，出现第1次为害高峰；7月下旬至8月下旬，第1代4、5龄若虫，成虫和第2代1龄若虫共同为害，是第2次为害高峰期，也最严重；到10月以后，第2代若虫逐渐减少，11月后种群数量处于全年的低点。

**537. 金绿宽盾蝽** *Poecilocoris lewisi* (Distant, 1883)，又名异色花龟蝽、红条绿盾背蝽，属半翅目盾蝽科。

［分布与为害］ 分布于黑龙江、辽宁、陕西、北京、河北、天津、山东、江西、四川、贵州、云南等地。以成虫、若虫刺吸葡萄、桑、榆、枣、小叶朴、枫杨、臭椿、火炬树、侧柏等植物的枝条、叶等部位（图2-601a），影响植物长势。

图2-601 金绿宽盾蝽

a. 若虫及为害侧柏状；b. 成虫（背面观）；c. 成虫（侧面观）；d～f. 若虫

［识别特征］ ①成虫：体长13.5～15.5mm，宽9～10mm，宽椭圆形。触角蓝黑色。体背是有金属光泽的金绿色。前胸背板和小盾片有艳丽的条状斑纹。足及身体下方黄色，足腿节黄褐色，胫节外缘黑褐色，具紫铜色光泽（图2-601b、c）。②卵：球形，白色、黄褐色至黄绿色，顶盖有白色粒状精孔40余枚。③若虫：老熟时体第8腹节有黑斑2块，侧接缘有黑斑（图2-601d～f）。

［生活习性］ 北京1年发生1代，以5龄若虫在侧柏附近的落叶和石块下越冬。翌年4月上中旬陆续从越冬处爬出，取食侧柏嫩叶。5月中旬5龄若虫开始羽化，6月初为羽化高峰期，6月中下旬羽化期结束，若虫有群集习性。5～8月为成虫期，7月底到8月中旬交配产卵，8～9月若虫由1龄发育至5龄，9月中下旬为5龄若虫高峰期，11月5龄若虫开始转移越冬。

**538. 角盾蝽** *Cantao ocellatus* (Thunberg, 1784)，属半翅目盾蝽科。

［分布与为害］ 分布于河南、山东、江苏、浙江、安徽、江西、湖南、湖北、福建、广东、广西、云南、海南等地。为害油桐、千年桐、八角、山茶、杜鹃、桃、番石榴、龙眼、盐肤木、乌桕、梧桐、构树等植物，成虫和若虫常群聚于叶片或花丛间觅食。

［识别特征］ 成虫：体长18～26mm。体背外观颜色变化极大，主要有米白色、黄色、橙黄色和橙红色。头中叶长于侧叶，基部及中叶基大半金绿色；触角紫蓝色，第4、5节黑色，前胸背板有2～8个小黑斑，此斑有些个体互相连接；侧角略向前指，末端尖刺状或缺。小盾片上有6～8个小黑斑，各斑周缘淡黄。前翅革质部基处外域紫蓝色，膜片淡黄褐色，末端伸过腹末。足除前、中腿节基大半为棕褐色外，余均暗金绿色。腹部腹面黄褐色，第2～5节中央具纵浅槽，其两侧及各节侧缘各有1个紫蓝色斑块（图2-602）。

图2-602 角盾蝽成虫

［生活习性］ 福建1年发生1代。成虫几乎全年可见，5～6月产卵，每一卵块由10～150粒卵组成，多时可达185～190粒。成虫具有护卵习性，雌虫在产卵后会在卵块附近照顾卵块，直到若虫孵化。生活在平地、低海拔山区。

图2-603 双痣圆龟蝽成虫

**539. 双痣圆龟蝽** *Coptosoma biguttula* Motschulsky, 1859，属半翅目龟蝽科。

［分布与为害］ 分布于东北、华北、华东，以及四川、西藏等地。为害胡枝子、刺槐等植物。

［识别特征］ ①成虫：体长3～4mm。体黑色具光泽。前胸两侧缘各具细黄纹1条。小盾片基胝黑色，两端各具较小的卵圆形黄斑1枚。腹部腹面侧缘具黄色逗号形斑点。体近圆形，背面圆鼓，有微细刻点。头小。前胸中部具横缢。小盾片阔圆（图2-603）。②卵：乳白色或乳黄色，椭圆形，表面刺突发达。

［生活习性］ 北京1年发生1代，以成虫在植物残茬、土缝、土块下越冬。翌年5月产卵于寄主植物叶背。每卵块约20粒，卵期约10天。卵粒排成"人"字形两列。

**540. 地红蝽** *Pyrrhocoris sibiricus* Kuschakewitsch, 1866，异名 *Pyrrhocoris tibialis* Staz & Wagner, 1950，属半翅目红蝽科。

［分布与为害］ 分布于辽宁、甘肃、青海、内蒙古、北京、河北、天津、山东、江苏、上海、浙江、西藏、四川。为害木槿、锦葵、月季及十字花科植物。

［识别特征］ ①成虫：体长7.9～9.7mm。体灰褐色，具暗棕色刻点，有时体的局部或大部呈红色。头黑色，中叶及头顶具5个四边形棕褐色斑。触角及喙黑色，前胸背板前部近中央具1对黑斑。小盾片中央具1条淡色纵线，近基部中央两侧具1对暗红圆斑。前胸背板侧缘斜直，或中部稍内凹。翅的长度多变，翅端脉纹乱网状（图2-604a）。②若虫：参见图2-604b。

［生活习性］ 华北地区5～8月和10月见成虫，灯下偶尔可见。

图 2-604　地红蝽

a. 成虫；b. 若虫

**541. 娇驼跷蝽** *Gampsocoris pulchellus* (Dallas, 1852)，又名长足蝽象、长腿蝽，属半翅目跷蝽科。

［分布与为害］　分布于陕西、河南、河北、山东、江西、广东、广西、湖北、四川、云南、西藏等地。为害泡桐、苹果、桃等植物，是泡桐苗木的重要害虫。以若虫群集嫩梢、嫩叶吸食汁液为害，受害嫩枝流出褐色黏液，逐渐萎缩，停止生长。嫩叶受害后出现褐色小点，导致叶片萎缩不能正常展开，或展开后在斑点处破裂。

图 2-605　娇驼跷蝽成虫交尾状

［识别特征］　①成虫：体长 3.5～4.2mm。黄褐色或灰褐色。喙黄色。触角褐色，第 4 节末端为白色，各节具黑色环纹。头部至胸部腹面呈黑色纵纹。腹部黄绿色，背面具黑色斑块。前翅黄白色，膜质透明，有紫色闪光。足上具黑色环纹。体狭长，形似大蚊。头顶圆鼓，向前伸。喙伸达后胸足基节之间。触角细长，第 1 节端部膨大，第 4 节纺锤形。前胸背板发达，向上隆起，具粗糙刻点，后缘中央及侧角上有 3 个显著的圆锥形突起。小盾片弯曲呈直立长刺。后胸两侧各具 1 个向后弯曲的长刺。腹部纺锤形。各足腿节顶端膨大呈棒状（图 2-605）。②卵：长椭圆形，长约 0.6mm，宽约 0.2mm。顶端具 2 个褐色突起。初产时乳白色，略透明。卵壳表面具较密的纵行刻纹。近孵化时呈黄白色。③若虫：共 5 龄。老龄若虫体黄绿色，细长，腹部中间膨大，端部尖细，稍向背上翘起，末端黑色。触角和足细长，各节上均具黑色轮纹。翅芽泡状，末端灰黑色。

［生活习性］　1 年发生 3 代，以成虫在地被物、枯枝落叶内、杂草丛及墙角缝等背风向阳处潜伏越冬。翌年 4 月初开始活动。此时气温尚低，常飞往温室、住房及背风向阳的温暖地方活动，4 月中旬飞往初萌发的泡桐幼芽上集聚、取食、交尾。5 月初开始产卵。卵经 8 天左右孵化，6 月上旬为第 1 代若虫盛期。若虫共有 5 龄。第 2 代若虫盛期在 7 月上旬，第 3 代若虫盛期在 7 月下旬，这代成虫活动至 10 月上旬，寻找越冬场所过冬。成虫性较迟钝，活动少，喜温暖，产卵于叶背面的腺毛丛中。卵多平卧，单粒散产，叶表面亦可产卵，但数量较少。

**542. 梨冠网蝽** *Stephanitis nashi* Esaki & Takeya, 1931，又名梨网蝽，属半翅目网蝽科。

［分布与为害］　分布于东北，以及河北、河南、山西、山东、陕西、湖北、湖南、安徽、江苏、浙江、福建、广东、广西、四川、江西等地。为害樱花、梅花、月季、杜鹃、海棠类、桃、苹果、梨等植物。以成虫和若虫在叶背刺吸汁液，被害处有许多斑斑点点的褐色粪便和产卵时留下的蝇粪状黑点，整个受害叶片背面呈锈黄色，正面形成苍白色斑点（图 2-606）。受害严重时，叶片上斑点成片，全叶失绿呈苍白色，提早脱落。

［识别特征］　①成虫：体长约 3.5mm。黑褐色。体形扁平，前胸背板两侧延伸成扇形，上有网状花纹。前翅略呈长方形，布满网状花纹，静止时前翅重叠，中间形成 "X" 形纹。后翅膜质，白色透明，翅

图 2-606 梨冠网蝽为害樱花叶片状

脉暗褐色（图 2-607a）。②卵：长约 0.6mm，长椭圆形，一端弯曲，淡绿色至黄绿色。③若虫：若虫共 5 龄。初孵若虫乳白色，最后变成深褐色。身体两侧有明显的锥状刺突（图 2-607b）。

图 2-607 梨冠网蝽
a. 成虫；b. 若虫

［生活习性］ 世代数因地而异，华北地区 1 年发生 3～4 代，华中、华南 1 年发生 5～6 代，均以成虫在树皮裂缝、枯枝落叶、杂草丛中或土块缝隙中越冬。翌年 4 月上中旬越冬成虫开始活动。4 月下旬开始产卵，卵产在叶背组织里，上面覆有黄褐色胶状物。初孵若虫不甚活动，有群集性，2 龄后活动范围逐渐扩大。6 月中旬第 1 代成虫大量出现。成虫、若虫喜群集于叶背主脉附近为害。成虫期 1 个月以上，产卵期也长，有世代重叠现象。全年 7～8 月危害最严重。10 月中下旬以后成虫开始越冬。

**543. 杜鹃冠网蝽** *Stephanitis pyrioides* (Scott, 1874)，又名杜鹃网蝽，属半翅目网蝽科。

［分布与为害］ 分布于广东、广西、浙江、江西、福建、辽宁、台湾等地，是杜鹃的主要害虫。以成虫和若虫为害叶片，吸食汁液，排泄粪便，使叶片背面呈锈黄色，叶片正面出现白色斑点（图 2-608a、b），严重影响植物的光合作用，致使植物生长缓慢，提早落叶。

［识别特征］ ①成虫：体长 3.0～3.4mm。黑褐色。体小而扁平。前胸背板发达，具网状花纹，向前延伸盖住头部，向后延伸盖住小盾片，两侧伸出呈薄圆片状的侧背片。翅膜质透明，前翅布满网状花纹，两翅中间接合、呈明显的 "X" 形花纹（图 2-608c）。②卵：长约 0.5mm，乳白色，稍弯曲。③若虫：共 5 龄。老熟若虫体扁平，体暗褐色，复眼发达，红色，头顶具 3 根刺突。

［生活习性］ 广州 1 年发生 10 代，以成虫和若虫越冬。若虫群集性强，常集中于叶背主侧脉附近吸食为害。成虫不善飞翔，多静伏于叶背吸食汁液，受惊则飞。卵多产于叶背主脉旁的叶组织中，上覆盖有黑色胶状物。杜鹃冠网蝽的天敌有草蛉、蜘蛛、蚂蚁等，以草蛉最为重要。

图 2-608 杜鹃冠网蝽
a. 为害杜鹃叶片正面状；b. 为害杜鹃叶片背面状；c. 成虫

### 544. 樟脊网蝽 *Stephanitis macaona* Drake, 1948，属半翅目网蝽科。

图 2-609 樟脊网蝽成虫、若虫及为害状

［分布与为害］ 分布于上海、浙江、江西、福建、广东、湖南等地。为害香樟等植物。

［识别特征］ ①成虫：体长 3～4mm。体黑褐色。复眼黑色。触角灰黄色。腹面黄褐色。前翅膜质网状，白色透明，有金属光泽，前端 1/3 处和近末端各有 1 个黑褐色横斑。足浅黄色，跗节浅褐色。体扁平。头小，头兜及前胸背板发达。前翅宽大，前缘具颗粒状突起，中部稍凹陷（图 2-609）。②卵：茄形，长约 0.35mm，初产时乳白色，后逐渐呈淡黄色。③若虫：共 5 龄，末龄若虫体长 1.5～2.0mm。复眼凸出，红色。触角 4 节，第 2 节极短，第 4 节端部稍膨大。前胸背板中央两侧各具长刺 1 枚，腹部各节两侧具粗长的刺枝。

［生活习性］ 1 年发生 4～5 代，世代重叠，以卵在叶片组织中越冬。翌年 4 月卵开始孵化，初孵若虫喜欢聚集在叶背面刺吸为害。若虫期 2～3 周。成虫交配后 7～11 天开始产卵，卵多散产在叶片背面主脉和第 1 分脉两侧叶片组织中，上面覆灰褐色胶质物或排泄物。成虫、若虫喜荫蔽，群集于叶背为害，造成叶片正面出现黄白色失绿小点，严重时小点连接成片，全叶失绿，使植物长势衰弱，提早落叶，并诱发煤污病。11 月成虫产卵后大量死亡。高温、干燥天气有利于该虫的发生。

### 545. 娇膜肩网蝽 *Metasalis populi* (Takeya, 1932)，又名杨柳网蝽，属半翅目网蝽科。

［分布与为害］ 分布于华北、华东，以及甘肃、陕西、四川、河南、广东等地。为害杨、柳。以成虫、若虫在叶背刺吸汁液，排泄粪便，使叶背呈锈黄色，叶片正面出现白色斑点（图 2-610），严重影响植物的光合作用，导致植物生长缓慢，提早落叶。

［识别特征］ ①成虫：体长约 3mm。暗褐色。头褐色。触角浅黄褐色，第 4 节端半部黑色。前胸背板浅黄褐色、黑褐色。三角突近端部具大褐斑 1 块。腹部黑褐，侧区色淡。前翅透明，黄白色。足淡黄色。头小，头兜屋脊状，前端稍锐，覆盖头顶。触角 4 节，细长。侧背板薄片状，向上强烈翘伸。前胸背板遍布细刻点，中隆线和侧隆线呈纵脊状隆起，侧隆线基部与中隆线平行。前翅具网状纹，前缘基部稍翘，后域近基部具菱形隆起，翅上有 "C" 形暗色斑纹（图 2-611）。②卵：长椭圆形，略弯，乳白色、淡黄色、浅红色至红色。③若虫：4 龄，头黑色，腹部黑斑横向和纵向，断续分成 3 小块与尾须连接。

**图 2-610　娇膜肩网蝽为害状**
a. 为害柳树叶片正面状；b. 为害杨树叶片正面状；c. 为害杨树叶片背面状

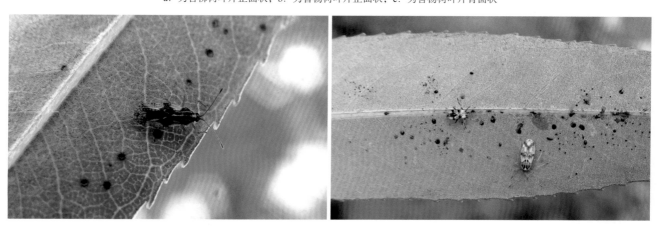

**图 2-611　娇膜肩网蝽成虫**

[生活习性]　北京1年发生3代，世代重叠，以成虫在枯枝落叶下或树皮缝中越冬。翌年5月越冬成虫活动，成行产卵于叶背主脉和侧脉内，并用黏稠状黑液覆盖产卵处。卵期9～10天，各代若虫期分别为20天、15天和17天。成虫、若虫具有群集为害习性。

**546. 悬铃木方翅网蝽**　*Corythucha ciliata* (Say, 1932)，属半翅目网蝽科。

[分布与为害]　该虫原产北美，在国内属检疫对象。近年上海、江苏、浙江、重庆、贵州、江西、山东、河南、湖南、湖北皆有关于该虫的报道。为害悬铃木属树种，以成虫、若虫群集于寄主叶片背面刺吸汁液取食，受害叶片正面形成密集的黄白色褪绿斑点，初期仅叶背主脉、侧脉附近呈现黄白色花斑，后期全叶黄白色（图2-612），背面满布锈褐色虫粪和分泌物，呈现锈黄色斑，抑制叶片光合作用，影响植株生长，导致树势衰弱。严重时可引起寄主植物大量叶片提早枯黄脱落，继而引起植株死亡，严重影响行道树的绿化效果与观赏价值。

[识别特征]　①成虫：体长3.2～3.7mm。体乳白色。头兜发达，盔状，头兜的高度较中纵脊稍高。头兜、侧背板、中纵脊和前翅表面的网肋上密生小刺，侧背板和前翅外缘的刺列十分明显。后胸臭腺孔缘小且远离侧板外缘。前翅近长方形，其前缘基部强烈上卷并突然外突。足细长，腿节不加粗（图2-613a、b）。②卵：长约0.4mm，宽约0.2mm，乳白色，茄形，顶部有卵盖，呈圆形，褐色，中部稍拱突。③若虫：形似成虫，颜色深，无翅，共5龄（图2-613c）。

[生活习性]　武汉、上海等地1年发生5代，以成虫于悬铃木树皮缝内（图2-613d）、地面枯枝落叶及树冠下地被植物上越冬。发生与气候因素密切有关，夏、秋两季高温干旱会导致该虫盛发；冬季低温会明显减少翌年发生的虫口密度。另外，栽培环境郁闭、通风透光不良也会使得该虫的危害加重。

图2-612 悬铃木方翅网蝽为害悬铃木叶片状
a. 叶片正面；b. 叶片背面

图2-613 悬铃木方翅网蝽
a. 成虫（乳白色虫体）；b. 成虫、若虫及分泌物；c. 若虫；d. 越冬成虫（树皮缝内）

**547. 女贞高颈网蝽** *Perissonemia borneensis* (Distant, 1909)，属半翅目网蝽科。

［分布与为害］ 分布于河南、上海、湖南、云南等地。为害小叶女贞、金叶女贞、金森女贞、女贞、桂花等植物。

［识别特征］ ①成虫：体长3.0～3.5mm。体黑褐色，体背灰黑色。头部黑色。头颈褐色。前翅基角内侧有1个大梭形斑，其内淡褐色，边缘黑色，翅面布满网状纹，半透明。后翅薄而透明。头较小，头颈较宽、稍长。触角棒槌状。腹部分节明显，节间突起呈竹节状。前翅大，后翅较小（图2-614）。②卵：长0.5mm左右，淡褐色，椭圆形，一端略弯曲。③若虫：长2mm左右，前胸发达，翅芽明显。

［生活习性］ 1年发生3～5代，以成虫在树皮缝内、卷叶、落叶或土中越冬。翌年3月开始活动，成虫产卵于叶背主脉内，7～10天卵孵化，群集叶背吸食叶内汁液，20天后羽化为成虫，成虫继续为害。世代重叠现象严重，高温、干燥的情况下易大发生。10月后越冬。

［蜡类的防治措施］

（1）加强养护 及时清除落叶和杂草，注意通风透光，营造不利于该虫的生活条件。

（2）保护和利用天敌 草蛉、蜘蛛、蚂蚁等都是蜡类的天敌，当天敌较多时，尽量不喷洒药剂，以保护天敌。

（3）化学防治 发生严重时可用50%吡蚜酮可湿性粉剂2500～5000倍液、10%氟啶虫酰胺水分散粒剂2000倍液、22%氟啶虫胺腈悬浮剂5000～6000倍液、5%双丙环虫酯可分散液剂5000倍液、22.4%螺虫乙酯悬浮剂3000倍液喷雾。

图2-614 女贞高颈网蜡成虫

## 五、木虱类

木虱类属半翅目。体小型，形状如小蝉，善跳能飞。若虫扁平，宽卵形，常群集在一起取食。有的种外被蜡质，有的在叶上形成虫瘿。在园林植物上常见的有木虱科的合欢羞木虱、桑异脉木虱、槐豆木虱、中国梨木虱、异杜梨喀木虱，裂木虱科的梧桐裂木虱，盾木虱科的浙江朴盾木虱，丽木虱科的黄栌丽木虱，幽木虱科的皂角云实木虱，个木虱科的枸杞线角木虱、樟个木虱、垂柳线角木虱等。

**548. 合欢羞木虱** *Acizzia jamatonica* (Kuwayama, 1908)，又名合欢木虱，属半翅目木虱科。

［分布与为害］ 分布于华北、华中、华东，以及辽宁、河南、陕西、甘肃、宁夏、贵州等地。为害合欢、山槐等植物，以成虫、若虫在寄主的嫩梢、叶片背面刺吸汁液，严重时造成枝梢扭曲畸形、叶片黄化（图2-615）。若虫腹末分泌1条白色的蜡丝，虫口密度高时叶背布满蜡丝，白色丝状，常飘落树下，污染环境。受害植株叶片易脱落，嫩叶易折断。叶面和树下灌木易诱发煤污病，影响生长和开花。

图2-615 合欢羞木虱为害合欢状

a. 为害花序状；b. 为害嫩梢状；c. 为害叶片状

［识别特征］①越冬型成虫：体长约5mm，体型较大。深褐色。复眼红色，单眼3个，金红色。中胸盾片上有4条红黄色纵纹。翅透明，翅脉褐色。②夏型成虫：体长4.0～4.5mm，体型较小。体绿色至黄绿色。触角黄色至黄褐色。中胸盾片上有4条黄色纵纹。前翅略黄，翅脉淡黄褐色。头与胸约等宽。前胸背板长方形，侧缝伸至背板两侧缘中央。前翅长为宽的2.4～2.5倍，前翅长椭圆形，翅痣长三角形。后翅长为宽的2.7～3.0倍。后足胫节具基齿，胫端距5个，内4外1，基跗节具2个爪状距（图2-616a）。③卵：黄色，呈卵圆形，一端尖细，并延伸成1根长丝，另一端钝圆，其下具有1个刺状突起，固着于植物组织上。④若虫：初孵时呈椭圆形，淡黄色，复眼红色，3龄以后翅芽显著增大，体呈扁圆形，体背褐色，其中有红绿斑纹相间（图2-616b）。

**图2-616 合欢羞木虱**
a. 夏型成虫；b. 若虫

［生活习性］ 1年发生3～4代，以成虫在树皮裂缝、树洞和落叶下越冬。翌春合欢腋芽开始萌动时，越冬成虫即开始活动，产卵于腋芽基部或枝梢顶端，以后各代的成虫则将卵散产于叶片上。若虫期30～40天。5月上旬至6月上旬是为害高峰期。

**549. 桑异脉木虱** *Anomoneura mori* Schwarz, 1896，又名桑木虱，属半翅目木虱科。

［分布与为害］ 分布于华北、华中、华东，以及辽宁、陕西、四川等地。为害桑、柏等植物。

［识别特征］ ①成虫：体长4.2～4.7mm。黄色至黄绿色，初羽化时水绿色。头绿色至褐色，中缝橘黄色。触角褐色，第4～8节端及9～10节黑色。前胸褐色。中胸前盾片绿色，前缘有褐斑1对。腹部黄褐色至绿褐色。前翅半透明，有咖啡色斑纹，外缘及中部组成两纵带，越冬虫体翅面上散布暗褐色点纹。中缝两侧凹陷。前胸两侧凹陷。后足胫节具基齿，端距5个（图2-617a）。②卵：谷粒状，近椭圆形，乳白色，孵化前出现红色眼点。③若虫：初龄体浅橄榄绿色，尾部有白色蜡质长毛。3龄体具翅芽，尾部有白毛4束。5龄体长约2.5mm，宽约0.9mm，触角8～10节，末端2节黑色，翅芽基部有黑纹2条。

**图2-617 桑异脉木虱**
a. 成虫、若虫及蜡丝；b. 为害状、成虫、若虫及蜡丝

［生活习性］ 北京1年发生1代，以成虫在树皮缝内越冬。翌春桑芽萌发时，越冬成虫出蛰和交尾，产卵于脱苞芽未展叶的叶片背面。4月上旬开始孵化，若虫先在产卵叶背取食，被害叶边缘向叶背卷起，不久枯黄脱落，若虫随即迁往其他叶片为害，被害叶背面被若虫尾端的白蜡丝满盖（图2-617b），叶片反卷，易腐烂及诱发煤污病。5月上旬开始羽化，常群集于柏树为害。

**550. 槐豆木虱** *Cyamophila willieti* (Wu, 1932)，又名槐木虱，属半翅目木虱科。

［分布与为害］ 分布于辽宁、陕西、山西、甘肃、宁夏、北京、河北、河南、山东、江苏、安徽、浙江、江西、福建、台湾、广东、广西、湖南、湖北、四川、重庆、云南、贵州等地。为害国槐、龙爪槐、金枝国槐等植物。以成虫、若虫聚集于幼芽、嫩梢、叶片及始花期花序上吸食汁液，若虫排出乳白色絮状胶质物，堵塞叶片气孔，影响光合作用与呼吸作用；严重时叶片皱缩反卷干枯，叶柄下垂，叶片提前脱落，新梢与花序受到抑制（图2-618），并诱发煤污病的发生。6～7月发生较多，此时大量的分泌物会污染地面和地被植物。

**图2-618 槐豆木虱为害状**

a. 为害金枝国槐植株状；b. 为害金枝国槐枝梢状；c. 为害金枝国槐叶片状

［识别特征］ ①成虫：体长3.0～3.5mm。夏型成虫浅绿色，略带黄色。触角绿色，第3节褐色，第4～8节端及末2节黑色。前翅长椭圆形，具黑色缘纹4个，中间有主脉1条，分3支，各又分2支（图2-619a）。冬型成虫深褐色。②卵：椭圆形，长0.4～0.5mm，一端较尖有柄，另一端较钝；初产白色透明，孵化时钝端变黄。③若虫：体略扁，初孵化体黄白色，后变绿色，复眼红色，腹部略带黄色（图2-619b、c）。

［生活习性］ 山西晋中1年发生4代，各世代均有重叠，以成虫在树冠杂草下、土缝中越冬。翌年4月上旬国槐芽萌动吐绿时出蛰，上树取食、交尾和产卵。1～4代成虫的出现时间分别为5月上旬、6月中旬、7月底8月初、9月初。成虫白天活动，高温时活跃，喜于叶背、叶柄及嫩枝上栖息为害，受惊扰时短距离飞行。成虫具趋光性。孵化后的低龄若虫聚集于芽、嫩叶、顶梢幼嫩部分为害，随着龄期增加，食量增大，由上部向下转移，密集于嫩枝条上及枝条分叉处为害，此时的危害最重，严重时造成树的枯顶。若虫排出的乳白色分泌物使枝条油光发亮。高温干旱季节发生重，雨季虫量减少。

**551. 中国梨木虱** *Cacopsylla chinensis* (Yang & Li, 1981)，又名梨木虱、中国梨喀木虱，属半翅目木虱科。

［分布与为害］ 分布于东北、华北、西北等地。为害梨树，以成虫和若虫刺吸芽、叶、嫩枝梢汁液直接为害，分泌黏液，诱致煤污病的发生。

**图2-619 槐豆木虱**
a. 夏型成虫及蜕的皮；b、c. 若虫

[识别特征] ①成虫：体长2.5～3.0mm，翅展7～8mm。黄绿色、黄褐色、红褐色或黑褐色。额突白色，复眼黑色。触角褐色，末端2节黑色。胸部有深色纵条。前翅端部圆形，膜区透明，脉纹黄色。足色较深。成虫分为冬型和夏型两种：冬型成虫体型较大，灰褐色或深黑褐色，前翅后缘臀区有明显褐斑；夏型成虫（图2-620a）体型较小，黄绿色，单眼3个，金红色，复眼红色。胸背均有4条红黄色（冬型）或黄色（夏型）纵条纹。冬型翅透明，翅脉褐色，夏型前翅色略黄，翅脉淡黄褐色。静止时，翅呈屋脊状叠于体上。②卵：为长圆形，初时淡黄白色，后黄色（图2-620b）。③若虫：初孵若虫扁椭圆形，淡黄色，3龄后呈扁圆形，绿褐色，翅芽显著增大，体扁圆形，凸出于身体两侧。体背褐色，其中有红绿斑纹相间。

[生活习性] 东北1年发生3～5代，河北南部1年发生6～7代，以冬型成虫在落叶、杂草、土石缝隙及树皮缝内越冬。在河北南部，2～3月出蛰，3月中旬为出蛰盛期，在梨树发芽前即开始产卵于枝叶痕处，发芽展叶期将卵产于幼嫩组织茸毛内叶缘锯齿间（图2-620c）、叶片主脉沟内等处。若虫多群集为害，并有分泌胶液的习性，在胶液中生活、取食及为害，为害盛期为5～7月，因各代重叠交错，全年均可为害；7～8月，雨季到来，分泌的胶液招致杂菌，在相对湿度大于65%时发生霉变，致使叶片产生褐斑并

**图2-620 中国梨木虱**
a. 夏型成虫；b. 在叶片中脉处产下的卵；c. 在叶片边缘锯齿间产下的卵

坏死，造成严重间接危害，引起早期落叶。

**552. 异杜梨喀木虱** *Cacopsylla heterobetulaefoliae* (Yang & Li, 1981)，又名杜梨喀木虱，属半翅目木虱科。

［分布与为害］ 分布于北京、河北、山东等地。为害杜梨、梨、北美豆梨，寄生在叶背和嫩枝上，可使叶片皱褶，并造成煤污病（图2-621a、b）。

［识别特征］ ①成虫：体连翅长约3.2mm。体淡黄色，具黄褐色斑纹。触角黄褐色，触角第3～5节端部（有时第3节不显）黑色，第6～8节端大部（后1节的黑节部分长于前1节的，第8节几乎全黑）和端两节黑色，有时第3节端浅色。前翅透明，后缘近中部黑褐色，翅端大部具黑色微刺。颊锥与头顶约等长。越冬时体色较深。②若虫：具花斑（图2-621c）。

**图2-621　异杜梨喀木虱**
a、b. 为害杜梨并诱发煤污病状；c. 若虫

［生活习性］ 发生世代数不详，以成虫在树皮裂缝、杂草、落叶或土缝中越冬。翌年4月开始活动，成虫早期产卵于花蕾缝隙处，堆状，后期在叶背产卵。7～8月危害严重。若虫分泌的蜜露多，可吸引不少熊蜂、地蜂、日本弓背蚁等前来吸蜜。捕食性天敌有异色瓢虫、中华通草蛉等。

**553. 梧桐裂木虱** *Carsidara limbata* (Enderlein, 1926)，又名青桐木虱、梧桐木虱、梧桐裂头木虱，属半翅目裂木虱科。

［分布与为害］ 分布于北京、河南、山东、陕西、江苏、浙江等地。为害梧桐，常以成虫和若虫群集于嫩梢或枝叶吸汁为害，尤以嫩梢和叶背居多。若虫分泌白色棉絮状蜡质物（图2-622），影响树木光合作用和呼吸作用，并诱发煤污病。严重时，叶片提早脱落，枝梢干枯。

［识别特征］ ①成虫：体长4～5mm。体黄绿色，具褐斑，疏生细毛。复眼赤褐色。触角4～8节上半部分深褐色，最后2节黑色。前胸背板前后缘黑褐色。中胸背面有浅褐色纵纹2条。中胸盾片具有纵纹6条，中胸小盾片淡黄色，后缘色较暗。腹部背板浅黄色，各背板前缘饰以褐色横带。前翅无色透明，翅脉茶黄色，内缘室端部有1褐色斑。足淡黄色，跗节暗褐色，爪黑色。头横宽，头顶裂深，额显露。颊锥短小，乳突状。触角10节，顶部有2根鬃毛。前胸背板拱起。中胸背面中央有1浅沟。后胸盾片处有突起2个，呈圆锥形（图2-623a、b）。②卵：长约0.7mm，纺锤形。③若虫：共3龄，虫体扁，略呈长方形，末龄若虫近圆筒形，茶黄色微带绿色，体被较厚的白色蜡质层，翅芽发达，透明，淡褐色（图2-623c）。

**图2-622 梧桐裂木虱为害梧桐状**

a. 为害叶柄状；b. 为害叶片状；c. 为害花序状；d. 为害幼果状

**图2-623 梧桐裂木虱**

a、b. 成虫；c. 若虫

[生活习性] 1年发生2代，以卵在枝叶上越冬。翌年4月下旬至5月上旬越冬卵开始孵化，6月上中旬羽化成虫，下旬为羽化盛期。第2代若虫7月中旬发生，8月上中旬羽化，8月下旬成虫开始产卵，卵散产于枝叶等处。成虫产卵前需补充营养，成虫寿命约6周。若虫潜居于白色棉絮状蜡丝中，行动迅速，无跳跃能力。若虫、成虫均有群聚性，往往几十头群聚在嫩梢或棉絮状白色蜡质物中。成虫羽化1~2天后，移至无分泌物处继续吸食汁液。喜爬行，如受惊扰，即跳跃他处。

**554. 浙江朴盾木虱** *Celtisaspis zhejiangana* Yang & Li, 1982，属半翅目盾木虱科。

[分布与为害] 分布于山东、江苏、安徽、浙江、湖南等地。为害朴树叶片，使得叶面形成长角状虫瘿（图2-624），严重时叶面畸形，被害处焦枯，导致早期落叶，生长衰弱。

**图2-624 浙江朴盾木虱为害朴树状**

a、b. 为害叶片正面状；c、d. 为害叶片背面状

[识别特征] ①成虫：体到翅端长4.3~5.3mm。黄褐色或黑褐色，被黄色短毛。头顶具大黑斑。复眼红褐色，单眼橙黄色。前翅褐色至暗褐色，有透明斑和褐色横带，后翅半透明，污褐色，不形成斑带。头顶横宽、粗糙。触角丝状，10节，末节末端有刚毛2根（图2-625）。②若虫：初龄若虫淡褐色，足、触角漆黑色，翅芽初显露；5龄若虫体长2.4~3.2mm，黄白色或淡肉红色，复眼红棕色，单眼橙黄色，触角10节，翅芽卵圆形，腹部圆形，淡绿色或黄绿色。

[生活习性] 山东1年发生2代，以卵在芽片内越冬。翌年4月上旬前后，气温上升，朴树

**图2-625 浙江朴盾木虱成虫**

初展嫩叶时，卵开始孵化，若虫在嫩叶背面固定为害，并逐渐形成椭圆形白色蜡壳，长径4～8mm，短径3～5mm。4月下旬在叶面形成长角状虫瘿，瘿角长4～8mm，被害严重者1叶有瘿角30多个。瘿角反面白色圆形蜡壳明显，此时若虫已近老熟，于5月中旬前后成虫大量羽化，成虫由蜡壳边缘爬出，停息叶上，一旦受惊动即可飞起。成虫交尾后，产卵于芽片内越冬。若虫期可被一种蚜小蜂寄生。

**555. 黄栌丽木虱** *Calophya rhois* (Löw, 1878)，属半翅目丽木虱科。

[分布与为害] 分布于吉林、辽宁、陕西、山西、宁夏、甘肃、北京、河北、山东、安徽、湖南、湖北、四川、重庆等地，是一种为害黄栌的重要害虫，以成虫、若虫刺吸叶片、嫩枝（图2-626a）汁液，严重时造成叶片卷曲畸形（图2-626b）。该虫数量多，为害时间长，可影响黄栌的正常生长和红叶景观。

**图2-626 黄栌丽木虱为害黄栌状**

a. 为害嫩枝状；b. 为害叶片状

[识别特征] ①成虫：体小而短粗，分冬、夏两型。冬型体长约2mm。褐色稍具黄斑。头顶黑褐色，两侧及前缘稍淡。颊锥黄褐色。眼橘红色。触角1～6节黄褐色，7～10节黑色。腹部褐色。前翅透明，浅污黄色，脉黄褐色，臀区具褐斑，缘纹3个。触角10节，8～10节膨大，9～10节具长刚毛3根。后足胫节无基齿，端距4个（图2-627a）。夏型体长约1.9mm。除胸背橘黄色、腿节背面具褐斑外，均鲜黄色，美丽（图2-627b）。②卵：椭圆形，黄色有光泽。③若虫：复眼赭红色，胸、腹有淡色斑，腹黄色（图2-627c）。

**图2-627 黄栌丽木虱**

a. 冬型成虫；b. 夏型成虫；c. 若虫

［生活习性］北京1年发生2代，以成虫在落叶内、杂草丛中、土块下越冬。翌年黄栌发芽时成虫出蛰活动，交尾产卵。4月下旬为第1代卵孵化盛期，第1代和第2代若虫为害期分别为5月下旬至6月上旬和7月。成虫产卵于叶背茸毛中、叶缘卷曲处或嫩梢上，每雌产卵120～300粒，卵期3～5天，若虫5龄，历期18～37天。若虫多聚集于新梢或叶片，在叶片背面常沿叶脉分布。

**556. 皂角云实木虱** *Colophorina robinae* (Shinji, 1938)，又名皂荚云实木虱、皂荚幽木虱、皂荚瘿木虱，属半翅目幽木虱科。

［分布与为害］分布于辽宁、陕西、北京、河北、山东、贵州等地。以成虫和若虫吸食皂角汁液，若虫将嫩叶折合成叶苞，严重时造成新梢畸形，在内群居取食，分泌蜡丝，排出蜜露，被害叶片枯黄早落，对皂角生长影响极大（图2-628a～c）。

［识别特征］①成虫：雌虫体长2.1～2.2mm，翅展4.2～4.3mm；雄虫体长1.6～2.0mm，翅展3.2～3.3mm。初羽化时体黄白色，以后渐变黄褐色至黑褐色。复眼紫红色。单眼褐色。触角各节端部黑色，基部黄色，顶端2根刚毛黄色。头顶黄褐色，中缝褐色，两侧各有1凹陷褐斑。中胸前盾片有褐斑1对，盾片上有褐斑2对，随着体色加深花斑逐渐不明显。前翅初透明，后变半透明，外缘、后缘及翅中央出现褐色区，翅脉上有褐斑，翅面上散生褐色小点。后翅透明，缘脉褐色。足腿节黑褐色。胫节黄褐色。基跗节黄褐色，端跗节黑褐色。复眼大，向头侧凸出呈椭圆形。触角10节。雌虫腹部末端尖，产卵瓣上密被白色刚毛；雄虫腹末钝圆，交尾器弯向背面。足腿节发达。胫节端部有4个黑刺。基跗节有2个黑刺。②卵：长椭圆形，有短柄，长0.28～0.34mm，宽0.12～0.19mm。初产乳白色，一端稍带橘红色，后变紫黑色，孵化前灰白色。③若虫：5龄若虫体长2.10～2.25mm，体宽0.60～0.62mm。黄绿色，斑色加深；复眼红褐色。翅芽大（图2-628d）。

**图2-628 皂角云实木虱**

a～c. 为害皂角枝叶状；d. 若虫

［生活习性］沈阳1年发生4代，以成虫越冬。翌年4月上旬开始活动，补充营养半月余，4月中旬开始交尾产卵。5月上旬若虫孵化，若虫共5龄。成虫第1代5月下旬出现，第2代7月上旬出现，第3代8月

中旬出现，第4代成虫9月下旬羽化后，不再交尾产卵，以成虫在树干基部皮缝中越冬。卵多产在叶柄的沟槽内及叶脉旁，极少产在叶面上；越冬代成虫产卵于当年生小枝皮缝，卵排列成串。成虫有趋光性和假死性，善跳跃。初孵若虫往小枝顶端爬行，幽居在嫩叶间，刺吸嫩叶使叶不能展开，从主脉处折合形成豆角状虫苞。1苞内有虫几头、十几头乃至几十头不等。蜕皮时仍然留在虫苞内。老龄若虫羽化前，常爬出虫苞停在枝丫处，并分泌大量白蜡丝覆盖身体，蜕皮时蜕多留在叶柄上。该虫发生受温度、风、降雨影响较大。高温干燥的天气发生重。

**557. 枸杞线角木虱** *Bactericera gobica* (Loginova, 1972)，又名枸杞木虱、猪嘴蜜、黄疸，异名 *Poratrioza sinica* Yang & Li, 1982，属半翅目个木虱科。

［分布与为害］ 分布于陕西、宁夏、甘肃、青海、新疆、内蒙古、河北等地。为害枸杞、龙葵等植物。以成虫、若虫在叶背把口器插入叶片组织内，刺吸汁液，致叶黄枝瘦，树势衰弱，同时易造成春季枝条干枯。

［识别特征］ ①成虫：体长约2.4mm，体连翅长约3.3mm。体色有变化：越冬代黑褐色，具橙黄色纹；非越冬代色浅，黄褐色或褐色。腹背面近基部具1条蜡白色横带（图2-629a）。②卵：长约0.3mm，长椭圆形，具1细如丝的柄，固着在叶上，酷似草蛉卵。橙黄色，柄短，密布在叶上，别于草晴蛉卵（图2-629b）。③若虫：扁平，固着在叶上，形似介壳虫。末龄若虫体长约3.0mm，宽约1.5mm。初孵时黄色，背上具褐斑2对，有的可见红色眼点，体缘具白缨毛（图2-629c）。

**图2-629　枸杞线角木虱**
a. 成虫；b. 卵；c. 若虫

［生活习性］ 1年发生3～4代，世代重叠，以成虫隐藏在寄主附近的土块下、墙缝、落叶及树干与树上残留的枯叶内越冬。一般4月下开始出现，近距离跳跃或飞翔，在枝叶上刺吸取食，停息时翅端略上翘，常左右摇摆，肛门不时排出蜜露。白天交尾、产卵，先抽丝成柄，卵密布叶片两面，如一层黄粉，有"黄疸"之称。若虫可爬动，但不活泼，附着叶表或叶下刺吸为害。6～7月为盛发期，各期虫态均多，严重时几乎每株每叶均有此虫。受害严重的植株至8月下旬便开始枯萎，对枸杞生长影响较大。

**558. 樟个木虱** *Trioza camphorae* Sasaki, 1910，又名樟木虱、香樟树木虱、香樟木虱，属半翅目个木虱科。

［分布与为害］ 分布于河南、江苏、上海、浙江、江西、福建、广东、湖南等地。为害香樟。以若虫固定于叶片背面刺吸为害，被害处叶片背面凹陷，正面形成紫红色的虫瘿，发生严重时整个叶片布满虫瘿，严重影响寄主的正常生长和景观效果（图2-630a）。

［识别特征］ ①成虫：体长2.0～2.4mm，翅展4.5～5.5mm。黄色至橙黄色。复眼凸出，呈半球形。

触角丝状，10节，基部2节粗短。前翅革质，半透明。②卵：近香蕉形，长约0.3mm，具卵柄。初产时乳白色，后逐渐加深为褐色，孵化时黑色。③若虫：共5龄。1～2龄若虫分泌玻璃状蜡丝，3～5龄若虫分泌白色蜡丝，沿体缘形成白色蜡边。末龄若虫长约1mm，触角发达，可见5节。头、前胸、中胸、后胸愈合，腹部不明显（图2-630b）。

图2-630　樟个木虱

a. 为害香樟造成的虫瘿（叶片正面）；b. 为害香樟造成的虫瘿（叶片背面）及若虫

　　［生活习性］　1年发生2代为主，少部分1代或3代，以低龄若虫在叶片背面越冬。翌年3月下旬至4月越冬代羽化，寄主新叶萌发时成虫开始产卵，卵产于寄主的新叶上，叶尖边缘多于叶片正反面。4～6月为第1代若虫为害期，第2代若虫5月下旬开始出现。入冬后以若虫越冬。

　　**559. 垂柳线角木虱**　*Bactericera myohyangi* (Klimaszewski, 1968)，又名柳线角个木虱，属半翅目个木虱科。

　　［分布与为害］　分布于吉林、辽宁、山西、内蒙古、宁夏、甘肃、新疆、北京、河北、河南、山东、江苏、广东、广西、贵州等地。为害垂柳、旱柳等多种柳树，叶片正反两面均可寄生。若虫淡黄褐色，有时带绿色（成虫羽化后的壳白色），可爬行。

　　［识别特征］　①成虫：雌虫体长（达翅端）3.6～3.8mm；雄虫3.3～3.7mm。初羽化时体呈淡绿色，翅白色透明，以后雌虫胸部橙黄色，腹部淡绿色，雄虫渐变橙黄色，越冬代成虫黑褐色。头顶淡黄色，中缝黑色，两侧凹陷褐色，颊锥黑色。复眼紫红色，单眼红色。触角基部1～3节淡黄色，其余各节黑色。胸部具褐斑。腹部腹面色淡。雄虫上生殖板铗黄褐色。翅脉黄褐色。后足胫节距黑色。触角长1.1～1.2mm。胸部明显拱起。雌虫腹端侧视粗短，背瓣锥状略长于腹瓣。雄虫上生殖板略向背上凸出。前翅长3.1～3.2mm，宽1.1～1.2mm。后翅长2.1～2.3mm，宽0.8～0.9mm。后足胫节端距外1内2（图2-631）。②卵：长0.3～0.4mm，宽0.1～0.2mm，纺锤形，杏黄色，光滑，孵化前淡黄

图2-631　垂柳线角木虱成虫

色；柄长0.2～0.3mm，紫红色。③若虫：体扁平，椭圆形，缘毛银白色，复眼红色；触角、足下外露。

　　［生活习性］　沈阳1年发生5代，以成虫在枯枝落叶层越冬。翌年4月上旬出蛰活动，补充营养，4月中旬开始交尾产卵，4月下旬孵出若虫，5月中旬第1代成虫羽化。该虫的发生受光和温度影响较为显著。光照条件不同，若虫体色深浅不一，特别是老龄若虫在林缘处呈漆黑色。温度影响成虫出蛰活动的时间，当3月末的日平均气温达到5～6℃时，成虫便开始活动，达不到此温度将推迟至4月上旬才开始活动。另外，随着温度的升高，卵期及若虫期均有缩短的趋势。

　　近年来，在天津发现一种木虱为害花椒（图2-632），其分布与为害、识别特征、生活习性等有待于进

图2-632 一种为害花椒的木虱

一步观察研究。

[木虱类的防治措施]

（1）加强检疫 苗木调运时加强检查，禁止带虫材料外运。结合修剪剪除带卵枝条。

（2）生物防治 保护、利用天敌，如赤星瓢虫、黄条瓢虫、草蛉等能捕食木虱的卵和若虫。

（3）化学防治 若虫发生盛期（叶背出现白色絮状物时）喷施机油乳剂30～40倍液、50%吡蚜酮可湿性粉剂2500～5000倍液、10%氟啶虫酰胺水分散粒剂2000倍液、22%氟啶虫胺腈悬浮剂5000～6000倍液、5%双丙环虫酯可分散液剂5000倍液、22.4%螺虫乙酯悬浮剂3000倍液。

## 六、粉虱类

粉虱类属半翅目粉虱科。体微小，雌雄均有翅，翅短而圆，膜质，翅脉极少，前、后翅相似，后翅略小。体、翅均有白色蜡粉，故称粉虱。在园林植物上常见的有温室白粉虱、橘刺粉虱、柑橘粉虱等。

**560. 温室白粉虱** *Trialeurodes vaporariorum* (Westwood, 1856)，又名温室粉虱、白粉虱，属半翅目粉虱科。

[分布与为害] 分布于全国各地，露地及温室大棚内普遍发生。寄主范围广，可为害倒挂金钟、茉莉、兰花、凤仙花、一串红、月季、牡丹、八角金盘、菊花、万寿菊、五色梅、扶桑、绣球、旱金莲、一品红、大丽花、矮牵牛、蜀葵、泡桐等植物。主要以成虫和若虫群集在寄主植物叶背刺吸汁液为害，使叶片卷曲、褪绿发黄，甚至干枯。此外，成虫和若虫还分泌蜜露，诱发煤污病（图2-633a）。

图2-633 温室白粉虱

a. 为害八角金盘叶片造成煤污病状；b. 成虫；c. 成虫与卵（卵壳）；d. 若虫

［识别特征］①成虫：体长1.0～1.2mm。体浅黄色或浅绿色，被有白色蜡粉。复眼赤红色。前、后翅上各有1条翅脉，前翅翅脉分叉（图2-633b、c）。②卵：长0.2～0.5mm，长椭圆形，具柄，初时淡黄色，后变黑褐色。③若虫：体长约0.5mm，扁平椭圆形，黄绿色，体表具长短不一的蜡丝，2根尾须稍长（图2-633d）。④伪蛹：长约0.8mm，稍隆起，淡黄色，背面有11对蜡质刚毛状突起。

［生活习性］1年发生10余代，在温室内可终年繁殖。繁殖能力强，世代重叠现象显著，以各种虫态在温室植物上越冬。成虫喜欢选择上部嫩叶栖息、活动、取食和产卵。卵期6～8天，幼虫期8～9天。成虫一般不大活动，常在叶背群聚，对黄色和嫩绿色有趋性。营有性生殖，也能孤雌生殖。幼虫孵化后即固定在叶背刺吸汁液，造成叶片变黄、萎蔫甚至死亡。此外，该虫还大量产生分泌物，造成煤污病，严重影响叶片的光合作用。

**561. 橘刺粉虱** *Aleurocanthus spiniferus* (Quaintance, 1903)，又名黑刺粉虱、柑橘刺粉虱，属半翅目粉虱科。

［分布与为害］分布于江苏、浙江、福建、台湾、广东、广西等地。为害月季、蔷薇、米兰、玫瑰、山茶、榕、樟、柑橘等植物。以若虫群集在叶片背面吸食汁液，被害处形成黄斑。其排泄物常诱发煤污病，影响光合作用，降低观赏价值。

［识别特征］①成虫：体长1.0～1.3mm。橙黄色，覆有白色蜡粉。复眼红褐色。前翅紫褐色，有7个不规则的白色斑纹。后翅较小，无斑纹，淡紫褐色。足黄色。②卵：长1mm左右，长椭圆形，初时乳黄色，孵化前深黄色，有短柄。③若虫：扁平椭圆形，淡黄绿色，体周围有小突起17对，并有白色放射状蜡丝，随虫龄增大，体色渐成黑色（图2-634）。④伪蛹：椭圆形，初时乳黄色，透明，后变黑色，有蜡质光泽。

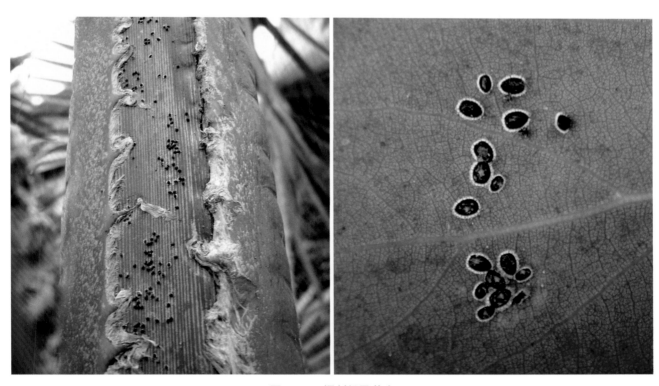

**图2-634 橘刺粉虱若虫**

［生活习性］浙江1年发生4代，以末龄若虫或拟蛹在叶背越冬。翌年5月上中旬成虫开始羽化。第1代若虫于5月下旬开始发生，各代幼虫发生盛期在6月上旬、7月下旬、9月上旬及10月上中旬。成虫以7～8月发生较多。成虫白天活动，卵产于叶背，老叶上的卵比嫩叶上多。成虫有孤雌生殖现象和趋光性。

**562. 柑橘粉虱** *Dialeurodes citri* (Ashmead, 1885)，又名柑橘绿粉虱、茶园橘黄粉虱、通草粉虱，属半翅目粉虱科。

［分布与为害］分布于江苏、上海、安徽、浙江、江西、福建、台湾、广东、广西、海南、湖南、湖北、四川、贵州、云南等地。为害柑橘、金橘、桂花、栀子、石榴、柿、板栗、咖啡、茶、油茶、女贞、

杨梅等植物（图2-635a）。以若虫群集于叶背刺吸汁液，产生分泌物易诱发煤污病，影响光合作用，致发芽减少，树势衰弱。

[识别特征] ①成虫：雌虫体长约1.2mm，翅展约3.2mm。雄虫略小。体乳黄色，全身被有白色蜡粉。复眼分上、下两部分：上为红色，下为紫红色。复眼上方具1个单眼。触角7节。腹部腹面有分泌蜡粉的蜡板：雌虫蜡板2对，雄虫蜡板4对。外生殖器发达。翅2对。②卵：长椭圆形，长约0.25mm，宽约0.1mm，卵的基部具1个卵柄，长约0.1mm，平卧于叶片背面。③若虫：1龄若虫椭圆形，长约0.32mm，宽约0.22mm；触角位于头胸部腹面，由3节组成，胸足3对，发达，善爬行；体缘刚毛15对；管状孔圆形。2龄若虫椭圆形，长0.45～0.52mm，宽0.32～0.45mm；触角退化成2节，足也退化成截头的圆锥体，已失去爬行功能；体缘刚毛减少到3对。3龄若虫椭圆形，长0.67～0.80mm，宽0.5～0.6mm，形态与2龄相似，但触角呈钩状。4龄若虫（蛹）宽椭圆形，乳黄色，雌体长1.48～1.55mm，宽1.16～1.21mm，雄虫略小；触角2节呈棍棒状。头胸部背面出现倒"T"形羽化缝；管状孔近圆形，边缘硬化，后半圆较厚。

[生活习性] 上海1年发生3代，以4龄若虫在叶片背面越冬。翌年早春发育成伪蛹（图2-635b），伪蛹于翌年4月中下旬羽化。成虫产卵具有趋嫩习性，喜产于嫩叶背面。第1代卵发生期基本与桂花等寄主的嫩叶生长期相吻合。5月出现第1代若虫，后期世代重叠，于10月开始越冬。

**图2-635 柑橘粉虱**

a. 为害桂花叶片状；b. 伪蛹

[粉虱类的防治措施]

（1）加强检疫 避免将虫带入塑料大棚和温室。早春做好虫情预测预报，及时开展有效的防治工作。

（2）加强养护 清除大棚和温室周围杂草，以减轻虫源。荫蔽、通风透光不良都有利于粉虱的发生，适当修枝，勤除杂草，可减轻为害。

（3）物理防治 白粉虱成虫对黄色有强烈趋性，可用黄色诱虫板诱杀。

（4）化学防治 在保护地内，可采用80%敌敌畏乳油熏蒸成虫，按1mL/m³原液，兑水1～2倍，每隔5～7天喷1次，连续5～7次，注意勿将药液直接喷洒到植株，并密闭门窗8h。亦可喷施50%吡蚜酮可湿性粉剂2500～5000倍液、10%氟啶虫酰胺水分散粒剂2000倍液、22%氟啶虫胺腈悬浮剂5000～6000倍液、5%双丙环虫酯可分散液剂5000倍液、22.4%螺虫乙酯悬浮剂3000倍液，喷洒时注意药液均匀，叶背处更应周到。

## 七、蜡蝉类

蜡蝉类包括半翅目蜡蝉科、象蜡蝉科、广翅蜡蝉科，体小型至大型，善跳跃。蜡蝉科前、后翅端区脉纹呈网状，多分叉和横脉，一般体色美丽；象蜡蝉科头多明显延长呈锥状或圆柱状；广翅蜡蝉科若虫大多为白色，尾部粉絮状。园林植物上常见的种类有斑衣蜡蝉、龙眼鸡、伯瑞象蜡蝉、柿广翅蜡蝉、八点广翅蜡蝉、可可广翅蜡蝉、圆纹宽广蜡蝉、阔带宽广蜡蝉、眼纹广翅蜡蝉、透羽疏广蜡蝉、褐缘蛾蜡蝉、碧蛾蜡蝉等。

**563. 斑衣蜡蝉** *Lycorma delicatula* (White, 1845)，又名椿皮蜡蝉、斑衣、樗鸡、红娘子、花姑娘、椿蹦、花蹦蹦，属半翅目蜡蝉科。

[分布与为害] 分布于华北、华东、西北、西南、华南等地。为害葡萄、臭椿、香椿、香樟、悬铃木、紫叶李、紫藤、法桐、槐、榆、黄杨、珍珠梅、女贞、桂花、樱桃、美国地锦等植物。以成虫和若虫刺吸嫩梢及幼叶的汁液（图2-636），造成叶片枯黄，嫩梢萎蔫，枝条畸形，并诱发煤污病。

[识别特征] ①成虫：体长约18mm，翅展为50mm左右。灰褐色。前翅革质，基部2/3为浅褐色，上布有20多个黑点，端部1/3处为灰黑色。后翅基部为鲜红色，布有黑点，中部白色，翅端黑蓝色（图2-637a、b）。②卵：圆柱形，长约3mm，卵块表面有1层灰褐色泥状物（图2-637c、d）。③若虫：1～3龄体为黑色，4龄体背面红色，有黑白相间斑点，有翅芽（图2-637e～i）。

图2-636 斑衣蜡蝉若虫为害状

**图2-637 斑衣蜡蝉**

a、b. 成虫；c、d. 卵块；e. 初孵若虫；f. 低龄若虫；g. 中龄若虫；h. 高龄若虫；i. 若虫蜕皮状

[生活习性] 1年发生1代，以卵在枝干和附近建筑物上越冬。其生活史为不完全变态（图2-638a）。翌年4月若虫孵化，5月上中旬为若虫孵化盛期。小若虫群居在嫩枝幼叶上为害，稍有惊动便蹦跳而逃离。其不仅影响枝蔓当年的成熟，还影响来年枝条的生长发育。6月中下旬成虫出现，成虫和若虫常数十头群集为害（图2-638b），此时寄主受害更加严重。成虫交配后，将卵产在避风处，卵粒排列呈块状，每块卵粒数不等，卵块覆盖有黄褐色分泌物，类似黄土泥块贴在树干皮上。10月成虫逐渐死亡，留下卵块越冬。

**图2-638 斑衣蜡蝉生活史（a）和成虫群集为害状（b）**

**564. 龙眼鸡** *Pyrops candelaria* (Linnaeus, 1758)，又名龙眼樗鸡、龙眼蜡蝉、长鼻蜡蝉，属半翅目蜡蝉科。

[分布与为害] 分布于福建、广东、海南、广西、云南、贵州等地。为害龙眼、荔枝、芒果、橄榄、柚子、黄皮、番石榴、乌桕、臭椿、梨、李、桑等植物。以成虫、若虫吸食寄主枝干汁液，使枝条干枯、树势衰弱，其排泄物还可诱发煤污病。

[识别特征] ①成虫：体长37～42mm，翅展70～80mm。体橙黄色。前翅革质、绿色，散布多个圆或方形的黄色斑点，十分艳丽。后翅橙黄色，半透明，顶角部分黑色。最为特别的是头部额区延伸似象鼻，长度约等于胸、腹之和，向上弯曲，背面红褐色，腹面黄色，其上散布许多小白点（图2-639）。②卵：圆筒形，白色，长2.5～2.6mm，近孵化时灰黑色，常60～100粒聚集成长方形的卵块，并覆盖有白色蜡粉。③若虫：初龄若虫体长约4.2mm，酒瓶状，黑色，头部略呈长方形。

图2-639 龙眼鸡成虫

[生活习性] 广东1年发生1代，以成虫在寄主上越冬。每年3月开始活动，分散在寄主枝干上刺吸取食，补充营养，直至5月始交尾产卵，卵块多产于离地面1.5～2.0m的主干或主枝上，通常每雌仅产1卵块，有卵60～100粒，卵期20～30天。6月若虫盛孵，初孵若虫有群集性，若虫活泼，善跳跃，发生严重时密布于枝叶丛间。9月上中旬若虫逐渐羽化。

**565. 伯瑞象蜡蝉** *Raivuna patruelis* (Stål, 1859)，属半翅目象蜡蝉科。

[分布与为害] 分布于黑龙江、吉林、辽宁、陕西、北京、河北、山东、江苏、浙江、江西、福建、广东、海南、广西、湖南、湖北、四川、贵州、云南等地。为害苹果、樱花、海棠类、梨、李、桑、观赏甘薯等植物。

[识别特征] 成虫：体长8～11mm，翅展18～22mm。身体大部分绿色。胸部背面、侧面都有橙色条纹。腹部背面暗色，侧面及腹面绿色。翅透明，翅痣褐色，端半部的脉纹暗褐色。头部明显向前凸出，略呈长圆柱形，前端稍窄，顶长约与头、胸之和相等（图2-640）。

[生活习性] 华北地区1年发生1代，6～7月为成虫期。

图2-640 伯瑞象蜡蝉成虫

**566. 柿广翅蜡蝉** *Ricanula sublimata* (Jacobi, 1916)，又名广翅蜡蝉、白痣广翅蜡蝉，属半翅目广翅蜡蝉科。

[分布与为害] 分布于黑龙江、山东、江西、福建、台湾、广东、湖南、湖北、四川、重庆等地。为害柿、李、桃、山楂、酸枣、栀子、柑橘、茶、樟、女贞、杜鹃、小叶青冈、山胡椒、母猪藤等植物。以成虫、若虫刺吸枝条、叶片的汁液，造成植株长势衰弱，同时其产卵于当年生枝条，致使产卵部以上枝条枯死。

［识别特征］①成虫：体长约7mm，翅展约22mm。全体褐色至黑褐色。前翅宽大，外缘近顶角1/3处有1黄白色三角形斑，后翅褐色，半透明（图2-641a）。②卵：长椭圆形，微弯，长约1.3mm，宽约0.5mm，初产时乳白色，渐变淡黄色。③若虫：体长6.5～7.0mm，宽4.0～4.5mm，卵圆形，黄褐色，头短宽，额大，有3条纵脊，似成虫。初龄若虫体被白色蜡粉，腹末有4束蜡丝呈扇状，尾端多向上前弯而蜡丝覆于体背（图2-641b）。

图2-641　柿广翅蜡蝉

a. 成虫；b. 若虫

［生活习性］1年发生1代，以卵在枝条内越冬。翌年5月孵化，为害至7月底羽化为成虫，8月中旬进入羽化盛期，成虫经取食后交尾产卵，8月底始见卵，9月下旬至10月上旬进入产卵盛期，10月下旬结束。成虫白天活动，善跳，飞行迅速，喜于嫩枝、顶梢及叶片上刺吸汁液。多选在直径4～5mm且光滑的枝条内部产卵，产于木质部内，外覆白色蜡丝状分泌物，每雌虫可产卵150粒左右。若虫有一定的群集性，活泼善跳。

**567. 八点广翅蜡蝉**　*Ricania speculum* (Walker, 1851)，又名八点蜡蝉、八点光蝉、橘八点光蝉、咖啡黑褐蛾蜡蝉、黑羽衣、白雄鸡，属半翅目广翅蜡蝉科。

［分布与为害］分布于陕西、山西、河南、江苏、浙江、福建、台湾、广东、广西、湖南、四川、湖北、云南等地。为害苹果、梨、桃、杏、李、梅、樱桃、枣、板栗、山楂、柑橘、咖啡、可可、茶、油茶、桑、扶桑等植物。以成虫、若虫在嫩枝、芽、叶上刺吸汁液；卵产于当年生枝条内，影响枝条生长，重者产卵部以上枯死，削弱树势。

［识别特征］①成虫：体长11.5～13.5mm，翅展23.5～26.0mm。体黑褐色，疏被白蜡粉。单眼红色。腹部和足褐色。前翅上有6或7个白色透明斑。后翅半透明，翅脉黑色，中室端有1小白色透明斑，外缘前半部有1列半圆形小的白色透明斑，分布于脉间。单眼2个。触角刚毛状，短小。翅革质密布纵横脉，呈网状。前翅宽大，略呈三角形，翅面被稀薄白色蜡粉（图2-642a、b）。②卵：长约1.2mm，长卵形，卵顶具1圆形小突起，初为乳白色渐变淡黄色。③若虫：体长5～6mm，宽3.5～4.0mm。体略呈钝菱形，翅芽处最宽，暗黄褐色，布有深浅不同的斑纹，体疏被白色蜡粉（图2-642c、d）。

［生活习性］山西1年发生1代，以卵于枝条内越冬。翌年5月陆续孵化，为害至7月下旬开始老熟羽化，8月中旬前后为羽化盛期。成虫经20余天取食后开始交配，8月下旬至10月下旬为产卵期，9月中旬至10月上旬为盛期。白天活动为害，若虫有群集性，常数头在一起排列枝上，爬行迅速，善于跳跃；成虫飞行力较强且迅速，产卵于当年生枝条木质部内，以直径4～5mm的枝背面光滑处落卵较多，产卵孔排成1纵列，孔外带出部分木丝并覆有白色棉毛状蜡丝，极易发现与识别（图2-642e）。成虫寿命50～70天，秋后陆续死亡。

**图2-642 八点广翅蜡蝉**
a、b. 成虫；c、d. 若虫；e. 产卵孔

**568. 可可广翅蜡蝉** *Ricania cacaonis* Chou et Lu, 1977，属半翅目广翅蜡蝉科。

[分布与为害] 分布于江苏、浙江、江西、福建、广东、海南、湖南、贵州等地。以成虫、若虫为害可可、杨梅、柑橘、水杉、广玉兰、樟、茶、桃等植物。

[识别特征] ①成虫：体长6～8mm，翅展18～23mm。体褐色至深褐色，背面颜色稍深，披黄褐色蜡粉。头、胸及足黄褐色。额角黄色。头顶有5个并排的褐色圆斑。复眼褐色或黑褐色。前翅烟褐色，披黄褐色蜡粉；沿前缘至翅基有10多条黄褐色斜纹，外缘略呈波状；亚外缘线为黄褐色细纹，与外缘平行；翅面散生黄褐色横纹。后翅淡褐色或褐色，半透明，颜色稍浅，前缘基部呈黄褐色。头宽小于胸部。触角刚毛状。前胸背板具中脊，两边刻点明显。中胸背板具纵脊3条，中脊长而直，侧脊从中间向前分叉，二内叉内斜，端部相互靠近，外叉短，基部略断开。前翅外缘略呈波状，前缘外2/5处有1黄褐色横纹分成2或3个小室，顶角处有1隆起圆斑。后足胫节外侧具刺1对（图2-643）。②卵：近圆锥形，一端较小，卵初产时为乳白色，孵化时变为乳黄色。长1.0～1.1mm。③若虫：老熟若虫体长3.2～3.6mm，淡褐色。胸背外露，有4条褐色纵纹，前胸背板小，中胸背板发达，后缘色深。腹部披有白蜡，末端具蜡丝，蜡丝乳黄色或乳白色，成束的蜡丝连成一片向四周张开，其中向上张开的1束蜡丝较长，是体长的2.5倍左右，其余蜡丝与体长相等，呈羽状平展。胸足基、腿节青绿色或乳黄色，跗节色深为淡褐色，爪黑褐色。

**图2-643 可可广翅蜡蝉成虫**

［生活习性］ 江苏1年发生2代，贵州1年发生1代，均以卵在寄主枝条内越冬。产卵时雌虫用产卵器在中、下部新梢皮层上划1长条形的深达木质部的产卵痕，卵呈整齐两排产于寄主组织内。雌虫产卵前，尾部分泌大量的白色蜡粉，产卵完毕即将蜡粉覆盖在产卵痕上，产后的卵一端常作鱼鳍状突起外露。初孵若虫善爬行，受惊吓时即迅速跳跃逃逸，刚孵化的若虫尾部的蜡丝较短，经1天后尾部的蜡丝已分泌较长，随着龄次增加蜡丝也在增长；1～2龄有群居习性，常群集在寄主叶片背面和嫩枝丛中；3龄后则分散爬至上部嫩梢上为害。若虫蜕皮后于嫩茎上取食，并分泌白色絮状物覆盖虫体，体披蜡质丝状物，如同孔雀开屏，栖息处还常留下许多白色蜡丝。老熟若虫多在夜间和凌晨羽化。

**569. 圆纹宽广蜡蝉** *Pochazia guttifera* Walker, 1851，又名圆纹广翅蜡蝉，属半翅目广翅蜡蝉科。

［分布与为害］ 分布于甘肃、江苏、浙江、湖南、湖北、贵州等地。为害香樟、女贞、冬青、山茶、油茶、柑橘、刺槐、肉桂、桂花、杜仲、紫薇、海桐、紫叶李、樱花、火棘、苦楝、迎春、金银花、日本珊瑚、万年青等植物。以成虫、若虫刺吸枝条、叶片的汁液，若虫常群集为害，引起叶片发黄卷缩畸形，严重时导致枝叶枯死。

［识别特征］ ①成虫：体长8～10mm，翅展15～26mm。头、胸部棕褐色至黑褐色。腹部淡棕褐色。前翅深褐色至烟褐色，前缘约2/3处具1三角形透明斑，翅面近中部具1较小的近圆形透明斑，周围有黑褐色宽边。外缘有2个狭长的透明斑，前斑长圆形，后斑椭圆形。后翅黑褐色，半透明。翅面被薄棕褐色蜡粉（图2-644）。②卵：长卵形，长约1mm，初产时乳白色，后逐渐加深。③若虫：末龄若虫体长5～6mm，浅蓝色，腹末有具浅黄色分段的白色棉毛状蜡丝丛。

**图2-644 圆纹宽广蜡蝉成虫**
a. 背面观；b. 侧面观；c. 初羽化状

［生活习性］ 贵阳1年发生1代，以卵在寄主枝条内越冬。翌年4月下旬卵开始孵化，5～6月是若虫发生高峰期，8月中下旬若虫全部羽化。6月下旬成虫开始出现，9月为产卵高峰期。卵产于当年枝梢上，并覆盖棉絮状白色蜡丝。产卵后成虫逐渐死亡。·

**570. 阔带宽广蜡蝉** *Pochazia confusa* Distant, 1906，又名宽带广翅蜡蝉，属半翅目广翅蜡蝉科。

［分布与为害］ 分布于福建、广东、广西、湖南、四川等地。为害覆盆子。

［识别特征］ 成虫：体长约10mm，翅展约32mm。体栗褐色，前端色深，尤以中胸背板色最深，尾部色稍浅。额具中脊和侧脊，但均不完全。唇基有不明显的中脊。前胸前板有1条明显的中脊，两边各有1个明显的刻点。中胸背板有脊3条，中脊直而长，侧脊从中部向前分叉，2内叉在前端互相靠近。前翅大三角形，外缘长于后缘，前缘在外方1/3处微凹，凹处后方有1个小的半透明斑。翅的中横带宽而直，半透明，从翅后缘中部向前伸，几乎与外缘平行，不到达前缘的横脉列，横带的前端与翅前缘之间有1个不规则半透明斑。翅外缘有3个半透明斑，斑内脉纹仍为褐色，3个斑的前后及3个斑之间沿外缘还有10多个微小的透明斑。后翅有1条透明的中横带，其后端不达翅缘。后足胫节外侧有2根大刺和

1根很小的刺（图2-645）。

[生活习性] 不详。

类似的广翅蜡蝉种类还有眼斑宽广蜡蝉 *Pochazia discreta* Melichar, 1898（图2-646）。其分布于浙江、广东、广西、贵州等地，为害茶、油茶、钩藤等植物。成虫形态与圆纹宽广蜡蝉相似，不同点是其顶角处斑块不与外缘相接，而臀角处斑块与外缘相接。

图2-645 阔带宽广蜡蝉成虫

图2-646 眼斑宽广蜡蝉成虫

**571. 眼纹广翅蜡蝉** *Euricania ocellus* (Walker, 1851)，又名眼纹疏广蜡蝉、带纹广翅蜡蝉，属半翅目广翅蜡蝉科。

[分布与为害] 分布于福建、广东、广西、海南、湖南、云南、西藏等地。为害苦楝、月季、柑橘、油桐、油茶、茶、桑等植物。以成虫、若虫群集吸食寄主植物的汁液，影响植株生长，发生严重时枝叶变黄甚至死亡。

[识别特征] 成虫：体长6.0～6.5mm，翅展20～22mm。头、前胸、中胸栗褐色，中胸盾片色最深，近黑褐色。唇基、后胸和足为黄褐色至褐色，腹部褐色。前翅透明无色，略带黄褐色，翅脉褐色。前缘、外缘和内缘均为褐色宽带，中横带栗褐色，仅两端明显，中段仅见褐色痕迹。外横线细而直，由较粗的褐色横脉组成。前缘褐色宽带上，中部和外1/4处各有1个黄褐色四边形斑纹将宽带割成3段。近基部中央有1个褐色小斑。后翅无色透明，翅脉褐色，外缘和后缘有褐色宽带，有的个体这些带较狭，色亦稍浅。后足胫节、外侧有2根刺（图2-647）。

[生活习性] 1年发生1代，以卵越冬。翌年5月上中旬孵出，6月中旬至8月上旬羽化，成虫产卵后于9月上中旬陆续死亡。成虫活动于寄主枝叶上，卵产在枝梢皮下。初孵若虫群集吸食植物茎叶汁液，受惊吓时迅速弹跳下行，徒手难于捕捉。

图2-647 眼纹广翅蜡蝉成虫

**572. 透羽疏广蜡蝉** *Euricania clara* Kato, 1932，又名透明疏广蜡蝉、透明疏广翅蜡蝉，属半翅目广翅蜡蝉科。

[分布与为害] 分布于辽宁、陕西、甘肃、北京、河北、山东、江苏、安徽、上海、浙江、江西、香港、四川、重庆、贵州、云南、西藏等地。为害槐、榆、桑、柳、刺槐、连翘、板栗、蔷薇、枸杞、树莓、珍珠梅、接骨木、野樱桃、苎麻、金光菊等植物（图2-648a、b）。

[识别特征] ①成虫：体长5～6mm，连翅长10～13mm。前翅透明，稍带黄褐色，前缘具宽的褐色带，近中部具1个明显的黄褐色斑，外方1/4处亦具1个不明显的黄褐色斑，翅中部无黑褐色横带。后翅无色透明，周缘为褐色细纹（图2-648c）。②若虫：淡绿色至黄绿色，复眼白色。腹末具直立的白色蜡丝，似孔雀开屏状张开（图2-648d）。

[生活习性] 北京1年发生1代，以卵在寄主枝条中越冬。翌年5月卵开始孵化，若虫喜群集于嫩梢

**图2-648 透羽疏广蜡蝉**

a、b. 为害状；c. 成虫；d. 若虫

上为害。6月成虫开始出现，7～9月为产卵高峰期。卵多产于枝条的一侧，影响枝条的生长。10月后虫口数量迅速下降。成虫、若虫均有遇惊跳跃的习性。

**573. 褐缘蛾蜡蝉** *Salurnis marginella* (Guérin-Méneville, 1829)，又名褐边蛾蜡蝉、青蛾蜡蝉、绿蛾蜡蝉，属半翅目蛾蜡蝉科。

［分布与为害］ 分布于江苏、安徽、浙江、福建、广东、广西、湖南、四川等地。为害茶、梨、柑橘、荔枝、龙眼、芒果等植物。

［识别特征］ ①成虫：体长约8mm。呈鲜艳的黄绿色，有时微被白色蜡粉。复眼黄绿色。前胸背板具3条橙色纵纹。前翅周缘围有赤褐色狭边，前缘近顶角1/3处有赤褐色短斑。翅脉粗，深黄绿色，呈网状。翅顶角突起（图2-649a）。②若虫：浅黄绿色，胸腹被白绵状蜡质，腹末有长毛状蜡丝（图2-649b、c）。

**图2-649 褐缘蛾蜡蝉**

a. 成虫；b、c. 若虫

［生活习性］　福建1年发生2代，以卵越冬。若虫4月开始出现，成虫第1代6月末出现，第2代10月出现。江西萍乡1年发生1代，翌年5月上中旬越冬卵孵化，6月下旬至7月下旬羽化为成虫，7～8月产卵。成虫善跳能飞，但只能短距离飞行。卵产在枝条、叶柄皮层中，卵粒纵列成长条块，每块有卵几十粒至400多粒；产卵处稍微隆起，表面呈枯褐色。若虫有群集性，初孵若虫常群集在附近的叶背和枝条。随着虫龄增大，虫体上的白色蜡絮加厚，且略有三五成群分散活动；若虫善跳，受惊动时便迅速弹跳逃逸。环境潮湿、植被郁蔽有利于该虫的发生。

**574. 碧蛾蜡蝉**　*Geisha distinctissima* Walker, 1858，又名碧蜡蝉、绿蛾蜡蝉、黄翅羽衣、青翅羽衣，属半翅目蛾蜡蝉科。

［分布与为害］　分布于山东、江苏、上海、浙江、江西、福建、广东、海南、广西、湖南、四川、贵州、云南等地。为害桃、李、苹果、梨、石榴、葡萄、梅、杨梅、柑橘、龙眼、无花果、板栗、枫香、茶、油茶、山茶、黄馨、海桐、桂花、朴、白蜡、乌桕等植物。以成虫、若虫刺吸枝、茎、叶的汁液，严重时植株表面布满白色蜡质，致使树势衰弱，造成落花，影响观赏。

［识别特征］　①成虫：体长约7mm。蓝绿色至淡绿色，有时微被白色蜡粉。复眼白色。前翅淡绿色至黄绿色，周缘有褐色细边纹，后缘尤其明显。翅脉粗，黄褐色，呈网状。顶角稍突起（图2-650）。②卵：纺锤形，乳白色。③若虫：老熟若虫体长形，体扁平，腹末截形，绿色，全身覆以白色棉絮状蜡粉，腹末附白色长的绵状蜡丝。

［生活习性］　发生世代数因地而异，大部分地区1年发生1代，以卵在枯枝中越冬。翌年5月上中旬孵化，7～8月若虫老熟，羽化为成虫，至9月受精雌成虫产卵于小枯枝表面和木质部。广西等地1年发生2代，以卵越冬，也有以成虫越冬的。第1代成虫6～7月发生。第2代成虫10月下旬至11月发生，一般若虫发生期3～11个月。成虫、若虫均有遇惊跳跃的习性。

图2-650　碧蛾蜡蝉成虫

［蜡蝉类的防治措施］

（1）人工除治　秋冬季节修剪和刮除卵块，以消灭虫源。

（2）化学防治　若虫初孵期，喷施50%吡蚜酮可湿性粉剂2500～5000倍液、10%氟啶虫酰胺水分散粒剂2000倍液、22%氟啶虫胺腈悬浮剂5000～6000倍液、5%双丙环虫酯可分散液剂5000倍液、22.4%螺虫乙酯悬浮剂3000倍液。喷洒时注意药液均匀，叶背处更应周到。

## 八、蝉类

蝉类昆虫属半翅目蝉科，中到大型，触角刚毛状，单眼3个，呈三角形排列；翅膜质透明，脉较粗。雄虫具发音器，雌虫具发达的产卵器。成虫、若虫均刺吸植物汁液，若虫在土中为害根部，成虫为害还表现在产卵于枝条中，导致枝条坏死。常见的种类有蚱蝉、鸣鸣蝉、蒙古寒蝉、松寒蝉、蟪蛄等。近年来，有些地区已开发养殖蝉类，其已成为一类颇受欢迎的高蛋白、低脂肪、低胆固醇的昆虫食品。

**575. 蚱蝉**　*Cryptotympana atrata* (Fabricius, 1775)，又名黑蚱蝉、截流龟儿、截流猴儿、知了猴儿、仙家、马蜩、蚱蟟等，属半翅目蝉科。

［分布与为害］　分布于辽宁、陕西、山西、内蒙古、甘肃、北京、河北、河南、山东、江苏、安徽、浙江、江西、福建、广东、海南、广西、湖南、湖北等地。为害柳、杨、榆、桃、梨、枣、苹果、山楂、樱桃、葡萄、樱花、悬铃木、白蜡、枫杨、苦楝、丁香等植物。以成虫产卵于枝条上，造成当年生枝条死亡，严重地区新梢被害率高达50%以上，对扩大树冠、形成花芽影响很大（图2-651），同时若虫在树体根部刺吸汁液。

［识别特征］　①成虫：体长45mm左右，翅展120～130mm。黑色具光泽，局部密生金黄色细毛。单眼浅黄褐色。复眼淡黄褐色。中胸背面有"X"形红褐色隆起。翅透明，基部黑色，翅脉黄褐色至黑

**图2-651 蚱蝉为害状**

a. 产卵为害桃树枝条状；b. 产卵为害枣树枝条状；c. 产卵为害樱花枝条状；d. 产卵为害樱花枝条翌年表现状

色。单眼3个，呈三角形排列。复眼大。雄虫腹部1~2节有发音器能鸣，雌虫无发音器。产卵器明显（图2-652a、b）。②卵：梭形，长2.5mm左右，宽约0.3mm，乳白色渐变黄，头端比尾端略尖（图2-652c、d）。③若虫：老熟若虫体长35mm左右，土黄褐色，有翅芽，形似成虫，额显著膨大，触角和喙发达，前足为开掘足，腿、胫节粗大，头顶至后胸背板中央有1蜕裂线（图2-652e、f）。

[生活习性] 数年发生1代，以若虫和卵越冬。每年均有1次成虫发生。若虫在土中生活数年，蜕皮5次。华北地区，每年6~7月老熟若虫在日落后出土，爬到树干或树干基部的树枝上蜕皮（图2-652g），羽化为成虫。刚蜕皮的成虫为黄白色，经数小时后变为黑褐色。不久雄虫即可鸣叫，鸣声为连续的"咋"音，极其洪亮且连续。成虫有趋光性，7月成虫开始产卵，8月为盛期，产卵枝因伤口失水而枯死。以卵越冬者，翌年6月卵孵化为若虫落地入土，吸食根部汁液，晚秋转入土壤深层，春季又升到土表为害。

**576. 鸣鸣蝉** *Oncotympana maculaticollis* (de Motschulsky, 1866)，又名昼鸣蝉、斑头蝉、雷鸣蝉、鸣蜩、吱咏哇、吱咏哇儿，属半翅目蝉科。

[分布与为害] 分布于辽宁、陕西、山西、甘肃、北京、河北、山东、江苏、安徽、浙江、江西、福建、四川、贵州等地。为害悬铃木、油桐、白蜡、刺槐、榆、杨、桃、山桃、杏、梅、梨、苹果、山楂、沙果、花椒、香椿、樱花、柑橘、蜡梅、桂花等植物。以成虫产卵于枝条上，造成当年生枝条死亡，对扩大树冠、形成花芽影响很大，同时若虫在树体根部刺吸汁液。

[识别特征] ①成虫：体长35mm左右，翅展110~120mm。体暗绿色，有黑斑纹，局部具白蜡粉。单眼红色。复眼暗褐色。翅透明，翅脉黄褐色。体粗壮。单眼3个，呈三角形排列。复眼大。前胸背板

**图 2-652　蚱蝉**

a. 初羽化成虫；b. 成虫；c、d. 卵；e. 中龄若虫；f. 老熟若虫；g. 老熟若虫蜕的皮

近梯形，后侧角扩张呈叶状，宽于头部，背板上横列 5 个长形瘤状突起。中胸背板前半部中央具一 "W" 形凹纹（图 2-653a）。②卵：梭形，长 1.8mm 左右，宽约 0.3mm，乳白色渐变黄，头端比尾端略尖。③若虫：体长 30mm 左右，黄褐色，有翅芽，形似成虫，前足为开掘足（图 2-653b）。

[生活习性]　数年发生 1 代，以若虫和卵越冬。每年均有 1 次成虫发生。若虫在土中生活数年。华北地区，每年 6～7 月老熟若虫在日落后出土，爬到树干或树干基部的树枝上蜕皮，羽化为成虫。刚蜕皮的成虫为黄白色，经数小时后变为暗绿色。雄虫善鸣，鸣声为"哎咏—哎咏—哇"，警觉性强，鸣叫完毕，常转移位置。成虫有趋光性。7 月成虫开始产卵，8 月为盛期，产卵枝因伤口失水而枯死。以卵越冬者，翌年 5～6 月卵孵化为若虫落地入土，吸食根部汁液，晚秋转入土壤深层，春季又升到土表为害。

图2-653 鸣鸣蝉
a. 成虫；b. 老熟若虫

**577. 蒙古寒蝉** *Meimuna mongolica* (Distant, 1881)，又名知了蝉、杜老儿、伏天儿，属半翅目蝉科。

［分布与为害］ 分布于陕西、甘肃、北京、河北、河南、山东、江苏、上海、浙江、安徽、江西、湖南等地。为害柳、杨、槐、桑、合欢、刺槐等植物。

［识别特征］ 成虫：体长28～35mm，前翅长约40mm。体背灰褐色，有绿色斑纹，腹部具白蜡粉。前、后翅透明，前翅第2、3端室横脉具灰褐色斑点。雌虫具明显凸出于腹末的产卵器。雄虫腹瓣极发达，达第5腹节后缘（图2-654a、b）。

［生活习性］ 数年发生1代，以若虫和卵越冬。每年均有1次成虫发生。华北地区每年7～8月老熟若虫蜕皮（图2-654c、d）羽化为成虫，成虫具趋光性。该虫与鸣鸣蝉相似，但数量相对较少，个体也较瘦小，雌雄异型，雄虫多位于树梢（图2-654e）鸣叫，鸣声为"知了—知了"的双音节重复。

**578. 松寒蝉** *Meimuna opalifera* (Walker, 1850)，又名寒蝉、鸟鸣蝉，属半翅目蝉科。

［分布与为害］ 分布于陕西、河北、河南、山东、江苏、安徽、浙江、江西、福建、台湾、广东、广西、湖南、湖北、四川、贵州、云南等地，多在山区出现。以成虫、若虫为害松、梧桐、国槐、杨、柳、桑、桃、梨、樱花等植物。

［识别特征］ 成虫：体中型。体被金黄色短毛。头部橄榄绿色。前胸背板赭色，内片绿色，后缘黑色，中央1对沙漏形黑色纵纹；外片后侧缘具1对黑色斑纹。腹部背板大体黑色，第2～6节后缘赭绿色；背瓣黑色。雄虫腹瓣颜色多变，整体赭绿色到黑色；尾节和抱钩黑色。翅透明，前翅第2、3端室基横脉处有烟褐色斑。足赭绿色。头稍宽于中胸背板基部。腹部明显长于头胸部，背瓣大，呈圆形。雄虫腹瓣基部宽大，近端部突然收缩，呈三角形，顶端尖，指向外侧，达第4节腹板。雄虫尾节较宽，抱钩呈宽锚状，端部三角形膨大；上叶短，钝圆形（图2-655）。

［生活习性］ 数年发生1代，以卵在枝条内或以若虫潜入深土处越冬。6～9月可见成虫。该虫的鸣叫比较特殊，先是预热性地缓缓低鸣，反复低鸣后逐渐高调，同时节奏也加快，发出"唧唧唧唧—沃茨—唧唧唧唧—弗吉亚—唧唧唧唧"的声音，极似鸟鸣。鸣叫时尾部也会有节奏地抖动。

**579. 蟪蛄** *Platypleura kaempferi* (Fabricius, 1794)，又名斑蝉、褐斑蝉、梢潜儿、嗞嗞儿，属半翅目蝉科。

［分布与为害］ 分布于辽宁、陕西、山西、北京、河北、山东、江苏、安徽、浙江、江西、福建、台湾、广东、广西、海南、湖南等地。为害杨、柳、梨、梅、桃、柿、苹果、核桃、山楂等植物。以成虫产卵于枝条上，造成当年生枝条死亡，对扩大树冠、形成花芽影响很大，同时若虫在树体根部刺吸汁液。

**图 2-654 蒙古寒蝉**

a. 雄成虫；b. 成虫雌雄异型（上雌下雄）；c、d. 老熟若虫蜕的皮；e. 在树梢为害状

**图 2-655 松寒蝉**

a. 雄成虫；b. 雌成虫

［识别特征］ ①成虫：体长20～25mm，翅展65～75mm。单眼红色。头胸部暗绿色至暗黄褐色，具黑色斑纹。腹部黑色，每节后缘暗绿或暗褐色。翅透明暗褐色，前翅有不同浓淡暗褐色云状斑纹，斑纹不透明，后翅黄褐色。单眼3个，呈三角形排列。复眼大。触角刚毛状，前胸宽于头部，近前缘两侧凸出。雌虫无发音器，产卵器明显，雄虫腹部有发音器（图2-656a、b）。②卵：梭形，长1.5mm左右，乳白色渐变黄，头端比尾端略尖。③若虫：体长22mm左右，黄褐色，有翅芽，形似成虫，腹背微绿，前足腿节、胫节发达有齿，为开掘足。

［生活习性］ 数年发生1代，以若虫在土中越冬。每年均有1次成虫发生。若虫在土中生活数年，每年5月至6月中下旬若虫在落日后出土，爬到树干或树干基部的树枝上蜕皮（图2-656c），羽化为成虫。刚蜕皮的成虫为黄白色，经数小时后变为黑绿色，不久雄虫即可鸣叫，鸣声为连续的"嗞"音。成虫有趋光性。6～7月成虫产卵，产卵枝因伤口失水而枯死。当年卵孵化为若虫落地入土，若虫吸食寄主植物根部汁液。

**图2-656 蟪蛄**

a、b. 成虫；c. 老熟若虫蜕的皮

［蝉类的防治措施］

（1）人工捕捉 晚上携带手电，沿花坛、果园、林带仔细搜寻蝉类老熟若虫。

（2）胶带防治 老熟若虫发生始期，在树干基部距地面5～10cm处，贴上1条宽5cm左右的塑料胶带，防止若虫上树，并于夜间或清晨前在树下捕捉。

（3）灯火诱杀 利用成虫的趋光性，夜晚在树旁点火或用强光灯照明，然后震动树枝，成虫就飞向火堆或强光处。

（4）面筋（专用胶）粘捕　　把小麦面粉用水调成面团，然后反复在清水中揉洗，直到没有淀粉即成面筋，放在小塑料袋内，再找一根3～5m长的竹竿或长棍，顶端粘上少许事先准备好的面筋，晾干表面水分，用手指触试，若面筋粘手，便可把竹竿撑起，慢慢用面筋从蝉的后方粘贴成虫前翅即可。也可用市面上出售的专用胶粘捕。

（5）异物驱赶　　成虫发生期，将不同颜色的细长塑料带固定在树梢上，随风飘荡，使成虫受惊吓躲开，从而减轻危害。

（6）树下喷药　　6月上旬若虫出土前，在树下（尤其是柳树、榆树）喷洒50%辛硫磷乳油1000倍液，效果理想，还可兼治其他害虫。

（7）树上用药　　成虫发生期，结合防治其他害虫，喷洒50%吡蚜酮可湿性粉剂2500～5000倍液、10%氟啶虫酰胺水分散粒剂2000倍液、22%氟啶虫胺腈悬浮剂5000～6000倍液、5%双丙环虫酯可分散液剂5000倍液、22.4%螺虫乙酯悬浮剂3000倍液，可杀死部分成虫。

## 九、蓟马类

蓟马为缨翅目昆虫的统称。种类多，体微小，黑色、褐色或黄色；头略呈后口式，口器锉吸式；触角6～9节，线状，略呈念珠状；翅狭长，边缘有长而整齐的缘毛。食性较杂，多为植食性，能锉破植物表皮，吸吮汁液。在园林植物上常见的有花蓟马、榕蓟马、茶黄硬蓟马、红带网纹蓟马等。

**580. 花蓟马**　*Frankliniella intonsa* (Trybom, 1895)，属缨翅目蓟马科。

［分布与为害］　分布于全国各地。为害柑橘、木槿、紫薇、合欢、玫瑰、月季、九里香、栀子、夜来香、茉莉、香石竹、唐菖蒲、菊花、美人蕉、葱兰、石蒜、兰花、荷花、睡莲等植物。成虫、若虫多群集于花内取食为害（图2-657），花器、花瓣受害后白化，经日晒后变为黑褐色，受害严重的花朵萎蔫。叶受害后呈现银白色条斑，严重时枯焦萎缩。

［识别特征］　①成虫：雌成虫体长1.3～1.5mm。赭黄色。各单眼内缘有橙红色月晕。头部短于前胸，头顶前缘仅中央略凸出。单眼间鬃长，位于单眼三角形连线上。触角8节，念珠状。翅为缨翅，不善飞行。雄成虫体乳白色至黄白色，体小于雌性。②卵：肾形，长约0.3mm。③若虫：2龄若虫长约1mm，黄色，复眼红色，触角7节，3、4节最长。

［生活习性］　南方地区1年发生11～14代，以成虫越冬。5月中下旬至6月危害严重。成虫有很强的趋花性，有香味、花冠较大的蕊心内，成虫、若虫常多达上百头。卵多产于花瓣、花丝、嫩叶表皮内，产卵处稍膨大或隆起，可对光检查发现。

图2-657　花蓟马为害栀子花瓣状

**581. 榕蓟马**　*Gynaikothrips uzeli* (Zimmermann, 1900)，又名榕母蓟马、榕管蓟马、榕树蓟马，属缨翅目蓟马科。

［分布与为害］　分布于福建、台湾、广东、海南等地与北方温室。为害榕树、无花果、杜鹃、龙船花等，以成虫、若虫吸食嫩芽、嫩叶，在叶背面形成大小不一的紫褐色斑点，进而沿中脉向叶面折叠，形成饺子状的虫瘿（图2-658a、b），叶内常有几十至上百头若虫、成虫为害，是榕树的重要害虫之一。

［识别特征］　①成虫：体长1.0～2.5mm。体黑褐色。触角1～2节为褐色，3～6节基部为黄色。前足胫节黄色，中、后足胫节大部分褐色。体型细长。口器锉吸式。触角8节，念珠状，第3节最长。前胸背板后缘角有1条长鬃。腹末端尖狭呈管状。翅透明羽缨状不善飞行，前翅透明，翅中部不收窄，前、后翅缘呈平行状，间插缨15条，前缘基部有3条前缘鬃（图2-658c）。②卵：卵呈块状产于叶瘿内，长卵圆形，

初产时为白色，后变为淡黄色。③若虫：1龄虫体长0.22～0.24mm，2龄虫体长0.26～0.27mm，3～5龄虫体长为0.62～0.73mm。头小而圆，触角6节，复眼黑色，单眼3个，黄色。触角往后折于头背面，第1节较粗于其他节。鞘状翅芽伸达腹部3/5处（图2-658d）。

图2-658 榕蓟马
a、b. 为害榕树叶片呈饺子状；c. 成虫；d. 成虫与若虫

[生活习性] 主要发生在榕树生长地，特别在南宁、福州、贵阳等地发生严重。贵阳1年发生8～9代。近年来，随榕树盆景传播到北方温室。在北方温室内可常年发生。气温达25℃、相对湿度达50%～70%时适于繁殖。每年5月危害严重，有世代重叠现象。该虫对榕树偏爱，集中为害，使受害榕树生长发育受抑，光合作用减弱，降低其观赏价值。每年1月出现第1代，11月初出现第9代，并进入越冬期。世代重叠。成虫羽化后5～7天开始产卵，卵分批产出，不规则。每头雌成虫一生可产25～80粒卵。卵多产于成虫形成的饺子状虫瘿内。有的成虫钻出虫瘿将卵产于树皮裂缝内。

**582. 茶黄硬蓟马** *Scirtothrips dorsalis* Hood, 1919，又名小黄蓟马、茶黄蓟马，属缨翅目蓟马科。

[分布与为害] 分布于华北、华中、华东、华南，以及辽宁等地。为害银杏、茶、葡萄、苦楝、相思树、番荔枝、咖啡等植物。银杏受害时，初期在叶片正面产生大量失绿斑点，很快便失绿枯黄（图2-659）、早期脱落，影响树势。

[识别特征] ①成虫：雌虫体橙黄色。复眼暗红色。触角暗黄色。前翅橙黄色，近基部有1小淡黄色斑。触角8节。头背有许多细横线纹。胸背片布满横线纹。第2～8腹节背片两侧1/3密排细毛，常有10排。前翅窄，前缘鬃24根。雄虫腹部多节暗斑和前缘线常不显著，第9腹节背片鬃长。②卵：肾形，淡黄色。③若虫：乳白色至淡黄色（图2-660）。④蛹：有单眼，触角伸向头背，翅芽明显。

[生活习性] 北方地区1年发生3～4代，以成虫、若虫在粗皮下和芽鳞苞内越冬。有性生殖及孤雌生殖

图2-659 茶黄硬蓟马为害银杏叶片状

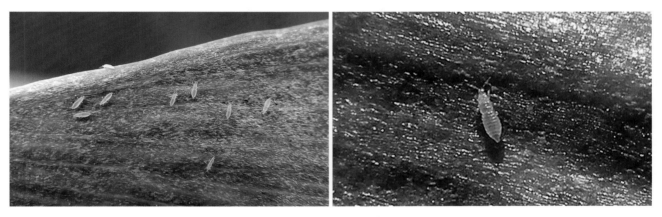

图2-660 茶黄硬蓟马若虫

均可，主要为害新梢和嫩叶，以芽周1~2叶和叶尖、叶缘为重，在叶背的叶脉处或叶肉中产卵，每雌产卵几十至百余粒，叶呈现条状斑痕或纵卷成筒，进而变褐脱落。以伪蛹在地表苔藓及枯枝落叶下化蛹。成虫活跃，喜跳跃，受惊吓后迅速跳开或迁飞，成虫有趋向嫩叶取食、产卵习性。成虫、若虫还有避光趋湿习性。

**583. 红带网纹蓟马** *Selenothrips rubrocinctus* (Giard, 1901)，又名荔枝网纹蓟马、红带滑胸针蓟马、红腰带蓟马，属缨翅目蓟马科。

[分布与为害] 分布于江苏、安徽、浙江、江西、福建、广东、广西、湖南、四川等地。为害荔枝、龙眼、芒果、杨梅、蚊母、合欢、金合欢、金丝桃、木棉、相思树、珊瑚树、红背桂、石楠、油桐、乌桕、板栗、火棘、蔷薇、杜鹃、高山杜鹃、沙梨、柿、桃、梧桐、栾树、樱花、悬铃木等植物。以成虫、若虫锉吸新梢嫩叶的汁液，受害叶上产卵点表皮隆起并覆盖有黑褐色胶质膜块或黄褐色粉粒状物，严重时梢叶变褐、枯焦，大量落叶，影响树势和开花结果。

[识别特征] ①成虫：体长0.9~1.4mm。黑色，体表密布网状花纹。复眼黑色。触角第1、2、5、6节棕色，其余为淡棕色或淡黄色。前翅灰黑色。头部矩形，宽大于长，具网纹。复眼凸出。触角8节。前胸宽矩形，布粗交接纹。中胸背板无纹。前翅密布微毛，上脉鬃9或10根，等距排列，下脉鬃8或9根。雌虫腹部膨大，雄虫腹部瘦长。②卵：肾形，长约0.2mm，白色透明。③若虫：末龄若虫长1.1~1.2mm，橙黄色。触角丝状，11节，基部2节黄色，其余各节白色透明。腹部的第1腹节后缘和第

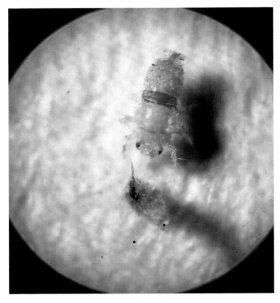

图 2-661　红带网纹蓟马若虫

2 腹节背面鲜红色（图 2-661）。

[生活习性]　1 年发生 6～8 代，以成虫越冬。翌年 5 月越冬成虫开始活动，5 月中下旬第 1 代若虫开始为害，干旱、郁闭度大、通风透光差有利于发生。7 月下旬至 8 月下旬是为害高峰期，以成虫、若虫于叶片背面锉吸为害。若虫活动或为害时腹部末端常上举，并附有 1 珠状液泡（为其排泄物）。11 月开始越冬。

[蓟马类的防治措施]

（1）农业防治　　清除田间及周围杂草，及时喷水、灌水、浸水。结合修剪摘除虫瘿叶、花，并立即销毁。

（2）化学防治　　在大面积发生高峰前期，喷洒 50% 吡蚜酮可湿性粉剂 2500～5000 倍液、10% 氟啶虫酰胺水分散粒剂 2000 倍液、22% 氟啶虫胺腈悬浮剂 5000～6000 倍液、5% 双丙环虫酯可分散液剂 5000 倍液、22.4% 螺虫乙酯悬浮剂 3000 倍液防治效果良好。也可用番桃叶、乌桕叶或蓖麻叶兑水 5 倍煎煮，过滤后喷洒。

## 十、螨类

螨类属蛛形纲蜱螨亚纲真螨目，分叶螨与瘿螨两大类。前者俗称红蜘蛛，整个身体分为颚体和躯体两部分。种类多，以为害叶片为主，受害叶片表面出现许多灰白色的小点，失绿，失水，影响光合作用，生长缓慢甚至停止，严重时落叶，枯死。瘿螨个体较小，肉眼看不见，因常在植物上做瘿而得名。植株受害后俗称毛毡病。在园林植物上常见的叶螨有朱砂叶螨、山楂叶螨、二斑叶螨、麦岩螨、酢浆草岩螨、东方真叶螨、柑橘全爪螨、柏小爪螨、针叶小爪螨、桑始叶螨等；常见的瘿螨有柳刺皮瘿螨、毛白杨瘿螨、枸杞金氏瘤瘿螨、枫杨瘤瘿螨等。

**584. 朱砂叶螨**　*Tetranychus cinnabarinus* (Boisduval, 1867)，又名棉红蜘蛛，属真螨目叶螨科。

[分布与为害]　分布于全国各地。为害香石竹、菊花、凤仙花、茉莉、蔷薇、月季、玫瑰、桂花、一串红、鸡冠花、蜀葵、木槿、木芙蓉、万寿菊、天竺葵、鸢尾、山梅花等植物。被害叶片初呈黄白色小斑点，后逐渐扩展到全叶，造成叶片卷曲，枯黄脱落（图 2-662）。

图 2-662　朱砂叶螨为害状

a. 为害蔷薇叶片状；b. 为害桂花叶片状；c. 为害玫瑰叶片状

　　[识别特征]　①雌成螨：体长0.5～0.6mm。一般呈红色、锈红色。螨体两侧常有长条形纵行块状深褐色斑纹，斑纹从头胸部开始一直延伸到腹部后端，有时分隔成前、后两块。②雄成螨：体长0.3～0.4mm。淡黄色。略呈菱形，末端瘦削。③卵：圆球形，长约0.13mm，淡红色至粉红色。④幼螨：近圆形，淡红色，足3对。⑤若螨：略呈椭圆形，体色较深，体侧透露出较明显的块状斑纹，足4对。

　　[生活习性]　发生世代数因地而异，1年发生12～20代，主要以受精雌成螨在土块缝隙、树皮裂缝及枯叶等处越冬。越冬时一般几头或数百头群集在一起。次春温度回升时开始繁殖为害。在高温的7～8月发生重。10月中下旬开始越冬。高温干燥利于其发生。降雨，特别是暴雨，可冲刷螨体，降低虫口数量。

　　**585. 山楂叶螨**　*Amphitetranychus viennensis* (Zacher, 1920)，又名山楂红蜘蛛，属真螨目叶螨科。

　　[分布与为害]　分布于北京、辽宁、内蒙古、河北、河南、山东、山西、陕西、宁夏、甘肃、江苏、江西等地。为害樱花、海棠类、桃、榆叶梅、锦葵等植物。群集在叶片背面主脉两侧吐丝结网，并多在网下栖息、产卵和为害。受害叶片常先从叶背近叶柄的主脉两侧出现黄白色至灰白色小斑点，继而叶片变成苍灰色，严重时出现大型枯斑，叶片迅速枯焦并早期脱落，极易成灾（图2-663）。

图2-663　山楂叶螨为害樱花叶片状

　　[识别特征]　①雌成螨：体长约0.5mm。椭圆形。有冬、夏型之分：冬型体色鲜红，夏型体色暗红。②雄成螨：体长约0.4mm。浅黄绿色至橙黄色。末端瘦削。③卵：圆球形，初为黄白色，孵化前变为橙红色。④幼螨：体小而圆，黄绿色，3对足。⑤若螨：近圆球形，前期为淡绿色，后变为翠绿色，足4对，近似成螨。

　　[生活习性]　发生世代数因地而异，辽宁1年发生5～6代，山东7～9代，河南12～13代，以受精雌成螨在枝干树皮裂缝、粗皮下或干基土壤缝隙等处越冬。翌年3月下旬至4月上旬，越冬雌螨出蛰为害。当日均温达15℃时成虫开始产卵，5月中下旬为第1代幼螨和若螨的出现盛期。6～7月危害最重。进入雨季后种群密度下降，8～9月出现第2次为害高峰，10月底以后进入越冬状态。

　　**586. 二斑叶螨**　*Tetranychus urticae* Koch, 1836，又名二点叶螨、叶锈螨、棉红蜘蛛、普通叶螨，属真螨目叶螨科。

　　[分布与为害]　分布于全国各地。梨、桃、杏、李、樱桃、樱花、葡萄及多种草本花卉。主要为害叶片，被害叶初期仅在叶脉附近出现失绿斑点，以后逐渐扩大，叶片大面积失绿，变为褐色。密度大时，被害叶布满丝网（图2-664），提前脱落。

　　[识别特征]　①雌成螨：体长0.42～0.59mm。生长季节为白色、黄白色，体背两侧各具1块黑色长斑，取食后呈浓绿色、褐绿色。密度大或种群迁移前体色变为橙黄色。滞育型体呈淡红色，体侧无斑。与朱砂叶螨的最大区别为在生长季节无红色个体，其他均相同。椭圆形，体背有刚毛26根，排成6横排。②雄成螨：体长约0.26mm。多呈绿色。近卵圆形，前端近圆形，腹末较尖。③卵：球形，长约0.13mm，光滑，初产为乳白色，渐变橙黄色，将孵化时现出红色眼点。④幼螨：初孵时近圆形，体长约0.15mm，白色，取食后变暗绿色，眼红色，足3对。④若螨：前若螨体长约0.21mm，近卵圆形，足4对，色变深，体背出现色斑。后若螨体长约0.36mm，与成螨相似。

　　[生活习性]　南方地区1年发生20代以上，北方地区12～15代。在北方以受精的雌成螨在土缝、枯枝落叶下，或在小旋花、夏至草等宿根性杂草的根际等处吐丝结网潜伏越冬。在树皮下、裂缝中或根颈处

**图 2-664 二斑叶螨**
a. 为害红叶甜菜叶片状；b. 为害红掌叶片状；c. 为害大花蕙兰花瓣状

的土中越冬。当3月平均温度达10℃时，越冬雌螨开始出蛰活动并产卵。越冬雌螨出蛰后多集中在早春寄主如小旋花、葎草、菊科、十字花科等杂草上为害，第1代卵也多产于这些杂草上，卵期10余天。从成螨开始产卵至第1代幼螨孵化盛期需20~30天，之后世代重叠。

**587. 麦岩螨** *Petrobia Latens* (Müller, 1776)，又名麦长腿蜘蛛，属真螨目叶螨科。

［**分布与为害**］分布于陕西、山西、内蒙古、宁夏、新疆、河北、山东、西藏等地。为害苹果、桃、柳、槐、花椒、白三叶、草坪禾草等植物。以成螨、若螨吸食寄主叶片汁液，受害叶上出现细小白点，后叶片变黄，影响其正常生长，发育不良，植株矮小，严重时造成全株干枯死亡（图2-665a）。

**图 2-665 麦岩螨**
a. 为害草坪禾草叶片状；b. 在房檐下群集越冬状

［识别特征］　①雌成螨：体长约0.6mm，宽约0.45mm。黑褐色，体背有不太明显的指纹状斑。足红色或橙黄色。形似葫芦。背刚毛短，共13对，纺锤形。足4对，均细长，第1对足特别发达，中垫爪状，具2列黏毛。②卵：有越夏型和非越夏型2种。越夏卵圆柱形，白色，似倒草帽状，顶端具有星状辐射条纹。非越夏卵粉红色，球形，比越夏型小，表面有纵列条纹数十条。③若螨：共3龄。第1龄体圆形，有足3对，初为鲜红色，取食后变为暗红褐色。第2、3龄若螨有4对足，形似成螨。

［生活习性］　河北1年发生3～4代，以成螨和卵在草坪等寄主植物的根际和土壤缝隙中，以及绿地周围房屋的房檐下越冬（图2-665b）。翌年春2月中下旬至3月上旬成虫开始活动为害，越冬卵开始孵化，4～5月草坪内虫量最多，5月中下旬后成虫产卵越夏，9月中旬越夏卵陆续孵化，为害草坪草，10月下旬以成螨和卵开始越冬。麦岩螨一般孤雌生殖，把卵产在草坪中的硬土块或小石块上，成螨、若螨有一定的群集性和假死性，遇惊扰即可坠地入土潜藏。一天当中一般在太阳升起后出来活动，午后数量最多，晚间潜伏。

**588. 酢浆草岩螨**　*Petrobia harti* (Ewing, 1909)，又名酢浆草如叶螨、红花酢浆草如叶螨，属真螨目叶螨科。

［分布与为害］　分布于上海、江苏、浙江、江西等地及北方地区保护地。为害红花酢浆草、六月雪、黄兰、白玉兰等植物（图2-666a）。

［识别特征］　①雌成螨：体长约0.62mm，宽约0.49mm。体深红色。体椭圆形。背毛26根，粗壮，顶端钝圆，具锯齿，着生于粗大的突起上（图2-666b、c）。②雄成螨：体长约0.35mm，宽约0.21mm，橘黄色。体背两侧黑斑明显。③卵：圆球形，光滑。④幼螨：体圆形，背面隐约有黑斑。足3对，橘黄色。⑤若螨：体椭圆形，体上均有黑斑。足4对，足比成螨短，前足与体长相近。

**图2-666　酢浆草岩螨**
a. 为害红花酢浆草叶片状；b、c. 雌成螨

［生活习性］　1年发生10多代。在适宜的环境条件下，尤其在高温干燥季节能快速暴发成灾。成螨、若螨常在叶片正反两面吸取汁液，以为害叶片背面为主。被害叶片初期呈黄白色小斑点，后逐渐扩展到全叶，对植物生长开花均有很大影响。一般在春、秋季有2个发生高峰期。

**589. 东方真叶螨**　*Eutetranychus orientalis* (Klein, 1936)，又名东方褐叶螨，属真螨目叶螨科。

［分布与为害］　分布于河北、河南、山东、江苏、安徽、浙江、江西、福建、台湾、广东、广西、湖南等地。为害大叶黄杨、扶芳藤、苦楝、橡胶树、红花夹竹桃、粗叶榕、米兰、杨桃等植物。以成螨、若螨刺吸植物叶片汁液，使得叶面密布黄白色失绿小斑点（图2-667a），或在叶脉两侧呈灰绿色斑块，严重时全叶枯黄（图2-667b、c），造成落叶，枝条干枯。在叶面为害，一般不结网。

**图 2-667　东方真叶螨**

a. 为害大叶黄杨叶片造成失绿状；b、c. 为害大叶黄杨叶片造成黄化状

[识别特征]　①雌成螨：体长约 0.47mm，宽约 0.31mm。绿色或黄绿色，体缘有黑色小斑点。足及颚体橘黄色。体椭圆形。须肢端感器细长，背感器小棍状。气门沟末端稍膨大。背毛短，刮铲状，着生于小突起上，共 26 根。背面表皮纹路纤细。后半体第 2、3 对背中毛之间为 "V" 形。足 I 爪间突和跗节爪退化，只余 2 对黏毛。②雄成螨：长约 0.31mm，宽约 0.18mm。体橘黄色。体呈菱形。须肢端感器细长，顶端尖，背感器纺锤状，与端器近于等长。阳具无端锤，顶端圆钝，末端与柄部呈锐角，弯向背面。

[生活习性]　淮北 1 年发生 13～15 代，以卵在大叶黄杨下部叶片上越冬。翌年 4 月上旬开始孵化，4 月中旬为孵化盛期，4 月下旬为孵化末期。全年从 4 月上旬至 10 月下旬均有发生，有春、秋季 2 个为害高峰。第 1 个高峰在 5 月中旬至 6 月上旬，第 2 个高峰在 9 月中下旬，第 1 个高峰期虫口密度最高，危害也最重。7～8 月气温较高，生长发育变缓，虫口密度降低，危害减轻。

**590. 柑橘全爪螨**　*Panonychus citri* (McGregor, 1916)，又名柑橘红蜘蛛、瘤皮红蜘蛛，属真螨目叶螨科。

[分布与为害]　分布于江苏、上海、江西、福建、湖北、湖南、浙江、四川、贵州、重庆、广东、广西、云南等地。主要为害柑橘类植物。成螨、若螨刺吸叶片汁液，致受害叶片失去光泽，出现失绿斑点（图 2-668），受害重的全叶灰白脱落，影响植株开花结果。

**图 2-668　柑橘全爪螨为害柑橘叶片状**

[识别特征]　①雌成螨：体长约 0.4mm，宽约 0.27mm。深红色，背毛白色，着生于粗大的毛瘤上，毛瘤红色。体椭圆形，背面隆起。须肢跗节端感器顶端略呈方形，稍膨大，其长稍大于宽。背感器小枝状。气门沟末端稍膨大。各足爪间突呈坚爪状，其腹基侧具一簇针状毛。②雄成螨：体长约 0.35mm，

宽约0.17mm。鲜红色。后端较狭呈楔形。须肢跗节端感器小柱形，顶端较尖。背感器小枝状，长于端感器。③幼螨：体长约0.2mm，色淡，足3对。④若螨：与成螨相似，足4对，体较小。

[生活习性] 南方1年发生15～18代，世代重叠，以卵、成螨及若螨于枝条和叶背越冬。早春开始活动为害，渐扩展到新梢为害，4～5月达高峰，5月以后虫口密度开始下降，7～8月高温期数量很少，9～10月虫口又复上升。一年中春、秋两季发生严重。发育和繁殖的适宜温度范围是20～30℃，最适温度25℃。营两性生殖，也可营孤雌生殖，春季世代卵量最多。卵主要产于叶背主脉两侧、叶面、果实及嫩枝上。其天敌有捕食螨、蓟马、草蛉、隐翅虫、花蝽、蜘蛛、寄生菌等。

**591. 柏小爪螨** *Oligonychus perditus* Pritchard & Baker, 1955，属真螨目叶螨科。

[分布与为害] 分布于华北、华东、华中和华南等地区。为害桧柏、真柏、侧柏、花柏、龙柏、蜀柏、撒金柏、千头柏、塔柏、云柏、翠柏、云杉、雪松和马尾松等多种常绿植物，以及柿树、矢车菊等。以若螨、成螨刺吸鳞叶和嫩枝的汁液，受害鳞叶失绿，叶基部枯黄，严重时树冠呈枯黄色，树势衰弱，影响树木的生长及观赏价值（图2-669）。

图2-669 柏小爪螨为害云杉叶片状

[识别特征] ①雌成螨：体长约0.36mm。褐绿色或红色，足和颚体橘黄色。体椭圆形。②雄成螨：体色浅绿或红色。菱形。③卵：球形，半透明，浅红色。④若螨：体小似成螨，浅红色。

[生活习性] 1年发生10代左右，以卵在柏叶间缝处越冬。翌年4月上旬若螨孵化刺吸为害。5月中旬出现第1代卵和大量若螨，借风力传播，以后各代繁殖和发育极不整齐。以5～7月柏树上受害严重，受害后叶片枯黄易落。其为害状较容易识别，凡柏叶之间有丝拉网，并沾满灰尘，叶色不正常，说明该螨发生已经很严重。夏季雨期虫口密度下降，9月又出现1次小为害高峰，10月雌成螨产卵，随着气温下降，以卵越冬。

**592. 针叶小爪螨** *Oligonychus ununguis* (Jacobi, 1905)，又名松红蜘蛛，属真螨目叶螨科。

[分布与为害] 分布于华北、西北、华中、华东、华南等地。为害杉木、云杉、水杉、柳杉、雪松、黑松、水松、落叶松、杜松、侧柏、板栗、锥栗、麻栎等，以若螨、成螨刺吸针叶汁液，使得针叶鳞叶失绿、枯黄，严重时树冠呈枯黄色，树势衰弱，影响树木的生长及观赏（图2-670）。

[识别特征] ①雌成螨：体长0.4mm左右。体淡橙黄色至橙黄色，背部两侧有纵行红褐色斑条，2个斑条前端在体背前端汇合成略呈"山"字形的斑纹。足橘黄色。体椭圆形。②雄成螨：体淡黄绿色，背部斑块色较淡。体比雌成螨小，尾部较尖。③若螨：形态和成螨相似，只是体较圆，体长0.15mm左右，淡黄色，体背两侧斑块的颜色比成螨浅，足黄白色。

[生活习性] 1年发生10多代，多以卵在松针基部的松枝上越冬。翌年4月上旬越冬卵开始孵化。夏天产卵多在松针两叶之间和松针基部。5月初出现大量第1代若螨，随着身体增大，螨量增多，吐丝拉网日益严重。5～7月危害最严重，受害针叶上出现许多小白点，严重时针叶先变灰绿色，后变为灰黄色，以致大量落叶。11月产卵越冬。

常与柏小爪螨、针叶小爪螨混合发生的有云杉小爪螨 *Oligonychus piceae* (Reck, 1953)（主要为害云杉）。

图2-670 针叶小爪螨为害黑松针叶状

**593. 桑始叶螨** *Eotetranychus suginamensis* (Yokoyama, 1932)，又名桑红蜘蛛、桑东方叶螨，属真螨目叶螨科。

[分布与为害] 分布于华北、华东，以及辽宁、陕西、四川等地。为害桑树叶片，以成螨、若螨在叶背沿叶脉吸食，被害处呈半透明白斑，后逐渐变黄脱落（图2-671）。

图2-671 桑始叶螨为害桑树叶片状

[识别特征] ①雌成螨：浅黄白色。体椭圆形。须肢跗节端感器柱形，背感器枝状。背毛基粗壮，端细，26根。②雄成螨：须肢跗节端感器退化，背感器小枝状。③卵：直径约0.1mm，球形，初无色后变浅黄色。④幼螨：浅黄色至柠檬色，具3对足。⑤若螨：体色逐渐加深，有4对足。

[生活习性] 1年发生10余代，以成虫在枯枝落叶上或枝干裂隙或杂草上越冬。翌年春芽萌发即开始活动，移集叶背，沿叶脉交叉处吐丝结网，并在其中取食产卵，经1周左右孵化，再经2或3次蜕皮，变为成虫。卵最适发育温度25～26℃，最适湿度为60%。

**594. 柳刺皮瘿螨** *Aculops niphocladae* Keifer, 1966，又名呢柳刺皮瘿螨，属真螨目瘿螨科。

[分布与为害] 分布于陕西、北京、天津、河北、山东等地。为害柳树，被害叶片上有数十个珠状虫瘿，淡绿色至粉红色，颜色鲜艳，后期虫瘿变褐干枯，严重时叶黄脱落（图2-672）。

[识别特征] 雌成螨：体长约0.2mm。棕黄色。体纺锤形略平，前圆后细。背盾板有前叶突。背纵线虚线状，环纹不光滑，有锥状微突。尾端有短毛2根。足2对。

[生活习性] 1年发生数代，以成螨在芽鳞间或皮缝中越冬。借风、昆虫和人为活动等传播。4月下

**图2-672 柳刺皮瘿螨为害竹柳叶片形成的虫瘿**

旬至5月上旬活动为害，随着气温升高，繁殖加速，危害加重，雨季螨量下降。受害叶片表面产生组织增生，形成珠状叶瘿，每个叶瘿在叶背只有1个开口，螨体经此口转移为害，形成新的虫瘿，被害叶片上常有数十个虫瘿。

**595. 毛白杨瘿螨** *Aceria dispar* (Nalepa,1891)，又名四足瘿螨、毛白杨四足螨，属真螨目瘿螨科。

[分布与为害] 分布于河北、山东、河南、北京、天津、陕西、山西、甘肃、新疆等地。主要为害毛白杨，幼树、大树均可受害，使得被害芽所抽出的叶片全部皱缩变形、肿胀变厚，丛生、卷曲成球，初为绿色、渐变为紫红色，似鸡冠状，之后随叶的生长皱叶不断增大，严重时造成叶大量脱落，影响生长，降低观赏价值（图2-673）。

**图2-673 毛白杨瘿螨为害毛白杨叶片状**

[识别特征] ①雌成螨：体长0.164~0.265mm，最宽处0.040~0.055mm。橘黄色，有光泽。长圆筒形，柔软，末端弯曲较细。腹面有80个左右环节，略多于体背，环节间有成排的微瘤。腹部两侧具刚毛4对，体末端有1段无环节，长约0.014mm。背部盾板有6条纵皱纹，盾板两侧有1对长0.032mm的较粗刚

毛。螯肢针状。生殖器着生在足的基节后方，上下2块合起来近圆形。生殖器后方两侧各有生殖毛1根，长约0.0025mm。2对足，位于体前端。②卵：近球形，白色透明，直径0.035～0.047mm。③幼螨：白色透明，刚孵化时体呈弓形，体长0.095～0.122mm，最宽处为0.027～0.047mm，无生殖板。④若螨：前体段橘黄色，后体段透明。体长0.136～0.170mm，最宽处为0.034～0.044mm。有生殖板，横向，月牙形，有8条纵纹。

［生活习性］ 1年发生5代，以卵在芽内越冬。翌年4月孵化，留在芽内继续为害，使叶片卷曲，组织增厚。4月下旬出现大量成螨，此时受害芽已展开成瘿球，直径5～6cm。5月上旬卷叶内出现第1代卵。5月中旬瘿球直径已达12～15cm。5月下旬树干上爬行的若螨量剧增，有的钻入新生枝条上的冬芽，其后蜕皮变为成螨。6月雨后大量瘿球落地，瘿球内未转移的活螨随球干枯而死亡。在枝干上爬行、尚未找到侵害场所的瘿螨也大量死亡，只有钻入冬芽的瘿螨才能存活下来，为害至越冬。受害芽比正常芽大，色泽暗，较细长。

**596. 枸杞金氏瘤瘿螨** *Aceria kuko* (Kishida, 1927)，又名枸杞瘿螨、大瘤瘿螨、枸杞瘤瘿螨，属真螨目瘿螨科。

图2-674　枸杞金氏瘤瘿螨为害枸杞叶片形成的虫瘿

［分布与为害］ 分布于全国各地。为害枸杞，以成螨、若螨刺吸叶片、嫩茎和果实。叶部被害后形成紫黑色痣状虫瘿，直径1～7mm，虫瘿正面外缘为紫色环状，中心黄绿色，周边凹陷，背面凸出，虫瘿沿叶脉分布，中脉基部和侧脉中部分布最密。受害严重的叶片扭曲变形，顶端嫩叶卷曲膨大、呈拳头状，变成褐色，提前脱落，造成枝条秃顶，停止生长。嫩茎受害，在顶端腋芽处形成长3～5mm的丘状虫瘿（图2-674）。

［识别特征］ ①成螨：体长0.3～0.5mm。全身橙黄色。体长圆锥形，略向下弯曲，呈前端粗、后端细的胡萝卜形。头胸部宽而短，向前凸出呈喙状。腹部有环沟53或54条，形成狭小的环节。生殖器位于腹部前端第5、6节之间，两侧具性刚毛1对。足2对。②卵：圆球形，透明。③若螨：若螨与成螨相似，仅体长较短，乳白色。

［生活习性］ 1年发生多代，华北地区在树皮缝或芽鳞片内等隐蔽处越冬。翌年春天枸杞芽露绿时，越冬成螨开始出蛰活动。5月下旬到6月上旬展叶时，出蛰成螨大量转移到新叶上产卵，孵出的幼螨钻入叶片组织内形成虫瘿。8月上旬到9月中旬为害达到高峰，虫瘿外成螨爬行活跃。11月初成螨进入越冬状态。

**597. 枫杨瘤瘿螨** *Aceria pterocaryae* Kuang & Gong, 1996，又名枫杨瘿螨、枫杨生瘿螨，属真螨目瘿螨科。

［分布与为害］ 分布于辽宁、河北、山东等地。为害枫杨叶片，初期在叶面出现褪色的小斑点，白色，后变为红褐色（图2-675），叶面凹凸不平，叶背出现毛毡状短毛。严重时后期叶面布满毛毡状物，深

图2-675　枫杨瘤瘿螨为害枫杨叶片形成的虫瘿

褐色，导致叶片枯死和脱落。

[识别特征] ①成螨：体长0.11～0.14mm，宽0.05～0.07mm。深褐色。体近圆锥形。头部不十分明显。前胸有刚毛，尾部有1对针状刚毛。腹、背均有环纹，背部环纹明显。头、胸有2对步足。②卵：球形，光滑，前期为半透明。③幼螨：体型较小，颜色浅，环纹不明显。④若螨：形似成螨，体浅黄色或浅褐色，可见体壁有环纹，但不甚明显。

[生活习性] 1年发生数代，以成螨在一至二年生的枝条缝隙内或芽鳞内越冬。翌年便移到新生叶片上为害，刺激组织增生产生瘿瘤或者毛毡状组织，在瘿瘤内繁殖，卵胎生，1个生长季节内可多次繁殖，多次侵染为害，8月是为害的高峰期，10月上中旬进入越冬阶段。

另外，鹅掌柴（图2-676a、b）、栎类（图2-676c～e）、盐肤木（图2-676f）、元宝枫（图2-676g、h）、三角枫（图2-676i、j）、山莓（图2-676k）等园林植物也常会受瘿螨为害。

**图2-676　瘿螨为害其他园林植物叶片形成的虫瘿**

a、b. 为害鹅掌柴状；c～e. 为害栎类状；f. 为害盐肤木状；g、h. 为害元宝枫状；i、j. 为害三角枫状；k. 为害山莓状

[ 螨类的防治措施 ]

（1）农业防治　　加强栽培管理，做好圃地卫生，及时清除园地杂草和残枝虫叶，减少虫源；改善园地生态环境，增加植被，为天敌创造栖息生活繁殖场所。保持圃地和温室通风凉爽，避免干旱及温度过高。夏季园地要适时浇水喷雾，尽量避免干旱或高温使害螨生存繁殖。初发生期，可喷清水冲洗。

（2）越冬期防治　　螨类越冬的虫口基数直接关系翌年的虫口密度，因此必须做好有关防治工作，以杜绝虫源。对木本植物，可刮除粗皮、翘皮，结合修剪，剪除病、虫枝条，越冬量大时可喷3～5°Bé石硫合剂，杀灭在枝干上越冬的成螨。亦可树干束草，诱集越冬雌螨，来年春季收集烧毁。

（3）生物防治　　螨类天敌种类很多，注意保护瓢虫、草蛉、小花蝽、植绥螨等天敌。

（4）化学防治　　发现螨类在较多叶片为害时，应及早喷药。早期防治是防止后期猖獗的关键。可喷施34%螺螨酯浮剂4000倍液、25%阿维·螺螨酯浮剂5000倍液、40%联肼·螺螨酯浮剂3000倍液、21%四螨·唑螨酯悬浮剂2000倍液、20%阿维·四螨嗪悬浮剂2000倍液、25%阿维·乙螨唑悬浮剂10 000倍液。喷药时，要求做到细微、均匀、周到，要喷及植株的中、下部及叶背等处，每隔10～15天喷1次，连续喷2或3次，有较好效果。

# 第三节　蛀干害虫

　　园林植物蛀干害虫主要包括鞘翅目的天牛、小蠹虫、吉丁虫、象甲，鳞翅目的木蠹蛾、透翅蛾、螟蛾，膜翅目的树蜂、茎蜂等。蛀干害虫的发生特点：①生活隐蔽。除成虫期营裸露生活外，其他各虫态均在韧皮部、木质部营隐蔽生活。害虫为害初期不易被发现，一旦出现明显被害征兆，则已失去防治有利时机，因而该类害虫常被称为"心腹之患"。②虫口稳定。蛀干害虫大多生活在植物组织内部，受环境条件影响小，天敌少，虫口密度相对稳定。③危害严重。蛀干害虫蛀食韧皮部、木质部等，影响输导系统传递养分、水分，导致树势衰弱或死亡，一旦受侵害，植株很难恢复生机。

蛀干害虫的发生与园林植物的养护管理有密切关系。适地适树，加强养护管理，合理修剪，适时灌水与施肥，促使植物健康生长，是预防蛀干害虫大发生的根本途径。

## 一、天牛类

天牛是园林植物最重要的蛀干害虫之一，属鞘翅目天牛科，身体多为长形，大小变化很大，触角丝状，常超过体长，复眼肾形，包围于触角基部。幼虫圆筒形，粗肥稍扁，体软多肉，白色或淡黄色，头小，胸部大，胸足极小或无。以幼虫钻蛀植物枝干，轻则树势衰弱、影响观赏价值，重则损枝折干，甚至枯死。主要种类有星天牛、光肩星天牛、皱胸粒肩天牛、双条杉天牛、双斑锦天牛、桃红颈天牛、锈色粒肩天牛、黄星桑天牛、多斑白条天牛、中华裸角天牛、松墨天牛、刺角天牛、栗山天牛、橘褐天牛、红缘天牛、黑点粉天牛、二斑黑绒天牛、家茸天牛、杨柳绿虎天牛、槐绿虎天牛、缺环绿虎天牛、桑脊虎天牛、咖啡脊虎天牛、槐黑星瘤虎天牛、多带天牛、四点象天牛、梨眼天牛、麻竖毛天牛、点胸坡天牛、芫天牛、短足筒天牛、麻点豹天牛、合欢双条天牛、苎麻天牛、环斑突尾天牛等。

**598. 星天牛** *Anoplophora chinensis* (Forster, 1766)，又名白星天牛、柑橘星天牛，属鞘翅目天牛科。

[分布与为害] 分布于全国各地。为害杨、柳、榆、桑、悬铃木、梧桐、乌桕、刺槐、柑橘、樱花、海棠类、母生树、相思树、木麻黄等植物。以成虫啃食枝干嫩皮，以幼虫钻蛀枝干，破坏输导组织，影响正常生长及观赏价值，严重时被害树易风折枯死（图2-677）。

**图2-677 星天牛为害状**

a～c. 幼虫钻蛀悬铃木树干状；d. 成虫啃食嫩枝树皮状

［识别特征］ ①成虫：体长20～41mm，体黑色、有光泽。每鞘翅上有大小不规则的白斑约20个。前胸背板两侧有尖锐粗大的刺突。鞘翅基部有黑色颗粒（图2-678a～c）。②卵：长5～6mm，长椭圆形，黄白色。③幼虫：老熟幼虫体长38～60mm，乳白色至淡黄色，头部褐色，前胸背板黄褐色，有"凸"字斑，"凸"字斑上有2个飞鸟形纹，足略退化（图2-678d）。④蛹：纺锤形，长30～38mm，黄褐色，裸蛹（图2-678e）。

**图2-678 星天牛**
a～c. 成虫；d. 幼虫；e. 蛹

［生活习性］ 南方地区1年发生1代，北方地区2～3年1代，以幼虫在被害枝干内越冬。翌年3月以后开始活动。成虫5～7月羽化飞出，6月中旬为盛期。成虫咬食枝条嫩皮补充营养。产卵时先咬一"T"形或"八"字形刻槽。卵多产于树干基部和主侧枝下部，以树干基部向上10cm以内为多。每1刻槽产1粒，产卵后分泌一种胶状物质封口，每头雌虫可产卵23～32粒。卵期9～15天，初孵幼虫先取食表皮，1～2个月后蛀入木质部，11月初开始越冬。

**599. 光肩星天牛** *Anoplophora glabripennis* (Motschulsky, 1853)，又名柳星天牛、白星天牛、老牛、花牛、凿木虫，属鞘翅目天牛科。

［分布与为害］ 国内分布很广，以华北、西北地区发生严重。幼虫食性杂，蛀食为害杨、柳、元宝枫、樱花、泡桐、苦楝、紫叶李、日本晚樱、枫杨、龙爪柳、白榆、桑、栾、海棠类、苹果、柑橘、刺槐、糖槭、银槭等植物，是杨、柳上的主要害虫，被害株率一般在20%～100%（图2-679）。

**图2-679 光肩星天牛为害状**

a. 为害柳树树干状；b、c. 为害银槭树树干状

[识别特征] ①成虫：雌虫体长为30mm左右，雄虫体长为20mm左右。体、翅均为漆黑色，翅面上有不规则的白斑。触角鞭状，雌虫触角等于或短于体长；雄虫触角超过体长。前胸两侧各有1个突起。前翅基部无颗粒状突起（图2-680a、b）。②卵：白色，长椭圆形，稍弯曲（图2-680c）。③幼虫：老熟时体长为55mm左右，筒状，乳白色，前胸背板有"凸"字形浅褐色斑纹（图2-680d～f）。④蛹：黄白色，离蛹。

[生活习性] 大连、济南等地1～2年（跨2～3年）发生1代，北京、宁夏、内蒙古等地2年发生1代，以幼虫在树内蛀道内越冬。翌年5月中下旬化蛹，蛹期20天左右。6～7月为成虫羽化期，10月还可见到个别成虫。成虫羽化后取食幼嫩枝条表皮以补充营养。其飞翔力弱，敏感性不强，容易捕捉。成虫产卵前先在树枝干上啃椭圆形刻槽（图2-681），将卵产于槽内，每槽产卵1粒，其后用分泌物封闭以保护卵，卵期20天左右。幼虫共5龄，初孵幼虫先取食刻槽周围腐烂部分和韧皮部，3龄后的幼虫才蛀入木质部，幼虫为害期在每年的3～11月。幼虫孵化后取食韧皮部，将褐色粪及蛀屑从产卵孔排出。虫道随着虫体增长而加大和加宽，3龄幼虫蛀入木质部为害时，所排出的只是木屑。幼虫于11月开始越冬。

**600. 皱胸粒肩天牛** *Apriona rugicollis* Chevrolat, 1852，属鞘翅目天牛科。

[分布与为害] 我国南北各地均有发生，在江浙地区为害普遍。为害桑、杨、柳、榆、枫杨、构树、山核桃、油桐、柑橘、枇杷、苹果、沙果、梨、枣、海棠类、樱花、无花果等植物。以幼虫蛀食枝干，轻则影响树体发育，重则全株枯死；成虫啃食嫩枝皮层，造成枝枯叶黄，幼虫蛀食枝干木质部，严重时常整枝、整株枯死（图2-682a、b）。

[识别特征] ①成虫：体长26～51mm，宽18～16mm。体和鞘翅都为黑色，密被黄褐色绒毛，一般背面呈青棕色，腹面棕黄色，深浅不一。前胸背板有横行皱纹，两侧中央各有1刺状突起。鞘翅基部密布黑色光亮的瘤状颗粒（图2-682c、d）。②卵：扁平，长5～7mm，长椭圆形。③幼虫：体长60mm左右，圆筒形，乳白色。第1胸节发达，背板后半部密生棕色颗粒小点，背板中央有3对尖叶状凹皱纹。④蛹：体长约50mm，纺锤形，淡黄色。

[生活习性] 南方1年发生1代，北方地区2或3年完成1代，以未成熟幼虫在树干孔道中越冬。2～3年发生1代时，幼虫期长达2年，至第2年6月初化蛹，6月下旬羽化，7月上中旬开始产卵，7月下旬孵化。广东、台湾1年发生1代，越冬幼虫5月上旬化蛹，5月下旬羽化，6月上旬产卵，6月中旬孵化。成虫于6～7月羽化后，一般晚间活动，有假死性，喜取食新枝树皮、嫩叶及嫩芽。被害伤痕边缘残留绒毛状纤

**图2-680 光肩星天牛**

a、b. 成虫；c. 卵；d~f. 幼虫

维物，伤痕呈不规则条块状。卵多产在直径10~30mm的一年生枝条上。成虫先咬破树皮和木质部，形成"U"形伤口，然后产入卵粒。1头雌虫产卵一百多粒。卵经两周左右孵化，初孵幼虫即蛀入木质部，逐渐侵入内部，向下蛀食成直的孔道，每隔一定距离向外有一排粪孔。幼虫化蛹时，头向上方，以木屑填塞蛀道上、下两端。蛹经20天左右羽化，蛀圆形孔外出。

**601. 双条杉天牛** *Semanotus bifasciatus* (Motschulsky, 1875)，属鞘翅目天牛科。

[分布与为害] 我国发生普遍。以幼虫为害侧柏、桧柏和龙柏等柏树，以及罗汉松、杉木等。该虫多为害衰弱树和管理养护粗放的柏树，是柏树上的一种毁灭性蛀干害虫。被害初期树表没有任何症状，待枝条上出现黄叶时已为时过晚，此时树皮早已环剥，皮下堆满虫粪（图2-683）。

[识别特征] ①成虫：体长为10mm左右。鞘翅黑褐色，有两条棕黄色横带。体扁圆筒形。前胸背板有5个突起点（图2-684a）。②卵：椭圆形，长约2mm，白色，形似稻米粒。③幼虫：老熟时体长为15mm左右，扁粗，长方筒形，足退化，体乳白色，头部黄褐色，前胸背板上有1"小"字形凹陷及4块黄褐色斑纹（图2-684b、c）。④蛹：浅黄色，裸蛹。

[生活习性] 1年发生1代，以成虫在树干蛹室内越冬。翌年3月上旬成虫咬椭圆形孔口外出，不需补充营养，飞翔力较强。成虫将卵产于树皮裂缝或伤疤处，每处有卵1~10粒不等，卵期为11天左右。3月下旬初孵幼虫蛀入树皮后，先取食韧皮部，随后为害木质部表面，并蛀成弯曲不规则的坑道，坑道内堆满

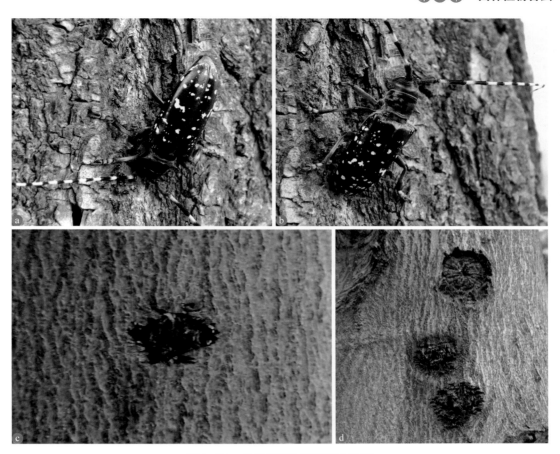

**图2-681 光肩星天牛在刻槽内产卵**

a. 成虫啃产卵刻槽；b. 成虫在刻槽产卵状；c. 产卵刻槽——初期；d. 产卵痕——后期

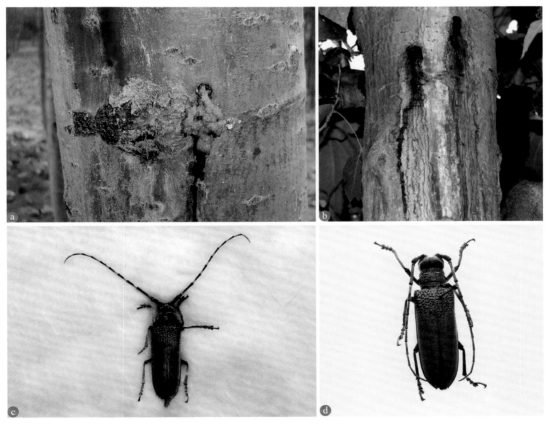

**图2-682 皱胸粒肩天牛**

a、b. 为害杨树树干状；c、d. 成虫

图2-683 双条杉天牛为害蜀桧和龙柏树干状

图2-684 双条杉天牛
a. 成虫；b、c. 幼虫

黄白色粪屑，且虫道相通，树干表皮易剥落。树皮被环形蛀食后，上部枝干死亡，树叶枯黄。5月中下旬幼虫的危害最严重，6月上旬开始蛀食木质部。8月下旬开始在边材处做蛹室，并陆续在其内化蛹，9～10月成虫羽化，羽化后的成虫在原蛹室内越冬。

**602. 双斑锦天牛** *Acalolepta sublusca* (Thomson, 1857)，属鞘翅目天牛科。

[分布与为害] 分布于上海、山东、北京、浙江、江西、福建、四川等地。为害大叶黄杨、冬青、卫矛、狭叶十大功劳等植物。幼虫在枝干内为害形成弯曲不规则的虫道，严重时可使地上部生长不良，枝干倒伏或死亡。一般1小枝内有虫1头（图2-685）。

[识别特征] ①成虫：体长为20mm左右，宽为7mm。体栗褐色。头和前胸密被棕褐色绒毛。鞘翅密被淡灰色绒毛，每个鞘翅基部有1个圆形或近方形黑褐色斑，在翅中部有1个较宽的棕褐色斜斑，翅面上有稀疏小刻点（图2-686a）。②卵：乳白色，椭圆形，长2～3mm。③幼虫：初孵时浅黄色，老熟时体长为22mm左右，圆筒形，浅黄白色。头部褐色，前胸背板有1个黄色近方形斑纹（图2-686b）。④蛹：纺锤形，长20～25mm，乳白色（图2-686c）。

[生活习性] 1年发生1代，以幼虫在树木的根部越冬。翌年2月幼虫开始活动，2月下旬至3月上旬是为害盛期。4月上旬在蛀道内化蛹，5月中旬为羽化盛期。成虫羽化后，咬食嫩枝皮层和叶脉作为补充营养，可造成被害枝上叶片枯萎。2天后多在向阳枝梢上进行交配，每头雌成虫平均产卵20粒，卵产在离地面20cm以下粗枝干上，产卵槽近长方形。初孵幼虫先取食卵槽周围皮层，经1次蜕皮进入木质部为害。

图2-685 双斑锦天牛为害大叶黄杨枝干状

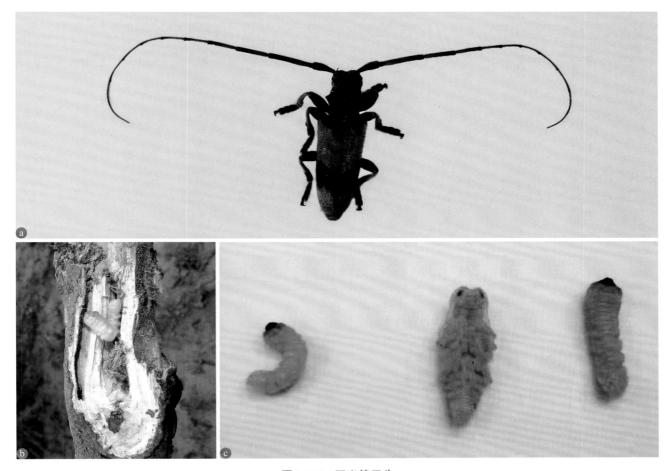

图2-686 双斑锦天牛

a. 成虫；b. 幼虫；c. 幼虫（两侧）和蛹（中间）

为害大叶黄杨时咬成不规则弯曲隧道，枝干易被风折断，严重时整枝枯死。

**603. 桃红颈天牛** *Aromia bungii* (Faldermann, 1835)，属鞘翅目天牛科。

[分布与为害] 国内分布遍及各地。为害桃、梅、樱桃、樱花、杏、梨、苹果、海棠类等植物。造成树势衰弱，严重时可使植株死亡，是桃树的主要害虫（图2-687a、b）。

[识别特征] ①成虫：体长为32mm左右。体黑色发亮。前胸棕红色。前胸密布横皱，两侧有刺突1个。鞘翅面光滑（图2-687c）。②卵：乳白色，卵圆形，长6～7mm。③幼虫：老熟时体长为48mm左右，乳白色，前胸最宽，背板前缘和两侧有4个黄斑块，体侧密生黄棕色细毛，体背有皱褶（图2-687d）。④蛹：体长约35mm，初期乳白色，后渐变为黄褐色。

**图2-687　桃红颈天牛**

a、b. 为害桃树枝干状；c. 成虫；d. 幼虫

［生活习性］ 2年（少数地区3年）发生1代，以幼虫在树干蛀道内越冬。翌年3～4月幼虫开始活动，4～6月化蛹，蛹期为8天左右。6～8月为成虫羽化期，多在午间活动与交尾，产卵于树皮裂缝中，以近地面35cm以内树干产卵最多，卵期约7天。幼虫期2～3年，幼虫在树干内的蛀道极深，蛀道可达地面下6cm。幼虫一生钻蛀隧道全长50～60cm，蛀孔外及地面上常堆积大量红褐色粪屑。受害严重的树干中空，树势衰弱，以致枯死。桃红颈天牛有一种奇特的臭味，管氏肿腿蜂可寄生其幼虫。

**604. 锈色粒肩天牛**　*Apriona swainsoni* (Hope, 1840)，属鞘翅目天牛科。

［分布与为害］ 分布于陕西、河北、河南、山东、江苏、安徽、浙江、福建、广东、广西、湖南、湖北、四川、贵州、云南等地。为害国槐、龙爪槐、蝴蝶槐、金枝槐、柳、云实、黄檀等植物。成虫啃食枝梢嫩皮补充营养，可造成新梢枯死，幼虫在木质部向上做纵直虫道，大龄幼虫常取食蛀入孔周围的边材部分，形成不规则的横向扁平虫道，破坏树木输导组织，轻者树势衰弱，重者造成表皮与木质部分离，诱导腐生生物二次寄生，使表皮成片腐烂脱落，致使树木3～5年内整枝或整株枯死（图2-688）。

［识别特征］ ①成虫：体长28～39mm。黑褐色，全身密被锈色短绒毛。前胸背板有不规则的粗皱突起。鞘翅基部1/4部分密布褐色光滑小颗粒，翅表面散布许多不规则的白色细毛斑和排列不规则的细刻点（图2-689a、b）。②卵：长椭圆形，长2.0～2.2mm，黄白色（图2-689c、d）。③幼虫：老熟幼虫扁圆筒形，黄白色；触角3节；前胸背板黄褐色，略呈长方形，背板中部有1倒"八"字形凹陷纹，其上密布棕色粒状突起，前方有1对略向前弯的黄褐色横斑，其两侧各有1长形纵斑（图2-689e、f）。④蛹：纺锤形，长

**图2-688 锈色粒肩天牛为害状**

a、b. 幼虫钻蛀国槐枝干状；c. 成虫啃食国槐嫩枝树皮状

**图2-689 锈色粒肩天牛**

a、b. 成虫；c. 卵（有覆盖物）；d. 卵（去掉覆盖物）；e. 初孵幼虫；f. 老熟幼虫；g. 成虫啃食嫩枝树皮补充营养状

35～42mm，黄褐色，翅端部达到第2腹节，触角端部达到胸部。

[生活习性] 山东2年发生1代，以幼虫越冬。翌年4月上旬幼虫开始取食，5月上旬开始化蛹，直至5月下旬。6月上旬成虫出现，6月中下旬为成虫出现高峰期。成虫出孔后，爬上树冠取食新梢的嫩皮进行补充营养（图2-689g），受到震动极易落地，不善飞翔，有群居性。夜晚到树干或大枝上产卵。产卵前雌虫在树干上爬行，寻找适宜树皮裂缝，咬平缝隙底部后分泌胶状物，再将卵产于槽内用分泌物覆盖。每头雌虫可产卵43～133粒，成虫寿命65～80天。幼虫孵化后先取食幼嫩组织，然后蛀入木质部，从树皮缝隙排出粪屑，开始时粪屑粉末状，随幼虫增长粪屑逐渐变为细丝状。老熟幼虫在虫道内用细木屑堵塞两端化蛹。

**605. 黄星桑天牛** *Psacothea hilaris* (Pascoe, 1857)，属鞘翅目天牛科。

[分布与为害] 分布于吉林、辽宁、陕西、甘肃、北京、河北、河南、山东、江苏、上海、安徽、浙江、江西、福建、台湾、广东、广西、湖南、湖北、四川、云南、贵州等地。为害桑、柘、柳、无花果、油桐、枇杷、柑橘等植物。

[识别特征] ①成虫：体长16～30mm。体黑色，密被灰色至深灰色绒毛，并有大小不同的黄色绒毛斑纹。头部中央有1条斑纹，触角基往后具毛斑。前胸背板两侧有长形毛斑2个，前后排成直行。小盾片略被黄色绒毛。每鞘翅上有较大斑点4或5个，另有许多小斑点散布（图2-690）。②卵：长椭圆形。③幼虫：老熟幼虫体长约15mm，长圆筒形，略扁。

**图2-690 黄星桑天牛成虫**

[生活习性] 江苏、浙江1年发生1代，广东2代，以幼虫在寄主树干内越冬。成虫具趋光性，于5月下旬开始羽化，至11月底仍能在野外发现少量成虫。雌虫于树干上产卵，深度3～6mm，产卵处树皮隆起，呈纵裂。幼虫孵化后先在树皮下韧皮部蛀食，形成不规则坑道，之后蛀入木质部，可导致被害枝干枯死。

**606. 多斑白条天牛** *Batocera horsfieldi* (Hope, 1839)，又名云斑天牛、核桃大天牛，属鞘翅目天牛科。

[分布与为害] 分布于陕西、河北、山东、江苏、安徽、浙江、江西、福建、湖北、四川、贵州、云南等地。幼虫钻蛀杨、柳、榆、桑、枫杨、乌桕、白蜡、栓皮栎、大叶女贞、悬铃木、柑橘、枇杷、核桃、板栗等植物，使树干上具有大量虫孔、虫粪（图2-691），造成树势衰弱，甚至枯死。

[识别特征] ①成虫：体长为50mm左右。黑色至黑褐色，密布灰白色和灰褐色绒毛。前胸背板中央有1对黄白色条斑。小盾片白色。鞘翅面上有白色和灰黄色绒毛组成的不规则云片斑。前胸背板两侧有刺突。小盾片近半圆形。鞘翅前1/3处有明显的瘤状突起（图2-692a、b）。②卵：椭圆形，乳白色（图2-692c）。③幼虫：老熟时体长为75mm左右，乳白色，体肥多皱，前胸背板略成方形，浅棕色，有褐色颗粒。④蛹：尾部锥尖，尖端钩状。

[生活习性] 贵州2年（跨3年）发生1代，以幼虫和成虫在寄主坑道内越冬。翌年4月成虫出现，5月为盛期，成虫用锋利牙齿咬1圆形孔洞（图2-692d）爬出。成虫补充营养后在树干上刻卵槽，每槽产卵1粒，卵期约15天。初孵幼虫在皮下为害1周后，即钻蛀木质部向上为害。受害处变黑，树皮破裂，有树胶流出，并有虫粪和木屑排出。天敌有跳小蜂、小茧蜂、多角体病毒等。华东地区2～3年发生1代。

图2-691 多斑白条天牛为害白蜡树干状

图2-692 多斑白条天牛

a. 成虫；b. 雌雄成虫交尾状；c. 卵；d. 羽化孔

**607. 中华裸角天牛** *Aegosoma sinicum* White, 1853，又名薄翅锯天牛、中华薄翅天牛，属鞘翅目天牛科。

［分布与为害］ 分布于全国各地。为害杨、柳、榆、桑、松、白蜡、悬铃木、云杉、冷杉等植物。幼虫于枝干皮层和木质部内蛀食，隧道走向不规律，内充满粪屑，削弱树势，重者枯死。

［识别特征］ ①成虫：体长为45mm左右，宽约12mm。体赤褐或暗褐色。鞘翅质薄如皮革，翅面上有明显的纵脊4～6条，并有微细颗粒刻点，基部粗糙（图2-693）。②幼虫：老熟时体长为65mm左右，乳白色，前胸背板有1个大而圆的硬斑，后缘色较深，中央有1条纵线，后方各有2条线纹。

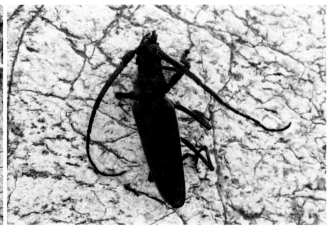

图2-693 中华裸角天牛成虫

图2-694 松墨天牛成虫

［生活习性］ 2年发生1代，以幼虫在寄主蛀道内越冬。翌年5月化蛹，6～8月成虫期，补充营养后产卵于树木腐朽处，卵期20天左右。孵化后的幼虫先在腐朽处为害，随后蛀入木质部，秋后在蛀道内越冬。

**608. 松墨天牛** *Monochamus alternatus* Hope, 1843，又名松褐天牛、松天牛，属鞘翅目天牛科。

［分布与为害］ 分布于陕西、河北、河南、山东、江苏、浙江、江西、福建、台湾、广东、广西、湖南、四川、重庆、云南、贵州、西藏等地。为害马尾松、油松、红松、雪松、黑松、华山松、落叶松、云杉、冷杉、桧属等植物。幼虫为害生长衰弱的树木与新伐倒木，成虫是松材线虫的重要传播媒介。

［识别特征］ ①成虫：体长为23mm左右。赤褐色或橙黄色。前胸背板有2条较宽的橙黄色纵纹，与3条黑色绒纹相间，使得每鞘翅面上有5条纵纹，另有方形黑色及灰白色绒毛斑。头部密布刻点（图2-694）。②卵：乳白色。③幼虫：老熟时体长为40mm左右，乳白色，扁圆筒形，前胸背板褐色，中央有波浪状横纹。④蛹：乳白色，圆筒形。

［生活习性］ 1年发生1代，以老熟幼虫在蛀道中越冬。湖南翌年3月下旬越冬幼虫开始化蛹，蛹期12天左右，4月中旬可见成虫羽化。成虫啃食嫩枝皮以补充营养，昼夜活动，有弱的趋光性，5月为活动盛期。幼虫孵化后即钻入皮下，幼龄幼虫在皮下与边材蛀食，形成不规则的平坑，从而破坏输导组织，坑道内堆满虫粪与木屑。秋季钻蛀木质部3～4cm深，并向上、下方蛀坑道，然后向边材蛀食，在坑道末端做蛹室。

**609. 刺角天牛** *Trirachys orientalis* Hope, 1843，属鞘翅目天牛科。

［分布与为害］ 分布于黑龙江、吉林、辽宁、陕西、山西、甘肃、北京、河北、天津、河南、山东、江苏、上海、安徽、浙江、江西、福建、广东、广西、湖南、湖北、四川、贵州、云南等地。为害杨、柳、榆、槐、栎、梨、刺槐、臭椿、泡桐、银杏、合欢、柑橘的中老龄植株。幼虫于枝干皮层和木质部内蛀食，削弱树势，重者枯死。

［识别特征］ ①成虫：体长35～50mm。灰黑色至棕黑色，体上被棕黄色及银灰色闪光绒毛。雌虫触角略超过体长；雄虫触角约为体长2倍。雌虫第3～10节、雄虫触角第3～7节生有内端刺；雌虫第6～10节生有外端刺。鞘翅末端平切，具有明显的内外角端刺（图2-695）。②卵：乳白色，长椭圆形，长约3.4mm。③幼虫：老熟幼虫体长约30mm，淡黄色，前胸背板近前缘有4个褐色斑纹。④蛹：体长

约30mm，淡黄色。

［生活习性］ 2年发生1代，少数3年1代，以幼虫和成虫越冬。5～6月中旬成虫出孔，5月下旬至6月上旬为盛期。成虫出孔后爬到树冠取食幼嫩枝条表皮与叶片进行补充营养，成虫飞翔力不强，受触击便落到地面，只有少数会飞到其他树上。夜晚活动，在树干上进行交尾和产卵，白天隐藏在树洞、羽化孔及树皮的大裂缝处。每头雌虫可产卵42～259粒，寿命25～55天。卵产在老幼虫排泄孔裂缝、树皮裂缝、伤口及羽化孔周围的树皮下。幼虫孵化后蛀入韧皮与木质部之间取食，在树皮裂缝处排出条状的粪屑悬吊在树皮上，大龄幼虫排出大量丝状粪屑散落在地面。7月幼虫老熟后，在虫道的隐蔽室内用细木屑堵塞端部做成蛹室化蛹。8～10月成虫羽化后不出孔，留在蛹室内越冬。

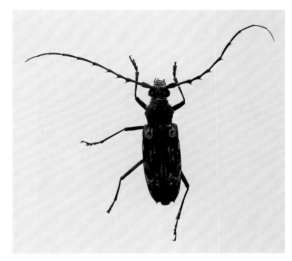

图2-695　刺角天牛成虫

**610. 栗山天牛**　*Neocerambyx raddei* Blessig, 1872，又名深山天牛、栎天牛，属鞘翅目天牛科。

［分布与为害］ 国内分布广泛。主要为害辽东栎、蒙古栎、麻栎、青冈栎、乌冈栎、槲栎、枹栎等栎类植物，幼虫于枝干皮层和木质部内蛀食，削弱树势，重者枯死。

［识别特征］ ①成虫：体长40～60mm，宽10～15mm。灰褐色披棕黄色短毛。复眼黑色。触角近黑色。鞘翅周缘有细黑边。头部向前倾斜，头顶中央有1条深纵沟。复眼小，眼面较粗大。触角11节，第3、4节端部膨大成瘤状。雌虫触角约为体长的2/3，雄虫触角长度约为体长的1.5倍。前胸两侧较圆有皱纹，无侧刺突，背面有许多不规则的横皱纹。鞘翅后缘呈圆弧形，内缘角生尖刺。足细长，密生灰白色毛（图2-696）。②卵：长约4mm，长椭圆形，淡黄色。③幼虫：长60～70mm，乳白色，疏生细毛，头部较小，往前胸缩入，淡黄褐色。胴部13节，背板淡褐色，前半部有2个"凹"字形纹横列。④蛹：裸蛹，长45～50mm，长椭圆形，淡黄色。

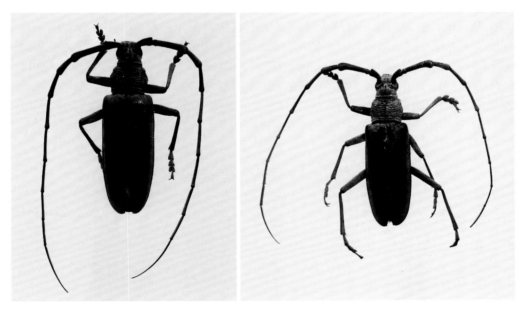

图2-696　栗山天牛成虫

［生活习性］ 3年发生1代，跨4个年头，在辽宁、吉林和内蒙古发育很整齐，在山东等地每年都有成虫出现，以幼虫在木质部蛀道内越冬。6月羽化，成虫羽化后在蛹室内静伏7天左右钻出，有趋光性。傍晚交尾。每头雌虫可产卵20粒左右。老熟幼虫钻至柞树基部做室化蛹。

**611. 橘褐天牛**　*Nadezhdiella cantori* (Hope, 1843)，又名橘天牛、柑橘天牛、钻木虫、褐天牛、桩虫、老木虫、黑牯牛、牵牛虫、牛头夜叉，属鞘翅目天牛科。

[分布与为害]　分布于陕西、河南、山东、江苏、浙江、江西、福建、台湾、广东、海南、广西、湖南、四川、贵州、云南等地。为害柑橘、柠檬、黄皮、花椒、葡萄等植物。以幼虫为害主干及枝蔓，幼虫一般在距地面33cm以上的部位取食，树干内虫道纵横，造成树势衰弱、枯萎或死亡。

图 2-697　橘褐天牛成虫

[识别特征]　①成虫：体长41～51mm，宽10～14mm，雄虫较小，黑褐色，有光泽，被灰黄色短绒毛。头顶两眼间有1深纵沟，额中央有两条括弧状的深沟。雄虫触角超过体长的1/2，雌虫较短，触角第1节粗大，上有不规则的横纹。前胸宽大于长，背面有密而不规则的脑状皱褶，侧面的刺突尖锐。鞘翅肩部隆起，两侧近于平行（图2-697）。②卵：椭圆形，长约3mm，表面有网纹及细刺状突起，初产时乳白色，渐变黄色，孵化前为灰褐色。③幼虫：老熟幼虫体长46～56mm，乳白色，前胸背板前缘有近方形黄褐色斑4个，胸足3对。④蛹：裸蛹，体长29～40mm，初为乳白色，后变为淡黄色，翅芽叶形，伸达腹部第3节的背面后端，其余各部状似成虫。

[生活习性]　该虫2～3年发生1代，以成虫和不同年度不同龄期的幼虫越冬。7月上旬以前孵出的幼虫当年蛀干为害并越冬。第2年8月上旬至10月上旬化蛹，蛹期30天左右，10月上旬至11月上旬羽化为成虫，在蛹室中越冬，第3年5月下旬成虫出蛰活动。8月以后孵出的幼虫蛀干为害并越冬，第2年继续在隧道内蛀食为害，第3年5～6月化蛹，8月以后成虫才外出活动。成虫有昼伏夜出的生活习性，多将卵散产于树干伤口、洞口边缘或表皮凹陷处。初孵小幼虫即蛀入皮下，幼虫体长达10mm以上时蛀入木质部，常先横向蛀食，然后转而向上蛀食，并有3～5个气孔向外排粪，老熟幼虫营造1长椭圆形蛹室后即在其中化蛹。

**612. 红缘天牛**　*Anoplistes halodendri* (Pallas, 1776)，又名红缘亚天牛、红条天牛，属鞘翅目天牛科。

[分布与为害]　分布于黑龙江、吉林、辽宁、陕西、山西、甘肃、宁夏、内蒙古、新疆、北京、河北、河南、山东、江苏、浙江、台湾、贵州等地。为害榆叶梅、文冠果、梅、茉莉、枸杞、葡萄、沙枣、锦鸡儿、苹果、梨、枣、槐、榆、刺槐、臭椿等植物。幼虫蛀食为害，轻者植株生长势衰弱、部分枝干死亡，重者主干环剥皮，树冠死亡，造成风折，小幼树受害后易全株死亡，生长势衰弱的花木受害最为严重。

[识别特征]　①成虫：体长11.0～19.5mm，宽3.5～6.0mm。体黑色狭长，被细长灰白色毛。鞘翅基部各具1朱红色椭圆形斑，外缘有1朱红色窄条，常在肩部与基部椭圆形斑相连接。头短，刻点密且粗糙，被浓密深色毛。触角细长丝状，11节，超过体长。前胸宽略大于长，侧刺突短而钝。小盾片等边三角形。鞘翅狭长且扁，两侧缘平行，末端钝圆，翅面被黑短毛，红斑上具灰白色长毛。足细长（图2-698）。

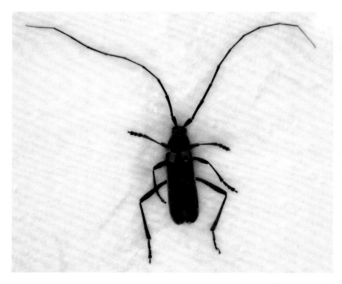
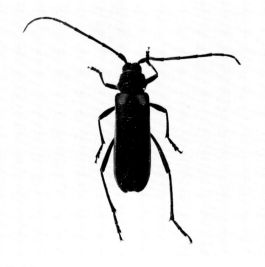

图 2-698　红缘天牛成虫

②卵：长2～3mm，椭圆形，乳白色。③幼虫：体长22mm左右，乳白色，头小、大部缩在前胸内，外露部分褐色至黑褐色。胴部13节，前胸背板前方骨化部分深褐色，上有"十"字形淡黄带，后方非骨化部分呈"山"字形。④蛹：长15～20mm，乳白色渐变黄褐色，羽化前黑褐色。

[生活习性] 1年发生1代，以幼虫在寄主的蛀道内越冬。翌年春季越冬幼虫开始活动为害，因为没有通气孔，所以从外观不易见到。每年4～5月化蛹和成虫羽化。补充营养后，群集交尾。成虫产卵于生长势弱的枝干和各种伤口处，卵期10天左右。初孵幼虫先蛀食皮层，在韧皮部和木质部之间取食为害，一直为害到10月。气温下降后，幼虫蛀入木质部或近枝干髓部越冬。由于地区和温差不同，所以越冬时间不一。

**613. 黑点粉天牛** *Olenecamptus clarus* Pascoe, 1859，又名六星白天牛，属鞘翅目天牛科。

[分布与为害] 分布于东北、华北、华东、华中、西南，以及陕西等地。为害杨、柳、桑、桃、苹果等植物。幼虫在树干内蛀食为害，造成植株生长势衰弱，甚至部分枝干或整株死亡。

[识别特征] ①成虫：体瘦弱，鞘翅灰白色，上有黑点数个（图2-699）。②幼虫：前胸腹板的中、前腹片分界不明，与小腹片褶均有许多长毛，腹部步泡足有1横沟，瘤突2列，光滑，念珠状。

[生活习性] 北京1年发生1代。

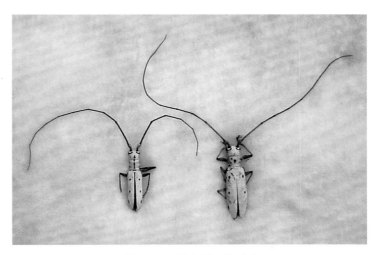

图2-699 黑点粉天牛成虫

**614. 二斑黑绒天牛** *Embrikstrandia bimaculata* (White, 1853)，属鞘翅目天牛科。

[分布与为害] 分布于河北、山东、江苏、浙江、福建、湖南、台湾、广东、广西、四川、陕西等地。为害吴茱萸、花椒，花椒枝干被害后有螺旋形隧道及成串通气排屑孔。

[识别特征] ①成虫：体长21～27mm，宽6.5～9.0mm。体中等，黑色。前胸背板无光泽。腹部着生少许银灰色绒毛。鞘翅黑色部分被黑色绒毛，黄褐斑纹被淡黄色绒毛（图2-700a）。②幼虫：参见图2-700b。

图2-700 二斑黑绒天牛
a. 成虫；b. 幼虫

[生活习性] 华北地区2年发生1代，以卵或幼虫越冬。7月可见成虫。

**615. 家茸天牛** *Trichoferus campestris* (Faldermann, 1835)，属鞘翅目天牛科。

[分布与为害] 分布于全国各地。为害刺槐、油松、杨、柳、枣、丁香、黄芪、苹果、柚、桦木、云

杉等植物。以幼虫在树干内蛀食为害，造成植株生长势衰弱，甚至部分枝干或整株死亡。因其为害木材，所以是房屋和仓库的严重害虫，在经济上可造成很大损失。

［识别特征］①成虫：体长9～22mm，宽2.8～7.0mm。黑褐色至棕褐色，全体密被褐灰色细毛，小盾片和肩部着生较浓密的淡黄色毛。体中型，扁平。触角基瘤微突，雄虫额中央有1条细纵沟。前胸背板宽大于长，前端略宽于后端，两侧缘弧形。胸面刻点细密，粗刻点之间着生细小刻点，雌虫无细刻点。鞘翅外端角弧形，缝角垂直，翅面有中等刻点，端部刻点较小（图2-701a）。②幼虫：体长约20mm，头黑褐色，体黄白色，前胸背板前缘后有黄褐色横板2个，后区淡色，侧沟间平坦隆起，其前方有细纵皱纹，前胸背板中、前腹片前区及侧前腹片密具细长弯毛（图2-701b）。③蛹：浅黄褐色。

图2-701 家茸天牛
a. 成虫；b. 幼虫

［生活习性］北京、河南1年发生1代，新疆2年1代，以幼虫在枝干内越冬。在北京，翌年3月活动，在皮层下木质部钻蛀宽扁蛀道，向外排出碎屑。4月下旬开始化蛹，5月下旬成虫开始羽化。成虫有趋光性，喜散产卵于直径3cm以上的木材皮缝内，尤以新采的木材更为严重。

**616. 杨柳绿虎天牛** *Chlorophorus motschulskyi* (Ganglbauer, 1886)，属鞘翅目天牛科。

［分布与为害］分布于华北，以及陕西等地。为害杨、柳、槐、苹果等植物。幼虫在树干内蛀食为害，造成植株生长势衰弱，甚至部分枝干或整株死亡。

［识别特征］成虫：体长9～13mm。黑褐色，被有黑色绒毛。体细长。头布粗刻点，头顶光滑，触角基瘤内侧呈角状突起。前胸背板球形，密布刻点，除灰白绒毛外，中区具细长竖毛和中央黑色毛斑。鞘翅有灰白色条斑，基部沿小盾片及内缘有向后外方弯斜成狭细浅弧形条斑1个，肩部前后小斑2个。鞘翅中部稍后为1横条，其靠内缘一端较宽，末端为1宽横带（图2-702）。

图2-702 杨柳绿虎天牛成虫

［生活习性］ 北京1年发生1代，以幼虫在蛀道内越冬。翌年3月开始活动，5月化蛹，6月成虫开始羽化，卵散产于枯立木或树干腐烂处，孵化幼虫向干内钻蛀弯曲虫道。

**617. 槐绿虎天牛** *Chlorophorus diadema* Motschulsky, 1853，属鞘翅目天牛科。

［分布与为害］ 分布于黑龙江、吉林、陕西、山西、内蒙古、甘肃、北京、河北、河南、山东、江苏、安徽、浙江、江西、福建、台湾、广东、广西、湖北、湖南、四川、贵州、云南等地。为害刺槐、樱桃、杨、柳、槐、桦、枣等植物。幼虫在树干内蛀食为害，造成植株生长势衰弱，甚至部分枝干或整株死亡。

［识别特征］ ①成虫：体长8～14mm。棕褐色。头、腹被灰黄绒毛。头顶无毛而有深刻点。前胸背板球形，密布刻点。鞘翅茎部有少量黄绒毛，肩部前后有黄绒毛斑2个，靠小盾片沿内缘为一向外弯斜条斑，其外端与肩部第2斑几乎相连，中央稍后又有1条横带，末端黄绒毛横条形（图2-703）。②卵：长椭圆形，白色，长约1mm。③幼虫：体圆筒形；前胸背板色淡，扁圆形，前缘光滑，背中线直贯后区；腹板中、前腹片弯形，中央有浅纵沟1条，无瘤突。④蛹：体乳白色，长约14mm，疏生刚毛。

图2-703 槐绿虎天牛成虫

［生活习性］ 北京1年发生1代，以幼虫在蛀道内越冬。翌年3月开始活动，5月中旬在干内化蛹，蛹期约25天，6月下旬成虫开始羽化，卵散产于枯立木或刺槐干部腐烂处，每次产卵约10粒。每雌可产卵50粒，卵期约17天，孵化幼虫即可向干内钻蛀，蛀道弯曲。

**618. 缺环绿虎天牛** *Chlorophorus arciferus* (Chevrolat, 1893)，属鞘翅目天牛科。

［分布与为害］ 分布于安徽、浙江、江西、四川、海南、云南等地。以幼虫蛀食竹类及多种灌木、乔木类植物。

［识别特征］ 成虫：体长9.5～17.0mm，宽2.4～4.5mm。棕黑色，背面密布黄色绒毛，腹面为灰白绒毛，有时足为赤褐色。前胸背板具4个长形黑斑，中央2个至前端合并。鞘翅基部有1个卵圆形黑环，中央有1条黑色横沟明显。体狭长。头部具颗粒刻点。触角基瘤相互接近；触角为体长之半或稍长，柄节与第3～5节的各节近于等长。前胸背板长略大于宽。胸面球形，密布细刻点，黑斑上刻有粗糙。小盾片半圆形。鞘翅两侧平行，端缘浅凹，缘角和缝角呈细齿状，翅面具极细密刻点。后足腿节伸至翅末端（图2-704）。

图2-704 缺环绿虎天牛成虫

[生活习性] 1年发生1代，以幼虫在竹秆中越冬。幼虫翌年春化蛹。南方地区4月即有成虫出现，一般7～8月出现。卵产于竹秆粗糙的截面或裂缝处。

**619. 桑脊虎天牛** *Xylotrechus chinensis* (Chevrolat, 1852)，又名桑虎天牛、虎斑天牛，属鞘翅目天牛科。

[分布与为害] 分布于辽宁、河北、天津、河南、山东、安徽、江苏、浙江、湖北、广东、四川等地。为害桑、苹果、梨、柑橘、葡萄等植物。幼虫在树干内蛀食为害，造成植株生长势衰弱，甚至部分枝干或整株死亡。

图2-705 桑脊虎天牛成虫

[识别特征] ①成虫：体长16～28mm。前胸背板有黄色、赤褐色、黑色横条斑，雌虫前胸背板前缘鲜黄色，雄虫前胸背板前缘灰黄色至褐色。鞘翅上生黄色和黑色相间的斜带。形似胡蜂。触角短，仅达鞘翅基部。前胸背板近球形。鞘翅基部宽阔。雌虫腹部末端尖，裸露鞘翅之外。雄虫腹部末端被鞘翅盖住（图2-705）。②卵：长约5mm，长椭圆形，乳白色。③幼虫：末龄幼虫体长约80mm，浅黄色，圆筒形。头小，藏在第1胸节内。第1胸节膨大，背面前缘及两侧各生1褐色块状斑纹。腹部各节背面、腹面具黄褐色步泡突。④蛹：裸蛹，长约30mm，纺锤形，浅黄色。

[生活习性] 辽宁、山东3年发生2代，以幼虫越冬。翌年4月上中旬开始活动，5月上旬至6月下旬老熟幼虫陆续化蛹，6月上旬开始羽化、交配产卵，6月下旬至7月上旬进入羽化高峰期。成虫出孔后很快交尾产卵，孵化后的幼虫蛀食至11月上旬即越冬。翌年春季继续为害至8月，成虫羽化出孔，完成1代。该虫世代重叠十分明显。幼虫老熟后调头向上蛀食7～8cm，在隧道一侧蛀1椭圆形蛀入孔。老熟幼虫经蛀入孔深入木质部，蛀成"7"形隧道，并咬很多木屑堵住隧道上方形成蛹室，在蛹室里化蛹。成虫羽化出来后把木屑和虫粪扒开，从原蛀入孔再咬开表皮而出孔。雌成虫把卵产在树干的裂口或缝隙内，每次产1粒。树龄大受害重，树龄小受害轻。生长旺盛、树皮裂缝少、枯死组织少的植株受害轻。

**620. 咖啡脊虎天牛** *Xylotrechus grayii* (White, 1855)，属鞘翅目天牛科。

[分布与为害] 分布于辽宁、陕西、甘肃、北京、河北、河南、山东、江苏、福建、台湾、广东、香港、海南、广西、湖南、湖北、四川、贵州、云南、西藏等地。以幼虫为害咖啡、柚木、梧桐、榆、厚皮树、柑橘、泡桐、楸、金银花、水团花、醉鱼草等植物。

[识别特征] 成虫：体长9.5～15.0mm。身体黑色，触角末端6节有白毛。前胸节背面有淡黄色绒毛斑点10个，腹面每边1个。中胸及后胸腹板均有稀散白斑，腹部每节旁各有1个白斑。小盾片尖端被乳白色绒毛。鞘翅栗棕色，其上有较稀白毛形成数条曲折白线。足赤褐色，前、中足股节及胫节前段大部呈棕红色。额部两边沿触角基瘤脊线明显，周缘及眼缘凹陷处有乳白毛。头顶粗糙，有粒状皱纹。触角约为体长的一半。前胸背板中央高凸，似球形，具粗糙刻点并密生黑毛。后胸腹部易具细密刻点。鞘翅基部比前胸基部略宽，向末端渐次狭窄，表面分布细密刻点，后缘平直（图2-706）。

[生活习性] 广西1年发生1代，以成虫在树干内越冬。成虫出孔群飞期在3月下旬至4月下旬。卵散产，一生可产卵50～100粒，卵期6～8天，蛹期30天。成虫静伏蛹室内越冬100多天。

图2-706 咖啡脊虎天牛成虫

**621. 槐黑星瘤虎天牛** *Clytobius davidis* (Fairmaire, 1878)，属鞘翅目天牛科。

[分布与为害] 分布于辽宁、北京、天津、山东、江苏等地。以幼虫蛀食槐、榆、桑、枣、臭椿等衰弱树的枝干，尤其是移植衰弱的大树。在形成层内蛀食，虫粪堆积在蛀道内，仅少量外排。受害严重的树干被蛀空，虫道纵横交错，濒临枯萎，树皮脱落。有时成虫甚至会出现在枣木树墩中（图2-707a）。

[识别特征] ①成虫：体长10～20mm。复眼内凹处、前胸背板近两侧前后各具1黄色或土黄色斑。

触角第3～5节基部及第6、7节具浓密白色绒毛。鞘翅淡褐色，两鞘翅共有19个黑斑，两侧中部的斑呈钩状（图2-707b）。②卵：乳白色，长椭圆形，长1.5～1.8mm。③幼虫：初孵化乳白色，随着时间推移渐变淡黄色，体侧密生黄棕色细毛，前胸较宽广，虫体前半部各节略呈扁长方形，后半部稍呈圆筒状。幼虫蜕皮后口器微黄色，渐变红褐色，24h后变黑褐色。老熟幼虫体长18～25mm。④蛹：初化蛹乳白色，随着时间推移渐变淡黄色，后变黄褐色，有光泽，长16～22mm。

**图2-707　槐黑星瘤虎天牛**
a. 有成虫出现的枣木树墩；b. 成虫

　　［生活习性］　北方地区1年发生1代，以蛹越冬。4月初即可见成虫，不活跃。成虫喜爬行少有飞翔，遇惊扰快速爬行，喜栖于树干的背阴面；雄成虫在室外温度较高时追逐雌成虫交尾。产卵前成虫将产卵器伸入衰弱枝干树皮缝隙的木栓层与韧皮部，将卵产于其内。初孵幼虫沿韧皮部很快蛀入形成层，到夏季蛀入木质部。幼虫由上而下蛀食，在树干中蛀成弯曲无规则的隧道，在形成层与木质部聚集高密度的粪便。

**622. 多带天牛**　*Polyzonus fasciatus* Fabricius, 1781，又名黄带蓝天牛，属鞘翅目天牛科。

　　［分布与为害］　分布于黑龙江、吉林、辽宁、陕西、山西、宁夏、内蒙古、北京、河北、河南、山东、江苏、安徽、浙江、江西、福建、广东、广西、湖南、湖北、贵州等地。为害杨、柳、刺槐、侧柏、麻栎、玫瑰、黄荆、菊花及伞形科植物，以幼虫蛀食枝干、根颈及根部。

　　［识别特征］　①成虫：头、胸部黑蓝色，光泽鲜艳。鞘翅蓝黑色，中央有明显的黄色横带2条，每条横带上有相互平行的淡黄色纵带4条。前胸背板有不规则皱缩，着生圆锥形侧刺突1对。中、后胸腹面密被灰白色绒毛。鞘翅被白色短毛及刻点（图2-708）。②卵：扁椭圆形，黄白色至灰白色。③幼虫：体圆筒形，橘黄色，头部黄褐色，前胸背板略呈方形，中央有纵脊1条，第1～7腹节背有明显步泡突。④蛹：体黄色，后胸背板中央有淡黑色"11"形纹。

　　［生活习性］　北京2年发生1代，以幼虫在干内越冬。6月中旬成虫羽化，8月下旬出现初孵幼虫，翌年幼虫在干内活动1年并再次越冬，第3年6月化蛹，羽化成虫。成虫对蜜源植物趋性很强，喜群集取食，卵多散产于一至二年生玫瑰枝条基部1.5～5.0cm处的向阳面，每雌产卵约30粒，卵期31～47天。幼虫先环行上蛀，后向下回蛀至根颈处和根部，根部可蛀30cm以上，蛀道光滑，虫粪全部排出蛀道外，后期留在蛀道内。在根颈处蛀道内化蛹，蛹期11～16天。

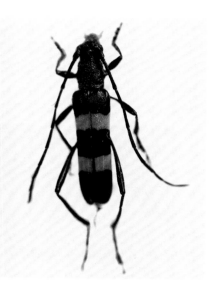

图2-708　多带天牛成虫

**623. 四点象天牛**　　*Mesosa myops* (Dalman, 1817)，属鞘翅目天牛科。

[分布与为害]　分布于黑龙江、吉林、辽宁、陕西、甘肃、青海、内蒙古、北京、河北、河南、山东、江苏、安徽、浙江、台湾、广东、四川、贵州等地。为害漆树、核桃、山楂、苹果、枣、杨、柳、榆、柞等植物。成虫啃食枝干嫩皮，幼虫在枝干皮层和木质部为害，喜在韧皮部与木质部之间蛀食，隧道不规则，内有粪屑，削弱树势，重者枯死。

[识别特征]　①成虫：体长8～15mm，宽3～6mm。体黑色，全身被灰色短绒毛，并杂有许多火黄色或金黄色毛斑。触角部分赤褐色，第1节背面杂有金黄色毛，第3节起每节基部近1/2为灰白色，各节下缘密生灰白色及棕色缨毛。前胸背板中央具丝绒般的斑纹4个，每边两个，前后各1，排成直行，前斑长形，后斑较短，近乎卵圆形，两者之间的距离超过后斑的长度；每个黑斑的左右两边都镶有相当宽的火金色或金黄色毛斑。小盾片中央火黄色或金黄色，两翅较深。鞘翅沿小盾片周围的毛大致淡色。鞘翅饰有许多黄色和黑色的斑点，每翅中端的灰色毛较淡，在此淡色区的上缘和下缘中央各有1个较大的不规则形黑斑，其他较小的黑斑大致圆形，分布于基部之上，基部中央则极少或缺如；黄斑形状各异，分布全翅。体腹面及足有灰白色长毛。体卵形。头部静止时与前足基部接触。额极宽。复眼很小，分成上、下两叶，之间仅有一线相连，下叶较大，但长度只及颊长之半。头面布有刻点及颗粒。雌虫触角与体等长，雄虫触角超出体长1/3，柄节端疤有时不大显著，开放式。前胸背板具刻点及小颗粒，表面不平坦，中央后方及两侧有瘤状突起，侧面近前缘处有一瘤突。鞘翅基部1/4具颗粒（图2-709）。②卵：椭圆形，乳白色渐变淡黄白

图2-709　四点象天牛成虫

色，长约2mm。③幼虫：体长约25mm，淡黄白色，头黄褐色，口器黑褐色，胴部13节，前胸显著粗大，前胸盾矩形，黄褐色。④蛹：长10～15mm，短粗，淡黄褐色，羽化前黑褐色。

[生活习性] 黑龙江2年发生1代，以幼虫或成虫越冬。翌春5月初越冬成虫开始活动取食并交配产卵。卵多产在树皮缝、枝节、死节处，尤喜产在腐朽变软的树皮上，卵期15天。5月底孵化，初孵幼虫蛀入皮层至皮下于韧皮部与木质部之间蛀食。秋后于蛀道内越冬。翌年在7月底前后开始老熟于隧道内化蛹，蛹期10余天，羽化后咬圆形羽化孔出树，于落叶层和干基各种缝隙内越冬。

**624. 梨眼天牛** *Bacchisa fortunei* (Thomson, 1857)，又名梨绿天牛、琉璃天牛、一簇毛哈虫，属鞘翅目天牛科。

[分布与为害] 分布于黑龙江、吉林、辽宁、陕西、山西、青海、河北、山东、江苏、江西、浙江、安徽、福建、台湾、广东、湖南、四川、贵州等地。为害苹果、梨、梅、杏、桃、李、野山楂、槟沙果、海棠类、石楠等植物。成虫取食叶片，幼虫多在二至五年生枝干的皮层、木质部内蛀食，常由排粪孔不断排出烟丝状粪屑，并附于排粪孔外的枝条上，常将其下部的树皮腐蚀。被害枝条发育不良，树势衰弱，并进一步导致腐烂病的发生。

[识别特征] ①成虫：体长8～10mm，宽3～4mm。橙黄色或橙红色。触角基节数节淡棕黄色，每节末端棕黑色。后胸两侧各有紫色大斑点。鞘翅呈金属蓝色或紫色。体小，略呈圆筒形，全体密被长细毛或短毛。头部密布粗细不等的刻点。复眼上下完全分开成2对。额宽大于长，密布刻点，粗细不等。触角丝状11节，雌虫触角略短，雄虫触角与体等长，腹面被缨毛，雌虫较长而密；柄节密布刻点，端区具片状小颗粒。前胸背板宽大于长，前、后各具1条横沟，两沟之间的中区隆凸，似瘤突，两侧各具1小瘤突，中部瘤突具粗刻点。雌虫腹部末节较长，中央具1条纵沟。鞘翅末端圆形，翅上密布粗细刻点（图2-710）。②卵：长约2mm，宽约1mm，长椭圆形，略弯曲，初乳白色后变黄白色。③幼虫：老熟体长18～21mm，体呈长筒形，背部略扁平，前端大，向后渐细，无足，淡黄色至黄色。头大部缩在前胸内，外露部分黄褐色。上颚大，黑褐色。前胸大，前胸背板方形，前胸盾骨化，呈梯形。后胸和第1～7腹节背面，以及中、后胸和第1～7腹节的腹面

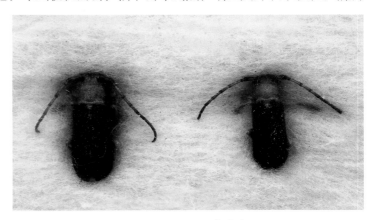

**图2-710 梨眼天牛成虫**

均具步泡突。④蛹：体长8～11mm，稍扁，略呈纺锤形。初乳白色，后渐变黄色，羽化前体色似成虫。触角由两侧伸至第2腹节后弯向腹面。体背中央有1细纵沟。足短，后足腿节、胫节几乎全被鞘翅覆盖。

[生活习性] 2年发生1代，以幼虫在被害枝隧道内越冬。第1年以低龄幼虫越冬，翌春树液流动后，越冬幼虫开始活动继续为害，至10月末，幼虫停止取食，在近蛀道端越冬。翌年春季以老熟幼虫越冬者不再为害，开始化蛹，部分未老熟者则继续取食为害一段时间，之后陆续化蛹。成虫于5月中旬至6月上旬羽化，出孔后先栖息于枝上，然后活动并开始取食叶片、叶柄、叶脉、叶缘和嫩枝的皮以补充营养。成虫喜白天活动，飞行力弱，风雨天一般不活动。成虫产卵多选择直径为15～25mm的枝条，或以二至三年生枝条为主，产卵部位多于枝条背光的光滑处，产卵前先将树皮咬成"=="形伤痕，然后产1粒卵于伤痕下部的木质部与韧皮部之间，外表留小圆孔，极易识别。初孵幼虫先于韧皮部附近取食，到2龄后开始蛀入木质部，深达髓部，并多顺枝条生长方向蛀食，间或向枝条基部取食。幼虫常有出蛀道啃食皮层的习性，常由蛀孔不断排出烟丝状粪屑，并黏于蛀孔外不易脱落。随虫体增长排粪孔（或称蛀孔）不断扩大，烟丝状粪屑也变粗加长。粪屑常附于蛀道反方向，其长度与蛀道约等，越冬前或化蛹前常用粪屑封闭排粪孔和虫体前方的部分蛀道，生活期间蛀道内无粪屑。

**625. 麻竖毛天牛** *Thyestilla gebleri* (Faldermann, 1835)，又名麻天牛，属鞘翅目天牛科。

[分布与为害] 分布于黑龙江、吉林、辽宁、陕西、山西、内蒙古、宁夏、青海、北京、河北、河南、山东、江苏、安徽、浙江、江西、福建、广东、广西、湖北、四川、贵州等地。为害大麻、苘麻、苎麻、锦葵、木槿等植物。以幼虫钻入树干里蛀食或以成虫取食叶片，影响植株生长发育且易被风吹折。

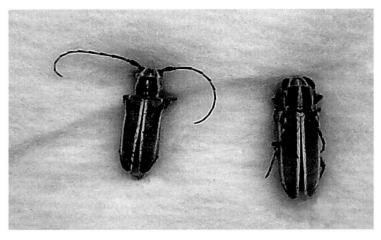

图2-711 麻竖毛天牛成虫

[识别特征] ①成虫：雌虫体长13～18mm，雄虫9～13mm。全体黑褐色，密生灰白色绒毛。触角每节基部灰白色。前胸背板两侧及中线、鞘翅的侧缘和缝缘都有白线，形状似葵花子。雌虫触角略短于体长，雄虫触角稍长于体长。前胸圆筒形。无刺（图2-711）。②卵：长约1.8mm，宽约0.9mm，长卵形，表面呈蜂巢状，初乳白色，后变为黄褐色或褐色。③幼虫：体长15～20mm，乳白色，头小，口器红褐色，前胸大，背板有褐色小颗粒组成的"凸"字形纹。体背自第4节到尾部各节都有成对圆形突起，背中线明显。④蛹：长约16mm，宽约6mm，黄白色。腹部各节近后缘生有红色刺毛。

[生活习性] 1年发生1代，以幼虫在树干内越冬。翌年4～5月化蛹，6月为成虫羽化盛期。成虫飞翔能力较差，迁移扩散能力不强，无趋光性。雌虫产卵于树干上的咬伤破口处，幼虫孵出后进入树干内为害。

**626. 点胸坡天牛** *Pterolophia maacki* (Blessig, 1872)，属鞘翅目天牛科。

[分布与为害] 分布于黑龙江、吉林、辽宁、北京、河北、山东、江苏、浙江、江西、湖北、香港等地。以幼虫蛀食桑树枝条。

[识别特征] 成虫：体长5～8mm。棕黑色，体及足密被淡褐色或灰白色长毛。触角第3节起基部具环生灰白绒毛。小盾片周缘着生黄褐色绒毛。鞘翅刻点粗大，在近基部中央有1瘤状突起，其上生有漆黑毛簇，中部后具1较大灰白色云状斑纹。沿翅中缝两侧各有10个左右白色小毛斑排成1列（图2-712）。

[生活习性] 华北地区6～7月可见成虫，具趋光性。

**627. 芜天牛** *Mantitheus pekinensis* Fairmaire, 1889，属鞘翅目暗天牛科。

[分布与为害] 分布于黑龙江、吉林、辽宁、陕西、山西、内蒙古、北京、河北、河南、山东、江苏、安徽、浙江、江西、福建、广东、广西等地。为害油松、白皮松、刺槐、白蜡、杨、柳、云杉、苹果、核桃等植物。以幼虫蛀食细根根皮和木质部，造成根部前端死亡，导致树势衰弱。属于

图2-712 点胸坡天牛成虫

较为典型的为害根部的天牛种类。

[识别特征] ①成虫：体长15～22mm，黄褐色至黑褐色；触角第3～10节长度相似，约为柄节的3倍，前胸背板近前缘两侧各有1个光滑小突点。雌雄二型，雄虫体细长，鞘翅覆盖整个腹部，触角长于体长，鞘翅端部细尖（图2-713）；雌虫的外形十分像芜菁，鞘翅短缩，仅达腹部第2节，无后翅。②卵：椭圆形，淡绿色至淡黄色，排列成片块状。③幼虫：老熟时体长约30mm，长筒形，白色略带黄色。

[生活习性] 北京2年发生1代，以幼虫在被害寄主的土中越冬。6月中下旬至7月上旬老熟幼虫化蛹，6月下旬至9月可见成虫；卵多成

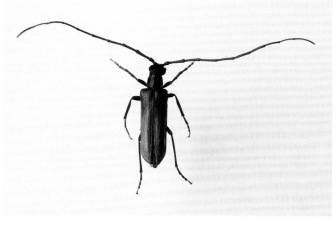

图2-713 芜天牛雄成虫

片产于树干2m高度以下的翘皮缝内，9月开始孵化，不久幼虫爬或落至地面，钻入土中咬食植物根部并越冬。幼虫至少在土中为害2年；成虫有趋光性。

**628. 短足筒天牛** *Oberea ferruginea* (Thunberg, 1787)，属鞘翅目天牛科。

[分布与为害] 分布于安徽、广东、广西、云南等地。为害大叶黄杨、金边黄杨等植物。

[识别特征] ①成虫：雌虫体长约15.3mm，雄虫体长约14.6mm。红褐色。复眼、触角和后翅黑色。体腹面及足黄褐色，腹部第2～3节颜色为黑褐色。体狭长。复眼凸出。触角11节，比体长略短，触角下沿具稀疏缨毛，柄节密布刻点，背面具一条浅纵沟，第3节显著长于柄节，稍长于第4节。前胸背板圆柱形，长稍大于宽。腹部末节长胜于宽。鞘翅肩宽，肩以后逐渐狭窄，每翅具6纵行规则的刻点，基部刻点较深，中部之后刻点逐渐减弱，到端部完全消失。鞘翅肩后两侧及端部略带暗黑褐色，鞘翅边缘有稀疏整齐的缨毛，端部的颜色较深。后翅微露于鞘翅之外。足端短，后足腿节与腹部第1节近等或稍短（图2-714a、b）。②卵：近肾形，一端稍尖，长约2.8mm，宽约0.6mm，初产时淡黄色，孵化前为灰褐色。③幼虫：老熟幼虫体长约17.2mm，头宽约1.5mm。圆筒形，体黄褐色、头黑褐色。前胸背板前方有浅棕色波纹，被黄色背中线分开为二，上有较细密的舌状刺粒，前缘被少数白色绒毛和较粗黑色毛。中后区稍拱凸，舌状刺粒粗大，向后又渐小，排列成"凸"字形，亚侧痕沟状，斜向前外方，黄褐色，清晰呈弧形，在其上、下端各有1个由舌状刺粒组成的椭圆形黑斑。幼虫腹部10节，背面从后胸到腹部第7节均有步泡突，腹面则从中胸到腹部第7节有步泡突（图2-714c）。④蛹：长约15.4mm，腹宽约2.3mm。离蛹，初蛹黄白色，10～12天后色变深，羽化前为橙黄色。翅芽自胸背两侧弯向体下后方，前翅盖住后翅和后足，达第3腹节中部。在腹部第3～8节上被黑色短粗毛，且每节背面有两根黑刺，有明显的凹陷沟。中央各有1浅沟，触角和足为黄白色（图2-714d）。

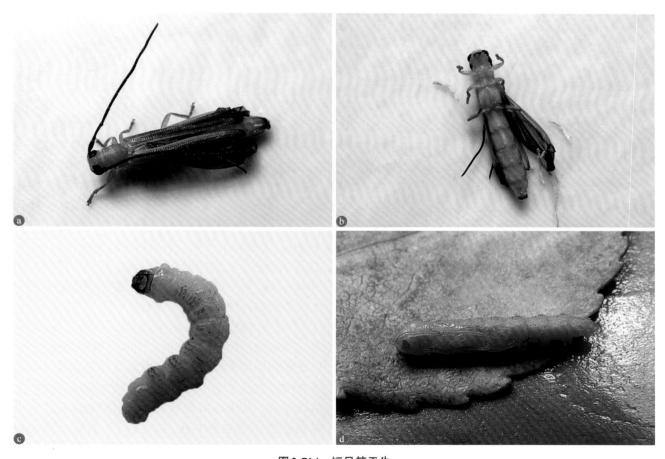

**图2-714 短足筒天牛**

a、b. 成虫；c. 幼虫；d. 蛹

[生活习性] 安徽1年发生1代，以老熟幼虫在二年生以上枝干蛀道中越冬。翌年4月下旬开始化蛹，蛹期14～22天。5月上旬开始羽化，5月底开始产卵，10月中下旬幼虫老熟越冬。

**629. 麻点豹天牛** *Coscinesthes salicis* Gressitt, 1951，属鞘翅目天牛科。

[分布与为害] 分布于四川、云南等地。为害杨、柳的枝条和主干，二至五年生的幼树和嫩枝受害率高达70%～80%。

[识别特征] ①成虫：体长13～25mm，宽4～8mm。体黑色，全身密被棕黄色或棕红色的绒毛和无毛的黑色小斑。复眼黑色。鞘翅上的黑斑由许多相当深的小窝组成，与棕黄色绒毛相间，形如豹皮。全身除绒毛外，还有黑色的长竖毛。体呈长圆柱形，背面稍扁平。复眼狭长、凸出。头部有粗大和细小的两种刻点。侧刺突细长中等。小盾片较小，两侧被毛，中央有1条无毛纵线。腹面黑斑细小，不呈小窝状。鞘翅两侧平行，全翅密布大小不等的黑色小窝，前半部的小窝稍深而密，后半部的稍浅而稀，小窝的排列不大规则，每一直行在30～35个（图2-715a）。②卵：长圆形，长径2.2～2.7mm，横径1.1～1.3mm，乳白色，不透明，微有光泽。③幼虫：老熟幼虫体呈圆柱状，稍扁，体长26～46mm，宽5～7mm。淡黄白色。头顶有1齿状花纹，上颚为茶褐色（图2-715b）。④蛹：长14～28mm，宽5～9mm。初蛹为乳白色，老熟后为灰褐色。翅芽从体侧弯于腹面，紧压第3对足。

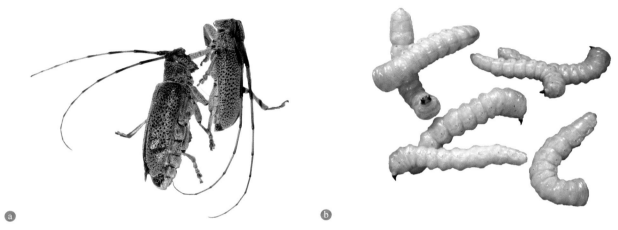

图2-715 麻点豹天牛
a. 成虫；b. 幼虫

[生活习性] 四川2年完成1代，以幼虫在被害枝干内越冬。幼虫在7月下旬开始化蛹，8月为化蛹盛期，9月为末期，蛹期21～28天。8月下旬可以见到少数成虫，9～10月为成虫取食、交配、产卵盛期。幼虫经过2次越冬和越夏后才化为蛹。每年的12月底和1月初，在受害树木的枝干内可以同时取出当年孵化的只有2～3mm长的1龄幼虫，以及头年已孵出并且已有20～30mm长的4龄以上幼虫。幼虫一般共5龄，在枝干内停留1年零9个多月。

**630. 合欢双条天牛** *Xystrocera globosa* (Olivier, 1795)，又名青条天牛，属鞘翅目天牛科。

[分布与为害] 分布于陕西、河北、河南、山东、江苏、浙江、江西、福建、台湾、广东、广西、湖南、湖北、四川、贵州、云南、西藏等地。为害合欢、木棉、桑、桃、槐、梨等植物。寄主受害后表现为生长势衰弱，严重时整株枯死。

[识别特征] ①成虫：体长11～33mm，宽3～8mm。红棕色至黄棕色。前胸背板周围和中央，以及鞘翅中央和外缘具有金属蓝或绿色条纹，雌虫背板的条纹直伸后方，雄虫前胸背板条纹后斜伸至后缘中央。头密布颗粒状刻点，中央具纵沟。雌虫触角细短，雄虫触角粗长。前胸背板长、宽约相等。雌虫前胸较小，前胸两侧无颗粒，前胸腹板的颗粒也较稀少；雄虫前胸宽大，前胸腹板及前胸两侧下部具有极密颗粒。各足腿节棒形（图2-716）。②卵：椭圆形，长径1.5～1.8mm，初产时黄白色，近孵化时黄绿色。③幼虫：体长约52mm，乳白色

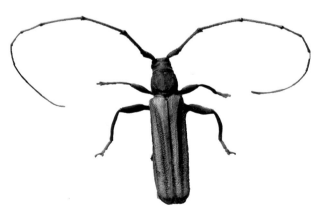

图2-716 合欢双条天牛成虫

带灰黄。前胸背板前缘有6个灰栗褐色斑点，横行排列成1带状。体呈圆筒形，前7个腹节背方及侧方各具有成对疣突。④蛹：裸蛹，长约28mm，黄白色，在中、后胸背面有1条褐色纵纹。

[生活习性] 2年发生1代，以幼虫越冬。翌春越冬幼虫在树皮下大量为害，幼虫发育为成虫后，树皮脱落，露出木质部和幼虫蛀入时的长圆形孔。成虫6～8月出现，有趋光性。每雌可产卵100多粒。卵产于寄主主干、侧枝树皮缝隙内，以在树木主干产卵为主，每处可产卵数粒至18粒，形成卵块。卵期约1周。幼虫孵化后先在韧皮部皮层下蛀食，形成弯曲虫道，粪屑堆于皮层内。老熟幼虫于中心隧部虫道末端做蛹室化蛹。

**631．苎麻天牛** *Paraglenea fortunei* (Saunders, 1853)，又名苎麻双脊天牛，属鞘翅目天牛科。

[分布与为害] 分布于陕西、北京、河北、河南、山东、江苏、上海、安徽、浙江、江西、福建、广东、广西、湖南、湖北、四川、贵州、云南等地。为害苎麻、木槿、桑等植物。成虫食叶柄、嫩梢，致使被害梢产生黄褐色斑点或被咬断；幼虫整个生育期蛀食植株基部或地下茎，破坏输导组织，影响水分和养分运输，受害处变黑或干枯。

[识别特征] ①成虫：体长10～17mm。黑色，密被蓝绿色至青绿色绒毛。触角黑色，基部前3节或前4节被蓝绿色绒毛。前胸背板中区两侧各具1个圆形黑斑。鞘翅斑纹变化较大，每鞘翅各具3个黑色大斑，有时前面两个黑斑合并，有时各斑缩小甚至消失。前胸背板无侧刺突。腹面被淡灰色竖毛（图2-717）。②幼虫：老熟幼虫体长15～20mm，圆筒形，乳白色。③蛹：长15～17mm，近纺锤形，乳白色。

图2-717 苎麻天牛成虫

[生活习性] 1年发生1代，以老熟幼虫在寄主根部越冬。翌年3月中下旬幼虫开始化蛹，4月中旬开始羽化。成虫白天活动，啃食寄主的新叶及嫩梢补充营养。5月开始产卵，卵多产于直径1cm左右的健壮枝条上。初孵幼虫蛀食皮层，1周后蛀入髓部，自上向下蛀食，发生严重时造成寄主枯死。入冬后在根部蛀道内越冬。

**632．环斑突尾天牛** *Sthenias franciscanus* Thomson, 1865，属鳞翅目天牛科。

[分布与为害] 分布于陕西、福建、广西、湖南、湖北、贵州、云南等地。为害刺桐属植物。

[识别特征] 成虫：体长15～22mm，宽5～7mm。体黑色，粗大，被覆黑色、黑褐色、淡棕褐色及淡棕灰色浓密绒毛。体腹面被棕褐色绒毛，末节黑色绒毛较多。头有淡棕褐色或淡棕灰色绒毛，头顶至额有2条平行黑色绒毛条纹。触角黑褐色，柄节背面、第2节、第3节基部约1/2处及以下各节基部为淡色绒毛。前胸背板绒毛淡棕褐色或淡棕灰色，中区有4条黑色条纹，形成黑色与淡色相间的条纹。小盾片被黑褐色绒毛。鞘翅大部分黑褐色，每翅前半部有2条淡棕褐色或淡棕灰色斜的细条纹；中部之后有1条较宽的淡棕褐色或淡棕灰斜斑，斜斑后端有1条黑褐色细斜纹；两翅端区组成1个圆形黑斑，圆斑靠后有1条弧凹形淡色横纹；端缘有时色泽较淡，为灰色或淡棕灰色；鞘翅基部中央、中缝下端及端区散生有黑色短竖毛。足黑褐色，腿节端部及胫节前端被淡色绒毛。触角下沿有缨毛。前胸背板两侧无刺突（图2-718）。

[生活习性] 不详。

图2-718 环斑突尾天牛成虫

**[天牛类的防治措施]**

（1）加强检疫　天牛类害虫大部分时间生活在树干内，易被携带传播，所以在苗木、繁殖材料等调运时，要加强检疫。松墨天牛、黄斑星天牛、双条杉天牛、锈色粒肩天牛为检疫对象，应严格检疫。对其他天牛也要检查有无产卵槽、排粪孔、羽化孔、虫道和活虫，一经发现，立即处理。

（2）适地适树　　采取以预防为主的综合治理措施。对天牛发生严重的绿化地，应针对天牛取食的树种种类不同，选择抗性树种；加强管理，增强树势；除古树名木外，伐除受害严重的虫源树，合理修剪，及时清除园内枯立木、风折木等。

（3）人工防治　　利用成虫飞翔力不强和具有假死性的特点，人工捕杀成虫；寻找产卵刻槽，可用锤击、手剥等方法消灭其中的卵；用铁丝钩杀幼虫，特别是当年新孵化后不久的小幼虫，此法更易操作。

（4）饵木诱杀　　对公园及其他风景区古树名木上的天牛，可采用饵木诱杀，并及时修补树洞、干基涂白等，以减少虫口密度，保证其观赏价值。

（5）生物防治　　例如，人工招引啄木鸟，保护、利用管氏肿腿蜂（图2-719a）、花绒寄甲（图2-719b）及啮小蜂等。

图2-719　管氏肿腿蜂（a）和花绒寄甲（b）

（6）化学防治　　在成虫羽化外出期间，喷洒8%绿色威雷微胶囊水悬剂300～400倍液；或在幼虫为害期，用注射器向树干内注射80%敌敌畏原液，或采用新型高压注射器向树干内注射果树宝等药剂。近年来，随着科技不断进步，研究者研发了多种通过喷洒树干或土壤埋药来防治天牛的药剂，该类药剂本身具有内吸性或添加了渗透剂等增效成分，施用效果较好。

## 二、木蠹蛾类

木蠹蛾类属鳞翅目木蠹蛾科。成虫为中至大型蛾类，头部小，喙退化或无。触角通常为双栉齿状，极少为丝状。雌雄相似，一般多为灰褐色。翅面饰以鳞片或毛，并有许多断纹。幼虫粗壮，多为红色，前胸背板与臀板多具色斑。以幼虫蛀害树干和枝梢，是园林植物的重要害虫。常见的种类有芳香木蠹蛾东方亚种、小线角木蠹蛾、榆木蠹蛾、黄胸木蠹蛾、多斑豹蠹蛾、咖啡木蠹蛾等。

**633. 芳香木蠹蛾东方亚种**　*Cossus cossus orientalis* Gaede, 1929，又名杨木蠹蛾、红哈虫、蒙古木蠹蛾，属鳞翅目木蠹蛾科。

［分布与为害］　分布于东北、华北、西北、华东、华中、西南等地。为害柳、杨、榆、槐、桦、白蜡、丁香、核桃、山荆子等植物。幼虫蛀入枝干和根际的木质部，蛀成不规则坑道，使得树势衰弱，严重时造成枝干甚至整株树枯死。

［识别特征］　①成虫：体长24～37mm。灰褐色。雌虫头部前方淡黄色，雄虫色稍暗。触角紫色。前翅散布许多黑褐色横纹。触角栉齿状。胸腹部粗壮（图2-720a、b）。②卵：灰褐色，椭圆形，长1.1～1.3mm。③幼虫：老熟幼虫体长56～70mm，背面为淡紫红色，侧面稍淡，前胸背板有较大的"凸"字形黑斑（图2-720c～e）。④蛹：体长38～45mm，褐色，稍向腹面弯曲。

[生活习性] 辽宁、北京2年发生1代，以幼虫在树干内越冬。翌年老熟后离开树干入土越冬（图2-720f、g）。第3年5月化蛹，6月出现成虫。成虫寿命4～10天，有趋光性。卵产于离地1.0～1.5m的主干裂缝，多成堆、成块或成行排列。幼虫孵化后，常群集10余头至数十头在树干粗枝上或根际爬行，寻找被害孔、伤口和树皮裂缝等处相继蛀入，先取食韧皮部和边材。树龄越大被害越重。

**图2-720 芳香木蠹蛾东方亚种**

a、b. 成虫；c. 老熟幼虫；d. 越冬幼虫；e. 老熟幼虫头胸部特征；f、g. 越冬幼虫与茧

**634. 小线角木蠹蛾** *Holcocerus insularis* Staudinger, 1892，又名小褐木蠹蛾、小木蠹蛾，属鳞翅目木蠹蛾科。

[分布与为害] 分布于黑龙江、吉林、辽宁、陕西、内蒙古、宁夏、北京、河北、天津、山东、江苏、安徽、江西、福建、湖南等地。为害白蜡、紫薇、榆叶梅、柳、榆、槐、栾、银杏、丁香、白玉兰、樱花、五角枫、黄刺玫、悬铃木、冬青、柽柳、苹果、梨、山楂、樱桃、香椿、海棠类等植物。幼虫蛀食花木枝干的木质部，常几十至几百头群集在蛀道内为害，造成千疮百孔，与天牛为害状有明显不同。木蠹蛾蛀道相通，蛀孔外面有用丝连接的球形虫粪。轻者造成风折枝，重者树皮环剥，全株死亡（图2-721）。

[识别特征] ①成虫：体长为24mm左右，翅展为48mm左右，雄蛾较小。体灰褐色。翅面上密布黑色短线纹。前翅中室至前缘为深褐色。触角线状（图2-722a、b）。②卵：椭圆形，黑褐色，卵表有网状纹。③幼虫：老熟时体长为40mm左右，体背鲜红色，腹部节间乳黄色，前胸背板黄褐色，其上有斜"B"形黑褐色斑（图2-722c、d）。④蛹：被蛹，初期黄褐色渐变深褐色，略弯曲。

**图 2-721　小线角木蠹蛾为害状**
a. 为害国槐树干状；b. 为害榆树树干状

**图 2-722　小线角木蠹蛾**
a、b. 成虫；c、d. 幼虫

［生活习性］ 2年发生1代，以幼虫在枝干蛀道内越冬。翌年3月越冬幼虫活动为害。幼虫化蛹时间极不整齐，5月下旬至8月上旬为化蛹期。6～9月为成虫发生期，成虫羽化后蛹壳一半露在枝干外，一半留在树体内。成虫有趋光性，昼伏夜出。产卵时将卵产在树皮裂缝或各种伤疤处，卵呈块状，粒数不等。幼虫孵化后先蛀食韧皮部，以后蛀入木质部，为害到11月，以幼龄幼虫在蛀道内越冬。翌年3月活动为害至11月，以大龄幼虫在枝干蛀道内越冬。第3年从3月为害至5月。该虫发生不整齐，常同一时期各种虫龄的幼虫都有，因此给防治工作带来一定的难度。

**635. 榆木蠹蛾** *Holcocerus vicarius* (Walker, 1865)，又名榆线角木蠹蛾、柳干木蠹蛾、柳乌蠹蛾、大褐木蠹蛾，属鳞翅目木蠹蛾科。

［分布与为害］ 分布于黑龙江、吉林、辽宁、陕西、山西、宁夏、甘肃、内蒙古、河北、北京、天津、河南、山东、江苏、上海、安徽、广西、四川、云南等地。为害榆、杨、柳、刺槐、麻栎、丁香、银杏、稠李、苹果、花椒、金银花等植物。幼虫在根颈、根及枝干的皮层和木质部内蛀食（图2-723a），形成不规则的隧道，削弱树势，重者枯死。

［识别特征］ ①成虫：体长16～28mm，翅展35～48mm。体灰褐色。前翅灰褐色，满布多条弯曲的黑色横纹，由肩角至中线和由前缘至肘脉间形成深灰色暗区，并有黑色斑纹。后翅较前翅色较暗，腋区和轭区鳞毛较臀区长，横纹不明显。触角丝状。前胸后缘具黑褐色毛丛线（图2-723b、c）。②卵：卵圆形，乳白色，后变暗褐色，长约1.2mm，表面有纵脊，脊间有刻纹（图2-723d）。③幼虫：体扁圆筒形，老熟体体长25～40mm，大红色，前胸背板上有浅色三角形斑纹1对；腹节间淡红色，腹面扁平；全体生有排列整齐的黄褐色稀疏短毛（图2-723e、f）。④蛹：体暗褐色，稍向腹面弯曲，长17～35mm，腹末有齿突3对。

**图2-723 榆木蠹蛾**
a. 为害榆树树干状；b、c. 成虫；d. 卵；e. 低龄幼虫；f. 高龄幼虫

［生活习性］ 北京2年发生1代，跨3年，以幼虫在干基或根部越冬。经过2次越冬的老龄幼虫在第3年4月中旬开始活动，5月下旬在原虫道内化蛹，蛹期约20天。6月中旬至7月下旬羽化。成虫在交尾后把卵产于干基附近，孵化后在干基蛀食，对于绿篱类寄主，则在地下根部蛀食，导致地上部分枯死。幼虫始终过隐蔽生活。

**636. 黄胸木蠹蛾** *Cossus chinensis* Rothschild, 1912，属鳞翅目木蠹蛾科。

[分布与为害] 分布于陕西、甘肃、宁夏、山东、江苏、福建、湖南、四川、云南等地。为害柳、柑橘等植物。幼虫蛀食韧皮部，蛀成纵横交错的不规则坑道，造成树木机械损伤以致溃疡，严重影响树木水分和养分的输导，使树势衰弱形成枯梢秃顶，进而造成枝干腐朽，最后整株枯死。

[识别特征] ①成虫：雌虫体长32～39mm，翅展68～87mm；雄虫体长23～32mm，翅展56～68mm。雌虫体黑褐色，头部淡黄褐色。复眼黑褐色。触角黑色。头部窄小。复眼大、圆形。触角栉齿状细长。胸部宽大，中部及前方着生黄褐色短绒毛，两侧及后方与腹部衔接处着生褐色长绒毛，短绒毛易脱落（图2-724a）。②卵：椭圆形，褐色至黑褐色，稍细的一端黑色，长径1.1～1.3mm，短径0.3～1.0mm，表面具纵向黑色脊纹，纹脊间有时具横向短纹，外观似1微型西瓜。③幼虫：初孵幼虫体长3～4mm，粗0.5～0.8mm，粉红色至桃红色，但发育成熟、临近化蛹时，颜色反而变浅，有的甚至变成黄白色。老熟幼虫体长，体背紫红色，具光泽，侧面桃红色，相间黄白色，腹面粉红色间淡黄色（图2-724b～d）。④蛹：黄褐色至暗褐色，长32～46mm，稍向腹面弯曲，头部有1尖突。⑤茧：长椭圆形、稍扁，黄褐色、土褐色或黑褐色，茧体由幼虫所吐之丝与条状木屑或粒状腐木加土粒、砂粒编织而成。

**图2-724 黄胸木蠹蛾**
a. 成虫；b～d. 幼虫

[生活习性] 滇中地区（包括昆明）2年发生1代，以幼虫在树干内越冬。成虫于3月下旬至6月初羽化，羽化当天即可交尾产卵。4月中旬后幼虫开始出现，直至6月下旬。初期幼虫在老蛀道周围蛀食韧皮部，以后逐步深入木质部蛀食，被害部位树皮常凸翘龟裂，最后剥落，形成溃疡。11月下旬幼虫吐丝做薄茧在蛀道内越冬，翌年2、3月开始活动，向纵深钻蛀成纵横交错的宽阔坑道，冬天在树木下部蛀道内再次越冬。第3年2月中旬进入预蛹期，3月上旬开始化蛹，3月底成虫开始出现。

**637. 多斑豹蠹蛾** *Zeuzera multistrigata* Moore, 1881，又名木麻黄豹蠹蛾，属鳞翅目木蠹蛾科。

[分布与为害] 分布于陕西、山西、河北、河南、山东、江苏、上海、浙江、江西、福建、湖南、湖北、四川、贵州、云南等地。为害悬铃木、杨、柳、榆、槐、槭、栎、栾、桦、樱花、桃、梅、苹果、梨、枣、泡桐、石榴、紫荆、月季、白蜡、刺槐、杜仲、山核桃、珊瑚树、重阳木、香樟、羊蹄甲、白玉兰、广玉兰、栀子、山茶等植物（图2-725a）。

[识别特征] ①成虫：雌虫体长25～36mm，雄虫体长20～25mm。体灰白色。胸部背板有蓝黑斑点6个、排成2行。前翅上有许多蓝黑色斑点（雌虫多于雄虫），后翅外缘有少量蓝黑斑。雌虫触角丝状，雄虫触角基半部羽毛状，端半部丝状（图2-725b）。②卵：椭圆形，长约1.2mm，宽约0.7mm。初产时淡黄色，后变为橘黄色。③幼虫：初孵幼虫黑褐色，后为暗紫红色，老熟幼虫体长27～45mm，每节有黑色毛瘤，上有毛1或2根，前胸背板上有黑色大斑1个，后半部密布黑色小刻点，腹部末端也具黑色斑块（图2-725c）。④蛹：长圆筒形，黄褐色，长18～36mm（图2-725d）。

**图2-725 多斑豹蠹蛾**
a. 为害栾树树干状；b. 成虫；c. 幼虫与为害状；d. 蛹

[生活习性] 1年发生1代，以老熟幼虫在被害枝干内越冬。翌年春取食，4月上旬开始化蛹，4月中旬成虫开始羽化，羽化当晚即可交尾产卵。每雌产卵400粒左右。卵一般产于树皮缝及树枝分叉处。5月幼虫孵化，初孵幼虫先在表皮层蛀食，后钻入木质部，幼虫钻食的蛀道较长，有多个排粪孔。成虫羽化时将一半蛹壳留于羽化孔中。

**638. 咖啡木蠹蛾** *Zeuzera coffeae* Nietner, 1861，又名咖啡豹蠹蛾、豹蠹蛾、豹纹木蠹蛾、咖啡黑点蠹蛾，属鳞翅目木蠹蛾科。

[分布与为害] 分布于陕西、北京、河北、河南、山东、江苏、浙江、江西、福建、台湾、广东、广西、海南、湖南、湖北、四川、贵州、云南等地。为害槭、麻栎、榔榆、杨、白蜡、山茶、苹果、桃、梨、枣、山楂、石榴、紫叶李、柿、核桃、悬铃木、杜仲、花椒、枸杞、柑橘、枇杷、荔枝、咖啡、龙眼、山核桃等植物。以幼虫蛀食嫩梢、枝干，间隔一定距离向外咬1个排粪孔，多沿髓部向上蛀食，造成树梢枯萎，枝条断折。

图2-726 咖啡木蠹蛾幼虫

[识别特征] ①成虫：雌虫翅展33～58mm，雄虫翅展26～47mm。触角黑色，覆有白鳞。胸部具6个青蓝色圆斑。腹部背面（包括侧面）具5列黑点，雌虫具3列青蓝色黑斑，雄虫腹面无黑斑。后翅具众多青蓝色斑点。雌虫触角线状，雄虫触角基半部双栉状（呈椭圆形）。②卵：长约1mm，椭圆形，黄白色。③幼虫：老熟幼虫体长50～60mm，头部黑褐色，体黄白色。各体节均具有小黑点若干，其上各生有1根短毛（图2-726）。④蛹：长22～28mm，淡褐色，微弯曲，尾节上有小突起。

[生活习性] 1～2年发生1代，以幼虫在被害枝上越冬。翌年5月在虫道中以虫粪做粗茧，在茧中化蛹。6～7月成虫羽化，交尾后在树干上产卵，卵孵化后幼虫蛀入枝干。

[木蠹蛾类的防治措施]

（1）农业防治　加强管理，增强树势，防止机械损伤，疏除受害严重的枝干，及时剪除被害枝梢，以减少虫源。秋季人工捕捉地下越冬幼虫，刮除树皮缝处的卵块。

（2）物理防治　掌握成虫羽化期，诱杀成虫。用新型高压频振灯或性信息素诱捕器诱杀成虫，1个诱捕器1夜最多可诱到250多头成虫。连续3年诱杀成虫必见成效。

（3）生物防治　保护和利用天敌。木蠹蛾天敌有10余种（如姬蜂、寄生蝇、蜥蜴、燕、啄木鸟、白僵菌和病原线虫等），对此虫的危害与蔓延有一定的自然控制力。

（4）化学防治　幼虫孵化后未侵入树干前用10%吡虫啉可湿性粉剂1000倍液、25%阿克泰水分散粒剂2000倍液喷干毒杀。对已蛀入枝干深处的幼虫，可用棉球蘸50%敌敌畏乳油10倍液注入虫孔内，并于蛀孔外涂以湿泥，可收到良好的杀虫效果。发生严重时，可用渗透性强的药剂直接喷洒树干被害部位。

## 三、吉丁虫类

吉丁虫类属鞘翅目吉丁甲科，俗称爆皮虫、锈皮虫。成虫咬食叶片造成缺刻，幼虫蛀食枝干皮层，被害处有流胶，严重时树皮爆裂，甚至整株枯死，故名爆皮虫。成虫大小、形状因种类而异，小的体长不足10mm，大的超过80mm，头较小，触角和足都很短。幼虫体长而扁，乳白色。为害园林树木的种类主要有金缘吉丁虫、合欢吉丁虫、白蜡窄吉丁虫、陈氏星吉丁虫等。

吉丁虫是一类极为美丽的甲虫，一般体表具多种色彩的金属光泽，大多色彩绚丽异常，也被人喻为"彩虹的眼睛"，其成虫标本可以加工成为不同的艺术品。

**639. 金缘吉丁虫**　*Lamprodila limbata* (Gebler, 1832)，又名梨吉丁虫、梨金缘吉丁、翡翠吉丁虫、串皮虫，属鞘翅目吉丁甲科。

[分布与为害] 分布于黑龙江、吉林、辽宁、陕西、山西、宁夏、甘肃、青海、新疆、内蒙古、河北、北京、河南、山东、江苏、上海、安徽、浙江、江西等地。为害梨、桃、苹果、杏、山楂、樱桃、樱花、紫叶李等植物。以幼虫在寄主枝干皮层纵横串食，破坏输导组织，造成树势衰弱，枝干逐渐枯死，甚至全树死亡。

[识别特征] ①成虫：体长13～17mm。全体翠绿色，有金属光泽。触角黑色。鞘翅上有数条蓝黑色断续的纵纹，前胸背板有5条黑色纵纹，中间1条明显。体扁平。触角锯齿状（图2-727）。②卵：长约2mm，椭圆形，乳白色，后渐变为黄褐色。③幼虫：老龄时体长30～36mm，扁平

图2-727 金缘吉丁虫成虫

状，由乳白色渐变为黄褐色。头部小，暗褐色。前胸膨大，背板中央有1个"八"字形凹纹。腹部细长，尾端尖。④蛹：长13～22mm，裸蛹，初为乳白色，后变为紫绿色，有光泽。

［生活习性］ 1年发生1代，以老熟幼虫在木质部越冬。翌年3月开始活动，4月开始化蛹，5月中下旬是成虫出现盛期。成虫羽化后，在树冠上活动取食，有假死性。6月上旬是产卵盛期，多产于树势衰弱的主干及主枝翘皮裂缝内。幼虫孵化后，即咬破卵壳而蛀入皮层，逐渐蛀入形成层后，沿形成层取食，8月幼虫陆续蛀进木质部越冬。

**640. 合欢吉丁虫** *Agrilus subrobustus* Saunders, 1873，属鞘翅目吉丁甲科。

［分布与为害］ 分布于华北、华东等地。主要为害合欢，为华北地区合欢树的主要蛀干害虫之一。以幼虫蛀食树皮和木质部边材部分，在树皮下蛀成不规则的虫道，破坏树木输导组织，排泄物不排出树外，被害处常有流胶，严重时造成树木枯死（图2-728a）。

［识别特征］ ①成虫：体长4～6mm，雄成虫较雌成虫瘦小。体黑色，具铜绿色金属光泽。头部、前胸背板、虫体腹面及鞘翅密布刻点和绒毛。复眼肾形。头横阔。雌成虫触角11节，锯齿状。前胸近方形，略宽于头部。前胸背板后缘与鞘翅连接处呈波状。中胸小盾片很小，呈倒三角形。中胸及腹部中央有1纵沟。腹部可见5节，以第1、2节较宽。鞘翅基部凹陷，两肩略隆起（图2-728b、c）。②卵：椭圆形，略扁平，初产时乳白色，后变为黑褐色，长0.6～0.8mm，宽0.5～0.6mm。③幼虫：老熟幼虫黄白色，体长10～15mm，细长。头小，缩入前胸，仅外露口器，气门圆形，气门筛黄褐色，共9对，着生于中胸及腹部1～8节两侧。前胸略膨大，背面隆起，其背面中央有1条明显的黄褐色纵沟，约为前胸背板中线长的2/3，前胸体内具有明显的黄褐色"火"字形花纹（图2-728d、e）。④蛹：体长4～6mm，初为乳白色，近羽化时黑褐色，并有铜绿色金属光泽。

**图2-728 合欢吉丁虫**

a. 为害合欢树干状；b、c. 成虫；d、e. 幼虫

［生活习性］ 1年发生1代，以不同龄期的幼虫在被害枝干内越冬。老熟幼虫在木质部咬深1mm左右、长5～6mm的蛹室越冬，其他龄期的幼虫在皮层内越冬。老熟幼虫翌年在蛹室内化蛹，成虫于翌年4月中旬开始羽化。羽化盛期为5月上中旬。成虫出洞后迅速爬行，飞舞于阳光下，具假死性。成虫有补充营养的习性，喜啃食嫩枝，寿命约10天，卵散产于向阳面的枝干上。幼虫孵化后即能侵入树皮下为害，10月开始越冬。受害枝干的皮层易剥落。

**641. 白蜡窄吉丁虫** *Agrilus planipennis* Fairmaire, 1888，又名花曲柳窄吉丁、梣小吉丁，属鞘翅目吉丁甲科。

［分布与为害］ 分布于黑龙江、吉林、辽宁、内蒙古、北京、河北、天津、山东、四川等地。主要为害花曲柳、水曲柳、白蜡（图2-729a）等植物，其中以大叶白蜡受害最重。幼虫取食造成树木疏导组织的破坏，造成树木死亡，是白蜡重要的害虫之一。此虫为毁灭性害虫，一旦发生很难控制。

［识别特征］ ①成虫：体长11～14mm。体背面有蓝绿色，腹面浅黄绿色（图2-729b）。②卵：乳白色，长椭圆形。③幼虫：乳白色，老熟时长34～45mm，头小，褐色，缩于前胸内，前胸较大，中、后胸较窄，体扁平，带状，分节明显。④蛹：乳白色，羽化前为深铜绿色，裸蛹。

**图2-729 白蜡窄吉丁虫**
a. 为害白蜡树干状；b. 成虫

［生活习性］ 1年发生1代，以老熟幼虫在树干木质部表层内越冬，少数在皮层内越冬。翌年4月中旬开始化蛹，5月上旬至6月中旬为成虫期。羽化孔扁圆形，成虫羽化后，需取食树冠或树干基部萌生的嫩叶补充营养，成虫取食一周后开始交尾产卵。初孵幼虫在韧皮部表层取食，6月下旬开始钻蛀到韧皮部和木质部的形成层为害，形成不规则封闭的蛀洞，严重破坏树木疏导组织，常造成树木死亡，9月老熟幼虫侵入木质部表层越冬。

**642. 陈氏星吉丁虫** *Chrysobothris cheni* Théry, 1940，又名六星铜吉丁、六星吉丁虫、六斑吉丁虫、溜皮虫、串皮虫，属鞘翅目吉丁甲科。

［分布与为害］ 分布于黑龙江、吉林、辽宁、陕西、山西、宁夏、甘肃、新疆、河北、天津、山东、江苏、上海、安徽、浙江、江西、湖南等地。为害梅、樱花、樱桃、桃、杏、李、枣、梨、苹果、海棠类、五角枫、柑橘、落叶松、悬铃木、栎类、糖槭、杨等植物，以幼虫蛀食皮层及木质部，严重时可造成整株枯死。

［识别特征］ ①成虫：体长10～12mm。蓝黑色，有光泽。体腹面中间亮绿色，两边古铜色。头部带青蓝色。两鞘翅上各有3个稍下陷的青色小圆斑，常排成整齐的1列。头顶中央有细的纵隆脊线。触角11节，呈锯齿状。前胸背板前狭后宽，近梯形，前胸有细的横皱纹。鞘翅有纵脊线（图2-730）。②卵：扁圆形，长约0.9mm，初产时乳白色，后为橙黄色。③幼虫：老熟幼虫体扁平，黄褐色，长18～24mm，共13节。前胸背板特大，较扁平，有圆形硬褐斑，中央有"V"形花纹。其余各节圆球形，链珠状，从头到尾逐节变细。尾部一段常向头都弯曲，为鱼钩状。尾节圆锥形，短小，末端无钳状物。④蛹：长

10～13mm，宽4～6mm，初为乳白色，后变为酱褐色。多数为裸蛹，少数有白色薄茧。蛹室侧面略呈长肾形，正面似蚕豆形，顺着枝干方向或与枝干成45°角。

　　［生活习性］　1年发生1代，在10月前后以老熟幼虫在木质部内做蛹室越冬。翌年3月开始陆续化蛹，发生很不整齐。成虫在5月即可开始出洞，6月为出洞高峰期。白天栖息于枝叶间，取食叶片造成缺刻，有坠地假死的习性。卵产于枝干树皮裂缝或伤口处，每处产卵1～3粒。6月下旬至7月上旬为产卵盛期。幼虫蛀食寄主枝干的韧皮部和形成层，形成弯弯曲曲的虫道，虫粪不外排。老熟幼虫的虫道宽度可达15mm。幼虫老熟后蛀入木质部，做蛹室化蛹。

　　［吉丁虫类的防治措施］
　　（1）加强检疫　　对于调运苗木要加强检疫，发现虫株及时处理。
　　（2）树干涂白　　5月在树干上涂白，防止产卵。
　　（3）化学防治　　成虫外出时期，喷洒8%绿色威雷微胶囊水悬剂300～400倍液、10%吡虫啉1000倍液毒杀成虫，幼虫初孵期用25%阿克泰3000倍液涂刷枝干，可毒杀幼虫和卵。

图2-730　陈氏星吉丁虫成虫

## 四、小蠹虫类

　　小蠹虫属鞘翅目小蠹科、象甲科、长蠹科等，为小型甲虫。体近圆形，颜色较暗，触角锤状，鞘翅上有纵列刻点。幼虫白色，略弯曲，无足，具棕黄色头部。多数种类寄生于树皮下，有的侵入木质部，种类不同，钻蛀坑道的形状也不同，是园林植物的重要害虫。主要种类有柏肤小蠹、果树小蠹、日本双棘长蠹、洁长棒长蠹、小粒材小蠹、尖尾材小蠹等。

　　**643. 柏肤小蠹**　　*Phloeosinus aubei* (Perris, 1855)，又名柏树小蠹、侧柏小蠹，属鞘翅目象甲科。

　　［分布与为害］　分布于陕西、甘肃、北京、河北、天津、河南、山东、江苏、江西、四川、云南等地。为害侧柏、桧柏、圆柏、柳杉等植物。以成虫蛀食枝梢补充营养，常将枝梢蛀空，遇风即折断，发生严重时，常见树下有成堆被咬折断的枝梢。幼虫蛀食边材，繁殖期主要为害枝干韧皮部，造成枯枝或树木死亡（图2-731a、b）。

图2-731　柏肤小蠹
a、b. 为害侧柏树干状；c. 成虫；d. 幼虫、成虫与为害状

［识别特征］ ①成虫：体长2.1～3.0mm。赤褐色或黑褐色，无光泽。头部小，藏于前胸下。前胸背板宽大于长，体密布刻点及灰色细毛。鞘翅上各有9条纵纹，鞘翅斜面具凹面。雄虫鞘翅斜面有栉齿状突起（图2-731c）。②卵：白色，圆球形。③幼虫：乳白色，体长2.5～3.5mm，体弯曲（图2-731d）。④蛹：乳白色，体长2.5～3.0mm。

［生活习性］ 山东泰安1年发生1代，以成虫在柏树枝梢越冬。翌年3～4月陆续飞出，寻找树势弱的侧柏或桧柏，蛀圆形孔侵入皮下，雌雄虫在孔内交配，交尾后雌虫向上蛀咬单纵道母坑，并沿坑道两侧咬成卵室，在内产卵。4月中旬初孵幼虫出现，主要在韧皮部构筑坑道为害。5月中下旬幼虫老熟化蛹。6月中下旬为成虫羽化盛期，成虫羽化后飞至健康柏树或其他寄主上蛀咬新梢补充营养，常将枝梢蛀空，遇风即折断。成虫10月中旬开始越冬。

### 644. 果树小蠹 *Scolytus japonicus* Chapuis, 1875，属鞘翅目象甲科。

图2-732 果树小蠹成虫

［分布与为害］ 分布于吉林、辽宁、陕西、内蒙古、北京、河北、山东等地。为害梨、苹果、桃、榆叶梅、杏、樱桃、樱花等植物。

［识别特征］ ①成虫：体长2.0～2.5mm。头黑色，前胸背板和鞘翅黑褐色，有光泽。翅后部有毛列。背板刻点深大，背中部疏散，前缘和两侧稠密，沟间部刻点比刻点沟中者疏少。无背中线，尾端圆钝。鞘翅绒毛仅发生在后半部（图2-732）。②幼虫：体白色，蛴螬形。

［生活习性］ 北京1年发生2代，以幼虫在坑道内越冬。5月下旬至6月下旬成虫羽化，多侵入衰弱树，偶尔侵入健康树。母坑道为单纵坑，弓曲，长10～30cm，子坑道出自母坑道的弓突面，然后呈放射状散开，长达100mm。

### 645. 日本双棘长蠹 *Sinoxylon japonicum* Lesne, 1895，又名二齿茎长蠹、双棘长蠹，属鞘翅目长蠹科。

［分布与为害］ 分布于辽宁、陕西、山西、甘肃、内蒙古、北京、河北、天津、河南、山东、江苏、福建、云南等地。为害紫荆、国槐、柿、栾、榉、核桃、葡萄、白蜡、刺槐、盐肤木等植物。成虫与幼虫喜欢蛀食生长势弱、发芽迟缓及新移栽树的花木枝干，造成枯枝或风折枝，严重破坏树形，影响生长和观赏（图2-733）。被害初期外观无明显被害状，等发现被害时已为时过晚。

［识别特征］ ①成虫：体长6mm左右。体黑褐色。筒形。前胸背板发达，似帽状，可盖着头部。鞘翅密布粗刻点，后缘急剧向下倾斜，斜面有两个刺状突起（图2-734a、b）。②卵：椭圆形，白色半透明。③幼虫：老熟时体长为4mm左右，乳白色，略弯曲，蛴螬形，足3对（图2-734c）。④蛹：初期白色，渐变黄色，离蛹（图2-734d）。

［生活习性］ 1年发生1代，以成虫在枝干韧皮部越冬。翌年3月下旬开始在越冬坑道内为害，4月下旬成虫飞出交配，将卵产在枝干韧皮部坑道内。产卵百粒不等，卵期5天左右，卵孵化时期很不整齐。5～6月为幼虫为害期。5月下旬至6月上旬化蛹，蛹期6天左右。6月上旬始见成虫。成虫在原虫道串食为害，于6月下旬至8月上旬成虫外出活动，8月中下旬又进入蛀道内为害。10月下旬至11月上旬成虫迁移到1～3cm粗的新枝条内，横向环形蛀食，然后在虫道内越冬。该虫为害导致植株养分和水分的输导被切断，秋末冬初大风来临，被害新梢易从环形蛀道处被风刮断，严重影响花木翌年的正常生长。

### 646. 洁长棒长蠹 *Xylothrips pekinensis* (Lesne, 1902)，异名 *Xylothrips cathaicus* Reichardt, 1966，属鞘翅目长蠹科。

［分布与为害］ 分布于华北、华东、华中、西南等地。为害紫薇、紫荆、板栗、馒头柳、无患子、葡萄、槐、桑、栾树（图2-735a）等植物。

［识别特征］ ①成虫：体长约7mm。黑色。中、后胸背板红色。体长圆筒形，体壁坚硬。两复眼间密生白色细长毛。下口式口器。触角着生在复眼前，短，11节，末端3节呈锤状。前胸背板大，圆形，似帽盖，整板内凹入中胸背板内，被其包围，板平坦，上具很多棘齿状小突起。中、后胸背板伸出前胸背板

**图 2-733 日本双棘长蠹为害状**

a、b. 为害紫荆枝条状；c. 为害柿树枝条状；d. 为害栾树枝条状

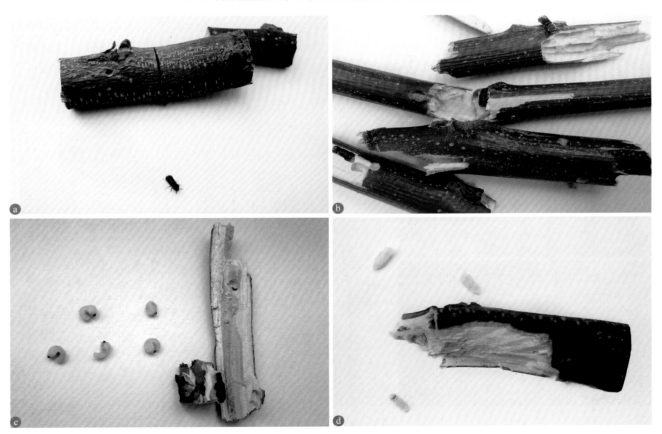

**图 2-734 日本双棘长蠹**

a、b. 成虫；c. 幼虫；d. 蛹

**图2-735　洁长棒长蠹**

a. 为害状及成虫；b、c. 成虫

前，板光滑，其前缘有后倾棘刺，以前端两侧1、2齿较大。腹节腹面密生细毛。鞘翅后缘急剧倾斜呈截状，周围具角状突起8个。足短，前足基节凸出，胫节有刺，跗节5节。中、后足基节彼此靠近（图2-735b、c）。②幼虫：蛴螬形，前口式，无眼，触角4节，胸足3对发达。

［生活习性］ 北京1年发生1代，以成虫在蛀道内越冬。喜蛀入衰弱树木，并产卵其上，在枝干内蛀食、化蛹和羽化。

**647. 小粒材小蠹**　*Xyleborinus saxeseni* (Ratzeburg, 1864)，属鞘翅目象甲科。

［分布与为害］ 分布于黑龙江、吉林、陕西、北京、河北、山西、江苏、安徽、浙江、福建、湖南、广西、四川、贵州、云南、西藏等地。蛀食为害铁杉、云杉、华山松、无花果、苹果、梨、柿、山桃、核桃、桦、槭等植物。多为害生长衰弱的植物，在寄主体内形成纵坑道（图2-736a）。

［识别特征］ ①成虫：雌虫体长2.0～2.3mm。褐色至深褐色，被绒毛。体长圆柱形，前胸背板长稍大于宽。小盾片三角形，深陷在翅面下，两侧翅缘生有密集毛丛。鞘翅长约为宽的1.8倍，鞘翅沟中的刻点小于沟间刻点，斜面沟间部各有1列颗粒或齿，第2沟间部凹陷，斜面大部（前方具小颗粒）无颗粒和长绒毛（图2-736b）。②幼虫：参见图2-736c。

**图2-736　小粒材小蠹**

a. 为害状；b. 成虫；c. 幼虫

［生活习性］ 该虫于每年8～9月出现。羽化后，成虫离开原先生长发育的孔道，在外面或者入侵到新树后进行交配，共同筑造新坑道。坑道不分母坑道与子坑道，只有一个穴状的共同坑，深入木质部中，亲代与子代在穴中共同生活。

**648. 尖尾材小蠹** *Xyleborus andrewesi* (Blandford, 1896)，属鞘翅目象甲科。

［分布与为害］ 分布于云南。为害法桐等多种植物。成虫和幼虫蛀食木质部和树皮，形成分支的隧道（图2-737）。多为害衰弱树、枯立木、倒木，是一种典型的次生害虫。

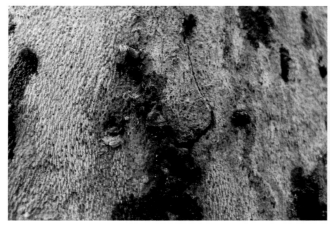

图2-737 尖尾材小蠹为害状

［识别特征］ ①成虫：体长2.13～2.50mm。体黑色。微小至小型，圆筒形。头部的一部分向下方延长成较短的头管，象鼻部分短而不甚明显。外咽片消失，仅存1条外咽缝。无上唇。下颚须3节，节间僵直不能活动。触角短，锤状，呈膝状弯曲，末端3节膨大。前胸背板大，长度约占体长的1/3以上，前端略收狭。腹板可见5或6节，腹部末节通常渐尖。有发达的几丁质前胃。鞘翅长，盖过腹末，表面光滑。足胫节有齿，跗节5节，其中第4节甚小，成为假4节，末节长（图2-738）。②卵：长椭圆形、乳白色。③幼虫：体长2.5～3.0mm，乳白色，无足，似象甲幼虫。④蛹：初期乳白色，后期颜色逐渐加深成褐色。

图2-738 尖尾材小蠹成虫、卵、幼虫、蛹

［生活习性］ 该虫终生潜伏于树干中，在昆明于每年2月上旬开始出现，2～4月为明显的第1个羽化高峰期，这是越冬代幼虫发育成熟后较为集中的成虫羽化期。8～9月为明显的第2个羽化高峰期。为害隐蔽，繁殖力强，世代重叠严重，一旦侵入树体内，繁殖量则不计其数，故而为害时间长久而严重。2月上旬至12月上旬均有成虫羽化且都可同时见到各种虫态。

［小蠹虫类的防治措施］

（1）加强检疫 对于调运的苗木加强检疫，发现虫株及时处理。

（2）农业防治 加强抚育管理，适时、合理地修枝、间伐，改善园内卫生状况，增强树势，提高树木本身的抗虫能力。疏除被害枝干，及时运出园外，减少虫源。

（3）物理防治 根据小蠹虫的发生特点，可在成虫羽化前或早春设置饵木，以带枝饵木引诱成虫潜入，经常检查饵木内小蠹虫的发育情况并及时处理。采用白炽灯诱杀日本双棘长蠹成虫也有较好的效果。

（4）化学防治 在成虫羽化盛期或越冬成虫出蛰盛期，喷洒8%绿色威雷微胶囊水悬剂300～400倍液、24%氰氟虫腙悬浮剂600～800倍液、10%溴氰虫酰胺可分散油悬浮剂1500～2000倍液、10.5%三氟甲吡醚乳油3000～4000倍液、20%甲维·苗虫威悬浮剂2000倍液防治。

## 五、透翅蛾类

透翅蛾类属鳞翅目透翅蛾科。其显著特征是成虫前翅无鳞片而透明，很像胡蜂，白天活动。以幼虫蛀食枝干，形成肿瘤。为害园林植物的有白杨准透翅蛾、葡萄透翅蛾、海棠透翅蛾等。

**649. 白杨准透翅蛾** *Paranthrene tabaniformis* (Rottemburg, 1775)，属鳞翅目透翅蛾科。

［分布与为害］ 分布于东北、华北、西北、华东等地。主要为害杨树，以幼虫蛀害一至二年生树干（图2-739a）、侧枝、顶梢（图2-739b）、嫩芽，造成枯萎、秃梢，风吹倒折死亡。

**图2-739 白杨准透翅蛾为害状**
a. 为害一至二年生树的枝干状；b. 为害杨树嫩梢状

［识别特征］ ①成虫：体长11～20mm，翅展22～38mm。头胸部之间有橙黄色鳞片，头顶有黄褐色毛簇1束，背面有青黑色光泽鳞片。腹部青黑色，有橙黄色环带5条。前翅褐黑色，中室与后缘略透明，后翅全透明。头半球形。前翅窄长（图2-740a、b）。②卵：椭圆形，黑色，有灰白色不规则多角形刻纹。③幼虫：体长30～33mm，初龄幼虫淡红色，老熟时体黄白色，臀节略骨化，背面有深褐色刺2个，略向前方钩起（图2-740c）。④蛹：体长12～23mm，纺锤形，褐色，第2～7腹节背面有横列刺2排，第9～10腹节有刺1排，腹末具臀棘。

［生活习性］ 北方地区1年发生1代，以幼虫在木质部越冬。翌年4月幼虫取食，5月下旬化蛹，6月初成虫羽化、交尾、产卵。成虫羽化时，蛹体穿破堵塞的木屑，将身体的2/3伸出羽化孔，遗留下的蛹壳经久不掉。卵期约10天。幼虫孵出后有的直接侵入树皮下，有的迁移到幼嫩的叶腋上从伤口处或旧的虫孔内蛀入，在髓部蛀成纵虫道。越冬前，幼虫在虫道末端吐少量丝缕做薄茧越冬，翌年继续钻蛀为害。

**650. 葡萄透翅蛾** *Paranthrene regalis* Butler, 1878，又名葡萄透羽蛾、葡萄钻心虫，属鳞翅目透翅蛾科。

［分布与为害］ 分布于辽宁、河北、山东、陕西、四川、湖北、江苏、浙江、上海等地。以幼虫为害葡萄、野葡萄的一至二年生枝蔓及嫩梢，造成嫩梢枯萎，枝蔓被害部肿大，叶黄，果实易脱落，被害枝蔓易折断枯死。

［识别特征］ ①成虫：体长18～20mm，翅展30～36mm。全体黑色。头部颜面白色，尖顶、下唇须的前半部、颈部，以及后胸的两侧均黄色。腹部有3条黄色横带。前翅底部红褐色，前缘及翅脉黑色。后翅膜质透明。极像胡蜂。②卵：椭圆形，略扁平、红褐色。③幼虫：老熟时体长约38mm，全体呈圆筒形，头部红褐色，口器黑色；胴部淡黄色，老熟时带紫色，前胸背板上有倒"八"字纹。胸足淡褐色，爪

**图2-740 白杨准透翅蛾**

a、b. 成虫；c. 幼虫

黑色。全体疏生细毛（图2-741）。

[生活习性] 1年发生1代，以幼虫在葡萄枝条内越冬。翌年5月上旬越冬幼虫在被害枝条内侧先咬1个圆形羽化孔，然后做茧化蛹，6月上旬成虫开始羽化。成虫行动敏捷，飞翔力强，有趋光性，雌雄性比1：1，雌雄成虫均只交配1次，交配后，经1～2天即产卵；卵散产在新梢上；幼虫孵化后多从叶柄基部钻入新梢内为害，也有在叶柄内串食的，最后均转入粗枝内为害，幼虫有转移为害习性；至9～10月即在枝条内越冬；被害枝条的蛀孔附近常堆有褐色虫粪，被害部逐渐肿大而成瘤状，叶片变黄，长势衰弱。

**图2-741 葡萄透翅蛾幼虫**

**651. 海棠透翅蛾** *Synanthedon haitangvora* Yang, 1977，又名苹果透翅蛾、苹果小翅蛾、小透羽，属鳞翅目透翅蛾科。

[分布与为害] 分布于黑龙江、吉林、辽宁、陕西、山西、甘肃、内蒙古、河北、北京、河南、山东、江苏、浙江等地。为害苹果、沙果、梨、桃、李、杏、梅、樱桃、海棠类等植物。以幼虫在树干枝杈等处蛀入皮层下，食害韧皮部，造成不规则的虫道，深达木质部，被害部常有似烟油状的红褐色粪屑及树脂黏液流出，伤口处易受腐烂病菌侵染，引起溃烂。

[识别特征] ①成虫：翅展18～27mm。体蓝黑色具光泽。腹部背面第2和第4节后缘具明显的黄带。腹末毛丛发达，蓝黑色，雌蛾两侧具两束黄毛，雄蛾毛丛后缘具黄色毛。翅透明，翅缘和翅脉蓝黑色（图2-742）。②卵：长约0.5mm，扁椭圆形，黄白色，产在树干粗皮缝及伤疤处。③幼虫：体长20～25mm，头黄褐色，胸腹部乳白色，中线淡红色，胸足3对，腹足4对，臀足1对。④蛹：体长约13mm，黄褐色至黑褐色。头部稍尖。腹部3～7节背面后缘各有1排小刺。腹部末端有6个小刺突。

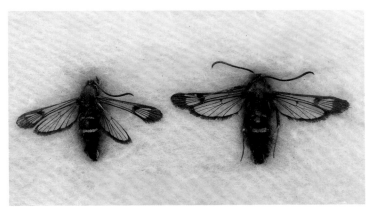

**图2-742 海棠透翅蛾成虫**

[生活习性] 河北、辽宁、山东等地1年发生1代，以3～4龄幼虫在树皮下的虫道中越冬。翌年4月上旬天气转暖，越冬幼虫开始活动，继续蛀食为害，5月下旬至6月上旬老熟幼虫化蛹前，先在被害部内咬1圆形羽化孔，但不咬破表皮，然后吐丝缀缠虫粪和木屑，做成长椭圆形茧化蛹，蛹期10～15天。成虫羽化时，将蛹壳带出一部分，露于羽化孔外。6月中旬至7月下旬为成虫羽化盛期。成虫白天活动，交尾后2～3天产卵，1头雌蛾产卵23粒，产卵部位大多选在树干或大枝的粗皮、裂缝、伤疤等处。产卵前先排出黏液，以便幼虫孵化后蛀入皮层为害，直至11月开始做茧越冬。

[透翅蛾类的防治措施]

（1）农业防治　消灭越冬幼虫。可结合修剪将受害严重且藏有幼虫的枝蔓剪除、烧掉。6～7月经常检查嫩梢，发现有虫粪、肿胀或枯萎的枝条及时剪除。被害枝条较多、不宜全部剪除时，可用铁丝从蛀孔处刺入，杀死初龄幼虫。

（2）化学防治　可从蛀孔处注入80%敌敌畏乳油20～30倍液，或用棉球蘸敌敌畏药液塞入孔口内杀死幼虫。也可在成虫羽化盛期，喷24%氰氟虫腙悬浮剂600～800倍液、10%溴氰虫酰胺可分散油悬乳剂1500～2000倍液、10.5%三氟甲吡醚乳油3000～4000倍液、20%甲维·茚虫威悬浮剂2000倍液，以杀死成虫。

## 六、辉蛾类

在园林植物上为害的辉蛾类主要是蔗扁蛾，其危害性大，是世界性害虫。在北京受害严重的温室中，每年巴西木因此虫淘汰率达50%以上，已成为温室花卉生产中的主要害虫之一。

**652. 蔗扁蛾**　*Opogona sacchari* (Bojer, 1856)，又名香蕉蛾、香蕉谷蛾，属鳞翅目辉蛾科。

[分布与为害] 该虫原产非洲，1987年随巴西木进入广州，我国1997年正式报道在北京发现此虫，之后广东、海南、福建、河南、新疆、四川、上海、南京、浙江等地相继发现该虫为害。其为害巴西木、发财树、一品红、鹅掌柴、变叶木、苏铁、福禄桐、鱼尾葵、甘蔗、香蕉、菠萝、竹类等多种植物，寄主植物达23科56种。以幼虫在树皮下蛀食，轻时树皮下出现虫道，并有少量虫粪排出；重时表皮内的肉质部分全部被吃完，其间充满粪屑，并分布有多处咬破表皮的通气孔，最后使枝叶逐渐萎蔫、枯黄，丧失观赏效果，并造成整株枯死。此虫在树皮下串皮为害，为害隐蔽，因而发现时花木往往已接近死亡（图2-743）。

图2-743　蔗扁蛾为害巴西木树干状

[识别特征] ①成虫：体长为9mm，翅展为24mm。体黄褐色。前翅深棕色，中室端部和后缘各有1个黑色斑点，后缘有毛束，停栖时毛束翘起，如鸡冠状。②卵：淡黄色，卵圆形，长0.5～0.7mm。③幼虫：老熟时体长为30mm左右，乳白色，有透明感，头红棕色，各节背板具毛片4个，矩形。④蛹：棕色，触角、翅芽、后足相互紧贴、与蛹体分离。

[生活习性] 华南地区1年发生5～6代，以幼虫在土中越冬。翌年春季幼虫爬至花木上在皮层迂回蛀食

为害，偶尔也为害木质部，少数幼虫从伤口蛀入髓部，造成空心。幼虫共7龄，幼虫期1个多月。幼虫为害期在6～9月，8月为高峰期。老熟幼虫夏季多在植株上部为害，秋后多在土中结茧化蛹，蛹期约15天。成虫羽化前蛹体顶破丝茧和树表皮，蛹体一半外露。成虫爬行迅速，可短距离跳跃，有补充营养习性，产卵呈块状，卵期约4天。初孵幼虫可吐丝下垂，借风扩散，钻蛀皮层内为害，3年以上巴西木木桩受害最严重。

[辉蛾类的防治措施]

（1）加强检疫　加强巴西木等观赏植物的调运检疫，防止害虫向其他地区和其他作物扩散。

（2）人工除治　经常检查枝干，方法是用手按压表皮，如不坚实且有松软感觉，说明可能已发生虫害，应及时防治。可细心剥掉受害部分的表皮，将虫粪清理干净，杀死皮层内的幼虫与蛹。

（3）栽植前处理　引种巴西木时，先用20%速灭杀丁乳油2500倍液浸泡树桩5min，晾干后再行种植。栽植树桩前，再先用红色（或黑色）石蜡均匀涂封锯口，可以显著减少桩柱的受害率，若在封蜡后再涂一遍杀虫剂，则保护效果更好。

（4）化学防治　利用幼虫在土中越冬的习性，采用50%辛硫磷乳剂1000倍液灌根防治，每隔15天灌1次，连续2或3次，可控制其为害。也可用80%的敌敌畏乳油500倍液喷洒枝干，然后用塑膜包裹密封枝干5h，从而杀死不同虫态的害虫。

## 七、象甲类

象甲类属鞘翅目象甲科，亦称象鼻虫，是重要的园林植物钻蛀类害虫，成虫和幼虫均能为害，取食植物的根、茎、叶、果实和种子。成虫多产卵于植物组织内，幼虫钻蛀为害，少数可以产生虫瘿或潜叶为害。常见的种类有沟眶象、臭椿沟眶象、红棕象甲、多孔横沟象、北京枝瘿象等。

**653. 沟眶象**　*Eucryptorrhynchus scrobiculatus* (Motschulsky, 1854)，又名椿大象甲，属鞘翅目象甲科。

[分布与为害]　分布于辽宁、陕西、山西、甘肃、青海、北京、河北、河南、天津、山东、江苏、上海、安徽、浙江、福建、湖南、湖北、四川、贵州等地。主要为害臭椿、千头椿等植物，尤其是刚移栽的臭椿，以行道树、片林等受害严重。幼虫蛀食木质部，造成树木生长势衰弱以致幼树死亡，树干或树枝上常出现灰白色的流胶（图2-744）。

图 2-744　沟眶象为害状

a. 成虫为害臭椿枝干状；b、c. 幼虫为害臭椿根部状

［识别特征］ ①成虫：体长13.5～18.5mm。胸部背面，前翅基部及端部首1/3处密被白色鳞片，并杂有红黄色鳞片。前翅基部外侧特别向外凸出，中部花纹似龟纹，鞘翅上刻点粗（图2-745a、b）。②幼虫：体圆形，乳白色，体长约30mm（图2-745c、d）。

**图2-745 沟眶象**
a、b. 成虫；c. 幼虫；d. 幼虫（上）及幼虫被白僵菌寄生状（下）

［生活习性］ 1年发生1代，以幼虫或成虫在根部或树干周围2～20cm深的土层中越冬；以幼虫越冬的，翌年5月化蛹，7月为羽化盛期；以成虫在土中越冬的，4月下旬开始活动。5月上中旬为第1次成虫盛发期，7月底至8月中旬为第2次盛发期。成虫有假死性。产卵前取食嫩梢、叶片补充营养。为害1个月左右，便开始产卵，卵期8天左右。初孵化幼虫先咬食皮层，稍长大后即钻入木质部为害，老熟后在坑道内化蛹，蛹期12天左右。

**654. 臭椿沟眶象** *Eucryptorrhynchus brandti* (Harold, 1881)，又名椿小象甲，属鞘翅目象甲科。

［分布与为害］ 分布于黑龙江、辽宁、陕西、山西、甘肃、宁夏、北京、河北、河南、山东、江苏、上海、安徽、湖北、四川等地。主要蛀食臭椿和千头椿。初孵幼虫先为害皮层，导致被害处薄薄的树皮下面形成1小块凹陷，稍大后钻入木质部内为害。常与沟眶象混杂发生。幼虫主要蛀食根部和根际处，造成树木衰弱以致死亡（图2-746）。

［识别特征］ ①成虫：体长约11.5mm，宽约4.6mm。体黑色。前胸背板、鞘翅肩部及端部布有白色鳞片形成的大斑，稀疏掺杂红黄色鳞片。额部窄，中间无凹窝。头部布有小刻点。前胸背板和鞘翅上密布粗大刻点。前胸前窄后宽（图2-747a、b）。②卵：长圆形，黄白色。③幼虫：长10～15mm，头部黄褐色，胸、腹部乳白色，每节背面两侧多皱纹（图2-747c）。④蛹：长10～12mm，黄白色。

［生活习性］ 1年发生2代，以幼虫或成虫在树干内或土内越冬。翌年4月下旬至5月上中旬越冬幼虫化蛹，6～7月成虫羽化，7月为羽化盛期。幼虫为害自4月中下旬开始，4月中旬至5月中旬为越冬代幼虫翌年出蛰后为害期。7月下旬至8月中下旬为当年孵化的幼虫为害盛期。虫态重叠，很不整齐，至10月都

图 2-746 臭椿沟眶象为害臭椿树干状

图 2-747 臭椿沟眶象
a、b. 成虫；c. 幼虫

有成虫发生。成虫有假死性，羽化出孔后需补充营养取食嫩梢、叶片、叶柄等，成虫为害1个月左右开始产卵，卵期7～10天，幼虫孵化期上半年始于5月上中旬，下半年始于8月下旬至9月上旬。幼虫孵化后先在树表皮下的韧皮部取食皮层，钻蛀为害，稍大后即钻入木质部继续钻蛀为害。蛀孔圆形，老熟后在木质部坑道内化蛹，蛹期10～15天。受害树常有流胶现象。

**655. 红棕象甲**　*Rhynchophorus ferrugineus* (A. G. Olivier, 1791)，又名棕榈象甲、锈色棕象、锈色棕榈象、椰子隐喙象、椰子甲虫、亚洲棕榈象甲、印度红棕象甲，属鞘翅目象甲科。

[分布与为害]　分布于海南、广西、广东、台湾、云南、福建、香港和上海等地。主要为害加拿利海枣、银海枣、华棕、三角椰、霸王棕等多种棕榈类植物。以幼虫蛀食干部及生长点取食柔软组织（图2-748），形成隧道，导致受害组织坏死腐烂，并产生特殊气味，严重时造成干部中空，遇风易折断。

[识别特征]　①成虫：体长30～35mm，宽12mm左右。身体红褐色，光亮或暗。背上有6个小黑斑排列两行，前排3个，两侧的较小、中间的1个较大，后排3个较大。身体腹面黑红

图 2-748 红棕象甲为害状

相间。触角柄节和索节黑褐色，棒节红褐色。各足基节和转节、各足腿节末端和胫节末端黑色，各足跗节黑褐色。头部前端延伸成喙，雌虫喙较细长且弯曲，喙和头部的长度约为体长的1/3，雄虫的喙粗短且直，喙背有一丛毛。前胸前缘细小，向后缘逐渐宽大，略呈椭圆形。鞘翅较腹部短，腹末外露（图2-749a）。②卵：乳白色，长椭圆形，表面光滑。③幼虫：体长40～45mm，黄白色，头暗红褐色，体肥胖，纺锤形，胸足退化（图2-749b）。④蛹：长35mm左右，初化蛹乳白色，后逐渐变褐色（图2-749c）。⑤茧：长50～95mm，呈长椭圆形，由树干纤维构成（图2-749d）。

**图2-749　红棕象甲**
a. 成虫；b. 幼虫；c. 幼虫与蛹；d. 幼虫、蛹及茧

[生活习性]　上海1年发生1代，以老熟幼虫或蛹越冬。幼虫全年均可见。低龄幼虫喜取食植株柔嫩多汁的生长点部位，中高龄幼虫喜食生根区和叶柄处等多纤维的部位，取食剩下的纤维留在虫道周围。当纤维积聚到一定量后排出植株外，这是红棕象甲为害植株早期可观察到的症状，此时植株生长点已坏死。幼虫取食时，幼虫在植株组织内钻出纵横交错的隧道，并在其中蜕皮。幼虫不取食蜕皮，直接取食寄主组织。幼虫老熟后，在叶柄间利用纤维修筑蛹室化蛹。幼虫的龄期因个体差异、食料、环境条件等因素的不同而有所差异。幼虫有很明显的互残习性。老熟幼虫经2～4天利用木质纤维结成椭圆形、紧密的蛹室。产卵前，雌虫或雄虫先用头管在植株叶片茎部、茎顶柔软组织或受伤部位戳一小洞，雌虫产卵时，将长且锐利的产卵器插入此洞，产卵其中。此外，成虫还具有短途飞翔、群居、假死的特性，常在晨间或傍晚出来活动。

**656. 多孔横沟象**　*Pimelocerus perforatus* (W. Roelofs, 1873)，异名大粒横沟象*Dyscerus cribripennis* Matsumura & Kono, 1928，属鞘翅目象甲科。

[分布与为害]　分布于陕西、山西、甘肃、北京、河北、山东、福建、台湾、广东、广西、湖北、湖南、四川、云南等地。为害油橄榄、女贞、洋白蜡、板栗、香椿、桃、松等植物。

［识别特征］ 成虫：体长13.0～14.5mm。体黑褐色，前胸背板两侧、鞘翅肩角处及鞘翅端部斜面具白色或金黄色鳞毛。喙粗，略短于前胸背板。触角着生于喙的前端，索节第2节明显短于第1节。前胸背板前端1/5颗粒小，明显收缩，最宽处约在2/5处，此后稍收缩，表面具粗大分离的颗粒，中央前端具1宽的纵隆起（呈1长卵形大瘤突）。足腿节棒状。鞘翅长宽比约为1.67，第3、5行间高于其他行间，第5行间近端部具1个瘤突（图2-750）。

图2-750 多孔横沟象成虫

［生活习性］ 幼虫主要在树干近根部韧皮部处蛀食，早期有虫粪排出，可致树死亡。

**657. 北京枝瘿象** *Coccotorus beijingensis* Lin & Li, 1990，异名赵氏瘿孔象*Coccotorus chaoi* Chen, 1993，属鞘翅目象甲科。

［分布与为害］ 分布于陕西、山西、北京、河北、河南、山东、江苏、安徽、浙江、福建、湖南、广东、四川、西藏等地。为害小叶朴，在小枝上形成虫瘿，8月下旬后可在瘿内见到成虫。有时整株小叶朴的枝条上长满了虫瘿（图2-751a）。

［识别特征］ ①成虫：体长5.8～6.6mm。体红褐色至黑褐色，密布灰白色或黄褐色长毛。前胸背板、小盾片及鞘翅近鞘缝处具不规则黑斑。头具较长的喙，雌虫长于头胸长之和，雄虫约为头胸长之和。前足腿节端1/3具1个扁三角形刺。鞘翅细长，长约为宽的2倍（图2-751b、c）。②卵：椭圆形，长约0.6mm，乳白色。③幼虫：体纺锤形，稍弯曲，老熟时体长约6mm，黄褐色（图2-751d）。④虫瘿：初期长扁圆形，长约5mm，宽约3mm，黄绿色，质地幼嫩（图2-751e）；后期椭圆形，最大者长26mm，宽15mm，褐色或褐绿色，坚硬（图2-751f）。

［生活习性］ 北京1年发生1代，以成虫在虫瘿内越冬。翌年3月雄虫飞出，3月中旬产卵，散产于芽内或新梢顶芽旁，4月初（朴树已长出第3叶）幼虫开始孵化，蛀入新梢为害，开始形成虫瘿，幼虫在瘿内取食，8月中旬在瘿内化蛹，8月下旬羽化为成虫越冬。

［象甲类的防治措施］

（1）加强检疫 严禁调入、调出带虫苗木，防止其传播蔓延。

（2）农业防治 及时剪除被害枝条，拔除并烧毁带幼虫的枝干。人工捕捉成虫，利用成虫的假死性，人工震落捕杀。

（3）生物防治 保护和利用啄木鸟和蟾蜍等天敌。

（4）化学防治 成虫外出时期，喷洒8%绿色威雷微胶囊水悬剂300～400倍液、24%氰氟虫腙悬浮剂600～800倍液、10%溴氰虫酰胺可分散油悬乳剂1500～2000倍液、10.5%三氟甲吡醚乳油3000～4000倍液、20%甲维·茚虫威悬浮剂2000倍液、50%辛硫磷乳油1000倍液杀死成虫；也可在成虫期用25%灭幼脲Ⅲ号悬浮剂超低量喷雾防治成虫，使成虫不育，卵不孵化。

**图 2-751 北京枝瘿象**

a. 为害小叶朴状；b、c. 成虫；d. 幼虫；e. 初期虫瘿；f. 后期虫瘿

### 八、树蜂、茎蜂类

树蜂属膜翅目树蜂科，是一类具有钻蛀习性的蜂类。体较大，体长超过14mm，体狭长，圆筒形，暗色或金属色。产卵器有锯状小齿。产卵管凸出，翅基片很小，翅狭长。头部阔大。幼虫为白色。为害园林植物的常见种类有烟扁角树蜂等。

茎蜂属膜翅目茎蜂科。体较细长，体长不超过18mm，前胸背板后缘平直，没有细腰，呈圆筒形或体侧较扁，前足胫节有1枚距。飞行缓慢。触角长，丝状或略带棒形，具许多环节。产卵管凸出。幼虫白色，无腹足，钻蛀枝干。常见种类有白蜡外齿茎蜂、玫瑰茎蜂、梨茎蜂等。

**658. 烟扁角树蜂** *Tremex fuscicornis* (Fabricius, 1787)，又名烟角树峰、黄扁足树蜂，属膜翅目树蜂科。

[分布与为害] 分布于黑龙江、吉林、辽宁、陕西、山西、内蒙古、北京、河北、天津、河南、山东、江苏、上海、安徽、浙江、江西、福建、海南、湖南、西藏等地。为害杨、柳、榆、榉、核桃、梨、杏、桃等植物的树干。

[识别特征] ①成虫：雌蜂体长16～40mm，雄蜂体长11～17mm。体红褐色至黑褐色，腹部具黄斑。腹部背板第1节黑色，第2、3节黄色（有时第3节后缘黑色），第4～6节黑色（但前缘具窄的黄色带），第7节前部黄色、后部黑色，第8、9节前后缘黄色，中间黑色。雄蜂体几乎全黑色（图2-752a、b）。②卵：长1.0～1.5mm，椭圆形，微弯曲，前端细，乳白色。③幼虫：体长12～46mm，圆筒形，乳白色；头黄褐色，胸足短小不分节，腹部末端褐色（图2-752c）。④蛹：雌蛹体长16～42mm，雄蛹体长11～17mm，乳白色；头部淡黄色；复眼、口器褐色；翅盖于后足腿节上方，雌产卵器伸出于腹部末端（图2-752d）。

**图2-752 烟扁角树蜂**
a、b. 成虫；c. 幼虫；d. 蛹与茧

[生活习性] 陕西1年发生1代，以幼虫在树干蛀道内越冬。翌年3月中下旬开始活动，老熟幼虫4月下旬始化蛹，5月下旬至9月初为盛期。成虫于5月下旬开始羽化，8月下旬至10月中旬为盛期。羽化后1～3

天交尾、产卵。卵多产在树皮光滑部位和皮孔处的韧皮部和木质部之间，产卵处仅留下直径约0.2mm的小孔及直径1~2mm、圆形或梭形、乳白色而边缘略呈褐色的小斑。每产卵槽平均孵出9条幼虫，形成多条虫道，各时期均可见到不同龄级的幼虫。老熟幼虫多在边材10~20mm深处的蛹室化蛹。成虫寿命7~8天，每雌产卵13~28粒，卵期28~36天，幼虫6月中旬开始孵化，12月进入越冬；幼虫4~6龄。成虫白天活动，无趋光性，飞行高度可达15m。该虫主要为害衰弱木，大发生时也为害健康木，尤以杨树和柳树受害严重。天敌有褐斑马尾姬蜂、灰喜鹊、伯劳、螳螂和蜘蛛等。

**659. 白蜡外齿茎蜂** *Stenocephus fraxini* Wei, 2015，属膜翅目茎蜂科。

[分布与为害] 分布于北京、河北、天津、山东等地。主要为害木犀科白蜡属的洋白蜡、绒毛白蜡、美国白蜡等园林植物当年生旺盛的嫩枝条髓部。初孵幼虫从当年生枝条第1对叶柄处蛀入嫩枝髓部，然后向上串食前进，其排泄物充塞在蛀空的隧道内，一般每1被害枝条内有1~5条幼虫，致使被害部位的复叶青枯萎蔫，影响景观效果（图2-753）。

**图2-753　白蜡外齿茎蜂为害白蜡枝条状**
a. 复叶青枯萎蔫状；b、c. 钻蛀嫩枝状

[识别特征] ①成虫：雌虫体长约12.4mm，雄虫体长约10.6mm。体黑色。颜面大部、上颚和口须大部、后眶中部点斑、前胸背板后缘、小盾片大部、腹部2~7节背板后缘和侧缘狭边、腹板后缘、锯鞘基大部黄白色，腹部2~3节色泽稍淡。翅透明，前缘脉浅褐色。翅痣和其余翅脉黑褐色。足黑褐色。前足股节大部、中足股节端部、前中足胫跗节、后足胫节基部1/4浅褐色。触角25节，第3节长度是第4节的1.1倍。头部和前胸背板光滑，无刻点和刻纹，光泽强。中胸背板包括小盾片具细小分散的刻点，中胸前侧片大部刻点细小但稍密集。腹部2~3背板大部光滑，刻纹模糊微弱，其余背板刻纹稍明显。雄虫体色和构造与雌虫相似，但腹部5~7节腹板后缘黄白色横带较宽，下生殖板大部黄白色，腹部2~3节更窄长（图2-754a）。②卵：长香蕉形，乳白色或黄白色，基部圆钝，端部细尖。③幼虫：卵壳内小幼虫和初孵幼虫通体乳白色，唯口器和单眼黑色；取食后，幼虫头部和肛上角突呈浅褐色，胴部中间有1绿色纵线。老熟幼虫体长约11.8mm。头部及各节气门淡褐色，单眼、口器及腹末的锥尖状肛上角突深褐色，胴部乳白色或黄白色，各节背面及侧面具泡状褶皱。腹末背面和腹面具成簇的黄色刚毛。在枝梢髓道内蛀食的幼虫平伸，一旦离开，体呈平躺式"S"状弯曲（图2-754b、c）。④蛹：触角达腹部第1~2节，多贴于翅芽末端；中足达腹末第3~4节；后足达腹部第7节。复眼褐色，整体黄白色或乳白色，羽化前渐变黑色。

[生活习性] 华北地区1年发生1代，以幼虫在当年生枝条髓部越冬。3月上旬至3月底（白蜡芽萌动前后）陆续化蛹，4月上中旬（白蜡当年生长旺盛的嫩枝条长10~20cm、弱短枝停止生长时）开始羽化，4月中下旬，初孵幼虫从复叶柄处蛀入嫩枝髓部为害，5月初可见受害萎蔫青枯的复叶。幼虫一直在当年生枝条内串食为害并越冬。

图 2-754 白蜡外齿茎蜂

a. 成虫；b、c. 幼虫

**660. 玫瑰茎蜂** *Neosyrista similis* Moscary, 1904，又名蔷薇茎蜂、月季茎蜂、钻心虫，属膜翅目茎蜂科。

[分布与为害] 分布于北京、河北、山东、江苏、上海、浙江、福建、四川等地。为害玫瑰、月季、蔷薇、十姊妹等植物，钻蛀干部，造成枝条枯萎，影响其生长和开花（图 2-755）。严重时植株常从蛀孔处倒折，损失较大。

图 2-755 玫瑰茎蜂为害状

a、b. 为害蔷薇嫩梢状；c. 为害月季嫩梢状

[识别特征] ①成虫：体长 20mm 左右，翅展约 25mm。体黑色，有光泽。两只复眼间具黄绿色小点2 个。触角黑色，基部黄绿色。第 3～5 腹节和第 6 腹节基部 1/2 赤褐色。第 1～2 腹节背板两侧黄色。翅茶色，半透明，常有紫色闪光。触角丝状。第 1 腹节的背板外露一部分。腹末尾刺长 1mm 左右，两旁各具1 短刺。②卵：直径约 1.2mm，黄白色。③幼虫：末龄幼虫体长约 20mm，宽约 2mm，乳白色，头部浅黄色，尾端具褐色尾刺 1 根。足不发达（图 2-756）。④蛹：纺锤形，棕红色。

[生活习性] 华北地区 1 年发生 1 代，以幼虫在受害枝条里越冬。翌年 4 月幼虫即开始为害，4 月底幼

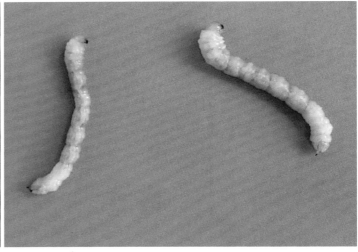

图2-756　玫瑰茎蜂幼虫

虫老熟后化蛹在枝条内。5月上中旬柳絮盛飞时，成虫开始羽化、交尾，喜把卵产在当年生枝条嫩梢处，一般每个嫩梢上产1粒卵，该虫尤其喜欢把卵产在从地面新萌生的较粗壮的嫩梢上。5月中下旬进入玫瑰、月季盛花期后，初孵幼虫开始从嫩梢钻进枝条的髓部，往下把髓部蛀空，然后利用红褐色虫粪及木屑把虫道堵住，造成受害枝条萎蔫、干枯，之后尖端变黑下弯。进入秋季，有的钻至枝条地下部分或钻进上年生较粗的枝条里做薄茧越冬。天敌有幼虫及蛹的寄生蜂，寄生率高达50%左右。

**661．梨茎蜂**　*Janus piri* Okamoto et Muramatsu, 1925，又名梨梢茎蜂、梨茎锯蜂、折梢虫、剪枝虫、剪头虫，属膜翅目茎蜂科。

　　［分布与为害］　分布于辽宁、陕西、山西、甘肃、青海、北京、河北、河南、山东、江苏、安徽、浙江、江西、福建、湖南、湖北、四川等地。为害梨、棠梨等植物。成虫产卵于新梢嫩皮下刚形成的木质部，从产卵点上方3～10mm处锯掉春梢，幼虫于梢内向下取食，致使受害部枯死，形成黑褐色的干橛。其是为害梨树春梢的重要害虫，影响幼树整形和树冠。

图2-757　梨茎蜂成虫、幼虫及为害状

　　［识别特征］　①成虫：体长9～10mm，细长、黑色。前胸后缘两侧、翅基、后胸后部和足均为黄色。翅淡黄、半透明。雌虫腹部内有锯状产卵器（图2-757）。②卵：长约1mm，椭圆形，稍弯曲，乳白色，半透明。③幼虫：长约10mm，初孵化时白色，渐变淡黄色。头黄褐色。尾部上翘，形似"～"。④蛹：离蛹，细长，初乳白色，羽化前变黑色，复眼红色。

　　［生活习性］　山东1年发生1代，以老熟幼虫及蛹在二年生枝条内越冬。翌年3月上中旬化蛹，成虫在梨花开花前后羽化。花后约10天、新梢迅速生长期正是其产卵高峰期。在嫩梢内产卵，同时把产卵处上方的嫩枝切断，下方的叶柄也切断，枝条萎蔫。卵孵化后，幼虫向下蛀食新梢木质部而仅留皮层。一般5月下旬可蛀食到二年生枝条部分，并在二年生枝条内蛀成略弯曲的长椭圆形虫室。8月上旬幼虫老熟，并开始做茧越冬。

　　［树蜂、茎蜂类的防治措施］

　　（1）人工除治　　5～6月发现萎蔫的嫩梢、枝条时要及时剪掉，消灭枝内幼虫。

　　（2）生物防治　　注意保护利用天敌。

（3）化学防治　越冬代成虫羽化初期及卵孵化盛期，及时喷洒50%吡蚜酮可湿性粉剂2500～5000倍液、10%氟啶虫酰胺水分散粒剂2000倍液、22%氟啶虫胺腈悬浮剂5000～6000倍液。

## 九、其他蛀干类害虫

**662. 微红梢斑螟**　*Dioryctria rubella* Hampson, 1901，又名松梢螟，属鳞翅目螟蛾科。

[分布与为害]　分布于黑龙江、吉林、辽宁、陕西、甘肃、内蒙古、北京、河北、天津、河南、山东、江苏、安徽、浙江、江西、福建、台湾、广东、海南、广西、湖南、河北、四川、贵州等地。为害马尾松、黑松、油松、赤松、樟子松、黄山松、云南松、华山松、加勒比松、火炬松、湿地松、云杉等。幼虫钻蛀中央主梢及侧梢，使松梢枯死（图2-758），中央主梢枯死后，侧梢丛生，树冠呈扫帚状，严重影响树木生长，幼树主干被害严重时整株枯死。除为害松梢外，幼虫也可蛀食球果，影响种子产量。

图2-758　微红梢斑螟为害油松枝梢状

[识别特征]　①成虫：体长10～16mm。全体灰褐色。前翅中室端部有1肾形大白斑，白斑与外缘之间有1条明显的白色波状横纹，白斑与翅基之间有2条白色波状横线。翅外缘近缘毛处有1黑色横带。后翅灰白色，无斑纹（图2-759a）。②卵：椭圆形，长0.8～1.0mm，黄色。③幼虫：老熟幼虫体长25mm左右，头部及前胸背板红褐色，体表生有许多褐色毛片，腹部各节有毛片4对：背面的两对较小，呈梯形排列；侧面两对较大（图2-759b、c）。④蛹：体长11～15mm，红褐色（图2-759d）。

[生活习性]　各地发生世代数不同，江苏、浙江、上海等地1年发生2～3代，生活史不整齐，以幼虫在被害梢的蛀道或枝条基部的伤口内越冬。翌年3月底至4月初越冬幼虫开始活动，在被害梢内向下蛀食。5月上旬幼虫陆续老熟，在被害梢内做蛹室化蛹，5月下旬羽化。成虫白天静伏，夜晚活动，有趋光性，在嫩梢针叶上或叶鞘基部产卵，散产。初龄幼虫先啃咬梢皮，形成一个指头大的疤痕，被咬处有松脂凝结；以后逐渐蛀入髓心，形成1条长15～30cm的蛀道，蛀口圆形，有大量蛀屑及粪便堆积。大多数为害直径8～10mm的中央主梢，六至十年生的幼树受害最重。

**图2-759 微红梢斑螟**

a. 成虫；b、c. 幼虫；d. 蛹

**663. 夏梢小卷蛾** *Rhyacionia duplana* (Hübner, 1813)，属鳞翅目卷蛾科。

[分布与为害] 分布于辽宁、内蒙古、河北、山东等地。为害油松、黑松、赤松。初孵幼虫先取食叶芽，新梢抽出后蛀食韧皮都，以后蛀入木质部，使新梢弯曲，被害处以上部分枯萎，易风折（图2-760a、b）。

[识别特征] ①成虫：翅展16～19mm。头部淡褐色，有赤褐色冠丛。胸、腹部黑褐色。前翅灰褐色，近外缘部分锈褐色，中部有一些白色纵条斑，前缘有白色钩状组。后翅淡灰褐色，缘毛长，灰白色。下唇须向前伸，略下垂，第2节末端膨大，末节部分被第2节鳞片所遮盖，末端钩。触角丝状（图2-760c）。②卵：扁椭圆形，长约0.6mm，宽0.4～0.5mm。初产时淡黄色，后变红色。③幼虫：初孵时淡黄色，后变橙黄色；头部褐色；趾钩单序环，13～15根。老熟幼虫体长7～9mm（图2-760d）。④蛹：红褐色，长5～7mm，第2～7腹节背面各有2排横列的刺突，第8节有1排刺突。腹部末端有钩状臀棘8根。

[生活习性] 1年发生1代，以蛹在树干基部或轮枝基部茧内越冬。成虫最早于3月底出现，盛期为4月中旬，末期为4月下旬。卵产于新叶内侧基部，于5月初开始孵化。幼虫一生只为害1个新梢，未发现有转移现象。幼虫蛀入新梢时，常在被害处吐丝粘连松脂做成薄膜状覆盖物，掩护其体躯。幼虫在新梢内为害25天左右即爬向松树干基部（三至七年生）或主干轮枝节处（七至十年生），取食树皮和边材，并吐丝粘连松脂结成椭圆形包被。随着蛀食时间的延长，包被的松脂不断增厚。约于7月上旬开始化蛹，以蛹越冬。

**664. 亚洲玉米螟** *Ostrinia furnacalis* (Guenée, 1854)，又名玉米螟、钻心虫、大丽花螟，属鳞翅目草螟科。

[分布与为害] 分布于全国各地。以幼虫钻蛀为害大丽花、观赏向日葵、观赏番茄等植物，钻蛀嫩茎、花芽等部位，蛀孔周围表皮变黑，被蛀茎孔外常堆积污黄色粪便，易受风折或萎蔫而死。

**图 2-760　夏梢小卷蛾**
a、b. 为害油松枝梢状；c. 成虫；d. 幼虫

[识别特征]　①成虫：翅展 24～35mm。雌蛾体、翅鲜黄色或黄褐色，内线波形，中室中部及端部具褐斑，外线锯齿形，后半部分弯向内侧，亚缘线锯齿形。雄蛾色较深，前翅内外线之间、翅外缘褐色，后翅淡褐色，中央有 1 条浅色宽带，中足胫节大于后足，但不及 2 倍粗（图 2-761）。②卵：扁平椭圆形，数粒至数十粒组成卵块，呈鱼鳞状排列，初为乳白色，渐变为黄白色，孵化前卵的一部分为黑褐色（为幼虫头部，称黑头期）。③幼虫：老熟幼虫体长 25mm 左右，圆筒形，头黑褐色，背部颜色有浅褐、深褐、灰黄等多种，中、后胸背面各有毛瘤 4个，腹部 1～8 节背面有两排毛瘤，前后各两个，均为圆形，前大后小。④蛹：长 15～18mm，黄褐色，长纺锤形，尾端有刺毛 5～8 根。

[生活习性]　发生世代随纬度变化而异。东北及西北地区 1年 1～2 代，黄淮及华北平原 2～4 代，江汉平原 4～5 代，广东、广西及台湾 5～7 代，西南地区 2～4 代，以幼虫在玉米秆、玉米芯或杂草茎秆中越冬。发生期不整齐，并有世代重叠现象。

**665. 香椿蛀斑螟**　*Hypsipyla* sp.，属鳞翅目螟蛾科。

[分布与为害]　分布于河北、山东等地。为害香椿枝干，从四至五年生幼树到数十年大树均受其害。幼树主干受害后常整株死亡，大树枝条受害引起枯枝。

**图 2-761　亚洲玉米螟成虫**

［识别特征］ ①成虫：翅展约40mm。体灰褐色。复眼黑色。下唇须黄褐色。胸部、领片、肩片、前中胸背板及腹部各节均被灰白色与灰褐色混杂的鳞毛。前翅翅面灰褐色，但翅面上有1层暗红褐色鳞片，尤以翅中部较为明显；外线灰白色，中室从基部至端部有3个纵排的黑点。后翅灰白色。下唇须微上弯。触角丝状。前翅较狭。②卵：灰褐色，卵圆形，略扁，直径0.8～1.0mm。③幼虫：老熟幼虫体长35～38mm。头部赤褐色，后缘两侧各有1块近三角形褐色斑。前胸硬皮板黑褐色，中央有1条白色弧线，前缘两侧各有1个弧形斑。前胸气门前毛片褐色，横向，具2毛；中、后胸毛片斜向头部前方；腹部气门上、下各具1个毛片，气门下线毛片斜向体末。胴部背面带褐色，微带蓝色，各节背面中部色深。腹面污白色，各节背面具2对毛片，前后2行呈"八"字形排列。气门黄褐色，椭圆形，第8节气门大而偏上（图2-762a）。④蛹：参见图2-762b。

**图2-762 香椿蛀斑螟**
a. 幼虫；b. 蛹

［生活习性］ 1年发生1代，以幼虫在枝干内越冬。翌年5月初开始爬出，寻找树皮缝、虫洞、凹陷处叶丝缀合虫粪结薄茧化蛹。6月上旬开始羽化成虫，中旬达盛期。产卵于皮缝、伤口等处。孵化幼虫蛀入皮下，在韧皮部、木质部之间蛀食圆形、方形、椭圆形等横向不规则的虫道。轻者枝干留下肿胀愈伤组织，重者伤口不能愈合，形成孔洞，并露出木质部。枝干内有2或3头幼虫时，伤口常绕树1周导致枝干死亡。

［微红梢斑螟、夏梢小卷蛾、亚洲玉米螟、香椿蛀斑螟的防治措施］

（1）人工除治　冬季可剪除被害梢，集中烧毁，消灭越冬幼虫。

（2）物理防治　利用频振灯诱杀成虫。

（3）生物防治　产卵期间释放赤眼蜂。

（4）化学防治　在幼虫或幼虫转移为害期间，及时喷洒24%氰氟虫腙悬浮剂600～800倍液、10%溴氰虫酰胺可分散油悬乳剂1500～2000倍液、10.5%三氟甲吡醚乳油3000～4000倍液。

**666. 国槐小卷蛾**　*Cydia trasias* (Meyrick, 1928)，又名国槐叶柄小蛾、槐叶柄卷蛾、槐小卷蛾，属鳞翅目卷蛾科。

［分布与为害］ 分布于陕西、宁夏、甘肃、山西、北京、天津、山东、河南、安徽等地。为害国槐、龙爪槐、蝴蝶槐、刺槐等植物。以幼虫为害叶柄基部、枝条嫩梢、花穗及槐豆荚等部位，叶片受害后下垂，萎蔫后干枯，挂在树枝上，遇风脱落，严重时树冠枝梢出现光秃现象，大大影响观赏效果。受害的嫩梢、花穗也萎蔫干枯，影响观瞻（图2-763）。

［识别特征］ ①成虫：体长为5mm左右。黑褐色。胸部有蓝紫色闪光鳞片。前翅灰褐色至灰黑色，其前缘为1条黄白线，黄白线中有明显的4个黑斑，翅面上有不明显的云状花纹。后翅黑褐色。②卵：扁椭圆形，乳白色渐变黑褐色。③幼虫：老熟时长9mm左右，圆筒形，黄色，有透明感，头部深褐色，体稀布有短刚毛（图2-764）。④蛹：黄褐色，臀棘8根。

**图 2-763 国槐小卷蛾为害状**
a. 为害复叶状；b、c. 为害嫩梢及复叶状；d. 为害嫩梢状

**图 2-764 国槐小卷蛾幼虫**

［生活习性］ 华北地区1年发生2代，以幼虫在果荚、树皮裂缝等处越冬。第1代成虫发生期在5月中旬至6月中旬，6月上中旬第1代幼虫开始孵化，为害槐树直至7月下旬。第2代成虫发生期为7月中旬至8月上旬。7月中旬至9月幼虫为害槐树。初孵幼虫寻找叶柄基部后，先吐丝拉网，以后进入基部为害，为害处常见胶状物中混杂有虫粪。有迁移为害习性，1头幼虫可造成几片复叶脱落。老熟幼虫在孔内吐丝做薄茧化蛹，蛹期9天左右。6月世代重叠严重，可见到各种虫态。7月两代幼虫重叠，其中以第2代幼虫孵化极不整齐且危害严重，一般6～7月危害比较严重，是防治关键期。8月树冠上明显出现光秃枝。8月中下旬槐树果荚逐渐形成后，大部分幼虫转移到果荚内为害，9月可见到槐豆变黑，10月大多数幼虫进入越冬期。成虫羽化时间以上午最多，飞翔力强，有较强的趋光性。雌成虫将卵产在叶片背面，其次产在小枝或嫩梢伤疤处。每处产卵1粒，卵期为7天左右。

［国槐小卷蛾的防治措施］

（1）农业防治　结合秋冬季园田管理，剪除槐豆荚，以减少虫源；7月中旬修剪被害小枝，对第2代害虫的发生有一定控制作用。

（2）物理防治　成虫期用频振灯进行诱杀，或将性诱捕器悬挂在树冠向阳面外围，诱杀成虫。

（3）化学防治　幼虫为害期喷施24%氰氟虫腙悬浮剂600～800倍液、10%溴氰虫酰胺可分散油悬乳剂1500～2000倍液、10.5%三氟甲吡醚乳油3000～4000倍液、20%甲维·茚虫威悬浮剂2000倍液防治。

**667. 柳瘿蚊**　*Rhabdophaga salicis* (Schrank, 1803)，属双翅目瘿蚊科。

［分布与为害］ 分布于黑龙江、吉林、辽宁、陕西、内蒙古、宁夏、甘肃、青海、新疆、北京、河北、河南、山东、安徽、江苏、上海、湖南、湖北等地。为害柳、河柳、垂柳、银柳、沙柳、馒头柳等柳类植物。以幼虫从寄主植物嫩芽基部蛀入或由伤口裂缝处蛀入。被害处因受刺激引起组织增生，形成瘿瘤，因连年为害，瘿瘤逐渐增大，造成树势衰弱，甚至枝干枯死。严重时1株树上的瘿瘤在20个以上（图2-765）。

［识别特征］ ①成虫：体长2.5～3.5mm。紫红色或黑褐色。触角灰黄色。触角念珠状，16节，各节轮生细毛，雄成虫轮生毛较长。腹部各节着生环状细毛。前翅膜质，透明，菜刀形，翅基狭窄，有3条纵脉，翅面生有短细毛。足细长。②卵：长椭圆形，长0.3～0.5mm，两端稍尖，橘黄色，略透明。③幼虫：椭圆形，初孵幼虫体长1.0～1.5mm，淡黄色；老熟幼虫体长3～4mm，橘黄色，前胸有1个"Y"形骨片。④蛹：椭圆形，长3～4mm，橘黄色。

［生活习性］ 河南、山东、安徽、江苏、上海、湖北等地1年发生1代，以幼虫在瘿瘤内越冬。翌年2月下旬至3月上旬开始化蛹，3月中下旬成虫羽化，3月下旬至4月上旬为成虫羽化盛期，成虫羽化后即行交尾产卵。成虫羽化多在上午，以9～10时为多。成虫发生期持续1个月左右。羽化与气温有密切关系，日平均气温超15℃时，羽化数量显著增多。卵多产于瘿瘤，产在嫩芽基部和树皮伤口、裂缝等处的较少。卵多成块状，少数散产。雌虫一生平均产卵150粒。雌成虫寿命2～3天，雄成虫1～2天。卵期6～10天，蛹期20天左右。初孵幼虫先在亲代蛹室内取食，随后蛀入韧皮部、形成层内为害。幼虫分泌黏液，使蛀害处坏死，形成孔道。

［柳瘿蚊的防治措施］

（1）农业防治　被害树木较小或在为害初期时，可于冬季或早春，将被害部树皮铲下或将瘿瘤锯下，集中烧毁。

（2）物理防治　采用性诱剂进行诱杀。

（3）化学防治　2～3龄幼虫发生盛期，可用90%敌百虫晶体1000倍液、80%敌敌畏乳油1000倍液、50%吡蚜酮可湿性粉剂2500～5000倍液、10%氟啶虫酰胺水分散粒剂2000倍液、22%氟啶虫胺腈悬浮剂5000～6000倍液、5%双丙环虫酯可分散液剂5000倍液、22.4%螺虫乙酯悬浮剂3000倍液，进行树干喷洒。

图 2-765　柳瘿蚊为害柳树枝干造成瘿瘤状

## 十、其他蛀花、蛀果类害虫

**668. 梨小食心虫** *Grapholita molesta* (Busck, 1916)，又名梨小蛀果蛾、东方果蠹蛾、梨姬食心虫、桃折梢虫、小食心虫、桃折心虫，属鳞翅目卷蛾科。

［分布与为害］ 分布于吉林、辽宁、陕西、山西、宁夏、新疆、北京、河北、天津、河南、山东、江苏、安徽、湖南、湖北、广西、云南等地。为害梨、桃、苹果、李、梅、杏、樱桃、海棠类、山楂、枇杷、杨梅等植物。以幼虫为害果实（图2-766a）与新梢。蛀果时多从萼洼处蛀入，直接蛀到果心，在蛀孔处有虫粪排出，被害果上有幼虫脱出的脱果孔；蛀害嫩梢时，多从嫩梢顶端第3叶叶柄基部蛀入，直至髓部，向下蛀食。蛀孔处有少量虫粪排出，蛀孔以上部分易萎蔫干枯，俗称折梢（图2-766b、c）。

［识别特征］ ①成虫：体长5～7mm，翅展11～14mm。暗褐色或灰褐色。前翅前缘有10组白色短斜纹，翅中央近处外缘有1明显白点。翅面散生灰白色鳞片，近外缘纹有10个小黑斑。后翅浅茶褐色。触角丝状。②卵：扁圆形，中央隆起，淡黄色，半透明表面有褶皱。③幼虫：老熟幼虫体长10～13mm，桃红色，头褐色，前胸背板黄褐色。④蛹：长约7mm，黄褐色，腹部3～7节背面，具2排小短刺，8～10节各生1排大刺，腹末有8根钩状臀棘。⑤茧：丝质，白色，长椭圆形，长约10mm。生活史见图2-766d。

**图2-766 梨小食心虫**
a. 为害山楂果实状；b、c. 为害桃梢状；d. 生活史

［生活习性］ 发生世代数因地而异，华南地区1年发生6～7代，华北多为3～4代，有转主为害习性；在发生3～4代地区，第1、2代幼虫主要为害桃、李、杏的梢，第3、4代幼虫主要转移到梨、苹果果实上为害。均以老熟幼虫在枝干和根颈裂缝处及土中结成灰白色薄茧越冬。翌年春季4月上中旬开始化蛹，成虫发生期在4月中旬至6月中旬。发生很不整齐造成世代重叠，3、4代为害期在7月中下旬，即在果实迅速膨大期蛀果至采收，成虫产卵于叶背、果实表面、果实萼洼和两果接缝处。成虫对糖醋液有趋性。

**669. 桃小食心虫** *Carposina sasakii* Matsumura, 1900，又名桃蛀果蛾，属鳞翅目蛀果蛾科。

［分布与为害］ 全国广泛分布，仅西藏、新疆未见记录。幼虫蛀食多种蔷薇科、鼠李科植物，如苹果、桃、梨、山楂、杏、李、枣、酸枣等果实，大量虫粪堆积在果内，似豆沙馅。

[识别特征] ①成虫：翅展13～18mm。前翅前缘大部黑褐色，在近顶角处扩大成三角形，在三角斑上及内侧具7簇黄褐色或蓝褐色斜立鳞片。雌蛾下唇须长，前伸；雄蛾下唇须短，上举。雄蛾触角每节腹面两侧具纤毛，而雌蛾无。②卵：椭圆形或筒形，初产卵橙红色，渐变深红色，近孵卵顶部显现幼虫黑色头壳，呈黑点状。顶部环生2或3圈"Y"状刺毛，卵壳表面具不规则多角形网状刻纹。③幼虫：体长13～16mm，桃红色，腹部色淡，无臀栉，头黄褐色，前胸盾黄褐色至深褐色，臀板黄褐色或粉红色（图2-767）。④蛹：长6.5～8.6mm，初蛹黄白色，近羽化时灰黑色，翅、足和触角端部游离，蛹壁光滑无刺。⑤茧：分冬、夏两型。冬茧扁圆形，直径约6mm，长2～3mm，茧丝紧密，包被老龄休眠幼虫；夏茧长纺锤形，长7.8～13.0mm，茧丝松散，包被蛹体，一端有羽化孔。两种茧外表黏着土砂粒。

图2-767 桃小食心虫幼虫为害山楂果实状

[生活习性] 山东、河北1年发生1～2代，以老熟幼虫在土中结茧越冬。越冬代幼虫在5月下旬后开始出土，出土盛期在6月中下旬，出土后多在树冠下荫蔽处（如靠近树干的石块和土块下，裸露在地面的果树老根和杂草根旁）做夏茧并在其中化蛹。越冬代成虫后羽化，羽化后经1～3天产卵，绝大多数卵产在果实茸毛较多的萼洼处。初孵幼虫先在果面上爬行数十分钟到数小时之久，选择适当的部位，咬破果皮，然后蛀入果中。

**670. 桃蛀野螟** *Conogethes punctiferalis* (Guenée, 1854)，又名桃蛀螟，属鳞翅目草螟科。

[分布与为害] 分布于辽宁、陕西、山西、甘肃、北京、河北、天津、河南、山东、江苏、安徽、浙江、江西、福建、台湾、广东、广西、湖南、湖北、四川、贵州、云南、西藏等地。主要以幼虫钻蛀为害樱花、樱桃、碧桃、桃、苹果、梨、李、杏、梅、石榴、木槿、珊瑚、滇楸、臭椿、油茶、悬铃木、柑橘、枇杷、柿、板栗、山楂、荔枝、龙眼、无花果、文冠果（图2-768）、湿地松、马尾松、黑松、向日

图2-768 桃蛀野螟为害文冠果果实与种子状

葵、枸杞等植物。造成被害部位流胶，落果，果内充满虫粪。

[识别特征] ①成虫：体长12mm，翅展22～25mm。黄色至橙黄色，体、翅表面具许多黑斑点似豹纹：胸背有7个；腹背第1节和第3～6节各有3个横列，第7节有时只有1个，第2、8节无黑点，前翅25～28个，后翅15～16个。雄虫第9节末端黑色，雌虫不明显（图2-769a、b）。②卵：椭圆形，长约0.6mm，宽约0.4mm，表面粗糙布细微圆点，初乳白色渐变橘黄色、红褐色。③幼虫：体长约22mm，体色多变，有淡褐色、浅灰色、浅灰蓝色、暗红色等，腹面多为淡绿色。头暗褐色，前胸盾褐色，臀板灰褐色，各体节毛片明显，灰褐色至黑褐色，背面的毛片较大，第1～8腹节气门以上各具6个，成2横列，前4后2。气门椭圆形，围气门片黑褐色突起。腹足趾钩不规则的3序环（图2-769c、d）。④蛹：长约13mm，初淡黄绿后变褐色，臀棘细长，末端有曲刺6根（图2-769e）。⑤茧：长椭圆形，灰白色。

图 2-769 桃蛀野螟

a、b. 成虫；c、d. 幼虫；e. 蛹

[生活习性] 东北1年发生2～3代，华北3～4代，西北3～5代，华中5代，主要以老熟幼虫在树皮裂缝、被害僵果、坝堰乱石缝隙等处结茧越冬，少以蛹越冬。成虫对频振灯和糖醋液有趋性。成虫白天停息在叶背等隐蔽处。初孵幼虫在果模基部等处吐丝蛀食果皮，然后蛀入果心，蛀孔分泌黄褐色胶液，周围堆积大量虫粪。6月中下旬老熟幼虫在被害果相接处或树皮裂缝处结茧化蛹。

**671. 棉铃虫** *Helicoverpa armigera* (Hübner, 1808)，属鳞翅目夜蛾科。

[分布与为害] 广布于我国南北方，以长江流域、黄河流域受害较重。寄主范围广，为害苹果、美人蕉、香石竹、观赏葫芦、观赏番茄、月季、菊花、翠菊、天人菊、黑心金光菊、鸡冠花、八宝景天、百日菊、向日葵等植物，幼虫具有钻蛀性，常蛀食花蕾、果实，有时也为害幼叶（图2-770）。

[识别特征] ①成虫：体长4～18mm，翅展30～38mm。灰褐色。前翅具褐色环形纹及肾形纹，肾形纹前方的前缘脉上有2褐纹，肾形纹外侧为褐色宽横带，端区各脉间有黑点。后翅黄白色或淡褐色，端区褐色或黑色（图2-771a、b）。②卵：半球形，直径0.44～0.48mm，乳白色，具纵横网格（图2-771c）。③幼虫：老熟时体长30～42mm，体色变化很大，由淡绿色、淡红色至黑褐色，头部黄褐色，背线、亚背

图2-770 棉铃虫为害美人蕉状

a、b. 为害花蕾状；c、d. 为害叶片状

线和气门上线呈深色纵线，气门白色，腹足趾钩为双序中带。两根前胸侧毛边线与前胸气门下端相切或相交。体表布满小刺，其底部较大（图2-771d～f）。④蛹：长17～21mm，黄褐色，腹部第5节的背面和腹面有7或8排半圆形刻点，臀棘钩刺2根（图2-771g）。

[生活习性] 黄河流域1年发生3～4代，长江流域1年发生4～5代，以滞育蛹在土中越冬。幼虫有转株为害的习性，转移时间多在夜间和清晨，这时施药易接触到虫体，防治效果最好。另外土壤浸水能造成蛹大量死亡。成虫白天隐藏在叶背等处，黄昏开始活动，取食花蜜，有趋光性，卵散产于植株上部。幼虫5～6龄。初龄幼虫取食嫩叶、花瓣（图2-772a），啃食果实表皮（图2-772b），其后钻蛀花蕾、果实，多从基部蛀入（图2-772c），在内取食，并能转移为害。老熟幼虫吐丝下垂，多数入土做土室化蛹。

**672. 烟实夜蛾** *Helicoverpa assulta* (Guenée, 1852)，又名烟青虫，属鳞翅目夜蛾科。

[分布与为害] 分布于全国各地。幼虫主要为害大丽花、蜀葵、唐菖蒲、观赏南瓜、观赏番茄等植物，具有钻蛀性，常蛀食花蕾、果实，有时也为害幼叶。

[识别特征] ①成虫：成虫体色较黄。前翅上各线纹清晰。后翅棕黑色，宽带中段内侧有棕黑线1条，外侧稍内凹（图2-773）。②卵：淡黄色，稍扁，纵棱双序式，以1长1短为主，中部纵棱多为22～24条。③幼虫：前胸2根侧毛的连线远离气门下端，体表小刺短。④蛹：体前段略粗短，气门小而低，很少突起。

棉铃虫与烟实夜蛾的形态区别见表2-1，成虫的形态对比图见图2-774。

**图 2-771　棉铃虫**

a、b. 成虫；c. 卵；d～f. 幼虫；g. 蛹

表 2-1　棉铃虫与烟实夜蛾的区别特征

| 区别特征 | 棉铃虫 | 烟实夜蛾 |
|---|---|---|
| 成虫前翅 | 中横线斜伸至环形纹中部下方，亚缘线较均匀 | 中横线较直，不斜伸至环形纹中部下方，亚缘线参差不齐，齿状 |
| 成虫阳茎端部腹侧弯钩 | 有 | 无 |
| 幼虫前胸气门侧毛组 | $L_2$ 高于 $L_1$ | $L_2$ 低于 $L_1$ |

[生活习性]　北京1年发生3～4代，以蛹在土中越冬。成虫期5～7天，趋光性强。产卵于叶、萼片或花瓣，每处只产1粒，卵期3～4天。幼虫期11～25天，3龄后幼虫蛀果而不再转移，多数1果1虫，成熟后才钻出果实下地化蛹。蛹期10～17天。

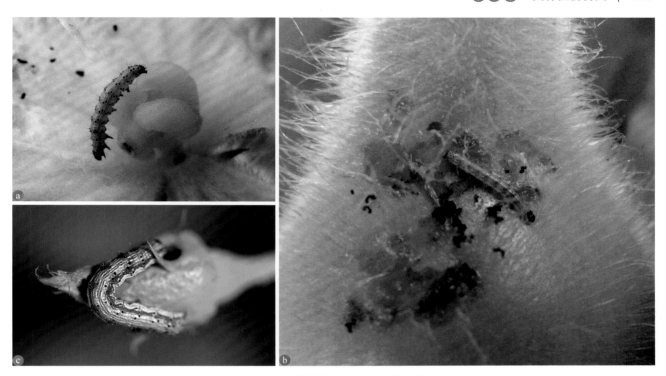

**图 2-772　棉铃虫幼虫取食、钻蛀状**

a. 取食花瓣状；b. 啃食果实表皮状；c. 钻蛀花蕾状

**图 2-773　烟实夜蛾成虫**

**图 2-774　棉铃虫（a）和烟实夜蛾（b）的成虫形态对比图**

（引自周尧，2002）

**673. 李单室叶蜂**　　*Monocellicampa pruni* Wei, 1998，又名李实蜂，属膜翅目叶蜂科。

［分布与为害］　分布于北京、河北、山东、江苏等地。为害李的幼果，造成空心，内部具大量虫粪（图2-775a）。

［识别特征］　①成虫：体长5～6mm。体黑色。雌蜂触角黑色，雄蜂触角棕褐色。翅淡烟褐色。足黄褐色。雌蜂触角第3节长度约为第4节的1.2倍；雄蜂第3节约为第4节的1.4倍。产卵瓣较短，分为14隔，前7个齿明显。后翅仅具1个封闭的中室。爪简单，无基齿。②幼虫：参见图2-775b。

图2-775　李单室叶蜂
a. 为害果实状；b. 幼虫

［生活习性］　1年发生1代，幼虫入土结土茧化蛹。幼虫蛀食李的嫩果，排粪于果内；幼果被寄生后，果不再长大，明显比其他正常果小。

**674. 杏虎象**　　*Rhynchites fulgidus* F. Faldermann, 1835，又名桃象鼻虫、桃象甲、桃虎、杏象甲，属鞘翅目象甲科。

［分布与为害］　分布于黑龙江、吉林、辽宁、陕西、山西、宁夏、内蒙古、河北、河南、山东、江苏、安徽、浙江、江西、福建、湖北、湖南、四川、贵州、云南等地。为害桃、李、杏、梅、樱桃、枇杷、苹果等植物。以成虫食芽、嫩枝、花、果实，产卵时先咬伤果柄造成果实脱落，幼虫孵化后钻入果实内蛀食。

［识别特征］　①成虫：体长4.9～6.8mm，宽2.3～3.4mm。红色，有绿色反光的金属光泽。喙端部、触角和足端部深红色，间或有蓝紫色光泽。头长度等于或略短于基部的宽度，密布大小刻点和细毛，眼小、略隆，喙长略等于头胸之和，基半部中隆线粗，侧隆线细，位于2列纵刻点间，端半部具纵皱刻点；触角着生于喙中间附近，前胸宽大于长，背面刻点明显，具"小"字形凹陷，小盾片倒梯形，鞘翅略呈长方形，各具8条纵刻点列。臀板外露，端部圆。足细长，腿节棒状，胫节细长，爪分离，有齿爪。雄虫前胸腹板前区较宽，基节前外侧有叶状小齿突；雌虫前胸腹板很短，无齿状突起（图2-776）。②卵：长约1mm，椭圆形，乳白色。③幼虫：老熟时长约10mm，乳白色至淡黄白色，体变弯曲有皱纹。头部淡褐色，前胸盾及气门淡黄褐色。各腹节后半部生有1横列刚毛。④蛹：体长约6mm，椭圆形，密生细毛，初乳白色，后变黄褐色。

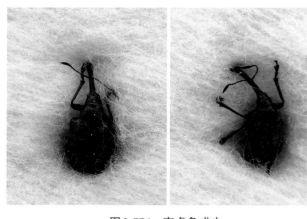

图2-776　杏虎象成虫

［生活习性］　1年发生1代，以成虫在土中、树皮缝、杂草内越冬。翌年杏花、桃花开时（江苏4月中旬、山西4月底、辽宁5月中旬）成虫出现。同一地区成虫出土与地势、土壤湿度、降雨等有关，春旱出

土少并推迟，雨后常集中出土，温暖向阳地出土早。成虫常停息在树梢向阳处，受惊扰假死落地，产卵时先在幼果上咬1小孔，每孔多产1粒卵，上覆黏液，干后呈黑点。卵期7～8天，幼虫期20余天，老熟后脱果入土，多于5cm深处土层中结薄茧化蛹，蛹期30余天。羽化早的当秋出土活动，取食不产卵，秋末潜入树皮缝、土缝、杂草中越冬。多数成虫羽化后不出土，于茧内越冬。由于成虫出土期和产卵期长所以发生期很不整齐。

[其他蛀花、蛀果类害虫的防治措施]

（1）物理防治　利用频振灯诱杀成虫。

（2）生物防治　保护利用寄生蜂。喷洒白缰菌、Bt乳剂等。

（3）化学防治　在低龄幼虫期，及时喷洒24%氰氟虫腙悬浮剂600～800倍液、10%溴氰虫酰胺可分散油悬乳剂1500～2000倍液、10.5%三氟甲吡醚乳油3000～4000倍液。

# 第四节　地　下　害　虫

地下害虫又名根部害虫，是一生或一生中某个阶段生活在土壤中，为害植物地下部分、种子、幼苗或近土表主茎的杂食性昆虫。种类很多，主要有蝼蛄、蛴螬、金针虫、地老虎、种蝇、蟋蟀等。在我国各地均有分布，发生种类因地而异。植物等受害后，轻者萎蔫、生长迟缓，重者干枯而死、造成缺苗断垄。有的种类以幼虫为害，有的种类成虫、幼（若）虫均可为害。为害方式可分为3类：长期生活在土内为害植物的地下部分；昼伏夜出在近土面处为害；地上地下均可为害。

## 一、蝼蛄类

蝼蛄类属直翅目蝼蛄科，为地下昆虫。体小型至大型，身体梭形，前足为特殊的开掘足，雌性缺产卵器，雄性外生殖器结构简单，雌、雄可通过翅脉识别。为害园林植物的常见种类有东方蝼蛄、单刺蝼蛄。

**675. 东方蝼蛄**　*Gryllotalpa orientalis* Burmeister, 1839，又名非洲蝼蛄、拉拉蛄、土狗子、地狗子、小蝼蛄、水狗，属直翅目蝼蛄科。

[分布与为害]　除新疆之外广泛分布。食性很杂，主要以成虫、若虫为害植物幼苗的根部和靠近地面的幼茎。一年生或二年生草本花卉、草坪草及树木扦插苗受害重。以成虫、若虫在土中活动，取食播下的种子、幼芽、茎基，严重时咬断，植物因而枯死。在温室、大棚内由于气温高，该虫活动早，加之幼苗集中，受害更重。其活动的区域常有虚土隧道（图2-777a）。

[识别特征]　①成虫：体长30～35mm。体和前翅灰褐色，腹部色较浅，全身密布细毛。头圆锥形。触角丝状。前胸背板卵圆形，中间具1明显的暗红色长心形凹陷斑。腹末具1对尾须。前翅较短，仅达腹部中部。后翅扇形，较长，超过腹部末端（图2-777b）。前足为开掘足，后足胫节背面内侧有4个距（图2-777c）。②卵：初产时长约2.8mm，孵化前约4mm，椭圆形，初产乳白色，后变黄褐色，孵化前暗紫色。③若虫：共8～9龄，末龄若虫体长约25mm，体型与成虫相近（图2-777d）。

[生活习性]　南方1年发生1代，北方2年发生1代，以成虫或6龄若虫越冬。翌年3月下旬开始上升至土表活动，4～5月为活动为害盛期，5月中旬开始产卵，5月下旬至6月上旬为产卵盛期。产卵前先在腐殖质较多或未腐熟的厩肥土下筑土室产卵其中，每雌可产卵60～80粒。5～7天孵化，6月中旬为孵化盛期，10月下旬以后开始越冬。该虫昼伏夜出，具有趋光性，往往在灯下能诱到大量虫体，还有趋湿性和趋厩肥习性，喜在潮湿和较黏的土中产卵。嗜食香甜食物。该虫活动与土壤温湿度关系很大，土温16～20℃、含水量22%～27%最适宜，所以春、秋两季较活跃，雨后或灌溉后危害较重。土中大量施未腐熟的厩肥、堆肥，易导致该虫发生。

**676. 单刺蝼蛄**　*Gryllotalpa unispina* Saussure, 1874，又名华北蝼蛄、大蝼蛄、拉拉蛄、地拉蛄、土狗子、地狗子，属直翅目蝼蛄科。

[分布与为害]　分布于吉林、辽宁、陕西、山西、宁夏、甘肃、新疆、内蒙古、北京、河北、河南、山东、江苏、安徽、江西、湖北、西藏等地。为害落叶松、松、杉等多种园林植物，以成虫、若虫在土中

**图 2-777　东方蝼蛄**

a. 为害形成的虚土隧道；b. 成虫；c. 东方蝼蛄（左）与单刺蝼蛄（右）的后足胫节；d. 成虫、卵及初孵若虫

活动，取食播下的种子、幼芽或将幼苗咬断致死，受害的根部呈乱麻状。由于该虫活动时将表土层窜成许多隧道（图2-778a），使苗根脱离土壤，致使幼苗因失水而枯死，严重时造成缺苗断垄。在温室，由于气温高，其活动早，加之幼苗集中，受害更重。

[识别特征] ①成虫：体长36～56mm。体和前翅黄褐色，腹部色较浅，全身密布细毛。体较粗壮肥大。前胸背板甚发达呈盾形，中央具1凹陷不明显的暗红色心形坑斑。腹部末端近圆筒形。前翅鳞片状，长14～16mm，覆盖腹部不到1/3。后翅扇形，纵卷成尾状，超过腹部末端。前足特化为开掘足，腿节强大，内侧外缘缺刻明显，胫节宽扁坚硬，末端外侧有锐利扁齿4个，上面2齿大。后中胫节背面内侧有棘1个或消失（图2-778b、c）。②卵：椭圆形，初产时长1.6～1.8mm，孵化前长2.0～2.8mm。初产时乳白色有光泽，后变黄褐色，孵化前呈暗灰色。③若虫：初孵化的若虫，头胸部很细，腹部肥大，全体乳白色，复眼浅红色。以后变浅黄色到土黄色（图2-778d），每蜕1次皮体色均加深。5～6龄以后与成虫体色基本相似。初龄若虫体长3.6～4.0mm，末龄若虫体长36～40mm，若虫共13龄。

[生活习性] 3年发生1代，若虫达13龄，于11月上旬以成虫及若虫越冬。翌年3～4月越冬成虫开始

**图 2-778 单刺蝼蛄**
a. 为害形成的虚土隧道；b、c. 成虫；d. 若虫

活动，6月上旬开始产卵，6月下旬至7月中旬为产卵盛期，8月为产卵末期。卵多产在轻盐碱地，而黏土、壤土及重盐碱地较少。

[蝼蛄类的防治措施]

（1）农业防治　施用厩肥、堆肥等有机肥料时要充分腐熟，可减少蝼蛄的产卵。

（2）物理防治　在闷热天气、雨前的夜晚用灯光诱杀成虫非常有效，一般在晚上7~10时进行。

（3）化学防治　①毒饵诱杀：用80%敌敌畏乳油或50%辛硫磷乳油0.5kg拌入50kg煮至半熟或炒香的饵料（麦麸、米糠等）中作毒饵，傍晚均匀撒于苗床上。要注意防止畜、禽误食。②土壤处理：在受害植株根际或苗床浇灌50%辛硫磷乳油1000倍液；或每667m²用5%二嗪磷颗粒剂2.0~3.0kg均匀撒布于苗木根部15~20cm的范围内，然后浇水，杀虫效果好，也可在上述距离的范围内开沟撒施，然后浇水覆土，效果更好。

## 二、金龟甲类

金龟甲类属于鞘翅目金龟科，其幼虫统称为蛴螬。该类害虫种类很多，成虫啃食各种植物的叶片、芽、花等部位，形成孔洞、缺刻，严重时造成枝叶光秃。幼虫为害根茎、块茎、球茎及根系等地下器官。在园林植物上危害较重的有无斑弧丽金龟、琉璃弧丽金龟、中华弧丽金龟、苹毛丽金龟、铜绿异丽金龟、大绿异丽金龟、浅褐彩丽金龟、黄褐异丽金龟、中喙丽金龟、小青花金龟、白斑花金龟、褐绣花金龟、日铜罗花金龟、光斑鹿花金龟、黑绒金龟、阔胫玛绢金龟、暗黑金龟甲、华北大黑鳃金龟、毛黄脊鳃金龟、大云斑鳃金龟、弟兄鳃金龟、福婆鳃金龟、小黄鳃金龟、褐黄前锹甲等。

**677. 无斑弧丽金龟**　*Popillia mutans* Newman, 1838，又名豆蓝丽金龟、墨绿金龟，属鞘翅目金龟科。

[分布与为害]　分布于全国各地。为害月季、玫瑰、蔷薇、紫薇、紫荆、木芙蓉、锦鸡儿、扶桑、油

茶、柑橘、泡桐、柿、葡萄、菊花、蜀葵、大丽花、荆条等植物。成虫群集为害花、嫩叶，致受害花畸形或死亡，幼虫为害植物的根系，常造成地上部枯萎（图2-779）。

**图2-779 无斑弧丽金龟为害状**
a. 为害月季苗木状；b. 为害月季花瓣状；c. 为害木槿花瓣状

[识别特征] ①成虫：体长9～14mm。体色多变，蓝黑色、蓝色、墨绿色、暗红色或红褐色，具强烈金属光泽。唇基近半圆形，前缘较直，上卷弱。前胸背板中后部光滑无刻点。腹侧无明显毛斑，臀板无毛斑。鞘翅近基部具横凹，鞘翅具10列刻点，其中第2行较短，只达鞘翅长度之半（图2-780a），成虫特征也可见图2-780b中的"子"字图案。②卵：近球形，乳白色。③幼虫：体长24～26mm，弯曲呈"C"形，头黄褐色，体多皱褶，肛门孔呈横裂缝状（图2-780c）。④蛹：裸蛹，乳黄色，后端橙黄色。

[生活习性] 华北地区1年发生1代，以2龄幼虫在土深24～35cm处越冬。翌年春季土温回升后，越冬幼虫向上移动，为害草根。5月中下旬开始化蛹，化蛹不整齐，6月上旬至7月上旬为化蛹盛期，蛹期15天左右。成虫羽化后需要补充营养，喜食寄主幼芽嫩叶、花蕾和花冠，造成花朵凋谢，落花落果。成虫为日出型，以上午和傍晚最为活跃，夜间潜伏。7～8月成虫产卵于土壤中，对土质选择性不强，卵期约15天。8月上旬卵开始孵化，幼虫孵化后在土中取食植物细根或腐殖质。10月随着气温下降，幼虫向深土层转移越冬。

**678. 琉璃弧丽金龟** *Popillia flavosellata* Fairmaire，1886，属鞘翅目金龟科。

[分布与为害] 分布于黑龙江、吉林、辽宁、陕西、甘肃、北京、河北、山东、安徽、江苏、浙江、江西、福建、台湾、广东、湖南、湖北、四川、贵州、云南等地。成虫取食葡萄、梨、桑、榆、杨等植物的叶片及玫瑰等植物的花。幼虫为害植物的地下部分。

[识别特征] ①成虫：体长8.5～12.5mm。蓝黑色至黑色，偶见鞘翅呈红褐色的个体。前胸背板前侧角锐而向前伸，后侧角圆钝。小盾片三角形。腹部各腹板具毛1排，侧端具白色毛斑。臀板具1对常互相远离的白毛斑，间距常明显大于毛斑直径（图2-781）。②卵：近圆形，白色，光滑。③幼虫：体长8～11mm，每侧具前顶毛6～8根，形成一纵列，额前侧毛左右各2或3根，3根时为2长1短。上唇基毛左右各4根。肛门背片后具长针状刺毛，每列4～8根，一般4或5根，刺毛列"八"字形向后岔开、不整齐。

[生活习性] 华北地区1年发生1代，以3龄幼虫在土中越冬。翌年3月下旬至4月上旬升到耕作层为害小麦等作物地下部分。4月末化蛹，5月上旬羽化，5月中旬进入盛期。6月下旬成虫产卵，6月下旬至7月中旬进入产卵盛期，卵历期8～20天，成虫寿命40天。

**图2-780 无斑弧丽金龟**

a. 成虫；b. 三种金龟甲成虫（从左至右：铜绿异丽金龟、中华弧丽金龟、无斑弧丽金龟）；c. 幼虫

**图2-781 琉璃弧丽金龟成虫**

**679. 中华弧丽金龟** *Popillia quadriguttata* (Fabricius, 1787)，又名四纹丽金龟、豆金龟子、四斑丽金龟，属鞘翅目金龟科。

[分布与为害] 分布于黑龙江、吉林、辽宁、陕西、山西、内蒙古、宁夏、青海、甘肃、河北、北京、河南、山东、江苏、安徽、浙江、江西、福建、台湾、广东、广西、湖南、湖北、四川、贵州、云南

等地。为害苹果、榆、樱花、金叶女贞、紫藤、月季、荆条等植物。成虫食叶，呈不规则缺刻或孔洞，严重的仅残留叶脉，有时食害花或果实；幼虫为害地下组织。

［识别特征］ ①成虫：体长7.5～12.0mm，宽4.5～6.5mm。小型甲虫。体长椭圆形。体色一般深铜绿色，有光泽。鞘翅浅褐色或草黄色，四缘常呈深褐色，足同于体色或黑褐色（图2-782），臀板基部具2个白色毛斑，腹部1～5节侧面各具1白色毛斑。成虫特征也可见图2-780b中的"龟"字图案。②卵：椭圆形，长径约2mm，初为乳白色，后渐变淡黄色，表面光滑。③幼虫：体白色，头部橙黄色或褐色，上颚发达；体呈圆筒形，腹部末节向腹面弯曲，呈"C"形，具发达的胸足，体的各节有皱褶，腹部后端肥大。④蛹：裸蛹，初期白色，后渐变为淡褐色。

图2-782 中华弧丽金龟成虫

［生活习性］ 1年发生1代，多以3龄幼虫在30～80cm深的土层内越冬。翌春4月上移至表土层为害，6月老熟幼虫开始化蛹，成虫于6月中下旬至8月下旬羽化，7月是为害盛期。6月底开始产卵，7月中旬至8月上旬为产卵盛期。幼虫为害至秋末达3龄时，钻入深土层越冬。成虫白天活动，适温20～25℃，飞行力强，具假死性，晚间入土潜伏，无趋光性。成虫群集为害一段时间后交尾产卵，卵散产在2～5cm深的土层里。成虫喜于地势平坦、保水力强、土壤疏松、有机质含量高的田园产卵。初孵幼虫以腐殖质或幼根为食，稍大时为害地下组织。

**680. 苹毛丽金龟** *Proagopertha lucidula* Faldermann，1835，属鞘翅目金龟科。

［分布与为害］ 分布于黑龙江、吉林、辽宁、陕西、山西、内蒙古、甘肃、河北、河南、山东、江苏、安徽等地。为害杨、柳、榆、桃、李、杏、樱桃、樱花、苹果、梨、海棠类、桑等多种植物。以成虫食害花蕾（图2-783a、b）、花芽、嫩叶等。在发生盛期，1个花丛上常集10余头，可将花蕾吃光。

［识别特征］ ①成虫：体长10mm左右。头胸背面紫铜色，并有刻点。鞘翅为茶褐色，具光泽。体卵圆形。腹部两侧有明显的黄白色毛丛，尾部露出鞘翅外。由鞘翅上可以看出后翅折叠成"V"形。后足胫节宽大，有长、短距各1根（图2-783c、d）。②卵：椭圆形，乳白色。临近孵化时表面失去光泽，变为米黄色，顶端透明。③幼虫：体长约15mm，头部为黄褐色，胸腹部为乳白色。④蛹：长12.5～13.8mm，裸蛹，深红褐色。

［生活习性］ 华北地区1年发生1代，以成虫在土中越冬。翌年4月中旬成虫开始出土，5月末绝迹，历期约30天。5月上旬田间开始见卵，产卵盛期为5月中旬，下旬产卵结束。5月下旬至8月上旬为幼虫发生期。7月底至9月中旬为化蛹期，8月下旬蛹开始羽化为成虫。新羽化的成虫当年不出土，在土中越冬。

**681. 铜绿异丽金龟** *Anomala corpulenta* Motschulsky，1853，又名铜绿丽金龟、铜绿金龟子、青金龟子、淡绿金龟子，属鞘翅目金龟科。

［分布与为害］ 分布于黑龙江、吉林、辽宁、陕西、山西、甘肃、宁夏、内蒙古、河北、北京、河南、山东、江苏、安徽、浙江、江西、湖南、湖北、四川等地。为害杨、柳、榆、松、柏、杉、栎、油桐、油茶、乌桕、板栗、核桃、枫杨、苹果、梨等植物，小树幼林受害严重，被害叶呈孔洞缺刻状或被食光。

［识别特征］ ①成虫：体长15～18mm，宽8～10mm。背面铜绿色，有光泽。头部较大，深铜绿色，

**图2-783 苹毛丽金龟**
a. 为害樱花花瓣状；b. 为害丁香花瓣状；c、d. 成虫

前胸背板为闪光绿色，密布刻点，两侧边缘有黄边，鞘翅为黄铜绿色，有光泽（图2-784），成虫特征也可见图2-780b中的"金"字图案。②卵：白色，初产时为长椭圆形，以后逐渐膨大至近球形。③幼虫：中型，体长30mm左右，头部暗黄色，近圆形。④蛹：椭圆形，长约18mm，略扁，土黄色。

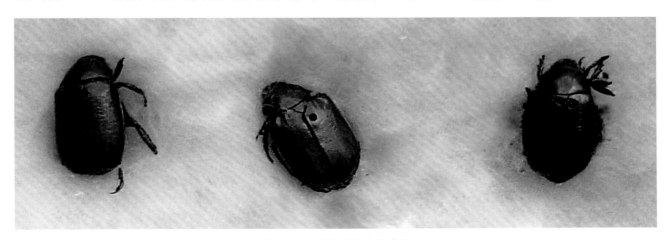

**图2-784 铜绿异丽金龟成虫**

[生活习性] 1年发生1代，以3龄幼虫在土中越冬。翌年5月开始化蛹，成虫一般在6～7月出现。5～6月雨量充沛时，成虫羽化出土较早，盛发期提前。成虫昼伏夜出，闷热无雨的夜晚活动最盛。成虫有

假死性和趋光性，食性杂，食量大，被害叶呈孔洞缺刻状。卵散产，多产于5～6cm深土壤中。幼虫主要为害根系。1、2龄幼虫多出现在7～8月，食量较小，9月后大部分变为3龄，食量猛增，11月进入越冬状态。越冬后又继续为害到5月。幼虫一般在清晨和黄昏由深处爬到表层，咬食苗木近地面的基部、主根和侧根。

图2-785　大绿异丽金龟成虫

**682. 大绿异丽金龟** *Anomala virens* Lin, 1996，属鞘翅目金龟科。

[分布与为害] 分布于陕西、河南、山东、浙江、江西、福建、广东、海南、广西、湖南、湖北、四川、贵州、云南等地。为害杨、榆、栎、柞、柳、黄菠萝、胡桃楸、苹果、葡萄等植物。

[识别特征] 成虫：体长约23mm。体深绿色，具强烈的铜黄色光泽，足仅具绿色金属光泽（跗节暗绿色）。唇基近于梯形，前缘、侧缘稍上翘，刻点粗密，具皱纹，额部刻点稍疏。触角9节，鳃片部3节，（雄虫）稍长于前5节之和。前胸背板中部最宽，向前稍收窄。鞘翅纵肋不显，两侧缘向外稍扩展，在翅后角处呈弧形。腹部侧缘仅第1节略呈角状（图2-785）。

[生活习性] 1年发生2代，以幼虫入土越冬。成虫4～8月出现，以5月最盛。雄虫无趋光性，雌虫趋光性强。

**683. 浅褐彩丽金龟** *Mimela testaceoviridis* Blanchard, 1850，又名黄闪彩丽金龟，属鞘翅目金龟科。

[分布与为害] 分布于陕西、北京、河北、山东、江苏、安徽、浙江、江西、福建、台湾、湖北、四川等地。为害苹果、葡萄、黑莓、树莓、柿、无花果、越橘、榆等植物。成虫食叶，幼虫为害根部。

[识别特征] 成虫：体长14～18mm，宽8.2～10.4mm。体色浅，全体光亮，背面浅黄色，鞘翅更浅。足褐色至黑褐色。体中型，后方膨阔。唇基近梯形，表面密皱，侧缘略弧弯。头面前部刻点与唇基相似，后部刻点较大散布。触角9节。前胸背板略短，散布浅弱刻点。小盾片短阔，散布刻点。鞘翅上散布浅大刻点（图2-786）。

[生活习性] 江苏赣榆1年发生1代，以老熟幼虫越冬。翌年5月下旬至7月下旬成虫出现，6月下旬至8月上旬盛发，常在上层叶片上取食，有群集性。

图2-786　浅褐彩丽金龟成虫

**684. 黄褐异丽金龟** *Anomala exoleta* Faldermann, 1835，又名黄褐丽金龟、黄褐丽金龟子，属鞘翅目金龟科。

[分布与为害] 分布于黑龙江、辽宁、陕西、山西、甘肃、青海、内蒙古、北京、河北、河南、山东等地。主要以幼虫为害多种植物的根系。

[识别特征] ①成虫：体长14～18mm。体黄褐色，略带红色，带铜绿色光泽，有些个体呈铜绿色。唇基近长方形，前侧缘上翘。触角9节，雄虫鳃片部长，约为前5节的1.5倍。前胸背板前缘中央稍内凹，后缘中央后突，侧缘弧形。鞘翅具3条纵肋，不明显，密生刻点。前足胫节外侧具2齿，胫节内侧近端部（外侧第2齿对面）具1距；前中足具2爪，其中大爪端部分叉；后足大爪不分叉（图2-787）。②卵：椭圆形，乳白色。初产时较小，随着胚胎的发育，卵粒逐渐增大，孵化前可见到环形弯曲的幼虫雏形。③幼虫：初孵幼虫头部与身体呈乳白色。上颚褐色，眼点为浅褐色。1日后，头壳变黄褐色，胸腹部呈淡灰色，此时腹部内已见有食物。

[生活习性] 甘肃古浪2年发生1代，以当年2龄和上年3龄幼虫在土中越冬。越冬后的3龄幼虫于5月下旬至6月上旬进入化蛹盛期，6月中旬至7月下旬为成虫羽化期。成虫期不取食，有假死性及较强的趋光性。幼虫有食卵壳现象，并有自残习性。

图2-787 黄褐异丽金龟成虫
a. 背面观；b. 腹面观

**685. 中喙丽金龟** *Adoretus sinicus* Burmeister, 1855，又名中华喙丽金龟，属鞘翅目金龟科。

[分布与为害] 分布于山东、江苏、安徽、浙江、江西、福建、台湾、广东、广西、湖南、湖北等地。为害蔷薇科、豆科、槭树科等39科植物。成虫喜欢晚上取食植物叶片，受害叶片呈网状破损（图2-788），严重时整个叶片被取食殆尽，只剩主叶脉；幼虫取食草坪草的地下茎，严重时会导致草坪发黄；整体来说，成虫的危害性高于幼虫。

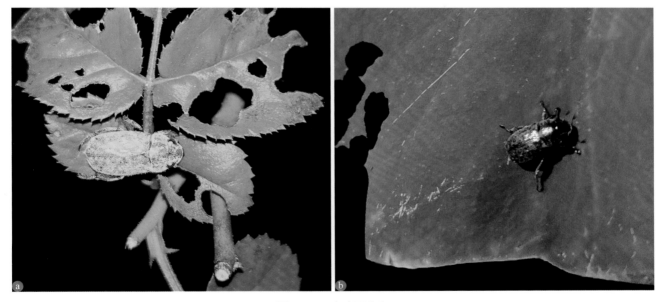

图2-788 中喙丽金龟
a. 为害月季叶片状；b. 为害荷花叶片状

[识别特征] ①成虫：体长8.9～10.9mm。褐色或棕褐色，被针形乳白色绒毛。体长椭圆形。小盾片近三角形，鞘翅缘折向后陡然变窄，鞘翅上有数个微隆起的线。后足胫节外侧缘有2个齿突（图2-789）。②卵：椭圆形。初产时纯白色，后逐渐变为乳白色。③幼虫：蛴螬型，共3龄，其中3龄幼虫头壳暗黄棕色，宽度2.7～2.9mm。蜕裂线冠缝明显，额缝长约为冠缝2倍，端部渐不明显，具单眼。④蛹：离蛹，棕黄色，体表密生刚毛，平均长度12～13mm，羽化前逐渐变深。

[生活习性] 上海1年通常发生2代，极少年份发生不完整3代，主要以幼虫在土下越冬。5月上中旬越冬幼虫开始活动并化蛹，一般于5月下旬始见越冬代成虫，终见于6月下旬或7月上旬。第1代成虫始见

图 2-789　中喙丽金龟成虫

a、b. 背面观；c. 腹面观

于7月底，终见于9月底。个别年份夏季如出现极端高温，存在不完整3代的现象。

**686. 小青花金龟**　　*Gametis jucunda* (Faldermann, 1835)，又名小青花潜，属鞘翅目金龟科。

[分布与为害]　分布于全国各地（新疆除外）。为害马尾松、云南松、榆、槐、杨、柳、苹果、海棠类、梨、桃、杏、柑橘、葡萄、板栗、山楂、梅花、月季、玫瑰、荆条、柽柳、黄刺玫、紫穗槐、郁李、绣线菊、珍珠梅、美人蕉、大丽花、鸡冠花、萱草、南蛇藤、八宝景天、短尾铁线莲等植物。主要以成虫为害多种植物的花蕾和花，严重时常群集在花序上，将花瓣、雄蕊和雌蕊吃光（图2-790a、b）。

图 2-790　小青花金龟

a. 为害珍珠梅花器状；b. 为害玫瑰花瓣状；c、d. 成虫

［识别特征］ ①成虫：体长12～17mm，宽7～8mm。头部长，黑色。胸、腹部的腹面密生许多深黄色短毛。前胸背板和鞘翅均为暗绿色或铜色，并密生许多黄褐色毛，无光泽。翅鞘上具有对称的黄白斑纹（图2-790c、d）。②卵：近椭圆形，白色。③幼虫：老熟幼虫体长32～36mm，头部较小，褐色，胴部乳白色，各体节多皱褶，密生绒毛。④蛹：长约14mm，为裸蛹，乳黄色，后端为橙黄色。

［生活习性］ 1年发生1代，以成虫或幼虫在土中越冬。翌年4～5月成虫出土活动，成虫白天活动，主要取食花蕊和花瓣，尤其在晴天无风或气温较高的10～14时，成虫取食飞翔最烈，同时也是交尾盛期。如遇风雨天气，则栖息在花中，不大活动，日落后飞回土中潜伏，产卵。成虫喜欢在腐殖质多的土壤中和枯枝落叶层下产卵。6～7月始见幼虫。

**687. 白斑花金龟** *Protaetia brevitarsis* (Lewis, 1879)，又名白星花金龟、白斑金龟甲，属鞘翅目金龟科。

［分布与为害］ 分布于全国各地。为害樱花、月季、木槿、海棠类、苹果、梨、桃、杏、柑橘、金针菜等植物。主要以成虫咬食寄主的花、花蕾和果实，影响开花、结实，降低观赏价值。幼虫并不为害植物，仅取食腐殖质，可作为资源昆虫处理秸秆、菌棒等废弃物，幼虫还可作为高蛋白质的饲料。

［识别特征］ ①成虫：体长20～24mm，宽13～15mm。全体古铜色带有绿紫色金属光泽。略上下扁平，体壁特别硬。前胸背板有斑点状斑纹。中胸后侧片发达，顶端外露在前胸背板与翅鞘之间。翅鞘表面有云片状由灰白色鳞片组成的斑纹（图2-791）。②幼虫：老熟时体长约50mm，头较小，褐色，胴部粗胖，黄白色或乳白色。胸足短小，无爬行能力。肛门缝呈"一"字形。覆毛区有两短行刺毛列，每列由15～22根短而钝的刺毛组成。

图2-791 白斑花金龟成虫

［生活习性］ 1年发生1代，以中龄或近老熟幼虫在土中越冬。成虫每年6～9月出现，7月初至8月中旬是为害盛期。成虫将卵产在腐草堆下、腐殖质多的土壤中及鸡粪中，每处产卵多粒。幼虫群生，老熟幼虫5～7月在土中做蛹室化蛹。成虫昼夜活动为害。幼虫不用足行走，而是将体翻转借体背体节的蠕动向前行进。该虫主要是成虫期为害，幼虫不为害寄主的根部。

**688. 褐绣花金龟** *Poecilophilides rusticola* (Burmeister, 1842)，属鞘翅目金龟科。

［分布与为害］ 分布于东北、华北、华东，以及广西、四川等地。主要为害榆、杨、柳、栎、桦等植物。以成虫吸食寄主伤口流出的汁液及多种植物的花器。

［识别特征］ 成虫：体长16.0～21.0mm，宽8.9～11.6mm。体背赤褐色，散布许多不等黑色斑纹。足黑色。长椭圆形。头面略呈"凸"字形，唇基前边近横直，布大刻点。触角短壮。前胸背板前、侧边有边框，侧边弧凸，后边侧段斜直，中段向前弧凹。中胸腹突前方略扩，呈五角形。小盾片长三角形。臀板甚扁阔，端缘弧形，具短毛。鞘翅缝肋阔，背面2条纵肋可辨。前足胫节外缘3齿（图2-792）。

［生活习性］ 华北地区夏季见成虫，幼虫栖息于朽木中。

**689. 日铜罗花金龟** *Pseudotorynorrhina japonica* (Hope, 1841)，又名日拟阔花金龟、日罗花金龟，属鞘翅目金龟科。

图 2-792　褐绣花金龟成虫

[分布与为害]　分布于甘肃、北京、河北、河南、山东、江苏、上海、安徽、浙江、江西、福建、台湾、广东、广西、海南、湖南、湖北、四川、贵州、云南等地。主要以成虫为害柑橘、茶、栎等植物的花。

[识别特征]　成虫：体长24.0～26.5mm。体表稍微光亮，绿色、暗绿色、橄榄绿色、褐绿色等，有些泛火红色。触角栗色。唇基长方形，前缘向上折翘。前胸背板两侧向前强烈收窄，后缘中凹浅。小盾片长三角形，端尖，几无刻点。中胸腹突甚宽大，近方形，两前角圆弧形。鞘翅宽，近长方形，密布刻点，肩部最宽，其后收狭。前足胫节外缘雌虫2齿，雄虫仅1端齿（图2-793）。

[生活习性]　主要栖息于低海拔的杂木林和森林等处，也常见于山路和林间小道上，以及城市中心的公园和林荫树上。成虫于7月初出现，8月为发生盛期。白天主要聚集在麻栎、枹栎、柳树等树上，飞行能力强，可以不打开前翅，只展开后翅飞行。

图 2-793　日铜罗花金龟成虫

**690. 光斑鹿花金龟**　*Dicranocephalus dabryi* Ausaux, 1869，又名光点鹿花金龟、显斑叉花金龟，属鞘翅目金龟科。

[分布与为害]　分布于陕西、河北、河南、山东、江苏、浙江、江西、湖南、广东、湖北、贵州、云南等地。主要以成虫为害板栗、栎类植物的花。

[识别特征]　成虫：体长16～20mm，宽9～10mm。体棕褐色。触角棕黑色。体型较小。雌虫唇基侧缘无角突，前缘具凹陷，微微凸出；雄虫唇基侧缘强烈向前延伸形成叉状角突，唇基中央凹陷。头部密被刻点。触角柄节较长。雄虫前胸背板中央隆起，雌虫略扁平。体色很像宽带鹿花金龟（*Dicronocephalus adamsi* Pascoe, 1863），但体表粉末状层较薄。前胸背板和鞘翅两侧中央各有1个黑斑，同时前胸背板中央的2条纵带较宽，并向后伸达前胸背板后缘。前胸背板侧缘为黑色，全体散布褐黄色长绒毛（老熟成体常脱落），鞘翅无黑色边缘，全身刻点黑色（图2-794）。

［生活习性］ 1年发生1代，以幼虫入土越冬。5月下旬可见成虫。

**691. 黑绒金龟** *Maladera orientalis* (Motschulsky, 1857)，又名天鹅绒金龟子、姬天鹅绒金龟子、黑绒鳃金龟子、东方金龟子、东方绢金龟，属鞘翅目金龟科。

［分布与为害］ 分布于吉林、辽宁、山西、宁夏、甘肃、内蒙古、河北、河南、山东、江苏、安徽、浙江、福建、台湾、广东、海南、湖南、湖北等地。成虫是重要的食叶害虫，食性甚杂，可为害杨、柳、榆、柿、桑、桃、杏、梨、枣、苹果、山楂、葡萄、豆梨、樱花、樱桃、美人梅、金银木、丁香等40余科约

**图2-794 光斑鹿花金龟成虫**

150种植物。在北方一些地区，其每年出土活动早，数量多，常群聚为害各类花木的芽苞、嫩芽、花蕾（图2-795），造成严重损失。幼虫为害植物地下部分，因食量小、食性杂，一般不造成严重损害。

**图2-795 黑绒金龟为害状**
a. 为害北美豆梨花瓣状；b. 为害桃树花瓣状

［识别特征］ ①成虫：体长6～9mm。初羽化时为褐色，以后逐渐变成黑褐色或黑色，体表具丝绒状光泽。卵圆形，前窄后宽。触角9节，少数10节，鳃片部3节，雄虫鳃片部长，约为前5节之和的2倍长。胸部腹板密被绒毛，腹部每节腹板具1排毛（图2-796）。②卵：椭圆形，长约1.2mm，乳白色，光滑。③幼虫：乳白色，3龄幼虫体长14～16mm，头宽2.7mm左右。④蛹：长约8mm，黄褐色，复眼朱红色。

［生活习性］ 东北、华北、西北各地1年发生1代，以成虫在20～40cm深的土中越冬。翌年4月中旬出土活动，4月末至6月上旬为成虫盛发期，有雨后集中出土的习性。6月末虫量减少。成虫有夜出性，飞翔力强，傍晚多围绕树冠飞翔。5月中旬为交尾盛期。雌虫产卵于10～20cm深的土中，卵散产或10余粒集于一处，卵期5～10天。幼虫以腐殖质及少量嫩根为食，共3龄，老熟后在20～30cm深土层中化蛹，蛹期11天。成虫羽化盛期在8月中下旬，当年羽化成虫大部分不出土即蛰伏越冬。

**692. 阔胫玛绢金龟** *Maladera verticalis* (Fairmaire, 1888)，属鞘翅目金龟科。

［分布与为害］ 分布于华北、华东，以及辽宁、陕西、云南等地。主要以成虫为害榆、柳、杨、梨、

图 2-796　黑绒金龟成虫

苹果等植物的叶片，造成缺刻或孔洞，严重时把叶片吃光；幼虫在地下活动，危害轻微。

[识别特征]　①成虫：体长 6.7～9.0mm，宽 4.5～5.7mm。长卵圆形，浅棕或棕红色，有丝绒状闪光。触角 10 节，鳃片部 3 节。雄虫鳃片部长于柄节 1 倍。前胸背板短阔，侧边后段直，后边无边框。复眼大，黑色。唇基近梯形，有明显纵脊。小盾片长三角形。鞘翅纵隆线明显、刻点深显，其后侧缘具较显折角。前足胫节外缘 2 齿，后足胫节扁宽，端距在胫端两侧，外缘具棘刺群。爪 1 对、具齿。臀板三角形，雄虫后角短圆，雌虫狭长（图 2-797）。②卵：长 1.10～1.25mm，宽 0.7～0.9mm。初产椭圆形，后膨大为球形。③幼虫：长约 19mm。臀节腹面刺毛列呈单行横弧形，凸面向前，每列 24～27 根，肛门孔纵裂长度等于或大于一侧横裂的 1 倍。④蛹：体长约 9mm，初淡黄白色，后渐变黄褐色。有尾角 1 对。

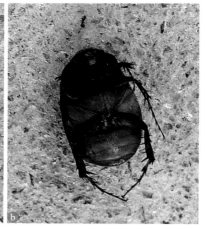

图 2-797　阔胫玛绢金龟成虫

a. 背面观；b. 腹面观

[生活习性]　北京 1 年发生 1 代，以幼虫于深土层中越冬。翌春上升至表土耕作层为害。5 月下旬开始化蛹，6 月中下旬为化蛹盛期。6 月下旬成虫羽化出土，7 月上中旬为成虫交尾与产卵期，也是取食为害高峰期。成虫白天潜伏，傍晚出土活动、交尾、产卵。间或白天为害。具明显的趋光性和假死性。卵散产或块产于土中。幼虫活泼，多集中于 5～13cm 深处土中为害。8 月中旬以后成虫逐渐减少，9 月上旬开始陆续深入深土层中越冬。

**693. 暗黑金龟甲**　*Holotrichia parallela* Motschulsky, 1854，又名暗黑鳃金龟，属鞘翅目金龟科。

[分布与为害]　分布于黑龙江、吉林、辽宁、陕西、山西、甘肃、青海、北京、河北、河南、山东、江苏、安徽、浙江、江西、福建、湖南、四川、贵州等地。成虫、幼虫食性杂，成虫取食榆、杨、柳、

槐、桑、柞、苹果、梨等植物的叶片，最喜食榆叶，其次为加杨。幼虫食性杂，能为害多种植物的幼苗、种子、幼根、嫩茎，常咬断幼苗根茎，切口整齐，造成幼苗枯萎（图2-798），为害块根等地下多肉组织时，常引起腐烂。近年来为害草坪也日趋严重。

**图2-798 暗黑金龟甲幼虫为害状**
a、b. 为害芍药地下部造成枯萎状；c. 为害鸢尾地下部造成枯萎状

［识别特征］ ①成虫：体长17～22mm，宽9.0～11.5mm。黑色或黑褐色，体被淡蓝灰色粉状闪光薄层，腹部闪光更明显。体椭圆形，前缘密生黄褐色毛。每鞘翅上有隆起带4条，刻点粗大，散生于带间。前胫节外侧有3钝齿，内侧生1棘刺。后胫节端部侧生2端距（图2-799a、b）。②卵：长椭圆形，乳白色。③幼虫：臀节腹面无刺毛列，钩状毛多，肛门口三射裂状（图2-799c）。④蛹：体蛋黄色或杏黄色，离蛹（图2-799d）。

［生活习性］ 1年发生1代，绝大部分以幼虫越冬，但也有以成虫越冬的，比例因地而异。6月上中旬初见，第1次高峰在6月下旬至7月上旬，第2次高峰在8月中旬。第1次高峰持续时间长，虫量大，是形成田间幼虫的主要来源，第2次高峰虫量较小。成虫出土的基本规律是一天多一天少。选择无风、温暖的傍晚出土，天亮前入土。成虫有假死习性。幼虫活动主要受土壤温湿度制约，在卵和幼虫的低龄阶段，若土壤中水分含量较大则会淹死卵和幼虫。幼虫活动也受温度制约，幼虫常上下移动寻求适合地温。

**694. 华北大黑鳃金龟** *Holotrichia oblita* (Faldermann, 1835)，属鞘翅目金龟科。

［分布与为害］ 分布于辽宁、陕西、山西、甘肃、宁夏、内蒙古、北京、河北、河南、山东、江苏、安徽、浙江、江西等地。为害桑、榆、杨、柳、李、山楂、苹果等多种植物苗木及草坪草。

［识别特征］ ①成虫：体长16～21mm，宽8～11mm。黑褐色或黑色，有光泽。前胸背板宽度不到长度的2倍，上有许多刻点，侧缘中部向外凸出。鞘翅各具明显纵肋4条，会合处缝肋显著。前足胫节外缘齿3个，中、后足胫节末端具端距2个。后足胫节中段有1完整具刺的横脊。爪为双爪式，中部有垂直分裂的爪齿1个（图2-800a、b）。②卵：乳白色，卵圆形，平均长2.5mm、宽1.5mm。③幼虫：体乳白色，3龄体长约31mm，头部前每侧顶毛3根，呈一纵行，其中位于冠缝两侧的2根彼此紧靠，另1根则接近额缝的中部，臀节腹面只有散乱钩状毛群，由肛门孔向前伸到臀节腹面前部1/3处（图2-800c、d）。④蛹：体黄色至红褐色，长约20mm（图2-800e）。

**图2-799 暗黑金龟甲**

a、b. 成虫；c. 幼虫；d. 蛹

**图2-800 华北大黑鳃金龟**

a、b. 成虫；c、d. 幼虫；e. 蛹

［生活习性］ 北京2年完成1代，以成虫及幼虫越冬。成虫发生有大小年之分，逢奇数年发生量大。越冬成虫4月末至5月中旬开始出土，盛期在5月中下旬至6月初，始期至盛期为10～11天。成虫末期可延到8月下旬。每日约17时成虫开始出土活动，20～21时活动最盛，到凌晨2时相继入土潜伏。成虫有趋光性，卵一般散产于表土中，平均产卵量为102粒，卵期15～22天。7月中下旬为孵化盛期。幼虫3龄，当10cm深处土温降至12℃以下时，即下迁至0.5～1.5m处做土室越冬。

**695. 毛黄脊鳃金龟** *Holotrichia trichophora* (Fairmaire, 1891)，又名毛黄鳃金龟、银婆、油大豆，属鞘翅目金龟科。

［分布与为害］ 分布于辽宁、陕西、山西、甘肃、河北、河南、山东、江苏、安徽、浙江、江西、福建、湖北等地。成虫取食杨、樟、栎、桑、苹果、泡桐、乌桕、水杉、桂花等植物叶片，严重时一夜之间能将树叶吃光，影响植物生长。幼虫啃食苗木根茎皮层为害。

［识别特征］ ①成虫：个体差异较大，体长13.3～17.2mm，宽6.2～9.5mm。体黄褐色，被黄褐色长毛。复眼黑色。触角红褐色。鞘翅黄褐色。头顶两复眼间有1横脊突起，唇基前缘上卷，中央处内弯。触角9节，鳃叶部较大，雌虫触角鳃片部较短小，雄虫较长大。前胸背板密生长毛，侧缘中部呈锐角状突起。小盾片无毛。腹部扁圆形，有光泽，密生细短毛。鞘翅质地薄，肩瘤明显，无隆起带，密生长毛。前胫节外侧具有3锐齿，内侧着生1棘刺。后腿节发达，胫节呈喇叭状，跗节5节，爪1对，爪中部垂直着生1齿（图2-801）。②卵：椭圆形，长径约28mm，乳白色。③幼虫：老熟幼虫体长约30mm，头宽约4.9mm。头部黄褐色，前顶毛每侧6根，呈纵列状，后顶毛3根。前爪大，后爪小。髋节腹面上锥状毛较多，尖端向内，中间有一个近椭圆形裸区，肛门孔三射裂状。④蛹：长约20mm。

**图2-801 毛黄脊鳃金龟成虫**
a. 背面观；b. 腹面观

［生活习性］ 东北、华北地区1年发生1代，以成虫和少数蛹、幼虫越冬。喜好在疏松的砂壤和轻壤地、保水性较差的丘陵坡地及部分土质疏松、通透性强、排水性好的平川水浇地生息繁殖。成虫昼伏夜出，活动力不强，趋光性弱。

**696. 大云斑鳃金龟** *Polyphylla laticollis* Lewis, 1887，又名云斑金龟、大理石须金龟、花石金龟，属鞘翅目金龟科。

［分布与为害］ 分布于吉林、辽宁、陕西、山西、内蒙古、宁夏、青海、北京、河北、山东、江苏、安徽、四川、贵州、云南等地。为害松、云杉、杨、柳、榆等植物。幼虫食害幼苗的根，使苗木枯萎死亡，造成缺苗；成虫啃食幼芽嫩叶，对树木生长影响很大。

［识别特征］ ①成虫：体长36～42mm，宽19～21mm。全体黑褐色，鞘翅布满不规则云斑。头部有粗刻点，密生淡黄褐色及白色鳞片。唇基横长方形，前缘及侧缘向上翘起。触角10节，雌虫柄节4节，鳃片部6节，鳃片短小，长度约为前胸背板的1/3；雄虫柄节3节，鳃片部7节，鳃片长而弯曲，约为前胸背板长的1.5倍。前胸背板宽大于长的2倍，表面有浅而密的不规则刻点，有3条散布淡黄褐色或白色鳞片群的纵带，形似"M"形纹。小盾片半椭圆形，布有白色鳞片。胸部腹面密生黄褐色长毛。鞘翅散布

图2-802　大云斑鳃金龟成虫

小刻点，白色鳞片群点缀如云，有如大理石花纹。前足胫节外侧雌虫有3齿，雄虫有2齿（图2-802）。②卵：椭圆形，长约4mm，乳白色。③幼虫：老熟幼虫体长50~60mm。头宽9.8~10.5mm，头长7.0~7.5mm，前顶毛每侧5~7根，后顶毛每侧1根较长，另2或3根微小。头部棕褐色，背板淡黄色或棕褐色。胸足发达，腹节上有黄褐色刚毛，气门棕褐色，臀节腹面刺毛2列，每列9~13根，排列不甚整齐。④蛹：体长约45mm，棕黄色。

　　[生活习性]　3~4年发生1代，以幼虫在土中越冬。当春季土温回升至10~20℃时幼虫开始活动，6月老熟幼虫在土深10cm左右处做土室化蛹，7~8月成虫羽化。成虫有趋光性，白天多静伏，黄昏时飞出活动，求偶、取食补充营养。产卵多在沿河沙荒地、林间空地等腐殖质丰富的砂土地段，每头雌虫产卵十多粒至数十粒。初孵幼虫以腐殖质及杂草须根为食，稍大后即能取食树根，对幼苗根的危害严重，使树势变弱，甚至死亡。

　　**697. 弟兄鳃金龟**　*Melolontha frater* Arrow, 1913，又名小灰粉鳃金龟，属鞘翅目金龟科。

　　[分布与为害]　分布于黑龙江、吉林、辽宁、山西、宁夏、内蒙古、北京、河北、河南等地。主要以幼虫为害等多种植物的根系。

　　[识别特征]　①成虫：体长22~26mm。体淡褐色，密被乳白色或灰白色针尖形毛。雄虫触角鳃片部7节，长，但短于前胸背板，雌虫6节，短小；雌雄两性第3节均很长，明显长于第2节。鞘翅具4条纵肋，其中最外1条短，后大部不显。中足基节之间的中胸腹板具短小锥形突，不伸达前胸。雄虫前足胫节外缘具2齿，雌虫具3齿；爪近基部具小齿（图2-803）。②卵：椭圆形，长约3.1mm，初产时乳白色，快孵化时变为淡褐色。③幼虫：共3龄，幼虫头部前顶刚毛2或3根，后顶刚毛不明显，额中侧毛4~6根，额前缘毛13~16根。前足爪略大于中足爪，后足爪最短小。腹部第1节气门板略大于以后各节的气门板。腹毛区的刺毛列由尖端微向中央弯曲的短锥状刺毛列组成。每列14~23根，多数为17~18根。刺毛列排列较整齐，两行间相距较近，近于平行。刺毛列的前端超出沟毛区，约达腹毛区2/3处。肛门孔横裂。④蛹：黄褐色，长27~31mm。头、胸、翅芽颜色较深，足、翅紧贴在体部。前翅有4条纵肋，覆盖在后翅上。

图2-803　弟兄鳃金龟成虫

[生活习性] 山西阳高4年发生1代，以幼虫越冬。翌年4月中旬幼虫开始上升，5月下旬至6月上旬全部到达耕作层中活动为害。幼虫历经46个月后，于第4年6月中下旬老熟，在距地表18.0～39.5cm的土层中做土室化蛹。蛹期约40天。6月下旬至7月上旬羽化为成虫。成虫傍晚活动，交尾产卵，但不取食。

**698. 福婆鳃金龟** *Brahmina faldermanni* Kraatz, 1892，属鞘翅目金龟科。

[分布与为害] 分布于辽宁、陕西、山西、北京、河北、河南、山东等地。成虫取食苹果、桃、李、杏、荆条等植物的叶。幼虫为害小麦、花生等植物的地下部分。

[识别特征] 成虫：体长9.0～12.2mm。体栗褐色或淡褐色，鞘翅略浅，体被密毛。唇基前缘横直。额头粗糙，近头顶具皱褶状横脊。触角10节，雄虫鳃片部等长于前6节之和。前胸背板侧缘钝角形，中部最凸出，侧缘锯齿状。后足跗节第3节短于第2节，爪端部深裂（图2-804）。

**图2-804 福婆鳃金龟成虫**
a. 背面观；b. 腹面观

[生活习性] 山东1年发生1代，以3龄幼虫在土中越冬；北京6～9月于灯下见成虫，趋光性较弱。

**699. 小黄鳃金龟** *Pseudosymmachia flavescens* (Brenske, 1892)，属鞘翅目金龟科。

[分布与为害] 分布于辽宁、陕西、山西、甘肃、北京、河北、山东、河南、江苏、浙江、湖南等地。成虫为害苹果、梨、山楂、核桃、海棠类等植物的叶，幼虫为害地下部分。

[识别特征] ①成虫：体长10.5～12.0mm。体黄褐色，头略深，体表被毛。唇基密布大型具毛刻点，前缘几乎平直。触角9节，鳃片部3节，（雄虫）长度略短于柄部。前胸背板中部稍后最宽，侧缘前、后段均较直。小盾片短阔三角形。鞘翅仅见纵肋Ⅰ。足爪在末端分2齿，下齿大。与福婆鳃金龟相似，但颜色浅，体表立毛短而细（图2-805）。②卵：椭圆形，初产时乳白色，孵化前浅褐色。③幼虫：共3龄，头部

**图2-805 小黄鳃金龟成虫**
a. 背面观；b. 腹面观

黄褐色，胴部乳白色，老熟时体长约14mm。④蛹：体长约14mm，宽5～6mm，浅黄褐色，复眼黑色，蛹体向腹面曲。

［生活习性］　天津1年发生1代，以3龄幼虫在地下越冬。翌年3月上旬开始向上移动，4月中旬至5月中旬为害，5月下旬至6月上旬为化蛹期，6月下旬为成虫盛期，7月初产卵，7月下旬至10月上旬为幼虫为害期，10月中旬3龄幼虫下移越冬。

**700. 褐黄前锹甲**　*Prosopocoilus blanchardi* (Parry, 1873)，又名两点赤锹甲、两点锯锹形虫，属鞘翅目锹甲科。

［分布与为害］　分布于北京、河北、河南、山东、江苏、安徽、浙江、湖北、贵州、云南等地。成虫取食板栗、麻栎、梨、榆等植物的伤口汁液，危害不重。近年来，已被人们当作宠物饲养。以其制成的标本也具有较高的收藏价值。

［识别特征］　成虫：体长20～43mm（不包括上颚）。体色多变，多黄褐色至褐红色；头、前胸背板、小盾片和鞘翅边缘多为黑色或暗褐色；上颚端部、前胸背板中央色深。前胸背板两侧近后角处常各有1灰黑色圆斑。雄虫较雌虫大，并有极度扩大的上颚，其上具显著的齿列（即使是同型的不同个体也有变化）（图2-806）。

**图2-806　褐黄前锹甲**
a. 雄成虫；b. 雌成虫

［生活习性］　北京1年发生1代，以幼虫越冬。北京每年6～9月为成虫的盛发期，成虫有趋光性，会聚集在有树液流出的树木伤口处吸食树汁。幼虫在朽木（如板栗、榆等树木的风倒木或树桩）中生活。

［金龟甲类的防治措施］

（1）防治成虫

1）金龟子一般都有假死性，可于早晚气温不太高时震落捕杀。

2）夜出性金龟子大多数都有趋光性，可设置频振灯诱杀。

3）利用性激素诱捕金龟，对苹毛丽金龟、小云斑鳃金龟等效果均较明显，该领域有待进一步研究、应用。

4）成虫发生盛期（应避开花期）可喷洒5%甲维盐水分散粒剂3000～5000倍液、24%氰氟虫腙悬浮剂600～800倍液、10%溴氰虫酰胺可分散油悬乳剂1500～2000倍液、10.5%三氟甲吡醚乳油3000～4000倍液、20%甲维·茚虫威悬浮剂2000倍液等。

（2）防治蛴螬

1）加强苗圃管理，圃地勿用未腐熟的有机肥，或将杀虫剂与堆肥混合施用；冬季翻耕，将越冬虫体翻至土表冻死。

2）土壤含水量过大或被水久淹，蛴螬数量会下降，可于11月前后冬灌，或于5月上中旬适时浇灌大水，均可减轻为害。

3）化学防治。可用50%辛硫磷颗粒剂30.0～37.5kg/hm$^2$处理土壤或用50%辛硫磷1000～1500倍液灌注苗木根际；也可每667m²用5%二嗪磷颗粒剂2.0～3.0kg均匀撒布于距苗木根部15～20cm的范围内，然后浇水，杀虫效果好，也可在上述距离的范围内开沟撒施，然后浇水覆土，效果更好。

药剂防治草坪蛴螬时，草坪修剪2～3天内，按照每667m²施用5%二嗪磷颗粒剂2.2kg的量均匀撒施草坪，然后浇水，若采用喷水方式，效果会更好。

## 三、叩甲、大蕈甲、拟步甲、象甲、土天牛类

叩甲属鞘翅目叩甲科，俗称叩头甲、金针虫、铁丝虫等。被捉住时会发出"叩叩"声，故而得名。叩甲体型修长，两侧缘平行，前后端钝圆；体褐色或黑色，斑纹少或无。常见的有沟线角叩甲、筛胸梳爪叩甲、褐纹梳爪叩甲、双瘤槽缝叩甲、暗带重脊叩甲等。因大蕈甲、拟步甲、象甲、土天牛与叩甲习性相似，故归在此类。

**701. 沟线角叩甲** *Pleonomus canaliculatus* (Faldermann, 1835)，又名沟线须叩甲、沟金针虫、沟叩头虫、沟叩头甲、土蚰蜒、芨芨虫、钢丝虫、铁丝虫、姜虫、金齿耙，属鞘翅目叩甲科。

[分布与为害] 分布于黑龙江、吉林、辽宁、陕西、山西、内蒙古、甘肃、青海、北京、河北、河南、山东、江苏、安徽、浙江、广西、湖北、贵州等地。能为害多种园林植物，以幼虫在土中取食播下的种子、萌出的幼芽、花苗的根部，致使植物枯萎致死，造成缺苗断垄，甚至全部毁种。

[识别特征] ①成虫：体长14～18mm。雌雄异型。雌虫体较宽，鞘翅上纵沟不明显，长约是前胸的4倍。雄虫体细瘦，暗棕色，密被黄白色细毛，触角12节，长达鞘翅末端，鞘翅具明显的纵沟，长约是前胸的5倍（图2-807a～c）。②卵：椭圆形，长径约0.7mm，短径约0.6mm，乳白色。③幼虫：老龄时体长20～30mm，金黄色，体背有1条细纵沟，尾节深褐色，末端有2个分叉（图2-807d、e）。④蛹：体长15～20mm，宽3.5～4.5mm。雄虫蛹略小，末端瘦削，有棘状突起。

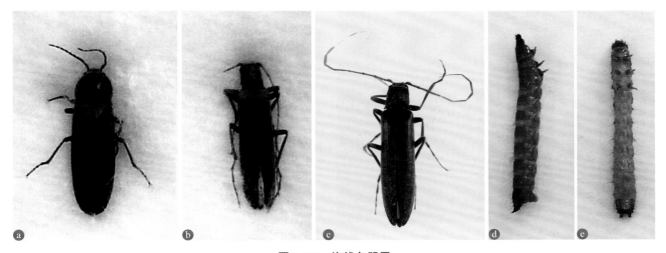

**图2-807 沟线角叩甲**
a. 雌成虫；b、c. 雄成虫；d. 幼虫（侧面观）；e. 幼虫（腹面观）

[生活习性] 3年发生1代，幼虫期长，老熟幼虫于8月下旬在16～20cm深的土层内做土室化蛹，蛹期12～20天，成虫羽化后在原蛹室越冬。翌年春天开始活动，4～5月为活动盛期。成虫在夜晚活动、交配，产卵于3～7cm深的土层中，卵期35天。成虫具假死性。幼虫于3月下旬10cm深处地温5.7～6.7℃时开始活动，4月是为害盛期。夏季温度高，幼虫垂直向土壤深层移动，秋季又重新上升为害。

**702. 筛胸梳爪叩甲** *Melanotus cribricollis* (Faldermann, 1835)，属鞘翅目叩甲科。

[分布与为害] 分布于陕西、山西、甘肃、内蒙古、北京、河北、山东、上海、浙江、江西、福建、湖北、广东、广西、四川等地。为害早园竹、毛竹、淡竹、红竹、白哺鸡竹等多种竹类，主要以幼虫取食竹笋。

[识别特征] 成虫：体长16～18mm。体黑色，被灰白色细短毛。触角短，不达前胸基部。前胸背板两侧稍弧形，背面刻点明显，两侧更粗密，后角长，具1条明显的纵脊。小盾片近于正方形。鞘翅具明显的刻点列，两侧平行，在端1/3处变狭，鞘翅长约为前胸长（包括后角）的2倍（图2-808）。

图2-808　筛胸梳爪叩甲成虫

［生活习性］　浙江4～5年发生1代，以成虫及各龄幼虫越冬。4月下旬至6月底为成虫羽化期，5月中旬为羽化盛期；2～3月越冬幼虫开始活动，4月中下旬为活动盛期，6～8月幼虫进入越夏期，活动减少，9月气温下降，又开始活动，11月进入越冬期；7月底至8月上旬，四年生幼虫老熟结土茧化蛹，蛹约经25天羽化为成虫越冬。成虫具趋光性。

**703. 褐纹梳爪叩甲**　*Melanotus caudex* Lewis, 1879，又名褐纹金针虫、褐纹叩头甲、褐纹叩头虫，属鞘翅目叩甲科。

［分布与为害］　分布于东北、华北、西北，以及河南、山东等地。为害苹果、梨、桃、柿、枣、核桃、板栗、松、柏、柳、榆、桐、槐、桑、楸等园林植物幼苗。成虫在地上取食嫩叶，幼虫为害幼芽、种子或咬断刚出土幼苗，有的钻蛀茎或种子，蛀成孔洞，致受害植株干枯死亡。

图2-809　褐纹梳爪叩甲成虫

［识别特征］　①成虫：体长约9mm，宽约2.7mm。体黑褐色，细长被灰色短毛。头部和前胸背板黑色。触角和足暗褐色。腹部暗红色。鞘翅黑褐色。头部向前凸、密生刻点。触角2、3节近球形，第4节较2、3节长。前胸背板刻点较头上的小后缘角后突。鞘翅长为前胸长的2.5倍，具纵列刻点9条（图2-809）。②卵：长约0.5mm，椭圆形至长卵形，白色至黄白色。③幼虫：末龄幼虫体长约25.0mm，宽约1.7mm，体圆筒形，长，棕褐色具光泽。第1胸节、第9腹节红褐色。头梯形、扁平，上生纵沟并具小刻点。第1胸节长，第2胸节至第8腹节各节的前缘两侧，均具深褐色新月斑纹。尾节扁平且尖，尾节前缘具半月形斑2个，前部具纵纹4条，后半部具皱纹且密生大刻点。幼虫共7龄。

［生活习性］　华北地区3年完成1代，第1年和第2年以幼虫越冬，第3年以成虫在土中越冬。成虫于5月上旬出土，成虫终见期为6月中旬。幼虫4月下旬至5月下旬是为害盛期，6～8月大部分老龄幼虫潜入20cm以下土层，9月上中旬幼虫又移到地面为害秋播花卉及其他植物。

**704. 双瘤槽缝叩甲**　*Agrypnus bipapulatus* (Candeze, 1865)，属鞘翅目叩甲科。

［分布与为害］　分布于吉林、辽宁、陕西、江西、内蒙古、河南、山东、江苏、湖北、福建、广西、四川、贵州、云南等地。为害花生、甘薯、麦类、棉花、玉米等。

［识别特征］　成虫：体长约16.5mm，宽约5mm。体黑色，密被褐色和灰色的鳞片状扁毛，形成一些模糊的云状斑，在鞘翅上尤为明显。触角红色，基部几节红褐色。足红褐色，额中央向前呈敞开的三角形低凹。触角第1节粗，棒状；第2、3节细，近等长，锥状，第4～10节三角形，锯齿状，前几节长、宽近相等，向端部明显过渡到长大于宽，末节近菱形，近端部缢缩，顶端呈圆形凸出。前胸背板不太凸，中部有2横瘤，后部倾斜，正对小盾片前方的后缘中央上凸。前胸侧缘长大于中宽，侧缘光滑，呈弧形微弱弯

曲，向前变狭，向后近后角处呈波状，前缘向后呈半圆形凹入。前角凸出，后角宽大，向两侧分叉，端部明显截形，表面外侧隆起，近外缘有1条短脊，几乎和外缘重合。小盾片自中部向基部狭缩，向端渐尖。腹面具有和背面相同的颜色和鳞片毛；刻点明显，前部强烈。鞘翅等宽于前胸基部，自基部向中部微弱扩宽，然后呈弧形弯曲变狭，端缘完全。足跗节腹面密集有灰白色的垫状绒毛（图2-810）。

［生活习性］ 北方地区5～8月可见成虫，成虫具趋光性。

**705. 暗带重脊叩甲** *Ludioschema vittiger* (Heyden, 1887)，属鞘翅目叩甲科。

［分布与为害］ 分布于北京、河北、山东、福建、台湾、广西、湖北、四川等地。为害毛竹、淡竹、红竹、早园竹、刚竹、乌哺鸡竹、罗汉竹等竹类植物。

［识别特征］ ①成虫：体长约12mm，宽约3mm。体栗褐色。触角、足、身体腹面为栗褐色，全身被灰细软毛。前胸背板中央和侧缘、鞘翅侧缘有暗褐色纵带。前胸

图2-810 双瘤槽缝叩甲成虫

背板长大于宽，两侧几平行，后部微变狭，背面凸，密布刻点，中纵沟达前、后缘。后角尖，分叉，有双脊。小盾片长盾状，两侧平行，端变狭。鞘翅长，两侧平行，端部1/3处开始变狭，刻点沟显，沟间微凸，被小刻点（图2-811）。②幼虫：老熟幼虫体长27～32mm，体细长，圆筒形，红褐色。头扁平、梯形，上具3条纵沟，大颚黑色。尾节圆锥形，末端具3个不明显的突起。

［生活习性］ 3～4年发生1代，世代重叠，以成虫和幼虫在土中越冬。越冬成虫于6月中旬出土活动，6月下旬开始交尾产卵，卵期约20天。幼虫孵化后取食竹鞭笋，有时也取食草根、竹根或腐殖质。11月后幼虫潜入较深的土层中越冬。翌年3月越冬幼虫开始活动，蛀食竹笋。4月上旬危害最重，受害竹笋地下部分密布虫孔，地上部分干瘪，严重时枯萎而死。7月下旬至8月上旬，越冬2年的老熟幼虫在土内化蛹，蛹期约25天。成虫羽化后当年不活动，继续留在蛹室内越冬。

图2-811 暗带重脊叩甲成虫

**706. 颈拟叩甲** *Tetraphala collaris* (Crotch, 1876)，又名三斑特拟叩甲，属鞘翅目大蕈甲科。

［分布与为害］ 分布于辽宁、湖南等地。为害多种杂灌乔木。

［识别特征］ 成虫：体长9.5～16.0mm，狭长，除前胸背板为橙黄色外，均为蓝紫色，具金属光泽。头半球状，两复眼中间具宽的纵脊；触角11节，棍棒状，端部4节膨大。前胸背板宽略超长，前缘前弓，后缘平直呈蓝色翘脊，侧缘微凸；前角钝圆，后角尖锐；盘区布疏刻点，中央具1圆形蓝紫斑，两侧各具1蓝紫色斑。小盾片三角形，顶角尖。鞘翅狭长，长为两鞘翅合宽的4倍长；鞘翅基部明显宽于前胸基部，肩角弧钝，肩后渐狭，后缘弧缩，端缘平截，缝角钝；翅面具整齐的刻点列，行间平坦（图2-812）。

［生活习性］ 不详。

图2-812 颈拟叩甲成虫

**707. 网目拟地甲** *Opatrum subaratum* Faldermann, 1835，又名类沙土甲、沙潜，属鞘翅目拟步甲科。

［分布与为害］ 分布于黑龙江、吉林、辽宁、陕西、山西、内蒙古、宁夏、甘肃、青海、河北、河南、山东、安徽、江西、台湾、湖北、湖南、四川、贵州等地。以成虫和幼虫为害园林植物的幼苗，取食嫩茎、嫩根，影响出苗，幼虫还能钻入根茎、块根与块茎内食害，造成幼苗枯萎，以致死亡。

图2-813 网目拟地甲成虫

［识别特征］ ①成虫：雌虫体长7.2～8.6mm，宽3.8～4.6mm；雄虫体长6.4～8.7mm，宽3.3～4.8mm。成虫羽化初期乳白色，逐渐加深，最后全体呈黑色略带褐色，一般鞘翅上都附有泥土，因此外观呈灰色。复眼黑色。腹部背板黄褐色。虫体椭圆形，头部较扁，背面似铲状。复眼在头部下方。触角棍棒状11节，第1、3节较长，其余各节呈球形。前胸发达，前缘呈半月形，其上密生刻点如细沙状。腹部腹面可见5节，末端第2节甚小。鞘翅近长方形，其前缘向下弯曲将腹部包住，故有翅不能飞翔。鞘翅上有7条隆起的纵线，每条纵线两侧有突起5～8个，形成网格状。前、中、后足各有距2个。足上生有黄色细毛（图2-813）。②卵：椭圆形，乳白色，表面光滑，长1.2～1.5mm，宽0.7～0.9mm。③幼虫：初孵幼虫体长2.8～3.6mm，乳白色；老熟幼虫体长15.0～18.3mm，体细长，与金针虫相似，深灰黄色，背板色深。足3对，前足发达，为中、后足长度的1.3倍。腹部末节小，纺锤形，背板前部稍凸出成1横沟，前部有褐色钩形纹1对，末端中央有隆起的褐色部分，边缘共有刚毛12根，末端中央有4根，两侧各排列4根。④蛹：长6.8～8.7mm，宽3.1～4.0mm。裸蛹，乳白色并略带灰白色，羽化前深黄褐色。腹部末端有2钩棘。

［生活习性］ 东北、华北地区1年发生1代，以成虫在土中、土缝、洞穴和枯枝落叶下越冬。翌春3月下旬杂草发芽时，成虫大量出土，取食蒲公英、野蓟等杂草的嫩芽，并随即在园圃为害幼苗。成虫在3～4月活动期间交配，交配后1～2天产卵，卵产于1～4cm深的表土中。幼虫孵化后即在表土层取食幼苗嫩茎嫩根，幼虫6～7龄，历期25～40天，具假死习性。6～7月幼虫老熟后，在5～8cm深处做土室化蛹，蛹期7～11天。成虫羽化后多在作物和杂草根部越夏，秋季向外转移，为害秋苗。性喜干燥，一般发生在旱地或黏性土壤中。成虫只能爬行，假死性特强。成虫寿命较长，最长的能跨越4个年度，连续3年都能产卵，且孤雌后代成虫仍能进行孤雌生殖。

**708. 波纹斜纹象** *Lepyrus japonicus* Roelofs, 1873，属鞘翅目象甲科。

［分布与为害］ 分布于东北、华北、华东，以及湖北、陕西、甘肃等地。主要以幼虫为害杨、柳等植物插穗的根部皮层，成虫啃食扦插苗嫩芽。

［识别特征］ ①成虫：体长约13mm。黑色，全体密被灰黄色鳞毛。头部密生小刻点，中央有1点状凹窝。喙中央黑色鳞毛呈细纵线。触角着生在喙前端1/5处。前胸背板宽略胜于长，外缘弧形，前缘窄于后缘，中央有细隆脊1条，两侧缘各有灰白色鳞毛1条，背面散布瘤状颗粒。小盾片大，舌形，周围略凹陷。鞘翅背面隆起两侧平行，中间以后渐收窄，每翅具刻点列10条，中部各有"∧"或"N"形白色波状纹1个（图2-814）。②卵：长圆形，长约1.5mm，乳白色。③幼虫：老熟时体长10～12mm，白色，头部棕褐色。④蛹：体椭圆形，白色，头管垂于前胸之下，触角斜向伸置于前足腿节末端。

［生活习性］ 1年发生1代，以成虫及幼龄幼虫在土中根部附近越冬。苗木受害最重。4月上旬越冬成虫出土活动，5月上旬为盛期，越冬幼虫继续为害。4月下旬成虫产卵于表土层中，卵期8～10天，新孵幼虫潜入土中咬食苗木根部，6月上旬是为害盛期。越冬幼虫先于当年新孵幼虫化蛹。7月下旬羽化，成虫爬行迅速，交尾、产卵后于10月越冬。

**709. 大牙土天牛** *Dorysthenes paradoxus* (Faldermann, 1833)，又名大牙锯天牛、大牙土锯天牛、水牛、水虻牛、山春牛、爬甲，属鞘翅目天牛科。

［分布与为害］ 分布于黑龙江、吉林、辽宁、陕西、山西、内蒙古、宁夏、甘肃、青海、河北、河

图 2-814　波纹斜纹象成虫

南、山东、安徽、江苏、浙江、江西、广东、海南、湖北、四川、贵州等地。以幼虫为害早熟禾等草坪草的地下根茎，造成草坪成片枯萎，也为害云南松、栗、榆、柏、杨、柳、李、泡桐等植物。

[识别特征] ①成虫：雌虫体长24～38mm，宽10～13mm；雄虫体长28～46mm，宽10～15mm。个体大小差异显著，体棕栗色或黑褐色，稍带金属光泽，触角、足、后胸腹板、下颚须、下唇须红棕色。雌虫头部近正方形，雄虫头部近长方形，长明显大于宽，均向前凸出。头部正中有细纵沟，尤以额部较为明显。上颚发达、呈刃状，彼此交叉，向下后方弯曲，雄虫较长、雌虫较短、约为雄虫的一半。下唇须和下颚须的末节端部膨大，呈喇叭状。触角基瘤较宽，两眼及头顶具紧密刻点。触角长达鞘翅中央，雌虫仅达鞘翅基部，第3节最长，自第5～11节外端角凸出呈锯齿状。前胸短阔，雄虫近长方形，前缘中央微凹，每侧缘具两齿，前齿较小，与中齿相近，中齿较大，后角稍为凸出。小盾片舌形，末端钝圆，基部刻点明显，边缘刻点稀疏、中央无刻点、光滑、微凹。雌虫中后腹腹板光滑、腹部末节末端无凹陷，不具毛；雄虫中后腹腹板、侧板具黄褐色绒毛，后胸前侧片两侧缘几乎平行。雌虫可见第1腹节前缘中央呈圆形、前胸腹间突稍高出前足基节，向下后方弯曲呈匙形，密生黄褐色绒毛。鞘翅基部宽，端部较狭，内角明显、外角圆形。翅面密布刻点和皱纹，有纵隆线2或3条（图2-815）。②卵：长4.6～5.0mm，宽1.3～1.5mm；初产乳白色，近孵化时灰白色，形似大米粒，卵壳表面光滑。③幼虫：老熟幼虫体长35～50mm，前胸宽10～12mm；圆筒形、略扁；乳黄色。④蛹：长30～32mm，宽14～16mm，初期乳黄色，体光滑，具稀疏的黄褐色细毛。

图 2-815　大牙土天牛成虫

[生活习性] 3年发生1代，初龄幼虫在早熟禾等草坪草根际或钻蛀根内越冬，大龄幼虫在距地表45～65cm的土中做1个几乎与地面垂直的隧道越冬。越冬的大龄幼虫头朝上直立于内壁光滑的隧道中，翌年4月上旬开始上移，4月下旬至5月上旬移到距地表3～5cm的土中为害草坪草的根部，取食时钻成与地表几乎平行的不规则的隧道，严重时隧道纵横交错，致使草坪表层与土壤分离，残留的根无法吸收养分，草坪草逐渐枯萎，直至死亡。成虫在6～8月出现，往往雷雨过后从土中大量钻出，而后交尾，1头雄虫与多头雌虫交尾，雄虫交尾后死亡，雌虫产卵于土中后死亡。

[叩甲、大蕈甲、拟步甲、象甲、土天牛类的防治措施]

（1）农业防治　结合翻耕，检出成虫或幼虫。

（2）食物诱杀　利用金针虫喜食甘薯、土豆、萝卜等的习性，在发生较多的地方，每隔一段挖一小坑，将上述食物切成细丝放入坑中，上面覆盖草屑，可以大量诱集，然后每日或隔日检查、捕杀。

（3）毒饵诱杀　用豆饼碎渣、麦麸等16份，拌90%敌百虫晶体1份，制成毒饵，用量为15～25kg/hm²。

（4）化学防治　用50%辛硫磷乳油1000倍液喷浇苗间及根际附近的土壤，或每667m²用5%二嗪磷颗粒剂2.0～3.0kg均匀撒布于距苗木根部15～20cm的范围内，然后浇水，杀虫效果好，也可在上述距离的范围内开沟撒施，然后浇水覆土，效果更好。

## 四、蟋蟀类

蟋蟀，又名蛐蛐、夜鸣虫、促织、土蜇子，属直翅目蟋蟀科。有些种类常破坏园林植物的根、茎、叶、果实和种子，对幼苗的损害较重。以油葫芦最为常见。

近年来，随着人们生活水平的不断提高、文化娱乐活动的多元化，蟋蟀作为历史上著名的斗虫、鸣虫，已与钓鱼、养鸟、种花一样被越来越多的人所接受。在山东宁津、宁阳等地已举办数届蟋蟀文化博览会，形成了一种独特的蟋蟀文化产业。

**710. 油葫芦** *Teleogrylllus emma* (Ohmachi & Matsuura, 1951)，又名黄脸油葫芦，属直翅目蟋蟀科。

［分布与为害］分布于全国各地。成虫、若虫几乎为害所有的园林植物，是重要的苗圃害虫。

［识别特征］①成虫：体长18～24mm。体黑褐色，有光泽。头顶黑色。两颊黄色。背板有月牙纹2个。腹面黄褐色。前翅淡褐色、有光泽。后足褐色。中胸腹板后缘内凹。后翅尖端纵折露出腹端很长。后足强大。产卵管甚长（图2-816）。②卵：长筒形，光滑，两端微尖，乳白微黄色。

［生活习性］1年发生1代，以卵在土中越冬。翌年4～5月孵化为若虫，经6次蜕皮，于5月下旬至8月陆续羽化为成虫。9～10月进入交配产卵期，交尾后2～6天产卵，卵散产在杂草丛、田埂等处，深2cm，雌虫共产卵34～114粒。成虫和若虫昼间隐蔽，夜间活动、觅食、交尾。成虫有趋光性。成虫喜欢隐藏在薄草、阴凉处及疏松潮湿的浅土、土穴中，雌雄同居，部分昼夜发出鸣声，善跳、爱斗。

图2-816　油葫芦成虫

［蟋蟀类的防治措施］

（1）物理防治　灯光诱杀成虫。

（2）毒饵诱杀　用敌敌畏、辛硫磷等拌炒过的米糠、麦麸或炒后捣碎的花生壳、切碎的蔬菜叶，施于其洞口附近，或直接放在苗圃的株行间，诱杀成虫或若虫。用毒饵诱杀，最好在播种前或者苗木出土前进行，效果较好。

（3）化学防治　白天寻找虫穴，拨开洞口封土，用80%敌敌畏乳油1000倍液、5%甲维盐水分散粒剂3000～5000倍液灌入洞内，使其爬出或死于洞中，或每667m²用5%二嗪磷颗粒剂2.0～3.0kg均匀撒布于距苗木根部15～20cm的范围内，然后浇水，杀虫效果好，也可在上述距离的范围内开沟撒施，然后浇水覆土，效果更好。

## 五、地老虎类

地老虎类属鳞翅目夜蛾科，是一类重要的地下害虫，分布广、危害重。常见的种类有小地老虎、黄地老虎、八字地老虎等。其中以小地老虎的危害最重。

**711. 小地老虎** *Agrotis ipsilon* (Hufnagel, 1766)，又名土蚕、黑地蚕、切根虫，属鳞翅目夜蛾科。

［分布与为害］ 国内分布普遍，危害严重地区为长江流域、东南沿海各省，在北方分布在地势低洼、地下水位较高的地区。食性杂，幼虫为害各类园林植物的幼苗，从地面截断植株或咬食未出土幼苗，亦能咬食植物生长点，严重影响植株的正常生长。

［识别特征］ ①成虫：体长18～24mm。前翅暗褐色，肾形纹外有1尖长楔形斑，亚缘线上也有2个尖端向里的楔形斑。后翅灰白色，翅脉及边缘黑褐色，缘毛灰白色（图2-817a、b）。②卵：0.50～0.55mm，半圆球形。③幼虫：老熟时体长37～50mm，灰褐色，各节背板上有2对毛片；臀板黄褐色，有深色纵线2条（图2-817c、d）。④蛹：长约20mm，赤褐色，有光泽，末端有棘2个。

**图2-817 小地老虎**
a、b. 成虫；c、d. 幼虫

［生活习性］ 全国各地1年发生2～7代。关于越冬虫态问题，至今尚未完全了解，一般认为以蛹或老熟幼虫越冬。发生期依地区及年度不同而异，1年中常以第1代幼虫在春季发生数量最多，危害最重。成虫对频振灯有强烈趋性，对糖、醋、蜜、酒等香甜物质特别嗜好，故可设置糖醋液诱杀。成虫补充营养后3～4天交配产卵，卵散产于杂草或土块上。白天潜伏于杂草或幼苗根部附近的表土干湿层之间，夜出咬断苗茎，尤以黎明前露水未干时更烈，把咬断的幼苗嫩茎拖入土穴内供食。当苗木木质化后，则改食嫩芽和叶片，也可把枝干端部咬断。如遇食料不足则迁移扩散为害，老熟后在土表5～6cm深处做土室化蛹。影响其发生的主要因素是土壤湿度，以15%～20%的土壤含水量最为适宜，故在长江流域因雨量充沛、常年土壤湿度大而发生严重。沙土、重黏土地发生少，砂壤土、壤土、黏壤土发生多。圃地周围杂草多亦有利其发生。

**712. 黄地老虎** *Agrotis segetum* (Denis & Schiffermüller, 1775)，又名土蚕、地蚕、切根虫、截虫，属鳞翅目夜蛾科。

［分布与为害］ 几乎分布于全国各地。为害多种园林植物的幼苗、苗木。幼虫多从地面上咬断幼苗，主茎硬化后可爬到上部为害生长点。

［识别特征］ ①成虫：体长14～19mm，翅展32～43mm。黄褐色。前翅无楔形黑斑，肾形纹、环形纹及棒形纹均明显，各横线不明显（图2-818a、b）。②卵：半球形，卵壳表面有纵脊纹16～20条。③幼虫：黄褐色，老熟幼虫33～43mm，腹节背面毛片前后各2个，大小相似（图2-818c、d）。④蛹：体长15～20mm，腹部5～7节刻点小而多。

**图2-818 黄地老虎**

a、b. 成虫；c、d. 幼虫

[生活习性] 东北及内蒙古1年发生2代，西北2～3代，华北3～4代，一般以4～6龄幼虫在2～15cm深的土层中越冬，以7～10cm最多。翌春3月上旬越冬幼虫开始活动，4月上中旬在土中做室化蛹，蛹期20～30天。华北5～6月危害最重，黑龙江6月下旬至7月上旬危害最重。成虫昼伏夜出，具较强趋光性和趋化性。1年中春秋两季为害，春季重于秋季。其习性与小地老虎相似，幼虫以3龄以后危害最重。

**713. 八字地老虎** *Xestia c-nigrum* (Linnaeus, 1758)，属鳞翅目夜蛾科。

[分布与为害] 全国分布广泛。以幼虫取食雏菊、百日菊、菊花等多种花卉植物的幼苗，大龄幼虫夜间取食，咬断地表的嫩茎。

[识别特征] ①成虫：翅展29～36mm。头、胸褐色，颈板杂有灰白色。前翅中室除基部外黑色，中室下方颜色较深，环形纹浅褐色，宽"V"形，肾形纹窄，黑边，内有深褐色圈；基线和内线双线黑色，外线不明显，呈双线锯齿形。亚端线淡，在顶角处呈1条黑色斜条（图2-819）。②幼虫：老熟幼虫体长33～37mm，头黄褐色，有1对"八"字形黑褐色斑纹；颅侧区具暗褐色不规则网纹；后唇基等边三角形，颅中沟的长度约等于后唇基的高；体黄色至褐色，背面、侧面满布褐色不规则花纹，体表较光滑，无颗粒；背线灰色，亚背线由不连续的黑褐色斑组成，从背面看呈倒"八"字形，愈后端愈

**图2-819 八字地老虎成虫**

显；从侧面看，亚背线上的斑纹和气门上线的黑斑纹则组成正"八"字形；臀板中央部分及两角边缘颜色常较深。③蛹：体长约19mm，黄褐色。

［生活习性］ 北方地区1年发生2代，以老熟幼虫在土中越冬。西藏林芝地区，老熟幼虫翌年2月上旬开始活动，3月下旬幼虫开始化蛹，4月上中旬进入化蛹高峰期。越冬代在5月上中旬盛发。第1代盛卵期在5月中旬。6月下旬进入田间幼虫为害盛期，至7月下旬或8月上旬止。7月上旬幼虫开始化蛹，8月中下旬为化蛹盛期。第1代成虫在8月中旬始见，9月中下旬有两个高峰，10月下旬终见。第2代卵在8月下旬始见，幼虫在9月中旬到10月下旬为害，11月中旬以后陆续越冬。

［地老虎类的防治措施］

（1）农业防治　　及时清除苗床及圃地杂草，减少虫源。清晨巡视苗圃，发现断苗时，刨土捕杀幼虫。

（2）诱杀成虫　　在春季成虫羽化盛期，用糖醋液诱杀成虫。糖醋液配制比为糖6份、醋3份、白酒1份、水10份，加适量吡虫啉等药物，盛于盆中，于近黄昏时放于苗圃地中。用频振灯诱杀成虫。

（3）化学防治　　幼虫为害期，喷洒75%辛硫磷乳油1500倍液，也可将此药液喷浇苗间及根际附近的土壤，或每667m² 用5%二嗪磷颗粒剂2.0～3.0kg均匀撒布于距苗木根部15～20cm的范围内，然后浇水，杀虫效果好，也可在上述距离的范围内开沟撒施，然后浇水覆土，效果更好。

## 六、种蝇类

灰地种蝇，又名根蛆、地蛆，是指为害园林植物地下部分的花蝇科昆虫。常见的有灰地种蝇等。

**714. 灰地种蝇**　*Delia platura* (Meigen, 1826)，又名种蝇、菜蛆、根蛆、地蛆，属双翅目花蝇科。

［分布与为害］ 分布于全国各地。以幼虫为害月季、蔷薇、玫瑰、杜鹃及多种草本花卉的种子、幼根及嫩茎，轻者缺苗断垄，重者毁种重播。此外，盆花也常受到该虫为害，造成植株枯萎，影响观赏价值，也有碍卫生。

［识别特征］ ①成虫：体长4～6mm。体暗褐色。头部银灰色。胸部背板有3条明显的黑色纵纹。腹部背面有1条纵纹，各腹节间均有1黑色横纹。翅透明。全身有黑色刚毛。②幼虫：成熟幼虫体长7～10mm，蛆状，腹末有7对肉质突起（图2-820）。

图2-820　灰地种蝇幼虫

［生活习性］ 1年发生2～4代，以蛹在土中越冬。次春越冬幼虫开始活动取食，翌年4月羽化，成虫白天活动，有趋粪肥习性。卵多产在土壤中。初孵幼虫为害种子或幼根、嫩茎，以4～5月危害最严重，老熟后在土壤中化蛹。

［种蝇类的防治措施］

（1）农业防治　　深施充分腐熟的有机肥，及时清除受害植株，集中处理。

（2）物理防治　　成虫发生期，用糖醋液诱杀。

（3）化学防治　　①成虫羽化盛期防治：喷施80%敌敌畏乳油1000倍液、5%锐劲特胶悬剂2500倍液、10%虫螨腈悬浮剂1500倍液。②幼虫期防治：可用90%敌百虫晶体1000倍液、50%辛硫磷乳油1500倍液灌根；或撒施5%二嗪磷颗粒剂，具体为每667m² 用2.0～3.0kg均匀撒布于距苗木根部15～20cm的范围内，然后浇水，杀虫效果好，也可在上述距离的范围内开沟撒施，然后浇水覆土，效果更好。

## 七、白蚁类

白蚁是多形态、社会性昆虫，所有个体都生活在群体之中，大群体可包含100万头以上的个体。群体成员多态性，分若干类型，通常由工蚁、兵蚁和繁殖蚁组成。我国除黑龙江、吉林、内蒙古、宁夏、青海、新疆尚未发现外，其余各地都有其分布和为害，长江以南地区种类多、密度大、危害重。常见的土栖种类有黑翅土白蚁、黑胸散白蚁等。

**715. 黑翅土白蚁** *Odontotermes formosanus* (Shiraki, 1909)，又名黑翅大白蚁、台湾黑翅螱，属等翅目白蚁科。

[分布与为害] 分布于陕西、河南南部、长江流域及以南各地。为害杉木、松、栎、板栗、刺槐、柑橘、樟、桉、榕、茶、油茶、泡桐、厚朴等植物，是林地、苗圃最常见土栖白蚁。常筑巢于土中，取食苗木的根、茎，并在树木上修筑泥被，啃食树皮（图2-821a），也能从伤口侵入木质部为害。苗木被害后生长不良或整株枯死。在河道两旁，还为害堤坝安全。

[识别特征] ①有翅繁殖蚁：体长13～16mm，翅展44～50mm。全身被细毛。复眼黑褐色。腹背具黑褐色横带。翅棕褐色。足淡黄褐色。头圆形。前胸背板半月形，中央具淡褐色的"十"字纹。腹部较膨大。翅略透明，翅脉明显（图2-821b）。蚁后腹部随产卵量增加而膨大，体长可达60mm。②兵蚁：体长4.8～6.0mm。黄褐色至橙黄色。上颚紫褐色。腹部淡黄色至灰白色，有花斑。头椭圆形。上颚发达。触角16节（图2-821c）。③工蚁：体长4～6mm。黄色。胸腹部淡黄色至乳白色，略透明，具斑纹。足乳白色，半透明。头部略圆。触角17节。④卵：椭圆形，长约0.7mm，乳白色。

**图2-821 黑翅土白蚁**

a. 为害小叶榕树皮状；b. 有翅型成虫（仿陈志云等）；c. 兵蚁头部特征（示左上颚中一明显齿）（仿李桂祥）

［生活习性］ 为土栖群居性害虫，群体数量可达数十万头。为社会性多形态昆虫，蚁巢内有蚁王、蚁后、工蚁、兵蚁和生殖蚁等。主要以工蚁啃食树木表皮及浅木质层为害，一般不蛀入木质部，受害树木的表面往往有大片蚁路，不但影响植物生长，还影响景观效果。每年3月下旬至4月上旬工蚁便开始出巢取食，可以一直持续为害到11月下旬，5~6月、9~10月是为害高峰期。6~7月，遇到闷热天气有翅繁殖蚁分飞，雌雄虫配对后便在潮湿的土层中筑巢定居。巢一般位于地下0.3~2.0m的范围内。一个成熟蚁巢的主巢直径可达1m左右，巢内通常有1头蚁王和数头蚁后。

**716. 黑胸散白蚁** *Reticulitermes chinensis* Snyder, 1923，属等翅目鼻白蚁科。

［分布与为害］ 分布于陕西、山西、甘肃、北京、河北、河南、山东、江苏、上海、安徽、浙江、江西、福建、广西、湖南、湖北、云南等地。常栖居在老树桩、埋藏地下的木质部分和木结构的潮湿、腐朽部分。为害部位主要是近地面的地板、门框、枕木、柱基、楼梯脚等，为害植物较轻。

［识别特征］ ①有翅繁殖蚁：头长（至唇端）1.20~1.32mm，头宽（连眼）1.0~1.1mm；前胸背板长0.48~0.57mm，前胸背板宽0.84~0.98mm。头、胸皆黑色。腹部颜色稍淡。触角、腿节及翅黑褐色。股节以下暗黄色。全身有颇密的毛。头长圆形，后缘圆，两侧缘略呈平行状。后唇基较头顶颜色稍淡，微隆起，呈横条状，长度仅相当于宽度的1/4。复眼小而平，不很圆。单眼接近圆形，单、复眼距小于或等于其本身之直径，呈颗粒状突起。触角18节；第3~5节最短，盘状，第4、5节常分裂不完全；或触角17节，第3节最短。前胸背板前宽后狭，前缘接近平直，前线中央无缺刻或具不明显的缺刻，后缘中央有缺刻。前翅鳞显著大于后翅鳞。翅合拢时，前翅的肩缝达于后翅鳞的前端。前翅翅脉：Rs脉伸达翅尖，M脉自肩缝处独立伸出，Cu脉有10个或10余个分支。后翅翅脉：M脉与Rs脉自肩缝处汇合伸出，其余翅脉形式同前脉（图2-822a、b）。②兵蚁：头长（至颚基）1.68~1.86mm，头宽约1.07mm；前胸背板长约0.44mm、宽0.76~0.82mm。头、触角黄色或褐黄色。上颚暗红褐色。腹部淡黄白色。头部毛稀疏，胸及腹部毛较密。头长扁圆筒形，后缘中部直，侧缘近平行。额峰突起，

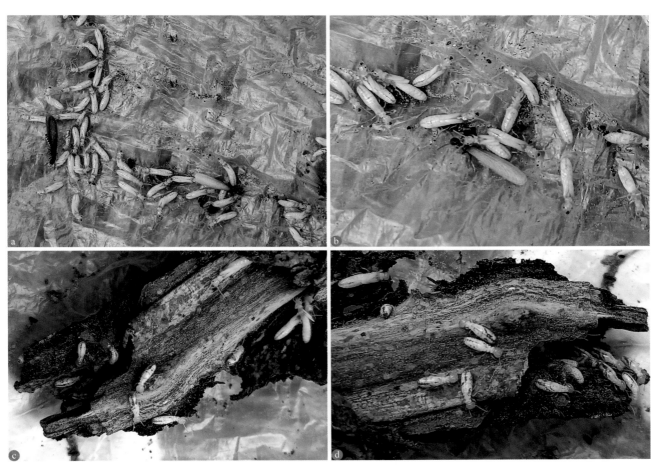

**图2-822 黑胸散白蚁**

a、b. 有翅蚁；c. 兵蚁；d. 工蚁

峰间凹陷，峰顶与后唇基相连的坡面略小于45°，位于头前端的1/3处，状如小点（图2-822c）。③工蚁：周身白色，生有均匀分布的短毛。头圆，在触角窝处略扩展。后唇基为横条状，微隆起，长度不超过宽度的1/4。头顶颇平。触角16节。前胸背板的前缘略翘起，前、后缘中央略具凹刻（图2-822d）。

［生活习性］ 该虫属土木两栖类型，群体小而分散，不筑大巢，散居于有树根和腐木的地下，在土壤和木材中穿筑孔道，蚁后和蚁王就居住在较宽敞的孔道内，群体小而分散，每群白蚁从两三千头至万余头。4月中旬至5月上旬羽化，羽化后当天即分飞完毕。当群体与蚁王、蚁后隔离时，极易形成补充型繁殖蚁。对建筑物的危害可直达屋顶。

［白蚁类的防治措施］

（1）挖巢灭蚁 根据蚁路、地形、分群孔等特征寻找蚁巢的位置，挖巢灭蚁。

（2）加强养护管理、提高植株自身抗性 及时疏除枯枝和过密的枝条，保证通风、透光。对植株的伤口或锯口要及时涂抹保护剂，防止白蚁从伤口入侵为害。

（3）灯光诱杀 白蚁成虫都有较强的趋光性，在成虫分飞期，尤其是下雨时采用频振灯或高压汞灯诱杀，在灯下放置大水盆，可消灭大量白蚁成虫。

（4）化学防治 在白蚁为害高峰前（5月下旬至6月上旬和9月），使用20%氰戊菊酯乳油20～40倍液喷淋植株主干及周围土壤，然后覆土，对白蚁有显著的趋避效果。白蚁发生盛期，在受害植株周围挖浅坑，于坑内埋置松木、枯死枝等诱饵引诱白蚁，待引诱到大量白蚁时向坑内喷施3%伊维菌素粉剂，使白蚁携药粉回巢，达到杀死巢内白蚁的目的。

## 八、蚯蚓类

蚯蚓属环节动物，身体圆筒形，细长，体长可达几十厘米，由许多环节组成。喜欢生活在潮湿、低温、有机质多的土壤中，有疏松与肥沃土壤的作用。但在数量上达到一定程度时，会损伤草坪草根系，引起草坪退化，破坏景观效果。常见的种类有参环毛蚓。

**717. 参环毛蚓** *Pheretima aspergillum* (E. Perrier, 1872)，属环节动物门寡毛纲后孔寡毛目钜蚓科。

［分布与为害］ 分布于华北南部、华东及华南地区，尤以福建、广东、广西发生严重。生活于草坪土壤中，取食土壤中的有机质、草坪草枯叶、枯根等，夜间爬出，将粪便排泄在地面上，形成许多凹凸不平的小土堆，影响草坪美观（图2-823a）。

［识别特征］ 成体：一般体长40～47mm，宽10～14mm。体节数为120～169节，平均145节。身体圆筒形，腹面稍扁平，前端逐渐尖细，后端较浑圆。刚毛数目甚多，除前端第1节和后端3节外，每节中间都有1环数目甚多的刚毛，口在前端，有甚发达的口前叶，可不断伸缩，借以钻穿泥土。背孔位于节与节间的背方中央，从第1～12节起皆有。背孔通体腔，能排出体腔液，借以润滑皮肤，减小摩擦损伤，又有利于体表呼吸的进行。受精囊孔2对，位于腹面第7～8节和第8～9节间沟内。雌性生殖孔1个，在第14节的腹面。第14～16节可分泌戒指状的蛋白质管，环绕着这3个体节。因此，这3节具环带，又名生殖带。雄性生殖孔1对，在第18体节的腹侧面，每个雄性生殖孔周围约有10个副性腺的开口（图2-823b）。

**图 2-823 参环毛蚓**

a. 为害马蹄金草坪状；b. 成体

[生活习性]　雌雄同体，异体受精。再生能力强，横切成2段可再生出头部或尾部。白天蛰居于泥土内，夜晚爬出地面，以地面落叶和其他腐殖质为食，夜间经常将前端钻入土内，后端伸出地面，将粪便（其实主要是泥土）排在地面上，成疏散的"蚓粪"，使草坪表面出现许多凹凸不平的小土堆，很不美观，黎明即钻入土内。在春夏多雨的时候，白天也经常爬出地面。蚯蚓虽然有松土的作用，并能使土壤疏松和肥沃，但是草坪中蚯蚓达到一定数量后，就会造成危害并破坏草坪景观、损伤草根，甚至引起草坪退化。

[蚯蚓类的防治措施]

（1）农业防治　蚯蚓怕水淹，可在大雨或大水漫灌后，待其爬出地面时及时清除（或放鸭取食）。

（2）化学防治　每667m$^2$将5%二嗪磷颗粒剂2kg拌入细土10kg左右，均匀撒施草坪。用药后遇雨或喷灌浇水，效果更好。

## 第一节 菌物病害

### 一、白粉病类

白粉病由属于真菌界的白粉菌引起,是园林植物上发生极为普遍的一类病害,能够降低园林植物的观赏价值。一般多发生在寄主植物生长的中后期,可侵害叶片、嫩枝、花器、花梗与新梢。在叶片上初为褪绿斑,后菌丝生长出现白色霉层,并产生分生孢子而呈现白粉状,在生长季节进行再侵染。严重时可抑制寄主植物生长,叶片不平整,以致卷曲、萎蔫、苍白,枝叶干枯,甚至可造成全株死亡。

#### 1. 凤仙花白粉病

[分布与为害] 分布于全国各地。病重时叶片表面布满白粉,植株干枯。

[症状] 主要出现在叶片和嫩梢上,始发时病斑较小、白色、较淡,大都发生在叶片的正面,背面很少见;之后白色粉层逐渐增厚,病斑扩大,覆盖局部甚至整个叶片或植株,影响光合作用。初秋,白色粉层中部变为淡黄褐色,并形成黄色小圆点,后逐渐加深而呈黑褐色。叶面出现零星的不规则形白色霉斑,霉斑增多并扩展成片,终致整个叶面布满白色至灰白色的粉状薄霉层(图3-1a~c),发病末期叶面上形成大量的小黑点(图3-1d、e),即病菌的有性世代——闭囊壳。粉状霉斑相对应的叶背面初呈黄色,后逐渐变为黄褐色至褐色的枯斑。发病早且严重的叶片,扭曲畸形枯黄。

**图3-1 凤仙花白粉病**

a~c. 叶面布满霉层;d、e. 发病末期叶面形成小黑点(闭囊壳)

　　［病原］ 有性阶段属子囊菌门，凤仙花单囊壳菌 *Sphaerotheca balsaminae* (Wallr.) Kari，无性阶段属无性态真菌，粉孢菌 *Oidium balsamii* Mont.。

　　［发病规律］ 病菌以闭囊壳在病残枝叶中越冬。病菌分生孢子借风雨传播。高温高湿、通风透光不良、偏施氮肥时发病重。

　　**2. 荷兰菊白粉病**

　　［分布与为害］ 分布于全国各地。病重时植株表面布满白粉，削弱长势，减少花量，降低观赏价值。

　　［症状］ 为害叶片、嫩梢和嫩茎。叶片发病初期，正面出现薄的白色粉层，即病菌的菌丝体和分生孢子梗，叶片背面症状类似。发病后期，白色粉层中生出许多黑色小点，即病菌的有性世代——闭囊壳。嫩梢、嫩茎受害后亦产生类似症状（图3-2）。

图3-2　荷兰菊白粉病

　　［病原］ 有性阶段属子囊菌门，二孢高氏白粉菌 *Golovinomyces cichoracearum* (DC.) V. P. Heluta（同 *Erysiphe cichoracearum* DC.）；无性阶段属无性态真菌，菊粉孢 *Oidium chrysantheni* Rabenh。

　　［发病规律］ 病菌以闭囊壳在受害植株病残体上越冬。翌年春末夏初产生子囊孢子，借气流传播，进行初侵染，自气孔、皮孔侵入。生长季节产生分生孢子进行多次再侵染，6月中旬至10月上旬都可引起发病。闭囊壳形成较迟，在华北一般9月下旬、10月上旬可见。干旱年份发病较为严重。

　　**3. 菊芋白粉病**

　　［分布与为害］ 分布于全国各地。病重时叶片表面布满白粉，削弱长势，减少花量。严重时病株不能开花，降低观赏与经济价值。

　　［症状］ 受害植株叶正面生有小型不规则的白色粉状霉斑，与之相对应的叶背面失绿变为黄色（图3-3a）。白色粉层逐渐扩展至整个叶面。后期叶片严重受害逐渐枯萎皱缩（图3-3b、c），入秋后白粉层中生出黑色小粒点（图3-3d），即为病菌的闭囊壳。叶正面白粉层比叶背面多。最终导致病株叶片枯萎皱缩，花期较晚，花冠较小。

　　［病原］ 子囊菌门，烟色单囊壳 *Sphaerotheca fuliginea* (Schltdl.) Pollacci，同烟色叉丝单囊壳 *Podosphaera fuliginea* (Schltdl.) U. Braun & S. Takam.。

**图3-3 菊芋白粉病**

a. 叶面生有白色粉霉斑；b、c. 后期叶片枯萎皱缩；d. 叶面具有大量黑色小粒点

[发病规律] 病菌以闭囊壳在病落叶中越冬。翌春菊芋放叶时，释放子囊孢子，借气流传播，附着在叶片上萌发进行初侵染，在生长季节菌丝体不断蔓延生出分生孢子，多次再侵染扩大病情。春季温暖干旱、夏季凉爽、秋季晴朗，以及阴暗郁闭时，有利于病害的发生和流行。一般秋季病情扩展较快。高温或连续降雨均可抑制病害的发生。植株下部叶片较上部叶片受害更重。

**4. 金盏菊白粉病**

[分布与为害] 分布于全国各地。病重时茎、叶表面布满白粉，削弱长势，减少花量，降低观赏价值。

[症状] 叶和茎均可受害，发病初期，叶片上有白色粉状的圆斑，发病严重时叶片两面形成面粉样白色粉状霉层，引起叶片变形，扭曲蜷缩、黄化枯死，新梢生长停滞甚至矮化，发育不良，被害茎同样为白色粉状，不久枯死（图3-4）。

**图3-4 金盏菊白粉病**

［病原］ 子囊菌门，二孢高氏白粉菌 *Golovinomyces cichoracearum* (DC.) V. P. Heluta 和蓼白粉菌 *Erysiphe polygoni* DC.。

［发病规律］ 病菌以闭囊壳或菌丝体在被害叶、茎的病组织中越冬。在温暖的南方，分生孢子也可越冬。翌年春季，温度回升、条件适宜时释放子囊孢子，完成初侵染。再侵染主要是分生孢子通过气流传播，其次是通过雨水溅散传播，条件适宜时潜育期缩短，可以产生大量的分生孢子进行频繁再侵染，在20~24℃时发病严重。

**5. 金鸡菊白粉病**

［分布与为害］ 分布于全国各地。近年来有上升趋势，病重时茎秆（图3-5a）及叶面布满白粉，削弱长势，减少花量，降低观赏价值。

［症状］ 病菌主要发生在叶片及嫩梢上，被害叶片呈现大小不一的黄色病斑，病叶皱缩扭曲，叶面逐渐布满白色粉层（图3-5b~d）。5~6月开始发病，8~9月发生严重时，在白色的粉层中形成黄白色小粒点，后逐渐变为黑褐色（图3-5e、f），即病菌的闭囊壳。一般叶面较多，叶背少，严重时导致叶片枯萎脱落。

［病原］ 子囊菌门，二孢高氏白粉菌 *Golovinomyces cichoracearum* (DC.) V. P. Heluta。

图3-5 金鸡菊白粉病

a. 茎秆布满白色粉霉层；b~d. 叶面布满白色粉霉层；e、f. 粉霉层中形成黑褐色小粒点

［发病规律］ 病菌以闭囊壳在病残体上越冬。翌年春暖条件适宜时，释放子囊孢子进行初侵染，之后产生分生孢子进行再侵染，借风雨传播。此病发生期长，5～9月均可发生，以8～9月发生较为严重。

**6. 百日菊白粉病**

［分布与为害］ 分布于全国各地。病重时茎、叶表面布满白粉，削弱长势，减少花量，降低观赏价值。

［症状］ 该病主要为害叶片，以成熟叶片发病为主。发病初期，感病叶片表面出现零星的白色粉状霉斑（图3-6a、b）。随着病害的发展，叶面布满灰白色的粉状物（图3-6c），秋季在白粉中散生小黑点，为病菌的闭囊壳。发病后期，病叶枯黄、皱缩枯死（图3-6d）。

**图3-6　百日菊白粉病**
a、b. 叶片表面出现零星白色粉状霉斑；c. 叶面布满灰白色粉霉层；d. 病叶枯黄皱缩

［病原］ 子囊菌门，烟色单囊壳*Sphaerotheca fuliginea* (Schltdl.) Pollacci 和二孢高氏白粉菌*Golovinomyces cichoracearum* (DC.) V. P. Heluta。

［发病规律］ 病菌以菌丝体及闭囊壳在病株残体上越冬。翌年温度适合时产生分生孢子及子囊孢子，孢子借风雨传播，开始侵染。该病在5～10月均可发生，但在温度高、湿度大的8～9月发病最为严重。

**7. 波斯菊白粉病**

［分布与为害］ 分布于全国各地。病重时茎、叶表面布满白粉，削弱长势，减少花量，降低观赏价值。

［症状］ 为害叶片（图3-7a、b）、嫩茎（图3-7c）、花芽及花蕾，发病部位具有大量灰白色粉状霉斑。被害植株生长发育受阻，叶片扭曲，不能开花或花变畸形。随着病害的发展，叶面布满灰白色的粉状物，秋季在白色粉霉层中散生小黑点（图3-7d、e），为病菌的闭囊壳。病害严重时，叶片干枯，植株死亡。

［病原］ 子囊菌门，蓼白粉菌*Erysiphe polygoni* DC.，无性阶段属无性态真菌，白粉孢菌*Oidium erysiphoides* Fr.。

［发病规律］ 病菌以菌丝体在寄主的病芽、病枝上越冬。翌年产生大量分生孢子，萌发后侵入寄主吸收营养。孢子借风雨向周围飞散传播，蔓延为害。偏施氮肥、阴暗郁闭、植株生长柔嫩时，发病重。

**8. 非洲菊白粉病**

［分布与为害］ 分布于寄主栽植区，尤以北方保护地内经常发生。严重时叶片、花器表面布满白粉，

**图3-7　波斯菊白粉病**

a、b. 叶片受害状；c. 嫩茎受害状；d、e. 白色粉霉层中散生小黑点

影响产量，降低观赏价值。

[症状]　被害叶片表面初现近圆形至不规则形的白色霉斑，后霉斑逐渐扩大，数量增加。随着霉斑的相互连合，叶片大部分甚至全部被白粉状霉层覆盖。影响叶片光合作用，轻则致叶片变黄，重则致叶片焦枯（图3-8）。

[病原]　无性阶段属无性态真菌，菊粉孢 *Oidium chrysantheni* Rabenh.；有性阶段属子囊菌门白粉菌科中的多个属。

[发病规律]　北方露地栽培时，病菌以闭囊壳越冬；北方棚室及南方露地栽培时，病菌以分生孢子

**图3-8　非洲菊白粉病**

或潜伏在芽内的菌丝体越冬或辗转传播，越冬期不明显。一般温暖潮湿的天气或低洼荫蔽的条件或气温20～25℃、湿度80%～90%时，易发病。病菌孢子耐旱能力强，高温干燥时亦可萌发，高温干旱与高温高湿交替易引起该病。盆栽植株放于荫蔽闷热的地方时感病最重。

**9. 菊花白粉病**

[分布与为害]　分布于全国各地。该病会使植株生长不良，叶片枯死，甚至不开花，严重影响绿化、

图3-9 菊花白粉病

美化效果和花卉生产。

［症状］ 主要为害叶片。发病初期叶片出现淡黄色小斑点，逐渐扩大连接成片，病叶上布满白色粉状物（图3-9），为病菌的菌丝体和分生孢子。发病严重时，引起叶片扭曲变形，枯黄脱落；同时植株矮化，发育不良。

［病原］ 子囊菌门，二孢高氏白粉菌 *Golovinomyces cichoracearum* (DC.) V. P. Heluta。

［发病规律］ 在北方地区，病菌以闭囊壳随病残体留在土表越冬。翌年释放子囊孢子进行初侵染，田间发病后，病部菌丝上又产生分生孢子进行再侵染。在南方地区或北方棚室，病菌以菌丝体在寄主上越冬。条件适宜时产生分生孢子借气流传播，有时孢子萌发产生的侵染丝直接侵入寄主表皮细胞，在细胞内形成吸器，吸收营养。菌丝体多匍匐在寄主表面，多处长出附着器，晚秋形成闭囊壳或以菌丝在寄主上越冬。春秋冷凉、湿度大时易发病。

**10. 大／小丽花白粉病**

［分布与为害］ 分布于全国各地。严重时叶片表面布满白粉，削弱长势，降低观赏价值。

［症状］ 为害叶片、嫩芽、花蕾、花梗等。病部表面产生一层白色粉状物，即分生孢子。叶片上几个小病斑可连接成大病斑。被害后，植株矮小，叶面凹凸不平或卷曲，嫩梢发育畸形。花芽被害后，不能开花或只开出畸形花。严重时可使叶片干枯，甚至整株死亡（图3-10）。秋冬产生灰色的菌丝体及少数小黑点（小黑点为闭囊壳）。

图3-10 大丽花白粉病（a、b）和小丽花白粉病（c、d）

［病原］ 子囊菌门，蓼白粉菌 *Erysiphe polygoni* DC.和二孢高氏白粉菌 *Golovinomyces cichoracearum* (DC.) V. P. Heluta。

［发病规律］ 两种白粉菌均以菌丝体越冬。翌春气温升高至18～25℃、空气湿度高于70%时，菌丝生长产生大量分生孢子，借风雨传播，条件适宜时产生吸器，之后产生大量分生孢子进行再侵染。高温及干湿交替利于该病扩展。

**11. 八仙花白粉病**

［分布与为害］ 分布于寄主栽植区。严重时叶片表面布满白粉，引起叶片腐烂脱落，降低观赏价值。

［症状］ 主要为害叶片。发病初期，叶片表面出现零星白色粉状小斑块（图3-11a），随着病害的发展，叶片布满白色粉霉层（图3-11b）。幼叶严重受害时，生长停止；老叶受害后，叶色变浅，逐渐枯死。嫩茎有时也可受害。

**图3-11 八仙花白粉病**
a. 叶面具零星白色粉状小斑块；b. 叶片布满白色粉霉层

［病原］ 子囊菌门，蓼白粉菌 *Erysiphe polygoni* DC.。

［发病规律］ 病菌在病株残体上越冬。翌年借风雨传播，侵染为害。温度高、湿度大时发病严重。另外，温室内盆花摆放密度过大、通风透光不良、施氮肥过多都有利于此病发生。

**12. 芍药白粉病**

［分布与为害］ 分布于寄主栽植区。严重时叶片表面布满白粉，削弱长势，降低观赏价值，并影响翌年开花。

［症状］ 发病初期在叶面产生白色、近圆形的粉状霉斑，病斑向四周蔓延，连接成边缘不整齐的大片粉状霉斑，其上布满白色至灰白色粉状物，即病菌分生孢子梗和分生孢子。最后全叶布满白粉，叶片枯干，后期白色霉层上产生多个小黑点，即病菌闭囊壳。中老熟叶片易发病（图3-12）。

［病原］ 子囊菌门，芍药单囊壳菌 *Sphaerotheca paeoniae* C. Y. Chao。

［发病规律］ 病菌主要以菌丝体和闭囊壳在田间病残体上越冬。翌年释放子囊孢子引起初侵染。病斑上产生的分生孢子靠气流传播，不断重复再侵染。虽然凉爽或温暖干旱的气候条件下最利于该病发生，但空气相对湿度低、植物表面不存在水膜时，病菌的分生孢子也可以萌发侵入为害。土壤干旱、灌水过量、氮肥过多、枝叶生长过密，以及通风透光不良等，均有利于发病。

**13. 白三叶草白粉病**

［分布与为害］ 分布于寄主栽植区。为三叶草草坪的常见病害。

［症状］ 发病初期在叶片两面出现白色粉状霉斑（图3-13），后迅速覆盖叶片的大部或全部。病害流

图3-12 芍药白粉病

图3-13 白三叶草白粉病

行时，整个草地如同喷过白粉。严重时，可使叶片变黄或枯落，种子不实或瘪劣。后期白色病斑上产生许多黑褐色小点，即病菌的闭囊壳。

[病原] 子囊菌门，豌豆白粉菌 *Erysiphe pisi* DC.。

[发病规律] 病菌以分生孢子和菌丝体在病株上越冬，并以分生孢子完成初侵染、再侵染的侵染循环。分生孢子可随气流进行传播。在大多数三叶草种植区，分生孢子阶段（*Oidium* sp.）是主要致病体，例如，在我国贵州，红三叶草不产生有性阶段的闭囊壳；在新疆，野生白三叶草也很少形成闭囊壳。潮湿且昼夜温差大有利于该病的发生和流行，多雨或过于潮湿则不利于此病的发生。过量施用氮肥或磷肥会加重病害的发生。

**14. 草木樨白粉病**

[分布与为害] 分布于寄主栽植区。严重时造成枝叶干枯。

[症状] 植株发病后，叶、茎、花梗和荚果上出现白粉病斑（图3-14a、b），病斑随扩大而相互汇合，使整叶被白粉覆盖（图3-14c、d），即为病菌的气生菌丝、分生孢子梗和分生孢子等。后期在白粉状霉层中出现许多黄色、橙色至黑色小点，为病菌有性世代的闭囊壳。

**图3-14 草木樨白粉病**
a、b. 白粉病斑；c、d. 整叶被白粉覆盖

[病原] 子囊菌门，豌豆白粉菌 *Erysiphe pisi* DC.、三叶草白粉菌 *Erysiphe trifollii* Grev.、三叶草叉丝壳 *Microsphaera trifolii* (Grev.) Braun。

[发病规律] 病菌主要以休眠菌丝体在寄主体内越冬。分生孢子借风传播，生长季节可进行多次再侵染，造成病害流行。潮湿、日间热、夜间凉爽、多风的条件有利于此病菌的流行，多雨或过于潮湿则不利于病害的发生。过量施氮肥或磷肥会加重病害的发生，增施钾肥有助于抑制菌丝的生长。

**15. 草坪禾草白粉病**

[分布与为害] 广泛分布于全国各地，为草坪禾草的常见病害。可侵染狗牙根、草地早熟禾、细叶羊茅、匍匐剪股颖、鸭茅等多种禾草，其中以早熟禾、细羊茅和狗牙根发病最重。

[症状] 主要侵染叶片和叶鞘，也为害茎秆和穗。受害叶片一开始出现直径1～2mm的病斑，正

面较多，之后逐渐扩大呈近圆形、椭圆形绒絮状霉斑，初为白色，后渐变为灰白色至灰褐色，后期病斑上有黑色的小粒点。随着病情的发展，叶片变黄，干枯死亡，草坪整体呈灰色，像是被撒了一层面粉（图3-15）。

图3-15 草坪禾草白粉病

[病原] 子囊菌门，禾布氏白粉菌 *Blumeria graminis* (DC.) Speer。

[发病规律] 病菌主要以菌丝体或闭囊壳在病株体内越冬，也能以闭囊壳在病残体中越冬。翌春越冬菌丝体产生分生孢子，越冬的子囊孢子也释放、萌发，通过气流传播。温湿度与该病发生程度有密切关系：15～20℃为发病适温，25℃以上时病害发展受抑制；空气相对湿度较高有利于分生孢子萌发和侵入，但雨水太多又不利于其生成和传播。南方春季降雨较多，如在发病关键时期连续降雨，则不利于该病发生和流行；但在北方地区，常年春季降雨较少，因而，春季降水量较多且分布均匀时，有利于该病的发生。水肥管理不当、荫蔽、通风不良等都是诱发病害发生的重要因素。

**16. 金银花白粉病**

[分布与为害] 分布于全国各地。主要为害叶片，有时茎及花也受害。

[症状] 叶片上的病斑初为白色小点，后扩展为白色粉状斑，后期整片叶布满白粉层，严重时叶发黄变形甚至落叶（图3-16），后期病部产生黄色或黑色小点；茎上病斑褐色，不规则形，上生有白粉；花扭曲，严重时脱落。

图3-16 金银花白粉病

[病原] 有性阶段属子囊菌门，忍冬叉丝壳 *Microsphaera lonicerae* (DC.) Winter；无性阶段属无性态真菌，粉孢属 *Oidium* sp.。

[发病规律] 病菌以闭囊壳在病残体上越冬。翌年释放子囊孢子进行初侵染，发病后病部又产生分生孢子进行再侵染。温暖干燥或株间荫蔽易发病。施用氮肥过多、干湿交替发病重。

**17. 木芙蓉白粉病**

[分布与为害] 分布于寄主栽植区。严重时引起叶片枯黄早落，影响植株生长和观赏。

[症状] 该病主要发生在叶片，病叶初期产生白色粉状霉斑（图3-17a），后期病斑连片（图3-17b），

**图3-17 木芙蓉白粉病**

a. 病叶初期产生白色粉状霉斑；b. 后期病斑连片；c. 秋后白色菌丝层上产生小黑点

为白色的菌丝层与分生孢子。秋后在白色菌丝层上产生小粒点（图3-17c），初为黄色，后转黄褐色，最后变黑褐色。

[病原] 子囊菌门，棕丝单囊壳菌 *Sphaerotheca fusca* (Fr.) Blumer。

[发病规律] 病菌以菌丝体、闭囊壳在落叶上越冬。翌年5～6月，开始释放子囊孢子，经风雨飞溅传播到新叶上，子囊孢子萌发长出菌丝，自气孔侵入叶部组织吸取养分。后随菌丝成长不断形成分生孢子，反复侵染。栽植过密、通风透光不良、空气湿度大的情况下发病重。

**18. 黄栌白粉病**

[分布与为害] 分布于寄主栽植区。主要为害黄栌的叶片，也为害嫩枝，秋天叶片不能变红、布满白粉层，不但影响树木生长，而且降低观赏价值。

[症状] 叶片被害后，初期在叶面上出现白色粉点，后逐渐扩大为近圆形白色粉状霉斑（图3-18a），严重时霉斑相连成片，叶正面布满白粉（图3-18b、c）。发病后期，白粉层上陆续生出先变黄色、后变黄褐色、最后变为黑褐色的颗粒状子实体（闭囊壳）（图3-18d）。秋季叶片焦枯，不但影响树木生长，而且受害叶片秋天不能变红，影响观赏红叶。该病为害美国红栌也较为严重（图3-18e～g）。

[病原] 子囊菌门，漆树白粉菌 *Erysiphe verniciferae* (P. Henn) U. Braun & S. Takamatsu。

[发病规律] 病菌以闭囊壳在落叶上或附着在枝干上越冬，也可以菌丝在枝条上越冬。翌年5～6月，当气温达20℃、雨后湿度较大时，闭囊壳开裂，释放子囊孢子，子囊孢子借风吹、雨溅等传播。子囊孢子萌发的最适温度为25～30℃，孢子萌发后，菌丝在叶表生长，以吸器插入寄主表皮细胞吸取营养，菌丝上不断生出分生孢子梗和分生孢子，借风、雨、虫等传播，多次进行再侵染。条件适宜时，引起病害大发生，7～8月为发病盛期。阴暗郁闭、多雨潮湿、通风透光较差时，病害发生严重。

**19. 月季白粉病**

[分布与为害] 全国各地均有发生。除在月季上普遍发生外，还可寄生蔷薇、玫瑰、十姊妹等。设施栽培的情况下发生严重，造成落叶、花蕾畸形，严重影响切花月季的产量与品质。

[症状] 主要为害新叶和嫩梢，也为害叶柄、花柄、花托、花萼等。被害部位表面长出一层白色粉状物（即分生孢子），同时枝梢弯曲，叶片皱缩畸形或卷曲，两面布满白色粉层，渐渐加厚、呈薄毡状。发病叶片加厚，为紫绿色，逐渐干枯死亡。老叶较抗病。发病严重时叶片萎缩干枯，花少而小，严重影响植株生长、开花和观赏。花蕾受害后被满白粉层，逐渐萎缩干枯。受害轻的花蕾开出的花朵畸形。幼芽受害不能适时展开，比正常的芽展开晚，且生长迟缓（图3-19a～c）。该病菌为害蔷薇（图3-19d、e）、玫瑰

图3-18 黄栌白粉病（a～d）和美国红栌白粉病（e～g）

（图3-19f、g）也较严重。

[病原] 有性阶段属子囊菌门，蔷薇单囊壳*Sphaerotheca rosae* (Jacz.) Z. Y. Zhao和毡毛单囊壳菌*Sphaerotheca pannosa* (Wallr.) de Bary；无性阶段属无性态真菌，粉孢属*Oidium* sp.。

[发病规律] 病菌主要以菌丝在寄主植物的病枝、病芽及病落叶上越冬。闭囊壳也可以越冬，一般较少。翌春，病菌随病芽萌发产生分生孢子，可进行多次再侵染。病菌生长适温为18～25℃。分生孢子借风力大量传播、侵染，在适宜条件下只需几天的潜育期。5～6月及9～10月发病严重。温室栽培较露天栽培发生严重。月季品种间抗病性有差异。偏施氮肥、栽植过密、光照不足、通风不良等都会加重该病的发生。灌溉方式与灌溉时间也影响发病——滴灌及白天浇灌的情况下能抑制病害的发生。

**20. 紫薇白粉病**

[分布与为害] 分布于全国各地。严重时叶片布满白粉，逐渐干枯、提早落叶，影响树势和观赏效果。

[症状] 该病主要为害紫薇的叶片（图3-20a），嫩叶（图3-20b）比老叶易感病，嫩梢（图3-20c）和花蕾（图3-20d、e）、果实（图3-20f）也能受害。叶片展开即可受到侵染，发病初期叶片上出现白色小粉斑，后扩大为圆形并连接成片，有时白粉覆盖整个叶片。叶片扭曲变形，枯黄脱落。发病后期白粉层上出

图3-19 月季白粉病（a～c）、蔷薇白粉病（d、e）和玫瑰白粉病（f、g）

现由白而黄、最后变为黑色的小粒点——闭囊壳。

[病原] 子囊菌门，南方小钩丝壳菌 *Uncinuliella australiana* (McAlpine) R. Y. Zheng & G. Q. Chen. 与紫薇白粉菌 *Erysiphe lagerstrormiae* West。

[发病规律] 病菌以菌丝体在病芽或以闭囊壳在病落叶上越冬。分生孢子由气流传播，生长季节多次再侵染。该病害主要发生在春、秋两季，其中以秋季发病较为严重。

**图3-20 紫薇白粉病**

a. 叶片受害状；b. 嫩叶受害状；c. 嫩梢受害状；d、e. 花蕾受害状；f. 果实受害状

### 21. 刺槐白粉病

[分布与为害] 分布于山西、内蒙古、河北、山东、江苏、上海、四川等地。主要为害刺槐，有时为害红花刺槐，但相对较轻。

[症状] 被害叶片上，初期散生点状白粉斑（图3-21a、b），后白粉层逐渐增多并扩大连片，甚至布满整个叶面，也为害叶柄与嫩茎（图3-21c），这些白粉层即病菌的菌丝体和分生孢子。发病后期，白粉层中出现黄褐色至黑褐色小粒点（图3-21d），即病菌的闭囊壳，严重时叶片早落。叶片的正面和背面都生有白粉层和闭囊壳，降低光合作用，妨碍生长。

[病原] 子囊菌门，刺槐叉丝壳*Microsphaera subtrichotoma* U. Braun和帕氏白粉菌*Erysiphe palczewskii* (Jacz.) U. Braun & S. Takam.。

**图 3-21 刺槐白粉病**

a、b. 叶片初期散生点状白粉斑；c. 嫩茎受害状；d. 后期白粉层中出现黄褐色至黑褐色小粒点

[发病规律] 病菌以闭囊壳在病落叶上越冬。翌年4~5月，产生子囊孢子，经气流传播至叶面上，萌发后自气孔侵入，进行初侵染。生长季节产生分生孢子，多次再侵染，病斑逐渐扩展。干旱的年份，有大树遮阴、光照不良的环境，发病重。

**22. 栎类白粉病**

[分布与为害] 分布于全国各地。主要为害栓皮栎、青冈栎、麻栎、白栎、小叶栎、槲栎、板栗、榛子等多种树木的叶片和新梢。

[症状] 苗木、大树均可受害。受害株的叶片上生出不规则状白色粉斑，后期白粉斑中生有许多小黑点，即为病菌的闭囊壳（图3-22）。

**图 3-22 栎类白粉病**

［病原］ 有性阶段属子囊菌门，白粉菌属，锡金白粉菌 *Erysiphe sikkimensis* Chona, J. N. Kapoor & H. S. Gill；无性阶段属无性态真菌，粉孢属 *Oidium* sp.。

［发病规律］ 病菌以闭囊壳或菌丝体在病落叶上越冬。翌春放叶时，释放子囊孢子，进行初侵染，在生长期内产生分生孢子进行多次再侵染。白粉菌较耐旱，对湿度的适应范围较广。菌丝体发育的最适温度为20℃。

### 23. 枸杞白粉病

［分布与为害］ 分布于寄主栽植区。病重时叶片表面布满白粉，枝叶黄枯，降低观赏价值和经济价值。

［症状］ 主要为害枸杞叶片和嫩梢。叶片被害，叶两面生近圆形白粉状霉斑，后逐渐扩大至整个叶片，被白粉覆盖，叶片皱缩。叶柄、嫩梢被害，亦生白色霉层，严重时新叶卷缩，不能伸展。9月下旬后，白粉层中生出许多褐色至黑褐色小颗点，即为病菌的闭囊壳（图3-23）。

**图3-23　枸杞白粉病**

［病原］ 有性阶段属子囊菌门，节丝壳属，穆氏节丝壳 *Arthrocladiella mougeotii* (lév.) Vassilk. 与多孢穆氏节丝壳 *A. mougeotii* (lév.) Vassilk. var. *polysporae* Z. Y. Zhao；无性阶段属无性态真菌，粉孢属 *Oidium* sp.。

［发病规律］ 病菌在北方以闭囊壳随病残体在地面越冬。翌年释放子囊孢子进行初侵染；在南方以菌丝体（有时产生闭囊壳）在寄主上越冬。发病后，病部产生分生孢子，通过风雨传播，多次进行再侵染。在温湿度适宜的条件下，分生孢子萌发产生侵染丝，直接自寄主表皮细胞侵入，并在表皮细胞里生出吸器，吸收营养，菌丝体则以附着器匍匐于寄主表面，不断扩展蔓延。阴暗郁闭、通风透光不良时，发病重。

### 24. 大叶黄杨白粉病

［分布与为害］ 分布于寄主栽植区。常引起叶片发白发黄、瘦弱，导致植株早衰，严重影响观赏价值。

［症状］ 主要为害叶片、嫩梢，初期产生较小的白色粉状霉斑，以叶片正面居多，也有生长在叶片背面的。单个病斑圆形，病斑扩大相互连合之后不规则。将表生的白色粉状菌丝和孢子层拭去时，原发病部位呈现黄色圆形斑。有时病叶发生皱缩、扭曲畸形（图3-24a～d）。该病菌为害北海道黄杨（图3-24e、f）和扶芳藤（图3-24g）也较为严重。

［病原］ 无性态真菌，正木粉孢霉 *Oidium euonymi-japonicae* (Arc.) Sacc.。

［发病规律］ 病菌以菌丝在病残体上越冬。翌春生长季节，病菌产生大量的分生孢子传播侵染。夏季高温不利于病害发展，至秋凉后，病菌再产生大量孢子侵染为害。修剪不及时、植株枝叶过密时发病重。

### 25. 石楠白粉病

［分布与为害］ 分布于寄主栽植区。严重时枝、叶表面布满白粉，叶片扭曲畸形，削弱长势，降低观赏价值。

图3-24 大叶黄杨白粉病（a～d）、北海道黄杨白粉病（e、f）和扶芳藤白粉病（g）

［症状］ 为害叶片、嫩梢、嫩茎、花器等部位。发病初期叶片产生褪绿斑点并逐渐扩大，初为黄绿色不规则形小斑，边缘不明显，之后病斑不断扩大，表面生出白粉斑，呈污白色或淡灰白色，边缘不清晰。叶片正反两面布满圆形或近圆形白色粉斑，最后病斑逐渐扩大并相连成片，严重时白粉可布满叶片、嫩梢、花芽、花蕾。病芽生出的嫩梢全部感病，感病叶片和嫩梢皱缩反卷、变小变厚、扭曲畸形，甚至干枯脱落（图3-25a～c）。连年感病的植株长势衰弱，严重降低其生长势。该病为害红叶石楠叶也较为严重（图3-25d～f）。

［病原］ 无性态真菌，粉孢属 *Oidium* sp.。

［发病规律］ 病菌以菌丝体在病株体内和病残体上越冬。翌春气温回升时，病菌产生分生孢子，借风雨传播，形成初侵染源，当气温在20～25℃、湿度较大时侵入寄主体内，引起发病。因而，浇水过多、

图3-25 石楠白粉病（a～c）和红叶石楠白粉病（d～f）

通风透光不良，病害容易迅速侵染和蔓延。该病主要发生在春、秋两季，栽植于树荫下的植株发病重，全光照下的植株发病轻；栽植密度大、通风条件差的植株发病重；夏季空气湿度大有利于发病；氮肥使用过多容易引起病害发生；温暖干燥有利于分生孢子的传播；连续下雨不利于病害发生；嫩叶比老叶易感病。

### 26. 牡丹白粉病

［分布与为害］ 分布于寄主栽植区。为常见的牡丹病害，严重时叶片表面布满白粉，影响植株生长，降低观赏价值。

［症状］ 株丛中荫蔽处的枝叶、叶柄首先发病，外部不易发现，待发现时已很严重。叶面常覆满一层白粉状物，后期叶片两面及叶柄、茎秆上都生有污白色霉斑，且在粉层中散生许多黑色小粒点，即病菌闭囊壳（图3-26）。

［病原］ 子囊菌门，芍药白粉菌 *Erysiphe paeoniae* Zheng & Chen.。

图3-26　牡丹白粉病

[发病规律]　病菌以菌丝体在病芽上越冬。翌春病芽萌动，病菌随之侵染叶片和新梢。露地、保护地均有栽培的地区，分生孢子能终年不断繁殖，病原积累多，发病重。露地栽植时，以5～6月和9～10月发病较重；在温室中，全年均可发生。栽植过密或偏施、过施氮肥，通风不良或光照不足时，容易发病。

**27. 葡萄白粉病**

[分布与为害]　各葡萄栽培区均有发生，尤以北方干旱地区发生较重。叶片、果实表面布满白粉，影响产量和品质。

[症状]　主要为害叶片、枝梢及果实等部位，以幼嫩组织受害最重。展叶期叶片正面产生大小不等的不规则形黄色或褪绿色小斑块，病斑正反面均可见有一层白色粉状物，粉斑下叶表面呈褐色花斑，严重时全叶枯焦（图3-27）。新梢、果梗及穗轴初期表面产生不规则灰白色粉斑，后期粉斑下面形成雪花状或不规则的褐斑，可使穗轴、果梗变脆，枝梢生长受阻。幼果先出现褐绿色斑块，果面出现星芒状花纹，其上覆盖一层白粉状物，病果停止生长，有时变成畸形，果肉味酸，开始着色后果实在多雨时感病，病处裂开，后腐烂。

图3-27　葡萄白粉病

[病原]　子囊菌门，葡萄钩丝壳菌 *Uncinula necator* Schwein.。

[发病规律]　病菌以菌丝体在受害组织或芽鳞内越冬。翌春产生分生孢子，借风雨传播，生长季节可进行多次再侵染。夏季干旱、温暖潮湿、天气闷热等外界条件，有利于白粉病的大发生。一般6月开始发病，7月中下旬至8月上旬为发病高峰期，9～10月停止发病。

**28. 金银木白粉病**

［分布与为害］ 分布于寄主栽植区。严重时枝、叶表面布满白粉，削弱长势，降低观赏价值。

［症状］ 病菌主要侵染当年生叶、嫩茎及花蕾。侵染叶片时，初期为白色小点，后期菌丝体可着生于叶的正反两面，在叶片上形成圆斑或不规则斑块。侵染茎部时，病斑褐色，形状不规则，上生有白色粉状霉层。侵染花蕾时，造成花扭曲，严重时造成落花（图3-28）。

**图3-28 金银木白粉病**

［病原］ 子囊菌门，忍冬叉丝壳 *Microsphaera lonicerae* (DC.) Winter。

［发病规律］ 病菌以闭囊壳在病残体上越冬。翌年释放子囊孢子进行初侵染，发病后，病部又产生分生孢子进行再侵染。温暖干燥或株间荫蔽易发病。施用氮肥过多、干湿交替发病重。

**29. 紫叶小檗白粉病**

［分布与为害］ 分布于寄主栽植区。严重时叶片表面布满白粉，削弱长势，降低观赏价值。

［症状］ 主要为害叶片、嫩梢。发病初期，先在受害叶表面产生白粉小圆斑，后逐渐扩大。在嫩叶上，病斑扩展几乎无限，甚至布满整个叶片，严重时还会导致叶片皱缩、纵卷，新梢扭曲、萎缩。在老叶上，病斑发展成有限的近圆形病斑，白粉层由白色至灰白色，病斑变成黄褐色（图3-29）。

［病原］ 无性态真菌，粉孢属 *Oidium* sp.。

［发病规律］ 病菌一般以菌丝体在病组织越冬。病叶、病梢为翌春的初侵染源。病菌分生孢子萌发温度范围是5～30℃，最适温度为20℃。发病高峰期出现于4～5月和9～11月。降雨频繁、栽植过密、光照不足、通风不良、低洼潮湿等均可加重病害的发生。温湿度适合时，可常年发病。

**30. 海棠类白粉病**

［分布与为害］ 在我国海棠类植物栽培区发生普遍。可为害苹果（图3-30a）、沙果、槟子、山荆子（图3-30b）及各类海棠（图3-30c、d）等。严重时嫩梢、叶片表面布满白粉，削弱长势，降低观赏与经济价值。

［症状］ 幼芽、新梢、嫩叶、花、幼果均可受害。受害芽干瘪尖瘦；病梢节间缩短，发出的叶片细长，质脆而硬；受害嫩叶两面布满白粉；花器受害，花萼洼或梗洼处产生白色粉斑，果实长大后形成锈斑。

［病原］ 有性阶段属子囊菌门，白叉丝单囊壳 *Podosphaera leucotricha* (Ell. & Ev.) E. S. Salmon；无性阶段属无性态真菌，粉孢属 *Oidium* sp.。

［发病规律］ 病菌以菌丝在冬芽的鳞片间、鳞片内越冬。春季冬芽萌发时，越冬菌丝产生分生孢子经气流传播侵染。4～9月均可发病，其中4～5月为发病盛期，6～8月发病缓慢或停滞。待秋梢发出、组

图3-29 紫叶小檗白粉病

图3-30 苹果白粉病（a）、山荆子白粉病（b）、北美海棠白粉病（c）和西府海棠白粉病（d）

织幼嫩时，又开始第二次发病高峰。春季温暖干旱，有利于病害流行。

**31. 梨树白粉病**

［分布与为害］ 分布于寄主栽植区。严重时引起早期落叶。

［症状］ 主要为害叶片，也为害花蕾、花柄、花瓣、嫩梢等。在发病初期，先在发病部位形成不规则污白色或淡灰白色霉状小点，后逐渐扩展，形成圆形或近圆形白色粉斑，边缘不清晰，严重时病斑相连，覆盖叶片表面，甚至扩及整叶，致使叶片皱缩、变小、畸形，嫩梢扭曲、花芽不开放。该病多在秋季为害老叶，7～8月在叶背产生圆形或不规则形白色粉斑，扩展后叶背布满白色粉状物。随着温度的逐渐下降，9～10月会在白色粉斑上产生很多黄褐色小粒点，后变为黑色，为病菌闭囊壳（图3-31）。

图3-31 梨树白粉病后期病部的小黑点

［病原］ 子囊菌门，梨球针壳菌 *Phyllactinia pyri* (Castagne) Homma。

［发病规律］ 病菌以闭囊壳在落叶中或黏附于枝梢上越冬。翌年4月中旬前后产生分生孢子借风传播，侵入叶背进行初侵染和再侵染。不同梨树品种之间抗病性有一定差异。春暖干旱、夏雨凉爽、秋晴日照充足年份，以及植株过密、通风较差、土壤黏重、偏氮缺钾、管理粗放、长势衰弱等均利于该病的发生。

图3-32 丁香白粉病为害叶片正面状

**32. 丁香白粉病**

［分布与为害］ 分布于北方地区。主要为害紫丁香、暴马丁香等，严重时叶片布满白粉，影响光合作用，降低观赏价值。

［症状］ 该病可以发生在叶片的两面，但以正面为主。发病初期，病叶上产生零星的小粉斑，逐渐扩大（图3-32），粉斑相互连接覆盖叶面，发病后期白色粉层变得稀疏，呈灰尘状，其上出现白色小粒点，最后变成黑色粒点——闭囊壳。

［病原］ 子囊菌门，丁香叉丝壳 *Microsphaera syringae* A. Jacz.。

［发病规律］ 病菌以闭囊壳在病落叶上越冬。孢子借风雨和气流传播。6月下旬开始发病，直至秋季。植株下部叶片或荫蔽处的叶片先发病，逐渐向上蔓延，生长季节有多次再侵染。株丛过密、通风透光不良等条件有利于病害发生。

**33. 悬铃木白粉病**

［分布与为害］ 该病是我国近年来新出现的一种病害，在长江流域和东部沿海各地大量发生，并有逐年加重之势。

［症状］ 主要为害新梢、叶片，亦可为害嫩芽。受害新梢表面覆盖一层白粉，染病新梢节间短、畸形（图3-33a），病梢上的叶片大多干枯脱落；叶片受害，表面产生白粉状斑块（图3-33b、c），正面叶色发黄、深浅不均，发病严重的叶片正反两面均布满白色粉层，皱缩卷曲（图3-33d、e），以致叶片枯黄，提前脱

**图3-33 悬铃木白粉病**
a. 为害新梢状；b. 为害叶片正面状；c. 为害叶片背面状；d、e. 造成叶片卷曲状

落；为害嫩芽时，芽的外形瘦长，顶端尖细，芽鳞松散，严重时导致芽当年枯死，染病轻的芽在翌年萌发后形成白粉病梢。

[病原] 有性阶段属悬铃木白粉菌 *Erysiphe platani* (Howe) U. Braun & S. Takam，属子囊菌门，白粉菌属；无性阶段属无性态真菌，粉孢属 *Oidium* sp.。

[发病规律] 以菌丝潜伏在芽鳞中越冬。翌年萌芽时休眠菌丝侵入新梢，后产生大量分生孢子随气流向外传播。每年的4～5月与8～9月出现2次发病高峰。春季温暖干旱、夏季凉爽、秋季晴朗均是促进病害流行发展的重要原因。栽植密度大、通风透光不良、土壤黏重、施肥不足、偏施氮肥、管理粗放等都会加重病害的发生。

**34. 狭叶十大功劳白粉病**

[分布与为害] 分布于南方寄主栽植区。严重时叶片表面布满白粉，削弱长势，降低观赏价值。

[症状] 主要为害叶片、嫩梢，发病部位初期产生白色的小粉斑，逐渐扩大为圆形或不规则的白粉斑（图3-34a、b），严重时，白粉斑相互连接成片（图3-34c、d）。

[病原] 有性阶段属子囊菌门，多丝叉丝壳 *Microsphaera multappendicis* Z. Y. Zhao & Yu；无性阶段属无性态真菌，亚麻粉孢 *Oidium lini* Skoric。

[发病规律] 病菌以菌丝体随寄主发病叶片越冬。翌年，病菌随芽萌发而开始活动，侵染幼嫩部位，产生新的病菌孢子，借助风力等方式传播。春季以5～6月、秋季以9～10月发生较多。夜间温度较低（15～16℃）、湿度较高有利于孢子萌发及侵入，白天气温高（23～27℃）、湿度低（40%～70%）则有利于孢子的形成及释放。

**35. 杨树白粉病**

[分布与为害] 分布于全国各地。发生广泛，为杨树常见叶部病害，也为害新梢。

[症状] 发病初期，叶片上出现褪绿的黄色斑点，圆形或不规则形，逐渐扩展，其后长有白色粉状霉层（即无性世代的分生孢子），严重时白色粉状物可连片，致使整个叶片呈白色（图3-35）。后期病斑上产生黄色至黑褐色小粒点（即有性世代的闭囊壳）。病害发生严重时，叶片变小，生长势衰弱，影响

**图3-34 狭叶十大功劳白粉病**

a、b. 初期产生白色粉霉斑；c、d. 严重时白色粉霉斑连接成片

**图3-35 杨树白粉病**

绿化效果。

[病原] 有性阶段属子囊菌门，主要为杨球针壳白粉菌*Phyllactinia populi* (Jacz.) Y. N. Yu、榛球针壳菌*Phyllactinia corylea* (Pers.) P. Karst和钩丝壳白粉菌*Erysiphe mandshurica* (Miura) U. Braun；无性阶段为粉孢属*Oidium* sp. 和拟小卵孢属*Ovulariopsis* sp.。

[发病规律] 病菌以闭囊壳在落叶上和新梢病部越冬。翌年春季，闭囊壳产生子囊孢子，成为初侵染源，分生孢子可进行重复侵染。一般6～9月发病，症状明显，秋后形成闭囊壳，其后逐渐成熟、越冬。

### 36. 核桃白粉病

[分布与为害] 分布于寄主栽植区。干旱年份发病重，严重时引起早期落叶，影响树势。

[症状] 受害叶片的正反面出现明显的片状薄层白粉（图3-36），即病菌的菌丝、分生孢子梗和分生孢子。秋季在白粉层中出现褐色至黑色小颗粒。发病初期，核桃叶面有褪绿的黄色斑块，严重时，嫩叶停止生长，叶片变形扭曲和皱缩，嫩芽不能展开，影响树体正常生长。幼苗受害后，造成植株矮小，顶端枯死，甚至全株死亡。

图3-36 核桃白粉病

[病原] 子囊菌门，胡桃球针壳*Phyllactinia juglandis* Tao & Qin或山田叉丝壳*Microsphaera yamadai* (Salm.) Syd.。

[发病规律] 病菌以闭囊壳在落叶上越冬。翌年释放子囊孢子，随气流传播，进行初侵染。春季发病后产生分生孢子，经风雨传播进行再侵染，病害继续蔓延扩展，秋季形成闭囊壳，随落叶越冬。温暖气候、潮湿天气有利于该病害发生；植株组织柔嫩易感病；苗木比大树更易受害。

### 37. 紫玉兰白粉病

[分布与为害] 主要分布于我国南方，为害紫玉兰及其近缘种类。发生严重时，叶面布满白粉，使得叶片皱缩，影响生长，失去观赏价值。

[症状] 发生于叶片，初期在叶面形成近圆形的白色粉状霉斑（图3-37），叶片两面布满白粉，使叶片皱缩，病斑为淡黄色，不规则形，后期在叶面着生许多黑色小点，即病菌的闭囊壳。

[病原] 子囊菌门，球叉丝壳属*Bulbomicrosphaera magnoliae* A. Q. Wang。

[发病规律] 病菌以闭囊壳在病残株上越冬。闭囊壳在秋季或生长后期形成，病害发生在春、秋两

图3-37 紫玉兰白粉病

图 3-38　枫杨白粉病

季，一般以秋季较为严重；往往在寄主受到一定干旱影响时，有利于白粉菌的侵入；栽培管理不善，造成植株衰弱时，该病发生严重。

### 38. 枫杨白粉病

［分布与为害］　分布于全国各地。发生严重时，叶面布满白粉，影响生长与观赏。

［症状］　多发生于叶背，初期叶上为褪绿斑，发生严重时，布满粉状霉层（图 3-38），后期病叶上布满黑色小点，即病菌的闭囊壳。

［病原］　子囊菌门，榛球针壳菌 *Phyllactinia corylea* (Pers.) P. Karst。

［发病规律］　病菌以闭囊壳在病落叶上越冬。翌年春季温度适宜时释放子囊孢子完成初侵染。再侵染主要通过分生孢子。孢子通过气流及雨水飞溅传播。

### 39. 元宝枫白粉病

［分布与为害］　分布于寄主栽植区，是元宝枫常见病害之一。感染该病后，叶片硬化，引起提早落叶，影响生长与观赏。

［症状］　发生初期，叶片出现白色粉状霉斑，严重时白色粉霉布满叶片，后期病叶上出现黑色小点（图 3-39），即病菌的闭囊壳。

图 3-39　元宝枫白粉病后期病部产生的黄色或黑色小点

［病原］　子囊菌门，榛球针壳菌 *Phyllactinia corylea* (Pers.) P. Karst。

［发病规律］　病菌以闭囊壳在病叶或病梢上越冬。闭囊壳一般在秋季生长后期形成，以度过冬季严寒。白粉霉层后期易消失。翌年 4～5 月释放子囊孢子，侵染嫩叶及新梢，在病部产生白粉状的分生孢子，生长季节里分生孢子通过气流和雨水溅散传播，进行多次侵染，9～10 月形成闭囊壳。

### 40. 锦鸡儿白粉病

［分布与为害］　分布于华东、华中、华北、东北、西北等地。严重时，叶面布满白粉，皱缩卷曲，影响生长与观赏。

［症状］　主要为害锦鸡儿叶片，也为害嫩梢、幼茎。初期病斑黄色，覆盖灰白色霉斑；扩展后病斑连片，呈灰白色霉层；后期叶片扭曲变形（图 3-40），甚至干枯。

［病原］　有性阶段属子囊菌门，锦鸡儿叉丝壳 *Microsphaera caraganae* Magn.；无性阶段属无性态真

图3-40 锦鸡儿白粉病

菌，粉孢属 *Oidium* sp.。

[发病规律] 病菌在病落叶上越冬。由气流、风雨传播。可直接从皮孔侵染为害。每年春、秋两次发病高峰，以秋季为重，引起早期落叶。多雨或湿度大、温度高有利于发病。

### 41. 臭椿白粉病

[分布与为害] 分布于寄主栽植区。除为害臭椿外，还为害香椿等植物。严重时，会引起大量落叶，影响树势。

[症状] 主要为害叶片，病叶表面褪绿呈黄白色斑驳状，叶背出现白色粉状霉斑（图3-41a、b），秋季在霉层上形成颗粒状小圆点，黄白色或黄褐色，后期变为黑褐色（图3-41c），即病菌闭囊壳。该病害主要生在叶背，偶尔生在叶面，严重时引起早期落叶。

图3-41 臭椿白粉病
a、b. 叶背出现白色粉状霉斑；c. 霉层上形成黑褐色小粒点

[病原] 子囊菌门，臭椿球针壳菌 *Phyllactinia ailanthi* (Golov. & Bunk.) Yu。

[发病规律] 病菌以闭囊壳在病落叶或病梢上越冬。翌春条件适宜时弹射出子囊孢子，借气流传播，病菌孢子由气孔侵入进行初侵染，在生长季节可进行多次再侵染。气候温暖干燥有利于该病发生蔓延。

### 42. 香椿白粉病

[分布与为害] 分布于寄主栽植区。除为害香椿外，还可为害麻栎、梓、柳、核桃、柿等多种阔叶树。严重时叶片干枯早落，嫩枝变形，影响正常生长。

［症状］　主要为害叶片，有时也侵染枝条。在叶面、叶背及嫩枝表面形成白色粉状物（图3-42a、b），后期于白粉层上产生初为黄色后逐渐转为黄褐色至黑褐色、大小不等的小粒点（图3-42c），即闭囊壳。叶片上病斑多不太明显，呈黄白色斑块，严重时卷曲枯焦，最后枯死。

**图3-42　香椿白粉病**

a、b. 受害部位表面形成白色粉状物；c. 白粉层上产生初期黄色后变黄褐色至黑色的小粒点

［病原］　无性态真菌，榛球针壳菌*Phyllactinia corylea* (Pers.) P. Karst。

［发病规律］　病菌以闭囊壳在病叶上越冬。翌春释放子囊孢子，借风雨传播，从气孔侵入。之后在叶背产生菌丝层及孢子进行再侵染，使病害不断扩大。8～9月形成闭囊壳，9～10月成熟后随病叶落地越冬。

**43. 白蜡白粉病**

［分布与为害］　分布于寄主栽植区。发病叶片布满白粉，进而干枯、提早落叶，影响树势和观赏效果。

［症状］　主要为害叶片，初期叶片上出现白色小粉斑（图3-43a、b），后扩大为圆形并连接成片，有时白粉覆盖整个叶片（图3-43c）。后期白粉层变灰白色，中间生成初为黄白色渐变为黑褐色的小颗粒状闭囊壳（图3-43d）。叶背面较少生成白粉斑。

［病原］　病原有2种：①有性阶段为粗壮钩丝壳菌*Uncinula salmonii* (Syd. & P. Syd.) U. Braun & S. Takam.，属子囊菌门；无性阶段为粉孢属*Oidium* sp.，属无性态真菌。②有性阶段为梣球针壳菌*Phyllactinia fraxini* (DC.) Fuss，属子囊菌门；无性阶段为拟小卵孢菌*Ovulariopsis* sp.，属无性态真菌。

［发病规律］　病菌以闭囊壳在病落叶上越冬，成为翌年初侵染来源。通常6月开始发病，秋后产生闭囊壳。苗木及幼树发病严重。

**44. 栾树白粉病**

［分布与为害］　分布于寄主栽植区。为害幼树至成年树的叶片。

［症状］　为害叶片，以叶正面为主。发病时，叶片正面形成边缘无定形的白色斑块（图3-44a、b），白粉淡薄，秋后在白粉层中生成初为黄白色后渐变为黑褐色的小颗粒状闭囊壳（图3-44c）。

［病原］　有性阶段为栾树白粉菌*Erysiphe koelreuteriae* (Miyake) Tai，属子囊菌门；无性阶段为粉孢属*Oidium* sp.，属无性态真菌。

［发病规律］　病菌以闭囊壳在病落叶上越冬，成为翌年初侵染来源。通常6、7月开始发病，秋后产生闭囊壳。苗木及幼树发病严重。

**45. 朴树白粉病**

［分布与为害］　分布于全国各地。为害朴树、柘树、梧桐光叶榉、紫弹树等植物的叶片，严重时造成叶片枯黄脱落。

**图3-43 白蜡白粉病**

a、b. 白色小粉斑；c. 白粉覆盖整个叶片；d. 后期产生初黄白色后变为黑褐色的小粒点

**图3-44 栾树白粉病**

a、b. 叶面产生白色粉霉斑；c. 白粉层中生成初黄白色后渐变黑褐色的小粒点

[症状] 发病时，多在叶正面出现污白色粉层，似灰尘状，后期病斑上密布细小的黑色颗粒，即病菌闭囊壳（图3-45）。

[病原] 子囊菌门，朴树白粉病菌 *Bulbouncinula bulbosa* (Tai et Wei) comb. nov.。

[发病规律] 病菌在病残体上以闭囊壳进行越冬。翌春温湿度适宜时释放子囊孢子完成初侵染，再侵染以分生孢子借风雨传播完成。该病5～9月皆可发生，但8～9月发生较重。

图3-45 朴树白粉病后期病部的小黑点

图3-46 接骨木白粉病

### 46. 接骨木白粉病

[分布与为害] 分布于全国各地。为害接骨木叶片、嫩茎等部位，严重时造成叶片枯黄脱落。

[症状] 主要发生在叶片，受害时，叶背发病重于叶面，粉霉斑初期分散，之后连片（图3-46），最后覆盖全叶，致使叶片无法进行光合作用。受害植株叶片变小且皱缩，嫩梢扭曲畸形，花芽不能正常发育。

[病原] 子囊菌门，万布白粉菌 *Erysiphe vanbruntiana* (W. R. Gerard) U. Braun。

[发病规律] 病菌在病落叶上越冬。由气流、风雨传播。可直接从皮孔侵染为害。每年春、秋两次发病高峰，以秋季为重，引起早期落叶。多雨或湿度大、温度高有利于发病。

园林植物上常见的白粉病类型还有黑心菊白粉病（图3-47）、勋章菊白粉病（图3-48）、二月兰白粉病

图3-47 黑心菊白粉病

图3-48　勋章菊白粉病

（图3-49）、红叶甜菜白粉病（图3-50）、酢浆草白粉病（图3-51）、荷包牡丹白粉病（图3-52）、八宝景天白粉病（图3-53）、黄花决明白粉病（图3-54）、红瑞木白粉病（图3-55）、麦李白粉病（图3-56）、挪威槭

图3-49　二月兰白粉病

图3-50　红叶甜菜白粉病

图3-51　酢浆草白粉病

图3-52　荷包牡丹白粉病

图3-53　八宝景天白粉病

图3-54　黄花决明白粉病

图3-55　红瑞木白粉病

图3-56　麦李白粉病

白粉病（图3-57）、苦豆子白粉病（图3-58）、丝棉木白粉病（图3-59）、南天竹白粉病（图3-60）、银白械白粉病（图3-61）、溲疏白粉病（图3-62）等。

图3-57　挪威械白粉病

图3-58 苦豆子白粉病

图3-59 丝棉木白粉病

图3-60 南天竹白粉病

图3-61 银白槭白粉病

图3-62 溲疏白粉病

[白粉病类的防治措施]

（1）铲除越冬病菌 秋冬季节结合修剪，剪除病弱枝。同时，彻底清除枯枝落叶并集中烧毁，减少初侵染来源。

（2）种植抗病品种 选用抗病品种是防治白粉病的重要措施之一。

（3）加强栽培管理、改善环境条件 栽植密度、盆花摆放密度不要过大；温室栽培时，要注意通风透光；增施磷钾肥，合理施用氮肥；灌水最好在晴天的上午进行；灌水方式最好采用滴灌或喷灌，不要漫灌。

（4）生物防治 保护、利用食菌瓢虫（图3-63）进行防治。另，近年来生物农药发展较快，BO-10（150～200倍液）、抗霉菌素120对白粉病也有良好的防效。

图3-63 柯氏素菌瓢虫（a）和十二斑褐菌瓢虫（b）

（5）化学防治 发病初期喷施30%吡唑醚菌酯悬浮剂1000～2000倍液、50%啶酰菌胺水分散粒剂1500～2000倍液、32.5%苯甲·嘧菌酯悬浮剂1500～2000倍液、60%唑醚·代森联水分散粒剂1000～2000倍液。休眠期喷洒3～5°Bé石硫合剂，消灭病芽中的越冬菌丝或病部的闭囊壳。

## 二、锈病类

锈病是由真菌界、担子菌门、冬孢菌纲、锈菌目的真菌所引起，主要为害园林植物的叶片，引起叶枯及早期凋落，严重影响生长与观赏。该类病害因在病部产生大量锈状物而得名。锈病多发生于温暖湿润的春秋季，灌溉方式不适宜、叶面凝结雾露及多风雨的条件最有利于发生和流行。

图3-64 菊花白锈病——冬孢子堆

### 47. 菊花白锈病

[分布与为害] 全国普遍发生，尤以保护地栽培形式下发生频繁。发病程度与品种有关，严重时会影响切花菊的产量和品质，有时甚至绝产。

[症状] 主要为害叶片，初期在叶片正面出现淡黄色斑点，相应叶背面出现疱状突起（图3-64），由白色变为淡褐色至黄褐色，表皮下即为病菌的冬孢子堆。严重时，叶面病斑多，引起叶片上卷，植株生长逐渐衰弱，甚至枯死。

［病原］ 担子菌门，堀氏菊柄锈菌 *Puccinia horiana* P. Henn.。

［发病规律］ 病菌以菌丝在植株芽内越冬。翌春侵染新长出的幼苗。温暖多雨有利于发病。菊花品种间抗病性有差异。该病属低温型病害，冬孢子在温度12～20℃适于萌发，超过24℃冬孢子很少萌发，此病害夏季在多数菊花栽培地可以自然消灭，但在可越夏地区（气候相对凉爽的地区）则蔓延成灾。

### 48. 马蔺锈病

［分布与为害］ 分布于全国各地。严重时叶面布满孢子堆，叶片干枯。

［症状］ 主要为害叶片。夏孢子堆生在叶的两面，大小（0.5～1.0）mm×（0.3～0.5）mm，初埋生在马蔺表皮下，后露出，肉桂色。后期在叶两面产生冬孢子堆，大小（0.5～2.0）mm×（0.2～0.6）mm，后外露，黑色，边缘有寄主表皮残片（图3-65）。

图3-65 马蔺锈病

［病原］ 担子菌门，鸢尾柄锈菌 *Puccinia iridis* (DC.) Wallr.。

［发病规律］ 南方该菌主要以夏孢子越夏，成为该病初侵染源，一年四季辗转传播蔓延；北方主要以冬孢子在病残体上越冬，翌年条件适宜时产生担子和担孢子。荨麻、缬草等为转主寄主。由风雨传播。多雨、空气湿度大、栽植密度大、管理粗放等均有利于发病。

### 49. 萱草锈病

［分布与为害］ 分布于宁夏、北京、河北、山东、江苏、上海、安徽、浙江、江西、广东、湖南、湖北、四川等地。为害叶片和茎，严重时造成黄枯。

［症状］ 叶片上初生淡绿色小斑点，斑点上长出隆起的疱状物，圆形、椭圆形，黄色至黄褐色，这是病菌的夏孢子堆（图3-66a、b）。大多数夏孢子堆显露于叶片背面，少数在叶片正面。夏孢子成熟后，覆盖夏孢子堆的表皮破裂，散逸出黄色粉末状物，即病菌的夏孢子。发病严重的叶片变黄枯死（图3-66c）。在生育后期的叶片上出现另一种黑色椭圆形疮斑，为冬孢子堆，内藏冬孢子，覆盖冬孢子堆的表皮暂不开裂。发病花茎上也先后产生夏孢子堆和冬孢子堆，严重时枯萎。

［病原］ 担子菌门，黄花菜柄锈菌 *Puccinia hemerocallidis* Thüm.。

［发病规律］ 病菌转主寄生，转主寄主是败酱草。病菌以菌丝或冬孢子堆在残存的萱草病组织上越冬。夏孢子通过气流传播，通常于5月上旬开始发病，6～7月为发病盛期，气温25℃左右、相对湿度85%以上有利于病害发生。种植密集、通风透光差、地势低洼、排水不良时发病重；氮肥施用过多发病重；土黏、贫瘠等条件下发病重。品种间抗病性有明显差异，'荆州花''高龙花'等品种较抗病，'土黄花''青节花''红丽花'等品种发病较重。

### 50. 草坪禾草锈病

［分布与为害］ 分布于全国各地，普遍发生。严重时会大大降低草坪禾草的使用价值和观赏效果。

［症状］ 主要发生在草坪禾草的叶片上，发病严重时也侵染草茎。早春叶片一展开即可受侵染。发病初期叶片上下表皮均可出现疱状小点，逐渐扩展形成圆形或长条状的黄褐色病斑——夏孢子堆（图3-67a、b），稍隆起。夏孢子堆在寄主表皮下形成，成熟后突破表皮，裸露呈粉堆状，橙黄色。夏孢子堆长约

**图3-66　萱草锈病**
a、b. 叶片上的夏孢子堆；c. 严重时叶片变黄枯死

1mm。冬孢子堆生于叶背，黑褐色、线条状，长1～2mm，病斑周围叶肉组织失绿变为浅黄色。发病严重时叶片变黄、卷曲、干枯，草坪景观被破坏（图3-67c）。

**图3-67　草坪禾草锈病**
a、b. 夏孢子堆；c. 后期枯黄状

　　[病原]　担子菌门，结缕草柄锈菌 *Puccinia zoysiae* Dietel。
　　[发病规律]　病菌以菌丝体或夏孢子在病株上越冬。北京地区的细叶结缕草5～6月叶片上出现褪绿病斑，发病缓慢，9～10月发病严重，草叶枯黄，9月底10月初产生冬孢子堆。广州地区发病较早，3月发病，4～6月及秋末发病较重。病菌生长适温为17～22℃，空气相对湿度在80%以上有利于侵入。光照不足、土壤板结、土质贫瘠、偏施氮肥的草坪发病重。病残体多的草坪发病重。

**51. 玫瑰锈病**

　　[分布与为害]　玫瑰锈病为世界性病害，分布于陕西、河北、北京、河南、山东、安徽、江苏、上海、浙江、江西、广东、云南等地。为玫瑰、月季的一种常见和严重病害，受害叶早期脱落，影响生长和开花。

　　[症状]　植株地上部均可受害，以叶、芽受害最重。春季新芽上布满鲜黄色的粉状物；叶背出现稍隆

起黄色斑点状的锈孢子器；成熟后散出橘红色粉末。随着病情发展，叶背面出现黄色粉堆——夏孢子堆和夏孢子（图3-68）；秋末叶背出现黑褐色粉状物，即冬孢子堆和冬孢子。受害叶片早期脱落，影响生长和开花。

［病原］ 玫瑰锈病的病原较多，国内主要有3个种，属担子菌门冬孢菌纲锈菌目多胞锈菌属 *Phragmidium* sp.：玫瑰多胞锈菌 *Phragmidium rosae-rugosae* Kasai、短尖多胞锈菌 *Phragmidium mucronatum* (Pers.) Schlecht.和多花蔷薇多胞锈菌 *Phragmidium rosae-multiflorae* Dietel。

［发病规律］ 病菌以菌丝体在芽内或以冬孢子在发病部位及枯枝落叶上越冬。玫瑰锈病为单主寄生。翌年玫瑰新芽萌发时，冬孢子萌发产生担孢子，侵入植株幼嫩组织，4月下旬出现明显的病芽，在嫩芽、幼叶上出现橙黄色粉状物，即锈孢子。5月玫瑰花含苞待放时开始在叶背出现夏孢子，借风、雨、虫等传播，进行第一次再侵染。条件适宜时叶背不断产生大量夏孢子，进行多次再侵染，造成病害流行。发病适温为15～26℃，6～7月和9月发病最严重。温暖、多雨、空气湿度大是病害流行的主要因素。

图3-68 玫瑰锈病

### 52. 海棠-桧柏锈病

［分布与为害］ 又名梨-桧柏锈病，分布于东北、华北、西北、华中、华东、西南等地。主要为害海棠类、梨、山楂、苹果和桧柏。发病严重时，常使得海棠类植物叶片枯黄、脱落，桧柏类植物小枝上病瘿成串，造成柏叶枯黄，小枝干枯，甚至整株死亡。

［症状］ 春夏季主要为害贴梗海棠、木瓜海棠、山楂、苹果、梨等。叶面最初出现黄绿色小点，逐渐扩大呈橙黄色或橙红色有光泽的圆形油状病斑，直径6～7mm，边缘有黄绿色晕圈，其上产生橙黄色小粒点，后变为黑色，即性孢子器（图3-69）。发病后期，病组织肥厚，略向叶背隆起，其上长出许多黄白色毛状物，即病菌锈孢子器（俗称羊胡子）（图3-70），最后病斑枯死。叶柄（图3-71a）、果实（图3-71b）也时常发病。发病严重时，整株叶片病斑累累（图3-71c～e），甚至早期脱落。

图3-69 海棠-桧柏锈病性孢子器

a～c. 初期性孢子器；d. 后期性孢子器

**图3-70　海棠-桧柏锈病锈孢子器**

a. 初期锈孢子器；b、c. 后期锈孢子器

**图3-71　海棠-桧柏锈病为害状**

a. 为害豆梨叶柄状；b. 为害山楂果实状；c. 八棱海棠整株叶片受害状；d. 西府海棠整株叶片受害状；e. 山楂整株叶片受害状

　　转主寄主为桧柏，秋冬季病菌为害桧柏针叶或小枝，被害部位出现浅黄色斑点，后隆起呈灰褐色豆状的小瘤，初期表面光滑，后膨大，表面粗糙，呈棕褐色，直径0.5～1.0cm，翌春3～4月遇雨破裂，膨胀为橙黄色花朵状（或木耳状）（图3-72a、b）。受害严重的桧柏小枝上病瘿成串（图3-72c～e），造成柏叶枯黄，小枝干枯，甚至整株死亡。在海棠类、梨、山楂、苹果等植物与桧柏类植物混栽的公园、绿地等处发病最重（图3-73）。

**图3-72　海棠-桧柏锈病冬孢子角**

a、b. 初期吸水膨胀的冬孢子角；c. 中期半胶化状的冬孢子角；d、e. 后期胶化状的冬孢子角

**图3-73　混栽时发病状**

a. 龙柏（桧柏）与贴梗海棠混栽时发病严重状；b. 龙柏发病状

[病原]　病原为山田胶锈菌 *Gymnosporangium yamadae* Miyabe & G. Yamada、梨胶锈病 *G. haraeanum* Syd. & P. Syd.，属担子菌门，胶锈菌属。该锈菌缺夏孢子阶段。我国以梨胶锈菌为主，山田胶锈菌仅在个别地区发现。二者均为转主寄生菌。

[发病规律]　病菌以菌丝体在桧柏等针叶树枝条上越冬，可存活多年。翌春3～4月遇雨时，冬孢子萌发产生担孢子，担孢子主要借风传播到海棠类树上，担孢子萌发后直接侵入寄主叶片表皮并蔓延，约10

天后便在叶正面产生性孢子器，3周后形成锈孢子器。8～9月锈孢子成熟后随风传播到桧柏上，侵入嫩梢越冬。此病的发生与降水关系密切。两种寄主混栽较近、有病菌大量存在、3～4月雨水较多，是病害大发生的主要条件。

### 53. 杨树锈病

［分布与为害］ 分布于全国杨树栽植区，尤其陕西、山西、新疆、北京、河北、河南、山东等地发生严重。主要为害毛白杨、新疆杨、河北杨、山杨、银白杨等杨树。

［症状］ 该病为害植株的芽、叶、叶柄及幼枝等部位。感病冬芽萌动时间一般较健康芽早2～3天。如侵染严重，往往不能正常放叶。未展开的嫩叶为黄色夏孢子粉所覆盖，不久即枯死。感染较轻的冬芽，开放后嫩叶皱缩、加厚、反卷、表面密布夏孢子堆，像一朵黄花。轻微感染的冬芽，可正常开放，嫩叶两面仅有少量夏孢子堆。正常芽展出的叶片被害后，感病叶上病斑圆形，针头至黄豆大小，多数散生，以后在叶背面产生黄色粉堆，为病菌的夏孢子堆（图3-74）。

图3-74 杨树锈病——夏孢子堆

［病原］ 担子菌门，马氏栅锈菌 *Melampsora magnusiana* G. H. Wagner、杨栅锈菌 *M. rostrupii* Wagner 和圆茄夏孢锈菌 *Uredo tholopsora* Cummins。

［发病规律］ 病菌以菌丝体在冬芽或枝梢的溃疡斑内越冬。春季受侵染冬芽展开时形成大量夏孢子

堆，成为当年侵染的主要来源。嫩梢病斑内的菌丝体也可越冬形成夏孢子堆。夏孢子萌发后，可直接穿透角质层侵入寄主。冬孢子在侵染循环中无重要作用。2个月以上的老熟叶片一般不受感染。北京地区，4月上旬病芽开始出现，5~6月为发病高峰，7~8月病害平缓，8月下旬以后又形成第2个高峰期。10月下旬以后病害停止发展。

### 54. 柳树锈病

[分布与为害] 分布于黑龙江、吉林、辽宁、内蒙古、河北、山东、河南等地。主要为害龙爪柳、旱柳、垂柳的幼苗及幼树，导致生长期大量落叶，严重时引起嫩枝枯死，对幼苗、幼树生长影响很大。

[症状] 在柳树的发病情况为：①5月下旬至6月上旬，夏孢子堆生于叶片两面，以叶背面为多，少数生于嫩枝上。初生的夏孢子堆小，单生、圆形，直径0.1~0.5mm。后期夏孢子堆大多集聚为直径1.5~2.5mm的大堆，呈橘黄色。②7~8月，叶片两面布满夏孢子堆（图3-75），叶片失水卷曲或早期脱落。8月下旬叶片两面出现红褐色，微隆起的病斑是病菌的冬孢子堆。冬孢子堆小，圆形，直径0.1~0.5mm。严重时冬孢子堆相互连片，仍以叶背面为多。

图3-75 柳树锈病——叶背夏孢子堆

该病害的转主寄主为紫堇，4月下旬至5月初发病。病害在叶、茎、果实上均有发生，同时在受害部位出现淡黄色疱疹，疱疹上生有淡褐色点状的性孢子器。相继在其附近产生疱状隆起，皮破后露出黄色、粉状的锈孢子堆。锈孢子飞散后，叶、茎、果即枯死。

[病原] 担子菌门，鞘锈栅锈菌 *Melampsora coleosporioides* Dietel。

[发病规律] 在内蒙古越冬的冬孢子，于4月下旬遇雨水或潮气萌发产生担子和担孢子，东北地区则稍晚。借风力传播到紫堇上，萌发产生芽管由气孔侵入，7~10天后形成性孢子和锈孢子。锈孢子借助风力传播到柳树叶片上，萌发后由气孔侵入叶内，7~13天产生夏孢子堆。夏孢子可以反复多次侵染柳树。8月下旬柳树病叶上形成冬孢子堆，以后随病叶落地越冬。越冬后的夏孢子不能萌发。

柳树锈病发生的早晚、轻重与当年的湿度有很大关系。在呼和浩特，5~6月开始发病。空气湿度高的年份发病早而严重。所以，苗木密度大、通风透光不良、浇水次数太多或降水多的年份病害发生严重。另外，凡是距转主寄主较近的柳树，发病也较重。一至二年生苗木最易受害。幼叶受侵染后不但潜育期短，而且发病也重。在同样条件下，展叶6天的幼叶接种夏孢子后潜育期为7天，展叶30天的潜育期达13天。随着苗木年龄的增大，其抗病性会增强。田间柳树个体间抗病能力有着明显的差异。

### 55. 桑赤锈病

[分布与为害] 桑赤锈病又名赤粉病、金桑、金叶等，分布于全国各地桑树栽植区。严重时叶片表面布满锈孢子堆，削弱长势，降低观赏与经济价值。

［症状］ 该病为害桑芽、嫩叶、嫩梢。发病时，芽叶上布满金黄色病斑，造成叶片畸形卷缩，黄化易落。严重时，桑芽不能萌发，已萌发的桑芽盘曲变形。嫩芽染病部位畸形或弯曲，桑芽不能萌发。新梢上的芽、茎、叶、花椹染病后，局部肥厚或弯曲畸变，出现橙黄色斑。叶片染病后，在叶片正背面散生圆形有光泽小点，逐渐隆起成青疱状，颜色变黄，后呈橙黄色，表皮破裂，散发出橙黄色粉末状的锈孢子，布满全叶（图3-76），故有"金桑"之称。

图3-76 桑赤锈病

［病原］ 担子菌门，桑春孢锈菌*Aecidium mori* Barclay。

［发病规律］ 在北方以菌丝束在桑枝或冬芽组织内越冬，南方以锈孢子器和锈孢子越冬。翌春病菌随桑芽萌发，引致桑芽染病。对桑芽的初侵染一般在4月，初侵染产生的锈孢子飞散到新梢、桑叶及花椹上进行多次再侵染。

## 56. 香椿叶锈病

［分布与为害］ 分布于寄主栽植区。主要为害香椿的叶片，感病植株长势缓慢，叶斑较多。严重时引起早期落叶，植株生长衰弱。此病除为害香椿外，还为害臭椿、洋椿属树木。

［症状］ 叶片发病，最初在叶面出现黄色小点（图3-77a），后在叶背出现呈疱状突起的夏孢子堆

图3-77 香椿叶锈病

a. 叶面出现黄色小点；b. 叶背夏孢子堆；c、d. 叶背冬孢子堆

（图3-77b），破裂后散出金黄色粉状夏孢子。秋季以后，在叶背面产生黑色疱状突起，即冬孢子堆，散生或群生，破裂后散出许多黑色粉状物，即冬孢子。病害严重发生时，叶片上布满冬孢子堆，以背面居多（图3-77c、d）。

[病原] 担子菌门，香椿刺壁三孢锈菌 *Nyssopsora cedrelae* (Hori) Tranz。

[发病规律] 该病一般在春末夏初发生。夏孢子阶段危害严重，夏孢子多于晚春开始形成，萌发后再次侵染。不久又可产生新的夏孢子堆与夏孢子。夏孢子靠风传播，进行多次再侵染。从春季至秋末均可发病。秋季遇干旱天气，发病严重。冬孢子在叶片生长后期产生。

**57. 竹秆锈病**

[分布与为害] 分布于华东、华中与西南地区。为害淡竹、篌竹、早竹、白哺鸡竹、水竹、沙竹、刚竹，以淡竹发病最为普遍和严重。该病严重时造成竹株中下段变黑而倒折，影响观赏。

[症状] 以二年生或三年生竹最为明显，在竹秆基部、下部、中部产生橙黄色、椭圆形、长条形至不规则形垫状物（图3-78），即病菌冬孢子堆；严重时小枝也可产生冬孢子堆。冬孢子堆脱落后，在原处产生紫褐色粉质物，很快变成黄褐色，即病菌夏孢子堆。夏孢子堆脱落后，病斑组织死亡。秋季，死亡组织外围先变色，再产生冬孢子堆。病斑逐年扩大，环绕一周后病竹死亡。

图3-78 竹秆锈病

[病原] 担子菌门，皮下硬层锈菌 *Stereostratum corticioides* (Berk. & Broome) H. Magn.。

[发病规律] 病菌只产生冬孢子和夏孢子，在病竹上越冬。病菌夏孢子侵染当年新竹，病菌孢子随风传播，传染盛期是5月至6月中旬。侵入后症状出现晚，病斑小，易被忽视。病竹在11～12月、2～3月产生冬孢子堆，4～5月脱落后产生夏孢子。竹种间抗病性差异大，淡竹、紫竹、白哺鸡竹、水竹、早竹等高感病。竹秆锈病在管理不善、生长过密、植株细弱的竹林内容易发生，特别是地势低、湿度大、生长不良的竹林发病较重。

**58. 梅树锈病**

[分布与为害] 分布于寄主栽植区。严重时叶片发黄、畸形。

[症状] 主要发生在梅树芽上，展叶时尤为明显。染病梅树芽开放较早，随之芽上生橙黄色不规则形病斑。染病叶肥厚变形，也生不规则形橙黄色病斑，后破裂，散出黄色锈孢子。花器染病后常还原成叶片形状，因此又名变叶病（图3-79）。

[病原] 担子菌门，菝葜囊孢锈菌 *Caeoma makinoi* Kusano。

图3-79 梅树锈病

[发病规律] 病菌以菌丝体在被害处隆起部分潜伏越冬。从冬芽附近侵入，早春花芽、叶芽展开时发病。6月中下旬果实采收时病害停止发展。

园林植物上常见的锈病类型还有海州常山锈病（图3-80）等。

[锈病类的防治措施]

（1）避免混栽　在园林设计及定植时，避免海棠类、山楂、苹果、梨类植物等与桧柏、龙柏类混栽。

（2）清除初侵染源　结合园圃清理及修剪，及时将病枝芽、病叶等集中烧毁，以减少病原。

（3）选择抗病品种　不同的植物品种之间对锈病的抗性有较大差异，选择抗病品种也是防

图3-80　海州常山锈病

治锈病的有效措施之一。

（4）选择无菌种苗　例如，针对菊花白锈病，最好选择无菌组培苗（或扦插苗），或对可能带菌的种苗进行消毒处理。

（5）加强栽培管理　注意通风透光，降低湿度，增施磷钾肥，提高植株的抗病能力。

（6）化学防治　发病初期可喷洒30%吡唑醚菌酯悬浮剂1000～2000倍液、50%啶酰菌胺水分散粒剂1500～2000倍液、32.5%苯甲·嘧菌酯悬浮剂1500～2000倍液、60%唑醚·代森联水分散粒剂1000～2000倍液，每10天喷洒1次，连喷3或4次。对于海棠-桧柏锈病，可于3～4月冬孢子角胶化前，在桧柏上喷洒3～5°Bé石硫合剂、50%硫悬浮液400倍液，以抑制冬孢子堆遇雨膨裂产生担孢子。

## 三、叶斑病类

叶斑病是叶片组织受局部侵染而出现各种形状斑点病的总称。但叶斑病并非只是在叶片上发生，有些病害既在叶片上发生，也在枝干、花和果实上发生。该病类型多，可因病斑的色泽、形状、大小、质地、有无轮纹等不同，分为黑斑病、褐斑病、圆斑病、角斑病、斑枯病、轮斑病、炭疽病等，其病斑上往往着生有各种点状物、颗粒状物或霉状物。该病种类多，可占整个菌物病害种类的一半以上，病原主要为真菌界的无性态真菌，少数属子囊菌门。在高温多雨季节发生严重，且初侵染来源主要来自地面的病残体，常通过降雨（或灌水）引起的泥土反溅而传播。病害聚集发生时，可引起叶枯、落叶或穿孔，以及枯枝或花腐，严重降低园林植物的观赏价值，有些叶斑病还会给园林植物造成较大的经济损失，如百日菊黑斑病、菊花褐斑病、月季黑斑病、杜鹃角斑病、大叶黄杨褐斑病等。

**59. 百日菊黑斑病**

［分布与为害］　又名褐斑病，在全国各地均有发生。被侵染植株的叶变褐干枯，花瓣皱缩，影响观赏。

［症状］ 叶、茎、花均可受害。叶片上最初出现黑褐色小斑点，不久扩大为不规则形状的大斑，直径为2～10mm，红褐色。随着斑点的扩大和增多，整个叶片变褐干枯（图3-81）。茎上发病从叶柄基部开始，纵向发展，成为黑褐色长条状斑。花器受害症状与叶片相似，不久花瓣皱缩干枯。幼苗期，茎的基部受害时形成深褐色中心下陷的溃疡斑，病斑逐渐包围茎部，使小苗呈立枯病症状。

图3-81　百日菊黑斑病

［病原］ 无性态真菌，百日菊细极链格孢菌 *Alternaria zinniae* M. B. Ellis。

［发病规律］ 病菌在病叶、病茎等残体上越冬。病菌借风雨传播，在百日菊整个生长过程中都可侵染。在高温多湿的气候条件下发病最严重。

**60. 金鸡菊黑斑病**

［分布与为害］ 分布于寄主栽植区，发生普遍。为害金鸡菊、雏菊等，严重时叶上病斑连片，由黄变黑，枯缩易落，丧失观赏价值。

［症状］ 病害发生在叶片，先从植株下部叶片开始，逐渐向上蔓延。发病初期为大小不等的淡黄色和紫褐色斑，后发展为边缘黑褐色、中心白或灰黑色、近圆形的不规则形病斑（图3-82a～c），直径5～10mm，后期病斑长出细小黑色小点（即分生孢子器）。发病严重时，病斑连片，使整个叶片变黄，后期发黑、干枯、脱落，或病叶卷成筒状而下垂或干枯脱落（图3-82d、e）。

［病原］ 无性态真菌，菊壳针孢菌 *Septoria chrysanthemella* Saccardo。

［发病规律］ 病菌以菌丝体和分生孢子器在病残体上越冬。翌年春温度适宜时，分生孢子器于降雨

**图3-82  金鸡菊黑斑病**

a～c. 叶片初期病斑；d、e. 后期病叶卷缩下垂或干枯脱落

后溢出大量分生孢子，借风雨和昆虫传播为害，从伤口或气孔侵入。病害多从幼苗下部叶片开始发生，逐渐向上部叶片蔓延。以秋季发病较重。

### 61. 万寿菊叶斑病

［分布与为害］ 分布于寄主栽植区。从苗期至成株期均可发病，导致万寿菊叶片早枯，花蕾凋萎，该病发生蔓延快、危害重。

［症状］ 叶片发病，自下部叶片逐渐向上部蔓延，从叶缘处或叶片中部开始发生。初期病斑如针尖大小，褐色，圆形或椭圆形，少数不规则形，中央灰白色或黄白色，边缘黑褐色坏死，叶背面的病斑呈黄褐色。病斑直径约0.5mm，最大直径可达7mm。以后病斑逐渐扩大形成椭圆形或不规则形的紫褐色病斑（图3-83）。发病严重时病斑连片，造成叶片枯死。

**图3-83  万寿菊叶斑病**

茎部染病，多从叶腋处先发生，并向新生枝及主茎扩展，造成病部变褐、变紫，病斑多为圆形或长椭圆形。花部受害，多从花萼开始，初为褐色小点，中央灰白色，边缘有紫褐色坏死，以后逐渐扩展，并引起花瓣染病，导致花瓣凋萎，严重时整朵花密布病斑，花瓣变褐枯死，苞片变黑。

〔病原〕 无性态真菌，主要有百日菊细极链格孢菌*Alternaria zinniae* M. B. Ellis、万寿菊链格孢菌 *A. tagetica* S. K. Shome & Mustafee 等。

〔发病规律〕 病菌在病株残体或土壤中的病残体上越冬。翌年分生孢子借风雨传播从气孔侵入。栽植密度过大、通风透光不良、氮肥过多、湿度过大有利于病害发生。品种间感病性差异显著，非洲万寿菊非常容易感病，而法国万寿菊抗病或免疫。

**62. 黑心菊黑斑病**

〔分布与为害〕 分布于寄主栽植区。严重时往往一片叶上有数个至十几个黑斑，降低观赏价值。

〔症状〕 该病为害叶片，发生在叶缘或叶面上。发病初期叶片上出现黑色小斑点，扩展后病斑呈近圆形或不规则斑块，直径5～12mm，病健部交界明显（图3-84）。潮湿条件下，病斑背面生黑褐色霉层。

图3-84 黑心菊黑斑病

〔病原〕 无性态真菌，一种链格孢菌*Alternaria* sp.。

〔发病规律〕 病菌在病残体及土壤中越冬。病菌孢子随水流传播。该菌在土壤中可存活多年。雨水多、土壤积水、植株生长不良、地下害虫多等因素均加重该病的发生。

**63. 菊花褐斑病**

〔分布与为害〕 又名菊花黑斑病、菊花斑枯病。分布于黑龙江、吉林、辽宁、北京、河北、河南、山东、江苏、安徽、浙江、江西、福建等地。发生严重时，叶片枯黄，全株萎蔫，叶片枯萎、脱落，影响菊花的产量和观赏性。

〔症状〕 发病初期，病叶出现淡黄色褪绿斑，病斑近圆形，逐渐扩大，变紫褐色或黑褐色。发病后期，病斑近圆形或不规则形，直径可达12mm，病斑中间部分浅灰色，边缘黑褐色，其上散生细小黑点，为病菌的分生孢子器。一般发病从下部开始，向上发展，严重时全叶变黄干枯（图3-85）。

〔病原〕 无性态真菌，菊壳针孢菌*Septoria chrysanthemella* Saccardo。

图3-85　菊花褐斑病

[发病规律]　病菌以菌丝体和分生孢子器在病残体上越冬。翌年分生孢子器吸水产生大量分生孢子借风雨传播。温度24～28℃、雨水较多、种植过密条件下发生严重。

**64. 鸡冠花褐斑病**

[分布与为害]　分布于吉林、辽宁、河北、河南、山东、江苏、浙江、江西、福建、广东、四川等地。为害鸡冠花，受害叶片布满褐色病斑，后期叶片枯黄脱落，有时全株死亡，严重影响植株生长和观赏。

[症状]　病害主要发生在叶片上，有时也可为害茎部，甚至根部。叶面病斑初为浅黄褐色小点，后扩展呈近圆形或椭圆形病斑，边缘略凸出，紫褐色，中央呈浅褐色并有不太明显的同心轮纹。后期病斑上生有许多密集的粉红色小霉层，病斑直径5～10mm。严重感病的叶片上病斑可达30余个。病斑连片可使叶片变褐枯黄，甚至植株死亡（图3-86），单个病斑干枯脱落可造成穿孔。茎部感病则呈现条状或不规则形的褐色腐烂大斑，有时可以从病部发生倒伏，茎、叶凋萎枯死。

图3-86　鸡冠花褐斑病

［病原］ 无性态真菌，硫色镰孢菌 *Fusarium sulphureum* Schltdl.、鸡冠花砖红镰孢菌 *F. lateritium* f. sp. *celosiae* Tassi。

［发病规律］ 病菌在植株病残体及土壤中植物碎屑上越冬。翌年环境条件适宜时，病菌借风雨、浇灌时水滴溅泼等方式传播。发病程度与气温、降水量及降水次数密切相关，气温25℃左右、连续几次降水后，即可发病且迅速蔓延，危害严重。土壤排水不良、透水性差，植株容易发病。高温多雨季节发病重。

**65. 一串红黑斑病**

［分布与为害］ 又名为轮斑病，分布于寄主栽植区。为一串红的重要病害之一。

［症状］ 主要为害叶片。病斑圆形至椭圆形或不规则形，暗褐色至灰褐色，干燥时可见同心轮纹，湿度大时病部生灰黑色霉层（图3-87）。

图3-87 一串红黑斑病

［病原］ 无性态真菌，瓜叶菊链格孢菌 *Alternaria cucumerina* (Ell. & Ev.) Elliott。

［发病规律］ 病菌在种子或病残体上越冬。条件适宜时借风雨或淋水飞溅传播，进行初侵染和多次再侵染。缺肥的老叶或植株在高温高湿条件下发病重。

**66. 芍药红斑病**

［分布与为害］ 又名芍药褐斑病、叶霉病，是芍药上的重要病害之一。分布于黑龙江、吉林、辽宁、陕西、山西、宁夏、新疆、河北、北京、山东、江苏、安徽、浙江、江西、四川等地。发病植株矮小，叶片早枯，严重影响观赏效果。

［症状］ 发病后叶片出现不规则形病斑，直径5～15mm，紫红色或暗紫色，潮湿条件下叶片背面可产生暗绿色霉层，并可产生浅褐色轮纹。发生严重时叶片焦枯破碎，如火烧一般，影响观赏效果（图3-88）。

图3-88 芍药红斑病

［病原］ 有性阶段属子囊菌门，*Graphiopsis chlorocephala* (Fresen.) Trail；无性阶段属无性态真菌，二岐枝孢属 *Dichocladosporium chlorocephalum* (Fresen.) K. Schub.。

［发病规律］ 病菌以菌丝体在病叶、病枝条、果壳等病残组织上越冬。病菌自伤口侵入或直接从表皮侵入。分生孢子借风雨传播，侵染新叶、嫩梢等部位。再侵染次数很少，初侵染决定病害流行的程度。春季雨水早、雨量大、气候潮湿，发病较重。种植过密、通风不良、高温潮湿发病严重。

### 67. 蜀葵白斑病

［分布与为害］ 分布于寄主栽植区。主要为害植株下部叶片，产生大量病斑，严重时引起提早落叶。

［症状］ 发病初期，蜀葵叶面着生有褐色的小斑点，随着病情的发展，病斑逐渐扩展为圆形、椭圆形或不规则形，病斑中央呈灰白色，外缘呈红褐色（图3-89）。在湿润环境下病斑上可着生有灰褐色霉层。

图3-89 蜀葵白斑病

［病原］ 无性态真菌，蜀葵尾孢霉菌 *Cercospora althaeina* Sacc.。

［发病规律］ 病菌以菌丝体及分生孢子在土壤及病残体上越冬。分生孢子借风雨或浇水传播。6月中下旬开始发病，7～8月为发病高峰期，高温高湿期尤易发病，可反复侵染，一年内可形成2或3次发病高峰期。一般下部叶片先发病，然后逐渐向上发展。

### 68. 龟背竹灰斑病

［分布与为害］ 分布于上海、江西、广东、广西等寄主栽植区。为害龟背竹，发病严重时，叶片腐烂干枯，影响生长和观赏。

［症状］ 发生在叶片，多从叶缘、伤损处开始发病，初为黑色斑点，扩大后呈椭圆形至不规则形，边缘黑褐色，内为褐色，后期病斑连成一片，腐烂干枯并出现稀疏的黑色小点，即病菌的分生孢子器（图3-90）。

［病原］ 无性态真菌，弯孢霉属，新月弯孢霉 *Curvularia lunata* Lunata。

［发病规律］ 病菌主要以菌丝体或子实体在落叶、枯枝等病组织中越冬、越夏。翌春温度上升、条件适宜时，能产生大量孢子，多次重复侵染。植株在遭受低温、冻伤、烟熏、虫害后，发病尤为严重。

### 69. 文殊兰叶斑病

［分布与为害］ 分布于寄主栽植区。发病严重时，植株矮化，变黄或枯死。

［症状］ 主要发生在叶片上，病斑初期为褐色小斑点，四周有褪色的晕圈，之后扩大成圆形、椭圆形或不规则形，边缘暗褐色，中部为黄白色至灰褐色，后期病斑出现黑色粒状物，即病菌的分生孢子器。发病严重时，病斑连片，叶片萎蔫干枯，植株死亡（图3-91）。

［病原］ 无性态真菌，壳球孢属 *Macrophmina phaseoli* (Maub.) Ashby。

图3-90　龟背竹灰斑病

图3-91　文殊兰叶斑病

［发病规律］　病菌在病残体上越冬。翌春温度上升，分生孢子器萌动，开始侵染。一般多从伤口侵入为害。植株生长衰弱、温度过高、湿度大、通风不良，有利于病害的发生。

**70. 万年青红斑病**

［分布与为害］　分布于寄主栽植区。主要为害百合科的万年青、土麦冬及沿阶草属的植物，发生严重时，叶片灰白焦枯死亡，影响观赏。

［症状］　病害发生在叶片上，病斑圆形或半圆形，初为灰白色，扩展后直径10～15mm，有同心圆，中央灰褐色，边缘红褐色，较宽（图3-92）。正面散生小黑点，即子囊壳。

［病原］　子囊菌门，万年青亚球壳菌*Sphaerulina rhodeae* P. Henn.。

［发病规律］　病菌以菌丝体存活于病残株上越冬。翌春温湿度条件适宜时产生大量分生孢子，借风力传播。植株衰老、有伤口时有利于感病。

**71. 八仙花叶斑病**

［分布与为害］　分布于河南、山东、江苏、上海、安徽、江西、福建、云南等南方地区及北方温室。发病严重时，引起落叶，影响观赏。

［症状］　在叶片上初生暗绿色、水渍状小点，后期病斑逐渐扩大，直径1～3mm，最大病斑可达15mm。后期病斑暗褐色，中心部分灰白色，病斑表面产生黑色小粒点，即分生孢子器（图3-93）。

图3-92 万年青红斑病

图3-93 八仙花叶斑病

[病原] 无性态真菌，八仙花叶点霉菌*Phyllosticta hydrangeae* Ell. & Ev.。

[发病规律] 病菌以菌丝或分生孢子盘在被害植株上越冬。翌年春季温湿度条件适宜时，产生大量分生孢子随风雨传播，侵染叶片。在梅雨季节发病严重。种植过密、通风不良、植株生长衰弱，均利于病害的发生。

### 72. 鸢尾叶斑病

[分布与为害] 分布于各栽植区的花圃、庭院等处。发生普遍，严重时引起叶片焦枯。

[症状] 发病初期，病斑微小且带有水渍状边缘，呈眼斑状，大小相似，逐渐连片，中心浅灰色，边缘深褐色，多发生于叶片上半部（图3-94）。

[病原] 无性态真菌，鸢尾生链格孢*Alternaria iridicola* (Ell. & Ev.) Elliott。

[发病规律] 植株进入开花期后，病害加重，引起叶片过早死亡。病菌不侵入根状茎和根部，但容易侵入花蕾。病害的发生与降水有关系。

### 73. 萱草褐斑病

[分布与为害] 分布于各栽植区的花圃、庭院等处。发生普遍，严重时引起叶片焦枯。

[症状] 叶片病斑椭圆形，较细小，长径3～7mm，宽径1～2mm，黄褐色，边缘褐色，斑外围具黄色晕圈。通常病斑密布，当病斑互相连合时，常致叶片局部呈褐色焦枯（图3-95）。

[病原] 无性态真菌，主要是尾孢菌属*Cercospora* sp.，其次为大茎点霉属*Macrophoma* sp. 和叶点霉属*Phyllosticta* sp.。

图3-94 鸢尾叶斑病

图3-95 萱草褐斑病

[发病规律] 病菌以菌丝体及其子实体在病部或病残体中存活越冬。以分生孢子借风雨传播。温暖多雨的季节易发病。施氮肥过多也会加重病害的发生。

### 74. 文心兰叶斑病

[分布与为害] 分布于寄主栽植区。严重时，叶面具大量黑斑，大大降低观赏价值。

[症状] 为害叶片和假鳞茎。叶片染病初现黄色略凹陷斑点，后随病斑扩大，凹陷更加明显，并呈褐色至灰褐色或红色至紫黑色；病斑圆形至卵圆形，融合后形状不规则，边缘略隆起。假鳞茎染病呈现卵圆形病斑，棕褐色至褐色（图3-96）。

[病原] 无性态真菌，叶点霉属 *Phyllosticta* sp.。

[发病规律] 病菌在病叶上或病残体上越冬。翌年产生分生孢子，借风雨传播，由伤口或气孔侵入，进行初侵染和再侵染；气温25～27℃的雨后易发病，病斑有时会穿孔。

### 75. 绿萝穿孔叶斑病

[分布与为害] 分布于寄主栽植区。有伤口的情况下较易发生，常在叶面产生坏死斑并穿孔，降低观赏价值。

图3-96 文心兰叶斑病

［症状］ 发病初期叶面上出现褐色斑点，扩展后呈近圆形、不规则形病斑，褐色，病斑可汇合成不规则形大斑块；发病后期叶斑中央常穿孔，边缘残留病组织上着生少量小黑点粒（图3-97）。

［病原］ 无性态真菌，叶点霉属 *Phyllosticta* sp.。

［发病规律］ 病菌在病叶上及病残体上越冬；由水滴滴溅传播。温暖高湿、多雨、通风不良有利发病。

**76. 三叶草刺盘孢炭疽病**

［分布与为害］ 又名三叶草南方炭疽病，为害三叶草。常见于我国南方地区，甘肃较温暖潮湿的天水等地也有发生。一般危害不严重，但条件适宜时也可造成较大危害。

［症状］ 主要为害幼苗的茎和成株的茎、叶片、叶柄和根颈，也侵染花序和种子。病株常生叶斑，初期小型，黑色，很快扩展成较大的不规则病斑（图3-98），往往扩至整个小叶。茎部病斑呈长形褐色条斑，中部凹陷。叶柄和幼苗受侵染时，初呈水渍状，后纵向发展成褐色条斑。茎基或根颈部受害严重时，可使整株枯死。病斑一般中部色浅，边缘呈深褐色，后期病斑上出现许多具黑刺毛的小黑点，即分生孢子盘。

图3-97 绿萝穿孔叶斑病

图3-98 三叶草刺盘孢炭疽病

［病原］ 无性态真菌，三叶草刺盘孢菌 *Colletotrichum trifolii* Bain。

［发病规律］ 病菌以分生孢子盘或菌丝体在病株、病残体或被侵染的野生杂草寄主上越冬。翌年春季以分生孢子进行初侵染，并由分生孢子借风雨传播。在生长季节多次再侵染，造成病害的蔓延。受侵染的种子是远距离传播的重要途径。种子带菌部位在胚部。高温高湿有利于病害的发生和流行，发病适温高达28～30℃。病菌可在整个生育期的任何阶段侵染寄主，幼苗和幼嫩组织更易受感染。

**77. 玉簪炭疽病**

［分布与为害］ 分布于各栽植区的苗圃、公园、庭园等处。严重时常引起叶片穿孔，影响观赏。

［症状］ 该病多发生在叶缘，先出现褪绿小斑点，扩展后病斑半圆形或不规则形，黄褐色，边缘红褐色；病斑常汇合为大斑，向叶片中央蔓延；病斑边缘色较深，其外有黄绿色晕环，潮湿时斑面出现小黑点（图3-99），严重时致叶枯。

图3-99 玉簪炭疽病

［病原］ 无性态真菌，甜菜刺盘孢 *Colletotrichum omnivorum* de Bary。

［发病规律］ 病菌以菌丝体和分生孢子盘在病叶或病残体上越冬。翌年产生分生孢子进行侵染，借雨水溅射传播，从伤口侵入致病。温暖多湿的天气易发病。栽植过密、叶片相互接触摩擦易生伤口，增加感病机会。施氮过多也会加重发病。

### 78. 芦荟炭疽病

［分布与为害］ 分布普遍，危害较轻，影响生长与观赏。

［症状］ 叶尖、叶缘多先呈现病斑，病斑半圆形，黑褐色；叶面病斑圆形或近圆形，直径3～6mm，黑褐色，并很快扩展成大斑，中部微下陷，边缘略隆起，其上散生小黑点。多发生于老龄及有伤口的叶片上，可导致叶片弯折、干缩，影响生长（图3-100）。

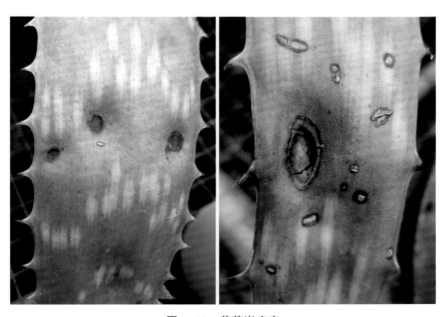

图3-100 芦荟炭疽病

［病原］ 无性态真菌，胶孢炭疽菌 *Colletotrichum gloeosporioides* (Penz.) Penz. & Sacc.。

［发病规律］ 病菌以菌丝体在病残组织内越冬。病菌发育适温为21～28℃，高温高湿、园圃郁蔽有利于发病；盆土过湿、排水不良、偏施氮肥，会加重病害的发生；日常管理操作及运输过程中人为造成的伤口，也是诱发病害的主要原因之一。

**79. 仙人掌类炭疽病**

［分布与为害］ 分布普遍，有时危害较重。

［症状］ 主要为害茎部。茎上初期会出现浅褐色圆形或近圆形病斑，呈水渍状，后逐渐扩展成圆形、椭圆形、半圆形或不规则形病斑。病部呈湿腐状下陷，边缘稍隆起。后期病斑中部褪为灰褐色至灰白色，斑面具明显或不明显轮纹，边缘围有黄晕（图3-101）。病斑上生有小黑点，略呈轮纹状排列。潮湿气候下表面呈现粉红色黏孢子团，即为病菌的子实体。严重时整个茎变褐腐烂。

**图3-101 仙人掌类炭疽病**

［病原］ 无性态真菌，仙人掌刺盘孢 *Colletotrichum opuntiae* (Ell. et Ev.) Saw.、仙人掌长圆孢盘菌 *Gloeosporium opuntiae* Ell. et Ev.。

［发病规律］ 病菌以菌丝或分生孢子盘在病组织内越冬。翌年条件适宜时产生分生孢子，借风雨传播，进行初侵染。主要通过伤口侵入为害。该病喜高温、高湿的环境，初夏和初冬时节均可发生。品种间的抗性有一定的差异，黄色球类的品种较易感病。

**80. 国兰炭疽病**

［分布与为害］ 在国兰栽植区普遍发生。主要为害春兰、蕙兰、建兰、墨兰、寒兰等兰科植物。

［症状］ 主要为害叶片，病斑以叶缘和叶尖较为普遍，少数发生在基部。病斑半圆形、长圆形、梭形或不规则形，有深褐色不规则线纹数圈，病斑中央灰褐色至灰白色，边缘黑褐色。后期病斑上散生有黑色小点，为病菌的分生孢子盘，病斑多发生于上中部叶片。病斑的大小、形状因兰花品种不同而有差异（图3-102）。

［病原］ 无性态真菌，胶孢炭疽菌 *Colletotrichum gloeosporioides* (Penz.) Penz. & Sacc.。

［发病规律］ 病菌以菌丝体及分生孢子盘在病株残体或土壤中越冬。翌年气温回升，兰花展开新叶时，分生孢子进行初侵染。病菌借风、雨、昆虫传播，进行多次再侵染。一般自伤口侵入，在嫩叶上可以直接侵入。雨水多、放置过密时发病重。每年3～11月均可发病，雨季发病重，老叶4～8月发病，新叶8～11月发病。品种不同，抗病性有所差异，墨兰及建兰较抗病，春兰、寒兰不抗病，蕙兰适中。

**81. 蝴蝶兰炭疽病**

［分布与为害］ 分布于寄主栽植区。感病叶片产生坏死斑，并导致叶片黄化，影响生长，降低观赏价值。

图3-118 杜鹃角斑病

[病原] 无性态真菌，杜鹃尾孢菌 *Cercospora rhododendri* Marchal & Verpl.。

[发病规律] 病菌以菌丝体在病叶及病残体上越冬。翌年春天，当气温适宜时形成分生孢子，借风雨等传播，孢子遇到水滴便产生芽管，直接侵入叶片组织，或自伤口处侵入。高温多雨季节发病重。雨雾多、露水重有利于孢子的扩散和侵染，因而发病重。温室中栽培的杜鹃可常年发病。土壤黏重、通风透光性差、植株缺铁黄化时，有利于病害的发生。

### 97. 金叶女贞叶斑病

[分布与为害] 分布于寄主栽植区。发病严重时，可导致叶面病斑累累，造成大量落叶，影响长势，降低观赏价值。

[症状] 多发生于叶片上，枝条上也有发生。病斑在叶片上形成近圆形斑，直径2～4mm，周围具一圈紫黑色晕圈，病斑内淡褐色。发病初期病斑为淡褐色，有的为紫褐色，逐渐在中央形成轮廓明显的病斑，颜色渐变淡褐色或灰白色，后期产生黑色小颗粒。初期病斑较小，扩展后病斑直径1cm以上，有时融合成不规则形。发病叶片极易从枝条上脱落，从而造成严重发病区域枝干光秃的现象（图3-119）。

图3-119 金叶女贞叶斑病

［病原］　无性态真菌，蔓荆子棒孢 *Corynespora viticus* Y. L. Guo。。

［发病规律］　以菌丝体在土表病残体上越冬。分生孢子通过气流或枝叶接触传播，从伤口、气孔或直接侵入寄主。高温多雨季节发病重。上年发病较重的区域，下年一般发病也较重。连作、密植、通风不良、湿度过高均有利于病害的发生。

### 98. 金森女贞叶斑病

［分布与为害］　分布于寄主栽植区。严重时叶片病斑较多，影响观赏价值。

［症状］　主要为害叶片。春梢叶片病斑大发生，分布于叶片主脉两侧，病斑为圆形至近圆形或不规则形、多角形，褐色（图3-120）；后期病斑中央变成灰褐色，边缘深褐色，下表皮着生暗灰色的霉层，即病菌的分生孢子和分生孢子梗。发病严重时病斑正面也有少量霉层，病斑相互连接成大斑块，呈灰褐色斑枯。

图3-120　金森女贞叶斑病

［病原］　无性态真菌，蔓荆子棒孢 *Corynespora viticus* Y. L. Guo。

［发病规律］　病菌以菌丝体在土表病残体上越冬。在遇到适宜的温湿度条件时产生分生孢子，借风、水及农事操作从伤口、气孔或直接侵入寄主。潜育期10～20天，在温度适合且湿度大的情况下，孢子几小时内即可萌发。植株栽植密、通风透光差、高温高湿的环境对病菌孢子的萌发和侵入非常有利，从而使病害大发生。

### 99. 玫瑰褐斑病

［分布与为害］　分布于寄主栽植区。严重时叶片病斑累累，早期脱落。

［症状］　主要为害叶片，叶上病斑散生，圆形或近圆形至不规则形，直径1～4mm，边缘紫褐色至红褐色，中间浅褐色或黄褐色至灰色，后期叶面产生黑色小霉点，即病菌分生孢子梗和分生孢子。严重时，病斑常融合成不规则形大斑，叶背颜色略浅（图3-121）。

图3-121　玫瑰褐斑病

［病原］ 有性阶段为蔷薇生球腔菌 *Mycosphaerella rosicola* Davis，属子囊菌门；无性阶段属无性态真菌，蔷薇生尾孢菌 *Cercospora rosicola* Pass。

［发病规律］ 病菌以菌丝体在病部或病残体上越冬。翌年5月条件适宜时产生分生孢子，借风雨传播进行初侵染和再侵染，6~9月高温潮湿或雨日多、雨量大时易发病。10月后病害停滞。

### 100. 月季黑斑病

［分布与为害］ 该病为世界性病害，我国各地均有发生。为月季最主要的病害，除为害月季外，还为害蔷薇、黄刺玫、山玫瑰、金樱子等近百种蔷薇属植物及其杂交种。常在夏秋季节造成黄叶、枯叶、落叶，影响月季的开花和生长。

［症状］ 主要为害叶片，也为害叶柄和嫩梢。感病初期，叶片上出现褐色小点，以后逐渐扩大为圆形或近圆形的斑点，直径8~10mm，边缘呈不规则的放射状，病部周围组织变黄（图3-122a~e）。病斑上生有黑色小点，即病菌的分生孢子盘。严重时病斑连片，甚至整株叶片几乎落光（图3-122f），成为光杆。嫩枝上的病斑长椭圆形、暗紫红色、稍下陷。

**图3-122 月季黑斑病**

a~e. 发病叶片；f. 发病后期落叶状

［病原］ 无性态真菌，蔷薇放线孢菌 *Actinonema rosae* (Lib.) Fr. 和蔷薇盘二孢 *Marssonina rosae* Sutton。

［发病规律］ 病菌以菌丝和分生孢子盘在病残体上越冬。露地栽培，病菌以菌丝体在芽鳞、叶痕或枯枝落叶上越冬。温室栽培，以分生孢子或菌丝体在病部越冬。分生孢子也是初侵染来源之一。分生孢子借风雨、水滴飞溅传播，因而多雨、多雾、多露利于发病。病害多从下部叶片开始侵染。气温24℃、相对湿度98%、多雨天气有利于发病。在长江流域一带，5~6月和8~9月出现两次发病高峰期。在北方一般8~9月发病最重。

病菌可多次重复侵染，整个生长季节均可发病。植株衰弱时容易感病。雨水是病害流行的主要条件。低洼积水、通风不良、光照不足、肥水不当、卫生状况不佳等都利于发病。月季不同品种间抗病性也有差异，一般浅色黄花品种易感病。

**101. 无花果角斑病**

［分布与为害］ 在寄主栽植区发生普遍。严重时造成叶片大量脱落，影响经济与观赏价值。

［症状］ 发病时叶上的病斑初期呈淡褐色或深褐色。病斑扩展受叶脉限制，呈不规则多角形，直径2～8mm，边缘清晰（图3-123）。在高温多雨的季节，病斑密集且互相联合，使叶片呈焦枯状，老病斑中散生小黑点，一般在4月下旬至5月中旬开始发生，高温高湿时发病严重。

图3-123 无花果角斑病

［病原］ 属于真菌病害，具体病原种类不详。

［发病规律］ 病菌主要以菌丝体在病落叶上越冬。翌年在温湿度适合时产生分生孢子进行初侵染，通过风雨进行传播。

**102. 凤尾兰叶斑病**

［分布与为害］ 该病在凤尾兰栽培区发生普遍，严重时叶片具大量黑斑，降低观赏价值。

［症状］ 发病初期，叶片上产生深褐色斑点，后为圆形至不规则形，带有紫色的边缘，直径4～15mm，几个病斑连合时，可以形成几十毫米大斑。之后中心变灰褐色，有同心轮纹，在同心轮纹上有黑色小点——病菌的分生孢子器，其先埋生于表皮下，后外露破裂（图3-124）。

图3-124 凤尾兰叶斑病

［病原］ 无性态真菌，丝兰盾壳霉 *Coniothyrium concentricum* (Desm.) Sacc.。

［发病规律］ 病菌以分生孢子器在病叶内越冬。翌年产生分生孢子为害，夏季雨多时病害较重，一般

下部叶片发病较多。

### 103. 栀子叶斑病

[分布与为害] 全国各地均有发生，以南方各地发生普遍而严重。为害多种栀子花，大叶栀子花比小叶栀子花更易感病。

[症状] 主要为害叶片，病菌多自叶尖或叶缘侵入，下部茎叶先发病，感病叶片初期出现圆形或近圆形病斑，淡褐色，边缘褐色，有稀疏轮纹，直径5～15mm；若发生在叶缘处则呈不规则形，褐色或中央灰白色，边缘褐色，有同心轮纹，几个病斑联合后形成不规则大斑，使叶片枯萎；后期产生众多小黑点，埋生于表皮下（图3-125）。

[病原] 无性态真菌，栀子生叶点霉 *Phyllosticta gardeniicola* Mhaiskar 和栀子叶点霉 *Phyllosticta gardeniae* Tassil。

图3-125 栀子叶斑病

[发病规律] 病菌在病落叶或病叶上越冬。翌春产生分生孢子，随风雨传播蔓延。栽植过密、通风透光不良等情况下容易发病，盆栽时浇水不当、生长不良时容易发病。

图3-126 蜡梅叶枯病

### 104. 蜡梅叶枯病

[分布与为害] 分布于寄主栽植区。该病为害叶片，严重时焦枯一片，影响生长和观赏。

[症状] 主要为害叶片和嫩枝。叶片染病时发生在叶尖或叶缘，初生黑色小斑点，后扩展成不规则形或近圆形褐色病斑，后期病斑呈灰白色至灰褐色，并产生许多黑色小粒点，即病菌的分生孢子盘（图3-126）。嫩枝染病后常枯死，秋季在枯死梢的病斑上产生黑色小粒点。发病重的提前落叶，影响花蕾的形成和观赏。

[病原] 无性态真菌，蜡梅叶点霉 *Phyllosticta calycanthi* Sacc.。

[发病规律] 病菌以菌丝体和分生孢子器在病叶或枯枝上越冬。翌年5月蜡梅展叶时，从分生孢子器中产生分生孢子进行初侵染，借风雨传播，后在生长季节进行多次再侵染。气温高时发病重。

### 105. 阔叶十大功劳炭疽病

[分布与为害] 分布于各栽植区的苗圃、公园、绿化区等，发病严重时，影响生长，导致落叶。

[症状] 叶片病斑圆形或不规则形，病斑较大，叶片边缘发病较多，病斑褐色，后期中央灰白色至灰褐色，外缘有明显的红黄色晕圈，之后病斑上出现轮生排列的小黑点（图3-127）。

图3-127 阔叶十大功劳炭疽病

［病原］ 无性态真菌，胶孢炭疽菌 *Colletotrichum gloeosporioides* (Penz.) Penz. & Sacc.。

［发病规律］ 病菌在病叶和病落叶上越冬。随风雨传播，新、老叶片均可感病，发病季节雨水多时病重。

**106. 丁香炭疽病**

［分布与为害］ 分布于寄主栽植区。严重时，往往叶片枯焦。

［症状］ 病菌多从叶尖、叶缘侵入。病斑较大，近圆形或不规则形，直径2～5cm，最大病斑占叶面积1/2以上（图3-128a、b）。病斑灰褐色，其上散生大量小黑粒——病菌分生孢子盘（图3-128c），病健交界处有一条明显的波浪状紫黑色纹带。重病叶卷曲、畸形，早期脱落（图3-128d）。

**图3-128 丁香炭疽病**
a、b. 叶片病斑；c. 病斑散生小黑粒；d. 重病叶卷曲畸形

［病原］ 有性阶段为 *Glomerella cingulata* (Stonem.) Spauld. & Schrenk，属子囊菌门；无性阶段为胶孢炭疽菌 *Colletotrichum gloeosporioides* (Penz.) Penz. & Sacc.，属无性态真菌。

［发病规律］ 以菌丝和子实体在寄主病残体上和土壤中越冬。翌年春季产生孢子，借风雨等传播，可多次侵染。高温多雨、土壤湿度大、栽植密度大、通风透光不良等条件下发病重。秋后随着气温下降，病情逐渐减轻直至停止发病。

**107. 柿炭疽病**

［分布与为害］ 分布于寄主栽植区。较严重的病害之一，引起落叶、落果、新梢枯死，甚至整株死亡。

［症状］ 主要为害新梢、叶片和果实。①新梢发病：多发生在5月下旬至6月上旬，最初于表面产生

黑色圆形小斑点，后变暗褐色，病斑扩大呈长椭圆形，中部稍凹陷并现褐色纵裂，其上产生黑色小粒点，即病菌分生孢子盘。天气潮湿时黑色病斑上涌出红色黏状物，即孢子团。病斑长10～20mm，其下部木质部腐朽，病梢极易折断。枝条上病斑大时，病斑以上枝条易枯死。②叶片发病：多发生于叶柄和叶脉，病斑初黄褐色，后变为黑褐色至黑色，长条状或不规则形（图3-129）。③果实发病：多发生在6月下旬至7月上旬，也可延续至采收期。果实染病，初在果面产生针头大小深褐色至黑色小斑点，后扩大为圆形或椭圆形，稍凹陷，外围呈黄褐色，直径5～25mm。中央密生灰色至黑色轮纹状排列的小粒点，遇雨或高湿时，溢出粉红色黏状物质。病斑常深入皮层以下，果内形成黑色硬块，一个病果上一般产生1或2个病斑，多者数十个，常早期脱落。

图3-129　柿炭疽病

［病原］　无性态真菌，胶孢炭疽菌 *Colletotrichum gloeosporioides* (Penz.) Penz. & Sacc.。

［发病规律］　以菌丝体在枝梢病部或病果、叶痕及冬芽中越冬。翌夏产生分生孢子，借风雨、昆虫传播，从伤口或直接侵入：伤口侵入，潜育期3～6天；直接侵入，潜育期6～10天。高温高湿利于发病，雨后气温升高或夏季多雨年份发病重。

### 108. 石榴炭疽病

［分布与为害］　分布于寄主栽植区。严重时造成叶片大量脱落，果实腐烂。

［症状］　为害叶、枝及果实。叶片染病产生近圆形褐色病斑（图3-130a～c），后期叶黄脱落（图3-130d、e）；枝条染病断续变褐；果实染病产生近圆形暗褐色病斑，有的果实边缘发红，无明显下陷现象，病斑下面果肉坏死，病部生有黑色小粒点，即病菌的分生孢子盘。

［病原］　有性阶段属子囊菌门，围小丛壳菌 *Glomerella cingulata* (Stonem.) Spauld. & Schrenk；无性阶段属无性态真菌，胶孢炭疽菌 *Colletotrichum gloeosporioides* (Penz.) Penz. & Sacc.。

［发病规律］　病菌在发病植株的病残体内越冬。翌年气温回升、雨季到来之时，产生大量分生孢子，随风雨、人为活动传播。多从寄主的伤口入侵，也可从寄主叶片气孔入侵。条件成熟时即表现症状。7～8月高温多雨季节，果实即将成熟时，是该病大发生高峰期。管理不善，偏施氮肥，或地势低洼，容易积水，小气候湿度大，有利于该病发生。

### 109. 大叶黄杨褐斑病

［分布与为害］　在我国大叶黄杨栽培地区均有发生，江西、上海、江苏、湖北、四川、河南、山东、河北、北京等地发生普遍且严重。导致叶片发黄枯萎，过早落叶，严重时整株死亡。

［症状］　病斑多从叶尖、叶缘处开始发生，初期为黄色或淡绿色小点（图3-131a），后扩展成直径5～10mm近圆形褐色斑，病斑周缘有较宽的褐色隆起，并有1黄色晕圈，病斑中央黄褐色或灰褐色，病斑

**图3-130 石榴炭疽病**

a～c. 初期叶面形成近圆形褐色病斑；d、e. 后期叶黄脱落

**图3-131 大叶黄杨褐斑病**

a. 初期病斑；b～d. 病斑密布黑色小粒点；e. 严重时叶片发黄脱落

有轮纹，病斑上密布黑色绒毛状小点，即病菌的子座组织（图3-131b～d）。后期几个病斑可连接成片，严重时叶片发黄脱落（图3-131e），植株死亡。

［病原］ 无性态真菌，坏损尾孢菌 *Pseudocercospora destructiva* Rav.。

［发病规律］ 病菌以菌丝体或子座组织在病叶等病残组织中越冬。翌春形成分生孢子进行初侵染。分生孢子由风雨传播。5月中下旬开始发病，6～7月为侵染盛期，8～9月为发病盛期，并引起大量落叶。管理粗放、多雨、排水不畅、通风透光不良发病重，夏季炎热干旱、肥水不足、树势生长不良也会加重病害发生。

类似的病害还有扶芳藤褐斑病（图3-132）和北海道黄杨褐斑病（图3-133）等。

图3-132 扶芳藤褐斑病

图3-133 北海道黄杨褐斑病

### 110. 大叶黄杨疮痂病

［分布与为害］ 分布于寄主栽植区。危害不重，常使叶面产生大量病斑并呈突起的疮痂状，影响观赏。

［症状］ 主要为害叶片、枝条。叶面最初出现直径1～2mm的圆形或近椭圆形斑点，后期病组织干枯脱落形成穿孔。新梢被侵染时，表面出现深褐色圆形或椭圆形稍隆起的病斑，疮痂状，中央灰白色（图3-134）。后期在病斑中央产生1或2个小黑点，即分生孢子盘。严重时叶片脱落，最终导致枝条枯死。

［病原］ 无性态真菌，炭疽菌属 *Colletotrichum* sp.。

图3-134 大叶黄杨疮痂病

［发病规律］　病菌通常在土壤中越冬。条件适宜时即传播侵染，蝼蛄、叩头甲、线虫等均可传带病菌扩大为害。此外，流水、养护操作也可传播病害。植株过密、生长不良、管理粗放，以及风、雨等均有利于病害发生和传染。温度高、雨水多、湿度大的条件病害加重。

### 111. 牡丹褐斑病

［分布与为害］　全国许多牡丹栽植区均有发生，在我国栽植的牡丹中该病普遍发生，严重时病叶率最高可达89.3%。

［症状］　叶片表面出现大小不同的苍白色斑点，一般为直径3～7mm的圆斑。1片叶中少时有1或2个病斑，多时可达30个病斑。病斑中部逐渐变褐色，正面散生十分细小的黑点，放大镜下呈绒毛状，具数层同心轮纹。相邻病斑合并时形成不规则的大型病斑。发生严重时整个叶面全变为病斑而枯死（图3-135）。叶背面病斑呈暗褐色，轮纹不明显。

图3-135　牡丹褐斑病

［病原］　无性态真菌，变色尾孢菌 *Cercospora variicolor* Winter。

［发病规律］　病菌以菌丝体和分生孢子在病组织和病落叶中越冬。以风雨传播，从伤口直接侵入。多在7～9月发病，台风季节雨多时病重。下部叶先发病，后期管理放松、盆土过干或过湿时病重。

### 112. 牡丹叶霉病

［分布与为害］　又名红斑病，分布较广，凡牡丹栽植地区都可发生。严重时，造成叶片焦枯。连年严重感病植株生长矮小，不开花，甚至全株枯死。

［症状］　主要为害叶片，也可侵染茎、叶柄、花器、果实和种子。发病初期叶片出现褐色近圆形小斑，边缘不明显，后期病斑扩大为不规则形大斑，斑上多数具轮纹，有时相连成片，严重时整叶枯焦（图3-136）。潮湿条件下，叶背病斑处出现墨绿色霉层，为分生孢子梗和分生孢子。茎与叶柄上病斑长圆形，直径3～5mm，褐色，中间开裂并下陷，严重时病斑相连成片。花萼与花瓣被害严重时边缘枯焦。

［病原］　无性态真菌，牡丹枝孢霉菌 *Cladosporium paeoniae* Pass。

［发病规律］　病菌主要以菌丝在病残体上越冬。次春产生分生孢子、为初侵染源。孢子借风雨传播，自伤口侵入，亦可直接侵入。初次侵染过程较长。可能只有1次侵染。每年春季落花后至秋季均可发生。花圃内病株残体未清除或清除不彻底时病害严重。植株过密、湿度大有利发病。

### 113. 紫荆角斑病

［分布与为害］　分布于山东、江苏、上海、安徽、浙江、湖南、湖北、四川、云南等地，发生较普遍。

［症状］　主要为害叶片，初期叶片上出现褐色小点，逐渐扩大，由于受叶脉的限制，往往形成褐色或黑褐色多角形斑（图3-137）。后期病斑上产生墨绿色粉状物（即分生孢子和分生孢子梗）。严重时，叶片上长满病斑，导致提前落叶，影响树木正常生长和第二年春季开花。

图3-136 牡丹叶霉病

图3-137 紫荆角斑病

［病原］ 无性态真菌，紫荆集束尾孢霉 *Cercospora chionea* Ell. et Ev. 和紫荆粗尾孢霉 *Cercospora cercidicola* Ell.。

［发病规律］ 病菌在病落叶上越冬。翌春温湿度适宜时（寄主展叶不久），孢子经风雨传播，侵染发病。下部叶片先发病，逐渐向上蔓延扩展。病害高峰期从梅雨季节开始，7月出现大量病斑，8月开始落叶，9月下部枝条叶片常全部脱落。严重时叶柄、新梢都能发病，引起枝梢死亡。植株生长不良时容易病重。

### 114. 八棱海棠灰斑病

［分布与为害］ 分布于寄主栽植区。主要为害叶片，果实、枝条、叶柄、嫩梢均可受害，可引起早期落叶。

［症状］ 叶片染病，初呈红褐色圆形或近圆形病斑，直径2～6mm，边缘清晰，后期病斑变为灰色，中央散生小黑点，即病菌分生孢子器（图3-138）。高温多雨季节病斑迅速扩大成不规则形，多个病斑密集或互相联合形成大型不规则形病斑，使叶片呈焦枯状。病叶一般不变黄脱落，但严重受害的叶片可出现焦枯现象。果实染病，形成灰褐色或黄褐色、圆形或不规则形稍凹陷病斑，中央散生微细小粒点。枝条染病，多发生于树冠内膛的小枝、弱枝和一年生枝条上。一年生小枝受害后，病部表面产生小黑粒点，顶部枯死；大枝受害，常在芽旁及四周表皮产生块状或条状坏死斑，有的表面也产生小黑粒点。

图3-138　八棱海棠灰斑病

［病原］ 无性态真菌，梨叶点霉 *Phyllosticta pirina* Sacc.。

［发病规律］ 病菌以菌丝体或分生孢子器在病叶中越冬。翌年春季环境条件适宜时，产生分生孢子随风雨传播。北方地区5月中下旬开始发病，7～8月为发病盛期。一般在秋季发病较多，危害也较重。该病的发生、流行与气候、品种密切相关。高温、高湿、降雨多而早的年份发病早且重。

### 115. 北美海棠褐斑病

［分布与为害］ 分布于寄主栽植区。除为害北美海棠外，还可侵染西府海棠、贴梗海棠、垂丝海棠等植物。严重时，造成叶片大量枯黄脱落。

［症状］ 该病主要为害叶片，初期发生在树冠下部和内膛叶片上，出现单生或数个连生的褐色圆形或近圆形病斑（图3-139a、b），直径0.2～0.5mm，暗褐色，边缘不清晰，扩展后灰褐色，内暗褐色，边缘细微放射状，后期叶片变黄，但病斑周围仍保持绿色（图3-139c、d），同时出现黑色粒状物（病菌子实体）。

［病原］ 有性阶段为苹果双壳菌 *Diplocarpon mali* Harada & Sawamura，属子囊菌门；无性阶段为苹果盘二孢菌 *Marssonina mali* (P. Henn.) Ito.，属无性态真菌。

［发病规律］ 病菌以菌丝、分生孢子盘或子囊盘在病落叶上越冬。翌年春季产生分生孢子和子囊孢子，通过风雨传播侵染。一般从6月上中旬开始发病，7～9月为发病盛期，严重时9月即可造成大量落叶。该病的发生与气候、品种、栽培管理等关系密切。冬季温暖潮湿，春雨早、雨量大，夏季阴雨连绵的年份，往往发病早且严重。地势低洼、排水不良、树冠郁闭、通风不良时发病重，树冠内膛下部叶片比外围上部叶片发病早且严重。不同品种抗病性有所差异。

### 116. 金银木假尾孢叶斑病

［分布与为害］ 分布于寄主栽植区，主要为害叶片，叶面出现病斑并提早落叶（图3-140）。除为害金银木外，还可侵染忍冬、刺毛忍冬、平忍冬等植物。

［症状］ 病斑近圆形至不规则形，直径2～10mm，常多斑融合。病斑浅黄褐色至浅褐色，或中央浅

图3-139 北美海棠褐斑病

a、b. 初期病叶；c、d. 后期病叶

褐色、边缘褐色；有时中央灰白色至浅褐色，边缘暗褐色至近黑色，叶背面病斑浅青黄色（图3-141）。

[病原] 无性态真菌，忍冬生假尾孢 *Pseudocercospora lonicericola* (W. Yamam.) Deighton。

[发病规律] 病菌在病落叶上越冬。翌年4月下旬至5月上旬，气温升至20℃时，产生分生孢子，借风雨传播进行初侵染和多次再侵染。梅雨季节易发病，一直延续到10月。

**117. 杨树黑星病**

[分布与为害] 分布于黑龙江、吉林、辽宁、河北、河南、山东、陕西、新疆等地。主要为害黑杨和青杨派树种。

图3-140 金银木假尾孢叶斑病导致叶片提前脱落状

[症状] 主要发生于叶片，也为害新梢。初期在叶背面散生圆形黑色霉斑，直径约0.3mm，随后在病斑上布满黑色霉层，即病菌的分生孢子梗及分生孢子，叶正面在病斑相应处产生黑色或灰色枯死斑（图3-142），严重时病斑相连，呈不规则形大斑。病斑受雨水冲刷有灰白色斑痕。可造成大量落叶，被称为"春天去叶"。

[病原] 子囊菌门，杨黑星菌 *Venturia populina* (Vuill.) Fabric. 与斑点黑星菌 *Venturia macularis* (Fr.) E. Muller，后者的无性阶段是 *Pollaccia radiosa* (Lib.) Bald. & Cif.，属无性态真菌。

[发病规律] 病菌越冬方式有两种：一种是以分生孢子或菌丝在病枝条上越冬，翌年杨树展叶时，新产生的分生孢子传播为害；另一种是病菌在落叶上越冬，翌年产生子囊孢子传播为害。在新疆天山中部林区两种越冬方式都存在。该病的发生与湿度关系密切。苗圃地湿度大、早春低温持续时间长，该病发生就重。实生苗比插条苗发病重。新疆平原地区很少发生此病。青杨派的杨树感病重，白杨派、胡杨派的树种抗病。

图3-141 金银木假尾孢叶斑病

图3-142 杨树黑星病

### 118. 杨树黑斑病

［分布与为害］ 又名杨树褐斑病，分布于寄主栽植区。能侵染多种杨树，苗木、幼树、大树都可感病，严重发病时影响树木的正常生长，造成经济损失。

［症状］ 多发生在叶片及嫩梢，以为害叶片为主。发病初期首先在叶背面出现针状凹陷发亮的小点，后病斑扩大到直径1mm左右，黑色，略隆起，叶正面也随之出现褐色斑点，5～6天后病斑（叶正、反面）中央出现乳白色突起的小点，即病菌的分生孢子堆。之后病斑扩大连成大斑，多呈圆形（图3-143）。发病严重时，整个叶片变成黑色，病叶可提早2个月脱落。

［病原］ 无性态真菌，杨生盘二孢菌 *Marssonina brunnea* (Ellis & Everh.)。

［发病规律］ 病菌以菌丝体在落叶或枝梢的病斑中越冬。翌年5～6月病菌新产生的分生孢子借风力传播，落在叶片上，由气孔侵入叶片。3～4天出现病状，5～6天形成分生孢子盘，进行再侵染。7月初至8月上旬若高温多雨、地势低洼、种植密度过大，发病最为严重。9月末停止发病，10月以后再度发病，直至落叶。发病轻重与雨水多少有关：雨水多发病重，雨水少发病轻。在气温和降水适宜时，很快产生分生孢子堆，又能促进新的侵染。

### 119. 柳树叶斑病

［分布与为害］ 又名白星病，分布于柳树栽植区。在柳属树种上普遍发生。

［症状］ 发病初期叶片出现不规则形小斑点，之后扩为直径1～3mm的圆形至多角形灰白色病斑，边缘

图3-143 杨树黑斑病

呈黑褐色，后期斑内生稀疏黑点，为病菌的分生孢子器。严重时引起叶枯（图3-144），造成叶片大量脱落。

图3-144 柳树叶斑病

[病原] 无性态真菌，柳生壳针孢 *Septoria salicicola* Sacc.。

[发病规律] 病菌以菌丝和分生孢子器在病叶内越冬。翌年春季，以分生孢子作为初侵染源，春末夏初发病。植株下部叶片发病重于上部，夏末秋初为发病盛期，一年内可多次重复侵染。高温多雨有利于发病，栽植密度大时发病重。

**120. 榆树炭疽病**

[分布与为害] 在国内分布广泛，为害白榆、榔榆的叶片，引起早期落叶。

[症状] 夏初在叶面出现黄褐色近圆形的斑点，扩展后直径3～8mm，斑中常有黑色小粒点，略呈轮纹状，雨后溢出的分生孢子角呈黄丝状；秋末病斑中部出现一圈圆形突起，即病菌的子座和闭囊壳，造成早期落叶（图3-145）。

[病原] 有性阶段属子囊菌门，榆日规壳菌 *Gnomonia ulmea* (Sacc.) Thum.；无性阶段属无性态真菌，榆盘长孢菌 *Gloeosporium ulmeum* Miles。

[发病规律] 该病一般在晚秋叶片将要脱落时才发生，对榆树损失较小。

**121. 珍珠梅褐斑病**

[分布与为害] 分布于寄主栽植区。严重时叶片大量干枯脱落，影响生长与观赏。

[症状] 主要为害叶片，初在叶面上散生褐色圆形至不规则形病斑，边缘色深（图3-146），与健康组

图3-145 榆树炭疽病

图3-146 珍珠梅褐斑病

图3-147 棣棠褐斑病导致叶片枯萎脱落状

织分界明显，后期在叶片背面着生暗褐色至黑褐色稀疏的小霉点，即病菌子实体。

[病原] 无性态真菌，珍珠梅短胖孢菌 *Cercosporidium gotoanum* (Togashi)。

[发病规律] 病菌以菌丝体或分生孢子在病落叶上越冬。翌年产生分生孢子借风雨传播，高温多雨、树势衰弱、通风不良时易发病。

**122. 棣棠褐斑病**

[分布与为害] 分布于寄主栽植区。常引起叶片枯萎脱落（图3-147），影响树生长与观赏。

［症状］ 主要为害叶片。病斑多发生在叶缘处及近主脉处。发病后期病斑近圆形至不规则形，病斑中央灰白色，边缘褐色（图3-148），其上着生许多黑色小粒点。

图3-148 棣棠褐斑病

［病原］ 无性态真菌，叶点霉属 *Phyllosticta* sp.。

［发病规律］ 病菌在病落叶上越冬。由风雨及水滴滴溅传播。高温多雨年份，尤其是秋季多雨时发病早且重。

### 123. 木槿假尾孢叶斑病

［分布与为害］ 分布于寄主栽植区。主要发生在中老叶片上，一般危害不重。

［症状］ 主要为害叶片。叶面病斑近圆形至多角形，暗褐色（图3-149），直径3～10mm。湿度大时，叶背生有暗褐色绒状物，即病菌分生孢子梗和分生孢子。病斑稀少，叶背仅为扩散型斑块，有时融合。

［病原］ 木槿假尾孢菌 *Pseudocercospora hibiscina* (Ell. & Ev.) Guo & Liu，属无性态真菌，异名 *Cercospora hibiscina* Ell. & Ev.、*Haplosporella hibisci* (Berk.) Pet. & Syd.。

［发病规律］ 病菌以菌丝体和子座在病部及病落叶上越冬。翌春病菌产生新的分生孢子，借风雨传

图3-149 木槿假尾孢叶斑病

播，从叶面伤口侵入为害。6月中下旬开始发病，8～10月进入发病盛期，后随温度下降，病害停止发展。高温、多雨有利病害发生。

### 124. 紫穗槐叶斑病

［分布与为害］ 分布于寄主栽植区。主要发生在中老叶片上，一般危害不重。

［症状］ 病斑近圆形，褐色，叶面色稍深，叶背色浅，病斑边缘不明显（图3-150），直径1～6mm，叶斑背面生白色霉状物的霉层，为病菌子实体。

［病原］ 无性态真菌，紫穗槐柱隔孢菌 *Ramularia amorphae* Y. X. Wang & Z. Y. Zhang。

［发病规律］ 病菌在病落叶上越冬。翌年产生分生孢子，借风雨传播，高温多雨、通风不良时易发病。

图3-150　紫穗槐叶斑病

图3-151　接骨木斑点病

### 125．接骨木斑点病

　　[分布与为害]　分布于寄主栽植区。主要发生在中老叶片上，一般危害不重。

　　[症状]　主要为害叶片，有时也为害叶柄。病斑呈圆形，直径2～4mm，中间灰白色，边缘为褐色（图3-151），其上着生小黑点。

　　[病原]　无性态真菌，壳针孢属*Septoria* sp.。

　　[发病规律]　病菌以菌丝体和分生孢子器在病叶、落叶上越冬。条件适宜时，分生孢子借空气流动传播并侵染，华北地区7～8月为发病高峰期。

### 126．臭椿炭疽病

　　[分布与为害]　分布于寄主栽植区。为害臭椿，一般不严重。

　　[症状]　主要侵染叶片，病斑散生，卵圆形或不规则形，病斑正面黑褐色，背面浅褐色。病斑中部浅褐色至灰色（图3-152）。

　　[病原]　无性态真菌，胶孢炭疽菌*Colletotrichum gloeosporioides* (Penz.) Penz. & Sacc.。

　　[发病规律]　病菌在病落叶上越冬。通过雨水传播。

### 127．鹅掌楸炭疽病

　　[分布与为害]　分布于寄主栽植区。为害鹅掌楸，一般不严重。

　　[症状]　病害发生在叶片上。病斑多在主侧脉两侧，初为褐色小斑，圆形或不规则形，中央黑褐色（其外部色较浅），边缘为深褐色，病斑周围常有褐绿色晕圈，后期病斑上出现黑色小粒点（图3-153）。

图3-152　臭椿炭疽病

图3-153　鹅掌楸炭疽病

［病原］ 无性态真菌，炭疽菌属 Colletotrichum sp.。

［发病规律］ 病菌以菌丝和分生孢子盘在病残株及落叶上越冬。分生孢子随风雨、气流传播，从寄主的伤口或气孔侵入，在梅雨潮湿的气候条件下发病严重。

**128. 八角金盘疮痂型炭疽病**

［分布与为害］ 分布于寄主栽植区。为害八角金盘，一般不严重。

［症状］ 主要为害叶片、叶脉、叶柄、果柄，叶片更易受到感染。发病叶片的典型症状为正面出现灰白色、疥癣状的病斑，略微增厚。叶片背面则出现较为明显的疣状突起，病斑中间开裂（图3-154）。严重时，叶面布满灰白色的疮痂。幼叶受害时皱缩、卷曲，最终导致叶片枯黄和残缺，甚至提前脱落，严重影响其生长。

图3-154 八角金盘疮痂型炭疽病

［病原］ 无性态真菌，胶孢炭疽菌 Colletotrichum gloeosporioides (Penz.) Penz. & Sacc.。

［发病规律］ 病菌以菌丝体在发病组织越冬。翌春温湿度等条件适宜时，产生大量分生孢子，随风雨及气流进行传播，由伤口、气孔等侵入植物组织。

**129. 海桐白星病**

［分布与为害］ 分布于寄主栽植区。为害海桐，一般不严重。

［症状］ 主要为害叶片，病斑圆形，直径2～4mm，初为褐色，边缘暗褐色，后中央变为白色，上生微细的小黑点，引起叶片黄化早落（图3-155）。

图3-155 海桐白星病

［病原］ 无性态真菌，海桐花壳针孢*Septoria pittospori* Brunaud。

［发病规律］ 病菌主要以菌丝体和分生孢子器在病残组织中越冬。土层表面含有大量病菌，种子内部带菌。潮湿条件下产生分生孢子，由伤口、气孔等侵入植物组织。先从下部叶片发病，逐渐向上蔓延。

### 130. 绣线菊叶斑病

［分布与为害］ 分布于寄主栽植区。为害绣线菊，严重时病斑连片，叶片枯黄、脱落。

［症状］ 病斑生于叶上，圆形、不规则形，中央灰白色、褐色，边缘暗褐色，具黄色晕圈，常互相汇合，直径1～8mm，上生小黑点，即分生孢子器（图3-156）。

图3-156 绣线菊叶斑病

［病原］ 无性态真菌，绣线菊叶点霉*Phyllosticta* sp.。

［发病规律］ 病菌以分生孢子器在病残体上越冬。树势衰弱、通风透光不良、雨水多时，发病较重。

### 131. 白蜡褐斑病

［分布与为害］ 分布于寄主栽植区。为害白蜡，发病严重时，病斑连片，引起早期落叶。

［症状］ 为害叶片，叶片正面散生多角形或近圆形褐斑，中央灰褐色，直径1～2mm，大病斑达5～8mm。病斑正面布满褐色霉点，即病菌的子实体（图3-157）。

图3-157 白蜡褐斑病

［病原］ 无性态真菌，白蜡尾孢菌*Cercospora fraxinites* (Ell. & Ev.) Y. L. Guo & X. J. Liu。

［发病规律］ 菌体在冬季潜伏，6～7月易暴发。

### 132. 凌霄叶斑病

［分布与为害］ 分布于寄主栽培地区。为害凌霄，严重时病斑累累，引起枯叶，影响观赏。

［症状］ 病菌多从叶尖、叶缘侵入，初为淡黄色至黄色圆形，后相连为不规则形，从叶缘扩展（个别从叶尖），最后病斑变为褐色（图3-158）。

［病原］ 无性态真菌，叶点霉属真菌*Phyllosticta tecomae* Sacc.。

［发病规律］ 病菌以分生孢子器在病残体上越冬。翌年5～6月开始发病，树势衰弱、通风透光不良、雨水多时，发病较重。

### 133. 构树褐斑病

［分布与为害］ 分布于寄主栽植区。为害构树，一般不严重。

［症状］ 为害叶片，发病初期叶面有褐色斑点，随着病情的发展，斑点逐渐增大并连接成片，最终导致叶片枯黄早落（图3-159）。

［病原］ 无性态真菌，黏隔孢属*Septogloeum* sp.。

［发病规律］ 菌体在冬季潜伏，6～8月高温高湿期为发病高峰期。

### 134. 槭树漆斑病

［分布与为害］ 分布于寄主栽植区。主要为害三角枫、五角枫、茶条槭等多种槭树叶片。受害叶片出现病斑，有碍观赏，且使叶片早落，影响生长。

［症状］ 寄主的种类不同，症状表现也有所差异。寄生五角枫等植物叶片时，病斑较大，直径可达6～13mm，圆形或不规则形。初期黄色，后在病斑部出现有漆状光泽的黑色覆盖物，病

图3-158 凌霄叶斑病

斑周围留1黄色圈。发生在三角枫上的病斑则较小，常由10余个小黑斑聚成1个圆形大斑，小病斑直径2～3mm，圆形或椭圆形，黑色。具漆状光泽，周围有1黄色包围圈（图3-160）。

图3-159 构树褐斑病

图3-160 槭树漆斑病

［病原］ 子囊菌门，槭斑痣盘菌*Rhytisma acerinum* (Pers.) Fr.。

［发病规律］ 病菌以子囊盘在被害叶上越冬。翌年春天形成子囊，5～6月子囊孢子成熟，飞散到新叶上侵染为害，破坏了叶片表皮细胞壁，所以产生黄色病斑。后由菌丝与寄主叶面表皮细胞紧密纠结形成黑色子座，覆盖在病斑上成漆状。该病在多雨、空气湿度大的情况下常盛发。植株栽植过密、通风不良，也有利于该病的发生。

### 135. 桃褐斑穿孔病

［分布与为害］ 分布于桃树栽植区，有时危害较重。

［症状］ 主要为害桃树叶片，也为害新梢和果实。叶片发病初期出现圆形或近圆形病斑，边缘紫色，略带轮纹。病斑直径1～4mm；后期病斑上长出灰褐色霉状物，中部干枯脱落，形成穿孔，穿孔的边缘整齐，穿孔多时叶片脱落（图3-161）。为害新梢时，以芽为中心形成褐色、凹陷、边缘红褐色的病斑，潮湿情况下有灰褐色霉状物出现。为害果实时，病斑症状与枝梢症状相似，也可产生霉层。

**图3-161 桃褐斑穿孔病**

[病原] 无性态真菌，核果尾孢菌 *Cercospora circumscissa* Sacc.。

[发病规律] 病菌以菌丝体在病叶或枝梢病组织内越冬。翌年春天气温回升，降雨后产生分生孢子，借风雨传播，侵染叶片、新梢和果实。潜育时间较长，病部产生的分生孢子进行再侵染。发病适温为28℃，低温多雨利于发病。

### 136. 草坪禾草褐斑病

[分布与为害] 广泛分布于世界各地，可以侵染所有草坪草，如草地早熟禾、高羊茅、多年生黑麦草、剪股颖、结缕草、野牛草、狗牙根等250余种禾草。以冷季型草坪草受害最重。

[症状] 初期受害叶片或叶鞘常出现梭形、长条形或不规则形病斑，病斑内部呈青灰色水浸状，边缘红褐色，以后病斑变褐色甚至整叶水浸状腐烂。条件适宜时，在被侵染的草坪上形成直径几厘米至几十厘米，甚至1～2m的枯草圈（图3-162a～c）。枯草圈常呈蛙眼状，清晨有露水或高湿时，有"烟圈"。在叶鞘、茎基部发病部位有初为白色、以后变成黑褐色的菌核形成，易脱落（图3-162d、e）。另外，该病在冷凉的春季和秋季还可以引起黄斑症状（也称为冷季或冬季型褐斑）。褐斑病的症状受草种类型、不同品种组合、不同立地环境和养护管理水平、不同气象条件及病菌的不同株系等影响而变化较大。

**图3-162 草坪禾草褐斑病**

a～c. 枯草圈；d、e. 菌丝与菌核

［病原］ 无性态真菌，立枯丝核菌 *Rhizoctonia solani* J. G. Kühn。

［发病规律］ 褐斑病是主要由立枯丝核菌引起的一种真菌病害。病菌以菌核或在草坪草残体上的菌丝形式度过不良的环境条件。只有当草坪草生长在高温条件且生长停止时，才有利于病菌的侵染及病害的发展。丝核菌是土壤习居菌，主要随土壤传播。枯草层较厚的老草坪菌源量大、发病重。建坪时填入垃圾土、生土，土质黏重，地面不平整，低洼潮湿，排水不良；田间郁蔽，小气候湿度高；偏施氮肥，植株旺长，组织柔嫩；冻害；灌水不当等因素都有利于病害的发生。全年都可发生，但以高温高湿、多雨炎热的夏季危害最重。

图3-163 常春藤炭疽病

园林植物上常见的叶斑病还有常春藤炭疽病（图3-163）、鼠尾草叶斑病（图3-164）、荷包牡丹叶斑病（图3-165）、黄栌褐斑病（图3-166）、法国冬青叶斑病（图3-167）、山楂褐斑病（图3-168）、北海道黄杨炭疽病（图3-169）、构骨叶斑病（图3-170）、川续断斑枯病（图3-171）等。

图3-164 鼠尾草叶斑病

图3-165 荷包牡丹叶斑病

图3-166 黄栌褐斑病

图3-167 法国冬青叶斑病

图3-168 山楂褐斑病

图3-169 北海道黄杨炭疽病

图3-170 构骨叶斑病

图3-171 川续断斑枯病

[叶斑病类的防治措施]

（1）清除侵染来源 随时清扫落叶，摘去病叶，以减少侵染来源。冬季对重病株进行重度修剪，清除发病植株上的越冬病菌。休眠期喷施3～5°Bé石硫合剂。

（2）选用抗病品种 选用、种植抗病品种是防治叶斑病的有效措施。

（3）加强栽培管理　　在排水良好的土壤上建造苗圃；种植密度要适宜，以便通风透光，降低叶面湿度；苗圃覆盖地膜等材料，切断来自土壤的病菌传播；合理施肥、浇水。

（4）化学防治　　注意发病初期及时用药。可选用下列药剂：70%代森联悬浮剂800～1000倍液、30%吡唑醚菌酯悬浮剂1000～2000倍液、32.5%苯甲·嘧菌酯悬浮剂1500～2000倍液、60%唑醚·代森联水分散粒剂1000～2000倍液。

### 四、灰霉病类

灰霉病大多由属于真菌界的无性态真菌引起，是园林植物的常见病害。各类植物都可被灰霉病菌侵染。自然界大量存在这类病原，其中有许多种类寄主范围十分广泛，但寄生能力较弱，只有在寄主生长不良、受到其他病虫为害、冻伤、创伤、植株幼嫩多汁、抗性较差时，才会引起发病。病害导致植物体各部位发生水渍状褐色腐烂。灰霉病在低温、潮湿、光照较弱的环境中易发生，因而是冬季日光温室中的常见病害。病害主要表现为花腐、叶腐、果腐，但也能引起猝倒、茎部溃疡，以及块茎、球茎、鳞茎和根的腐烂，受害组织上产生大量灰黑色霉层，因而称为灰霉病。灰霉病在发病后期常有青霉菌（*Penicillium* spp.）和链格孢菌（*Alternaria* spp.）混生，导致病害的加重。

#### 137. 非洲菊灰霉病

［分布与为害］　在保护地栽培的情况下普遍发生，尤以低温潮湿的情况下发生严重。

［症状］　主要为害花梗和花蕾。花梗上初呈褐色小斑点，后病斑扩大环绕花梗，使花梗枯萎；受害花蕾初呈水渍状褐色病斑，后病斑迅速扩大导致花蕾呈腐烂状。湿度高时在病组织上有灰色霉层（图3-172）。根茎部染病后向侧面及下部扩展，引起严重的根茎腐烂。染病株地上部叶柄处出现凹陷深色长形病斑，严重时植株死亡。湿度大时各病部均可长出灰霉，即病菌分生孢子梗和分生孢子。孢子成熟时轻轻震动可见灰色孢子云，这是鉴别该病的重要特征。

［病原］　无性态真菌，灰葡萄孢菌 *Botrytis cinerea* Pers.。

［发病规律］　病菌以菌核在土壤中或菌丝体在病残体中越冬。高湿、多雨有利于病害发生；设施栽培条件下全年都可发病，温室栽培较露地栽培发病重。

图3-172　非洲菊灰霉病

#### 138. 一品红灰霉病

［分布与为害］　主要发生在北方地区的温室大棚内，在低温潮湿的情况下发生严重。

［症状］　该病主要侵染叶片、嫩茎和花器等部位。病害多发生在叶尖、叶缘处，发病初期，病部出现水渍状斑点，随后逐渐扩大，病组织变成褐色至黑色并腐烂，后期表面形成一层灰色至灰褐色霉层。茎部感病后病斑褐色，不规则形，易发生软腐。花器被侵染后也变褐色，腐烂并脱落。潮湿条件下，病部形成灰褐色霉层（图3-173）。

［病原］　无性态真菌，灰葡萄孢菌 *Botrytis cinerea* Pers.。

［发病规律］　病菌在病残体和土壤内越冬和越夏。温室在气温20℃左右、空气湿度大的条件下，发病最严重。病菌借风雨传播，尤以雨后天气转晴时传播迅速。此外，园艺工具、灌溉水等均可传播病害。温室是病害发生和蔓延的重要场所，通常以冬、春季节发病严重。

#### 139. 八仙花灰霉病

［分布与为害］　分布于八仙花的栽培区域，尤以北方地区的温室大棚且在低温潮湿的情况下发生严重。

［症状］　主要发生在花器上，初期在花瓣上产生水渍状不规则小斑，后逐渐扩大，可蔓延至整个花冠和花序。花蕾被害，亦产生不规则水渍状小斑，可扩大至整个花蕾，最后花蕾变软腐败，不能开放。嫩梢

图3-173　一品红灰霉病

被害后，初现水渍状不规则小点，渐扩大，以致新梢和嫩叶腐败。温暖潮湿的条件下病部产生大量灰色霉层（图3-174）。

图3-174　八仙花灰霉病

　　[病原]　无性态真菌，灰葡萄孢菌 *Botrytis cinerea* Pers.。

　　[发病规律]　病菌主要以菌核及分生孢子在病花、病梢、病叶等病残体上越冬。翌春温度回升，遇雨或湿度大时，产生分生孢子，借气流传播。5月上中旬花期开始发病。栽植过密、光照不足、偏施氮肥、低温潮湿、植株生长衰弱利于病害的发生和流行。高温、干燥对病害发生不利。

　　**140.　金盏菊灰霉病**

　　[分布与为害]　分布于金盏菊的栽培区域，尤以保护地内发生严重。

　　[症状]　茎叶受害后，近地面的茎叶呈水渍状变色腐败、褐色；病害扩展时，叶柄也发生腐烂，受害部位出现灰黄色霉层。严重时整株黄化、枯死。在潮湿条件下，病部均形成灰褐色霉层（图3-175）。

　　[病原]　无性态真菌，灰葡萄孢菌 *Botrytis cinerea* Pers.。

　　[发病规律]　病菌在病株、病残体和土壤中越冬。病菌可通过伤口侵入，或者在衰老花柄及近枯死叶片生长一段时间后，产生菌丝体侵入。该病多发生在幼苗期，3～4月为发病盛期。此外，地面潮湿、通风不良有利于病害的发生。气温18～23℃、湿度高于90%利于发病。

　　**141.　天竺葵灰霉病**

　　[分布与为害]　分布于天竺葵栽培区，以保护地内发生严重。

图 3-175 金盏菊灰霉病

［症状］ 可引起花枯、叶斑和插枝腐烂。花部受害，通常中部小花最先受到侵染，花瓣边缘变褐色。红花品种的变色更深一些，导致花腐，并提前枯萎、干枯和脱落。潮湿时，病部长出灰霉层，腐烂的小花萎蔫、干枯和脱落。烂花瓣掉落在叶片上引起叶斑，产生水渍状不规则形褐色斑，软腐，并生灰色霉层，后叶片变干皱缩。茎或叶柄受害，形成水渍状无边缘的褐斑，迅速向上下扩展，导致软腐（图 3-176）。

图 3-176 天竺葵灰霉病

［病原］ 无性态真菌，天竺葵葡萄孢菌 *Botrytis pelargonii* Roed。

［发病规律］ 病菌以菌丝体在腐烂残体上和菌核在土壤内越冬。靠移动土壤和死株，以及浇水淋溅等方式传播。低温高湿、植株生长衰弱、通风透光差利于灰霉病的发生。

### 142. 海芋灰霉病

［分布与为害］ 广布于海芋栽培区域，以北方保护地内发生严重。

［症状］ 主要为害海芋叶片，病斑常发生于叶缘，呈水渍状浅褐色大斑，有时具轮纹，潮湿时长出灰霉层，叶片很快软腐（图 3-177）。

图 3-177 海芋灰霉病

图3-178 美人蕉灰霉病

［病原］ 无性态真菌，灰葡萄孢菌*Botrytis cinerea* Pers.。

［发病规律］ 低温高湿、通风透光差、植株生长衰弱时，有利于病害的发生。

### 143. 美人蕉灰霉病

［分布与为害］ 分布于美人蕉栽培区，以保护地内发生严重。

［症状］ 主要为害花瓣和花梗。初为水渍状褐腐，后生长出灰色霉状物（图3-178）。

［病原］ 无性态真菌，灰葡萄孢菌*Botrytis cinerea* Pers.。

［发病规律］ 病菌以菌核在土壤中越冬，也可以分生孢子在病残体上越冬。病部产生分生孢子借气流传播进行多次再侵染。幼株易发病，春季、秋末冬初，以及连续阴雨、低温高湿的情况下发病重。

### 144. 虎刺梅灰霉病

［分布与为害］ 分布于虎刺梅栽培区，以保护地内发生严重。

［症状］ 主要为害虎刺梅的花。初在花瓣上出现水浸状病斑，后扩展到整个花朵。花朵变成褐色至黑褐色腐烂，并在病部长出灰色绒毛状霉层（图3-179）。

［病原］ 无性态真菌，灰葡萄孢菌*Botrytis cinerea* Pers.。

［发病规律］ 病菌以菌丝体在腐烂残体上或以菌核在土壤内越冬。靠移动土壤和死株，以及浇水淋溅等方式传播。低温高湿、植株生长衰弱、通风透光差利于病害发生。

### 145. 鹤望兰灰霉病

［分布与为害］ 主要发生在北方地区的温室大棚内，在低温潮湿的情况下发生严重。

［症状］ 主要为害叶片、花器。叶片染病，初期在叶缘出现水渍状小点，逐渐扩大、褪色、腐烂，引起明显不规则形的褐色枯斑。花器染病，花变褐色，也有水渍状小型黄斑，逐渐扩大、黄萎。茎部染病，先在分枝处发病，湿度大时，病部密生灰褐色霉状物，即病菌的分生孢子梗和分生孢子（图3-180）。

图3-179 虎刺梅灰霉病

图3-180 鹤望兰灰霉病

［病原］ 有性阶段属子囊菌门，富克尔核盘菌*Sclerotinia fuckeliana* (de Bary) Fuckel；无性阶段属无性态真菌，灰葡萄孢菌*Botrytis cinerea* Pers.。

［发病规律］ 病菌以菌丝在病株（或病残体）上或以菌核在土壤中越冬。病菌不侵染种子，但菌核可混入种子并随种子调运传播。此外越冬期转移土壤或残株时，携带的菌核或菌丝体也能传播。气温18～23℃，天气潮湿，或遇有连阴雨，或时晴时雨，湿度高于90%，利于该菌的生长和孢子的形成、释放及萌发。此菌在0～10℃低温条件下也很活跃。孢子萌发后很少直接侵入生长活跃的组织，但可通过伤口

侵入或在衰老的花柄、正在枯死的叶片上生长一段时间后产生菌丝体侵入。

**146. 丽格海棠灰霉病**

［分布与为害］ 主要发生在北方地区的温室大棚内，在低温潮湿的情况下发生严重。

［症状］ 主要为害叶片、花器。叶片染病初期，在叶缘出现水渍状小点，后逐渐扩大，变为黄褐色，腐烂。花器染病，花变为褐色，初期有水渍状小型黄斑，逐渐扩大，黄萎。湿度大时，发病叶片及花器密生灰褐色霉状物，即病菌的分生孢子梗和分生孢子（图3-181）。该病也容易发生在插条下部叶片上。水渍斑点会迅速扩大侵染叶片的大部分甚至整个插条。随着时间的推移侵染区域坏死变成棕黑色至黑色。

图3-181 丽格海棠灰霉病
a. 为害叶片状；b. 为害花器状

［病原］ 无性态真菌，灰葡萄孢菌 *Botrytis cinerea* Pers.。

［发病规律］ 当夜温较低，日温较高，湿度也高时，病菌很容易在叶片及花器上形成孢子，并形成灰绿色的分生孢子团。

**147. 凤梨灰霉病**

［分布与为害］ 广泛分布于凤梨栽植区及北方地区的温室大棚，低温潮湿情况下发生严重。

［症状］ 该病主要为害花穗。发病初期花穗上出现水渍状湿腐斑点，扩展后呈褐色湿腐状大斑块，最后全花穗腐烂；在潮湿条件下病部长出灰色霉层（图3-182）。叶片发病产生不规则形或近圆形黑色斑。

图3-182 凤梨灰霉病

［病原］ 无性态真菌，灰葡萄孢菌 *Botrytis cinerea* Pers.。

［发病规律］ 病菌在土壤中、病残体或其他寄主上越冬或越夏；由气流、水滴滴溅传播。多雨、田间积水、温室不通风、湿度高、温度适宜（15～25℃）、栽种密度过大等均有利病害发生。广东2～3月发病，江浙等地3～4月发病，北方温室除夏季外，均可发病。

**148. 橡皮树灰霉病**

［分布与为害］ 主要发生在北方地区的温室大棚内，在低温潮湿的情况下发生严重。

［症状］ 该病是温室及南方春季常见病害，新叶未展开呈红色时就感染枯死，老叶也大片腐烂而落下。在成叶上出现同心环褐色斑，潮湿时腐烂并长出灰黄色霉层。该病可使印度橡皮树顶枯、多头（图3-183）。

［病原］ 无性态真菌，灰葡萄孢菌 *Botrytis cinerea* Pers.。

［发病规律］ 病菌在病残体或土壤中越冬。冬季温室中，以及开春后温室昼夜温差较大，加上因空间所限，放置比较拥挤，灰霉病就容易发生。浇水过多、过急或经常淋湿叶面容易发病。新梢感病腐烂

图3-183　橡皮树灰霉病

后，如不及时摘除，则叶片易感染。

**149.　佛手灰霉病**

［分布与为害］　分布于我国南北方，尤其在温室盆栽的情况下发生重。

［症状］　主要为害花器，受害花器初呈水渍状褐色小斑，以后病斑迅速扩大导致花蕾呈腐烂状。湿度大时，病部密生灰褐色霉状物，即病菌的分生孢子梗和分生孢子（图3-184）。

图3-184　佛手灰霉病

［病原］　无性态真菌，灰葡萄孢菌 *Botrytis cinerea* Pers.。

［发病规律］　病菌在病残体和土壤内越冬。温室在气温20℃左右、空气湿度大的条件下，发病最严重。病菌借风雨传播，尤以雨后天气转晴时传播迅速。此外，园艺工具、灌溉水等均可传播病害。温室是病害发生和蔓延的重要场所，通常以冬、春季节发病严重。

**150.　山茶灰霉病**

［分布与为害］　广布于山茶栽培区域，以北方保护地内发生严重。

［症状］　主要为害山茶花器。初期在花瓣上出现水渍状病斑，后扩展到整个花朵。花朵呈褐色至黑褐

色腐烂，且在病部长出灰色绒毛状霉层（图3-185）。

[病原] 有性阶段属子囊菌门，富克尔核盘菌 *Sclerotinia fuckeliana* (de Bary) Fuckel；无性阶段属无性态真菌，灰葡萄孢菌 *Botrytis cinerea* Pers.。

[发病规律] 病菌以菌核或菌丝体在病株残体上越冬。翌春产生分生孢子，借风雨传播，侵染为害。保护地栽培或露地早春、秋冬两季低温高湿期间易发病，露地栽培进入雨季，在过分潮湿条件下，病菌也常侵害高密度的花簇与叶片。此外，光照不足、氮肥过多、植株生长柔弱时也易发病。

### 151. 石榴灰霉病

[分布与为害] 分布于石榴栽培区，以保护地内发生严重。

[症状] 主要为害石榴的花、幼果。初在花、果表面出现水浸状病斑，后扩展到整个花朵及幼果表面。花、果变成褐色至黑褐色腐烂，并在病部长出灰色绒毛状霉层（图3-186）。

[病原] 无性态真菌，灰葡萄孢菌 *Botrytis cinerea* Pers.。

图3-185 山茶灰霉病

[发病规律] 病菌以菌丝体在腐烂残体上和以菌核在土壤内越冬。靠移动土壤和死株，以及浇水淋溅等方式传播。低温高湿、植株生长衰弱、通风透光差利于病害发生。

园林植物上常见的灰霉病还有虾衣花灰霉病（图3-187）、榕树灰霉病（图3-188）等。

图3-186 石榴灰霉病

图3-187 虾衣花灰霉病

图3-188 榕树灰霉病

[灰霉病类的防治措施]

（1）减少侵染来源　　及时清除病株并销毁，可有效减少侵染来源。

（2）加强栽培管理　　改善通风透光条件，温室内要适当降低湿度，最好使用换气扇或暖风机。减少植株伤口。合理施肥，增施钙肥，控制氮肥用量。

（3）化学防治　　生长季节喷施下列杀菌剂：50%啶酰菌胺水分散粒剂1500~2000倍液、30%吡唑醚菌酯悬浮剂1000~2000倍液、32.5%苯甲·嘧菌酯悬浮剂1500~2000倍液、60%唑醚·代森联水分散粒剂1000~2000倍液。灰霉病在温室内发生时，因环境湿度较大，常规喷雾法往往不理想，采用烟雾剂防治效果好。可用一熏灵Ⅱ号（有效成分为百菌清及速克灵）进行熏烟防治，用量为0.2~0.3g/m³，每隔5~10天熏烟1次。烟剂点燃后，吹灭明火。在较小空间内熏烟时，勿超过上述剂量，以免发生药害。

## 五、霜霉、白锈、疫霉、腐霉、黏霉病类

霜霉、白锈、疫霉、腐霉病害的病原属于藻物界、卵菌门，其共同特点是在高湿的情况下发病重，主要包括霜霉病、白锈病、疫霉病、腐霉病等。黏霉病的病原属于原生生物界、黏菌类。

### 152. 葡萄霜霉病

[分布与为害]　该病是一种世界性病害，国内分布广泛。发病严重时可使植株提早落叶，甚至枯死。

[症状]　主要为害叶片，发病初期，叶片正面出现水渍状小斑点，随病斑扩大，渐形成黄褐色或红褐色多角形病斑。天气潮湿时，叶片背面的相应部位出现白色霜状霉层。病斑较多时，病叶变黄脱落。嫩梢偶尔发病，出现油渍状斑，潮湿时上生霜状霉层，病梢扭曲变形（图3-189）。

图3-189　葡萄霜霉病

[病原]　卵菌门，葡萄生单轴霉 *Plasmopara viticola* (Berk. & Curtis) Berl. & de Toni.。

[发病规律]　病菌以卵孢子和菌丝体在病落叶或土中越冬。翌春温度适宜时，卵孢子萌发产生孢子

囊，再由卵孢子囊产生游动孢子，随雨水飞溅传播，经气孔侵染叶片。冷凉、多雨、多雾露、潮湿的天气有利于该病的发生。不同地区、不同年份的发病时期有差异。降雨早而频繁、雨量大的年份，以及草荒重、枝叶过密、排水不良的区域发病严重。

### 153. 牵牛花白锈病

[分布与为害] 在全国各地均有发生，是牵牛花的主要病害。被侵染的植株叶片变褐枯死、花茎扭曲。

[症状] 该病主要为害叶片、叶柄、嫩茎和花（图3-190）。发病初期，叶片出现淡绿色小斑，逐渐变为淡黄色，无明显边缘。后期，病部背面出现隆起的白色疱状物，破裂时，散出白色粉状物，为病菌的孢囊孢子。发病严重时，病斑连成片，使叶片变褐枯死。如病菌侵染到花茎上，可使花茎扭曲。当病斑围绕嫩茎一周时，上部组织生长不良，萎蔫死亡。

图3-190 牵牛花白锈病

[病原] 卵菌门，旋花白锈菌 *Albugo ipomoeae panduranae* (Schw.) Swingle。

[发病规律] 病菌以卵孢子随种子及病残组织越冬。翌年随温度的升高，卵孢子萌发产生孢囊孢子，借风雨传播侵染。8～9月发生较普遍。

### 154. 雪松疫霉病

[分布与为害] 又名雪松疫病、雪松根腐病，分布于华北、华东、华中，以及大连等地。严重时，大量植株枯萎。

[症状] 首先发生在雪松根部，进而发展到主干及全株。根部染病后在根尖、分叉处或根端部分产生病斑，以新根发生为多，病斑沿根系扩展，初期病斑浅褐色，后深褐色至黑褐色，皮层组织水渍状坏死。大树染病后在干基部以上流溢树脂，病部不凹陷。幼树染病后病部内皮层组织水渍状软化腐烂，无恶臭；幼苗有时出现立枯，地上部分褪绿枯黄，皮层干缩。染病植株初期地上部症状不明显，严重时针叶脱落，整株死亡（图3-191）。

图3-191 雪松疫霉病

〔病原〕 卵菌门，樟疫霉 *Phytophthora cinnamomi* Rands、掘氏疫霉 *Phytophthora drechsleri* Tucker、寄生疫霉 *Phytophthora parasitica* Dast.。

〔发病规律〕 病菌习居土中，多从根尖、剪口和伤口等处侵入，沿内皮层蔓延。也可直接透入寄主表皮，破坏输导组织。地下水位较高或积水地段，特别是栽植过深，或在花坛、草坪低洼处栽植的植株发病较多，传播迅速，死亡率高。土壤黏重、透气不良、含水率高或土壤贫瘠处均易发病。移植时伤根过多极易感病。流水与带菌病土均能传播病害。

### 155. 草坪禾草腐霉病

〔分布与为害〕 绝大多数草坪都会受到该病为害，特别是冷季型草坪受害更重。该病破坏性很大，适宜条件下能在数天内大发生，毁坏草坪。

〔症状〕 幼苗与成株均可受害。种子萌发和出土时受害会出现芽腐、苗腐和幼苗猝倒。发病轻的幼苗叶片变黄，稍矮，此后症状可能消失。成株期根部受侵染，产生褐色腐烂斑块，根系发育不良，病株发育迟缓，分蘖减少，底部叶片变黄，草坪稀疏。在高温高湿条件下，草坪受害常导致根部、根茎部和茎、叶变褐腐烂，草坪上出现直径2～5cm的圆形黄褐色枯草斑，凌晨或树荫下的草叶上会发现白色至灰白色棉状菌丝（图3-192）。

〔病原〕 卵菌门，引起该病的病菌有多种，常见的有瓜果腐霉 *Pythium aphanidermatum* (Eds.) Fitzp.、禾生腐霉 *Pythium graminicola* Subramanian、终极腐霉 *Globisporangium ultimum* (Trow) Uzuhashi, Tojo & Kakish.等十几种。

〔发病规律〕 腐霉菌为土壤习居菌，在土壤及病残体中可存活5年以上。土壤和病残体中的菌丝体及卵孢子是最重要的初侵染菌源。低洼积水、土壤贫瘠、有机质含量低、通气性差、缺磷、氮肥施用过量时发病重。此菌既能在冷湿环境中侵染为害（如有些种甚至在土壤温度低至15℃时也能侵染禾草，导致根尖大量坏死），也能在天气炎热、潮湿时猖獗流行，条件适合时，可在一夜之间毁坏大片草坪。

### 156. 草坪禾草（地被）黏霉病

〔分布与为害〕 分布于草坪（地被）栽植区。可在多年生早熟禾、高羊茅、紫羊茅、剪股颖、山麦冬等草坪草（地被植物）上出现，尽管危害不大，但突然出现白色、灰白色、紫色或褐色的斑块，会影响观

图3-192 草坪禾草腐霉病

赏价值、对人们心理造成影响。

[症状] 在草坪（地被）冠层上，突然出现环形至不规则形，直径2～60cm的白色、灰白色或紫褐色犹如泡沫的斑块（图3-193）。大量繁殖的黏菌（介于真菌与原生动物之间的一类真核生物）虽不寄生草坪草，但由于遮盖了草株叶片，使其因不能进行充分的光合作用而瘦弱，叶片变黄，易被其他致病真菌感染。这种症状一般1～2周内即可消失。通常情况下，这些黏菌每年都在同一位置上重复发生。

图3-193 草坪禾草黏霉病（a～c）和山麦冬黏霉病（d）

［病原］ 原生生物界，由灰绒泡菌 *Physarum cinereum* (Batsch) Pers.等多种黏菌引起。

［发病规律］ 可形成充满大量深色孢子的孢子囊。孢子借风、水、机械、人或动物传播扩散。沉积在土壤或植物残体上的孢子以休眠状态存活，直到出现有利的条件才萌发。在从春末到秋季的潮湿条件下，孢子裂开释放游动孢子。游动孢子单核，没有细胞壁，最终形成无定形的、黏糊糊的变形体。凉爽潮湿的天气有利于游动孢子的释放，而温暖潮湿的天气有利于变形体向草的叶鞘和叶片移动。丰富的土壤有机质有利于黏霉病害的发生。

［霜霉、白锈、疫霉、腐霉、黏霉病类的防治措施］

（1）减少侵染来源　　及时清除病残体。

（2）加强栽培管理　　选留无病种子作为繁殖种子，播种前应进行种子消毒。雪松宜栽在地势较高处，不宜栽在草/花丛中和草坪低洼处，以免浇水受涝，且不宜深栽，不宜栽在盐碱地。采用科学浇水方法，避免大水漫灌。注意平衡施肥，避免施用过量氮肥，增施磷肥和有机肥。注意通风透气，控制温湿度。

（3）化学防治　　可选用以下药剂：70%氟醚菌酰胺水分散粒剂3000～4000倍液、70%代森联悬浮剂800～1000倍液、30%吡唑醚菌酯悬浮剂1000～2000倍液、32.5%苯甲·嘧菌酯悬浮剂1500～2000倍液、60%唑醚·代森联水分散粒剂1000～2000倍液。

黏霉病一般不需要防治，可用水冲洗叶片或修剪的方法解决，发生严重时也可采用上述化学防治措施。

## 六、黄萎、枯萎病类

### 157. 黄栌黄萎病

［分布与为害］ 又名黄栌枯萎病，为黄栌树种的一种系统侵染的毁灭性病害。全国范围内该病呈现出扩散的态势，被感染植株逐年增加。

［症状］ 黄栌黄萎病的症状多样。①叶部一般出现两种萎蔫类型：一种是绿色萎蔫型（不落叶型），初期叶片表现失水状萎蔫，自叶缘向里逐渐干缩并卷曲，但不失绿，不落叶，约2周后变焦枯，叶柄皮下可见黄褐色病线（图3-194）；另一种是黄色萎蔫型（落叶型），先自叶缘起叶肉变黄，逐渐向内发展至大

图3-194　黄栌黄萎病

部分或全部叶片变黄，叶脉仍保持绿色，部分或大部分落叶，未落的叶干缩、卷曲、变焦枯，叶柄皮下可见黄褐色病线。②植物根、茎横切面上有褐色病斑，形成完整或不完整环形。剥皮后可见褐色病线，有时病线不在皮下而在木质部，这是由于侵染发生后，次生生长形成的新组织将受害部位包在里面。发病严重时导致整个植株生长势衰弱或死亡；在发病过程中，可能引起植株整株或部分枝杈迅速死亡，也可能会在较长时间内持续影响植株，减缓生长速度。

〔病原〕 无性态真菌，大丽轮枝孢菌 *Verticillium dahliae* Klebahn。

〔发病规律〕 病菌以菌丝或菌核在病株残体或土壤中越冬（菌核可单独在土壤中存活多年）。翌年6～7月借浇水、中耕、地下害虫等传播侵染，通过伤口侵入或从根部直接侵染，发病程度与根系所分布的土壤层中的病菌数量成正比。在土壤温度20℃左右且湿度较大的微碱性土壤中，易于侵染发病，氮肥过量会加重病害，增施钾肥可以缓解病情。

### 158. 合欢枯萎病

〔分布与为害〕 又名干枯病，在北京、河北、山东、江苏等地的苗圃、绿地、公园、庭院均有发生。为一种毁灭性病害，严重时，造成树木枯萎死亡。

〔症状〕 幼苗染病，根及茎基部软腐，植株生长衰弱，叶片变黄，以后逐渐扩至全株，造成全株枯死。成龄树染病，枝叶失水枯萎，叶片脱落，枝干逐渐干枯，在病树枝干横截面可见圈状变色环。夏末秋初，染病枝干皮孔肿胀呈隆起的黄褐色圆斑。湿度大时，皮孔中产生肉红色或白色粉状物（图3-195）。

**图3-195 合欢枯萎病**

〔病原〕 无性态真菌，尖镰孢菌含羞草变种（合欢枯萎菌）*Fusarium oxysporum* f. sp. *perniciosum* (Hepting) Toole。

〔发病规律〕 此病为系统侵染性病害。病菌随病株或病残体在土壤中越冬。翌春分生孢子从寄主根部伤口直接侵入，也可从枝干皮层伤口侵入。从根部侵入的病菌在根部导管向上蔓延至枝干、枝条导管，造成枝枯。从枝干伤口侵入的病菌，最初树皮呈水渍状坏死，后干枯下陷。发病重时，造成黄叶、枯叶，根皮、树皮腐烂，以致全株死亡。高温、高湿有利病菌的繁殖和侵染，暴雨有利病害的扩散，干旱缺水也促使病害发生。干旱季节幼苗长势弱时5～7天即可死株，长势好的表现为局部枯枝，死亡速度较慢。

〔黄萎、枯萎病类的防治措施〕

（1）农业防治 及时清除病株并销毁，减少病菌在土中的积累。在苗圃实行3年以上轮作。

（2）化学防治 ①土壤处理：用40%福尔马林100倍液浇灌，36kg/m²，然后用薄膜盖住1～2周，揭开3天以后再用。也可种植前用30%噁霉灵水剂1000～1500倍液等药剂浇灌，每隔10天灌1次，连灌2或3次。②药剂灌根：发病初期，采用30%吡唑醚菌酯悬浮剂1000～2000倍液、50%啶酰菌胺水分散粒剂1500～2000倍液、32.5%苯甲·嘧菌酯悬浮剂1500～2000倍液、60%唑醚·代森联水分散粒剂1000～2000

倍液灌根，每平方米浇灌2～4kg药液。

## 七、枝干溃疡、腐烂、轮纹、干腐病类

### 159. 杨树溃疡病

[分布与为害] 分布于黑龙江、吉林、辽宁、陕西、甘肃、北京、河北、河南、山东、江苏等地。主要为害杨、柳的枝干，能造成大苗及新造的杨树林大量枯死（图3-196）。发病率高达80%以上。

图3-196 杨树溃疡病为害窄冠毛白杨造成大批死亡状（未发芽）

[症状] 此病有以下2种类型。

溃疡型：3月中下旬感病植株的枝干部位出现褐色病斑，圆形或椭圆形，直径1cm，质地松软，手压有褐色臭水流出。有时出现水疱，疱内有略带腥味的黏液（图3-197a、b）。5～6月水疱自行破裂，流出黏液，随后病斑下陷，很快发展成长椭圆形或长条形斑，病斑无明显边缘。4月上中旬，病斑上散生许多小黑点，即病菌的分生孢子器，并突破表皮。当病斑包围树干时，上部即枯死。5月下旬病斑停止发展，在周围形成一隆起的愈伤组织，此时中央裂开，形成典型的溃疡症状。11月初在老病斑处出现粗黑点，即病菌的子座及子囊壳。

枯梢型：在当年定植的幼树主干上先出现不明显的小斑，呈红褐色，2～3月后病斑迅速包围主干，致使上部梢头枯死。有时在感病植株的冬芽附近出现成段发黑的斑块，剥开树皮可见里面已腐烂，引起枯梢。随后在枯死部位出现小黑点。这种类型发生普遍，危害性也大。

还有一种情况是溃疡病发生在生长多年的毛白杨植株上，虽在枝干表面形成水疱状溃疡斑（图3-197c），但后期会慢慢干缩（图3-197d），对树体生长几乎没有影响，但稍稍影响观赏效果。

[病原] 有性阶段属子囊菌门，茶藨子葡萄座腔菌*Botryosphaeria ribis* (Tode) Gross. & Dugg.；无性阶段属无性态真菌，群生小穴壳菌*Dothiorella gregaria* Sacc.。

[发病规律] 病菌以菌丝在寄主体内越冬。翌春气温10℃以上时开始活动。南京地区于3月下旬开始发病，4月中旬至5月上旬为发病高峰，病害发生轻重与气象因子、立地条件和植树技术等密切相关。春旱、春寒、西北风次数多则病害发生重；沙丘地比平沙地发病重；苗木生长不良，病害发生也重；苗木假植时间越长，发病越重；根系受伤越多，病害越重。

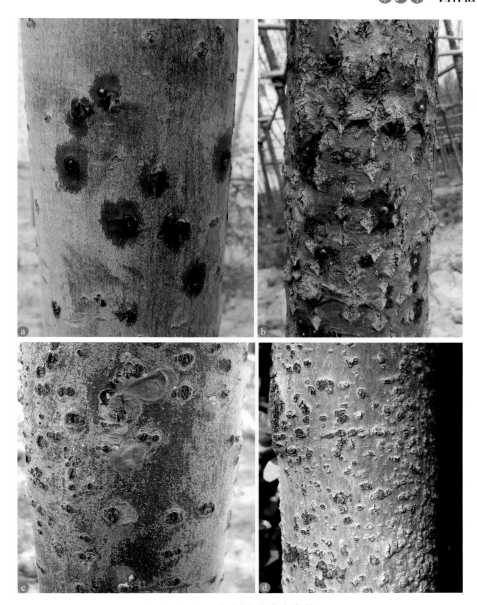

**图3-197 杨树溃疡病为害状**

a. 为害窄冠毛白杨初期状；b. 为害速生杨初期状；c. 毛白杨溃疡病初期症状；d. 毛白杨溃疡病后期症状

当移栽苗木树皮膨胀度小于85%时，枝条上的溃疡病斑急剧增多，60%时达最多，如再失水则枝条枯死。以下所述的柳树溃疡病、国槐溃疡病、青桐溃疡病、栾树溃疡病等也具上述现象。因而苗木移栽前后保水是防治溃疡病的关键措施之一。

**160. 柳树溃疡病**

［分布与为害］ 又名水疱型溃疡病，属于枝干病害的一种，严重时会造成大片幼林枯死。

［症状］ 树干的中下部首先感病，受害部树皮长出水疱状褐色圆斑，用手压会有褐色臭水流出，后病斑呈深褐色凹陷，病部上散生许多小黑点，为病菌的分生孢子器，后病斑周围隆起，形成愈伤组织，中间裂开，呈溃疡症状（图3-198）。老病斑处出现粗黑点，为子座及子囊腔。还可表现为枯梢型，初期枝干先出现红褐色小斑，病斑迅速包围主干，使上部枝梢枯死。

［病原］ 同杨树溃疡病。

［发病规律］ 病菌以菌丝在寄主体内越冬。翌年3月下旬气温回升开始发病，4月中旬至5月上旬为发病盛期，5月中旬至6月初气温升至26℃基本停止发病，8月下旬当气温降低时病害会再次出现，10月病害又有发展。该病可侵染树干、根茎和大树枝条，但主要为害树干的中下部。病菌潜伏于寄主体内，使病部出现溃疡状。天气干旱时，寄主会表现出症状。病害发生与树木生长势关系密切。植株长势弱，易感

图3-198 柳树溃疡病

染病害；新移栽树及干旱瘠薄、水分供应不足的绿地容易发病；在起苗、运输、栽植等生产过程中，苗木伤口多有利于病害发生。

**161. 国槐溃疡病**

［分布与为害］ 又名国槐腐烂病，在陕西、河北、河南、山东、江苏等地均有发生。为害国槐、龙爪槐等，严重时能引起幼树枯死及大树枯枝（图3-199）。

［症状］ 病原有2种：镰刀菌与小穴壳菌。两者共同的特点是主要发生在幼苗、二至四年生幼树的绿色枝干及大树一至二年生绿色小枝上。

镰刀菌感染引起的症状：病斑初为近圆形，褐色水渍状，渐发展为梭形，中央稍下陷，呈典型的湿腐状；病斑继续扩展可包围树干，使上部枝干枯死。后期病斑上出现橘红色的分生孢子堆。若病斑未能环切枝干，则当年能愈合，且一般无再发现象。个别病斑由于愈合组织很弱，翌年春季可自老斑边缘向四周扩展。

小穴壳菌感染引发的症状：病斑初为圆形，黄褐色，较前者稍深，边缘为紫黑色。后病斑扩展为椭圆形，长径可达20cm以上，并可环切枝干。后期病斑上出现许多小黑点，即溃疡菌的分生孢子器，病部逐

图3-199 国槐溃疡病

渐干枯下陷或开裂，一般不再扩展。

[病原] 病原有2种：①三线镰孢菌 *Fusarium tricinctum* (Cord.) Sacc.。②无性阶段为群生小穴壳菌 *Dothiorella gregaria* Sacc.；有性阶段为茶藨子葡萄座腔菌 *Botryosphaeria ribis* (Tode) Gross. & Dugg.。

[发病规律] 镰刀菌型溃疡病约在3月初开始发生，3月中旬至4月末为发病盛期，5～6月产生孢子座，6～7月病斑一般停止发展，并形成愈伤组织。小穴壳菌型溃疡病发病稍晚，在子实体出现后当年虽不再扩展，但翌年仍能继续发展。病菌具有潜伏侵染现象。病菌可以从断枝、残桩、修剪伤口、虫伤、死芽、皮孔、叶痕等处侵入。病害的潜育期约一个月。

**162．青桐溃疡病**

[分布与为害] 分布于寄主栽植区。主要发生在新移栽的青桐上。

[症状] 主要为害青桐主干，也可为害侧枝。主干发病时，初期出现近圆形的黑褐色病斑，呈疱状突起，后期病疱破裂，形成愈伤组织并木栓化，形成中间凹陷、周围隆起的近圆形病斑，上散生黑色小粒点，为病菌的分生孢子器（图3-200）。老病斑处出现粗黑点，为子座及子囊腔。

图3-200 青桐溃疡病

［病原］　同杨树溃疡病。

［发病规律］　病菌潜伏于寄主体内，使病部出现溃疡状。天气干旱时，寄主会表现出症状。病害发生与树木长势关系密切。植株缺水、长势衰弱时，易感染病害。在起苗、运输、栽植等生产过程中，苗木伤口多，有利于病害发生。

### 163．栾树溃疡病

［分布与为害］　分布于寄主栽植区。主要发生在新移栽的栾树上。

［症状］　树干发病时，初期形成圆形、较小的水疱；后期水疱逐渐变大，用手按压时有黑褐色液体流出，且有臭味，随后水疱破碎。严重时，水疱密集，皮层腐败、变黑，枝干出现不规则黑斑，可导致整体生长衰弱、叶片发黄、提前落叶，严重时全株枯死（图3-201）。老病斑处出现粗黑点，为子座及子囊腔。

图3-201　栾树溃疡病

［病原］　同杨树溃疡病。

［发病规律］　同青桐溃疡病。

### 164．皂角溃疡病

［分布与为害］　分布于寄主栽植区。主要发生在新移栽的皂角树上。

［症状］　该病可侵染树干、根茎和大树枝条，但主要为害树干的中部和下部。发病初期树干皮孔附近出现水疱，水疱破裂后流出带臭味的液体，内有大量病菌（图3-202）。病部最后干缩下陷成溃疡斑，病斑处皮层变褐腐烂，当病斑横向扩展环绕树干1圈后，树即死亡。近年来，由于大规格皂角树移植较多，因而在大树上也表现较重。

［病原］　同杨树溃疡病。

［发病规律］　3月下旬开始发病，4月中旬至5月下旬为发病高峰期，6月初基本停止，10月后稍有发展。4～5月干旱少雨时，发病重。因大规格移栽的皂角树树皮较厚，发病时外部症状表现不明显，因而常忽略防治，造成枝叶枯萎，树体死亡。

### 165．红瑞木溃疡病

［分布与为害］　分布于全国各地。常造成枝条表皮溃疡腐烂，严重时栽植的红瑞木整株枯死（图3-203a）。

［症状］　主要为害枝干，初期在主干或枝条表面形成褐色斑点（图3-203b、c），后逐渐变大变黑，严重时病斑连片，发病后期病斑中央部位颜色变浅，具有大量小黑点（图3-203d、e）。病斑围绕枝条一圈时，会造成枝条干枯死亡（图3-203f）。

图 3-202 皂角溃疡病

图 3-203 红瑞木溃疡病

a. 整株干枯状；b、c. 病害初期；d、e. 病害后期；f. 病害末期

［病原］ 无性态真菌，葡萄座腔菌 *Botryosphaeria dothidea* (Moug. ex Fr.) Ces. & De Not.。

［发病规律］ 该病害发生与雨水有关，高温多雨季节发病重。发病植株枯死后，若不及时清除并进行土壤消毒，补苗时往往成活率不高。

**166. 杨树腐烂病**

［分布与为害］ 又名杨树烂皮病，是杨树的重要枝干病害。分布于东北、华北、西北、华中、华东等地，是我国北方公园、绿地、行道和苗圃杨树的常见病和多发病。常引起杨树大量枯死，新移栽的杨树发病尤重，发病率可达90%以上。

［症状］ 初发病时主干或大枝出现不规则水肿块斑，淡褐色，病部皮层变软、水渍，易剥离和具酒糟味，后病部失水干缩和开裂，皮层纤维分离，木质部浅层褐色，后期病部出现针头状黑褐色小突起（分生孢子器），遇雨后挤出橘黄色卷丝（孢子角），枝干枯死，进而全株死亡（图3-204）。

图3-204 杨树腐烂病

［病原］ 有性阶段属子囊菌门，污黑腐皮壳菌 *Valsa sordida* Nit.；无性阶段属无性态真菌，金黄壳囊孢菌 *Cytospora chrysosperma* (Pers.) Fr.。

［发病规律］ 病菌以菌丝、分生孢子器、子囊壳在病组织内越冬。翌年春季，孢子借风、雨、昆虫等媒介传播，自伤口或死亡组织侵入寄主。该病于每年3～4月开始发病，5～6月为发病盛期，9月病害基本停止扩展。子囊孢子于当年侵入杨树，翌年表现症状。该病菌为弱寄生菌，只为害树势衰弱的树木。立地条件不良或栽培管理不善会削弱树木的生长势，有利于病害的发生。土壤瘠薄、低洼积水、春季干旱、夏季日灼、冬季冻害等容易引发此病；行道树、新种植的幼树、移植多次或假植过久的苗木、过度修剪的树木容易发病。

**167. 柳树腐烂病**

［分布与为害］ 分布于寄主栽植区。严重时引起树干枯死。

［症状］ 主要发生在柳树主干、主枝和小枝上，有干腐和枝枯两种类型：主干及枝干部发病为干腐型，发病初期表皮为赤褐色，皮层腐烂变软，后期病皮干缩下陷，病斑上呈现许多黑色小突起，为病菌的子座，在阴雨气候条件下可挤出黄色丝状分生孢子角，导致皮层糟烂，病皮与木质部剥离（图3-205）；小枝发病后，病斑会很快围绕枝条一周，导致枝条枯死，称为枝枯型。

［病原］ 有性阶段属子囊菌门，污黑腐皮壳菌 *Valsa sordida* Nit.；无性阶段属无性态真菌，金黄壳囊孢菌 *Cytospora chrysosperma* (Pers.) Fr.。

［发病规律］ 病菌以菌丝、分生孢子器、子囊壳在病斑及坏死树皮中越冬。翌年4月上旬开始发生为害，4月下旬为第1个发病高峰，发病初期呈现灰褐色水渍状斑，后期病斑上生出许多针状小黑点——分生孢子器。8月为第2个发病高峰期。10月病害停止发展。树势较弱尤其是新移栽的植株容易发病；定植过密极易诱发该病；干旱、日灼、冻害等不良条件下，也有利于病害的发生。

图3-205 柳树腐烂病

### 168. 泡桐腐烂病

[分布与为害] 分布于陕西、河南、山东、安徽、湖南等地。为害楸叶桐、兰考桐、毛泡桐、白花桐等。

[症状] 大树主干病斑椭圆形，少数为不规则形，下陷，病皮腐烂成褐色，深至木质部，但外表却不变色，所以初期有很大隐蔽性。5～8月病皮内产生许多黑色小点，顶破木栓层外露，为分生孢子器孔口处。湿度大时，分泌灰黄色丝状体（病菌分生孢子角）。剥开病皮，在木栓层下有较大的扁圆形黑色小颗粒，直径0.6～2.5mm，为分生孢子器。有时还有成堆的圆形黑色小颗粒，直径约0.5mm，一般每20～30个成一堆，为病菌子囊壳。病斑于每年冬、春季节向外扩展一圈，宽窄不一，纵向比横向扩展快。后期病皮爆裂，木质部裸露，呈阶梯状下陷，病部横断面成扁圆形。一至三年生幼树干部发病，病斑很明显，为褐色，病斑很易围绕树干一圈，引起全株死亡（图3-206）。病皮木栓层下均为黑色扁圆形小颗粒，是病菌的分生孢子器。

[病原] 子囊菌门，泡桐黑腐皮壳 *Valsa paulowniae* Miyabe & Hemmi。

图3-206 泡桐腐烂病

[发病规律]　一至四年生幼树的病斑内通常产生分生孢子器和分生孢子。而大树病斑内多数为子囊壳。多雨年份产生子囊壳及子囊孢子多，反之则少。或仅有子囊壳，而无成熟的子囊孢子。越冬的和当年产生的两种孢子均是病菌侵染来源，借风雨和带皮原木、病树调运传播。以分生孢子出现的概率多、侵染占优势，而且分生孢子的侵染致病力比子囊孢子强，人工接种时前者比后者侵染形成的病斑要大。泡桐苗木质量差、泡桐栽植密度大、不及时抚育间伐、树干保护不当、人畜活动等造成伤口时发病重；栽植立地条件差、黏土洼地、树势弱、伤口不易愈合，发病也重。

### 169. 海棠类腐烂病

[分布与为害]　又名烂皮病，为海棠类植物的常见病害。分布于东北、华东、华北、西北等地。主要为害八棱海棠、西府海棠、垂丝海棠、山荆子、冬红果海棠等植物的树干和树枝皮层。

[症状]　为害树干及枝梢，幼树、老树均可受害，尤以衰弱的老树受害重，严重时多处树皮腐烂，枝叶枯黄，造成树势严重衰弱。当病皮环绕枝干一周时，病斑上部枝叶往往干枯（图3-207）。树干感病部位

**图3-207　海棠类腐烂病**

a～d. 西府海棠腐烂病；e、f. 八棱海棠腐烂病；g、h. 冬红果海棠腐烂病

初期皮层稍变褐色，病健组织界限明显，以后病斑逐渐扩大，病部膨胀而软化，手压易凹陷，并有黄褐色液体流出。病斑后期干缩凹陷呈黑褐色，病皮上凸出许多小黑点，即为病菌的分生孢子器（图3-208）。遇雨或天气潮湿时，常从小黑颗粒上溢出橙黄色丝状卷曲的分生孢子角。病斑严重时，枝干上部叶片变黄，以致枯死。

**图3-208　海棠类腐烂病后期病部小黑点（病菌分生孢子器）**
a. 西府海棠腐烂病；b、c. 八棱海棠腐烂病；d、e. 山荆子腐烂病；f. 冬红果海棠腐烂病

　　［病原］　有性阶段属子囊菌门，苹果黑腐皮壳 *Valsa mali* Miyabe & G.Yamada；无性阶段属无性态真菌，苹果壳囊孢 *Cytospora mali* Grove。

　　［发病规律］　病菌以菌丝、分生孢子器、子囊壳在老病疤或死树皮中越冬。3～10月都能侵染和发病。4～5月和8月为两次传染高峰。病菌孢子借风雨传播，喜侵染和寄生老树、弱树，由伤口侵入。

### 170. 海棠类轮纹病

　　［分布与为害］　分布于全国各地。主要为害枝干，造成枝干树皮粗糙，降低观赏价值。

　　［症状］　该病为害西府海棠、八棱海棠、山荆子等的枝干、果实，叶片受害较少。枝干发病，初以皮

孔为中心形成扁圆形、红褐色病斑。病斑中间突起呈瘤状，边缘开裂。翌年病斑中央产生小黑点（分生孢子器和子囊壳），边缘裂缝加深、翘起呈马鞍形。以病斑为中心连年向外扩展，形成同心轮纹状大斑，许多病斑相连，使枝干表皮显得十分粗糙，故又名粗皮病（图3-209）。

图3-209 西府海棠轮纹病

［病原］ 子囊菌门，葡萄座腔菌属真菌 *Botryosphaeria berengeriana* De Notaris。

［发病规律］ 病菌以菌丝体、分生孢子器及子囊壳在被害枝干上越冬。翌春在适宜条件下产生大量分生孢子，通过风雨传播，从皮孔侵入枝干引起发病。轮纹病当年形成的病斑不产生分生孢子，故无再侵染。病菌是弱寄生菌，老弱树易感病。偏施氮肥，树势衰弱，病情加重；温暖多雨或晴雨相间日子多的年份易发病。

**171. 法桐干腐病**

［分布与为害］ 分布于寄主栽植区。主要发生在速生法桐品种，为害幼苗至大树的枝干，引起枝枯或整株枯死。

［症状］ 大树主要发生在干基部，少数在上部枝梢的分叉处。大树基部被害，外部无明显症状，剥开树皮内部已变色腐烂，有臭味，木质部表层产生褐色至黑褐色不规则病斑。病斑不断扩展，包围树干1周，造成病斑以上枝干枯死，叶片发黄凋萎。枝梢或幼树的主茎受害，病组织呈水渍状腐烂，产生明显的溃疡斑，稍凹陷，边缘紫褐色，随着病斑的扩展，病斑以上部位不久即枯死（图3-210）。

［病原］ 子囊菌门，葡萄座腔菌属真菌 *Botryosphaeria berengeriana* De Notaris。

［发病规律］ 病菌常自干基部侵入，也有从干部开始发病的。地下害虫造成的伤口是侵染主要途径。土壤含水量过高或大风造成伤口，以及人畜活动造成的机械伤，都能成为侵染途径。病害盛发期在5～9月。气温25℃以上、相对湿度85%以上时，病斑扩展迅速。速生品种上往往发病重。

类似的病害还有西府海棠溃疡病（图3-211）、榆树溃疡病（图3-212）、挪威槭溃疡病（图3-213）、香花槐溃疡病（图3-214）、夏栎溃疡病（图3-215）、八棱海棠干腐病（图3-216）、梨树溃疡病（图3-217）、柳树干腐病（图3-218）等。

［枝干溃疡、腐烂、轮纹、干腐病类的防治措施］

（1）加强出圃苗木检查 严禁带病苗木出圃，重病苗木要烧毁。

（2）选用抗病性强的树种与品种 尽量不采用抗逆性弱的速生树种，如速生杨、速生柳、速生法桐、速生白蜡、速生国槐等。

图3-210 法桐干腐病

图3-211 西府海棠溃疡病

图3-212 榆树溃疡病

图3-213 挪威槭溃疡病

（3）加强苗木调运及定植管理 尽量近距离调苗，远距离调苗时需对根系进行防护，防止失水过多；最好随起苗随栽植，避免假植时间过长；苗木栽植前，最好采用溃腐灵等药液浸泡或喷洒；避免伤根和干部皮层损伤；定植不宜过深，定植后及时绑架、浇水等。

（4）注意树体保水 苗木移栽前后，可采用喷水、缠草绳（或其他材料）保湿、喷洒化学药物等措施防止水分散失。

（5）修剪防病 合理修剪，改冬季修剪为早春修剪，且尽量选择晴天修剪，避开潮湿天气（雨、雪、雾），剪下的病枯枝、瘦弱枝集中烧毁；刀、锯一旦接触病斑处，应立即将工具进行消毒；修剪当天，对剪锯口进行药剂保护（图3-219），可涂抹甲硫萘乙酸、腐殖酸铜等药剂。

图3-214 香花槐溃疡病

图3-215 夏栎溃疡病

图3-216 八棱海棠干腐病

图 3-217　梨树溃疡病

图 3-218　柳树干腐病

（6）刮除病斑　　无论任何季节，见到病斑应立即刮除，越早越好，刮净后涂抹甲硫萘乙酸、腐殖酸铜等药剂。

（7）加强养护管理　　防止冻害及日灼，加强肥水管理，多施有机肥，合理施用氮、磷、钾肥，让树体生长健壮，以提高抗病力。

（8）化学防治　　发病初期，用溃腐灵50～80倍液涂抹病斑或用注射器直接注射于病斑处，或用溃疡灵50～100倍液、1.5%多抗霉素水剂100～200倍液、70%甲基托布津可湿性粉剂100倍液、20%农抗120水剂10倍液、2.12%的843康复剂100倍液、5%菌毒清水剂80倍液喷洒主干和大枝，阻止病菌侵入。秋末涂上白涂剂、1%波尔多液或0.5°Bé石硫合剂。

图3-219　剪锯口处涂抹伤口保护剂

## 八、根、茎基腐病

### 172. 花木白绢病

［分布与为害］　该病多发生在南方各地，可侵染紫菀、香石竹、菊花、百合、鸢尾、茉莉等多种花卉和木本植物。植物受害后可整株死亡。

图3-220　茉莉白绢病

［症状］　主要发生在根颈和根部，条件适宜时可蔓延到下部叶片。根颈部位变褐腐烂，逐渐蔓延扩展，产生白色绢丝状薄膜，多呈辐射状，边缘尤为明显，绢丝状菌丝可以蔓延到根颈附近土壤，严重时根系周边土壤充满白色菌丝（图3-220），以后在菌丝薄膜上形成菌核，菌核初为白色，逐渐加深成黄色、茶褐色直到深褐色，油菜籽大小。皮层腐烂死亡后引起叶片枯死脱落，严重时全株死亡。在十分潮湿的条件下，菌丝可直接蔓延到下部叶片，产生大量白色绢丝膜，包围下部枝叶，使叶片出现水渍状斑，在绢丝膜上产生菌丝。

［病原］　有性阶段属担子菌门，罗耳阿太菌 *Athelia rolfsii* (Curzi) Tu. & Kimbrough.；无性阶段属无性态真菌，齐整小核菌 *Sclerotium rolfsii* Sacc.。

［发病规律］　病菌以菌核或菌丝在土壤、病株残体、杂草上越冬。菌核在土壤中存活4年以上，但在高湿条件下存活期很短，不耐水浸。病菌以菌丝在土壤中蔓延，远距离传播靠流水或病苗、病土、病盆的人为转移。换盆土时使用垃圾土、菜园土时容易发病；连作或连续使用带菌盆土时发病重；湿度大时容易发病。

［花木白绢病的防治措施］

（1）拔除病株及土壤消毒　　发现病株，应及时（菌核形成前）拔除并加以烧毁或深埋，病穴浇灌86.2%铜大师800～1200倍液消毒。

（2）园艺防治　　地栽时，应实行轮作；盆栽用土，宜取自无菌粮田地块，忌用菜园土；有机肥要充分腐熟；繁殖材料要从无病植株上剪取；温室越冬时避免密集堆放。

（3）物理防治　　盆土用加热方法灭菌。

（4）生物防治　　采用哈茨木霉防治该病有良好的效果。

（5）化学防治　　采用30%吡唑醚菌酯悬浮剂1000～2000倍液、50%啶酰菌胺水分散粒剂1500～2000倍液、32.5%苯甲·嘧菌酯悬浮剂1500～2000倍液、60%唑醚·代森联水分散粒剂1000～2000倍液灌根，每平方米浇灌2～4kg药液。用药前若土壤潮湿，建议晾晒后再灌透。

**图 3-221　幼苗猝倒与立枯病**

### 173. 幼苗猝倒与立枯病

［分布与为害］　世界性病害，也是园林植物常见的病害之一。各种草本花卉和园林树木的苗期都可发生幼苗猝倒和立枯病，严重时发病率可达 50%～90%。经常造成园林苗木的大量死亡。

［症状］　幼苗猝倒与立枯病不同时期发病表现不同的症状类型，主要有 3 种情况：①苗木种子播种后，由于受到病菌的侵染或不良条件的影响，种子或种芽在土中腐烂，不能出苗。②幼苗出土后，幼苗未木质化之前，由于病菌的侵染，幼苗茎基部出现水渍状病斑，病部褐色腐烂、缢缩，后期病苗在子叶未凋萎之前，倒伏死亡。这种症状类型称为猝倒型。③幼苗苗茎木质化后，根部或根茎部被病菌侵染，发病部位腐烂，幼苗逐渐枯死，但幼苗不倒伏，直立枯死。这种症状类型称为立枯型（图 3-221）。

［病原］　引起幼苗猝倒与立枯病的原因有两个方面：①由非侵染性病原引起，如土壤积水或过度干旱，地表温度过高或过低，土壤中施用生粪或施用农药浓度过高等；②由一些真菌侵染引起，主要有卵菌门的腐霉菌 *Pythium* spp.，具体有德巴利腐霉 *Pythium debaryanum* Hesse 和瓜果腐霉 *Pythium aphanidermatum* (Eds.) Fitzp。无性态真菌的丝核菌 *Rhizoctonia* spp.、镰刀菌 *Fusarium* spp.。

［发病规律］　幼苗猝倒与立枯病病菌都可在土壤中营腐生生活，可长期在土壤中生存。各种病菌分别以卵孢子、厚垣孢子和菌核在土壤中越冬，土壤带菌是最重要的病菌来源。病菌可通过雨水、灌溉水和粪土进行传播。育苗床连年连作、出苗后连续阴雨天气、光照不足、种子质量差、播种过晚、施用未充分腐熟的有机肥，都会加重幼苗猝倒与立枯病的发生。

［幼苗猝倒与立枯病的防治措施］

（1）加强苗床管理　　选用地势较高，排水较好，光照较强的地块做育苗床。推广营养钵育苗。精选种子，适时育苗。苗床用药剂进行处理，做好土壤消毒。

（2）化学防治　　参见花木白绢病。幼苗猝倒与立枯病的防治应以农业防治为主，配合化学防治。

### 174. 长寿花茎腐病

［分布与为害］　分布较为普遍，尤见于栽植较密、湿度较大的苗床。

［症状］　主要为害茎基部，使得发病部位发黑、腐烂（图 3-222），整个植株枯萎。

**图 3-222　长寿花茎腐病**

［病原］　引起长寿花茎腐病的真菌有多种，如卵菌门的疫霉属 *Phytophthora* spp.；无性态真菌的丝核菌属 *Rhizoctonia* spp.、柱孢霉属 *Cylindrocarpon* spp. 等。

［发病规律］　病菌都可在土壤中长期存活。高温闷热、土壤不适、水肥过多、通风不良、花盆摆放过密及虫伤等都是引起该病发生的诱因。

［长寿花茎腐病的防治措施］

（1）加强栽培管理　　注意疏松土壤、通风降温、水肥合理、花盆摆放密度合理，并及时防治害虫。

（2）化学防治　　参见花木白绢病。

## 九、其他真菌病害

### 175. 樱花木腐病

［分布与为害］　分布于寄主栽植区。主要为害樱花、樱桃老树及生长衰弱的树，也可为害苹果、石榴、桃、李、杏、乌桕、苦楝等植物。

［症状］　主要为害树体的木质心材部分，使心材腐朽。腐朽的心材白色疏松，质软而脆。受害树的外部主要症状是在锯口、虫口或其他伤口处长出马蹄状或圆头状的子实体，即病菌的繁殖体（图3-223）。子实体有3种：①半圆伞形，菌伞上有轮纹，无菌褶，坚硬新鲜时乳白色，后变黄褐色。②子实体为半圆形扇状菌伞，周缘向下弯曲，有菌褶，灰白色，可以有千层菌状。③子实体为多孔菌，似一层黄白色涂料包埋病部。

［病原］　主要由担子菌门真菌 *Polyporus* spp.、*Schizophyllum commune* Fries、*Fomes fulvus* (Scop.) Gill、*Fibroporia vaillantii* (DC.) Parmasto、*Cookeoriolus versicolor* (L.:Fr.) 侵染所致。

［发病规律］　病菌在受害树的枝干上长期存活，以子实体上产生的担孢子随风雨飞散传播，经锯口、蛀口及其他伤口侵入。老树、弱树发病较重，大的难以愈合的锯口处易受害发病。

［樱花木腐病的防治措施］

（1）及时防治蛀干害虫　　天牛、吉丁虫为害所造成的伤口是病菌侵染的重要途径，减少其为害所造成的伤口，可减轻病害的发生。

（2）对锯口涂药保护　　可用1%硫酸铜或波尔多液消毒，或43%戊唑醇悬浮剂500倍液与建筑涂料混合成糊状涂抹锯口，可以减轻病菌的侵染。

（3）铲除病原　　发现病死树要及时刨除并烧毁。病树上产生子实体应立即削除，削下的子实体集中烧毁。

**图3-223　木腐病**

a～c. 樱花木腐病；d. 大叶女贞木腐病；e. 石榴木腐病；f. 乌桕木腐病；g. 苦楝木腐病

### 176. 花木膏药病

[分布与为害]　主要分布在长江以南各地，陕西、甘肃也有分布。为害构树、桑、茶、梨、栎、女贞、胡桃、樱桃、樱花、柑橘、香樟、相思树、芒果、泡桐等植物的枝干，严重时枝条衰弱甚至枯死。

[症状]　该病在树干或枝条上初为灰白色或灰色斑点，后扩大，直径可达6～10cm。紧贴树皮表面，日久中央变成褐色，形成椭圆形或不规则形厚膜状菌丝层，茶褐色至棕灰色，有时呈天鹅绒状，菌膜边缘色较淡，中部常干缩龟裂，易脱落（图3-224）。

**图3-224　花木膏药病**

［病原］　担子菌门，隔担耳属，主要有2种：引起灰色膏药病的茂物隔担菌 *Septobasidium bogoriense* Pat. 与引起褐色膏药病的田中隔担菌 *Septobasidium tanakae* (Miyabe) Boed. & Steinm.。

［发病规律］　病菌以菌膜在被害枝干上越冬。翌年5～6月产生担孢子通过风雨和介壳虫类传播。该病的发生与介壳虫关系密切：病菌以介壳虫的分泌物为养料，介壳虫常由于菌膜覆盖而得到保护。菌丝在枝干表面发育，部分菌丝可以侵入寄主皮层为害，老熟时菌丝层表面生有隔担子及担孢子。病菌孢子还可随虫体的爬行而传播蔓延。在通风透光不良、土壤黏重、排水不良的地方易发病。

［花木膏药病的防治措施］

（1）及时防治介壳虫　　控制介壳虫的繁殖与为害可有效防治该病。

（2）化学防治　　刮除菌膜后，涂抹20倍石灰乳或3～5°Bé石硫合剂。

**177. 花木真菌性流胶病**

［分布与为害］　分布广泛。为一种常见病害，为害桃、杏、樱花、紫叶李等植物。

［症状］　主要为害枝干。一年生嫩枝染病，初产生以皮孔为中心的疣状小突起，当年不发生流胶现象，翌年5月上旬病斑开裂，溢出无色半透明状稀薄而有黏性的软胶。被害枝条表面粗糙变黑，并以瘤为中心逐渐下陷，形成圆形或不规则形病斑，其上散生小黑点。多年生枝干受害产生水疱状隆起，并有树胶流出（图3-225）。

图3-225　花木真菌性流胶病

［病原］　有性阶段为茶藨子葡萄座腔菌 *Botryosphaeria ribis* (Tode) Gross & Dugg.，属子囊菌门；无性阶段为桃小穴壳菌 *Dothiorella gregaria* Sacc.，属无性态真菌。

［发病规律］　以菌丝体、分生孢子器在病枝里越冬。翌年3月下旬至4月中旬散发出分生孢子，随风雨传播，经伤口和皮孔侵入。一年中该病有2个发病高峰：第1次在5月上旬至6月上旬，第2次在8月上旬至9月上旬。一般在直立生长的枝干基部以上部位受害严重；枝干分叉处易积水的地方受害重。土质瘠薄、肥水不足、负载量大，均可诱发该病。

［花木真菌性流胶病的防治措施］

（1）农业防治　　增施有机肥，低洼积水地注意排水，合理修剪，减少枝干伤口。落叶后树干、大枝涂白[1]，防止日灼、冻害，兼杀菌治虫。

（2）化学防治　　①早春发芽前将流胶部位病组织刮除，然后涂抹45%晶体石硫合剂30倍液，或喷洒3～5°Bé石硫合剂、溃腐灵50～80倍液、1∶1∶100等量式波尔多液，铲除病菌。②生长期于4月中旬

---

① 涂白剂配制方法：生石灰12kg、食盐2～2.5kg、大豆汁0.5kg、水36kg。先把优质生石灰用水化开，再加入大豆汁和食盐，搅拌成糊状即可

至7月上旬，每隔20天用刀纵、横划病部，深达木质部，然后用毛笔蘸药液涂于病部，全年共处理7次。可用下列药剂处理：70%甲基硫菌灵可湿性粉剂800～1000倍液、80%乙蒜素乳油50～100倍液、1.5%多抗霉素水剂100倍液。

### 178. 桃褐腐病

［分布与为害］ 又名灰腐病、灰霉病、果腐病、菌核病等。分布于桃栽植区，有时危害较重。该病除侵害桃外，还侵害李、杏、樱桃等核果类树。

［症状］ 为害花、叶、枝梢和果实，发生时期很长，以果实受害最重。春季花器最先受害，病菌侵害雄蕊、柱头、花瓣和萼片，发生褐色水浸状斑点，渐蔓延至全花。当天气潮湿时，病花迅速腐烂，表面生出灰色霉层，若天气干燥则萎垂干枯。病花残留枝上，经久不落。嫩叶受害自叶缘开始发病，病叶变褐萎蔫，状如遭受霜害。侵染花与叶片的病菌，通过花梗叶柄蔓延到果枝新梢，使枝梢受害出现溃疡斑。溃疡斑长椭圆形或梭形，凹陷或隆起，雨季常流胶，生出灰色霉层。溃疡扩展或相互融合环绕一周，病部以上即枯死。果实自幼果期至成熟期均受害，越接近成熟期受害越重。发病初期，果面出现褐色圆形病斑，如果条件适宜，数日内即扩展到全果。病果果肉软腐，表面土褐色，生出灰褐色绒状霉层，呈同心轮纹状排列。病果腐烂后易脱落，如失水较快则干缩成僵果，固着于树上经久不落（图3-226）。落地病果翌春有的形成子囊盘。

图3-226 桃褐腐病

［病原］ 病原有2种：①有性阶段属子囊菌门，核果链核盘菌 *Monilinia laxa* (Aderh. et Ruhl.) Honey；无性阶段属无性态真菌，灰丛梗孢菌 *Monilia fructigena* (Wint.) Rehm.，主要为害花器。②有性阶段属子囊菌门，链核盘菌 *Monilinia fructicola* (Wint.) Rehm.；无性阶段属无性态真菌，丛梗孢菌 *Monilia* sp.，主要为害果实。

［发病规律］ 病菌在僵果和枝梢溃疡中越冬。翌年春季产生分生孢子进行初侵染。在通常情况下，初侵染最先侵染花，造成花腐，以后侵染叶、枝梢、果实，但有的地区或年份很少发生花腐，而果腐严重。分生孢子借风雨、昆虫传播，经柱头、蜜腺侵入花器，经虫伤、机械伤侵染果实。高湿是影响病害发生的主导因素。桃树开花期及幼果期低温潮湿，容易发生花腐。果实近成熟期温暖多雨多雾，容易发生果腐。树势衰弱、地势低洼、枝叶过密的场所发病较重。

［桃褐腐病的防治措施］

（1）铲除越冬病残体 及时清除树体与地面上的僵果病枝，深埋或烧毁，结合深翻将地面病果翻入土中，减少侵染源。

（2）防治蛀果害虫 防止害虫造成伤口，可有效减少病菌侵染。

（3）化学防治 发芽前，喷洒1∶2∶200倍量式波尔多液或5°Bé石硫合剂。落花后，喷洒70%代森联悬浮剂800～1000倍液、30%吡唑醚菌酯悬浮剂1000～2000倍液。

### 179. 桃缩叶病

［分布与为害］ 分布于全国各地，通常南方地区发病严重，北方地区早春（桃树萌芽展叶期）低温多雨时发病也重。为害桃、紫叶桃等植物，严重时引起春梢叶片大量早期枯死，导致二次萌芽展叶，影响树势。

［症状］ 主要为害叶片，严重时也为害花、幼果和新梢。嫩叶刚伸出时就显现卷曲状，颜色发红。叶片逐渐开展，卷曲及皱缩的程度随之增加，致全叶呈波纹状凹凸，严重时叶片完全变形。病叶较肥大，叶片厚薄不均，质地松脆，呈淡黄色、淡紫红色至红褐色（图3-227a～d）；后期在病叶表面长出一层灰白色粉状物（图3-227e、f），即病菌的子囊层。随后病叶干枯脱落。

［病原］ 子囊菌门，畸形外囊菌 *Taphrina deformans* (Berk.) Tul.。

［发病规律］ 病菌以子囊孢子或芽孢子在桃芽鳞片外表或芽鳞间隙中越冬。翌年春季，当桃芽展开

**图 3-227 桃缩叶病**

a、b. 为害桃树叶片状；c、d. 为害紫叶桃叶片状；e、f. 后期病部的灰白色粉状物

时，孢子萌发侵害嫩叶或新梢。病菌侵入后能刺激叶片中细胞大量分裂，同时细胞壁加厚，造成病叶膨大和皱缩。以后在病叶角质层及上表皮细胞间形成产囊细胞，发育成子囊，再产生子囊孢子及芽孢子。子囊孢子及芽孢子不再次侵染，就在芽鳞外表或芽鳞间隙中越夏越冬。

该病 1 年只有 1 次侵染。春季桃树萌芽期气温低时病害重。一般在气温 10～16℃时容易发病，而温度在 21℃以上时发病较少。这主要是由于气温低，桃幼叶生长慢，寄主组织不易成熟，有利于病菌侵入。反之，气温高，桃叶生长较快，就减少了染病的机会。另外，湿度高的地区有利于病害的发生。

[桃缩叶病的防治措施]

（1）农业防治 及时摘除病叶，减少越冬菌源。加强肥水管理，培养壮树，提高抗病能力。

（2）化学防治 休眠期喷洒 5°Bé 石硫合剂 1 次，铲除越冬菌源；桃花芽露红而未展开时是防治的关键时期，可选用下列药剂：1∶1∶100 波尔多液、50% 硫胶悬剂 600 倍液、10% 苯醚甲环唑水分散粒剂 2000 倍液、70% 代森联悬浮剂 800～1000 倍液、30% 吡唑醚菌酯悬浮剂 1000～2000 倍液。

**180. 杜鹃饼病**

[分布与为害] 又名瘿瘤病、叶肿病，主要发生在南方杜鹃露地栽植区。严重时叶片畸形，病芽、病花枯死。

[症状] 主要为害嫩叶、新梢及花。叶片染病产生浅绿色馒头状肉质疱斑（图3-228），上被有灰白色黏性粉层，后期疱斑干枯成褐色饼状枯斑，致叶片扭曲畸形。新梢染病形成肥厚的叶丛而干枯。花染病也变肥厚，形成瘿瘤状畸形花，表面布有灰白色粉状物。

图3-228　杜鹃饼病

[病原] 担子菌门，日本外担菌 *Exobasidium japonicum* Shirai。

[发病规律] 病菌以菌丝体在病组织中越冬或越夏。条件适宜时产生担孢子借风雨传播。带菌苗木成为远距离传播的重要来源。该病属低温高湿型病害，气温15～20℃、相对湿度高于80%、连阴雨天气多且寄主正萌芽或产生新叶时易发病。一般4～5月发病多，秋季花芽形成期也有发生。

[杜鹃饼病的防治措施]

（1）农业防治　①选择弱酸性、土质疏松、不易积水的土壤栽培杜鹃，促进植株生长，提高抗病能力。②发现病叶、病梢和病花，要及时摘除并烧毁，防止病害进一步传播蔓延。③种植或花盆摆放不宜过密，使植株间有良好的通风透光条件；浇水后及雨过天晴时，要及时放风排湿。

（2）化学防治　在杜鹃发芽前，喷洒1°Bé石硫合剂；新叶刚展开后喷洒0.5°Bé石硫合剂，或1∶1∶100波尔多液。

**181. 竹丛枝病**

[分布与为害] 分布于寄主栽植区。又名扫帚病，为害淡竹、箬竹、刺竹、刚竹、哺鸡竹、苦竹、短穗竹等，病竹生长衰弱，发笋减少，重病株逐渐枯死，发病严重时，常造成整个竹林衰败。

[症状] 发病初期，少数竹枝发病。病枝春天不断延伸多节细弱的蔓枝，枝上有鳞片状小叶。病枝节间短，侧枝丛生、呈鸟巢状或成团下垂（图3-229）。

[病原] 子囊菌门，竹针孢座囊菌 *Aciculosporium take* Miyake。

[发病规律] 病菌的侵染循环尚不清楚，很可能是有性阶段的子囊孢子度过不良环境进行初侵染，病菌主要借气流及雨水传播。病害的发生是由个别竹枝发展至其他竹枝，由点扩展至面。每年4～6月病枝顶端叶梢内产生白色米粒状物，有时在9～10月新生长出来的病枝梢端的叶鞘内也产生白色米粒状物。水肥管理不当、生长细弱的植株容易发病；从春季开始连续降雨的年份发病率明显提高。

[竹丛枝病的防治措施]

（1）农业防治　①加强竹林的抚育管理，定期浇园、培土施肥，促进新竹生长。②按期砍伐老竹，及早砍除重病竹株，剪除病枝并清出林外烧毁。③造林时不要在有病竹林内挖取母竹，更不能用带病的母竹造林。

图3-229 竹丛枝病

（2）化学防治 每年6～7月，每隔7～10天以等量式100～200倍波尔多液喷洒1次，连续喷2或3次，可预防发病。

**182. 花木煤污病**

[分布与为害] 煤污病又名煤烟病，在南北方花木上发生普遍，影响光合作用，降低观赏价值和经济价值，甚至引起死亡。

[症状] 典型症状是在叶面、枝梢上形成黑色小霉斑，后扩大连片，使整个叶面、嫩梢上布满黑霉层。由于煤污病菌种类很多，同一植物上可染上多种病菌，其症状上也略有差异。呈黑色霉层或黑色煤粉层是该病的重要特征。煤污病的主要危害是抑制了植物的光合作用，削弱植物的生长势。另外，由于观赏植物的叶面布满黑色的煤粉层，所以严重破坏了植物的观赏性（图3-230）。

[病原] 多种附生菌和寄生菌。常见的有性阶段是小煤炱菌属 *Meliola* sp.和煤炱菌属 *Capnodium* sp.；常见的无性阶段是散播烟霉 *Fumago vagans* Pers和枝孢霉属 *Cladosporium* sp.。小煤炱菌属为高等植物上的专性寄生菌，菌丝体生于植物体表面，黑色，有附着枝，并以吸器伸入寄主表皮细胞内吸取营养。煤炱菌属主要依靠蚜虫、介壳虫的分泌物生活。

[发病规律] 病菌以菌丝体、分生孢子、子囊孢子在病部及病落叶上越冬。翌年孢子由风雨、昆虫等传播。高温高湿，通风不良，蚜虫、介壳虫等能够产生分泌物的害虫发生量大时，均可加重病情。露地栽培的花木，发病盛期为春夏季节；温室栽培的花木，可周年发生。

[花木煤污病的防治措施]

（1）防治害虫 及时防治蚜虫、介壳虫、白粉虱等害虫，减少其分泌物，可达到防病的目的。

（2）加强栽培管理 适度修剪，通风透光，以降低湿度，减轻病害的发生。

（3）化学防治 冬季或早春，喷洒3～5°Bé石硫合剂，杀死越冬菌源，可减轻病害的发生。

**图3-230　花木煤污病**

a. 为害毛白杨状；b. 为害柑橘状；c. 为害紫薇状

# 第二节　原核生物病害

　　原核生物病害主要包括细菌性根癌病、细菌性软腐病及植原体病害等。根癌病主要是土壤杆菌属的细菌侵染植物的根与茎所致，病菌通过伤口侵入寄主植物，刺激细胞分裂和增大，形成黑褐色、粗糙龟裂、大小不一的根瘤。软腐细菌（欧文氏菌属）侵染植物组织时，由于其具有复杂的酶系统，可分解植物细胞间的中胶层，使组织崩溃，并使组织彻底腐烂，而表现出软腐症状。软腐病可以发生在植株的任何部分，有时发生在茎基部或根部，引起上部枯萎，外观似维管束受害所致的萎蔫病。植原体病害的病原有细胞结构，但无细胞壁，形状多样，大多为椭圆形至不规则形，引起的症状有丛枝、黄化等。

## 一、根癌病类

### 183. 樱花根癌病

　　[分布与为害]　该病是一种世界性病害，在我国分布十分普遍。严重时，地上部生长不良，甚至枯死。

　　[症状]　病害发生于根颈部位，也发生在侧根上。最初病部组织肿大，不久扩展成球形或半球形的瘤状物，幼瘤为乳白色或白色，按之有弹性，以后变硬，肿瘤可不断增大，表面粗糙，褐色或黑褐色，表面龟裂。严重时地上部表现为生长不良、叶色发黄。苗木受害后根系发育不良，根的数量减少，细根极少，植株矮化，地上部生长缓慢，树势衰弱，严重时叶片黄化、早落，甚至全株枯死。肿瘤可以两倍或几倍于被害部位的粗度，有时可大如拳头，引起幼苗迅速死亡（图3-231）。

　　[病原]　真细菌界、薄壁细菌门，根癌土壤杆菌 *Agrobacterium tumefaciens* (Smith & Towns.) Conn.。

　　[发病规律]　病菌及病瘤存活在土壤中或寄主瘤状物表面，随病组织残体在土壤中可存活1年以上。灌溉水、雨水、采条嫁接、作业农具及地下害虫均可传播病菌，通过各种伤口侵入植株。可随带病种苗和种条调运远距离传播。土壤潮湿、积水、有机质丰富时发病严重，碱性土壤有利于发病。连作利于发病。苗木根部有伤口易发病。不同品种的樱花抗病性有明显差异，如'染井吉野''八重垂枝樱'品种易发病，'关山''菊樱'品种较抗病。

图3-231 樱花根癌病

### 184. 月季根癌病

[分布与为害] 分布在世界各地，我国分布也很广泛。常使植株长势衰弱，降低观赏价值。

[症状] 主要发生在根颈处，也可发生在主根、侧根及地上部的主干和侧枝上。发病初期病部膨大呈球形或半球形的瘤状物。幼瘤为白色，质地柔软，表面光滑。后瘤体逐渐增大，质地变硬，褐色或黑褐色，表面粗糙、龟裂。由于根系受到破坏，使得发病轻的植株生长缓慢、叶色不正，严重时会导致全株死亡（图3-232）。

[病原] 真细菌界、薄壁细菌门，根癌土壤杆菌 *Agrobacterium tumefaciens* (Smith & Towns.) Conn.。

[发病规律] 病菌可在病瘤内或土壤中病株残体上生活1年以上，若2年得不到侵染机会，细菌就会失去致病力和生活力。病菌主要靠灌溉水和雨水、采条、耕作农具、地下害虫等方式传播。远距离传播靠病苗和种条的运输。病菌从伤口侵入，经数周或1年以上就可出现症状。偏碱性、湿度大的砂壤土发病率较高。连作有利于病害的发生，苗木根部伤口多时发病重。

图3-232 月季根癌病

### 185. 青桐根癌病

[分布与为害] 该病分布较广，常使植株长势衰弱，降低观赏价值。

[症状] 主要发生在根颈处，也可发生在根部及地上部。病部初期出现近圆形的小瘤状物，以后逐渐增大、变硬，表面粗糙、龟裂、颜色由浅变为深褐色或黑褐色，瘤内部木质化。瘤大小不等，大的似拳头大小或更大，几个到十几个不等。由于根系受到破坏，故病株生长缓慢，重者全株死亡（图3-233）。

[病原] 真细菌界、薄壁细菌门，根癌土壤杆菌 *Agrobacterium tumefaciens* (Smith & Towns.) Conn.。

[发病规律] 病菌可在病组织及土壤中存活多年，随病苗、雨水、灌溉水及地下害虫等传播。主要通过伤口（嫁接伤、机械伤、虫伤、冻伤等）侵入寄主植物，也可以通过自然

图3-233 青桐根癌病

孔口（气孔、皮孔）侵染。细菌侵入植株后，可在皮层的薄壁细胞间隙中不断繁殖，并分泌刺激性物质，使邻近细胞加快分裂、增生，形成癌瘤。细菌进入植株后，可呈潜伏侵染状态，待条件适合时再发病。

### 186. 杨树根癌病

［分布与为害］ 在我国分布广泛。危害较重，毛白杨、加杨、大青杨均可受害，以毛白杨的幼树受害最重。主要为害苗圃地的幼树，新移栽的苗木也容易发生，轻则影响生长，重则造成大面积的树木枯死。

［症状］ 幼树和新栽的苗木感病后，生长缓慢，植株矮小，严重时叶片枯黄，早期脱落，直至死树。苗木和幼树发病部位多见于主干基部和侧根。发病初期出现近圆形小瘤，呈浅黄色或白色。当癌瘤老化时，表皮细胞脱落，瘤体表面粗糙龟裂、颜色变黑褐。发病后期，在寄主主根基部或侧根部的癌瘤常会拱出地面，有时树干上也会出现大小不一的一群瘤体（图3-234）。

图3-234 杨树根癌病（a、b）和毛白杨根癌病（c、d）

［病原］ 真细菌界、薄壁细菌门，根癌土壤杆菌 *Agrobacterium tumefaciens* (Smith & Towns.) Conn.。

［发病规律］ 病菌主要存活于癌瘤的表层和土壤中，存活期为1年以上。若2年得不到侵染机会，细菌就失去致病力和生活力。病菌靠灌溉水、雨水、地下害虫等传播，远距离传播靠病苗和种条。病菌从伤口侵入，经数周或1年以上可表现症状。侵入寄主后主要在皮层细胞中定植，致使皮层细胞迅速大量增殖、膨大。砂壤土偏碱且湿度大利于发病，连作苗圃发病重。苗木根部伤口多时利于发病。

[根癌病类的防治措施]

（1）加强检疫与苗木处理　　加强植物检疫，对可疑苗木用500～2000mg/kg的链霉素液浸泡30min或1%的硫酸铜液浸泡5min，清水冲洗后再栽植；也可利用抗根癌药剂——放射土壤杆菌菌株84（简称K84）30倍液浸根5min后定植。

（2）加强栽培管理　　及时拔除发病严重的植株并烧毁；改劈接为芽接，嫁接用具可用0.5%高锰酸钾消毒；精心管理，注意防治地下害虫，避免各种伤口。

（3）化学防治　　①土壤处理：对病株周围的土壤，可按50～100g/m²的用量撒入硫黄粉消毒。②发病地的防治：对已发病的轻病株可用300～400倍的抗菌剂402浇灌，也可切除瘤体后用1%中生菌素水剂1000～2000倍液或5%硫酸亚铁水溶液涂抹伤口。

## 二、软腐病类

### 187. 兰花细菌性软腐病

[分布与为害]　该病分布较广，是世界性兰花病害。常在高温多雨季节常暴发，危害严重。

[症状]　为害蝴蝶兰、卡特兰、石斛兰、文心兰、齿舌兰、万带兰、兜兰等。发病初期，在叶面上（特别是幼叶基部）先出现浓绿色水渍状小斑点，逐渐变为褐色或近黑色。以后不断发展到覆盖整叶，进而为害茎部及其他叶片。被害组织柔软、有臭味，外部仅有一层透明的表层组织，轻轻一压就有腐臭的组织溢出（图3-235）。

**图3-235　蝴蝶兰细菌性软腐病**
a. 初期病叶；b、c. 后期病叶

[病原]　真细菌界、薄壁细菌门，主要有2种：①菊欧文氏菌 *Erwinia chrysanthemi* Burkholder Mcfadden Dimock；②胡萝卜软腐欧文氏菌胡萝卜致病变种 *Erwinia carotovora* pv. *carotovora* (Jones) Bergey。

[发病规律]　病菌在兰株的病组织中越冬。借水流传播，主要由伤口感染。多发生在夏秋高温高湿季节。连续阴雨达15天以上，气温偏低（25～30℃），通风不良或台风暴雨侵袭后，极易发生和流行。对生长势差和脆弱的植株，如遇暴雨可损伤新叶，造成细菌的侵染。另外水肥管理不当、盆土太湿，或施氮过多也易发病。该病从感病到兰株死亡，往往仅几天时间，防治困难，危害极大。

### 188. 仙客来细菌性软腐病

[分布与为害]　分布于寄主栽植区。暴发性强，危害严重。

[症状]　叶片发生不均匀黄化，接着整个植株瘫软，多数叶柄呈水肿状，其中部分水肿叶柄变黑，叶片反面基部有油污状的水渍斑沿着叶脉发生。受害起始点在表土附近，初期症状为近地表处的叶柄和花梗呈水渍状，并向上下组织蔓延，引起叶柄、花梗迅速萎蔫和塌陷，容易脱离球茎，进而变褐色软腐，导致

**图 3-236　仙客来细菌性软腐病**

整株萎蔫枯死。剖开病部，可见维管束变褐或变黑。球茎受害后，内部腐败，产生白色的糊状液，有恶臭味；感病轻微时，球茎外观正常，似进入休眠期。入冬以后，有些球茎有裂纹，在裂纹上可以观察到乳白色的菌脓流出（图 3-236）。

[病原]　真细菌界、薄壁细菌门，主要有胡萝卜软腐欧文氏菌 *Erwinia carotovora* (Jones) Holl. 和海芋欧文氏菌 *Erwinia aroideae* (Townsend) Holl.。

[发病规律]　病菌存活在病株、田间病残株、未腐熟的肥料中。通过水、昆虫和工具传播，从伤口侵入。高温、积水有利病害发展。每年 6～9 月为发病高峰，温室中盆栽植株全年都可发病。

### 189.　鸢尾细菌性软腐病

[分布与为害]　分布于山东、江苏、上海、安徽、浙江等地。为鸢尾常见病害，常造成球根腐烂。

[症状]　球根类鸢尾发病时，病株根颈部位发生水渍状软腐，球根糊状腐败，发生恶臭，随着地下部分病害发展，地上新叶前端发黄，不久外侧叶片也发黄，地上部分容易拔起，全株枯黄；其他类别的鸢尾发病时，从地下茎扩展到叶和根茎，叶片出现水渍状软腐，污白色到暗绿色立枯，地上部分植株容易拔起，根颈软腐，有恶臭。球根种植前发病时像冻伤水渍状斑点，下部变茶褐色，恶臭，具污白色黏液；发病轻的球根种植后叶先端具水渍状褐色病斑，展叶停止，不久全叶变黄枯死，整个球根腐烂（图 3-237）。

[病原]　真细菌界、薄壁细菌门，已知有 2 种：胡萝卜软腐欧文氏菌胡萝卜致病变种 *Erwinia carotovora* pv. *carotovora* (Jones) Bergey 和海芋欧文氏菌 *Erwinia aroideae* (Townsend) Holl.。

[发病规律]　病菌在土壤和病残组织中越冬：在土壤中可存活数月，在土壤中的病株残体内可长年存活。病菌靠水流、昆虫及病健叶接触或操作工具等传播，从虫伤口、分株伤口、移植损伤及其他伤口侵入，尤其是钻心虫造成的幼叶伤口及分根移栽造成的伤口，都为细菌的侵入提供了方便。该病在自然条件下 6～9 月发生。当温度高、湿度大，尤其是土壤潮湿时发病严重；种植过密、绿荫覆盖度大的地方球茎易发病；连作时发病重。德国鸢尾、奥地利鸢尾发病普遍。

**图 3-237　鸢尾细菌性软腐病**

[软腐病类的防治措施]

（1）加强栽培管理　　及时拔除病株并烧毁。在夏秋多雨季节浇水时，应选在上午 9 时之前；栽培基质不能长期积水，同时避免叶片表面长期湿润；要施用充分腐熟的肥料，并增施钾肥；高温高湿时要注意通风降温除湿；光照较强时应注意遮阴，防止叶片灼伤；另外，还要及时防治介壳虫等害虫，防止造成伤口。

（2）消毒　　为了预防软腐病的发生，应当从定植苗时即采取措施，首先是对栽花用的盆土进行消毒灭菌，可用高压锅直接灭菌，也可在 30℃以上的晴天露天暴晒 1～2 周，利用紫外线杀灭细菌。也可用药物对土壤和种球消毒，可用 1:80 福尔马林消毒。同时要注意工具消毒，避免交叉感染。

（3）合理运输　　长途运输时，保持花卉箱内干燥，防止产生新鲜伤口。装运的容器要留通气口，有利于排风散热。

（4）化学防治　　发病初期可用 1% 中生菌素水剂 1000～2000 倍液喷雾或灌根进行防治。发病较严重、根基部有部分腐烂时，可剥去病部，将剩余根茎浸泡在 1% 中生菌素水剂 1000～2000 倍液内 3h，再栽种于素沙土内，不久即可长出新根，发出新芽，然后在消毒的新土中重新栽植。

## 三、细菌性溃疡病类

### 190. 柑橘溃疡病

［分布与为害］　该病为重要检疫对象，浙江、江西、福建、广东、广西、湖南、贵州、云南等地发生普遍，四川、重庆、湖北偶有发生。为害柑橘叶片、枝梢和果实。苗木和幼树受害严重时，会造成落叶、枯梢，影响树势，果实受害重者落果。

［症状］　首先在叶片上出现针头大小的浓黄色油渍状圆斑，叶片正反面隆起，呈海绵状，随后病部中央破裂，木栓化，呈灰白色火山口状。病斑多为近圆形，周围有一暗褐色油腻状外圈和黄色晕环。果实（图3-238）和枝梢上的病斑与叶片上的相似，但病斑的木栓化程度更为严重，火山口状开裂更为显著。枝梢受害以夏梢最严重，严重时引起叶片脱落，枝梢枯死。

［病原］　真细菌界、薄壁细菌门，柑橘黄单胞杆菌柑橘变种 *Xanthomonas citri* pv. *citri* Xcc.，又名地毯草黄单胞杆菌柑橘致病变种。

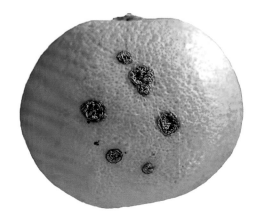

图3-238　柑橘溃疡病为害果实状

［发病规律］　病菌主要潜伏于病部组织（病叶、病枝梢和病果）内越冬，秋梢上的病斑是病菌越冬的主要场所。翌年春季，细菌从病斑溢出，借风雨、昆虫、人畜活动和树枝接触传播至幼嫩枝梢、嫩叶及幼果上，由气孔、水孔、皮孔及伤口侵入，在受侵染的组织里迅速繁殖并充满细胞间隙，刺激寄主细胞增大，使组织肿胀破裂，膨大的细胞木栓化后不久即死亡。主要随带病苗木、接穗等栽培材料和果实远距离传播。

［细菌性溃疡病类的防治措施］

（1）开展疫情监测与调查　　做到早发现早防控，发现病枝、病叶、病果后要立即处理，修剪前先喷施铜制剂，然后剪除病枝、枯枝、病叶、病果，焚烧或者掩埋。

（2）加强栽培管理　　控制氮肥施用量，勤喷叶面肥；抹除全部夏梢和零星抽发的早秋梢及病梢，严格控制晚秋梢；及时防治潜叶蛾、凤蝶、叶蝉、叶甲等害虫。

（3）化学防治　　在新梢长2～3cm和叶片转绿期，选用氢氧化铜、碱式硫酸铜等铜制剂、农用链霉素、枯草芽孢杆菌等药剂，每隔7天喷施1次，连续喷施3或4次，以保护新梢。谢花后10天开始喷药，之后每隔7天喷1次，连续喷施2或3次。喷施时，最好是交替轮换使用，以降低病菌抗药性。

## 四、植原体病害

### 191. 泡桐丛枝病

［分布与为害］　又名泡桐扫帚病，分布极为广泛。一旦染病，在全株各个部位均可表现出受害症状。染病的幼苗、幼树常于当年枯死，大树感病后，常引起树势衰退，甚至死亡。

［症状］　发病开始时，个别枝条上大量萌发腋芽和不定芽，抽生很多小枝，小枝上又抽生小枝，抽生的小枝细弱，节间变短，叶序混乱，病叶黄化，至秋季簇生成团，呈扫帚状，冬季小枝不脱落，发病当年或翌年小枝枯死，若大部分枝条枯死会引起全株枯死（图3-239）。

［病原］　真细菌界、无壁细菌门，泡桐丛枝植原体 Paulownia witches'-broom phytoplasma。易受外界环境条件的影响，形状多样，大多为椭圆形至不规则形。

［发病规律］　植原体大量存在于韧皮部输导组织的筛管内，主要通过筛板孔侵染全株。秋季随树液流向根部，春季随树液流向树体上部。该病主要通过茎、根、病苗嫁接传播。在自然情况下，也可由烟草盲蝽、茶翅蝽在取食过程中传播。带病种根和苗木的调运是病害远程传播的重要途径。泡桐种子带病率极低或基本不带病，故用种子繁殖的实生苗及其幼树发病率很低，而用平茬苗繁殖的泡桐发病率显著增高。相对湿度大、降水量多的地区发病较轻。白花泡桐、川桐和台湾泡桐较抗病，兰考泡桐、楸叶泡桐易感病。

图3-239　泡桐丛枝病

## 192. 枣疯病

[分布与为害]　我国南北方各枣区均有发生，以四川、重庆、广西、云南等地发病最重。枣树的严重病害之一，一旦发病，翌年就很少结果。病树又叫公枣树，发病3～4年后即可整株死亡。

[症状]　幼苗和大树均可受侵染发病。病树主要表现为丛枝、花叶和花变叶3种特异性的症状。①丛枝：病株的根部和枝条上的不定芽或腋芽大量萌发并长成丛状的分蘖苗或短疯枝，枝多枝小、叶片变小、秋季不落。②花叶：新梢顶端叶片出现黄绿相间的斑驳，明脉，叶缘卷曲，叶面凹凸不平、变脆。果小、窄，果顶锥形。③花变叶：病树花器变成营养器官，花梗和雌蕊延长变成小枝，萼片、花瓣、雄蕊都变成小叶。病树树势迅速衰弱，根部腐烂，3～5年内就可整株死亡（图3-240）。

图3-240　枣疯病

［病原］ 真细菌界、无壁细菌门、枣疯病植原体 Candidatus Phytoplasma ziziphi Jung et al.。易受外界环境条件的影响，形状多样，大多为椭圆形至不规则形。

［发病规律］ 主要通过各种嫁接（如芽接、皮接、枝接、根接）、分根传染。病原侵入后，首先转运到根部，经增殖后再由根部向上运行，引起地上部发病。从嫁接到新生芽上出现症状（即潜育期）最短25天，最长可达1年以上。影响潜育期长短的因素主要有3个：一是嫁接时间，6月底以前嫁接的，当年就能发病，之后嫁接的要到翌年才发病；二是接种部位，根部接种的当年发病早，嫁接枝干的当年发病晚或到翌年才发病；三是接种量，枝（芽）接块数多或接种病原数量大时发病快。一般苗木比大树发病快。在自然界中，除嫁接和分根传染之外，该病害也能通过橙带拟菱纹叶蝉、中华拟菱纹叶蝉、红闪小叶蝉、凹缘菱纹叶蝉等昆虫传病。

**193. 花木带化病**

［分布与为害］ 分布于全国各地。为害丝棉木、国槐、紫穗槐、油桐、香椿、臭椿等植物，使得枝条变扁，带状弯曲，既影响树木生长，又影响观赏价值。

［症状］ 该病发生后，嫩枝尖端呈扁平的带状，宽2～5cm，长15～20cm，有的卷曲向内再向上生长，形成一个大疙瘩；有的扭曲呈钩状生长，酷似一把砍柴刀（图3-241）。病枝上伴有簇生枝及小叶，入冬则脱落，第二年春天在病枝上又萌发出新的簇生枝及小叶。

**图3-241　花木带化病**
a. 丝棉木带化病；b. 国槐带化病；c. 臭椿带化病；d. 花椒带化病；e. 月见草带化病

［病原］ 真细菌界、无壁细菌门，植原体。易受外界环境条件的影响，形状多样，大多为椭圆形至不规则形。

［发病规律］ 该病是一种系统性病害。研究发现，病原存在于感病植株病枝的韧皮部中，通过韧皮部的疏导组织筛管移动，能扩及整个植株，引起寄主植物代谢紊乱而发病。在自然条件下，依靠在韧皮部取食的昆虫如叶蝉、木虱和蚜虫等作为媒介进行传播和扩散，也可通过菟丝子传播。人工嫁接、苗木调运等也是重要的传播途径。

［植原体病害的防治措施］

（1）加强检疫　　加强植物检疫可防止危险性病害的传播。

（2）选用抗病品种　　栽植抗病品种或选用培育无毒苗、实生苗，可有效减少病害发生。

（3）加强栽培管理　　及时剪除病枝，挖除病株，可以减轻病害的发生。在病枝基部进行环状剥皮，宽度为所剥部分枝条直径的1/3左右，可阻止植原体在树体内运行。

（4）防治刺吸式口器昆虫（如蝽、叶蝉等）　可喷洒10%氟啶虫酰胺水分散粒剂2000倍液、5%双丙环虫酯可分散液剂5000倍液、22.4%螺虫乙酯悬浮剂3000倍液防治害虫，以减少病害传染。

（5）化学防治　植原体引起的丛枝病可用四环素、土霉素、金霉素、氯霉素2000倍液喷雾。

# 第三节　病毒病害

我国常见的园林植物上几乎都有病毒病发生，一种病毒病也可感染几种至几十种、上百种不同的植物，已成为生产上的严重问题。

植物病毒病害几乎都属于系统性病害，先局部发病，或迟或早都在全株出现病变和症状。病毒病害的症状变化很大，同一病毒在不同的寄主或品种上都有所不同，有的可不表现症状，成为无症带毒者，有的在高温或低温下成为隐症。病毒常发生复合感染；幼苗往往发病重，症状显著，老龄期病轻或不表现症状，因此单靠症状很难鉴别病毒种类，往往需要一套鉴别（或诊断）寄主（主要是能产生局部枯斑的寄主，以及其他系统侵染的寄主）作为鉴别的手段。当然进一步的鉴定还要用电子显微镜、血清学、分子生物学的方法。植物病毒病没有病征，易同非侵染性病害混淆，但前者多分散、呈点状分布，后者较集中、呈片状发生。病毒没有主动侵入寄主的能力，只能从机械伤口或传播介体所造成的伤口侵入（产生微伤而又不使细胞死亡）；多数病毒在自然条件下随介体传播，主要是蚜虫、叶蝉及其他昆虫，其次是土壤中的线虫和真菌。传病的另一重要途径是无性繁殖材料，这在观赏植物中更为突出，病毒通过接穗、块根、块茎、鳞茎、压条、根蘖、插条而广泛传播，其他传播途径还有种子、花粉等。豆科、葫芦科、菊科植物种子传播病毒比较普遍。

**194. 美人蕉花叶病**

［分布与为害］　分布于北京、河北、山东、江苏、上海、安徽、浙江、江西、四川、湖北、福建、广东等地。严重时，往往会使得植株丧失观赏价值。

［症状］　该病侵染美人蕉的叶片及花器。发病初期，叶片上出现褪绿色小斑点，或呈花叶状，或有黄绿色和深绿色相间的条纹，条纹逐渐变为褐色坏死，叶片沿着坏死部位撕裂、破碎不堪。某些品种的花瓣出现杂色斑点和条纹，呈碎锦状。发病严重时心叶畸形、内卷呈喇叭筒状，花穗抽不出或很短小，其上花少、花小；植株显著矮化（图3-242）。

**图3-242　美人蕉花叶病**

［病原］ 病毒界，黄瓜花叶病毒Cucumber mosaic virus（CMV）是美人蕉花叶病的病原。另，从花叶病病株内分离出的美人蕉矮化类病毒Canna dwarf viriod，初步鉴定为黄化类型症状的病原。

［发病规律］ 黄瓜花叶病毒在有病的块茎内越冬。该病毒可以由汁液传播，也可以随棉蚜、桃蚜、玉米蚜、马铃薯长管蚜等做非持久性传播，随有病块茎做远距离传播。黄瓜花叶病毒寄主范围很广，能侵染40～50种花卉（如唐菖蒲花叶病）。美人蕉品种对花叶病的抗性差异显著。大花美人蕉、粉叶美人蕉、普通美人蕉均为感病品种；红花美人蕉抗病，其中'大总统'品种对花叶病免疫。蚜虫虫口密度大，寄主植物种植密度大，枝叶相互摩擦时发病均重。美人蕉与百合等毒源植物为邻，杂草、野生寄主多，均加重病害的发生。挖掘块茎的工具不消毒，也容易造成有病块茎对健康块茎的感染。

［美人蕉花叶病的防治措施］

（1）淘汰有毒的块茎 秋天挖掘块茎时，把地上部分有花叶病症状的块茎弃去。

（2）清洁田园 生长季节发现病株应及时拔除销毁，清除田间杂草等野生寄主植物。

（3）防治传毒蚜虫 定期喷洒吡蚜酮、氟啶虫酰胺、氟啶虫胺腈等杀虫剂来防治传毒蚜虫。

（4）避免混植 用美人蕉布景时，不要把美人蕉和其他寄主植物混合配置，如唐菖蒲、百合等。

（5）化学防治 发病初期，采用0.5%抗毒剂1号600倍液、2%宁南霉素200～300倍液、4%博联生物菌素200～300倍液（日落前2h）、植物病毒疫苗600倍液喷雾。

### 195. 百日菊花叶病

［分布与为害］ 分布于全国各地。常常引起植株矮小、退化，降低观赏性。

［症状］ 发病初期，感病叶片上呈轻微的斑驳状，以后成为深/浅绿斑驳状，叶片皱缩卷曲。新叶上症状更为明显（图3-243）。

图3-243 百日菊花叶病

［病原］ 病毒界，主要为黄瓜花叶病毒Cucumber mosaic virus（CMV），其次为苜蓿花叶病毒Alfalfa mosaic virus（AMV）、烟草花叶病毒Tobacco mosaic virus（TMV）等。

［发病规律］ 该病可以由多种蚜虫传播，黄瓜花叶病毒的寄主范围很广，而且百日菊生长季节又是蚜虫活动期，蚜虫与病害的发生有很大的相关性。

［百日菊花叶病的防治措施］

（1）及时灭蚜、清洁田园 灭蚜对该病有一定的控制作用。另外，保持水肥充足的同时，也要注意田间的卫生管理，根除病株，清除杂草，以减少侵染源。

（2）化学防治 同美人蕉花叶病。

### 196. 春羽花叶病

［分布与为害］ 分布于寄主栽植区。危害不重。

［症状］ 叶面出现黄绿色斑，呈花叶状，叶面皱缩不平或扭曲，观赏价值降低（图3-244）。

［病原］ 病毒界，黄瓜花叶病毒Cucumber mosaic virus（CMV）和芋花叶病毒Dasheen mosaic virus（DMV）。

［发病规律］ 主要由蚜虫传毒。多种杂草、蔬菜、花卉均可带毒。

图3-244 春羽花叶病

[春羽花叶病的防治措施]

（1）防治蚜虫　　温室大棚应在门口、窗口处安装防虫网，防止蚜虫迁入传毒。及时喷洒杀虫剂防治蚜虫，同时铲除可能带毒的周边杂草。

（2）化学防治　　同美人蕉花叶病。

**197. 鸢尾花叶病**

[分布与为害]　世界各地均有发生，国内种植的鸢尾很多来自荷兰，普遍发生花叶病。除影响种球生长外，危害性并不严重。

[症状]　典型受害的叶、花产生褪色（黄色）杂斑和条纹，有的品种在灰绿色叶上出现蓝绿色斑块。受害严重时，可使花和鳞茎产量减少。有些鸢尾品种感染病毒后症状并不严重，但西班牙鸢尾发生较为普遍，而且会形成严重褪绿症状，花瓣呈脱色现象，重者花蕾不能开放。德国鸢尾感病后尽管植株矮化、花小，但一般不重。球根鸢尾受害后，产生严重花叶，甚至芽鞘地下白色部分也具有明显浅紫色病斑或浅黄色条纹（图3-245）。

[病原]　病毒界，鸢尾花叶病毒 Iris mosaic virus（IMV）。

图3-245 鸢尾花叶病

［发病规律］ 汁液能传毒。许多蚜虫如豆卫矛蚜、棉蚜、桃蚜、马铃薯蚜等是传毒介体。鸢尾花叶病毒除为害很多鸢尾科植物，如德国鸢尾、矮鸢尾、网状鸢尾外，还能为害唐菖蒲及其他一些野生植物。

［鸢尾花叶病的防治措施］

（1）清洁田园　　及时拔除病株并烧毁，以减少侵染源。

（2）选用抗病品种　　选育耐病或抗病毒的品种，栽培健康种球。

（3）生长季节及时防除蚜虫　　可选用10%氟啶虫酰胺水分散粒剂2000倍液进行喷雾防治。

（4）化学防治　　同美人蕉花叶病。

### 198. 观赏椒病毒病

［分布与为害］ 又名花叶病，分布于寄主栽植区，为常见病害之一。染病后可造成叶片褶皱、卷曲、发黄、落叶、落花、落果。

［症状］ 该病最常见的症状有2种类型。①斑驳花叶型：所占比例较大，这一类型的植株矮化，叶片呈黄绿相间的斑驳花叶（图3-246），叶脉上有时有褐色坏死斑点，主茎和枝条上有褐色坏死条斑。植株顶叶小，中、下部叶片易脱落。②黄化枯斑型：所占比例较小，植株矮化，叶片褪绿，呈黄绿色、白绿色甚至白化。植株顶叶变小，狭长，中、下部叶片上常生有褐色坏死环状斑（褪绿变黄的组织上由许多褐色坏死小点组成环状斑），有时病斑部开裂，病叶极易脱落。后期腋芽抽生丛簇状细小分枝。

**图3-246　观赏椒病毒病**

［病原］ 病毒界，主要为黄瓜花叶病毒Cucumber mosaic virus（CMV）和烟草花叶病毒Tobacco mosaic virus（TMV）。

［发病规律］ 黄瓜花叶病毒可寄生在多种蔬菜与花卉植物中，主要由蚜虫传播。烟草花叶病毒可在干燥的病株残枝内长期生存，也可由带毒种子传播，或通过园艺操作传播。高温干旱、光照强烈、肥水缺乏、茄科连作、地势低洼、杂草丛生或施用未腐熟的有机肥，均可引起病毒病发生流行。

［观赏椒病毒病的防治措施］

（1）种子消毒　　播前用清水浸泡种子4h，放入10%磷酸钠中浸30min，再用清水冲洗，或用0.1%高锰酸钾浸泡30min，再用水冲洗。

（2）及时防治蚜虫、飞虱等害虫　　可喷洒吡蚜酮、氟啶虫酰胺、螺虫乙酯等药剂防治传播病害的刺吸式口器害虫，减少传病机会。

（3）加强栽培管理　　适期早播，多施磷、钾肥，常喷叶面肥，及时清除杂草。

（4）化学防治　　可在幼苗生长期或病毒发生初期，选用3.95%病毒必克水剂500倍液＋0.15%芸苔素5000倍液、20%病毒克星可湿性粉剂600倍液、50%菌毒清水剂300倍液、新植霉素2000倍液、1.5%植病灵乳剂1000倍液，交替使用，每隔7天左右喷1次，连喷3或4次。

### 199. 牡丹病毒病

［分布与为害］ 在世界各地种植区都有发生，我国局部地区危害比较严重。严重时叶片黄化、畸形。

［症状］ 由于病原种类较多，所以表现症状也比较复杂。牡丹环斑病毒为害后在叶片上呈现深绿和浅绿相间的同心轮纹斑，病斑呈圆形，同时也产生小的坏死斑，发病植株较健株矮化。烟草脆裂病毒为害后也产生大小不等的环斑或轮斑，有时则呈不规则形。牡丹曲叶病毒则引起植株明显矮化，下部枝条细弱扭曲，叶片黄化卷曲（图3-247）。

图3-247　牡丹病毒病

［病原］　病毒界，病原主要有3种：牡丹环斑病毒Peony ringspot virus（PRV）、烟草脆裂病毒Tobacco rattle virus（TRV）、牡丹曲叶病毒Peony leaf curl virus（PLCV）。

［发病规律］　PRV粒体为球状，难以汁液摩擦传播，主要由蚜虫传播。TRV粒体为杆状，能以汁液摩擦接种，另外线虫、菟丝子和牡丹种子都能传毒。PLCV主要由嫁接传染。生产中采用病株分株、嫁接繁殖及受到蚜虫为害时，均可传播病毒病。上述病毒寄主植物范围广：PRV、PLCV也为害芍药、牡丹；TRV除为害芍药、牡丹外，还为害风信子、水仙、郁金香等花卉。

［牡丹病毒病的防治措施］

（1）使用无毒菌木、清洁田园　　严禁引进、使用带病毒的苗木，发现病株即拔除烧毁。名贵品种苗木病株可置于36～38℃的温度下，21～28天脱毒。田间发现病株，应及时清除，清理周围杂草。

（2）防治害虫　　生长季节及时防治蚜虫、叶蝉、螨类、蚧类、蟓类等刺吸式口器昆虫。

（3）化学防治　　同美人蕉花叶病。

**200.　山茶花叶病**

［分布与为害］　分布广泛。为害山茶、茶树、茶梅、金花茶、油茶等茶类植物。

［症状］　早期在叶片上出现的斑驳颜色较浅，呈褪绿色或灰白色。以后叶片出现深黄色斑驳或彩色斑，斑块色彩鲜艳。斑驳的形状、大小不等，病斑的边缘极其明显。花瓣上有时也出现斑点或大理石状斑纹。由病毒引起的叶黄斑与一些茶花品种由于遗传变异所产生的黄色斑纹不同，后者是非传染性的，这种黄色斑纹是全株所有叶片上都有出现，而且不会扩展变大，不影响植株生长势。茶花植株感染病毒后，常导致受害叶片变薄，叶绿素锐减，植株生长势衰弱（图3-248）。

［病原］　病毒界，山茶花叶黄斑病毒Camellia yellow mottle leaf virus（CYMLV）等。

［发病规律］　该病春季开始发生，主要通过嫁接传播，苗木调运可长途传播。病毒主要通过嫁接传播。不同的茶花品种对病毒病的抗性不同，有些茶花品种发病率高达36%。在杂草丛生，刺吸性害虫如蚜虫、叶蝉、蓟马等危害严重的地块，发病相对突出。

［山茶花叶病的防治措施］

（1）合理栽培和养护　　选用健壮植株作繁殖母本进行压条、嫁接或扦插。施用适量铁元素能减轻花叶病症状的发生，栽培山茶类花木时可定期喷洒0.3%的硫酸亚铁溶液。

（2）化学防治　　生长季节：用10%氟啶虫酰胺水分散粒剂2000倍液喷杀媒介昆虫蚜虫。发病初期：喷洒7.5%克毒灵水剂800倍液，或病毒A可湿性粉剂500倍液，或3.85%病毒必克可湿性粉剂700倍液，或黄叶速绿植物病毒复合液500倍液。

**201.　月季花叶病**

［分布与为害］　分布于寄主栽植区。危害不重。

**图 3-248　山茶花叶病**

［症状］　其症状表现因月季品种不同而异，主要以小的失绿斑点为特征，有时呈现多角形纹饰。病斑周围的叶面常常畸形。有些症状呈环形、不规则形的波状斑纹，以及栎叶型的褪绿斑，对生长势一般无影响，或有轻微影响到严重的矮化。有的表现为花叶；有些在叶尖或中部，或近叶基部出现一条淡黄色单峰曲线状褪绿带，或呈系统环斑、栎叶状褪绿斑；有些表现黄脉、叶畸形及植株矮化（图3-249）。

**图 3-249　月季花叶病**

［病原］ 病毒界，主要为月季花叶病毒 Rose mosaic virus（RMV）。

［发病规律］ 该病毒在寄主活组织内越冬。病毒可通过汁液传播，嫁接和蚜虫也传毒。夏季强光和干旱有利于显症和扩展，也常出现隐症或轻度花叶症。

［月季花叶病的防治措施］

（1）清洁田园 发现病株立即拔除并烧毁。

（2）合理选择繁殖材料 避免用感病月季做繁殖材料。

（3）防治传毒媒介 生长季节防治传毒媒介，如蚜虫、木虱等。

（4）化学防治 发病初期喷洒20%氨基寡糖水剂500～800倍液，每5～7天喷洒1次，连喷3次。

**202. 苹果花叶病**

［分布与为害］ 分布普遍，国内大部分地区都有发生。为害苹果、花红、海棠类、沙果、山楂、木瓜、槟子等植物，造成叶片出现不同类型的花叶症状（图3-250），一年生枝条变短，节数减少。

［症状］ 主要在叶片上形成各种类型的鲜黄色病斑，其症状变化很大，一般可分为3种类型。①重花叶型：夏初叶片上苹果花叶病出现鲜黄色后变为白色的大型褪绿斑区。②轻花叶型：只有少数叶片出现少量黄色斑点。③沿脉变色型：沿脉失绿黄化，形成一个黄色网纹，叶脉之间多小黄斑，而大型褪绿斑较少。此外，有些病毒株系还会产生线纹或环斑症状。

［病原］ 病毒界，苹果花叶病毒 Apple mosaic virus（ApMV）、土拉苹果花叶病毒 Tulare apple mosaic virus（TAMV）、李坏死环斑病毒 Prunus necrotic ringspot virus（PNRSV）中的苹果花叶株系。

图 3-250 苹果花叶病（a～c）和海棠花叶病（d～g）

［发病规律］ 主要通过嫁接传染，靠接穗或砧木传播。枝叶摩擦不传染。

［苹果花叶病的防治措施］

（1）选用无病苗木 接穗采自无毒母树，砧木用实生苗。及时伐除病树。

（2）交叉保护 利用苹果花叶病毒的弱毒株系预先接种可干扰强毒株系的作用。

园林植物上其他常见的病毒病还有蔓绿绒病毒病（图 3-251）、红瑞木病毒病（图 3-252）、臭椿病毒病（图 3-253a）。另，编者在调研山东省潍坊市区张面河绿化景观带时发现，乌桕叶片存在"花叶"现象（图 3-253b），症状极似病毒病，其具体病原有待进一步观察、研究。

图 3-251 蔓绿绒病毒病

图3-252　红瑞木病毒病

图3-253　臭椿病毒病（a）和乌桕叶片"花叶"现象（b）

图3-254　根结线虫为害豆瓣绿状

# 第四节　线虫病害

### 203. 花卉根结线虫病

[分布与为害]　分布于全国各地。严重时，植株生长受阻，全株枯死。其寄主范围很广，为害仙客来、四季海棠、仙人掌、菊花、大理菊、石竹、倒挂金钟、非洲菊、唐菖蒲、绣球花、鸢尾、香豌豆、天竺葵、矮牵牛、凤尾兰、旱金莲、堇菜、百日菊、紫菀、凤仙花、马蹄莲、金盏花、豆瓣绿（图3-254）等植物。

[症状]　该病为害球茎、侧根及支根，在球茎上形成大的瘤状物，侧根和支根上的瘤较小，一般单

生。根瘤初为淡黄色，表皮光滑，以后变为褐色，表皮粗糙。若切开根瘤，则在剖面上可见有发亮的白色点粒，此为梨形的雌虫体。严重者根结呈串珠状，须根减少，地上部分植株矮小，生长势衰弱，叶色发黄，枝干枯死，以致整株死亡。症状有时与非侵染性病害相混淆。根结线虫除直接为害植物外，还使植株易受真菌及细菌的间接为害。

[病原] 动物界、线虫门、根结线虫属，南方根结线虫 *Meloidogyne incognita* (Kof. & White) Chitw.、花生根结线虫 *Meloidogyne arenaria* (Neal) Chitw.、北方根结线虫 *Meloidogyne hapla* Chitw.、爪哇根结线虫 *Meloidogyne javanica* (Treub.) Chitw.。在我国，仙客来上以前两种病原发生普遍。雌虫呈洋梨形，雄虫呈蠕虫形（图3-255）。

[发病规律] 病土和病残体是最主要的侵染来源。病土内越冬的二龄幼虫，可直接侵入寄主的幼根，刺激寄主中柱组织，引起巨型细胞的形成，并在其上取食，于是受害的根肿大而成虫瘿（根结）。但也可以卵越冬，翌年环境适宜时，卵孵化为幼虫，侵入寄主。幼虫经

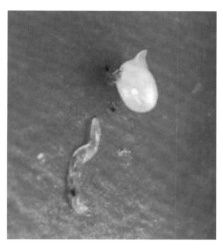

图3-255　仙客来根结线虫病的
雌虫（右）与雄虫（左）

4个龄期发育为成虫，随即交配产卵，孵化后的幼虫又再侵染。在适宜条件下（适温20～25℃）线虫完成1代仅需17天左右，长者1～2个月，1年可发生3～5代。温度较高，多湿通气的砂壤土发病较重。线虫可通过水流、病肥、病种苗及农事作业等方式传播。该线虫随病残体在土中可存活2年。

### 204. 瓜子黄杨根结线虫病

[分布与为害] 分布于寄主栽植区。近年来有逐渐加重之势。

[症状] 地下部分：主根、侧根上形成大小不等的根结，即虫瘿，感病根比健康根短，侧根和根毛少（图3-256）。地上部分：生长衰弱，新叶边缘皱缩，黄化，提早脱落，严重时当年死亡。

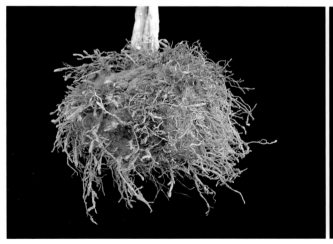 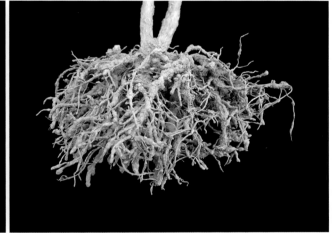

图3-256　瓜子黄杨根结线虫病

[病原] 动物界、线虫门、侧尾腺口纲、垫刃目、异皮科，根结线虫属 *Meloidonyge* spp.的一些种。常见的种类有北方根结线虫、南方根结线虫、爪哇根结线虫、花生根结线虫。

[发病规律] 以卵或2龄幼虫在土壤中，或以未成熟的雌虫在寄主内越冬。靠种苗、农具、肥料、水流及线虫本身的移动传播。一般砂壤土发病重。

### 205. 松材线虫病

[分布与为害] 松材线虫病原产于北美洲，广泛分布于日本、美国、加拿大、德国、韩国、墨西哥等地。1982年在我国南京中山陵首次发现，之后相继在江苏、安徽、浙江、台湾、湖北、湖南、广东、香港等地迅速蔓延成灾，几乎毁灭了在香港广泛分布的马尾松林，是松树的一种极其严重的毁灭性病害，被称为松树的"癌症"。松材线虫病寄主种类较多，主要为松树（图3-257a），还有黑松、赤松、马尾松、海岸松、火炬松等植物。

图3-257　松材线虫病

a. 为害松树状；b. 松褐天牛

[症状]　此病显著的特征是被侵染的松树针叶失绿，并逐渐黄萎枯死，变红褐色，最终全株枯萎死亡。但针叶长时间不脱落，有时直至翌年夏季才脱落。从针叶开始变色至全株死亡约30天。外部症状的表现，首先是树脂分泌减少直至完全停止分泌，蒸腾作用下降，继而边材水分迅速降低。病树大多在9月至10月上中旬死亡。

[病原]　动物界、线虫门、侧尾腺口纲、垫刃目、滑刃科、伞滑刃属，松材线虫 *Bursaphelenchus xylophilus* (Steiner & Buhrer) Nickle 引起。两性成虫体细长。雌成虫体长0.96～1.31mm，雄成虫体长0.91～1.19mm。口针细长，中食道球卵圆形，食道腺细长，叶状，盖于肠背面。雌虫卵巢1个，前伸。阴门开口于虫体中后部3/4处，覆有阴门盖。后子宫囊长0.19mm。尾部亚圆锥形，末端钝圆，少数有微小的尾尖突。雄虫交合刺大，弓状，成对，喙突显著，交合刺远端膨大如盘。尾部向腹面弯曲，尾端为小的卵形交合伞包围。幼虫似成虫，3龄幼虫体长0.713mm。

[发病规律]　松材线虫近距离传播主要靠媒介——松褐天牛 *Monochamus alternatus* Hope, 1842（图3-257b），每头天牛成虫体上平均带有上万条线虫。每年5～7月，当松褐天牛的成虫飞往松树梢上取食补充营养和产卵时，线虫即从天牛咬食的树皮伤口处侵入树体内开始增殖，并向其他部位扩散，连续以4～6天1代的速度大量繁殖。被侵染的松树开始出现症状，并迅速枯死。秋后天牛幼虫侵入松树木质部，并在蛹室内越冬。此时，线虫也停止繁殖，直至次春，3龄幼虫大量聚集在天牛的蛹室和蛹道周围越冬。翌年5月天牛羽化飞出，虫体上潜伏的线虫被携带到健康的松树上侵入为害。松材线虫还可随采伐的病树原木及其制品远距离传播到无病区。

高温低湿有利于病害的发生。接种实验证明，感病松树在15℃以下不表现症状，30℃以下发病，并迅速死亡。干燥缺水促进松树枯萎，加速死亡。在自然界以气候温暖、海拔较低及干燥缺水的地区发病严重。

松树品种间的抗病性有差异。松材线虫病的发生与流行有4个重要因素——松树、线虫、天牛、温湿度，只有四者共存才能形成病害，并流行为害。因此，在松材线虫病的防治技术策略上，主要针对松褐天牛，抓住媒介昆虫这个因素，运用综合防治的原理，把各种单项技术因地制宜地组装起来，充分考虑营林、生物、物理、化学等技术手段。

[线虫病害的防治措施]

（1）加强植物检疫　　加强植物检疫可有效防止根结线虫扩展、蔓延。

（2）农业防治　　在有根结线虫发生的圃地，应避免连作感病寄主，应与不感病的树种轮作2～3年；圃地深翻或浸水2个月可减轻病情。

（3）盆土物理处理　　炒土或蒸土40min，注意加温勿超过80℃，以免土壤变劣；或在夏季高温季节进行太阳暴晒，在水泥地上将土壤摊成薄层，白天暴晒，晚上收集后用塑料膜覆盖，反复暴晒2周，其间要防水浸，避免污染。

（4）生物防治　　淡紫拟青霉是病原线虫卵的寄生真菌，每667m²用2亿活孢子/g淡紫拟青霉粉剂2.5～3kg，与适量细土混匀，穴施后移栽苗木，对根结线虫有一定的防治效果。

（5）药剂处理土壤　　采用10%噻唑膦颗粒剂（福气多）2kg/667m²，或0.5%阿维菌素颗粒剂3kg/667m²，与20kg细干土充分拌匀，将药土均匀撒于土表，用机械或铁耙将药剂与畦面20cm表土层充分拌匀，当天定植苗木。也可沟施或穴施，按1m²面积用1.8%阿维菌素乳油1mL，兑水3L喷施于定植沟后移栽。35%威百亩水剂（线克）兑水沟施，播种（定植）前20天，先在畦面上开沟，沟深20cm、沟间相距20cm、按照4～6kg/667m²用药量兑水400L稀释后，均匀浇施于沟内，随即覆土踏实、覆膜熏蒸，15天后撤掉地膜、耕翻放气，再播种或移栽。

# 第五节　其他侵染性病害

## 206. 花木藻斑病

[分布与为害]　藻斑病又名白藻病，是热带、亚热带地区的常见病害。分布于广东、广西、福建、云南、湖南、江西、四川、浙江、江苏等地。为害茶花、桂花、含笑、石楠、玉兰、冬青、梧桐、柑橘、荔枝、龙眼等植物的叶片与枝干，影响光合作用致使生长不良，严重时可使枝条的皮层剥离或枯死。

[症状]　主要为害叶片。发病初期，感病叶片上产生细小圆点，灰绿色或灰白色，上覆疏松污白色丝状物，呈放射状向四周扩展。以后逐渐扩展，形成圆形或不规则形病斑，病斑中部灰褐色或深褐色，边缘仍为绿色，病斑稍隆起，表面呈毛毡状，直径0.5～1.2cm，病斑背面凹陷（图3-258）。枝干也易受害，皮层表面出现大小不一的病斑（图3-259）。

**图3-258　藻斑病为害叶片状**
a. 茶花藻斑病；b、c. 桂花藻斑病；d. 石楠藻斑病；e. 广玉兰藻斑病

[病原]　植物界、绿藻门，一种寄生性锈藻 *Cephaleuros virescens* Kunze ex E. M. Fries。

[发病规律]　病原以营养体在叶片组织中越冬。翌年春季，在炎热潮湿的环境条件下，产生孢子囊。成熟孢子囊脱落后，借风雨传播，遇水后散出游动孢子，游动孢子自植株叶片的气孔侵入寄主组织，开始

图3-259 藻斑病为害枝干状

侵染活动。温暖潮湿条件下，利于孢子囊的产生和传播。庇荫过度、植株密集、通风透光不良，植株长势衰弱时，该病易发生及蔓延。土壤贫瘠、积水及干燥的地块，发病严重。

[花木藻斑病的防治措施]

（1）加强栽培管理　合理密植和施肥，及时修剪清除有病枝叶，避免过于荫蔽。适当增施磷钾肥，提高抗病能力。

（2）化学防治　早春喷洒0.5%波尔多液，或在花后喷洒1～2°Bé石硫合剂。

**207. 花木地衣病**

[分布与为害]　主要分布在长江以南地区。为害柑橘类、荔枝、龙眼、茶树、桃、杏、猕猴桃、桂花、石楠等植物，发生较重时往往整个枝干被地衣包围，影响正常生长。

[症状]　被害植株的树干、枝条和叶片上，紧紧贴着灰绿色的叶状、壳状或其他形状的地衣，受害枝干表面粗糙，树势衰弱（图3-260）。

图3-260 花木地衣病

［病原］　地衣是真菌（子囊菌）和藻类的共生物，属低等植物（最新的资料表明，地衣的本质是一类能与藻或蓝细菌共生的专化型真菌，或称地衣型真菌；也有资料将其归在菌物类）。地衣的种类很多，常见的有叶状、壳状和枝状3种：①叶状地衣扁平，边缘卷曲，灰白色或淡绿色，下面生褐色假根，常多个连接成不规则形的薄片附着于枝干上。②壳状地衣紧贴在枝干上，灰绿色，呈膏药状，上面常有一些黑点，有的生在叶片上，呈灰绿色，形成很多大小不同的小圆斑。③枝状地衣淡绿色，直立或下垂如丝，并可分枝。

［发病规律］　地衣的寄生范围很广，初侵染源很普遍。地衣以本身分裂成碎片的方式繁殖。通过风雨传播，着生在寄主植物的枝干皮层上。地衣发生的主要影响因素是温度、湿度和树龄，其他如地势、土质及栽培管理等也有密切关系。在温暖潮湿的季节繁殖蔓延快，一般在10℃左右开始发生，晚春和初夏（4～6月）发生最盛，危害最重。夏季高温干旱，发展缓慢，秋季继续生长，冬季寒冷，发展缓慢甚至停止生长。幼树和壮年树发生较少，老龄树生长势衰弱，且树皮粗糙易被附生，故受害严重。此外，土壤黏重、地势低洼、排水不良、荫蔽潮湿，以及管理粗放、杂草丛生、施肥不足等，易遭受地衣为害。

［花木地衣病的防治措施］

（1）加强栽培和肥水管理　　冬季结合修剪，剪除病枝、虫枝、弱枝，改善通风透光环境。加强肥水管理，增强树势。

（2）化学防治　　每年冬季用10%～15%的石灰乳液涂抹整个树干；选用30%氧氯化铜悬浮剂500倍液或1%～1.5%硫酸亚铁溶液或1：1：100波尔多液喷施有地衣寄生的树干和枝条；或用5°Bé石硫合剂喷洒或涂抹树干。

**208. 桑寄生**

［分布与为害］　多分布于南方地区，为害桂花（图3-261a）、龙眼、荔枝、含笑、杨桃、油茶、油桐、木棉、马尾松、橡胶树、美洲白蜡（图3-261b）、桑、桃、李、榕等多种植物。被害寄主枝干上的桑寄生非常明显，尤以冬季在寄主落叶以后明显。由于寄生物夺走了寄主的部分无机盐和水分，所以寄主植物的生长发育受到影响。

**图3-261　桑寄生为害状**
a. 为害桂花状；b. 为害美洲白蜡状

［症状］　受害花木叶片变小，提早落叶，抽芽晚，不开花或延迟开花，果实易落或不结果。花木树干受害处最初略为肿大，以后逐渐形成瘤状，木质部纹理也受到破坏，严重时全株枯死。

［病原］　植物界、种子植物门、桑寄生科、钝果寄生属，桑寄生 *Taxillus sutchuenensis* (Lecomte) Danser，又名广寄生、苦楝寄生、桃树寄生、松寄生。丛生灌木，株高0.5～1.0m；嫩枝、叶密被褐色或红褐色星状毛，有时具散生星状毛，小枝黑色，无毛，具散生皮孔。叶近对生或互生，革质，卵形或椭圆形，长50～80mm，宽30～45mm，顶端圆钝，基部近圆形，上面无毛，下面被茸毛；侧脉4～5对，在叶上面明显；叶柄长6～12mm，无毛。总状花序，1～3个生于小枝已落叶腋部或叶腋，具花2～5朵，密集呈伞形，花序和花均密被褐色星状毛，总花梗和花序轴共长1～3mm；花梗长2～3mm；苞片卵状三角形，长约1mm；花红色，花托椭圆状，长2～3mm；副萼环状，具4齿；花冠花蕾管状，长22～28mm，稍弯，

下半部膨胀，顶部椭圆状，裂片4枚，披针形，长6～9mm，反折，开花后毛变稀疏；花丝长约2mm，花药长3～4mm，药室常具横隔；花柱线状，柱头圆锥状。果实椭圆状，长6～7mm，直径3～4mm，两端均钝圆，黄绿色，果皮具颗粒状体，被疏毛（图3-262）。花期6～8月，种子繁殖。

图3-262 桑寄生

[发病规律] 以常绿小灌木的形式在寄主枝干上越冬。每年产生大量的种子传播为害。种子主要由鸟类传播，因其浆果成熟期多在其他植物的休眠期，鸟类觅食困难，斑鸠、麻雀、乌鸦等便觅食此种浆果。由于浆果的内果皮外有一层味苦涩而吸水性很强的黏性物质（内含槲皮素），具有保护种子的作用，因此，种子即使被鸟类觅食，经过消化道后也不能被消化，不会丧失生活力。种子自鸟嘴吐出或随粪便排出后落在树枝上，靠外皮上的黏性物质黏附在树皮上。吸水萌发时必须有合适的温度和光照，如果光照太弱，种子则不能萌发。种子萌发后在胚根尖端与树皮接触处形成吸盘，并分泌消解素，自伤口或在无伤体表以初生吸根钻入寄生枝条皮层达木质部。种子自萌发到钻入皮层在十数日内即完成，进入寄生体内的初生吸根又分出垂直的次生根，与寄生的导管相连，从中吸收水分和无机盐。与此同时胚芽发育长出茎叶。如有根出条则沿着寄生枝条延伸。每隔一定距离便形成1吸根钻入寄生皮层定植，并形成新的植株。因此桑寄生根出条愈发达，危害性愈大。

**209. 槲寄生**

[分布与为害] 分布于我国除新疆、西藏、云南、广东外的其他地区，为害榆、杨（图3-263a）、柳、桦、梨、杏（图3-263b）、李、苹果、枫杨，以及栎属、椴属植物。

图3-263 槲寄生为害状

a. 为害杨树状；b. 为害杏树状

［症状］　参见桑寄生。

［病原］　植物界、种子植物门、桑寄生科、槲寄生属，槲寄生 *Viscum coloratum* (Kom.) Nakai，又名北寄生、柳寄生、黄寄生、冻青、寄生子。灌木，半寄生，雌雄异株。株高0.3～0.8m；主茎与侧枝均为圆柱状，二歧或三歧、稀多歧分枝，节稍膨大，小枝的节间长50～100mm，粗3～5mm，干后具不规则皱纹。叶对生，稀3枚轮生，厚革质或革质，长椭圆形至椭圆状披针形，长30～70mm，宽7～20mm，顶端圆形或圆钝，基部渐狭；基出脉3～5条；叶柄短。花序顶生或腋生于茎叉状分枝处。雄花序聚伞状，总花梗几无或长达5mm，总苞舟形，长5～7mm，通常具花3朵，中央的花具2枚苞片或无。雄花：花蕾时卵球形，长3～4mm，萼片4枚，卵形；花药椭圆形，长2.5～3.0mm。雌花序聚伞式穗状，总花梗长2～3mm或几无，具花3～5朵，顶生的花具2枚苞片或无，交叉对生的花各具1枚苞片；苞片阔三角形，长约1.5mm，初具细缘毛，稍后变全缘；雌花：花蕾时长卵球形，长约2mm；花托卵球形，萼片4枚，三角形，长约1mm；柱头乳头状。果实球形，直径6～8mm，具宿存花柱，成熟时淡黄色或橙红色，果皮平滑（图3-264）。花期4～5月，果期9～11月，种子繁殖。

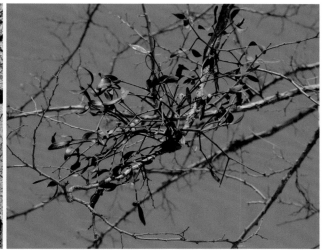

图3-264　槲寄生

［发病规律］　参见桑寄生。

［桑寄生科的防治措施］　桑寄生科植物具有鲜艳而又带黏性的果实，鸟类食后，种子随鸟类的粪便黏附而传播，因而鸟类活动频繁的村头、水边、灌丛等处的树受害较重。唯一有效的方法是连续砍除被害枝条，因为寄生植物的吸根深入寄主体内，如果仅砍除寄生植物，寄生根还会重新萌发。冬季寄生植物的果实尚未成熟，寄主植物又多已落叶，使寄生性种子植物更加明显，是进行防治的好时机。

### 210. 中国菟丝子

［分布与为害］　全国各地都有分布。主要为害一串红、金鱼草、彩叶草、长春花、荷兰菊、波斯菊、旱菊、茼蒿菊、菊花等草本花卉。

［症状］　以藤蔓状茎缠绕在寄主植物的茎部，并以吸器伸入寄主植物茎秆内部，与其导管和筛管相连接，吸取全部养分，因而导致被害花木发育不良，生长受阻碍。通常表现为生长矮小和黄化，甚至植株枯萎死亡。

［病原］　植物界、种子植物门、菟丝子科、菟丝子属，中国菟丝子 *Cuscuta chinensis* Lam.，又名无根藤、金丝藤。一年生全寄生草本，茎丝线状，橙黄色，叶退化成鳞片。花簇生，外有膜质苞片；花萼杯状，5裂；花冠白色，顶端5裂，裂片常向外反曲；雄蕊5，花丝短，与花冠裂片互生；鳞片5，近长圆形；子房2室，每室有胚珠2颗，花柱2，头状。果实蒴果近球形，成熟时被花冠全部包围。种子淡褐色（图3-265）。花果期7～10月，种子繁殖。

［发病规律］　以成熟的种子落入土中，或混在草本花卉的种子中，休眠越冬。翌年夏初开始萌发，成为侵染源。种子萌发时胚根伸入土中，根端呈圆棒状，不分枝，表面有许多短细的红毛，似一般植物的根毛，胚芽顶出土面，形成丝状的幼茎，生长很快，每天伸长1～2cm。在与寄主建立寄生关系之前不分

**图3-265　中国菟丝子为害状**

a、b. 为害彩叶草状；c. 为害波斯菊状；d. 为害三叶草状；e. 为害长春花状；f. 为害茼蒿菊状

枝。茎伸长后尖端3～4cm的一段带有显著的绿色，具有明显的趋光性。迅速伸长的幼茎在空中来回旋转，当碰到寄主植物时便缠绕到茎上，在与寄主接触处形成吸根。吸根伸入寄主维管束中，吸取养料和水分。茎继续伸长，茎尖与寄主接触处再次形成吸根。茎不断分枝伸长缠绕寄主，并向四周迅速蔓延扩展为害。当幼茎与寄主建立关系后，下面的茎逐渐湿腐或干枯萎缩与土壤分离。

　　菟丝子的结实力强，每棵能产生种子2500～3000粒。种子生命力强，寿命可保持数年之久。在未经腐熟的肥料中仍有萌发力，故肥料也是侵染来源之一。种子成熟后可随风吹到远处。

### 211. 日本菟丝子

[分布与为害] 全国各地都有分布。主要为害六月雪、珊瑚树、虎杖、杜鹃、山茶、桂花、女贞、鸡爪槭、冬青、木槿、蔷薇、榆叶梅、垂柳、白杨、银杏、法国冬青、榆树等多种花灌木和绿化树种（图3-266）。

图3-266 日本菟丝子为害状

[症状] 夏初萌芽，此时植株有根，后期以藤蔓缠绕寄主植物的茎，缠绕完成后，根即消失，通过吸器与寄主的导管和筛管连接，吸取全部营养。被害花木因发育不良、生长受阻而引起生长矮小和黄化，严重时植株枯萎死亡。

[病原] 植物界、种子植物门、菟丝子科、菟丝子属，日本菟丝子 *Cuscuta japonica* Choisy，又名金灯藤。一年生全寄生草本，茎较粗壮，黄色，肉质，常带深红色小疣点，缠绕于其他树木上。叶退化为三角形小鳞片，长约2mm。小花多数密集成短穗状花序，基部常多分枝；苞片及小苞片鳞片状，卵圆形，顶端尖；花萼肉质，碗状，长约2mm，5深裂，裂片卵圆形，长约1mm，相等或不等，有紫红色疣状斑点；花冠钟状，质稍厚，橘红色或黄白色，长3～5mm，顶端5浅裂，裂片卵状三角形；雄蕊5，花丝极短或近无，花药卵圆形，贴于花冠裂片间；鳞片5，矩圆形，生于花冠基部，边缘流苏状；雌蕊1，子房2室，花柱1，柱头短，2裂。蒴果椭圆状卵形，长约5mm，近基部盖裂；种子1～2枚，圆心形，光滑，褐色或黄棕色，长约3～5mm。花果期8～9月，种子繁殖。

[发病规律] 基本同中国菟丝子。有的地区寄生在花灌木和树木上的日本菟丝子，种子可随蒴果挂在树上越冬，翌春方逐渐脱落。另外，只要其吸根未冻死，翌年春天气候转暖后，即可缠绕寄主为害。

[菟丝子科的防治措施]

（1）加强检疫 菟丝子种源可能来自商品种苗圃地，在购买种苗时必须到苗圃地实地察看，以免将检疫对象带入。还有一个常见发生地点是在老苗圃（历年种植菊花等植物的地块），在购买盆花或苗木时也应注意防止将菟丝子带入。

（2）减少侵染来源 菟丝子的种子一是落入土中，二是混杂在寄主植物的种子中。因此，要进行冬季深翻，使种子深埋土中不易萌发至地面而死亡；再就是播种时注意选种，以剔除菟丝子种子。

（3）人工处理　　春季发现少量菟丝子发芽时，即行拔除；秋季菟丝子开花未结子前，摘除所有花朵，杜绝翌年再发生。对一些珍贵的苗木，不宜采用杀头去顶的方式处理，可在春末、夏初检查寄主植物上的菟丝子，在其种子成熟前及时清理掉。对那些每年都要反复发生，而且有大量菟丝子休眠种子的地块，可以改种狗牙根，利用植物间的生化他感效应来控制菟丝子的危害。对那些空白地或高大木本植物圃地（无地被植物），可在菟丝子种子萌发季节（温度在15～40℃），在萌芽初期使用除草剂，将其喷杀在与寄主关系建立以前。

（4）生物防治　　发生初期，可喷洒生物制剂如鲁保一号等防治，用量4g/m²。为提高防治效果，可在喷药前，剪断菟丝子的攀缘茎，造成伤口。

（5）化学防治　　采用菟丝子专用除草剂防治，即在菟丝子开花前，于缠绕处仔细喷洒48%菟丝灵可湿性粉剂，喷湿为止，菟丝子会很快枯萎死亡。

# 第六节　非侵染性病害

### 212. 园林植物缺铁性黄化病

［分布与为害］　主要分布于北方地区。栀子、杜鹃、山茶、茶梅、白兰、含笑、米兰、珠兰、棕榈类、茉莉、秋海棠类、金花茶、金橘、罗汉松、佛手、代代、竹类、海棠类、绣线菊、玫瑰、八仙花、龙船花、红掌、君子兰、广玉兰、石楠等植物都可发生此病。

［症状］　初期小枝顶端嫩叶褪绿，从叶缘向中心发展，叶肉变黄色或浅黄色，但叶脉仍呈绿色，扩展后全叶发黄，进而变白，成为白叶。严重时叶片边缘变褐坏死，顶部叶片干枯脱落，植株逐年衰弱，最后死亡（图3-267至图3-275）。

图3-267　栀子缺铁性黄化病　　　　　　　　　图3-268　八仙花缺铁性黄化病

［病原］　非侵染性病害。缺乏铁元素所致。

［发病规律］　园林植物缺铁，主要有以下几个原因：①土壤pH偏高，在这种碱性土里游离的二价铁离子易被氧化成三价铁离子而不能被根系吸收利用。②管理不当，偏施化学氮肥造成微量元素比例失调，会引起土壤板结、通透性不良，影响根系对铁的吸收。尤其在土壤长久干旱时，表层土壤含盐量增加，也会影响根系对铁的吸收。③园林立地条件差，导致根系发育不良，在建植时树穴挖得过浅，土层板结度太高，也使铁的吸收受到影响。

［园林植物缺铁性黄化病的防治措施］

（1）加强栽培管理　　选择排水良好、疏松、肥沃的酸性土栽植，多施腐熟的有机肥。在偏碱性土壤栽植易发生黄化症状的植物时，最好对土壤进行调酸处理，将园土调至中性或微酸性，改变局部土壤酸碱度。在干旱时，及时灌水。

图3-269 杜鹃缺铁性黄化病

图3-270 绣线菊缺铁性黄化病

图3-271 玫瑰缺铁性黄化病

图3-272 西府海棠缺铁性黄化病

图3-273 苹果缺铁性黄化病

图3-274 红叶石楠缺铁性黄化病

**图3-275 龙船花缺铁性黄化病**

（2）化学防治　发病初期，可用0.1%～0.2%硫酸亚铁溶液喷洒叶片，或浇灌0.2%硫酸亚铁溶液，或土壤中施入铁的螯合物水溶液，通常每个直径20cm的花盆用0.2g。药剂治疗黄化病，应在病害初期进行，否则效果较差。叶片转绿时，即可停止用药。

### 213. 花木药害

［分布与为害］　各地均可发生，可为害各种花草树木。

［症状］　有急性药害和慢性药害之分：①急性药害指用药几天或几小时内，叶片很快出现斑点、失绿、黄化、果实变褐，表面出现药斑（图3-276a～e）；重者出现大量落叶、落果，甚至全株萎蔫死亡；根系发育不良或形成黑根、鸡爪根等。②慢性药害是指用药后，药害现象出现相对缓慢，如植株矮化、生长发育受阻、开花结果延迟等（图3-276f）。

**图3-276 花木药害**

a. 八仙花药害；b、c. 月季药害；d. 金银木药害；e. 白皮松药害；f. 紫薇药害

[病原] 非侵染性病害。使用农药不当所致。

[发病规律] 园林植物发生药害，主要有以下几种情况：①药剂种类选择不当。例如，波尔多液含铜离子浓度较高，多用于木本植物，草本花卉由于组织幼嫩，易产生药害。石硫合剂防治白粉病效果颇佳，但由于其具有腐蚀性及强碱性，用于瓜叶菊等草本花卉时易产生药害。②部分花卉对某些农药品种过敏。有些花卉性质特殊，即使在正常使用情况下，也易产生药害。例如，碧桃、寿桃、樱花等对敌敌畏敏感，桃、梅类对乐果敏感，桃、李类对波尔多液敏感等。③在花卉敏感期用药。各种花卉的开花期是对农药最敏感的时期之一，用药宜慎重。④高温、雾重及相对湿度较高时易产生药害。温度高时，植物吸收药剂及蒸腾较快，使药剂很快在叶尖、叶缘集中过多而产生药害；雾重、湿度大时，药滴分布不均匀也易出现药害。⑤浓度高、用量大。为克服病虫害抗性等而随意加大浓度、用量，易产生药害。

[花木药害的防治措施] 为防止园林植物出现药害，除针对上述原因采取相应措施预防发生外，对于已经出现药害的植株，可采用下列方法处理：①根据用药方式（如根施或叶喷）的不同，分别采用清水冲根或叶面淋洗的办法，去除残留毒物。②加强肥水管理，使植株尽快恢复健康，消除或减轻药害造成的影响。

### 214. 花木霜冻害

[分布与为害] 全国各地都可发生，以北方多见，如河北、山东、山西、宁夏、甘肃、内蒙古、辽宁、吉林、黑龙江等地。常使得花木叶片皱缩、卷曲，严重时植株死亡。

[症状] 可使叶缘、叶片、嫩梢冻死、焦枯；花木没有展开的嫩叶叶缘被冻伤，待叶生长后，叶片呈皱缩状不能展开，形成皱叶，这种皱叶不同于病毒引起的一些花木的皱叶病，后者虽为皱叶但叶缘完整，而霜冻引起的皱叶叶缘不完整。秋季徒长、没有木质化的花木可被整株冻死。

[病原] 非侵染性病害。低温引起。

[发病规律] 霜冻是指温度下降到一定临界值时，花木在生长期受到冻害的现象，霜冻常伴随寒流而发生。可发生在春、秋两季。春季霜冻（图3-277）来得愈晚、秋季霜冻来得愈早，温度愈低，持续时间愈长，对花木的伤害愈大。地势高低与受害轻重亦有一定关系，一般"春冻梁，秋冻洼"。

**图3-277 春季晚霜引起的植株受害状**
a. 梅花受害状；b. 月季受害状

[花木霜冻害的防治措施] ①注意天气预报，大片花木栽培区在可能发生霜冻的前夕，在其上风头堆放柴草放烟，使烟雾笼罩花木区，可减轻灾害。②在霜冻到来之前，将可移动的花木搬到安全区存放。③发展设施花卉业，减少天气变化对花木的影响。④受霜冻后加强水肥管理，尽快恢复长势。

### 215. 冬春露地花木冻害

[分布与为害] 主要发生在我国北方地区，叶片、顶梢受害，严重时花木会死亡。

[症状] 症状有以下几种：①叶片边缘焦枯（图3-278）。②嫩梢枯焦（图3-279）。③老枝梢干枯，枝杈皮层下陷或开裂，内部由褐变黑，组织死亡，严重时大枝条也会出现死亡（图3-280）。④地上部（地下部根系尚活，翌年会萌发大量蘖芽）或整株树死亡。⑤枝条外观看起来似无变化，但发芽迟、叶片瘦小或

图3-278 冻害导致叶片边缘枯焦

a. 石楠；b. 杜鹃；c. 夹竹桃

图3-279 冻害导致海桐嫩梢枯焦

畸形，生长不正常。⑥生长在地下的根系受冻后不易被发现，但春季会出现萌芽晚或不整齐现象，或在苗木放叶后再度出现干缩现象，挖出根系可见到外皮层变褐色，皮层与木质部易分离甚至脱落。

［病原］ 非侵染性病害。低温引起。

［发病规律］ 冻害的发生主要有以下几种情况：①当年冬季或早春遇低温天气。②当年冬春季节天气虽不太冷，但因防寒措施不当或未采取防寒措施，引起不太耐寒的树种如桂花、红叶石楠等受害。③停止生长比较晚、发育不成熟的嫩枝，极易受冻害而干枯死亡。④新移栽苗木，尤其秋季种植、根系尚不发达的苗木。

［冬春露地花木冻害的防治措施］

（1）浇封冻水和返青水 在土壤封冻前浇1次透水。土壤中含有较多的水分后，由于水的热容量大，严冬表层地温不至于下降过低、过快，开春后表层地温升温也缓慢。浇返青水一般在早春进行，由于早春昼夜温差大，及时浇返青水，可使地表昼夜温差相对减小，避免春寒为害苗木植物根系。

（2）覆土防寒 把越冬的苗木（如葡萄、月季等）在整个冬季埋入土壤中，使苗木及土壤保持一定的温度，不仅不受气温剧烈变化和其他外界不良因素的影响，还可以减少苗木水分蒸腾和土壤水分的蒸发，保持苗木冬季体内水分平衡，有效地防止冻害和苗木生理干旱而造成的死亡。苗木覆土时间应在苗木已停止生长，土壤结冻前3～5天，气温稳定在0℃左右时进行。

（3）覆草防寒 入冬前在苗床地铺草，常用的材料为切短的作物秸秆，如稻草、麦秸、青草、枯草等，厚度以不露苗梢为宜。春天腐烂成泥后，覆草还是可供苗木吸收利用的肥料。虽然覆草防寒不如覆土防寒保温保湿效果好，但在土质黏重不宜覆土防寒的苗圃，多采用覆草防寒法。

（4）覆膜防寒 冬季寒流到来之前，在苗床地覆盖一层塑料薄膜，或用竹片及铁筋支撑成型，在上面盖上薄膜制作成小拱棚，四周用土压实，能够防止苗木地表层根系受冻，具有良好的保温和保墒效果，

**图3-280　冻害导致老枝死亡**
a. 石榴；b、c. 红叶石楠；d. 大叶女贞

对干冻年份的防寒防冻作用更加明显。

（5）包草或绑缚草绳　　入冬前后将新植树木或不耐寒的苗木主干用稻草（或草绳、麻袋片等）等缠绕或包裹起来，高度可在1.5～2.0m，外缠塑料膜效果更佳（图3-281a、b）。对于小灌木类，应先清除枯枝、老叶，再用草绳将散开的枝条捆拢，然后围6～8cm厚的稻草并扎紧（图3-281c）。

（6）设置风障　　对栽植数量较多而又紧密的小株苗木，可在其北面设高1.8～2.0m的风障防寒。对株高2m以上、耐寒力较差的苗木，可在东、西、北3面设柱，柱外围席，以御西北风。

（7）喷施植物生长调节剂　　对绿叶苗木越冬前喷施抗寒型喷施宝、抗逆增产剂、那氏778、广增素802、沼液肥等，能加强越冬苗木的新陈代谢，有效增强苗木抗冻能力以减轻冻害。

（8）涂白防寒　　冬季到来前将一些较大的苗木主干及主枝用石灰浆（加入少量食盐更好）涂白，将阳光反射掉，可以降低枝干昼夜温差，减轻苗木冻害（图3-282）。

**216. 花卉冷害**

［分布与为害］　主要发生在北方地区的保护地内及摆放花卉的门厅等处。

［症状］　嫩梢新叶颜色发生改变：①发黄——在寒冷的季节，由于温度过低，有些要求越冬温度较高的花卉叶片会因受寒害而变黄，甚至脱落，如蝴蝶兰（图3-283a）、富贵竹（图3-283b）、红掌、吊兰类、西瓜皮椒草等。②泛白、泛黄——叶面出现白斑、黄斑，如变叶木（图3-284a）、龙血树（图3-284b）、凤梨（图3-284c）、巴西木（图3-284d）、发财树（图3-284e）、吊兰、朱顶红、花叶吊竹梅等，遇到较低的温度，新梢嫩叶会失去原有的光泽，出现泛白失绿等不正常变化。③发紫——有些观赏植物在低温的情况下，出现叶尖或叶缘发紫变褐的现象，如八仙花（图3-285）、金钱树、墨兰等。

**图3-281　包草或绑缚草绳防寒**

a、b. 秋季新种植树木树干缠绕草绳防寒；c. 稻草包裹小灌木

**图3-282　树干涂白御寒**

新梢嫩叶如被开水烫过：一些叶片、新梢或茎秆含水量较高的观赏植物，包括一些多肉植物，如斑马万年青、富贵竹（图3-286a）、露兜树（图3-286b、c）、非洲茉莉（图3-286d）、扶桑、丽格海棠、海芋、芦荟、长寿花、棕竹、金钱树等，不仅在短时间内全部死亡，而且干皮开裂剥落。

〔病原〕　非侵染性病害。低温引起。

〔发病规律〕　冷害的发生主要有以下几种情况：①保护地栽培时遇到寒潮或持续阴雨低温天气，未采取保温措施或保温措施不力。②所栽植的花卉要求较高的越冬温度，如绿巨人、斑马万年青、红掌等。③室内摆放的花卉位于门厅等处，此处往往温度低，且易有寒风吹袭。

**图3-283　低温导致叶片发黄**

a. 蝴蝶兰；b. 富贵竹

图 3-284 低温导致叶片泛白、泛黄

a. 变叶木叶面泛白；b. 龙血树叶面泛黄；c. 凤梨叶面泛黄；d. 巴西木叶面泛黄；e. 发财树叶片黄枯状

图 3-285 低温导致八仙花叶片发紫变褐

**图3-286 低温导致新梢嫩叶如被开水烫过**
a. 富贵竹；b、c. 露兜；d. 非洲茉莉

[花卉冷害的防治措施]

（1）清扫棚膜 把棚膜上面的灰尘、污物和积雪及时清除干净，可以增加光照，提高棚温。

（2）覆地膜或小拱棚 大棚内属高垄栽培的，可在高垄上覆盖一层地膜，一般可提高地温2～3℃；平畦栽培的，可架设小拱棚提高地温。

（3）挖防寒沟 在大棚外侧南面挖沟，填入杂草、秸秆等保温材料，可防止地温向外散失，提高大棚南部的地温。

（4）双膜覆盖 在无滴膜下方再搭一层薄膜，由于两层膜间隔有空气，可明显提高棚内温度。

（5）适时揭开保温被 在温度条件许可时，尽量早揭晚盖，促进花卉进行光合作用。深冬季节，晴天一般在早晨阳光洒满整个棚面时揭开，这时棚内气温一般不低于18℃。多云或阴天时光照较弱，也应适时揭开，使散射光射入，一方面可提高温度，另一方面由于散射光中具有较多的蓝紫光，有利于光合作用。切忌长时间不揭，造成棚内阴冷、气温大幅下降。

（6）增施肥料 适量增施有机肥和磷钾肥，不仅可以改善土壤团粒结构，提高土温，为花卉提供养分，而且还能增强花卉抗冻能力。

（7）挂反光幕 在大棚北侧悬挂聚酯镀铝膜，可以增加棚内光照，提高棚温2～3℃。

（8）暖气增温 遇到极冷天气，可在棚内增设火炉或开通暖气，但使用炉火加温时要注意防止花卉煤气中毒，应安装烟囱将煤气输出棚外，注意不要在棚内点燃柴草增温，因为柴草燃烧时放出的烟雾对花卉危害极大。

（9）喷抗冻素　　降温之前用抗冷冻素400～700倍液喷洒植株的茎部和叶片，能起到防寒抗冻的作用。

（10）提高门厅等处的温度　　悬挂门帘或采用专门，防止寒风直接吹袭。

**217. 光照不适症**

［分布与为害］　广布于我国南北方，光照不适包括光照过强与光照不足两个方面，光照过强常与高温作用在一起，造成日灼症。日灼症常会使得盆栽或露地栽植的园林花卉植物叶片产生褪绿黄斑、褐色干枯，枝条表皮坏死，影响生长，降低观赏价值。此现象也发生于园林苗圃，导致刚出土的实生或扦插幼苗组织坏死。光照不足时常引起花木枝叶徒长，生长发育不正常。

［症状］　光照过强：①叶片日灼伤，使得不耐强光的蝴蝶兰（图3-287）、龟背竹、绿巨人、非洲茉莉、鹅掌柴、常春藤（图3-288）、君子兰（图3-289）、白鹤芋（图3-290）、袖珍椰子（图3-291）等出现叶面发黄、变白，甚至产生褐色坏死斑，常与高温混合作用造成日灼症。②光照强度变化剧烈，使得本来喜强光的植物叶片也出现日灼现象，如银杏、苏铁（图3-292）、麦冬（图3-293）等；耐阴的植物出现不适现象，如短叶虎皮兰（图3-294）等。③枝条日灼伤：常使得枝干，尤其是主干西向一侧树皮泛白鼓起，外皮灼伤处韧皮部与木质部剥离，开裂后向四周萎缩坏死，逐渐露出内侧的木质部，日晒雨淋后，木质部会逐渐溃烂。

图3-287　光照过强导致蝴蝶兰叶片变黄坏死

图3-288　光照过强导致常春藤叶片变黄坏死　　　　图3-289　光照过强导致君子兰叶片变黄坏死

　　光照不足：使得枝叶徒长，如苏铁发新芽时，若光照太弱，会导致叶片徒长成"凤凰尾"（图3-295）状。

［病原］　非侵染性病害。栽培养护过程中由于光照过强（常与高温结合在一起）、光照不足，或因光照变化剧烈，引起植物生长不良而致病。

图3-290 光照过强导致白鹤芋叶片变黄

图3-291 光照过强导致袖珍椰子叶片变黄坏死

图3-292 由室内突然移至室外强光处导致盆栽苏铁出现
日灼症

图3-293 久雨骤晴导致露地栽培麦冬出现日灼症

图3-294 由室内阴暗处突然移至有直射光处导致盆栽
短叶虎皮兰出现日灼症

图3-295 光照不足导致苏铁新叶徒长状

［发病规律］　在北方地区主要发生在一些原产南方且不耐强光照的观叶植物上，在南方地区及北方日光温室内则往往会由于强光与高温共同作用，引起日灼症。高温多雨季节，遇久雨骤晴天气，或由光照较弱的室内环境突然移于室外强光下，也会出现上述症状。另外，一些生长在较密苗圃内的花木（如广玉兰、马褂木等），由于长时间干皮得不到强光照射，将其移植于园林绿地或道路两侧，一旦该处夏季温度过高，且有明显太阳西晒，则极易造成西向一侧干皮被灼伤，尤其是一些运输或抬运过程中稍有损伤的树木，干皮西向一侧被灼伤得更为严重，被害部位往往容易发生溃疡病。

［光照不适症的防治措施］

（1）加强光照管理　园林花卉植物的种类、品种及所处的生长期不同，对光照强度的要求不同，因而在养护管理过程中应根据其对光照的需求情况，进行精细化管理。喜强光的花卉，要注意摆放在光照充足处；耐阴植物，夏秋季节应注意遮阴；摆放花木的环境，光照不能变化太剧烈，应循序渐进。

（2）降低环境温度　在盛夏高温时节，在放置盆花的场地及苗圃喷水，为花卉、苗木创造凉爽湿润的优良小环境，从而减轻或避免因高温强光的复合作用而对花木造成的伤害。注意：洒水时，切不可在炎热的中午或向已经开始萎蔫的植物浇冷水，否则容易引起"伤风感冒"，加速其萎蔫或死亡。另外，加强通风、合理修剪、降低栽植密度也是降温良策。

（3）加强栽培管理　及时灌排水，加强通风，注意氮、磷、钾元素的平衡，促进植株健壮生长，以提高抗性。另外，对于已出现日灼伤的植株，应将被害枝叶及时剪去，并将其移于荫棚下，喷洒低浓度的植物生长调节剂，以使植株尽快恢复生机，避免侵染性病害的发生。

（4）保护树干　可通过树干涂白、绑草把等方式保护树干，不被灼伤。同时，对于轻度灼伤的植株，可将坏死的部分刮去，用100mg/L生根粉药液拌成黄土泥糊，涂于被害部位，用塑料薄膜包好，可有效促进灼伤处恢复健康。

**218. 水分不均症**

［分布与为害］　广布于我国南北方，水分不均常会使盆栽、地栽的园林植物生长发育不正常，影响生长，降低观赏价值。

［症状］　干旱：因水分过少，导致植株出现萎蔫（图3-296）、叶黄（图3-297）、干尖干边干梢干枯（图3-298）、叶片脱落（图3-299）、植株枯萎（图3-300）等现象。

**图3-296　干旱导致植株萎蔫**

a. 兰花；b. 非洲菊

水涝：水分过多导致植株出现枯萎（图3-301）、烂根（图3-302）等现象。

［病原］　非侵染性病害。遇有天气干旱、浇水过少，或植株根系不发达、吸水能力差，或地势低洼积水或浇水过多，引起植物生长不良而致病。

［发病规律］　干旱情况的出现，多是由于天气长期干旱，未及时浇水；或栽培管理不够精细，导致植株缺水；或由于植株刚刚移植不久，树冠大，蒸腾蒸发水分多，而根系又欠发达，吸水能力较弱所致。水涝情况的出现，则是由于遇到雨季，地势低洼积水；或管理不够精细，浇水过多所致。

图3-297 干旱导致蔓绿绒黄叶状

[水分不均症的防治措施] ①出现水分失调现象时，要根据实际情况，适时适量灌水，注意及时排水。地栽浇灌时，尽量采用滴灌或沟灌，避免喷淋和大水漫灌。盆栽浇水时，要根据栽培基质的不同，调节好浇水次数与浇水量。树皮、木炭等疏松基质浇水宜勤；一般盆土则浇水宜少。②对于刚移植不久，树冠大而根系又欠发达的植株，则采取搭建遮阳网、表面洒水、喷洒蒸腾抑制剂及灌施生根剂等方式解决。

### 219. 有害物质中毒症

[分布与为害] 该病是指除使用农药不当外的有害物质中毒情况，包括土壤及空气中的各类有害物质，包括废水、废气（二氧化硫、二氧化氮、三氧化硫、氯化氢和氟化物等）、废渣及意外事故的泄露物等。分布广泛，发生情况复杂。

[症状] 急性中毒引起叶片组织变白（图3-303）、

图3-298 干旱导致干枯
a. 樱花叶片干边；b. 罗汉松叶片干枯

变黄、变褐，叶缘、叶尖枯死，严重时叶片脱落，甚至使植物死亡；慢性中毒则引起植株生长受阻，影响开花结果等。

[病原] 非侵染性病害。指土壤与空气中影响园林植物正常生长的各类有害物质。

[发病规律] 病害的发生往往与周围环境，尤其是意外情况有关，症状复杂，不易判断。必须结合前期养护管理过程中的特殊情况，并加以综合分析才能诊断。

[有害物质中毒症的防治措施] ①保护环境，治理污染，避免有害物质的泄露，防止意外情况的发生。②污染治理相对不理想之处，根据污染物的类别不同，选择栽植抗性强、耐污染，且吸收有害物质的树种，如臭椿、红叶臭椿、柳杉、夹竹桃等树种不仅抗$SO_2$的能力强，而且能够有效吸收$SO_2$，减轻环境的污染。③加强水肥管理，尽快使得植株恢复长势。

### 220. 化雪盐伤害

[分布与为害] 冬季雪大、路面雪厚，为了防滑采用化雪盐（主要成分为$NaCl$、$MgCl_2$、$CaCl_2$）融雪的城市道路两侧的树木易发生。据调查，油松、侧柏（图3-304a）、龙柏（图3-304b）、悬铃木（图3-304c）、毛白

杨、紫叶李、紫薇、大叶黄杨、扶芳藤（图3-304d）、瓜子黄杨（图3-304e）等都易受害而叶片脱落，小枝枯死，生长极度衰弱，甚至全株死亡。

[症状] 翌春花木开始发芽吐绿后即表现症状，一般阔叶树比针叶树表现快。阔叶树如路边的大叶黄杨绿篱，严重的叶片脱落，小枝由绿色变为灰褐色，不能发芽，表皮粗糙不光滑，根系变褐枯死；受害轻时上部能吐出新叶，但下部枝叶枯死。悬铃木受害时，重者不发芽或发芽后不久便回芽干缩，根系腐烂；轻者长势受到极大影响。紫薇受害，重者不能发芽，皮层皱缩，全株枯死；轻者上部虽能发芽，但下部树条枯死，花量明显减少。侧柏受害后针叶很快由绿变为苍白色，很快枯死。油松受害后，轻者枝条前端针叶枯黄一半，重者全部针叶枯黄而死。

盐害与寄生性病原引起的病害在症状上有明显区别：一是突发性，受害花木在短时间内突然大量枯死，不像寄生性病

图3-299 干旱导致皂角树叶片脱落

图3-300 干旱导致植株枯萎

a. 海桐；b. 花叶火棘；c. 雪松

图3-301 积水导致植株枯萎

a. 银杏；b. 绿化带苗木

图3-302 浇水过多导致兰花烂根状

原引起的花木死亡，有一个发生、发展的过程；二是地段性，在某一段道路两侧的绿篱、树木都不同程度受害；三是发病路段在冬雪日有撒盐融雪史。

[病原] 非侵染性病害。在道路上撒盐融雪伤害花木的直接原因：一是盐雪水由道路或路牙的缝隙中渗透到树木的根系处；二是机动车行驶将盐雪水或盐雪轧溅到附近的树体上或树木根部土壤；三是清扫人员将盐雪顺便清除到路边树下或堆放在绿地内；四是作业时不小心直接将盐洒到树体上。上述情况都可能导致土壤中含盐量过多，渗透压增大，妨碍根系吸水，造成生理干旱而死亡；此外，盐对花木的根、茎、叶还有毒害作用。

[发病规律] 一般冬季雪日，化雪盐撒施的次数越多、量越大，对花木的伤害越大。东西走向的道路，北面道路一侧

图3-303 有害气体使得植株中毒状
a、b. 扶芳藤；c、d. 雪松；e. 悬铃木

的花木受害较重；道路同一侧的花木，临近快车道的比远离快车道的受害重。大地解冻后，很快大量用水浇灌花木的，比不浇水、少浇水的受害轻。

[化雪盐伤害的防治措施]

（1）改进清雪、融雪方法　最好用机械的或物理的清雪、融雪方法，尽量勿采用化雪盐法。

（2）采用环保型的融雪剂　以保证不会伤害花木和污染环境。

**图3-304 化雪盐为害状**
a. 侧柏；b. 龙柏；c. 悬铃木根系腐烂；d. 扶芳藤；e. 瓜子黄杨

（3）及时清理 建立严格的清理路面积雪责任制，采取人工方法及时清理。

（4）加强管理 如果只能采用化雪盐法融雪，应在撒施后加强管理。例如，采用在道路两旁设挡盐雪板，防止盐雪水溅到花木上；或将清理的盐雪及时运走，禁止将其堆积在路边绿化带内。

（5）及时补救 如花木已受化雪盐污染，要迅速用清水冲洗和浇灌，并加强花木养护，增施有机肥，浇足返青水，以减轻灾害，尽快恢复长势。

**221. 意外伤害**

[分布与为害] 分布广泛，发生情况复杂。其发生与否往往与灾害性天气如狂风、暴雨、雷击、大雪、冰雹、火烧等因素，以及人为损害有关。

[症状] 常见的有枝折、倒树、烧伤（图3-305）、人为过失（图3-306）等。

[病原] 非侵染性病害。灾害性天气及人为损害。

[发病规律] 该状况的发生往往与上述灾害性天气及人为过失有关。

[意外伤害的防治措施]

（1）采取预防措施 根据发生的原因不同，分别采取防风、防雹、防火等措施加以解决。例如，采用架木固定新植树木防止倒伏（图3-307），修剪干枯的暖季型（如马尼拉草等）草坪，以预防失火等。

（2）加强养护管理 如采用扶正、修剪、肥水管理、及时解除造型树绑扎铁丝等措施进行解决。

**222. 树木地面硬化综合征**

[分布与为害] 广泛分布于我国南北各地对地面进行不合理硬化的公园、绿地和街道两侧的树木，几乎所有的针/阔叶树都可受害，轻者造成树木生长不良，严重时导致整株枯死。

[症状] 受害树木枝叶稀疏、黄萎、枯梢，新梢生长量明显减少，树冠增大缓慢，甚至逐年减小；夏季高温季节树木常发生非侵染性枯萎病，并诱发腐烂病、溃疡病。该病在杨、柳、核桃等植物上较常见，

图3-305　烧伤为害状

图3-306　未及时解除造型树绑扎铁丝的后果状

板栗树干则易生疫霉病；由于树势衰弱，引发吉丁虫、小蠹虫、天牛等害虫及立木腐朽病等的侵染和为害，侧柏、油松、白皮松、雪松等表现较明显；严重时根系腐烂，全株死亡。

[病原] 非侵染性病害。在城市、乡镇的公园、动物园、游乐场、居民小区内，以及公路、街道两旁的绿化树木，由于经营/管理者片面追求对地面进行硬化处理，而没有给在这些地方栽植的树木留有必需的裸露地面；或者虽未进行地面硬化处理，但在树冠下游人行走、开展体育锻炼、停放车辆等活动频繁，将裸土地面踏得很实，以至于水分无法渗透到土壤中去满足树木的需求，表现为长期缺水、缺肥，土壤紧密不透气，根系缺氧，从而导致树木生长不良（图3-308a～c）。更有甚者，硬化前为了地面平整而大量垫土，导致植物根系深埋地下，使得较为敏感的树木如国槐（图3-308d）、白皮松等因根系缺氧而枯死。

**图3-307 架木支撑防止树木倒伏**

**图3-308 树木地面硬化综合征**

a、b. 因道路硬化、裸露地面过少导致雪松生长不良状；c. 因道路硬化、裸露地面过少而导致国槐生长不良状；
d. 因垫土及地面硬化造成国槐根系缺氧生长不良状

[发病规律] 地面硬化的时间越长，地面硬化后树干周围留的裸土树坑越小，该病症状表现越严重，天气久旱加上浇水不足会加重病情，甚至使树木在高温干旱季节死亡。

[树木地面硬化综合征的防治措施]

（1）增强生态环境保护观念 在进行公园、游乐场、道路等公益性建设时，要全面规划，科学论证，不要做违背科学的片面决策。

（2）合理进行地面硬化 在公园、游乐场内，除游览道路、建筑物附近、公共活动场所外，地面一般不要硬化，特别是古树名木、珍稀花木树冠下不要硬化；必须硬化时，要在树干基部周围留有直径至少1.5m的圆坑裸土，以便及时给树木浇水、施肥、松土，并承接自然降水。干基周围裸土圆坑上可覆盖厚1～2cm的绿色塑料网，既可保持整洁，又透水透气。城市行道树的干基部周围也应这样做。

（3）减少人为踩踏 不要在公园平坦处的树林下经常组织体育锻炼活动；需常组织的，需对每株树干基直径1.5m范围内的地面加以保护，防止人为践踏。

（4）及时补救 对地面已硬化、树木生长不良的植株，要迅即在树干周围刨除已硬化的地面，疏松土壤，施足肥水；已感染病虫害的植株，要尽快对症下药，促进树势恢复。

### 223. 树木移植缓苗期综合征

[分布与为害] 各种针/阔叶树木移植于公园、绿地、街道、公路两旁，以及平原、荒山造林后都可发生该病。

[症状] 非侵染性病害。树体不发芽、不抽新梢或抽芽很少；新根少，有的原有根枯死，生长势极度衰弱，甚至慢慢枯死（图3-309）。幼苗扩畦倒栽后，也可导致不生根、不发芽而迅速死亡。

[病原] 树木（大树或苗木、幼苗）移栽，由于树体离开苗圃水肥土较好的条件，加上起苗、运输至移栽过程中根系受损，树皮受伤，风吹日晒，树体失水；栽植时选地不当，树坑过小，栽植方法欠妥，根系不舒展，栽后浇水不及时等，从而导致树木移植后的1～2年内生长缓慢，树干发生溃疡病、腐烂病等；在夏季干热季节，枝叶发生侵染性枯萎病、炭疽病等。

[发病规律] 苗圃地连年重茬育出的杨、柳等苗木，移植后往往易发生溃疡病、腐烂病。前茬为蔬菜、棉花的，或已感染立枯病的土壤育出的松、柏苗，移栽后发病较重，甚至迅速死亡。起苗时，树龄大、根系损失多、树干伤口多、苗木运输时间长、水分损失严重时，该病发生重。

[树木移植缓苗期综合征的防治措施]

（1）合理选择苗木 选择优质健壮无病虫害苗木，尽量选择乡土植物。植树前要认真进行规划设计，根据当地的气候、土壤、水分等条件，选栽适宜生长的、符合绿化景观要求的花木。并对苗木产地进行考察，不采购重茬苗，以及病虫害严重、瘦弱的苗木与徒长的"肥水苗"。

（2）科学移植 起苗时根系尽量保持完整，对大苗尤其是针叶树大苗根部要带土球并用草绳捆扎。不带土的苗木，栽植前要将其根部在水池浸泡24h，使其吸足水分。阔叶树可对其枝、干适当截短，修剪根系使其伤口平整，以利愈合。有条件时，根部蘸生根粉。

（3）合理栽培 植树坑要开挖合理，捡净石块、残根，有石灰、水泥等建筑垃圾的要换入疏松肥沃的好土。栽后立即浇足水，等地表泛白时疏松土壤保持水分，以后要根据需要适时浇水。干旱地区水源缺乏，可于栽植时浇水，并施入保水剂，地面再覆盖塑料薄膜。栽后对树干1.5m以下涂白，以防日灼和病虫侵染。

（4）加强养护 栽植后1～2年内，要经常检查，及时发现枝干、叶部病虫害并防治。对长势极弱、新根极少、根系发育不良的，要查明原因对症施策。土壤碱性大的要挖排碱沟或灌水压碱；土壤严重板结、团粒结构不好的，要掺沙改土，或分多次逐步换入好土；浇入钾肥促发新根，20～30天后再结合浇水浇入0.5%硫酸亚铁溶液以降低土壤pH，可疏松土壤，并有一定的抑菌和壮苗作用。

### 224. 桃生理性流胶病

[分布与为害] 分布于全国各地。为害桃、杏、李、樱花等植物。植株流胶过多，会严重削弱树势，重者会引起死枝、死树。

[症状] 桃生理性流胶主要发生在主干和大枝上（图3-310），严重时小枝也可发病。初期病部稍肿胀，后分泌出半透明、柔软的树胶，雨后流胶重，随后与空气接触变为褐色，成为晶莹柔软的胶块，后干燥变成红褐色至茶褐色的坚硬胶块，随着流胶数量增加，病部皮层及木质部逐渐变褐腐朽（但没有病原产

图 3-309 移植缓苗期综合征

生）。致使树势越来越弱，严重者造成死树，雨季发病重，大龄树发病重，幼龄树发病轻。

[病原] 非侵染性病害。引起病害的主要原因有两类：一是机械损伤、病虫害、霜害、冻害等伤口引起的流胶；二是管理粗放、修剪过重、结果过多、施肥不当、土壤黏重等引起的树体生理失调而发生的流胶。

[发病规律] 一般 4～10 月，雨季特别是长期干旱后偶降暴雨，流胶病严重。树龄大的树体流胶严重。各种原因造成的伤口多，或修剪量过大，造成根冠失调都易发病；栽植过深、土壤板结、土壤偏碱、地势低洼、施肥不当、病虫害重、枝条不充实都易引发流胶病。

图3-310 桃生理性流胶病

[桃生理性流胶病的防治措施]

（1）合理栽培　　定植时宜选择地势较高、排水良好的砂壤土，土壤黏重的要深翻加沙改土，增加土壤透气性和有机质含量。

（2）加强养护　　冬春枝干涂白，防冻害和日灼。春季对于主干上的萌芽要及时掰除，防止修剪时造成的伤口引起流胶。6月以后至落叶前，不要疏枝，以免流胶。冬剪后对于大的伤口要及时涂抹保护剂。

**225. 雪松生理性流胶病**

[分布与为害]　分布于大连、北京、河北、天津、山东等地。流胶严重时，会削弱树势。

[症状]　树干及枝杈部位流出白色液体（图3-311），严重者植株枯萎死亡。

[病原]　非侵染性病害。主要由伤口、不良环境引起。

图3-311 雪松生理性流胶病

［发病规律］ 新移植的大树，由于碰伤、冻伤或伤根，植株生长势衰弱。如遇盐碱、积水等不良环境因素，造成植株大量流胶。

［雪松生理性流胶病的防治措施］ ①大树移栽要严格按照移栽技术规程执行，如移栽前进行缩根法处理。②栽植地避免盐碱、积水，抬高土台栽植，忌栽植在草坪地和花坛中。③移植时应避免机械损伤，栽后喷洒蒸腾抑制剂、生根剂等，防止水分散失，促进根系生长。④在一般情况下不要栽植胸径超过20cm的大苗，要避免深栽。

### 226. 毛白杨破腹病

［分布与为害］ 该病在我国北方地区严重发生。除为害毛白杨外，也为害银白杨、青杨、小叶杨、新疆杨、箭杆杨、沙兰杨、速生杨等树皮较光滑的杨属植物。

［症状］ 主要发生在较粗的树干中下部。发病初期，树干皮层出现长短、宽窄不等的长条状裂缝，深达木质部（图3-312）。以后随春季树液流动，树干裂缝变长变宽，树液不断从裂缝中流出，初为黄白色，后变为红褐色带奇臭味的黏液。有的裂缝逐渐愈合，形成隆起的长条状愈伤组织。当年不愈合的裂缝，翌年继续流出树液，伤口形成溃烂，导致红心病，也容易引起烂皮病。有时树干发生几条裂缝，裂缝长者自根基到树干上部，长达数米。

图3-312 毛白杨破腹病（a、b）和速生杨破腹病（c）

［病原］ 非侵染性病害。主要由冻害引起。

［发病规律］ 冻裂缝多发生在冬至前后，即从12月中旬到1月，树干向阳面发生裂缝多。白天太阳照射树干温度升高，夜间气温迅速下降，由于木材导热慢，树皮冷缩快，产生弦向拉力使树干纵向开裂。当昼夜温差大于15℃、风速6m/s时，最易出现冻裂。向阳坡、山谷中、林缘及散生树株发病重。

［毛白杨破腹病的防治措施］ 该病一旦发生，往往很难治愈，关键要做好预防。可在冬季用草包裹树干下部，或在树干部位涂白，均有一定的防治效果。

# 第四章

# 园林农药应用技术

## 第一节　农药的类型、剂型及使用方法

### 一、农药的类型

农药的类型较多，为了应用方便，常将农药按照防治对象、作用方式及原料来源分类。

#### （一）按防治对象分类

1）杀虫剂：用于防治害虫的药剂，如啶虫脒、螺虫乙酯、氰氟虫腙等。

2）杀螨剂：用于防治害螨的药剂，如螺螨酯、吡螨胺等。

3）杀软体动物剂：用于防治蜗牛、蛞蝓等软体动物的药剂，如四聚乙醛等。

4）杀菌剂：用于防治植物病菌（包括真菌、卵菌与细菌）的药剂，如波尔多液、吡唑醚菌酯、氟醚菌酰胺等。

5）病毒钝化剂：用于抑制、钝化植物病毒的药剂，如宁南霉素、盐酸吗啉胍、菇类蛋白多糖等。

6）杀线虫剂：用于防治植物病原线虫的药剂，如线虫清、威百亩等。

#### （二）按作用方式分类

**1. 杀虫剂**

（1）胃毒剂　　通过消化系统进入虫体内，使害虫中毒死亡的药剂，如敌百虫等。这类农药对咀嚼式口器的害虫非常有效。

（2）触杀剂　　通过与害虫虫体接触，经体壁进入虫体内使害虫中毒死亡的药剂，如大多数有机磷杀虫剂、拟除虫菊酯类杀虫剂。触杀剂可用于防治各种口器的害虫，但对体表覆盖蜡质分泌物的介壳虫、木虱、粉虱等效果差。

（3）内吸剂　　药剂易被植物组织吸收，并在植物体内运输，传导到植物体的各个部位，或经过植物的代谢作用而产生更毒的代谢物，当害虫取食植物时引起中毒死亡的药剂，如噻虫嗪、烯啶虫胺等。内吸剂对于刺吸式口器的害虫有特效。

（4）熏蒸剂　　药剂能在常温下气化为有毒气体，通过气门进入害虫的呼吸系统，使害虫中毒死亡的药剂，如敌敌畏、威百亩等。熏蒸剂在密闭条件下使用效果才好，例如，用敌敌畏防治蛀干害虫时，要用泥土封闭虫孔。

（5）忌避剂　　药剂分布于植物体表后，害虫嗅到某种气味即避开，这种作用称为忌避作用，如雷公藤根皮粉、香茅油等。

（6）不育剂　　化学不育剂作用于昆虫的生殖系统，使雄性或雌性（雄性不育或雌性不育）或雌雄两性不育，进而使产的卵不育，如绝育磷、不育特、5-氟脲嘧啶等。

（7）拒食剂　　害虫取食含有该类药剂的植物组织后，正常生理机能遭到破坏，食欲减退，很快停止进食，从而引起害虫饥饿死亡的药剂，如拒食胺、蓼二醛等。

（8）昆虫生长调节剂　　又称特异性杀虫剂。这类药剂并不直接快速杀死害虫，它的特点是使昆虫

的发育、行动、习性、繁殖等受到阻碍和抑制，从而达到控制害虫为害以至逐步消灭害虫的目的，如灭幼脲、抑太保等。

（9）性引诱剂　　引起同种昆虫异性个体间产生行为反应的物质，可用来诱集成虫，如槐小卷蛾性诱剂、白杨透翅蛾性诱剂等。

实际上，杀虫剂的杀虫作用方式并不完全是单一的，多数杀虫剂兼有几种杀虫作用方式。例如，敌敌畏具有触杀、胃毒、熏蒸3种作用方式，但以触杀作用方式为主。在选择使用农药时，应注意选用其主要的杀虫作用方式。

**2. 杀菌剂**

（1）保护性杀菌剂　　在病原微生物尚未侵入寄主植物前，把药剂喷洒于植物表面，形成一层保护膜，阻碍病原微生物的侵染，从而使植物免受其害的药剂，如波尔多液、碱式硫酸铜、代森联等。

（2）治疗性杀菌剂　　病原微生物已侵入植物体内，在其潜伏或发病初期喷洒药剂，以抑制其继续在植物体内扩展或使其不再为害植物，如噁霉灵、吡唑醚菌酯、啶酰菌胺等。

（3）铲除性杀菌剂　　对病原微生物有直接强烈杀伤作用的药剂。这类药剂常为植物生长不能忍受，故一般只用于播前土壤处理、植物休眠期使用或种苗处理，如石硫合剂等。

### （三）按原料来源分类

**1. 矿物源农药**　　矿物源农药由矿物原料加工而成，如石硫合剂、波尔多液、王铜（碱式氯化铜）、机油乳剂等。在使用矿物源农药时必须注意药害，因为它们使用浓度高，常会使园林植物产生药害。使用时一定要小心谨慎，注意喷药质量，选择适宜的天气施药。

**2. 生物源农药**　　生物源农药是利用天然生物资源开发的农药，根据其性质不同，分为以下2类。

（1）生物体农药　　指用来防除病、虫、杂草等有害生物的商品活体生物。

1）动物体农药：指商品化的天敌昆虫、捕食螨及采用物理或生物技术改造的昆虫等。我国对赤眼蜂、蚜茧蜂、丽蚜小蜂等多种天敌昆虫的研究及应用已较成熟。

2）植物体农药：主要指转基因抗有害生物或抗除草剂的作物，如我国已经大面积推广应用的抗虫杨等。随着生物科技的不断发展，转基因抗病虫害的园林植物将会被广泛应用。

3）微生物体农药：主要指真菌、细菌、病毒、线虫、微孢子虫等，微生物个体本身具有杀虫能力。

目前应用较成功的生物体农药主要是微生物体农药，常见的有白僵菌、绿僵菌、苏云金芽孢杆菌等。

（2）生物化学农药　　指从生物体中分离出来的、具有一定化学结构、对有害生物有控制作用的生物活性物质，该物质若可人工合成，则合成物结构必须与天然物质完全相同（但允许所含异构体在比例上有差异）。

1）植物源生物化学农药：主要指植物毒素（如印楝素、烟碱等）、防卫素（如豌豆素等）等。另外，近年来随着科技的不断发展，利用植物次生化合物（包括挥发物化合物）研发植物源引诱剂（食诱剂）防控害虫也有了较大进展，目前主要防控的是实蝇、棉铃虫。

2）动物源生物化学农药：主要指昆虫性信息素、毒蛋白、毒素等。

3）微生物源生物化学农药：包括抗生素类（如赤霉素、井冈霉素、春雷霉素、链霉素等）、毒素类（如阿维菌素）等。

**3. 化学合成农药**　　化学合成农药是由人工研制合成的农药。合成农药的化学结构非常复杂，品种多，生产量大，应用范围广。现已成为当今使用最多的一类农药。目前在园林植物养护管理过程中使用的农药大都属于此类，如溴氰虫酰胺、虫螨腈、吡唑醚菌酯等。我国生态园林建设事业不断发展，对该类农药提出了更为严格的要求，高效、低毒、低残留、无污染、无异色异味的农药品种将是今后的发展方向。

## 二、农药的剂型

除少数农药的原药不需加工可直接使用外，绝大多数原药都要经过剂型加工，即通过与农药辅助剂（填充剂、润湿剂、乳化剂、溶剂、黏着剂、稳定剂、防解剂、增效剂、发泡剂等）的混合，来改善原药的理化性质、提高药效及便于使用。原药经过加工后，就变成了具有一定物理状态的剂型。农药剂型（图4-1）大体分为固体剂型、液体剂型及其他特殊剂型3大类。

**图4-1 农药常见剂型**

a. 悬浮剂；b. 粉剂；c、d. 可湿性粉剂；e. 乳油；f. 水剂；g. 颗粒剂；h～j. 烟雾剂

## （一）固体剂型

**1. 粉剂（DP）**　是用原药加入一定量的惰性粉，如黏土、高岭土、滑石粉等，经机械加工成的粉末状物，粉粒直径在100μm以下。粉剂不易被水湿润，不能兑水喷雾。一般高浓度的粉剂用于拌种、制作毒饵或土壤处理用，低浓度的粉剂用作喷粉。该剂型具有使用方便、易喷撒、工效高等优点。缺点是随风飘失多，浪费药量，污染环境。常见的有1.1%苦参碱粉剂、5%敌百虫粉剂等。

**2. 粉尘剂（DPC）**　是将原药、填料和分散剂按一定比例混合后，经机械粉碎和再次混合等工艺流程制成的比粉剂更细的粉状农药剂型，是专用于花卉保护地防治病虫害的一种超微粉剂，粉粒直径在10μm以下，并具有良好的分散性，以保证絮结度较低。该剂型具有成本低、用药少、不用水、对棚膜要求不严格等优点。常见的有12%克霉灵粉尘剂、10%速克灵粉尘剂等。

**3. 可湿性粉剂（WP）**　农药基本剂型之一，是在原药中加入一定量的湿润剂和填充剂，经机械加工成的粉末状物，粉粒直径在70μm以下。它不同于粉剂的特点是能够被水溶解稀释。该剂型具有加工成本低、贮存安全、方便，有效成分含量高，黏着力强等优点。缺点是助剂性能不良时，在水中分散悬浮不易均匀，造成喷雾不匀，可引起局部药害。常见的有75%百菌清可湿性粉剂、75%灭蝇胺可湿性粉剂等。

**4. 可溶性粉剂（SP）** 是由原药、填料和适量助剂经混合粉碎加工而成，在使用时有效成分能迅速分散而完全溶于水中的一种新型农药剂型。其外观呈粉状或颗粒状。常见的有80%敌百虫可溶性粉剂、90%疫霉灵可溶性粉剂等。

**5. 干悬浮剂（DF）** 是以原药和纸浆废液、棉籽饼等植物油粕或动物皮毛水解的下脚料及其某些无机盐等工业副产物为原料配制而成，是为节约乳油中的大量有机溶剂而开发研制的新型剂型，为我国首创。该剂型具有粒子小、活性表面大、渗透力强、配药时无粉尘、成本低、药效高、安全性好等特点，并兼有可湿性粉剂和乳油的优点，加水稀释后悬浮性好。常见的有50%代森锰锌干悬浮剂、61.4%氢氧化铜干悬浮剂等。

**6. 微胶囊剂（CJ）** 是由农药原药和溶剂制成颗粒，同时再加入树脂单体，在农药微粒的表面聚合而成的微胶囊剂型，是新开发的一种农药剂型。该剂型具有降低毒性、延长残效、减少挥发、降低农药的降解和减轻药害等优点，但加工成本较高。常见的有25%辛硫磷微胶囊剂等。

**7. 水分散颗粒剂（WDG）** 又名水分散粒剂（WG），是由原药、助剂、载体组成。其助剂系统较为复杂，有润湿剂、分散剂、黏结剂、润滑剂等。具有非常好的药效，具备可湿性粉剂、悬浮剂的优点且无弊病。水分散颗粒剂产品有效成分含量往往较高，相对节省了不发挥作用的助剂及载体的用量，降低了成本，是目前我国极有广阔市场前景的剂型之一。常见的有10%苯醚甲环唑水分散颗粒剂等。

**8. 颗粒剂（GR）** 是原药加入载体（黏土、煤渣等）制成的颗粒状物。粒径一般在250～600μm。该剂型具有在使用过程中沉降性好、飘移性小、对环境污染轻、残效期长、使用方便、省工省时等优点，常见的有3%辛硫磷颗粒剂、5%四聚乙醛颗粒剂等。

**9. 片剂（TA）** 是由农药原药加入填料、助剂等均匀搅拌，压成片状或一定外形的块状物。该剂型具有使用方便、剂量准确、污染轻等优点。常见的有磷化铝片剂。

其他固体剂型还有水分散片剂、泡腾片剂、缓释剂、固体乳油、悬浮粉剂、漂浮颗粒剂等。

## （二）液体剂型

**1. 水剂（AS）** 是利用某些原药能溶解于水中而又不分解的特性，直接用水配制而成的液体。该剂型优点是加工方便、成本较低、药效与浮油相当，但不易在植物体表面湿润展布，黏着性差，长期贮存易分解失效，化学稳定性不如乳油。常见的有1%中生霉素水剂等。

**2. 可溶性液剂（SL）** 由原药、溶剂、表面活性剂和防冻剂组成的均相透明液体制剂，用水稀释后有效成分形成真溶液。用于配制可溶性液剂的原药在水中虽有很大溶解度，但在水中不稳定，易分解失效。加入与水混溶的溶剂（甲醇、乙醇、丙酮等）即成。该剂型在使用时一般都需再加水稀释后喷雾。具有药害低、毒性小、易稀释和使用安全方便的特点，并且活性成分为分子或离子状态，具有良好的生物效应。常见的有20%啶虫脒可溶性液剂等。

**3. 微乳剂（ME）** 是由有效成分、乳化剂、防冻剂和水等助剂组成的透明或半透明液体。由于其所形成的乳状液粒子的直径非常小，兑水使用时看不到用乳油或乳剂兑水时所形成的白色乳状液，所以有时也称水基乳油、可溶化乳油。药剂的分散粒径一般为0.01～0.10μm。微乳剂的显著特点是以水代替有机溶剂，不易燃、不污染环境，使用、贮运都十分安全。药液的刺激性小，更适宜作室内防治害虫使用。由于药剂有效成分的分散度极高，对保护作物和靶标生物的附着性和渗透性极强，因此，也有提高药效的作用。常见的有4.5%高效氯氰菊酯微乳剂等。

**4. 水乳剂（EW）** 也称浓乳剂，是指将不溶于水的农药原药先溶解在与水不相溶的有机溶剂中，然后再分散到水中形成的一种热力学不稳定分散体系。分散在水中的有效成分粒径为0.1～50.0μm，外观为乳白色。与乳油相比，水乳剂产品中有机溶剂相对减少，降低了着火的可能，减少了对环境的污染，对眼睛、皮肤刺激性小，提高了生产、贮运和使用的安全性。常见的有1.5%噻霉酮水乳剂等。

**5. 悬浮剂（SC）** 是指借助于各种助剂（润湿剂、增黏剂、防冻剂等），通过湿法研磨或高速搅拌，使原药均匀分散于分散介质（水或有机溶剂）中，形成一种颗粒极细、高悬浮、可流动的液体药剂。悬浮剂颗粒直径一般为0.5～5.0μm，原药为不溶于水的固体原药。该剂型的优点是悬浮颗粒小、分布均匀，喷洒后覆盖面积大、黏着力强，因而药效比相同剂量的可湿性粉剂高，与同剂量的乳油相当，生产、使用安全，对环境污染轻，使用方便。常见的有20%灭幼脲Ⅲ号悬浮剂、48%多杀霉素悬浮剂等。

**6. 乳油（EC）** 是由原药加入一定量的乳化剂和有机溶剂制成的透明状液体。可兑水喷雾。防治园艺植物害虫的效果比同种药剂的其他剂型好，具有残效期长，方法简单，药剂易附着在植物体表面，不易被雨水冲刷等优点。缺点是用有机溶剂和乳化剂，生产成本高，使用不当易造成药害。常见的有25%吡唑醚菌酯乳油、5%抑食肼乳油、0.3%印楝素乳油等。

**7. 超低量喷雾剂（ULV）** 是由原药加入油脂溶剂、助剂制成，专门供超低容量喷雾使用，有效成分含量为20%～50%的油剂。该剂型优点是使用时不用兑水而直接喷雾，单位面积用量少，工效高，适于缺水地区。目前国内使用的有5%溴氰菊酯超低量喷雾剂等。

其他液体剂型还有静电喷雾剂、热雾剂、气雾剂、悬浮乳油等。

### （三）其他特殊剂型

**1. 种衣剂（SD）** 是由原药、分散剂、防冻剂、增稠剂、消泡剂、防腐剂、警戒色等均匀混合，经研磨到一定细度成浆料后，用特殊的设备将药剂包在种子上。该剂型的突出优点是防治园林植物苗期病虫害效果好，既省工、省药，又能增加对人、畜的安全性，减少对环境污染。常见的有25%种衣剂5号等。

**2. 烟剂（FU）** 是由原药、供热剂（燃料、氧化剂等助剂）经加工而成的农药剂型。点燃后燃烧均匀，成烟率高，无明火，原药受热升华或气化到大气中冷凝后迅速变成烟或雾飘于空间。主要用于保护地花卉病虫害的防治。该剂型具有防治效果好、使用方便、工效高、劳动强度低、不需任何器械、不用水、药剂在空间分布均匀等优点。缺点是发烟时药剂易分解，棚膜破损时药剂逸散严重，成本高，药剂品种少。常见的有30%百菌清烟剂、10%三唑酮烟剂等。

其他特殊剂型还有熏蒸剂、毒笔、毒绳、毒纸环、毒签（图4-2）等。

**图4-2　毒签**

随着农药加工技术的不断进步，各种新的农药剂型将被陆续开发利用。未来农药剂型的发展趋势主要有以下几种：①水性化，以水为基质的剂型类型（如水乳剂、悬乳剂）将逐步取代以有机溶剂为基质的乳油，既可节约能源又可减少对生产者、操作者的危害。②粒状化，以水分散颗粒剂取代可湿性粉剂，可避免粉尘飞扬，减少危害。③高浓度化，无论是乳油、可湿性粉剂还是悬乳剂、水分散颗粒剂，都有向高浓度发展的趋势，可减少助剂、载体的相对用量。④功能化，近年来，缓释型微胶囊已越来越引起农药加工科研人员的注意，它可以提高农药的利用率，相对减少用量，减少对环境的污染，提高对使用者的安全性，延长药剂的残效期，是一种比较理想的剂型。

## 三、农药的使用方法

农药的品种繁多，加工剂型也多种多样，同时防治对象的为害部位、为害方式、环境条件等也各不相同。因此，农药的使用方法也多种多样。农药常见的使用方法如下。

### （一）喷雾法

喷雾法是借助于喷雾器械将药液均匀喷布于目标植物上的施药方法，目前在生产上应用最广泛。优点是药液可直接接触防治对象，分布均匀，见效快，方法简单。缺点是药液易飘移流失，对施药人员安全性差。

**1. 根据喷雾容量分类**

（1）**高容量喷雾（常量喷雾）** 每667m²喷药液量≥30L，是一种针对性喷雾方法。

（2）**低容量喷雾** 每667m²喷药液量为0.5～30.0L，是一种针对性与飘移性相结合的喷雾方法，省药、省工，但不适用于喷洒除草剂和高毒农药。

（3）**超低容量喷雾** 每667m²喷药液量≤0.5 L，也是一种飘移累积性喷雾方法，适于喷洒内吸剂，或喷洒触杀剂以防治具有一定移动能力的害虫，不适用于喷洒保护性杀菌剂和除草剂。

**2. 根据喷雾机具所用动力分类**

（1）**手动喷雾法** 是用手动方式产生压力来喷洒药液的施药方法，具有操作方便、适应性广等特点。可用于各类小规模的病虫害防治，也可以用于防治仓储害虫和卫生防疫。通过改变喷片孔径大小，手动喷雾器既可作常量喷雾，也可作低容量喷雾。目前，我国生产的手动喷雾器主要有背负式喷雾器（图4-3）、压缩喷雾器、单管喷雾器、吹雾器和踏板式喷雾器等。

（2）**机动（电动）喷雾法** 是指由汽油机、电机或蓄电池作动力，采用气压输液、气力喷雾的原理产生压力来喷洒药液的施药方法。具有雾滴细而均匀，作业效率高等特点。可用于绿化带、苗圃、草坪等大面积园林植物的病虫害的防治。目前，我国生产的机动喷雾器具有背负式机动喷雾喷粉机、推车式机动喷雾机（图4-4a）、担架式机动喷雾机（图4-4b）、推车式电动喷雾机（图4-4c）、果园风送式喷雾机、烟雾机等。

适于喷雾的剂型有乳油、可湿性粉剂、可溶性粉剂、悬浮剂、水剂、水分散颗粒剂等。在进行喷雾时，雾滴大小会影响防治效果，一般地面喷雾雾滴直径最好在50～80μm。喷雾时要求均匀周到，使目标物上均匀覆盖一层雾滴，并且不形成水滴从叶片上滴下为宜。喷雾时最好不要在中午进行，以免发生药害和人体中毒。

图4-3 手动背负式喷雾器

图4-4 机动喷雾器

a. 推车式机动喷雾机；b. 担架式机动喷雾机；c. 推车式电动喷雾机

## （二）粉尘法

粉尘法是专用于防治保护地花卉病虫害的新方法，即利用喷粉器械将粉尘剂吹散，使其在花卉植物间扩散飘移、多向沉积，最后形成非常均匀的药粒沉积分布，施药时只对空喷粉。此法具有防效好、效率高、污染少，简便省力、扩散均匀、不增加棚室内湿度等优点。

### （三）毒土法

毒土法是将药剂与细土、细砂等混合均匀，撒施于地面，然后进行耧耙翻耕的方法。主要用于防治地下害虫或某一时期在地面活动的害虫。例如，用5%辛硫磷颗粒剂1份与细土50份拌匀，制成毒土。

### （四）毒谷、毒饵法

毒谷、毒饵法是用饵料与具有胃毒作用的对口药剂混合制成毒饵，用于防治害虫和害鼠的方法。毒饵法对地下害虫和害鼠具有较好的防治效果，缺点是对人、畜安全性差。常用的饵料有麦麸、米糠、豆饼、花生饼、玉米芯、菜叶等。毒谷是用谷子、高粱、玉米等谷物作饵料，煮至半熟有一定香味时，取出晾干，拌上胃毒剂，然后与种子同播或撒施于地面。

### （五）种子处理法

种子处理法有拌种、浸种（浸苗）、闷种3种方法：①拌种是指在播种前用一定量的药粉或药液与种子搅拌均匀，用于防治种传、土传病害和地下害虫，拌种的用药量一般为种子重量的0.2%～0.5%。②浸种（浸苗）是指将种子或幼苗浸泡在一定浓度的药液里，用以消灭种子或幼苗所带的病原或虫体。③闷种是把种子摊在地上，把稀释好的药液均匀地喷洒在种子上，并搅拌均匀，然后堆起熏闷并用麻袋等物覆盖，经一昼夜后晾干即可。此法具有保苗效果好、对害虫天敌影响小、农药用量少等优点。

### （六）土壤处理法和灌根法

土壤处理法是将固体药剂施在地面并耕翻入土或直接埋入土中，使药剂均匀混入土壤中，与植株根部接触的药量不能过大。灌根法是将药液均匀灌入根际土壤。上述2种方法常用来防治地下害虫、土传病害、土壤线虫，有时还可防治刺吸害虫、蛀干害虫与食叶害虫。

### （七）涂抹法

涂抹法是指利用内吸性杀虫剂在植物幼嫩部分直接涂药，或将树干老皮刮掉露出韧皮部后涂药，让药液随植物体液运输到各个部位。此法又称内吸涂环法。

### （八）熏蒸法

熏蒸法是利用挥发性较强的药剂，在密闭环境下使药剂挥发产生毒气杀死病菌、害虫。主要用于防治温室、大棚、仓库、蛀干害虫和种苗上的病虫害，如敌敌畏熏蒸防治蚜虫、白粉虱、天牛与木蠹蛾幼虫、蚧虫等。此法具有工效高、不需专门的器械、不用水、携带方便等优点。但要求熏蒸的空间密闭严格。保护地最好在清晨或傍晚熏蒸。

### （九）熏烟法

熏烟法（图4-5）是利用烟剂点燃后发出的浓烟，或用药剂直接加热发烟来防治病虫的方法。烟雾的雾粒极细，能较长时间地悬浮在空气中而不沉落，在各种方向的物体上附着，并能穿透狭窄的孔隙，对于防治隐蔽在缝隙中的病虫也很有效。该法适于傍晚在保护地使用。

图4-5 熏烟法

### （十）高压注射法和灌注法

高压注射法是用高压将药剂注入园林植物体内，以达到防治病虫害的目的。此法的优点是药液利用率高、见效快、残效期长、没有环境污染。施药时需有专用高压树干注入器，用药后要用木塞或泥密封注射孔。灌注法是用注射器将药液慢慢注入树体韧皮部与木质部之间，或用输液瓶将药液挂于树上、针头插入适当部位将药液注入的方法。高压注射法和灌注法不适合防治暴发性病虫害。

### （十一）虫孔注射法、插药瓶法、堵塞法

虫孔注射法是将所需浓度药液用注射器直接注入害虫钻蛀的孔洞；插药瓶法（图4-6）是将小药瓶直接插入虫孔，使药液灌入而杀虫；堵塞法是用木签、脱脂棉蘸取药液塞入虫孔，然后密封孔洞，达到防治害虫的目的。

### （十二）甩施法

甩施法又称甩瓶法，是利用药瓶上带有撒滴孔的特制内盖，直接将瓶中的药剂甩撒到水体中，用以防治为害水生观赏植物的有害生物。甩瓶法需有专用农药剂型，其含有一种名为水面扩散剂的特殊物质，使农药入水后迅速扩散，布满水面。

图4-6 插药瓶法

### （十三）喷灌及水肥（药）一体化施药法

随着设施园艺的不断发展，大型机械化喷灌及水肥（药）一体化设备的应用越来越普及，将药剂均匀掺入灌溉水，结合浇水来完成施药的方法具有省工、省时、简单、方便等特点。

### （十四）无人机施药法

无人机施药法（图4-7）具有快速、高效、适应性广、防治效果好、操控人员安全等显著特点，尤其适合于面积大、区域开阔、植株高矮相对一致的作业区。

图4-7 无人机施药法

### （十五）农药使用方法的新动态

**1. 静电喷雾法** 是通过高压静电发生装置使雾滴带电喷施的喷雾技术。由于静电作用，带电雾滴在一定距离内对生物靶标产生撞击沉积效应，并可在静电引力的作用下沉积在作物叶片背面，将农药有效利用率提高到90%以上，节省农药，并消除雾滴飘移、减少对环境的污染。其缺点是对高郁闭度作物株冠层的穿透力较差，另外，因喷雾机具的结构比较复杂，所以施药成本也比较高。

**2. 循环喷雾法** 是一种在喷洒药液的过程中利用特殊装置回收没有附着在作物上的多余药液并循环利用的喷雾技术。优点是节省农药，减轻环境污染。但此法需要的喷雾机具复杂，防治成本高。这项技术在欧美国家已经使用。

**3. 光敏间歇喷雾法** 是利用光电元件作为传感器，在喷头与光电接收器之间没有作物时即自动停止喷雾的施药新技术。这种技术可大幅度降低农药的使用量，最大限度地避免农药对大气、土壤、水的污染。

**4. 药剂直接注入喷雾系统的喷雾法** 指喷药前的药液配制不是在药液箱中进行，而是在喷雾管道中进行，传统的药液箱中不再是配好的药液而只是清水。药剂是在计量器控制下从药瓶直接定量注入药液

输送管道中，与从药液箱恒速流出的清水在互动过程中混合形成喷雾液，再从喷头喷出，因此，完全消除了配药时操作人员与农药的接触，也消除了配药时农药对喷药机械表面的污染风险。喷雾结束后可以利用药箱中的清水冲洗喷杆和喷洒部件，清洗液全部喷在田里，不用带回清洗，从而消除了残余药液的污染风险。此项技术可广泛应用于液态剂型（乳油剂型、浓缩悬浮剂、水剂、水乳剂等）和固态剂型（水分散颗粒剂、可湿性粉剂等）。

**5. 静电喷粉法** 是通过喷头的高压静电给农药粉粒带上与其极性相同的电荷，又通过地面给作物的叶及叶上的害虫带上相反的异性电荷，靠这两种异性电荷的吸引把农药粉粒紧紧地吸附在叶及虫体上，其附着的药量是常规无静电喷粉的5～8倍。采用此法时需注意选择无风或风力小的晴天进行静电喷粉。

总之，农药的使用方法很多，在使用农药时可根据药剂的性能及园林植物病虫害的特点灵活运用。

# 第二节 农药的稀释计算

## 一、药剂浓度表示法

目前，我国在生产上常用的药剂浓度表示法有倍数法、百分比浓度法、摩尔浓度法和百万分比浓度法。

1）倍数法是指药液（药粉）中稀释剂（水或填料）的用量为原药剂用量的多少倍，或者是药剂稀释多少倍的表示法。生产上往往忽略农药和水的比重差异，即把农药的比重看作1，通常有内比法和外比法2种配法：用于稀释100倍（含100倍）以下时用内比法，即稀释时要扣除原药剂所占的1份，如稀释10倍液，即用原药剂1份加水9份；用于稀释100倍以上时用外比法，即计算稀释量时不扣除原药剂所占的1份，如稀释1000倍液，即可用原药剂1份加水1000份。

2）百分比浓度是指100份药剂中含有多少份药剂的有效成分。百分浓度又分为重量百分浓度和容量百分浓度：固体与固体之间或固体与液体之间常用重量百分浓度，液体与液体之间常用容量百分浓度。

3）摩尔浓度（mol/L）是指溶液中溶质的物质的量除以混合物的体积，即溶液浓度用1L溶液中所含溶质的摩尔数来表示。

4）百万分比浓度（mg/L）是用溶质质量占全部溶液质量的百万分比来表示的浓度。在农药应用中以往常用于表示喷洒液的浓度，即一百万份喷洒液中含农药有效成分的份数。

## 二、稀释计算

### （一）按有效成分的计算法

通用公式：原药剂浓度×原药剂重量＝稀释药剂浓度×稀释药剂重量

**1. 求稀释剂重量**

1）计算100倍以下时：稀释药剂重量＝$\dfrac{原药剂重量×（原药剂浓度－稀释药剂浓度）}{稀释药剂浓度}$

例如，用40%辛硫磷乳油10 kg，配成2%稀释液，需加水多少？

计算：10×（40%－2%）÷2%＝190（kg）

2）计算100倍以上时：稀释药剂重量＝$\dfrac{原药剂重量×原药剂浓度}{稀释药剂浓度}$

例如，用100 mL 80%敌敌畏乳油稀释成0.05%浓度，需加水多少？

计算：100×80%÷0.05%＝1.6×10⁵（mL）

**2. 求用药量** 原药剂重量＝$\dfrac{稀释药剂重量×稀释药剂浓度}{原药剂浓度}$

例如，要配制0.5%辛硫磷药液1000 mL，求40%辛硫磷乳油的用量。

计算：1000×0.5%÷40%＝12.5（mL）

### （二）据稀释倍数的计算法

据稀释倍数的计算法不考虑药剂的有效成分含量。

**1. 100倍以下时**　　稀释药剂重＝原药剂重量×稀释倍数－原药剂重量

例如，用40%辛硫磷乳油10 mL加水稀释成50倍药液，求稀释液重量。

计算：10×50－10＝490（mL）

**2. 100倍以上时**　　稀释药剂重＝原药剂重量×稀释倍数

例如，用80%敌敌畏乳油10 mL加水稀释成1500倍药液，求稀释液重量。

计算：10×1500＝15（L）

# 第三节　合理使用农药

农药的合理使用就是要求贯彻"经济、安全、有效"的原则，从综合治理的角度出发，运用生态学的观点来使用农药。在园林绿地养护及花木生产中应注意以下几点。

## 一、对症选药

各种药剂都有一定的性能及防治范围，即使是广谱性药剂也不可能对所有的园林植物病害或虫害都有效。例如，噻虫胺对蚜虫、蓟马等效果好，对叶螨则无效；苯醚甲环唑对白粉病、锈病效果好，对霜霉病则无效，防治霜霉病需要选择对卵菌效果较好的烯酰吗啉。因此，在用药前应根据实际情况选择最合适的农药品种，切实做到对症下药，避免盲目用药。

## 二、正确用药

对症选药后，还应根据病虫害的发生特点及环境，选择适当的剂型和相应的施药方式。例如，可湿性粉剂不能作为喷粉用，而粉剂则不可兑水喷雾；在阴雨连绵的季节，防治大棚内的病虫害应选择粉尘剂或烟剂；对光敏感的辛硫磷拌种效果优于喷雾；防治地下害虫宜采用毒谷、毒饵、拌种等。

## 三、适时用药

在调查研究和预测预报的基础上，掌握病虫害的发生发展规律、抓住有利时机用药，既可节约用药，又能提高防治效果，而且不易发生药害。例如，用药剂防治害虫时应在初龄幼虫期，若防治过迟，不仅害虫已造成损失，而且虫龄越大抗药性越强，防治效果也越差，且此时天敌数量较多，药剂也易杀伤天敌。药剂防治病害时，一定要用在植物体发病之前或发病早期。尤其需要指出的是，保护性杀菌剂必须在病原接触侵入植物体前使用。除此之外，还要考虑气候条件及物候期以适时用药。

## 四、适量用药

使用农药时，应根据用量标准来实施，如规定的浓度、单位面积用量等，不可因防治病虫心切而任意提高浓度、加大用药量或增加使用次数。否则，不仅会浪费农药、增加成本，而且还易使植物产生药害，甚至造成人、畜中毒。另外，在用药前，还应明确农药的规格，即有效成分的含量，然后再确定用药量。例如，常用的杀菌剂氟硅唑，其规格有10%乳油与40%乳油，若10%乳油需稀释2000倍后使用，则40%乳油需稀释8000倍。

## 五、交互用药

长期使用一种农药防治某种害虫或病菌，易使害虫或病菌产生抗药性，降低防治效果，使病虫害越治难度越大。这是因为一种农药在同一种病虫上反复使用一段时间后，药效会明显降低，为了提高防治效果，不得不增加施药浓度、用量和次数，这样反而加重了抗药性的发展。因此应尽可能地轮换用药，所用农药品种也应尽量选用不同作用机制的类型。

## 六、混合用药

混合用药指将2种或2种以上对病虫害具有不同作用机制的农药混合使用，以达到同时兼治几种病虫、提高防治效果、扩大防治范围、节省劳力的目的。例如，化学农药与生物化学农药混用、有机磷类农药与拟除虫菊酯类农药混用、保护性杀菌剂与内吸治疗性杀菌剂混用等。农药之间能否混用，主要取决于农药本身的化学性质，混合后彼此不产生化学和物理变化的农药才可以混用。

## 七、勿施禁用农药

参照农业农村部相关规定，生产中勿施国家明令禁止使用的六六六、滴滴涕、毒杀芬、二溴氯丙烷、杀虫脒、二溴乙烷、除草醚、艾氏剂、狄氏剂、汞制剂、砷类、铅类、敌枯双、氟乙酰胺、甘氟、毒鼠强、氟乙酸钠、毒鼠硅等46种农药，以及在部分范围内禁止使用的20种农药（表4-1和表4-2）。应选择推荐使用的农药品种。

表4-1  禁止（停止）使用的农药（46种）

| 通用名 | 通用名 |
|---|---|
| 六六六、滴滴涕、毒杀芬、二溴氯丙烷、杀虫脒、二溴乙烷、除草醚、艾氏剂、狄氏剂、汞制剂、砷类、铅类、敌枯双、氟乙酰胺、甘氟、毒鼠强、氟乙酸钠、毒鼠硅、甲胺磷、对硫磷、甲基对硫磷、久效磷、磷胺、苯线磷、地虫硫磷、甲基硫环磷、磷化钙、磷化镁、磷化锌 | 硫线磷、蝇毒磷、治螟磷、特丁硫磷、氯磺隆、胺苯磺隆、甲磺隆、福美胂、福美甲胂、三氯杀螨醇、林丹、硫丹、溴甲烷、氟虫胺、杀扑磷、百草枯、2,4-滴丁酯 |

注：氟虫胺自2020年1月1日起禁止使用；百草枯自2020年9月26日起禁止使用；2,4-滴丁酯自2023年1月29日起禁止使用；溴甲烷可用于检疫熏蒸处理；杀扑磷已无制剂登记

表4-2  在部分范围内禁止使用的农药（20种）

| 通用名 | 禁止使用范围 |
|---|---|
| 甲拌磷、甲基异柳磷、克百威、水胺硫磷、氧乐果、灭多威、涕灭威、灭线磷 | 禁止在蔬菜、瓜果、茶叶、菌类、中草药材上使用，禁止用于防治卫生害虫，禁止用于水生植物的病虫害防治 |
| 甲拌磷、甲基异柳磷、克百威 | 禁止在甘蔗作物上使用 |
| 内吸磷、硫环磷、氯唑磷 | 禁止在蔬菜、瓜果、茶叶、中草药材上使用 |
| 乙酰甲胺磷、丁硫克百威、乐果 | 禁止在蔬菜、瓜果、茶叶、菌类和中草药材上使用 |
| 毒死蜱、三唑磷 | 禁止在蔬菜上使用 |
| 丁酰肼（比久） | 禁止在花生上使用 |
| 氰戊菊酯 | 禁止在茶叶上使用 |
| 氟虫腈 | 禁止在所有农作物上使用（玉米等部分旱田种子包衣除外） |
| 氟苯虫酰胺 | 禁止在水稻上使用 |

## 八、安全使用农药

在使用农药防治园林植物病虫害的同时，要注意人、畜、天敌、植物及其他有益生物的安全，要选

择合适的药剂和准确的使用浓度。在人口稠密的地区、居民区等处喷药时，要尽量安排在夜间进行，若必须在白天进行，应做好事先通知工作，避免发生矛盾和出现意外事故。要谨慎用药，确保对人、畜及其他有益生物和环境的安全，同时还应注意尽可能选用选择性强的农药、内吸性农药及生物剂型等，以保护天敌。从事防治工作的操作人员必须严格按照用药的操作规程、规范工作。

### （一）防止用药中毒

1）用药人员必须身体健康，皮肤病、高血压、精神失常、结核病等患者，药物过敏者，孕期、经期、哺乳期的妇女等，不能参加用药工作。

2）用药人员必须做好一切安全防护措施，配药、喷药时应穿戴防护服、手套、风镜、口罩、防护帽、防护鞋等标准的防护用品。

3）喷药应选在无风的晴天进行，阴雨天或高温炎热的中午不宜用药。有微风的情况下，工作人员应站在上风处，顺风喷洒，风力超过4级时，停止用药。

4）配药、喷药时，不能谈笑打闹、吃东西、抽烟等，中间休息或工作完毕时，须用肥皂洗净手脸，工作服也要洗涤干净。

5）喷药过程中，稍有不适或头疼目眩时，应立即离开现场，寻一通风阴凉处安静休息，如症状严重，必须立即送往医院，不可延误。

6）城镇园林植物病虫害防治中，禁用剧毒及污染严重的化学农药。用药前要明确所用农药的毒性是属高毒、中毒还是低毒，做到心中有数、谨慎使用。用药时尽量选择高效、低毒或无毒、低残留、无污染的农药品种。

### （二）安全保管农药

1）农药应设立专库贮存，由专人负责。每种药剂贴上明显的标签，按药剂性能分门别类存放，注明品名、规格、数量、出厂年限、入库时间，并建立账本。

2）健全领发制度，领用药剂的品种、数量，须经主管人员批准，药库凭证发放；领药人员要根据批准内容及药剂质量进行核验。

3）药品领出后，应专人保管，严防丢失。当天剩余的药品须全部退还入库，严禁库外存放。

4）药品应放在阴凉、通风、干燥处，与水源、食物严格隔离。油剂、乳剂、水剂要注意防冻。

5）药品的包装材料（瓶、袋、箱等）用完后一律回收，集中处理，不得乱丢乱放或作其他用途。

### （三）药害及其预防

药害（图4-8）是指因用药不当对园林植物造成的伤害，有急性药害和慢性药害之分：①急性药害指的是用药几小时或几天内，叶片很快出现斑点、失绿、黄化等，果实变褐，表面出现药斑，根系发育不良或形成黑根、鸡爪根等；②慢性药害是指用药后，药害现象出现得相对缓慢，如植株矮化、生长发育受阻、开花结果延迟等。园林植物由于种类多，生态习性各异，加之有些种类长期生长于温室、大棚，组织幼嫩，常会因用药不当而出现药害。其发生原因及预防措施如下。

#### 1. 发生原因

（1）药剂种类选择不当　　例如，波尔多液含铜离子浓度较高，多用于木本植物，草本花卉由于组织幼嫩，使用时易产生药害；石硫合剂防治白粉病效果颇佳，但由于其具有腐蚀性及强碱性，用于凤仙花、瓜叶菊等草本花卉时易产生药害。

（2）部分花木对某些农药品种敏感　　有些花卉性质特殊，即使在正常使用情况下，也易产生药害。例如，碧桃、寿桃、樱花等对敌敌畏敏感，桃、李类对波尔多液敏感等。

（3）在花木敏感期用药　　各种花木的开花期是对农药最敏感的时期之一，用药宜慎重。

（4）高温、雾重及相对湿度较高时易产生药害　　温度高时，植物吸收药剂及蒸腾较快，使药剂很快在叶尖、叶缘集中过多而产生药害；雾重、湿度大时，药滴分布不均匀也易出现药害。

（5）浓度高、用量大　　为克服病虫害抗性等问题而随意加大浓度、用量时，易产生药害。

**图4-8 药害**

a. 月季叶片药害；b. 白蜡叶片药害；c. 八仙花叶片药害

**2. 预防措施**

为防止园林植物出现药害，除针对上述原因采取相应措施以预防发生外，对于已经出现药害的植株，可采用下列方法处理：①根据用药方式（如根施或叶喷）的不同，分别采用清水冲根或叶面淋洗的办法，去除残留毒物；②加强肥水管理，使植物尽快恢复健康，消除或减轻药害造成的影响。

# 第四节　病虫抗药性及综合治理

## 一、抗药性的概念

在一个地区长期连续使用一种药剂防治某种有害生物，引起有害生物对该药剂抵抗力的提高，称为有害生物具有抗药性或获得抗药性。抗药性是通过比较抗性品系与敏感品系的半数致死中量或半数致死浓度的倍数来确定的。对园林植物害虫来说，若倍数提高2倍以上，一般可认为已产生抗药性，倍数越大，抗药性程度越大。抗药性的产生不仅会降低药剂的防治效果，还给以后的防治带来连锁反应，往往需要加大用药量或增加用药次数，这会加速农药对环境的污染和对有益生物的杀伤，进而影响生物群落之间的平衡。

## 二、抗药性的类型

抗药性一般分为多种抗性、交互抗性、负交互抗性3种类型：①多种抗性是指一种有害生物对几种药剂均产生抗性。②交互抗性是指有害生物对一种农药产生抗性后，对同类的另一种未曾用过的药剂也有抗药性，如某种害虫对敌杀死产生了抗药性，则对其他菊酯类农药也会产生抗药性。③有害生物对某一种农药产生了抗药性后，对另一种未曾用过的农药反应特别敏感，这种现象称为负交互抗性。

### 三、抗药性形成的原因与机制

#### （一）原因

**1. 选择的结果** 有害生物个体之间存在差异，群体中本身也存在部分具有抗性基因的个体，从敏感品系到抗性品系，是药剂选择的结果。

**2. 诱导的结果** 有害生物体内本身不存在抗性基因，在药剂诱导下产生基因突变从而形成抗性品系。

**3. 基因重复** 有害生物体内本身存在抗性基因，在药剂的作用下引起基因重复，即抗性基因由少变多而产生抗性。

**4. 染色体重组** 因染色体易位或倒位产生变性的酶或蛋白质，从而引起抗性的进化。

#### （二）机制

**1. 物理保护作用增强** 有害生物的体表或细胞表面产生了抵御药剂渗透的物质或生理结构，进入体内（细胞）的药剂大大减少。

**2. 生理解毒作用增强** 有害生物体内解毒酶的活性增强，将进入体（细胞）内的有毒物质分解代谢。

**3. 改变代谢途径** 有些有害生物能够改变某些生理代谢，使药剂的抑制作用得到补偿。

### 四、抗药性的综合治理

#### （一）综合防治

贯彻实施"预防为主、综合防治"的方针，克服单纯依靠药剂的倾向，综合运用植物检疫、农业防治、生物防治、物理防治、化学防治、外科治疗等措施控制病虫害。

#### （二）轮换防治

对某种防治对象，不要长时间地使用单一品种的药剂。应经常轮换药剂品种，而且所轮换使用的品种应尽可能地选择作用机制不同的农药。

#### （三）混合用药

经试验找出作用机制不同、混用后不降低药效甚至还能增效的药剂进行混合用药，可防止或延缓抗药性的产生。

#### （四）农药的间断使用或停用

病虫对某种农药产生抗药性后，如在一段时间内停止使用该种农药，此抗药性可能逐渐减退甚至消失。

#### （五）农药中添加增效剂

农药增效剂能抑制病虫体内解毒酶的活性，从而增加药效，同时防止或延缓病虫抗药性的产生。

## 第五节　园林常用无公害农药简介

农药种类繁多，特性各异。在园林绿化及花木生产区域往往人为活动频繁，应尽量选择高效、低毒、低残留、无污染、无异味、无颜色的药剂，以免污染环境，影响绿化效应与观赏效果。

## 一、杀虫剂

### （一）矿物油杀虫剂

**1. 机油乳剂（蚧螨灵）** 由95%机油和5%乳化剂加工制成。杀虫作用方式为窒息杀虫。可用于防治叶螨、蚜虫和介壳虫等害虫。常见的剂型为95%机油乳剂、95%蚧螨灵乳油。

**2. 柴油乳剂** 由柴油和其他乳化剂配制而成。杀虫作用方式同机油乳剂。常见的剂型为48.5%柴油乳剂。

**3. 蒽油乳剂** 由蒽油和乳化剂配制而成。杀虫作用方式同机油乳剂。常见剂型为50%蒽油乳剂。

**4. 加德士敌死虫** 由高烷类、低芳香族基础油加工而成的一种矿物油乳剂，属低毒类农药，对人、畜、蜜蜂、鸟类和植物都较安全，对天敌杀伤力小，害虫不易产生抗性。可用来防治花木上的蚜虫、叶螨、介壳虫等害虫。常见的剂型为99.1%乳油。

**5. 矿物油（绿颖）** 是一种用白蜡机油加工而成的机油乳剂。具有窒息杀虫作用，属高效低毒、无公害的杀虫、杀菌剂。可防治螨类、蚜虫和介壳虫类害虫，并兼治白粉病。常见的剂型为99%乳油。

### （二）生物体杀虫剂

**1. 苏云金芽孢杆菌（*Bt*）** 细菌杀虫剂，其有效成分是苏云金芽孢杆菌及其产生的毒素。可用于防治直翅目、鞘翅目、双翅目、膜翅目，特别是鳞翅目的多种害虫。对人、畜低毒。常见剂型有可湿性粉剂（100亿活芽孢/g）、*Bt*乳剂（100亿活芽孢/mL），可用于喷雾、喷粉、灌心等，也可用于飞机防治。

**2. 杀螟杆菌（蜡状芽孢杆菌）** 细菌杀虫剂，对人、畜低毒，杀虫机制同苏云金芽孢杆菌。主要用于防治鳞翅目害虫。常见的剂型为可湿性粉剂（100亿活芽孢/g）。

**3. 白僵菌** 真菌杀虫剂，无环境污染，害虫不易产生抗性，可用于防治鳞翅目、同翅目、膜翅目、直翅目等害虫。对人、畜及环境安全，对蚕感染力很强。常见的剂型为粉剂（每1g菌粉含有孢子50亿～70亿个）。

**4. 块状耳霉菌（杀蚜霉素、杀蚜菌剂）** 真菌杀虫剂，可用于防治各类蚜虫，对抗性蚜虫防效也高，专化性强，是灭蚜专用的无公害农药。对人、畜及环境安全。常见的剂型为悬浮剂（200万菌体/mL）。

**5. 核型多角体病毒** 病毒杀虫剂。具有胃毒作用。对人、畜、鸟、益虫、鱼及环境安全，对作物安全，害虫不易产生抗性，不耐高湿，易被紫外线照射失活，作用较慢。适于防治鳞翅目害虫。常见的剂型为粉剂、可湿性粉剂（10亿个核型多角体病毒/g）。

**6. 微孢子虫（蝗虫瘟病）** 专治蝗虫的生物体农药。对人、畜无毒，无残留，不污染环境。常见的剂型为高浓缩水剂。

**7. 丽蚜小蜂** 丽蚜小蜂属膜翅目蚜小蜂科，是温室白粉虱的专性寄生天敌昆虫。对人、畜和天敌无毒无害，无残留，不污染环境。常见的剂型为蛹，使用方法是将商品蛹挂在植株的叶柄上或架条上。丽蚜小蜂释放后，严禁使用菊酯类、有机磷类等杀虫剂。

**8. 中华草蛉** 中华草蛉是脉翅目草蛉科天敌昆虫，可捕食蚜虫、粉虱、蚧类、叶螨及多种鳞翅目害虫幼虫及卵。对人、畜和天敌无毒无害，无残留，不污染环境。主要剂型为成虫、幼虫、卵箔。

**9. 智利小植绥螨** 智利小植绥螨是蛛形纲蜱螨目植绥螨科的捕食性天敌。防治保护地叶螨效果好。对人、畜和天敌无毒无害，无残留，不污染环境。主要剂型为成虫。

近年来园林上经常采用的生物体农药还有松毛虫赤眼蜂、微小花蝽、食蚜瘿蚊、七星瓢虫、管氏肿腿蜂、白蛾周氏啮小蜂、花绒寄甲等。尤其管氏肿腿蜂与花绒寄甲对于控制为害园林植物的天牛起到了非常好的作用。

### （三）生物化学杀虫剂

**1. 茴蒿素（山道年）** 植物源生物化学杀虫剂，具有胃毒和触杀作用，并兼有杀卵作用。可用于防治鳞翅目幼虫。对人、畜毒性极低，无污染，对环境安全。常见的剂型为0.65%水剂。

**2. 印楝素（印楝剂型）** 植物源生物化学杀虫剂，具有胃毒、触杀、拒食、忌避及影响昆虫生长发育等多种作用，并具有良好的内吸传导性。属新型的植物杀虫剂，能防治鳞翅目、同翅目、鞘翅目等多种害虫。对人、畜、鸟类及天敌安全，无残毒，不污染环境。常见的剂型为0.3%乳油。

**3. 烟碱（尼古丁）** 植物源生物化学杀虫剂，具有胃毒、触杀和熏蒸作用，还有杀卵作用。可用于防治同翅目、鳞翅目、双翅目等害虫。对人、畜中等毒性。常见的剂型为2%水乳剂。

**4. 苦参碱（苦参素）** 植物源生物化学杀虫剂，具有触杀和胃毒作用。对人、畜低毒。可用于防治蚜虫、叶螨、菜青虫及地下害虫等，常见的剂型为0.3%水剂、1.1%粉剂。可用于拌种、毒土、喷雾等。

**5. 除虫菊素** 植物源生物化学杀虫剂，具有强力触杀作用，胃毒作用微弱，无熏蒸作用和传导作用。主要用于防治同翅目、缨翅目、鳞翅目和膜翅目害虫。常见的剂型为3%乳油。

**6. 川楝素（蔬果净）** 植物源生物化学杀虫剂，具有胃毒、触杀及一定的拒食作用，对鳞翅目、同翅目、鞘翅目等多种害虫有效。对人、畜安全。常见的剂型为0.5%乳油。

**7. 桃小食心虫性外激素** 动物源生物化学杀虫剂，有效成分分为A、B两种，将这两种有效成分按一定比例混合后才能对桃小食心虫雄成虫具有引诱活性。每个诱芯的有效诱捕水平距离为200m左右。在田间有效诱捕期约为60d。该药并不能直接杀虫，而是根据诱蛾量的变化情况来指导防治。

**8. 阿维菌素（灭虫灵、杀虫素、爱福丁、阿巴丁）** 微生物源生物化学杀虫、杀螨剂，属抗生素类。具触杀和胃毒作用，对于鳞翅目、鞘翅目、同翅目、斑潜蝇及螨类有高效。对人、畜高毒。常见的剂型为1.0%乳油、0.6%乳油、1.8%乳油。

**9. 多杀霉素（菜喜、催杀）** 微生物源生物化学杀虫剂，属抗生素类。具有胃毒和触杀作用。对人、畜低毒。对于鳞翅目幼虫、蓟马等效果好。常见的剂型为2.5%悬浮剂、48%悬浮剂。

**10. 双丙环虫酯** 新型生物源杀虫剂，能快速抑制昆虫取食，有效降低因昆虫介体传播的病毒病害和细菌病害。具有优异的杀虫（蚜虫、粉虱等）效果。残效期长。对害虫的多种虫态有效（对卵无效）。对人、畜低毒，对天敌及环境安全。常见的剂型为5%可分散液剂。

### （四）昆虫生长调节剂类杀虫剂

**1. 灭幼脲（灭幼脲Ⅲ号、苏脲一号、PH6038）** 广谱特异性杀虫剂，属几丁质合成抑制剂型。具胃毒和触杀作用，迟效，一般施药后3～4天药效明显。对人、畜低毒，对天敌安全，对鳞翅目幼虫有良好的防治效果，常见剂型有25%悬浮剂、50%悬浮剂。

**2. 定虫隆（抑太保、氟啶脲）** 属几丁质合成抑制剂型，主要为胃毒作用，兼有触杀作用。杀虫速度慢，一般在施药后5～7天才显高效。对人、畜低毒。可用于防治鳞翅目、直翅目、鞘翅目、膜翅目、双翅目等害虫，但对叶蝉、蚜虫、飞虱等无效。常见剂型有5%乳油。

**3. 氟苯脲（伏虫脲、农梦特）** 属几丁质合成抑制剂型，对鳞翅目害虫毒性强，表现在卵的孵化、幼虫蜕皮、成虫的羽化受阻而发挥杀虫效果，特别是幼龄时效果好。对蚜虫、叶蝉等刺吸式口器害虫无效。对人、畜低毒。常见剂型有5%乳油。

**4. 杀铃脲（杀虫隆、灭幼脲Ⅳ号、杀虫脲）** 抑制昆虫几丁质合成酶形成，具有触杀及胃毒作用，适于防治鳞翅目、鞘翅目和双翅目害虫。对人、畜低毒。常见剂型为25%可湿性粉剂。

**5. 氟铃脲（盖虫散、太保）** 属几丁质合成抑制剂型，主要为胃毒作用，兼有触杀作用，击倒迅速，并具有较高的接触杀卵活性。适于防治鳞翅目害虫。对人、畜低毒。常见剂型为5%乳油。

**6. 灭蝇胺** 属几丁质合成抑制剂型，具有内吸传导作用，对双翅目害虫有特殊活性，对斑潜蝇防效良好。对人、畜低毒。常见剂型为75%可湿性粉剂。一般使用浓度为75%可湿性粉剂稀释3000倍液喷雾或1000倍液灌根。

**7. 虫酰肼（米满）** 是一种促进蜕皮的昆虫生长调节剂。对人、畜低毒。适于防治鳞翅目害虫。常见的剂型为20%悬浮液。一般使用浓度为24%悬浮液稀释1500～2000倍液喷雾。

**8. 噻嗪酮（优乐得、扑虱灵）** 一种抑制昆虫生长发育的新型选择性杀虫剂，抑制几丁质合成，干扰新陈代谢。触杀作用强，也具胃毒作用，无内吸特性。对于粉虱、叶蝉及介壳虫防治效果好。对人、畜低毒。常见剂型为25%可湿性粉剂。

**9. 抑食肼（虫死净、RH-5849）** 属于昆虫生长调节剂，对鳞翅目、鞘翅目、双翅目昆虫具有抑制进食、加速蜕皮和减少产卵的作用。以胃毒作用为主，残效期长，无残留。适于防治斜纹夜蛾等鳞翅目害虫及部分同翅目、双翅目害虫。对人、畜低毒。常见剂型有5%乳油。

**10. 氟啶虫酰胺** 昆虫生长调节剂类杀虫剂，具触杀、胃毒及快速拒食作用。对蚜虫、粉虱、叶蝉、介壳虫、木虱、蓟马等多种吸汁类害虫有效。对人、畜、环境有极高的安全性。常见剂型为10%水分散粒剂。

## （五）有机磷杀虫剂

**1. 敌百虫** 具有较强的胃毒作用，兼有触杀作用，对植物有一定的渗透性，但无传导作用，残效期短。对人、畜低毒。适用于防治多种作物上的咀嚼式口器害虫。常见的剂型为80%可溶性粉剂、5%粉剂、80%晶体等。

**2. 敌敌畏（DDVP）** 具有触杀、熏蒸和胃毒作用，残效期1~2天。对人、畜中毒。对鳞翅目、膜翅目、同翅目、双翅目、半翅目等害虫均有良好的防治效果。击倒迅速。常见的剂型为50%乳油、80%乳油。樱花及桃类花木对该药敏感，不宜使用。

**3. 辛硫磷（肟硫磷、倍腈松）** 具触杀和胃毒作用。对人、畜低毒。见光易分解。可用于防治鳞翅目幼虫及蚜虫、螨类、介壳虫等害虫。常见的剂型为3%颗粒剂、5%颗粒剂、25%微胶囊剂、50%乳油、75%乳油。

**4. 二嗪磷（二嗪农、地亚农、敌匹硫磷）** 具触杀、胃毒、熏蒸和较弱的内吸作用。对人、畜中毒。对于防治地下害虫效果较好。常见的剂型为5%颗粒剂、10%颗粒剂。

## （六）有机氮杀虫剂

**1. 杀虫双** 具较强触杀、胃毒、内吸作用，并兼有一定的熏蒸及杀卵作用。对人、畜中毒。对鳞翅目幼虫及叶蝉、蓟马等害虫效果好。常见的剂型为3%颗粒剂、5%颗粒剂、25%水剂。

**2. 仲丁威（巴沙、扑杀威）** 具强烈的熏蒸作用，且具一定胃毒、熏蒸和杀卵作用。对人、畜低毒。对叶蝉、飞虱等有特效。杀虫迅速，残效期短。常见剂型有25%乳油。

## （七）拟除虫菊酯类杀虫剂

**1. 溴氰菊酯（敌杀死、凯安保）** 具很强的触杀、胃毒作用。对人、畜中毒，对水生生物高毒，在水生植物田禁止使用。高效、广谱。对鳞翅目、鞘翅目、双翅目和半翅目的害虫都有明显的防治效果，但对螨类无效。常见的剂型为2.5%乳油。

**2. 联苯菊酯（虫螨灵、天王星）** 具触杀、胃毒作用。对人、畜中毒。可用于防治鳞翅目幼虫、蚜虫、叶蝉、粉虱、潜叶蛾、叶螨等害虫。常见的剂型为2.5%乳油、10%乳油。

**3. 高效氯氰菊酯（戊酸氰醚酯）** 具触杀、胃毒作用。对鳞翅目幼虫、半翅目及双翅目害虫效果好。对人、畜中毒。常见剂型为4.5%乳油、10%乳油、5%可湿性粉剂。

**4. 绿色威雷（触破式微胶囊剂）** 为8%氯氰菊酯微胶囊水悬剂，具有对天牛成虫药效高、击倒力强、残效期长等优点。其能在天牛踩触时立即破裂，释放的高效原药即可黏附于天牛的足跗节，并通过节间膜进入天牛体内，进而杀死天牛成虫，药效期长达50天以上。

## （八）新烟碱类杀虫剂

**1. 吡虫啉（艾美乐、大功臣、蚜虱净、高巧、咪蚜胺）** 为一种全新结构的超高效内吸性杀虫剂。对传统杀虫剂有抗药性的害虫，使用吡虫啉仍可取得优异的效果，为蚜虫、叶蝉、蓟马等刺吸式口器害虫的首选杀虫剂。对人、畜低毒。常见的剂型为10%可湿性粉剂、20%可湿性粉剂、25%可湿性粉剂、4%乳油、5%乳油、10%乳油。

**2. 啶虫脒（莫比朗、金世纪、吡虫清、乙虫脒）** 具较强的触杀、胃毒作用，同时具内渗作用，杀虫迅速，残效期长，可达20天左右。对人、畜低毒。对同翅目害虫如蚜虫等效果好。常见剂型有3%乳油。

**3. 噻虫嗪（阿克泰）**　　具有胃毒、触杀、强内吸作用。广谱、用量少、活性高、残效期长、对环境安全。对人、畜低毒。对叶蝉、粉虱、蚜虫、介壳虫、潜叶蛾、地下害虫效果好。常见剂型有25%水分散颗粒剂、70%湿拌种剂。

**4. 呋虫胺**　　具有触杀、胃毒、根部内吸作用。用量少、速效好、活性高、残效期长、杀虫谱广、对哺乳动物、鸟类及水生生物低毒。对蚜虫、粉虱、介壳虫、蟓类、食心虫、潜叶蝇等效果好。常见剂型有1%粒剂、20%颗粒水溶剂。

**5. 噻虫啉**　　具有内吸、触杀和胃毒作用。属于高效低毒、低残留产品，无气味，对害虫和有益生物选择性强，对环境无污染。对于蚜虫、粉虱等吸汁类害虫及鞘翅目、鳞翅目害虫效果好。常见剂型有2%微囊悬浮剂、48%悬浮剂。

**6. 噻虫胺**　　具有触杀、胃毒、内吸作用。高效、广谱、用量少、毒性低、药效残效期长、对作物无药害、使用安全。对于粉虱、蚜虫、木虱、叶蝉、蟓类、蓟马等吸汁类害虫及双翅目、鞘翅目等害虫效果好。常见剂型有0.1%颗粒剂、30%悬浮剂、50%水分散颗粒剂。

**7. 烯啶虫胺**　　具有内吸、渗透作用。具有卓越的内吸性、渗透作用、杀虫谱广、安全无药害。对于粉虱、蚜虫、木虱、叶蝉、蓟马等效果好。常见剂型有10%可溶性液剂、10%水剂。

**8. 氟吡呋喃酮**　　具有触杀、胃毒和渗透作用。速效、高效、持效，对环境友好，毒性低。对于蚜虫、粉虱、叶蝉、介壳虫、木虱、蓟马等多种吸汁类害虫效果好。常见剂型有17%可溶性液剂。

### （九）混合杀虫剂

**1. 阿维·苏（苏阿维、菜发）**　　由阿维菌素与苏云金芽孢杆菌混配而成，具有胃毒与渗透作用，主要用于防治鳞翅目害虫，尤其对于抗性害虫效果好。对人、畜安全。常见的剂型为2%可湿性粉剂。

**2. 阿维·高氯（螨好、潜蝇快杀、易胜、爱诺贝雷）**　　由阿维菌素与高效氯氰菊酯混配而成，以触杀与胃毒作用为主，渗透性强，残效期长。杀虫谱广，击倒性强。可防治多种叶螨、斑潜蝇、蚜虫、蓟马、刺蛾类、毛虫类等多种害虫。常见的剂型为1.8%乳油、2%乳油。

**3. 阿维·哒（克百螨、爱诺螨清、农夫乐、劲捷）**　　由阿维菌素与哒螨灵混配而成，具有触杀与胃毒双重作用。对人、畜低毒。杀虫谱广，残效期长，速效性好。可防治多种叶螨及部分其他害虫。常见的剂型为3.2%乳油、6%乳油。

**4. 噻虫·高氯氟**　　由噻虫嗪与高氯氟氰菊酯混配而成，具有胃毒、熏蒸和内吸多重作用。对人、畜低毒。杀虫谱广，对于刺吸式口器与咀嚼式口器害虫均有较高的活性。常见的剂型为10%悬浮剂。

**5. 甲维·茚虫威**　　由甲维盐与茚虫威混配而成，具有触杀和胃毒作用。对人、畜低毒。杀虫谱广，该配方能杀几十种抗性害虫，尤其对抗性较强的斜纹夜蛾、甜菜夜蛾、棉铃虫等害虫效果突出。常见的剂型为16%悬浮剂。

### （十）其他杀虫剂

**1. 虫螨腈（除尽）**　　为新型吡咯类杀虫、杀螨剂，对多种害虫具有胃毒和触杀作用，残效期长、用药量低，用于防治各种刺吸式口器和咀嚼式口器害虫及螨类，对人、畜中毒。常见剂型为10%悬浮剂，可兑水喷雾使用。

**2. 茚虫威（安打、全垒打）**　　具有触杀、胃毒作用，作用快、残效期短，对植物及天敌安全。对人、畜低毒。对鳞翅目害虫效果好。常见剂型为30%水分散粒剂及15%悬浮剂，兑水喷雾使用。

**3. 氟啶虫胺腈（可立施、特福力）**　　砜亚胺杀虫剂，具有触杀、胃毒、内吸、内渗作用，高效、快速并且残效期长，能有效防治对烟碱类、菊酯类、有机磷类和氨基甲酸酯类农药产生抗性的吸汁类害虫。对植物、天敌、人等安全。常见的剂型为50%水分散粒剂、22%悬浮剂。

**4. 三氟甲吡醚（啶虫丙醚、宽帮1号、速美效）**　　二卤丙烯类杀虫剂与常用农药的作用机制不同，对人、畜低毒，对天敌及环境安全。主要用于防治斜纹夜蛾、棉铃虫等鳞翅目幼虫及半翅目害虫、蓟马等。常见的剂型为10.5%乳油。

**5. 氰氟虫腙（艾法迪）**　　缩氨基脲类杀虫剂。具胃毒作用，触杀作用小，无内吸作用，对植物、天敌、人及高等动物安全。主要用于防治鳞翅目、鞘翅目害虫。常见的剂型为22%悬浮剂、40%悬浮剂。

**6. 溴氰虫酰胺（氰虫酰胺、倍内威）**　其为新型酰胺类杀虫剂，内吸作用强，兼具胃毒和触杀作用，对于半翅目、鳞翅目、鞘翅目害虫，如粉虱、蚜虫、蓟马、木虱、潜叶蝇、甲虫、象甲等效果好。常见的剂型为10%乳油。

**7. 螺虫乙酯**　季酮酸类杀虫、杀螨剂，具有双向内吸传导性能，高效广谱，可有效防治各种刺吸式口器害虫，如蚜虫、蓟马、木虱、粉蚧、粉虱、介壳虫、螨类等。残效期长，对人、畜低毒，对环境安全。常见的剂型为22.4%悬浮剂。

**8. 磷化铝（磷毒）**　多为片剂，每片约3g。磷化铝以分解产生的毒气杀灭害虫，对各虫态都有效。对人、畜剧毒。可用于密闭熏蒸防治种实害虫、蛀干害虫等。防治效果与密闭程度、温度、时间有关。需注意该药剂不属无公害农药，但因其化学特性及应用环境特殊，可以考虑使用，但需加以限制。

## 二、杀螨剂

### （一）生物杀螨剂

**1. 浏阳霉素**　广谱抗生素类杀螨剂，对人、畜低毒，对天敌昆虫、蜜蜂和家蚕较安全，对鱼类有毒。具有触杀作用，对螨卵也有一定的抑制作用。因害螨对此药不易产生抗药性，可防治有抗药性的害螨。常见的剂型为10%乳油。

**2. 华光霉素**　广谱抗生素类杀螨剂，无残留，在正常使用剂量下对作物安全，对天敌昆虫、人、畜和环境安全。常见的剂型为2.5%可湿性粉剂。

**3. 螨速克**　为植物源生物化学杀螨剂。具有触杀、胃毒作用。对人、畜低毒。常见的剂型为0.5%乳油。

### （二）化学杀螨剂

**1. 噻螨酮（尼索朗）**　具有强力杀卵、幼螨、若螨作用。药效迟缓，一般施药后7天才显高效。残效达50天左右。对人、畜低毒。常见的剂型为5%乳油、5%可湿性粉剂。

**2. 四螨嗪（阿波罗、螨死净）**　具有触杀作用。对螨卵活性强，对若螨也有一定的活性，对成螨效果差，有较长的残效期。对鸟类、鱼类、天敌昆虫安全。对人、畜低毒。常见的剂型为10%可湿性粉剂、20%可湿性粉剂、20%悬浮剂、25%悬浮剂、50%悬浮剂。

**3. 哒螨灵（速螨灵、哒螨酮、牵牛星）**　杂环类低毒杀螨剂，杀螨谱广，其触杀性强，无内吸、传导和熏蒸作用，对所有植食性害螨（叶螨、瘿螨）都具有明显的防治效果。对哺乳动物毒性中等，对鸟类低毒，对鱼、虾和蜜蜂毒性较高。常见的剂型为20%可湿性粉剂、15%乳油。

**4. 吡螨胺（必螨立克）**　是继哒螨灵、霸螨灵之后的最新一代杀螨剂，可防治叶螨科、跗线螨科、瘿螨科、细须螨科等多种螨类及蚜虫、粉虱等害虫。对螨类各个发育阶段（卵、幼螨、成螨）均有速效、高效作用。残效期长，通常植物生长季节处理1次即可奏效。对人、畜低毒。常见的剂型为10%乳油、10%可湿性粉剂。

**5. 螺螨酯（螨危、螨威多）**　其为季酮螨酯类杀螨剂，具有触杀作用，无内吸特性。对于各种叶螨和瘿螨的卵、幼螨、若螨、成螨均具有良好的防治效果。残效期长，对人、畜低毒，对环境安全。常见的剂型为24%悬浮剂、34%悬浮剂。

## 三、杀软体动物剂

**1. 四聚乙醛（密达、多聚乙醛、蜗牛敌）**　一种胃毒剂，对蜗牛和蛞蝓有一定的引诱作用。主要令螺体内乙酰胆碱酯酶大量释放，破坏螺体内特殊的黏液，从而导致神经麻痹而死亡。植物体不吸收该药，因此不会在植物体内积累。对人、畜中毒。常见的剂型为5%颗粒剂、6%颗粒剂。

**2. 灭梭威（蜗灭星、梅塔、灭旱螺）**　一种选择性强的杀螺剂，具有触杀及胃毒作用，适于防治水生螺及旱地蜗牛、蛞蝓等，当螺受引诱剂的吸引而取食或接触到药剂后，使螺体内乙酰胆碱酯酶大量释放，破坏螺体内特殊的黏液，使螺体迅速脱水、神经麻痹，并分泌黏液，由于大量体液的流失和细胞被破坏，导致螺体、蛞蝓等在短时间内中毒死亡。常见的剂型为2%颗粒剂。

**3. 杀螺胺（百螺杀、贝螺杀）** 一种低毒灭螺剂，药物通过阻止水中害螺对氧的摄入而降低呼吸作用，最终使其窒息死亡。该药杀螺效果好，同时兼杀螺卵。如果水中盐的含量过高，会削弱该药的杀螺效果。其主要防治对象为福寿螺与钉螺，杀灭速度快，对人、畜低毒，如按正常剂量使用，对益虫无害，但对鱼有毒。常见的剂型为70%可湿性粉剂。

## 四、杀菌剂

### （一）矿物源杀菌剂（无机杀菌剂）

**1. 波尔多液** 波尔多液是用硫酸铜、生石灰和水配成的天蓝色胶状悬浮液，呈碱性，有效成分是碱式硫酸铜，几乎不溶于水，应现配现用，不能贮存。波尔多液有多种配比（表4-3），使用时可根据植物对铜或石灰的忍受力及防治对象选择配制。

表4-3 波尔多液的几种配比（重量）

| 原料 | 配合量 | | | | |
| --- | --- | --- | --- | --- | --- |
| | 1%等量式 | 1%半量式 | 0.5%倍量式 | 0.5%等量式 | 0.5%半量式 |
| 硫酸铜 | 1 | 1 | 0.5 | 0.5 | 0.5 |
| 生石灰 | 1 | 0.5 | 1 | 0.5 | 0.25 |
| 水 | 100 | 100 | 100 | 100 | 100 |

波尔多液的配置方法通常为稀铜浓灰法：以80%的水量溶解硫酸铜，用20%的水量消解生石灰成石灰乳，然后将稀硫酸铜溶液缓慢倒入浓石灰乳中，边倒入边搅拌即成。注意决不能将石灰乳倒入硫酸铜溶液中，否则会产生络合物沉淀，降低药效，产生药害。为了保证波尔多液的质量，配置时应选用高质量的生石灰和硫酸铜。生石灰以白色、质轻、块状的为好，尽量不要使用消石灰，若用消石灰，也必须用新鲜的，而且用量要增加30%左右；硫酸铜最好是纯蓝色的，不夹带有绿色或黄绿色的杂质。

波尔多液的防病范围很广，可以防治霜霉病、疫霉病、炭疽病、溃疡病、疮痂病、锈病、黑星病等多种病害。但在不同的作物上使用时要根据不同作物对硫酸铜和石灰的敏感程度，来选择不同配比的波尔多液，以免造成药害。

**2. 石硫合剂** 石硫合剂（图4-9）是用生石灰、硫黄和水煮制成的红褐色透明液体，有臭鸡蛋气味，呈强碱性，有效成分为多硫化钙，溶于水，易被空气中的氧气和二氧化碳分解，游离出硫和少量硫化氢。因此，必须贮存在密闭容器中，或在液面上加一层油，以防止氧化。

石硫合剂的熬制方法：石硫合剂的配方较多，常用的为生石灰1份、硫黄粉2份、水10～12份。把足量的水放入铁锅中加热，放入生石灰制成石灰乳，煮至沸腾时，把事先用少量水调好的硫黄糊徐徐加入石灰乳中，边倒边搅拌，同时记下水位线，以便随时添加开水，补足蒸发掉的水分。大火煮沸45～60min，并不断搅拌。待药液熬成红褐色，锅底的渣滓呈黄绿色即成。此过程中药液

**图4-9 大锅熬制石硫合剂**

颜色的变化是黄→橘黄→橘红→砖红→红褐。熬制石硫合剂一定要选择质轻、洁白、易消解的生石灰；硫黄粉越细越好；熬制时间为45～60min；水要在停火前15min加完。按上述方法熬制的石硫合剂，一般可以达到22～28°Bé。使用时直接兑水稀释即可。重量稀释倍数可按下列公式计算：

$$加水倍数 = \frac{原液浓度 - 目的浓度}{目的浓度}$$

石硫合剂是一种良好的杀菌剂，可杀虫、杀螨。用于多种花木病害的休眠期防治。具腐蚀性。一般只用作喷雾，休眠季节可用3～5°Bé，植物生长期可用0.1～0.3°Bé。现已工厂化生产，常见的剂型为29%水剂、20%膏剂、30%固体、40%固体及45%晶体。与其他药剂的使用间隔期为15～20天。

**3. 白涂剂** 白涂剂可以减轻观赏树木因冻害和日灼而发生的损伤，并能遮盖伤口，避免病菌侵入，减少天牛产卵机会等。白涂剂的配方很多，可根据用途加以改变，最重要的是石灰质量要好、加水消化要彻底。如果把消化不完全的硬粒石灰刷到树干上，就会烧伤树皮，光皮、薄皮树木更应注意。常用的配方：①生石灰5kg＋石硫合剂0.5kg＋盐0.5kg＋兽油0.1kg＋水20kg，先将生石灰和盐分别用水化开，然后将两液混合并充分搅拌，再加入兽油和石硫合剂原液搅匀即成。②生石灰5kg＋食盐2.5kg＋硫黄粉1.5kg＋兽油0.2kg＋大豆粉0.1kg＋水36kg，制作方法同①。

白涂剂的涂刷时期：一般在10月中下旬进行或在6月涂刷1次防日灼。涂刷高度视树木大小而定，一般离地面1～2m。

**4. 硫酸亚铁（绿矾、黑矾）** 纯品为绿色晶体，在空气中能氧化成碱式硫酸铁，表面带白色或黄色。如含有氧化铁，则晶体呈褐色。硫酸亚铁可溶于水，水溶液中的铁容易和其他金属起作用，所以不要用金属容器配制。硫酸亚铁主要用于处理土壤，播种前每$1m^2$苗床泼浇2%～3%硫酸亚铁溶液4.5kg，或用硫酸亚铁粉75g，与沙土混合后拌入土中。苗期发病可用1%硫酸亚铁溶液泼浇，但浇后应随即用清水将苗上的药液洗去，以免发生药害。

**5. 高锰酸钾** 为紫红至紫黑色晶体，易溶于水，是强氧化剂。常用0.5%～1%的浓度作表面消毒用；用0.3%液浸苗；用0.5%水溶液喷苗防治立枯病，20min后喷清水洗净苗上药水；用0.5%液浸种可防种子霉烂。

**6. 碱式硫酸铜（绿得宝、保果灵、杀菌特）** 为波尔多液的换代产品。对人、畜及天敌动物安全，不污染环境。常见的剂型为30%悬浮剂。

**7. 氧化亚铜（靠山、铜大师）** 以保护性为主兼有治疗作用的广谱无机铜杀菌剂，具有极强的黏附性，形成保护膜后很耐雨水冲刷。因剂型中起杀菌作用的单价铜离子含量高，使用量比其他铜剂型都少。对人、畜及天敌动物安全，不污染环境。常见的剂型为56%水分散颗粒剂、86.2%可湿性粉剂。

**8. 王铜（碱式氯化铜、氧氯化铜、好宝多）** 无机广谱保护性杀菌剂。原药为绿色至蓝绿色粉末状晶体，难溶于水。喷施在植物表面后形成一层保护膜，在一定湿度下放出铜离子而杀死病菌。对人、畜及天敌动物安全，不污染环境。常见的剂型为30%悬浮剂。

**9. 铜高尚（三元基铜）** 属无机杀菌剂。为一种超微粒铜剂型的广谱性杀菌剂。具有杀菌力强、悬浮性好、耐雨水冲刷、对植物安全、连续使用不产生抗性、使用方便等特点。对人、畜低毒。常见的剂型为27.12%悬浮剂。

**10. 可杀得（氢氧化铜、丰护安）** 保护性铜基广谱杀菌剂。药剂颗粒细，扩散和附着性好，施药后能均匀黏附在植物体表面，不易被雨水冲刷，病菌不易产生抗药性，能兼治真菌、卵菌与细菌病害。对人、畜低毒。常见的剂型为77%可湿性粉剂。

**11. 硫悬浮剂（双吉胜、成标、园如丰）** 无机硫剂型，有效成分为硫黄粉，具有杀菌、杀螨双重作用。低毒，黏着性好，耐雨水冲刷，残效期长。可防治白粉病、叶斑病、褐腐病、炭疽病、叶螨类、瘿螨类等。常见的剂型为50%悬浮剂。

## （二）生物源杀菌剂

**1. 农抗120（抗霉菌素120、益植灵、TF-120）** 低毒广谱抗生素类杀菌剂，对许多植物病菌有强烈的抑制作用，对白粉病、锈病、枯萎病等都有一定防效。常见的剂型为2%水剂、4%水剂。

**2. 多抗霉素（灭腐灵、多克菌、多氧霉素、宝丽安、多效霉素、保利霉素）** 低毒抗生素类杀菌剂。具有内吸性。可用于防治叶斑病、白粉病、霜霉病、枯萎病、灰霉病等多种病害。常见的剂型为10%可湿性粉剂。

**3. 武夷菌素（Bo-10）** 低毒广谱性抗生素类杀菌剂，对人、畜、蜜蜂、天敌昆虫、鱼类、鸟类均安全。对植物无残毒，不污染环境。可防治多种真菌、卵菌和细菌病害。常见的剂型为1%水剂、2%水剂。

**4. 嘧菌酯（阿密西达、阿米西达）** 目前世界上第1种对4大类致病真菌：子囊菌、担子菌、无性态真菌和卵菌类（大部分病菌）均有效的新型杀菌剂。其以蘑菇的天然抗生素为模板，通过人工仿生合成。具有杀菌谱广、药效强，对人、畜及地下水安全等特性。其在土壤中很快被分解为$CO_2$，是一种极具发展潜力的理想药剂。常见的剂型为25%悬浮剂。

**5. 中生霉素（克菌康）** 抗生素类杀菌剂，对革兰氏染色阳性及阴性细菌、分歧杆菌、酵母、丝状真菌均有效。常见的剂型为1%水剂。

**6. 链霉素（农用链霉素）** 低毒抗生素类杀细菌剂，可防治由细菌引起的各种病害，如软腐病、腐烂病、角斑病等。常见的剂型为15%可湿性粉剂、72%可溶性粉剂。

**7. 木霉菌（特立克、灭菌灵、生菌散）** 属微生物体农药，真菌剂型。具多重杀菌、抑菌功效，杀菌谱广，且病菌不易产生抗性。对人、畜及天敌昆虫安全，无残留，不污染环境。可防治猝倒病、立枯病、根腐病、白绢病、疫霉病、叶霉病、灰霉病、霜霉病等多种病害。常见的剂型为可湿性粉剂（2亿活芽孢/g）。

**8. 放射土壤杆菌** 属微生物体农药，细菌剂型，对植物根癌病有良好的防效。对人、畜及天敌昆虫安全，无残留，不污染环境。常见的剂型为可湿性粉剂（200万活芽孢/g）。

**9. 绿帝** 植物源生物化学杀菌剂。具有很高的杀菌和抑菌作用，但无内吸作用。低毒杀菌剂，对人、畜、天敌昆虫和环境安全。对灰霉病、白粉病等病害防治效果好，具有触杀、熏蒸作用，防治效果显著。在温室、大棚等保护地内使用防效更佳。常用的剂型有10%乳油、20%可湿性粉剂。

**10. 乙蒜素（抗菌剂402）** 植物源生物化学杀菌剂。以保护作用为主，对病菌孢子萌发和菌丝生长有很强的抑制作用。可防治阔叶树腐烂病、轮纹病等多种病害，常见的剂型为70%乳油、80%乳油。

**11. OS-施特灵（氨基寡糖素、低聚D-氨基葡萄糖）** 属动物源生物化学农药，主要成分为海洋生物类的甲壳质。具有阻碍病菌孢子发芽与菌丝生长、活化植物细胞、诱导植物产生抗病性和促进生长的作用。对人、畜安全。可防治多种真菌、卵菌、细菌、病毒病害。常见的剂型为0.5%水剂。

**12. 根复特（根腐110、绿色植保素1号）** 属动物源生物化学农药，主要成分为海洋生物类的甲壳质，能有效防治多种园林植物的根腐病、茎基腐病、疫霉病、根癌病等多种病害，且能活化根系、壮根、抗衰老，促进弱苗根系发达、老化根系复苏。有蘸根、拌种、灌根、喷雾等多种施药方式。对人、畜安全。常见的剂型为2.5%水剂。

### （三）有机合成杀菌剂

**1. 代森锰锌（喷克、大生、大生富、速克净）** 有机硫类保护性杀菌剂，杀菌谱广，对人、畜低毒。对霜霉病、炭疽病、疫霉病和各种叶斑病等多种病害有效，常与内吸性杀菌剂混配，用于延缓抗性的产生。常见的剂型为25%悬浮剂、70%可湿性粉剂、70%胶干粉。

**2. 代森联** 有机硫类保护性杀菌剂，杀菌谱广，对人、畜低毒。对霜霉病、炭疽病、疫霉病和各种叶斑病等多种病害有效，可用于防治对代森锰锌产生抗性的病害。常与内吸性杀菌剂混配使用。常见的剂型为70%水分散颗粒剂、70%干悬浮剂、80%可湿性粉剂。

**3. 百菌清（达科宁）** 苯并咪唑类保护性杀菌剂，杀菌谱广，对人、畜低毒。在植物表面有良好的黏着性，不易受雨水等冲刷，一般药效期为7～10天。对于霜霉病、疫霉病、炭疽病、灰霉病、锈病、白粉病及各种叶斑病有较好的防治效果。常见的剂型为50%可湿性粉剂、75%可湿性粉剂、5%颗粒剂、25%颗粒剂、2.5%烟剂、10%烟剂、30%烟剂、40%悬浮剂。

**4. 咪鲜胺（施保克、施百克）** 高效、广谱、低毒型杀菌剂，无内吸性，但具有良好的传导性能，具有良好的保护及铲除作用。对于子囊菌和无性态真菌引起的多种病害防效好。速效性好，残效期长。常见的剂型为25%乳油、45%水乳剂。

**5. 百可得（双胍辛烷苯磺酸盐）** 新型广谱保护性杀菌剂，低毒、低残留，药效稳定，残效期长，使用较安全。可在植物体表面形成一层保护膜，对于灰霉病、白粉病、菌核病、叶斑病等多种病害具有良好的防治效果。常见的剂型为40%可湿性粉剂。

**6. 多菌灵（苯并咪唑44号）** 广谱内吸性杀菌剂，具有高效、广谱、低毒等特点。对子囊菌、担子菌、无性态真菌引起的多种病害具有良好的预防和防治效果。常见的剂型为25%可湿性粉剂、40%可湿性粉剂、50%可湿性粉剂、80%可湿性粉剂、40%悬浮剂等。

**7. 甲基硫菌灵（甲基托布津）** 广谱性内吸杀菌剂，对多种植物病害有预防和治疗作用。残效期5～7天。常见的剂型为50%可湿性粉剂、70%可湿性粉剂、40%悬浮剂。

**8. 甲霜灵（雷多米尔、瑞毒霉、甲霜安）** 属低毒杀菌剂，是一种具有保护、治疗作用的内吸性杀菌剂，可被根、茎、叶吸收，并随植物体内水分运转而转移到其他器官。可以作茎叶处理、种子处理和土壤处理，对霜霉菌、疫霉菌、腐霉菌所引起的病害有效。常见的剂型为25%可湿性粉剂、35%种子处理剂。

**9. 粉锈宁（百理通、三唑酮）** 属高效内吸三唑类杀菌剂。对人、畜低毒。具有广谱、用量低、残效长等特点。被植物的各部分吸收后，能在植物体内传导，具有预防和治疗作用。对白粉病、锈病有特效。对根腐病、叶枯病也有很好的防治效果。常见的剂型为15%可湿性粉剂、25%可湿性粉剂、20%乳油。

**10. 丙环唑（敌力脱、丙唑灵、氧环宁、必扑尔）** 属新型广谱内吸性低毒杀菌剂，是一种具有保护和治疗作用的三唑类杀菌剂。可被根、茎、叶吸收，并可在植物体内向上传导。可以防治子囊菌、担子菌和无性态真菌引起的白粉病、锈病、叶斑病、白绢病等病害，但对卵菌引起的霜霉病、疫霉病、腐霉病无效。常见的剂型为25%乳油、25%可湿性粉剂。

**11. 氟硅唑（福星、农星）** 广谱、内吸性三唑类低毒杀菌剂。对子囊菌、担子菌和无性态真菌所引起的白粉病、锈病、叶斑病等效果好，对卵菌无效。常见的剂型为10%乳油、40%乳油。

**12. 苯醚甲环唑（世高、噁醚唑、敌萎丹、贝迪、双亮、优乐）** 低毒广谱内吸性杀菌剂，具有治疗效果好、残效期长的特点。可用于防治子囊菌、担子菌和无性态真菌引起的叶斑病、炭疽病、白粉病、锈病等。常见的剂型为10%水分散颗粒剂、3%悬浮种衣剂。

**13. 烯唑醇（速保利）** 具有保护、治疗、铲除和内吸向上传导作用。杀菌谱广，特别对子囊菌和担子菌引起的白粉病、锈病、黑粉病和黑星病等病害高效。产生抗药性较慢，对人、畜低毒。常见的剂型为12.5%超微可湿性粉剂。

**14. 噁霉灵（土菌消）** 为低毒内吸性土壤杀菌剂，对腐霉菌、镰刀菌引起的猝倒病、立枯病等土传病害有较好的效果。常见的剂型为15%水剂、30%水剂、70%可湿性粉剂。

**15. 嘧霉胺（施佳乐）** 一种新型杀菌剂，属苯胺基嘧啶类。防治对常用的非苯胺基嘧啶类杀菌剂产生抗药性的灰霉菌具有良好效果。具内吸、熏蒸作用，药效快、稳定。常见的剂型为40%悬浮剂。

**16. 腈菌唑（叶斑清、灭菌强、特菌灵、果垒）** 杂环类杀菌剂，有较强的内吸性，具有高效、广谱、低毒等特点。对于子囊菌、担子菌、无性态真菌引起的多种病害具有良好的预防和治疗效果。常见的剂型为12%乳油、12.5%乳油、25%乳油、40%乳油。

**17. 溴菌腈（炭特灵）** 广谱防霉、防腐剂，对于多种真菌、细菌及藻类均具有良好的抑制、杀灭及铲除效果。低毒、低残留，使用安全。黏着性好，耐雨水冲刷。有时对人的眼睛与皮肤有刺激作用。常见的剂型为25%可湿性粉剂或乳油。

**18. 噻霉酮（菌立灭、立杀菌）** 新型治疗型杀菌剂，具有高效、广谱、低毒等特点。速效性好，残效期长，使用安全。渗透性与内吸作用强，黏着性好。可防治霜霉病、炭疽病、叶斑病等多种病害。常见的剂型为1.5%水乳剂。

**19. 三氯异氰尿酸（宏庚氯克、克菌净、通抑、强氯精）** 新型内吸治疗性杀菌剂，杀菌谱广，低毒、低残留、速效性强。对于炭疽病、黄萎病、立枯病、溃疡病及细菌性叶斑病等效果好。常见的剂型为42%可湿性粉剂。

**20. 烯酰吗啉（安克）** 有机杂环吗啉类内吸治疗性杀菌剂，低毒，低残留，使用安全。内吸性强，可通过根施及叶面喷洒而进入植物体内发挥作用。该药很易诱使病菌产生抗性，实际应用中多与代森锰锌、百菌清等药剂混用。对于霜霉病、疫霉病、疫霉病有特效。常见的剂型为50%可湿性粉剂。

**21. 醚菌酯（翠贝）** 为线粒体呼吸抑制剂，杀菌谱广、残效期长，高效、低毒、低残留、使用安全。具有保护、治疗、铲除和渗透作用。对于大部分子囊菌、担子菌、无性态真菌和卵菌均有效，尤其对于白粉病效果好。常见的剂型为30%悬浮剂。

**22. 氟醚菌酰胺（诺滋）** 含氟苯甲酰胺类杀菌剂，作用于真菌线粒体的呼吸链，抑制琥珀酸脱氢酶活性，高效、广谱。可用于防治霜霉病、疫霉病、立枯病、纹枯病等。常见的剂型为50%水分散颗粒剂。

23. 啶酰菌胺　　烟酰胺类杀菌剂，抑制线粒体琥珀酸脱氢酶，具有广谱的杀菌作用。具有保护和治疗作用。可用于防治白粉病、灰霉病、菌核病、褐腐病、根腐病等。常见的剂型为50%水分散颗粒剂。

24. 吡唑醚菌酯　　甲氧基丙烯酸酯类广谱杀菌剂，线粒体呼吸抑制剂，具有广谱的杀菌作用。具有保护和治疗作用。几乎对所有的真菌、卵菌病害都有效，对疫霉病效果更明显。常见的剂型为25%乳油。

### （四）混合杀菌剂

1. 克露（霜脲锰锌）　　由霜脲氰和代森锰锌混合而成，属低毒杀菌剂，对鱼低毒，对蜜蜂无毒。对霜霉病和疫霉病有效。单独使用霜脲氰药效期短，与保护性杀菌剂混配，可以延长残效期。常见的剂型为72%可湿性粉剂、5%粉尘剂。

2. 杀毒矾（噁霜锰锌）　　由噁霜灵与代森锰锌混配而成，噁霜灵具较强的向上传导的特性。具有优良的保护、治疗、铲除活性，残效期13～15天。其抗菌活性不仅限于霜霉病、腐霉病、疫霉病，也能控制其他继发性病害。常见剂型有64%杀毒矾可湿性粉剂。

3. 噁唑菌酮·霜脲（抑快净）　　噁唑菌酮与霜脲氰混配而成，广谱、高效、低毒、低残留，无污染，使用安全，残效期长。附着力强，耐雨水冲刷。可防治霜霉病、疫霉病等多种真菌、卵菌病害。常见剂型为52.5%水分散颗粒剂。

4. 噁唑菌酮·锰锌（易保）　　由噁唑菌酮与代森锰锌混配而成，低毒、低残留，无污染，使用安全。广谱保护性杀菌剂，可防治霜霉病、疫霉病、叶斑病、炭疽病等多种病害。常见剂型为68.75%水分散粒剂。

5. 烯酰吗啉·锰锌（安克锰锌、旺克、安卡、霉克特）　　由烯酰吗啉与代森锰锌混配而成，低毒、低残留，无污染，使用安全。具有治疗、铲除和保护三重效果。对于卵菌引起的霜霉病、疫霉病、腐霉病等效果好。常见剂型为69%水分散颗粒剂、50%可湿性粉剂。

6. 腈菌唑·锰锌（仙生）　　由腈菌唑与代森锰锌混配而成，低毒、低残留，无污染，使用安全，黏着性强，耐雨水冲刷，药效高，残效期长。具有治疗、铲除和保护三重效果。杀菌谱广，可防治白粉病、锈病、炭疽病、叶斑病等多种病害。常见剂型为62.25%可湿性粉剂。

7. 多·锰锌（炭轮灵、新灵、世锐、旺收、双博）　　由多菌灵与代森锰锌混配而成。低毒、低残留，具保护与内吸治疗双重作用。杀菌谱广，可防治叶斑病、炭疽病等多种病害。常见剂型为70%可湿性粉剂。

8. 甲霜·噁霉灵　　由甲霜灵与噁霉灵混配而成。高效、低毒、低残留，具有保护、内吸治疗双重作用。杀菌谱广，几乎对所有的真菌、卵菌病害有效，对腐霉枯萎病、镰刀菌枯萎病等根部病害效果良好。常见的剂型为30%水剂。

9. 精甲·嘧菌酯　　由精甲霜灵与嘧菌酯混配而成。高效、低毒、低残留，具保护与内吸治疗双重作用。杀菌谱广，对大部分子囊菌、担子菌、无性态真菌和卵菌均具有良好的防效。常见的剂型为39%悬浮剂。

10. 烯酰·吡唑酯　　由烯酰吗啉与吡唑醚菌酯混配而成。高效、低毒、低残留，具有保护、内吸治疗与铲除多重作用。杀菌谱广，几乎对所有的真菌、卵菌病害有效，对于霜霉病、疫霉病、腐霉枯萎病防效更明显。常见的剂型为18.7%水分散粒剂。

11. 苯醚·咪鲜胺　　由苯醚甲环唑与咪鲜胺混配而成。高效、低毒、低残留，具有保护、内吸治疗双重作用。杀菌谱广，对于子囊菌、担子菌和无性态真菌引起的叶斑病、炭疽病、白粉病、锈病等具有良好的防效。常见的剂型为20%微乳剂。

12. 苯甲·吡唑酯　　由苯醚甲环唑与吡唑醚菌酯混配而成。高效、低毒、低残留，具有保护、治疗、铲除、渗透、内吸及耐雨水冲刷作用。对于无性态真菌、子囊菌、担子菌、卵菌等引起的多种病害具有很好的活性。常见的剂型为30%悬浮剂。

13. 一熏灵Ⅱ号（烟熏灵Ⅱ号）　　为温室内应用的一种高效烟雾杀菌剂，其有效成分为百菌清及速克灵，其余为发烟填充物。可防治灰霉病、霜霉病、白粉病等病害，对灰霉病有特效。对人、畜低毒。常见的剂型为30%圆柱形块状固体。

## 五、病毒钝化剂

1. **83增抗剂（混合脂肪酸、NS-增抗剂）**　植物病毒钝化剂。该药剂对植物本身有激素活性，可提高植物体的抗性。对病毒则有钝化作用，能有效地抑制植物体内病毒的增殖与扩展速度。常见的剂型为10%水乳剂。

2. **弱病毒疫苗N$_{14}$（弱病毒、弱株系）**　生物型抗病毒制剂，有效成分为"弱病毒"（一种致病力很弱的病毒）。对人、畜低毒安全，不污染环境。主要防治烟草花叶病毒（TMV）引起的植物病毒病。其主要剂型为浓缩液病毒疫苗。使用方法：用洁净的自来水或凉开水把病毒疫苗稀释成100倍的稀释液，再进行浸根、喷雾、摩擦等接种工作。在接种前，须将稀释接种用的器具用开水煮20min，或用10%磷酸三钠溶液浸泡20min，操作者应用肥皂水洗手3次，操作过程中不能吸烟。

3. **抗毒剂1号（菇类蛋白多糖、抗毒丰、真菌多糖）**　为食用菌的代谢产物，含丰富的蛋白多糖、氨基酸及微量元素等物质，对由烟草花叶病毒（TMV）、黄瓜花叶病毒（CMV）等引起的病毒病害有显著的防治效果，并对植物生长发育有良好的促进作用。对人、畜无毒副作用，对植物无残留，对环境无污染。可采取喷雾、浸种、灌根和浸根等方法施药，还可与中性或微酸性农药、叶面肥和生长素混用。常见的剂型为0.5%水剂。

4. **博联生物菌素（胞嘧啶核苷肽、嘧肽霉素）**　抗生素类抗病毒剂型，对人、畜无刺激，对各类病毒病有明显的防治效果。常见的剂型为4%水剂。

5. **宁南霉素（菌克毒克）**　广谱抗生素类生物农药，是我国研制的首例能防治病毒的抗生素，兼有防治多种真菌、卵菌、细菌病害的作用。对人、畜低毒，无致癌、致畸、致突变作用，不污染环境。常见的剂型为2%水剂、8%水剂。

6. **盐酸吗啉胍（毒静、病毒净、科克、绿源）**　广谱性病毒钝化剂，低毒、低残留，对人的皮肤、眼睛无刺激性，在动物体内代谢快，无蓄积作用。常与菌毒清、腐殖酸、硫酸锌等混配，制成复方病毒钝化剂。可防治多种病毒病。常见剂型为20%可湿性粉剂。

## 六、杀线虫剂

1. **淡紫拟青霉菌（线虫清、真菌杀线虫剂）**　本剂为活体真菌杀线虫剂，其所含的有效成分为淡紫拟青霉菌，为毒性极低的生物剂型，对人、畜和环境安全。可防治多种花卉植物根线虫病。常见的剂型为高浓缩吸附粉剂。

2. **威巴姆（威百亩、维巴姆、保丰收）**　一种具熏蒸杀灭作用的杀线虫剂。对人、畜低毒，对皮肤、眼、黏膜有刺激作用。残效期15天左右。常见的剂型为33%水剂、35%水剂、48%水剂。

随着园林绿色植保技术的逐渐普及，选择高效、低毒、低残留、无异味、无环境污染的环境友好型农药（或称无公害农药）来防治病虫害已是大势所趋。本章正是基于此原则进行农药一般常识的组织，同时参照绿色食品生产体系中无公害农药品种的定位，对园林绿化或花木生产过程中常用的部分农药品种（包括化学农药、生物农药及生物源农药等）进行介绍。

# 主要参考文献

彩万志，崔建新，刘国卿，等．2017．河南昆虫志 半翅目 异翅亚目．北京：科学出版社，820．

彩万志，庞雄飞，花保祯，等．2011．普通昆虫学．2版．北京：中国农业大学出版社，490．

蔡平，祝树德．2003．园林植物昆虫学．北京：中国农业出版社，456．

曹雅忠，李克斌．2017．中国常见地下害虫图鉴．北京：中国农业科学技术出版社，260．

陈宝明．2021．探究绿尾大蚕蛾与宁波尾大蚕蛾的分类．生物学通报，56（4）：51-52．

陈捷，刘志诚．2009．花卉病虫害防治原色生态图谱．北京：中国农业出版社，258．

陈岭伟．2002．园林病虫害防治．北京：高等教育出版社，200．

陈青，梁晓，伍春玲．2019．常用绿色杀虫剂科学使用手册．北京：中国农业科学技术出版社，230．

陈申宽．2015．植物检疫．北京：中国农业出版社，180．

陈顺立，陈清林，李友恭．1994．旋目夜蛾生物学特性及防治．福建林学院学报，14（4）：354-357．

陈啸寅，马成云．2008．植物保护．2版．北京：中国农业出版社，452．

陈秀虹，伍建榕，杜宇．2014．园林植物病害诊断与养护．北京：中国建筑工业出版社，667．

陈玉兰．2008．植物检疫在国际贸易中的作用和地位．商场现代化，（10）：6-8．

陈玉琴，汪霞．2012．花卉病虫害防治．杭州：浙江大学出版社，173．

陈志云，王玲，徐家雄，等．2018．中山市林业有害生物生态图鉴．广州：广东人民出版社，329．

成卓敏．2008．新编植物医生手册．北京：化学工业出版社，794．

程亚樵，丁世民．2011．园林植物病虫害防治．2版．北京：中国农业大学出版社，421．

程亚樵．2013．园艺植物病虫害防治．北京：中国农业出版社，354．

初桂红，刘明正．2014．园林植物常见病虫害识别与防治．济南：山东电子音像出版社，122．

戴仁怀，李子忠，金道超．2012．宽阔水景观昆虫．贵阳：贵州科技出版社，798．

邸济民，任国栋．2021．河北昆虫生态图鉴（上卷、下卷）．北京：科学出版社，448．

丁建云，张建华．2016．北京灯下蛾类图谱．北京：中国农业出版社，282．

丁梦然，夏希纳．2001．园林花卉病虫害防治彩色图谱．北京：中国农业出版社，128．

丁梦然．2004．园林苗圃植物病虫害无公害防治．北京：中国农业出版社，149．

段半锁，李占龙．2004．可持续园林发展与害虫防治．园林科技信息，（1）：25-27．

段文心，陈祥盛．2020．中国5种常见宽广蜡蝉形态比较研究．四川动物，39（2）：204-212．

费显伟．2010．园艺植物病虫害防治．2版．北京：高等教育出版社，440．

冯玉增，黄陨，张文建．2019．李病虫草害诊治生态图谱．北京：中国林业出版社，272．

冯玉增，王立新，张明义．2019．杏病虫草害诊治生态图谱．北京：中国林业出版社，304．

冯玉增，杨洁，杨辉．2019．苹果病虫草害诊治生态图谱．北京：中国林业出版社，332．

苟三启．2002．黄褐丽金龟子的发生与防治．甘肃农业科技，（5）：46．

桂炳中，及瑞芬，杨红卫．2013．黑边天蛾生物学特性的初步观察．中国森林病虫，32（3）：22-23．

郭贵明，刘广瑞，侯建恩，等．1993．弟兄腮金龟生物学特性观察．山西农业科学，21（4）：44-46．

郭树云，张宝增，赵洪林，等．2012．柳蜷叶蜂生物学特性及防治研究．中国森林病虫，31（3）：14-16．

郭秀兰，吴兴邦．1990．食菌瓢虫利用价值与繁育．甘肃农业大学学报，25（4）：7．

韩辉林，姚小华．2018．江西官山国家级自然保护区习见夜蛾科图鉴．哈尔滨：黑龙江科学技术出版社．173．

何尤刚，李秀仙，戴凤凤．1998．大花栀子黑长喙天蛾越冬代调查与防治．江西林业科技，增刊：42-43．

胡春玲．2008．园林害虫防治中存在的问题及可持续控制对策．甘肃农业科技，（6）：46-48．

胡德具，袁冬明．2010．宁波园林植物害虫原色图谱．北京：中国农业科学技术出版社，254．

胡琼波. 2015. 植物保护案例分析教程. 北京：中国农业出版社，296.

胡跃华. 2011. 榛卷叶象甲生物学特性及防治措施. 辽宁林业科技，（4）：25-26.

胡志凤，张淑梅. 2018. 植物保护技术. 2版. 北京：中国农业大学出版社，314.

胡作栋，张富和，王建有，等. 1998. 榆绵蚜的生物学研究. 西北农业大学学报，26（4）：25-29.

湖南省林业厅. 1992. 湖南森林昆虫图鉴. 长沙：湖南科学技术出版社，1473.

黄春梅. 1993. 龙栖山动物. 北京：中国林业出版社，1130.

黄复生. 2002. 海南森林昆虫. 北京：科学出版社，1064.

黄灏，张巍巍. 2008. 常见蝴蝶野外识别手册. 2版. 重庆：重庆大学出版社，214.

黄宏英，程亚樵. 2006. 园艺植物保护概论. 北京：中国林业出版社，443.

黄少彬. 2006. 园林植物病虫害防治. 北京：高等教育出版社，282.

黄艳君，毛建萍，蒲冠勤. 2013. 黄带山钩蛾生物学特性. 中国森林病虫，32（5）：16-19.

嵇保中，刘曙雯，张凯. 2011. 昆虫学基础与常见种类识别. 北京：科学出版社，496.

纪明山. 2019. 新编农药科学使用技术. 北京：化学工业出版社，347.

江世宏. 2007. 园林植物病虫害防治. 重庆：重庆大学出版社，326.

姜胜巧. 1980. 中华萝摩叶甲的生活习性及饲养方法. 应用昆虫学报，（5）：214-215.

蒋卓衡，葛思勋. 2019. 中国白肩天蛾记述与一新记录种（鳞翅目：天蛾科）. 上海师范大学学报，48（4）：432-440.

靳尚，王多，刘敬，等. 2015. 河北省蚜虫种类及区系研究. 天津师范大学学报（自然科学版），35（3）：23-29.

康克功. 2013. 园艺植物保护技术. 重庆：重庆大学出版社，396.

匡海源，罗光宏，王爱文. 2005. 中国瘿螨志（二）. 北京：中国林业出版社，176.

雷朝亮，荣秀兰. 2003. 普通昆虫学. 北京：中国农业出版社，522.

李海斌，武三安. 2013. 外来入侵新害虫：无花果蜡蚧. 应用昆虫学报，50（5）：1295-1300.

李后魂，胡冰冰，梁之聘，等. 2009. 八仙山蝴蝶. 北京：科学出版社，228.

李后魂，尤万学. 2021. 哈巴湖昆虫. 北京：科学出版社，424.

李怀方，刘凤权，郭小密. 2002. 园艺植物病理学. 北京：中国农业大学出版社，341.

李建华. 2010. 植物病害防治措施. 现代农业科技，（22）：177-178.

李巧，郭宏伟，刘波，等. 2015. 昆明市伪角蜡蚧生物学特性. 中国森林病虫，34（4）：45-46.

李清西，钱学聪. 2002. 植物保护. 北京：中国农业出版社，323.

李庆孝，何传据. 2006. 生物农药使用指南. 北京：中国农业出版社，190.

李新. 2016. 拟除虫菊酯类杀虫剂研发及市场概况. 农药，55（9）：625-630.

李友莲，张利军. 2008. 枫杨刻蚜的形态特征与生活周期. 林业科学，44（4）：87-89.

李泽建，魏美才，刘萌萌，等. 2018. 中国钩瓣叶蜂属志. 北京：中国农业科学出版社，162.

李长安. 1990. 红足壮异蝽生物学研究. 山西大学学报（自然科学版），13（2）：214-216.

李兆麟，蔡邦华. 1973. 东北落叶松上球蚜的研究及一新种描述. 昆虫学报，16（2）：133-153.

李忠主. 2016. 中国园林植物蚧虫. 成都：四川科学技术出版社，493.

李子忠，范志华. 2017. 中国离脉叶蝉. 贵阳：贵州科技出版社，136-138.

梁儵林，姚圣忠. 2016. 张家口林果花卉昆虫. 北京：中国林业出版社，606.

梁照文，朱宏斌，翁琴等. 2018. 江苏宜兴竹林鳞翅目新纪录种. 湖北林业科技，（3）：51-56.

辽宁省蚕业科学研究所. 2016. 中国柞树害虫原色图鉴. 沈阳：辽宁科学技术出版社，435.

林美英. 2015. 好奇心书系 常见天牛野外识别手册. 重庆：重庆大学出版社，88.

刘凤仪. 1998. 珍稀蝶种：朴喙蝶. 大自然，（6）：25.

刘红彦，李好海，刘玉霞，等. 2013. 果树病虫害诊断原色图谱. 北京：中国农业科学技术出版社，1009.

刘萌萌，李泽建，闫家河，等. 2018. 危害欧美杨的中国厚爪叶蜂属（膜翅目：叶蜂科）一新种. 林业科学，54（6）：94-99.

刘启宏. 2009. 城市园林生态系统害虫的持续控制和治理对策. 甘肃科技，（20）：158-160.

刘群，常虹，陈娟，等. 分月扇舟蛾与仁扇舟蛾的形态学和生物学区别及其进化关系. 林业科学，2014，50（1）：97-102.

刘晓东，陈宝光，赖永梅. 2015. 青岛市园林树木病害图鉴. 北京：中国农业科学技术出版社，110.

刘洋. 2020. 埃及吹绵蚧和澳洲吹绵蚧的风险分析及其在中国的遗传分化研究. 北京：北京林业大学.

刘友樵，李广武. 2002. 中国动物志 昆虫纲 第二十七卷 鳞翅目 卷蛾科. 北京：科学出版社，463.

刘沅，张玉波，杨琳，等. 2016. 基于16SrDNA与Cytb序列的疏广蜡蝉属三个近似种的分子鉴定，环境昆虫学报，38（3）：557-564.

刘仲健，罗焕亮，张景宁. 1999. 植原体病理学. 北京：中国林业出版社，290.

卢希平. 2004. 园林植物病虫害防治. 上海：上海交通大学出版社，363.

卢秀新. 1992. 泰山蝶蛾志（中集）. 济南：山东科学技术出版社，152.

吕佳乐，王恩东，徐学农. 2017. 天敌产业化是全链条的系统工程. 植物保护，43（3）：1-7.

吕佩珂，苏慧兰，庞震，等. 2013. 中国现代果树病虫原色图谱：全彩大全版. 北京：化学工业出版社，710.

吕若清，徐天森. 1992. 竹尖胸沫蝉的生物学特性及防治. 林业科学研究，5（6）：687-692.

马安民，崔维. 2017. 园林植物杀虫剂应用技术. 郑州：河南科学技术出版社，512.

马成云，张淑梅，窦瑞木. 2011. 植物保护. 北京：中国农业大学出版社，482.

马成云. 2009. 作物病虫害防治. 北京：高等教育出版社，270.

马光皇，康淑媛，李莉，等. 2020. 枣瘿蚊微卫星标记筛选及微卫星多态性分析. 新疆农业科学，（5）：888-894.

能乃扎布. 1999. 内蒙古昆虫. 呼和浩特：内蒙古人民出版社，177.

能乃扎布，许佩恩. 2007. 蒙古高原天牛彩色图谱. 北京：中国农业大学出版社，149.

聂雅萍，黄燕辉，陶玫，等. 2003. 昆明地区分瓣臀凹盾蚧防治技术研究. 云南农业科技，（3）：36-37.

欧阳贵明. 1983. 女贞叶蜂初步观察. 南方林业科学，（5）：19-20.

欧阳贵明，何轮，欧阳自林，等. 2002. 缨鞘钩瓣叶蜂的研究. 江西植保，25（2）：33-35.

庞虹. 2002. 中国瓢虫科的物种多样性分析. 中山大学学报（自然科学版），41（2）：4.

彭涛，钟宁. 1997. 咖啡灭字脊虎天牛和咖啡脊虎天牛研究概述. 云南热作科技，20（2）：35-38.

彭志源. 2005. 中国农药大典. 广州：中国科技文化出版社，1607.

乔格侠，姜立云，陈静，等. 2018. 中国动物志 昆虫纲 第六十卷 半翅目 扁蚜科 平翅绵蚜科. 北京：科学出版社，414.

乔格侠，张广学，姜立云，等. 2007. 河北动物志 蚜虫类. 石家庄：河北科学技术出版社，54，67-70，552.

乔格侠，张广学，钟铁森，等. 1999. 中国动物志 昆虫纲 第十四卷 同翅目 纩蚜科 瘿棉蚜科. 北京：科学出版社，91-94.

乔格侠，张广学，钟铁森，等. 2005. 中国动物志 昆虫纲 第四十一卷 同翅目 斑蚜科. 北京：科学出版社，226

邱强. 2019. 中国果树病虫原色图谱. 2版. 郑州：河南科学技术出版社，995.

曲爱军，朱承美，王文莉. 1995. 合欢吉丁虫形态和生物学特性观察. 植物保护，21（3）：22-23.

商鸿生，王凤葵. 1996. 草坪病虫害及其防治. 北京：中国农业出版社，164.

邵振润，闫晓静. 2014. 杀菌剂科学使用指南. 北京：中国农业科学技术出版社，228.

邵振润，张帅，高希武. 2014. 杀虫剂科学使用指南. 2版. 北京：中国农业出版社，213.

佘德松. 2002. 浙江省天牛科昆虫名录补遗. 浙江林业科技，22（4）：13-17.

佘德松，冯福娟. 2010. 缨鞘钩瓣叶蜂生物学特性研究. 浙江林业科技，30（6）：59-61.

申效诚，任应党，牛瑶，等. 2014. 河南昆虫志 区系及分布. 北京：科学出版社，207.

沈敏东，徐元元，蔡平. 2017. 红带滑胸针蓟马的发生与防治. 上海农业科技，（3）：118-119.

沈平，常承秀，张永强，等. 2008. 槐豆木虱发生与主要环境因子关系调查研究. 甘肃林业科技，33（3）：40-42.

首都绿化委员会办公室. 2000. 草坪病虫害. 北京：中国林业出版社，168.

舒金平，藤萤，陈文强，等. 2012. 筛胸梳爪叩甲的防治技术研究. 林业科学研究，25（5）：620-625.

宋建英. 2005. 园林植物病虫害防治. 北京：中国林业出版社，472.

苏胜荣，王继山，刘腾腾，等. 2021. 一种西藏藏川杨潜叶新害虫：杨潜细蛾. 南京林业大学报，45（4）：243-246.

孙娟. 2009. 浅析当前阿维菌素存在的问题与对策. 中国农药，（7）：15-20.

孙力华，李燕杰，那冬展. 1993. 柳线角个木虱的初步研究. 辽宁林业科技，（6）：45-46.

孙巧云，赵自成. 1990. 线茸毒蛾生活习性观察研究. 江苏林业科技，（2）：39-40，48.

孙淑梅，张凤舞，田旭东. 1988. 枣疯病的媒介昆虫：凹缘菱纹叶蝉生物学和防治研究. 植物保护学报，15（3）：173-177.

孙小茹，郭芳，李留振. 2017. 观赏植物病害识别与防治. 北京：中国农业大学出版社，417.

孙绪艮，刘振宇，周成刚，等. 1996. 东方真叶螨对大叶黄杨危害的研究. 植物保护，22（5）：29-30.

孙妍，苓建强，蔡平．2017．木樨科园林植物上两种瓢跳甲害虫的区别及防治．上海农业科技，（3）：120-121.

邰连春．2007．作物病虫害防治．北京：中国农业大学出版社，366.

谭娟杰，王书永，周红章，等．2005．中国动物志昆虫纲第四十卷 鞘翅目 肖叶甲科 肖叶甲亚科．北京：科学出版社，415.

汤祊德．1992．中国粉蚧科．北京：中国农业科学技术出版社，247.

汤祊德，李杰．1989．内蒙古蚧害考察．呼和浩特：内蒙古大学出版社，222.

陶振国．2004．园林植物保护．北京：中国劳动社会保障部出版社，121.

田方文，李振国．2009．鲁北黄胫小车蝗生物学特性及发生规律的初步观察．中国植保导刊，29（10）：34-36.

王恩．2015．杭州园林植物病虫害图鉴．杭州：浙江科学技术出版社，410.

王锋，谭永红．1997．苹果根绵蚜的症状与防治．落叶果树，（2）：35.

王光永．2009．刺槐叶瘿蚊生物学、生态学及化学防治初步研究．泰安：山东农业大学.

王洪建，杨星科．2006．甘肃省叶甲科昆虫志．兰州：甘肃科学技术出版社，296.

王继龙，刘建良．2003．上海园林植物常见蚜虫种类检索．上海交通大学学报（农业科学版），21（1）：58-63.

王建华．2018．上海蝴蝶．上海：上海教育出版社，14.

王建义，唐桦，王希蒙，等．2009．宁夏蚧类及其天敌昆虫的系统调查与研究．宁夏农林科技，（3）：11-21.

王菊英，周成刚，乔鲁芹，等．2010．严重危害紫薇的新害虫：紫薇梨象．中国森林病虫，29（4）：18-20.

王丽平，曹洪青，杨树明．2006．园林植物保护．北京：化学工业出版社，263.

王强，何家庆，陈谦，等．2011．取食加拿大一枝黄花的白条银纹夜蛾生物学特性及食性研究．中国农学通报，（4）：60-65.

王珊珊．2010．北京地区温室蚧虫种类调查及蜡蚧轮枝菌对长尾粉蚧的毒力测定．北京：北京林业大学.

王绍文．2018．潍坊市主要林业有害生物图鉴．济南：山东科学技术出版社，185.

王绍英，王光明．1991．笨蝗的生物学特性及防治．昆虫知识，28（2）：80-81.

王小奇，方红，张治良．2012．辽宁甲虫原色图鉴．沈阳：辽宁科学技术出版社，452.

王心丽．2008．夜幕下的昆虫．北京：中国林业出版社，171.

王直诚．2003．东北天牛志 原色东北昆虫图鉴Ⅱ（天牛篇）．长春：吉林科学技术出版社，239，419.

韦绥概，王国全，李德伟，等．2009．广西瘿螨 蜱螨亚纲 瘿螨总科．南宁：广西科学技术出版社，334.

魏美才．1998．中脉叶蜂族系统分类研究（膜翅目：叶蜂科）．动物分类学报，23（4）：406-413.

魏作全．1993．园林植物病虫害防治问答．沈阳：辽宁科学技术出版社，327.

吴福荣，王海明，袁烈焱，等．2020．杨柳小卷蛾生物学特性及发生规律研究．中国森林病虫，39（2）：11-15.

吴鸿，杨星科，王义平．2017．天目山动物志：第4卷．杭州：浙江大学出版社，214-217.

吴鸿，杨星科，王义平．2018．天目山动物志：第7卷．杭州：浙江大学出版社，326.

吴军平，廖思平，罗洪．2010．浅析森林植物及其产品产地检疫．林业科技情报，（3）：36-38.

吴琳，黄志勇．1989．黄胸木蠹蛾生物学特性及防治技术的研究．西南林学院学报，9（1）：47-54.

吴琳，黄志勇，王海林．1998．分瓣臀凹盾蚧发生规律及综合防治研究．江苏林业科技，25（增刊）：190-194.

吴龙根，李军进，孙健．2011．猫眼尺蛾的形态特征及生物学特性．浙江农业科学，（4）：894-897.

吴时英，徐颖．2019．城市森林病虫图鉴．2版．上海：上海科学技术出版社，476.

吴燕如．2006．中国动物志 昆虫纲 第四十四卷 膜翅目 切叶蜂科．北京：科学出版社，500.

吴跃开，李晓红．2007．16种园林新害虫种类记述．中国植保导刊，27（1）：9-13.

吴云锋．2016．植物病虫害生物防治学．2版．北京：中国农业出版社，300.

吴志远．1990．线茸毒蛾生物学和防治．昆虫知识，17（2）：107-110.

吴智慧，谢映平．1997．昆明龟蜡蚧生物学特性研究．西南林学院学报，17（3）：45-47.

仵均祥，李长青，姜军霞，等．2004．中华锉叶蜂生物学特性的初步研究．中国植保导刊，（11）：5-7.

西北农学院．1981．农业昆虫学．北京：农业出版社，282.

夏声广，熊兴平．2015．茶树病虫害防治原色生态图谱．北京：中国农业出版社，89.

夏世钧．2008．农药毒理学．北京：化学工业出版社，530.

熊件妹，刘奇玮，林毓鉴．2010．江西省裳夜蛾亚科昆虫名录（鳞翅目；夜蛾科）．江西植保，33（3）：127-129.

徐秉良，曹克强．2017．植物病理学．2版．北京：中国林业出版社，358.

徐公天，庞建军，戴秋惠．2003．园林绿色植保技术．北京：中国农业出版社，154.

徐公天. 2003. 园林植物病虫害防治原色图谱. 北京：中国农业出版社, 384.

徐公天, 杨志华. 2007. 中国园林害虫. 北京：中国林业出版社, 400.

徐梅, 钱路, 安榆林, 等. 2014. 危险性有害生物：西部喙缘蝽. 植物检疫, 28（1）：67-71.

徐学农, 王恩东. 2008. 国外昆虫天敌商品化生产技术及应用. 中国生物防治, （1）：75-79.

徐映明, 朱文达. 2011. 农药问答精编. 北京：化学工业出版社, 414.

徐振国, 刘小利, 金涛, 等. 2019. 中国的透翅蛾　鳞翅目：透翅蛾科. 北京：中国林业出版社, 149.

徐志华, 张少飞, 乔建国, 等. 2004. 城市绿地病虫害诊治图说. 北京：中国林业出版社, 138, 381.

徐志华. 2006. 园林花卉病虫生态图鉴. 北京：中国林业出版社, 349, 1307.

许云桢. 1993. 女贞叶蜂的发生与防治. 生物灾害科学, （1）：29.

许志刚, 胡白石. 2021. 普通植物病理学. 5版. 北京：高等教育出版社, 380.

薛铎, 郭秀兰. 1991. 黄褐丽金龟的生物学特性研究. 甘肃农业大学学报, 26（1）：75-80.

闫家河, 张辉, 赵新勇, 等. 2006. 宽槽胫叶蝉的形态特征和生物学特性. 应用昆虫学报, 43（1）：104-107.

闫家河, 赵燕, 卞晓阳, 等. 2018. 白蜡外齿茎蜂形态与生物学特性观察. 中国森林病虫, 37（5）：5-10.

闫家河, 周希政, 王爱珍, 等. 2018. 杨树新害虫：中华厚爪叶蜂生物学特性及治建议. 中国森林病虫, 37（1）：15-20.

阎春仙, 郝赤, 王美琴. 1997. 大牙土天牛的初步研究. 山西农业大学学报, 17（4）：342-345.

杨春材, 梁红, 唐燕平. 1995. 短足筒天牛生物学特性的研究. 林业科学研究, 8（2）：205-209.

杨集昆, 李法圣. 1982. 后木虱属二新种（同翅目：木虱科）. 动物分类学报, （4）：405-409.

杨平之. 2016. 高黎贡山蛾类图鉴 昆虫纲 鳞翅目. 北京：科学出版社, 624.

杨素英, 王冬毅, 陈桂敏, 等. 2006. 黄斑蝽、茶翅蝽发生规律及综合防治技术研究. 山西果树, 111（3）：10-11.

杨星科. 2017. 秦岭昆虫志 6 鞘翅目（二）天牛类. 西安：世界图书出版公司, 196.

杨星科. 2017. 秦岭昆虫志 8 鳞翅目 大蛾类. 西安：世界图书出版公司, 803.

杨星科. 2018. 秦岭昆虫志 9 鳞翅目 蝶类. 西安：世界图书出版公司, 460.

杨星科. 2018. 秦岭昆虫志 12 陕西昆虫名录. 西安：世界图书出版公司, 179, 518, 668.

杨友兰, 王红武, 吕小虎. 2002. 槐豆木虱生物学特性及其防治. 昆虫知识, 39（6）：433-436.

杨子琪, 曹华国. 2002. 园林植物病虫害防治图鉴. 北京, 中国林业出版社, 357.

虞国跃. 2015. 北京蛾类图谱. 北京：科学出版社, 508.

虞国跃. 2017. 我的家园：昆虫图记. 北京：电子工业出版社, 423.

虞国跃. 2019. 北京访花昆虫图谱. 北京：电子工业出版社, 376.

虞国跃. 2020. 北京甲虫生态图谱. 北京：科学出版社, 402.

虞国跃, 王合. 2018. 北京林业昆虫图谱（Ⅰ）. 北京：科学出版社, 390.

虞国跃, 王合. 2019. 北京蚜虫生态图谱. 北京：科学出版社, 266.

虞国跃, 王合. 2021. 北京林业昆虫图谱（Ⅱ）. 北京：科学出版社, 372.

虞国跃, 王合, 冯术快. 2016. 王家园昆虫：一个北京乡村的1062种昆虫图集. 北京：科学出版社, 544.

袁冬梅. 2017. 樱桃球坚蚧在上海金山的生物学特性研究. 上海农业科技, （4）：135-136.

张宝棣. 2002. 园林花木病虫害诊断与防治原色图谱. 北京：金盾出版社, 410.

张炳炎. 2019. 中国葡萄病虫草害及其防控原色图谱. 兰州：甘肃文化出版社, 184.

张纯胄. 2007. 害虫对色彩的趋性及其应用技术发展. 温州农业科技, （2）：1-2.

张广学. 1999. 西北农林蚜虫志 昆虫纲 同翅目 蚜虫类. 北京：中国环境科学出版社, 563.

张广学, 张万玉. 1993. 中国绵蚜属研究及新种记述（同翅目：瘿绵蚜科）. 动物学集刊, 10（4）：143-151.

张红, 任利利, 潘龙, 等. 2016. 合欢吉丁 *Agrilus subrobustus Saunders* 的学名厘定及危害特性. 应用昆虫学报, 53（4）：864-873.

张红燕, 石明杰. 2009. 园艺作物病虫害防治. 北京：中国农业大学出版社, 290.

张红玉. 2014. 灰绒麝凤蝶的饲养和生物学习性观察. 生物学杂志, （5）：45-49.

张宏宇, 李红叶. 2018. 柑橘病虫害绿色防控彩色图谱. 北京：中国农业出版社, 218.

张连生. 2007. 北方园林植物病虫害防治手册. 北京：中国林业出版社, 296.

张素敏, 刘春雨, 徐少锋. 2014. 园林植物病害发生与防治. 北京：中国农业大学出版社, 369.

张随榜. 2010. 园林植物保护. 2版. 北京：中国农业出版社，310.

张巍巍. 2014. 昆虫家谱 世界昆虫410科野外鉴别指南. 重庆：重庆大学出版社，284，356.

张巍巍，李元胜. 2019. 中国昆虫生态大图鉴. 2版. 重庆：重庆大学出版社，691.

张英俊. 1991. 石榴巾夜蛾的生物学特性及防治. 昆虫知识，25（4）：228-230.

张中社，江世宏. 2010. 园林植物病虫害防治. 2版. 北京：高等教育出版社，244.

章士美，赵泳祥. 1996. 中国农林昆虫地理分布. 北京：中国农业出版社，400.

章一巧，袁冬梅，陈坚，等. 2015. 樱桃球坚蚧在上海的生物学特性及其药剂防治. 中国森林病虫，（4）：30-32.

赵丹阳，秦长生. 2015. 油茶病虫害诊断与防治原色生态图谱. 广州：广东科技出版社，238.

赵桂芝. 1997. 百种新农药使用方法. 北京：中国农业出版社，264.

赵力，朱耿平，李敏，等. 2015. 入侵害虫西部喙缘蝽和红肩美姬缘蝽在中国的潜在分布. 天津师范大学学报（自然科学版），35（1）：75-78.

赵美琦，孙明，王慧敏. 1999. 草坪病害. 北京：中国林业出版社，244.

赵善欢. 2003. 植物化学保护. 北京：中国农业出版社，324.

赵鑫，李明英，初杰，等. 2019. 美国白蛾的分布为害与综合防治方法. 植物医生，32（3）：51-53.

赵艳莉，曹琴. 2006. 中华金带蛾在石榴上的发生与防治. 西北园艺，10（10）：27-28.

郑加强，周宏平，徐幼林. 2006. 农药精准实用技术. 北京：科学出版社，180

中国科学院动物研究所. 1982. 中国蛾类图鉴. 北京：科学出版社，484.

中国科学院动物研究所. 1986. 中国农业昆虫（上）. 北京：农业出版社，279，566.

中国林业科学研究院. 1983. 中国森林昆虫. 北京：中国林业出版社，124.

钟仕田. 2002. 蓼科杂草的重要天敌：蓼蓝齿胫叶甲. 植物保护，28（1）：52-53.

周嘉熹，孙益和，唐鸿庆. 1988. 陕西省经济昆虫志 鞘翅目 天牛科. 西安：陕西科学技术出版社，136.

周启发. 2010. 中国物理防治虫害有突破. 农药市场信息，（4）：36-37.

周淑芷，黄孝运，张真，等. 1995. 北京杨锉叶蜂研究. 林业科学研究，8（5）：556-563.

周尧. 1999. 中国蝴蝶原色图鉴. 郑州：河南科学技术出版社，385.

周尧. 2002. 周尧昆虫图集. 郑州：河南科学技术出版社，544.

周尧，路进生. 1977. 中国的广翅蜡蝉科附八新种. 昆虫学报，20（3）：314-322.

朱弘复，王林瑶. 2016. 中国动物志 昆虫纲 第五卷 鳞翅目 蚕蛾科 大蚕蛾科 网蛾科. 北京：科学出版社，312.

朱建青，谷宇，陈志兵，等. 2018. 中国蝴蝶生活史图鉴. 重庆：重庆大学出版社，598.

朱天辉. 2016. 园林植物病理学. 2版. 北京：中国农业出版社，361.

朱志建，潘国良，朱炜，等. 2012. 樟颈曼盲蝽生物学特性研究. 浙江林业科技，32（5）：42-45.

诸立新，董艳，朱太平，等. 2019. 天柱山蝴蝶. 合肥：中国科学技术大学出版社，158.

诸立新，刘子豪，虞磊，等. 2017. 安徽蝴蝶志. 合肥：中国科学技术大学出版社，429.

宗学普，黎彦等. 2005. 柿树栽培技术. 北京：金盾出版社，122.

邹曾健，杜佩璇，吴荣宗，等. 1980. 吸果夜蛾的生物学特性及其幼虫等形态的识别. 华南农学院学报，1（2）：86-100.

《河北森林昆虫图册》编写组. 1984. 河北森林昆虫图册. 石家庄：河北科学技术出版社，281.

《山东林木病害志》编委会. 2000. 山东林木病害志. 济南：山东科学技术出版社，436.

《山东林木昆虫志》编委会. 1993. 山东林木昆虫志. 北京：中国林业出版社，682.

Awate BG, Naik LM, Raut UM. 1976. Occurrence of mite, *Petrobia latens*, Muller (Tetranychidae: Acarina) on wheat in western Maharashtra and its control. Journal of Maharashtra Agricultural universities, 1: 173.

Bondareva LM, Zhovnerchuk OV, Kolodochka LA, et al. 2020. Specifics of life cycle and damage of *Oligonychus ununguis* (Acari: Tetranychidae) on introduced species of coniferous plants in conditions of megalopolis . Persian Journal of Acarology, 9(4): 367-376.

Byun BK. 2018. Rediscovery of the little-known species of the subfamily Olethreutinae (Lepidopt). Journal of Asia-Pacific Biodiversity, 11(4): 547-549.

Cabello T. 1995. Un nuevo curculiónido tropical para la fauna europea, *Rhynchophorus ferrugineus* (Olivier, 1790) (Coleoptera: Curculionidae). Boletin de la Asociacion Espanola de Entomologia, 20: 257-258.

Chakrabarti S, Ghosh B, Mondal S. 1981. New and little known eriophyid mites (Acarina: Eriophyoidea) from India. Oriental Insects,

15(2): 139-144.

Chavegato LG. 1988. Biologia do acaro panonychus citri (mc gregor, 1916) (acari : tetranychidae). Praga dos citros. Journal of Microbiology Biotechnology, 16: 79-84.

Çobanoğlu S, Can M. 2014. Citrus brown mite; *Eutetranychus orientalis* (Klein 1936) (Acari: Tetranychidae), in Turkey. Akdeniz Üniversitesi Ziraat Fakültesi Dergisi, 27(1): 9-12.

Fang H, Li C, Jiang L. 2018. Morphology of the immature stages of *Adoretus tenuimaculatus* Waterhouse, 1875 (Coleoptera: Scarabaeidae: Rutelinae: Adoretini). Journal of Asia-Pacific Entomology, 21(4): 1159-1164.

Giorgi JA, Vandenberg NJ, Mchugh JV, et al. 2009. The evolution of food preferences in Coccinellidae. Biological Control, 51(2): 215-231.

Hirowatari T, Kobayashi S, Kuroko H. 2010. A revision of the Japanese species of the family Bucculatricidae (Lepidoptera). 蝶と蛾, 61(1): 1-57.

Jeger M, Bragard C, Caffier D, et al. 2017. Pest categorisation of *Oligonychus perditus*. EFSA Journal, 15(11): 1-20.

Kontschán, J. 2015. First record of the tetranychid mite, *Petrobia harti* (Ewing, 1909) in Hungary (Acari: Tetranychidae). Növényvédelem, 51(9): 424-427.

Lee YS, Jang MJ, Jin GL, et al. Host plants and biological characteristics of *Illeis koebelei* Timberlake (Coleoptera: Coccinellidae: Halyziini) in Gyeonggi-do. Korean Journal of Applied Entomology, 54(4): 295-301.

Lozier JD, Foottit RG, Miller GL, et al. 2008. Molecular and morphological evaluation of the aphid genus *Hyalopterus* Koch (Insecta: Hemiptera: Aphididae), with a description of a new species. Zootaxa, 1688: 1-19.

Ramel JM. 2009. Presence of *Opogona sacchari* (Bojer, 1856), the Banana moth in Guadeloupe (Lepidoptera Tineidae). L'Entomologiste, 65(2): 1159-1164.

Samways MJ, Osborn R, Saunders TL. 1997. Mandible form relative to the main food type in ladybirds (Coleoptera: Coccinellidae). Biocontrol ence and Technology, 7(2): 275-286.

Stelter H. 1978. Sind *Rhabdophaga karschi* (Kieff., 1891) und *Rh. ramicola* Rübs., 1915 synonyme von *Rh. salicis* (Schrank, 1803)? (Dipt., Cecidomyiidae). Deutsche Entomologische Zeitschrift, 25(4-5): 331-336.

Sutherland AM. 2009. The feasibility of using *Psyllobora vigintimaculata* (Coleoptera: Coccinellidae), a mycophagous ladybird beetle, for management of powdery mildew fungi (Erysiphales). Davis City: University of California, Davis.

Urban, J. 2014. *Apoderus coryli* (L.): a biologically little known species of the Attelabidae (Coleoptera). Acta Universitatis Agriculturae et Silviculturae Mendelianae Brunensis, 62(5): 1141-1160.

Zimmerman EC. 1946. Browne 1887, not Douglas 1888, the author of *Orthezia insignis* (Homoptera: Coccoidea). Proceedings of the Hawaiian Entomological, 12(3): 657-658.

# 害虫中文名索引

# 害虫拉丁名索引

# 病害中文名索引

# 病原物拉丁名及英文名索引